教育部全国职业教育与成人教育教学用书规划教材

"十二五"全国高校数字艺术与平面设计专业骨干课程权

中文版

Photoshop CS5 影像制作精粹

张璟雷 编著

1 DVD 配套高品质DVD光盘

31个完整影音视频文件+作品与素材+优秀教学课件

■ 内容全面：

全面解析抠图、修图、图像特效、图像合成四大绝技，彻底研究路径、色彩、直方图、图层混合模式、图层样式、通道与蒙版以及滤镜"七大剑法"。四大绝技与七剑法完美结合，独门解析Photoshop CS5功能与技能精华！

■ 实用性强：

34个大型经典案例提供卓越创意以及技术范本，学完就用，立即指导我们的实际工作。

■ 超值享受：

多媒体教学视频+海量素材与效果文件+精美电子课件，让整个学习流程联系紧密，环环相扣，一气呵成！

海洋出版社

2011年·北京

内 容 简 介

本书是作者总结自己在数字艺术与平面设计方面多年的实践经验以及教学经验，特别为广大数字艺术与平面设计师编写的教材。书中采用全实例教学的方式，提供了可以跟随实例进行操作的完整过程，通过学习34个完美经典的设计作品，使读者迅速掌握各种设计技巧，适应实际工作的需要。

全书共分为3个部分，第1部分为Photoshop CS5四大绝技，包括抠图完全攻略、修图完全攻略、图像特效创作全面解析以及图像合成创作全面解析；第2部分为Photoshop CS5七剑法，包括路径、色彩、直方图、图层混合模式、图层样式、通道与蒙版以及滤镜彻底研究；第3部分为Photoshop CS5完全实战，包括从二维平面走向三维空间、像素画与Web图像创作以及平面设计面面观等内容。四大绝技与七剑法完美结合，独门解析Photoshop CS5功能与技能精华！整个学习流程联系紧密，范例环环相扣，一气呵成！配合本书配套光盘的多媒体视频教学课件，让您在掌握各种创作技巧的同时，享受无比的学习乐趣！

超值1DVD内容：31个完整影音视频文件+作品与素材+优秀教学课件

读者对象：适应于高等院校数字艺术与平面设计专业教材；社会平面设计培训教材；用Photoshop进行美术、广告、包装设计和图形图像处理等从业人员实用的自学指导书。

图书在版编目(CIP)数据

中文版Photoshop CS5影像制作精粹/张璟雷编著. —北京：海洋出版社，2011.5
ISBN 978-7-5027-7980-1

Ⅰ.①中… Ⅱ.①张… Ⅲ.①图形软件，Photoshop CS5 Ⅳ.①TP391.41

中国版本图书馆CIP数据核字（2011）第048071号

总 策 划：刘 斌
责任编辑：刘 斌
责任校对：肖新民
责任印制：刘志恒
排 版：海洋计算机图书输出中心 晓阳

出版发行：海洋出版社

地 址：北京市海淀区大慧寺路8号（705房间）100081
经 销：新华书店
技术支持：（010）62100059

发 行 部：（010）62174379（传真）（010）62132549
（010）62100075（邮购）（010）62173651
网 址：www.oceanpress.com.cn
承 印：北京盛兰兄弟印刷装订有限公司
版 次：2011年5月第1版
2011年5月第1次印刷
开 本：787mm×1092mm 1/16
印 张：27.75 （全彩印刷）
字 数：530千字
印 数：1～3000册
定 价：88.00元（含1DVD）

编者按

21世纪，是电脑时代，是网络经济时代，也是电脑艺术设计时代。电脑艺术设计已经渗入到社会的方方面面，正深刻地影响和改变着我们的生活方式和思维方式。

电脑艺术设计是在计算机应用技术的基础上渗透了影视、美术等艺术类专业的特长，是艺术与计算机技术的融合。电脑艺术技术的发展也是社会诸多行业的发展需要所致，如电脑平面设计行业、计算机辅助设计行业、广告策划与设计行业、电脑美术制作行业和电脑影视制作行业等。

在激烈的市场竞争中，无论是国际还是国内企业，都把提高电脑艺术设计水平作为提升企业竞争力的一种手段，从纸介质出版物、报纸到杂志，从品牌到包装，从广告到形象设计，从光介质电影、电视、多媒体到网络出版，电脑艺术设计的功能和作用正不断放大，其影响力和创造力为企业、社会和个人提供了无限的商机！

当前，各行各业严重短缺电脑艺术设计人才。据有关部门统计，目前全国从事电脑艺术设计的专业人才数十万人，仅上海的企事业单位的电脑艺术设计人才需求缺口就近十万个。

知识经济的核心是科技，发展科技的关键是人才，而培养人才的核心内容之一是教材。为满足社会对电脑艺术设计人才严重短缺的需求，为让更多的人在较短时间内通过课堂教学、自学或培训班学习来掌握电脑艺术设计的原理和技能、成为适应新世纪用人需求的电脑艺术设计人才，海洋出版社与北京电影学院联合策划，组织一大批长期从事一线电视台、企业进行项目开发资深专家和在高等院校从事一线教学的专业教师，共同开发和编写了这套“高等院校数字艺术与平面设计专业教材”，包括电脑平面设计、电脑广告设计、电脑美术设计、电脑特效和电脑影视后期处理等专著。整套教材主导思路是理论基础与实践操作紧密结合，重点培养读者的动手能力，边讲解边操练，范例选材时尚、步骤详细，直接教授正确设计一个优秀作品的全过程，“授人以渔”；配套光盘是书中典型范例具体实现步骤的全程录屏动画教学，所见所得，在轻松的学习环境下掌握数十种产品的设计方法和技巧，对读者深入了解、学习和掌握电脑艺术设计的理论基础和方式方法、提高自身电脑艺术设计能力、启迪智慧和灵感、勇于创新大有益处。

当然，由于时间的紧迫以及电脑艺术设计行业本身的复杂性，在编写过程中肯定存在着诸多的不足和纰漏，恳请广大专家、同行批评指正。

电脑艺术设计行业技术方兴未艾，人才需求巨大，前景十分广阔，殷切期盼天下各路电脑艺术设计行家里手共同携手，贡献经验和智慧，开创我国更加灿烂美好的电脑艺术设计事业！

前　言

本书是作者总结自己在平面设计方面的实践经验以及教学经验，特别为广大平面设计师编写的。书中采用了全实例教学的方式，提供了可以跟随实例进行操作的完整过程，通过学习34个完美经典的设计作品，使读者可以直接进行应用，掌握各种设计技巧，迅速适应实际工作的需要通过实例可以学习到的有价值的经验等，有助于培养读者的Photoshop应用能力。

全书共分为三个部分，各部分按照软件功能与实际应用领域收录了不同的实例。每个实例的操作步骤都配有图解和详细说明，还提供了实例操作的技法，不仅是初级入门读者，对Photoshop很熟悉的平面设计师也可以获得对自己有益的信息。具体内容和下：

第1部分是Photoshop CS5四大绝技，共分为4章，分别为第1章抠图完全攻略、第2章修图完全攻略、第3章图像特效创作全面剖析和第4章图像合成创作全面剖析。针对Photoshop CS5四大主要功能，通过练习软件基础操作技能，掌握操作技巧。

第2部分是Photoshop CS5彻底研究，共分为7章，分别为第5章路径彻底研究、第6章 色彩的彻底研究、第7章直方图彻底研究、第8章图层混合模式彻底研究、第9章 图层样式彻底研究、第10章 通道与蒙版彻底研究和第11章 滤镜的彻底研究。独门密炼Photoshop CS5功能与技巧之精华，打造出Photoshop CS5“七剑法”。“七剑”合一，即刻成为Photoshop CS5绝顶高手！本部分内容丰富、讲解细致，不仅包括图像创意合成、视觉特效设计等Photoshop CS5的各大应用领域，还涵盖了选区、路径及形状的创建和编辑，图层混合模式的使用，色彩校正和调整，图层、蒙版与通道的高级应用，滤镜的特效应用等Photoshop CS5的各种核心技术。诠释不同的设计风格，解析最优的设计技巧，启发无限的设计灵感，帮助设计从业人员、设计爱好者提高艺术品位。

第3部分是Photoshop CS5完全实战，共分为3章，分别为第12章CG自由谈、第13章简说像素画制作和Web图像制作和第14章平面设计面面观。这一部分集结了经典特效作品，涵盖像素画制作、创意合成、矢量图形、商业设计、网页设计和完美写实等诸多领域，诠释不同的设计风格，解析最优的设计技巧，启发无限的设计灵感。

另外，随书附录的光盘收录了各个实例的最终效果文件，还提供了可以在实例操作中应用的各种图片素材和部分实例的视频教学文件。通过学习本书实例的操作，可以直接学会Photoshop CS5的各种技术和技巧，希望读者通过本书的学习，可以直接进行实际的设计工作，掌握好Photoshop CS5这一软件，并且制作出更多更优秀的属于自己风格的作品。

本书内容系统，层次清晰，实用性强，可供各类Photoshop CS5培训班作为教材使用，也可供工程技术人员及高等院校相关专业的学生自学参考。

本书由张璟雷编著，感谢参与和支持本书写作的朋友，他们是吉林动画学院的白立明、李飞、王富利、郝边远、田立群、董敏捷、郭永顺、李彦蓉、唐赛、安培、李传家、王晴、郭飞等。由于作者水平有限，书中难免有错误和疏漏之处，希望广大读者批评、指正。

编　者

效果图鉴赏

抠蜻蜓 P9

抠头发 P12

抠玻璃瓶 P14

清除斑点 P23

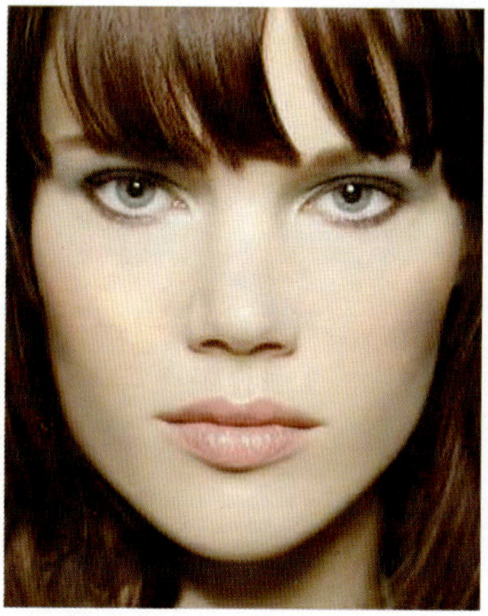

清除痘痘 P24

清除黑眼袋 P25

美白牙齿 P28

头发染色 P30

消除红眼 P31

清除污垢 P34

修复旧照片 P35

使老照片变清晰 P38

还原照片色彩 P39

调整图片偏色 P41

增加图片暗部 P43

调整逆光照片 P45

调整色调发灰的照片 P47

调整强光照片 P48

光效文字 P67

人物光效 P74

金蝉出鞘 ***P96***

重出重围 ***P112***

空降威龙 ***P125***

燃烧的青春 ***P200***

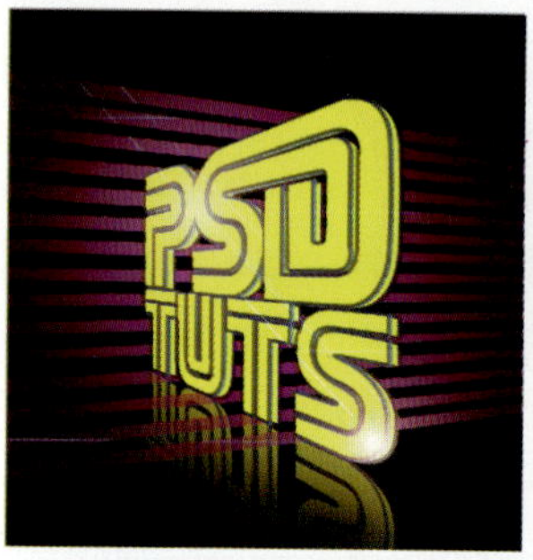

闪亮PSD ***P215***

经典MP4 ***P220***

绘制汽车 ***P262***

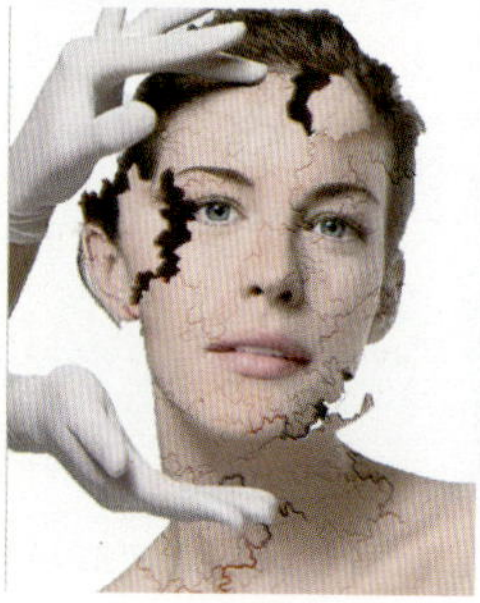

破碎的美女 ***P269***

魔法水晶球 ***P275***

强大的精神气波功 ***P289***

立体卡片 ***P311***

飞出书面 ***P330***

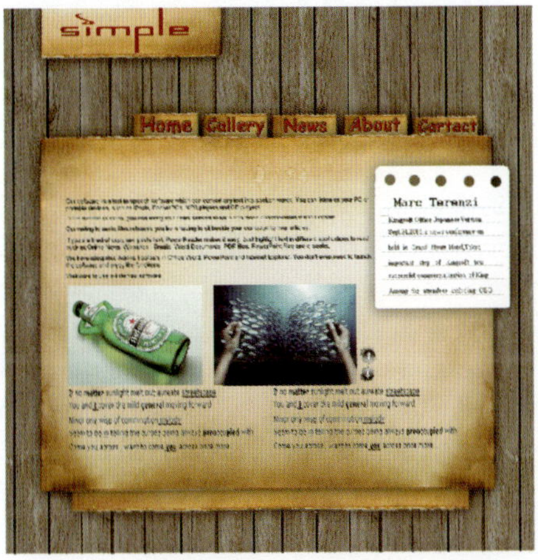

网页制作 ***P357***

名片设计 ***P366***

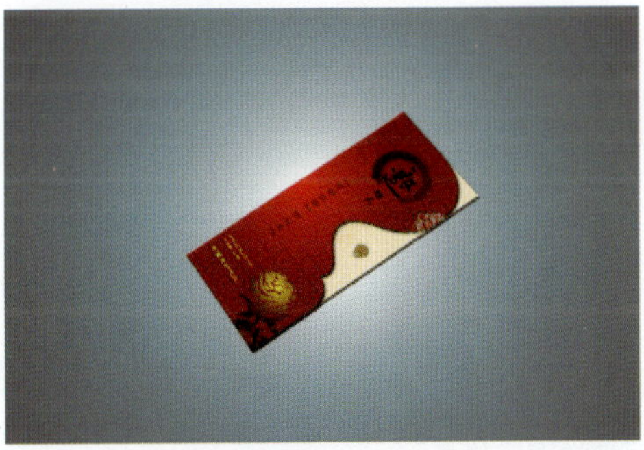

邀请函设计 ***P372***

菜谱内页设计 ***P392***

巧克力包装设计 ***P400***

目 录 Contents

第1部分 Photoshop CS5四大绝技

第2部分 Photoshop CS5彻底研究

第7章 直方图彻底研究 171

第8章 图层混合模式彻底研究 ... 183

02:54
PL
EQ
cIZMo

OTA LIVERS
PORTFOLIO
Planet Festival 2009

第3部分 Photoshop CS5完全实战

第 1 部分

Photoshop CS5 四大绝技

主要内容：

针对 Photoshop CS5 四大主要功能，通过练习软件基础操作技能，掌握操作技巧。本阶段最重要的任务是“练”，即通过大量练习融会贯通所学的基础知识与理论，并在练习过程中掌握操作技巧、积累操作经验。

第 1 章　抠图完全攻略

本章提要

选区是用户在工作过程中经常用到的功能。使用它可以限制图像调整的范围。另外，在定义图案、定义画笔等操作时也都离不开选区。抠图是将图像中的一部分选中，并使其脱离所在的图像。

本章通过典型的实例操作，对选区的功能和抠图的相关操作进行详细的讲解。

1.1　选区和抠图的概念

选区是指使用 Photoshop 的选择工具建立一个黑白色浮动线条组成的区域，从而将操作的范围限制在这个区域中，起到一个保护的作用。选区是允许图像处理的范围，可以将选区的图像与图像的其他部分分开，允许用户对选区中的图像进行单独调整。它可以将编辑效果和滤镜应用于图像的局部，同时保持未选中的区域不被处理。

不少图书和网上的评论都将 Photoshop 的精髓总结为“选择的艺术”，这在一定程度上反映出选择的重要性，可以说 Photoshop 的任何操作都是建立在一定的选择区域的基础上的。

抠图与选区的关系是相辅相成的。只有建立正确的选区，才能真正地将图像或图像的一部分选中，并使其脱离所在的图像，然后再将其应用到其他的图像中去。

选区与抠图的关系如下：图 1-1 所示为原图，图 1-2 所示为选区的提取，即抠图。而图 1-3 所示为抠图后的图像合成应用。

图1–1　原图

图1–2　提取选区

图1–3　图像合成

当制作选区的功能受限制时，我们应该关注的重点是如何更加准确、更加有效率地取得选区，同时考虑所取得的选区是否有保存价值，是否能在其基础上制作出其他选区。因此，我们学习的重点是制作选区的过程与所使用的技术。

1.2　抠图利器——魔棒工具与套索工具

魔棒工具与套索工具是 Photoshop 中创建不规则选区的主要工具，通过简单的单击和拖拽来完成选区的建立。本节通过典型的实例，对魔棒工具与套索工具的功能和相关操作做详细的讲解。

1.2.1 制作套索选区

【套索工具】可以建立任意形状的选区，随着鼠标的自由移动形成路径，松开后自动形成选区。

使用套索工具创建选区

所用素材：光盘\素材\第1章\茄子.psd

操作步骤

1 打开随书所附光盘中文件“第1章\茄子.psd”，如图1-4所示。

2 选择工具栏上的【套索工具】，使用【套索工具】沿茄子的边缘绘制轮廓选区，如图1-5所示。

图1-4 素材图片

图1-5 套索选择

3 单击【选择】/【反相】命令，或者按【Ctrl+I】组合键，做反向选择操作。按【Delete】键删除选区的内容，效果图1-6所示。按【Ctrl+D】组合键取消选区。

图1-6 最终效果

1.2.2 制作多边形套索选区

【多边形套索工具】可以创建直边的选区，并可以选择具有直角边的物体。在使用此工具时，需要按照“单击—释放左键—单击”的方式进行操作，而且最后一个单击点的位置应该与第一个单击点的位置相同，选区才能闭合。如果找不到第一个单击点所在的位置，可以在任意一点双击左键闭合选区。

使用多边形套索工具创建选区

所用素材：光盘\素材\第1章\FedEx.psd

操作步骤

1 打开随书所附光盘中文件“第1章\FedEx.psd”，如图1-7所示。

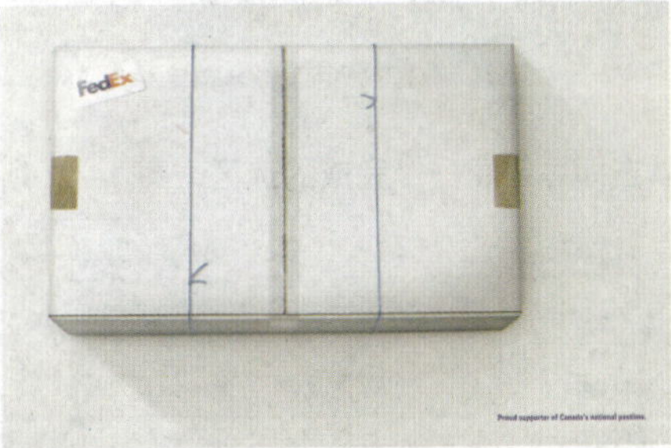

图1-7 素材图片

2 选择工具栏上的【多边形套索工具】，在图像的左上角位置单击，创建第一个锚点，如图1-8所示。

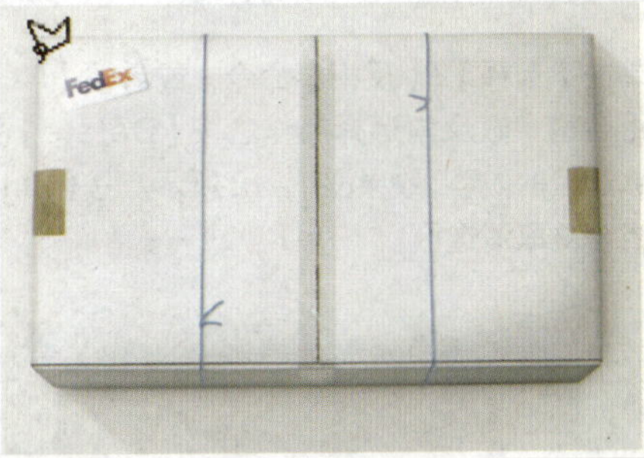

图1-8 创建锚点

3 移动光标至另一个拐角位置并单击，以创建第二个锚点，如图1-9所示。

4 按照步骤2和步骤3的方法分别在各个拐点位置单击，直至返回第一个锚点位置，此时光标将变成图1-10所示的形状。

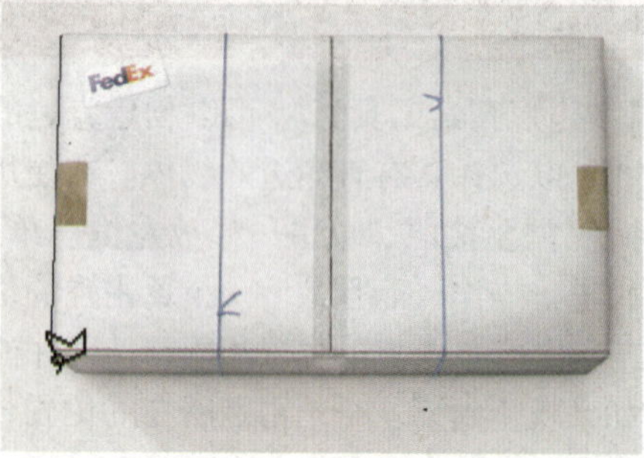

图1-9　移至拐角

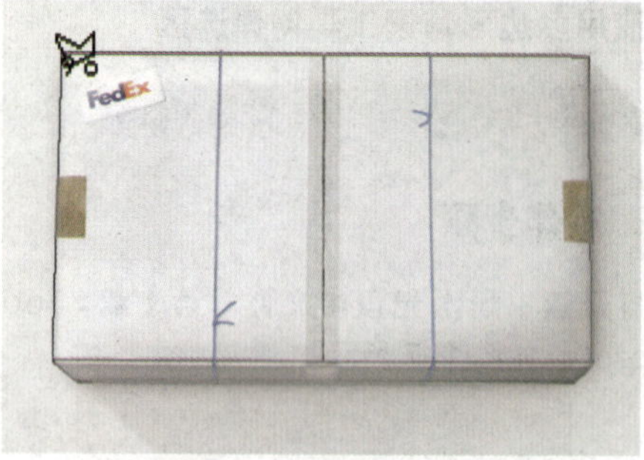

图1-10　返回起始锚点

5 单击即可创建一个完成的选区，图 1-11 所示。

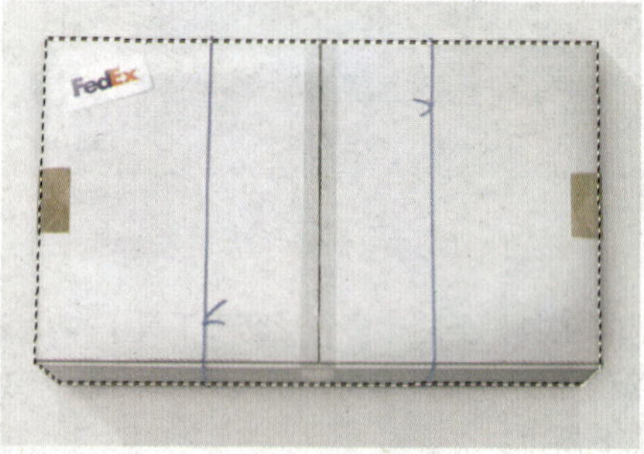

图1-11　创建选区

6 单击【选择】/【反相】命令，或者按【Ctrl+I】组合键，做反向选择操作。按【Delete】键删除选区的内容，效果图 1-12 所示。按【Ctrl+D】组合键取消选区。

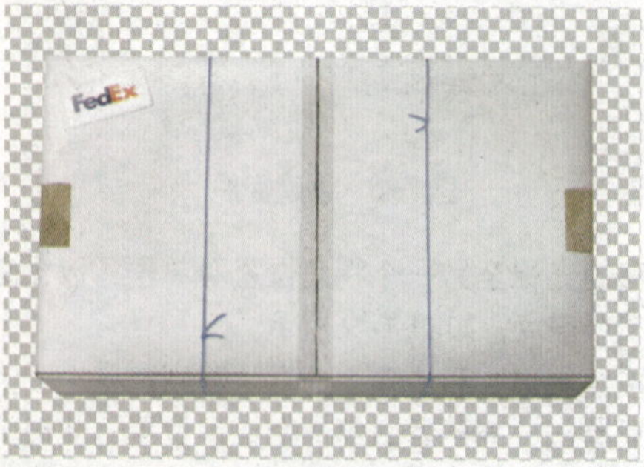

图1-12　最终效果

1.2.3　磁性套索工具

【磁性套索工具】：接触到反差明显的边界时，拖移鼠标，磁性工具会自动沿着这条边界移动，可以自动捕捉物体的边缘以建立选区，当鼠标单击到起点时，选区自动闭合。

使用磁性套索工具创建选区

所用素材：光盘\素材\第 1 章\黄瓜 .psd

操作步骤

1 打开随书所附光盘中文件“第 1 章\黄瓜 .psd”，如图 1-13 所示。

图1-13　素材文件

2 沿着图像的边缘移动鼠标，从而自动生成环绕图像的锚点，如图 1-14 所示。

图1-14　生成锚点

3 直至返回第一个锚点位置，单击即可创建一个完成的选区，图 1-15 所示。

图1-15　创建选区

4 单击【选择】/【反相】命令，或者按【Ctrl+I】组合键，做反向选择操作。按【Delete】键删除选区的内容，效果图 1-16 所示。按【Ctrl+D】组合键取消选区。

图1-16　最终效果

1.2.4　魔棒工具

使用【魔棒工具】可以方便地选择相邻或不相邻的具有一致颜色的区域。

使用魔棒工具创建选区

所用素材：光盘\素材\第 1 章\佛手 .psd

操作步骤

1 打开随书所附光盘中文件“第 1 章\佛手 .psd”，如图 1-17 所示。

2 选择工具栏上的【魔棒工具】，单击画面中的黑色部分，会自动生成选区，如图 1-18 所示。

图1-17　素材文件

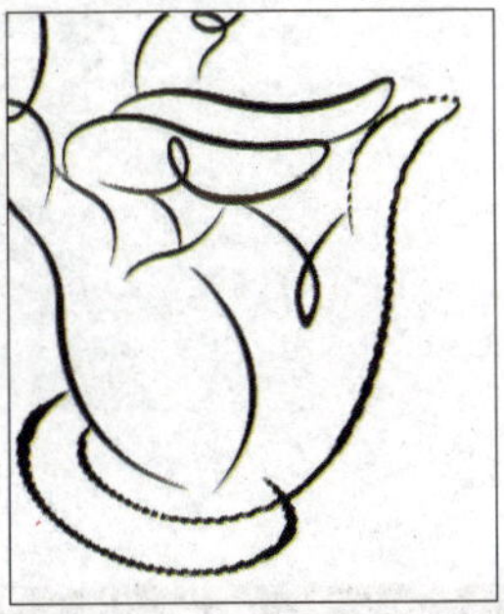

图1-18　提取选区

3 但是画面中佛手的部分并未完全选中。按住【Shift】键，在佛手的其他位置单击，将佛手的全部添加到选区中，如图 1-19 所示。

4 单击【选择】/【反相】命令，或者按【Ctrl+I】组合键，做反向选择操作。按【Delete】键删除选区的内容，效果图 1-20 所示。按【Ctrl+D】组合键取消选区。

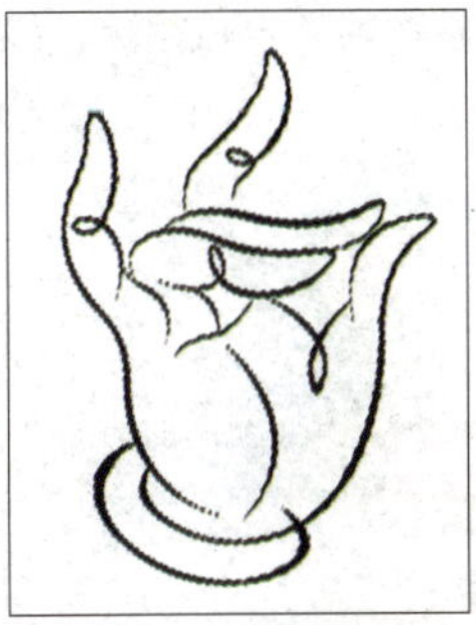

图1-19　增加选区

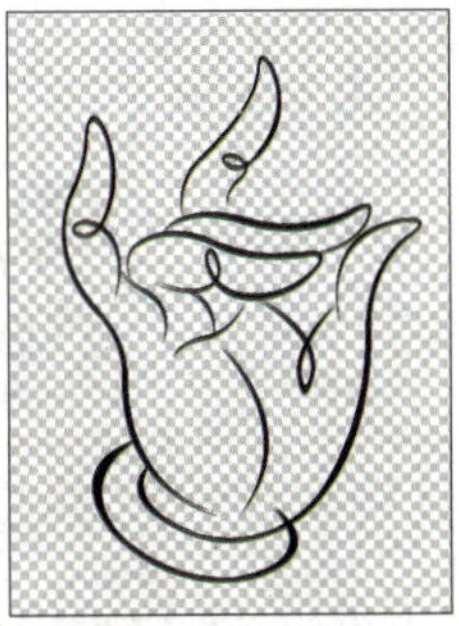

图1-20　最终效果

1.3　抠图利器——魔术橡皮擦工具

使用【魔术橡皮擦工具】可以在拖移时将图层上的像素擦为透明，并在擦除背景的同时在前景中保留对象的边缘。

使用背景橡皮擦工具抠图

所用素材：光盘\素材\第 1 章\彩虹 .psd

操作步骤

1 打开随书所附光盘中文件“第 1 章\彩虹 .psd”，如图 1-21 所示。

图1-21　素材文件

2 选择工具栏上的【魔术橡皮工具】，单击背景区域，魔术橡皮擦具有自动分析图像边缘功能，被擦除的区域也会变成透明区域，如图 1-22 所示。

图1-22　擦除背景

3 单击背景区域，直到背景颜色完全被擦除，如图 1-23 所示。

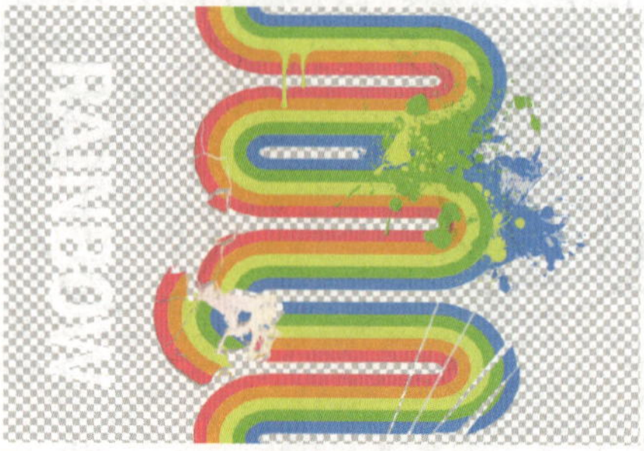

图1-23　最终效果

1.4　抠图利器——路径

路径是 Photoshop 中强大的功能之一，它是基于“贝塞尔”曲线建立的矢量图形，所有使用矢量绘图软件或者矢量绘图工具制作的线条，原则上都可以称为路径。【钢笔工具】是创建路径的主要工具之一，它不仅可以选取图像，而且可以绘制卡通漫画。

使用钢笔工具抠图

所用素材：光盘 / 素材 / 第 1 章 / 流淌 .psd

操作步骤

1 打开随书所附光盘中文件“第 1 章\流淌 .psd”，如图 1-24 所示。

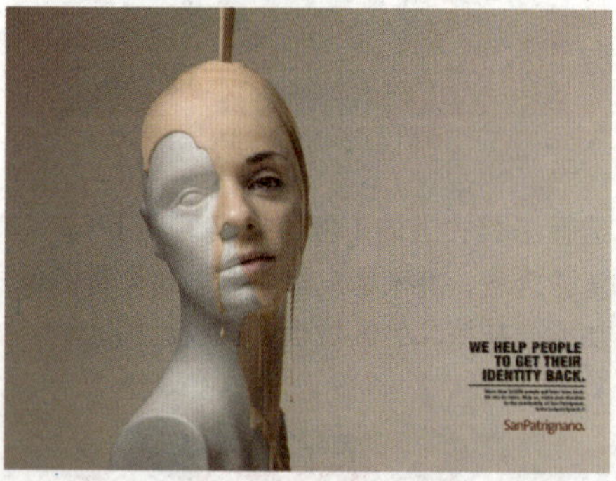

图1-24　素材图片

2 选择工具栏上的【钢笔工具】绘制出蝴蝶的外轮廓，如图 1-25 所示。单击【路径】调板底部的【将路径作为选区载入】按钮，或者按【Ctrl+Enter】组合键。可将当前路径转换为选区。

图1-25　绘制路径

3 按【Ctrl+J】组合键复制选区到新建图层，如图 1-26 所示。

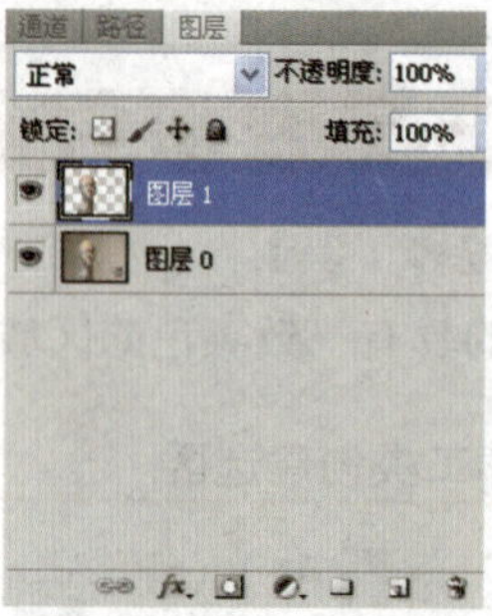

图1-26　【图层】面板

4 隐藏【图层 0】，显示路径抠图后效果，如图 1-27 所示。

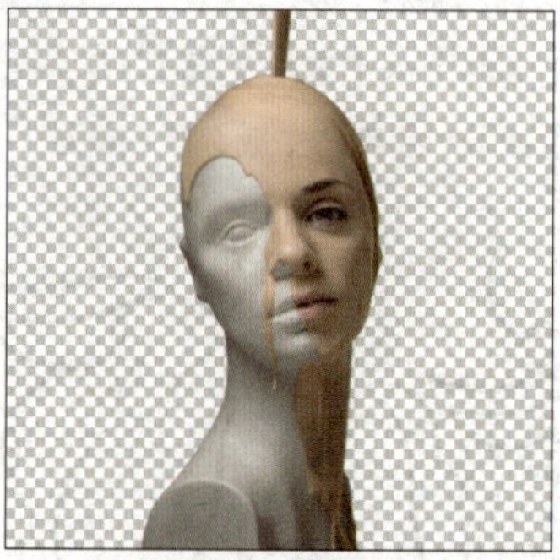

图1-27　最终效果

1.5　抠图利器——通道

在 Photoshop 中，通道分为颜色通道、Alpha 通道和专色通道 3 种。通道是存储所有不同类型信息的灰度图像，它是独立的原色平面，利用它可以精确的抠取图像。利用通道可以完成图像色彩的调整和特殊效果的制作，灵活的使用通道可以自由地调整图像的色彩信息。

使用通道抠图

所用素材：光盘 / 素材 / 第 1 章 / 向日葵 .psd

操作步骤

1 打开随书所附光盘中文件“第 1 章\向日葵”，如图 1–28 所示。

图1–28　素材图片

2 选择【通道】面板上的通道【蓝】，将其复制得到通道【蓝副本】，此时【通道】面板如图 1–29 所示。

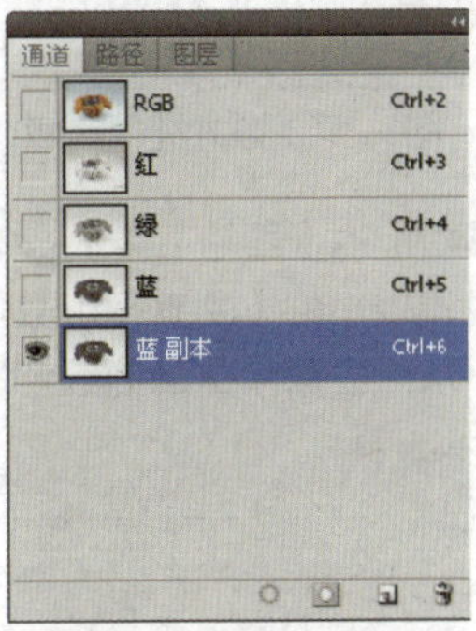

图1–29　通道面板

3 单击【图像】/【调整】/【色阶】命令，或者按【Ctrl+L】组合键，参数设置如图 1–30 所示，选择【确定】完成操作。

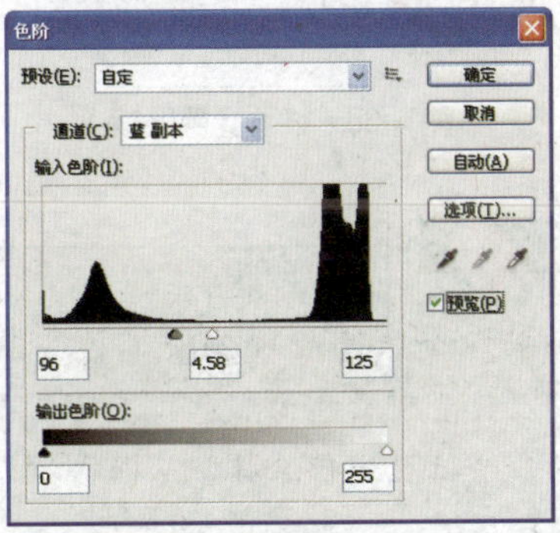

图1–30　【色阶】对话框

4 选择通道【蓝副本】，选择工具栏上的【画笔工具】，将【前景色】设置为黑色，将向日外涂黑，通道状态如图 1–31 所示。

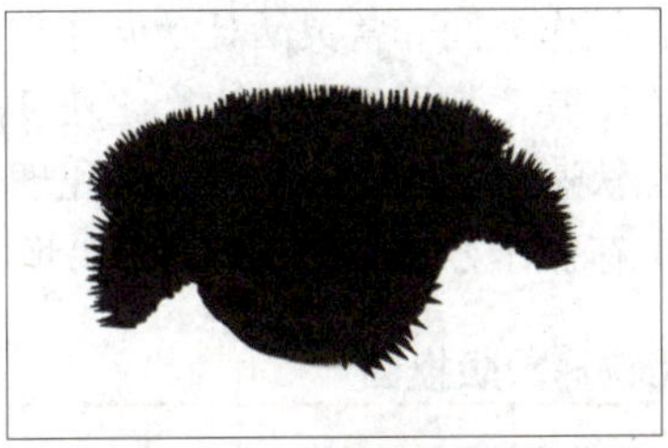

图1–31　通道状态

5 单击【选择】/【反相】命令，或者按【Ctrl+I】组合键，使通道内黑白颜色相反，如图 1–32 所示。

图1–32　反相命令效果

6 单击菜单栏中的【选择】/【载入选区】命令，返回【图层】面板。按【Ctrl+J】组合键复制选区到新建图层，隐藏【图层 0】，如图 1–33 所示。按【Ctrl+D】组合键取消选区。

图1–33　最终效果

提　示

原色通道是不能随意更改的，一定要复制出一个新的通道作图像更改。通道的核心作用是提取【选区】，而在通道中的白色部分是需要的，黑色是不需要的。所以要想办法使图像与背景产生强黑白对比，这样就可以将想要的图像从中分离出来。

1.6 抠图利器——快速蒙版

快速蒙版是创建选区的一种方法，同时也是一种在操作方面非常灵活且功能非常强大的选区制作工具，常用于制作边缘比较复杂的选区。虽然快速蒙版与Alpha通道在原理上非常相似，但在操作方法上却更加简单易懂。

使用快速蒙版抠图

所用素材：光盘/素材/第1章/机车.psd

操作步骤

1 单击菜单栏中的【文件】/【打开】命令，或者按【Ctrl+O】组合键，打开素材“机车”文件。选择工具栏上的【快速选择工具】，绘制出摩托车选区，如图1-34所示。

图1-34 绘制选区

2 在工具栏底部单击【以快速蒙版模式编辑】按钮，进入快速蒙版模式编辑状态。双击【以快速蒙版模式编辑】按钮，弹出【快速蒙版选项】对话框，自定义其颜色和透明度，设置如图1-35所示。在此模式下除当前选区外的其他区域被淡淡的红色所覆盖，效果如图1-36所示。

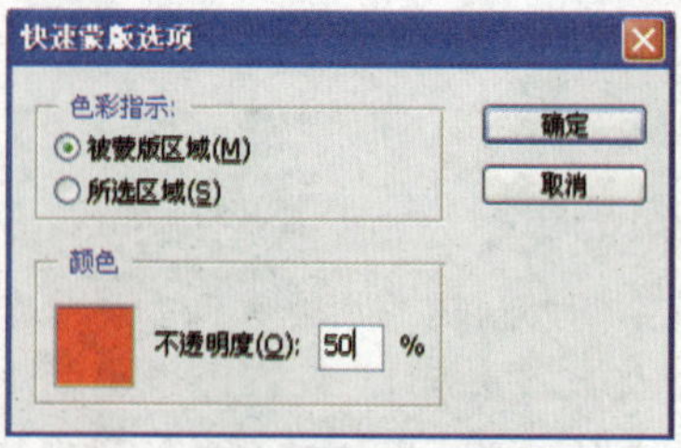

图1-35 【快速蒙版选项】对话框

3 将【前景色】设置为黑色，选择工具栏上的【画笔工具】，在工具选项栏中设置适当的【主直径】数值，在摩托车上涂抹，以消除其他区域所覆盖的红色，此操作的目的在于通过消除红色增大选区，涂抹后如图1-37所示。

图1-36 红色覆盖的区域

图1-37 增大红色区域

4 选择工具栏上的【画笔工具】，在其工具选项栏中设置较小的【主直径】数值，沿边缘进行涂抹，从而去除涂抹出的红色，涂抹后如图1-38所示。

图1-38 精准红色区域

提 示

如果在涂抹过程中擦除不该去除的红色，可以设置前景色为黑色，在不需要显示出来的多余位置进行涂抹，从而再次以红色覆盖这些区域。

5 单击工具栏下方的【以标准模式编辑】按钮，退出快速蒙版模式编辑状态，得到精确的选区，如图 1-39 所示，然后按【Delete】键删除选区内图像。

图1-39 精准选区

提 示

从实例可以看出，快速蒙版中的受保护区域和不受保护区域是以不同颜色进行区分的。当退出快速蒙版编辑状态后，不受保护区域将成为选区。

1.7 上机实战

本节通过四个实例系统、完整地对抠图进行全方位的了解，要求掌握钢笔工具、蒙版工具以及通道命令的使用方法和应用技巧。

1.7.1 抠蜻蜓

蜻蜓翅膀属于半透明物体，抠图的难度比较大。本节通过钢笔工具和通道命令的结合使用，来完成最后的抠图操作，最终效果如图 1-40 所示。

图1-40 最终效果

抠蜻蜓

所用素材：光盘 / 素材 / 第 1 章 / 抠蜻蜓 / 蜻蜓、背景图 1.jpg

最终效果：光盘 / 效果 / 第 1 篇 / 第 1 章 / 抠蜻蜓 .psd

操作步骤

1 单击【文件】/【打开】命令，或者按【Ctrl+O】组合键，打开素材文件【蜻蜓】，如图 1-41 所示。

图1-41 蜻蜓文件

2 选择工具栏上的【钢笔工具】，绘制出蜻蜓的路径，如图 1-42 所示。按【Ctrl+Enter】组合键，将路径转换为选区。然后按【Ctrl+J】组合键，复制选区内容到新建的【图层 1】中，同时隐藏其他图层，效果如图 1-43 所示。

图1-42 绘制蜻蜓选区

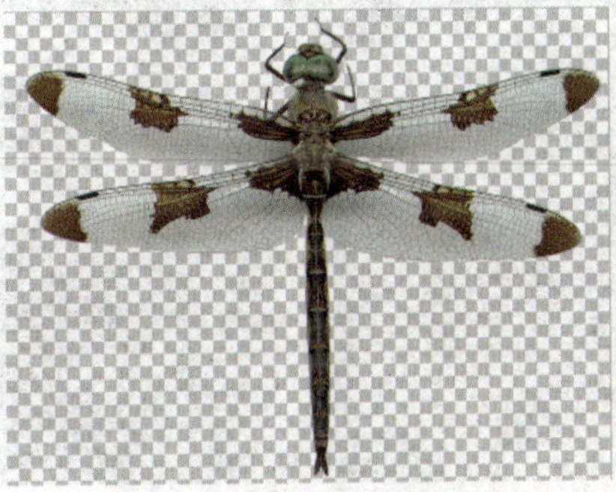

图1-43 【图层1】效果

3 选择【图层 1】，选择【通道】面板，复制通道【蓝】，得到通道【蓝副本】。单击【图像】/【调整】/【反相】命令，或者按【Ctrl+I】组合键，如图 1-44 所示。返回【图层】面板，选择【图层 1】，按【Ctrl】键并单击【图层 1】缩略图，提取蜻蜓选区，如图 1-45 所示。

图1-44　图像反相

图1-45　提取选区

4 将【前景色】设置为白色，返回通道面板，选择通道【蓝副本】，如图 1-46 所示。选择工具栏上的【画笔工具】将蜻蜓身涂白，如图 1-47 所示。

图1-46　提取蜻蜓选区

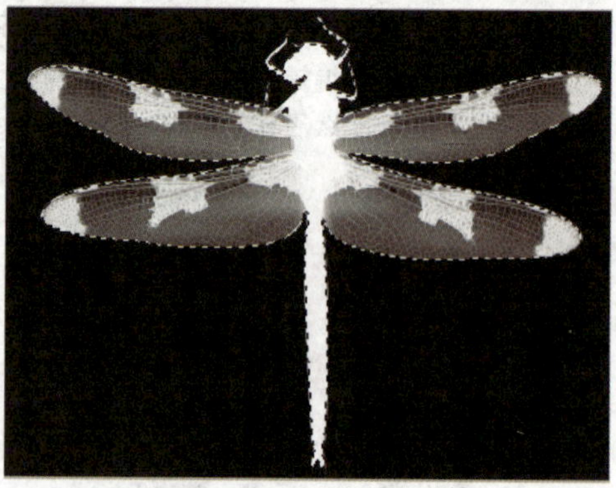

图1-47　图像效果

5 选择通道【蓝副本】，单击【图像】/【调整】/【曲线】命令，或者按【Ctrl+M】组合键。如图 1-48 所示。

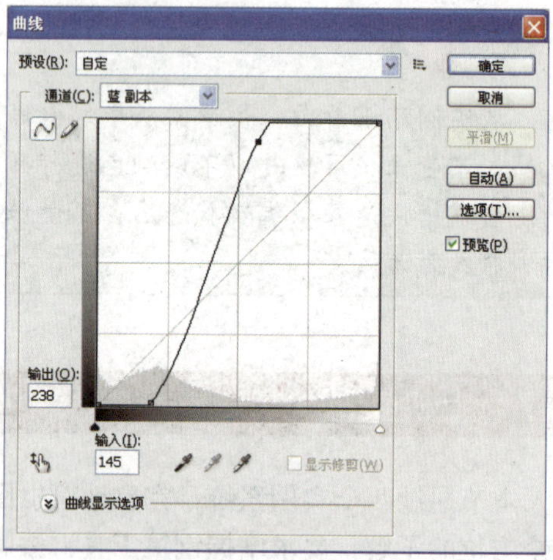

图1-48　【曲线】对话框

6 选择通道【蓝副本】，单击【图像】/【调整】/【色阶】命令，或者按【Ctrl+L】组合键。如图 1-49 所示。

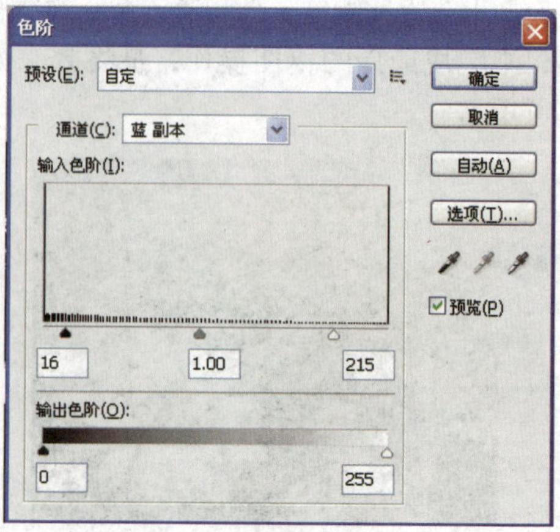

图1-49　【色阶】对话框

7 选择通道【蓝副本】，单击菜单栏中的【选择】/【载入选区】命令。设置如图 1-50 所示，选择【确定】完成操作。效果如图 1-51 所示。

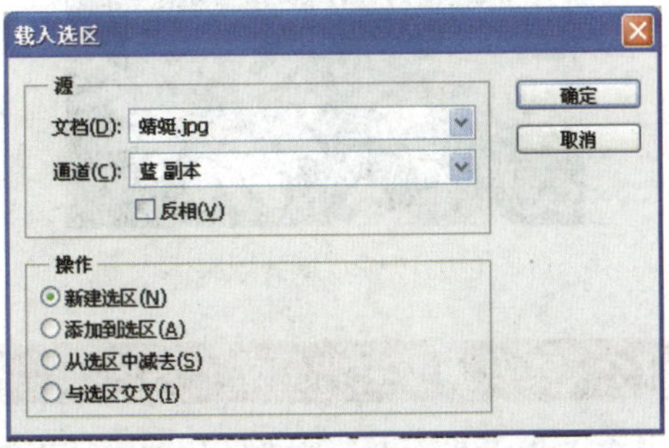

图1-50 【载入选区】对话框

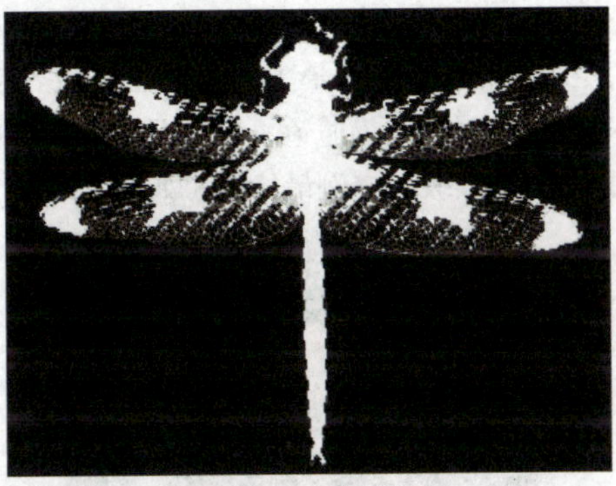

图1-51 图像效果

8 返回【图层】面板，选择【图层 1】，按【Ctrl+J】组合键，复制选区内容到新建的【图层 2】中。同时隐藏所有图层，如图 1-52 所示。

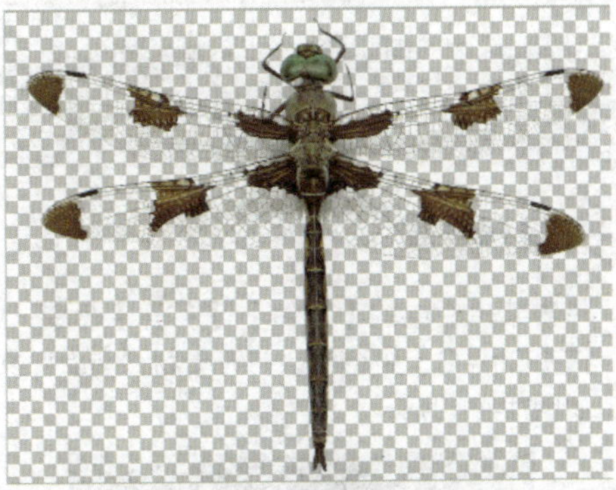

图1-52 图像效果

9 选择【图层】面板，显示【图层 1】，选择【图层 1】，单击【图层】/【矢量蒙版】/【显示全部】命令，选择工具栏上的【画笔工具】，【不透明度】设为 26%，对翅膀稍作修饰。如图 1-53 所示。【画笔工具】属性面板如图 1-54 所示。

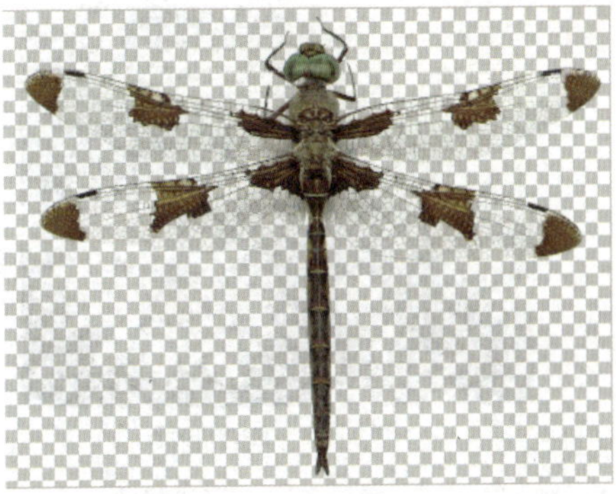

图1-53 图像效果

图1-54 【画笔工具】属性面板

10 单击【文件】/【打开】命令，或者按【Ctrl+O】组合键，打开素材文件【背景图】如图 1-55 所示。单击【选择】/【全部】命令，或者按【Ctrl+A】组合键。单击【编辑】/【拷贝】命令，或者按【Ctrl+C】组合键，返回文件【蜻蜓】中，单击【编辑】/【粘贴】命令，或者按【Ctrl+V】组合键，得到【图层 3】。

图1-55 背景图

11 选择【图层】面板，将【图层 3】移至【图层 1】下层，如图 1-56 所示。选择【图层 2】和【图层 2 副本】，如图 1-57 所示。单击菜单栏中的【编辑】/【自由变换】命令，或者按【Ctrl+T】组合键，按【Shift】键将蜻蜓等比例缩小并调整合适位置。如图 1-58 所示。

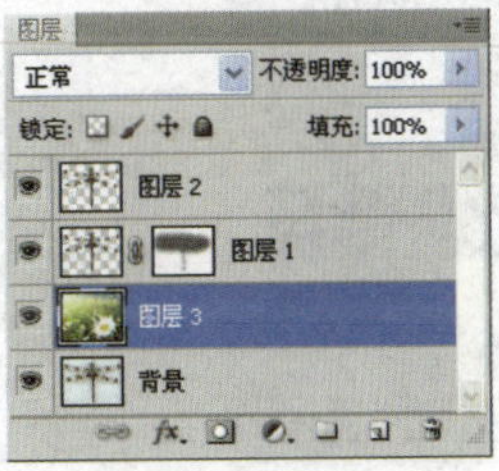

图1-56 【图层】面板

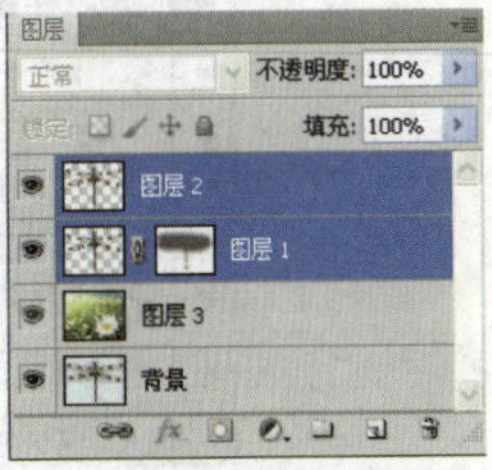

图 1-57 【图层】面板

图1–58　自由变换

12 制作阴影。新建【图层 4】，按【Ctrl】键单击【图层 2】缩略图，即在【图层 4】中提取【图层 2】选区，单击菜单栏中的【选择】/【修改】/【羽化】命令，设置如图 1–59 所示，选择【确定】完成操作。效果如图 1–60 所示。

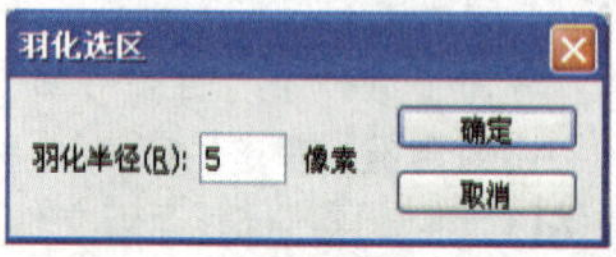

图1–59　【羽化选区】对话框

图1–60　图像效果

13 将【前景色】设为黑色，按【Alt+Delete】组合键，填充前景色。选择【图层】面板，将【不透明度】设为 39%。【图层】面板如图 1–61 所示。选择工具栏上的【移动工具】，移动阴影。最终效果如图 1–62 所示。

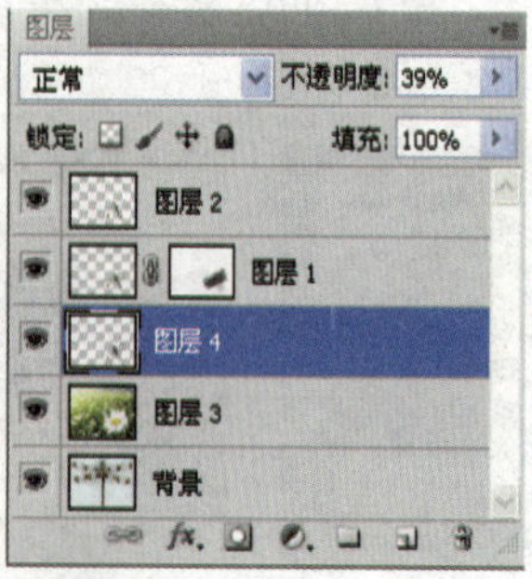

图1–61　【图层】面板

图1–62　最终效果

1.7.2　头发通道去背景法

在人物去背景上，最难做的应该是头发的去背景，由于头发的效果不能生硬，所以不能使用路径来去背景。路径可以用来去身体部位的背景，头发如果要去背景去的好的话，最好使用通道来去背景，因为通道不是死板的线条，通道可以有很多层级。本例最终效果如图 1-63 所示。

图1–63　最终效果

抠头发

所用素材：光盘 / 素材 / 第一章 / 抠头发 / 美女 .jpg、背景图 .jpg

最终效果：光盘 / 效果 / 第一章 / 抠头发 .psd

操作步骤

1 单击菜单栏中的【文件】/【打开】命令，或者按【Ctrl+O】组合键，打开素材“美女”文件，如图 1–64 所示。

图1–64　美女文件

2 选择【通道】面板，复制通道【蓝】，此时【通道】面板如图 1-65 所示。然后单击菜单栏中的【图像】/【调整】/【色阶】命令，或按【Ctrl+L】组合键，打开【色阶】对话框，如图 1-66 所示。

图1-65 【通道】面板

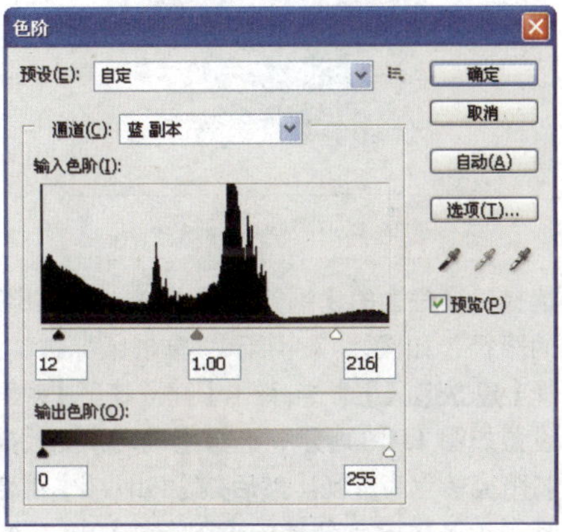

图1-66 【色阶】对话框

3 单击菜单栏中的【选择】/【色彩范围】命令，弹出【色彩范围】对话框，设置如图 1-67 所示，选择【确定】完成操作。

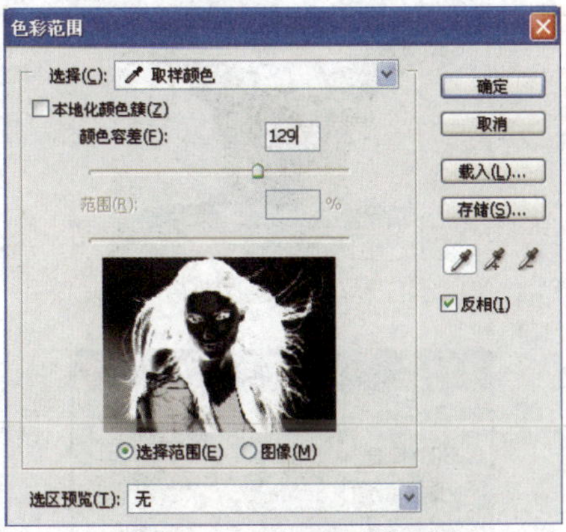

图1-67 【色彩范围】对话框

4 返回【图层】面板，然后选择工具栏上的【快速选择工具】，在属性栏上选择【添加到新选区】按钮，绘制人物选区，如图 1-68 所示。

图1-68 添加到新选区

5 单击鼠标右键，在选择【通过拷贝的图层】命令，效果如图 1-69 所示。

图1-69 通过拷贝的图层

6 将头发的颜色设为前景色黑色，发丝边缘的颜色设为背景色【#312f2f】。选择工具栏上的【背景橡皮擦工具】，在属性栏中设置各项参数，如图 1-70 所示，在人物边缘涂抹，效果如图 1-71 所示。

图1-70 【背景橡皮擦工具】属性面板

图1-71 擦除头发边缘效果

7 单击菜单栏中的【文件】/【打开】命令，或者按【Ctrl+O】组合键，打开素材“背景图”文件，将其复制到现在操作的文档中并将其放在

【图层 2】美女所在图层的下面，自动生成【图层 3】，按【Ctrl+J】组合键将其复制，生成【图层 3 副本】并将其放在【图层 2】美女所在图层的上面，此时【图层】面板如图 1–72 所示。

8 单击菜单栏中的【图层】/【矢量蒙版】/【显示全部】命令，然后选择工具栏上的【画笔工具】稍作修饰，此时【图层】面板如图 1–73 所示，最终效果如图 1–74 所示。

图1–72 【图层】面板

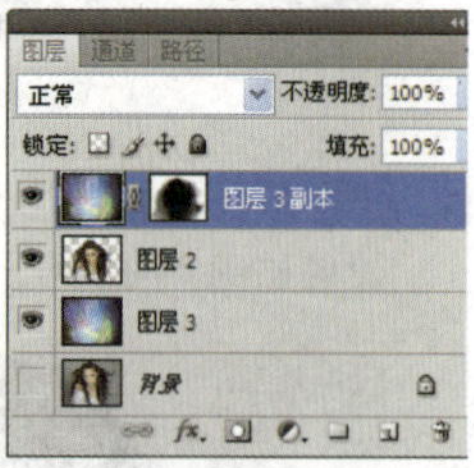

图1–73 【图层】面板

图1–74 最终效果

1.7.3 玻璃瓶去背景法

本例重点讲解玻璃瓶的去背景的方法。因为玻璃瓶本身是透明的，背景是白色的，要拿玻璃瓶来合成必须要将玻璃瓶去背景为透明的，所以必须要分别抓出玻璃面的暗面部分以及亮面部分，并制作成通道，再变成选区区域，才可以将玻璃瓶做透明的去背景。本例最终效果如图 1-75 所示。

图1–75 最终效果

玻璃瓶去背景

所用素材：光盘 / 素材 / 第 1 章 / 抠瓶子 / 玻璃瓶 .jpg
最终效果：光盘 / 效果 / 第 1 章 / 抠瓶子 .psd

操作步骤

1 单击【文件】/【打开】命令，或按【Ctrl+O】组合键，打开素材“玻璃瓶”文件，如图 1–76 所示。

图1–76 玻璃瓶文件

2 选择工具栏上的【钢笔工具】，绘制出瓶颈的路径，如图 1–77 所示，单击鼠标右键，选择【建立选区】命令，弹出【建立选区】对画框，设置如图 1–78 所示，选择【确定】完成操作，将路径转化为选区。然后按【Ctrl+J】组合键，复制选区内容到新建的【图层 1】中，同时将其他图层隐藏，效果如图 1–79 所示。

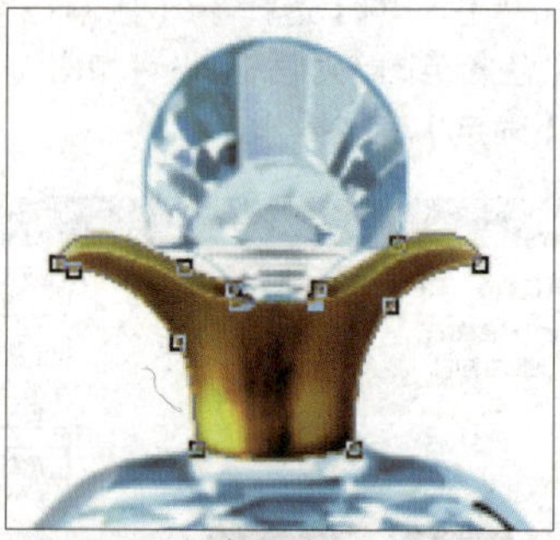

图1–77 绘制瓶颈路径

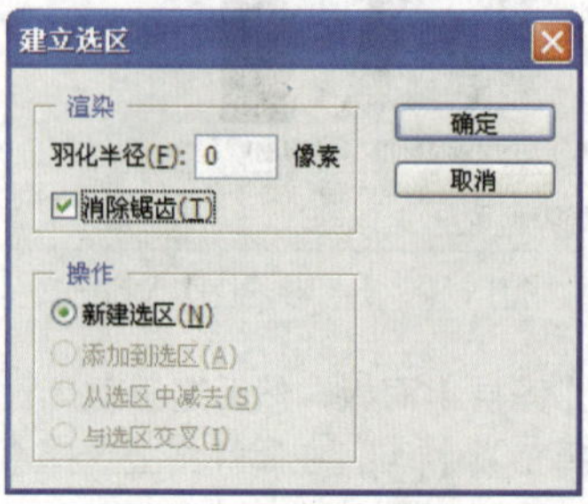

图1–78 绘制瓶颈路径

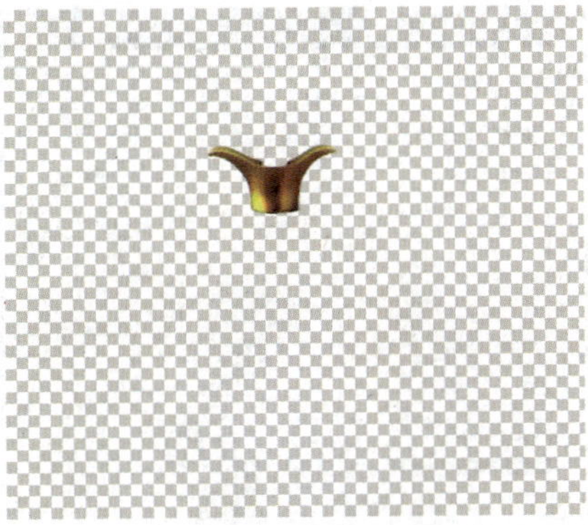

图1-79　复制出的瓶颈部分

3 绘制瓶子的路径，如图 1-80 所示，可以按【Ctrl+Enter】组合键快速的将路径转化为选区。然后按【Ctrl+J】组合键，复制选区内容到新建的【图层 2】中，同时将其他图层隐藏，效果如图 1-81 所示。

图1-80　绘制瓶子路径

图1-81　复制出的瓶子

4 选择【图层 2】，复制通道【红】，得到通道【红副本】，如图 1-82 所示。单击菜单栏中的【图像】/【调整】/【色阶】命令，或按【Ctrl+L】组合键，打开【色阶】对话框，设置如图 1-83 所示。效果如图 1-84 所示。

图1-82 【通道】面板

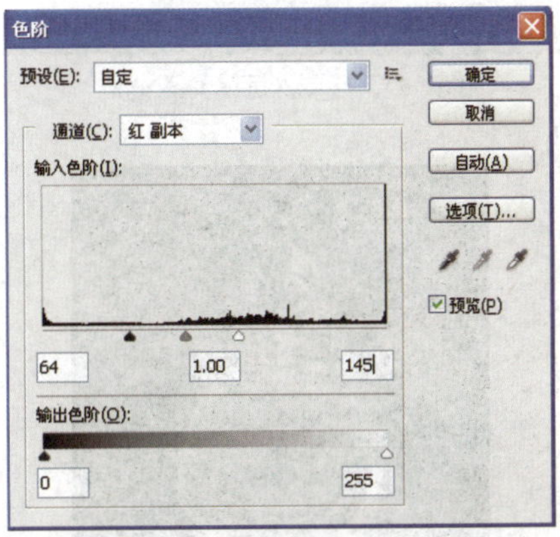

图1-83 【色阶】对话框

图1-84

5 选择【通道】面板上的【红副本】，单击菜单栏中的【图像】/【调整】/【反相】命令，或按【Ctrl+I】组合键，将图像反相，效果如图 1-85 所示。单击菜单栏中的【选择】/【载入选区】命令。设置如图 1-86 所示。选择【确定】完成操作。效果如图 1-87 所示。

图1-85　图像反相

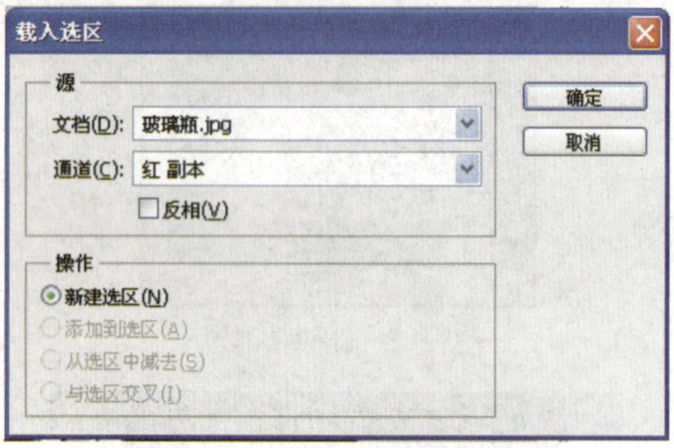

图1-86 【载入选区】对话框

图1-87 载入选区

6 返回【图层】面板，选择【图层2】，然后按【Ctrl+J】组合键，复制选区内容到新建【图层3】中。同时将其他图层隐藏，效果如图1-88所示。

图1-88 图像效果

7 再次复制【通道】面板上的【红副本】，得到【红副本2】。单击菜单栏中的【图像】/【调整】/【色阶】命令，或者按【Ctrl+L】组合键。如图1-89所示。选择【确定】完成操作，如图1-90所示。单击菜单栏中的【选择】/【载入选区】命令，设置如图1-91所示。选择【确定】完成操作，效果如图1-92所示。

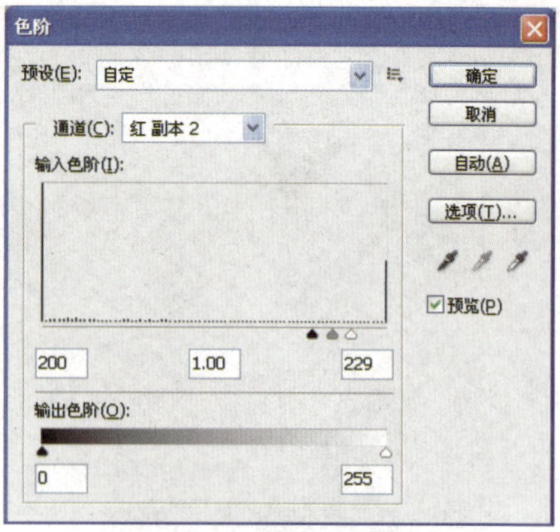

图1-89 【色阶】对话框

图1-90 图像效果

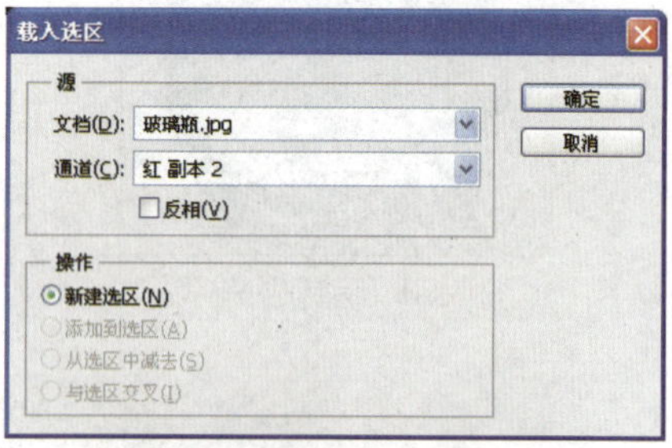

图1-91 【载入选区】对话框

图1-92 图像效果

8 返回【图层】面板，选择【图层2】，然后按【Ctrl+J】组合键，复制选区内容到新建【图层4】中。同时将其他图层隐藏，效果如图1-93所示。【图层】面板如图1-94所示。

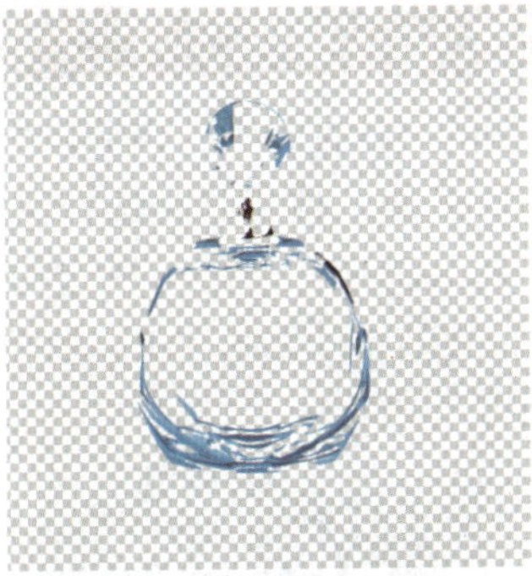

图1–93 复制出的瓶体

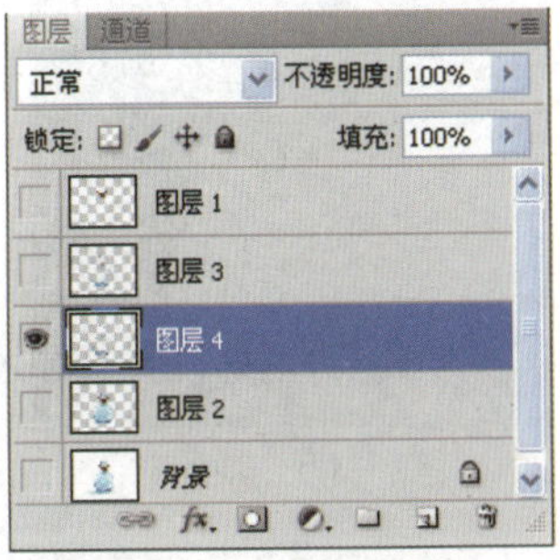

图1–94 【图层】面板

9 选择【图层】面板，新建【图层 5】，将【图层 5】移至【图层 2】下层，将前景色设置为黑色，按【Alt+Delete】组合键填充前景色。如图 1–95 所示。【图层】面板如图 1–96 所示。

图1–95 填充前景色

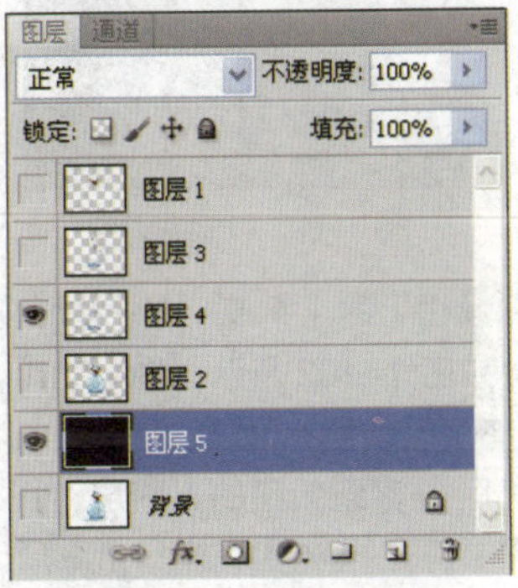

图1–96 【图层】面板

10 选择【通道】面板，复制【通道】面板上的【红副本】，得到【红副本 3】。单击菜单栏中的【图像】/【调整】/【色阶】命令，或者按【Ctrl+L】组合键，如图 1–97 所示。选择【确定】完成操作，如图 1–98 所示。单击菜单栏中的【选择】/【载入选区】命令，设置如图 1–99 所示，选择【确定】完成操作，效果如图 1–100 所示。

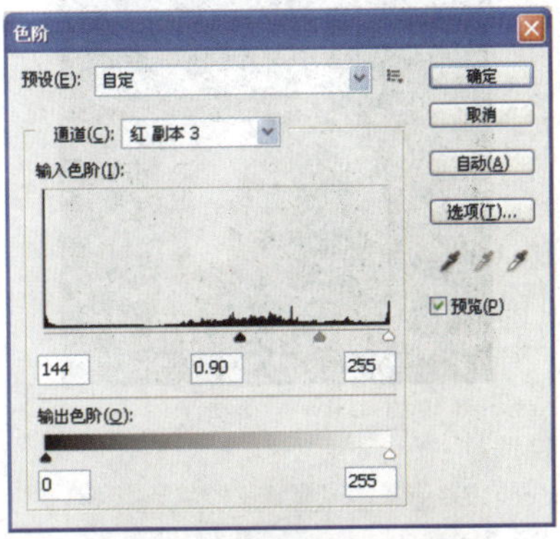

图1–97 【色阶】对话框

图1–98 图像效果

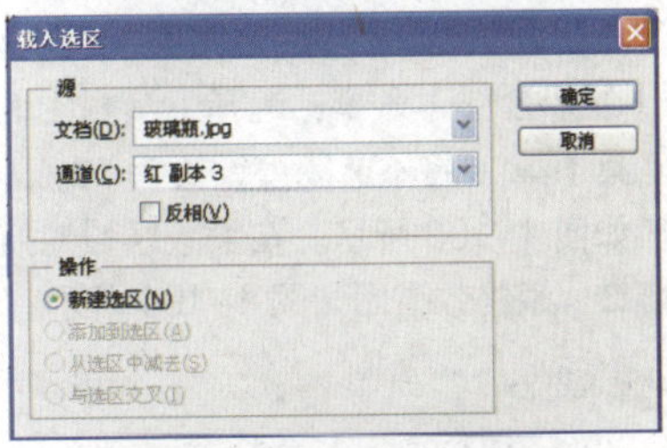

图1–99 【载入选区】对话框

图1–100 图像效果

11 返回【图层】面板，选择【图层 2】，然后按【Ctrl+J】组合键，复制选区内容到新建【图层 6】中。同时只显示【图层 6】和【图层 5】，效果如图 1-101 所示。【图层】面板如图 1-102 所示。

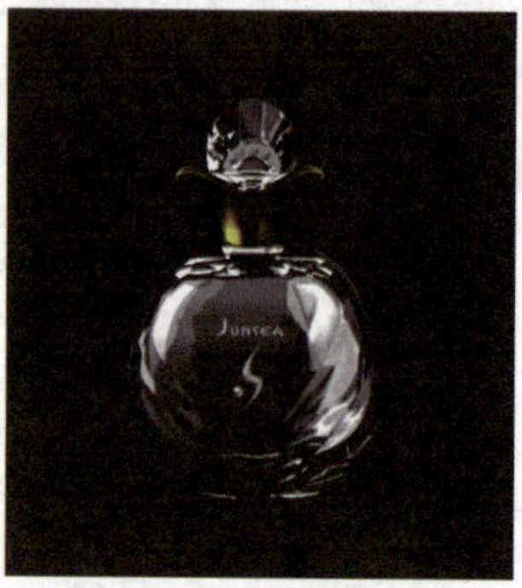

图1-101 图像效果

图1-102 【图层】面板

12 选择【图层】面板，显示所有图层，选择【图层 2】，单击菜单栏中的【图层】/【矢量蒙版】/【显示全部】命令，选择工具栏上的【画笔工具】，将不透明度设置为 26%。属性面板如图 1-103 所示。在蒙版区域对瓶子稍作修饰。最终效果图如图 1-104 所示。

图1-103 【画笔工具】属性面板

图1-104 最终效果

1.7.4 婚纱去背景法

在本例的制作过程中，将结合前面讲解过的通道选择图像、使用路径选择图像以及使用选区工具来选择图像等多种选择方法，来制作一款精美的婚纱艺术效果。最终效果如图 1-105 所示。

图1-105 最终效果

婚纱去背景

所用素材：光盘 / 素材 / 第 1 章 / 抠婚纱 / 婚纱.jpg
最终效果：光盘 / 效果 / 第 1 章 / 抠婚纱.psd

操作步骤

1 单击【文件】/【打开】命令，或者按【Ctrl+O】组合键，打开素材文件【婚纱】。如图 1-106 所示。

图1-106 婚纱文件

2 选择工具栏上的【钢笔工具】，画出人物的路径，如图 1-107 所示，按【Ctrl+Enter】组合键，将路径转换为选区。按【Ctrl+J】组合键，复制选区内容到新建的【图层 1】中，同时将其他图层隐藏，效果如图 1-108 所示。【图层】面板 1-109 如图所示。

图1-107 绘制人物选区

图1-108 图层1效果

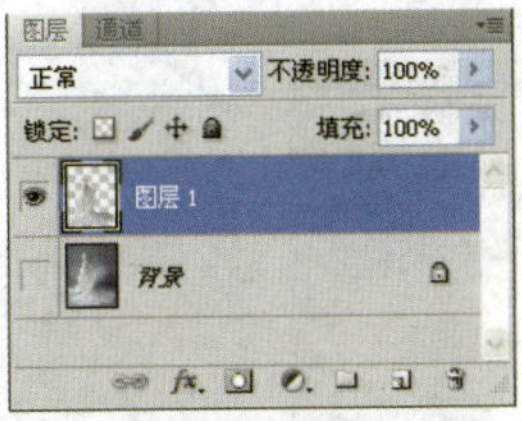

图1-109 【图层】面板

3 选择【图层 1】，选择【通道】面板，复制通道【红】，得到通道【红副本】，如图 1-110 所示。

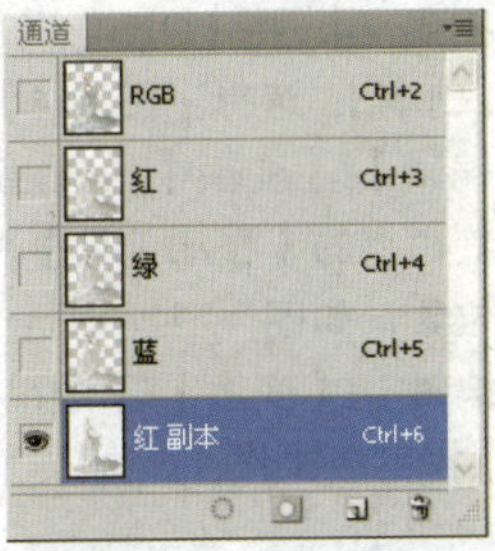

图1-110 【通道】面板

4 选择通道【红副本】，单击菜单栏中的【图层】/【调整】/【色阶】命令，或者按【Ctrl+L】组合键，设置如图 1-111 所示，效果如图 1-112 所示。

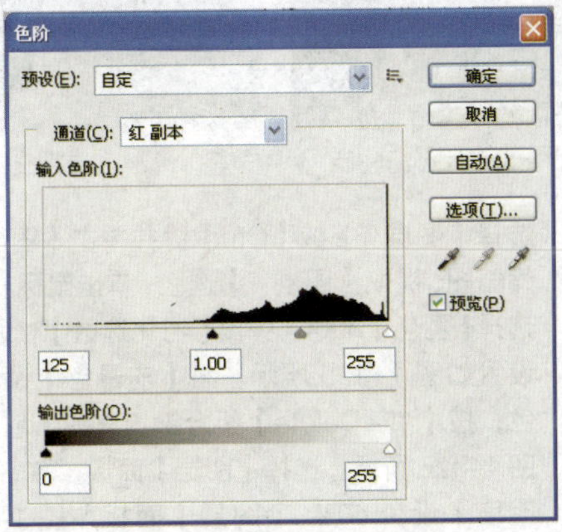

图1-111 【色阶】对话框

图1-112 图像效果

5 按【Ctrl】键并单击通道【红副本】，提取婚纱选区，返回【图层】面板，选择【图层 1】，按【Ctrl+J】组合键，复制选区内容到新建【图层 2】中。隐藏【图层 1】，效果如图 1-113 所示。【图层】面板如图 1-114 所示。

图1-113 提取婚纱效果

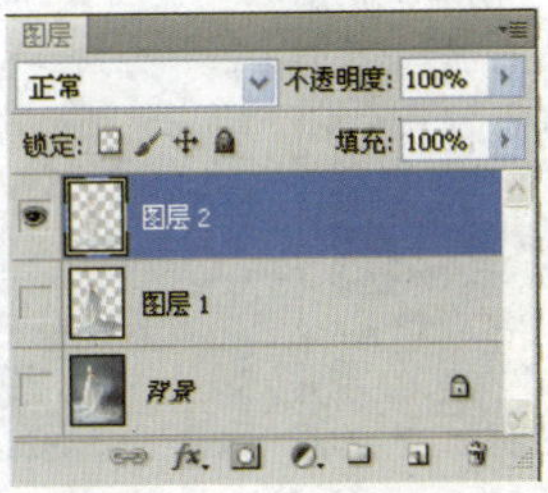

图1-114 【图层】面板

6 单击【文件】/【打开】命令，或者按【Ctrl+O】组合键，打开素材文件【动感背景】如图 1-115 所示。单击【选择】/【全部】命令，或者按【Ctrl+A】组合键。单击【编辑】/【拷贝】命令，或者按【Ctrl+C】组合键，返回文件【婚纱】中，单击【编辑】/【粘贴】命令，或者按【Ctrl+V】组合键，得到【图层 3】，如图 1-116 所示。【图层】面板如图 1-117 所示。

图1-115　素材文件

图1-116　图像效果

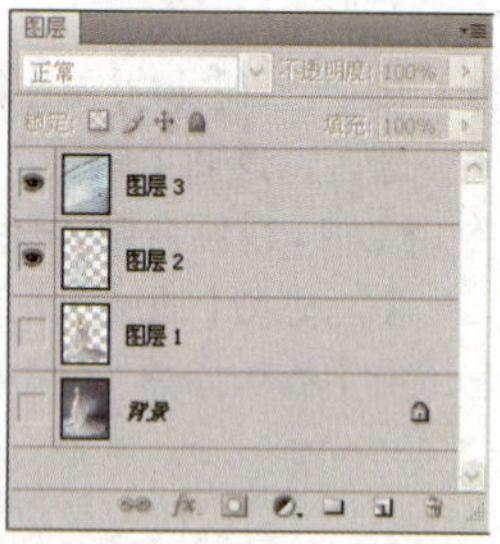

图1-117　【图层】面板

7 选择【图层】面板，显示【图层 1】，将【图层 3】移至【图层 1】下层，如图 1-118 所示。选择【图层 1】，选择【添加图层蒙版】按钮，选择蒙版区域，选择工具栏上的【画笔工具】，在蒙版区域对婚纱稍作修饰。如图 1-119 所示。【图层】面板如图 1-120 所示。

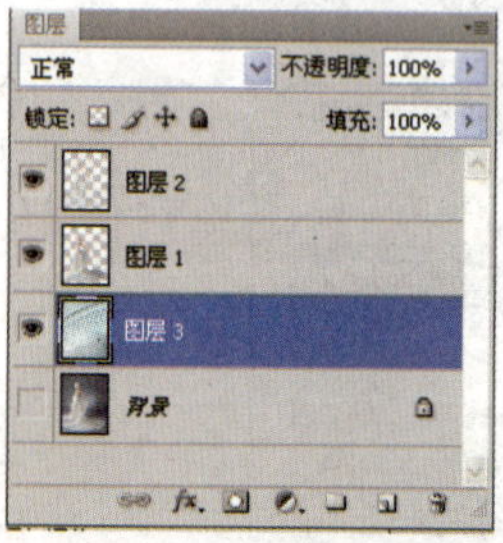

图1-118　【图层】面板

图1-119　图像效果

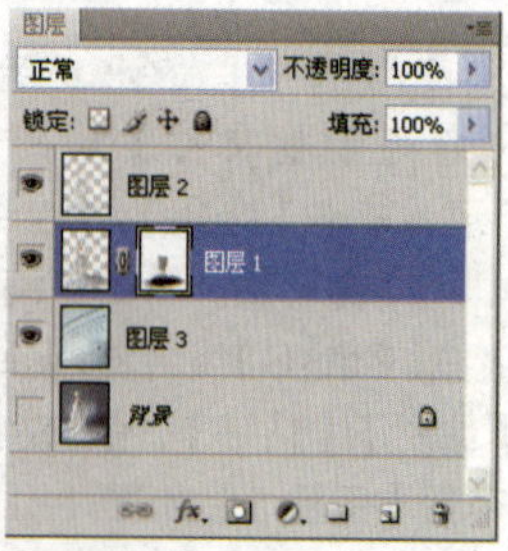

图1-120　【图层】面板

8 选择【图层】面板，隐藏【图层 3】，按【Ctrl+Shift+Alt+E】组合键，盖印图层，得到【图层 4】，显示【图层 3】，隐藏【图层 1】和【图层 2】，【图层】面板如图 1-121 所示。

9 选择【图层 4】，单击菜单栏上的【编辑】/【自由变换】命令，或者按【Ctrl+T】组合键，按【Shift】键将图像等比缩小，单击鼠标右键，选择【水平翻转】命令。按【Enter】键完成操作，如图 1-122 所示。

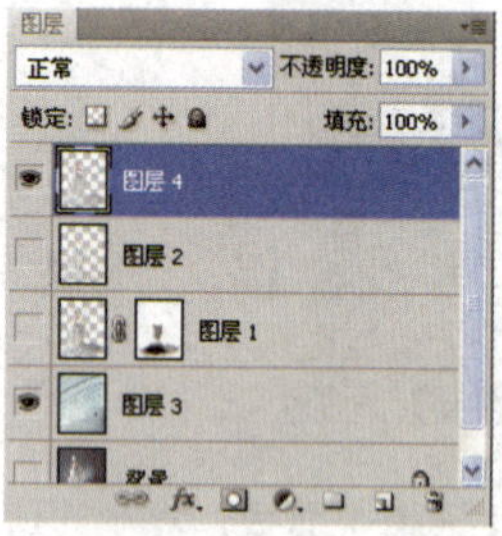

图1-121　【图层】面板

图1-122　水平翻转

10 选择【图层 4】，按【Ctrl+J】组合键，得到【图层 4 副本】，选择【图层 4】，单击菜单栏中的【编辑】/【变换】/【垂直翻转】命令，选择工具栏上的【移动工具】，将图像调整合适位置，如图 1-123 所示。单击菜单栏中的【编辑】/【变换】/【透视】命令，将按【Enter】键完成操作，如图 1-124 所示。

图1-123　移动图像

图1-124　透视命令

11 选择【图层 4】，按【Ctrl】键并单击【图层 4】缩略图，提取【图层 4】选区，单击鼠标右键，选择【羽化】命令。弹出【羽化选区】对话框，设置如图 1-125 所示。将【前景色】设为黑色，按【Alt+Delete】组合键填充前景色，如图 1-126 所示。选择【图层】面板，将【不透明度】设为 40%，【图层】面板如图 1-127 所示，最终效果如图 1-128 所示。

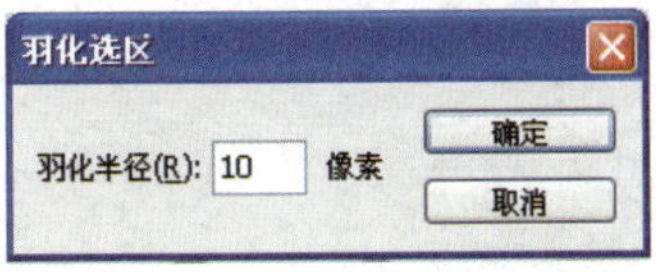

图1-125 【羽化选区】对话框

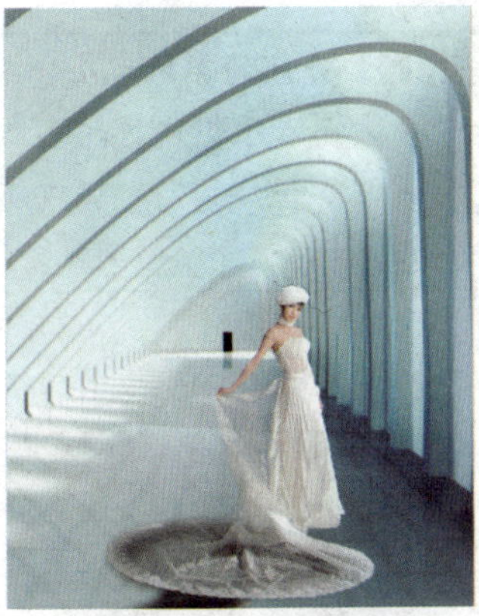

图1-126 填充前景色

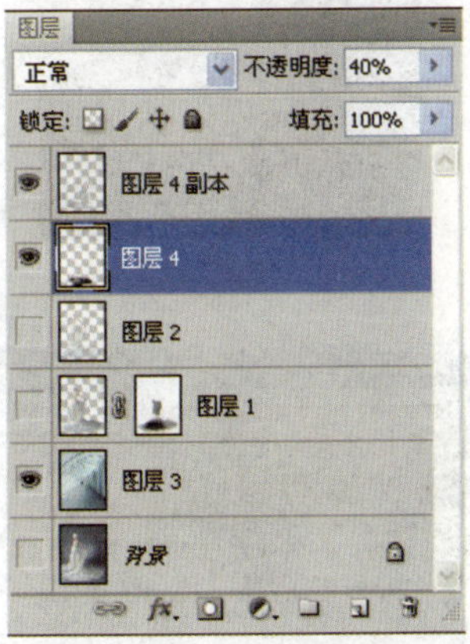

图1-127 【图层】面板

图1-128 最终效果

1.8 本章小结

本章通过典型的操作实例，对选区的功能和抠图相关的操作进行了详细的讲解。掌握这些知识，对以后 的图像处理工作非常有帮助。

1.9 习题

上机题

(1) 上机练习魔棒工具。

(2) 上机练习套索工具。

(3) 上机练习玻璃瓶去背景法。

第2章 修图完全攻略

本章提要

本章主要介绍使用Photoshop CS5进行照片处理的实用方法和各种常见问题的解决方法。从照片的修饰、修复等几方面入手，通过对各种典型的技术分析和分步操作，详细地讲解每一个实例的操作技巧。通过本章的学习，掌握人物眼部处理、面部处理、牙齿美白和其他部分的美化方法。

2.1 人物面部的瑕疵修复

在日常生活中，拍摄最多的就是人像照片，面部的美观与否直接影响照片的效果，但是由于每个人的面部存在不同程度的小瑕疵，会大大影响照片的美观。本节就对人像面部中常见的一些小瑕疵进行修复和美化，使拍摄出来的人像照片更加完美。

2.1.1 清除斑点

原图脸上的斑点影响照片的美观，为了使照片效果比较完美，本例主要运用【高斯模糊】滤镜命令，使照片具有艺术化的处理效果。

清除人物脸上斑点

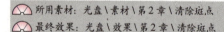

所用素材：光盘\素材\第2章\清除斑点

最终效果：光盘\效果\第2章\清除斑点

操作步骤

1 单击菜单栏中的【文件】/【打开】命令或者按【Ctrl+O】组合键，打开素材文件“斑”，如图2-1所示。按【Ctrl+J】组合键，复制图层，得到【图层1】。

2 选择【图层1】，单击菜单栏中的【滤镜】/【模糊】/【高斯模糊】命令，弹出【高斯模糊】对话框，设置如图2-2所示，效果如图2-3所示。

3 选择【图层1】，单击【图层】面板底部的【添加图层蒙版】按钮，【图层】面板如图2-4所示。

图2-1 清除斑点文件

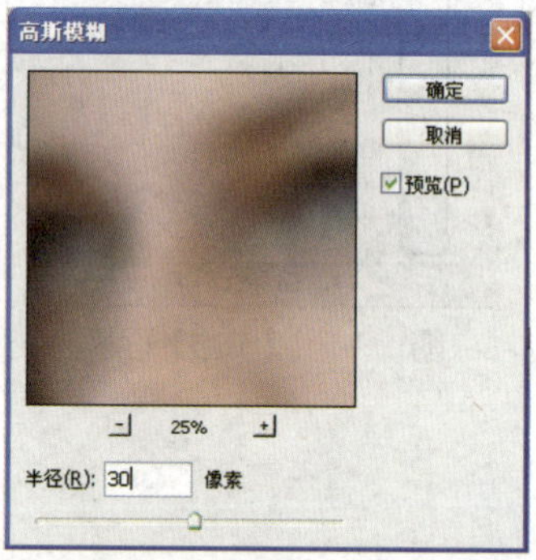

图2-2 【高斯模糊】对话框

图2-3 图像效果

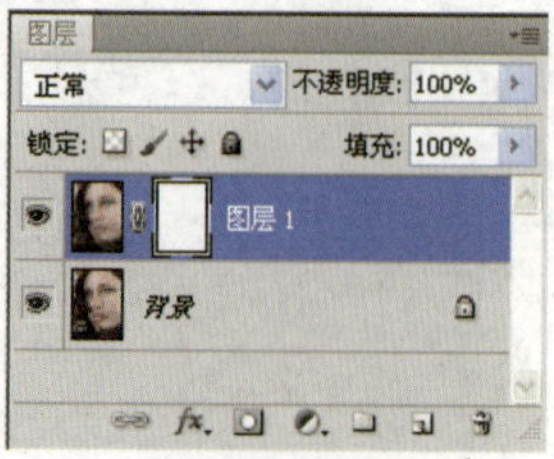

图2-4 【图层】面板

4 按【D】键，恢复默认【前景色】为黑色，【背景色】为白色。选择工具栏上的【画笔工具】，单击图层蒙版区域。适当调整画笔不透明度，将脸部以外的图像擦除，效果如图2-5所示，蒙版效果如图2-6所示。

图2-5 图像效果

图2-6 蒙版效果

5 选择【图层1】，单击菜单栏中的【图像】/【调整】/【曲线】命令，或者按【Ctrl+M】组合键，弹出【曲线】对话框，设置如图2-7所示。效果如图2-8所示。

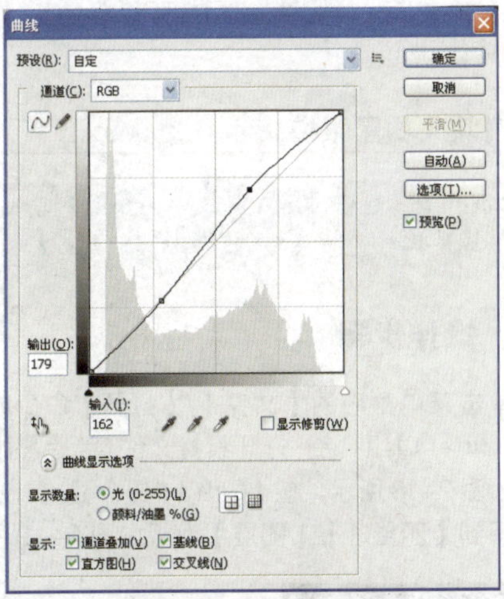

图2-7 【曲线】对话框

图2-8 图像效果

6 选择【图层1】，单击菜单栏中的【图像】/【调整】/【色相饱和度】命令，或者按【Ctrl+U】组合键，弹出【色相/饱和度】对话框，设置如图2-9所示。最终效果如图2-10所示。

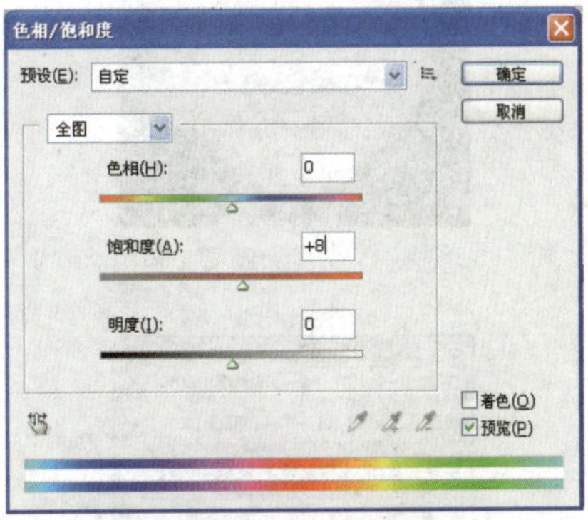

图2-9 【色相/饱和度】对话框

图2-10 最终效果

2.1.2 清除痘痘

爱美之心人皆有之。照了一张感觉不错的照片后，却发现脸上有小痘痘，会很遗憾的。而在Photoshop CS5中，可以使用修补工具轻松地把脸上的小痘痘去掉，不留下任何痕迹。

清除人物脸上痘痘

所用素材：光盘\素材\第2章\清除痘痘

最终效果：光盘\效果\第2章\清除痘痘

操作步骤

1 单击菜单栏中的【文件】/【打开】命令或者按【Ctrl+O】组合键，打开素材文件“清除痘痘”，如图2-11所示。按【Ctrl+J】组合键，复制图层，得【图层1】，【图层】面板如图2-12所示。

图2-11　清除痘痘文件

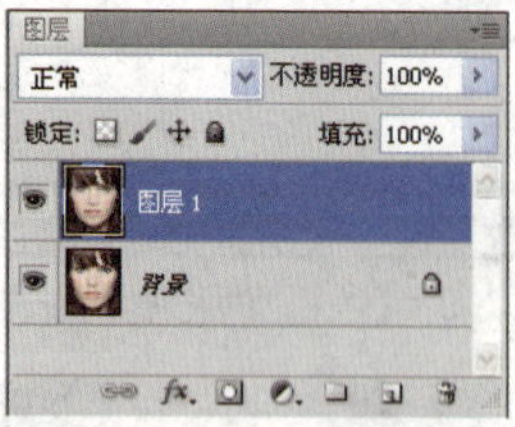

图2-12 【图层】面板

2 选择【图层 1】，选择工具栏上的【修补工具】，画出有痘痘的皮肤，如图 2–13 所示，工具属性栏设置如图 2–14 所示。单击鼠标左键将选区拖移到光滑的皮肤上，如图 2–15 所示。

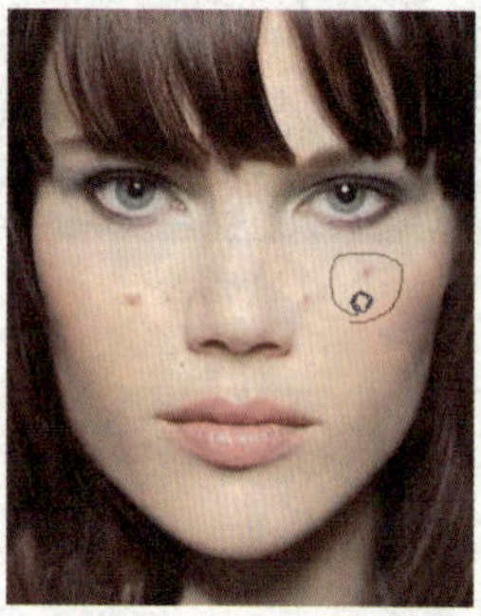

图2–13　绘制选区

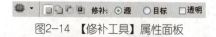

图2–14 【修补工具】属性面板

图2–15　移动鼠标

3 按【Ctrl+D】组合键，取消选区。效果如图 2–16 所示。

4 重复步骤 2，清除脸上其余痘痘。最终效果如图 2–17 所示。

图2–16　取消选区

图2–17　最终效果

2.1.3 清除黑眼袋

经常熬夜，会出现黑眼圈，这种情况当然会影响人的美观和精神状态，特别对于女士来讲更是如此。在照片处理技巧中，使用【图章工具】来去除黑眼圈是最快捷的方法，下面将进行具体讲解。

清除人物黑眼袋

所用素材：光盘\素材\第 2 章\清除黑眼袋
最终效果：光盘\效果\第 2 章\清除黑眼袋

操作步骤

1 单击菜单栏中的【文件】/【打开】命令或者按【Ctrl+O】组合键，打开素材文件“清除黑眼袋”，如图 2–18 所示。按【Ctrl+J】组合键，复制图层，得到【图层 1】，【图层】面板如图 2–19 所示。

图2–18　清除黑眼袋文件

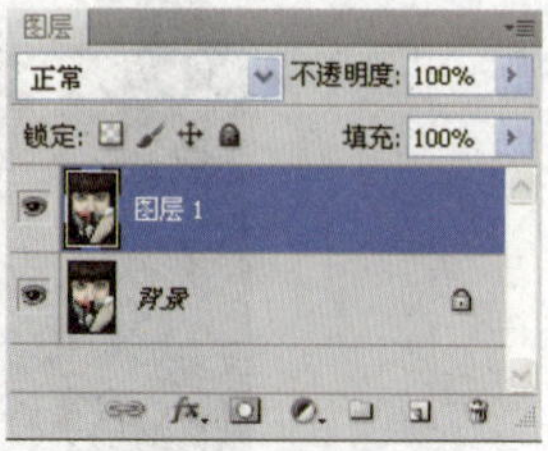

图2–19 【图层】面板

2 选择工具栏上的【图章工具】，设置不透明度为【80%】，按【Alt】键在眼袋下方取样，如图 2-20 所示。松开【Alt】键，沿着眼袋较暗的部分进行涂抹如图 2-21 所示，工具属性栏设置如图 2-22 所示。

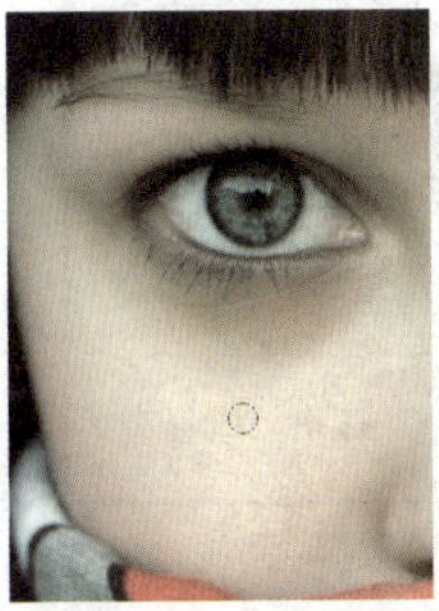
图2-20　图章取样

图2-21　涂抹眼袋

图2-22　【图章工具】属性面板

3 反复单击步骤 3。直到效果如图 2-23 所示为止。

4 选择工具栏上的【模糊工具】，设置强度为【20】，在原眼袋部分仔细涂抹，直到过度自然，效果如图 2-24 所示。

图2-23　图像效果

图2-24　模糊眼袋周围

5 清除右眼黑眼圈，重复步骤 2 至步骤 4。效果如图 2-25 所示。

6 选择工具栏上的【减淡工具】，对眼底稍作修饰。最终效果如图 2-26 所示。

图2-25　右眼效果

图2-26　最终效果

2.1.4 清除皱纹

照片中的人物眼角出现了较深的皱纹，本例主要使用【修复画笔工具】和【色相 / 饱和度】命令等去除皱纹，让岁月的痕迹悄然离去。

清除人物皱纹

所用素材：光盘 \ 素材 \ 第 2 章 \ 清除皱纹

最终效果：光盘 \ 效果 \ 第 2 章 \ 清除皱纹

操作步骤

1 单击菜单栏中的【文件】/【打开】命令或者按【Ctrl+O】组合键，打开素材文件“皱纹”，如图 2-27 所示。按【Ctrl+J】组合键，复制图层，得【图层 1】，【图层】面板如图 2-28 所示。

图2-27　清除皱纹文件

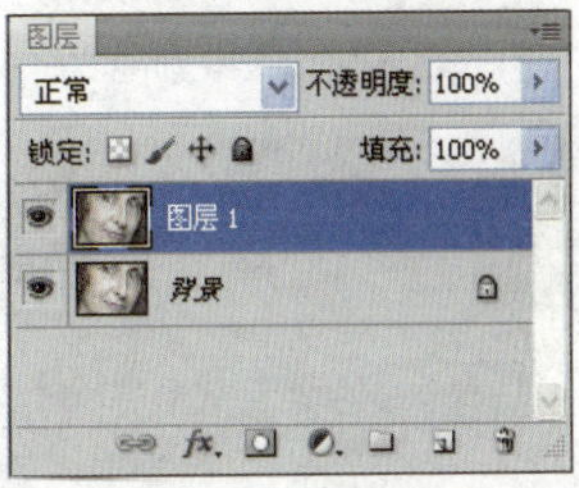

图2-28　【图层】面板

2 选择【图层 1】，选择工具栏上的【套索工具】，在人物脸部画出皱纹部分，如图 2-29 所示。单击菜单栏中的【选择】/【修改】/【羽化】命令，弹出【羽化选区】对话框，设置如图 2-30 所示，效果如图 2-31 所示。

图2-29　绘制皱纹选区

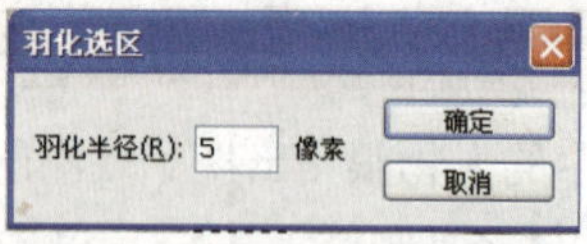

图2–30 【羽化选区】对话框

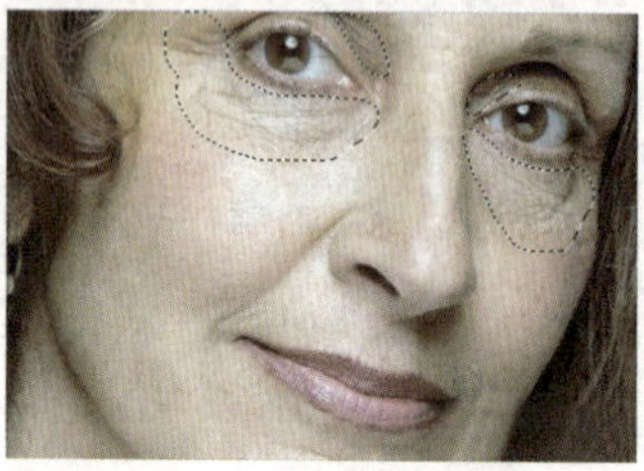

图2–31 图像效果

3 选择工具栏上的【修复画笔工具】，按【Alt】键的同时单击图像来吸取脸部周围的颜色，如图 2–32 所示。然后松开【Alt】键在内进行涂抹，如图 2–33 所示。完成后按【Ctrl+D】组合键取消选区，效果如图 2–34 所示。

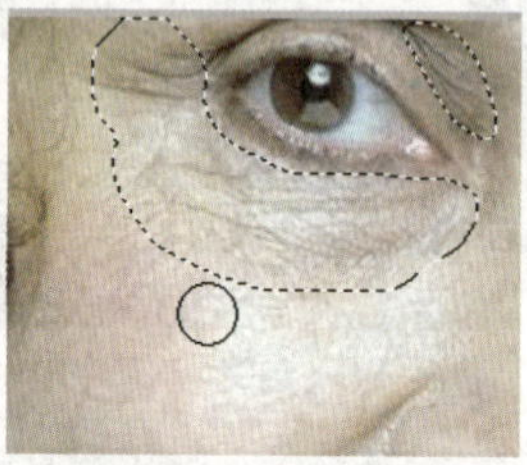

图2–32 吸取颜色

图2–33 涂抹皱纹

图2–34 取消选区

4 单击菜单栏中的【图像】/【调整】/【色阶】命令，或者按【Ctrl+L】组合键，弹出【色阶】对话框，设置如图 2–35 所示，效果如图 2–36 所示。

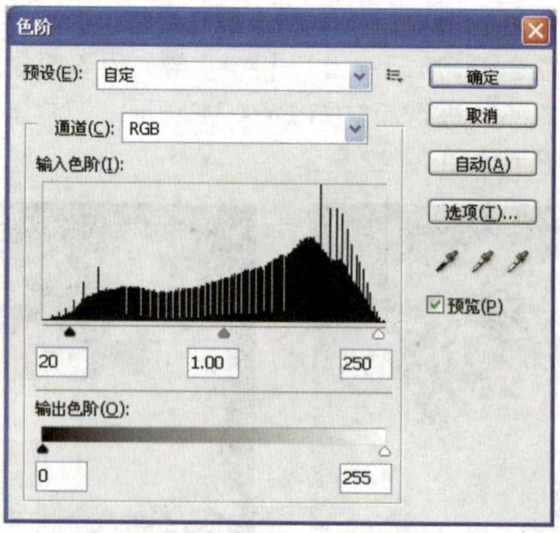

图2–35 【色阶】对话框

图2–36 图像效果

5 单击菜单栏中的【图像】/【调整】/【色相/饱和度】命令，或者按【Ctrl+U】组合键，弹出【色相/饱和度】对话框，设置如图 2–37 所示，最后效果如图 2–38 所示。

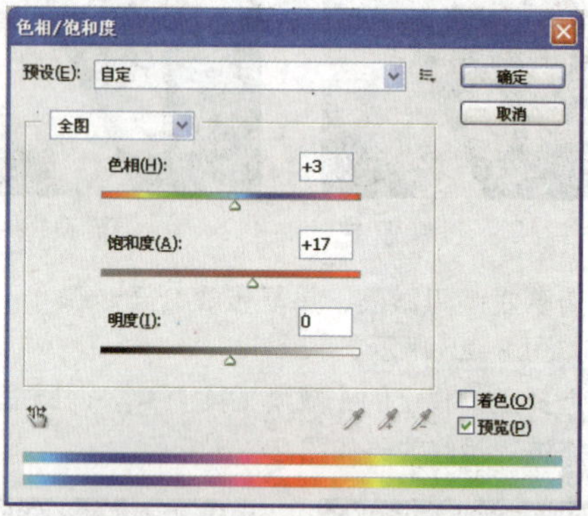

图2–37 【色相/饱和度】对话框

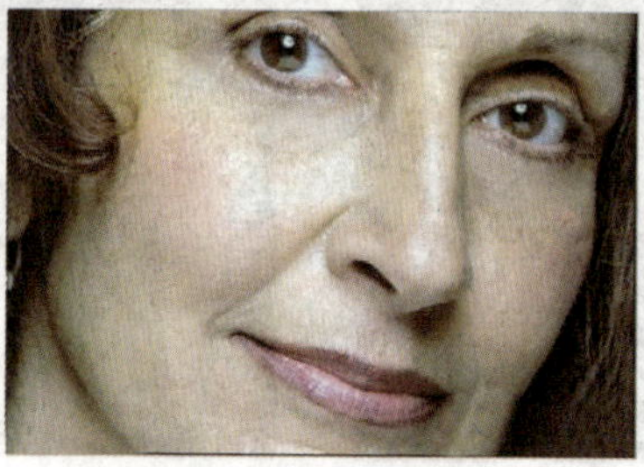

图2–38 最终效果

2.2 人物面部美容

使用 Photoshop CS5 除了可以对人像照片的瑕疵进行修复，还可以对人像照片进行美容，使照片中的人物更美丽。本节就使针对人物面部的美容进行讲解。

2.2.1 美白牙齿让你的笑容更完美

在生活照中，都希望在留下迷人微笑的同时拥有美白的牙齿，使自己的笑容更加完美。本例使用钢笔工具和【色彩平衡】命令美白人物的牙齿。

美白人物牙齿

所用素材：光盘\素材\第 2 章\美白牙齿
最终效果：光盘\效果\第 2 章\美白牙齿

操作步骤

1 单击菜单栏中的【文件】/【打开】命令或者按【Ctrl+O】组合键，打开素材文件“美白牙齿”，如图 2-39 所示。按【Ctrl+J】组合键，复制图层，得【图层 1】，【图层】面板如图 2-40 所示。

图2-39 美白牙齿文件

图2-40 【图层】面板

2 选择【图层 1】，选择工具栏上的【钢笔工具】，绘制出牙齿的选区，如图 2-41 所示。按【Ctrl+Enter】组合键将路径转换为选区，如图 2-42 所示。

图2-41 绘制牙齿选区

图2-42 路径转为选区

3 选择【图层 1】，单击菜单栏中的【选择】/【修改】/【羽化】命令，弹出【羽化选区】对话框，设置如图 2-43 所示，效果如图 2-44 所示。

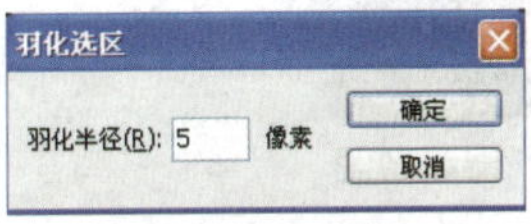

图2-43 【羽化选区】对话框

图2-44 图像效果

4 单击菜单栏中的【图像】/【调整】/【色彩平衡】命令，或者按【Ctrl+B】组合键，弹出【色彩平衡】对话框，依次对当前图像的中间调、高光和阴影区域进行调整，设置如图 2-45、图 2-46、图 2-47 所示。按【Ctrl+D】组合键取消选区。最终效果如图 2-48 所示。

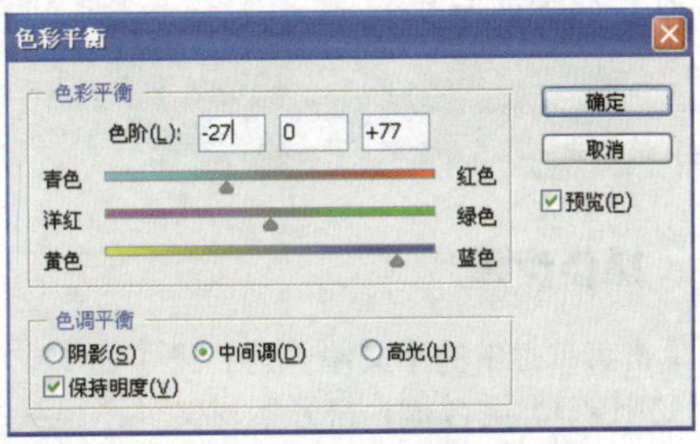

图2-45 【色彩平衡】对话框

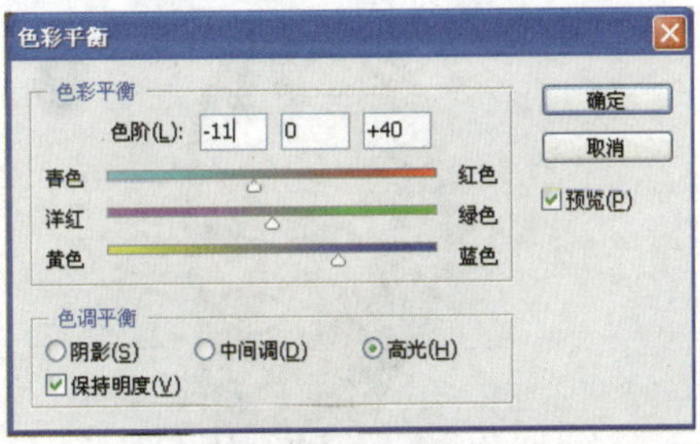

图2-46 【色彩平衡】对话框

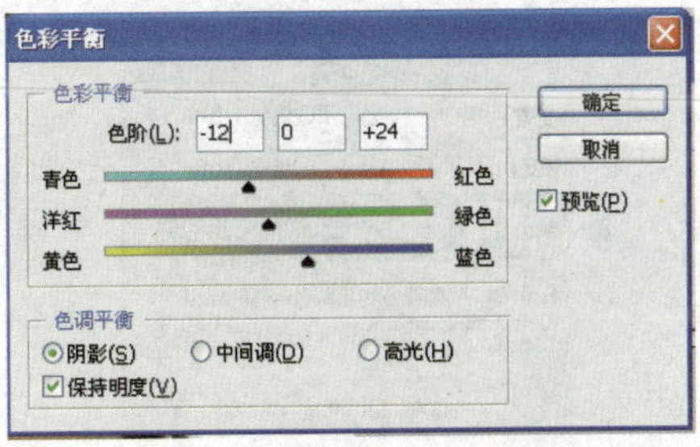

图2-47 【色彩平衡】对话框

图2-48　最终效果

2.2.2　为头发染色

原照片人物的头发是金黄色的，可以使用 Photoshop CS5 为人物换上自己喜欢的发色。本例主要使用通道抠图的方法和【色彩平衡】等命令为人物更换头发的颜色。

为人物头发染色

所用素材：光盘\素材\第 2 章\染头发
最终效果：光盘\效果\第 2 章\染头发

操作步骤

1 单击菜单栏中的【文件】/【打开】命令或者按【Ctrl+O】组合键，打开素材文件“染头发”，如图 2-49 所示。按【Ctrl+J】组合键，复制图层，得【图层 1】，【图层】面板如图 2-50 所示。

图2-49　染头发文件

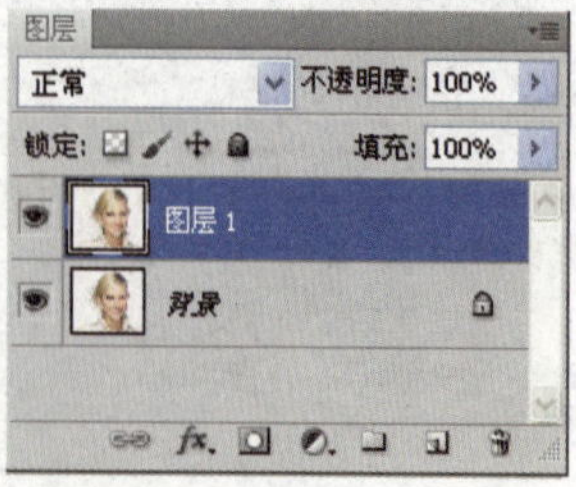

图2-50　【图层】面板

2 选择【通道】面板，复制【蓝】，得【蓝副本】，单击菜单栏中的【图像】/【调整】/【色阶】命令，或者按【Ctrl+L】组合键，弹出【色阶】对话框，设置如图 2-51 所示，选择【确定】完成操作。效果如图 2-52 所示。

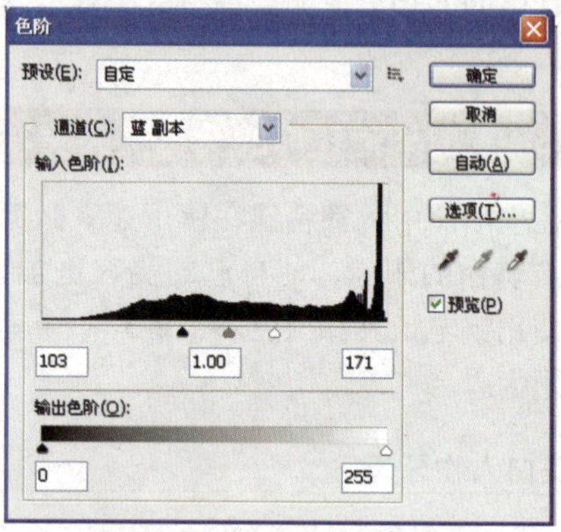

图2-51　【色阶】对话框

图2-52　图像效果

3 单击菜单栏中的【图像】/【调整】/【反相】命令，或者按【Ctrl+I】组合键，如图 2-53 所示。

图2-53　图像反相

4 按【D】键恢复【前景色】为黑色，【背景色】为白色。选择工具栏上的【画笔工具】将头发部分涂白，头发以外图像涂黑，如图 2-54 所示。

图2-54 图像效果

5 单击通道底部将【通道作为选区载入】按钮 。返回【图层】面板，选择【图层1】。单击菜单栏中的【选择】/【修改】/【羽化】命令，弹出【羽化选区】对话框，设置如图2-55所示，效果如图2-56所示。

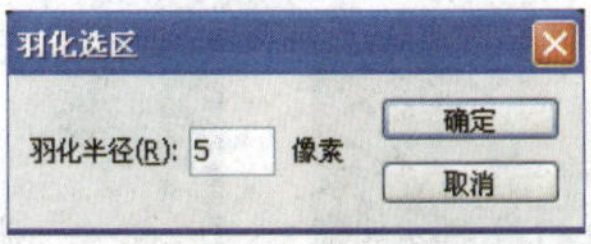

图2-55 【羽化选区】对话框

图2-56 图像效果

6 单击菜单栏中的【图像】/【调整】/【色相平衡】命令，或者按【Ctrl+B】组合键。弹出【色彩平衡】对话框，依次对当前图像的中间调、高光和阴影区域进行调整，设置如图2-57、图2-58、图2-59所示，效果如图2-60所示。按【Ctrl+D】组合键，取消选区。

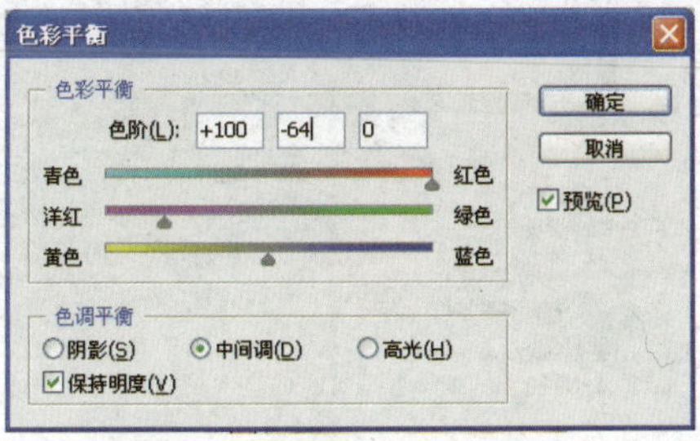

图2-57 【色彩平衡】对话框

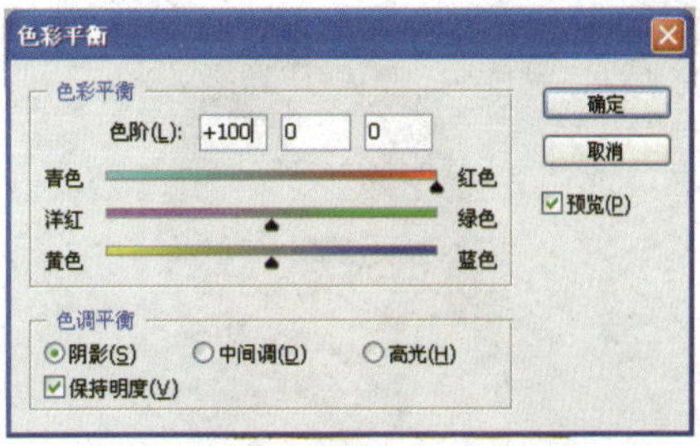

图2-58 【色彩平衡】对话框

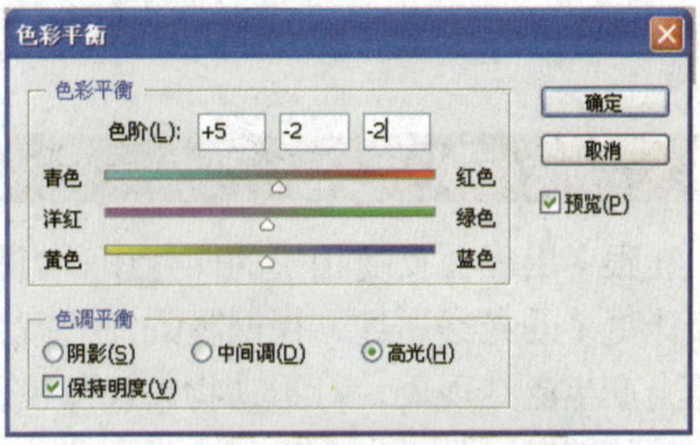

图2-59 【色彩平衡】对话框

图2-60 图像效果

7 单击菜单栏中的【图像】/【调整】/【色相/饱和度】命令，或者按【Ctrl+U】组合键，弹出【色相/饱和度】对话框，设置如图2-61所示，最终效果如图2-62所示。

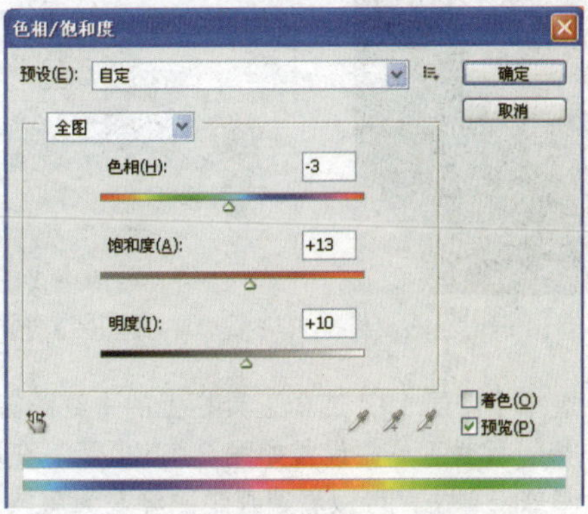

图2-61 【色彩平衡】对话框

图2-62　最终效果

2.2.3　消除红眼

红眼多出现在夜晚拍摄的照片中，当瞳孔放大让更多的光线通过，视网膜的血管就会在照片上产生泛红现象，对于动物来说即使在光线充足的情况下拍摄也会出现这类现象。遇到此类问题时，可以使用【红眼工具】轻松地消除照片中的红眼现象，下面将进行具体讲解。

消除人物红眼

所用素材：光盘\素材\第2章\消除红眼
最终效果：光盘\效果\第2章\消除红眼

操作步骤

1 单击菜单栏中的【文件】/【打开】命令或者按【Ctrl+O】组合键，打开素材文件“消除红眼”，如图2-63所示。按【Ctrl+J】组合键，复制图层，得【图层1】，【图层】面板如图2-64所示。

图2-63　消除红眼文件

图2-64　【图层】面板

2 选择【图层1】，选择工具栏上的【红眼工具】，属性工具栏设置如图2-65所示。在左眼眼球上单击，可以看到眼睛已经变为黑色，如图2-66所示。

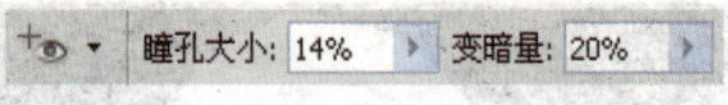

图2-65　【红眼工具】属性面板

图2-66　图像效果

3 选择【图层1】，选择工具栏上的【红眼工具】，在右眼眼球上单击，如图2-67所示。

4 选择【图层1】，选择工具栏上的【快速选择工具】，绘制出眼球选区，如图2-68所示。

图2-67　图像效果

图2-68　绘制眼球选区

5 单击菜单栏中的【图像】/【调整】/【曲线】命令，或者按【Ctrl+M】组合键，弹出【曲线】对话框，设置如图2-69所示。按【Ctrl+D】组合键取消选区，最终效果如图2-70所示。

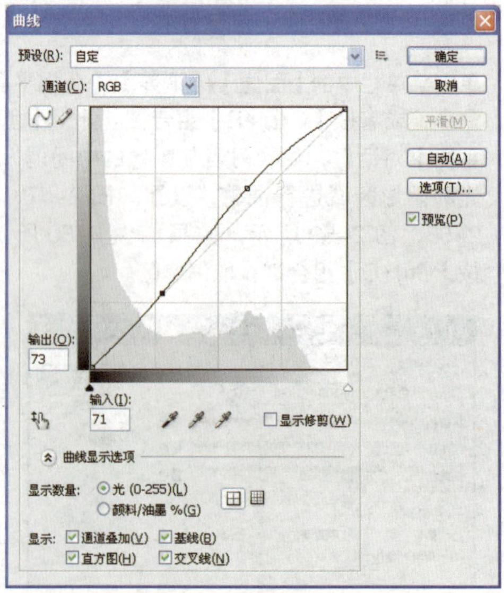

图2-69　【曲线】对话框

图2-70 最终效果

提 示

【红眼工具】的参数设置是修复中的重点，颜色过深，瞳孔过大会造成不自然的感觉，但在艺术摄影中也可以使用【红眼】工具，调高参数值制造【美瞳】效果。

2.2.4 轻松戴上美瞳片

通过给人物的眼睛变颜色，可使照片中的人物的眼睛更加迷人。本例主要使用【画笔工具】、【添加杂色】滤镜、【径向模糊】滤镜等为人物瞳孔改变颜色。

改变人物瞳孔颜色

所用素材：光盘\素材\第2章\轻松戴上美瞳片初始

最终效果：光盘\效果\第2章\轻松戴上美瞳片完成

操作步骤

1 单击菜单栏中的【文件】/【打开】命令或者按【Ctrl+O】组合键，打开素材文件“美瞳片”，如图2-71所示。按【Ctrl+J】组合键，复制图层，得【图层1】，【图层】面板如图2-72所示。

图2-71 消除红眼文件

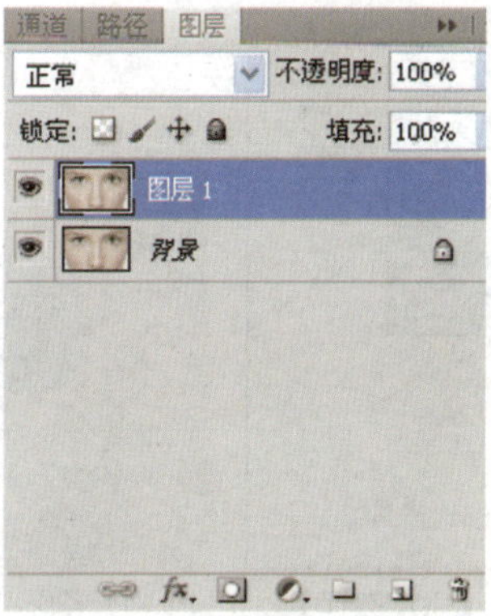

图2-72 【图层】面板

2 选择【图层】面板，单击【新建图层】按钮，得到【图层2】图层。单击前景色色块，弹出【拾色器】对话框，设置颜色为【#2ba6ca】，选择【确定】完成操作。如图2-73所示。

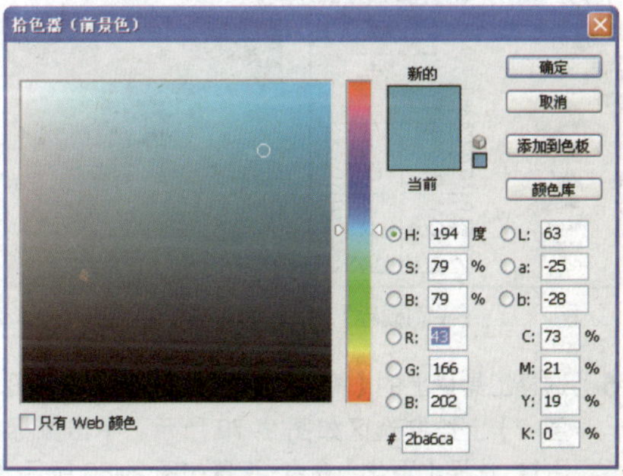

图2-73 【拾色器】

3 选择【图层2】，选择工具栏上的【椭圆选择工具】，绘制椭圆形选区，并按【Alt+Delete】组合键，填充前景色，如图2-74所示。

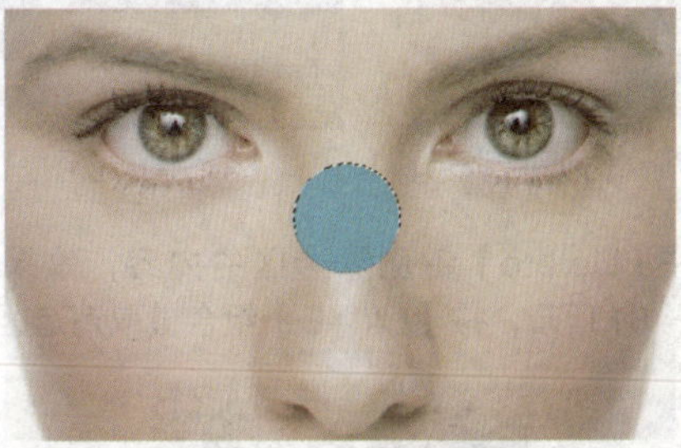

图2-74 填充前景色

4 选择【图层2】，单击【滤镜】/【杂色】/【添加杂色】命令，弹出【添加杂色】对话框，设置如图2-75所示，选择【确定】完成操作。效果如图2-76所示。

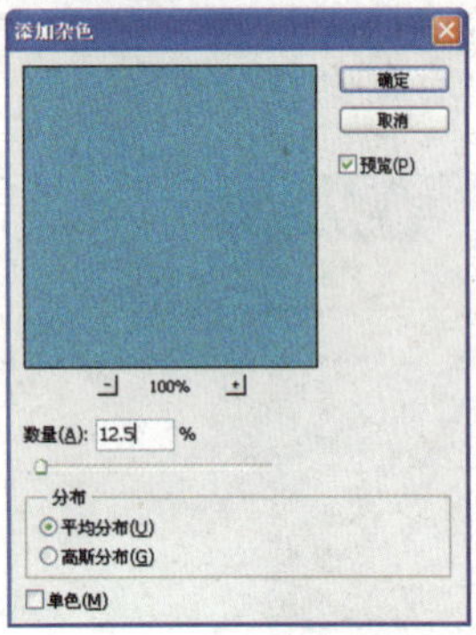

图2-75 【添加杂色】

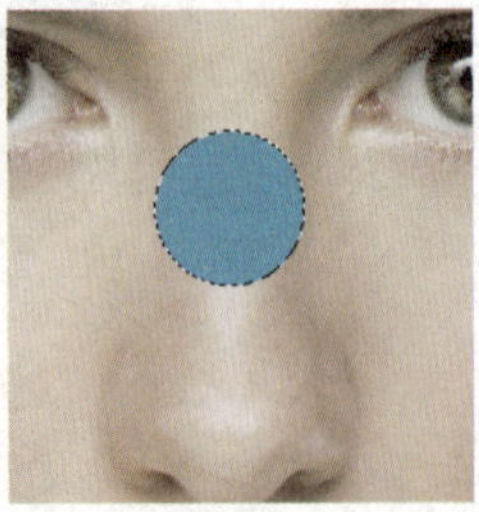

图2-76

5 按【Ctrl+D】组合键取消选区。单击【滤镜】/【模糊】/【径向模糊】命令，弹出【径向模糊】对话框。设置如图2-77所示，选择【确定】完成操作。效果如图2-78所示。

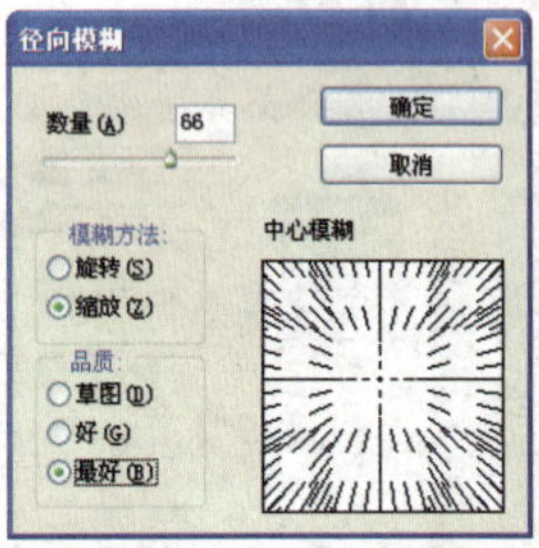

图2-77 【径向模糊】

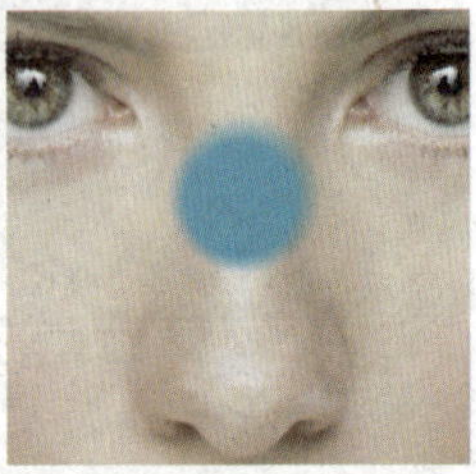

图2-78

6 选择工具栏上的【椭圆选择工具】，在【图层 2】上绘制选区如图2-79所示。单击鼠标右键，选择【羽化】命令，设置如图2-80所示。

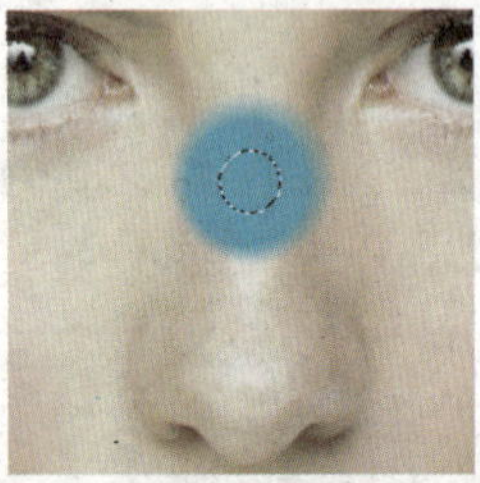

图2-79 【椭圆选择工具】

图2-80 【羽化】

7 按【Delete】键删除选区的内容，效果如图2-81所示，按【Ctrl+D】组合键取消选区。

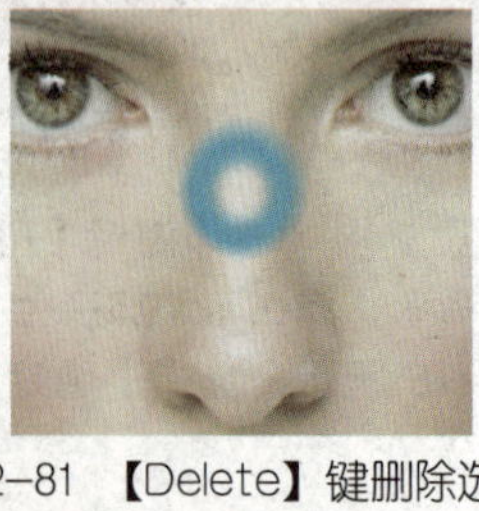

图2-81 【Delete】键删除选区

8 选择工具栏上的【移动工具】，按【Ctrl+T】组合键，变换图像大小并移动到合适的位置。选择【图层 2】，按【Alt】键复制【图层 2】，如图2-82所示。

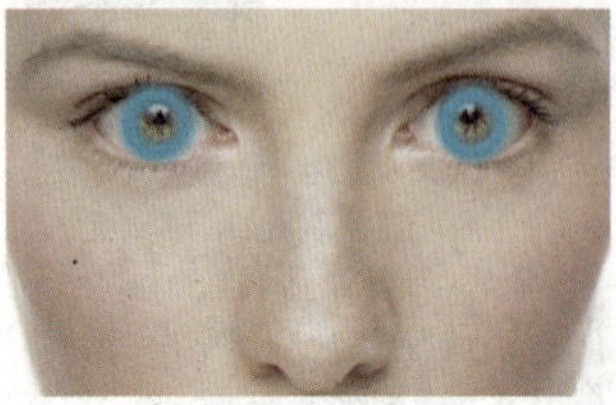

图2-82

9 按【Alt+E】组合键，合并图层，将两个美瞳片合并为一个图层。选择【图层 2】，将其图层混合模式设置为【叠加】，【不透明度】设置为70%，如图2-83所示。最终效果如图2-84所示。

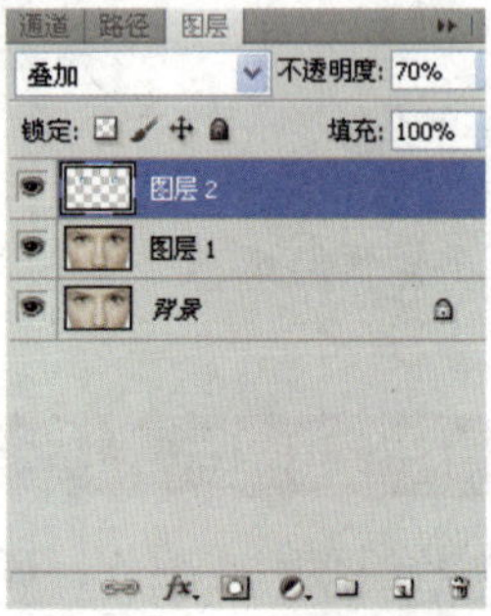

图2-83 【不透明度】

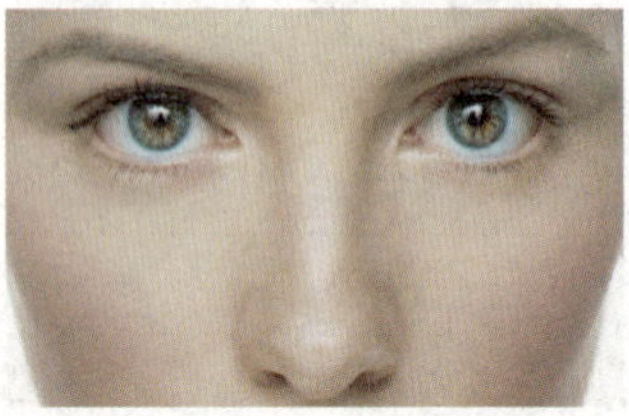

图2-84 最终效果

2.3 快速修复照片中的小瑕疵

日常生活中所拍摄的一些照片，不可避免会存在一些小瑕疵，影响照片的效果和视觉美感，可以利用Photoshop CS5的工具快速修复照片的小瑕疵，使拍摄出的照片更加完美。

2.3.1 清除图像上的污垢

数码照片拍摄中，出现污渍的比例很小，有时不小心把镜头弄脏了，才会出现污渍。但如果是保存了很久的照片，很容易会出现一些污渍；或由于未妥善保存而弄脏了，会严重影响照片的美观，这时就可以通过 Photoshop 轻松的消除照片上的污垢。

清除图像上的污垢

所用素材：光盘\素材\第 2 章\清除图像污垢.jpg
最终效果：光盘\效果\第 2 章\清除图像污垢.psd

操作步骤

1 单击菜单栏中的【文件】/【打开】命令或者按【Ctrl+O】组合键，打开素材文件“清除图像污垢”，如图 2-85 所示。按【Ctrl+J】组合键，复制图层，得到【图层 1】,【图层】面板如图 2-86 所示。

图2-85　清除图像污垢文件

图2-86　【图层】面板

2 清除大面积的污垢。选择【图层 1】，选择工具栏上的【修补工具】，绘制出较大污垢的选区，如图 2-87 所示。单击鼠标左键移动到干净图像上，如图 2-88 所示。工具属性栏设置如图 2-89 所示。

图2-87　绘制选区

图2-88　将选区移动至干净图像

图2-89　【修补工具】属性面板

3 重复步骤 2 的操作，修复图像较大污垢，直到如图 2-90 所示效果。

图2-90　图像效果

4 选择工具栏上的【仿制图章】，按【Alt】键，麦田上取样，在对图像麦田进行修饰。如图 2-91 所示。

图2-91　使用仿制图章后效果

5 选择【图层 1】，单击菜单栏中的【图像】/【调整】/【曲线】命令，或者按【Ctrl+M】组合键。弹出【曲线】对话框，设置如图 2-92 所示。选择【确定】完成操作，效果如图 2-93 所示。

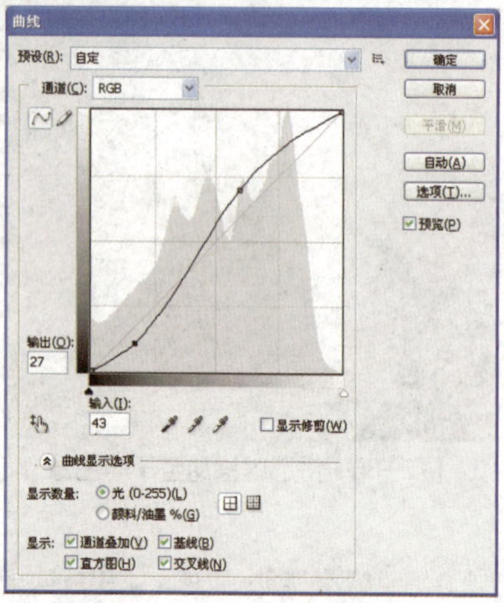

图2-92 【曲线】对话框

图2-93 图像效果

6 选择【图层 1】,单击菜单栏中的【图像】/【调整】/【色彩平衡】命令，或者按【Ctrl+B】组合键。弹出【色彩平衡】对话框，设置如图 2-94、图 2-95 所示。最终效果如图 2-96 所示。

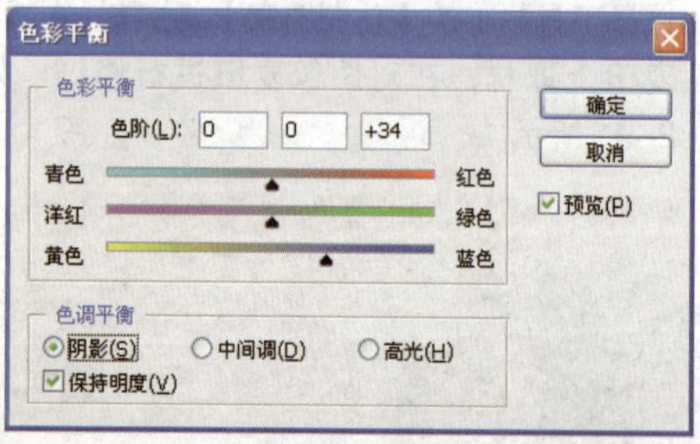

图2-94 【色彩平衡】对话框

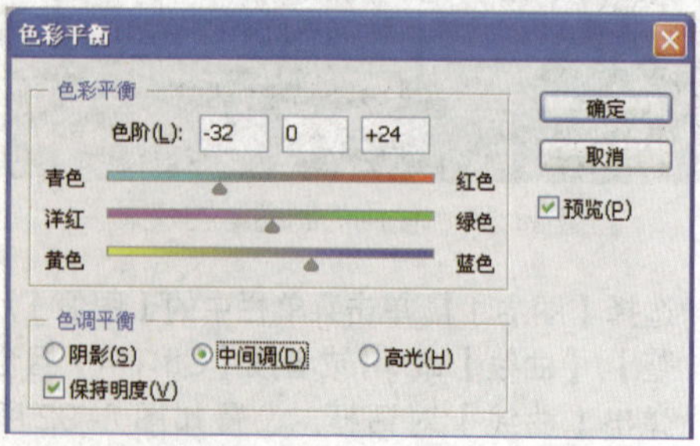

图2-95 【色彩平衡】对话框

图2-96 最后效果

2.3.2 修复破旧发黄的老照片

老照片由于保存时间比较长，会出现发黄、发旧的现象。本例就是利用 Photoshop 中的【修补工具】、【修复画笔工具】和【仿制图章】工具来修复发黄的老照片。

修复破旧老照片

所用素材：光盘\素材\第 2 章\破旧老照片.jpg
最终效果：光盘\效果\第 2 章\破旧老照片.psd

操作步骤

1 单击菜单栏中的【文件】/【打开】命令或者按【Ctrl+O】组合键，打开素材文件“破旧老照片”，如图 2-97 所示。按【Ctrl+J】组合键，复制图层，得到【图层 1】，如图 2-98 所示。

图2-97 破旧老照片文件

图2-98 【图层】面板

2 选择工具栏上的【修补工具】，画出脸上破损图像，如图 2-99 所示。单击鼠标左键拖移到完好图像上，如图 2-100 所示，松开鼠标左键。

3 重复步骤 2,将面部修复完好。如图 2-101 所示。

4 选择【图层 1】，选择工具栏上的【修复画笔工具】。按【Alt】键在干净的背景上取样，然后在背景有污垢的地方进行涂抹，效果如图 2-102 所示。

图2-99 绘制选区

图2-100 将选区拖移

图2-101 将面部修复

图2-102 修复背景效果

5 选择【图层 1】，选择工具栏上的【仿制图章】工具，修复图像细小的破旧边缘。修复后效果如图 2-103 所示。

图2-103 修复破旧边缘

6 单击菜单栏中的【图像】/【调整】/【自然饱和度】命令，弹出【自然饱和度】对话框，设置如图 2-104 所示，效果如图 2-105 所示。

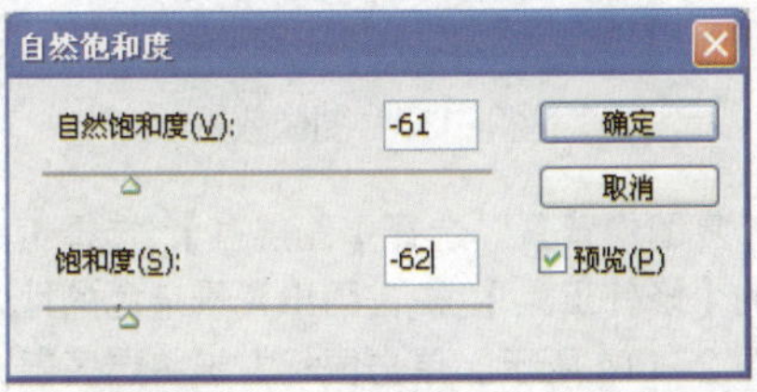

图2-104 【自然饱和度】对话框

图2-105 图像效果

7 单击菜单栏中的【图像】/【调整】/【曲线】命令，或者按【Ctrl+M】组合键。弹出【曲线】对话框，单击对话框【自动】按钮，设置如图 2-106 所示，最终效果如图 2-107 所示。

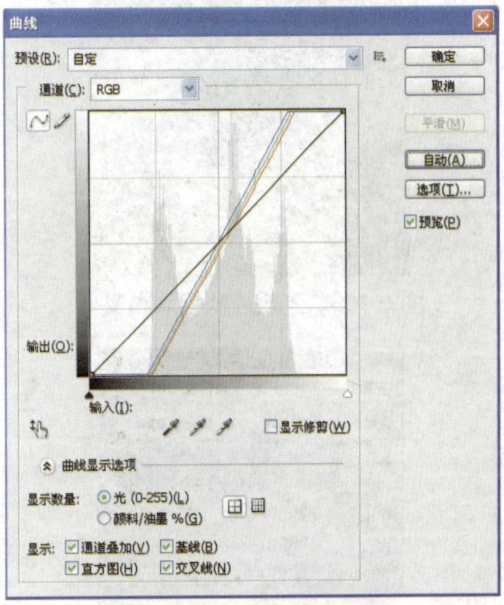

图2-106 【曲线】对话框

图2-107 最终效果

2.3.3 使老照片恢复清晰

老照片常常因为保存时间过长，以及扫描仪扫描时的问题，会显示的比较模糊。本例使用 Photoshop CS5 的【蒙尘与划痕】命令、【色彩平衡】命令和【修补工具】来使老照片变清晰。

使老照片恢复清晰

所用素材：光盘\素材\第 2 章\老照片恢复清晰 .jpg
最终效果：光盘\效果\第 2 章\老照片恢复清晰 .psd

操作步骤

1 单击菜单栏中的【文件】/【打开】命令或者按【Ctrl+O】组合键，打开素材文件“老照片恢复清晰”，如图 2–108 所示。按【Ctrl+J】组合键，复制图层，得到【图层 1】，如图 2–109 所示。

图2–108　老照片恢复清晰文件

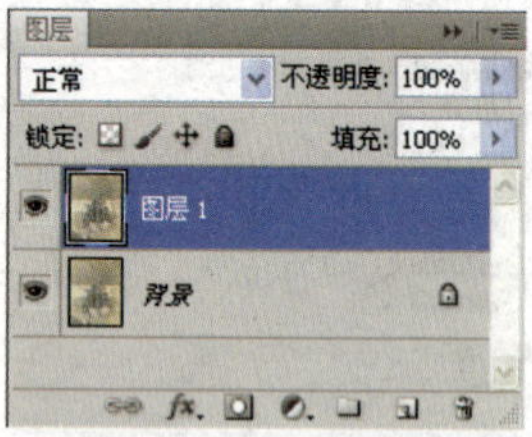

图2–109　【图层】面板

2 选择【图层 1】，单击菜单栏中的【通道】/【调整】/【通道混和器】命令，弹出【通道混和器】对话框，设置如图 2–110 所示，效果如图 2–111 所示。

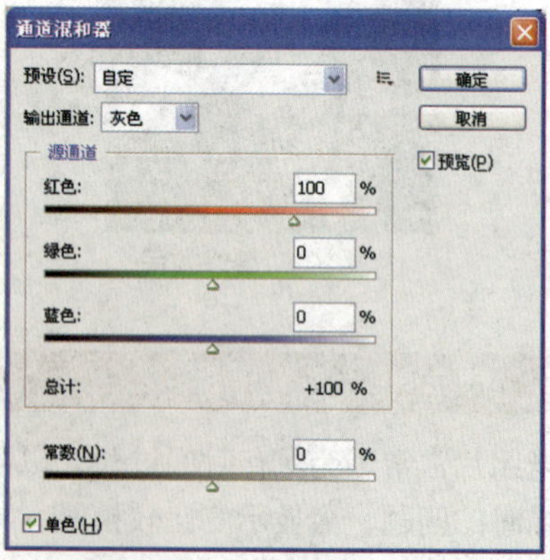

图2–110　【通道混和器】对话框

图2–111　图像效果

3 选择【图层 1】，单击菜单栏中的【滤镜】/【杂色】/【蒙尘与划痕】命令，弹出【蒙尘与划痕】对话框，参数设置如图 2–112 所示，效果如图 2–113 所示。

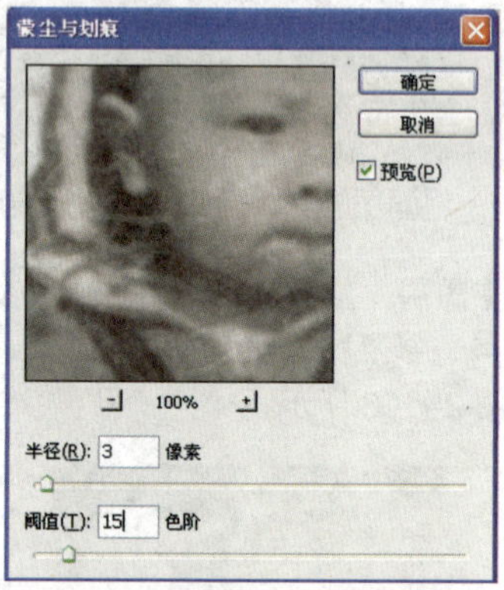

图2–112　【蒙尘与划痕】对话框

图2–113　图像效果

4 修复图像背景。选择【图层 1】，选择工具栏上的【修补工具】，画出背景杂色的地方，如图 2–114 所示。单击鼠标左键将选区部分拖移至完好的背景，如图 2–115 所示。

图2-114　绘制杂色部分

图2-115　修复图像

5 重复步骤 4 修复背景，直至效果如图 2-116 所示。

图2-116　修复背景效果

6 选择【图层 1】，选择工具栏上的【吸管工具】，吸取背景颜色，如图 2-117 所示。选择工具栏上的【画笔工具】，对背景进行涂抹，效果如图 2-118 所示。

图2-117　吸取背景颜色

图2-118　修复背景

7 重复步骤 6，绘制照片阴影。效果如图 2-119 所示。

8 选择【图层 1】，单击菜单栏中的【图像】/【调整】/【色相 / 饱和度】命令，或者按【Ctrl+U】组合键，弹出【色相 / 饱和度】对话框，设置如图 2-120 所示，效果如图 2-121 所示。

图2-119　修复背景阴影

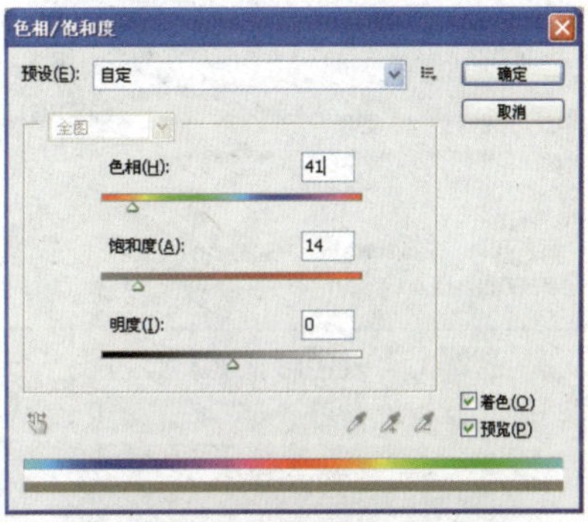

图2-120　【色相/饱和度】对话框

图2-121　图像效果

9 单击菜单栏中的【图像】/【调整】/【色彩平衡】命令，或者按【Ctrl+B】组合键。参数设置如图 2-122，图 2-123，图 2-124 所示，最终效果如图 2-125 所示。

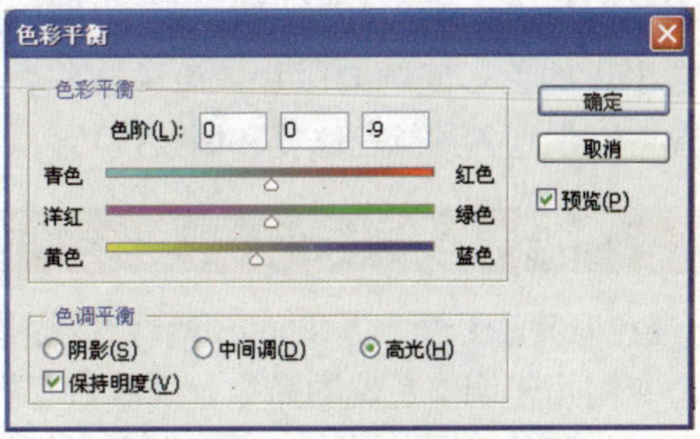

图2-122　【色彩平衡】对话框

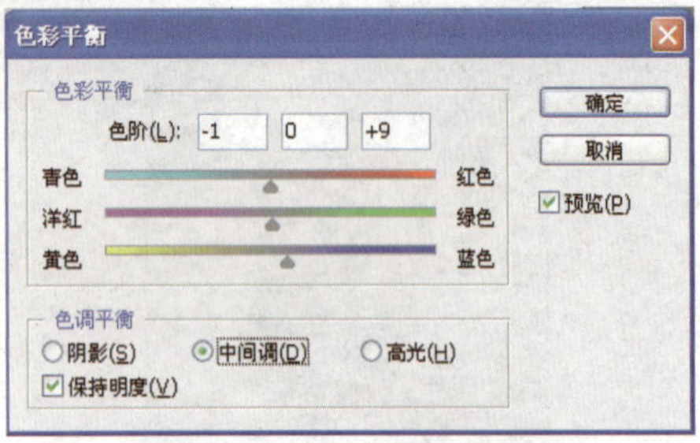

图2-123 【色彩平衡】对话框

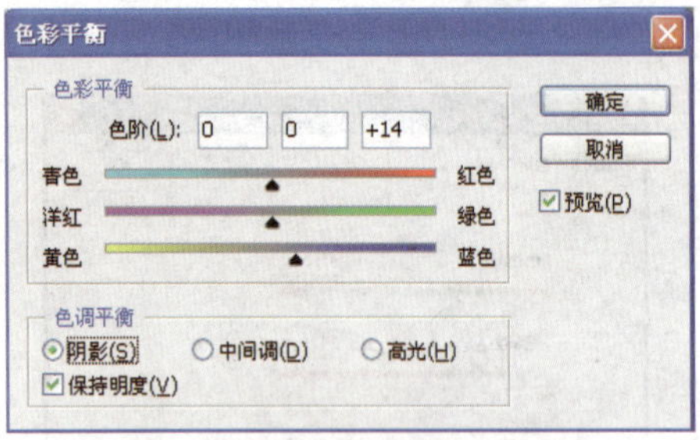

图2-124 【色彩平衡】对话框

图2-125 最终效果

2.4 还原照片的颜色

在拍摄出的数码照片中，常常会出现人物或者景物的颜色产生偏色或颜色失真的问题，影响了照片的美观。本节就收录了一些在拍摄中常出现的色彩问题的照片，通过这些案例，读者可以学到各种颜色修复和调校技巧。

2.4.1 使用【色彩平衡】命令调整偏色的照片

【色彩平衡】命令是 Photoshop CS5 提供的一个专门用于调整色偏的命令，以 3 对互补色为调整的基础，通过对高光、阴影和中间调区域的控制，来精确地纠正图像偏色，是调整色彩最常使用的工具之一。使用【色彩平衡】命令调整时，要分析图像色偏的状态，将偏色分解为互补色中的一种或几种，以便于调整。利用【色彩平衡】命令除了可以纠正色偏，也可以用来制作一些具有特殊色彩效果的图像。

【色彩平衡】可以分为 3 个功能：

（1）对于已经具有某种色调搭配的画面，色彩平衡可以将这种搭配效果增强或变成另外一种色彩搭配。

（2）对于没有色彩搭配的画面，使其具有色彩搭配。

（3）可以根据颜色冷暖来进行指导、调节，以改变画面的冷暖。

使用【色彩平衡】命令调整偏色的照片

所用素材：光盘\素材第 2 章\人像

操作步骤

1 单击菜单栏中的【文件】/【打开】命令或者按【Ctrl+O】组合键，打开素材文件“人像”，如图 2-126 所示。

分析图像的颜色。由于图像中黄色的滑梯偏暖色，而小孩红色的衣服也为暖色，使整个人物偏向于黄红色调。

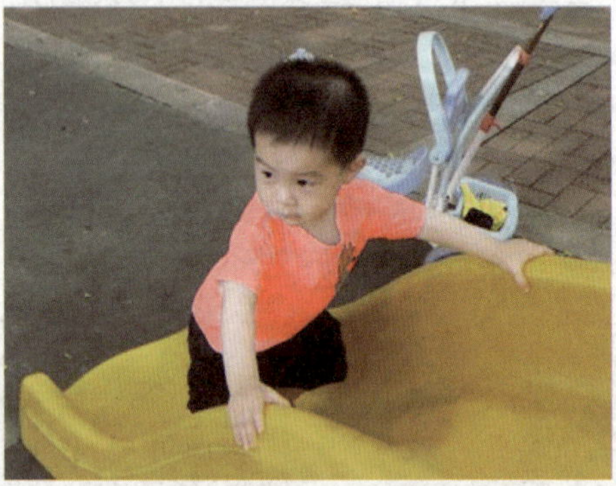

图2-126 人像文件

2 单击菜单栏中的【图像】/【调整】/【色彩平衡】命令，或者按【Ctrl+B】组合键，弹出【色彩平衡】命令对话，如图 2-127 所示。在对话框中有 3 对互补色，当图像偏于某一种颜色时，可以增加其互补色来纠正颜色。在图像中，人物偏黄红色，则要增加蓝色来纠正黄色，增加青色来纠正红色。

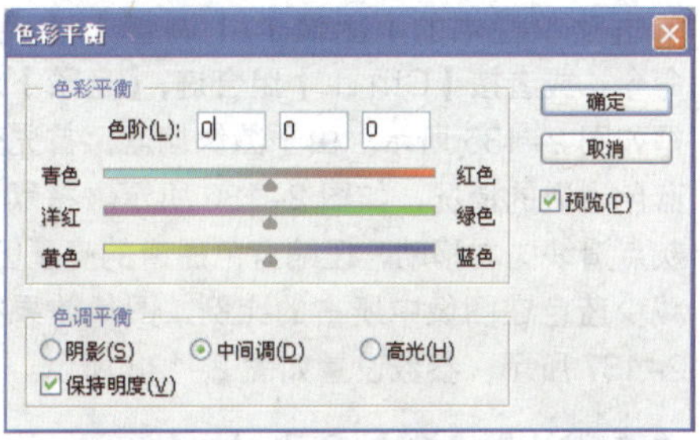

图2–127 【色彩平衡】对话框

3 选择【中间调】复选框，对人物的皮肤部分做调整。分别拖动滑块增加蓝色和青色，图像效果如图 2–128 所示，设置如图 2–129 所示。

图2–128 图像效果

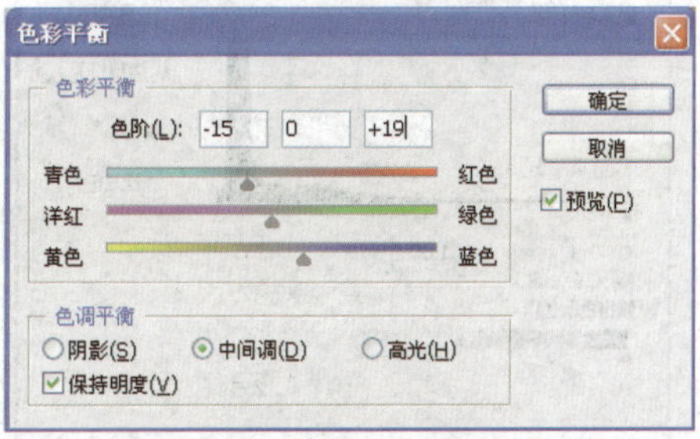

图2–129 【色彩平衡】对话框

4 选择【高光】复选框，对人物的皮肤部及面部做进一步调整，拖动滑块增加蓝色，图像效果如图 2–130 所示，图像参数如图 2–131 所示。

图2–130 图像效果

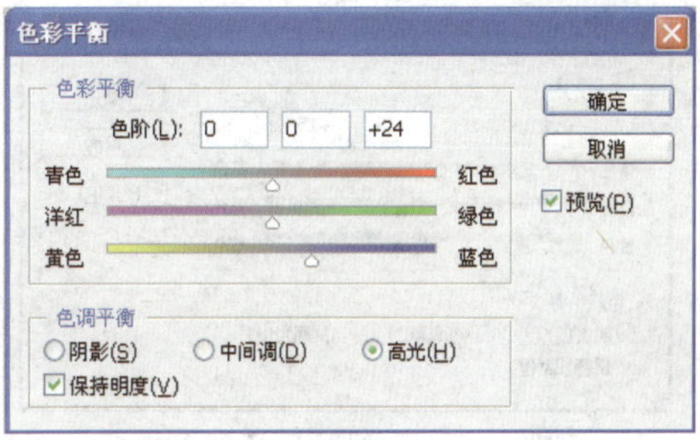

图2–131 【色彩平衡】对话框

提 示

不要增加青色来减少红色比重，由于小孩的肤色中要有一部分的红色才会符合实际情况。

5 单击【阴影】复选框，对眼睛和头发做进一步的调整，在增加蓝色和青色同时，适当的增加一些绿色来平衡蓝色和青色对图像的影响，图像效果如图所 2–132 示，参数设置如图 2–133 所示。

提 示

在使用【色彩平衡】命令时，如果调整的数值很大，可能会对图像的亮度产生影响，通常会勾选【保持明度】复选框。而且在调整过程中一定要注意观察图像的不同区域的偏色情况。由于图像受本身材质，外界光线和相机镜头等多方面影响，要根据实际情况设置适合的调整数值才能达到最佳的纠正效果。

图2–132 图像效果

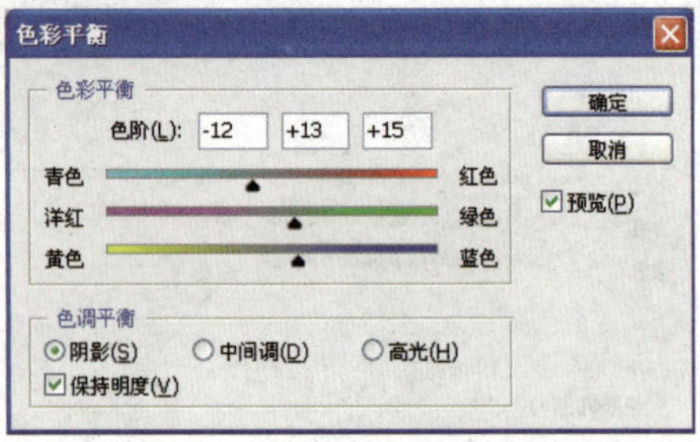

图2-133 【色彩平衡】对话框

2.4.2 使用【色阶】命令调整偏色的照片

使用【色阶】命令调整图像的偏色也是一种比较常规的方法。【色阶】是灰度的色域，记录了图片的最深的暗部到最亮的明部之间的黑白饱和度信息，移动色阶工具黑或白任意滑块，都将压缩色阶的范围；移动灰色滑块，就会改变黑白之间的平衡比例。

在【色阶】命令对话框中，可以通过调整不同颜色通道的滑块或使用吸管工具来调整图像的偏色。

1. 使用颜色通道调整偏色

使用颜色通道调整偏色的照片

所用素材：光盘\素材\第2章\女孩.jpg

操作步骤

1 单击菜单栏中的【文件】/【打开】命令，或者按【Ctrl+O】组合键，打开素材文件“女孩”，如图2-134所示。

图2-134 女孩文件

2 单击菜单栏中的【图像】/【调整】/【色阶】命令，或者按【Ctrl+L】组合键，【色阶】对话框如图2-135所示。由于图像偏蓝，首先查看蓝色通道的情况，如图2-136所示。将黑色和灰点滑块向右移动，压缩蓝色通道的亮度区域，减少蓝色在图像中所占的比例，图像效果如图2-137所示，参数设置如图2-138所示。

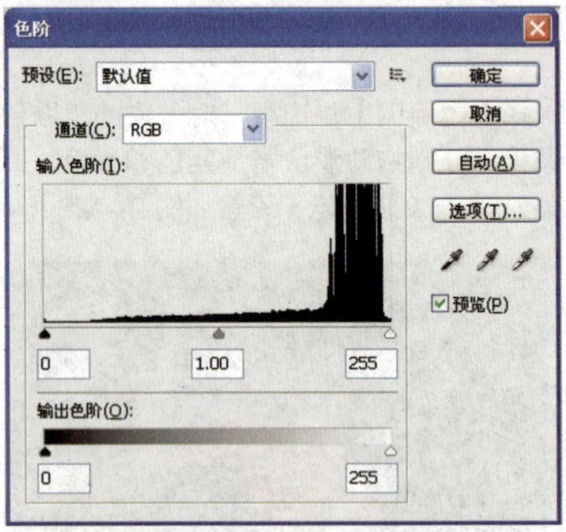

图2-135 【色阶】对话框

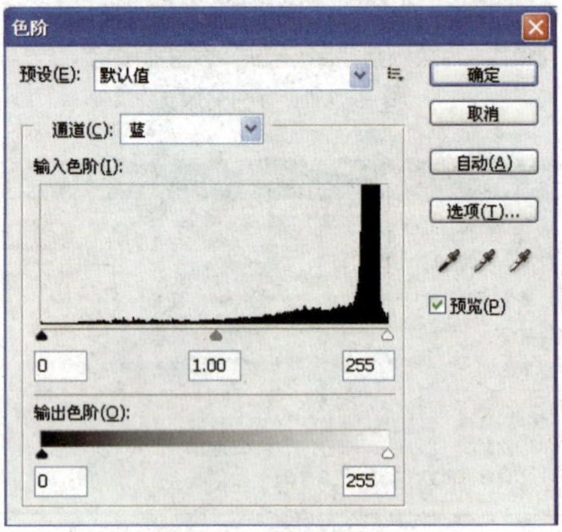

图2-136 【色阶】对话框

图2-137 图像效果

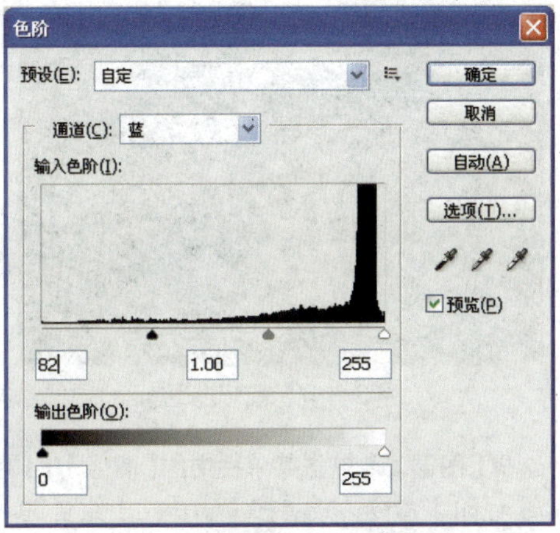

图2-138 【色阶】对话框

3 选择通道【红】设置如图 2-139 所示，通道【绿】设置图 2-140 所示。将对应的亮调区域加大，增加图像中红色和绿色的比例，从而消除对图像的影响，图像效果如图 2-141 所示。

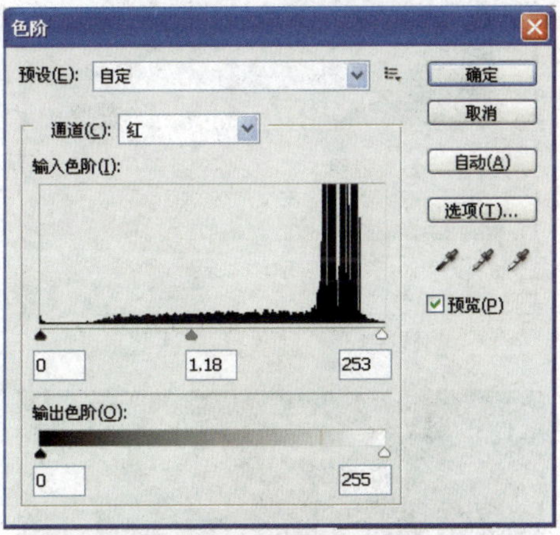

图2-139 【色阶】对话框

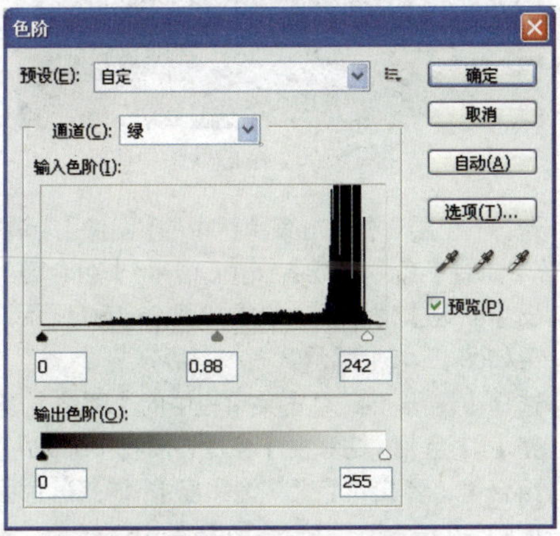

图2-140 【色阶】对话框

图2-141 最终效果

2. 使用吸管工具调整偏色

使用【灰点】吸管工具也可以纠正图像中的偏色。将图像恢复为原始状态，打开【色阶】对话框。选择【灰点】吸管工具，在人物衣服阴影上单击，如图 2-142 所示。确定其为整个图像的颜色中点，图像会以此为依据重新分布图像，图像效果如图 2-143 所示。

图2-142 单击衣服阴影

图2-143 图像效果

2.4.3 增加照片暗部细节

本例主要利用【色阶】命令、【曲线】命令和【色相 / 饱和度】命令进行调节。原照片是在阴天的情况下拍摄的，由于天气的条件和光线的影响，照片中的色彩非常暗淡，失去了建筑物和人物原有的色彩。因此在对照片中的建筑的色彩进行调整的时候，不能调整的过亮，也不能调整的过于饱和，否则会失去建筑原来的特点。

增加照片的暗部细节

所用素材：光盘\素材\第 2 章\增加暗部细节.jpg
最终效果：光盘\效果\第 2 章\增加暗部细节.psd

操作步骤

1 单击菜单栏中的【文件】/【打开】命令或者按【Ctrl+O】组合键，打开素材文件“增加暗部细节”，如图 2-144 所示。按【Ctrl+J】组合键，复制图层，得到【图层 1】，如图 2-145 所示。

图2-144　增加暗部细节文件

图2-145　【图层】面板

2 选择【图层 1】，选择工具栏上的【钢笔工具】，绘制出路径，如图 2-146 所示。按【Ctrl+Enter】组合键将路径转换为选区，单击菜单栏中的【选择】/【反向】命令，或者按【Ctrl+Shift+I】组合键，如图 2-147 所示。

图2-146　绘制人物路径

图2-147　反向选区

3 选择【图层 1】,单击菜单栏中的【图像】/【调整】/【色阶】命令，或者按【Ctrl+L】组合键。弹出【色阶】对话框，设置如图 2-148 所示，效果如图 2-149 所示。

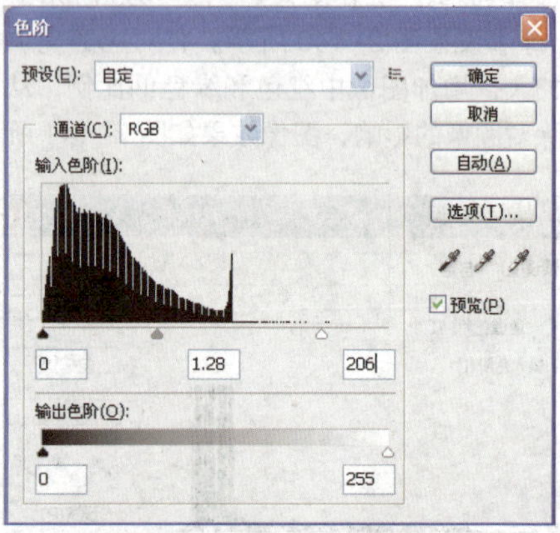

图2-148　【色阶】对话框

图2-149　图像效果

4 选择【图层 1】,单击菜单栏中的【图像】/【调整】/【曲线】命令，或者按【Ctrl+M】组合键。弹出【曲线】对话框，设置如图 2-150 所示，效果如图 2-151 所示。

5 选择【图层 1】，单击菜单栏中的【图像】/【调整】/【色相 / 饱和度】命令，或者按【Ctrl+M】组合键，弹出【色相 / 饱和度】，调整蓝色区域如图 2-152，调整全图如图 2-153 所示，最终效果如图 2-154 所示。

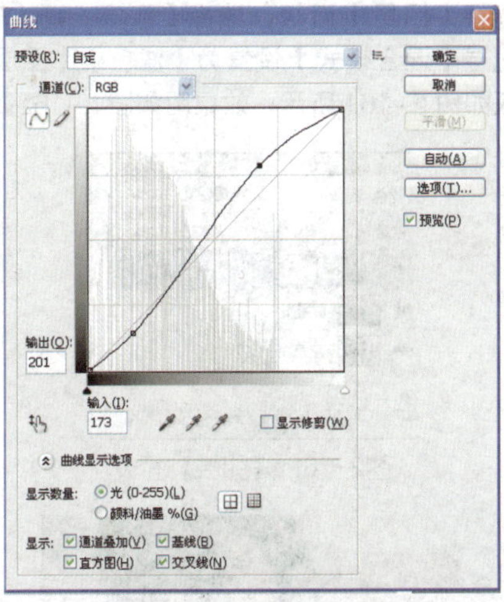

图2–150 【曲线】对话框

图2–151 图像效果

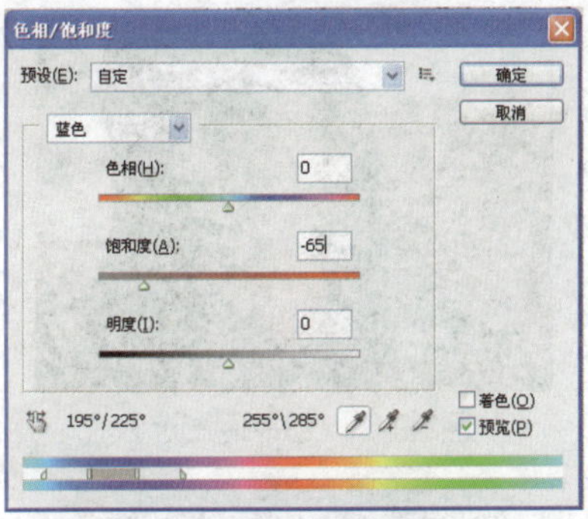

图2–152 【色相/饱和度】对话框

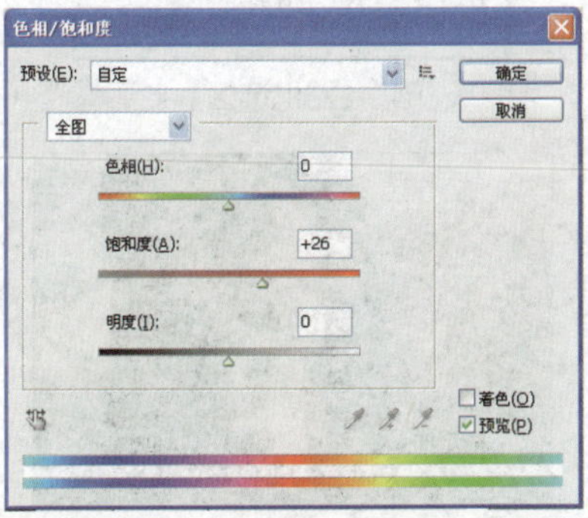

图2–153 【色相/饱和度】对话框

图2–154 最终效果

2.4.4 调整逆光照片

本例主要使用通道操作和【色相 / 饱和度】命令调整逆光的照片。原照片是在逆光的情况下拍摄的，人物的色调比较暗淡，不能清晰地看出人物的五官和一些细节，需要增加照片的亮度。需要注意的是在提亮人物的同时，也会损失一部分暗调，需要再次增加照片的暗调，才会使照片中的人物更加清晰。

调整逆光的照片

所用素材：光盘 \ 素材 \ 第 2 章 \ 逆光照片 .jpg

最终效果：光盘 \ 效果 \ 第 2 章 \ 逆光照片 .psd

操作步骤

1 单击菜单栏中的【文件】/【打开】命令或者按【Ctrl+O】组合键，打开素材文件“逆光照片”，如图 2–155 所示。按【Ctrl+J】组合键，复制图层，得到【图层 1】，如图 2–156 所示。

图2–155 逆光照片文件

图2–156 【图层】面板

2 选择【通道】面板，复制蓝色通道，得到【蓝副本】。单击菜单栏中的【图像】/【调整】/【反向】命令，或者按【Ctrl+I】组合键，【通道】面板如图 2-157 所示，效果图如图 2-158 所示。

图2-157 【通道】面板

图2-158 通道状态

3 选择【RGB】通道，单击【通道】面板底部的【将通道作为选区载入】按钮，效果如图 2-159 所示。

图2-159 通道状态

4 返回【图层】面板，复制【图层 1】得到【图层 1 副本】，选择【图层 1 副本】，单击【添加图层】面板按钮，如图 2-160 所示。

图2-160 【图层】面板

5 选择【图层】面板，选择【图层 1 副本】。将图层【混合模式】设置为【滤色】，【图层】面板如图 2-161 所示，效果图如图 2-162 所示。

图2-161 【图层】面板

图2-162 图像效果

6 选择工具栏上的【快速选择工具】，在【图层 1 副本】绘制出主体阴影作为选区，如图 2-163 所示。单击【选择】/【修改】/【羽化】命令，弹出【羽化选区】对话框，设置如图 2-164 所示，效果如图 2-165 所示。

图2-163 绘制阴影选区

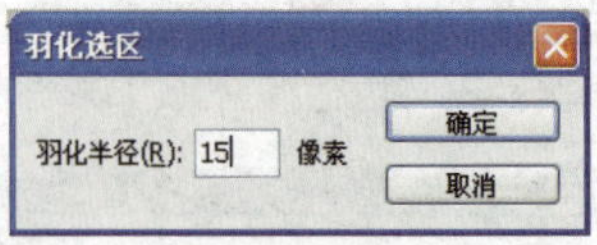

图2-164 【羽化选区】对话框

图2-165 图像效果

7 选择【图层 1 副本】，按【Ctrl+J】组合键，将选区内容复制新建【图层 2】。效果如图 2-166 所示，【图层】面板如图 2-167 所示。

图2-166 图像效果

图2-167 【图层】面板

8 选择【图层 2】，单击菜单栏中的【图像】/【调整】/【曲线】命令，或者按【Ctrl+M】组合键，弹出【曲线】对话框，设置如图 2-168 所示，效果如图 2-169 所示。

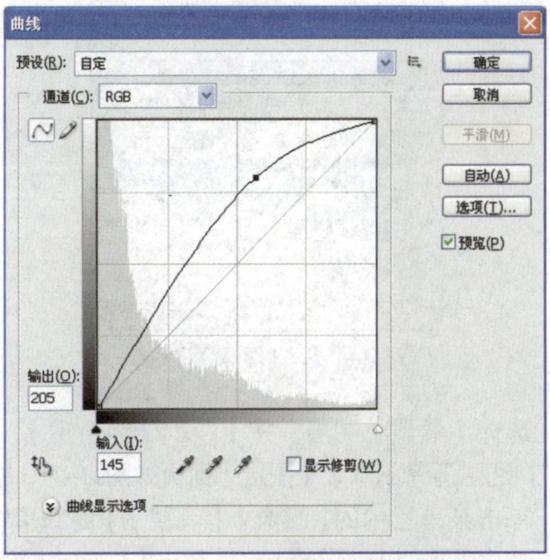

图2-168 【曲线】对话框

图2-169 图像效果

9 按【Ctrl+Shift+Alt+E】组合键盖印图层，得到【图层 3】，【图层】面板如图 2-170 所示。

图2-170 【图层】面板

10 选择【图层 3】，单击菜单栏中的【图像】/【调整】/【色相/饱和度】命令，或者按【Ctrl+U】组合键。弹出【色相/饱和度】对话框，设置如图 2-171 所示，最终效果如 2-172 所示。

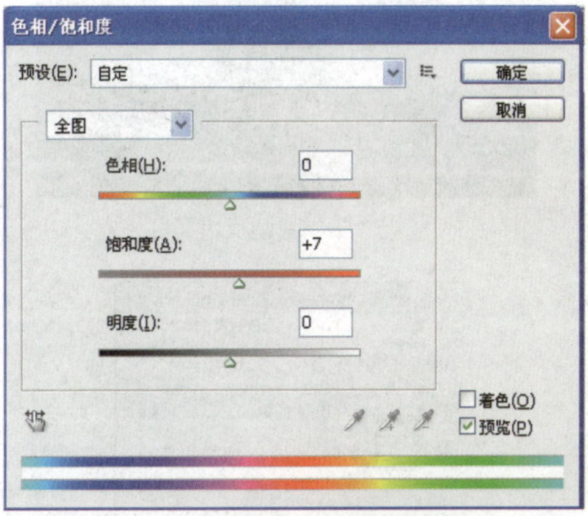

图2-171 【色相/饱和度】对话框

图2-172 最终效果

2.4.5 调整色调发灰的照片

本例中的原照片色彩不够鲜亮，照片的主体也不够分明，影响照片的美观。需要对其进行调整，增加照片的饱和度和色彩鲜艳程度，以增加照片的视觉效果。

调整色调发灰的照片

所用素材：光盘 \ 素材 \ 第 2 章 \ 色调发灰 .jpg
最终效果：光盘 \ 效果 \ 第 2 章 \ 色调发灰 .psd

操作步骤

1 单击菜单栏中的【文件】/【打开】命令或者按【Ctrl+O】组合键，打开素材文件“色调发灰”，如图 2–173 所示。按组合键【Ctrl+J】，复制图层，得到【图层 1】。【图层】面板如图 2–174 所示。

图2–173　色调发灰文件

图2–174　【图层】面板

2 选择【图层 1】，单击菜单栏中的【图像】/【调整】/【色阶】命令，或者按【Ctrl+L】组合键，弹出【色阶】对话框，设置如图 2–175 所示，效果如图 2–176 所示。

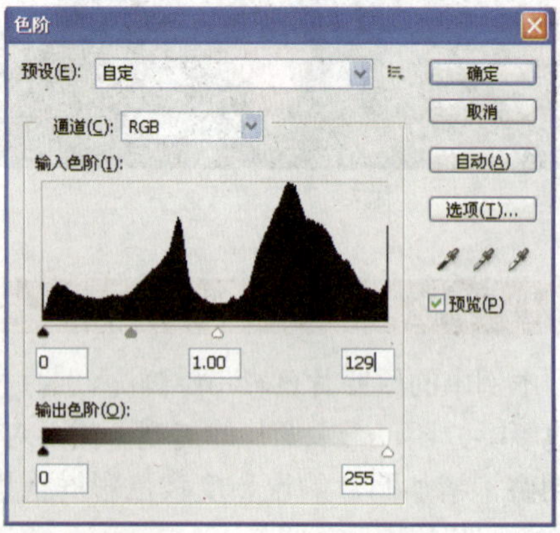

图2–175　【色阶】对话框

图2–176　图像效果

3 选择【图层】面板，选择【图层 1】，单击【图层】面板底部的【添加图层蒙版】按钮，单击蒙版区域，选择工具栏上的【画笔工具】，将【前景色】设置为黑色，在天空部分涂抹。效果如图 2–177 所示，【图层】面板如图 2–178 所示。

图2–177　图像效果

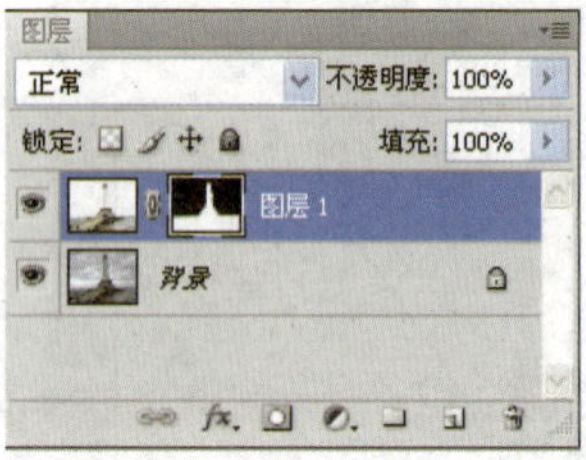

图2–178　【图层】面板

4 选择【背景】图层，按【Ctrl+J 组合键】，得到【图层 背景副本】，【图层】面板如图 2–179 所示。单击菜单栏中的【图像】/【调整】/【曲线】命令，或者按【Ctrl+M】组合键，弹出【曲线】对话框，设置如图 2–180 所示，效果如图 2–181 所示。

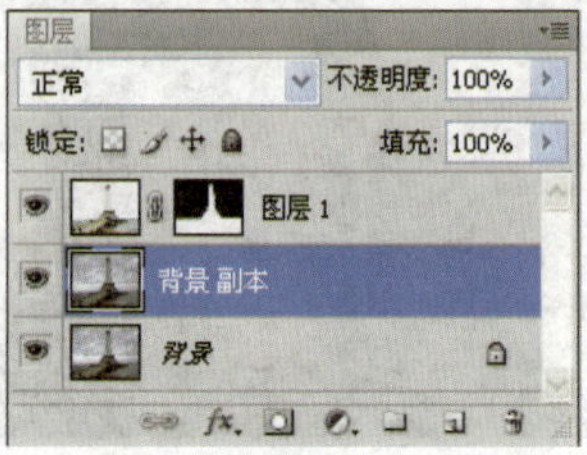

图2–179　【图层】面板

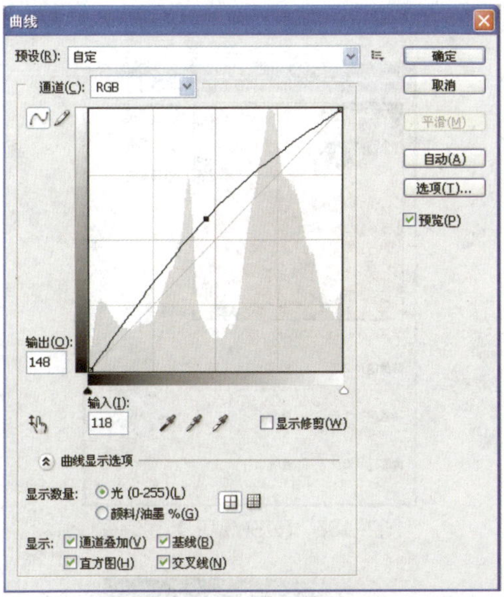

图2-180 【曲线】对话框

图2-181 图像效果

5 选择【图层 背景副本】，单击菜单栏中的【图像】/【调整】/【色相饱/和度】命令，或者按【Ctrl+U】组合键，弹出【色相/饱和度】对话框，设置如图 2-182 所示，最终效果如图 2-183 所示。

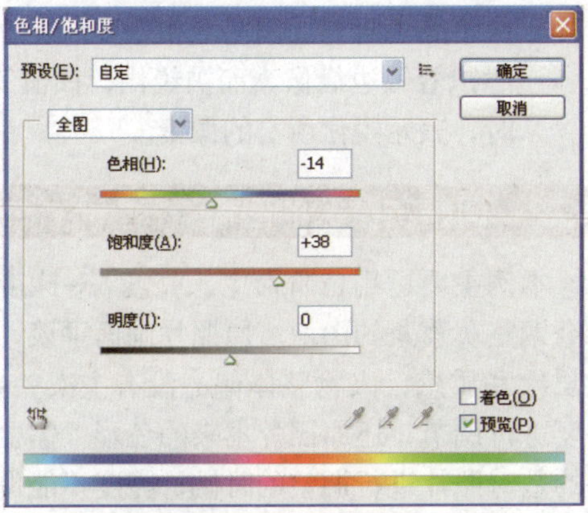

图2-182 【色相/饱和度】对话框

图2-183 最终效果

2.5 调整图像的清晰度与层次

使用数码相机拍摄照片时往往会丢失图像的一些细节，这时可以单击菜单栏中的【滤镜】/【锐化】命令中的子命令，通过增加相邻像素的对比度聚焦模糊的图像，为照片添加细节、改善明暗和颜色等，使图像更加真实、完美。通常进行锐化的图像都会显得较为锐利，图像边缘轮廓会比较清晰，使用锐化前后对比效果图如图 2-184 所示。

图2-184 锐化前后对比

可以看到，经过锐化后的照片，图像白色部分的边缘显得更加白，而较黑的图像边缘则越来越黑，边界也很明显。在设置半径值时，数值越大，影响图像边缘效果越大，锐化也就越明显。

2.5.1 锐化图像

一般使用数码相机拍摄的照片，由于在自然影像拍摄过程中图像丢失了一部分细节，因此拍摄出来的照片都显得较为柔和，没有层次感。在Photoshop CS5中运用锐化功能，既能添加照片细节的表现力，使一张普通照片立刻变为一张吸引人的摄影作品；还可以改善图片的明暗对比度，从而摆脱照片灰蒙蒙的感觉。同时高质量的锐化还可以改善图像色彩的反差，使照片富有层次感。

锐化照片

所用素材：光盘\素材\第2章\美女

操作步骤

1 单击菜单栏中的【文件】/【打开】命令，或者按【Ctrl+O】组合键，打开素材文件“美女”，如图2-185所示。

图2-185 美女文件

2 单击菜单栏中的【滤镜】/【图像】/【色阶】命令，或者按【Ctrl+L】组合键，弹出【色阶】对话框，设置如图2-186所示。

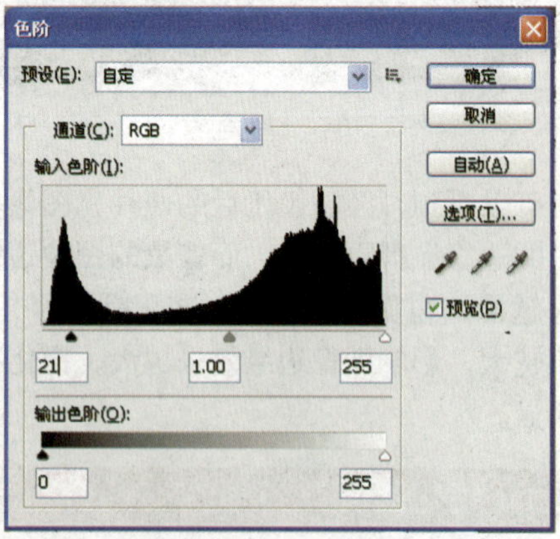

图2-186 【色阶】对话框

3 单击菜单栏中的【滤镜】/【锐化】/【USM】命令，弹出【USM锐化】对话框，设置如图2-187所示，效果如图2-188所示。

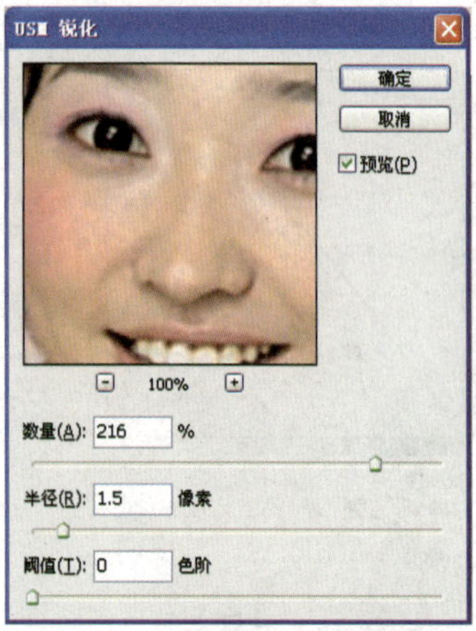

图2-187 【USM锐化】对话框

图2-188 最终效果

【USM锐化】对话框中各参数的含义如下：

- 【数量】：值越大，锐化边缘像素的对比度就越强，从而产生纯白和纯黑色。
- 【半径】：控制锐化边缘像素的宽度。值越大，边缘效果的范围越广。
- 【阈值】：调整作为边缘像素的色阶，即像素的色阶与周围区域相差多少时才被滤镜看做边缘像素而被锐化，该值为0时，表示锐化所有的像素。

2.5.2 调整灰蒙蒙的图像

本例主要运用色阶命令、亮度/对比度等命令调整灰蒙蒙的图像。原照片画面平淡，缺乏层次和质感，人物整体偏亮没有主次关系，需要进行调节，还原照片本来的色彩。需要提醒的是对照片进行调整的时候，亮度不能调整的过亮，以免产生反差过强的不真实效果。

调整灰蒙蒙的图像

所用素材：光盘\素材\第2章灰蒙蒙图像.jpg
最终效果：光盘\效果\第2章\灰蒙蒙图像.psd

操作步骤

1 单击菜单栏中的【文件】/【打开】命令或者按【Ctrl+O】组合键，打开素材文件“灰蒙蒙图像”，如图2-189所示。按【Ctrl+J】组合键，得到【图层1】，如图2-190所示。

图2-189 灰蒙蒙图像文件

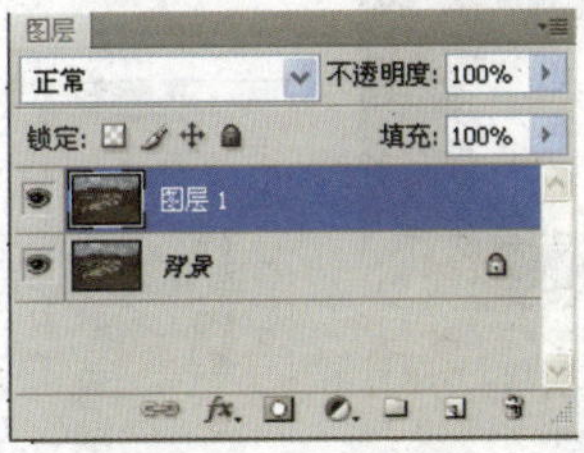

图2-190 【图层】面板

2 选择【图层1】，单击菜单栏中的【图像】/【调整】/【曲线】命令，或者按【Ctrl+M】组合键，弹出【曲线】对话框，设置如图2-191、图2-192、图2-193所示，效果如图2-194所示。

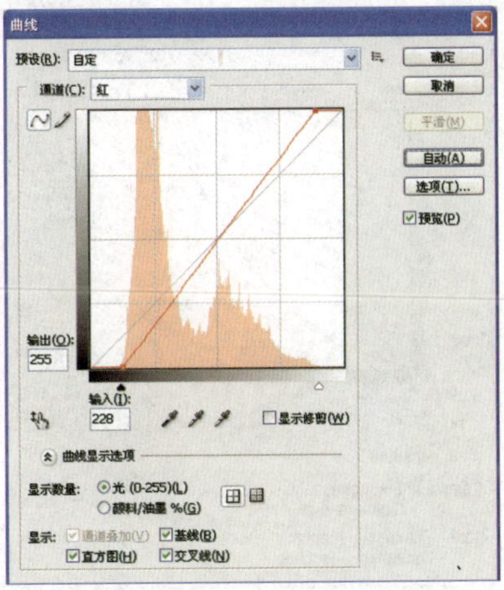

图2-191 【曲线】对话框

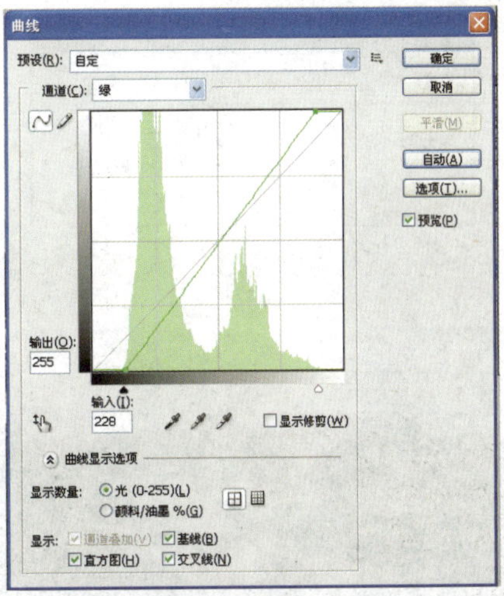

图2-192 【曲线】对话框

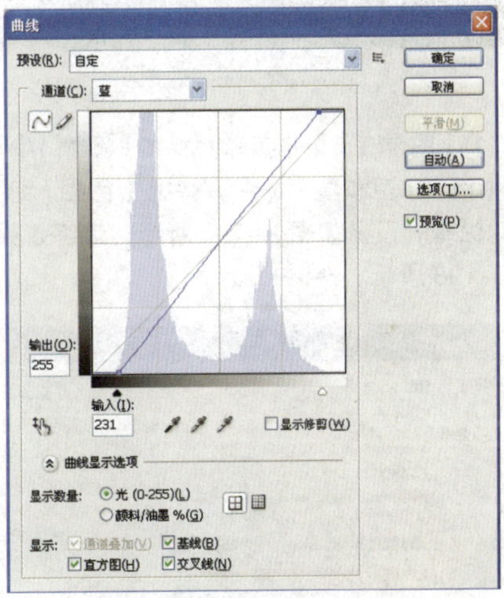

图2-193 【曲线】对话框

图2-194 图像效果

3 选择【图层1】，单击菜单栏中的【图像】/【调整】/【亮度/对比度】命令，弹出【亮度/对比度】对话框，设置如图2-195所示，效果如图2-196所示。

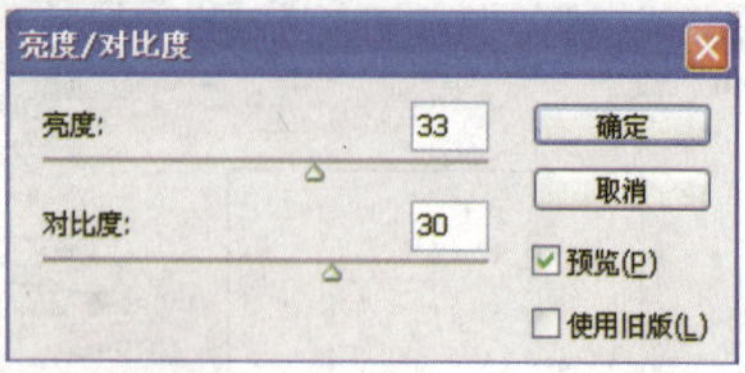

图2-195 【亮度/对比度】对话框

图2-196 图像效果

4 选择【图层 1】,单击菜单栏中的【图像】/【调整】/【色相/饱和度】命令,弹出【色相/饱和度】对话框,设置如图 2-197 所示,最终效果如图 2-198 所示。

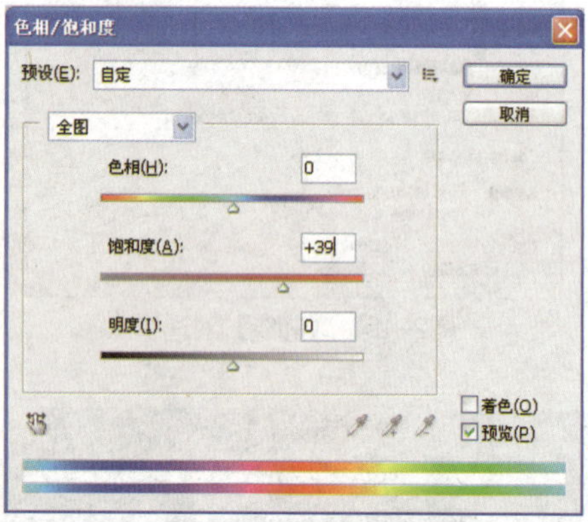

图2-197 【色相/饱和度】对话框

图2-198 最终效果

2.5.3 调整强光下拍摄的照片

本例主要运用了【曲线】命令、【色相/饱和度】命令和【色彩平衡】等命令调整强光下拍摄的照片。原照片是在强烈的光线下拍摄,由于没有调整好曝光量,照片几乎没有了对比度,需要通过调整照片的对比度和色彩。

调整强光下拍摄的照片

所用素材:光盘\素材\第 2 章\强光下照片.jpg
最终效果:光盘\效果\第 2 章\强光下照片.psd

操作步骤

1 单击菜单栏中的【文件】/【打开】命令或者按【Ctrl+O】组合键,打开素材文件"强光下照片",如图 2-199 所示。按【Ctrl+J】组合键,复制图层,得到【图层 1】,如图 2-200 所示。

图2-199 强光下照片文件 图2-200 【图层】面板

2 选择【图层 1】,单击菜单栏中的【图像】/【调整】/【曲线】命令,或者按【Ctrl+M】组合键,弹出【曲线】对话框,设置如图 2-201 所示,效果如图 2-202 所示。

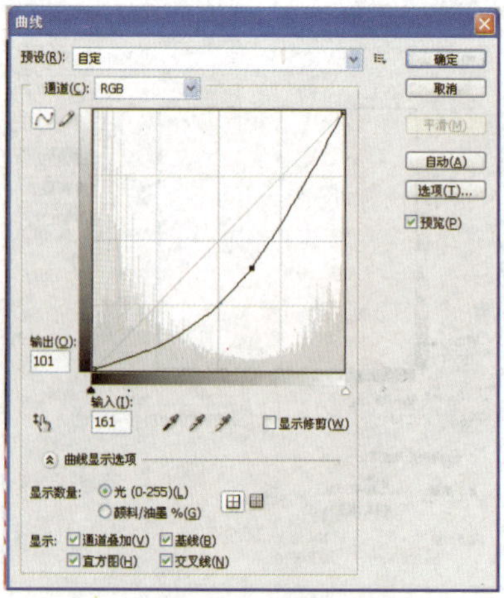

图2-201 【曲线】对话框

图2-202 图像效果

3 选择【图层 1】，单击菜单栏中的【图像】/【调整】/【色相 / 饱和度】命令，或者按【Ctrl+U】组合键，弹出【色相 / 饱和度】对话框，设置如图 2-203 所示，效果如图 2-204 所示。

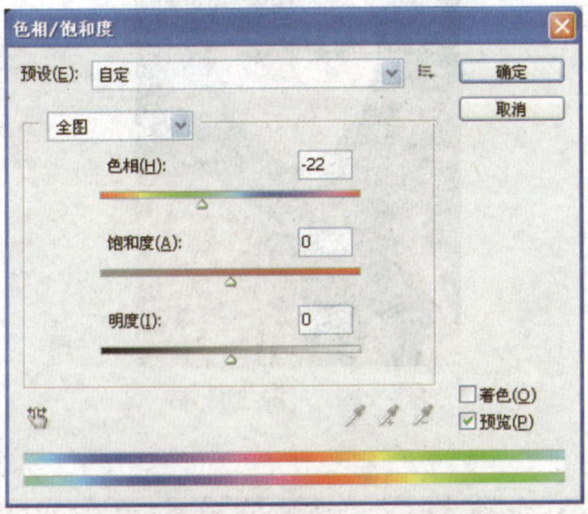

图2-203 【色相/饱和度】对话框

图2-204 图像效果

4 选择【图层 1】，单击菜单栏中的【图像】/【调整】/【色彩平衡】命令，或者按【Ctrl+B】组合键，弹出【色彩平衡】对话框，设置如图 2-205、图 2-206、图 2-207 所示，选择【确定】完成操作。效果如图 2-208 所示。

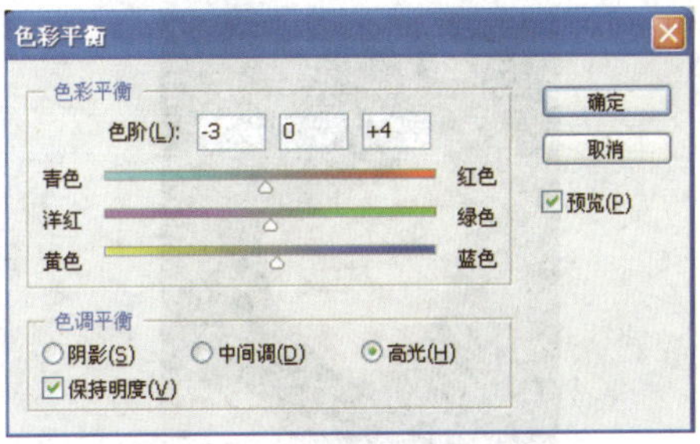

图2-205 【色彩平衡】对话框

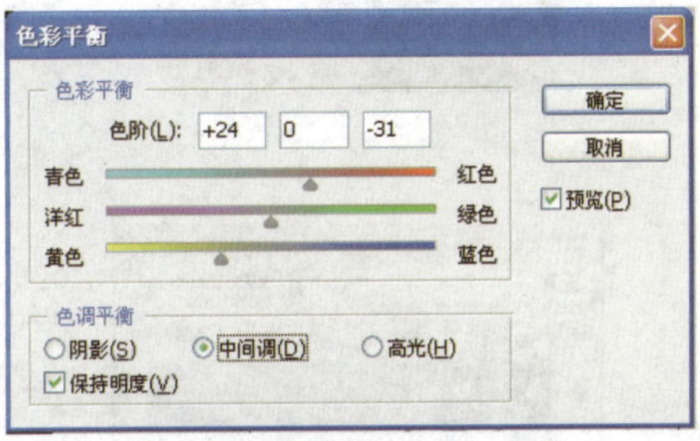

图2-206 【色彩平衡】对话框

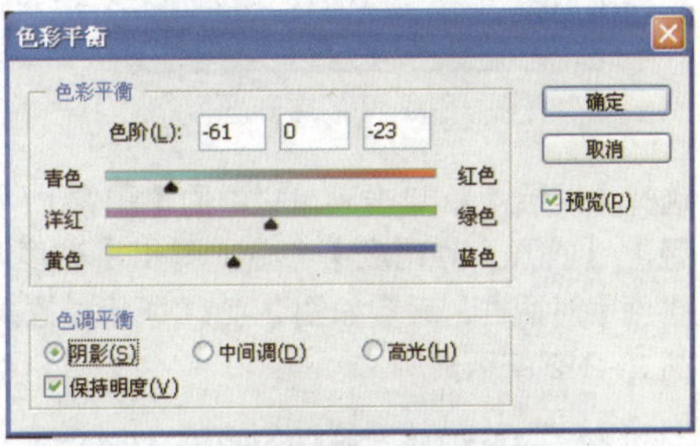

图2-207 【色彩平衡】对话框

图2-208 图像效果

5 选择【图层】面板，选择【图层 1】，单击【图层】面板底部的【添加图层蒙版】按钮，单击蒙版区域，选择工具栏上的【画笔工具】，将【前景色】设置为黑色，在脸部以外的图像上进行涂抹，效果如图 2-209 所示，【图层】面板如图 2-210 所示。

图2-209　图像效果

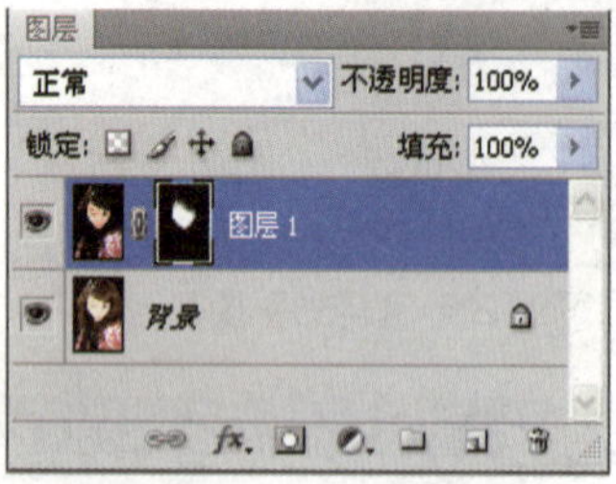

图2-210　【图层】面板

6 选择【图层 1】，单击菜单栏中的【图像】/【调整】/【亮度/对比度】命令，弹出【亮度/对比度】对话框，设置如图 2-211 所示，效果如图 2-212 所示。

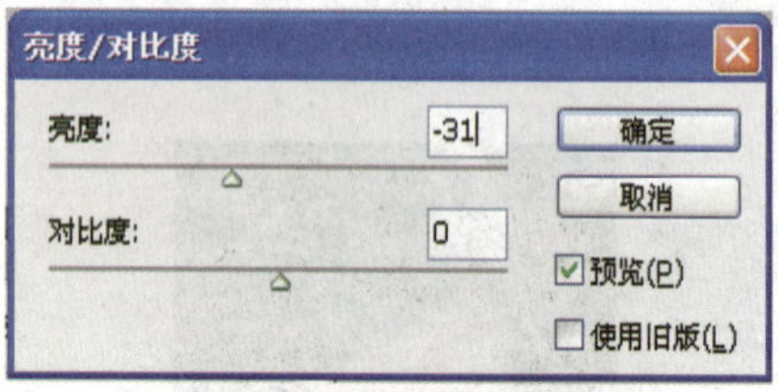

图2-211　【亮度/对比度】对话框

图2-212　图像效果

7 选择【图层 1】，单击菜单栏中的【图像】/【调整】/【色彩平衡】命令，或者按【Ctrl+B】组合键，弹出【色彩平衡】对话框，设置如图 2-213 所示，最终效果如图 2-214 所示。

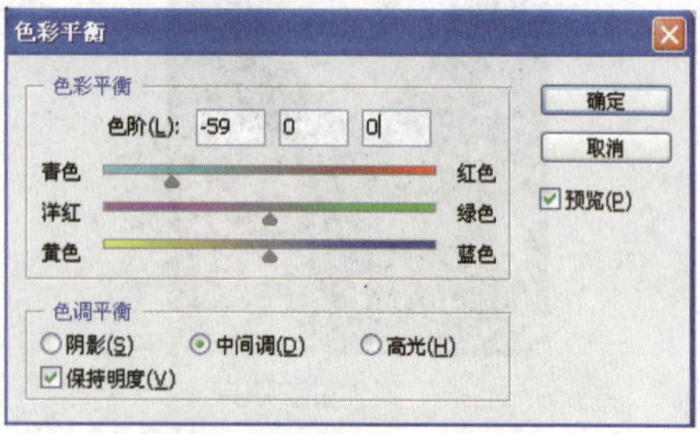

图2-213　【色彩平衡】对话框

图2-214　最终效果

2.6　本章小结

本章主要介绍了使用 Photoshop CS5 进行照片处理的实用方法和各种常见问题的解决方法。从照片的修饰、修复等几方面入手，通过对各种典型的技术分析和分步操作，详细地讲解每一个实例的操作技巧。本章最重要的任务是“练”，即通过大量练习融会贯通所学的基础知识与理论，并在练习过程中掌握操作技巧、积累操作经验。

2.7　习题

上机题

(1) 上机练习清除斑点。

(2) 上机练习为头发染色。

(3) 上机练习调整逆光照片。

第 3 章　特效图像创作全面剖析

本章提要

特效图像，顾名思义是指具有特殊效果的图像。此图像之所以能够吸引我们的注意力。正是由于此类图像所表现出来的效果不同于我们日常所见到的，因此能够极大满足我们的好奇心。这也是为什么越来越多的电影开始追求特殊效果，并依靠大量的特技效果得到高票房的原因。

在平面设计领域中，特效图像的应用非常广泛，在广告、海报、书籍封面设计领域都能看到大量的特效图像。因此，掌握一定的特效图像的制作方法对于一个设计师而言，具有很重要的意义。本章通过 4 个具体案例对特效图像的创作进行全面剖析。

3.1　特效的基本概念及三大表现手法

从字面上理解，特效即指特殊效果，再具体到图像内容上，其表现手法可谓五花八门，如变形、发光、拉伸以及质感模拟等，都属于比较常见的特效表现手法，如图 3-1 和图 3-2 所示。特效包括形态、维度、质感三个方面的表现手法，还可以细分出更多的类型，下面来讲解其中比较常见、常用的手法。

图3–1　光线特效

图3–2　质感特效

3.2　图像特效的常用技术

由于图像特效的类型非常多，所以用到的技术也非常繁多，但其中较为重要且容易得到效果的主要包括混合模式、图层样式以及滤镜功能。

3.2.1　混合模式

作为 Photoshop CS5 最为核心的技术，混合模式对 Photoshop 软件所有的应用领域都起到不可忽视的作用

在制作图像特效时，混合模式最常用于对自然事物（烟、雾、闪电等）、各种质感（冰、金属、火等）及特殊纹理进行模拟制作，如图 3-3、图 3-4 所示。

图3–3　混合模式特效

图3–4　火光特效

3.2.2 图层样式

Photoshop CS5 自带了 10 个图层样式。只要经过适当的参数设置，每个图层样式都能制作出完全不同的图像效果，如用于制作立体效果的【斜面和浮雕】图层样式，用于模拟平面阴影的【投射】图层样式，用于模拟金属表面光泽的【光泽】图层样式，以及用于制作外发光效果的【外发光】图层样式。

如果将这些图层样式组合起来使用，那么就可以得到更多、更为丰富的图像效果。如图 3-5、图 3-6 所示浮雕以及投影效果都可以利用图层样式制作得到。

图3–5 光线特效

图 3–6 浮雕特效

任何一项功能都无法制作出我们需要的所有特效，除了上面介绍的较为重要的常用图像特效制作技术外，绘图工具、修饰工具、蒙版以及通道灯功能也都是制作特效可能用到的技术，它们通常起到一定的辅助以及对特效进行修饰作用，通过【画笔工具】设置适当的参数，可以制作出星光散布的特效图像，而结合【加深工具】和【减淡工具】可以帮助我们更好地模拟金属、亮面皮革等物体表面的光泽效果。

3.3 上机实战

本节主要通过两个案例来了解图层混合模式特效和图层样式的制作方法和编辑技巧。这些案例可以帮助读者掌握图像特效的制作的方法和技巧，并启迪在使用 Photoshop CS5 进行图像特效创意方面的思路。

3.3.1 图层混合模式特效——彩色人物

从本质上讲，混合模式的功能就是用来混合图像，混合图像有时是有目的的，有时只是手段而已，本例就是利用图层的混合模式达到上色的目的，最终效果如图 3-7 所示。

图3–7 最终效果

使用图层混合模式特效制作彩色人物

所用素材：光盘\素材\第 3 章\彩色人物
最终效果：光盘\效果\第 3 章\彩色人物

操作步骤

1 单击菜单栏中的【文件】/【打开】命令或者按【Ctrl+O】组合键，打开素材文件【彩色人物】，如图 3–8 所示。按【Ctrl+J】组合键，复制图层，得到【图层 1】，如图 3–9 所示。

图3-8 彩色人物文件

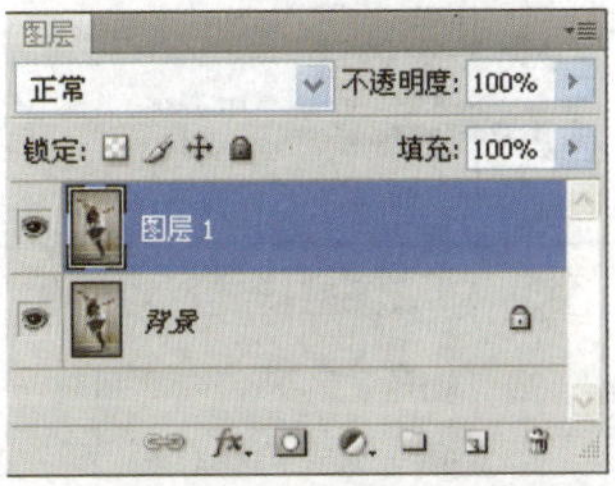

图3-9 【图层】面板

2 选择【图层 1】,单击菜单栏中的【图像】/【调整】/【阈值】命令，弹出【阈值】对话框，设置如图 3-10 所示，选择【确定】完成操作，效果如图 3-11 所示。

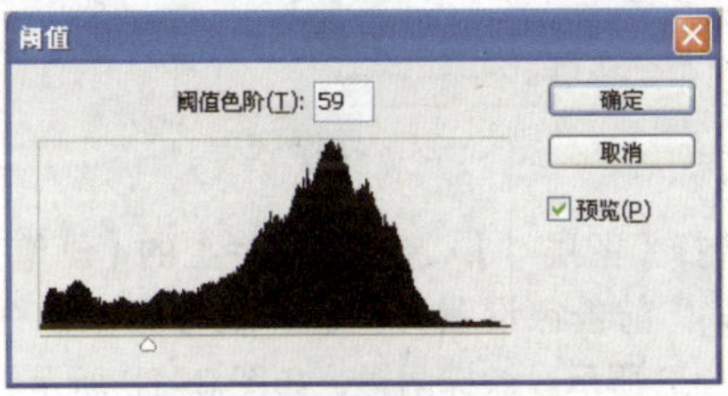

图3-10 【阈值】对话框

图3-11 图像效果

3 选择【图层】面板，选择【图层 1】，单击【添加图层样式】按钮 fx，选择【混合选项】命令，弹出【图层样式】对话框，在【下一图层】按住【Alt】键，拖动白色输入按钮，设置如图 3-12 所示，效果如图 3-13 所示。

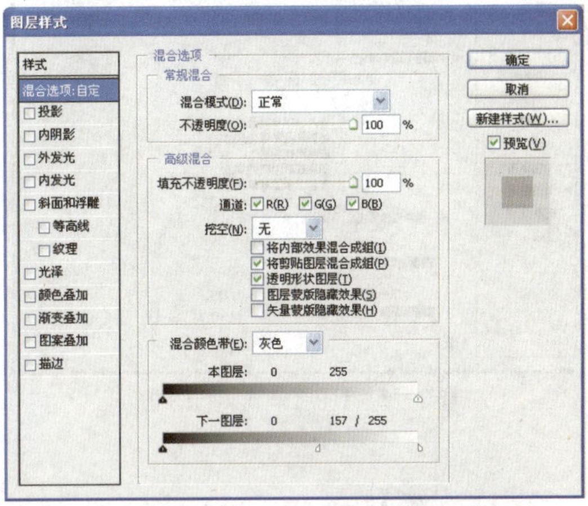

图3-12 【图层样式】对话框

图3-13 图像效果

4 选择【图层】面板,单击【新建图层】按钮，得到【图层 9】,【图层】面板如图 3-14 所示。

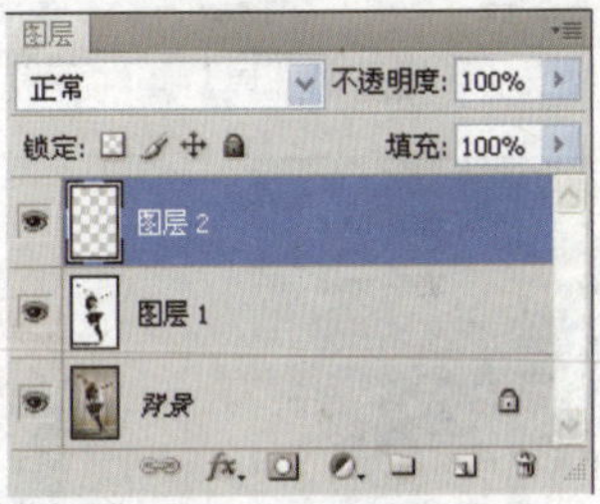

图3-14 【图层】面板

5 选择【图层】面板，选择【图层 9】，单击【添加图层样式】fx 按钮，选择【混合选项】命令，弹出【图层样式】对话框，在【下一图层】

按住【Alt】键，拖动白色输入按钮，设置如图3-15所示，效果如图3-16所示。

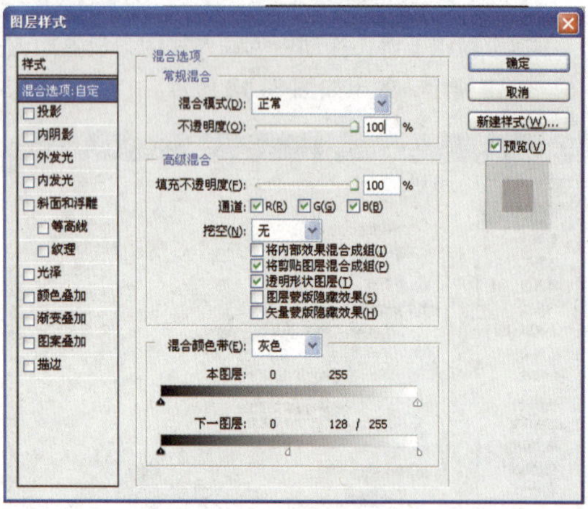

图3-15 【图层样式】对话框

图3-16 图像效果

6 选择工具栏上的【画笔工具】，属性面板设置如图3-17所示。分别将前景色设置为【#4aa9eb】、【#ee006a】、【# 5506c0】 等。选择【图层9】，进行绘制，【图层】面板如图3-18所示，效果如图3-19所示。

图3-17 【画笔工具】属性面板

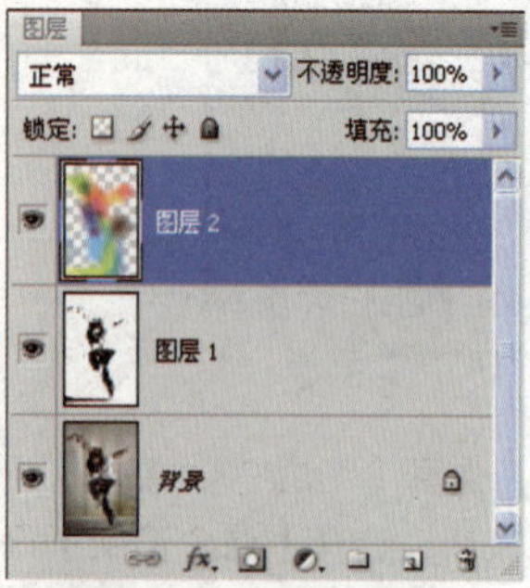

图3-18 【图层】面板

图3-19 图像效果

7 选择【图层9】，单击鼠标右键，选择【混合选项】，弹出【图层样式】对话框，在【下一图层】按住【Alt】键，拖动白色输入按钮，设置如图3-20所示。效果如图3-21所示。

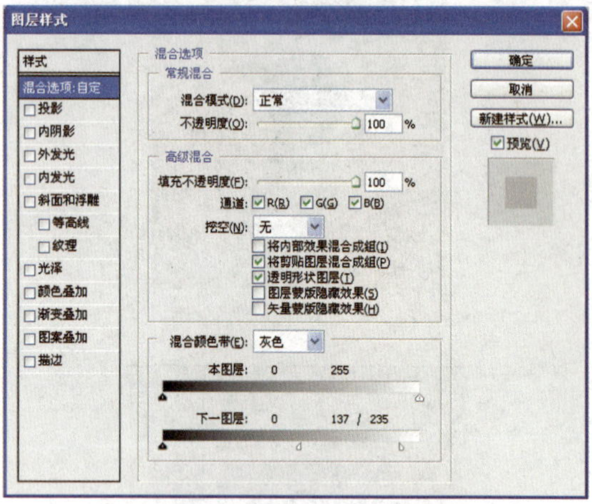

图3-20 【图层样式】对话框

图3-21 图像效果

8 选择【图层1】，选择工具栏上的【画笔工具】，前景色设置为白色，属性面板设置如图3-22所示。涂抹阴影，如图3-23所示。最终效果如图3-24所示。

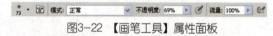

图3-22 【画笔工具】属性面板

图3-23 涂抹阴影

图3-24 最终效果

3.3.2 图层样式特效——光效文字

所谓的显示细节图像就是通过体现图像达到显示等多图像细节内容的目的。主要可以采用“滤色”、“颜色减淡”以及“线性减淡”这 3 种混合模式中的一个，而实际操作过程中具体采用哪种混合模式，可以根据实际需要选择合适的。下面就通过一个实例，来讲解利用混合模式的操作方法以及图层样式的应用，制作美伦美奂的光效文字。如图 3-25 所示。

图3-25 最终效果

使用图层样式特效制作光效文字

所用素材：光盘\素材\第 3 章\纹理 3、纹理 4、星星、雪花

最终效果：光盘\效果\第 3 章\光效文字

操作步骤

创建背景

1 单击菜单栏中的【文件】/【新建】命令，或者按【Ctrl+N】组合键，弹出【新建】对话框，设置文件的宽度为【1024 像素】，高度为【768 像素】，分辨率为【300 像素】/【英寸】，在颜色模式中选择【RGB 颜色】，如图 3-26 所示。按【Alt+Delete】组合键填充前景色。

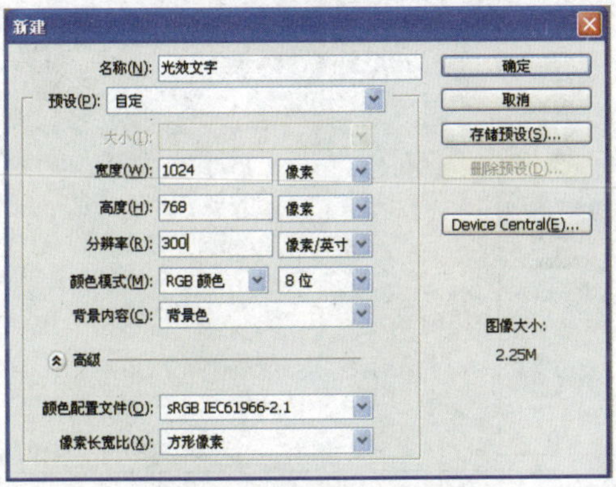

图3-26 【新建】对话框

2 选择【图层】面板，单击【创建新组】按钮，得到【组 1】。单击【新建图层】按钮，得到【图层 1】。将【前景色】设置为【#1f0959】，按【Alt+Delete】组合键填充前景色。将【不透明度】设置为 50%，如图 3-27 所示。

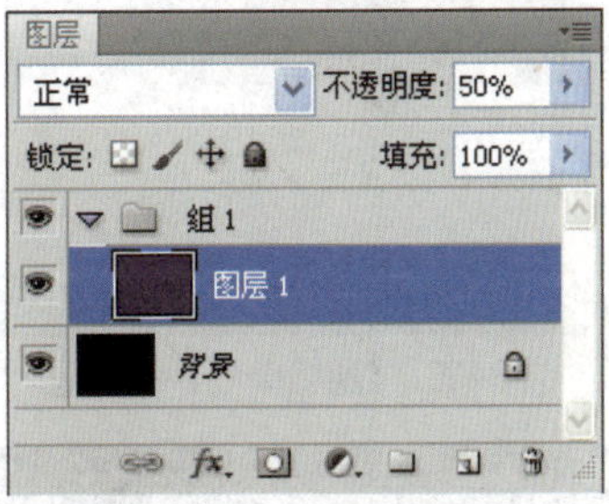

图3-27 【图层】面板

3 选择【图层】面板，单击【新建图层】按钮，得到【图层 9】。选择工具栏上的【画笔工具】，属性工具栏设置如图 3-28 所示。将【前景色】设置为【#b59a66】，绘制效果如图 3-29 所示。

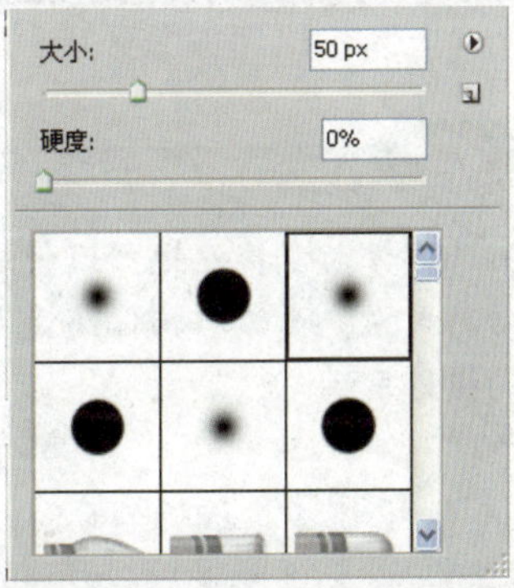

图3-28 【画笔工具】属性面板

图3-29 图像效果

4 选择【图层 9】，单击菜单栏中的【滤镜】/【模糊】/【动感模糊】命令，弹出【动感模糊】对话框，设置如图 3-30 所示，选择【确定】完成操作。效果如图 3-31 所示。

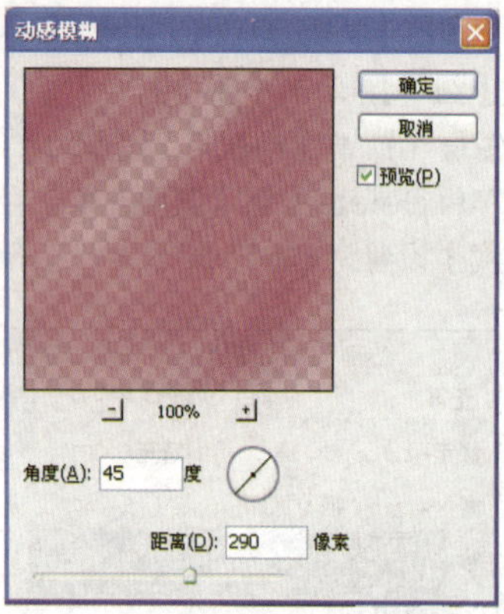

图3-30 【动感模糊】对话框

图3-31 图像效果

提 示

使用【铬黄渐变】滤镜可以使图像产生模糊运动的效果，类似与物体高速运动时蝴蝶发光的摄影手法。

其中：

【角度】：设置图像模糊的方向。

【距离】：决定图像模糊的程度，数值越大，模糊程度越强烈。

5 选择【图层 9】，将【不透明度】设置为 30%，效果如图 3-32 所示。【图层】面板如图 3-33 所示。

图3-32 不透明度30%

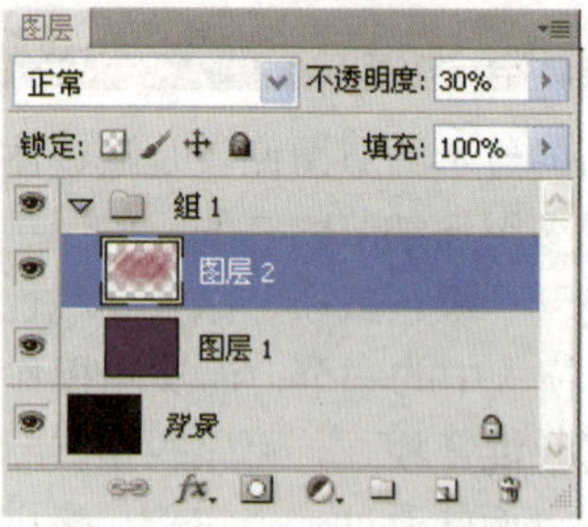

图3-33 【图层】面板

6 选择【图层 9】，按【Ctrl+J】组合键，得到【图层 9 副本】。单击菜单栏中的【编辑】/【自由变换】命令，或者按【Ctrl+T】组合键，将图像缩小，如图 3-34 所示。按【Enter】键完成操作。

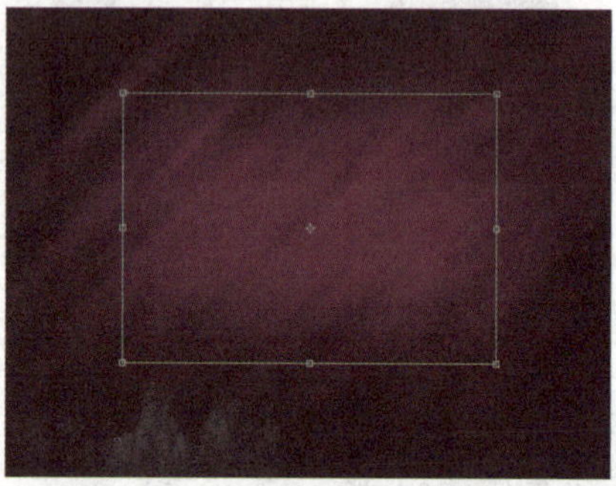

图3-34 自由变换

7 选择【图层 9 副本】，单击【添加图层样式】按钮 fx，选择【颜色叠加】命令，弹出【图层样式】对话框，颜色为【#ffd900】，设置如图 3-35 所示选择【确定】完成操作，效果如图 3-36 所示。将【不透明度】设置为 90%，效果如图 3-37 所示。

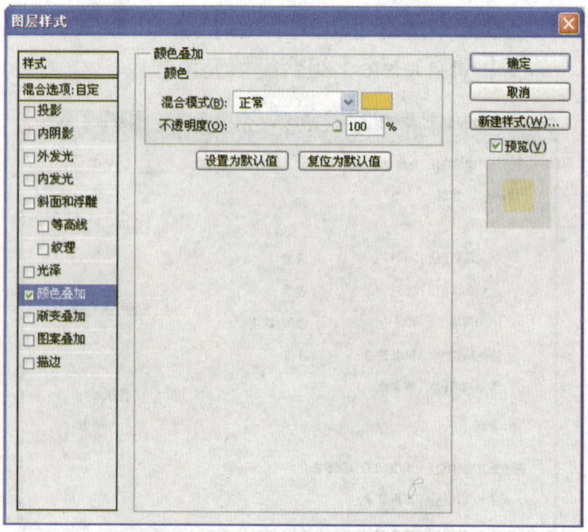

图3-35 【图层样式】对话框

图3-36 图像效果

图3-37 不透明度90%

8 单击菜单栏中的【文件】/【打开】命令，或者按【Ctrl+O】组合键，打开素材文件【纹理 3】，如图 3-38 所示。将其复制到刚刚操作的文件【光效文字】中，得到【图层 3】。单击菜单栏中的【编辑】/【自由变换】命令，或者按【Ctrl+T】组合键。将图像调整合适大小，按【Enter】键完成操作，【图层】面板如图 3-39 所示。

图3-38 纹理3文件

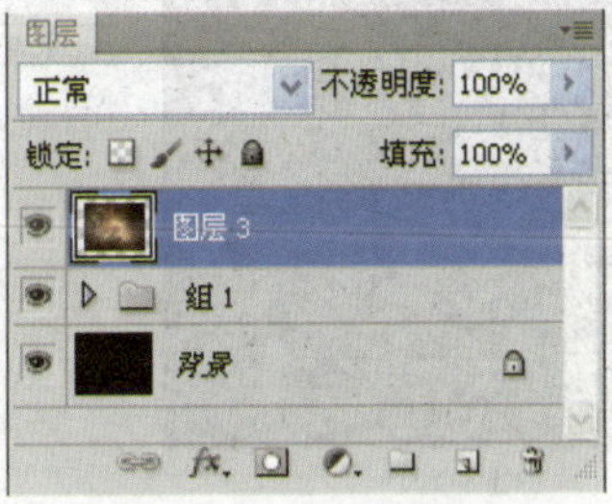

图3-39 【图层】面板

9 选择【图层 3】，单击菜单栏中的【滤镜】/【模糊】/【动感模糊】命令，弹出【动感模糊】对话框，设置如图 3-40 所示，选择【确定】完成操作。效果如图 3-41 所示。

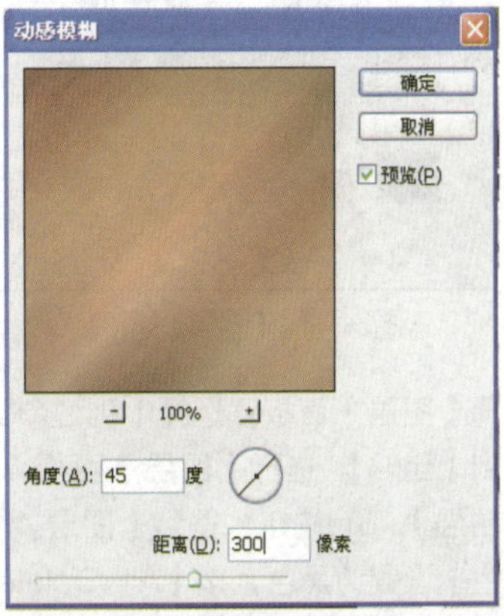

图3-40 【动感模糊】对话框

图3-41 图像效果

10 选择【图层 3】，将图层【混合模式】设置为【滤色】，如图 3-42 所示。将【不透明度】设置为 95%，如图 3-43 所示，【图层】面板如图 3-44 所示。

图3-42 【滤色】混合模式

图3-43 不透明度95%

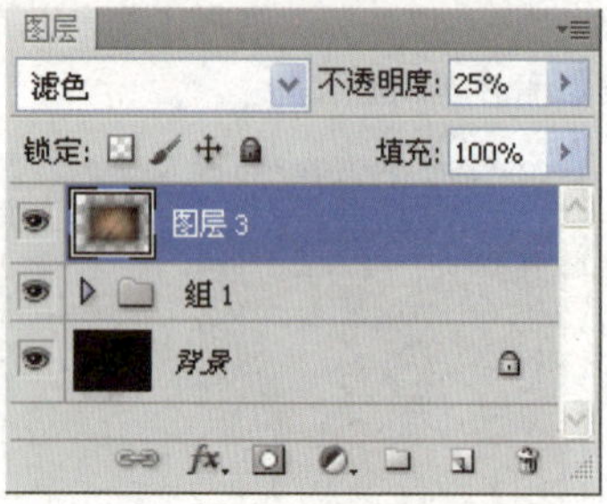

图3-44 【图层】面板

11 选择【图层】面板，选择【创建新组】，得到【组 9】。选择【图层】面板，单击【新建图层】按钮，得到【图层 4】，将【前景色】设置为黑色，按【Alt+Delete】组合键填充前景色。【图层】面板如图 3-45 所示。

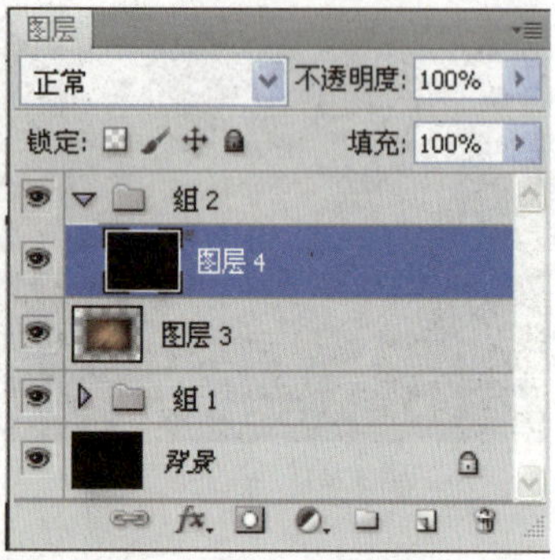

图3-45 【图层】面板

12 选择【图层 4】，单击菜单栏中的【滤镜】/【杂色】/【添加杂色】命令，弹出【添加杂色】对话框，设置如图 3-46 所示，选择【确定】完成操作。效果如图 3-47 所示。

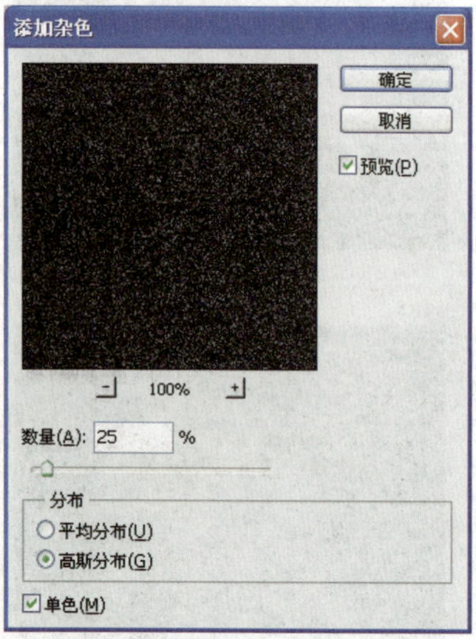

图3-46 【添加杂色】对话框

图3-47 图像效果

提 示

使用【添加杂色】滤镜可以在画面中随机添加一些杂点效果。【添加杂色】滤镜一般应用在老照片中的制作，设置添加到画面的杂点数量及分布方式，会制作出不同的杂色效果。

其中：

【数量】：控制画面中产生杂色的数量，数值越大，所添加的杂色数量越多。

【分布】：在【分布】选项组中包括【平均分布】和【高斯分布】选项时，将根据高斯中曲线进行分布，产生的杂色效果更加明显。

【单色】：选择此复选框，添加的杂色将只影响图像的色调，而不会改变图像的颜色。

13 选择【图层 4】，单击菜单栏中的【滤镜】/【模糊】/【高斯模糊】命令，弹出【高斯模糊】对话框，设置如图 3-48 所示选择【确定】完成操作。效果如图 3-49 所示。

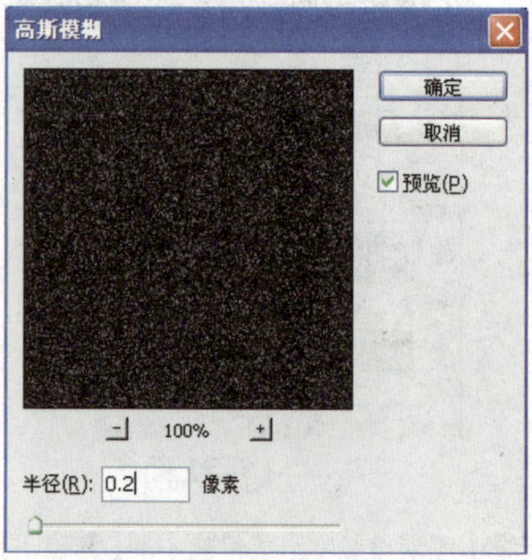

图3-48 【高斯模糊】对话框

图3-49 图像效果

14 选择【图层4】，单击【创建新的填充图层或调整图层】按钮，选择【色阶】命令，弹出【色阶】对话框，设置如图3-50所示，效果如图3-51所示。【图层】面板如图3-52所示。

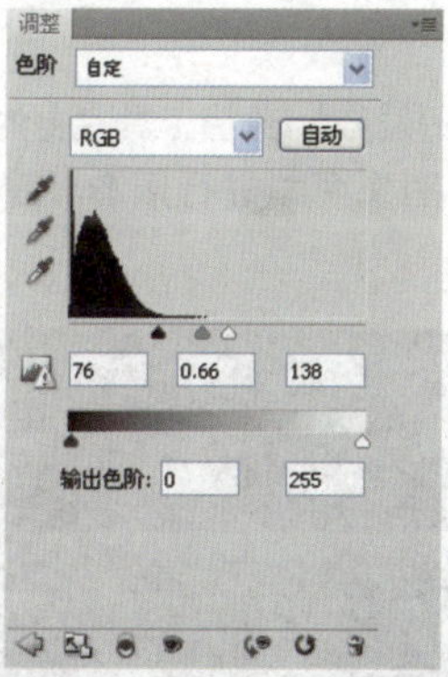

图3-50 【色阶】对话框

图3-51 图像效果

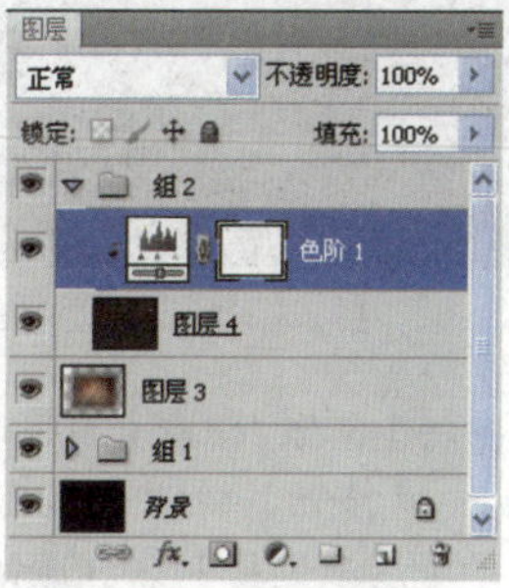

图3-52 【图层】面板

15 选择【图层】面板，选择【图层4】，单击【添加图层蒙版】按钮，选择工具栏上的【画笔工具】，对图像进行修饰。效果如图3-53所示。

图3-53 图像效果

16 选择【组9】，将图层【混合模式】设置为【滤色】，如图3-54所示，【图层】面板如图3-55所示。

图3-54 【滤色】混合模式

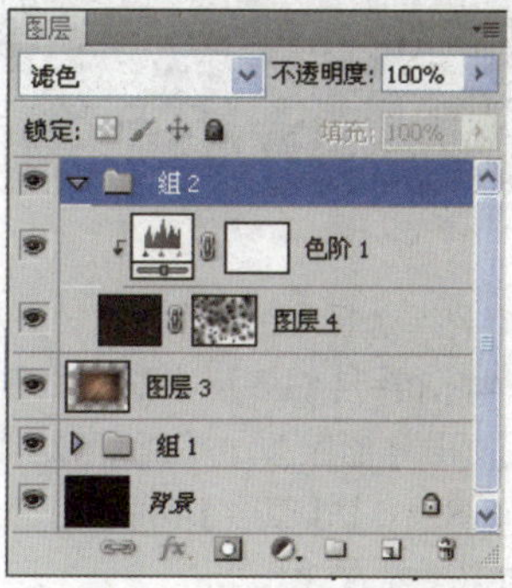

图3-55 【图层】面板

17 单击菜单栏中的【文件】/【打开】命令，或者按【Ctrl+O】组合键，打开素材文件【星星】，如图3-56所示。将其复制到刚刚操作的文件【光效文字】中，得到【图层3】。单击菜单栏中的【编辑】/【自由变换】命令，或者按【Ctrl+T】组合键，将图像调整合适大小，按【Enter】键完成操作。【图层】面板如图3-57所示。

图3-56　星星文件

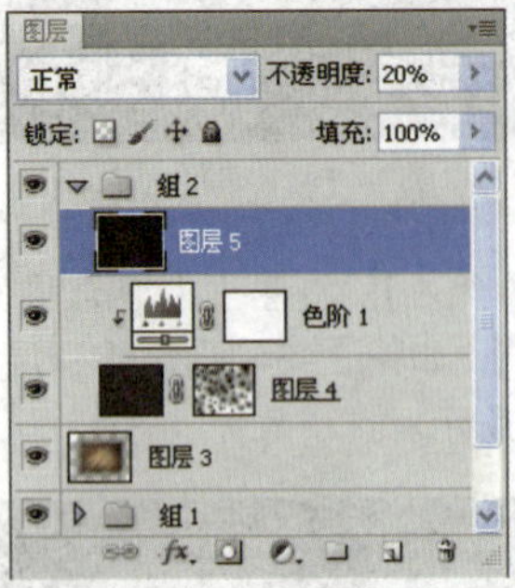

图3-57　【图层】面板

18　选择【图层 5】，将【不透明度】设置为 40%，如图 3-58 所示。【图层】面板如图 3-59 所示。

图3-58　不透明度40%

19　创建灯光。选择【图层】面板，选择【创建新组】，得到【组 3】。并将其命名为【灯光】。选择【图层】面板，单击【新建图层】按钮，得到【图层 6】，【图层】面板如图 3-60 所示。

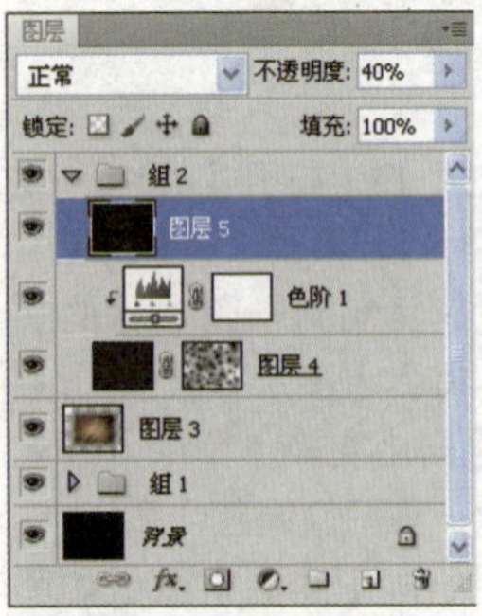

图3-59　【图层】面板

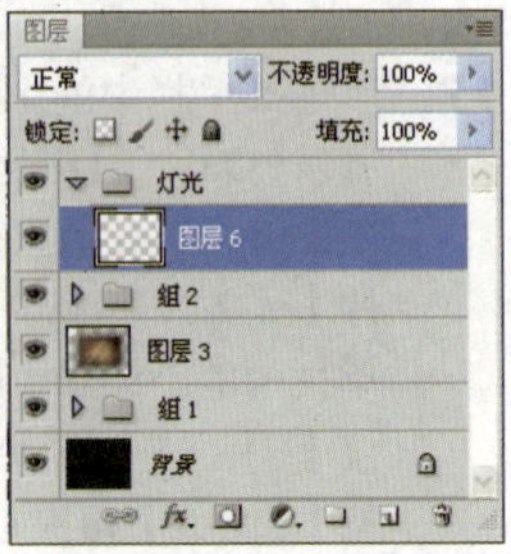

图3-60　【图层】面板

发光效果制作

20　选择【图层 6】，选择工具栏上的【矩形选框工具】，绘制矩形选区。选择工具栏上的【渐变工具】，绘制由白色到透明的线性渐变，如图 3-61 所示。按【Ctrl+D】组合键取消选区。

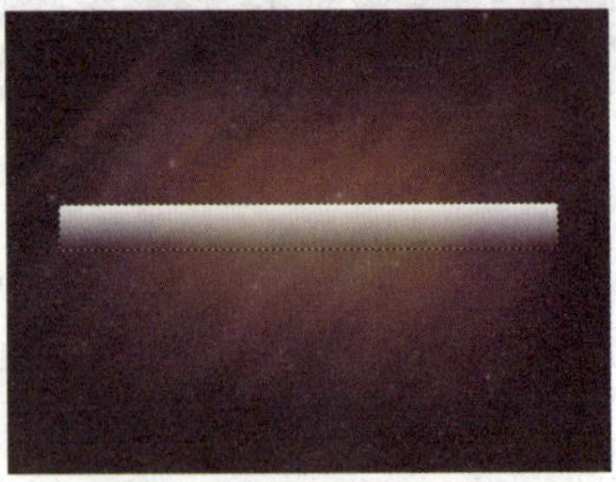

图3-61　线性渐变

21　选择【图层 6】，选择工具栏上的【橡皮工具】，将图像两端进行修饰。效果如图 3-62 所示。

图3-62　图像效果

22　选择【图层】面板，选择【组 灯光】，将图层【混合模式】设置为【颜色减淡】，如图 3-63 所示，【图层】面板如图 3-64 所示。

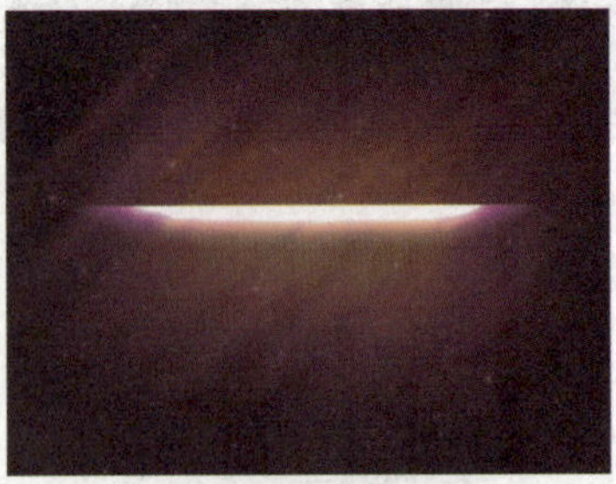

图3-63　【颜色减淡】混合模式

23　选择【图层】面板，隐藏【图层 6】，单击【新建图层】按钮，得到【图层 7】，选择工具栏上的【画笔工具】，属性工具栏如图 3-65 所示。绘制效果如图 3-66 所示。

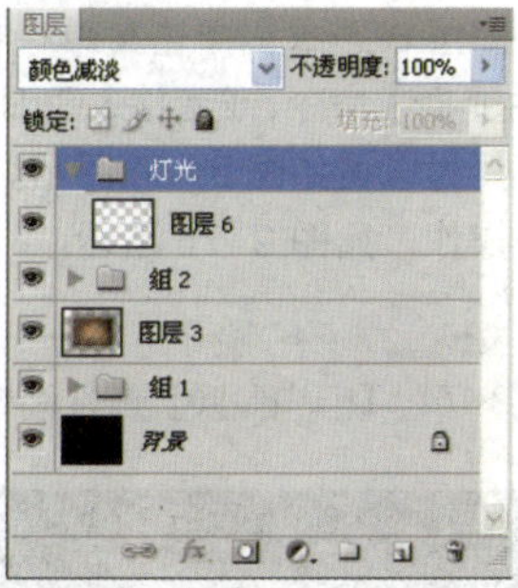

图3-64 【图层】面板

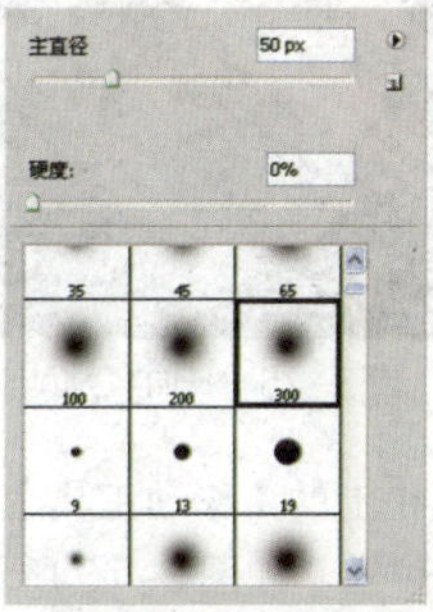

图3-65 【画笔工具】属性面板

图3-66 图像效果

24 选择【图层 7】,单击菜单栏中的【滤镜】/【模糊】/【动感模糊】命令，弹出【动感模糊】对话框，设置如图 3-67 所示，选择【确定】完成操作。效果如图 3-68 所示。

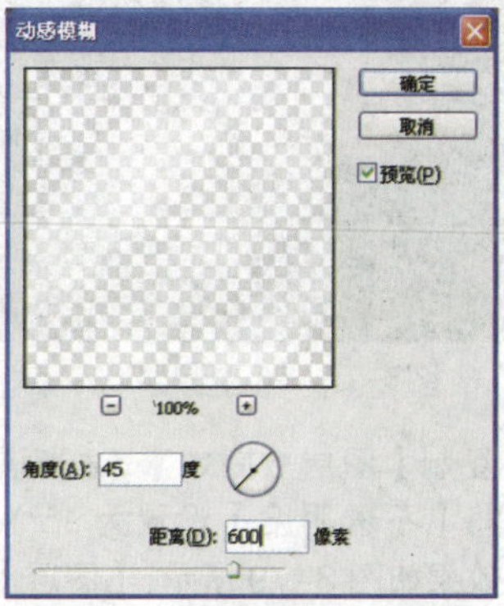

图3-67 【动感模糊】对话框

图3-68 图像效果

25 选择【图层 7】,单击菜单栏中的【滤镜】/【其他】/【最大值】命令，弹出【最大值】对话框，设置如图 3-69 所示，选择【确定】完成操作。效果如图 3-70 所示。

提 示

使用【最大值】命令，可以对画面中的亮区进行扩大，对画面中的暗区进行缩小。

其中：

【半径】：决定滤镜分析像素之间颜色过度情况的区域半径。

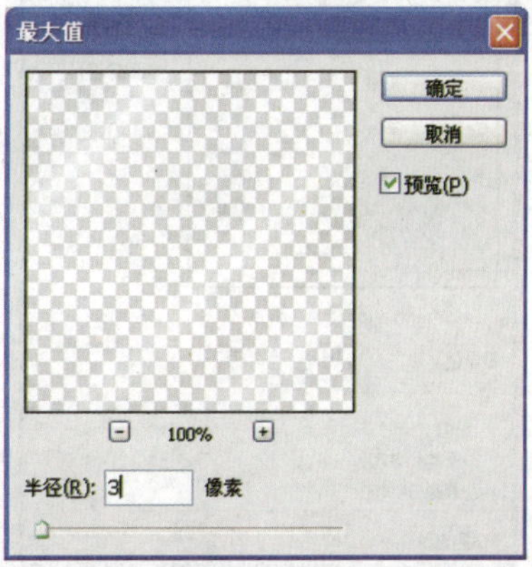

图3-69 【最大值】对话框

图3-70 图像效果

26 选择【图层6】，按【Ctrl+J】组合键，得到【图层6副本】，显示【图层6副本】，将【图层6副本】移至【图层7】上层，【图层】面板如图3-71所示。

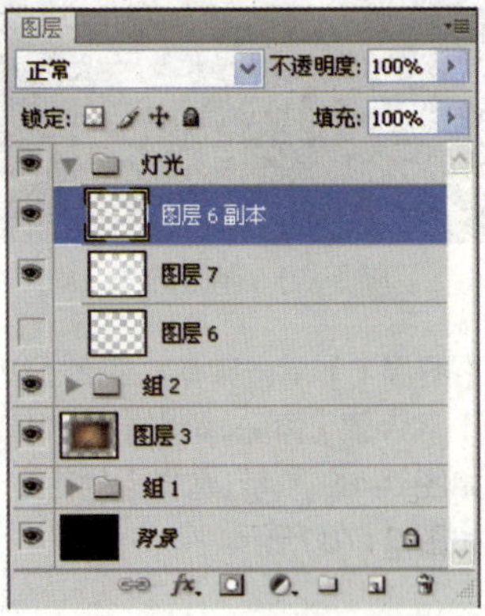

图3-71 【图层】面板

27 将单击菜单栏中的【滤镜】/【杂色】/【添加杂色】命令，弹出【添加杂色】对话框，设置如图3-72所示，选择【确定】完成操作。效果如图3-73所示。

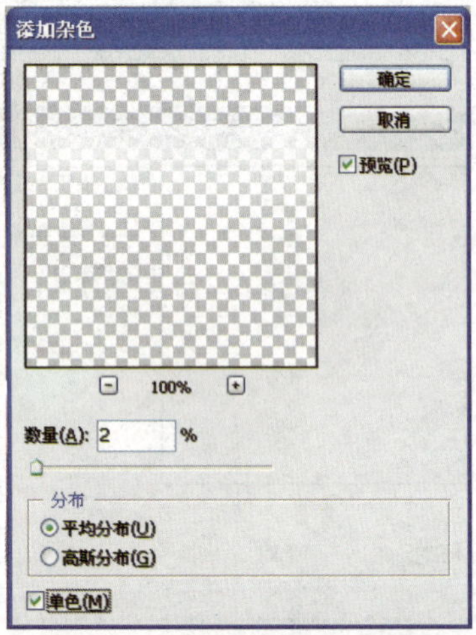

图3-72 【添加杂色】对话框

图3-73 图像效果

28 选择【图层6副本】，单击菜单栏中的【编辑】/【自由变换】命令，或者按【Ctrl+T】组合键，属性工具栏设置如图3-74所示。按【Enter】键完成操作，如图3-75所示。

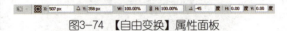

图3-74 【自由变换】属性面板

图3-75 自由变换

29 选择工具栏上的【移动工具】，将图像移动至合适位置，如图3-76所示。

图3-76 移动图像

30 选择【图层】面板，选择【图层6副本】，将【不透明度】设置为30%，如图3-77所示。【图层】面板如图3-78所示。

图3-77 不透明度30%

31 重复复制【图层6副本】，适当调整合适位置，将【不透明度】设置为15～65之间。直至效果如图3-79所示，【图层】面板如图3-80所示。

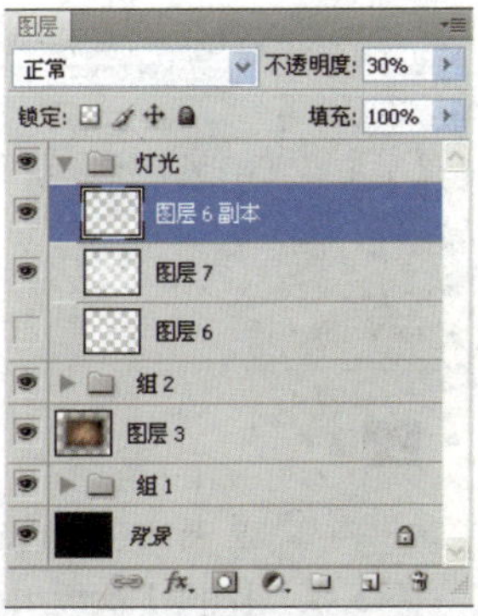

图3-78 【图层】面板

图3-79 图像效果

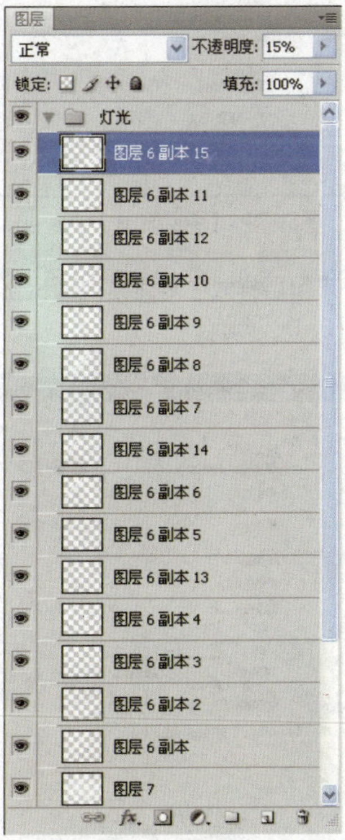

图3-80 【图层】面板

32 选择【图层】面板，单击【新建图层】按钮，得到【图层 9】，选择工具栏上的【文字工具】T，单击菜单栏中的【窗口】/【画笔】命令，参数设置如图 3-81，图 3-82 所示。将前景色设置为白色，绘制效果如图 3-83 所示。

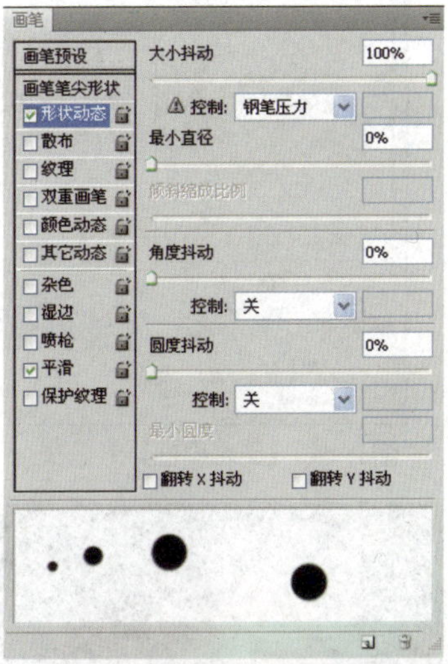

图3-81 【画笔】属性面板

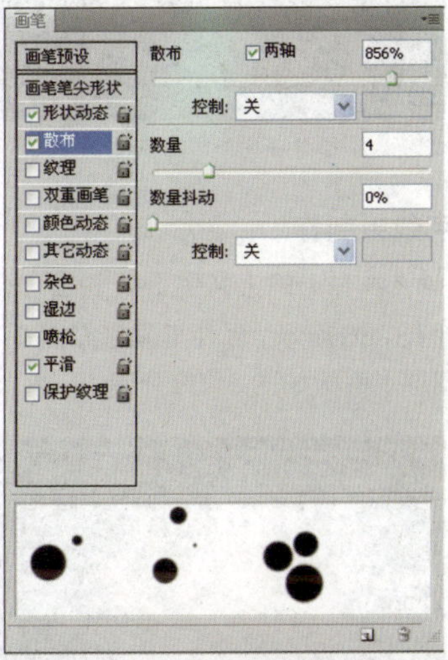

图3-82 【画笔】属性面板

图3-83 图像效果

33 选择【图层 9】，单击菜单栏中的【滤镜】/【模糊】/【动感模糊】命令，弹出【动感模糊】对话框，设置如图 3-84 所示，选择【确定】完成操作。效果如图 3-85 所示。

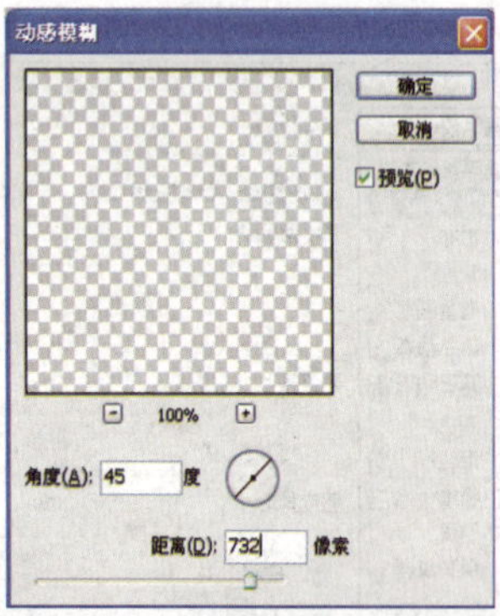

图3-84 【动感模糊】对话框

图3-85 图像效果

文字效果制作

34 选择工具栏上的【文字工具】T，输入文字，如图 3-86 所示。属性工具栏如图 3-87 所示。【图层】面板如图 3-88 所示。

图3-86 输入文字

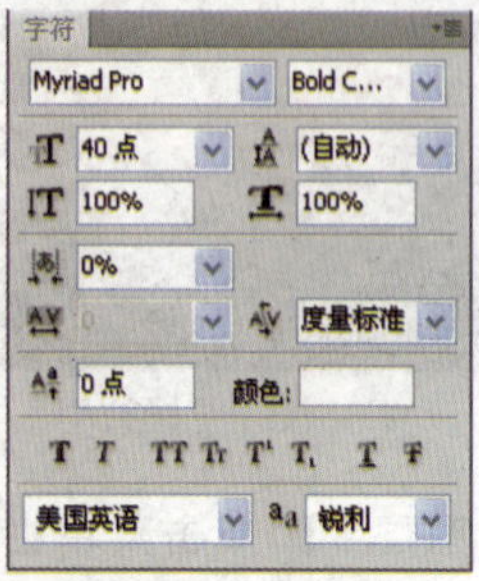

图3-87 【文字工具】属性面板

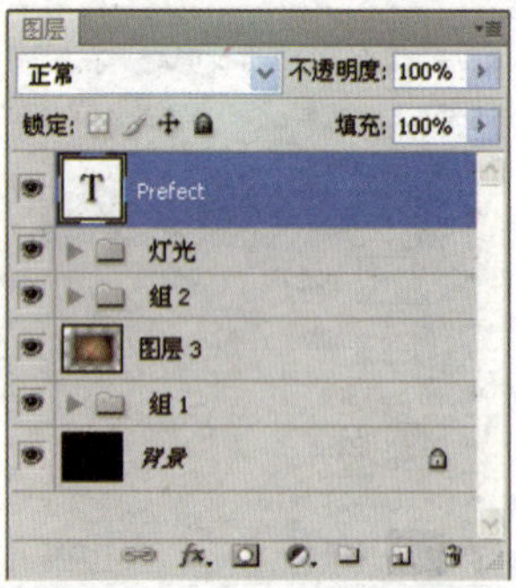

图3-88 【图层】面板

35 选择【图层 Prefect】，双击图层【Perfect】，设置图层样式，如图 3-89 所示。

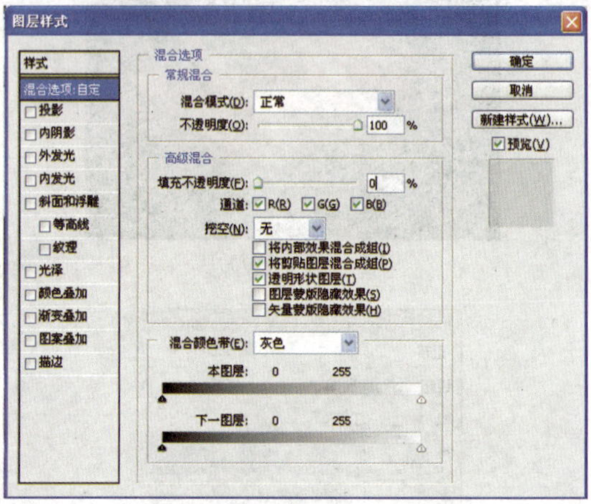

图3-89 【图层样式】对话框

36 打开【图层样式】对话框，设置【投影】选项，如图 3-90 所示。

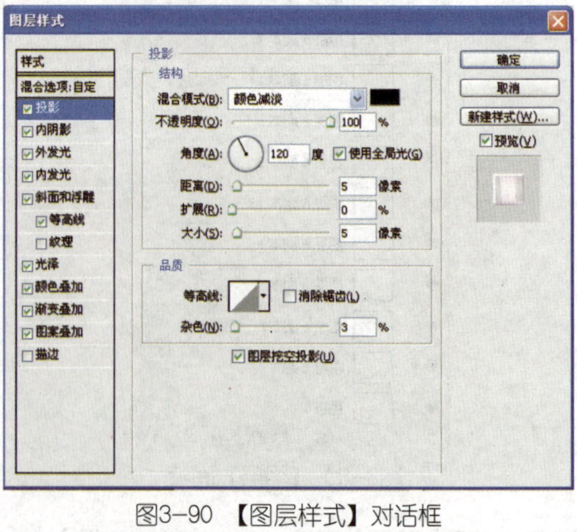

图3-90 【图层样式】对话框

37 设置【内阴影】选项，参数如图 3-91 所示。设置【外发光】选项，参数如图 3-92 所示。

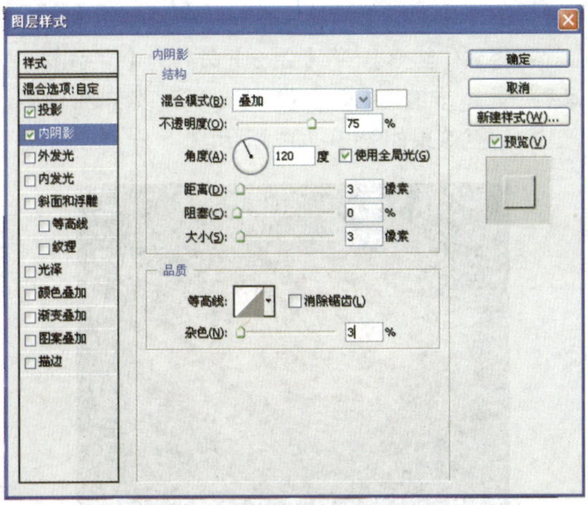

图3-91 【图层样式】对话框

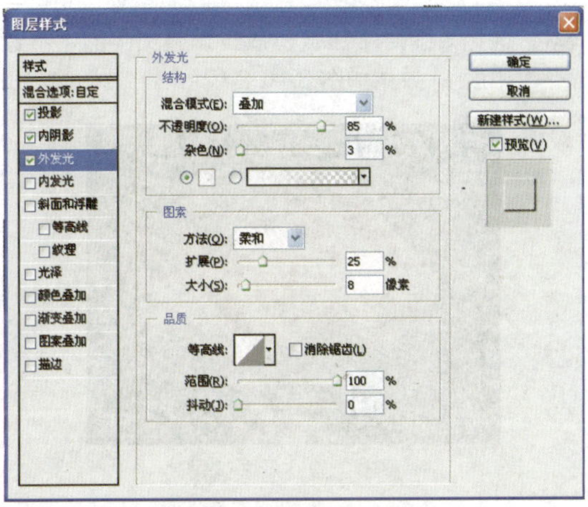

图3-92 【图层样式】对话框

38 设置【内发光】选项，颜色设置为【#beb9c4】如图3-93所示。设置【斜面和浮雕】选项，参数如图3-94所示。

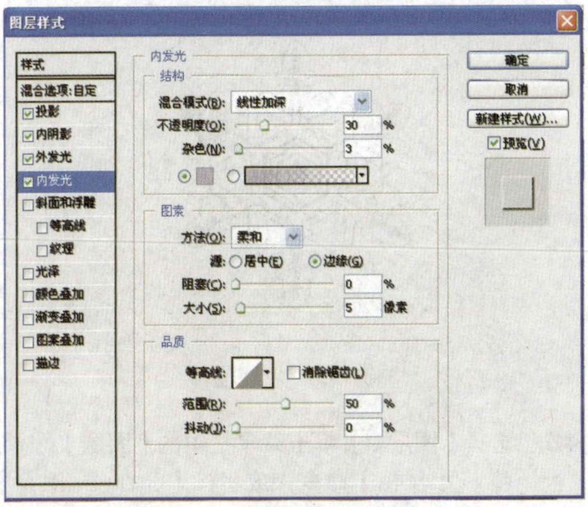

图3-93 【图层样式】对话框

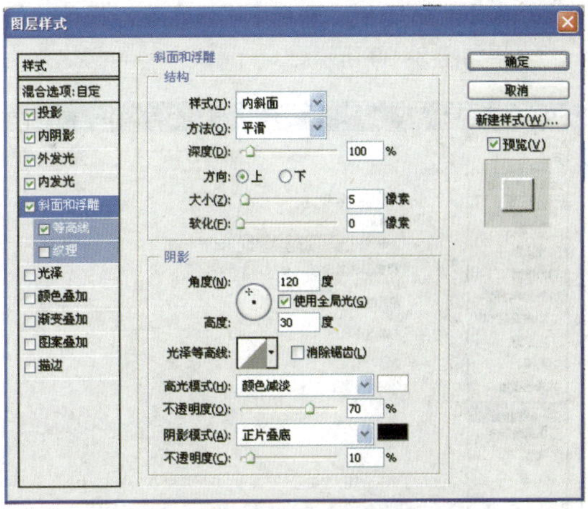

图3-94 【图层样式】对话框

39 设置【光泽】选项，参数如图3-95所示。设置【颜色叠加】选项，颜色设置为【#f0cded】，如图3-96所示。

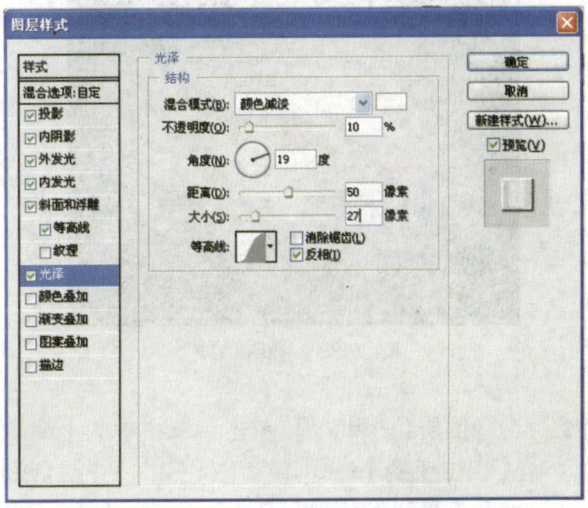

图3-95 【图层样式】对话框

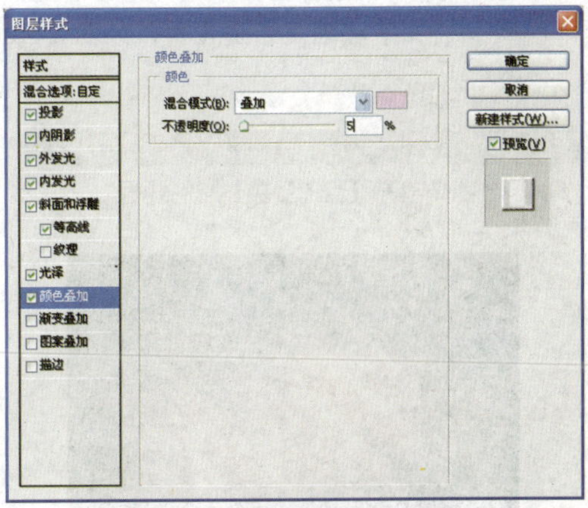

图3-96 【图层样式】对话框

40 设置【渐变叠加】选项，参数如图3-97所示。颜色设置为【#1f0959】至【#b59a66】

至【#f6e1bd】，选择【确定】完成操作。效果如图 3-98 所示。

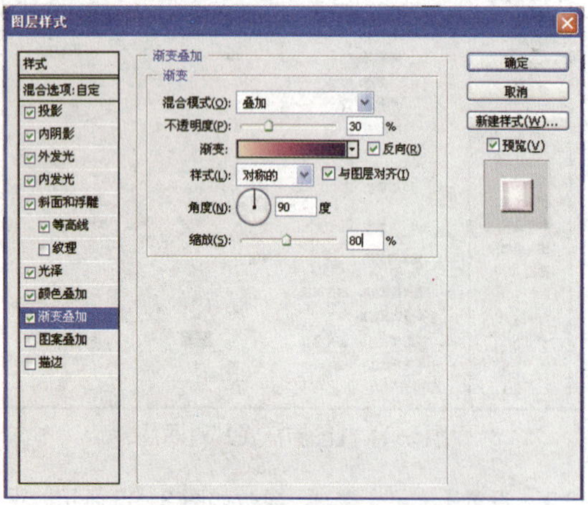

图3-97 【图层样式】对话框

图3-98 图像效果

41 选择图层【Prefect】，单击菜单栏中的【编辑】/【自由变换】命令，或者按【Ctrl+T】组合键，属性工具栏设置如图 3-99 所示，按【Enter】键完成操作。选择工具栏上的【移动工具】，将文字移动至合适位置，如图 3-100 所示。

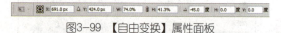

图3-99 【自由变换】属性面板

图3-100 移动文字

42 选择【图层】面板，选择【创建新组】，得到【组 3】。将【组 3】命名为【文字】。

43 重复步骤 39 至步骤 49，更改文字和位置。直至效果如图 3-101 所示。

图3-101 图像效果

44 选择【图层】面板，适当调整文字的【不透明度】，效果如图 3-102 所示。

图3-102 图像效果

雪花效果制作

45 单击菜单栏中的【文件】/【打开】命令，或者按【Ctrl+O】组合键，打开素材文件【雪花】如图 3-103 所示。将其复制到刚刚操作的文件【光效文字】中，得到【图层 9】。

图3-103 雪花文件

46 选择【图层 9】，单击菜单栏中的【图像】/【调整】/【反相】命令，或者按【Ctrl+Shift+I】组合键，如图 3-104 所示。

图3-104　图像反相

47 选择【图层9】，单击菜单栏中的【编辑】/【自由变换】命令，或者按【Ctrl+T】组合键，将雪花调整合适大小，如图3-105所示。按【Enter】键完成操作。

图3-105　自由变换

48 选择【图层9】，按【Ctrl+J】组合键，得到【图层9副本】，选择工具栏上的【移动工具】▶✣，将雪花调整合适位置。如图3-106所示。

图3-106　移动雪花

49 重复步骤4，直至效果如图3-107所示，【图层】面板如图3-108所示。将【图层9副本9】不透明度设置为90%，将【图层9副本4】和【图层9副本】不透明度是为40%，将【图层9】和【图层9副本3】的【不透明度】设置为60%，效果如图3-109所示。

图3-107　图像效果

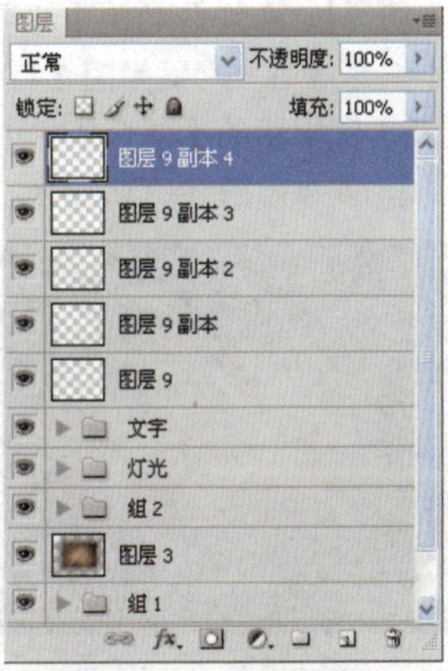

图3-108　【图层】面板

图3-109　不透明度60%

50 选择【图层9】至【图层9副本4】，单击菜单栏中的【图层】/【新建】/【从图层新建组】命令，属性工具栏设置如图3-110所示，选择【确定】完成操作。【图层】面板如图3-111所示。

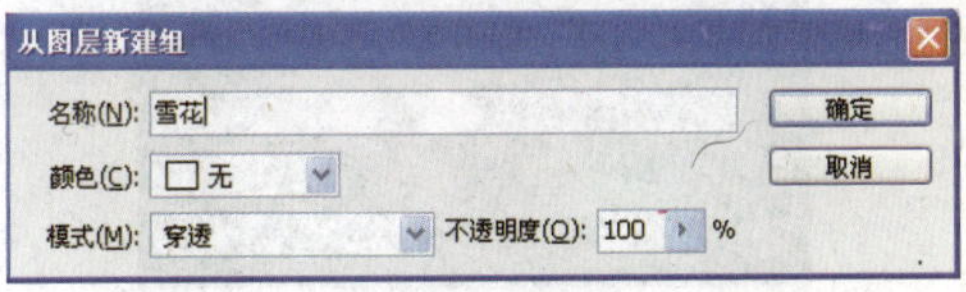

图3-110　【从图层新建组】对话框

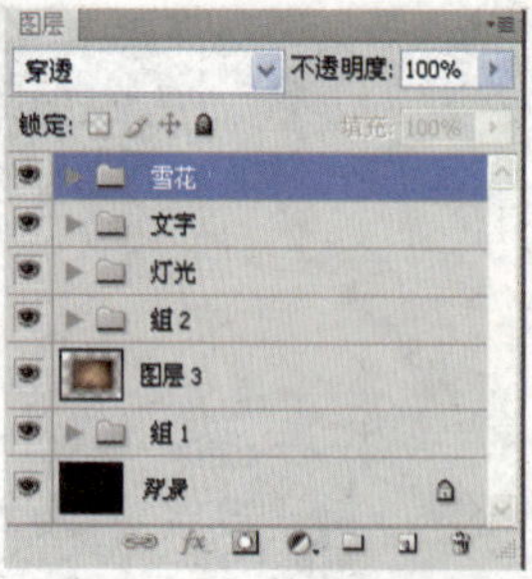

图3-111 【图层】面板

51 选择【图层】面板，选择【创建新组】，得到【组 3】。将其命名为【小雪花】，重复步骤 1 至步骤 5，效果如图 3-112 所示。将【小雪花】图层组的【混合模式】设置为【颜色减淡】，效果如图 3-113 所示。

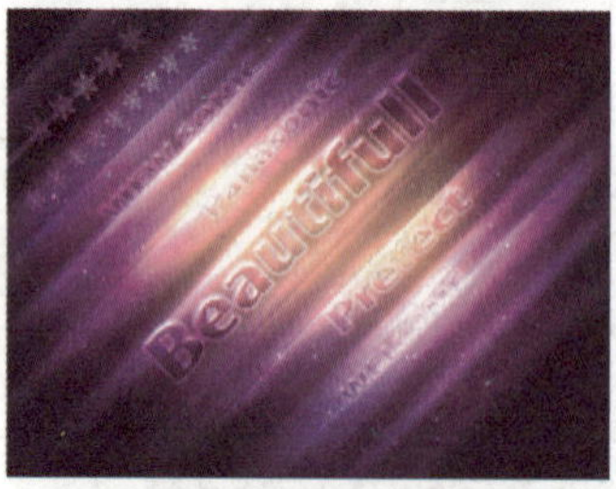

图3-112 图像效果

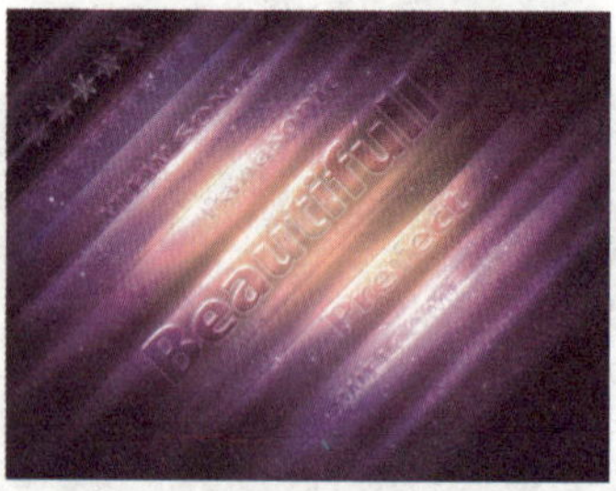

图3-113 【颜色减淡】混合模式

52 选择【图层】面板，选择【小雪花】图层组。单击【添加图层蒙版】按钮，选择工具栏上的【渐变工具】，单击蒙版区域，绘制由黑色到白色到黑色的线性渐变，如图 3-114 所示，【图层】面板如图 3-115 所示。

图3-114 图像效果

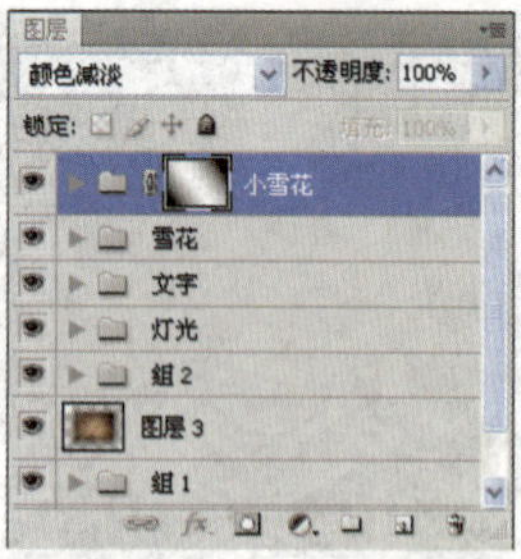

图3-115 【图层】面板

纹理背景的制作

53 单击菜单栏中的【文件】/【打开】命令，或者按【Ctrl+O】组合键，打开素材文件【纹理 4】如图 3-116 所示。

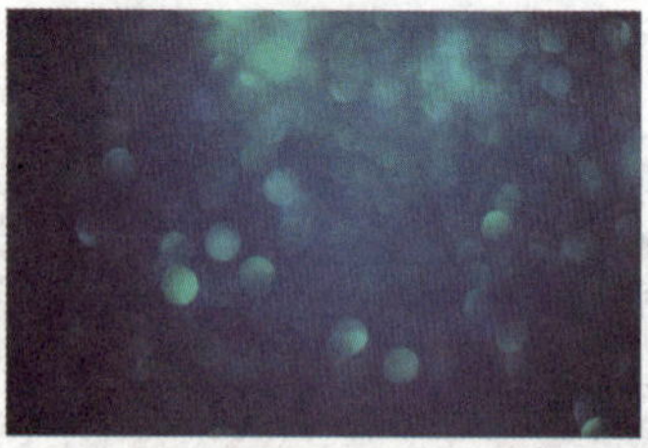

图3-116 纹理4文件

54 选择【图层】面板，单击【创建新的填充图层或调整图层】按钮，选择黑白，弹出【黑白】对话框，设置如图 3-117 所示，效果如图 3-118 所示。

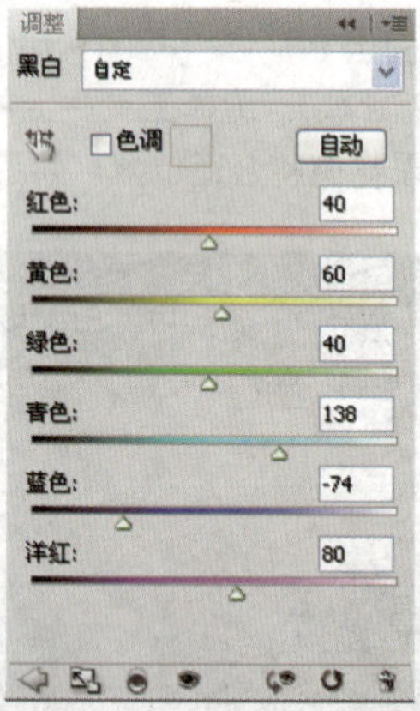

图3-117 【黑白】对话框

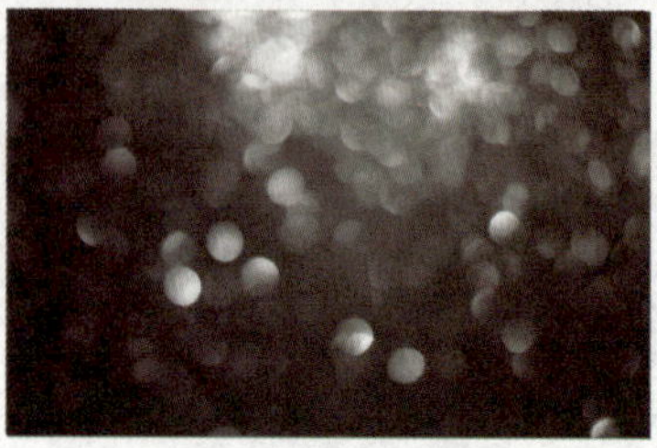

图3-118 图像效果

55 单击菜单栏中的【图像】/【应用图像】命令，弹出【应用图像】对话框，设置如图 3-119 所示，选择【确定】完成操作。【图层】面板如图 3-120 所示。

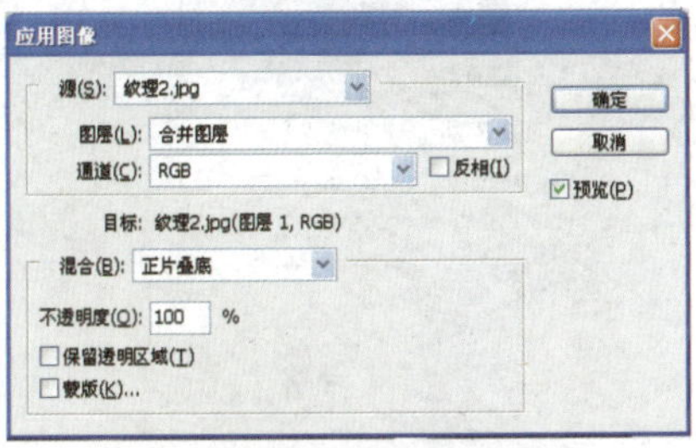

图3-119 【应用图像】对话框

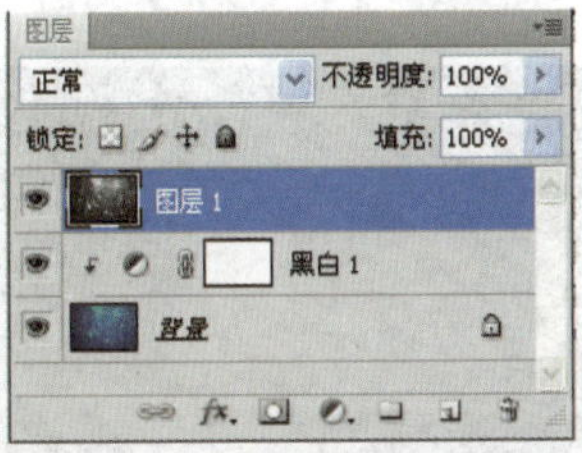

图3-120 【图层】面板

56 选择【图层 1】，将其复制到刚刚操作的文件【光效文字】中，得到【图层 11】。单击菜单栏中的【编辑】/【自由变换】命令，或者按【Ctrl+T】组合键，将图像调整合适大小，将【图层 11】移至【图层 3】上层，【图层】面板如图 3-121 所示。效果如图 3-122 所示。

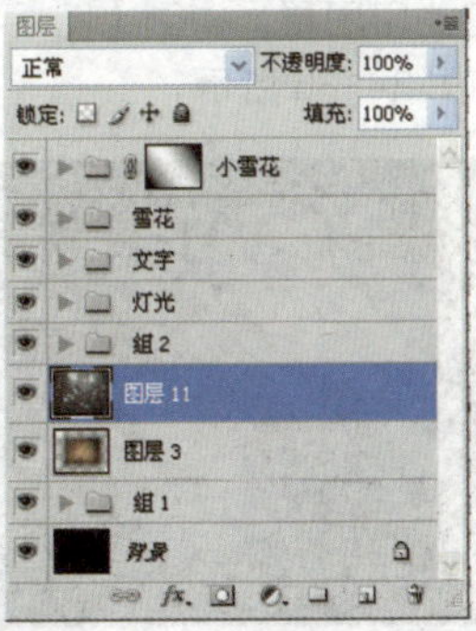

图3-121 【图层】面板

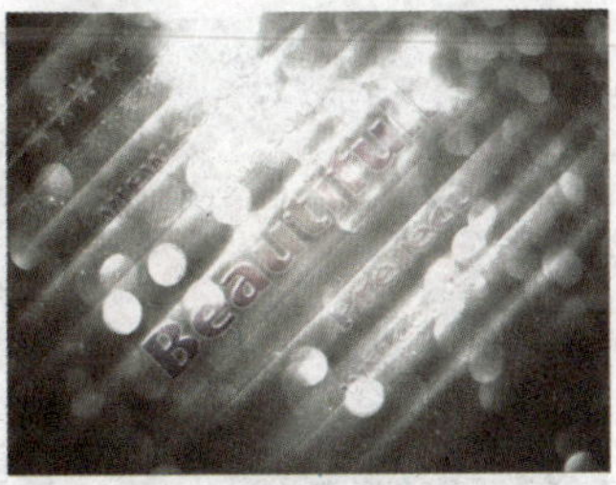

图3-122 图像效果

57 选择【图层 11】，单击菜单栏中的【图层】/【创建剪贴蒙版】命令，效果如图 3-123 所示。将图层【混合模式】设置为【叠加】，如图 3-124 所示。【图层】面板如图 3-125 所示。

图3-123 图像效果

图3-124 【叠加】混合模式

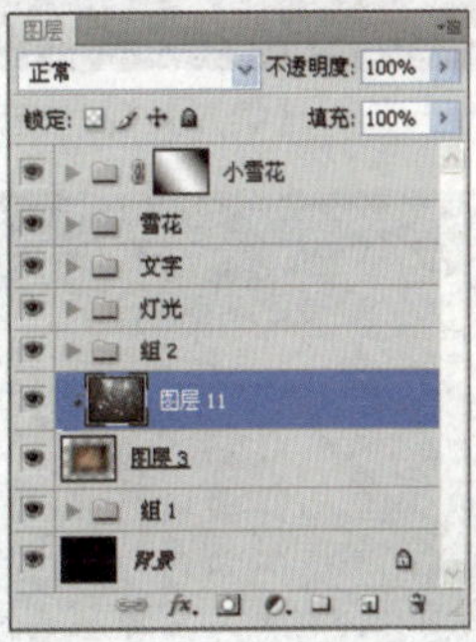

图3-125 【图层】面板

58 选择【图层】面板，单击【创建新的填充图层或调整图层】按钮，选择黑白，弹出【黑白】对话框，设置如图 3-126 所示，效果如图 3-127 所示。

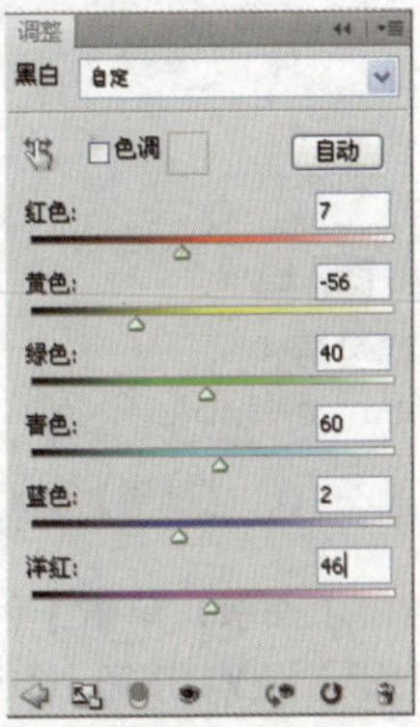

图3-126 【黑白】对话框

图3-127　图像效果

59 选择【图层 黑白】，将图层【混合模式】设置为【柔光】，如图3-128所示。将【不透明度】设置为10%，如图3-129所示。【图层】面板如图3-130所示。

图3-128　【柔光】混合模式

图3-129　不透明度10%

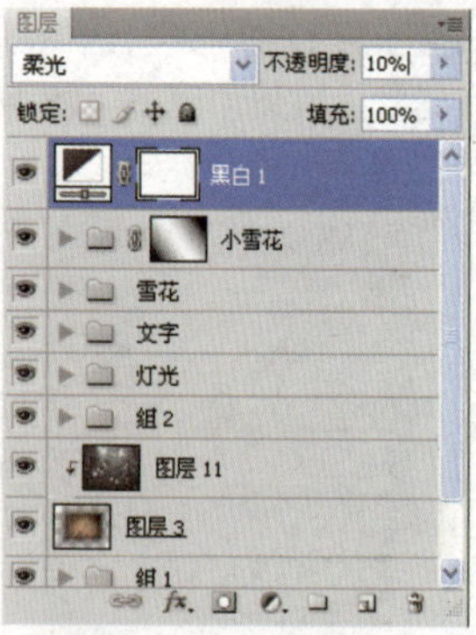

图3-130　【图层】面板

60 选择【图层】面板，单击【创建新的填充图层或调整图层】按钮，选择【渐变映射】，弹出【渐变映射】对话框，设置如图3-131所示，颜色为【#990a59】至【#f6e1bd】，效果如图3-132所示。

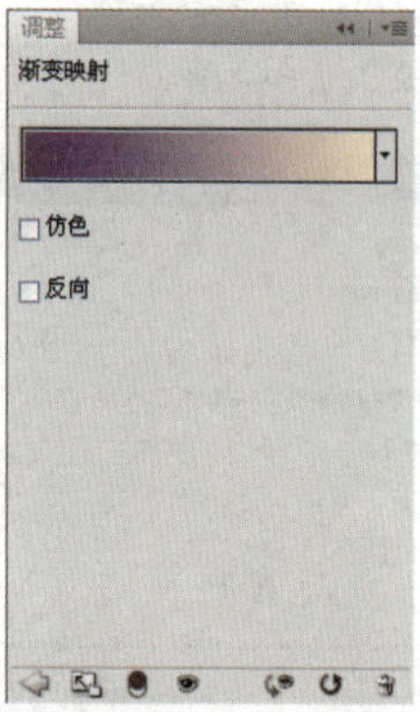

图3-131　【渐变映射】对话框

图3-132　图像效果

61 选择【图层 渐变映射】，将图层【混合模式】设置为【柔光】，如图3-133所示。将【不透明度】设置为90%，如图3-134所示，【图层】面板如图3-135所示。按【Ctrl+Shift+Alt+E】组合键盖印图层，得到【图层19】，【图层】面板如图3-136所示。

图3-133　【柔光】混合模式

图3-134　不透明度90%

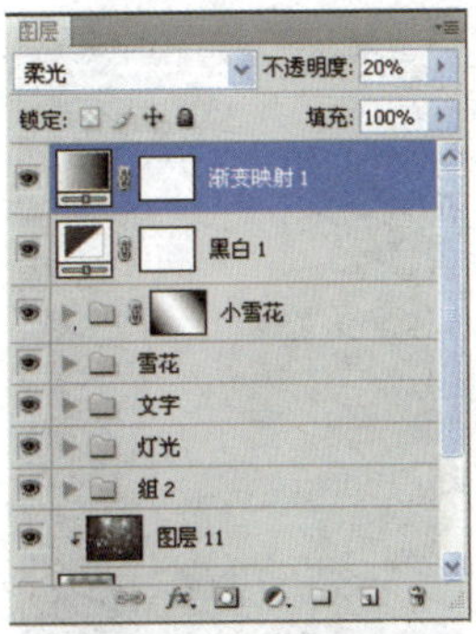

图3–135 【图层】面板

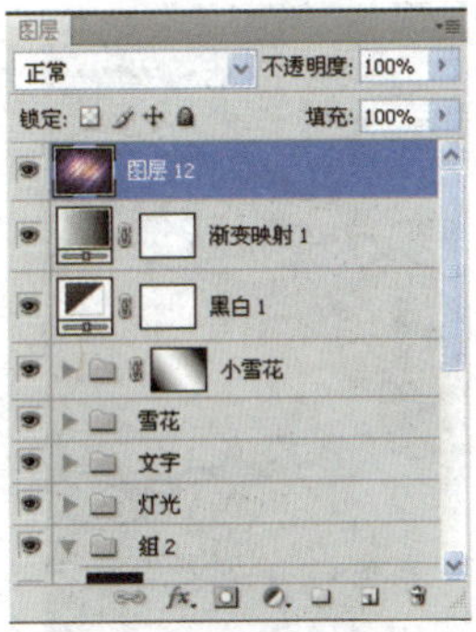

图3–136 【图层】面板

62 选择【图层 19】,单击菜单栏中的【滤镜】/【其他】/【高反差保留】命令,弹出【高反差保留】对话框,设置如图 3–137 所示,选择【确定】完成操作。效果如图 3–138 所示。

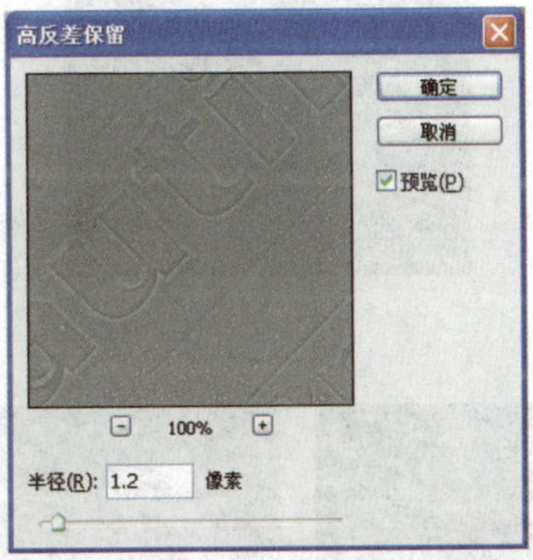

图3–137 【高反差保留】对话框

图3–138 图像效果

提 示

使用【高反差保留】命令,可以对画面中亮度逐渐增加的区域进行控制,对图像中颜色变化强烈区域按照制定半径保留细节,并不显示图像的其他部分。

其中:

【半径】:决定画面中高反差保留的大小。

63 选择【图层 19】,将图层【混合模式】设置为【强光】,如图 3–139 所示,将【不透明度】设置为 30%,如图 3–140 所示。【图层】面板如图 3–141 所示。

图3–139 【强光】混合模式

图3–140 不透明度30%

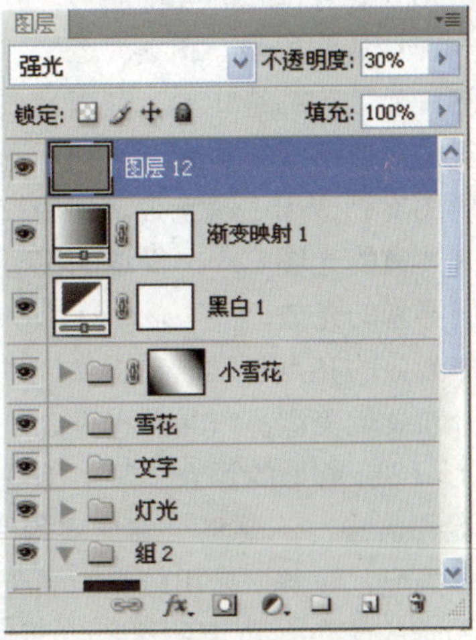

图3–141 【图层】面板

64 选择【图层 4】,将【不透明度】设置为 90%,【图层】面板如图 3–142 所示,最终效果如图 3–143 所示。

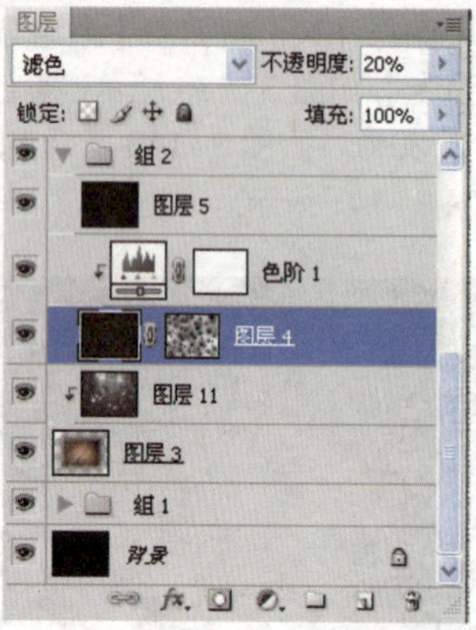

图3-142 【图层】面板

图3-143 最终效果

3.4 光效的表现手法

创意光效具有很强的装饰能力，并且很容易实施——灯具的色彩、图案、造型、材料都可成为这种光效的缔造元素，利用光线对其他物体的穿透照射形成婆娑光影、利用透明灯罩上的剪影图案制造出主题光效、利用投影灯的变化带来迷离的光图案……简单的设置就可以带来非同寻常的光效。

制作光效的亮点与难点在于：(1) 线条的形态、分布要优美漂亮（当然也可以是暴力感或其他）。(2) 光晕的添加方式，切忌乱加，要有节奏和韵味，不要整个画面塞得满满的。(3) 色彩搭配，线条一般用较亮的颜色，光晕一般用稍暗的颜色，色调的选择也要处理好。(4) 两个字——忌俗。很多时候寥寥几根荧线比满屏的发光线更漂亮。

光效表现手法的应用如图 3-144 和图 3-145 所示。

图3-144 光效表现

图3-145 光效表现

下面通过制作穿越时空的男孩，来表现光效的具体应用，最终效果如图 3-146 所示。

图3-146 最终效果

制作人物光线特效

所用素材：光盘\素材\第 8 章\摇滚小男孩、效果、纹理 5、纹理 6、纹理 7、烟雾 1、烟雾 2

最终效果：光盘\效果\第 8 章\穿越时空

操作步骤

背景的制作

1 单击菜单栏中的【文件】/【新建】命令，或者按【Ctrl+N】组合键，打开【新建】对话框，设置文件的宽度为【1970 像素】，高度【1320 像素】，分辨率为【300 像素 / 英寸】，在颜色模式中选择【RGB 颜色】，如图 3-147 所示，选择【确定】完成操作。

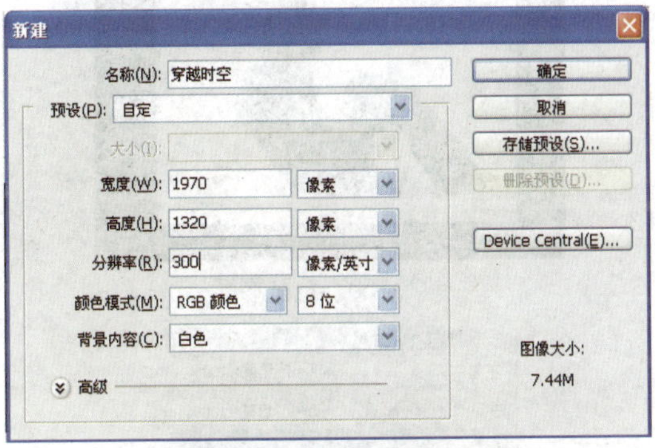

图3-147 【新建】对话框

2 按【Alt+Delete】组合键，填充前景色黑色。【图层】面板如图 3-148 所示。

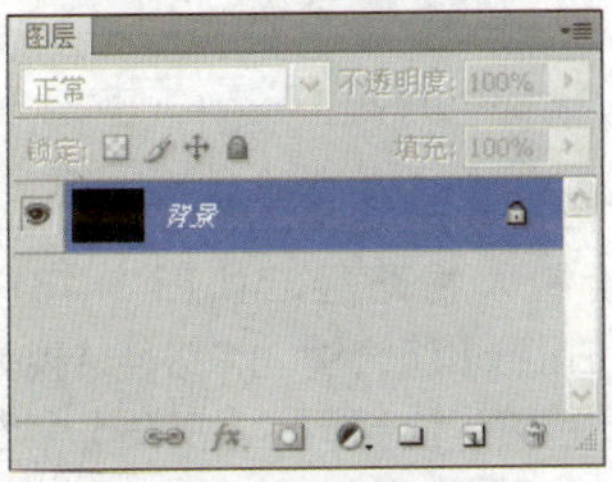

图3-148 【图层】面板

3 单击菜单栏中的【文件】/【打开】命令，或者按【Ctrl+O】组合键，打开素材文件【纹理 5】，如图 3-149 所示。将其复制到文件【穿越时空】中，得到【图层 1】。【图层】面板如图 3-150 所示。

4 单击菜单栏中的【文件】/【打开】命令，或者按【Ctrl+O】组合键，打开素材文件【纹理 6】，如图 3-151 所示。将其复制到文件【穿越时空】中，得到【图层 2】，效果如图 3-152 所示。【图层】面板如图 3-153 所示。

图3-149 纹理5文件

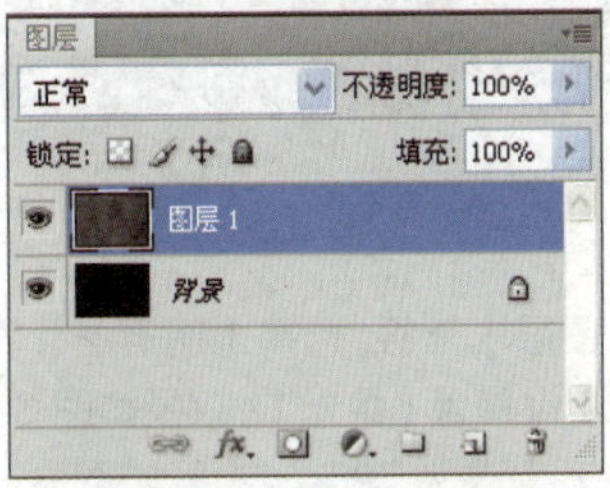

图3-150 【图层】面板

图3-151 纹理6文件

图3-152 粘贴 图像

图3-153 【图层】面板

5 选择【图层 2】，单击菜单栏中的【编辑】/【自由变换】命令，或者按【Ctrl+T】组合键，将图像调整合适大小，如图 3-154 所示。按【Enter】键完成操作。

图3-154 自由变换

6 选择【图层】面板，选择【图层 2】，将图层【混合模式】设置为【柔光】。效果如图 3-155 所示。将【填充】改为 79%，效果如图 3-156 所示。【图层】面板如图 3-157 所示。

图3-155 【柔光】混合模式

图3-156 填充为79%

图3-157 【图层】面板

人物抠图

7 单击菜单栏中的【文件】/【打开】命令，或者按【Ctrl+O】组合键，打开素材文件【摇滚小男孩】，如图 3-158 所示。将其复制到刚刚操作的文件【穿越时空】中，得到【图层 3】，效果如图 3-159 所示。【图层】面板如图 3-160 所示。

图3-158 摇滚小男孩文件

图3-159 粘贴图像

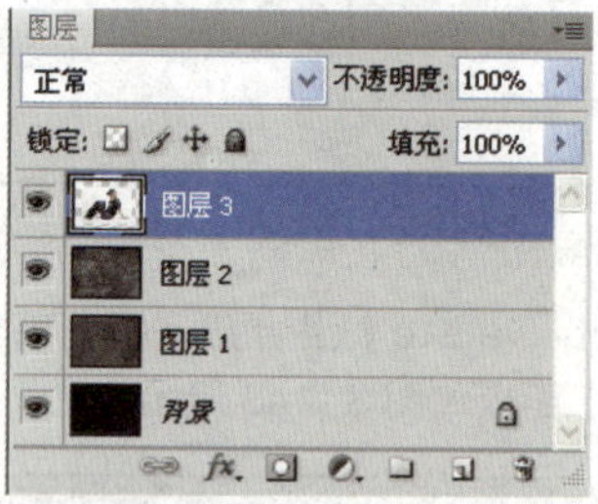

图3-160 【图层】面板

8 选择【图层 3】，选择工具栏上的【钢笔工具】，绘制人物路径，如图 3-161 所示。按【Ctrl+Enter】组合键，将路径转换为选区，单击菜单栏中的【选择】/【反向】命令，或者按【Ctrl+Shift+I】组合键，如图 3-162 所示。按【Delete】键删除，按【Ctrl+D】组合键取消选区，如图 3-163 所示。

图3-161 绘制路径

图3-162　反向选区

图3-163　删除选区内图像

9　头发仍有白色边缘，选择【图层 3】，选择工具栏上的【钢笔工具】，绘制路径，如图 3-164 所示。按【Ctrl+Enter】组合键，将路径转换为选区，按组合键【Delete】删除，如图 3-165 所示。

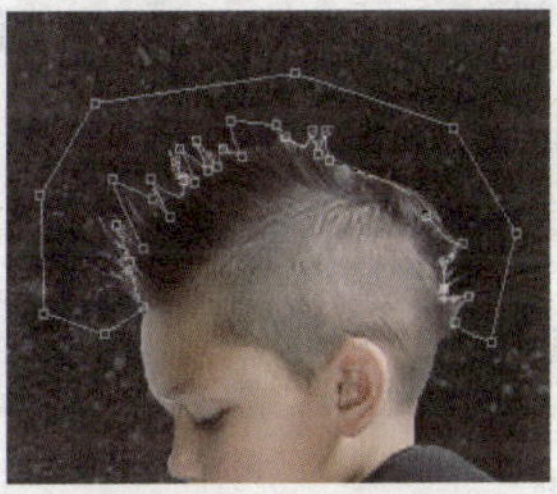

图3-164　绘制选区

图3-165　删除选区内图像

10　选择【图层】面板，单击【新建图层】按钮，得到【图层 4】. 将【图层 4】移至【图层 3】下层，【图层】面板 3-166 如图所示。

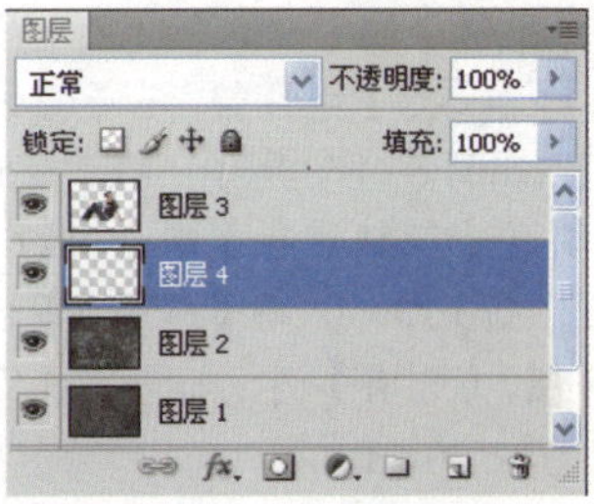

图3-166　【图层】面板

11　选择【图层 4】，选择工具栏上的【画笔工具】，绘制阴影效果。如图 3-167 所示。

图3-167　图像效果

12　选择【图层 4】，单击菜单栏中的【滤镜】/【模糊】/【高斯模糊】命令，弹出【高斯模糊】对话框，设置如图 3-168 所示，选择【确定】完成操作。效果如图 3-169 所示。

图3-168　【高斯模糊】对话框

图3-169　图像效果

13 单击菜单栏中的【文件】/【打开】命令，或者按【Ctrl+O】组合键，打开素材文件【纹理7】，如图3-170所示。将其复制到刚刚操作的文件【穿越时空】中，得到【图层5】，如图3-171所示。将【图层5】移至【图层4】下层，【图层】面板如图3-172所示。效果如图3-173所示。

图3-170 纹理7文件

图3-171 【图层】面板

图3-172 【图层】面板

图3-173 图像效果

14 选择【图层5】，将图层【混合模式】设置为【叠加】，效果如图3-174所示，将【填充】改为50%，效果如图3-175所示。【图层】面板如图3-176所示。

图3-174 【叠加】混合模式

图3-175 填充为50%

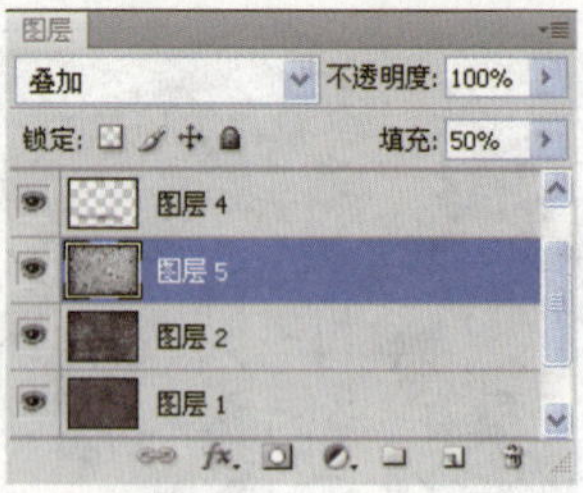

图3-176 【图层】面板

15 选择【图层5】，选择【添加图层蒙版】按钮，选择工具栏上的【画笔工具】，将画笔【不透明度】设置为80%。将【前景色】设置为黑色，单击蒙版区域，绘制效果如图3-177所示。【图层】面板如图3-178所示。

图3-177 图像效果

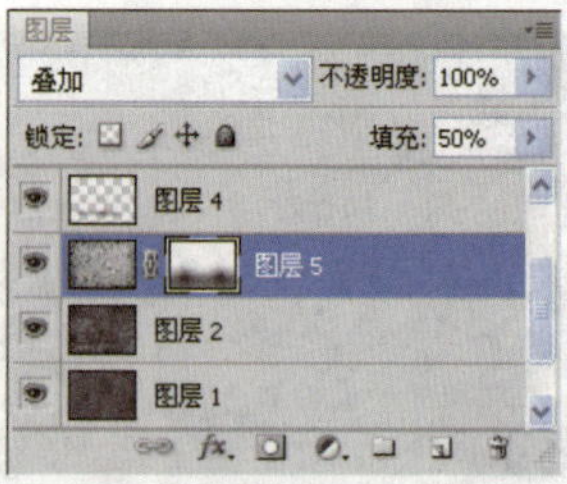

图3-178 【图层】面板

16 选择【图层】面板，选择【图层3】，单击【创建新的填充图层或调整图层】按钮，选择【亮度\对比度】命令，弹出【亮度/对比度】对话框，设置如图3-179所示。效果如图3-180所示，【图层】面板如图3-181所示。

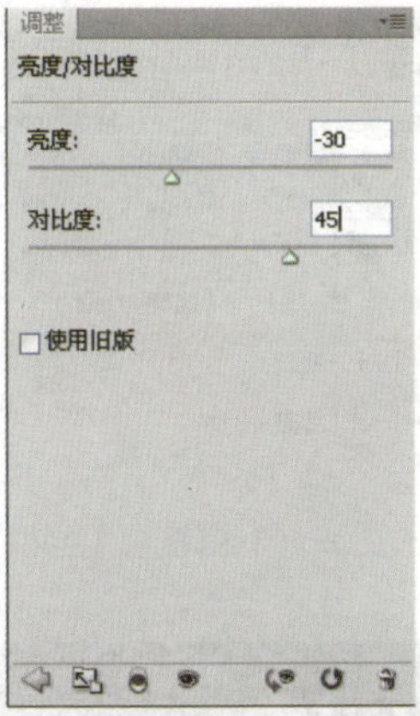

图3-179 【亮度/对比度】对话框

图3-180 图像效果

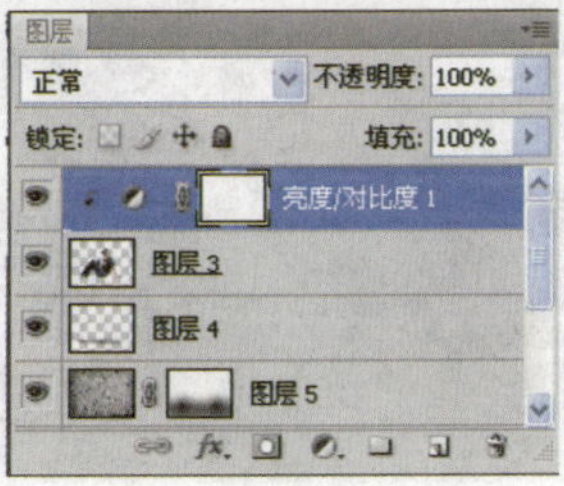

图3-181 【图层】面板

盔甲的制作

17 单击菜单栏中的【文件】/【打开】命令，或者按【Ctrl+O】组合键，打开素材文件【效果】，如图3-182所示。将其复制到刚刚操作的文件【穿越时空】中，得到【图层6】，效果如图3-183所示。【图层】面板如图3-184所示。

图3-182 效果文件

图3-183 粘贴图像

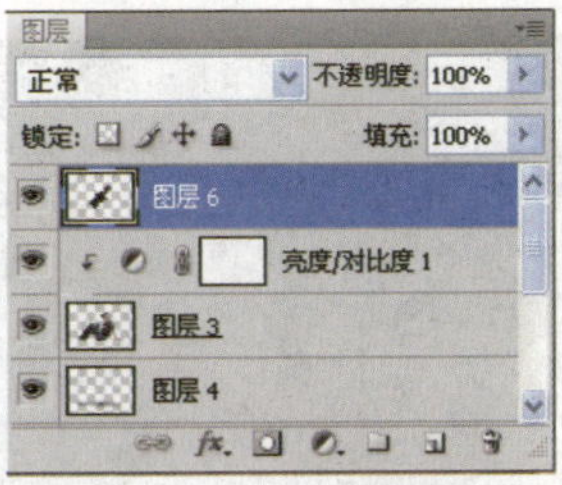

图3-184 【图层】面板

18 选择【图层6】，单击菜单栏中的【图像】/【调整】/【去色】命令，或者按【Ctrl+Shift+U】组合键，效果如图3-185所示。

图3-185 图像去色

19 选择【图层6】，单击菜单栏中的【编辑】/【自由变换】命令，或者按【Ctrl+T】组合键，将图像调整合适大小，如图3-186所示。

图3-186 自由变换

20 选择【图层6】，按【Ctrl+J】组合键，复制图层，得到【图层6副本】。隐藏【图层6】，【图层】面板如图3-187所示。选择工具栏上的【橡皮工具】，将"效果"图像下半部擦除，如图3-188所示。

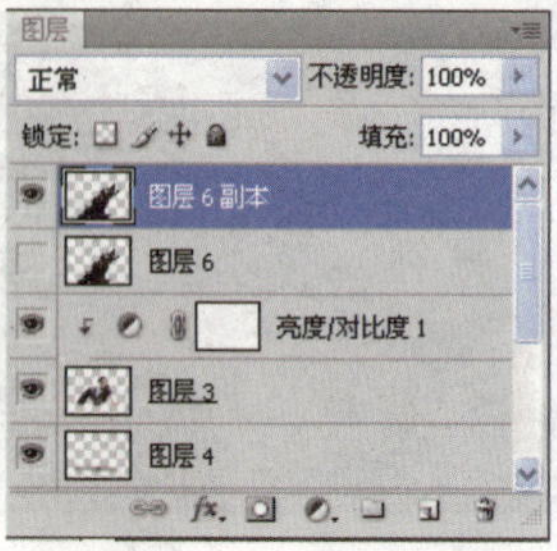

图3-187 【图层】面板

图3-188 图像效果

21 选择【图层】面板，将【图层6】移至【图层3】下层，效果如图3-189所示。【图层】面板如图3-190所示。

图3-189 图像效果

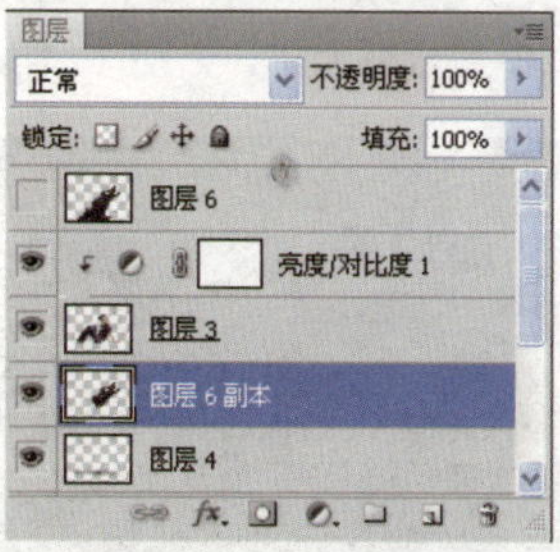

图3-190 【图层】面板

22 选择【图层6副本】，复制【图层6】，得到【图层6副本2】。将【图层6副本2】移至【图层6】上层，【图层】面板如图3-191所示，效果如图3-192所示。选择工具栏上的【橡皮工具】，将图像下半部擦除，如图3-193所示。

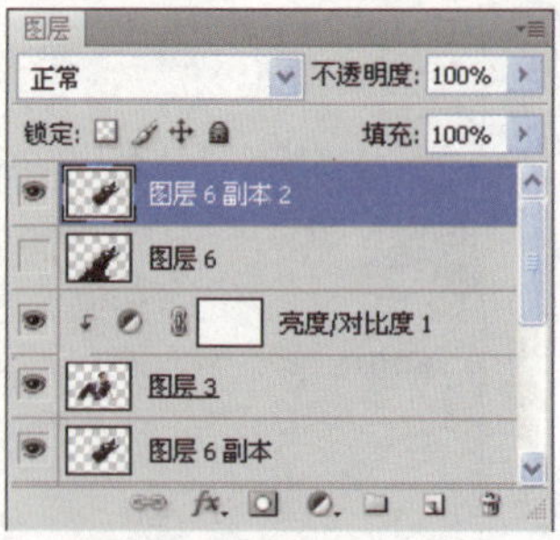

图3-191 【图层】面板

图3-192 图像效果

图3-193 图像效果

23 显示【图层6】，选择【图层6】，单击菜单栏中的【编辑】/【自由变换】命令，或者按【Ctrl+T】组合键，将图像调整如图3-194所示效果。单击菜单栏中的【编辑】/【变换】/【变形】命令。如图3-195所示。按【Enter】键完成操作。

图3-194 自由变换

图3-195 变形命令

制作光线

24 选择【图层】面板，单击【新建图层】按钮，得到【图层 7】，【图层】面板如图 3-196 所示。选择【图层 7】，选择工具栏上的【钢笔工具】，绘制路径如图 3-197 所示。

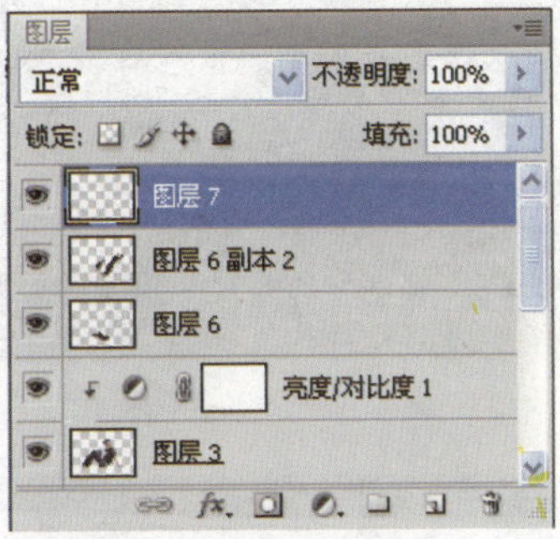

图3-196 【图层】面板

图3-197 绘制路径

25 选择【图层 7】，将【前景色】设置为白色。选择工具栏上的【画笔工具】，属性工具栏设置如图 3-198 所示。选择工具栏上的【钢笔工具】，单击鼠标右键，选择【描边工具】，弹出【描边路径】对话框，设置如图 3-199 所示。按【Ctrl+H】组合键隐藏路径，效果如图 3-200 所示。

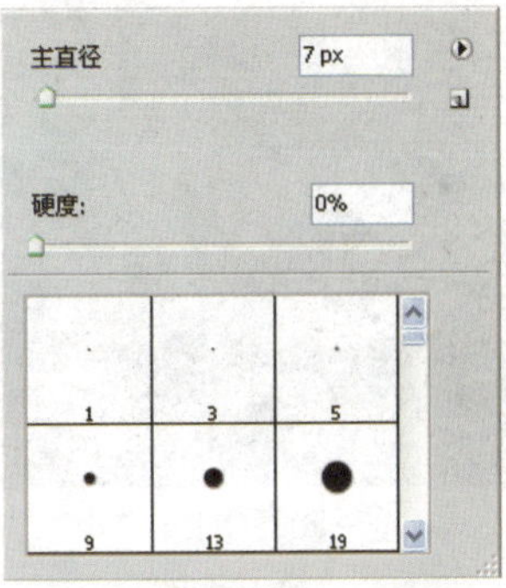

图3-198 【画笔】属性面板

图3-199 【描边路径】对话框

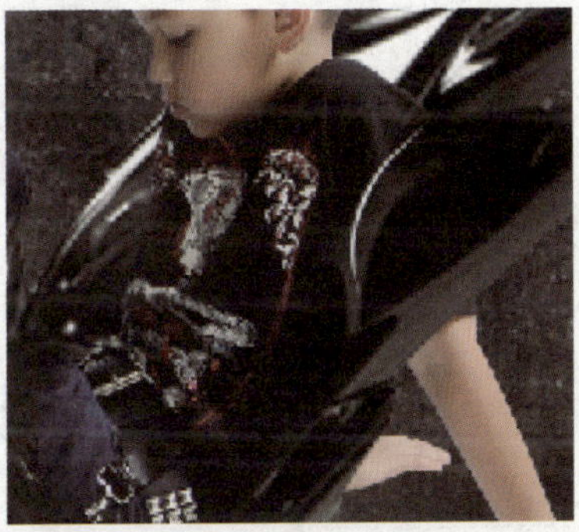

图3-200 图像效果

26 选择【图层】面板，选择【图层 7】，单击【添加图层样式】按钮，选择投影，弹出【图层样式】对话框，设置如图 3-201 所示。效果如图 3-202 所示。

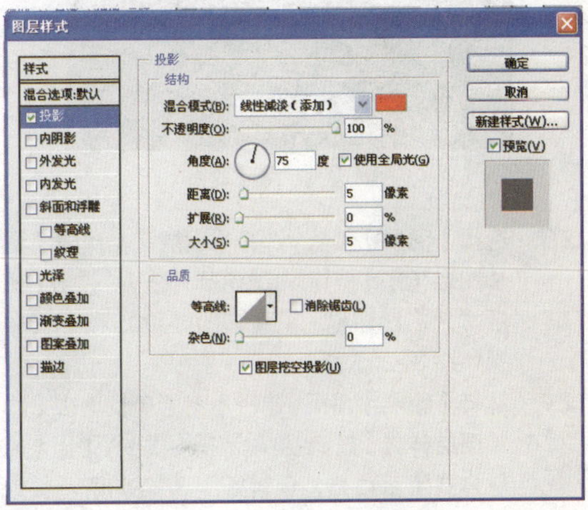

图3-201 【图层样式】对话框

图3-202　图像效果

27　选择【图层】面板，选择【图层 7】，单击【添加图层样式】按钮 fx，选择内阴影，弹出【图层样式】对话框，设置如图 3-203 所示。效果如图 3-204 所示。

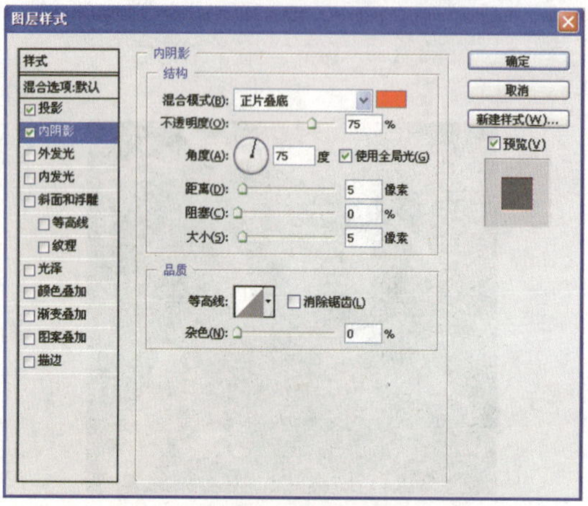

图3-203　【图层样式】对话框

图3-204　图像效果

28　选择【图层】面板，选择【图层 7】，单击【添加图层样式】按钮 fx，选择外发光，弹出【图层样式】对话框，设置如图 3-205 所示。效果如图 3-206 所示。

29　选择【图层】面板，选择【图层 7】，单击【添加图层样式】按钮 fx，选择内发光，弹出【图层样式】对话框，设置如图 3-207 所示。效果如图 3-208 所示。

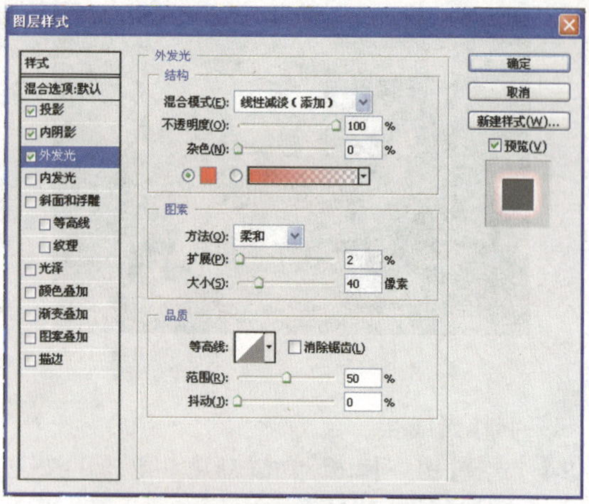

图3-205　【图层样式】对话框

图3-206　图像效果

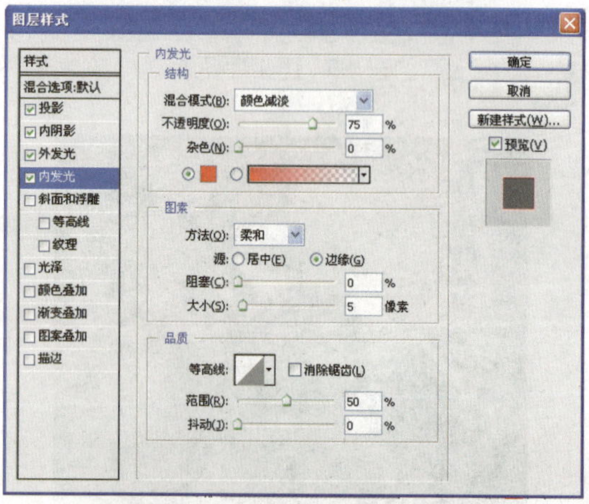

图3-207　【图层样式】对话框

图3-208　图像效果

30 选择【图层 7】，按【Ctrl+J】组合键，复制图层，得到【图层 7 副本】，【图层】面板如图 3-209 所示。取消【图层 7 副本】内阴影效果，【图层】面板如图 3-210 所示。效果如图 3-211 所示。

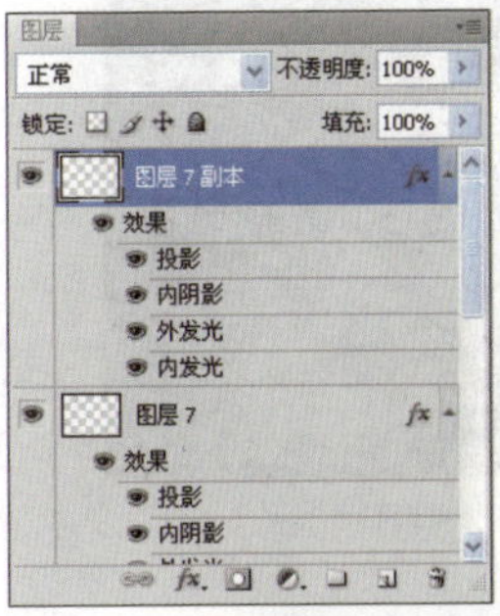

图3-209 【图层】面板

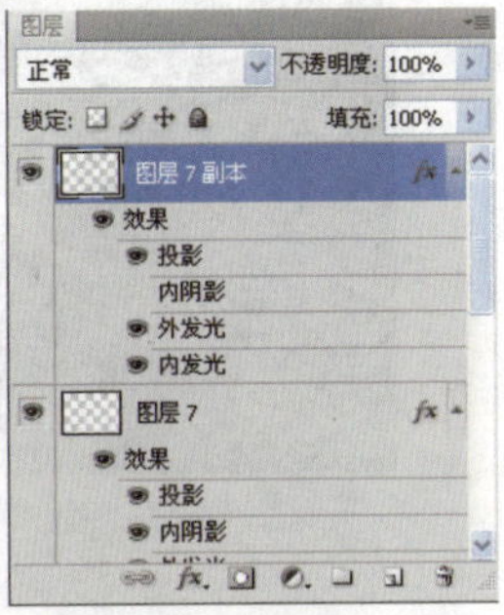

图3-210 【图层】面板

图3-211 图像效果

31 选择【图层 7 副本】，按【Ctrl+J】组合键，复制图层，得到【图层 7 副本 2】，【图层】面板如图 3-212 所示。单击菜单栏中的【滤镜】/【模糊】/【高斯模糊】命令，弹出【高斯模糊】对话框，设置如图 3-213 所示。效果如图 3-214 所示。

图3-212 【图层】面板

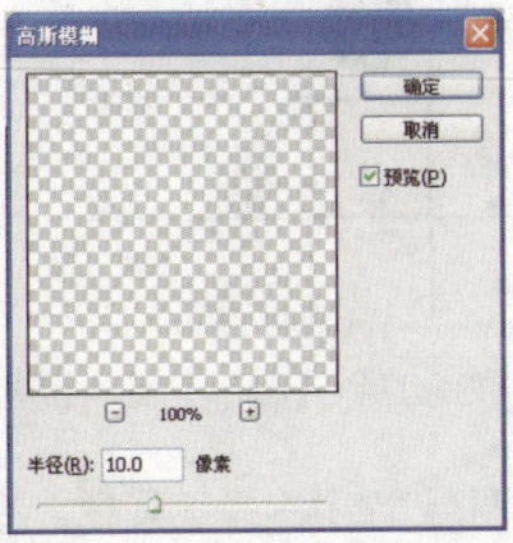

图3-213 【高斯模糊】对话框

图3-214 图像效果

32 选择【图层 7 副本】，选择【图层】面板，将【不透明度】设置为 60%，【图层】面板如图 3-215 所示。效果如图 3-216 所示。

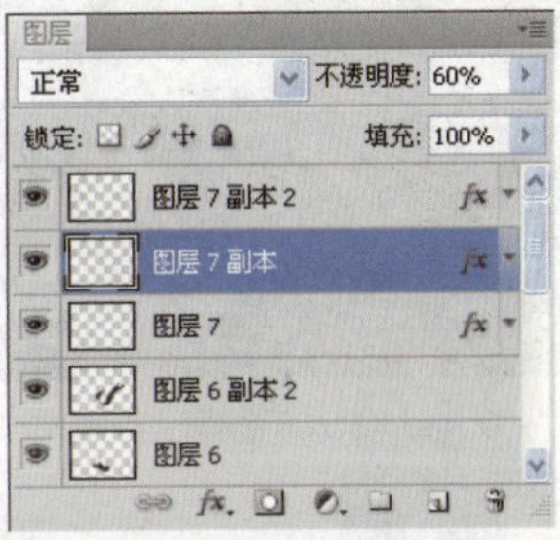

图3-215 【图层】面板

图3-216 不透明度60%

33 重复步骤 2 至步骤 9，绘制光线效果如图 3-217 所示。

图3-217 图像效果

34 选择【图层】面板，单击【新建图层】按钮，得到【图层 16】。选择工具栏上的【画笔工具】，选择光斑笔刷，如图 3-218 所示，绘制光斑。效果如图 3-219 所示。

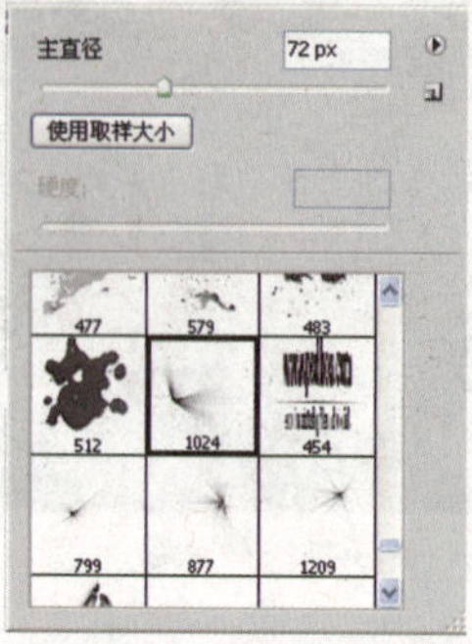

图3-218 【画笔】属性面板

图3-219 绘制光斑

35 选择【图层 16】，单击【添加图层样式】按钮 fx，选择外发光，弹出【图层样式】对话框，设置如图 3-220 所示。效果如图 3-221 所示。

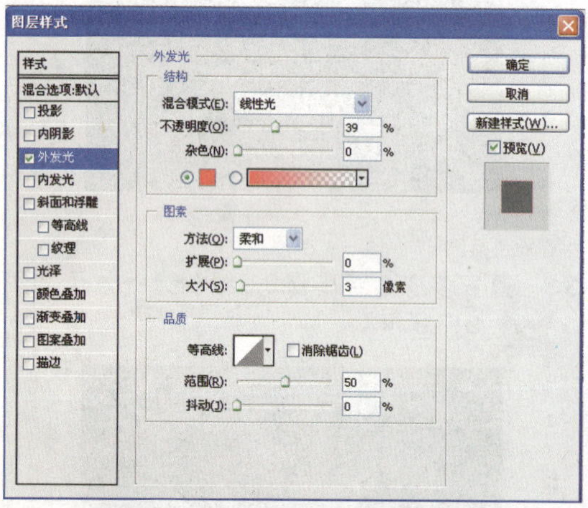

图3-220 【图层样式】对话框

图3-221 图像效果

36 选择【图层】面板，选择【图层 16】，将【不透明度】设置为 75%，效果如图 3-222 所示。【图层】面板如图 3-223 所示。

图3-222 不透明度75%

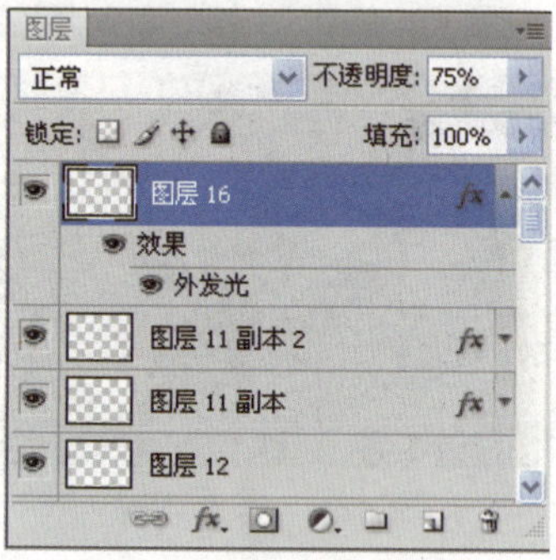

图3-223 【图层】面板

烟雾效果

37 选择【图层】面板，单击【新建图层】按钮，得到【图层 17】。选择工具栏上的【画笔工具】，选择星空笔刷，如图 3-224 所示。绘制效果如图 3-225 所示。

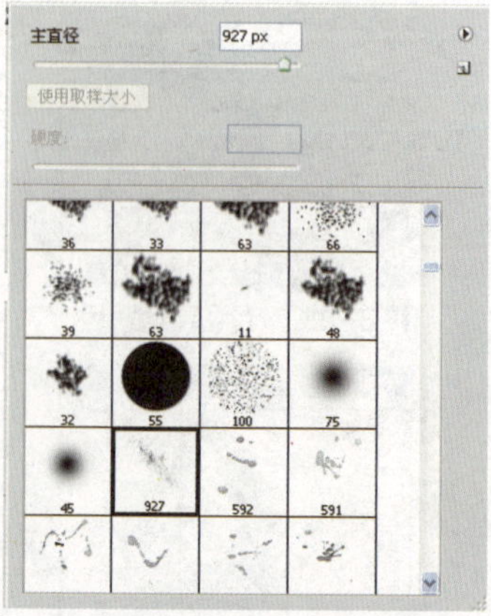

图3-224 【画笔】属性面板

38 选择【图层 17】，选择工具栏上的【橡皮工具】，对星空效果进行修饰。如图 3-226 所示。

图3-225　图像效果

图3-226　图像效果

39 重复步骤 36 至步骤 37，将图片修饰如图 3-227 所示效果。【图层】面板如图 3-228 所示。

图3-227　图像效果

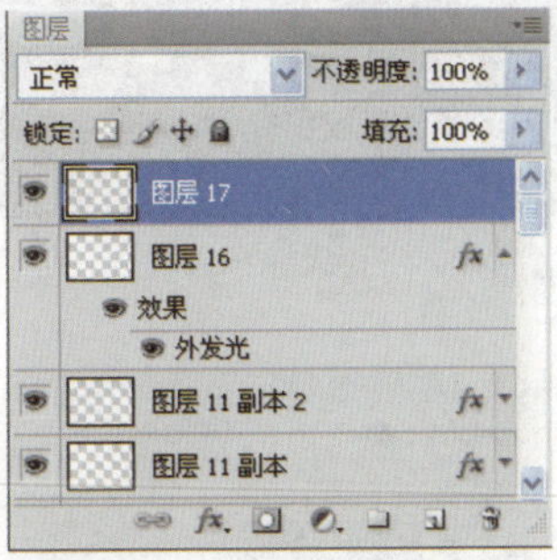

图3-228 【图层】面板

40 单击菜单栏中的【文件】/【打开】命令，或者按【Ctrl+O】组合键，打开素材文件【烟雾 1】如图 3-229 所示。将其复制到刚刚操作的文件【穿越时空】中，得到【图层 18】，如图 3-230 所示。【图层】面板如图 3-231 所示。

图3-229 【烟雾1】文件

图3-230　粘贴图像

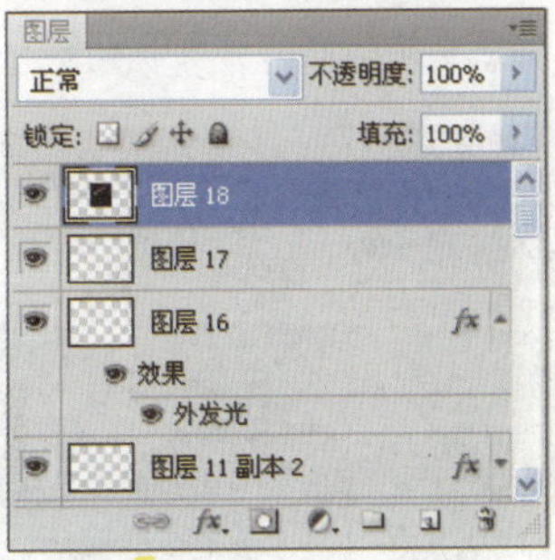

图3-231 【图层】面板

41 选择【图层 18】，将图层【混合模式】设置为【线性减淡（添加）】，如图 3-232 所示。【图层】面板如图 3-233 所示。单击菜单栏中的【编辑】/【自由变换】命令，或者按【Ctrl+T】组合键，将烟雾调整合适位置。按【Enter】键完成操作，如图 3-234 所示。

图3-232　线性减淡（添加）

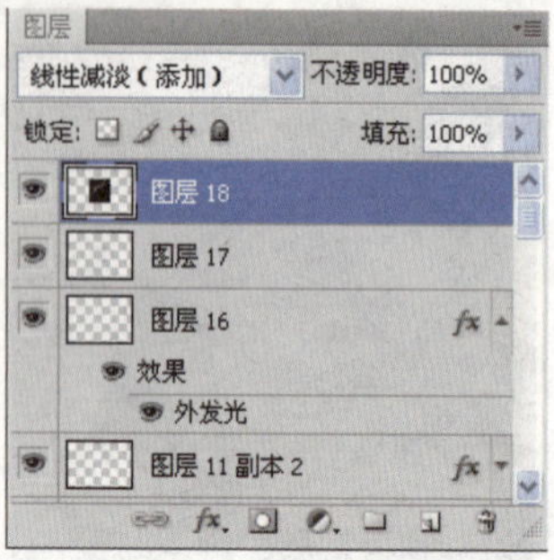

图3-233 【图层】面板

图3-234 自由变换

42 选择【图层 18】,选择工具栏上的【橡皮工具】,对烟雾进行修饰。效果如图 3-235 所示。

图3-235 图像效果

43 单击菜单栏中的【文件】/【打开】命令或者按【Ctrl+O】组合键,打开素材文件【烟雾 2】,如图 3-236 所示。将其复制到刚刚操作的文件【穿越时空】中,得到【图层 19】,如图 3-237 所示。【图层】面板如图 3-238 所示。

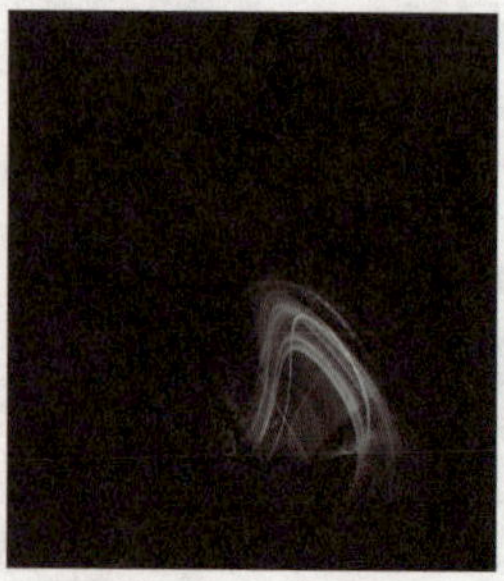

图3-236 烟雾2文件

图3-237 粘贴图像

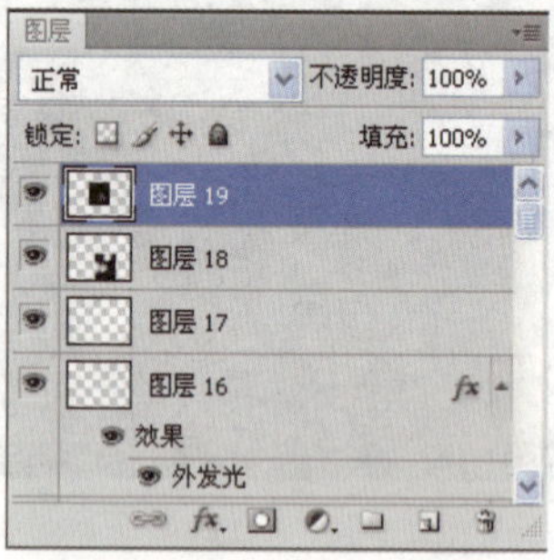

图3-238 【图层】面板

44 选择【图层 19】,将图层【混合模式】设置为【线性减淡（添加）】,如图 3-239 所示,【图层】面板如图 3-240 所示。单击菜单栏中的【编辑】/【自由变换】命令,或者按【Ctrl+T】组合键,将烟雾调整合适位置。按【Enter】键完成操作,如图 3-241 所示。

图3-239 线性减淡（添加）

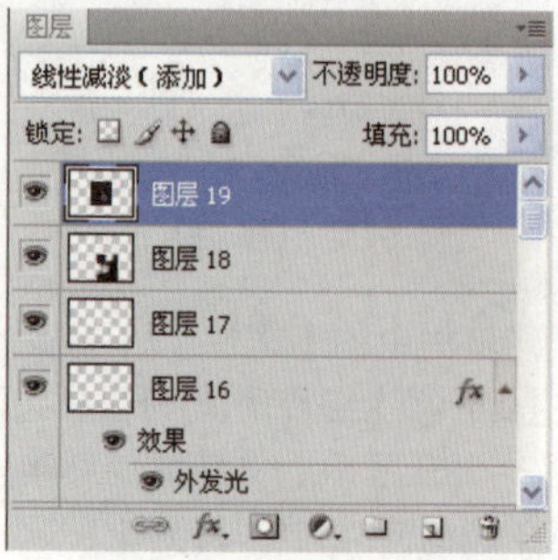

图3-240 【图层】面板

图3-241　自由变换

45 选择【图层 19】，将【图层 19】移至【图层 3】下层，【图层】面板如图 3-242 所示。效果如图 3-243 所示。按【Ctrl+J】组合键，复制图层，得到【图层 19 副本】，效果如图 3-244 所示。选择【图层】面板，将【不透明度】设置为 50%，效果如图 3-245 所示。【图层】面板如图 3-246 所示。

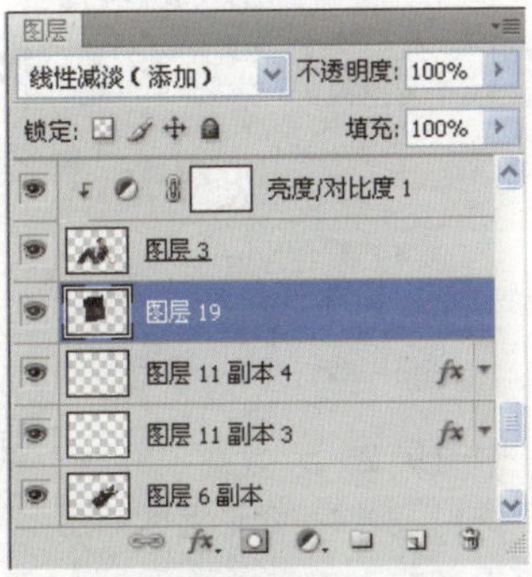

图3-242　【图层】面板

图3-243　图像效果

图3-244　图像效果

图3-245　不透明度50%

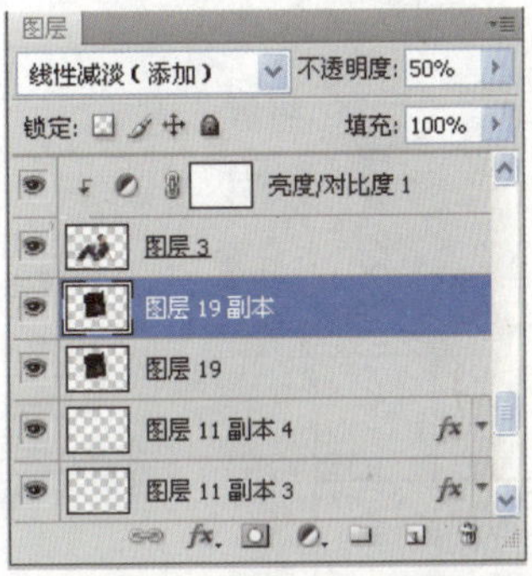

图3-246　【图层】面板

46 选择【图层】面板，单击【新建图层】按钮，得到【图层 20】，【图层】面板如图 3-247 所示。

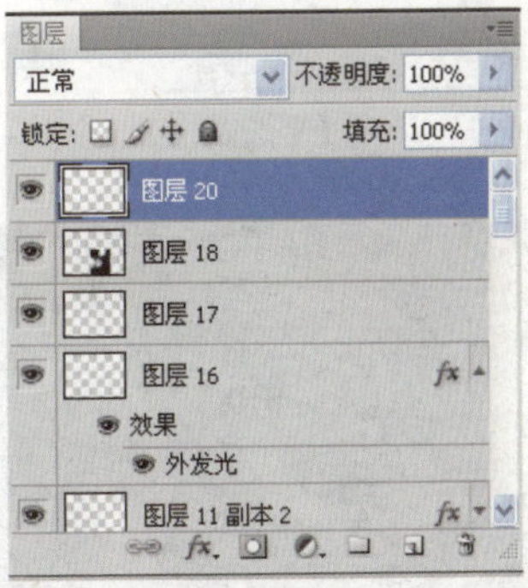

图3-247　【图层】面板

47 选择【图层 20】，选择工具栏上的【钢笔工具】，绘制路径如图 3-248 所示。将【前景色】设置为白色，选择工具栏上的【画笔工具】，属性工具栏设置如图 3-249 所示。选择工具栏上的【钢笔工具】，单击鼠标右键，选择【描边路径】命令，如图 3-250 所示弹出【描边路径】对话框，设置如图 3-251 所示，选择【确定】完成操作。按【Ctrl+H】组合键，隐藏路径，如图 3-252 所示。

48 选择【图层】面板，选择【图层 20】，将【不透明度】设置为 50%，效果如图 3-253 所示。【图层】面板如图 3-254 所示。

图3–248　绘制路径

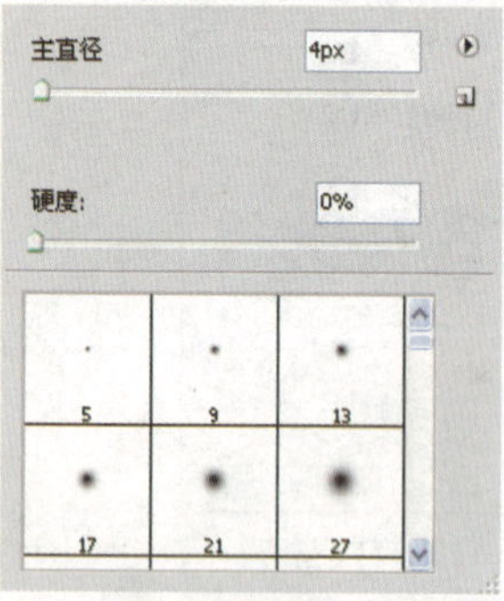

图3–249　【画笔】属性面板

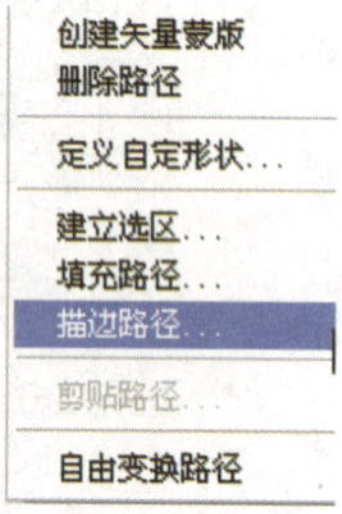

图3–250　描边路径

图3–251　【描边路径】对话框

图3–252　图像效果

图3–253　不透明度50%

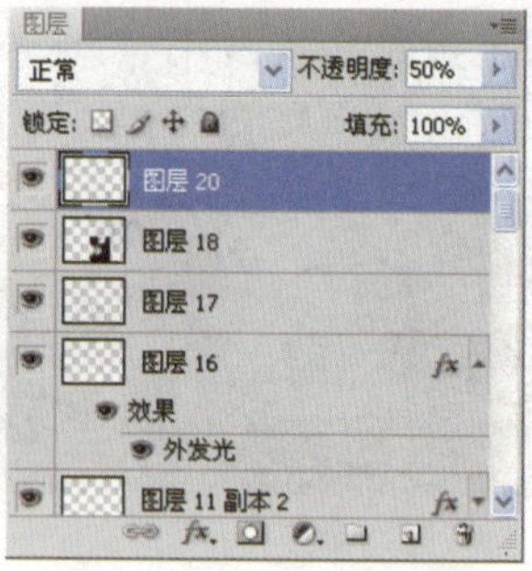

图3–254　【图层】面板

光斑的制作

49　选择【图层】面板，单击【新建图层】按钮，得到【图层 21】,【图层】面板如图 3–255 所示。

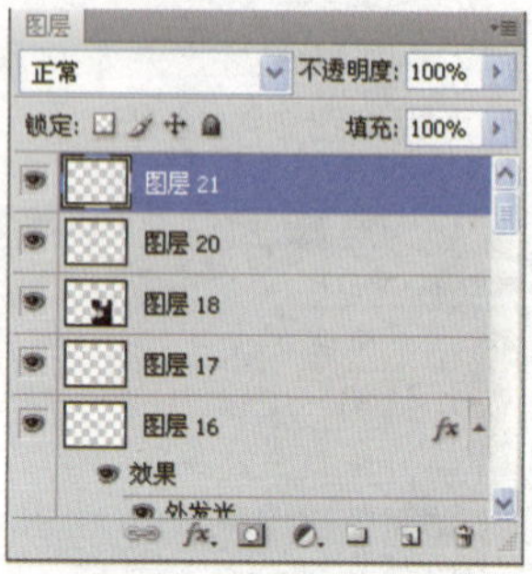

图3–255　【图层】面板

50　选择【图层 21】，选择工具栏上的【矩形选框工具】，绘制矩形选区如图 3–256 所示。选择工具栏上的【渐变工具】，绘制白色到透明的线性渐变，如图 3–257 所示。按【Ctrl+D】键取消选区。

图3–256　绘制矩形选区

图3–257　填充线性渐变

51 选择【图层 21】，单击菜单栏中的【编辑】/【自由变换】命令，或者按【Ctrl+T】组合键。将渐变图像调整合适位置。按【Enter】键完成操作。如图 3-258 所示。选择工具栏上的【橡皮工具】，将两端边缘变的柔软。效果如图 3-259 所示。

图3-258 自由变换

图3-259 图像效果

52 重复步骤 2 至步骤 3，绘制效果如图 3-260 所示。

图3-260 图像效果

53 选择【图层】面板，单击【新建图层】按钮，得到【图层 22】，【图层】面板如图 3-261 所示。选择工具栏上的【画笔工具】，属性工具栏设置如图 3-262 所示。将前景色设置为红色，绘制红灯效果，如图 3-263 所示。将图层【混合模式】设置为【线性减淡（添加）】，如图 3-264 所示，【图层】面板如图 3-265 所示。

54 按【Ctrl+Shift+Alt+E】组合键，盖印图层，得到【图层 23】，【图层】面板如图 3-266 所示。

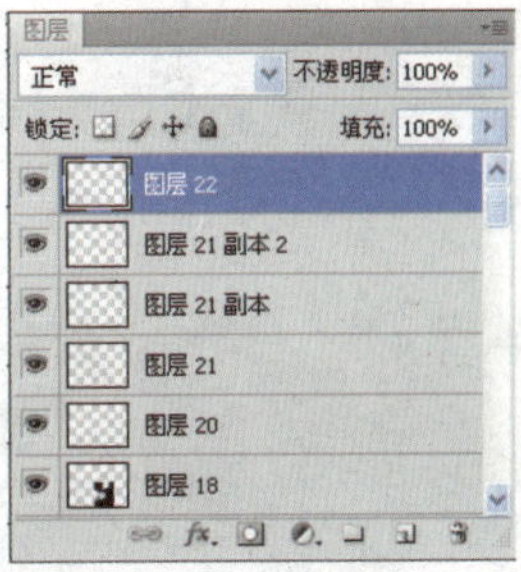

图3-261 【图层】面板

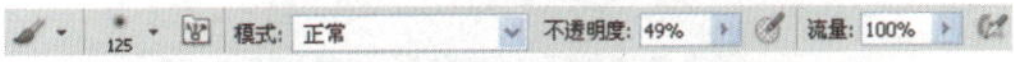

图3-262 【画笔】属性面板

图3-263 绘制红灯

图3-264 线性减淡（添加）

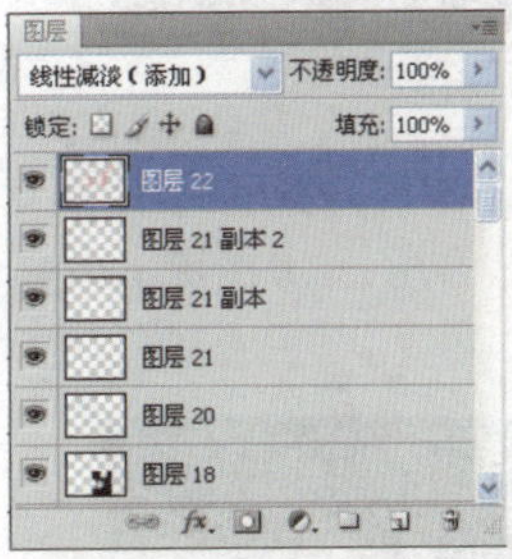

图3-265 【图层】面板

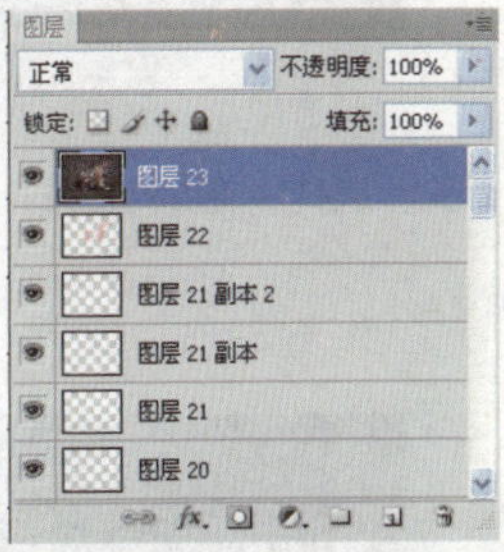

图3-266 【图层】面板

55 选择【图层 23】，单击菜单栏中的【滤镜】/【锐化】/【锐化】命令，效果如图 3-267 所示。选择【图层】面板，单击【创建新的填充图层或调整图层】按钮，选择【曲线】命令，弹出【曲线】对话框，设置如图 3-268 所示，效果如图 3-269 所示。

图3-267　滤镜 锐化

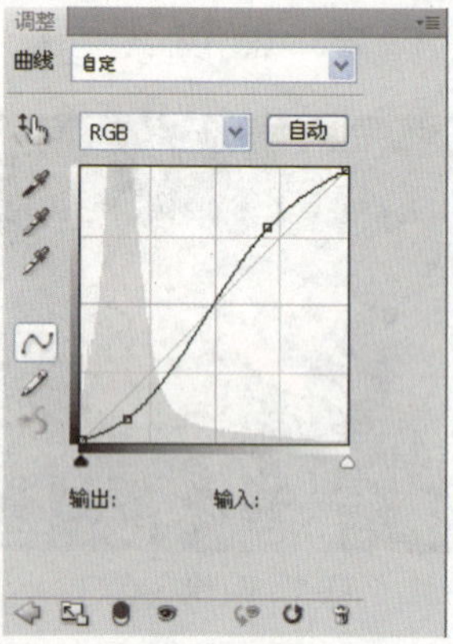

图3-268　【曲线】对话框

图3-269　图像效果

56 选择【图层 曲线 1】，将【不透明度】设置为60%，效果如图 3-270 所示。【图层】面板如图 3-271 所示。

图3-270　不透明度60%

57 选择【图层】面板，单击【创建新的填充图层或调整图层】按钮，选择【色相\饱和度】命令，弹出【色相/饱和度】对话框，设置如图 3-272 所示。效果如图 3-273 所示。

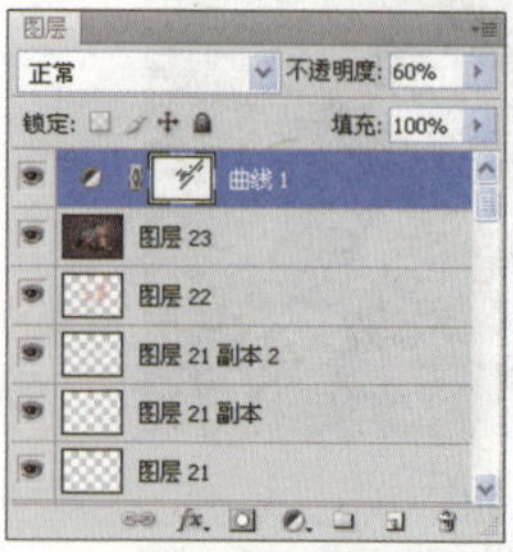

图3-271　【图层】面板

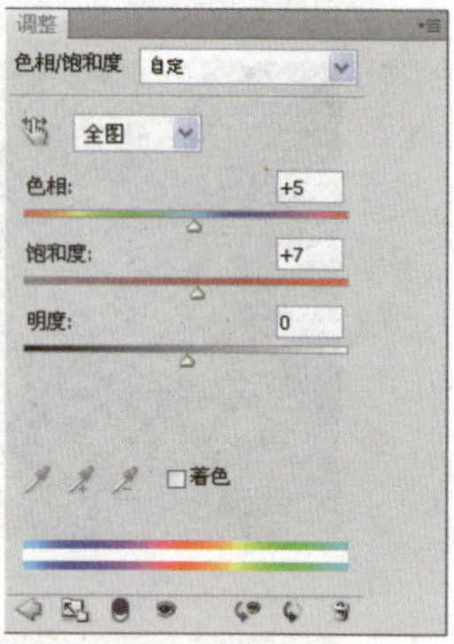

图3-272　【色相/饱和度】对话框

图3-273　图像效果

58 选择【图层】面板，单击【新建图层】按钮，得到【图层 24】。选择工具栏上的【画笔工具】，将【前景色】设置为黑色，将图像的边缘涂黑，如图 3-274 所示。【图层】面板如图 3-275 所示。

图3-274　图像效果

59 选择【图层】面板，选择【图层 23】，单击【创建新的填充图层或调整图层】按钮，选择色彩平衡，弹出【色彩平衡】对话框，设置如图 3-276 所示。效果如图 3-277 所示。【图层】面板如图 3-278 所示。

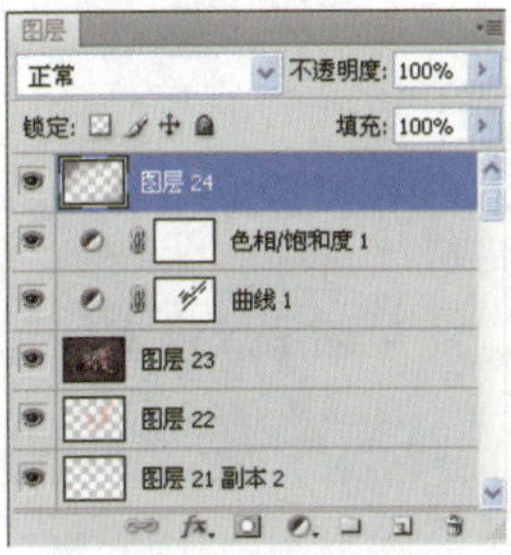

图3-275 【图层】面板

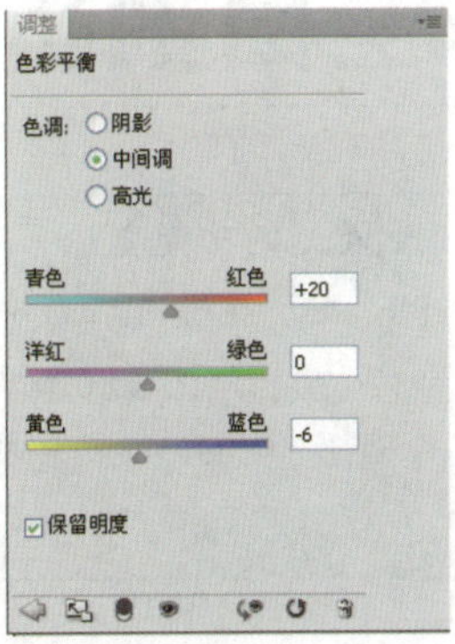

图3-276 【色彩平衡】对话框

图3-277 图像效果

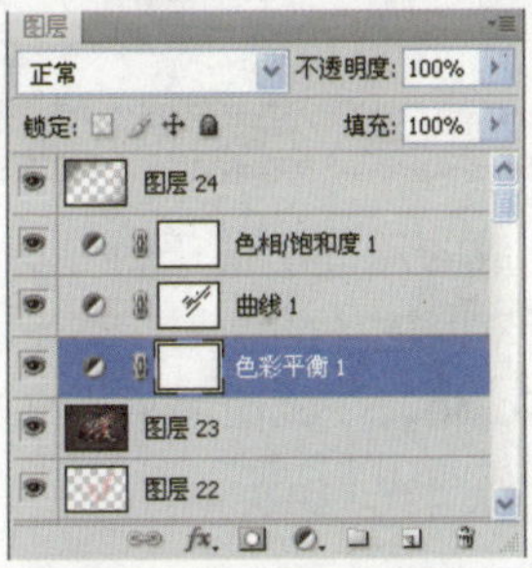

图3-278 【图层】面板

60 选择【图层 色彩平衡 1】，选择工具栏上的【画笔工具】，将【前景色】设置为黑色，单击蒙版区域，在人脸处进行涂抹，【图层】面板如图 3-279 所示。最终效果如图 3-280 所示。

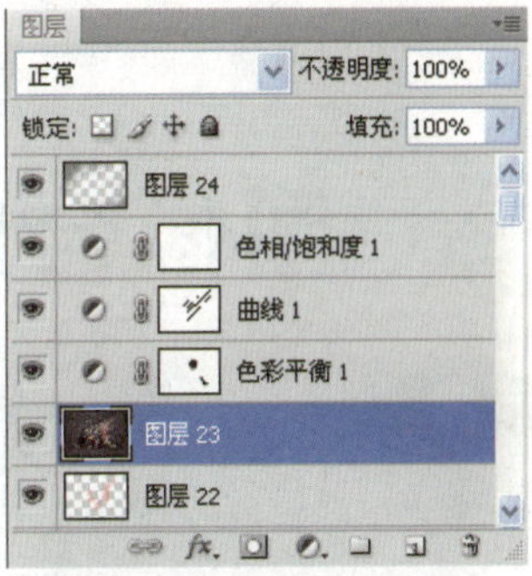

图3-279 【图层】面板

图3-280 最终效果

3.5 本章小结

本章主要对特效图像创作进行全面剖析，并通过四个实际案例从浅到深地了解图像特效的基本概念及三大表现手法以及图像特效的常用技术。这些案例可以帮助读者掌握图像特效的制作的方法和技巧，并启迪在使用 Photoshop 进行图像特效创意方面的思路。

3.6 习题

上机题

(1) 上机练习图层混合模式。
(2) 上机练习图层样式。
(3) 上机练习光线的表现技法。

第4章 图像合成创作全面剖析

本章提要

图像合成是Photoshop CS5最强大的功能之一，借助Photoshop CS5丰富而专业的技术手段对图像进行合成，能够轻松创作出幽默、奇幻、酷炫的视觉特效作品，从而表达设计师的无限创意。本章将通过图层和蒙版的深度剖析，解密Photoshop CS5中许多鲜为人知的技巧，并掌握蒙版的高级技法。

4.1 图像合成的原理

4.1.1 图像合成的概念

图像合成是指将两幅以上的图像经过处理以后拼合成一副构思巧妙的新作品，这是体现设计者创意思想的方式之一。比如为照片更换背景或者天马行空地创造现实中不可能出现的动物等。如图 4-1，图 4-2 所示。

图4-1 图片欣赏

图4-2 图片欣赏

4.1.2 图像合成的基本原理

图像合成的原理类似于拼贴画，如图 4-3 所示。利用不同图像的叠加、交错和改变图像的上下顺序，将若干幅图像重新组合形成新的视觉效果，如图 4-4 所示。

图4-3 图片欣赏

图4-4　图片欣赏

叠加、交错的图像在平面设计领域里被称作【图层】，设计中的每个元素，均可以放置在单独的图层上，所以，了解和掌握图层功能成了创作图像合成的首要课题，图层的作用就是在不影响其他图像的情况下，单独处理某一图层上的图像，每个图层上都包含不同的图像元素，将每个元素组合在一起，便形成了完整的画面。

可以把图层想象成是一张张叠起来的透明胶片，每张透明胶片上都有不同的图像。将每个图像排列好顺序叠加在一起，最终得到完整的图像效果。如果图层上没有图像，可以透过此图层的透明区域，一直看到最下面的图像，图层与图层之间没有连带关系，对一个图层进行操作，不会影响其他图层上的图像，但改变图层顺序和图层属性可以直接改变图像的最终效果。

从上述图例中看出，图像合成就是利用素材的叠加，将每个素材需要的部分保留，不需要的部分删除或遮挡，然后进行必要的优化处理，以达到最佳效果。

4.1.3　图像合成的应用范围

图像合成是 Photoshop 标志性的应用领域，无论是平面广告设计、效果图修饰、数码相片设计还是视觉艺术创意，都无法脱离图像合成的存在，如图 4-5、图 4-6 所示。

随着电脑的普及以及软件技术的发展，图像合成已经称为一种艺术的表现形式。在合成过程中有些素材可能是找不到的，或者是不适合合成的，这就需要设计师自己制作素材，所以从事图像合成不仅要会挑选素材，还需要会制作素材。

图4-5

图4-6　商业广告欣赏

4.2　上机实战

本节主要通过 5 个典型实例来了解图层和蒙版的高级应用。蒙版是 Photoshop 中较为难理解的部分，多用于创建图像之间的巧妙拼接，获得特殊的合成效果。

4.2.1　一手多用

可用于编辑涂层蒙版的手段很多，既可以使用渐变、画笔等绘图工具来修改蒙版，也可以使用色阶、曲线等调色命令对蒙版进行编辑，还可以使用各种滤镜命令来编辑图层蒙版，创建各种各样的图层蒙版状态，从而得到更为丰富的图像效果。

本例展示一个图像合成作品制作的全过程，使用了基础蒙版命令的操作方式。先通过复制和粘贴命令来完成简单的图像合成，接着使用颜色匹配命令完成色调的同意，最后使用图层蒙板完成最终的合成效果，最终效果如图 4-7 所示。

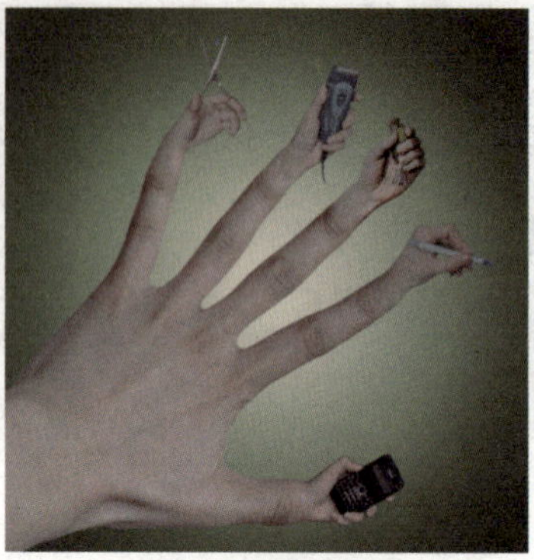

图4-7 最终效果

一手多用图像合成

所用素材：光盘\素材\第4章\笔、剪刀、鸟、手2、手机、剃须刀

最终效果：光盘\效果\第4章\手指

操作步骤

1 单击菜单栏中的【文件】/【新建】命令，或者按【Ctrl+N】组合键。弹出【新建】对话框，设置如图4-8所示，选择【确定】完成操作。选择【图层】面板，单击【新建图层】按钮，得到【图层1】。【图层】面板如图4-9所示。

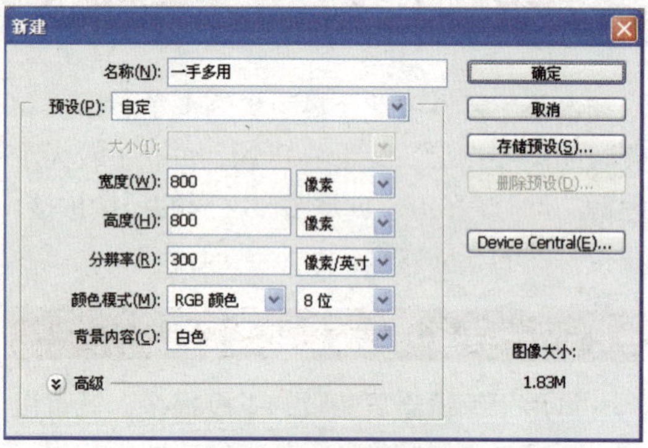

图4-8 【新建】对话框

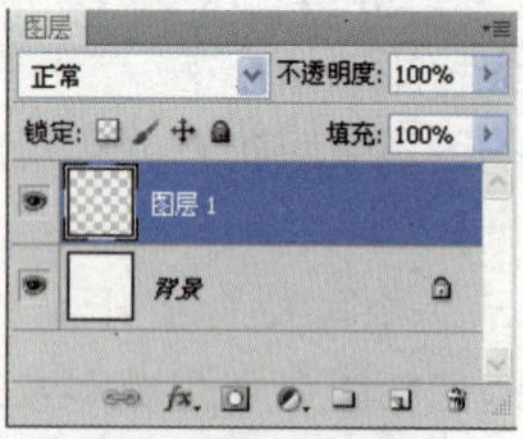

图4-9 【图层】面板

2 选择工具栏上的【渐变工具】，绘制径向渐变，参数设置如图4-10所示。效果如图4-11所示。

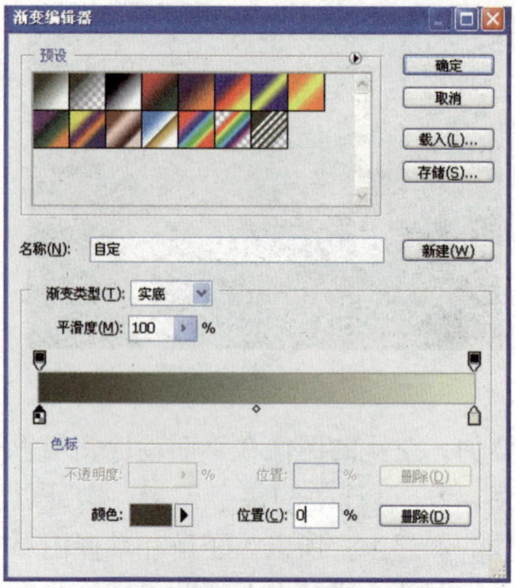

图4-10 【渐变编辑器】对话框

图4-11 图像效果

3 单击菜单栏中的【文件】/【打开】命令或者按【Ctrl+O】组合键，打开素材文件【手2】如图4-12所示。将其复制到刚刚操作的文档中，得到【图层2】，【图层】面板如图4-13所示，如图4-14所示。

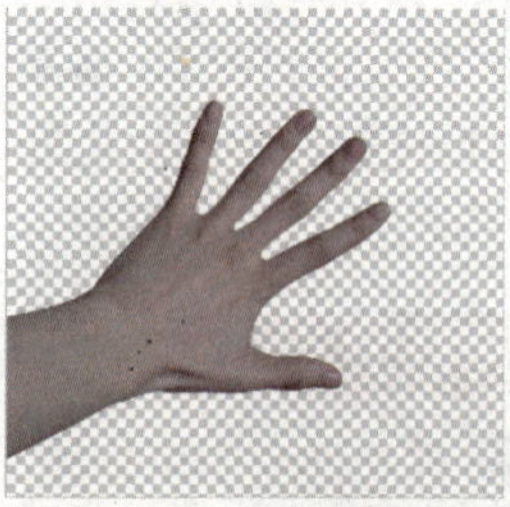

图4-12 手2文件

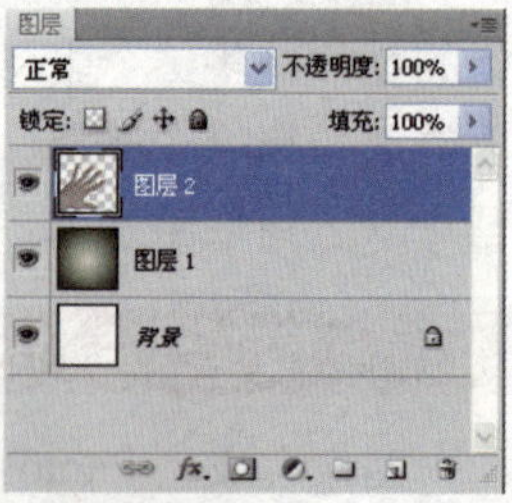

图4-13 【图层】面板

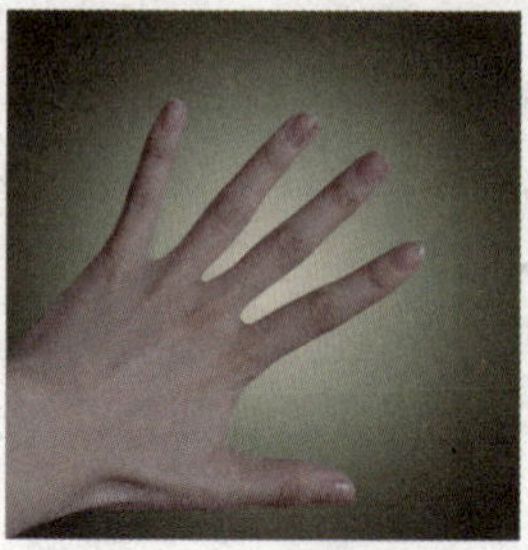

图4-14 粘贴图像

4 单击菜单栏中的【文件】/【打开】命令，或者按【Ctrl+O】组合键，打开素材文件【剪刀】，如图4-15所示。将其复制到刚刚操作的文档中，得到【图层3】，【图层】面板如图4-16所示。效果如图4-17所示。

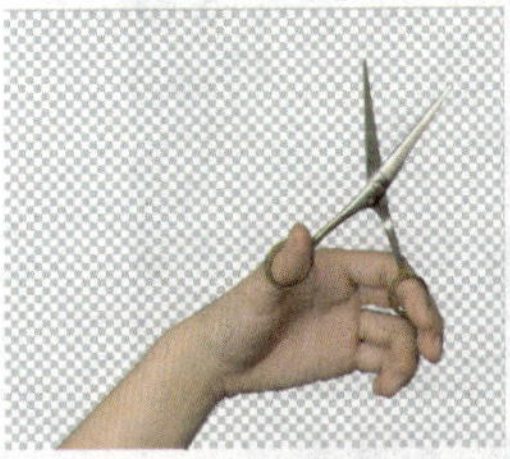

图4-15 剪刀文件

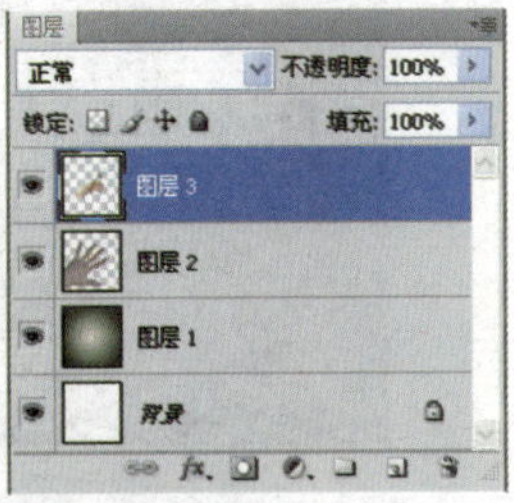

图4-16 【图层】面板

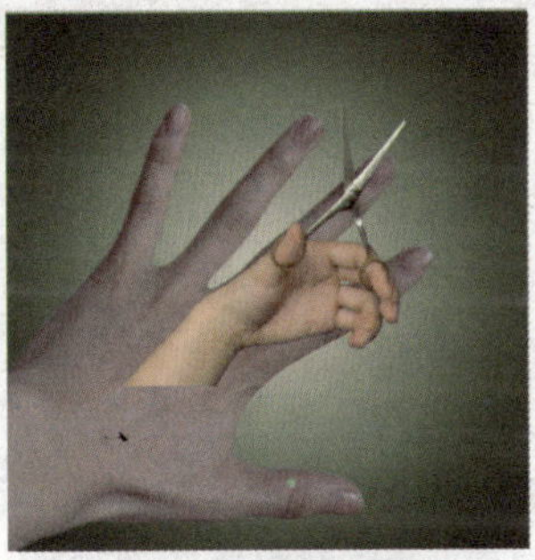

图4-17 粘贴图像

5 选择【图层3】，单击菜单栏中的【图像】/【调整】/【匹配颜色】命令，弹出【匹配颜色】对话框，设置如图4-18所示，选择【确定】完成操作。效果如图4-19所示。

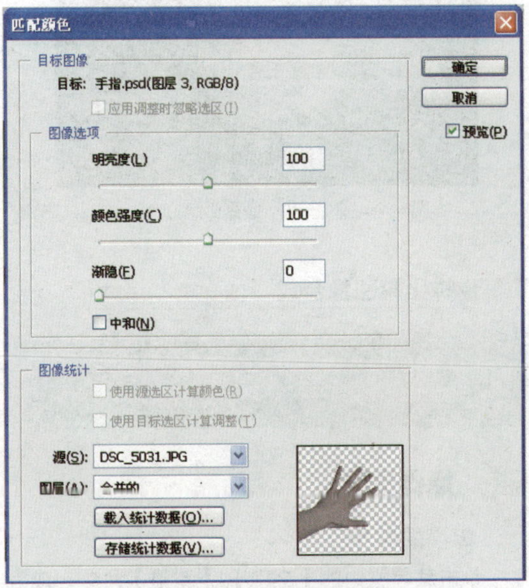

图4-18 【匹配颜色】对话框

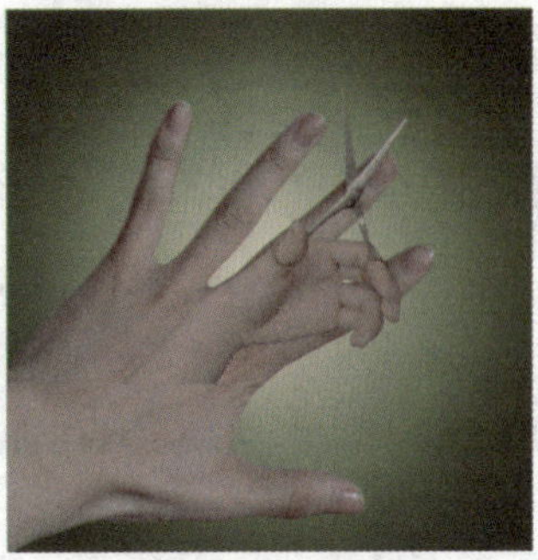

图4-19 图像效果

6 选择【图层3】，单击菜单栏中的【编辑】/【自由变换】命令，或者按【Ctrl+T】组合键。如图4-20所示。按【Enter】组合键完成操作。

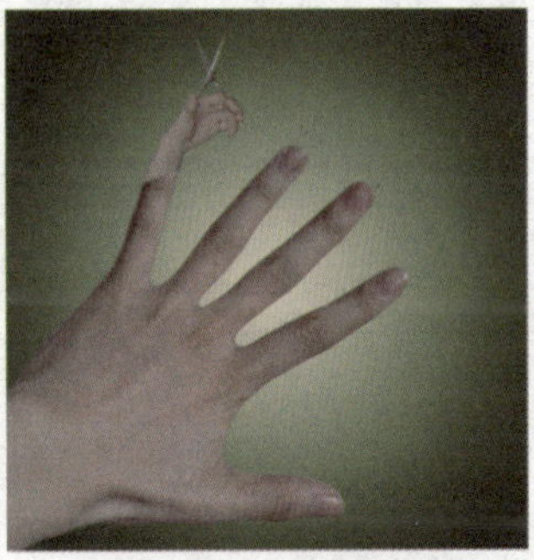

图4-20 自由变换

7 选择【图层】面板，选择【图层3】，单击菜单栏中的【滤镜】/【液化】命令，弹出【液化】对话框，设置如图4-21所示。效果如图4-22所示。选择【图层】面板，单击【添加图层蒙版】按钮，选择工具栏上的【画笔工具】，单击蒙版区域，对手腕进行修饰如图4-23所示。

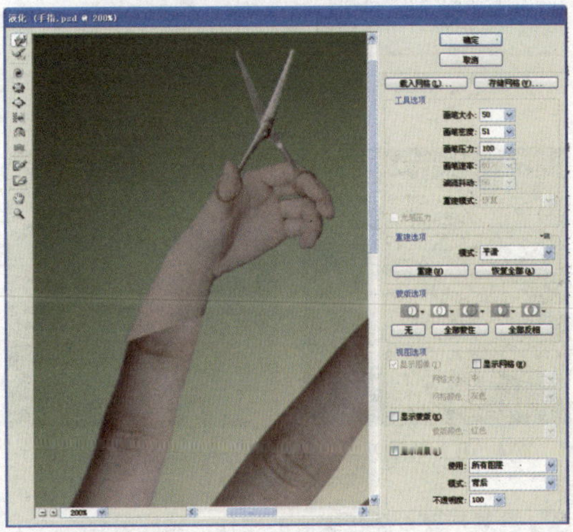

图4-21 【液化】对话框

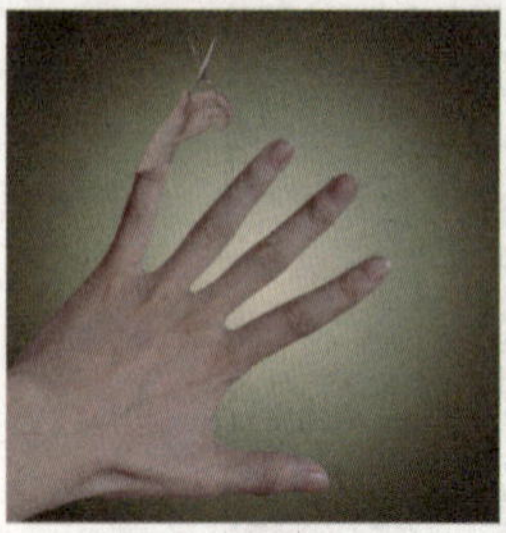

图4-22　图像效果

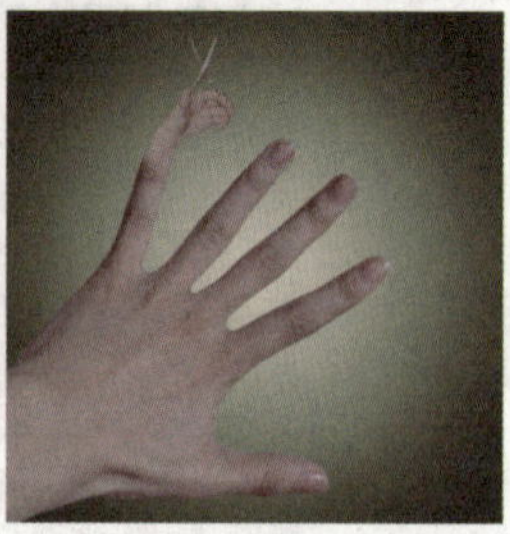

图4-23　图像效果

8 选择【图层 3】，单击菜单栏中的【图像】/【调整】/【曲线】命令，或者按【Ctrl+M】组合键，弹出【曲线】对话框，设置如图 4-24 所示，选择【确定】完成操作，效果如图 4-25 所示。选择工具栏上的【加深工具】和【减淡工具】，对图像进行修饰，效果如图 4-26 所示。

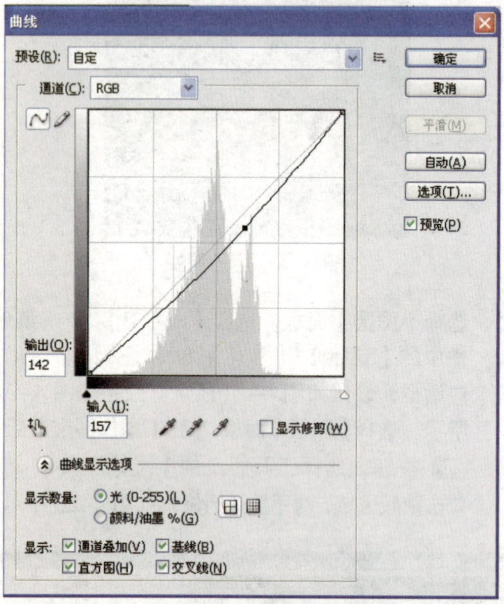

图4-24　【曲线】对话框

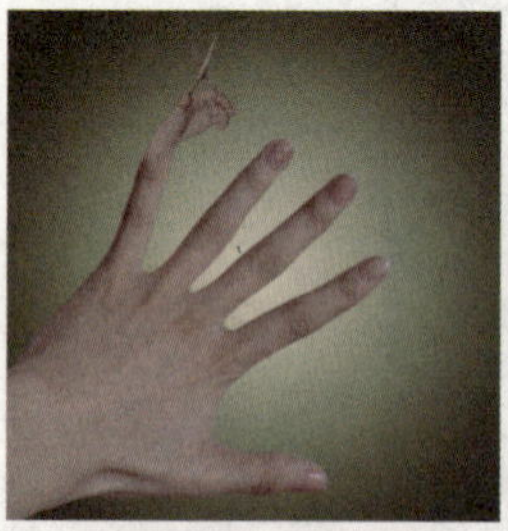

图4-25　图像效果

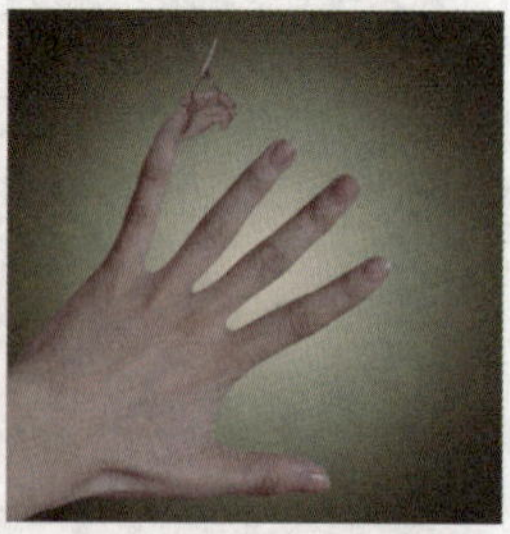

图4-26　减淡图像

9 重复步骤 4 至步骤 8 的操作，完成另外 4 个手指，最终效果如图 4-27 所示。

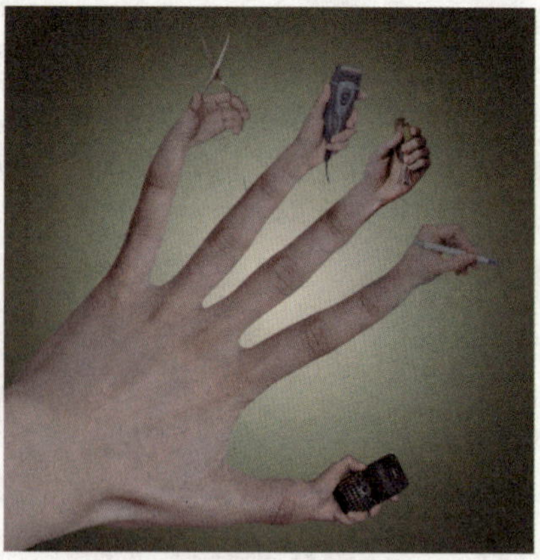

图4-27　最终效果

4.2.2　金蝉出鞘

在 Photoshop 中实现一切效果都要基于图层，所以将图层比喻成 Photoshop 这一大树的根基是一点也不为过的。本例展示一个图像合成作品制作的全过程，使用了较为复杂的图层蒙板、图层高级混合等图像混合技巧。先详细讲解图层的使用方法和编辑方式，接着设置不同的混合模式，最后对整体图像色调进行调节，最终效果如图 4-28 所示。

图4-28　最终效果

金蝉出鞘图像合成

所用素材：光盘\素材\第 4 章背景素材、玻璃、蛋黄、蛋壳、地球

最终效果：光盘\效果\第 4 章\金蝉出鞘

操作步骤

背景的制作

1 单击菜单栏中的【文件】/【新建】命令，或者按【Ctrl+N】组合键，打开【新建】对话框，

设置如图 4–29 所示，选择【确定】完成操作。按【Ctrl+J】组合键，复制图层，得到【图层 1】，【图层】面板如图 4–30 所示。

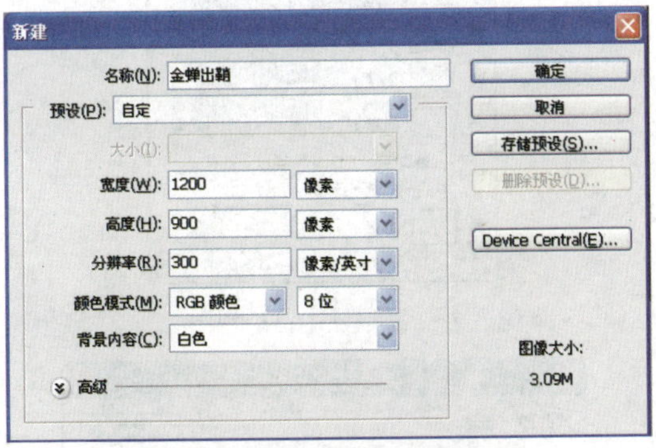

图4–29 【新建】对话框

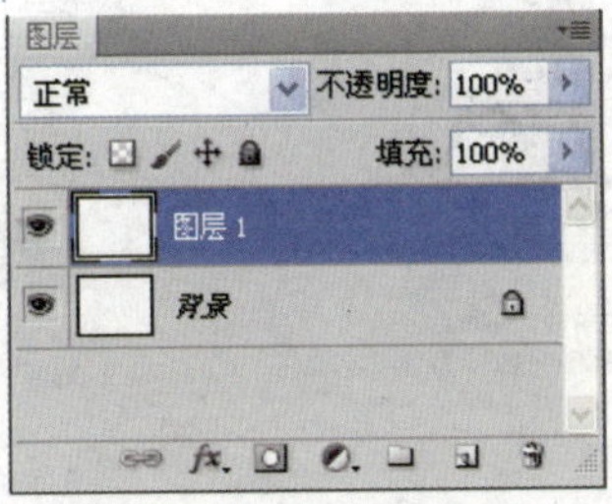

图4–30 【图层】面板

2 制作背景。选择【图层 1】，单击【添加图层样式】 fx 按钮，选择【渐变叠加】命令，弹出【图层样式】对话框，设置如图 4–31、图 4–32 所示，效果如图 4–33 所示。

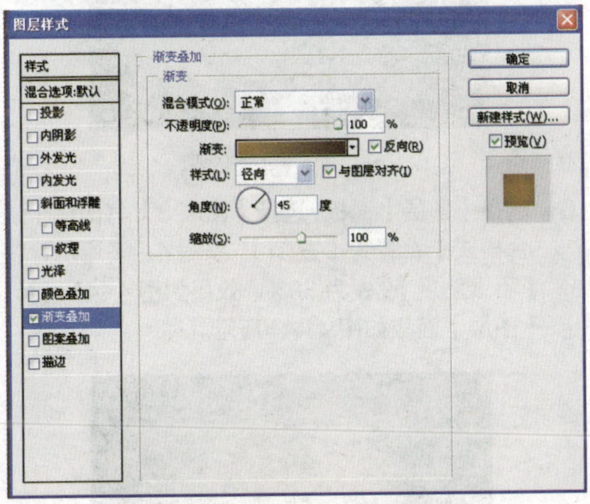

图4–31 【图层样式】对话框

3 按【Ctrl+Shift+Alt+E】组合键盖印图层，得到【图层 2】。单击菜单栏中的【滤镜】/【杂色】/【添加杂色】命令，弹出【添加杂色】对话框，设置如图 4–34 所示，效果如图 4–35 所示。

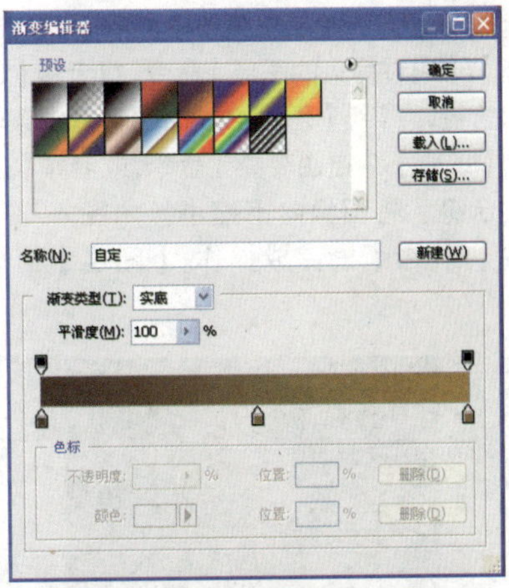

图4–32 【渐变编辑器】对话框

图4–33 图像效果

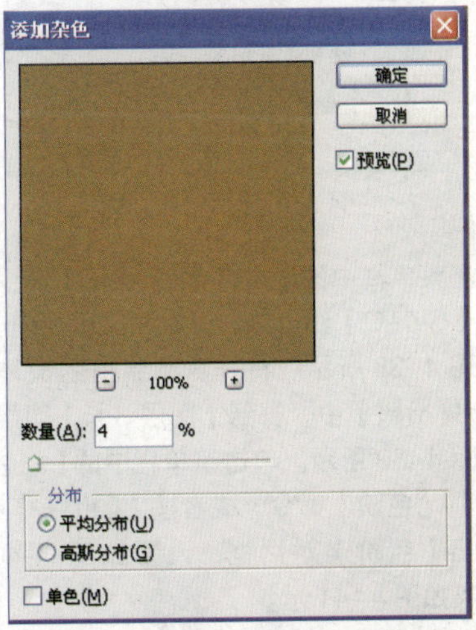

图4–34 【添加杂色】对话框

图4–35 图像效果

4 选择【图层 2】，单击菜单栏中的【图层】/【新建】/【通过拷贝的图层】命令，或者按【Ctrl+J】组合键，得到【图层 2 副本】。单击菜单栏中的【编辑】/【自由变换】命令，或者按【Ctrl+T】组合键。将图像向下缩小，如图 4-36 所示。按【Enter】键完成操作。【图层】面板如图 4-37 所示。

图4-36　自由变换

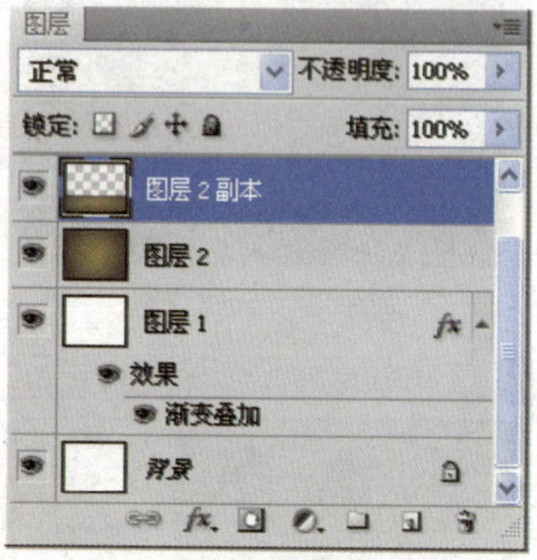

图4-37　【图层】面板

5 单击菜单栏中的【文件】/【打开】命令，或者按【Ctrl+O】组合键，开素材文件【背景素材】如图 4-38 所示。将其复制到刚刚操作的文档【金蝉出鞘】中，得到【图层 3】。【图层】面板如图 4-39 所示。单击菜单栏中的【图像】/【调整】/【色阶】命令，或者按【Ctrl+L】组合键，弹出【色阶】对话框，设置如图 4-40 所示。效果如图 4-41 示。

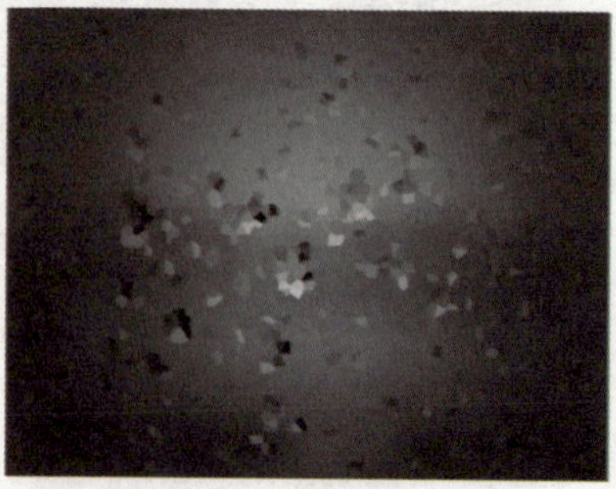

图4-38　背景素材文件

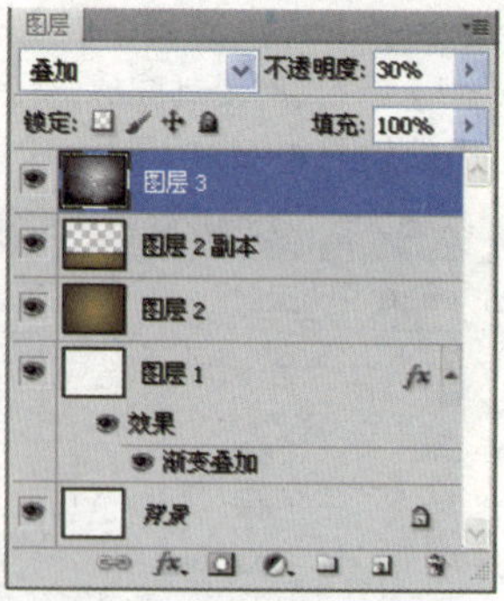

图4-39　【图层】面板

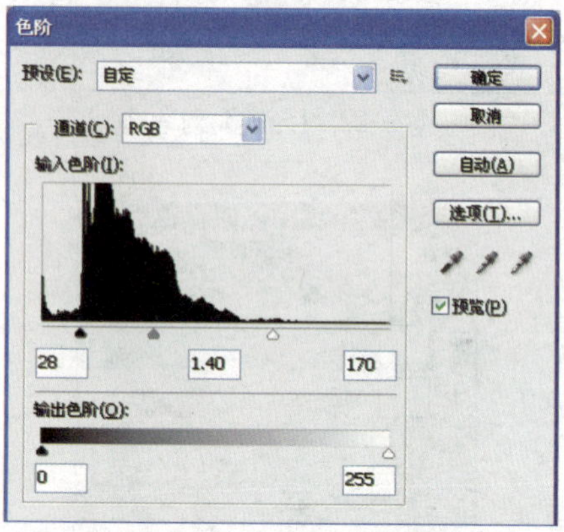

图4-40　【色阶】对话框

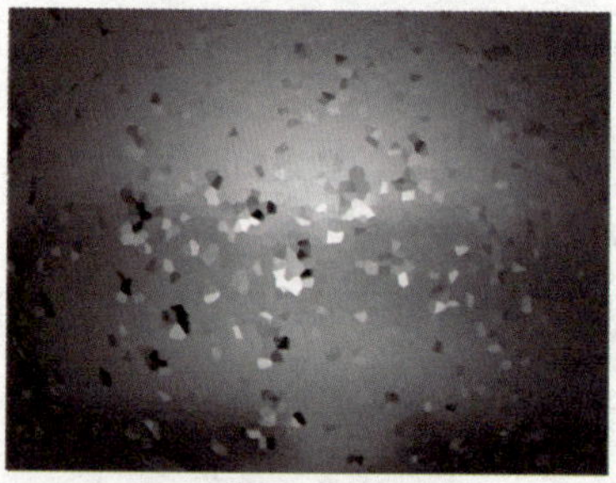

图4-41　图像效果

6 选择【图层】面板，选择【图层 3】，将图层【混合模式】设置为【叠加】，如图 4-42 所示，将【不透明度】设置为 30%。效果如图 4-43 所示。【图层】面板如图 4-44 所示。

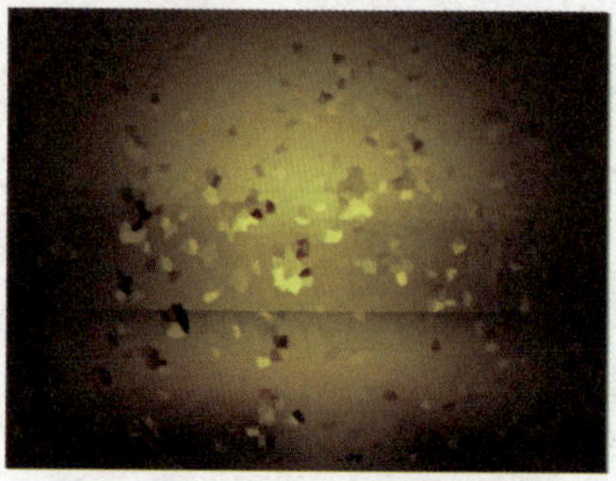

图4-42　【叠加】混合模式

图4-43　不透明度30%

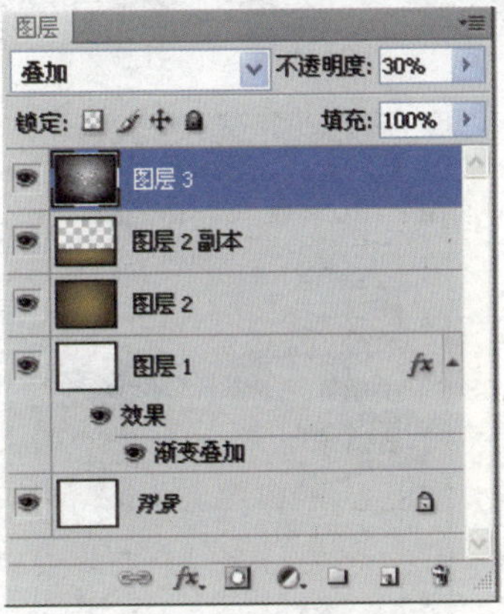

图4-44　【图层】面板

制作金蛋

7 单击菜单栏中的【文件】/【打开】命令，或者按【Ctrl+O】组合键，打开素材文件【玻璃】，如图4-45所示。将其复制到刚刚操作的文档【蛋壳】中，得到【图层4】。【图层】面板如图4-46所示。效果如图4-47所示。

图4-45　素材文件

8 选择【图层】面板，选择【图层4】，将【不透明度】设置为70%。如图4-48所示。单击菜单栏中的【编辑】/【变换】/【变形】命令，调整琉璃素材的形状，使其变为一个鸡蛋的形状，如图4-49所示。

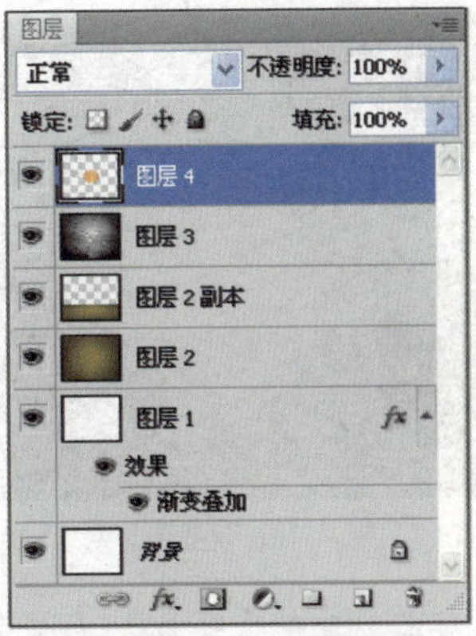

图4-46　【图层】面板

图4-47　粘贴 图像

图4-48　不透明度70%

图4-49　变形命令

9 单击菜单栏中的【编辑】/【自由变换】命令，或者按【Ctrl+T】组合键。按【Enter】键完成操作。如图4-50所示。

图4-50　自由变换

10 单击菜单栏中的【图像】/【调整】/【色相/饱和度】命令，或者按【Ctrl+U】组合键，弹出【色相/饱和度】对话框，设置如图4-51所示。效果如图4-52所示。

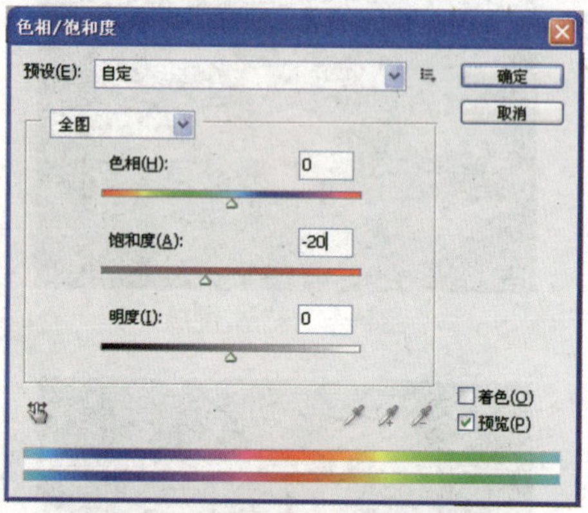

图4-51　【色相/饱和度】对话框

图4-52　图像效果

11 选择【图层2副本】,选择【图层】面板,单击【添加【图层】面板】按钮，单击蒙版区域，选择工具栏上的【画笔工具】，将【前景色】设置为黑色。玻璃上进行涂抹，效果如图4-53所示。【图层】面板如图4-54所示。

12 按【Ctrl】键并单击【图层4】缩略图，载入玻璃蛋选区，如图4-55所示。选择【图层】面板，单击【新建图层】按钮，得到【图层5】。将【图层5】移至【图层4】下面。按【Ctrl+Delete】组合键填充【背景色】白色。选择【图层】面板，将【图层5】的填充值为0%，【图层】面板如图4-56所示。

图4-53　图像效果

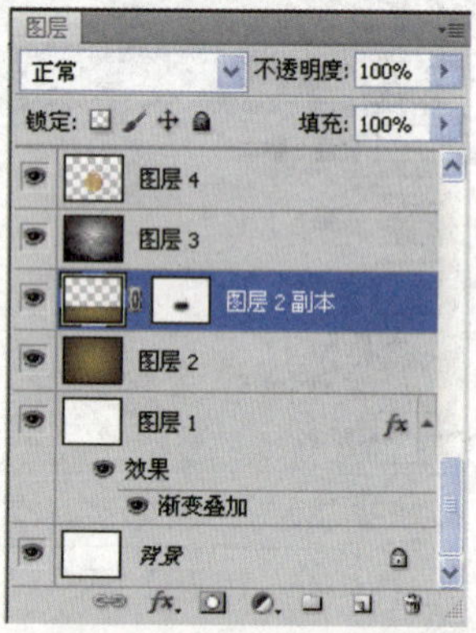

图4-54　【图层】面板

图4-55　载入【图层4】选区

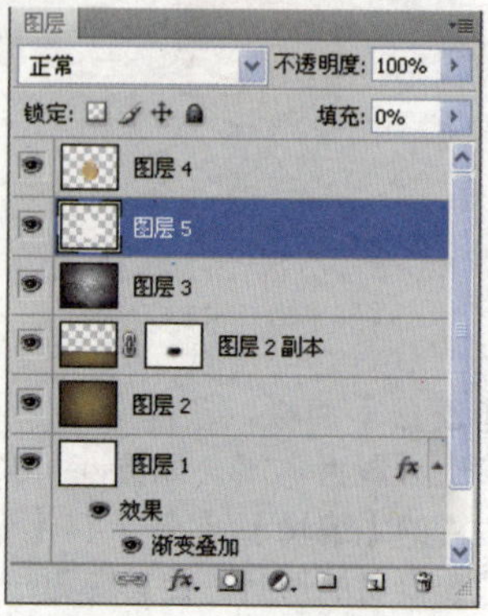

图4-56　【图层】面板

13 选择【图层 5】,单击【图层】面板底部的【添加图层样式】fx 按钮,选择【外发光】命令,弹出【图层样式】对话框,设置如图 4–57 所示。效果如图 4–58 所示。

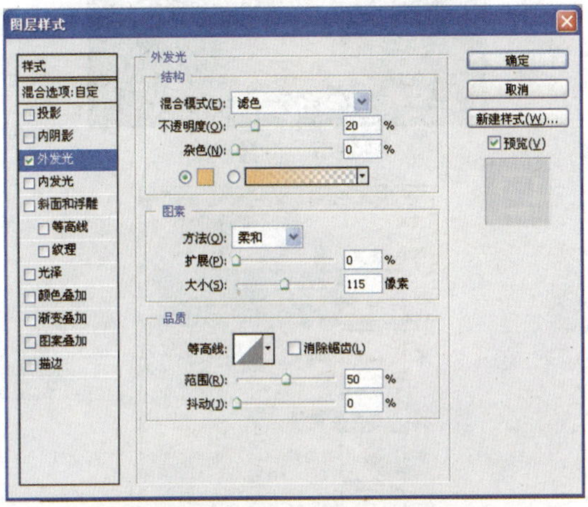

图4–57 【图层样式】对话框

图4–58 图像效果

14 单击菜单栏中的【文件】/【打开】命令,或者按【Ctrl+O】组合键,打开素材文件【蛋黄】如图 4–59 所示。将其复制到刚刚操作的文档【金蝉出鞘】中,得到【图层 6】。按【Ctrl+J】组合键,复制图层,得到【图层 6 副本】。【图层】面板如图 4–60 所示。

图4–59 素材文件

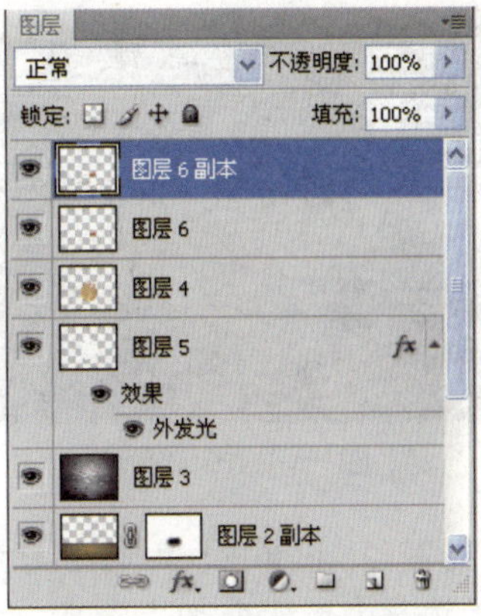

图4–60 【图层】面板

15 选择【图层 6 副本】,按【Ctrl】键并单击【图层 6】缩略图,提取蛋黄选区,如图 4–61 所示。单击菜单栏中的【选择】/【修改】/【收缩】命令,弹出【收缩】对话框,设置如图 4–62 所示,选择【确定】完成操作。单击菜单栏中的【选择】/【修改】/【羽化】命令,弹出【羽化选区】对话框,设置如图 4–63 所示,选择【确定】完成操作。单击【Delete】键删除选区内容。效果如图 4–64 所示。

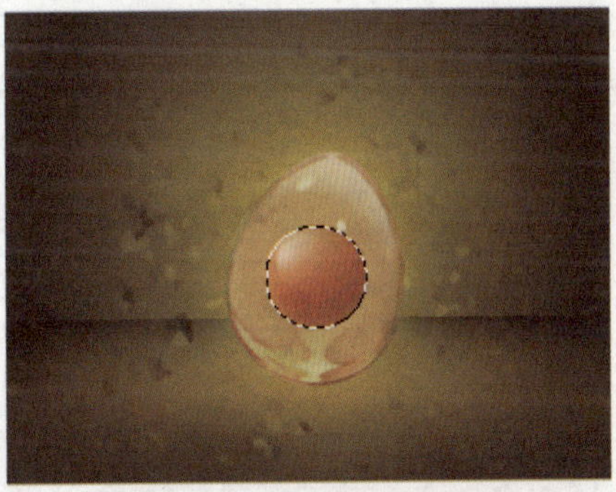

图4–61 提取【图层6】选区

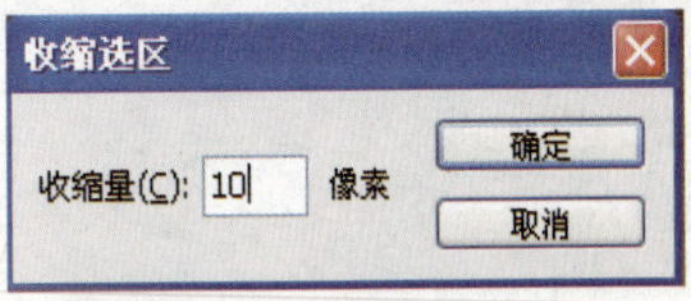

图4–62 【收缩选区】对话框

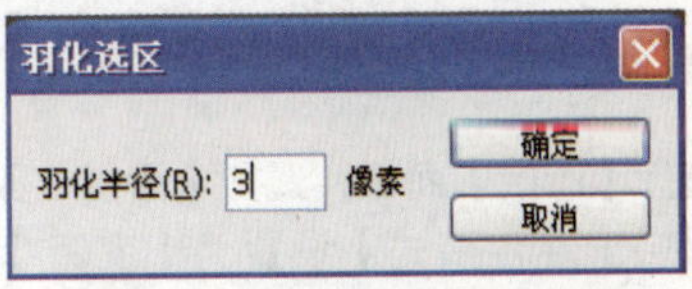

图4–63 【羽化选区】对话框

图4-64　图像效果

16 选择【图层 6】。单击【添加图层样式】 按钮，选择【渐变叠加】命令，设置如图 4-65，图 4-66 所示。效果如图 4-67 所示。

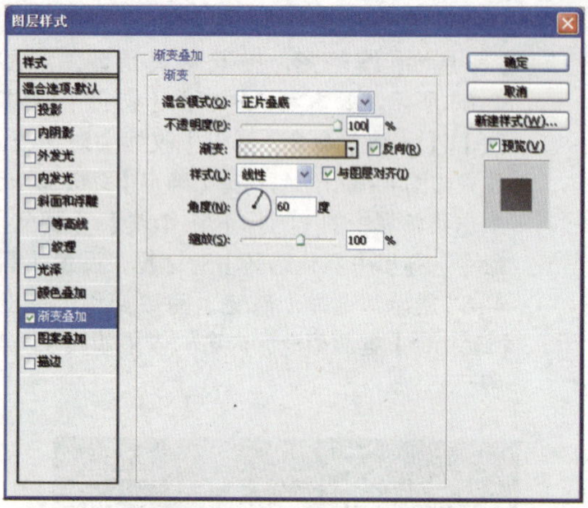

图4-65　【图层样式】对话框

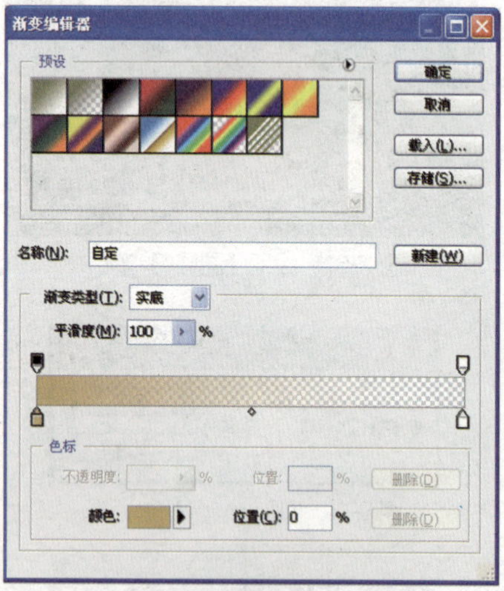

图4-66　【渐变编辑器】对话框

17 选择【图层】面板，选择【图层 6 副本】，将图层【混合模式】设置为【变暗】，【图层】面板如图 4-68 所示。效果如图 4-69 所示。

图4-67　图像效果

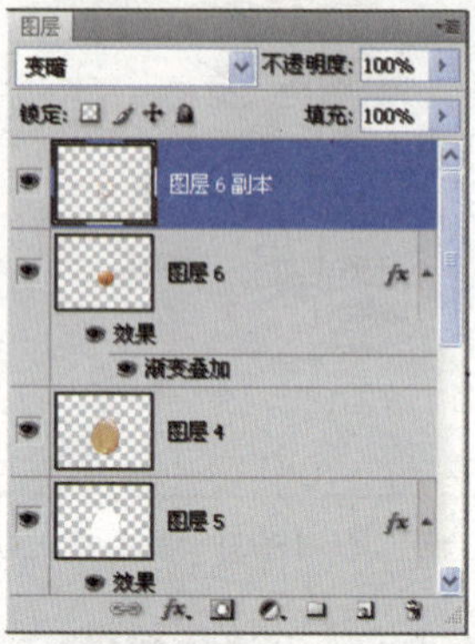

图4-68　【图层】面板

图4-69　图像效果

18 制作蛋黄高光。选择【图层】面板，单击【新建图层】 按钮，得到【图层 7】，选择工具栏上的【椭圆选择工具】 ，绘制选区如图 4-70 所示。按【Ctrl+Delete】组合键填充背景白色。按【Ctrl+D】组合键，取消选区。选择【图层】面板，单击【添加图层样式】按钮 ，选择【外发光】命令，弹出【图层样式】对话框，设置如图 4-71 所示。效果如图 4-72 所示。

图4-70　绘制选区

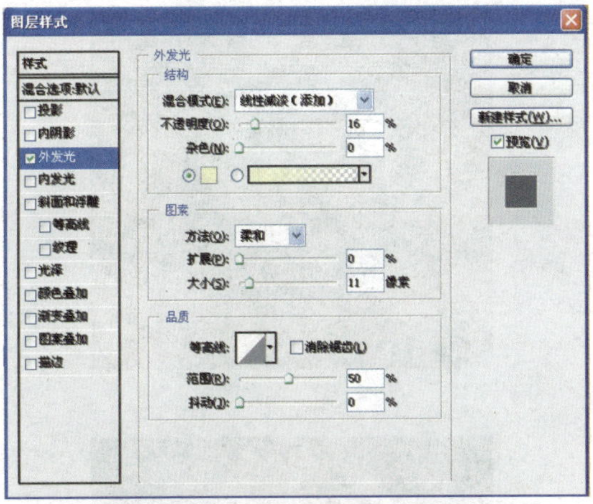

图4-71 【图层样式】对话框

图4-72 图像效果

19 选择【图层】面板，单击【新建图层】按钮，得到【图层 8】，选择工具栏上的【钢笔工具】，绘制路径如图 4-73 所示。

图4-73 绘制选区

20 按【Ctrl+Enter】组合键将路径转换为选区。按【Ctrl+Delete】组合键填充背景色白色，选择【图层】面板，将【填充值】设置为 0。单击【添加图层样式】按钮，选择【渐变叠加】命令，弹出【图层样式】对话框，设置如图 4-74 所示。效果如图 4-75 示。

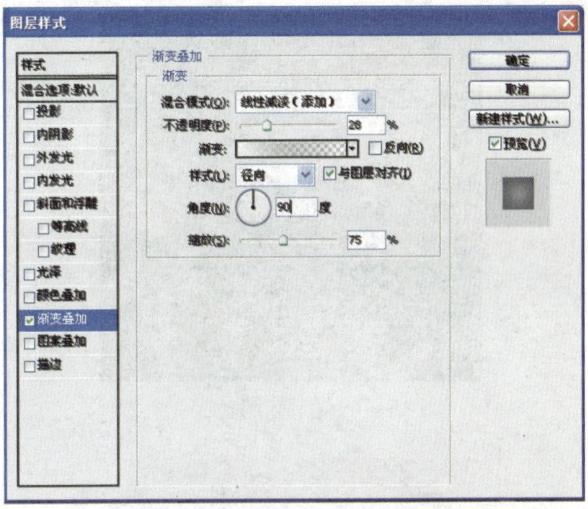

图4-74 【图层样式】对话框

图4-75 图像效果

地球纹理制作

21 单击菜单栏中的【文件】/【打开】命令或者按【Ctrl+O】组合键，打开素材文件【地球】，如图 4-76 所示。将其复制到刚刚操作的文档【金蝉出鞘】中，得到【图层 9】，效果如图 4-77 所示。按【Ctrl+J】组合键，复制图层，得到【图层 9 副本】。【图层】面板如图 4-78 所示。

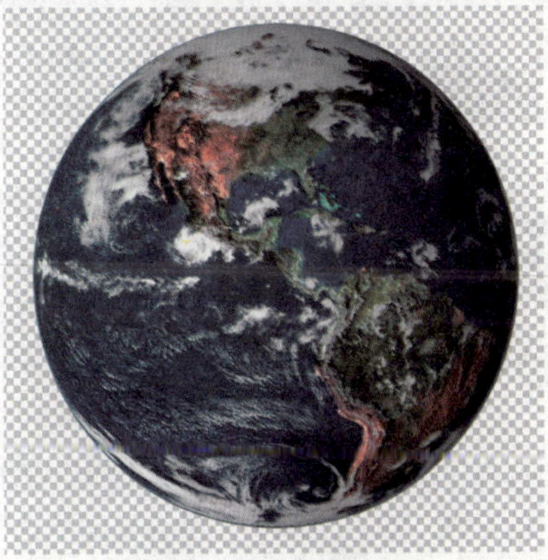

图4-76 素材文件

图4-77　粘贴图像

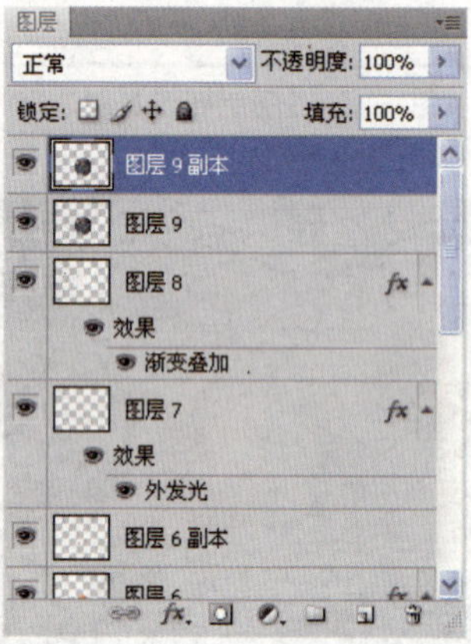

图4-78　【图层】面板

22 隐藏【图层 9】。选择【图层 9 副本】单击菜单栏中的【图像】/【调整】/【色阶】命令，或者按【Ctrl+L】组合键，弹出【色阶】对话框，设置如图 4-79 所示。效果如图 4-80 所示。

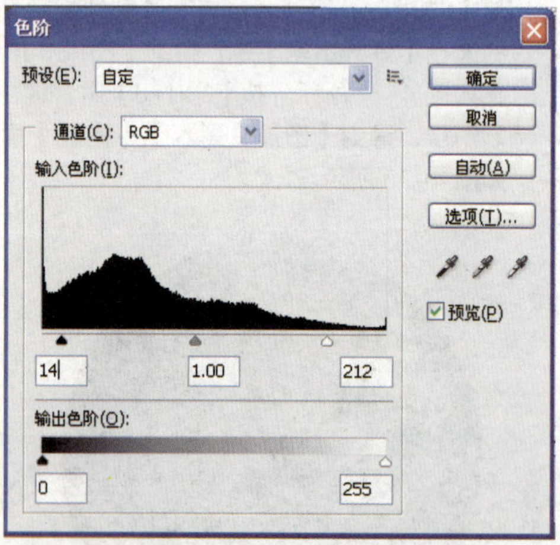

图4-79　【色阶】对话框

23 选择工具栏上的【魔棒工具】，选择蓝色的区域。按【Delete】组合键删除选区内的图像，如图 4-81 所示。

图4-80　图像效果

图4-81　删除选区

24 单击菜单栏中的【编辑】/【变换】/【变形】命令，把地球调整成一个蛋形如图 4-82 所示。选择【图层】面板，将图层【混合模式】设置为【滤色】,【不透明度】设置为 75%。如图 4-83 所示。【图层】面板如图 4-84 所示。

图4-82　变形命令

图4-83　【滤色】且不透明度75%

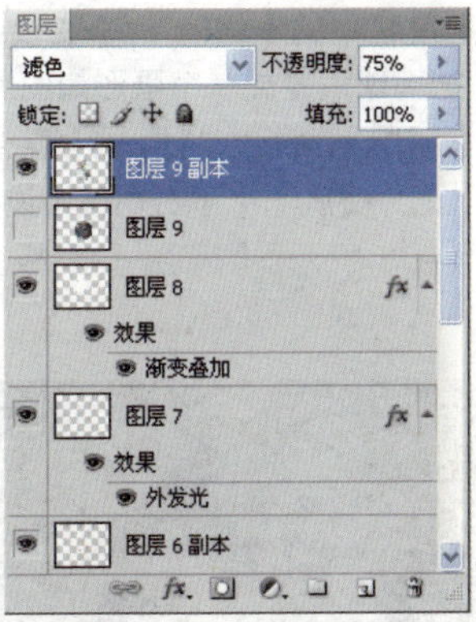

图4-84 【图层】面板

25 选择【图层 9 副本】，单击菜单栏中的【图层】/【新建】/【通过拷贝的图层】命令，或者按【Ctrl+J】组合键，得到【图层 9 副本 2】。将图层【混合模式】设置为【柔光】，【不透明度为】80%。如图 4–85 所示。【图层】面板如图 4–86 所示。

图4–85 不透明度80%

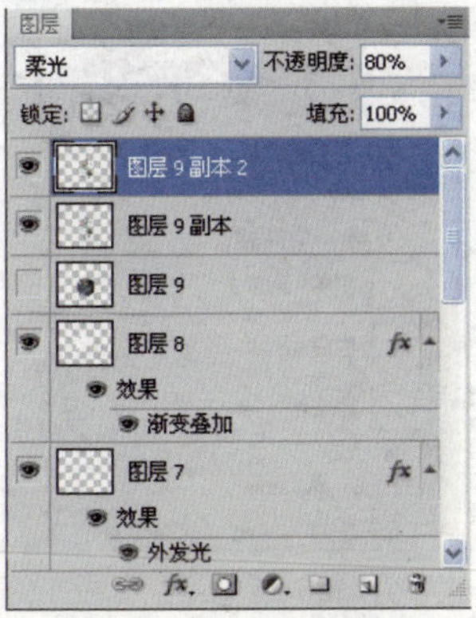

图4–86 【图层】面板

26 选择【图层 9 副本 2】，按【Ctrl+J】组合键，复制图层，得到【图层 9 副本 3】。将图层【混合模式】设置为【柔光】，【不透明度】为 100%。填充值为 0，【图层】面板如图 4–87 所示。效果如图 4–88 所示。

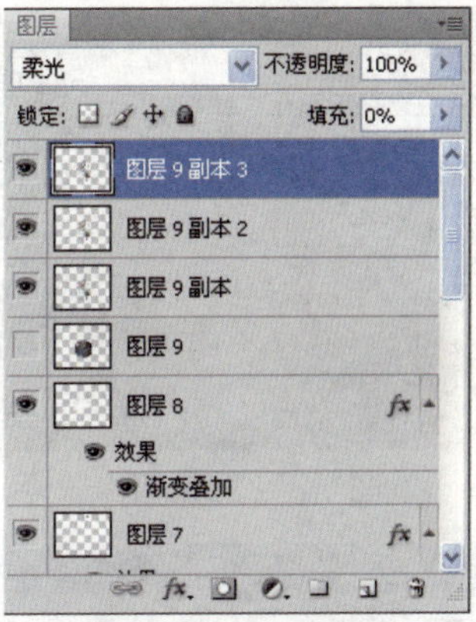

图4–87 【图层】面板

图4–88 图像效果

27 选择【图层 9 副本 3】，单击【添加图层样式】fx 按钮，选择【斜面和浮雕】命令，弹出【图层样式】，设置如图 4–89 所示。效果如图 4–90 所示。

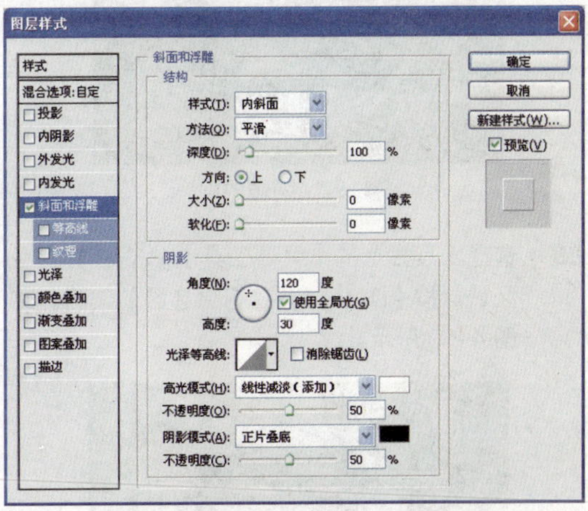

图4–89 【图层样式】对话框

28 选择【图层 9】，将【图层 9】移动到【图层】面板最上层。单击菜单栏中的【图像】/【调整】/【色阶】命令，或者按【Ctrl+L】组合键，弹出【色阶】对话框，设置如图 4–91 所示。效果如图 4–92 所示。

图4-90 图像效果

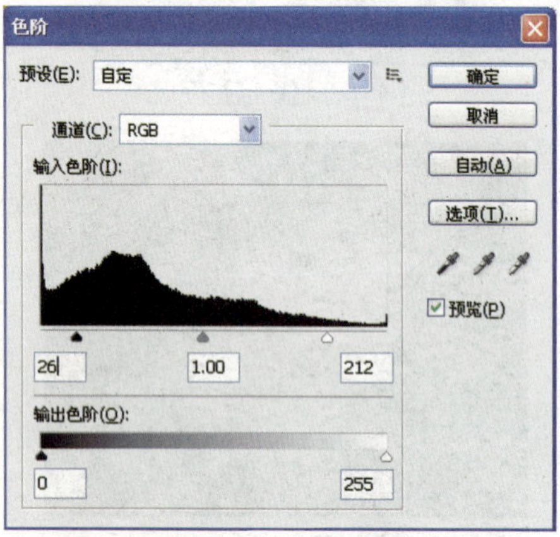

图4-91 【色阶】对话框

图4-92 图像效果

29 选择工具栏上的【魔棒工具】，选择蓝色区域。按【Delete】键删除选区的内容，如图 4-93 所示。

图4-93 选择选区

30 单击菜单栏中的【编辑】/【变换】/【变形】命令，把地球调整成一个蛋形如图 4-94 所示。选择【图层】面板，将图层【混合模式】设置为【正片叠底】。【不透明度】设置为 10%。如图 4-95 所示。【图层】面板如图 4-96 所示。

图4-94 变形命令

图4-95 不透明度10%

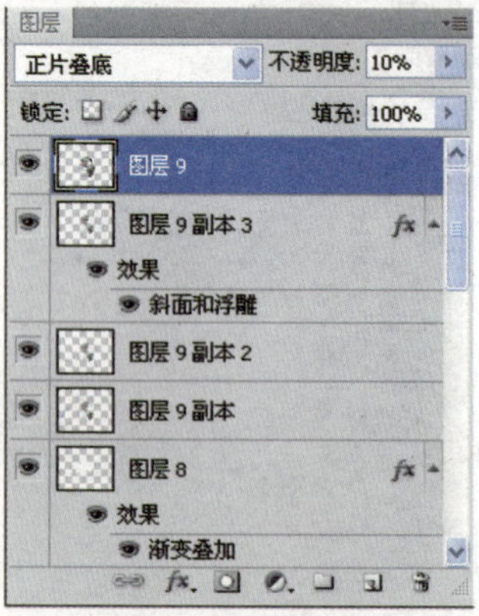

图4-96 【图层】面板

31 隐藏所有背景层，效果如图 4-97 所示。按【Ctrl+Shift+Alt+E】组合键盖印图层。得到【图层 10】。单击菜单栏中的【图层】/【新建】/【通过拷贝的图层】命令，或者按【Ctrl+J】组合键，得到【图层 10 副本】。【图层】面板如图 4-98 所示。

图4-97 隐藏所有背景层后效果

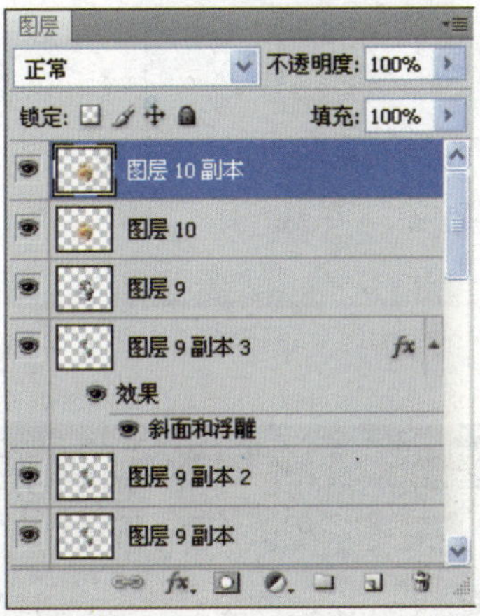

图4-98 【图层】面板

制作倒影

32 选择【图层】面板，只显示【图层 10】、【图层 10 副本】和所有背景图层，选择【图层 10】，单击菜单栏中的【编辑】/【变换】/【垂直变换】命令，将图像移至合适位置。如图 4-99 所示。将【不透明度】设置为 65%。如图 4-100 所示。选择【图层】面板，单击【添加【图层】面板】按钮，选择工具栏上的【渐变工具】，绘制一个白色到黑色的线性渐变。效果如图 4-101 所示。【图层】面板如图 4-102 所示。

图4-99 垂直变换

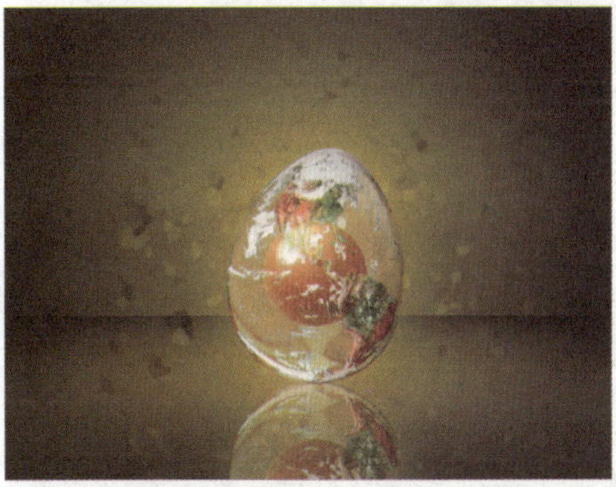

图4-100 不透明度65%

图4-101 图像效果

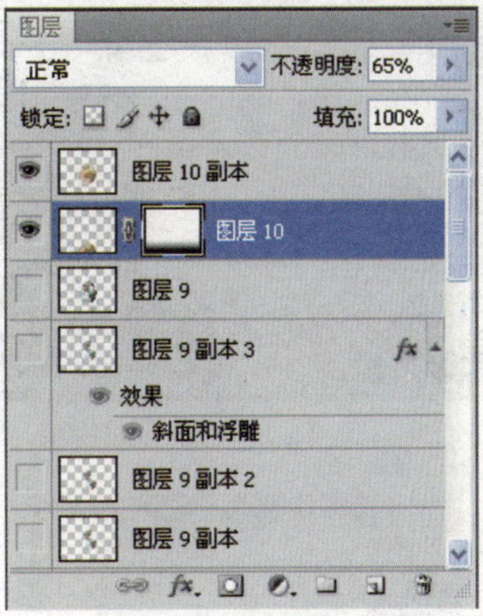

图4-102 【图层】面板

33 选择【图层 10 副本】，按【Ctrl+J】组合键，复制图层，得到【图层 10 副本 2】。【图层】面板如图 4-103 所示。选择【图层 10 副本】，单击菜单栏中的【编辑】/【变换】/【扭曲】命令。如图 4-104 所示。选择【图层】面板，将图层【混合模式】设置为【正片叠底】，效果如图 4-105 所示。【图层】面板如图 4-106 所示。

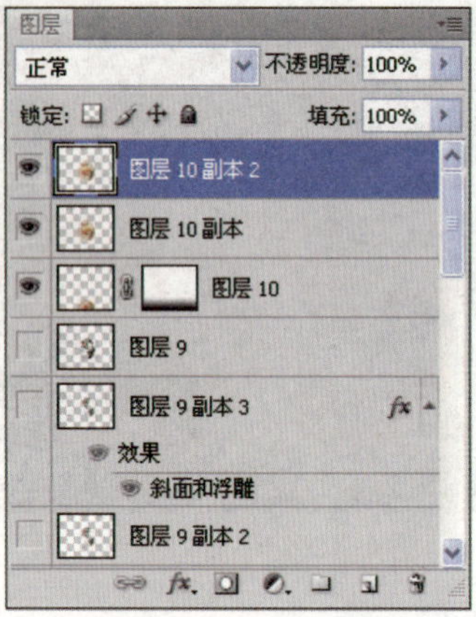

图4-103 【图层】面板

图4-104 扭曲命令

图4-105 【正片叠底】混合模式

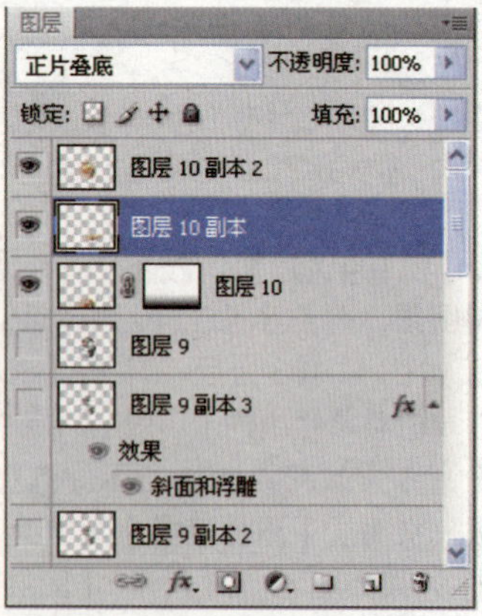

图4-106 【图层】面板

34 选择【图层 10 副本】,单击菜单栏中的【滤镜】/【模糊】/【高斯模糊】命令，弹出【高斯模糊】对话框，设置如图 4-107 所示。效果如图 4-108 所示。

图4-107 【高斯模糊】对话框

图4-108 图像效果

35 选择【图层】面板,单击【添加【图层】面板】按钮，选择工具栏上的【渐变工具】，单击蒙版区域，在图像右边添加黑色到白色的线性渐变效果。效果如图 4-109 所示。【图层】面板如图 4-110 所示。

图4-109 图像效果

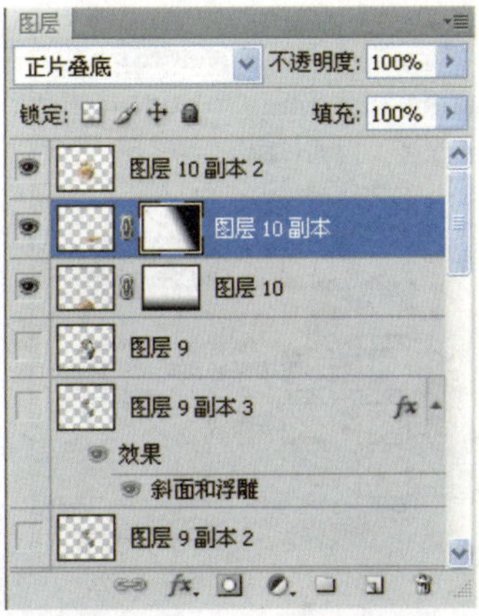

图4-110 【图层】面板

36 选择【图层】面板，单击【新建图层】按钮，得到【图层 11】。【图层】面板如图 4-111 所示。选择工具栏上的【椭圆选择工具】，绘制选区如图 4-112 所示。单击菜单栏中的【选择】/【修改】/【羽化】命令，弹出【羽化选区】对话框，设置如图 4-113 所示。按【Ctrl+Delete】组合键填充背景色白色。将【不透明度】设置为 83%，效果如图 4-114 所示。

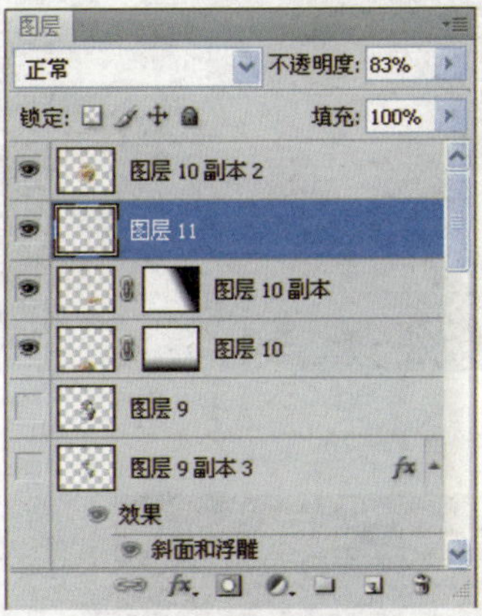

图4-111 【图层】面板

图4-112 绘制选区

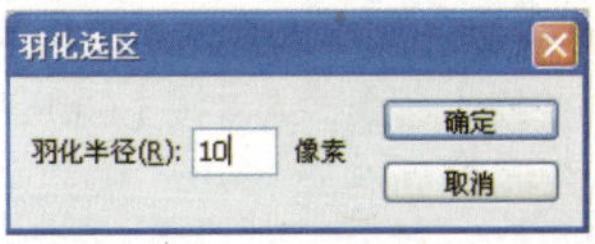

图4-113 【羽化选区】对话框

图4-114 不透明度83%

蛋壳及投影的制作

37 单击菜单栏中的【文件】/【打开】命令，或者按【Ctrl+O】组合键，打开素材文件【壳】如图 4-115 所示。将其复制到刚刚操作的文档【蛋壳】中，得到【图层 12】。【图层】面板如图 4-116 所示。

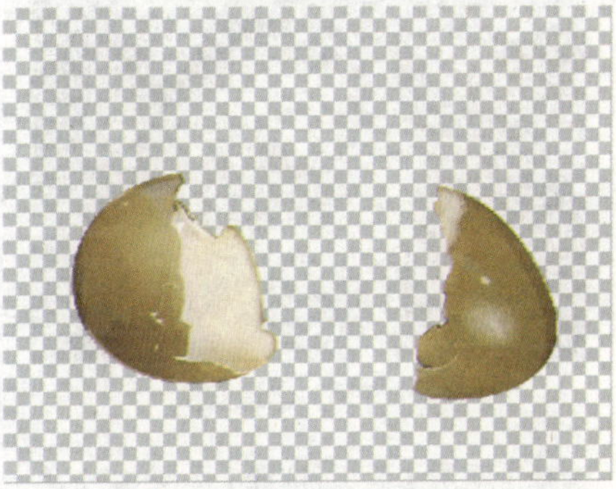
图4-115 素材文件

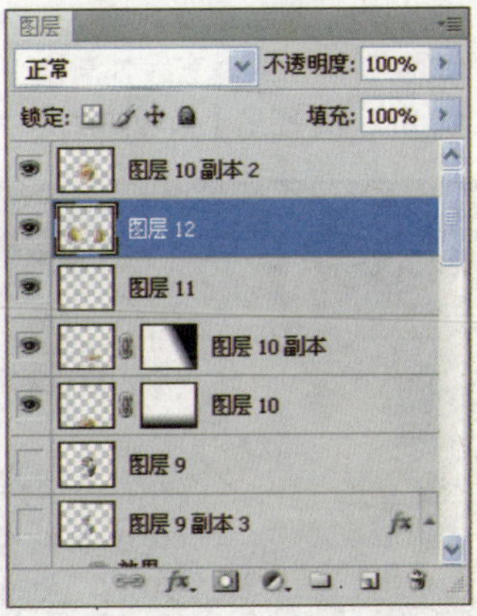

图4-116 【图层】面板

38 选择【图层 12】。单击菜单栏中的【编辑】/【自由变换】命令，或者按【Ctrl+T】组合键。将蛋壳调整到合适大小。效果如图 4-117 所示。

图4-117　自由变换

39 选择【图层 12】，单击菜单栏中的【图层】/【新建】/【通过拷贝的图层】命令，或者按【Ctrl+J】组合键。得到【图层 12 副本】。选择【图层 12】，将【不透明度】设置为 50%。单击菜单栏中的【编辑】/【变换】/【垂直变换】命令，如图 4-118 所示。

图4-118　垂直变换

40 选择【图层】面板，选择【图层 12】，单击【添加图层蒙版】按钮，选择工具栏上的【渐变工具】，单击蒙版区域，在图像底部绘制由白色到黑色的垂直线性渐变，效果如图 4-119 所示。【图层】面板如图 4-120 所示。

图4-119　图像效果

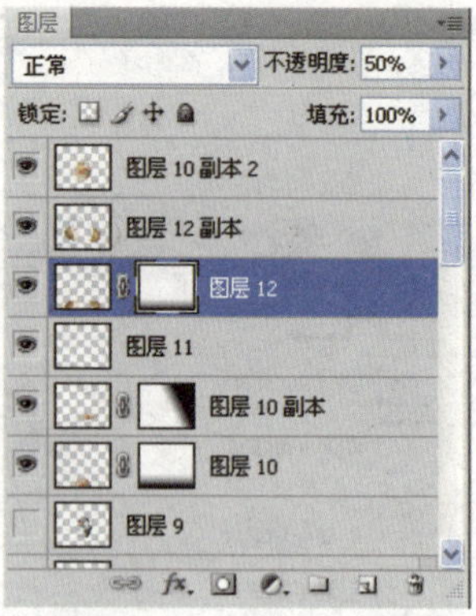

图4-120　【图层】面板

41 选择【图层 12 副本】，按【Ctrl+J】组合键，复制图层，得到【图层 12 副本 2】。选择【图层 12 副本】，选择工具栏上的【矩形选框工具】，绘制如图 4-121 所示选区。单击菜单栏中的【编辑】/【变形】/【扭曲】命令，如图 4-122 所示。按【Enter】键完成操作。

图4-121　绘制选区

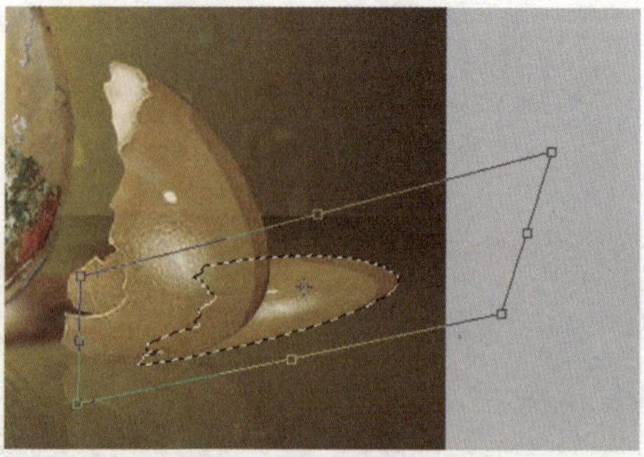

图4-122　扭曲命令

42 选择工具栏上的【矩形选框工具】，绘制选区如图 4-123 所示。单击菜单栏中的【编辑】/【变形】/【扭曲】命令，如图 4-124 所示。按【Enter】键完成操作。

图4-123 绘制选区

图4-124 扭曲命令

43 选择【图层】面板，选择【图层 12 副本】，将图层【混合模式】设置为【正片叠底】。不透明度设置为 80%。效果如图 4-125 所示。【图层】面板如图 4-126 所示。

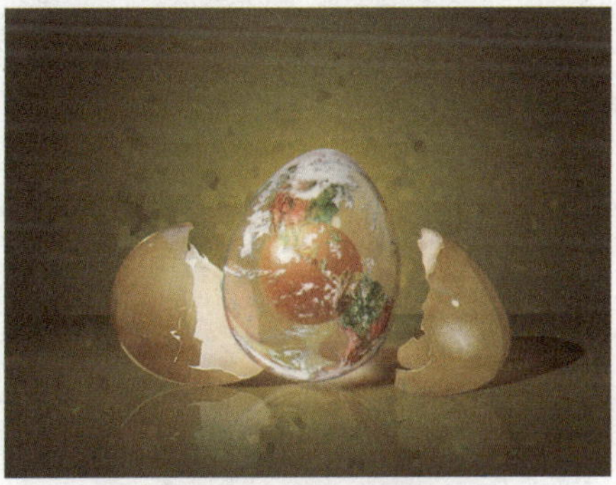

图4-125 图像效果

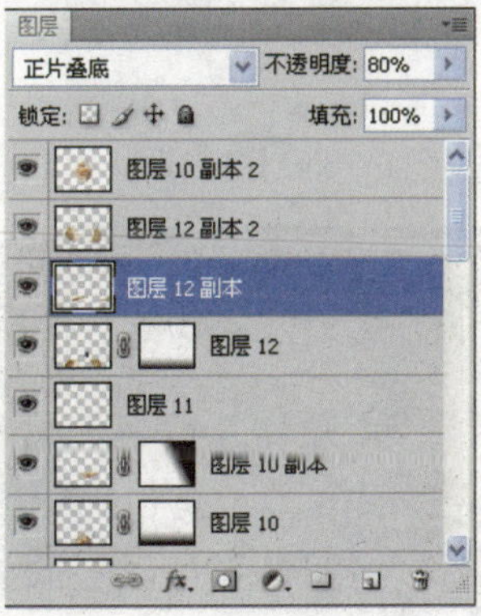

图4-126 【图层】面板

44 选择【图层 12 副本】，单击菜单栏中的【滤镜】/【模糊】/【高斯模糊】命令。弹出【高斯模糊】对话框，设置如图 4-127 所示。最终效果如图 4-128 所示。

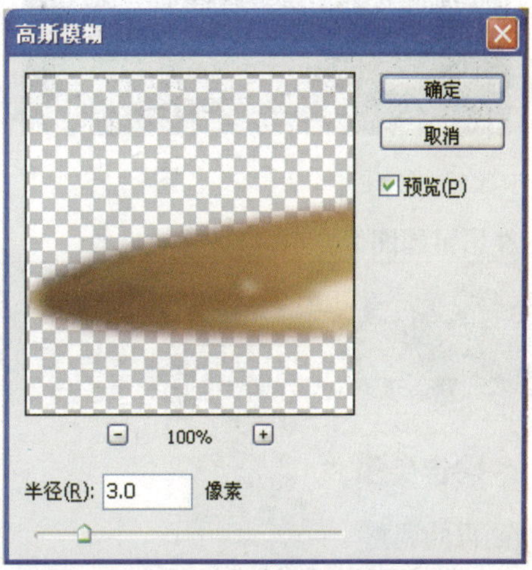

图4-127 【高斯模糊】对话框

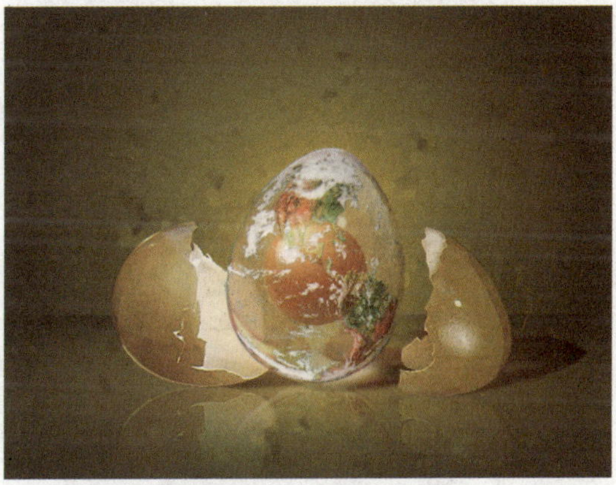

图4-128 最终效果

4.2.3 冲出重围

本节除了讲解图层和选区的使用技巧之外，主要使用了图层调节层对图像气氛进行渲染。调整图层的作用是基于其下方的图层进行一些常见的调整操作。与其他图层相比，调整图层是一类特殊的图层，它可以承载调整命令的参数信息，在不改变图像像素值的情况下，最大程度的保证对图像调整的灵活性。先使用图层技术调整画框，接着使用图层调整层调整图像色调，最后使用笔刷制作瀑布效果，最终效果如图 4-129 所示。

图4-129 最终效果

冲出重围图像合成

所用素材：光盘\素材第4章\冲出重围\空房、鲨鱼、相框、小猫、云层

最终效果：光盘\效果\第4章\冲出重围

操作步骤

画框的调整

1 单击菜单栏中的【文件】/【打开】命令，或者按【Ctrl+O】组合键，打开素材文件【空房】和【相框】如图4-130，图4-131所示。

图4-130 空房文件

图4-131 相框文件

2 制作相框。选择文件【相框】，将其复制到文件【背景】中，得到【图层1】。【图层】面板如图4-132所示。效果如图4-133所示。

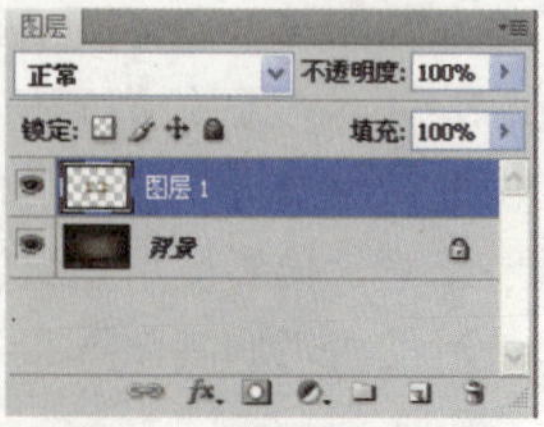

图4-132 【图层】面板

图4-133 图像效果

3 选择【图层1】，单击菜单栏中的【编辑】/【自由变换】命令，或者按【Ctrl+T】组合键，将相框旋转，按【Enter】键完成操作。效果如图4-134所示。

图4-134 自由变换

4 选择【图层】面板，选择【图层1】，单击【创建新的填充图层或调整图层】按钮，选择曲线，弹出【曲线】对话框，设置如图4-135所示。效果如图4-136所示。【图层】面板如图4-137所示。

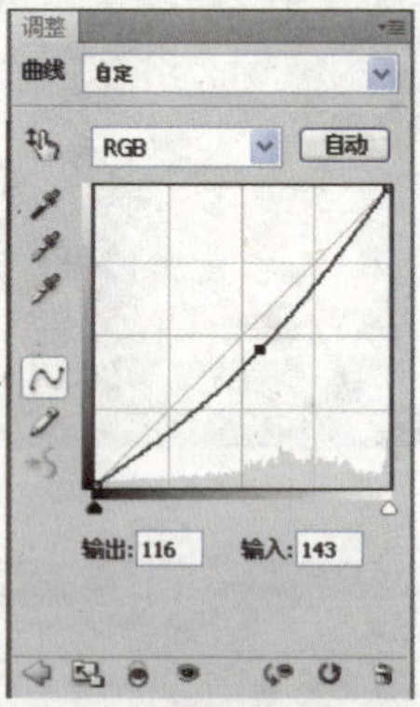

图4-135 【曲线】对话框

图4-136 图像效果

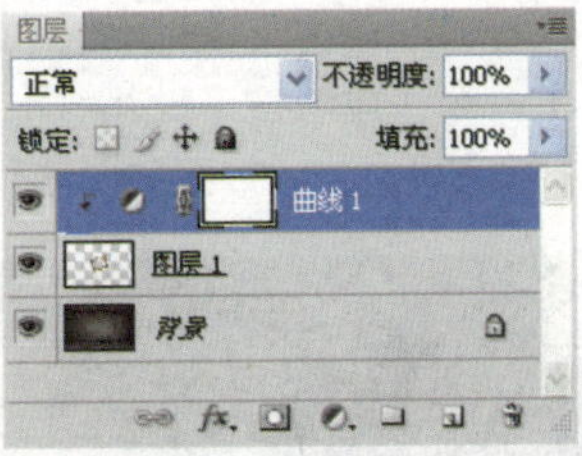

图4-137 【图层】面板

5 选择【图层】面板，选择【图层 1】，单击【创建新的填充图层或调整图层】按钮，选择色相\饱和度，弹出【色相/饱和度】对话框，设置如图 4-138 所示。效果如图 4-139 所示。【图层】面板如图 4-140 所示。

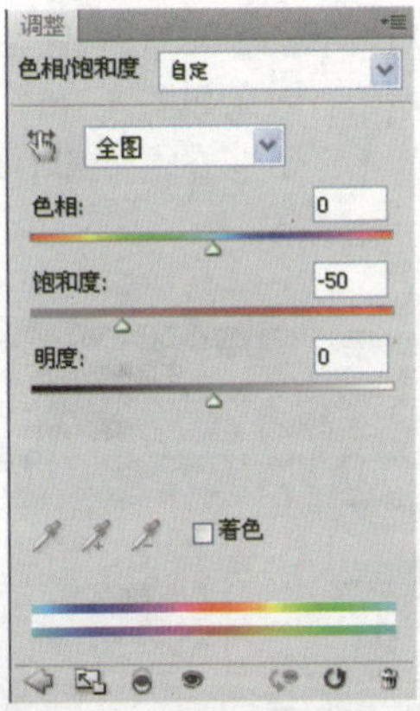

图4-138 【色相/饱和度】对话框

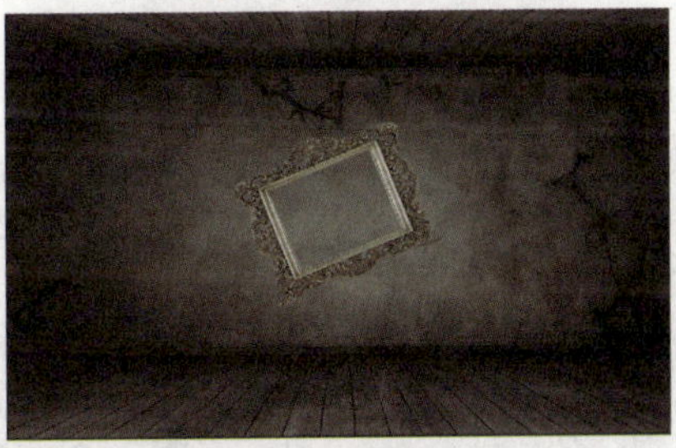
图4-139 图像效果

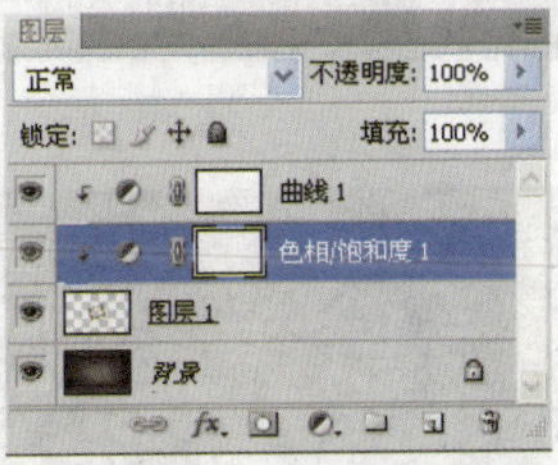

图4-140 【图层】面板

6 选择【图层】面板，选择【图层 1】，单击【创建新的填充图层或调整图层】按钮，选择【色阶】命令，弹出【色阶】对话框，设置如图 4-141 所示。效果如图 4-142 所示。【图层】面板如图 4-143 所示。

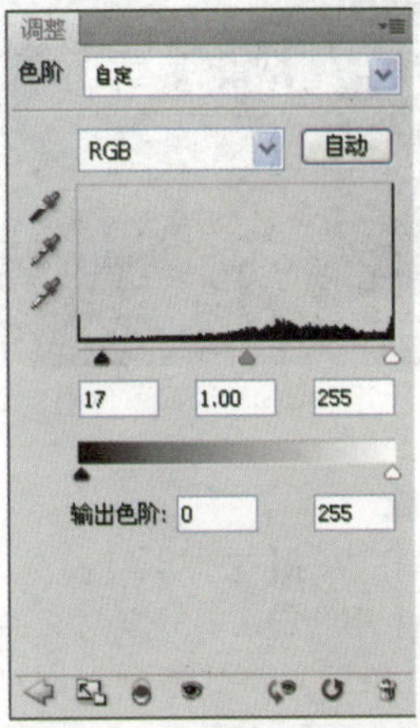

图4-141 【色阶】对话框

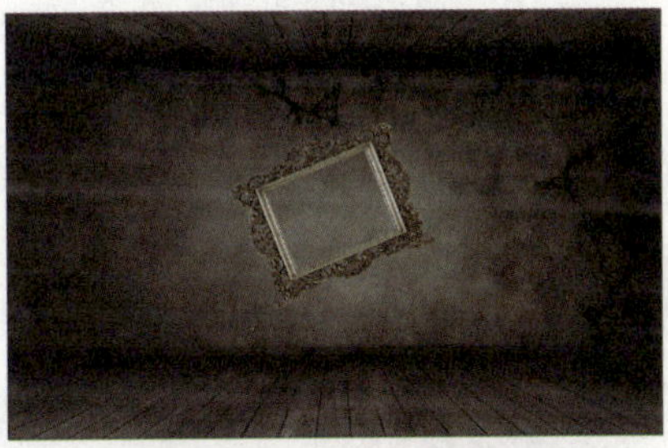
图4-142 图像效果

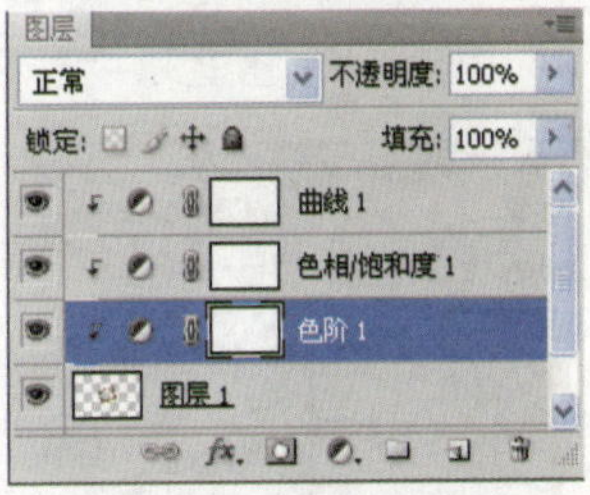

图4-143 【图层】面板

7 选择【图层 1】，单击菜单栏中的【图像】/【调整】/【曝光度】命令，弹出【曝光度】，设置如图 4-144 所示，选择【确定】完成操作。效果如图 4-145 所示。

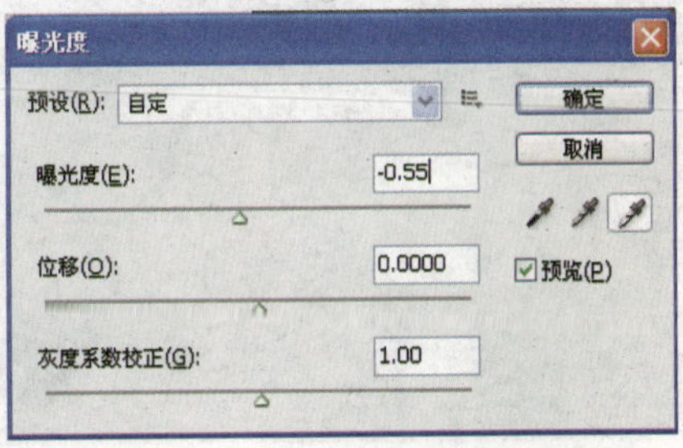

图4-144 【曝光度】对话框

图4-145 图像效果

制作鲨鱼

8 单击菜单栏中的【文件】/【打开】命令或者按【Ctrl+O】组合键，打开素材文件【鲨鱼】，如图 4-146 所示。将其复制到刚刚操作的文档【背景】中，得到【图层 2】。【图层】面板如图 4-147 所示。效果如图 4-148 所示。

图4-146 鲨鱼文件

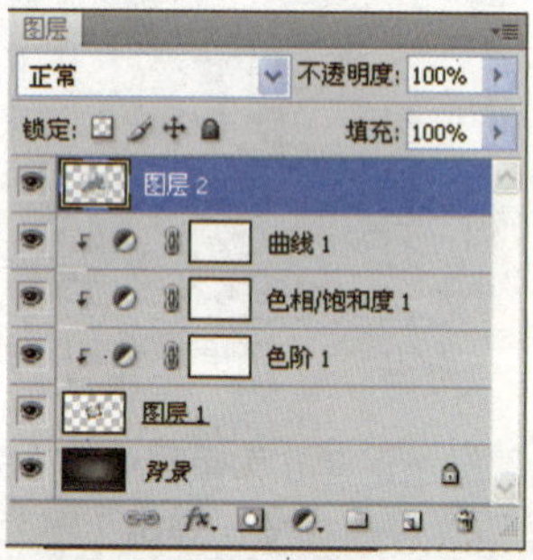

图4-147 【图层】面板

图4-148 粘贴图像

9 选择【图层 2】，单击菜单栏中的【编辑】/【自由变换】命令，或者按【Ctrl+T】组合键。按【Enter】键完成操作。效果如图 4-149 所示。

图4-149 自由变换

10 选择【图层】面板，选择【图层 2】，将【不透明度】设置为 50%。【图层】面板如图 4-150 所示。效果如图 4-151 所示。选择工具栏上的【多边形套索工具】，绘制选区如图 4-152 所示。

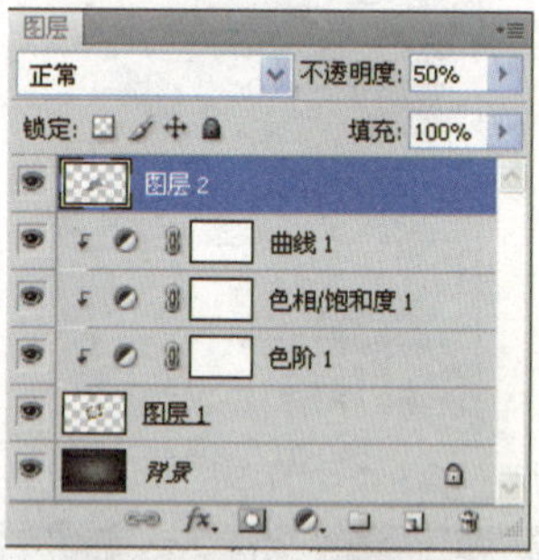

图4-150 【图层】面板

图4-151 不透明度50%

图4-152 绘制选区

11 按【Delete】键删除选区的内容选区内容。按【Ctrl+D】组合键取消选区，如图 4-153 所示。选择【图层】面板，将【不透明度】设置为 100%。【图层】面板如图 4-154 所示。效果如图 4-155 所示。

图4-153 取消选区

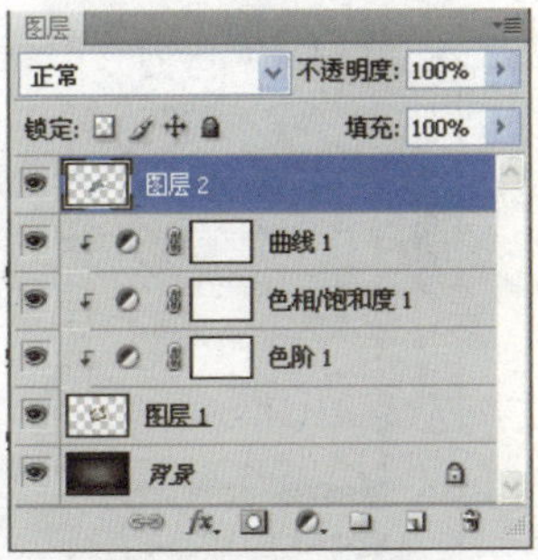

图4-154 【图层】面板

图4-155 不透明度100%

12 选择【图层】面板，选择【图层 2】，单击【创建新的填充图层或调整图层】按钮，选择【色相\饱和度】命令，弹出【色相/饱和度】对话框，设置如图 4-156 所示，效果如图 4-157 所示。【图层】面板如图 4-158 所示。

13 选择【图层】面板，选择【图层 2】，单击【创建新的填充图层或调整图层】按钮，选择【色阶】命令，弹出【色阶】对话框，设置如图 4-159 所示，效果如图 4-160 所示，【图层】面板如图 4-161 所示。

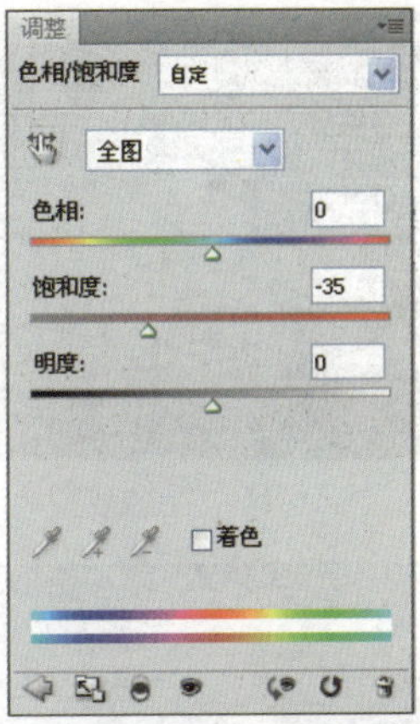

图4-156 【色相/饱和度】对话框

图4-157 图像效果

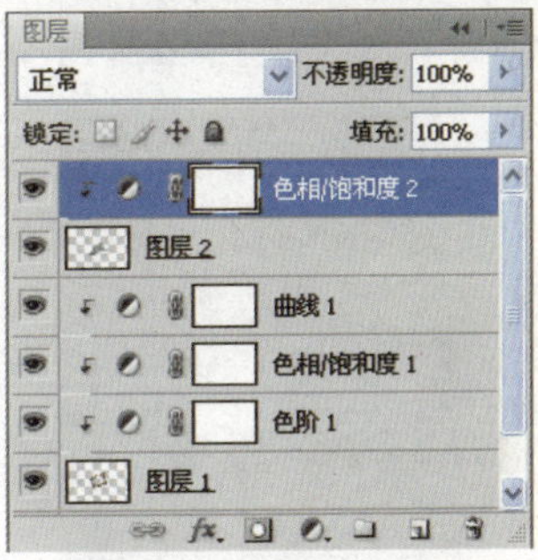

图4-158 【图层】面板

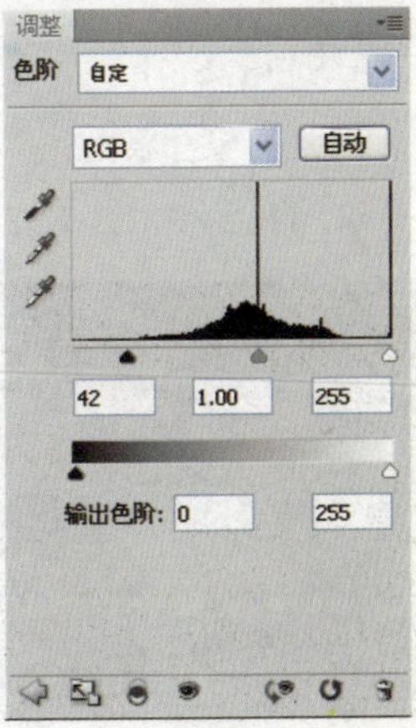

图4-159 【色阶】对话框

图4-160　图像效果

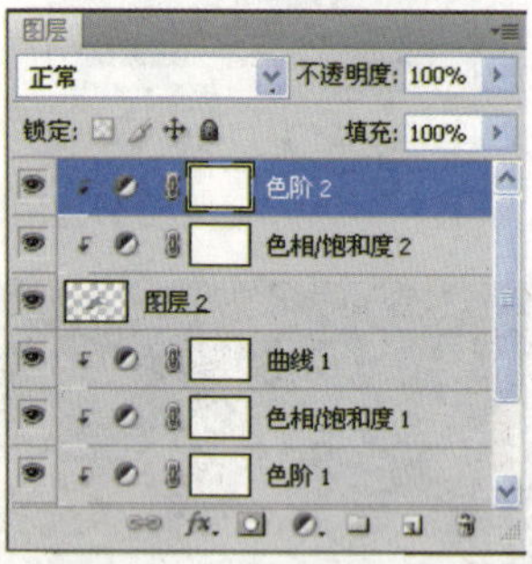

图4-161　【图层】面板

14 选择【图层】面板，选择【图层 2】，单击【创建新的填充图层或调整图层】按钮，选择【亮度\对比度】命令，弹出【亮度/对比度】对话框，设置如图 4-162 所示，效果如图 4-163 所示，【图层】面板如图 4-164 所示。

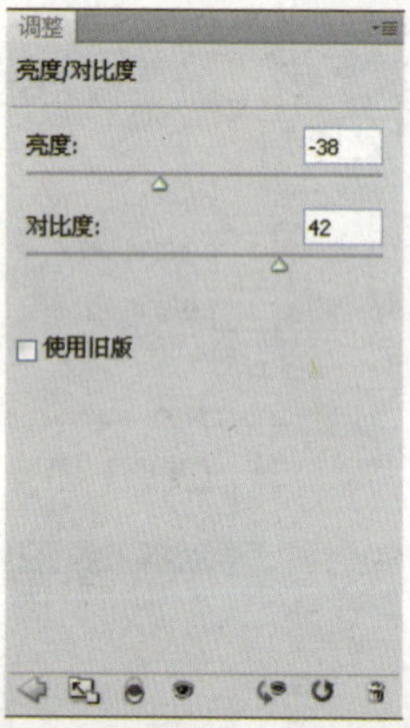

图4-162　【亮度/对比度】对话框

图4-163　图像效果

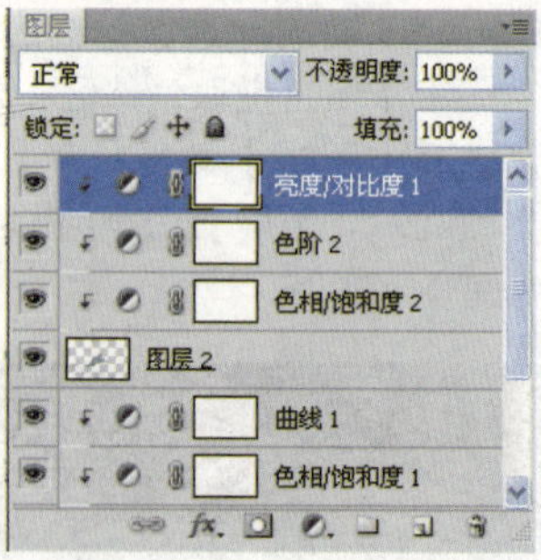

图4-164　【图层】面板

15 选择【图层】面板，选择【图层 2】，单击【创建新的填充图层或调整图层】按钮，选择曲线，弹出【曲线】对话框，设置如图 4-165 所示，效果如图 4-166 所示，【图层】面板如图 4-167 所示。

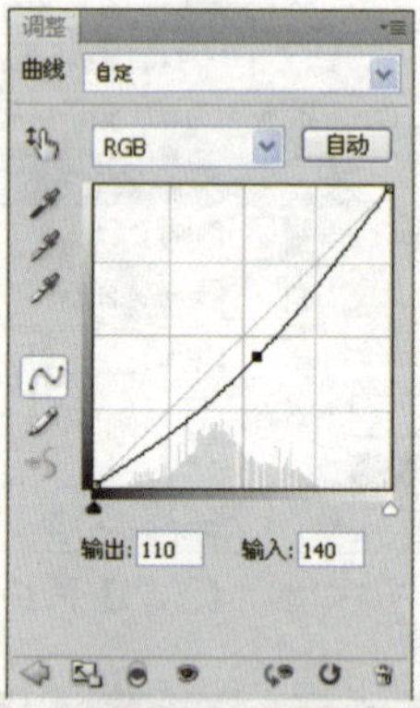

图4-165　【曲线】对话框

图4-166　图像效果

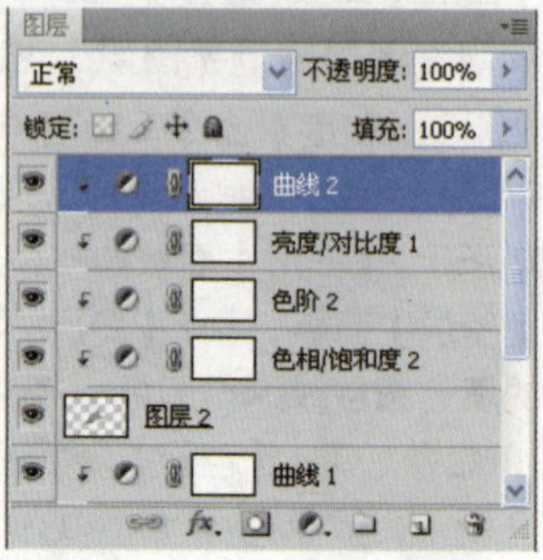

图4-167　【图层】面板

16 选择【图层】面板，选择【图层 2】，单击【创建新的填充图层或调整图层】按钮，选择纯色，弹出【拾取实色】对话框，设置如图 4-168 所示，效果如图 4-169 所示，【图层】面板如图 4-170 所示。

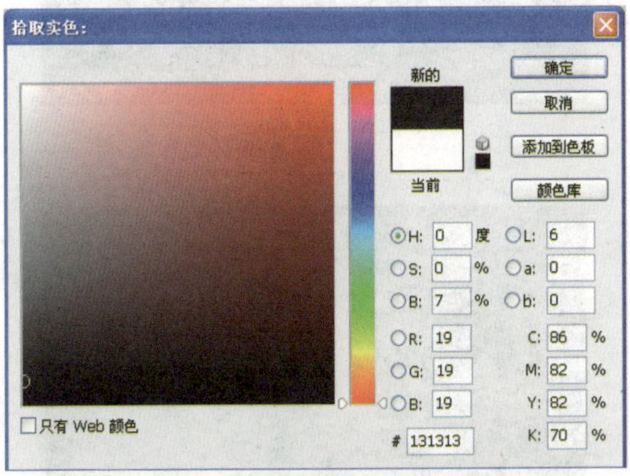

图4-168 【拾取实色】对话框

图4-169 图像效果

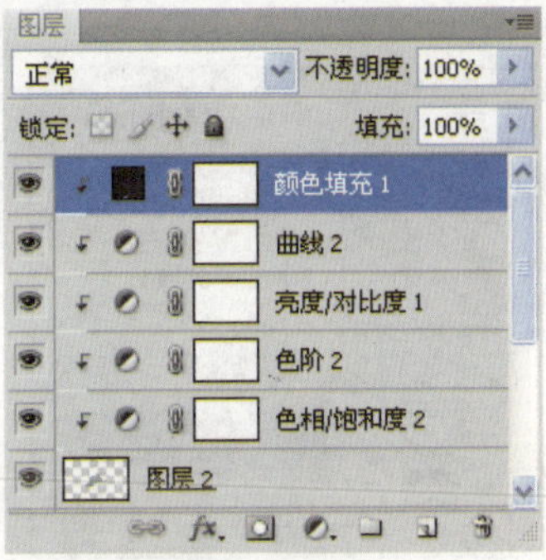

图4-170 【图层】面板

17 选择【图层】面板，选择【图层 2】，将图层【混合模式】设置为【柔光】，如图 4-171 所示。将【不透明度】设置为 30%，如图 4-172 所示。【图层】面板如图 4-173 所示。

图4-171 【柔光】混合模式

图4-172 不透明度30%

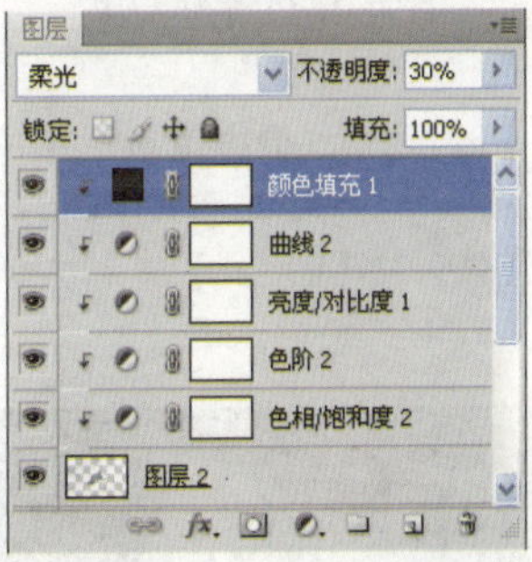

图4-173 【图层】面板

云层制作

18 单击菜单栏中的【文件】/【打开】命令或者按【Ctrl+O】组合键，打开素材文件【云层】，如图 4-174 所示。将其复制到刚刚操作的文件【背景】中，得到【图层 3】。【图层】面板如图 4-175 所示，效果如图 4-176 所示。

图4-174 素材文件

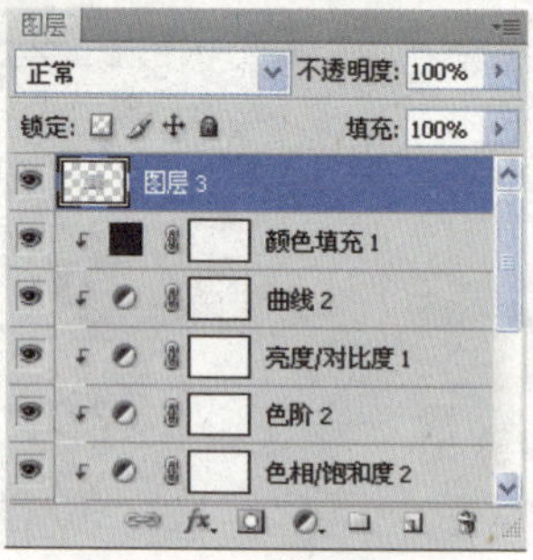

图4-175 【图层】面板

图4-176 粘贴图像

19 选择【图层 3】，单击菜单栏中的【编辑】/【自由变换】命令，或者按【Ctrl+T】组合键，旋转图像，按【Enter】键完成操作。效果如图 4-177 所示。

图4-177 自由变换

20 选择【图层 3】，选择工具栏上的【多边形套索工具】，绘制选区如图 4-178 所示。单击菜单栏中的【选择】/【反向】命令，或者按【Ctrl+Shift+I】组合键，按【Delete】键删除选区的内容选区内容，如图 4-179 所示。按【Ctrl+D】组合键取消选区。

21 选择【图层】面板，选择【图层 3】，将【图层】3 移至【图层背景】上层，如图 4-180 所示。【图层】面板如图 4-181 所示。

图4-178 绘制选区

图4-179 图像效果

图4-180 图像效果

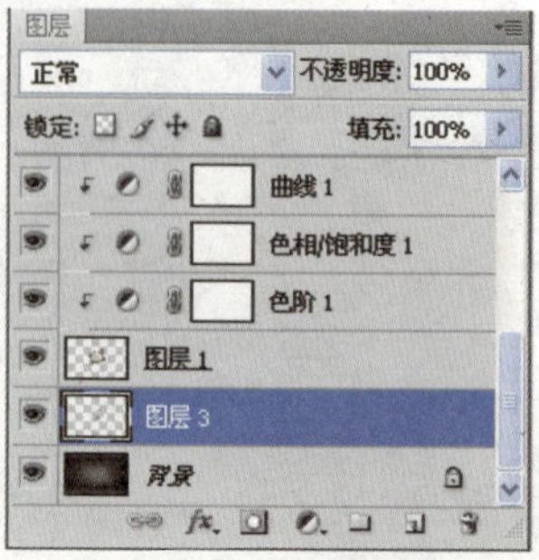

图4-181 【图层】面板

22 选择【图层 3】，单击菜单栏中的【滤镜】/【模糊】/【高斯模糊】命令，弹出【高斯模糊】对话框，设置如图 4-182 所示，选择【确定】完成操作。效果如图 4-183 所示。

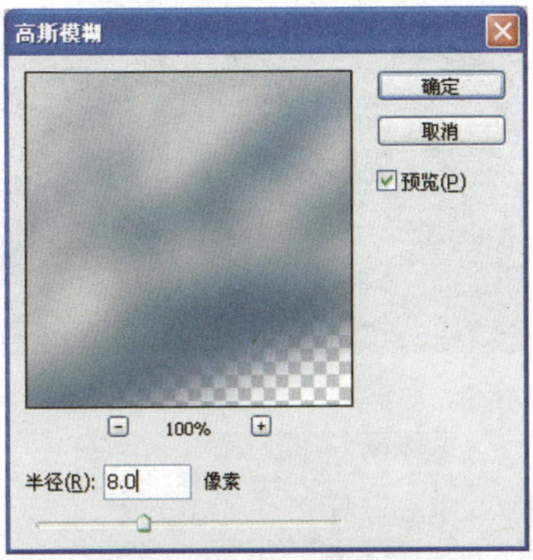

图4-182 【高斯模糊】对话框

图4-183 图像效果

23 选择【图层】面板，选择【图层 1】，单击【添加图层样式按钮】 *fx* 按钮，选择投影，弹出【图层样式】对话框，设置如图 4-184 所示，选择【确定】完成操作。效果如图 4-185 所示。

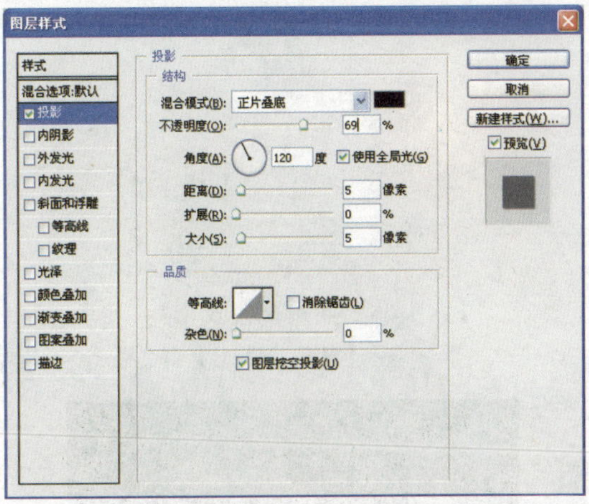

图4-184 【图层样式】对话框

24 选择【图层 1】，选择工具栏上的【加深工具】，对相框进行修饰。如图 4-186 所示。

25 选择【图层 2】，选择工具栏上的【加深工具】，对相框进行修饰。如图 4-187 所示。

图4-185 图像效果

图4-186 图像效果

图4-187 图像效果

制作小猫

26 单击菜单栏中的【文件】/【打开】命令，或者按【Ctrl+O】组合键，打开素材文件【小猫】如图 4-188 所示。将其复制到刚刚操作的文件【背景】中，得到【图层 4】，【图层】面板如图 4-189 所示。效果如图 4-190 所示。

图4-188 素材文件

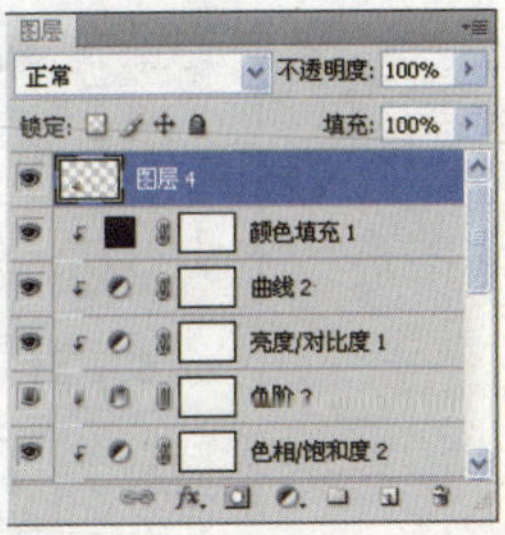

图4-189 【图层】面板

图4-190 图像效果

27 选择【图层 4】，单击菜单栏中的【编辑】/【自由变换】命令，或者按【Ctrl+T】组合键。将图像缩小，按【Enter】键完成操作。如图 4-191 所示。

图4-191 自由变换

28 选择【图层】面板，选择【图层 4】，单击【创建新的填充图层或调整图层】按钮，选择【色相\饱和度】命令，弹出【色相/饱和度】对话框，设置如图 4-192 所示。效果如图 4-193 所示，【图层】面板如图 4-194 所示。

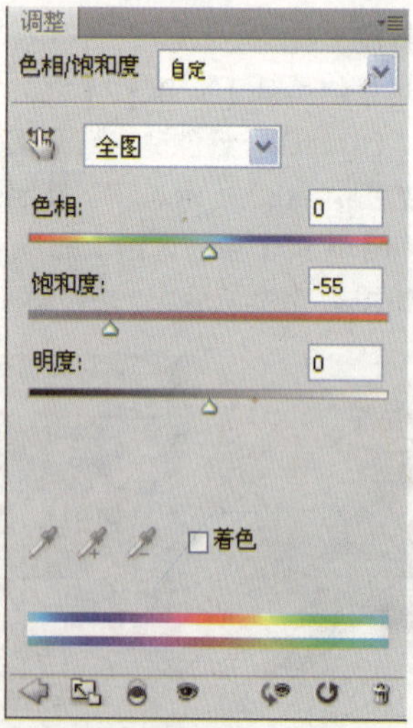

图4-192 【色相/饱和度】对话框

图4-193 图像效果

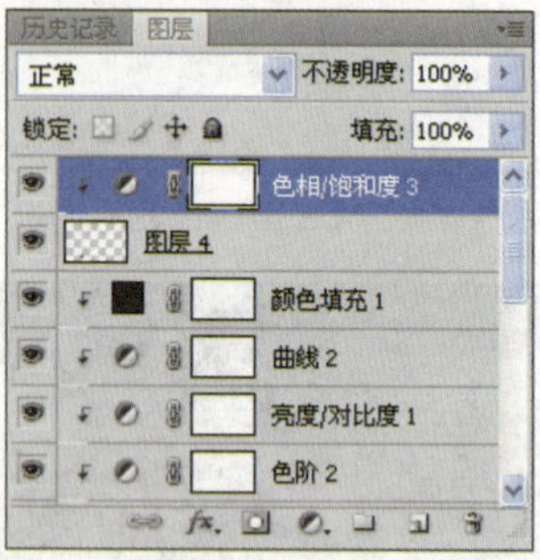

图4-194 【图层】面板

29 选择【图层】面板，选择【图层 4】，单击【创建新的填充图层或调整图层】按钮，选择亮度\对比度，弹出【亮度/对比度】对话框，设置如图 4-195 所示，效果如图 4-196 所示，【图层】面板如图 4-197 所示。

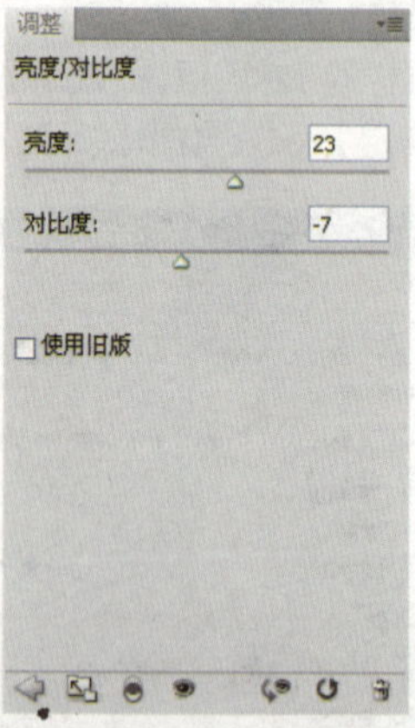

图4-195 【亮度/对比度】对话框

图4-196 图像效果

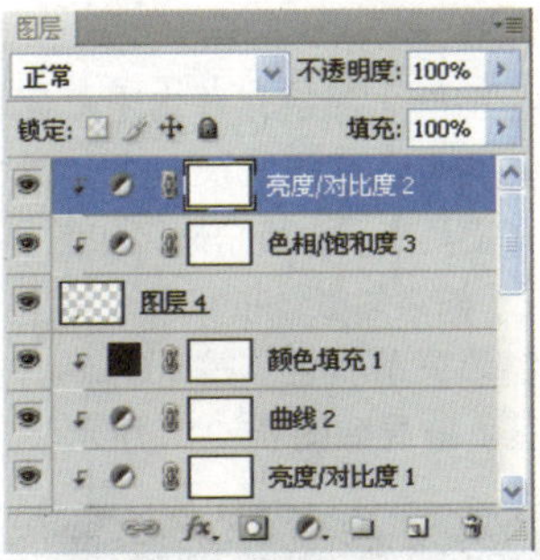

图4-197 【图层】面板

30 选择【图层】面板，选择【图层 4】，单击【创建新的填充图层或调整图层】按钮，选择纯色，弹出【拾色器】对话框，设置如图4-198所示，效果如图4-199所示。将图层【混合模式】设置为【柔光】。效果如图4-200所示。【图层】面板如图4-201所示。

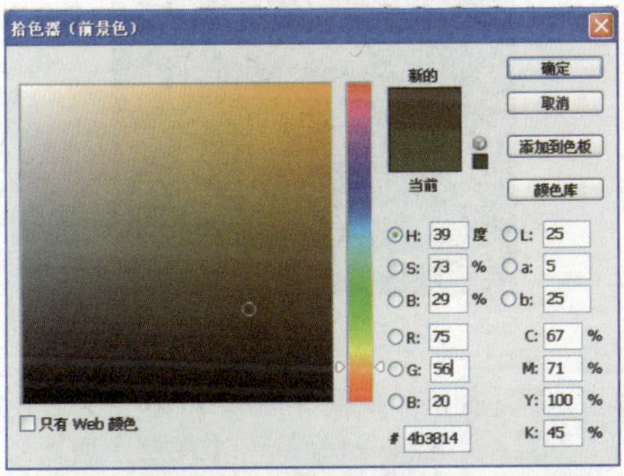

图4-198 【拾色器】对话框

图4-199 图像效果

图4-200 【柔光】混合模式

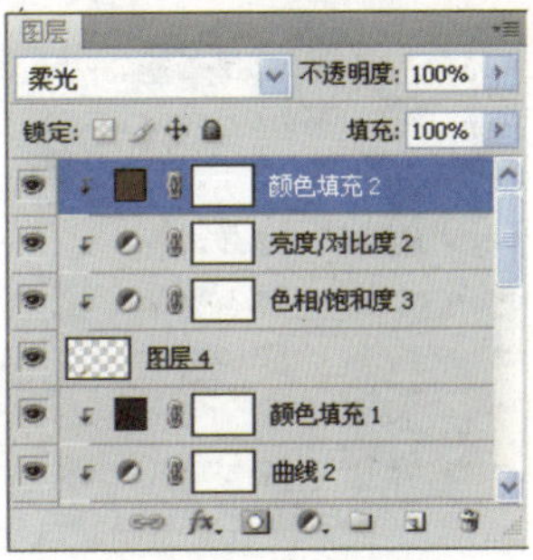

图4-201 【图层】面板

31 选择【图层】面板，选择【图层 4】，单击【创建新的填充图层或调整图层】按钮，选择渐变映射，弹出【渐变映射】对话框，设置如图4-202所示。效果如图4-203所示。将图层【混合模式】设置为【正片叠底】，效果如图4-204所示，【图层】面板如图4-205所示。

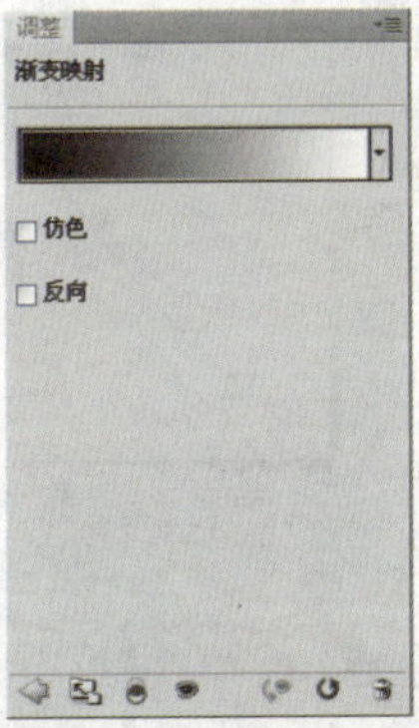

图4-202 【渐变映射】对话框

图4-203 图像效果

图4-204 【正片叠底】混合模式

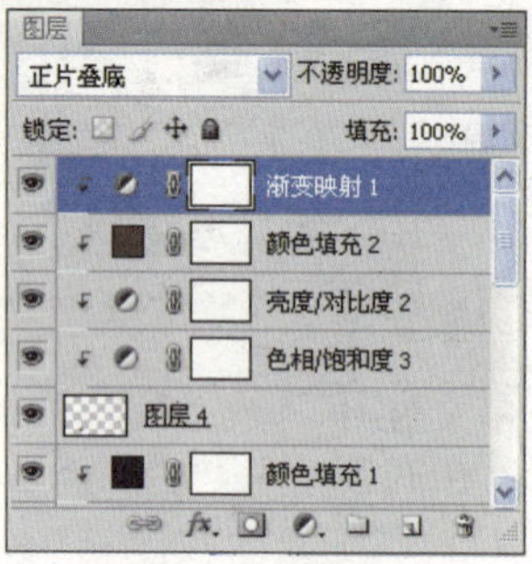

图4-205 【图层】面板

32 选择【图层】面板，选择【图层 4】，单击【创建新的填充图层或调整图层】按钮，选择曲线，弹出【曲线】对话框，设置如图 4-206 所示，效果如图 4-207 所示，【图层】面板如图 4-208 所示。

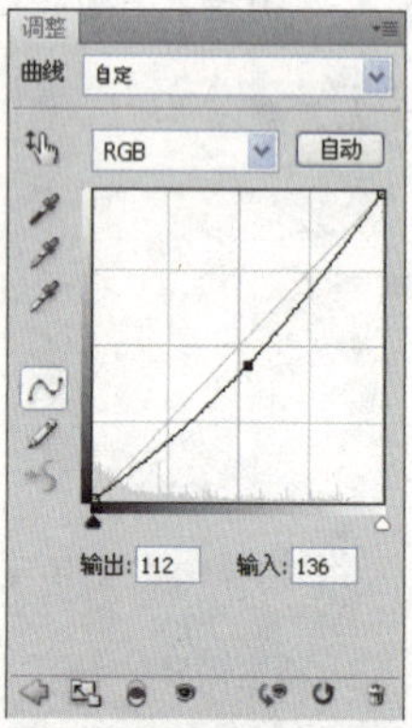

图4-206 【曲线】对话框

图4-207 图像效果

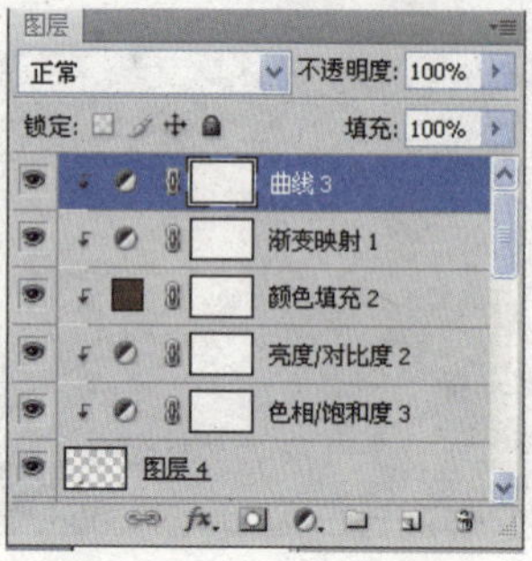

图4-208 【图层】面板

制作阴影

33 选择【图层】面板，单击【新建图层】按钮，得到【图层 5】，选择工具栏上的【椭圆选择工具】，绘制选区如图 4-209 所示。按【D】键恢复默认前景色。按【Alt+Delete】组合键填充前景色。按【Ctrl+D】组合键取消选区。效果如图 4-210 所示。

图4-209 绘制选区

图4-210 取消选区

34 选择【图层 5】，将【图层 5】移至【图层 4】下层，如图 4-211 所示。【图层】面板如图 4-212 所示。

图4-211 图像效果

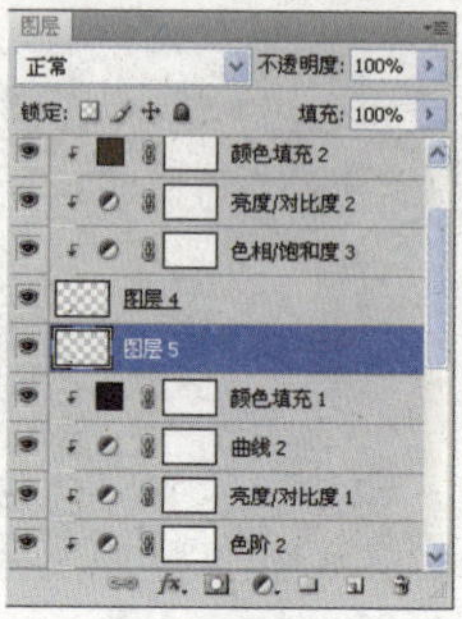

图4-212 【图层】面板

35 选择【图层5】，单击菜单栏中的【滤镜】/【模糊】/【高斯模糊】命令，参数设置如图4-213所示，选择【确定】完成操作。效果如图4-214所示。

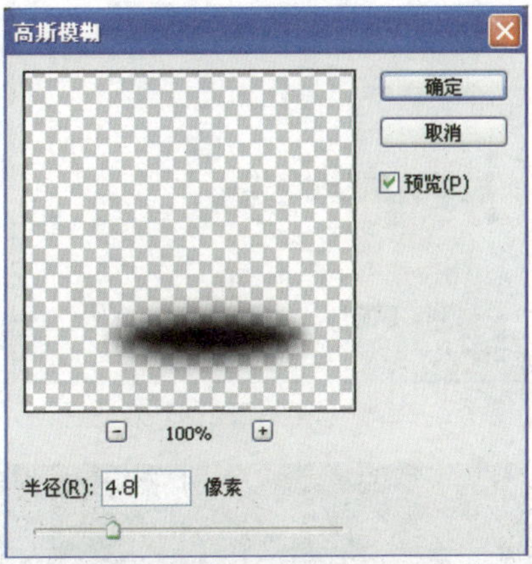

图4-213 【高斯模糊】对话框

图4-214 图像效果

36 选择【图层5】，选择工具栏上的【减淡工具】，对脚底的阴影进行修饰。效果如图4-215所示。

图4-215 图像效果

制作瀑布

37 选择【图层】面板，单击【新建图层】按钮，得到【图层6】，【图层】面板如图4-216所示。

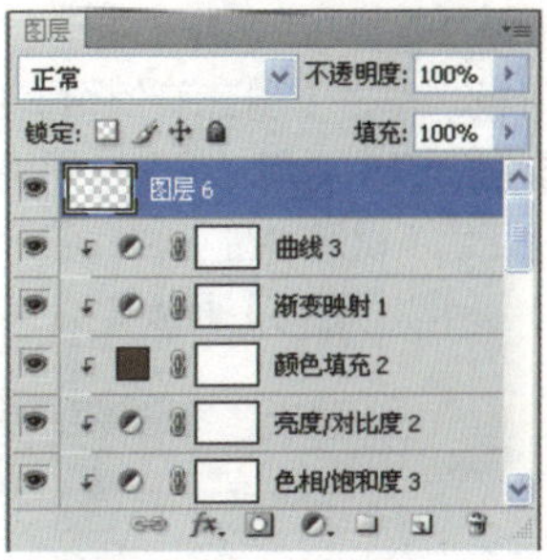

图4-216 【图层】面板

38 选择【图层6】，将【前景色】设置为白色。选择工具栏上的【画笔工具】，选择瀑布笔刷如图4-217所示。绘制效果如图4-218所示。选择【图层】面板、单击【添加图层蒙版】按钮，选择蒙版选区，对瀑布进行修饰。效果如图4-219所示。

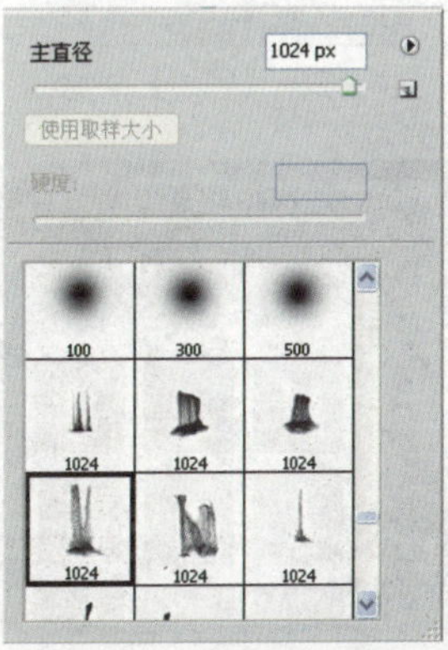

图4-217 瀑布笔刷

图4-218 图像效果

图4-219 图像效果

39 选择【图层】面板，选择【图层6】，选择【图层】面板、单击【创建新的填充图层或调整图层】按钮，选择【色阶】命令，弹出【色阶】对话框，设置如图 4-220 所示。效果如图 4-221 所示。【图层】面板如图 4-222 所示。

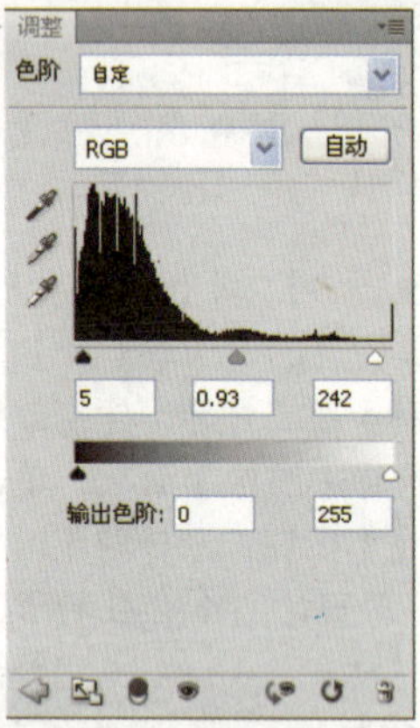

图4-220 【色阶】对话框

图4-221 图像效果

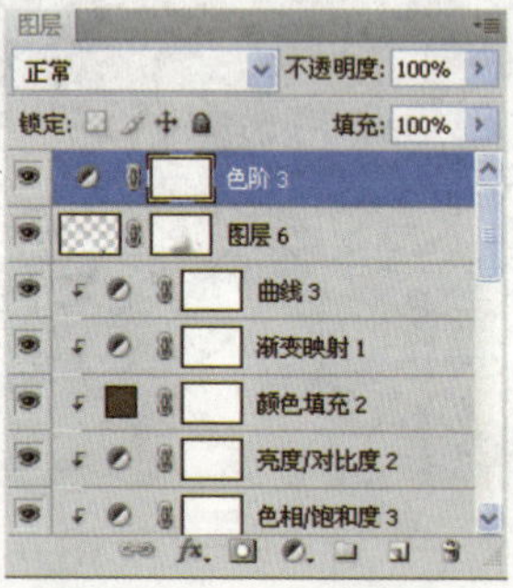

图4-222 【图层】面板

40 选择【图层】面板，单击【新建图层】按钮，得到【图层 7】，选择工具栏上的【渐变工具】，绘制由黑色到透明的径向渐变。参数设置如图 4-223 所示。效果如图 4-224 所示。选择【图层】面板，将图层【混合模式】设置为【正片叠底】。效果如图 4-225 所示。【图层】面板如图 4-226 所示。

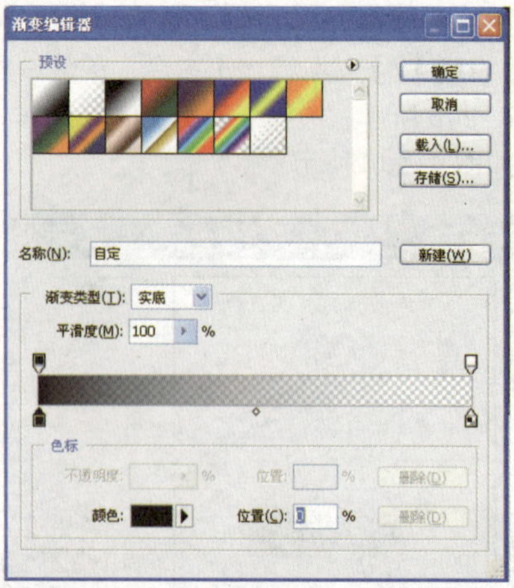

图4-223 【渐变编辑器】对话框

图4-224 图像效果

图4-225 【正片叠底】混合模式

图4-226 【图层】面板

41 选择【图层 7】，按【Ctrl+Shift+Alt+E】组合键盖印图层，得到【图层 8】。选择【图层 8】，按【Ctrl+J】组合键，复制图层，得到【图层 8 副本】。【图层】面板如图 4-227 所示。

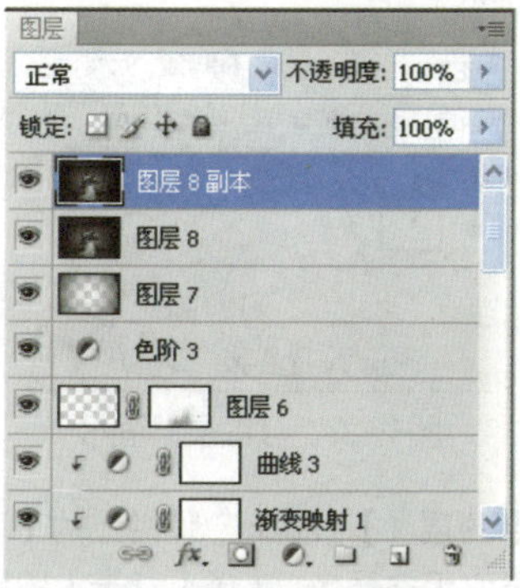

图4-227 【图层】面板

42 选择【图层 8 副本】，单击菜单栏中的【滤镜】/【其他】/【高反差保留】命令，弹出【高反差保留】对话框，设置如图 4-228 所示，效果如图 4-229 所示。

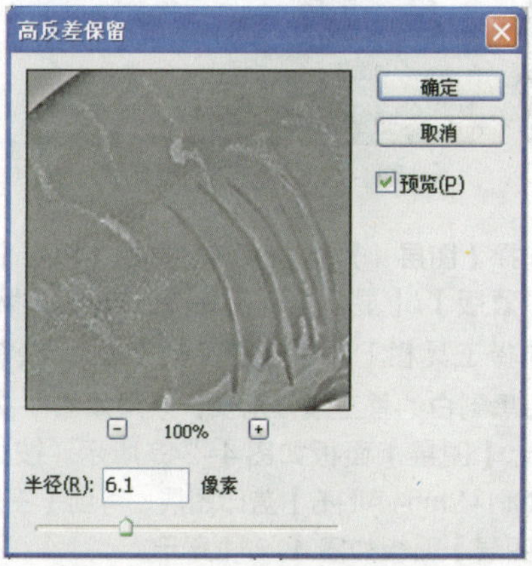

图4-228 【高反差保留】对话框

图4-229 图像效果

43 选择【图层】面板，选择【图层 8 副本】，将图层【混合模式】设置为【叠加】。如图 4-230 所示。将【不透明度】设置为 30%，【图层】面板如图 4-231 所示。最终效果如图 4-232 所示。

44 单击菜单栏中的【文件】/【存储为】命令，将文件命名为【冲出重围】。

图4-230 【叠加】混合模式

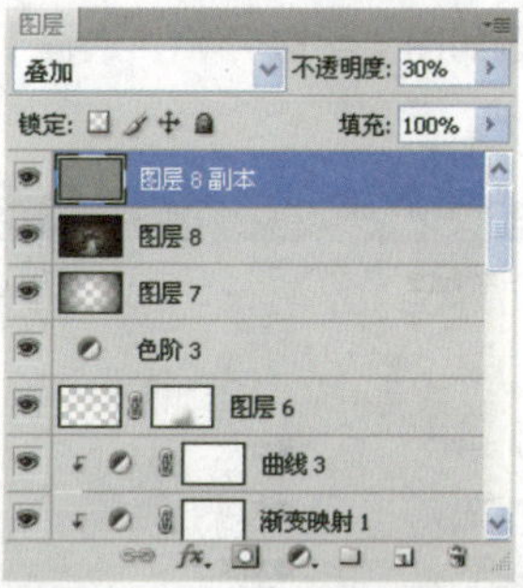

图4-231 【图层】面板

图4-232 最终效果

4.2.4 空降威龙

本例展示一个图像合成作品制作的全过程，使用了较为复杂的图层蒙板、图层高级混合等图像混合技巧，先使用液化滤镜制作恐龙，接着使用变形工具制作恐龙翅膀，最后使用图层蒙板技术对图像进行合成，最终效果如图 4-233 所示。

图4-233 最终效果

空降威龙图像合成

所用素材：光盘\素材\第4章\蝙蝠、城堡、蜥蜴
最终效果：光盘\效果\第4章\空降威龙

操作步骤

城堡的制作

1 单击菜单栏中的【文件】/【新建】命令，或者按【Ctrl+N】组合键，打开【新建】对话框，设置如图4-234所示，选择【确定】完成操作。

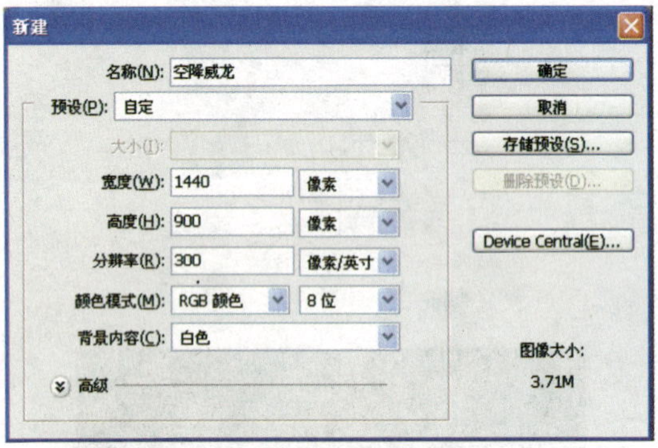

图4-234 【新建】对话框

2 制作背景。单击菜单栏中的【文件】/【打开】命令，或者按【Ctrl+O】组合键，打开素材文件【城堡】如图4-235所示。

图4-235 城堡文件

3 将图像【城堡】复制到文件【空降威龙】中，得到【图层1】，效果如图4-236所示。【图层】面板如图4-237所示。

图4-236 粘贴 图像

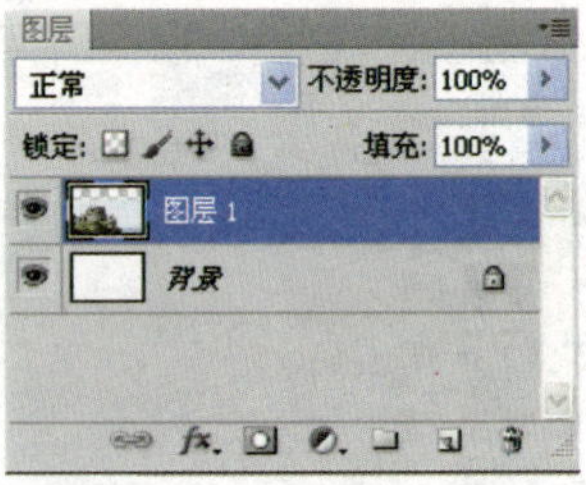

图4-237 【图层】面板

4 选择【图层1】，选择工具栏上的【吸管工具】，吸取天空颜色，选择【背景】图层，按【Alt Delete】组合键填充前景色。如图4-238所示。

图4-238 填充前景色

5 选择【图层1】，单击菜单栏中的【图层】/【图层蒙版】/【显示全部】命令，单击蒙版区域，选择工具栏上的【渐变工具】，绘制一个由黑到白的垂直线性渐变，效果如图4-239所示。【图层】面板如图4-240所示。按组合键【Ctrl+Shift+Alt+E】盖印图层，得到【图层2】。【图层】面板如图4-241所示。

图4-239 图像效果

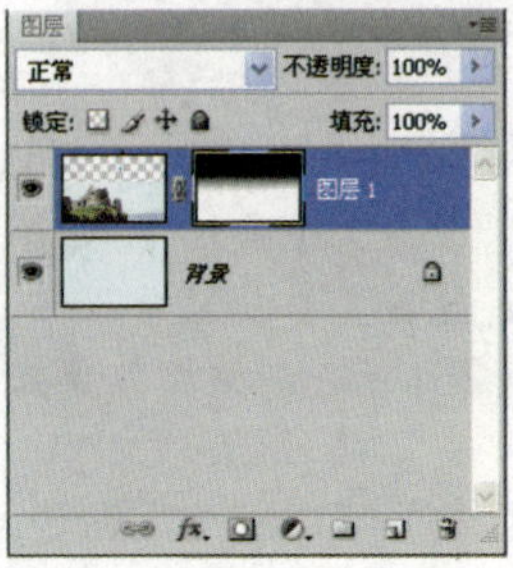

图4-240 【图层】面板

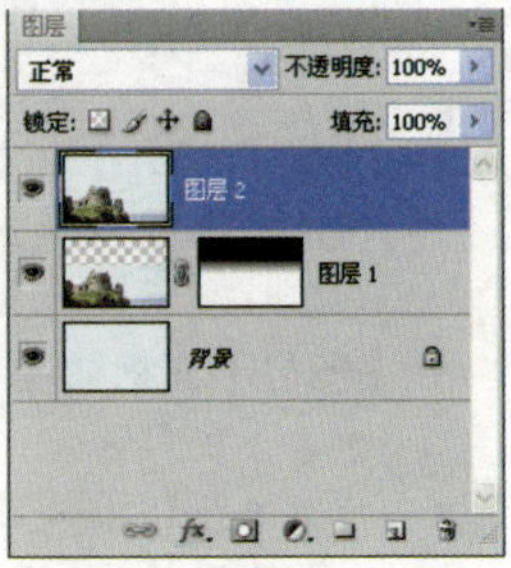

图4-241 【图层】面板

制作翼龙

6 单击菜单栏中的【文件】/【打开】命令，或者按【Ctrl+O】组合键，打开素材文件【蜥蜴】如图 4-242 所示。将其复制到刚刚操作的文件【空降威龙】中，得到【图层 3】。【图层】面板如图 4-243 所示。

图4-242　蜥蜴文件

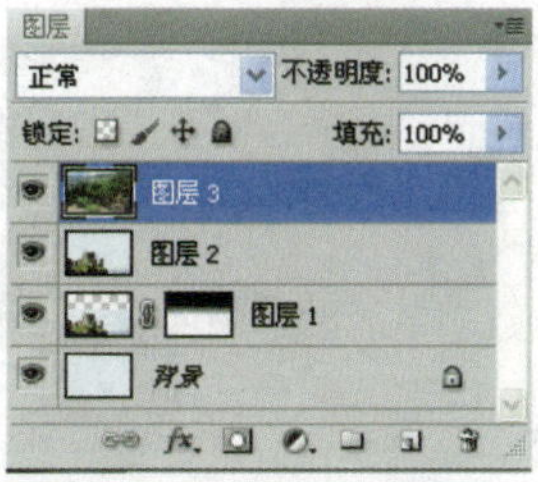

图4-243　【图层】面板

7 选择【图层 3】，单击菜单栏中的【编辑】/【自由变换】命令，或者按【Ctrl+T】组合键，将【不透明度】降低至 50%。将蜥蜴调整合适大小，如图 4-244 所示。

图4-244　不透明度50%

8 选择【图层 3】，将【不透明度】设置为 100%，按【Enter】键完成操作。

9 选择工具栏上的【钢笔工具】，绘制出蜥蜴的路径，如图 4-245 所示。按【Ctrl+Enter】组合键将路径转换为选区，单击菜单栏中的【选择】/【反向】命令，或者按【Ctrl+Shift+I】组合键，按【Delete】键删除选区的内容。如图 4-246 所示。

图4-245　绘制路径

图4-246　图像反向

10 选择工具栏上的【钢笔工具】，绘出路径，如图 4-247 所示。按【Ctrl+Enter】组合键将路径转换为选区，按【Delete】键删除选区的内容选区的内容，如图 4-248 所示。

图4-247　绘制路径

图4-248　删除选区

11 单击菜单栏中的【滤镜】/【液化】命令，弹出【液化】对话框，设置如图4-249，图4-250所示，选择【确定】完成操作。效果如图4-251所示。

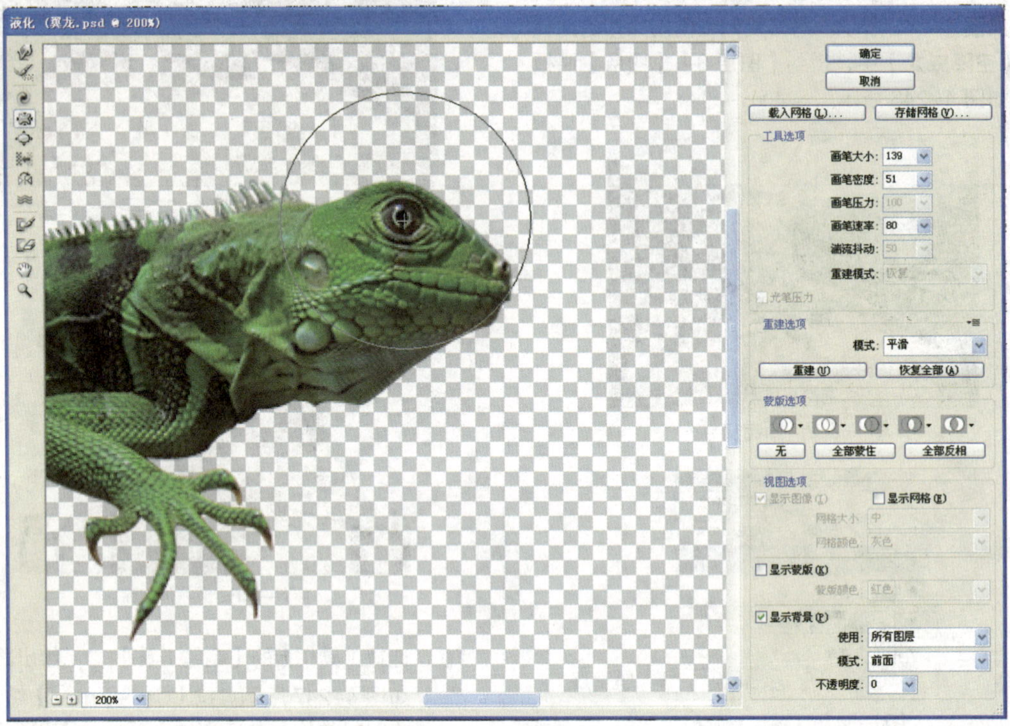

图4-249 【液化】对话框

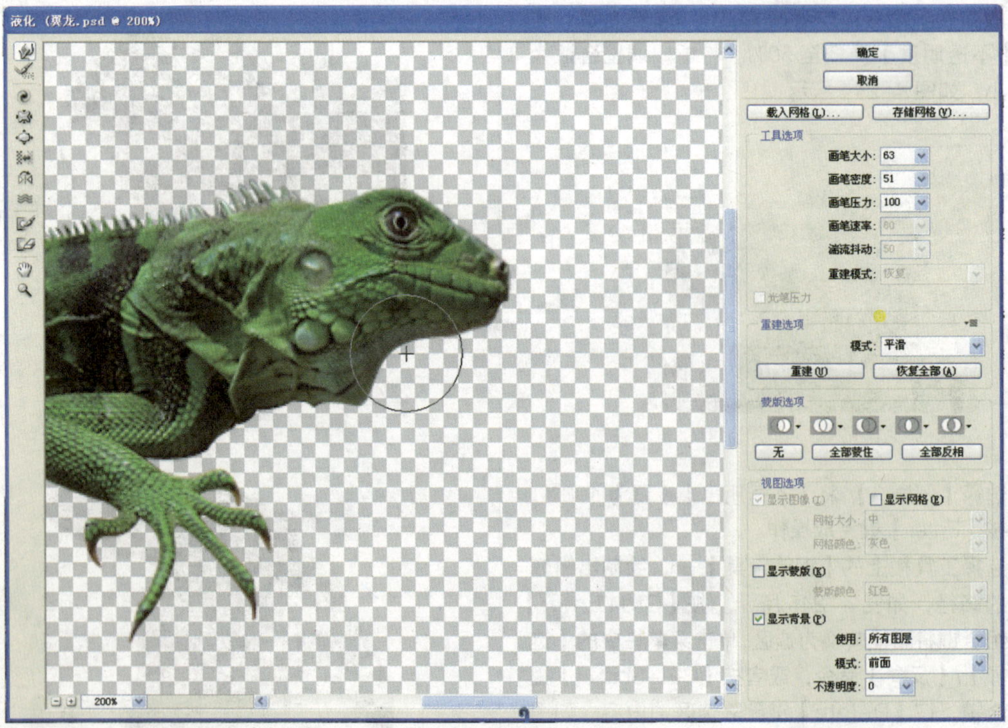

图4-250 【液化】对话框

图4-251　图像效果

12 选择【图层3】,单击菜单栏中的【滤镜】/【锐化】/【USM锐化】命令，弹出【USM锐化】对话框，设置如图4-252所示，选择【确定】完成操作。让蜥蜴头部更加清晰。效果如图4-253所示。

图4-252　【USM锐化】对话框

图4-253　图像效果

13 单击菜单栏中的【文件】/【打开】命令，或者按【Ctrl+O】组合键，打开素材文件【蝙蝠】如图4-254所示。将其复制到刚刚操作的文件【空降威龙】中，单击菜单栏中的【编辑】/【粘贴】命令，或者按【Ctrl+V】组合键，得到【图层4】。【图层】面板如图4-255所示。

图4-254　蝙蝠文件

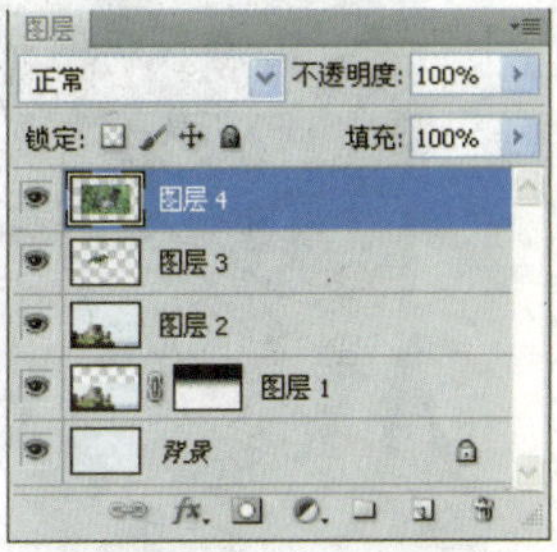

图4-255　【图层】面板

14 选择【图层4】，选择工具栏上的【钢笔工具】，绘制出蝙蝠翅膀的选区。如图4-256所示。按【Ctrl+Enter】组合键将路径转换为选区，单击菜单栏中的【选择】/【反向】命令，或者按【Ctrl+Shift+I】组合键，按【Delete】键删除选区的内容，如图4-257所示。

图4-256　绘制选区

图4-257　图像效果

15 选择【图层4】,单击菜单栏中的【滤镜】/【液化】命令，弹出【液化】对话框，设置如图4-258所示。效果如图4-259所示。

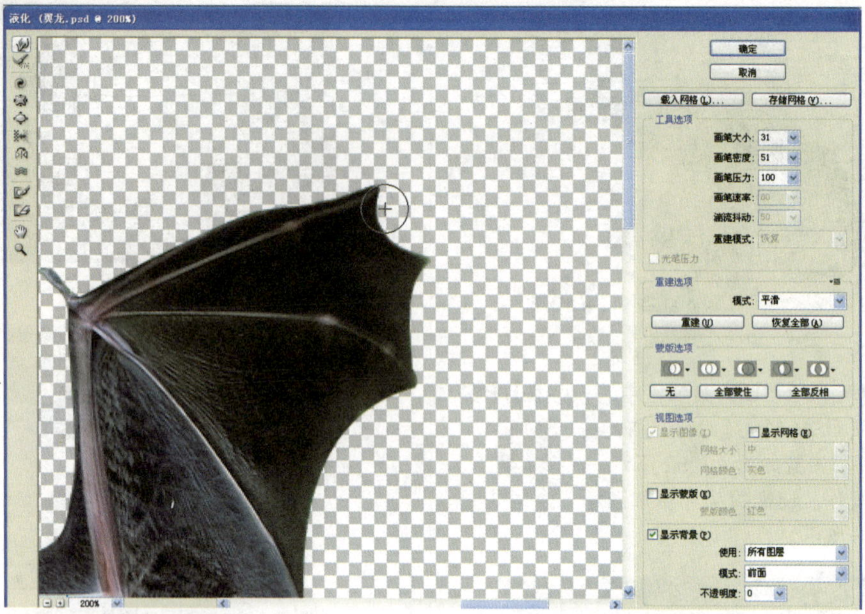

图4-258 【液化】对话框

图4-259 图像效果

16 选择【图层4】，选择【编辑】/【变换】/【水平翻转】命令。将翅膀调整到合适大小，移动到与蜥蜴重合，如图4-260所示。按【Enter】键完成操作。

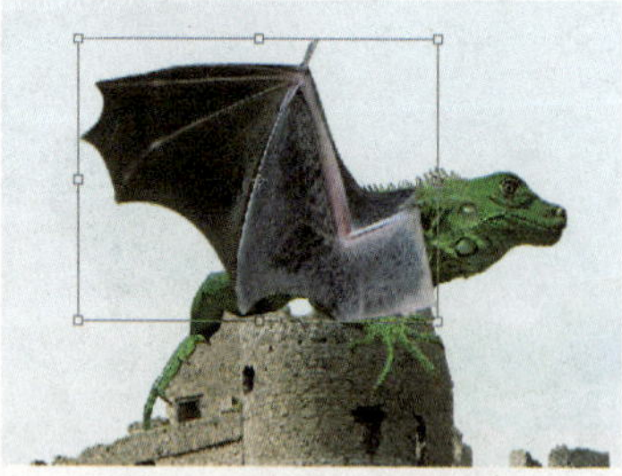
图4-260 水平翻转

17 单击菜单栏中的【图层】/【图层蒙版】/【显示全部】命令，单击【图层4】蒙版区域，选择工具栏上的【画笔工具】，将前景色设置为黑色，单击蒙版区域，擦除不需要的翅膀部分，效果如图4-261所示。

图4-261 图像效果

翅膀细节修饰

18 选择【图层4】,单击菜单栏中的【图像】/【调整】/【色相/饱和度】命令，或者按【Ctrl+U】组合键，弹出【色相/饱和度】对话框，设置如图4-262所示。效果如图4-263所示。

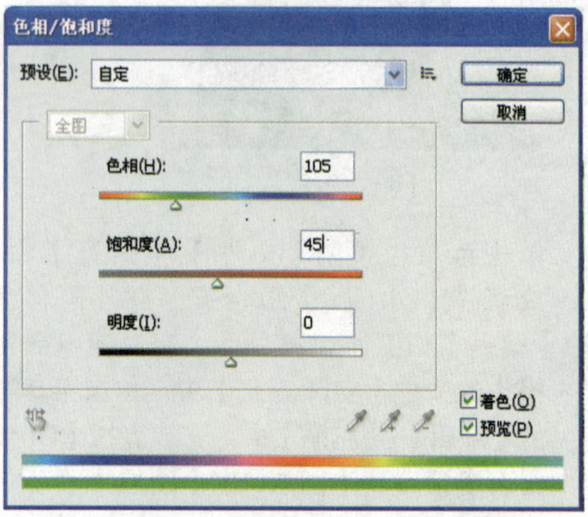

图4-262 【色相/饱和度】对话框

图4-263 图像效果

19 选择【图层 4】，单击菜单栏中的【编辑】/【变换】/【变形】命令，如图 4-264 所示。按【Enter】键完成操作。如图 4-265 所示。

图4-264 变形命令

图4-265 完成操作

20 选择【图层 4】，选择工具栏上的【画笔工具】，将【前景色】设置为白色。属性面板设置如图 4-266 所示。效果如图 4-267 所示。

图4-266 【画笔工具】属性面板

图4-267 图像效果

21 选择【图层 4】，按【Ctrl+J】组合键，得到【图层 4 副本】。将【图层 4 副本】拖移到【图层 3】下面，【图层】面板如图 4-268 所示。单击菜单栏中的【编辑】/【自由变换】命令，或者按【Ctrl+T】组合键，按【Enter】键完成操作，如图 4-269 所示。

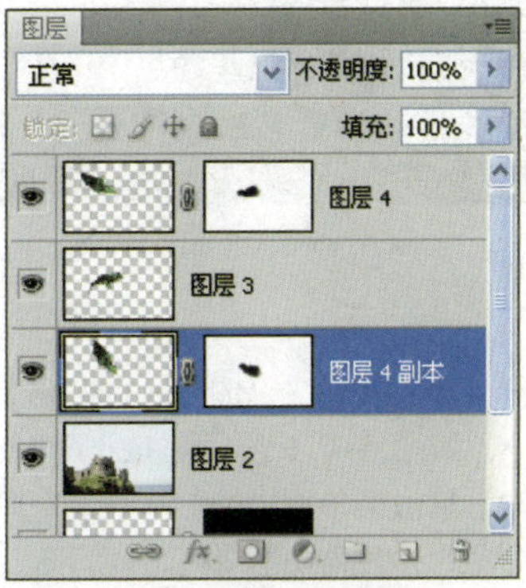

图4-268 【图层】面板

图4-269 自由变换

22 选择工具栏上的【仿制图章工具】，单击【Alt】键在翅膀上取样，如图 4-270 所示。单击鼠标左键对翅膀进行修饰，效果如图 4-271 所示。

图4-270 取样

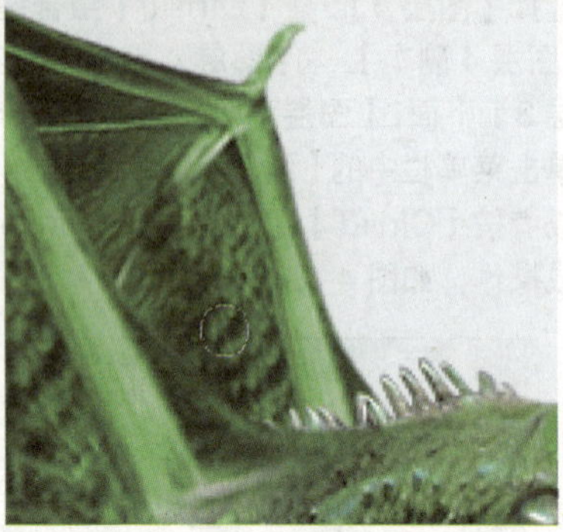

图4-271　图像效果

图4-272　变形命令

23 单击菜单栏中的【编辑】/【变换】/【变形】命令，如图 4-272 所示。按【Enter】键完成操作。单击菜单栏中的【滤镜】/【模糊】/【模糊】命令，效果如图 4-273 所示。

24 选择【图层 3】。单击菜单栏中的【滤镜】/【液化】命令，弹出【液化】对话框，设置如图 4-274 所示。将蜥蜴的爪子变得有立体感。效果如图 4-275 所示。

图4-273　模糊命令

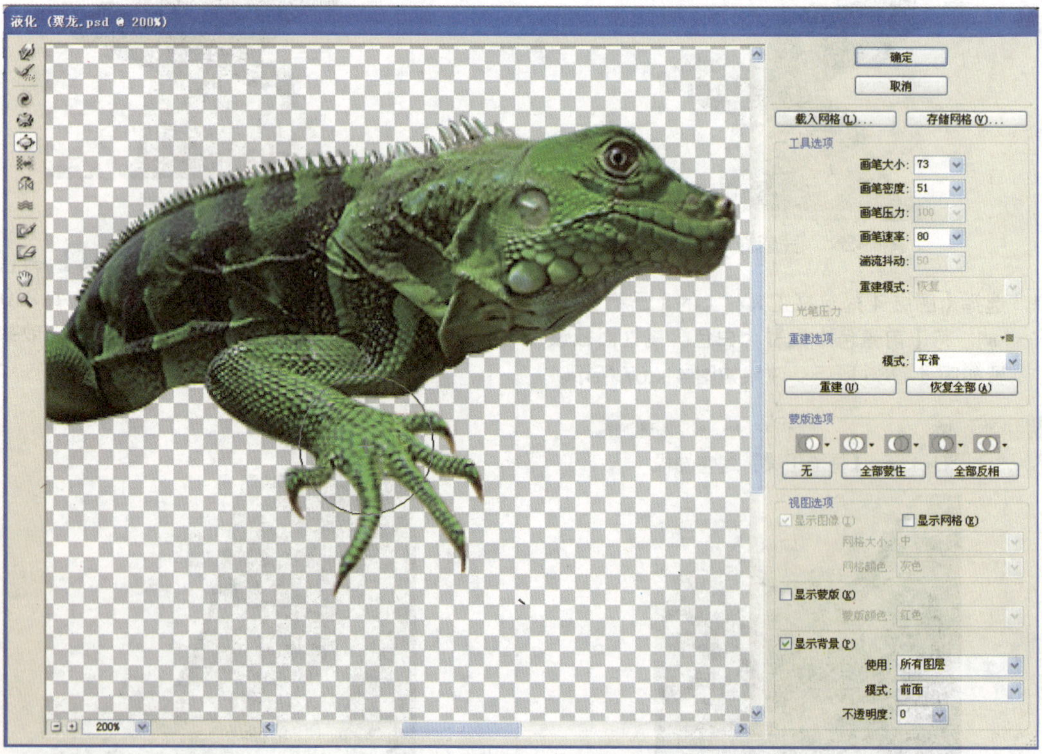

图4-274　【液化】对话框

图4-275　图像效果

25 选择工具栏上的【锐化工具】，属性面板设置如图4-276所示，将爪子部分变得清晰，效果如图4-277所示。

图4-276　【锐化工具】属性面板

图4-277　图像效果

整体色调调整

26 隐藏【图层3】。选择工具栏上的【套索工具】，绘制出城堡上面的选区，如图4-278示。按【Ctrl+J】组合键，得到【图层5】。将【图层5】拖移到【图层】面板最上层。【图层】面板如图4-279所示。

图4-278　绘制选区

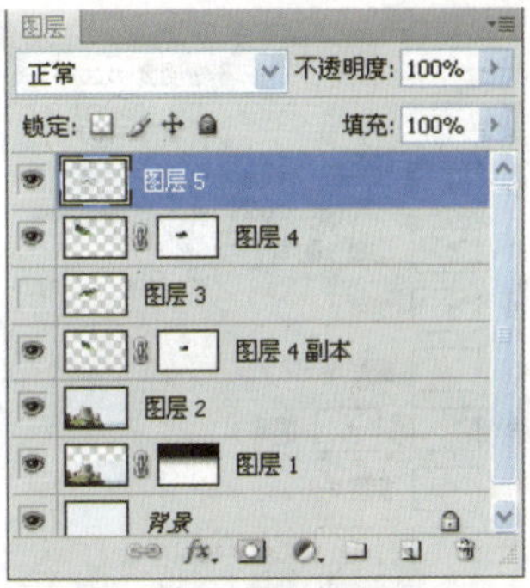

图4-279　【图层】面板

27 选择工具栏上的【魔棒工具】，选取多余的天空部分，显示【图层3】。按【Delete】键删除选区的内容，如图4-280所示。

图4-280　图像效果

28 选择工具栏上的【橡皮工具】，擦除边界的石块，使图像看起来更自然，如图4-281所示。

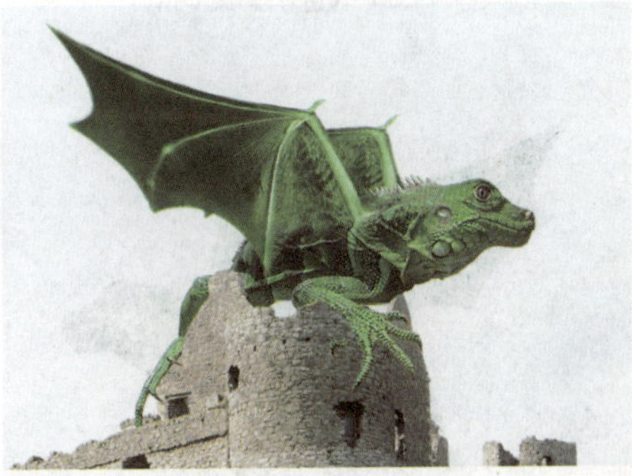

图4-281　擦除边界石块

29 隐藏【图层 背景】、【图层1】、【图层2】、【图层5】，按【Ctrl+Shift+Alt+E】组合键盖印图层。得到【图层6】，将【图层6】移至【图层】面板最上层。选择【图层6】，按【Ctrl+J】组合键两次，得到【图层6副本】、【图层6副本2】，【图层】面板如图4-282所示。

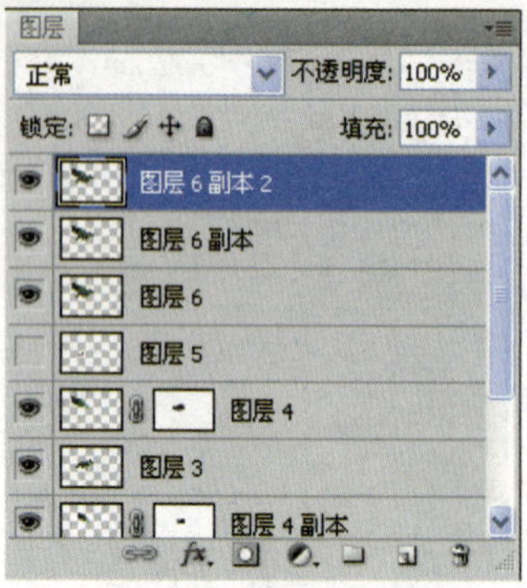

图4-282 【图层】面板

30 选择【图层 6 副本】,单击菜单栏中的【图像】/【调整】/【色阶】命令，或者按【Ctrl+L】组合键，弹出【色阶】对话框，如图 4-283 所示。效果如图 4-284 所示。

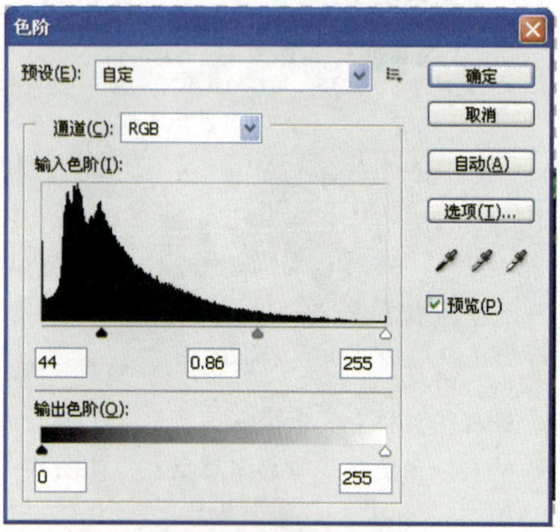

图4-283 【色阶】对话框

图4-284 图像效果

31 选择【图层 6 副本 2】，单击菜单栏中的【图像】/【调整】/【色阶】命令，或者按【Ctrl+L】组合键，设置如图 4-285 所示，效果如图 4-286 所示。

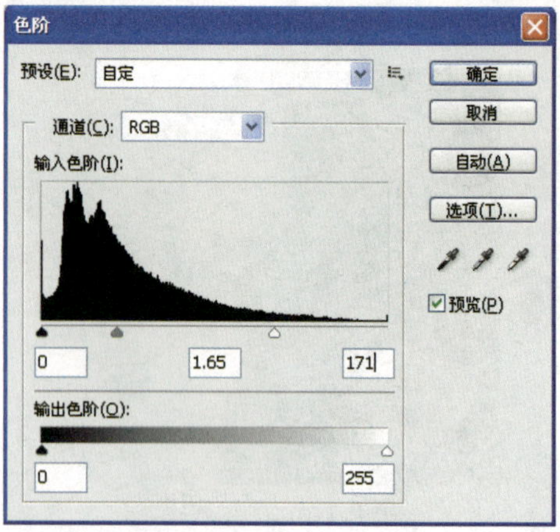

图4-285 【色阶】对话框

图4-286 图像效果

32 选择【图层 6 副本 2】，单击菜单栏中的【图层】/【图层蒙版】/【显示全部】命令，按【D】键恢复前景色为黑，背景色为白。按【Alt+Delete】组合键填充前景色，选择工具栏上的【画笔工具】,将前景色设置为白色。在【翼龙】区域进行绘制，效果如图 4-287 所示。

图4-287 图像效果

33 选择【图层 6 副本】，单击菜单栏中的【图层】/【图层蒙版】/【显示全部】命令，按【Ctrl+Delete】组合键，填充背景色黑色，选择工具栏上的【画笔工具】，将前景色设置为白色，在【翼龙】区域进行绘制，效果如图 4-288 所示。

图4-288 图像效果

34 显示【图层 5】和【图层 2】。将【图层 5】移到【图层】面板最上层，【图层】面板如图 4-289 所示。

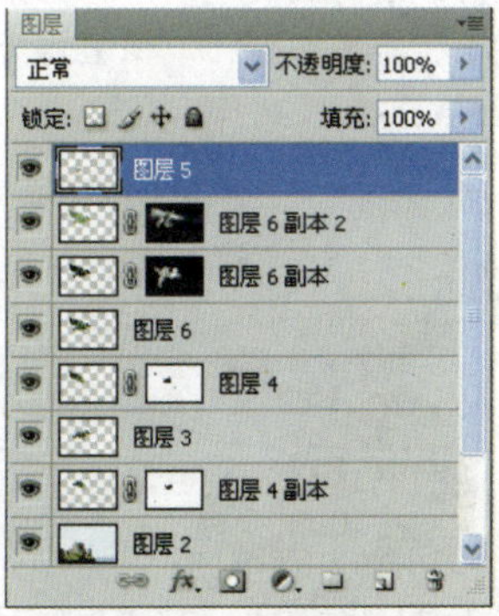

图4-289 【图层】面板

35 选择【图层 2】，选择工具栏上的【加深工具】，对城堡进行加深修饰，效果如图 4-290 所示。

图4-290 图像效果

36 选择【图层 5】，选择工具栏上的【加深工具】，对城堡进行加深处理，效果如图 4-291 所示。

图4-291 修饰城堡

37 选择【图层】面板，只显示【图层 6】、【图层 6 副本】、【图层 6 副本 2】，【图层】面板如图 4-292 所示。按【Ctrl+Shift+Alt+E】组合键盖印图层，得到【图层 7】。【图层】面板如图 4-293 所示。

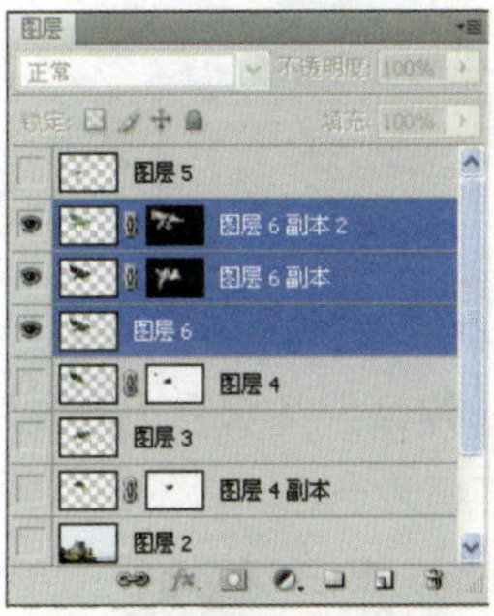

图4-292 【图层】面板　图4-293 【图层】面板

38 选择【图层】面板，只显示【图层 2】、【图层 5】和【图层 7】，选择【图层 7】，【图层】面板如图 4-294 所示。选择工具栏上的【海绵工具】，对爪子部分涂抹，使其饱和度降低，如图 4-295 所示。

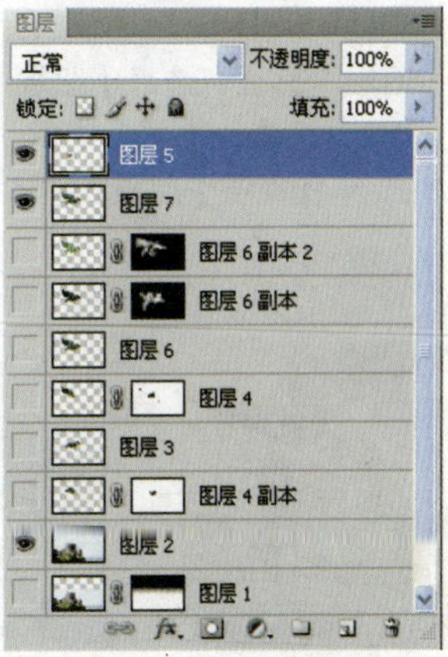

图4-294 【图层】面板

图4-295　修饰爪子

39 选择【图层 2】，选择工具栏上的【魔棒工具】，提取天空选区。如图 4-296 所示。

图4-296　提取天空选区

40 选择【图层】面板，单击【新建图层】按钮，得到【图层 8】，按【D】键，单击菜单栏中的【滤镜】/【渲染】/【云彩】命令，效果如图 4-297 所示。

图4-297　图像效果

41 选择【图层】面板，选择【图层 8】，将图层【混合模式】设置为【颜色加深】。效果如图 4-298 所示。【图层】面板如图 4-299 所示。

图4-298　【颜色加深】混合模式

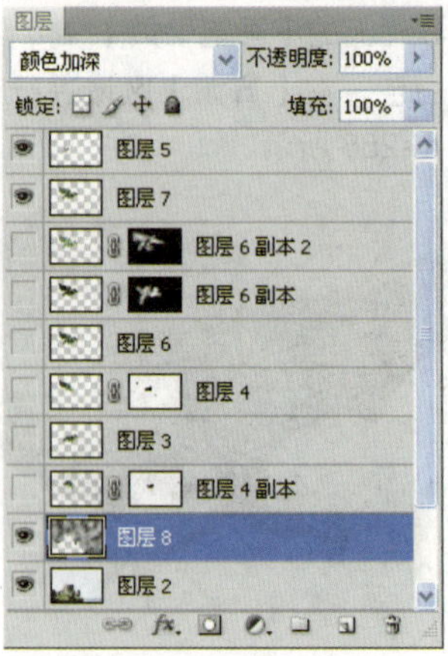

图4-299　【图层】面板

42 选择【图层 8】,单击菜单栏中的【图层】/【图层蒙版】/【显示全部】命令。选择工具栏上的【渐变工具】，绘制一个由白色到黑色的垂直渐变，效果如图 4-300 所示，【图层】面板如图 4-301 所示。使云层上半部保留，下半部被遮挡。

图4-300　图像效果

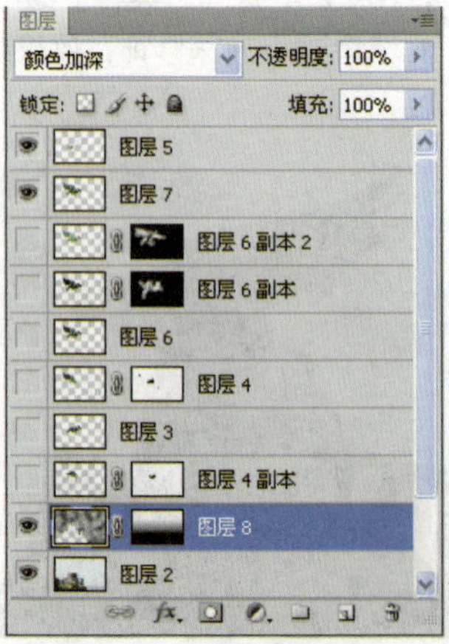

图4-301　【图层】面板

43 选择【图层 7】，选择工具栏上的【仿制图章工具】，将蜥蜴头进行修饰。效果如图 4-302 所示。

图4-302 修饰蜥蜴头

44 选择【图层】面板，单击【新建图层】按钮，得到【图层 9】，将【图层 9】移动到【图层】面板最上层。【图层】面板如图 4-303 所示。

图4-303 【图层】面板

45 选择【图层 9】，选择工具栏上的【画笔工具】，前景色设置为黑色，选择【图层 9】绘制蜥蜴在城堡上的阴影。属性工具栏设置如图 4-304 所示。效果如图 4-305 所示。

图4-304 【画笔工具】属性面板

图4-305 图像效果

46 选择【图层 9】，选择工具栏上的【画笔工具】，前景色设置为黑色，选择【图层 9】绘制蜥蜴头部的阴影。效果如图 4-306 所示。

图4-306 图像效果

47 选择【图层】面板，单击【新建图层】按钮，得到【图层 10】，选择工具栏上的【画笔工具】，前景色设置为白色，绘【翼龙】眼睛上的高光。如图 4-307 所示。

图4-307 绘制眼睛高光

48 选择【图层】面板，单击【新建图层】按钮，得到【图层 11】，按【D】键恢复默认【前景色】为黑色，单击菜单栏中的【滤镜】/【渲染】/【云彩】命令。选择【图层】面板，将【不透明度】设置为 85%，将图层【混合模式】设置为【叠加】，效果如图 4-308 所示。【图层】面板如图 4-309 所示。

图4-308 【叠加】混合模式

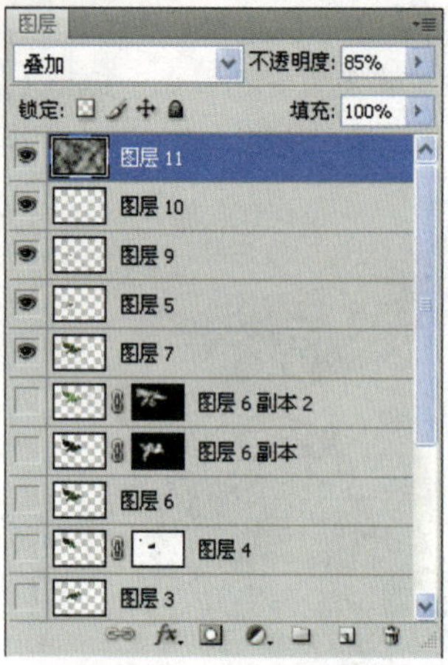

图4-309 【图层】面板

49 按【Ctrl+Shift+Alt+E】组合键盖印图层，得到【图层 12】。单击菜单栏中的【滤镜】/【模糊】/【高斯模糊】命令，弹出【高斯模糊】对话框，设置如图 4-310 所示。效果如图 4-311 所示。

图4-310 【高斯模糊】对话框

图4-311 图像效果

50 选择【图层】面板，选择【图层 12】，将【不透明度】设置为 30%。图层【混合模式】设置为【叠加】效果如图 4-312 所示。【图层】面板如图 4-313 所示。

图4-312 【叠加】混合模式

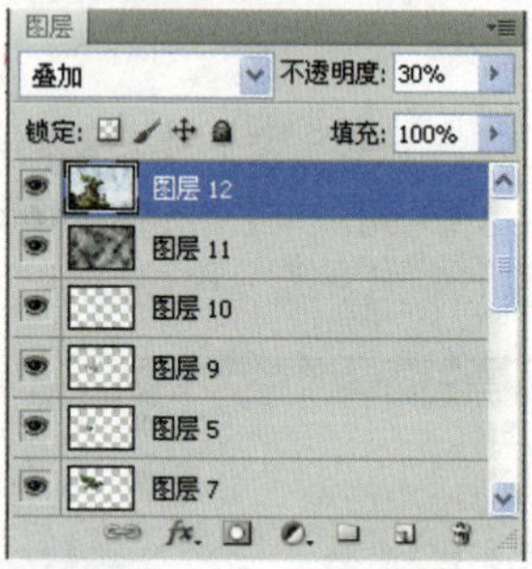

图4-313 图像效果

51 单击【图层】面板底部【创建新的填充图层或调整图层】按钮 ，选择照片滤镜，弹出【照片滤镜】对话框，设置如图 4-314 所示。效果如图 4-315 所示。

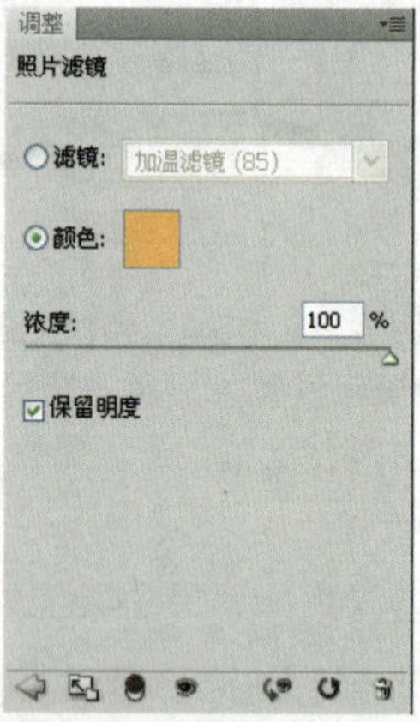

图4-314 【照片滤镜】对话框

图4-315 最终效果

4.3 本章小结

图像合成是Photoshop标志性的应用领域，无论是平面广告设计、效果图修饰、数码相片设计还是视觉艺术创意，都无法脱离图像合成的存在。Photoshop是当前最为强大的图像处理软件之一，其最核心的功能是图层、蒙版和通道。而在这三个核心功能中，图层为最为基础的功能，在Photoshop中实现一切效果都要基于图层。蒙版是图像合成创作的利器，多用于创建图像之间的巧妙拼接，并获得特殊的合成效果，熟练掌握蒙版非常重要。本章主要通过4个典型实例来了解图层和蒙版的高级应用。蒙版是Photoshop中较为难理解的部分，多用于创建图像之间的巧妙拼接，获得特殊的合成效果。

4.4 习题

上机题

（1）上机练习图层功能。

（2）上机练习蒙板功能。

（3）上机练习通道功能。

BOT Chili Pepper
02:54
PL
EQ
cIZMo

第 2 部分

Photoshop CS5 彻底研究

主要内容：

揭秘 Photoshop 功能与技巧之精华，打造出 Photoshop CS5 “七剑法”。“七剑” 合一，即刻成为 Photoshop 绝顶高手！本篇内容丰富、讲解细致，不仅包括图像创意合成、视觉特效设计等 Photoshop 的各大应用领域，还涵盖了选区、路径及形状的创建和编辑，图层混合模式的使用，色彩校正和调整，图层、蒙版与通道的高级应用，滤镜的特效应用等 Photoshop 的各种核心技术。相诠释不同的设计风格，解析最优的设计技巧，启发无限的设计灵感，帮助设计从业人员、设计爱好者提高艺术品位。

第5章 路径彻底研究

本章提要

本章将详细讲解如何在Photoshop CS5中创建路径、保存路径、制作剪切路径以及绘制形状等，并深入剖析形状与路径的关系。

5.1 路径的创建与编辑

路径是用一系列点连接起来的线段或者曲线，可以沿着这些线段或曲线进行描边或填充，还可以转换为选择范围。路径是由控制柄、路径线和锚点组成的矢量线条，缩小或放大路径不会影响它的分辨率和平滑度。路径是一个虚体，不会随着图像一起打印输出。其最大特点就是容易编辑，在任何时候都可以通过锚点、方向线任意改变它的形状。

使用矢量工具绘制矢量图形，路径和锚点是非常重要的两个要素。路径是指矢量对象的线条，锚点则是确定路径的基准。在矢量图形绘制中，图像中每个锚点与锚点之间的路径都是通过计算自动生成的。

路径是由直线路径或曲线路径组成的，它们通过锚点连接。锚点分两种，一种是平滑点，另外一种是角点。平滑节点可以组成平滑的曲线，如图5-1所示。角点连接成直线，如图5-2所示，或者转角曲线，如图5-3所示。曲线路径上的锚点由方向线，方向线的端点为方向点，它们主要用来调节曲线的形状。

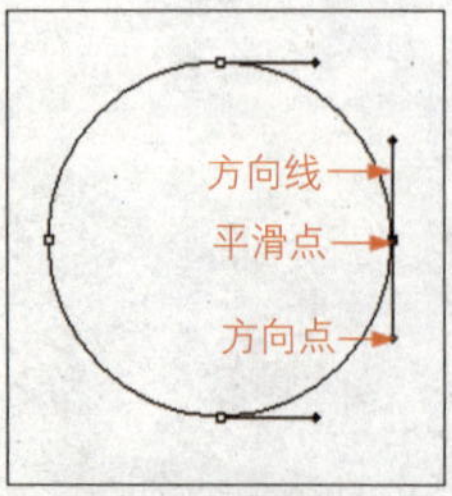

图5-1 平滑的曲线

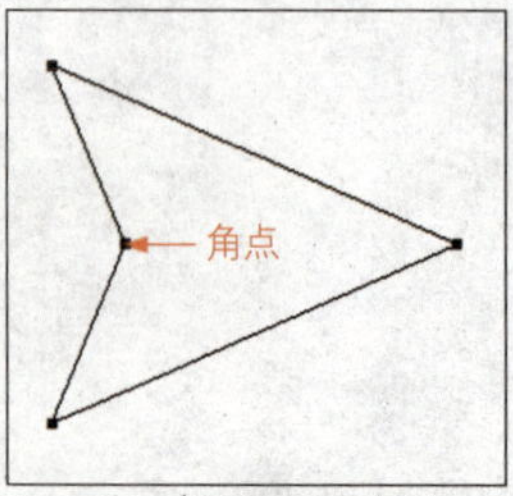

图5-2 角点连接的直线

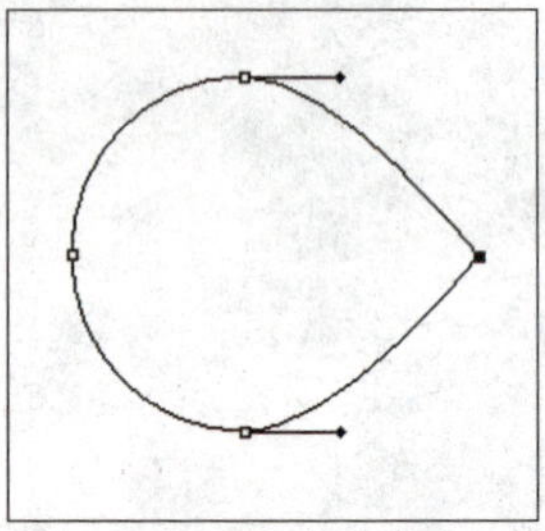
图5-3 转角曲线

其中：

- 【锚点】：又称定位点。两端会连接直线或曲线。由于控制柄和路径的关系可分为几种不同性质的锚点，如图5-4所示。

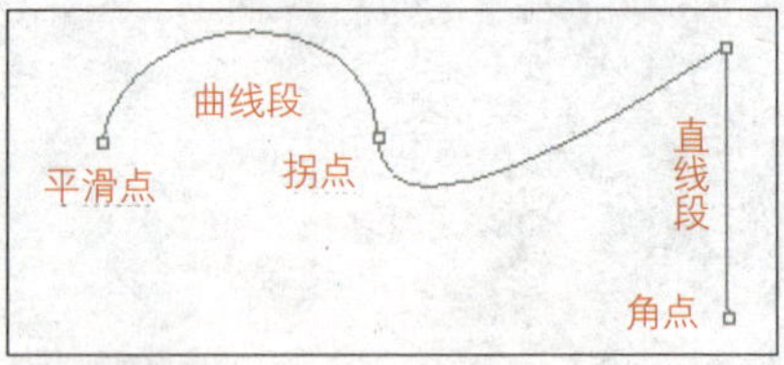

图5-4 路径的基本构成要素

- 【平滑点】：方向线是一体的锚点。
- 【角点】：没有公共切线的锚点。
- 【拐点】：控制柄独立的锚点。
- 【方向点】：标记方向线的结束端。
- 【方向线】：方向线是由锚点引出的曲线的切线，其倾斜度控制曲线的弯曲方向，长度则控制曲线的弯曲幅度。

5.1.1 钢笔工具

【钢笔工具】是Photoshop CS5中最为强大的绘图工具，它主要有两种用途：一是绘制矢量图形；二是用于选取对象。在作为选取工具使用时，【钢笔工具】绘制的轮廓光滑、准确，将路径转换为选区就可以准确地选择对象。

在钢笔工具组中包括【钢笔工具】、【自由钢笔工具】、【添加锚点工具】、【删除锚点工具】、【转换点工具】，如图5-5所示。

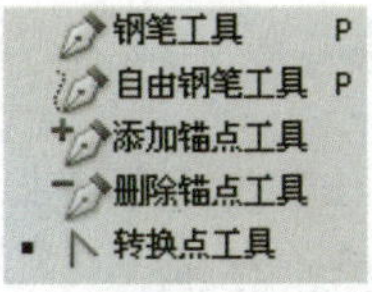

图5–5 钢笔工具

【钢笔工具】和【自由钢笔工具】用于绘制路径，【添加锚点工具】、【删除锚点工具】、【转换点工具】，用于编辑路径。

5.1.2 钢笔工具的用法

单击工具栏中【钢笔工具】按钮，在需要绘制路径的起点位置单击鼠标左键确定锚点，然后选择下一点继续添加锚点。在绘制过程中单击锚点并拖动鼠标即可产生曲线。【钢笔工具】的属性面板，如图5-6所示。

图5–6 【钢笔工具】属性面板

其中：

- 【形状图层】：选择此按钮绘制路径时，会在绘制出路径的同时建立一个形状图层，如图5-7所示，路径内的区域将被填入样式或颜色，如图5-8所示。
- 【路径】：选择此按钮，只能绘制出工作路径，如图5-9所示。

图5–7 形状图层

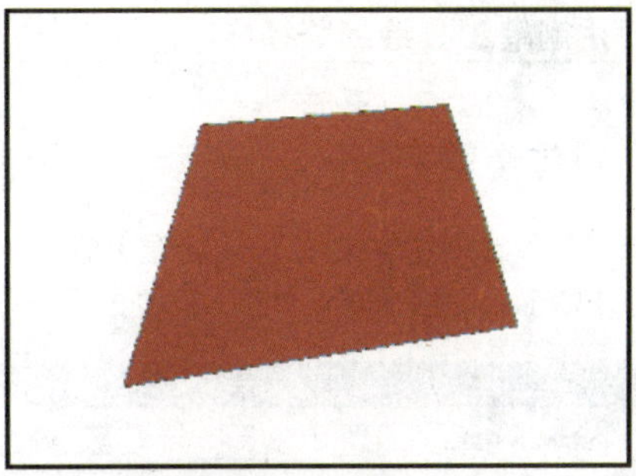

图5–8 填充颜色

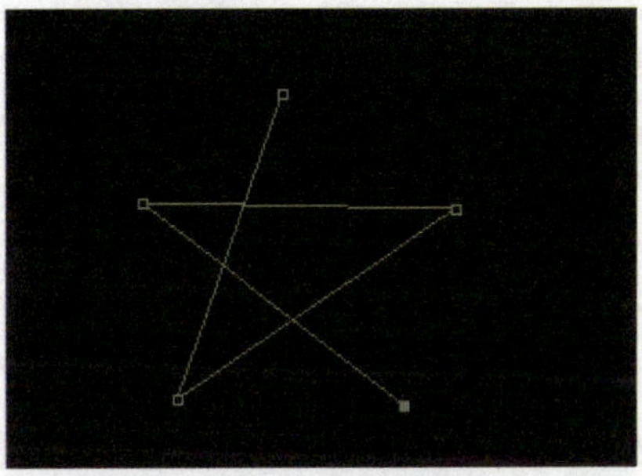

图5–9 绘制路径

- 【填充像素】：选择此按钮，直接在路径所在的区域内填入前景色颜色，但在选择【钢笔工具】和【自由钢笔工具】的情况下，【填充像素】无法被选中，因为这两个工具无法绘制图像。
- 【工具组】：绘制路径和形状的工具，方便用户随时选择更换。
- 【钢笔选项】：选择【橡皮带】，在绘制路径时就可以动态的显示路径变化。
- 【自动添加/删除】：可以使用钢笔工具直径增加或删除锚点，移动钢笔工具指针到已有的路径上单击就可以增加一个锚点，而移动钢笔工具指针到路径的锚点上单击则可删除锚点，按【Shift】键可以暂时屏蔽此项功能。
- 【组合模式】：当绘制方式选择【形状图层】时，组合模式现实为，当绘制方式选择【路径】时，组合模式现实为，这些模式与选区运算模式一下，对形状和路径进行相加、相减等运算操作。

使用钢笔工具绘制路径

操作步骤

1 单击菜单栏中的【文件】/【新建】命令，或者按【Ctrl+N】组合键，如图5-10所示。

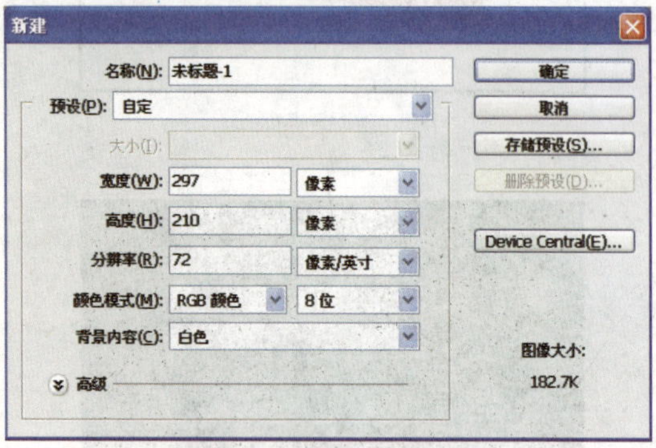

图5-10 【新建】对话框

2 选择工具栏中的【钢笔工具】，在文档任意位置单击，创建一个起始点，然后移动鼠标到另一个位置，再次单击，创建一个终点，如图5-11所示。第一个空心锚点表示未被选定的点，而实心的锚点表示当前已选定。

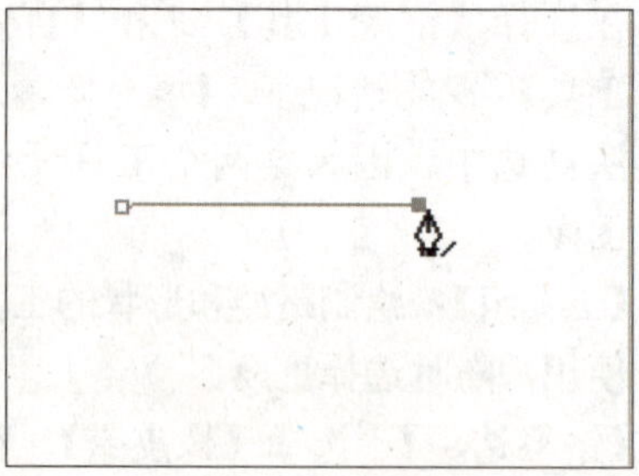

图5-11 图像效果

3 移动鼠标到另外一个位置，同时按住【Shift】键，创建第3个锚点。即可绘制出45度（如图5-12所示）、垂直（如图5-13所示）或水平的线段。

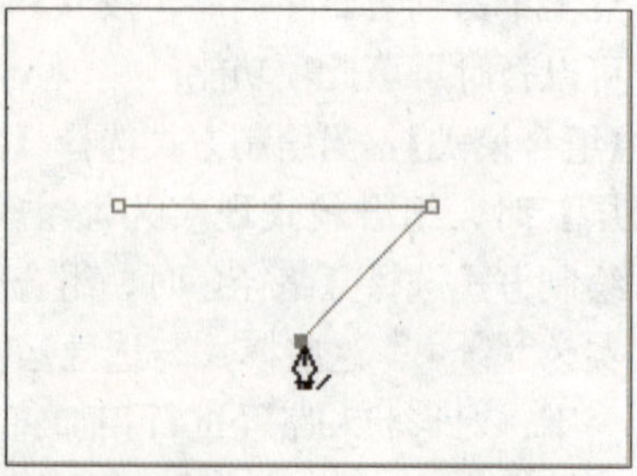

图5-12 45度线段

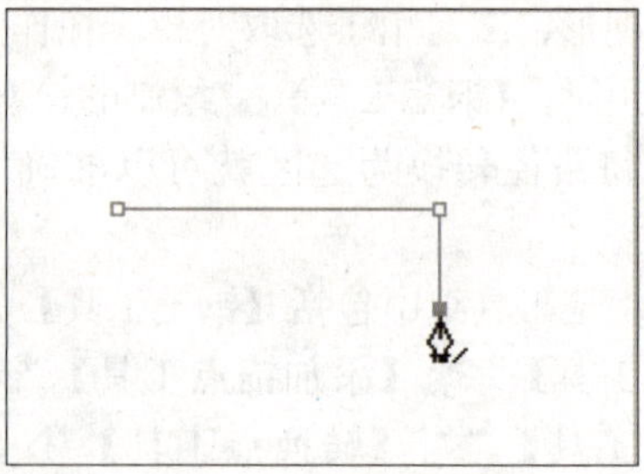

图5-13 垂直线段

提 示

此时的路径有起点和终点，称之为开放路径，如果现在想结束当前路径的绘制，可以按下【Esc】键。

4 单击菜单栏中的【编辑】/【拷贝】命令，或者按【Ctrl+C】组合键，将路径复制到剪贴板，单击菜单栏中的【编辑】/【粘贴】命令，或者按【Ctrl+V】组合键，此时粘贴到文档的和原路径重合，选择工具栏中的【路径选择工具】，移动路径，如图5-14所示。

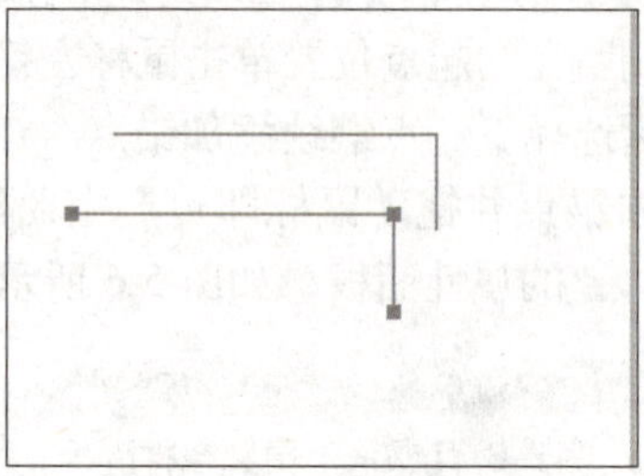

图5-14 移动路径

5 选择工具栏中的【钢笔工具】，移动上面子路径的端点处，【钢笔工具】由符号变成符号。如图5-15所示。

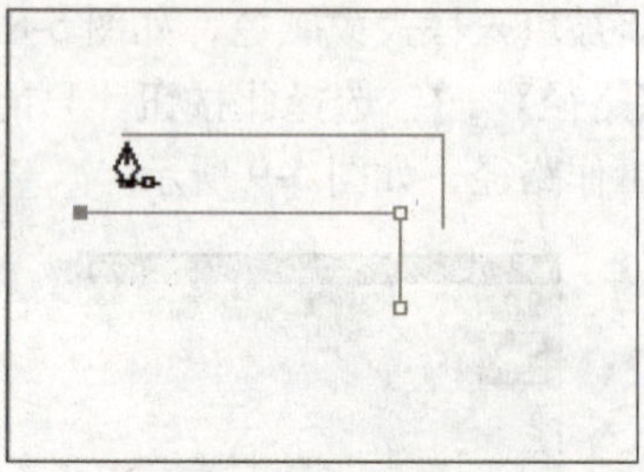

图5-15 图像效果

6 单击鼠标左键，此时两条孤立的线段左侧端点用直线路径连接起来，如图5-16所示。

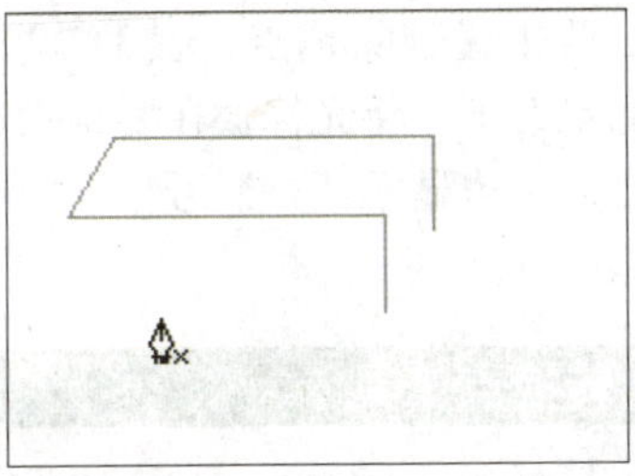

图5-16 路径连接

7 单击未闭合路径的锚点，如图 5-17 所示。一直按住鼠标，将光标托移开锚点位置，会发现从锚点出伸出一条方向线（黑色的直线），并且光标也变成了箭头形状。此时，则建立出曲线锚点。如图 5-18 所示。

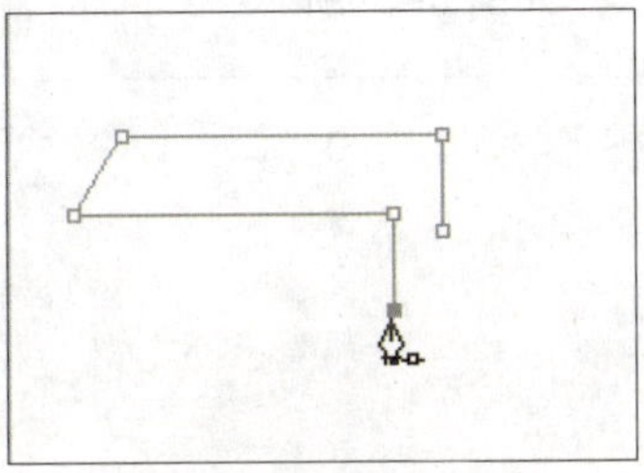

图5-17 闭合锚点

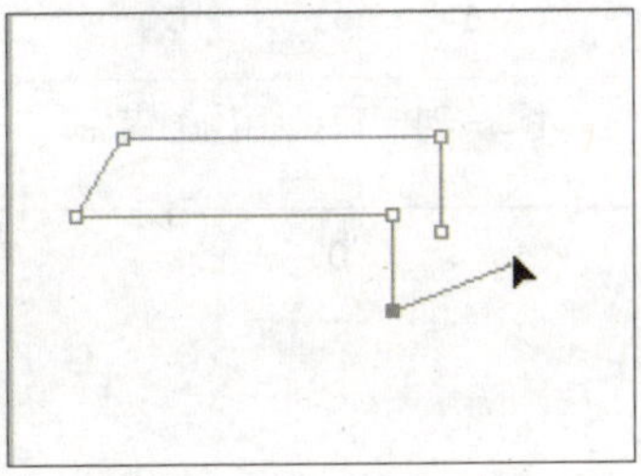

图5-18 建立曲线锚点

提 示

按下【Alt】键，也可拖移出方向线。

8 在空白处单击鼠标左键，则绘制出一条光滑的曲线，如图 5-19 所示。

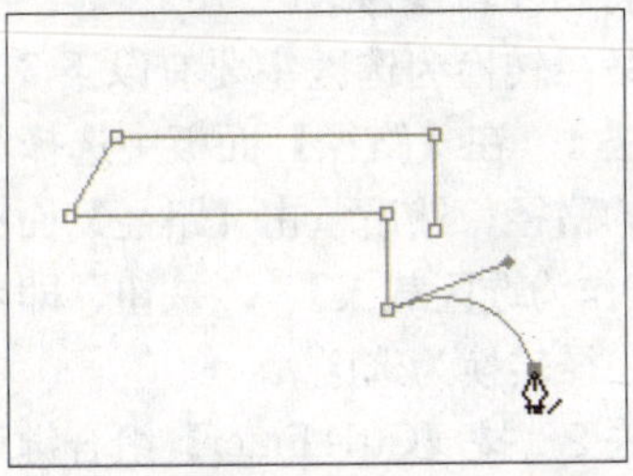

图5-19 光滑曲线

5.1.3 自由钢笔工具

【自由钢笔工具】与【钢笔工具】的功能基本相同，但建立路径的方式不同。【自由钢笔工具】不是通过建立锚点来勾画路径，而是通过绘制曲线来勾画路径，属性工具栏如图 5-20 所示。其中只有【自由钢笔选项】与钢笔属性工具栏不同，下面重点讲解此选项的参数含义。

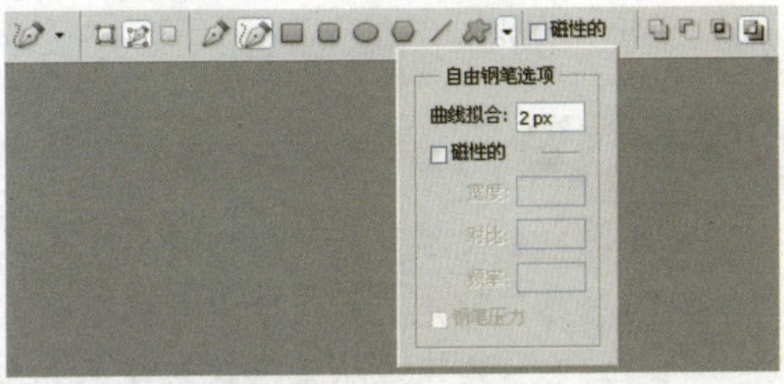

图5-20 【自由钢笔工具】属性面板

- 【曲线拟合】：设置路径与光标移动轨迹的重合程度，数值越高创建的路径锚点越少，路径越光滑，较低的数值包含较多的锚点，虽然轨迹不够光滑，但能放映光标的实际移动情况。
- 【磁性的】：勾选此项，自由钢笔工具切换为磁性钢笔工具，能够根据图像的对比度自动分辨图像的边缘并绘制路径，如图 5-21 所示。

图5-21 图像效果

- 【宽度】：设置磁性钢笔探测的宽度值越大，探测宽度也越大，所以当图像的对比度比较低时，应降低宽度的数值，以在最大程度上排除图像其他区域对生成路径的影响。

- 【对比】：设置像素之间呗看作边缘所需的对比度，数值越高，图像的对比度越低。
- 【频率】：设置钢笔在绘制路径时，锚点的密度，数值越高，得到的路径上锚点路数量越多。
- 【钢笔压力】：该选项需要有压感笔的支持，当使用压感笔绘制路径时，勾选该项，则压感笔的压力大小会对路径的绘制产生影响。

提 示

使用磁性钢笔工具绘制路径时，注意移动光标时始终保持光标与图像中对比度最强烈的边缘对齐，在图像拐角位置可以单击鼠标以增加锚点。

5.1.4 添加/删除锚点工具

（1）单击【添加锚点工具】，在路径被选中的状态下，将光标放在要添加锚点的路径上，光标旁即显示【+】号，如图 5-22 所示；直接单击鼠标即增加锚点，如图 5-23 所示。

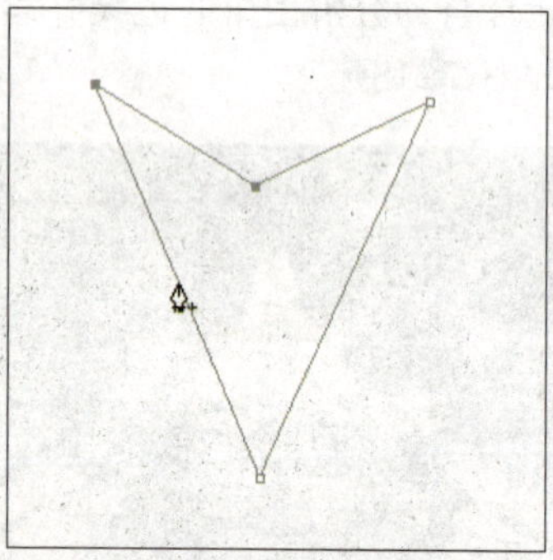

图5-22 光标

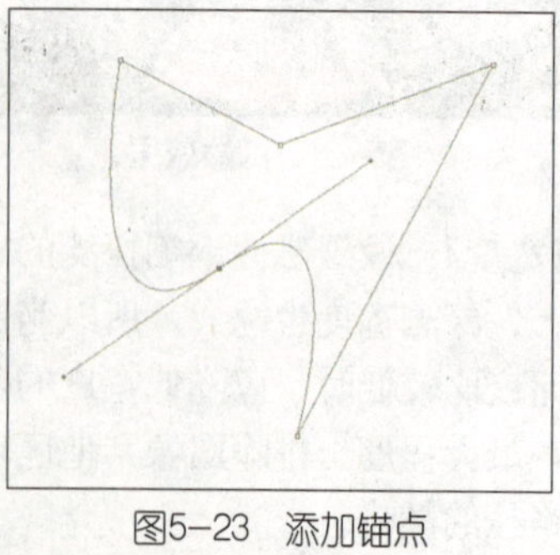

图5-23 添加锚点

（2）单击【删除锚点工具】，在路径被选中的状态下，将光标放在要删除锚点的路径上，光标旁边显示【—】号，直接单击鼠标即可删除锚点。

5.1.5 转换点工具

单击【转换点工具】，可以使锚点在两侧没有控制柄的直线型锚点和两侧具有控制柄的圆滑型锚点之间进行转换，如图 5-24 所示。使用光标在圆滑型锚点（a）、（b）上单击可以将其转换为直线形锚点，在直线型锚点（b）上单击并拖动鼠标调整方向线可将其转换为圆滑型锚点，如图 5-25 所示。

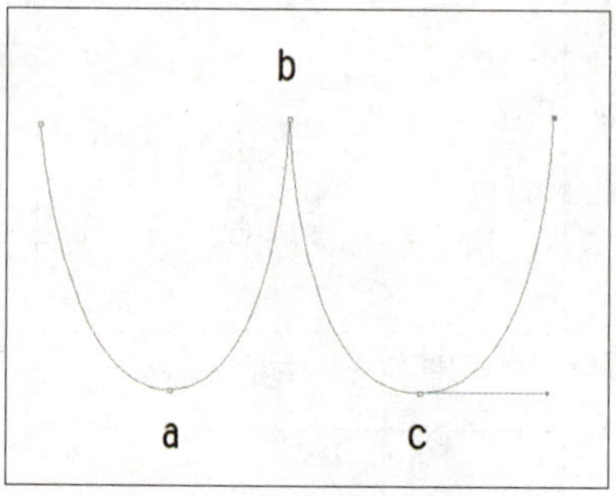

图5-24 转换路径的锚点

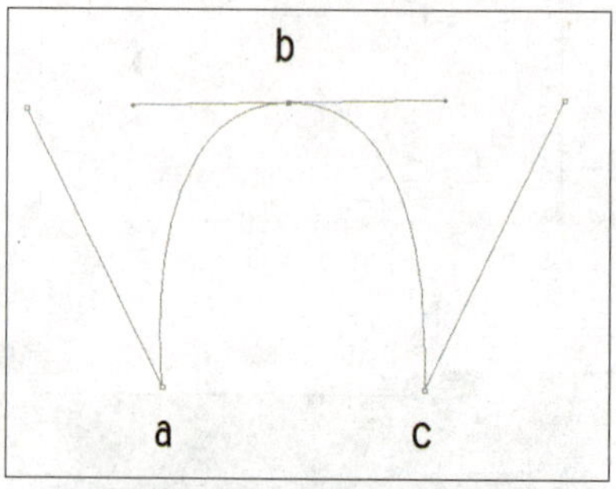

图5-25 转换路径的锚点

5.1.6 路径、选区的相互转换

1. 将路径转换为选区

将路径转换为选区主要有以下 3 种方法：

方法 1 在【路径】面板中选择需要转换为选区的路径，然后单击【路径】面板底部的【将路径作为选区载入】按钮，即可将当前选择的路径转换为选区。

方法 2 按【Ctrl+Enter】组合键可以快速将路径转换为选区。

方法 3 按【Ctrl】键的同时，单击【路径】面板中的路径，即可将当前选择的路径转换为选区。

如图 5-26 所示为原路径。如图 5-27 所示为按上述方法操作得到的选区。

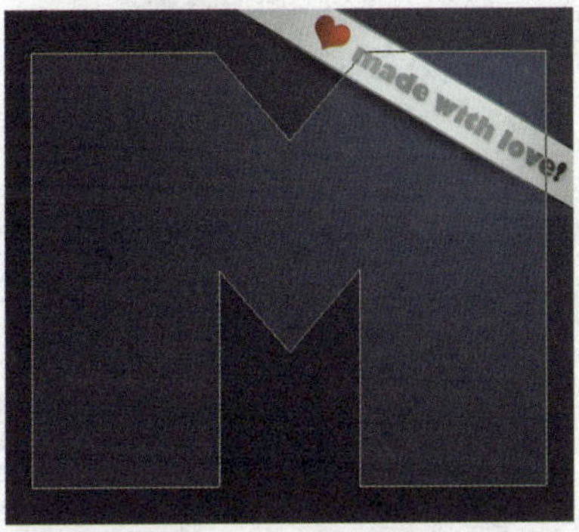

图5-26 原路径

图5-27 将路径转换为选区

2. 将选区转换为路径

应用路径的矢量特征与可编辑性可以创建出精确的形状，并可以在【路径】面板中将其转换为选区。理论上可以应用【钢笔工具】绘制出任何形状的路径，但在某些情况下应用【钢笔工具】绘制路径并不是最简捷的方法，例如，绘制某些图层非透明区域的路径时，用户最好使用由选区得到路径的方法创建路径，而不必自己绘制这样的路径。

将选区生成路径

操作步骤

1 使用制作选区的各种工具创建所需要的选区，或者按【Ctrl】键单击某已图层，已调出非透明的选区。

2 按住【Alt】键单击【路径】面板底部的【从选区生成工作路径】按钮，或者选择【路径】面板弹出菜单中的【建立工作路径】命令，设置弹出【建立工作路径】对话框，如图 5-28 所示。

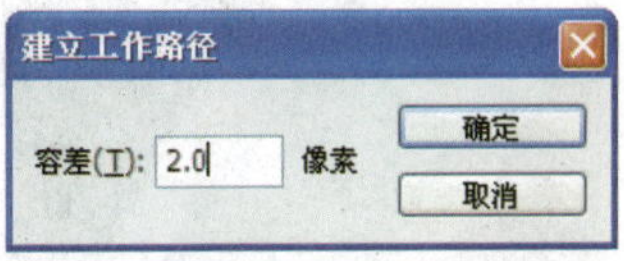

图5-28 【建立工作路径】对话框

【建立工作路径】对话框中的【容差】文本框中的数值决定了路径所包括的定位点数。默认的【容差】值为 5.0 像素，在此可输入的容差值范围为 0.5~10 像素。

5.1.7 路径选择工具

Photoshop CS5 为用户提供了【路径选择工具】和【直接选择工具】两种专用的路径选择工具。

如果在编辑过程中要选择整条路径，可以使用选择工具栏上的【路径选择工具】。在整条路径被选中的情况下，路径上的锚点会全部显示为黑色小正方形，如图 5-29 所示。

图5-29

要选择路径中的锚点，需要使用工具栏上的【直接选择工具】。在路径中的锚点处于被选定的状态下时呈黑色小方形，未被选中的锚点呈空心小正方形，如图 5-30 所示。

根据需要可以用点选的方式选择一个锚点。如果要选择多个锚点，可以按【Shift】键不断单击锚点，或按住鼠标左键拖出一个虚线框，虚线框中的锚点将被选中。

图5-30

提　示

框选即按住鼠标左键不放，拖移到另外一个位置，放开鼠标，则是框选的过程，框选常常用于选择一个区域。要取消选择，按【Esc】键或者在文档空白处单击鼠标。

5.1.8　填充与描边路径

路径的另外一个作用就是构建图形。在路径调板中选择【填充路径】/【子路径】或者【描边路径】/【子路径】来填充或者描边路径。

1. 填充路径

填充路径

操作步骤

1 单击菜单栏中的【文件】/【新建】命令，或者按【Ctrl+N】组合键，绘制一个闭合路径，如图 5-31 所示。

图5-31　闭合路径

2 单击【路径】/【填充路径】命令，如图 5-32 所示，效果如图 5-33 所示。

提　示

在填充路径时，Photoshop 采用一种叫做 Even-Winding（偶奇缠绕）的法则。以五角星为例，要判断一个区域是否被填充，可以在这个区域任意找一点（不能落在路径线上）。从此点出发，任意向外一条直线，穿越这个方向的每一条路径线。如果被穿越路径线数目为偶数，则这个区域将不被填充；如果被穿越的路径线的数目是奇数，则这个区域可以被填充。

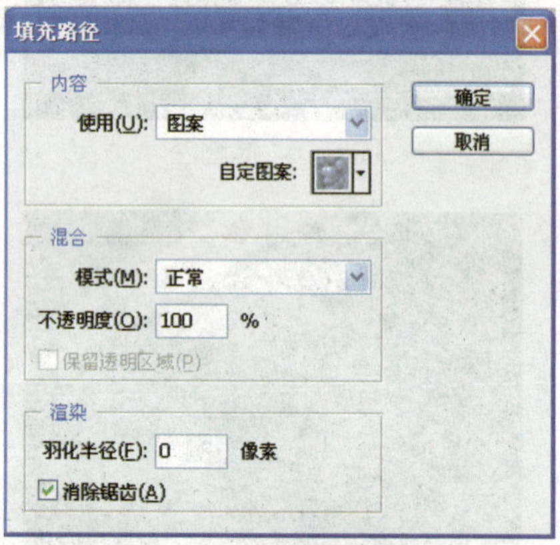

图5-32　【填充路径】对话框

图5-33　图像效果

3 按【Ctrl+H】组合键，隐藏路径。

提　示

当需要显示时，只执行此组合键即可。若同时存在选区和路径，执行此组合键，路径和选区则一起被隐藏。

2. 描边路径

【描边路径】是沿着路径勾勒出的轨迹用

绘画工具绘制，如图 3-34 所示为【描边路径】对话框。所有绘画工具都集合在下拉列表中。单击路径调板的【描边路径】图标，则开始以指定的工具沿路径描边；如果在单击图标之前按住【Alt】键，会弹出【描边路径】对话框，用户可以指定另外的工具或者增加【模拟压力】复选项。

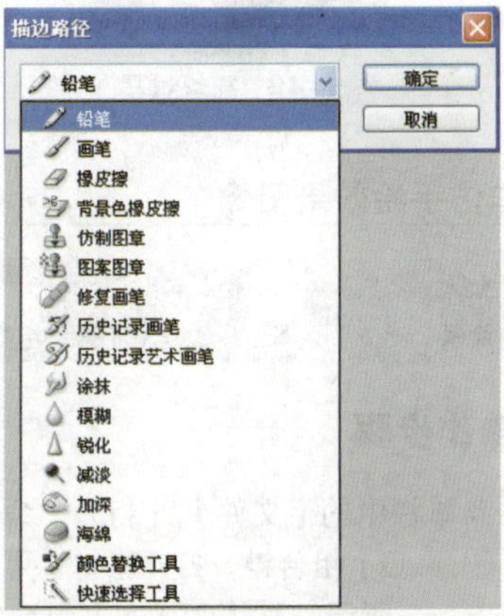

图5-34 【描边路径】对话框

【模拟压力】：能够简单的模拟使用绘画工具时压力的变化，使用此复选项之后，路径起笔时较细，中间逐渐加粗，结尾又逐渐变细。此效果有时能够创建一种更加自然的效果。

模拟压力

操作步骤

1 单击菜单栏中的【文件】/【新建】命令，或者按【Ctrl+N】组合键，绘制一个路径，如图 5-35 所示。

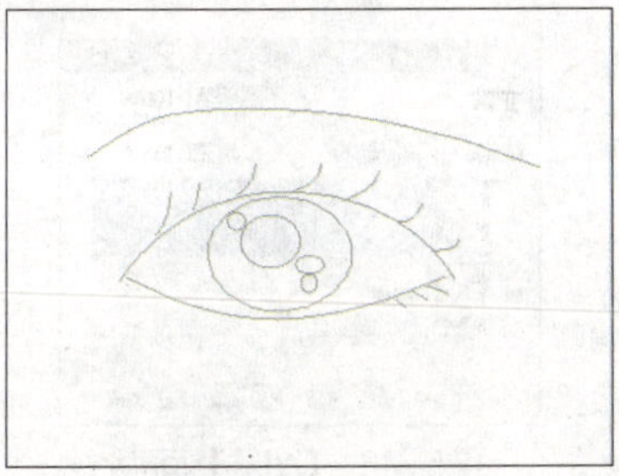

图5-35 绘制路径

2 单击【路径调板】上的【描边路径】命令。并勾选【模拟压力】复选项，设置如图 5-36 所示，效果如图 5-37 所示。

图5-36 【描边路径】对话框

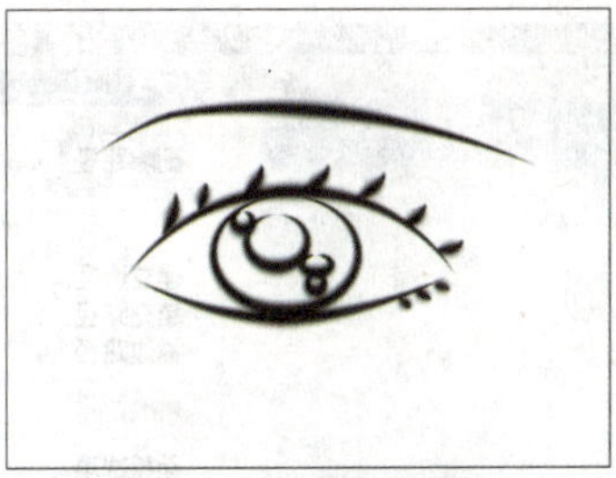

图5-37 图像效果

5.1.9 剪贴路径

【剪贴路径】内的元素是不透明的，剪贴路径外的元素是透明的。即在 Photoshop CS5 中用路径勾勒出图像轮廓，然后将这条路径定义为剪贴路径，那么，在其他程序中，只显示路径轮廓内的图像，背景显示为透明。

提 示

需要将包含剪贴路径的图像存储成 EPS 格式的文件。对于 PageMaker 和 InDesign 这样的姊妹软件，也可识别以 TIFF 格式保存的剪贴路径。

建立剪贴路径

所用素材：光盘\素材\第 2 章\火焰花朵

操作步骤

1 在保持不透明的图像区域勾勒一条或多条路径。如图 5-38 所示。

图5-38 绘制路径

2 单击【路径】/【存储路径】命令，如图5-39所示，存储这条路径。不能将【工作路径】设置为【剪贴路径】，因为随着文档的关闭，【工作路径】将不复存在。

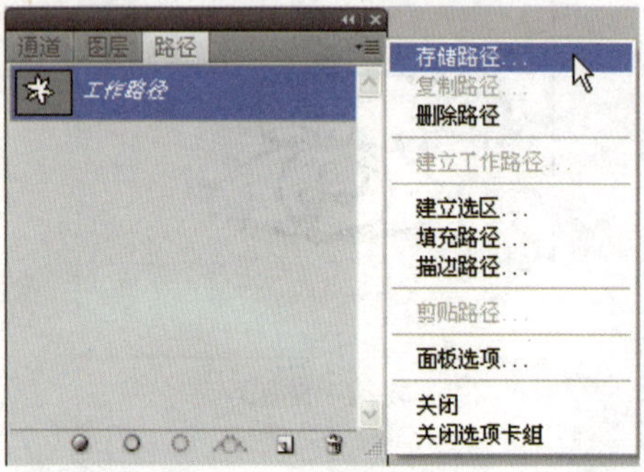

图5-39 【路径】面板

3 在路径调板菜单中选择【剪贴路径】命令，将弹出【剪贴路径】对话框，如图5-40所示。

图5-40 【剪贴路径】对话框

4 打开【路径】下拉列表，可以从中选择需要定义成剪贴路径的路径，选择【确定】完成操作。

提 示

【展平度】选项是以打印机的像素为单位，描述允许多边形折现拟合真实数学曲线的偏离距离。数值越大，多边形的边数越少，即边缘比较粗糙，但是打印速度较快。将展平度保留为空白，可以使用打印机的默认值打印图像。

5.2 上机实战

本节主要利用钢笔工具绘制路径来模拟手绘图像的效果。首先对图像进行处理，让整体色调柔和，然后绘制路径，并将路径转换为选区。并通过选区的一系列修改命令以及钢笔工具的模拟压力的效果，达到仿制手绘效果的表现形式，最终效果如图5-41所示。

图5-41 最终效果

制作仿手绘效果图像

所用素材：光盘\素材\第2章\可爱小孩
最终效果：光盘\效果\第2章\仿手绘效果

操作步骤

1 单击菜单栏中的【文件】/【打开】命令，或者按【Ctrl+O】组合键，打开素材【可爱小孩】，如图5-42所示。按【Ctrl+J】组合键，复制图层，得到【图层1】，【图层】面板如图5-43所示。

图5-42 可爱小孩文件

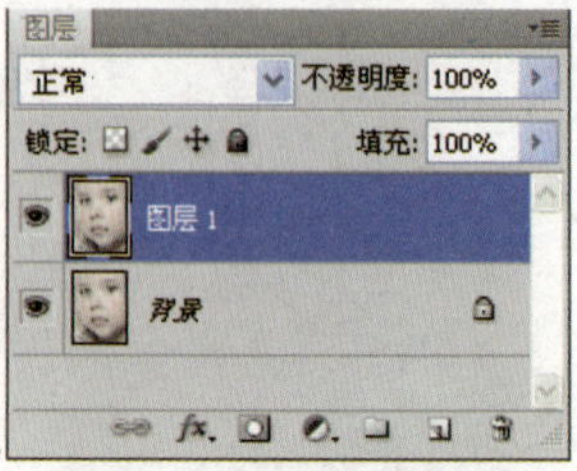

图5-43 【图层】面板

2 选择【图层1】，单击菜单栏中的【滤镜】/【模糊】/【高斯模糊】命令，弹出【高斯模糊】对话框，设置如图5-44所示，选择【确定】完成操作。效果如图5-45所示。

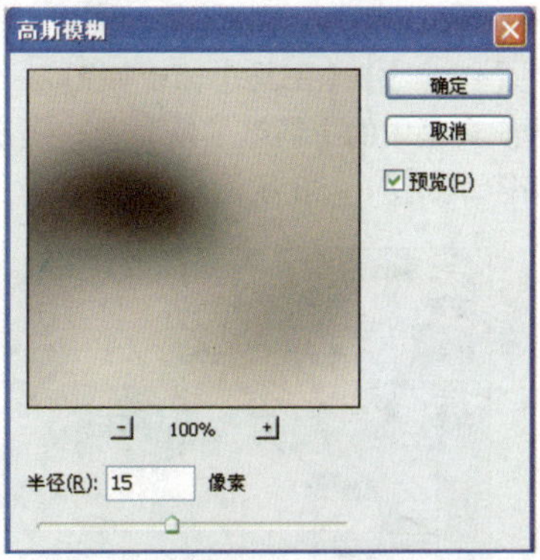

图5-44 【高斯模糊】对话框

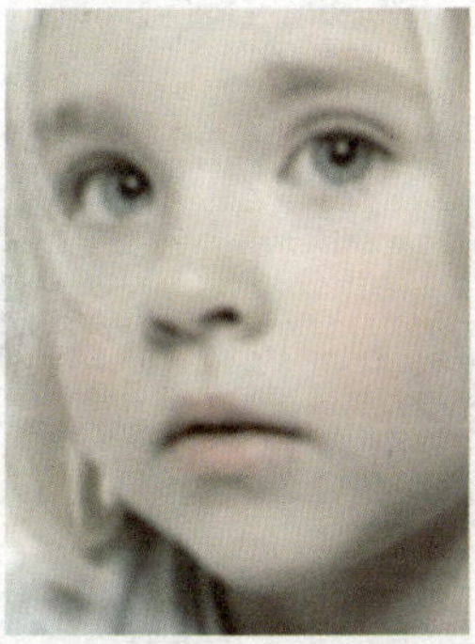
图5-45 高斯模糊效果

3 首先绘制嘴唇部分。选择工具栏中的【钢笔工具】，画出嘴唇部分路径，如图5-46所示。按【Ctrl+Enter】组合键，将路径转换为选区。单击菜单栏中的【选择】/【修改】/【羽化】命令，弹出【羽化选区】对话框，设置如图5-47所示，选择【确定】完成操作，效果如图5-48所示。

图5-46 绘制嘴部选区

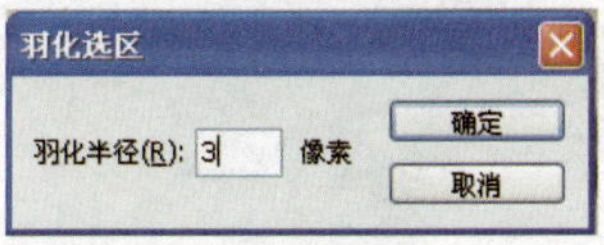

图5-47 【羽化选区】对话框

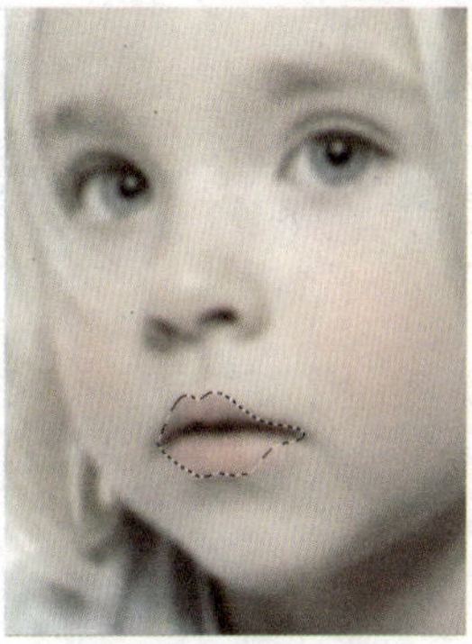
图5-48 图像效果

4 选择【图层1】，保持选择区域。选择工具栏中的【涂抹工具】，属性工具栏设置如图5-49所示，对嘴唇部分进行涂抹，涂抹效果如图5-50所示。选择工具栏中的【减淡工具】，在嘴唇部分进行涂抹，提升嘴部质感，如图5-51所示。按【Ctrl+D】组合键取消选区。

图5-49 【涂抹工具】属性面板

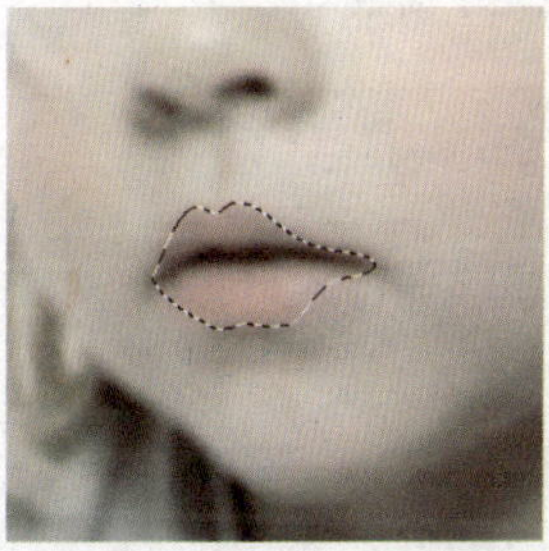
图5-50 涂抹后效果

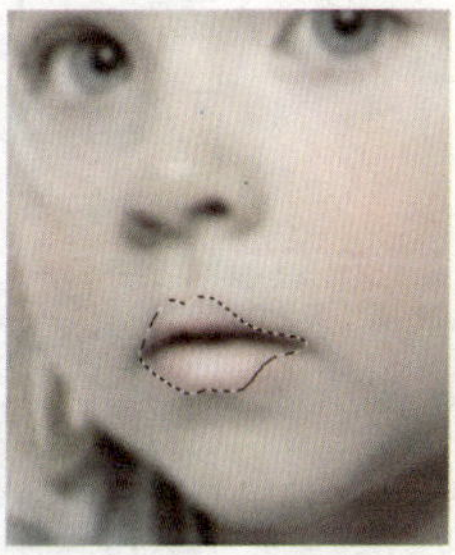
图5-51 减淡后效果

5 选择【图层1】，选择工具栏中的【钢笔工具】，画出眼珠部分路径，如图5-52所示。按【Ctrl+Enter】组合键，将路径转换为选区，选择工具栏中的【涂抹工具】，对眼睛进行涂抹，如图5-53所示。选择工具栏中的【加深工具】，将眼球部分加深，如图5-54所示。

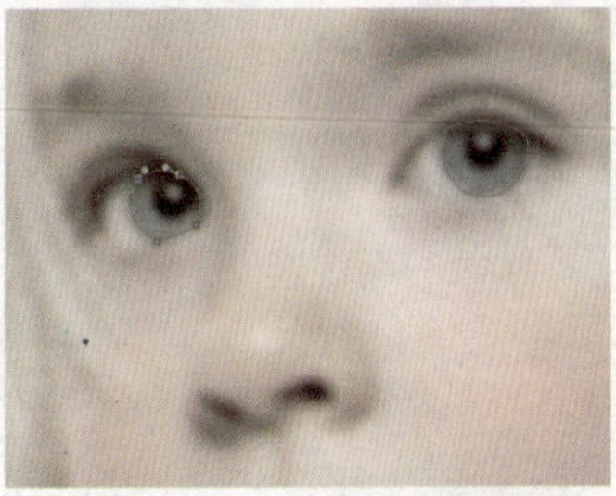
图5-52 绘制眼睛路径

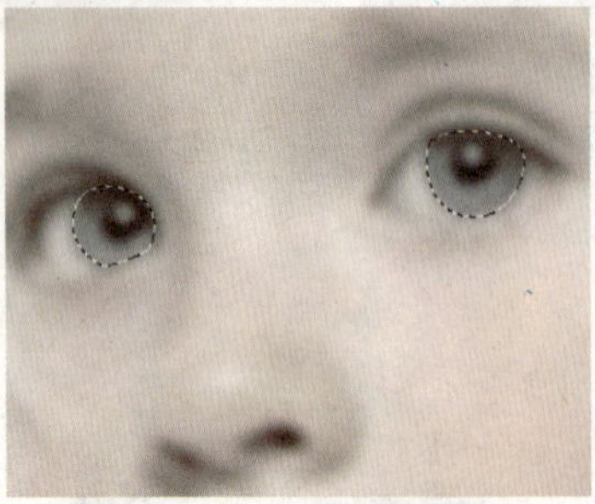

图5-53 涂抹眼球

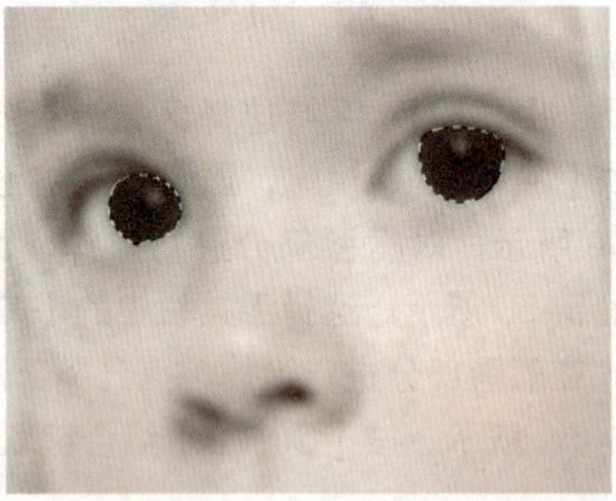

图5-54 加深眼球

6 选择【图层】面板，单击【新建图层】按钮，得到【图层 2】，【图层】面板如图 5-55 所示。

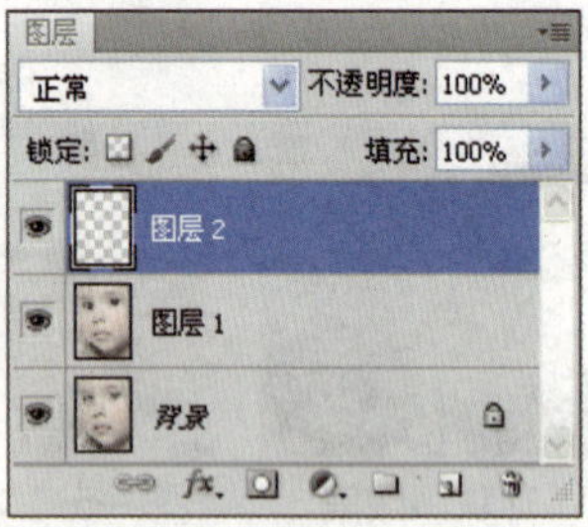

图5-55 【图层】面板

7 选择【图层 2】，将【前景色】设置为白色。选择工具栏中的【画笔工具】，画出眼珠部分的高光，如图 5-56 所示。按【Ctrl+D】组合键取消选区。

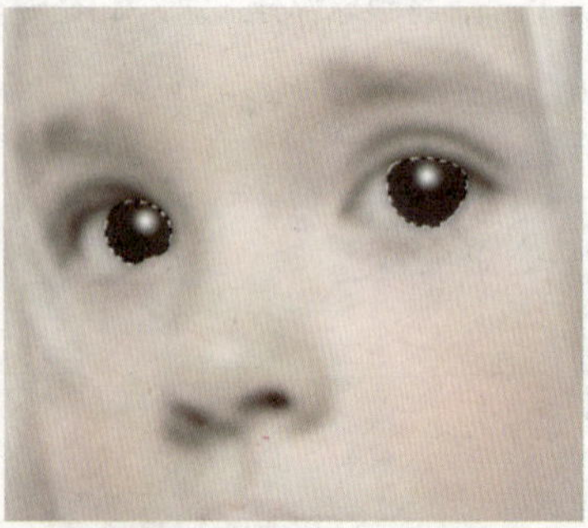

图5-56 【羽化选区】

8 选择【图层】面板，单击【新建图层】按钮，得到【图层 3】，【图层】面板如图 5-57 所示。选择工具栏中的【钢笔工具】，画出眼白区域路径，如图 5-58 所示。

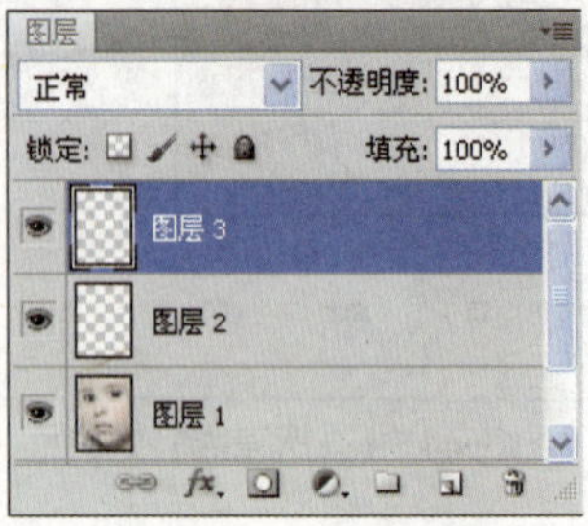

图5-57 【图层】面板

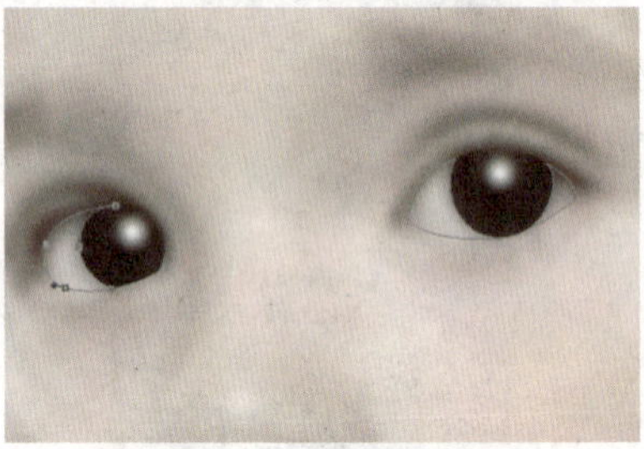

图5-58 填充前景色

9 按【Ctrl+Enter】组合键将路径转换为选区，单击菜单栏中的【选择】/【修改】/【羽化】命令，弹出【羽化选区】对话框，设置如图 5-59 所示，选择【确定】完成操作，效果如图 5-60 所示。按【Alt+Delete】填充前景色，如图 5-61 所示，按【Ctrl+D】组合键取消选区。

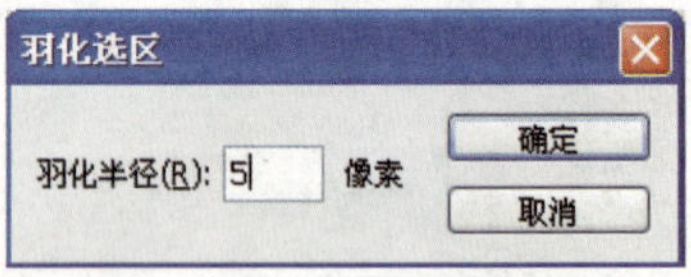

图5-59 【羽化选区】对话框

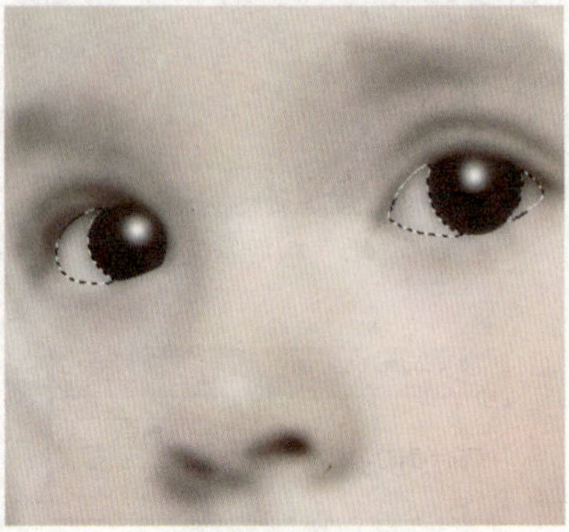

图5-60 填充前景色

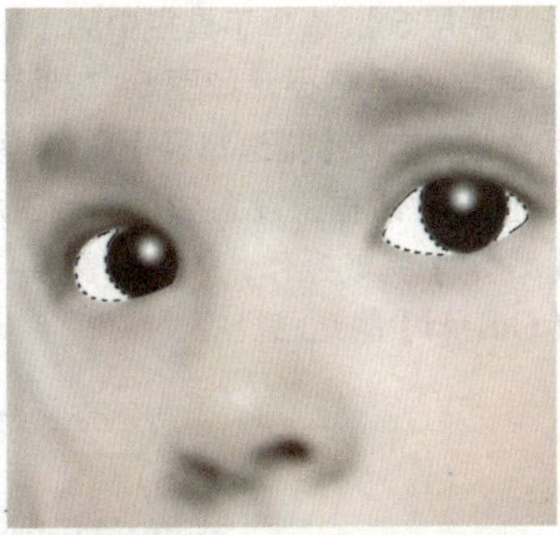

图5-61　眼白区域路径

10 选择【图层】面板，选择【图层 3】，将图层【混合模式】设置为【柔光】，效果如图 5-62 所示，【图层】面板如图 5-63 所示。将图层 3 的【不透明度】改为 60%，效果如图 5-64 所示，【图层】面板如图 5-65 所示。

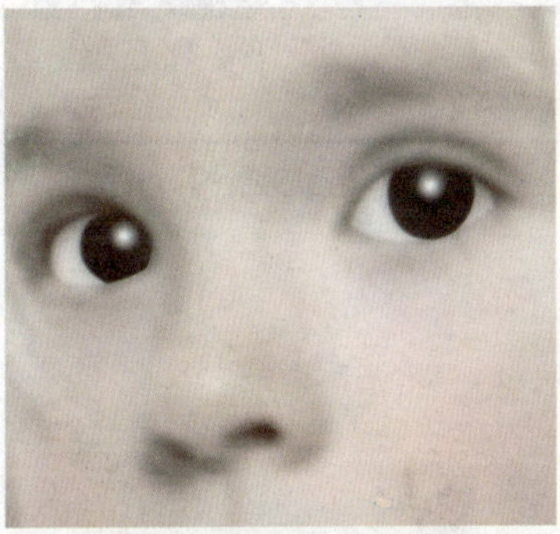

图5-62　【柔光】混合模式

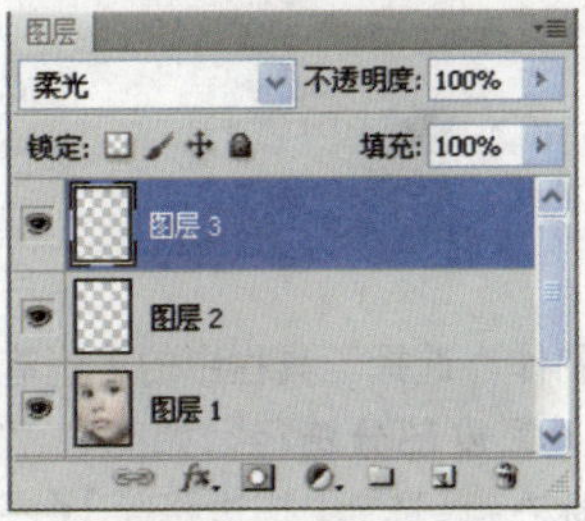

图5-63　【图层】面板

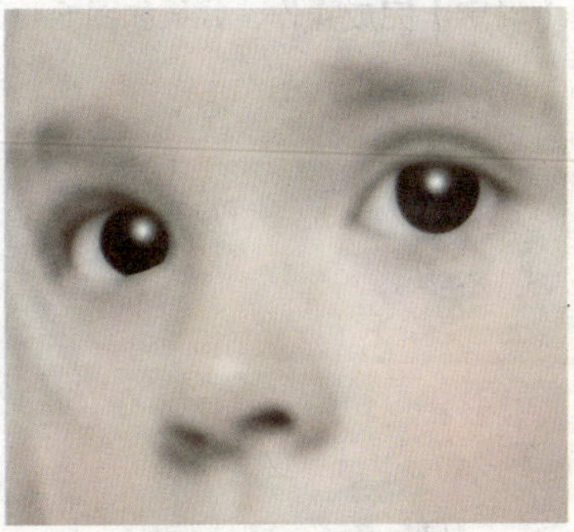

图5-64　不透明度为60%

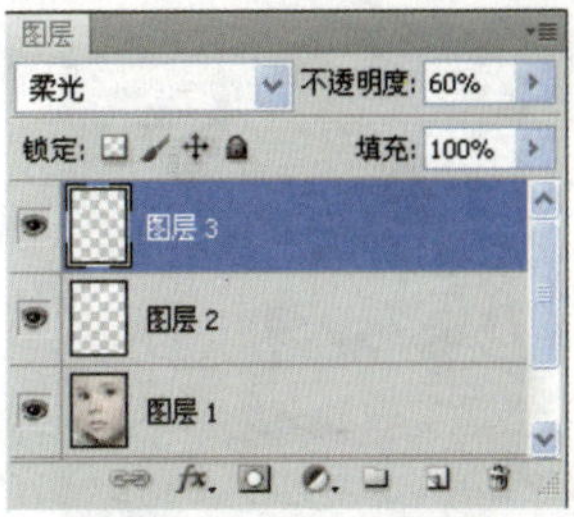

图5-65　【图层】面板

11 提升脸部的亮度。选择【图层 1】，选择工具栏中的【钢笔工具】，绘制脸的路径，如图 5-66 所示。按【Ctrl+Enter】组合键将路径转换为选区，按【Ctrl+J】组合键复制选区内容到新建【图层 4】。

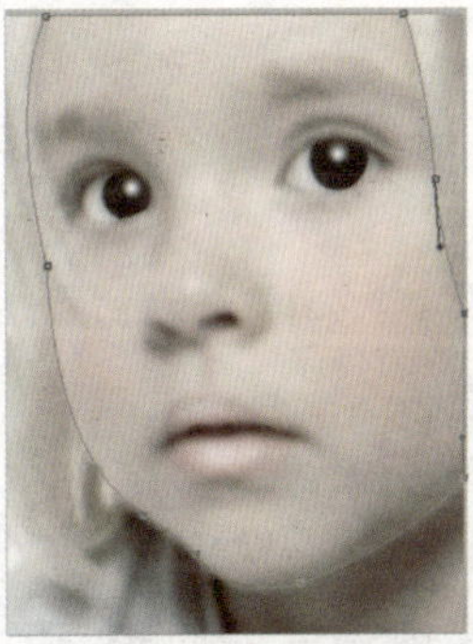

图5-66　绘制脸部路径

12 选择【图层 4】，单击菜单栏中的【图像】/【调整】/【曲线】命令，或者按【Ctrl + M】组合键，弹出【曲线】对话框，设置如图 5-67 所示选择【确定】完成操作，效果如图 5-68 所示。

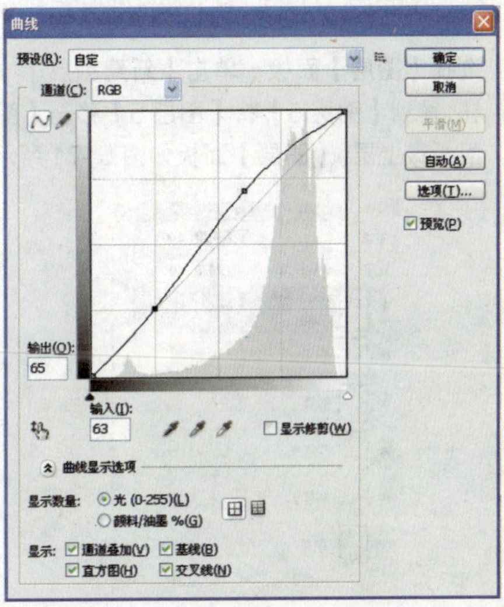

图5-67　【曲线】对话框

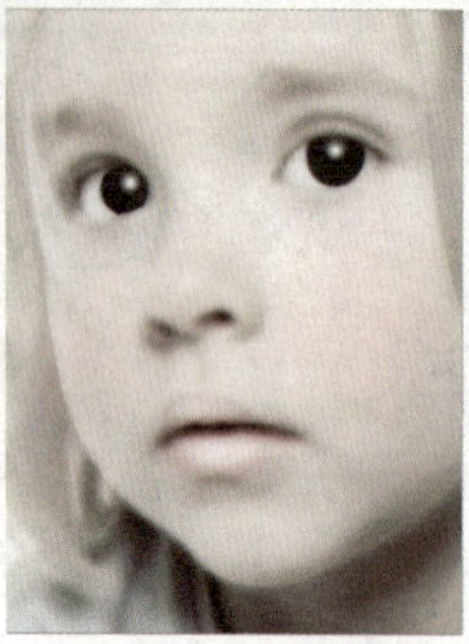

图5-68　图像效果

13 选择【图层 4】，选择工具栏中的【减淡工具】，对脸部边缘减淡，然后对其他暗调部分进行减淡操作，如图 5-69 所示。

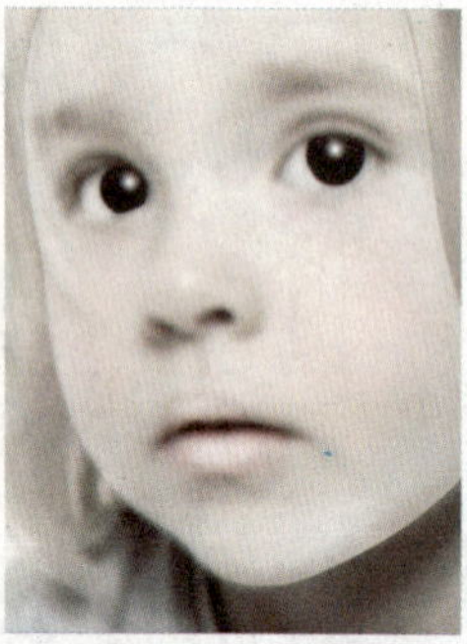

图5-69　减淡后效果

14 绘制睫毛部分。按【D】键，恢复默认【前景色】为黑色，【背景色】为白色。选择工具栏中的【画笔工具】，属性工具栏设置如图 5-70 所示。

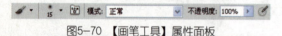

图5-70　【画笔工具】属性面板

15 选择【图层】面板，单击【新建图层】按钮，得到【图层 5】，将【图层 5】移至【图层】面板最上层。【图层】面板如图 5-71 所示。

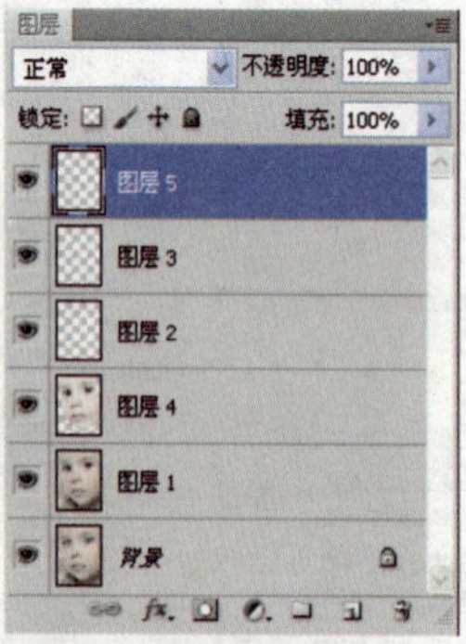

图5-71　【图层】面板

16 选择【图层 5】，选择工具栏中的【钢笔工具】，画出睫毛路径，如图 5-72 所示。单击鼠标右键，选择【描边路径】命令，弹出【描边路径】对话框，设置如图 5-73 所示，选择【确定】完成操作，效果如图 5-74 所示。按【Ctrl+H】隐藏路径。

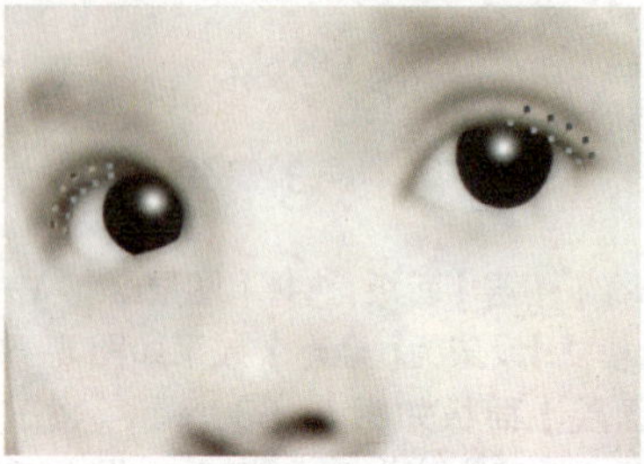

图5-72　绘制睫毛

图5-73　【描边路径】对话框

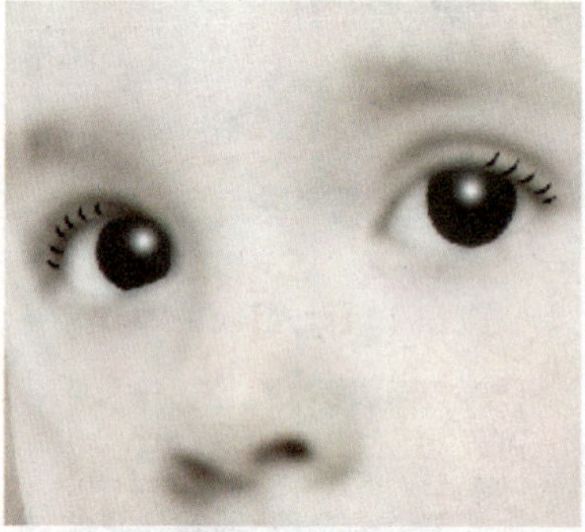

图5-74　描边效果

17 眼皮制作，选择工具栏中的【钢笔工具】，画出上眼皮部分路径，如图 5-75 所示。单击鼠标右键，选择【描边路径】命令，弹出【描边路径】对话框，设置如图 5-76 所示，选择【确定】完成操作，效果如图 5-77 所示。

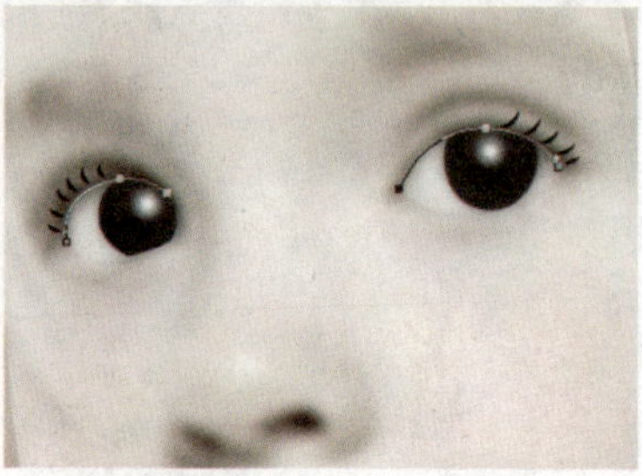

图5-75　绘制上眼皮

图5-76 【描边路径】对话框

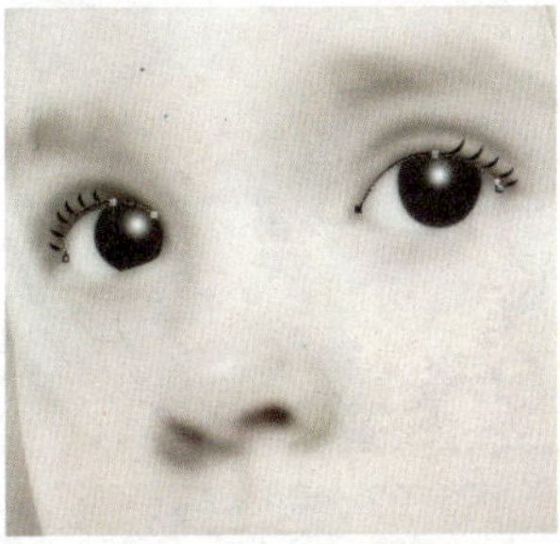

图5-77 图像效果

18 按键盘上的【↑】键，将路径向上移动 2 个像素，将【前景色】设置为白色。弹出【描边路径】对话框，设置如图 5-78 所示，选择【确定】完成操作，效果如图 5-79 所示。

图5-78 【描边路径】对话框

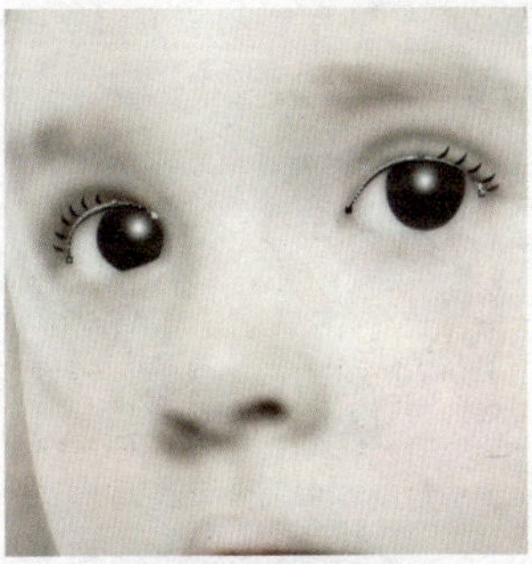

图5-79 图像效果

19 重复步骤 16 的操作，将前景色设置为黑色，按【Ctrl+H】隐藏路径，效果如图 5-80 所示。

20 重复步骤 15 至步骤 16 绘制下眼皮区域，效果如图 5-81 所示。

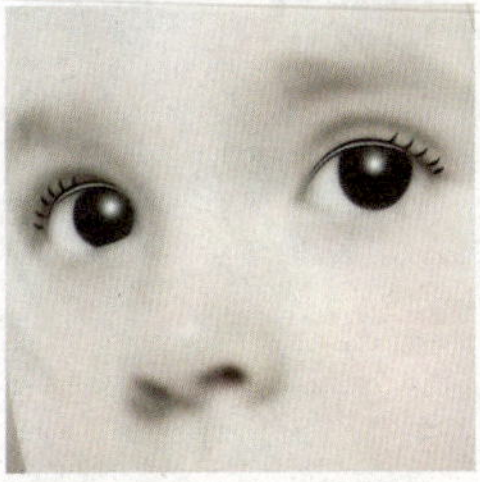

图5-80 上眼皮效果

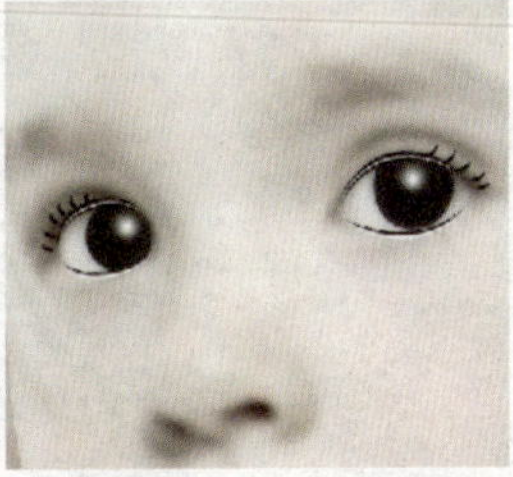

图5-81 下眼皮效果

21 绘制眉毛部分。选择【图层 4】，选择工具栏中的【仿制图章工具】，按【Alt】键在眉骨处取样，在眉毛处绘制，将眉毛修饰与额头同一颜色，如图 5-82 所示。

22 选择【图层】面板，单击【新建图层】按钮，得到【图层 6】，将【图层 6】移至【图层】面板最上层，如图 5-83 所示。

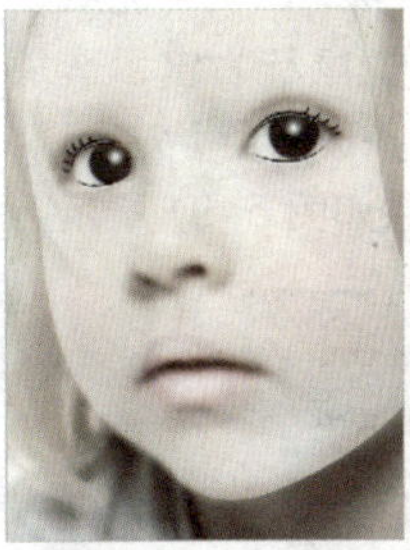

图5-82 图像效果

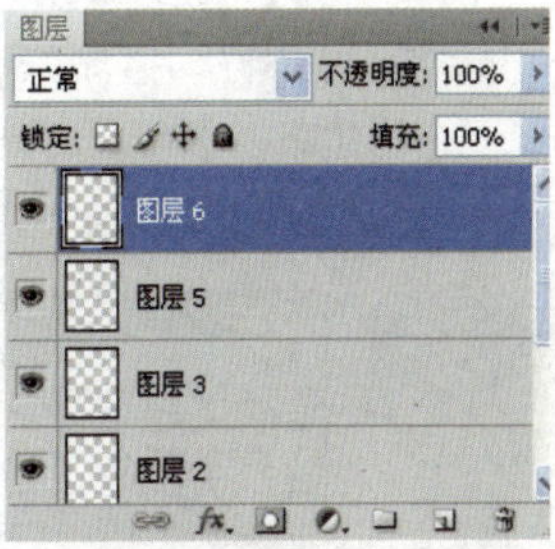

图5-83 【图层】描边

23 选择【图层 6】，选择工具栏中的【钢笔工具】，绘制眉毛部分路径，如图 5-84 所示。将【前景色】设置为黑色。单击鼠标右键，选择【描边路径】命令，弹出【描边路径】对话框，设置如图 5-85 所示，选择【确定】完成操作，效果如图 5-86 所示。

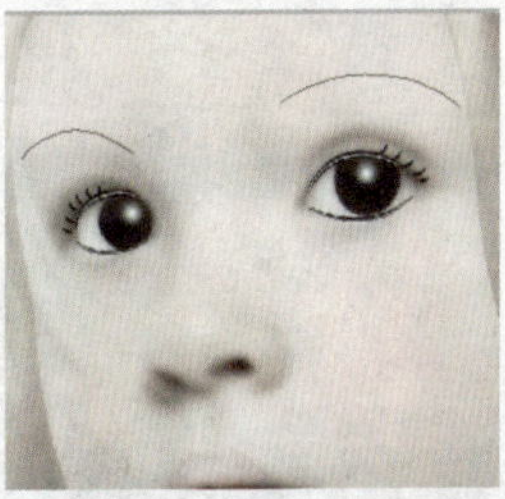

图5-84 绘制眉毛路径

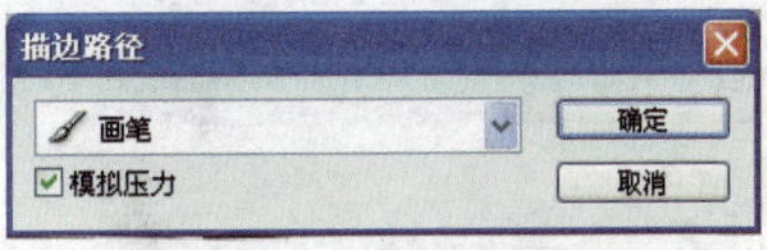

图5-85 【描边路径】对话框

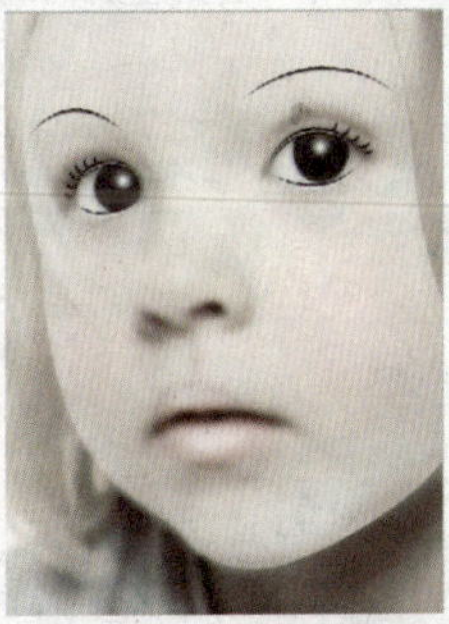

图5-86 图像效果

24 选择工具栏中的【画笔工具】，属性工具栏设置如图 5-87 所示。

图5-87 【画笔工具】属性面板

25 选择【图层】面板，单击【新建图层】按钮，得到【图层 7】，如图 5-88 所示。选择工具栏中的【钢笔工具】，绘制出面部轮廓路径，如图 5-89 所示。单击鼠标右键，选择【描边路径】命令，弹出【描边路径】对话框，设置如图 5-90 所示，效果如图 5-91 所示。

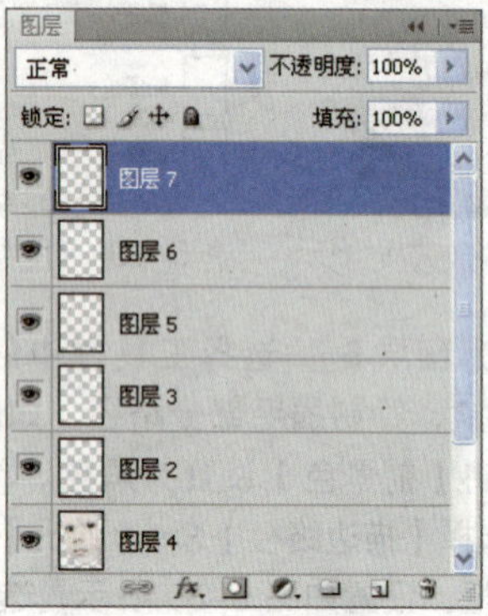

图5-88 【图层】面板

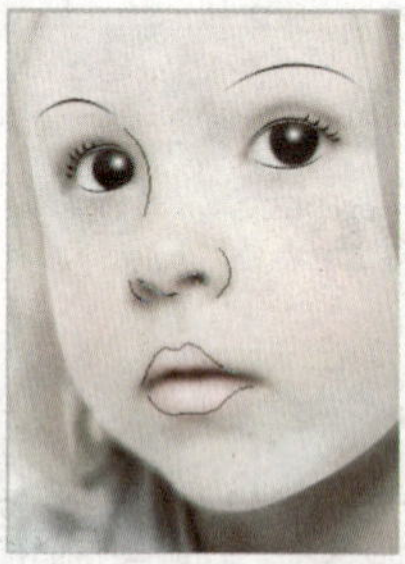

图5-89 绘制脸部轮廓路径

图5-90 【描边路径】对话框

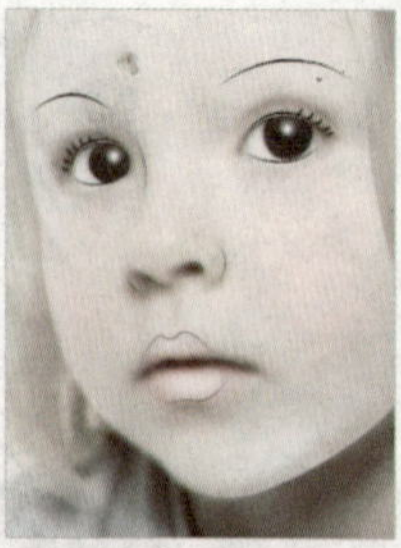

图5-91 图像效果

26 绘制脖子部分。选择【图层】面板，单击【新建图层】按钮，得到【图层 8】。选择工具栏中的【钢笔工具】，绘制出脖子部分的路径，如图 5-92 所示。

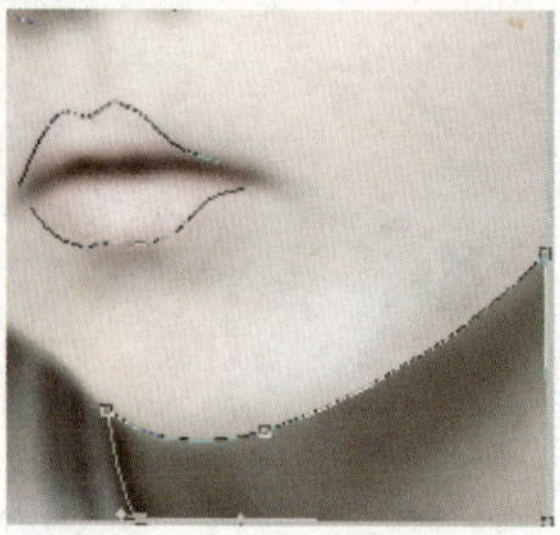

图5-92 绘制脖子路径

27 按【Ctrl+Enter】组合键，将路径转换为选区。单击菜单栏中的【选择】/【修改】/【羽化】对话框，弹出【羽化选区】对话框，设置如图 5-93 所示，效果如图 5-94 所示。

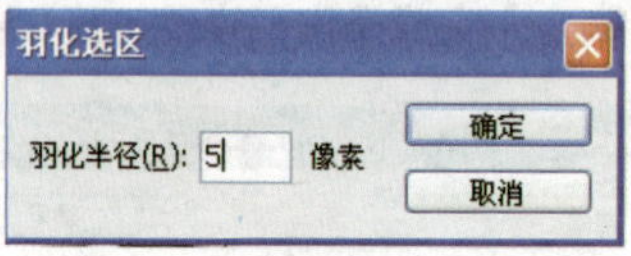

图5-93 【羽化选区】对话框

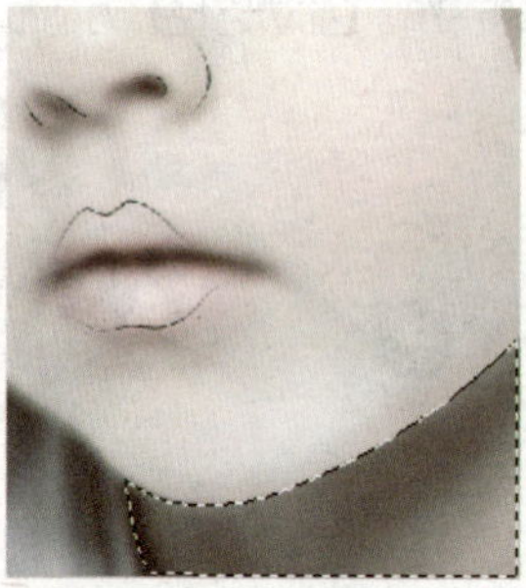

图5-94 图像效果

28 选择工具栏中的【吸管工具】，吸取脸部的颜色，如图 5-95 所示。然后按【Alt+Delete】组合键，填充前景色，如图 5-96 所示。

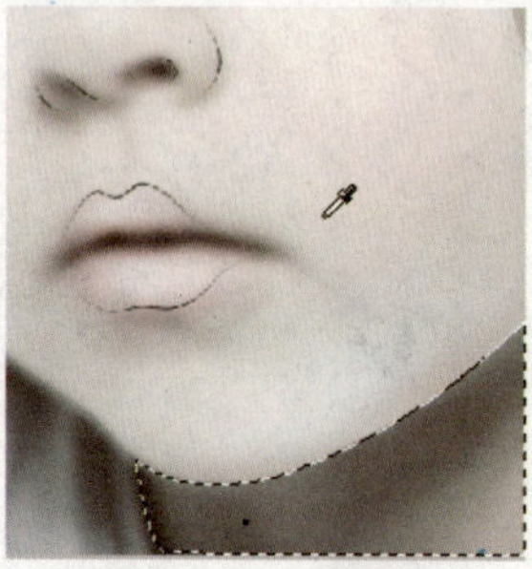

图5-95 吸取脸部颜色

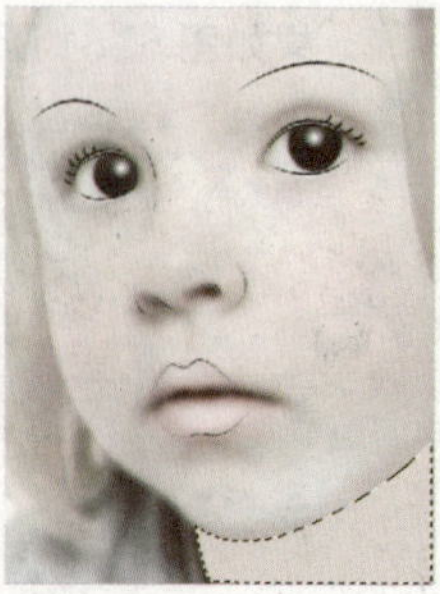

图5-96 填充前景色

29 选择【图层 8】，选择工具栏中的【加深工具】，将暗部涂出来，如图 5-97 所示。选择【图层】面板，将图层 8【混合模式】设置为【浅色】，如图 5-98 所示。

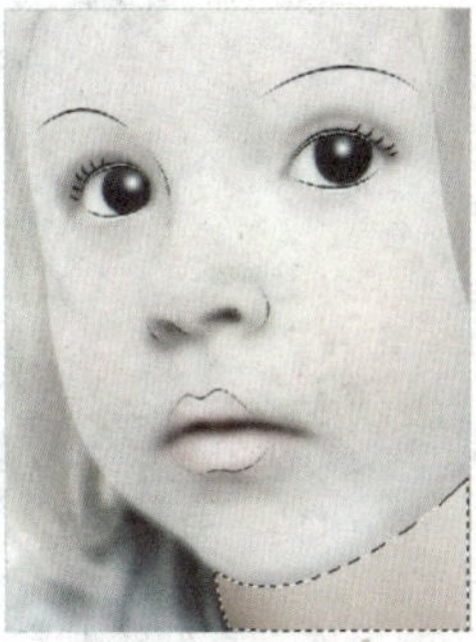

图5-97 绘制脖子暗部

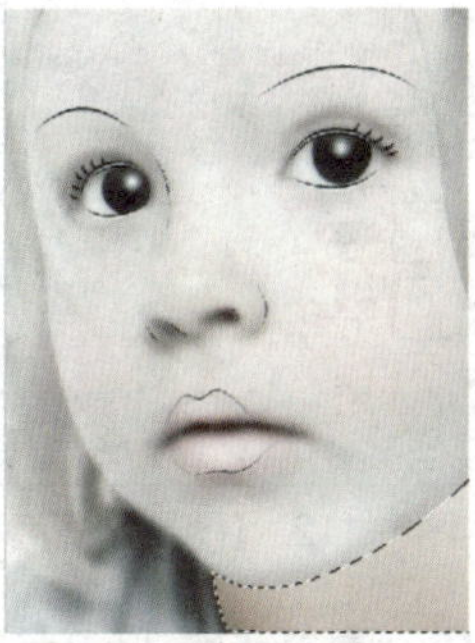

图5-98 【浅色】混合模式

30 将图层 8 的【不透明度】设置为 60%，如图 5-99 所示，效果如图 5-100 所示。按【Ctrl+D】组合键取消选区。

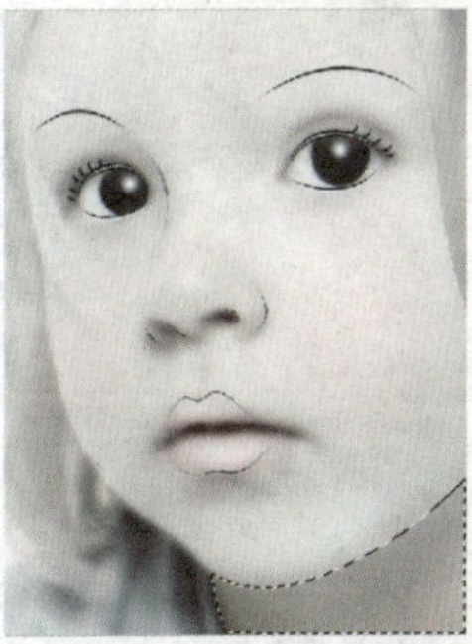

图5-99 不透明度60%

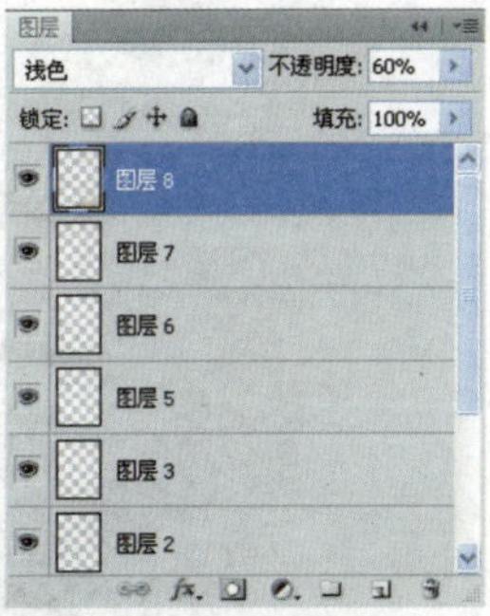

图5-100 【图层】面板

31 选择【图层】面板，单击【新建图层】按钮，得到【图层 9】，绘制衣领内侧部分和脸部的路径，如图 5-101 所示。

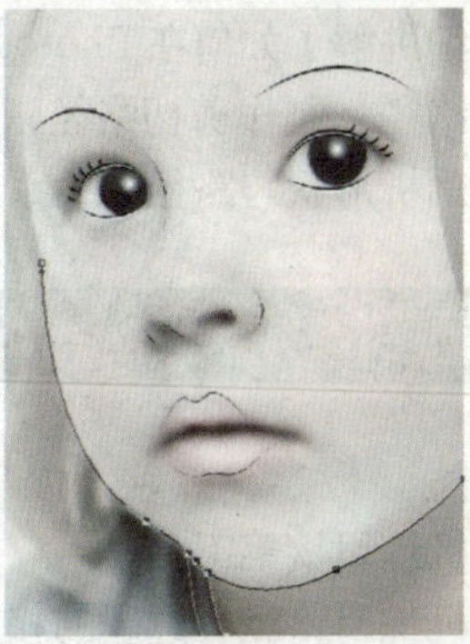

图5-101 绘制脸部与脖子轮廓

32 将【前景色】设置为黑色，单击鼠标右键，选择【描边路径】命令，弹出【描边路径】对话框，设置如图 5-102 所示。选择【确定】完成操作，效果如图 5-103 所示。

图5-102 【描边路径】对话框

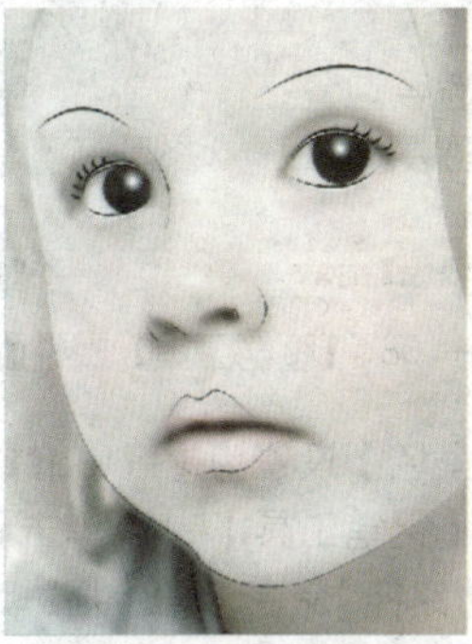

图5-103 图像效果

33 单击菜单栏中的【图层】/【新建】/【组】命令，弹出【新建组】对话框，并重命名为“头发”，设置如图 5-104 所示，选择【确定】完成操作，【图层】面板如图 5-105 所示。

图5-104 【新建组】对话框

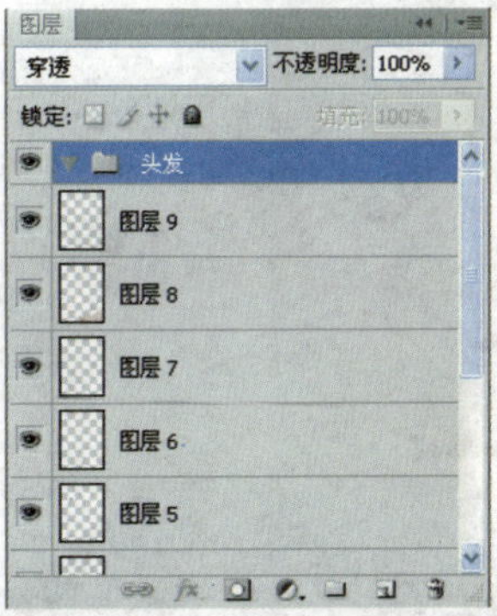

图5-105 【图层】面板

34 绘制头发部分。选择【图层】面板，单击【新建图层】按钮，得到【图层 10】，【图层】面板如图 5-106 所示。选择工具栏中的【钢笔工具】，绘制出头发的路径，如图 5-107 所示。选择工具栏中的【画笔工具】，属性工具栏设置如图 5-108 所示。

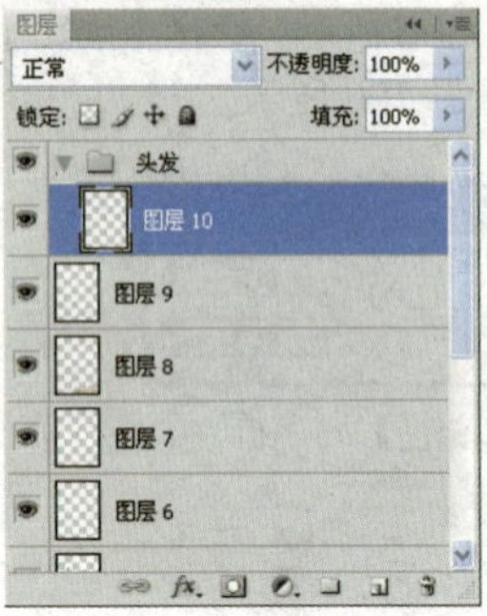

图5-106 【图层】面板

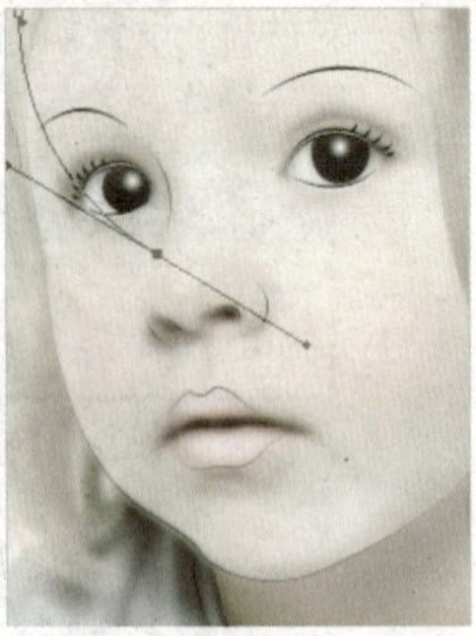

图5-107 绘制头发路径

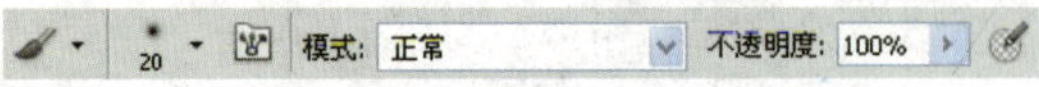

图5-108 【画笔工具】属性面板

35 将【前景色】设置为【#f1eae6】，选择工具栏中的【钢笔工具】，单击鼠标右键，选择【描边路径】命令，弹出【描边路径】对话框，设置如图 5-109 所示，选择【确定】完成操作，按【Ctrl+H】组合键隐藏路径，效果如图 5-110 所示。

图5-109 【描边路径】对话框

36 选择【图层 10】，单击菜单栏中的【编辑】/【自由变换】命令，或者按【Ctrl+T】组合键，将头发调整合适位置和角度。如图 5-111 所示。

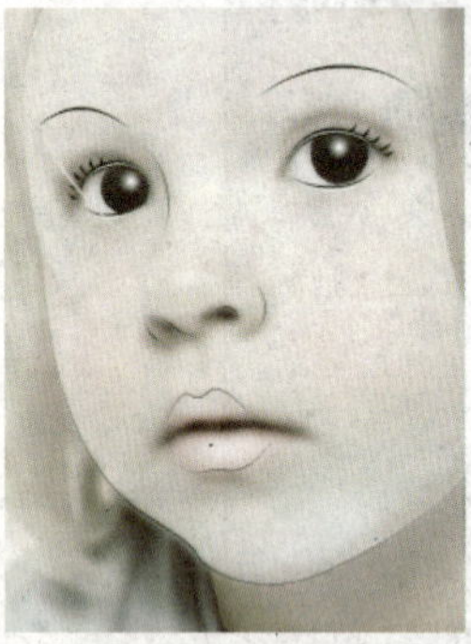

图5-110 图像效果

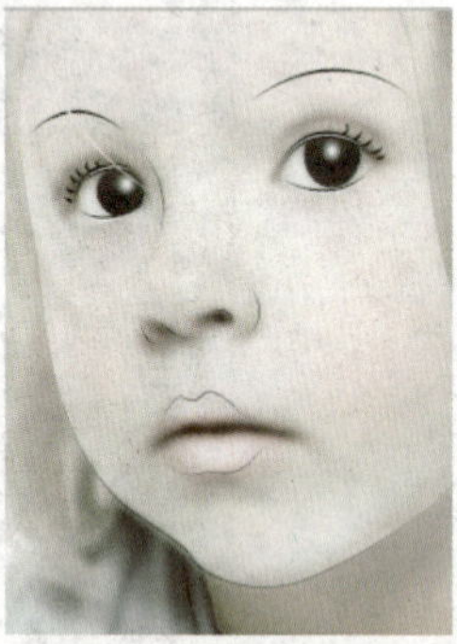

图5-111 自由变换

37 选择【图层 10】，按【Ctrl+J】组合键得到【图层 10 副本】，【图层】面板如图 5-112 所示。单击菜单栏中的【编辑】/【自由变换】命令，或者按【Ctrl+T】组合键，将头发调整合适位置和角度。如图 5-113 所示。

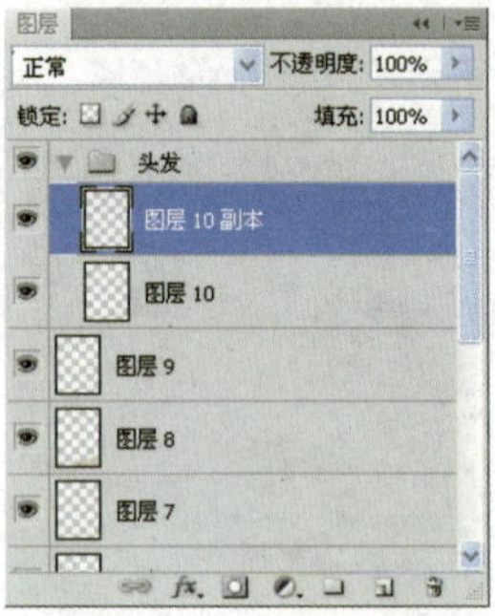

图5-112 【图层】面板

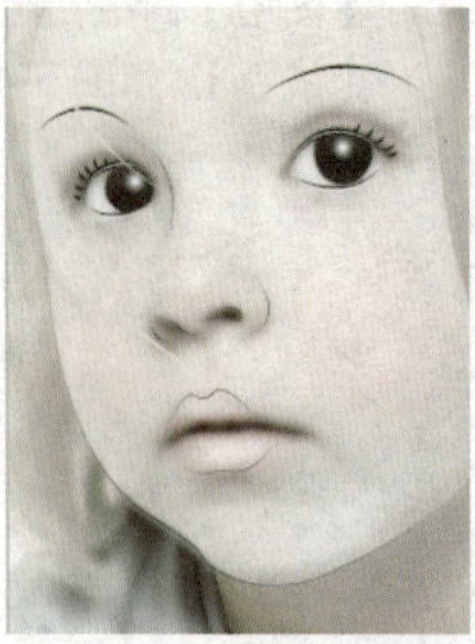

图5-113 自由变换

38 重复步骤 33 至步骤 37 的操作，直到绘制完所有头发，最终效果如图 5-114 所示。

图5-114 最终效果

5.3 本章小结

本章详细讲解了如何在 Photoshop 中创建路径、保存路径、制作剪切路径以及绘制形状等，并深入剖析形状与路径的关系。

5.4 习题

上机题

(1) 上机练习钢笔工具。

(2) 上机练习路径、选区的相互转换。

(3) 上机练习路径选择工具。

第6章 色彩彻底研究

本章提要

本章通过对色彩感觉、色彩三要素、色彩的生成原理、色彩的表现手法以及色彩与设计的关系等多方面的讲解并结合实际案例深入剖析色彩在Photoshop中的应用。

6.1 色彩感觉

颜色是人类视觉系统的一种感觉，是因为光的辐射经过物体的反射，刺激视网膜而引起观察者通过视觉而获得的景象。在日常生活中所看到的颜色一般取决于3个方面：光源照射、物体本身反射的色光、眼睛和大脑对色光的识别。光线越多，色彩也就越丰富。

6.1.1 光源照射

无论是黑白胶片，还是彩色胶片，如果把摄影师的照相机喻为“画笔”，那么光线就是他的“油彩”。摄影师用光来涂抹照片，就像画家挑选他的油彩一样，会仔细地选择所要用的光。光源可分为自然光和人造光两大类。自然光是指日光、月光、星光，以日光为主。人造光是指人工制造的发光体，如闪光灯、碘钨灯、白炽灯等光源。

所有的光，无论是自然光或人工室内光，都有其特征：

(1) 明暗度。明暗度表示光的强弱。它随光源能量和距离的变化而变化。

(2) 方向。只有一个光源，方向很容易确定。而有多个光源诸如多云天气的漫射光，方向就难以确定，甚至完全迷失。

(3) 色彩光随不同的光的本源以及穿越的物质的不同而变化出多种色彩。自然光与白炽灯光或电子闪光灯作用下的色彩不同，而且阳光本身的色彩，也随大气条件和一天时辰的变化而变化。

6.1.2 物体本身色光

在日常生活中，人们习惯把颜色归属于某一物体的本身，把它作为某一物体所具有的属于自身的基本性质。比如人们所常讲的那是一块红布、那是一张白纸等等。但在实际上，人们在眼中所看到的颜色，除了物体本身的光谱反射特性之外，主要和照明条件所造成的现象有关。如果一个物体对于不同波长的可视光波具有相同的反射特性，我们则称这个物体是白色的。而这物体是白色的结论是在全部可见光同时照射下得出的。同样是这个物体，如果只用单色光照射，那这个物体的颜色就不再是白色的了。

同样的道理，一块红布如果是我们在白天日光下得出的结论，那同样是这块布在红光的照射下，在人们眼中反映出颜色就不再是红色的而是白色的。 这些现象说明，在人们眼中所反映出的颜色，不单取决于物体本身的特性，而且还与照明光源的光谱成分有着直接的关系。所以说在人们眼中反映出的颜色是物体本身的自然属性与照明条件的综合效果，如图6-1所示。红色的苹果，如图6-2所示。是因为它们将光谱中的其他颜色吸收。

图6-1 绿色的草地

图6-2　红色的苹果

6.1.3　眼睛与大脑视觉识别

图像是如何形成的？有人觉得这个问题好像很奇怪，光线射到视网膜上，由视网膜上的感光神经感觉到光线，不就形成图像了，这有什么好问的？那么为什么你感觉不到眼前出现的是一些散乱的光点，而能够感觉出它是一幅图像呢？难道你没有“看”出来在计算机“眼”里图像永远是一堆不连续的点？因为你的眼睛有一种图像整合的功能，它把一些点连接成一个图像。

完成一幅图像整合工作的，使你脑中有一个完整形象的就是后天性反射，而且是我们介绍的四种后天性反射的第四种。这种反射没有任何先天性反射参与，完全是由于多个神经细胞同时反复受刺激建立起相互联系后形成的。

其实这种整合工作并不那么神秘，大脑细胞毕竟很傻，它本身没有什么智力，因此它也就不会做出什么人们想象不到的举动。无非是一些相邻的神经细胞因为总是共同工作，建立了细胞间的横向联系，也就是建立了后天性反射。这种横向联系使光点群成为一幅完整的图像，这就是眼睛对图像进行的初步处理人类的眼睛就好似一架相机：光线经过角膜及光圈（瞳孔），再由镜头（晶体）聚焦到菲林（视网膜）上，如图 6-3 所示。

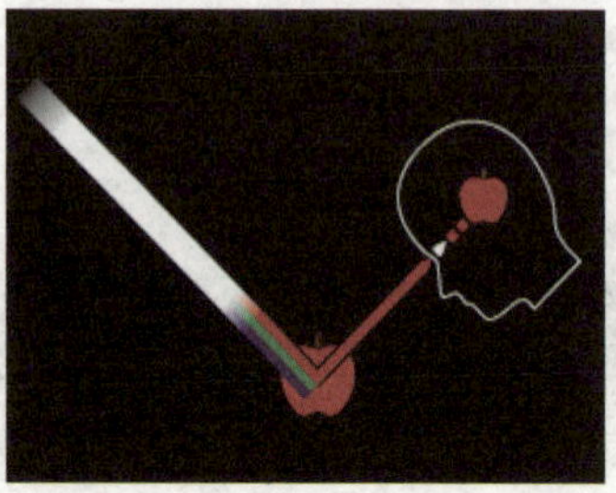

图6-3　视觉识别

6.2　色彩三要素

色彩可分为无彩色和有彩色两大类，无彩色如黑白灰，有彩色如红绿蓝等。自然界的色彩虽然各个相同，但任何有彩色的色彩都具有色相、亮度、饱和度 3 个基本属性，也成为色彩的三要素。

6.2.1　色相

色相是指色彩的相貌。是反射自然物体或投射自物体的颜色，是色彩的最大特征也是区分色彩的主要特征。从光色角度来看，色相的差别是由光波的长短产生的。在 0° ～ 360° 的标准色轮上，按位置度量色相，在通常使用中，色相由颜色名称标识，如红色、蓝色或者紫色等。如图 6-4 所示。

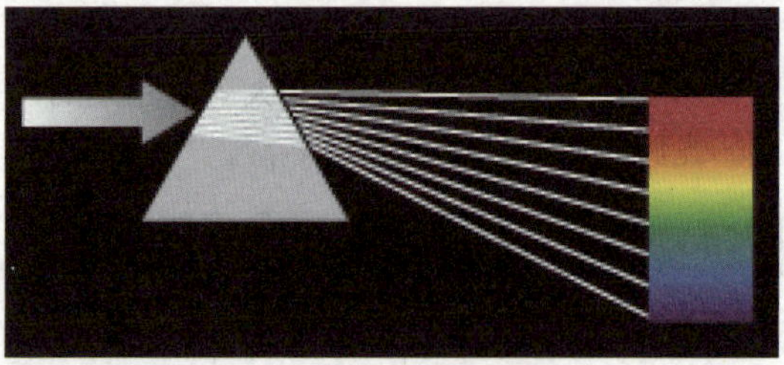

图6-4　色相

把光谱的红、橙、黄、绿、青、蓝、紫诸色带首尾相连，制作一个圆环，在红和紫之间插入半幅，构成环形的色相关系，称为色相环。在 6 种基本色相各色中间加插一个中间色，其首尾相连构成 12 种基本色相，这 12 种色相的彩调变化，在光谱色感上是均匀的。如果进一步再找出其中间色，便可以得到 24 种色相。如图 6-5，图 6-6 所示。

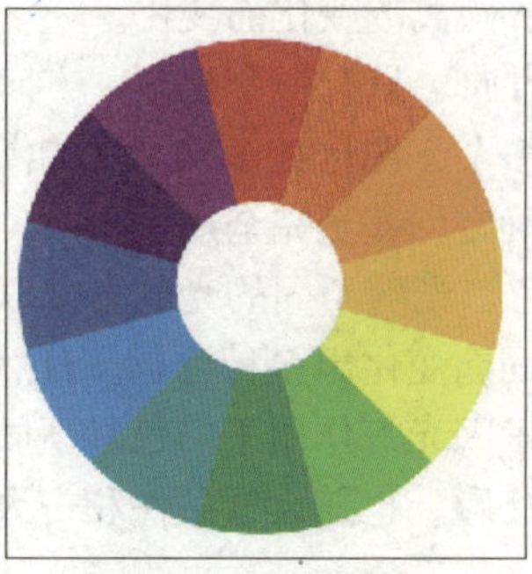

图6-5　12色相环

图6-6　24色相环

6.2.2　饱和度

饱和度是指色彩的鲜艳程度，也称色彩的纯度或者强度。表示色相中灰色分量所占的比例，使用0%（灰色）~360（完全饱和）的百分比来度量。饱和度常用高低来描述，饱和度越高，色越纯，越艳；饱和度越低，色越涩，越浊。纯色是饱和度最高的一级，如图6-7，图6-8所示。

图6-7　高饱和度

图6-8　低饱和度

光谱中红、橙、黄、绿、青、蓝、紫等色光是最纯的高饱和度的光，其中红色的饱和度最高，橙、黄、紫色等饱和度较低，蓝、绿色饱和度最低。饱和度取决于该颜色中含色成分和消色成分（黑白灰）的比例，含色成分越大，饱和度越大，消色成分越大，饱和度越小。

6.2.3　明度

明度也称为亮度，是颜色的相对明暗程度，通常使用0%（黑色）~100%（白色）的百分比来度量。

明度是色彩赖于形成空间感与色彩体量感的主要依据，起着骨架的作用。在无彩色中，亮度最高的色为白色，亮度最低的色为黑色，中间存在一个从亮到暗的灰色系列。明度在三要素中具有较强的独立性，它可以不带任何色相的特征而通过黑白灰的关系单独呈现出来，如图6-9所示。

图6-9　明度欣赏

色相与饱和度则必须依赖一定的明暗才能呈现，色彩一旦发生，明暗关系就会同时出现，在进行素描的过程中，需要把对象的有彩色关系抽象为明暗的明锐判断力。可以把这种抽象出来的亮度关系看做色彩的关键。

6.3 色彩的生成原理

色彩是通过光线的照射，由物体吸收和反射而产生的，而在计算机中的颜色，是通过不同的发光体叠加在一起，从而产生其他的色彩。颜色的生成原理大致可以归纳为【加色模式】和【减色模式】两种。

1. 加色模式

加色模式也称为正色模式。依靠发射和叠加不同的色光而产生结果色。

2. 减色模式

减色模式也称为负色模式，是物体表面吸收入射光谱中的某些成分，未吸收的部分被反射到人眼而产生颜色。大多是自身不发光物体的颜色都依赖于减色模式，印刷工艺重现颜色时，以依赖于减色模式。

6.4 色彩的表现手法

从物理学的角度上来讲，自然界所呈现的各种色彩，都可以用红、黄、蓝三原色按不同的比例混合而成，这在绘画上称之为三原色。

6.4.1 原色

原色又称为第一次色或基色，即用以调配其他色彩的基本色。原色的色纯度最高、最纯净、最鲜艳。可以调配出绝大多数色彩，而其他颜色不能调配出三原色。根据三原色的特性做出相应的色彩搭配，有最迅速、最有力、最强烈的传达视觉信息效果，如图6-10所示。

6.4.2 间色

间色又叫二次色，是由三原色调配出来的颜色，红与黄调配出橙色，黄与蓝调配出绿色，红与蓝调配出紫色，所以橙、绿、紫3种颜色又称为三间色。

图6-10 原色欣赏

间色是由三原色中的两原色调配而成的，因此视觉刺激的强度相对于三原色来说缓和不少，属于较易搭配之色。间色尽管是二次色，但仍有很强的视觉冲击力，容易带来轻松，明快，愉悦的气氛，如图6-11所示为间色运用。

图6-11 间色欣赏

6.4.3 复色

复色也叫复合色，是由原色与间色或间色与间色相调而成的三次色，复色的纯度最低，含灰色成分。包括了除原色和间色以外的所有颜色。

复色是由两种间色或原色与间色混合而成的，因此色相倾向较微妙、不明显，视觉刺激度缓和，如果搭配不当，图像容易呈现脏或灰蒙蒙的效果，有沉闷压抑之感。搭配得当则能很好地表达神秘感、纵深感、空间感；明度高的复色多用来表达宁静柔和、细腻的情感，如图 6-12 所示。

图6–12 复色欣赏

6.4.4 补色

补色即对比色，又称互补色，余色，亦称强度比色，即两种颜色（等量）混合后呈黑灰色，那么这两种颜色一定互为补色。色环的任何直径两端相对之色都称为互补色。在色环中，不仅红与黑是补色关系，一切在对角线 90°以内包括的色，比如黄绿，绿，蓝绿三色，都与红构成补色关系。补色最能表达强烈、个性的情感，如图 6-13 所示。

图6–13 补色欣赏

6.4.5 邻近色

邻近色是指在色环上任一颜色同其毗邻之色。邻近色也是类似色关系，在色环中，在 60° 范围内的颜色都属于邻近色。由于是相邻色系，视觉反差不大，统一、调和，形成协调的视觉韵律美，相对显得安定，稳重，同时不失活力，是一种恰到好处的配色类型，如图6-14所示。

图6-14　邻近色欣赏

6.4.6　同类色

同类色是比邻近色更加接近的颜色，指在同一色相中不同的颜色变化。同类色看上去给人温柔、雅致、安宁的心理感受，该色系非常调和统一。只运用同类色系配色，是十分谨慎稳妥的做法，但是有时会有单调感。添加少许相邻或对比色系，可以体现出页面的活跃感和强度，如图6-15所示。

图6-15　同类色欣赏

6.4.7　暖色

暖色指红、橙、黄这类颜色。暖色系的饱和度越高，其温暖特性越明显。可以刺激人的兴奋性，使体温有所升高。高明度、高纯度的色彩搭配，可以把页面表达得鲜艳炫目，有非常强烈刺激的视觉表现力，充分体现了暖色系的饱和度越高，其温暖特性越明显的性格，如图6-16，图6-17所示。

图6-16　暖色欣赏

图6-17 暖色欣赏

6.4.8 冷色

冷色指绿、青、蓝、紫等颜色，冷色系亮度越高，其特性越明显。能够使人的心情平静、清爽、恬雅，如图 6-18 所示。

图6-18 冷色欣赏

6.5 色调

色调指的是一幅画中画面色彩的总体倾向，是大的色彩效果。在大自然中，我们经常见到这样一种现象：不同颜色的物体或被笼罩在一片金色的阳光之中，或被笼罩在一片轻纱薄雾似的、淡蓝色的月色之中；或被秋天迷人的金黄色所笼罩；或被统一在冬季银白色的世界之中。这种在不同颜色的物体上，笼罩着某一种色彩，使不同颜色的物体都带有同一色彩倾向的色彩现象就是色调。

1. 红色调

红色调会令人联想到火焰、鲜血等。看见红色会感受到激情、火热、力量、爱情。

红色具有视觉冲击力，刺激了我们的心跳，所以在东方，红色用在婚礼上或者令人感到愉悦的事件中；红色还能刺激食欲，所以红色调常用于食物广告中，如图 6-19 图所示。

图6-19 红色调欣赏

2. 黄色调

黄色调使人联想到阳光，光辉闪耀，使人感到乐观，充满希望。黄色是最容易引起人注意的色彩，比纯白色的亮度还要高，所以常用于交通示警标志，如图 6-20 所示。

图6-20 黄色调欣赏

3. 蓝色调

蓝色调使人联想到天空、海洋等，象征着寒冷或者凉爽、和平、理想。在自然界中，很难找到蓝色的食物，因为蓝色抑制食欲，容易让人没有胃口。这和红色调有着强烈的对比意义，蓝色能让人感到平静、放松，如图 6-21 所示。

图6-21 蓝色调欣赏

4. 绿色调

绿色调让人联想到大自然、植物等，象征着和谐、青春、环保与康复。绿色对人的精神有镇静和恢复的功效，通常用于医院中，如图6-22所示。

图6-22 绿色调欣赏

5. 橙色调

橙色调让人联想到秋天、橘子等，象征着能量、活力、创造力。橙色代表友善，给人愉快，能使人思考活跃，如图6-23所示。

图6-23 橙色调欣赏

6. 紫色调

紫色调在古时常常用于宫廷。所以紫色调意味着身份的高贵。紫色也有一种娇柔、浪漫的品性，为大多数女性所偏爱，如图6-24所示。

图6-24 紫色调欣赏

7. 黑色调

黑色调让人联想到夜晚或者死亡，象征着诡异和肃穆，孤独而神秘。黑色与其他色彩搭配会使颜色更明亮，如图 6-25 所示。

图6–25　黑色调欣赏

8. 白色调

白色调使人联想到纯净、光芒等。象征着纯洁、完美，在西方，婚礼仪式以白色礼服为主，白色常常会同天使联系起来。在中国，白色则多用于葬礼，如图 6-26 图所示。

图6–26　白色调欣赏

在了解上述色彩代表的意义后，要学会正确的运用色彩。同一种颜色所表达的含义也有所不同。例如红色，由于国家和地域文化的不同而有所区别。红色在西方文化中象征着杀戮、血腥、暴力；相反，在东方文化中则象征着热情、节庆。

色彩也有年龄之分，年龄是影响人们对色彩意义解释的另一个重要因素，通常小孩最喜欢高纯度的明亮色彩；反之，老年人则偏好低纯度的给人以稳重感的色调。除此之外，色彩还有男女之分，正如很多公共标识，除了用外形来区分男女标识外，还可以以色彩来区分。

色彩还有轻重之分。高明度色调的图片以浅色调为主，给人以轻柔闲散的感觉；低明度色调的图片以深色调为主，让人感觉有金属般厚重的感觉。

6.6　色彩与设计的关系

利用特有的色彩能传达品牌信息，如图 6-27 所示；可口可乐以红色调为主，图 6-28 所示的百事可乐则以蓝色调为主，这种颜色标识是人们所共识的。

图6–27　可口可乐

图6–28　百事可乐

而有意识的运用色彩，通过活用色彩还可抓住人心。常用的配色方法有以下几种：

1. 使用统一色系的搭配

选定一种色彩，调整饱和度或者明度，产生新的色彩，这样画面即统一又有层次感，如图 6-29，图 6-30 所示。

图6-29　统一色系欣赏

图6-30　统一色系欣赏

2. 使用相近的色彩

使用相近色彩即使用同一感觉的色彩，如粉红色、橙色、淡黄色，如图 6-31 所示。

图6-31　相近色彩欣赏

3. 使用对比色

色环中相对的两种颜色，更鲜明地突出某些色彩，例如蓝色和橙色，红色和绿色，如图 6-32 所示。

图6-32　对比色欣赏

4. 配色要点

（1）明确自己想表达的含义，然后找到所需色彩的意义和联想。

（2）确定一个主色调，或者明确画面中所占比重最大的色彩是什么。

（3）当不确定以哪种色彩搭配，可以尝试黑、白、灰色的搭配，或者当两种颜色搭配不协调时，加入黑色或者灰色，也会有意想不到的效果

（4）小心运用对比色。使用对比色时，要选定一种颜色作为主色调，再选择它的对比色，调整次色调的饱和度和明度，这样整个画面色彩丰富的同时也不失协调。

6.7　色彩也受制约

在计算机绘图中，色彩受到两种形式的制约，分别是介质对色彩的影响和光线对色彩的影响。

1. 介质影响色彩效果

显示器上的色彩具有局限性，而将显示器上的色彩转换到其他介质时，色彩必定会有损失。例如纸张印刷，总是要不断地调试和确定色彩的尺度。

2. 光线影响色彩判断

光线影响色彩判断，从而有固有色和环境色的区别。

固有色通常是指物体在正常白色日光下所呈现的色彩特征。而日光是不断变化的，任何物体的色彩在不受日光照射的影响下，会受到环境中各种反射光的影响，即环境色对固有色的影响。

介质影响着色彩效果，而色彩直接影响我们的生活，所以色彩不可以随意使用。例如，居住空间环境的色彩以平静，淡雅，舒适为原则，起居室的色彩可以活泼一些，不宜强烈，以中性色调为主，局部可用一些纯度较高的色彩；卧室以暖灰或冷灰色为主，以利于休息。

6.8　主题色印象

每个人的思维方式和接受方式是有差别的，

但同时又是相似的审美习惯。这其中有一定的规律的原则，根据年龄、性别、嗜好、感受的不同，将色彩设计大致分类，以此作为参考。

6.8.1 不同年龄段的印象

1. 婴儿

通常是指出生不到一周年的婴儿，适合使用明亮、清洁、淡雅的色调来享受温柔的呵护。以粉红色为主色调，在白色的衬托下尤为温馨、干净，如图 6-33 所示。图 6-34 为明度相近、清新素雅的温柔色调。

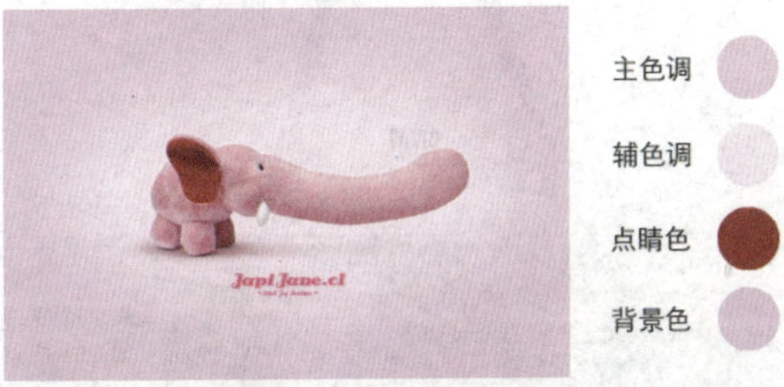

图 6-33 粉色调图像

图 6-34 绿色调图像

2. 童年、少年

少年儿童活泼的性格、富有朝气的特点，应该使用带有强烈刺激感的色调，如图 6-35 所示。使用纯度高的补色，强烈刺激，灰色背景调和了视觉，如图 6-36 所示。

图 6-35 活泼的绿色

图 6-36 补色对比

3. 青年、成年

年轻人性格多变，可以说适合的颜色很多，无论是强烈刺激的颜色还是典雅暗淡的颜色，都是适合的范围。图 6-37 所示为高纯度、鲜艳的补色，视觉效果比较强烈，较好地反映出年轻人的青春、活力，并体现了新新人类时尚、现代的感觉。

图6-37 强烈补色对比

降低了纯度的素净颜色，较能反映出成年人复杂的心理过程，如图 6-38 所示。

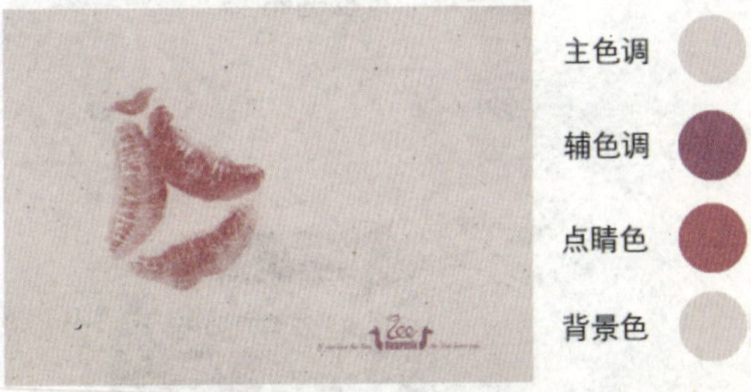

图6-38 素净颜色

4. 中、老年

由强烈刺激的色彩转换为素雅、恬静的色调。如图 6-39 所示低沉、低饱和度的复色，是符合中、老年人主题的颜色。

图6-39　低饱和度复色

6.8.2　性别的印象

男性冷静、有力，女性则温柔、亲切。

1. 男性

男性多使用冷色调，具有稳重、强大、有力的印象，有体现男性刚阳的鲜艳色调，有体现绅士风度的儒雅色调，同时对比效果强烈的色调也能体现出男性化。图 6-40 为带有神秘感的复色——褐色，将男性特有的魅力展现出来。而图 6-41 所示的大色块、低纯度的灰色配以黑色，尽显男性的高格调及稳重、儒雅的风度。

图6-40　神秘的褐色

图6-41　大色块的灰色

2. 女性

以暖色为中心的色调较适合体现女性的温柔、可爱、亲切。紫色是体现女性气质的特殊色，素雅、明亮的色调、对比强度低的色调都能很好地体现出女性的特质。清新、温柔的色调十分女性化，如图 6-42 所示。

图6-42　淡雅色调

6.9　本章小结

颜色是人类视觉系统的一种感觉，是因为光的辐射经过物体的反射，刺激视网膜而引起观察者通过视觉而获得的景象。Photoshop 使用几套完全不同的颜色表示方法，包括位图、灰度、双色调、索引颜色、RGB 颜色、CMYK 颜色、LAB 颜色和专色表示法。了解这些内容，有助于日后的设计工作。

6.10　习题

上机题

（1）上机练习色相对比的表现方法。

（2）上机练习色彩与设计的关系。

第7章 直方图彻底研究

本章提要

本章通过对直方图概念及参数的详细讲解，结合实际案例使读者真正了解直方图在影像制作方面的作用。

7.1 直方图的概念

单击菜单栏中的【窗口】/【直方图】命令，打开直方图面板，直方图是一个条形图，如图7-1所示。

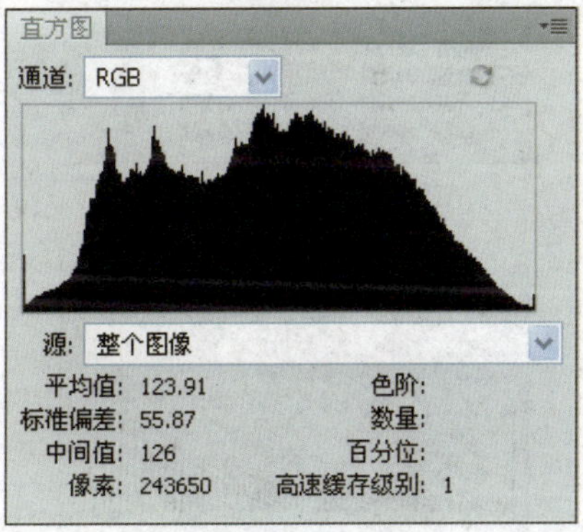

图7–1 【直方图】面板

图示组成数字照片的色调被称为色阶。8位通道的灰度图像只有一个通道，使用256种灰度来描述从黑色到白色的全部色调，黑色色阶值为0，而白色色阶值为255。0～255之间的数字表示黑色和白色之间的灰度。直方图包含256个刻度，每个刻度上的值表示相应的色阶（特定的灰色）在图像中出现的频率。

如果图像包含在大量色阶值为30～130的灰色直方图中，色阶30～130处将出现一个峰值，如图7-2，图7-3所示，说明了典型的直方图及图像的色调之间的关系。

图7–2 素材文件

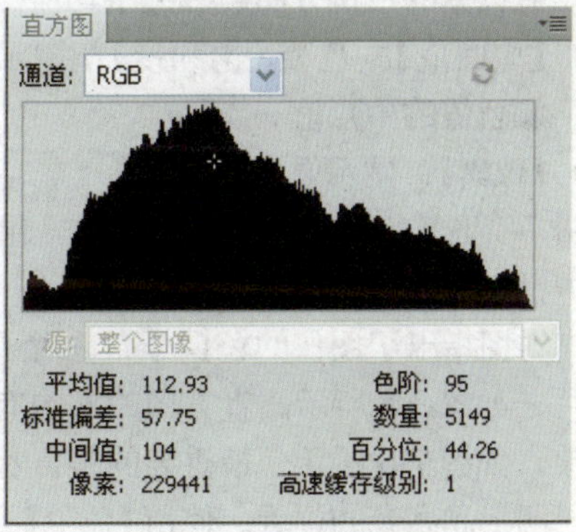

图7–3 【直方图】面板

7.2 直方图显示的数字信息与图像的关系

单击直方图右上角的小三角，如图7-4所示。显示全部通道视图一组详细的RGB色阶直方图。

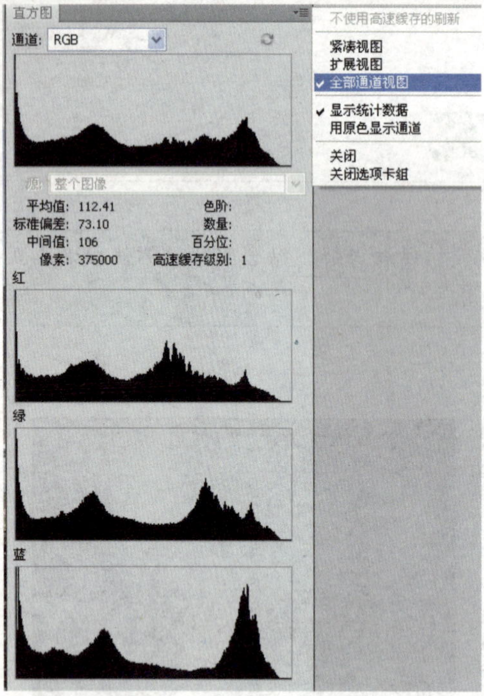

图7-4　RGB色阶直方图

其中：

- 【平均值】（亮度 / 饱和度）：显示图像亮度的平均值。
- 【标准偏差】（Std Dev）：该值越小，所有像素的色调分布越靠近平均值。
- 【中间值】（色相 / 饱和度）：显示像素颜色值的中点值。
- 【像素】：显示像素的总数。

图 7-4 上 RGB 通道视图的右边一组数据是根据鼠标定位查看信息的。

直方图指出了图像的色调分布，对于亮色调照片，如图 7-5 所示。直方图的右边有大量的峰值，如图 7-6 所示。最重要的是，直方图指出了阴影和高光的位置。使用【色阶】或【曲线】来校正色调时，直方图让用户能够直观地判断高光和阴影的位置，另外直方图还指出了图像的好坏程度。

如果线条中在直方图的某一端，则表明阴影或高光可能被裁剪掉，拍摄时曝光过度或不足。如果一端的色阶被裁剪掉，将无法恢复已丢失的细节。如果直方图中有缺口，如图 7-7 所示，表明这很可能是一副质量糟糕的扫描图像或者图像被处理过。

图7-5　亮调图片

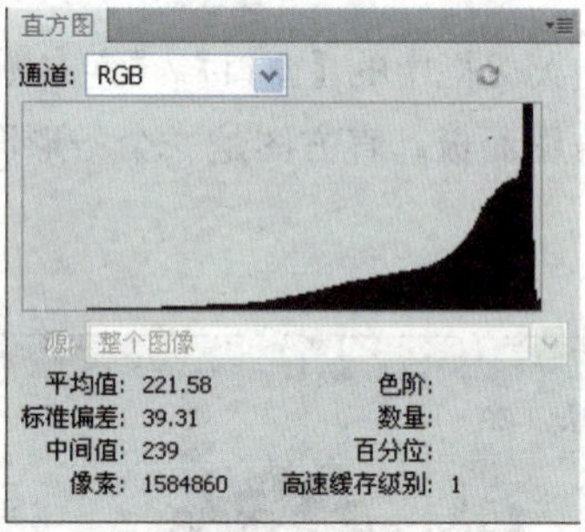

图7-6　【直方图】面板

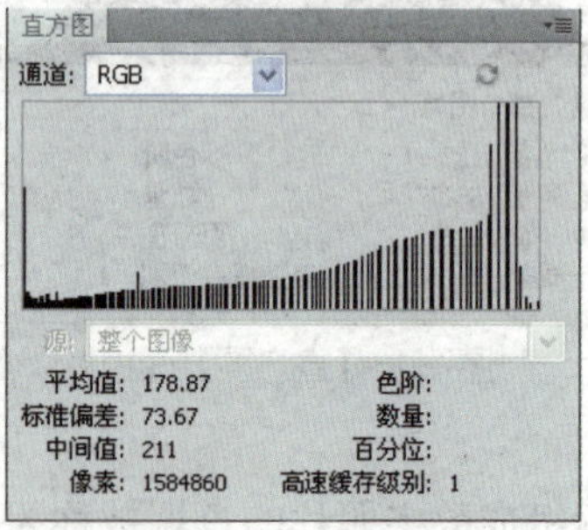

图7-7　【直方图】面板

提　示

色调：0 为黑色，255 为白色，128 为灰色。0 ~ 85 为暗部，86 ~ 170 为中间调，171 ~ 255 为高光区。

7.3　直方图与【色阶】

直方图是正确判断图像影调是否正常的重要参数。在 Photoshop CS5 中，【色阶】对话框一直包含直方图，如图 7-8 所示。现在还单独提供了直方图调板，如图 7-9 所示。

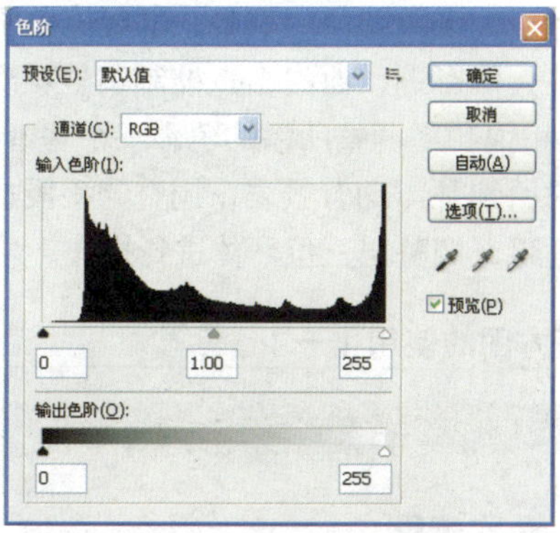

图7–8 【色阶】对话框

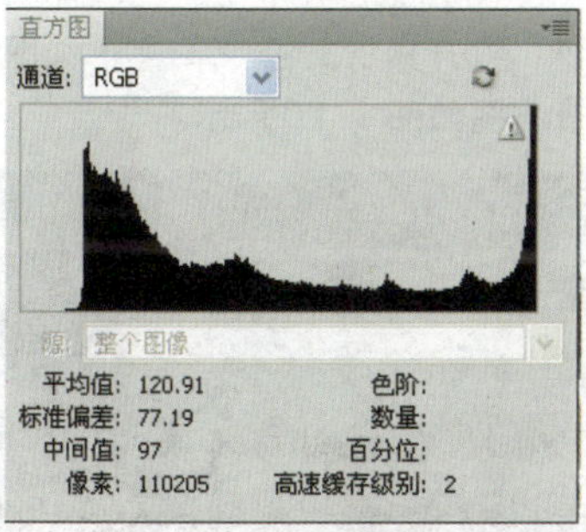

图7–9 【直方图】面板

要使直方图调板提供图像色阶的准确表示，可单击其右上角的【刷新】按钮，如图 7-10 所示，强制 Photoshop 更新直方图视图。若直方图调板中出现警告三角形时，表明需要单击其上方的【刷新】按钮，以更新直方图。

图7–10 刷新按钮

色阶命令是按照直方图来科学准确调整图像影调的首要命令，这也就是为什么色阶命令在整个调整命令系列中排在第一位的缘由所在。

7.4 各种直方图的含义

可以根据直方图分析判断修正曝光参数，直到获得满意影调的图像。直方图是正确判断如图 7-11 所示的图像影调关系的重要参数。一般来说，直方图应该分布在色阶 0 ~ 255 的全色状态，如图 7-12 所示。

图7–11 素材图

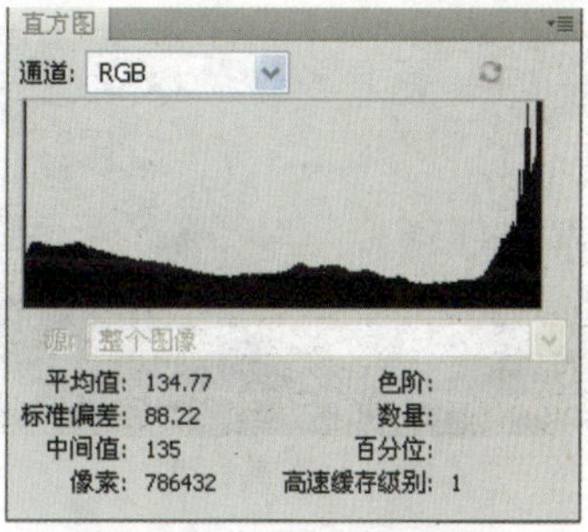

图7–12 【直方图】面板

如果一个直方图的像素大多集中在色阶右侧，如图 7-13 所示。就可以判断出如图 7-14 所示的图像整体影调为亮调。

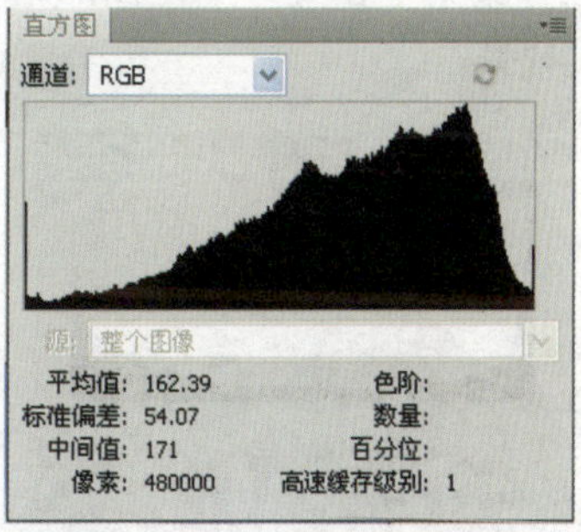

图7–13 【直方图】面板

图7–14 素材图

如果一个直方图的像素大多集中在色阶左侧，如图 7-15 所示。可以判断出如图 7-16 所示的图像整体影调为暗调。

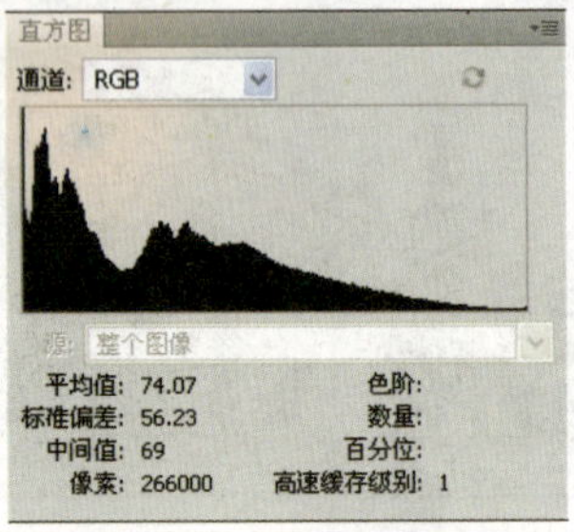

图7–15 【直方图】面板

图7–16 素材图

如图直方图是凹形直方图，如图 7-17 所示，图像一定是对于光比反差很大的场景（如图 7-18 所示）。中间很少有过度的情况，代表天空的像素集中在直方图右侧的亮调区域，代表地面的像素集中在直方图左侧的暗调区域，中间影调缺失。

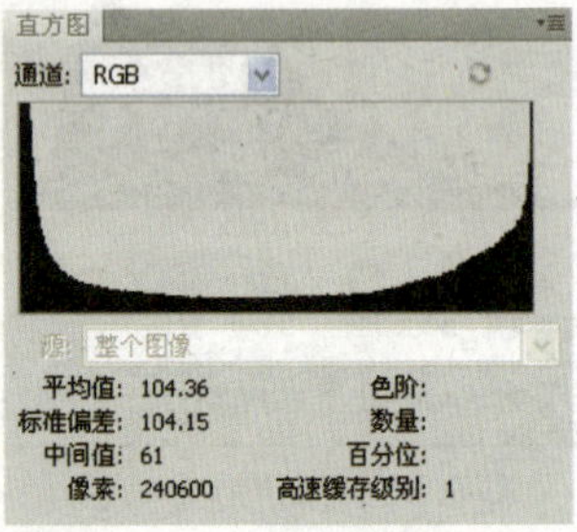

图7–17 【直方图】面板

图7–18 素材图

7.5 分析直方图处理图像

对于大多数图像的调整，都经过色阶直方图调整大体影调，曲线多点控制调整层次和反差，色相饱和度调整所需的色彩三个基本步骤。调整的原则是不动背景层，调整的手段是将图层，蒙版，调整层三位一体进行操作。

直方图的使用（一）

所用素材：光盘\素材\第 7 章\草原.jpg

操作步骤

1 单击【文件】/【打开】命令，或者按【Ctrl+O】组合键，打开素材文件“草原”。如图 7–19 所示，直方图如图 7–20 所示。

图7–19 草原文件

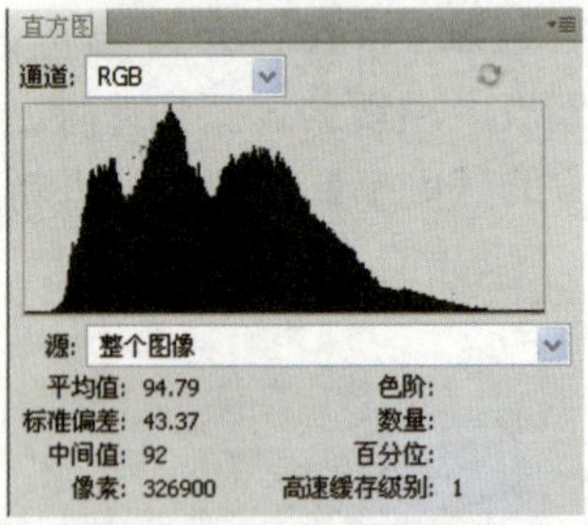

图7–20 【直方图】面板

2 选择【图层】面板，按【Ctrl+J】组合键，复制图层，得到【图层 1】。【图层】面板如图 7–21 所示。

图7–21 【图层】面板

3 选择【图层】面板，选择【图层 1】，单击【创建新的填充图层或调整图层】按钮 ，选择色阶，弹出【色阶】对话框，设置如图 7-22 所示，【图层】面板如图 7-23 所示，效果如图 7-24 所示。

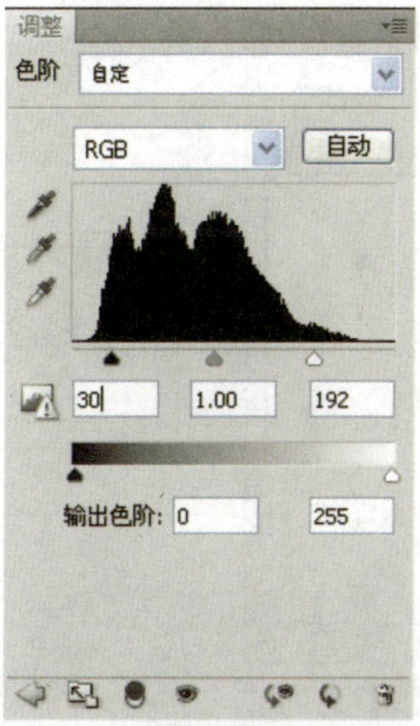

图7-22 【色阶】对话框

图7-23 【图层】面板

图7-24 图像效果

提 示

创建一个色阶调整层，从直方图上可以看到左右两侧像素都缺失了，像素主要集中在色阶中间部分，所以片子的影调灰蒙蒙的，将左侧黑色滑标向内移动到直方图左侧起点，将右侧白色滑标像内移动到直方图右侧起点，片子的整体影调基本正常了。将中间的灰色滑标适当向右移动，看到片子影调压下来了。

4 创建一个【色相饱和度】调整层。选择【图层】面板，单击【创建新的填充图层或调整图层】 按钮，选择色相/饱和度，弹出【色相/饱和度】对话框，设置如图 7-25 所示，【图层】面板 7-26 如图所示，效果如图 7-27 所示。

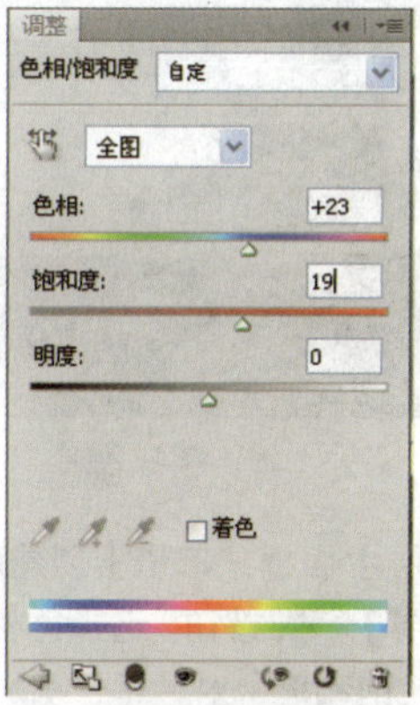

图7-25 【色相/饱和度】对话框

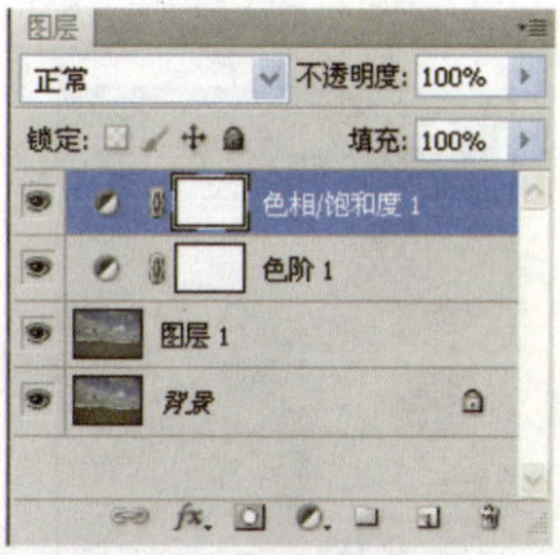

图7-26 【图层】面板

图7-27 图像效果

5 选择工具栏【画笔工具】 ，前景色设置为黑色，选择【图层】面板，单击调整层【色相/饱和度】蒙版，将天空擦除。【图层】面板如图 7-28 所示，效果如图 7-29 所示。

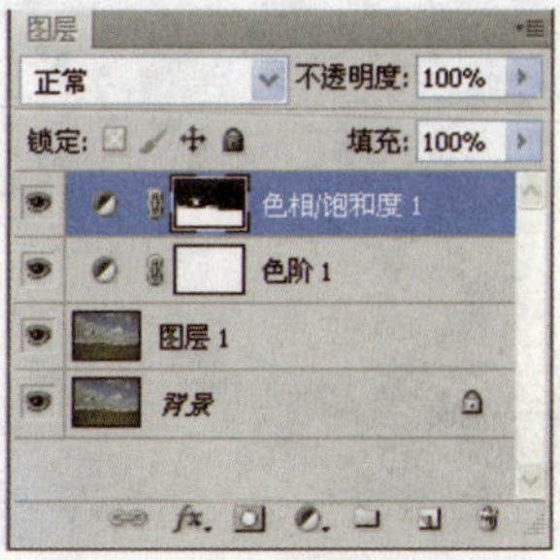

图7-28 【图层】面板

图7-29　图像效果

6 选择【图层】面板，单击【创建新的填充图层或调整图层】按钮，选择色相/饱和度，弹出【色相/饱和度】对话框，设置如图7-30所示，【图层】面板如图7-31所示，效果如图7-32所示。

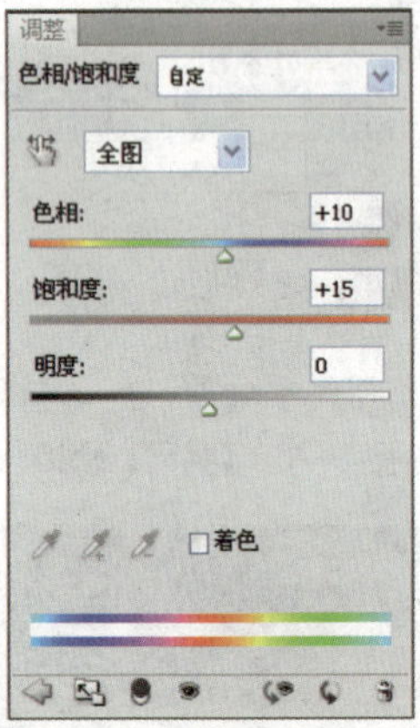

图7-30　【色相/饱和度】对话框

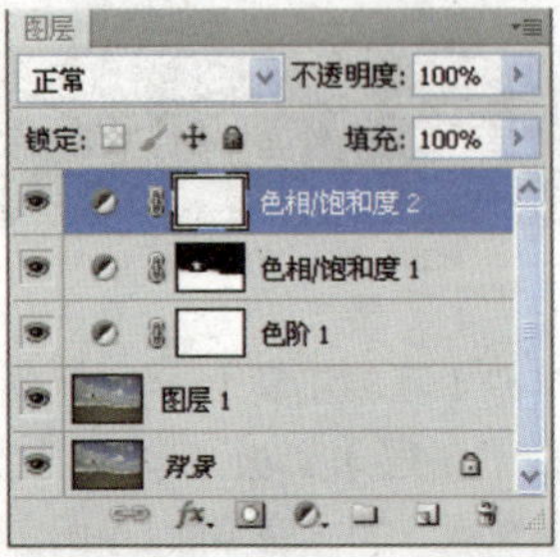

图7-31　【图层】面板

图7-32　图像效果

7 创建一个【曲线】调整层。选择【图层】面板，选择【创建新的填充图层或调整图层】选择曲线，弹出【曲线】对话框，设置如图7-33所示。【图层】面板如图7-34所示，效果如图7-35所示。

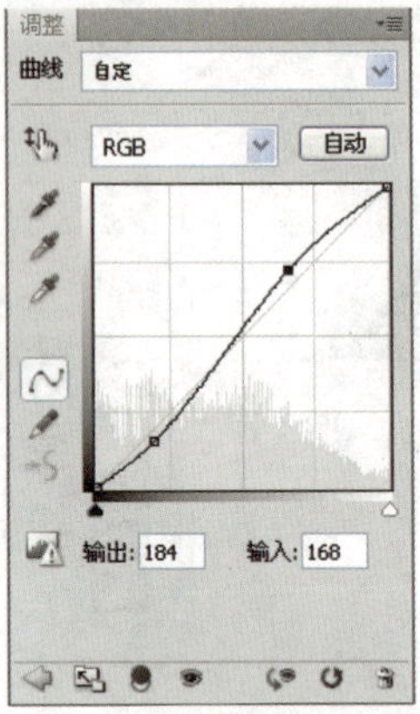

图7-33　【曲线】对话框

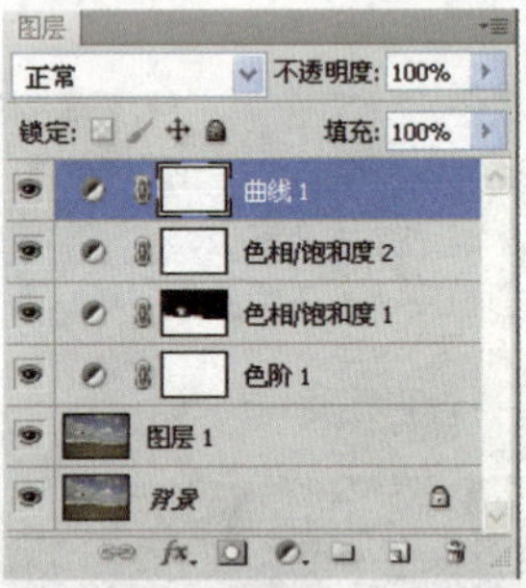

图7-34　【图层】面板

图7-35　图像效果

直方图的使用（二）

所用素材：光盘\素材\第7章\直方图2.jpg

操作步骤

1 单击【文件】/【打开】命令，或者按【Ctrl+O】组合键，打开素材文件“直方图2”，如图7-36所示。

图7-36 直方图2文件

提 示

从片子的灰调子可以判断出这个片子的直方图有问题。

2 单击【Ctrl+J】组合键，复制图层，得到【图层 1】，如图 7-37 所示。

3 创建一个色阶调整层。选择【图层】面板，单击【创建新的填充图层或调整图层】按钮，选择色阶。弹出【色阶】对话框，设置如图 7-38 所示，效果如图 7-39 所示。

图7-37 【图层】面板

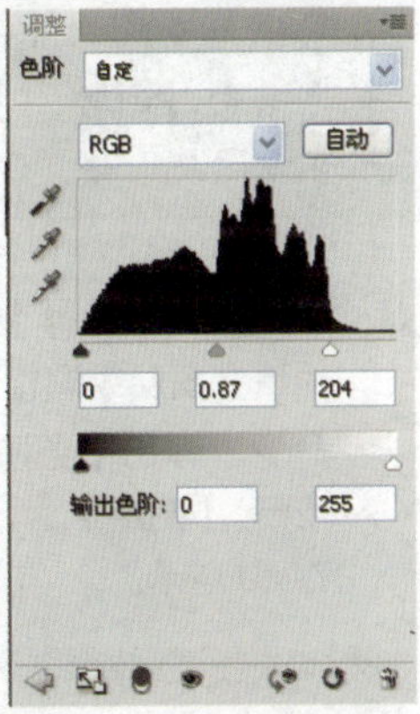

图7-38 【色阶】对话框

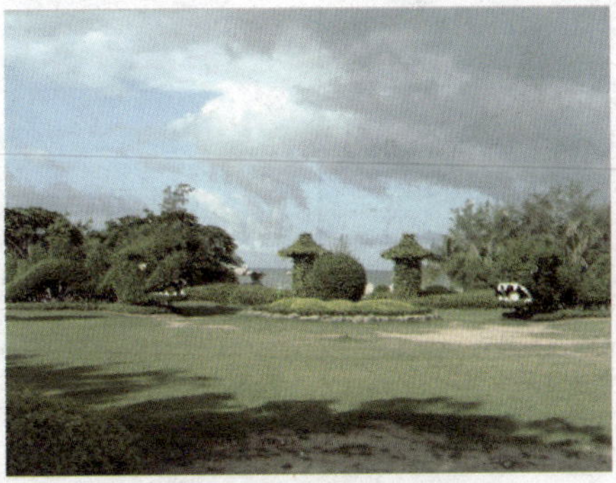

图7-39 图像效果

提 示

在弹出的面板中看到直方图右边稍有欠缺，说明图像曝光不足。将白场滑标向内移动到直方图右端起点稍稍向里一点的位置，设置好白场，片子的整体影调好多了。然后移动中间灰滑标，稍向右侧移动少许，看到图像的暗调范围扩大了，整体影调压暗了，这样做是为了突出区域光线效果。

4 选择【图层】面板，单击【创建新的填充图层或调整图层】按钮，选择【色相 / 饱和度】命令，弹出【色相 / 饱和度】对话框，设置如图 7-40 所示。【图层】面板如图 7-41 所示，效果如图 7-42 所示。

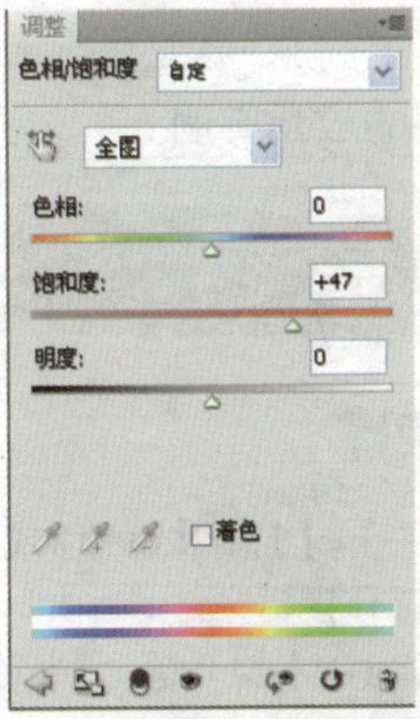

图7-40 【色相/饱和度】对话框

图7-41 【图层】面板

图7-42 图像效果

7.6 上机实战

本节通过一个直方图的实例，使读者更进一步了解直方图的应用，最终效果如图 7-43 所示。

图7-43 最终效果图

凹直方图的应用实例

所用素材：光盘\素材\第 7 章\山寨 .jpg
最终效果：光盘\效果\第 7 章\山寨 .psd

操作步骤

1 单击【文件】/【打开】命令，或者按【Ctrl+O】组合键，打开素材文件"山寨"，如图 7-44 所示。按【Ctrl+J】组合键，复制图层。得到【图层 1】,【图层】面板如图 7-45 所示。

图7-44 山寨文件

图7-45 【图层】面板

2 分析直方图。单击菜单栏中的【窗口】/【直方图】命令，弹出【直方图】对话框，如图 7-46 所示。

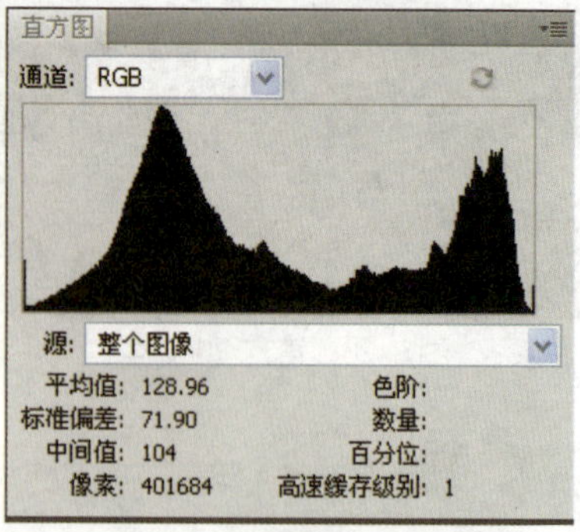

图7-46 【直方图】对话框

提 示

通过直方图可以看到这个片子是全色阶，也就是说片子的曝光是准确的。分析直方图形状，判定大致是一个凹形直方图，像素分布偏向两边。直方图左侧的像素主要记录了图像中山脉的暗调部分，直方图右侧的像素主要记录了图像中天空和房子的亮调部分。要想调整好山脉、天空的影调层次，就要按照直方图把山脉、天空、房子分开来在调整。

3 调整山脉。选择【图层 副本】，单击【创建新的填充图层或调整图层】按钮，选择【色阶】命令，弹出【色阶】对话框，设置如图 7-47 所示。【图层】面板如图 7-48 所示，效果如图 7-49 所示。

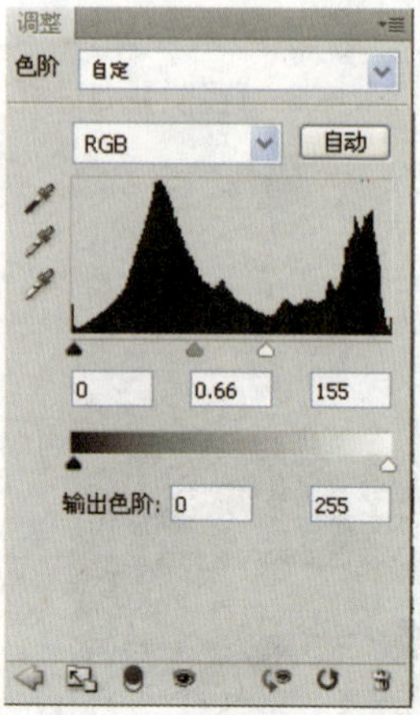

图7-47 【色阶】对话框

图7-48 【图层】面板

图7-49 图像效果

提 示

此图层只调节山脉，把山脉的图像色阶恢复正常。

4 选择工具栏【画笔工具】，【前景色】设置为黑色，单击调整层【色阶】蒙版，将天空部分擦除，【图层】面板如图 7-50 所示，效果如图 7-51 所示。

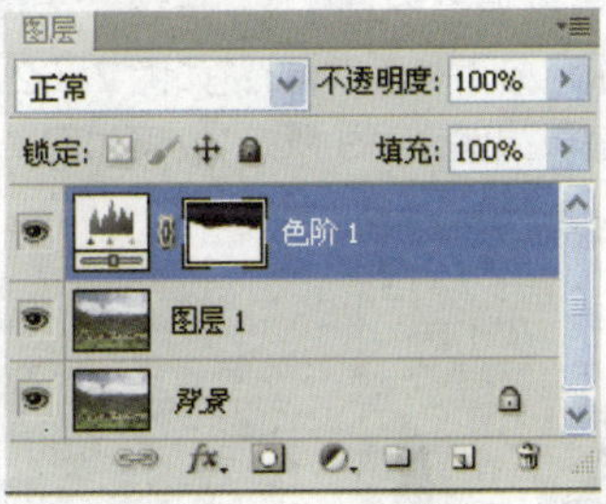

图7-50 【图层】面板

图7-51 图像效果

5 此时房子的整体曝光过度，选择工具栏【画笔工具】，适当调整【画笔】不透明度，单击调整层【色阶】蒙版，将房子和地面进行修饰，【图层】面板如图 7-52 所示。效果如图 7-53 所示。

图7-52 【图层】面板

图7-53 图像效果

6 选择【图层】面板，选择【图层 1】，单击【创建新的填充图层或调整图层】按钮，选择【色相 / 饱和度】，弹出【色相饱和度】对话框，设置如图 7-54 所示，【图层】面板如图 7-55 所示，效果如图 7-56 所示。

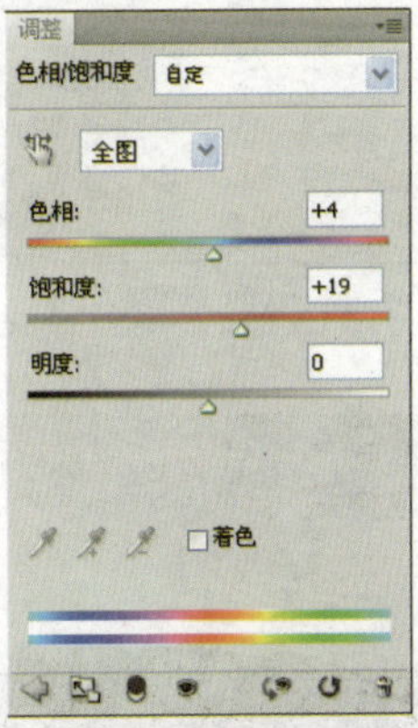

图7-54 【色相/饱和度】对话框

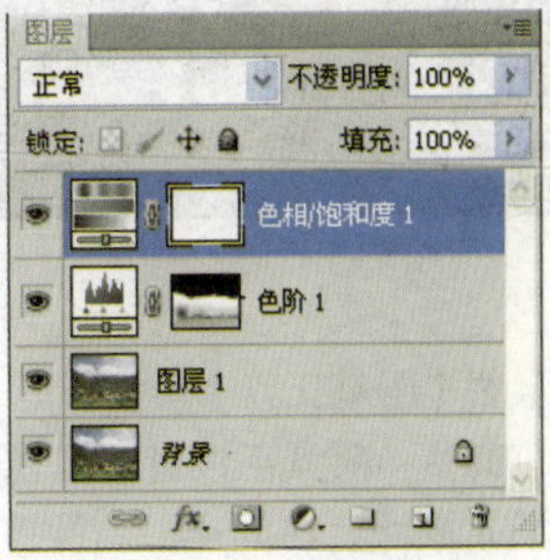

图7-55 【图层】面板

图7-56　图像效果

7 调整房子。选择【图层】面板，选择【图层 1】，单击【创建新的填充图层或调整图层】按钮，选择色阶。弹出【色阶】对话框，设置如图 7-57 所示，【图层】面板如图 7-58 所示，效果如图 7-59 所示。

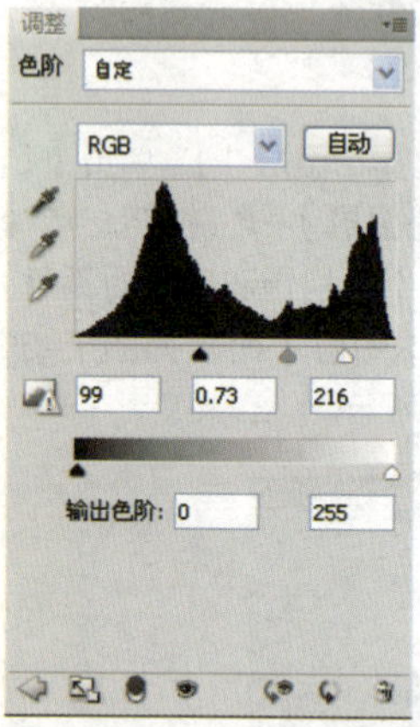

图7-57　【色阶】对话框

图7-58　【图层】面板

图7-59　图像效果

8 选择工具栏【画笔工具】，画笔【不透明度】设置为 100%。前景色设置为黑色，单击调整层【色阶】蒙版，将天空、山脉擦除。【图层】面板如图 7-60 所示，效果如图 7-61 所示。

图7-60　【图层】面板

图7-61　图像效果

9 调整天空。选择【图层 1】，单击【创建新的填充图层或调整图层】按钮，选择【色阶】，弹出【色阶】对话框，设置如图 7-62 所示。【图层】面板如图 7-63 所示，效果如图 7-64 所示。

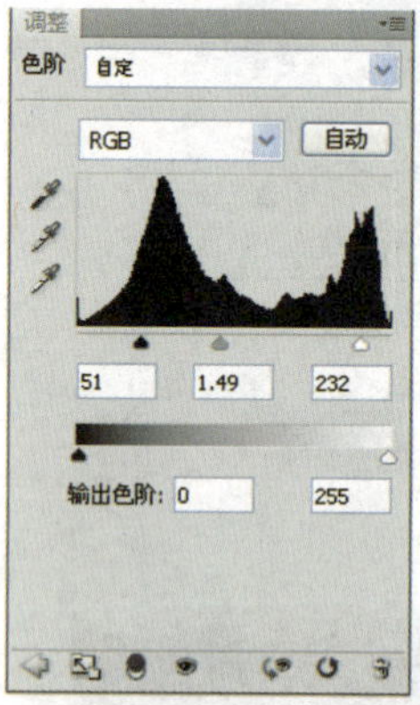

图7-62　【图层】面板

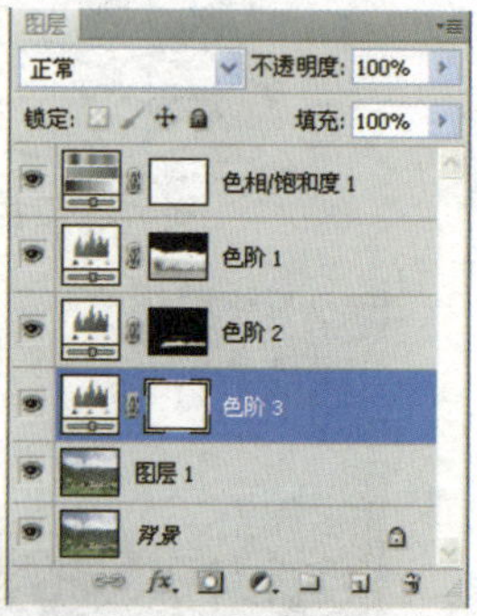

图7-63　【色阶】对话框

图7-64　图像效果

10 选择【图层】面板，单击调整层【色阶】蒙版，选择工具栏【画笔工具】，前景色设置为黑色，将天空以外的图像擦除，【图层】面板如图 7-65 所示，效果如图 7-66 所示。

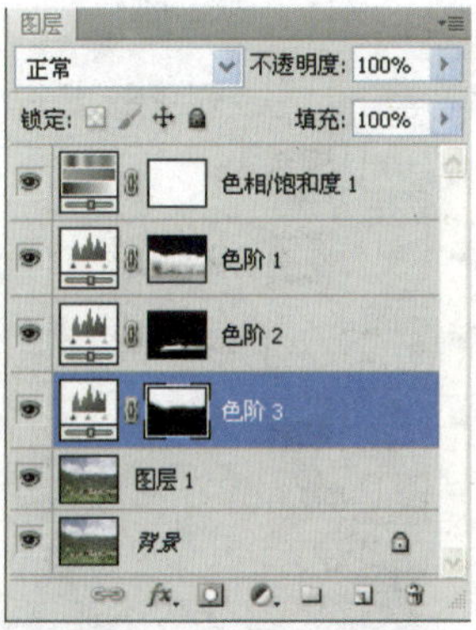

图7-65 【图层】面板

图7-66 图像效果

11 选择【图层】面板，单击【创建新的填充图层或调整图层】按钮，选择【色相/饱和度】，弹出【自然/饱和度】对话框，设置如图 7-67 所示。【图层】面板如图 7-68 所示，效果如图 7-69 所示。

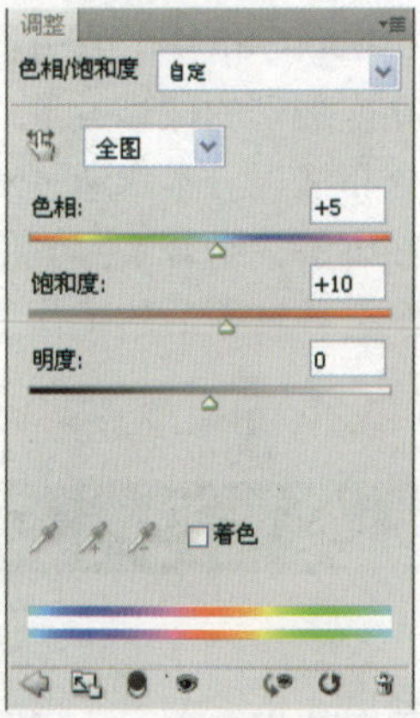

图7-67 【色相/饱和度】对话框

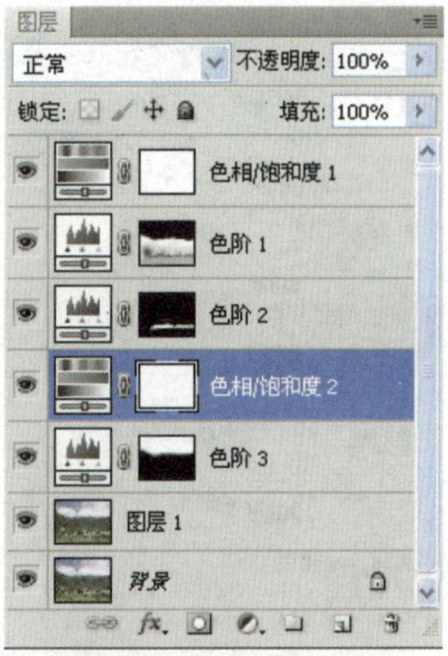

图7-68 【图层】面板

图7-69 图像效果

12 选择【图层】面板，单击【创建新的填充图层或调整图层】按钮，选择【自然饱和度】，弹出【自然饱和度】对话框，设置如图 7-70 所示。【图层】面板如图 7-71 所示，效果如图 7-72 所示。

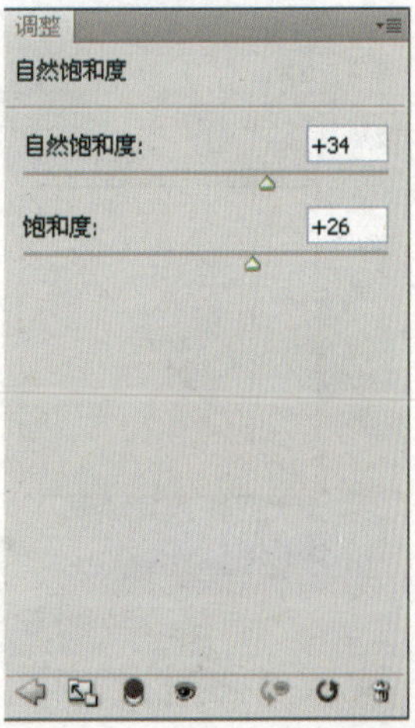

图7-70 【自然饱和度】对话框

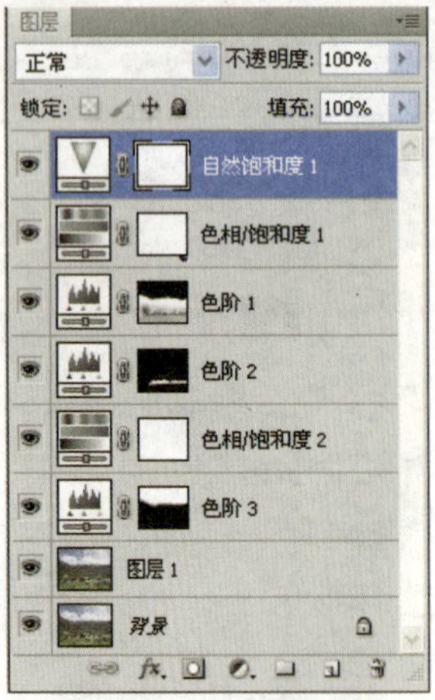

图7–71 【图层】面板

图7–72 图像效果

13 选择【图层】面板，单击【创建新的填充图层或调整图层】按钮，选择【曲线】，弹出【曲线】对话框，设置如图7–73所示，将调整层【自然饱和度 1】移至【图层】面板最上层，【图层】面板如图7–74所示，最终效果如图7–75所示。

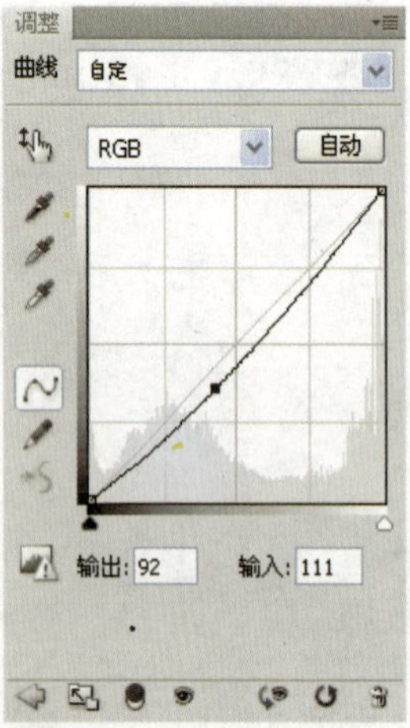

图7–73 【曲线】对话框

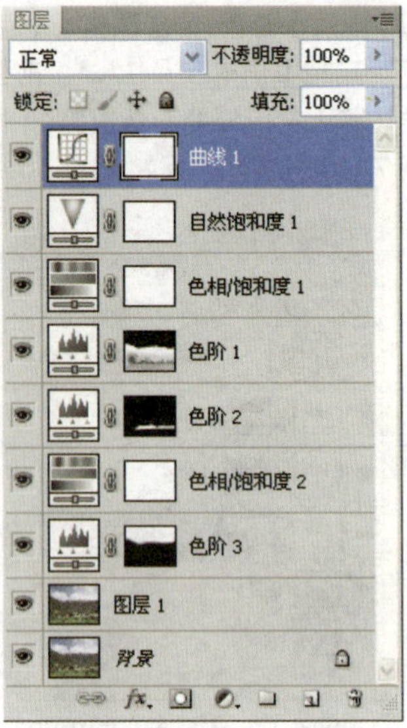

图7–74 【图层】面板

图7–75 最终效果图

7.7 本章小结

在 Photoshop CS5 中，直方图用图形表示图像的每个亮度级别的像素数量，并展示像素在图像中的分布情况。本章通过对直方图概念及参数的详细讲解，结合实际案例来使读者真正了解直方图，并在今后的工作中对色彩有更好的控制技巧。

7.8 习题

上机题

上机练习色使用直方图处理图像。

第8章 图层混合模式彻底研究

本章提要

本章主要介绍Photoshop CS5中27种混合模式的概念，以及相对应的效果。

8.1 了解图层混合模式

混合模式是 Photoshop CS5 的核心功能之一，也是在图像处理过程中最为常用的一种技术手段。如图 8-1 所示的几幅优秀合成作品就是利用图层混合模式再配合图层蒙板将图像融合在一起的效果。

图8-1 图层混合模式效果

作为 Photoshop CS5 的核心功能之一，混合模式已经成为广大图像处理工作人员不可或缺的一项技术，很多优秀的合成案例都或多或少地使用混合模式来达到合成图像的目的。

图层混合模式最基本的作用是混合图像。当然，除了混合图像这一基本功能之外，还可以用混合模式隐藏图像更多的细节，也可以使用混合模式提高或降低图像的对比度，还可以用混合模式制作出单色图像的效果。

8.1.1 解析图层混合模式

Photoshop CS5 提供了 27 种混合模式，针对不同的图像应用不同的混合模式可以得到不同的效果。为了便于理解，可以将混合模式分为 6 大类，如图 8-2 所示。从上至下分别是组合模式、加深混合模式、减淡模式、对比混合模式、比较混合模式和色彩混合模式。

正常
溶解

变暗
正片叠底
颜色加深
线性加深
深色

变亮
滤色
颜色减淡
线性减淡（添加）
浅色

叠加
柔光
强光
亮光
线性光
点光
实色混合

差值
排除
减去
划分

色相
饱和度
颜色
明度

图8-2 图层混合模式分类

8.1.2 如何选择适当的混合模式

图层混合模式具有非常强大的图像融合功能，在结合 Photoshop CS5 其他功能的情况下，常常能够制作出令人意想不到的效果，但这需要建立在正确使用图层混合模式的前提下。虽然快速、正确、准确地选择合适的图层混合模式并不是一件容易的事，但只要我们了解如何选择合适混合模式的方法，就不难成为混合模式的运用高手。

需要澄清的是，在任何情况下都能绝对准确地选择合适的混合模式，这是不可能的，前面所说的选择“合适的”图层混合模式，只是在较为熟悉混合模式工作原理的情况下，进行多次尝试后得到的效果。

因此，大多数情况下当要选择需要的混合模式时，首先要在对各个图层混合模式的工作原理有所了解及长时间相关操作经验积累的基础上分别选择不同类别的混合模式，并对选择不同模式时得到的效果做出不同程度的推断，进而判断出选择哪种混合模式能够得到最接近于所需要的效果。

8.2 图层混合模式详解

图层混合模式是根据基色和混合色的色相、明亮度和饱和度来决定图层的融合方式，使图层以千差万别的方式相互叠加。配合图层元素的巧妙安排，制作出各种或平实、或个性的优秀作品。本篇以实例的方式逐个讲解图层混合模式的效果和用法。

8.2.1 正常图层混合模式

在正常图层混合模式下，混合色完全遮盖住基色，此时结果色完全是由混合色【不透明度】而决定的，不透明度越小，基色越明显。

8.2.2 溶解图层混合模式

在溶解图层混合模式下，混合色完全遮盖住基色。但当混合色中出现透明像素的情况时，根据其中透明像素显示出颗粒化效果。

【溶解】图层混合模式的使用

所用素材：光盘\素材图\第 8 章\溶解

操作步骤

1 单击菜单栏中的【文件】/【打开】菜单命令，打开素材文件，如图 8-3 和图 8-4 所示。

图8-3 素材1文件

图8-4 素材2文件

2 选择工具栏中【移动工具】，将素材 2 文件直接拖动到素材 1 文件中。选择【图层 1】，将图层【混合模式】更改为【溶解】，不透明度设置为 80%，【图层】面板如图 8-5 所示，最终效果如图 8-6 所示。

图8-5 【图层】面板

图8-6 最终效果

8.2.3 变暗图层混合模式

在变暗图层混合模式下，Photoshop CS5将查看每个通道中的颜色信息，结果色是基色的混合色中较暗的颜色，图像整体效果会变暗。

【变暗】图层混合模式的使用

所用素材：光盘\素材图\第8章\变暗

操作步骤

1 单击菜单栏中的【文件】/【打开】命令，打开素材文件，如图8-7、图8-8所示。选择工具栏中【移动工具】，将素材2文件直接拖动到素材1文件中，【图层】面板如图8-9所示。

图8-7 素材1文件

图8-8 素材2文件

图8-9 【图层】面板

2 单击【编辑】/【自由变换】菜单命令，将图像人物缩小到合适大小，按【Enter】组合键，完成操作，如图8-10所示。

图8-10 自由变换

3 选择【图层1】，将图层【混合模式】改为【变暗】，【图层】面板如图8-11所示，最终效果如图8-12所示。

图8-11 【图层】面板

图8-12 最终效果

8.2.4 正片叠底图层混合模式

在正片叠底混合模式下，Photoshop CS5将查看每个通道中的颜色信息。将基色和混合色相乘并除以255，最后得到的结果色是比基色和混合色都要暗一点的颜色，任何颜色与黑色正片叠底将产生黑色，与白色正片叠底将保持不变。

【正片叠底】图层混合模式的使用

所用素材：光盘\素材图\第8章\正片叠底

操作步骤

1 单击菜单栏中的【文件】/【打开】命令，打开素材文件，如图8-13、图8-14所示。

图8-13 素材1文件

图8-14 素材2文件

2 选择工具栏中【移动工具】，将素材2文件直接拖动到素材1文件中。选择【背景副本】，将图层【混合模式】改为【正片叠底】，【图层】面板如图8-15所示，最终效果如图8-16所示。

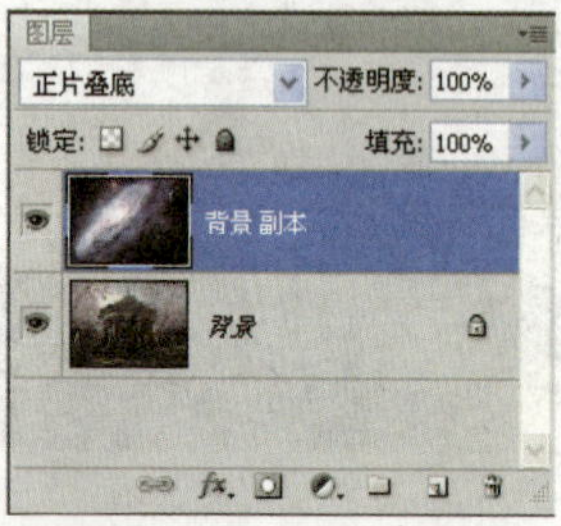

图8-15 【图层】面板

图8-16 最终效果

8.2.5 颜色加深图层混合模式

在颜色加深图层混合模式下，查看整个通道中的颜色信息，并通过增加对比度使基色变暗从而反映混合色，降低图像的局部亮度，任何颜色与白色进行颜色加深将保持不变。

【颜色加深】图层混合模式的使用

所用素材：光盘\素材图\第8章\颜色加深

操作步骤

1 单击菜单栏中的【文件】/【打开】命令，打开素材文件，如图8-17、图8-18所示。

图8-17 素材1文件

图8-18 素材2文件

2 选择工具栏中【移动工具】，将素材2文件直接拖动到素材1文件中。选择【图层1】，将图层【混合模式】改为【颜色加深】，【图层】面板如图8-19所示，最终效果如图8-20所示。

图8-19 【图层】面板

图8-20 最终效果

8.2.6 线性加深图层混合模式

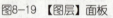

在线性加深图层混合模式下，通过降低亮度使基色变暗从而反映混合色，任何颜色与白

色线性加深将保持不变。

【线性加深】图层混合模式的使用

所用素材：光盘\素材图\第 8 章\线性加深

操作步骤

1 单击菜单栏中的【文件】/【打开】命令，打开素材文件，如图 8-21、图 8-22 所示。

图8-21　素材1文件

图8-22　素材2文件

2 选择工具栏中【移动工具】，将素材 2 文件直接拖动到素材 1 文件中。选择【图层 1】，将图层【混合模式】改为【线性加深】。【图层】面板如图 8-23 所示，最终效果如图 8-24 所示。

图8-23　【图层】面板

图8-24　最终效果

8.2.7　深色图层混合模式

在深色图层混合模式下，Photoshop CS5 将比较基色和混合色的所有通道值的总和并显示值比较小的颜色，由于是从基色和混合色中选择最小的通道值来创建结果色，所有不会产生第三种颜色。

【深色】图层混合模式的使用

所用素材：光盘\素材图\第三篇\第 8 章\深色.jpg

操作步骤

1 单击菜单栏中的【文件】/【打开】命令，打开素材文件，如图 8-25、图 8-26 所示。

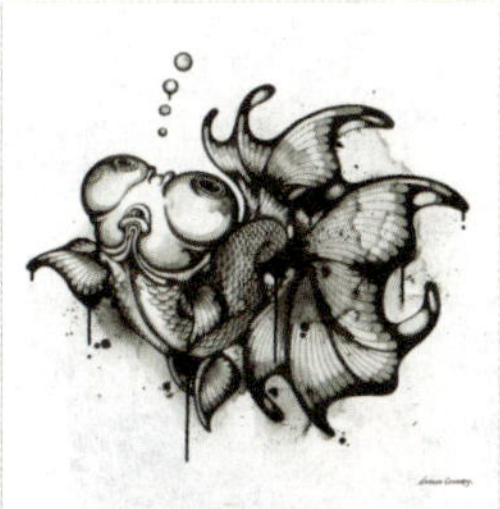

图8-25　素材1文件

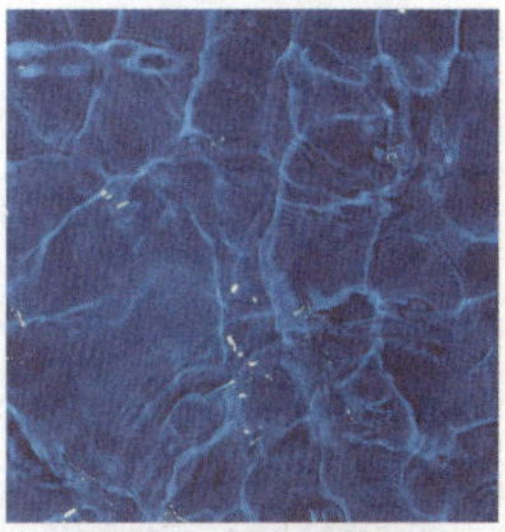

图8-26　素材2文件

2 选择工具栏中【移动工具】，将素材 2 文件直接拖动到素材 1 文件中。选择【图层 1】，将图层【混合模式】改为【深色】。【图层】面板如图 8-27 所示，最终效果如图 8-28 所示。

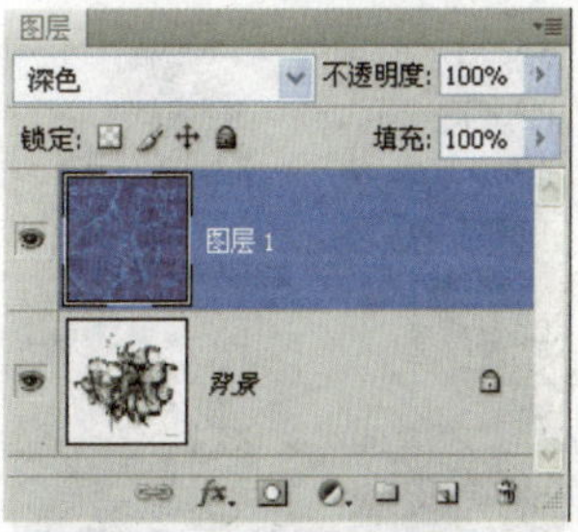

图8-27　【图层】面板

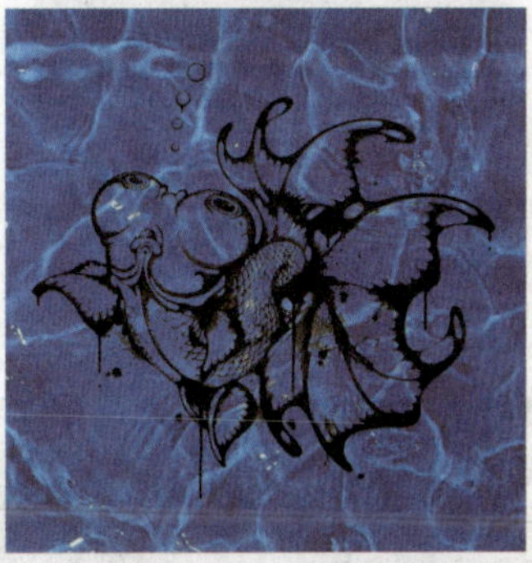

图8-28　最终效果

8.2.8　变亮图层混合模式

在变亮图层混合模式下，Photoshop CS5 将比较基色和混合色的颜色亮度。并以其中较亮的颜色作为结果色，替换比混合色暗的像素，保留比混合色亮的像素，图像整体呈现变亮的效果。

【变亮】图层混合模式的使用

所用素材：光盘\素材图\第 8 章\变亮

操作步骤

1 单击菜单栏中的【文件】/【打开】命令，打开素材文件，如图 8-29、图 8-30 所示。

图8-29 素材1文件

图8-30 素材2文件

2 选择工具栏中【移动工具】，将素材 2 文件直接拖动到素材 1 文件中，如图 8-31 所示，【图层】面板如图 8-32 所示。

图8-31 粘贴图像

图8-32 【图层】面板

3 选择【图层 1】，将图层【混合模式】改为【变亮】，【图层】面板如图 8-33 所示。最终效果如图 8-34 所示。

图8-33 【图层】面板

图8-34 最终效果

8.2.9 滤色图层混合模式

在滤色图层混合模式下，Photoshop CS5 将查看每个通道的颜色信息，将混合的互补色与基色进行正片叠底，产生较亮的结果色。任何颜色与黑色进行滤色将保持不变，与白色进行滤色产生白色。

【滤色】图层混合模式的使用

所用素材：光盘\素材图\第 8 章\滤色.

操作步骤

1 单击菜单栏中的【文件】/【打开】命令，打开素材文件，如图 8-35，图 8-36 所示。选择工具栏中【移动工具】，将素材 2 文件直接拖动到素材 1 文件中，【图层】面板如图 8-37 所示。

图8-35 素材1文件

图8-36 素材2文件

图8-37 【图层】面板

2 选择【图层 1】，单击【编辑】/【自由变换】命令，将图像调整到合适大小。选择【图层】面板，将图层【混合模式】改为【滤色】，如图 8-38 所示。选择【添加图层】面板 按钮，选择工具栏【画笔工具】，将前景色设置为黑色，单击蒙版区域，将边缘擦除。【图层】面板如图 8-39 所示，最终效果如图 8-40 所示。

图8-38 【滤色】混合模式

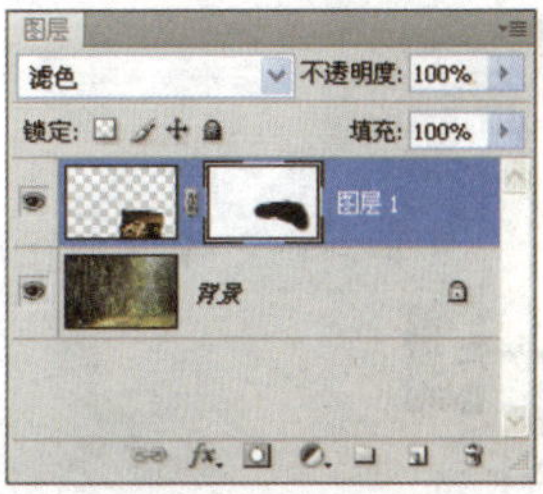

图8-39 【图层】面板

图8-40 最终效果

8.2.10 颜色减淡图层混合模式

在颜色减淡图层混合模式下，Photoshop CS5 会查看每个通道中的颜色信息，并通过降低对比度使基色变亮，从而，提高图像的局部亮度。任何颜色与黑色进行颜色减淡将保持不变。

【颜色减淡】图层混合模式的使用

所用素材：光盘\素材图\第 8 章\颜色减淡.

操作步骤

1 单击菜单栏中的【文件】/【打开】命令，打开素材文件，如图 8-41、图 8-42 所示。选择工具栏中【移动工具】，将素材 2 文件直接拖动到素材 1 文件中，【图层】面板如图 8-43 所示。

图8-41 素材1文件

图8-42 素材2文件

图8-43 【图层】面板

2 选择【图层 1】，将图层【混合模式】改为【变亮】，【图层】面板如图 8-44 所示，最终效果如图 8-45 所示。

图8-44 【图层】面板

图8-45 最终效果

8.2.11 线性减淡（加深）图层混合模式

在线性减淡（加深）图层混合模式下，Photoshop CS5 会查看每个通道中的颜色信息，并通过加亮亮度使基色变亮从而混合色，任何颜色与黑色进行线性减淡（加深）将保持不变。

【线性减淡（加深）】图层混合模式的使用

所用素材：光盘\素材图\第 8 章\线性减淡（加深）

操作步骤

1 单击菜单栏中的【文件】/【打开】命令，打开素材文件，如图 8-46、图 8-47 所示。选择工具栏中【移动工具】，将素材 2 文件直接拖动到素材 1 文件中，【图层】面板如图 8-48 所示。

图8-46 素材1文件

图8-47 素材2文件

图8-48 【图层】面板

2 选择【图层 1】，将图层【混合模式】改为【线性减淡（加深）】，【图层】面板如图 8-49 所示，最终效果如图 8-50 所示。

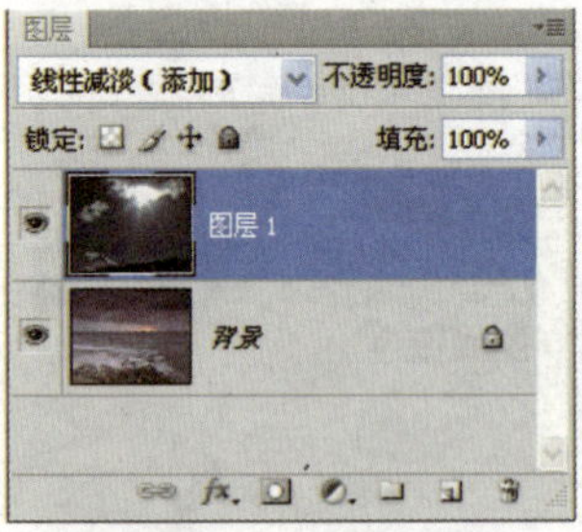

图8-49 【图层】面板

图8-50 最终效果

8.2.12 浅色图层混合模式

在浅色图层混合模式下，Photoshop CS5 将比较基色和混合色的所有通道的总和并显示值比较小的颜色，由于是从基色和混合色中选择最大的通道值来创建结果色，所有不会产生第三种颜色。

【浅色】图层混合模式的使用

所用素材：光盘\素材图\第 8 章\浅色

操作步骤

1 单击菜单栏中的【文件】/【打开】命令，打开素材文件，如图 8-51 图 8-52 所示。选择工具栏中【移动工具】，将素材 2 文件直接拖动到素材 1 文件中，【图层】面板如图 8-53 所示。

图8-51　素材1文件

图8-52　素材2文件

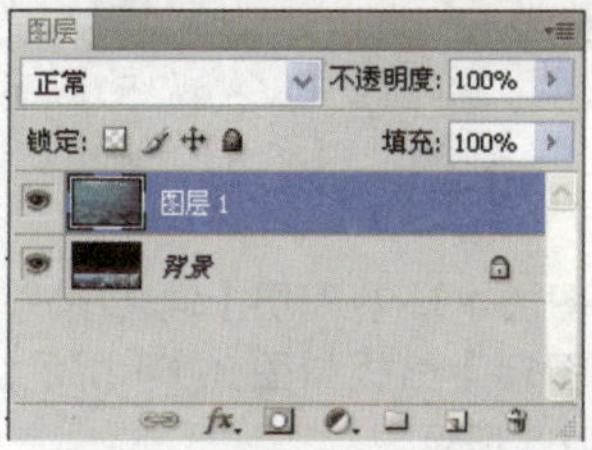

图8-53　【图层】面板

2 选择【图层 1】，将图层【混合模式】改为【浅色】。不透明度设置为 60%，如图 8-54 所示，最终效果如图 8-55 所示。

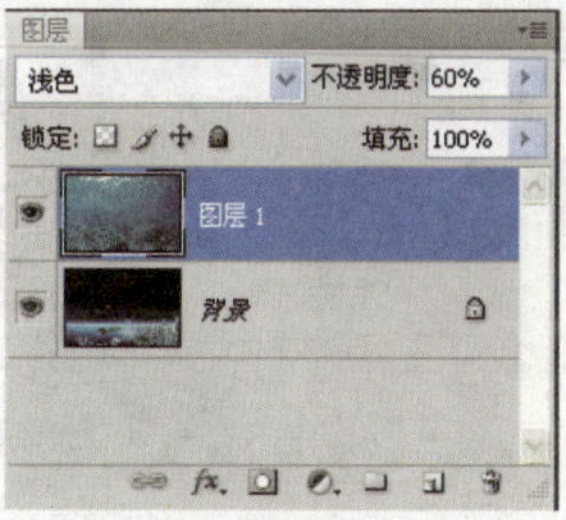

图8-54　【图层】面板

图8-55　最终效果

8.2.13　叠加图层混合模式

在叠加图层混合模式下，对颜色进行正片叠底或过滤，结果色取决于基色。混合色在基色上叠加，同时保留基色的明暗对比，不替换基色，但基色与混合色叠加从而反映原色的亮度或暗度。

【叠加】图层混合模式的使用

所用素材：光盘\素材图\第 8 章\叠加

操作步骤

1 单击菜单栏中的【文件】/【打开】命令，打开素材文件，如图 8-56、图 8-57 所示。选择工具栏中【移动工具】，将素材 2 文件直接拖动到素材 1 文件中，【图层】面板如图 8-58 所示。

图8-56　素材1文件

图8-57　素材2文件

图8-58 【图层】面板

2 选择【图层 1】，将图层【混合模式】改为【叠加】，【图层】面板如图 8-59 所示，最终效果如图 8-60 所示。

图8-59 【图层】面板

图8-60 最终效果

8.2.14 柔光图层混合模式

在柔光图层混合模式下，Photoshop CS5 将根据混合色使颜色变暗或变亮。当混合色比 50% 灰色亮，则图像变亮，产生减淡的效果。将混合色比 50% 灰色暗时，图像变暗，产生加深的效果。任何颜色与纯黑或纯白进行柔光会产生明显变暗或变亮的区域，但不会出现纯黑或纯白色。

【柔光】图层混合模式的使用

所用素材：光盘\素材图\第 8 章\柔光

操作步骤

1 单击菜单栏中的【文件】/【打开】命令，打开素材文件，如图 8-61、图 8-62 所示。选择工具栏中【移动工具】，将素材 2 文件直接拖动到素材 1 文件中，【图层】面板如图 8-63 所示。

图8-61 素材1文件

图8-62 素材2文件

图8-63 【图层】面板

2 选择【图层 1】，将图层【混合模式】改为【柔光】，【图层】面板如图 8-64 所示，最终效果如图 8-65 所示。

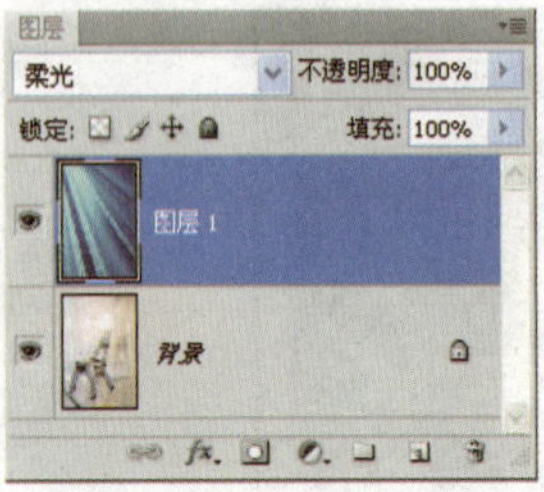

图8-64 【图层】面板

图8-65 最终效果

8.2.15 强光图层混合模式

在强光图层混合模式下，Photoshop CS5将根据混合色对颜色进行正片叠底或过滤。当混合色比50%灰色亮，则图像变亮，产生过滤后的效果，可以为图像添加高光。当混合色比50%灰色暗时，图像变暗，产生正片叠底后的效果，可以为图像添加阴影。任何颜色与纯黑或纯白进行强光将会出现纯黑或纯白色。

【强光】图层混合模式的使用

所用素材：光盘\素材图\第8章\强光

操作步骤

1 单击菜单栏中的【文件】/【打开】命令，打开素材文件，如图8-66、图8-67所示。选择工具栏中【移动工具】，将素材2文件直接拖动到素材1文件中，【图层】面板如图8-68所示。

图8-66 素材1文件

图8-67 素材2文件

2 选择【图层1】，将图层【混合模式】改为【强光】，【图层】面板如图8-69所示，最终效果如图8-70所示。

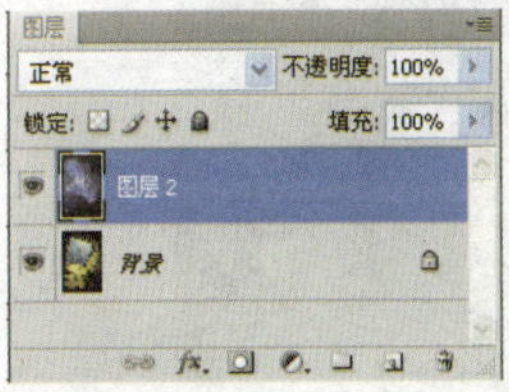

图8-68 【图层】面板

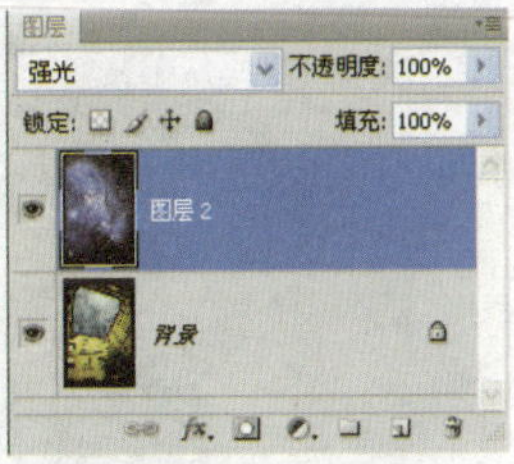

图8-69 【图层】面板

图8-70 最终效果

8.2.16 亮光图层混合模式

在亮光图层混合模式下，Photoshop CS5将根据混合色通过增加或减少对比度来加深或减淡颜色。但混合色比50%灰色亮时，将通过减小对比度使图像变亮。当混合色比50%灰色暗时，通过增加对比度使图像变暗。

【亮光】图层混合模式的使用

所用素材：光盘\素材图\第8章\亮光

操作步骤

1 单击菜单栏中的【文件】/【打开】命令，打开素材文件，如图8-71、图8-72所示。选择工具栏上的【移动工具】，将素材2文件直接拖动到素材1文件中，【图层】面板如图8-73所示。

图8-71 素材1文件

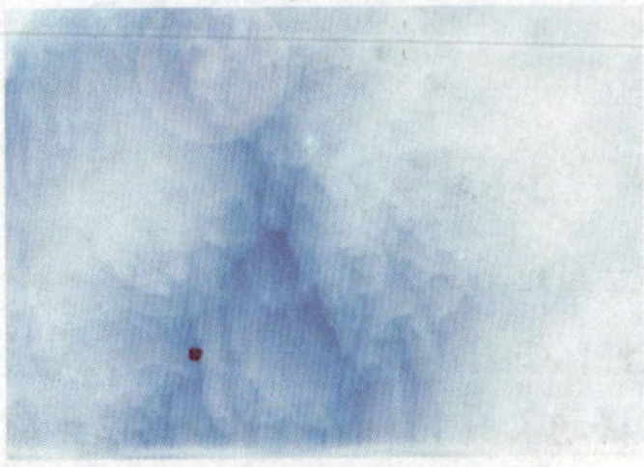

图8-72 素材2文件

图8-73 【图层】面板

2 选择【图层 1】，将图层的【混合模式】改为“亮光”，不透明度设置为 70%，【图层】面板如图 8-74 所示，最终效果如图 8-75 所示。

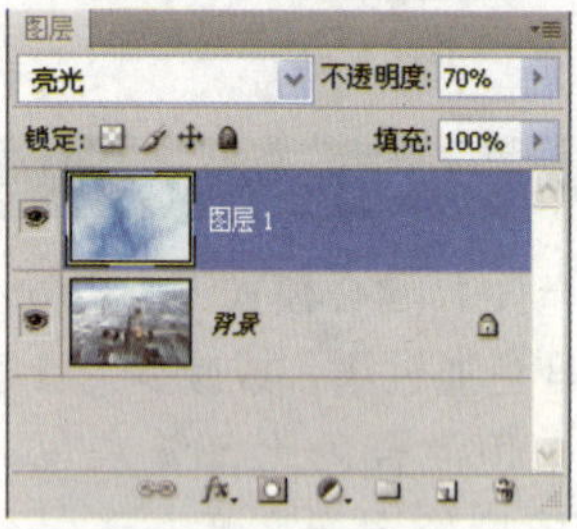

图8-74 【图层】面板

图8-75 最终效果

8.2.17 线性光图层混合模式

在线性光图层混合模式下，Photoshop CS5 将根据混合色通过减小或增加亮度来加深或减淡颜色。当混合色比 50% 灰色亮时，通过增加亮度使图像变亮。当混合色比 50% 灰色暗时，通过减小亮度使图像变暗。

【线性光】图层混合模式的使用

所用素材：光盘\素材图\第 8 章\线性光

操作步骤

1 单击菜单栏中的【文件】/【打开】命令，打开素材文件，如图 8-76、图 8-77 所示。选择工具栏中【移动工具】，将素材 2 文件直接拖动到素材 1 文件中，【图层】面板如图 8-78 所示。

图8-76 素材1文件

图8-77 素材2文件

图8-78 【图层】面板

2 选择【图层 1】，将图层【混合模式】改为【线性光】。【图层】面板如图 8-79 所示。最终效果如图 8-80 所示。

图8-79 【图层】面板

图8-80 最终效果

8.2.18 点光图层混合模式

在点光图层混合模式下，Photoshop CS5 将根据混合色进行颜色替换。如果混合色比 50% 灰色亮，则替换比混合色暗的像素，保留比混合色亮的像素。如果混合色比 50% 灰色暗，则替换比混合色亮的像素，保留比混合色暗的像素。

【点光】图层混合模式的使用：

所用素材：光盘\素材图\第 8 章\点光

操作步骤

1 单击菜单栏中的【文件】/【打开】命令，打开素材文件，如图 8-81、图 8-82 所示。选择工具栏中【移动工具】，将素材 2 文件直接拖动到素材 1 文件中，【图层】面板如图 8-83 所示。

图8-81 素材1文件

图8-82 素材2文件

图8-83 【图层】面板

2 选择【图层 1】，将图层【混合模式】改为【点光】。【图层】面板如图 8-84 所示。最终效果如图 8-85 所示。

图8-84 【图层】面板

图8-85 最终效果

8.2.19 实色混合图层混合模式

在实色混合图层混合模式下，Photoshop CS5 会查看每个通道中的颜色信息，将混合色的红色、绿色和蓝色通道值添加到基色的 RGB 值。如果通道的结果总和大于或等于 255，则值为 255，小于 255，则值为 0，从而使得混合色的红色、绿色和蓝色通道只有两个结果，0 或 255。这会将所有像素更改为原色：红色、绿色、蓝色、青色、黄色、洋红、白色或黑色。

【实色混合】图层混合模式的使用

所用素材：光盘\素材图\第 8 章\实色混合

操作步骤

1 单击菜单栏中的【文件】/【打开】命令，打开文件如图 8-86、图 8-87 所示。选择工具栏中【移动工具】，将素材 2 文件直接拖动到素材 1 文件中，【图层】面板如图 8-88 所示。

图8-86 素材1文件

图8-87 素材2文件

图8-88 【图层】面板

2 选择【图层 1】，将图层【混合模式】改为【实色混合】。【图层】面板如图 8-89 所示。最终效果如图 8-90 所示。

图8-89 【图层】面板

图8-90 最终效果

8.2.20 差值图层混合模式

在差值图层混合模式下，Photoshop CS5 将查看每个通道中的颜色信息，比较基色和混合色的亮度值，用其中亮度值较大的颜色值减去亮度值较小的颜色值，结果色取决于基色和混合色像素值之差。任何颜色与白色进行差值将反转基色值，与黑色进行差值将保持不变。

【差值】图层混合模式的使用

所用素材：光盘\素材图\第 8 章\差值

操作步骤

1 单击菜单栏中的【文件】\【打开】命令，打开素材文件，如图 8-91、图 8-92 所示。选择工具栏中【移动工具】，将素材 2 文件直接拖动到素材 1 文件中，【图层】面板如图 8-93 所示。

图8-91 素材1文件

图8-92 素材2文件

图8-93 【图层】面板

2 选择【图层 1】，将图层【混合模式】改为【差值】。【图层】面板如图 8-94 所示。最终效果如图 8-95 所示。

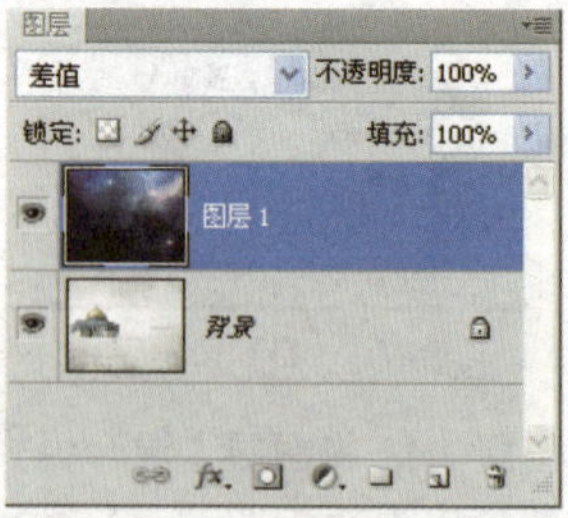

图8-94 【图层】面板

图8-95 最终效果

8.2.21 排除图层混合模式

在排除图层混合模式下，结果色的效果与差值图层混合模式效果相似。任何颜色与白色进行排除将反转基色值，与黑色进行排除将保持不变。

【排除】图层混合模式的使用

所用素材：光盘\素材图\第 8 章\排除

操作步骤

1 单击菜单栏中的【文件】\【打开】命令，打开素材文件，如图 8-96 所示。

图8-96 素材文件

2 选择图层【背景】，按组合键【Ctrl+J】，复制图层，得到【图层 1】，【图层】面板如图 8-97 所示。

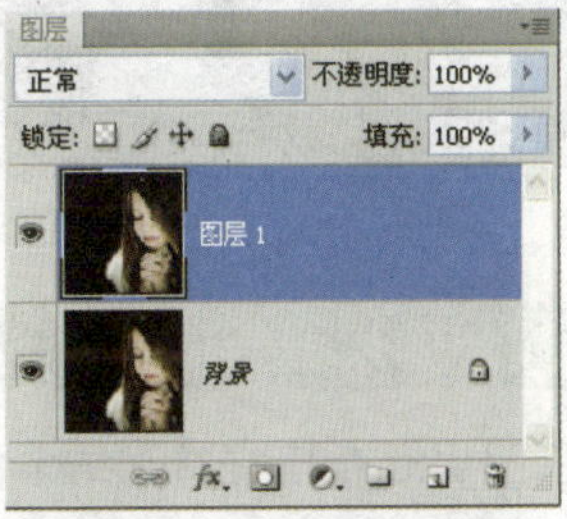

图8-97 【图层】面板

3 选择【图层 1】，将图层【混合模式】改为【排除】。【图层】面板如图 8-98 所示。最终效果如图 8-99 所示。

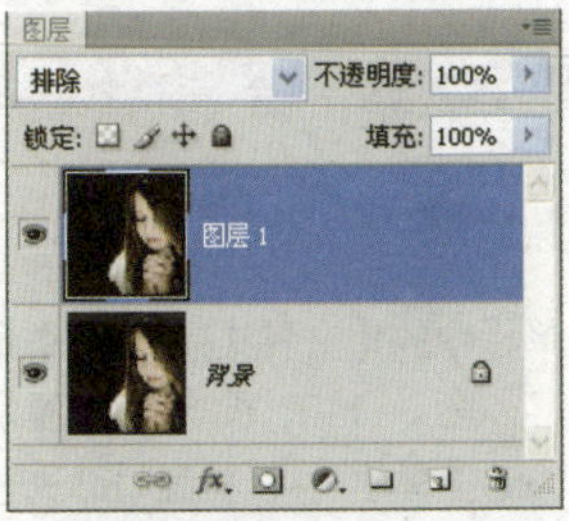

图8-98 【图层】面板

图8-99 最终效果

8.2.22 色相图层混合模式

在色相图层混合模式下，结果色是由基色的明亮/饱和度即混合色的色相共同决定的。

【色相】图层混合模式的使用

所用素材：光盘\素材图\第 8 章\色相

操作步骤

1 单击菜单栏中的【文件】/【打开】命令，打开素材文件，如图 8-100、图 8-101 所示。选择工具栏中【移动工具】▶✥，将素材 2 文件直接拖动到素材 1 文件中，【图层】面板如图 8-102 所示。

图8-100 素材1文件

图8-101 素材2文件

图8-102 【图层】面板

2 选择【图层 1】，将图层【混合模式】改为【色相】，【图层】面板如图 8-103 所示，最终效果如图 8-104 所示。

图8-103 【图层】面板

图8-104 最终效果

8.2.23 饱和度图层混合模式

在饱和度图层混合模式下，结果色是由基色的明亮度和色相及混合色的饱和度共同决定的。

【饱和度】图层混合模式的使用

所用素材：光盘\素材图\第 8 章\饱和度

操作步骤

1 单击菜单栏中的【文件】/【打开】命令，打开素材文件，如图 8-105、图 8-106 所示。选择工具栏中【移动工具】，将素材 2 文件直接拖动到素材 1 文件中，【图层】面板如图 8-107 所示。

图8-105 素材1文件

图8-106 素材2文件

图8-107 【图层】面板

2 选择【图层 1】，将图层【混合模式】改为【饱和度】。【图层】面板如图 8-108 所示。最终效果如图 8-109 所示。

图8-108 【图层】面板

图8-109 最终效果

8.2.24 颜色图层混合模式

在颜色图层混合模式下，结果色是由基色的明亮度及混合色的色相和饱和度共同决定的。可以保留图像中的灰阶，通常用于给单色图像上色和给彩色图像着色。

【颜色】图层混合模式的使用

所用素材：光盘\素材图第 8 章\颜色

操作步骤

1 单击菜单栏中的【文件】\【打开】命令，打开素材文件，如图 8-110、图 8-111 所示。选择工具栏中【移动工具】，将素材 2 文件直接拖动到素材 1 文件中，【图层】面板如图 8-112 所示。

图8–110 素材1文件

图8–111 素材2文件

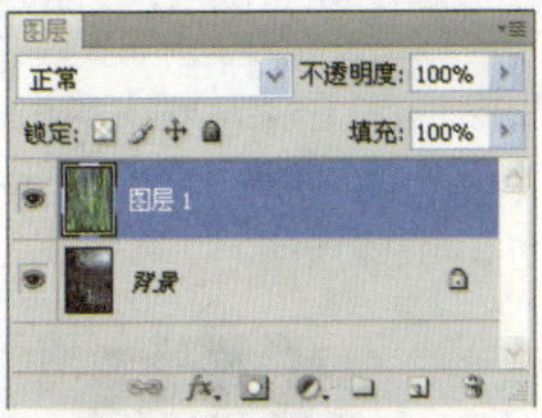

图8–112 【图层】面板

2 选择【图层 1】，将图层【混合模式】改为【颜色】，【图层】面板如图 8–113 所示。最终效果如图 8–114 所示。

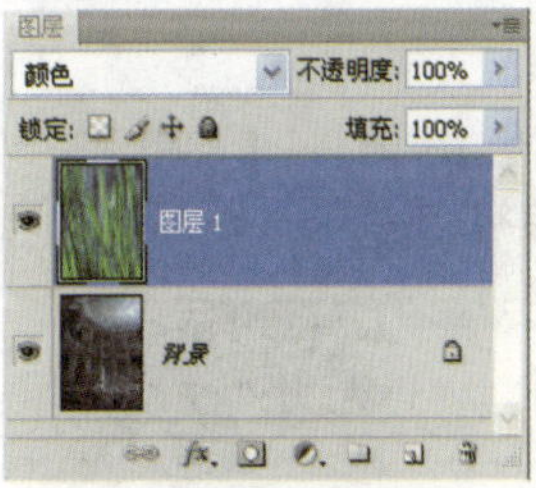

图8–113 【图层】面板

图8–114 最终效果

8.2.25 明度图层混合模式

在明度图层混合模式下，结果色是有基色的色相和饱和度即混合色的明亮度共同决定的。其效果与颜色图层混合模式产生的效果相反。

【明度】图层混合模式的使用

所用素材：光盘\素材图\第 8 章\明度

操作步骤

1 单击菜单栏中的【文件】/【打开】命令，打开文件如图 8–115、图 8–116 所示。选择工具栏中【移动工具】，将素材 2 文件直接拖动到素材 1 文件中，【图层】面板如图 8–117 所示。

图8–115 素材1文件

图8–116 素材2文件

图8–117 【图层】面板

2 选择【图层 1】，将图层【混合模式】改为【明度】，【图层】面板如图 8–118 所示，最终如图 8–119 所示。

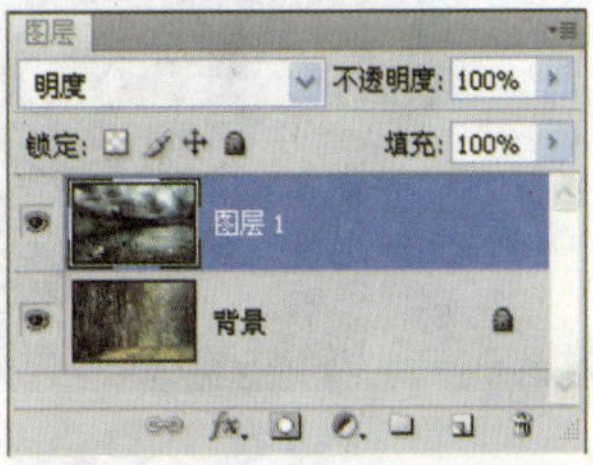

图8–118 【图层】面板

图8–119 最终效果

8.3 上机实战：燃烧的青春

本例利用变亮型混合模式和融合型混合模式来体现图像的细节部分，最终效果图如图8-120所示。

图8-120 最终效果

制作燃烧的青春

所用素材：光盘\素材图\第8章\燃烧的青春\火、人像
最终效果：光盘\素材图\第8章\燃烧的青春\燃烧的青春.psd

操作步骤

人物描边制作

1 单击菜单栏中的【文件】/【打开】命令，打开素材文件【人像】，如图8-121所示。

图8-121 素材文件

2 按【Ctrl+J】组合键，复制图层，得到【图层1】，【图层】面板如图8-122所示。

图8-122 【图层】面板

3 单击【D】键，恢复前景色为黑色，背景色为白色。选择【背景】图层，按【Alt+ Delete】组合键，填充前景色，将【背景】图层填充为黑色，【图层】面板如图8-123所示。

图8-123 【图层】面板

4 选择【图层1】,单击菜单栏中的【图像】/【调整】/【去色】命令,或者按【Ctrl+Shift+U】组合键,效果如图8-124所示。

图8-124 图像去色

5 单击菜单栏中的【图像】/【调整】/【反相】命令,或者按【Ctrl+I】组合键,效果如图8-125所示。

图8-125 图像反相

6 复制【图层1】得【图层1副本】。单击菜单栏中的【滤镜】/【风格化】/【查找边缘】命令，效果如图8-126所示。单击菜单栏中的【图像】/【调整】/【反相】命令，或者按【Ctrl+I】组合键，效果如图8-127所示。选择【图层】面板,将【图层1副本】的【混合模式】设置为【强光】，效果如图8-128所示,【图层】面板如图8-129所示。

图8–126 查找边缘

图8–127 图像反相

图8–128 【强光】混合模式

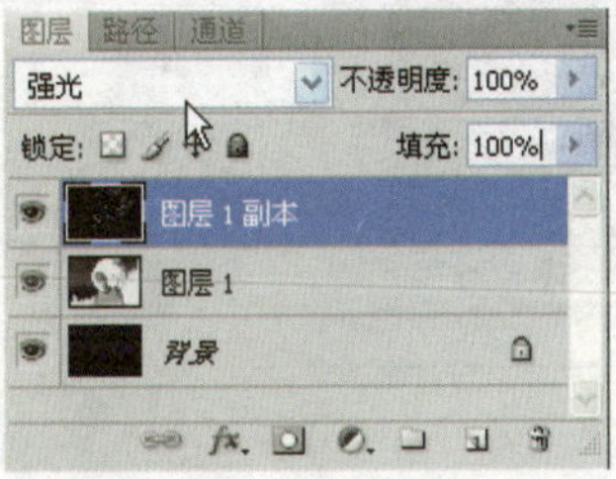

图8–129 【图层】面板

7 复制【图层 1 副本】得【图层 1 副本 9】。将其图层【混合模式】设置为【滤色】，效果如图 8–130 所示，【图层】面板如图 8–131 所示。

图8–130 【滤色】混合模式

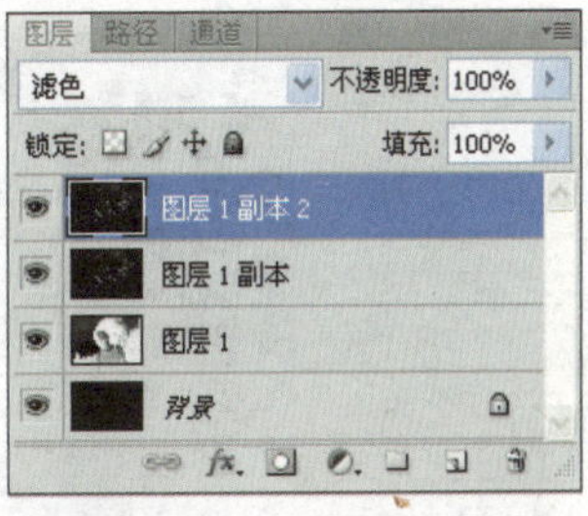

图8–131 【图层】面板

火焰效果制作

8 单击菜单栏中的【文件】/【打开】命令打开素材文件【火】。如图 8–132 所示。选择工具栏中【移动工具】，将【火】文件直接拖动到【人像】文件中，得【图层 9】。

图8–132 素材文件

9 选择【图层 2】，将图层【混合模式】设置为【滤色】，效果如图 8–133 所示，【图层】面板如图 8–134 所示。

10 选择【图层 2】，按【Ctrl+J】组合键，复制图层，得到【图层 2 副本】。选择【图层 9 副本】，并隐藏【图层 2】。【图层】面板如图 8–135 所示。

图8-133　粘贴图像

图8-134　【图层】面板

图8-135　【图层】面板

11　单击菜单栏中的【编辑】/【自由变换】命令，或者按【Ctrl+T】组合键，将图像调整合适大小，如图 8-136 所示。

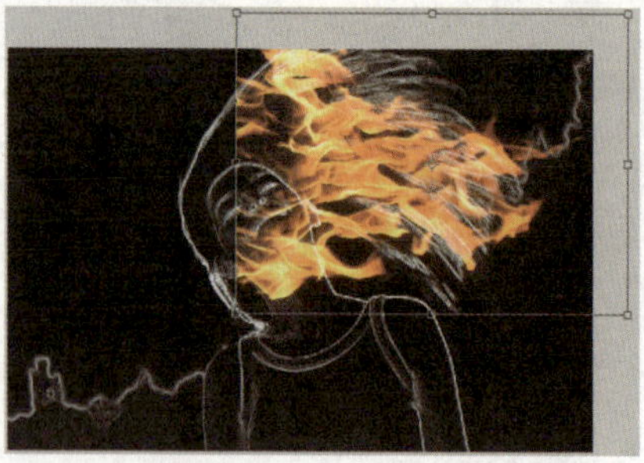

图8-136　自由变换

12　单击菜单栏中的【编辑】/【变换】/【变形】命令。调整如图 8-137 所示。

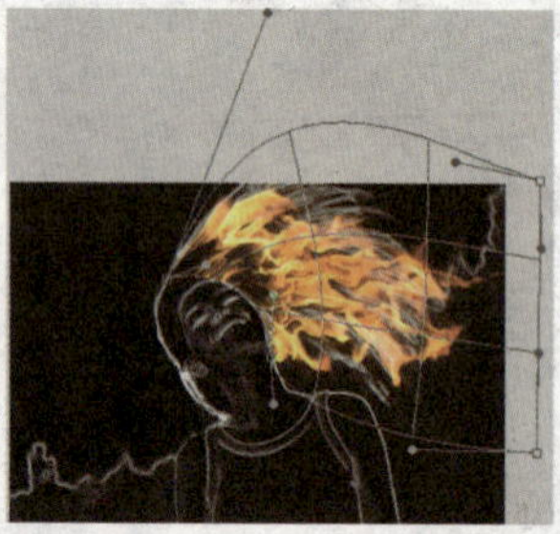

图8-137　变形命令

13　单击菜单栏中的【滤镜】/【液化】命令，设置如图 8-138 所示。选择【确定】完成操作。

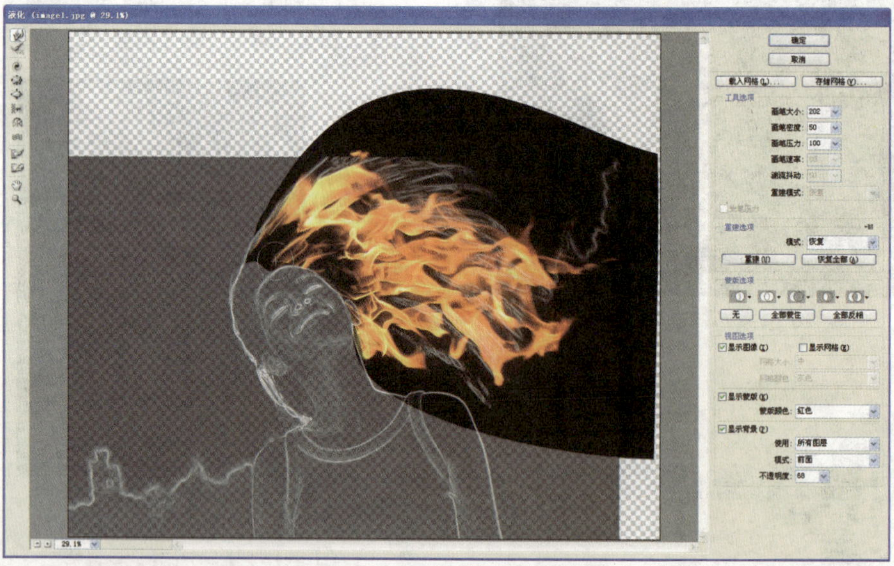

图8-138　【液化】对话框

14　复制【图层 2 副本】，将图层【混合模式】设置为【滤色】，如图 8-139 所示。单击菜单栏中的【编辑】/【自由变换】命令，将图像调整合适大小，如图 8-140 所示。

15　多次重复步骤 7，直到火覆盖所有头发，效果如图 8-141 所示。【图层】面板如图 8-142 所示。

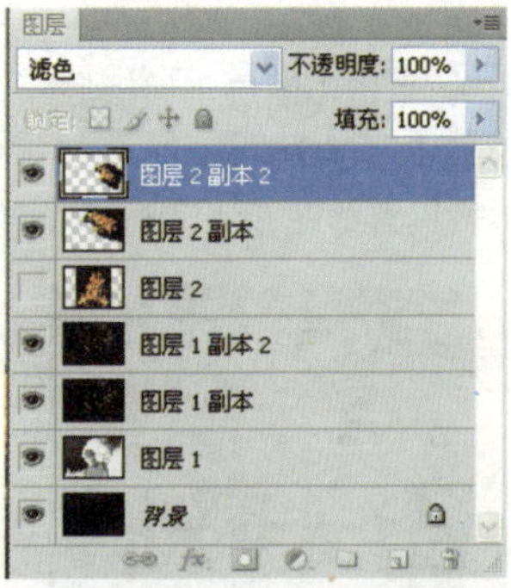

图8-139 【图层】面板

图8-140 自由变换

图8-141 图像效果

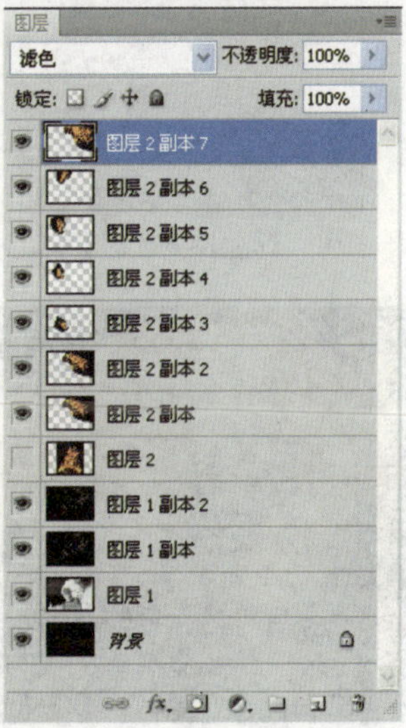

图8-142 【图层】面板

16 选择并显示【图层 2】，将图层【混合模式】设置为【点光】，效果如图 8-143 所示，【图层】面板如图 8-144 所示。

图8-143 【点光】混合模式

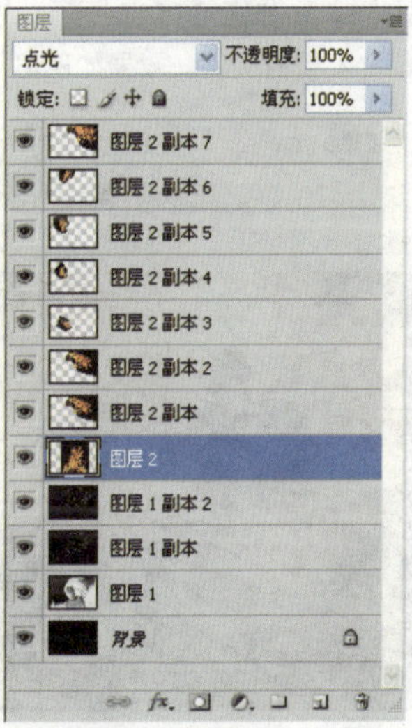

图8-144 【图层】面板

17 单击菜单栏中的【编辑】/【自由变换】命令，将图像调整合适大小，如图 8-145 所示。

图8-145 自由变换

18 单击菜单栏中的【滤镜】/【模糊】/【高斯模糊】命令，参数设置如图 8-146 所示。

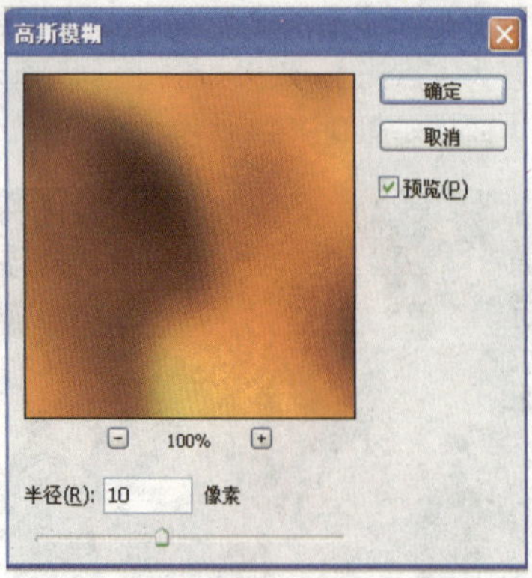

图8-146 【高斯模糊】对话框

19 选择【图层 2】，单击【添加图层】面板按钮，将前景色设为黑色。选择工具栏【画笔工具】，如图 8-147 所示。选择蒙板区域，擦除人物的头发，效果如图 8-148 所示。

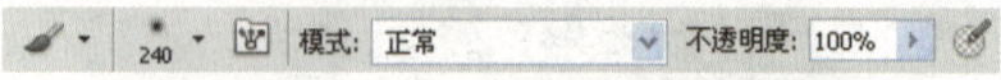

图8-147 【画笔工具】属性面板

图8-148 图像效果

20 选择【图层】面板，单击【新建图层】按钮。得到【图层 3】。单击【D】键，恢复前景色为黑色，背景色为白色。选择工具栏【画笔工具】，在图像的白线处进行涂抹，效果如图 8-149 所示。

图8-149 擦除白线

21 选择【图层 2 副本 7】(【图层】面板最上面的图层)，单击【图层】面板底部【创建新的填充或调整图层】按钮，选择色相\饱和度，参数设置如图 8-150 所示。

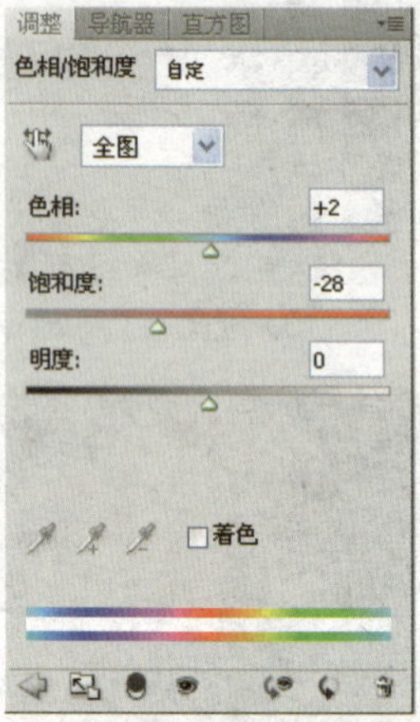

图8-150 【色相/饱和度】对话框

22 单击【图层】面板底部【创建新的填充或调整图层】按钮，选择【亮度 / 对比度】命令，参数设置如图 8-151 所示，效果如图 8-152 所示。

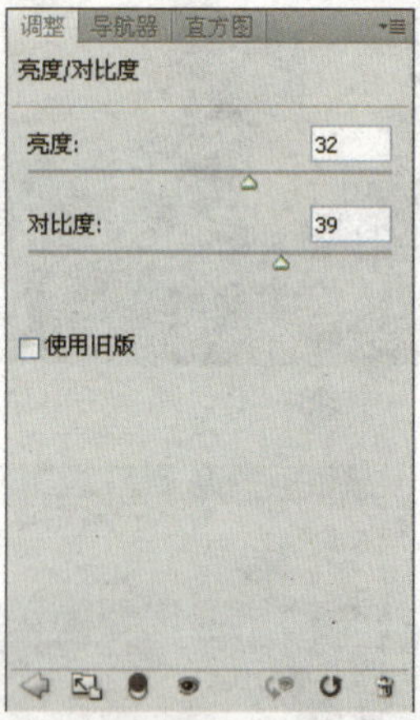

图8-151 【亮度/对比度】对话框

图8-152 图像效果

背景制作

23 单击菜单栏中的【窗口】/【画笔】命令，参数设置如图 8-153、图 8-154、图 8-155 和图 8-156 所示。

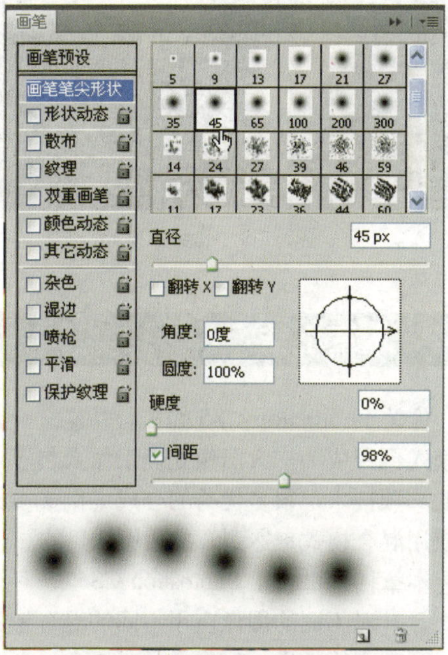

图8-153 【画笔】属性面板

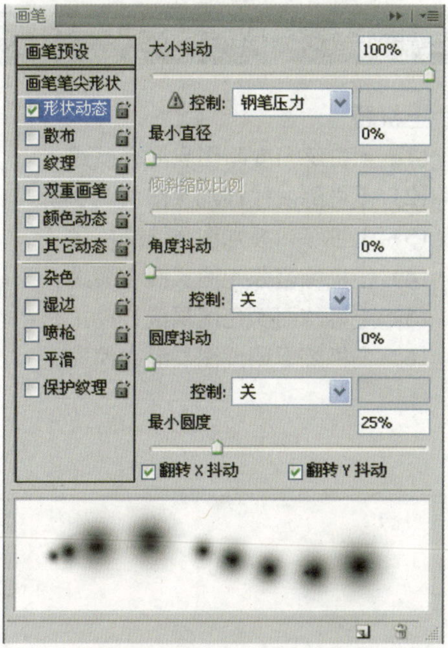

图8-154 【画笔】属性面板

24 选择【图层】面板，单击【新建图层】按钮，得到【图层 4】。选择工具栏中【画笔工具】，绘制光斑，效果如图 8-157 所示。

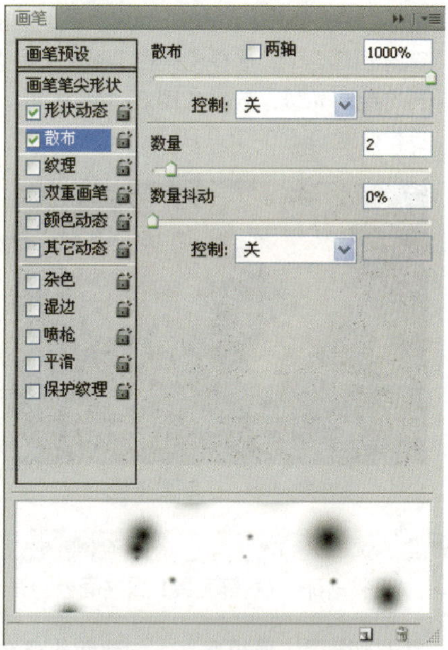

图8-155 【画笔】属性面板

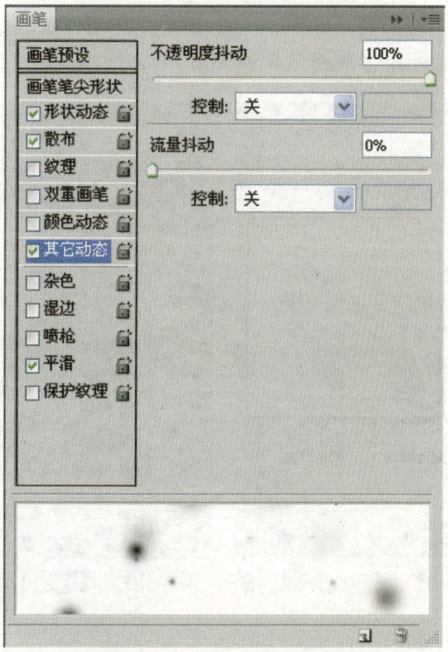

图8-156 【画笔】属性面板

图8-157 绘制光斑

25 选择【图层】面板，单击【新建图层】按钮。得到【图层 5】。选择工具栏【画笔工具】，再次绘制光斑，效果如图 8-158 所示。画笔参数设置如图 8-159 所示。

图8-158　绘制大光斑

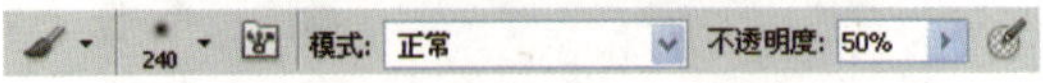

图8-159　【画笔工具】属性面板

26 单击【图层】面板底部【创建新的填充或调整图层】按钮，选择【曲线】。参数设置如图 8-160 所示。【图层】面板如图 8-161 所示，最终效果如图 8-162 所示。

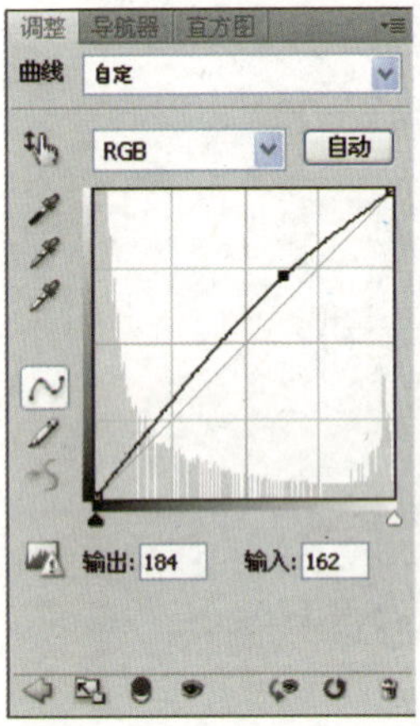

图8-160　【曲线】对话框

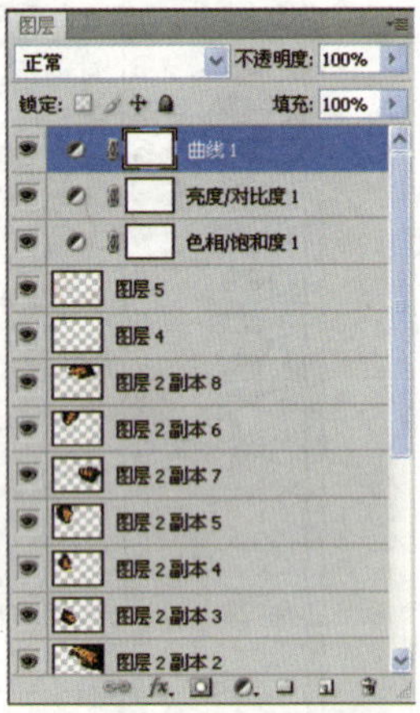

图8-161　【图层】面板

图8-162　最终效果

8.4　本章小结

作为 Photoshop CS5 的核心功能之一，混合模式已经成为广大图像处理工作人员不可或缺的一项技术，很多优秀的合成案例或多或少地使用混合模式来达到合成图像的目的。

本章详细讲解了 Photoshop CS5 27 种混合模式，针对不同的图像应用不同的混合模式可以得到不同的效果。

8.5　习题

上机题

(1) 上机练习变暗图层混合模式。
(2) 上机练习线性加深图层混合模式。
(3) 上机练习叠加图层混合模式。
(4) 上机练习强光图层混合模式。
(5) 上机练习颜色图层混合模式。
(6) 上机练习明度图层混合模式。

第9章 图层样式彻底研究

本章提要

本章详细讲解Photoshop CS5中11种图层样式命令的概念以及应用技巧，掌握图层样式的应用可以快速得到许多常用效果。

9.1 认识图层样式

Photoshop CS5 中的图层样式是通过单击【图层】面板底部的【添加图层样式】按钮fx，在弹出的菜单中选择需要的命令；或单击【图层】/【图层样式】菜单命令后，在下拉列表中选择命令来实现的。

【图层】面板底部的图层样式菜单包含 11 种图层样式命令。菜单栏上的图层样式列表除了图层样式命令外，还包含编辑图层样式命令，如图 9-1 所示。本章以【图层】/【图层样式】菜单命令为例讲解图层样式的命令及方法。如图 9-2 所示

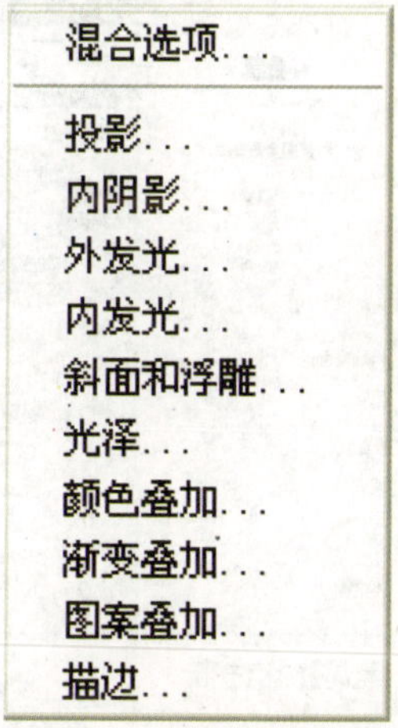

图9–1　编辑图层样式

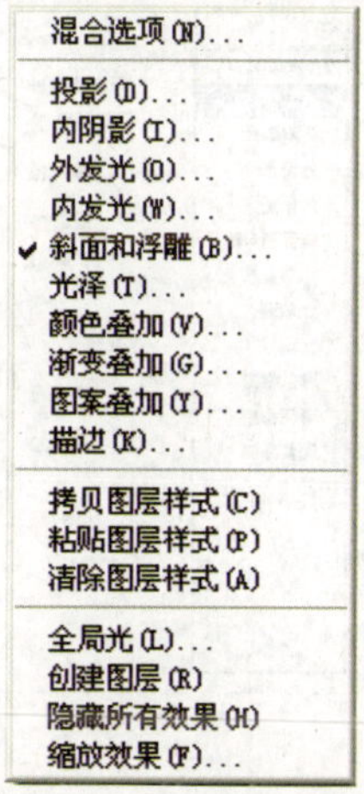

图9–2　图层样式菜单

9.2 图层样式的详细解析

单击【图层】面板底部的【添加图层样式】按钮fx，打开【图层样式】对话框，在其中设置各种效果，包括混合选项、投影、内阴影、外发光、斜面和浮雕、光泽、颜色叠加、渐变叠加、图案叠加和描边等。

9.2.1 混合选项图层样式

单击【图层】面板底部的【添加图层样式】按钮fx，在弹出的菜单中单击【混合选项】命令，打开【图层样式】对话框，如图 9-3 所示。

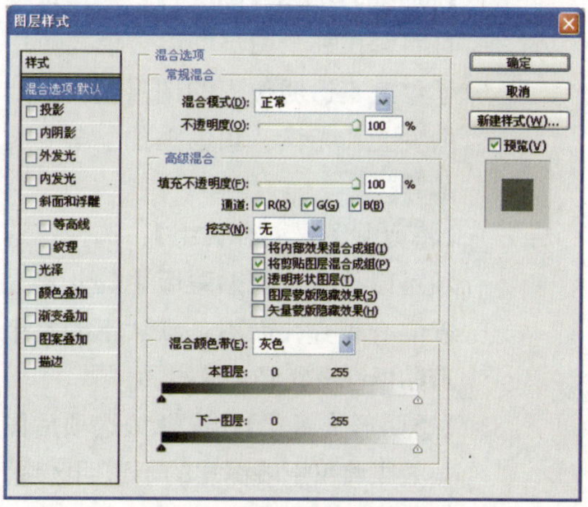

图9–3　【图层样式】对话框

其中：

- 【混合模式】：在其下拉列表中设置图层的色彩混合模式，相当于在【图层】面板上选择混合模式的效果，不同混合模式将产生不同的效果。
- 【不透明度】：在数值框中输入数值或拖移滑块设置图层的不透明度，相当于在【图层】面板上设置【不透明度】的效果。

- 【填充不透明度】：在数值框中输入数值或拖移滑块设置填充不透明度，相当于在【图层】面板上设置【填充】效果。又不同于【不透明度】用于控制图层中所有对象（包括图层样式和混合模式）的透明属性。【填充不透明度】只是用于设置图层中绘制的像素或在图层上绘制的形状是不透明的，不会影响图层效果的不透明度。
  - 【通道】：在该区域选择需要显示的通道，相当于在【通道】面板中进行显示 / 隐藏的操作。
- 【挖空】：在下拉列表中有【无】、【浅】和【深】3 个选项，用于设置图层的挖空特性。通过该图层的特定区域显示背景图层中的图像。挖空效果与【填空不透明度】的大小有关，【填充不透明度】数值越低挖空效果越好，数值越高则当前图层中的图像显示越清晰。
  - 【将内部效果混合成组】：选择该项可将紧挨那个图层的混合模式应用于修改不透明像素的图层模式。如内发光、光泽、颜色叠加、渐变叠加等。
  - 【将剪贴图层混合成组】：选择该选项可以单独为剪贴蒙版中的几层设置混合模式，而不是默认下的整个剪贴板都设置混合模式。
  - 【透明形状图层】：选择该选项后图层效果将仅影响图层的不透明区域，取消选择后整个图层都将应用图层效果。
  - 【图层蒙版隐藏效果】：选择该项可以使图层蒙版单击对图层发挥作用，而不影响图层所具有其他效果。
  - 【矢量蒙版隐藏效果】：与【图层蒙版隐藏效果】类似，选择该项后图层效果将仅限于矢量蒙版定义的区域。
- 【混合颜色带】：在下拉列表中选择需要控制混合效果的通道，包括【灰色】、【红】、【绿】、【蓝】4 个选项，其中【灰色】代表按全色阶及通道混合整幅图像。
  - 【本图层】：该渐变条显示当前图层从最暗的色调像素到最亮的色调像素，向左侧拖移白色滑块可以隐藏亮调像素，向右侧拖移黑色滑块可以隐藏暗调像素。
  - 【下一图层】：该渐变条显示下方图层的像素色调情况，向左侧拖移白色滑块可以显示下方图层的亮调像素，向右侧拖移黑色滑块可以显示下方图层的暗调像素。

9.2.2 投影图层样式

单击【图层】面板底部的【添加图层样式】按钮 fx，在弹出的菜单中单击【投影】命令，打开【图层样式】对话框，如图 9-4 所示。该命令可以为图像添加阴影效果。

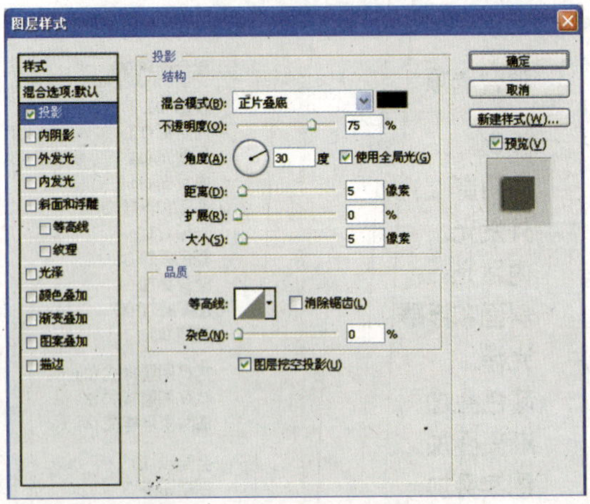

图9-4 【图层样式】对话框

其中：

- 【混合模式】：在下拉列表中选择阴影效果的颜色混合模式，单击后面的颜色框，在打开的【拾色器】对话框中可以选择阴影颜色。

- 【不透明度】：在数值框中输入数值或拖移滑块可以设置投影的不透明度，数值越大阴影效果越明显，反之越浅。
- 【角度】：在数值框中输入数值或转动指针可以设置阴影的投影方向。
- 【使用全局光】：勾选此项后，当改变任意一种图层样式的【角度】数值时，所有图层样式的角度也会随之改变，取消选择才能过为不同图层样式设置不同的【角度】数值。
- 【距离】：在数值框中输入数值或拖移滑块可以设置投影与投影对象之间的投射距离。数值越大距离越远，反之越近。
- 【扩展】：在文本框中输入数值或拖移滑块可以设置投影的投射强度，数值越大强度越大，颜色越重。
- 【大小】：在文本框中输入数值或拖移滑块可以设置投影的柔化程度，数值越大柔化效果越明显。
- 【等高线】：单击下拉列表，如图 9-5 所示的列表框中选择图层样式效果的外观。

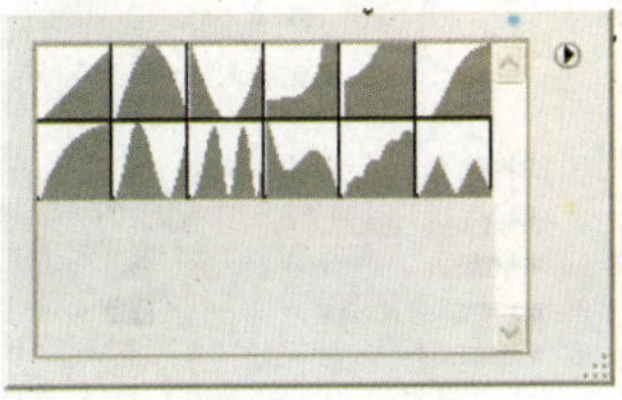

图9–5 等高线

  - ➢【消除锯齿】：勾选此项可以使应用等高线后的投影更平滑细腻。
  - ➢【杂色】：在文本框中输入数值或拖移滑块可以为投影增加杂色，数值越大杂色越多，反之越少。
- 【图层挖空投影】：用于设置半透明图层中投影的可见性。

9.2.3 内阴影图层样式

单击【图层】面板底部的【添加图层样式】按钮 fx.，在弹出的菜单中单击【内阴影】命令，打开【图层样式】对话框，如图 9-6 所示。该命令可以为图像添加内阴影效果，使图像具有凹陷的效果。

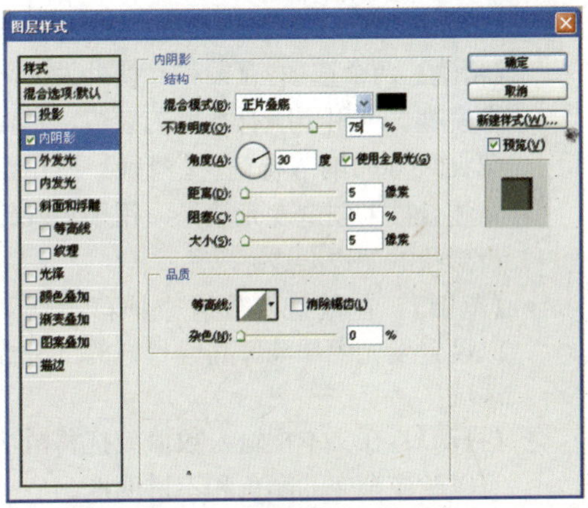

图9–6 【图层样式】对话框

其中：

- 【阻塞】：用于设置模糊之前收缩内阴影的杂边边界。

9.2.4 外发光图层样式

单击【图层】面板底部的【添加图层样式】按钮 fx.，在弹出的菜单中单击【外发光】命令，打开【图层样式】对话框，如图 9-7 所示。可该命令以为图像增加发光效果。

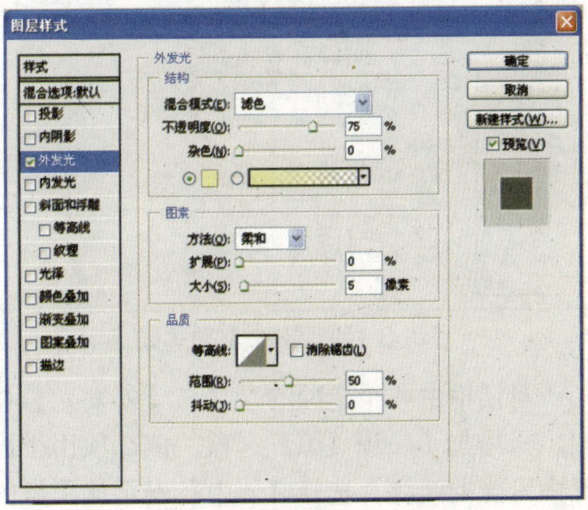

图9–7 【图层样式】对话框

其中：

- 【颜色框 / 渐变框】：用于设置发光类型。选择【颜色】选项后单击颜色框打开【拾色器】对话框，可以在其中选择需要的发光颜色。选择【渐变】选项后单击渐变类型下拉列表，在其中选择渐变或单击渐变框打开【渐变编辑器】设置需要的渐变颜色。

- 【方法】：在下拉列表中包含【柔和】和【精确】两个选项。【柔和】使外发光效果模糊，可用于所有类型的杂边，不保留大尺寸的细节特征。【精确】使用距离测量技术创造发光效果，用于消除锯齿形状的硬边杂边。
- 【范围】：在数值框数值或拖移滑块可以设置发光中作为等高线目标的部分或区域。
- 【抖动】：在文本框输入数值或拖移滑块可以改变渐变的颜色和不透明度。

9.2.5 内发光图层样式

单击【图层】面板底部的【添加图层样式】按钮 fx，在弹出的菜单中单击【内发光】命令，打开【图层样式】对话框，如图 9-8 所示。该命令可以为图像增加内发光效果。

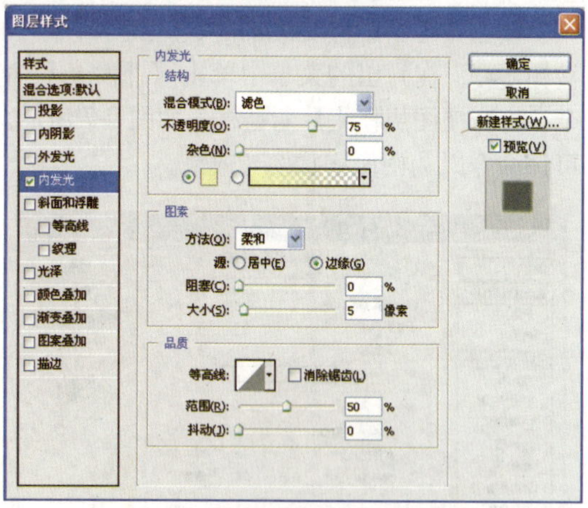

图9-8 【图层样式】对话框

对话框中各个选项的含义与【外发光】相同，只增加了一项【源】选项。该选项用于设置内发光的光源，选择【居中】表示从图层内容中心发光，选择【边缘】则表示从图层内容的内部边缘发光。如图 9-9 所示为居中。如图 9-10 所示为边缘。

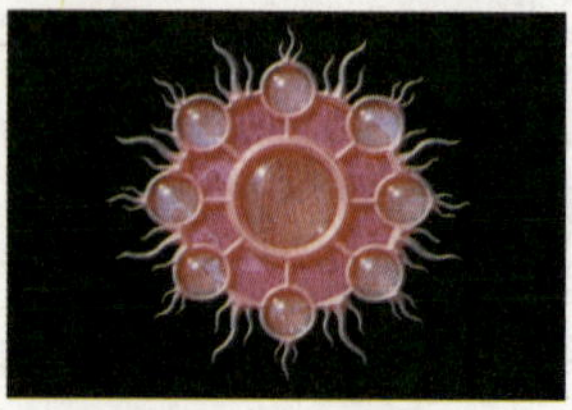

图9-9 居中

图9-10 边缘

9.2.6 斜面和浮雕图层样式

单击【图层】面板底部的【添加图层样式】按钮 fx，在弹出的菜单中单击【斜面和浮雕】命令，打开【图层样式】对话框，如图 9-11 所示。该命令可以为图像添加斜面和浮雕的立体感。

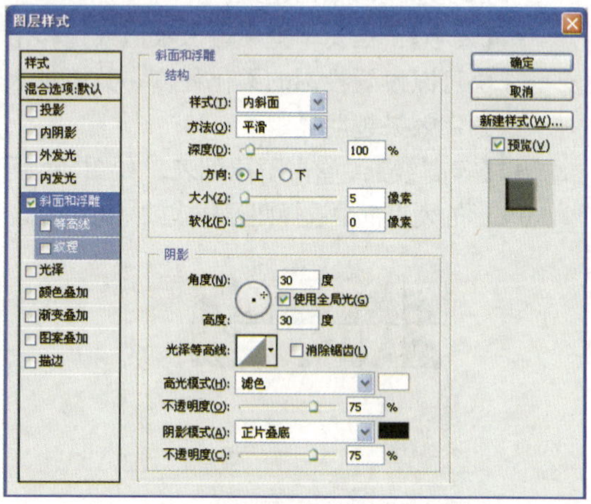

图9-11 【图层样式】对话框

其中：

- 【样式】：下拉列表中包含【内斜面】、【外斜面】、【浮雕效果】、【枕状浮雕】和【描边浮雕】5 个选项。选择需要的样式设置斜面和浮雕效果，如图 9-12、图 9-13、图 9-14、图 9-15、图 9-16 所示为各选项的效果。

图9-12 内斜面

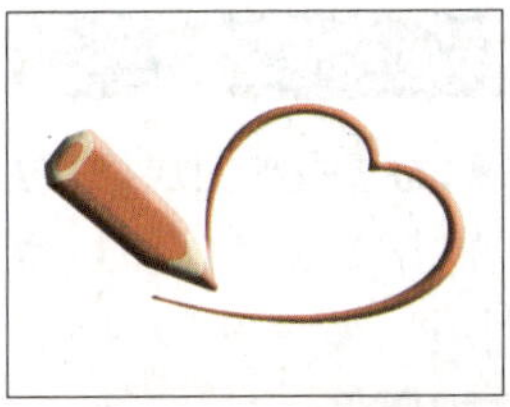
图9-13 外斜面

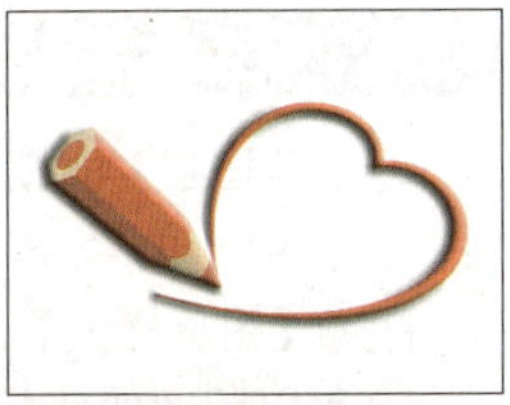
图9-14 浮雕效果

图9-15 枕状浮雕

图9-16 描边浮雕

- 【方法】：下拉列表中包含【平滑】、【雕刻清晰】和【雕刻柔和】3个选项，选择需要的方式创建斜面和浮雕，如图9-17、图9-18、图9-19所示为各个选项的效果。

图9-17 平滑

图9-18 雕刻清晰

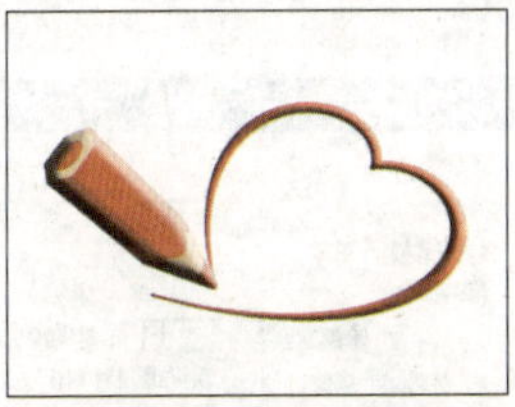
图9-19 雕刻柔和

- 【深度】：在文本框输入数值或拖移滑块设置斜面的深度，数值越大，斜面越大，反之越浅，如图9-20、图9-21所示为深度值200和900时的效果。

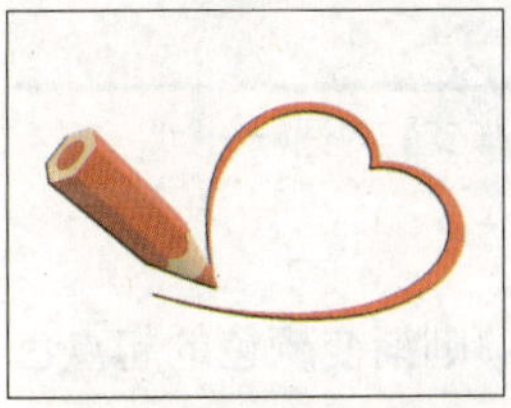
图9-20 深度值为200

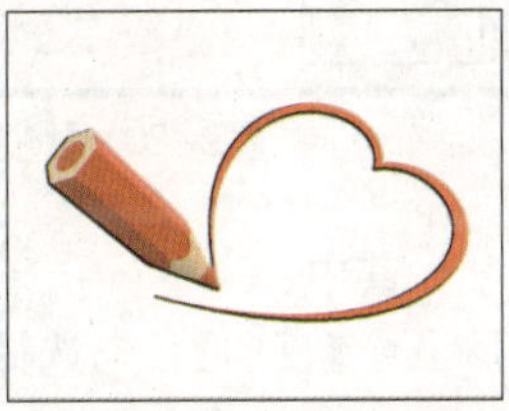
图9-21 深度值为900

- 【方向】：用于设置斜面和浮雕效果的视觉方向。选择【上】则视觉上呈凸起效果，如图9-22所示。选择【下】则视觉呈凹陷效果，如图9-23所示。

图9-22 方向为【上】

图9-23 方向为【下】

- 【软化】：在数值框输入范围为0～16的数值或拖移滑块可以设置阴影的模糊效果，使图像看上去更为自然。数值越大，阴影越模糊，反之越清晰。如图9-24所示为软化值为3，图9-25所示为软化值为13。

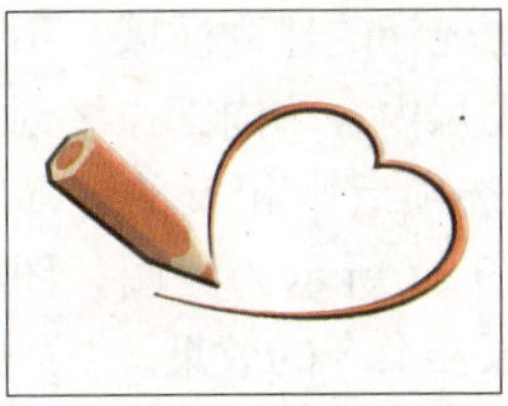
图9-24 软化为3

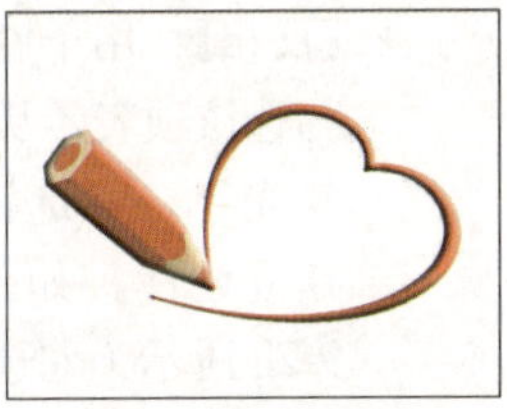
图9-25 软化为13

- 【高度】：在数值框输入范围为0～90的数值或拖移指针可以设置光源的高度。数值越大，光源越接近图层的正上方。
- 【光泽等高线】：单击下拉列表，在列表框中选择斜面和浮雕添加阴影效果后的光泽金属外观。
- 【高光模式】：在下拉列表中选择斜面和浮雕的高光颜色混合模式，单击后面的颜色框，在打开【拾色器】对话框中可以选择高光颜色。
- 【阴影颜色】：在下拉列表中选择斜面和浮雕的阴影颜色混合模式，单击后卖弄的颜色框，在打开的【拾色器】对话框可以选择阴影颜色。

9.2.7 光泽图层样式

单击【图层】面板底部的【添加图层样式】按钮 fx，在弹出的菜单中单击【光泽】命令，打开【图层样式】对话框，如图 9-26 所示。该命令可以为图像添加光滑的磨光或金属效果。

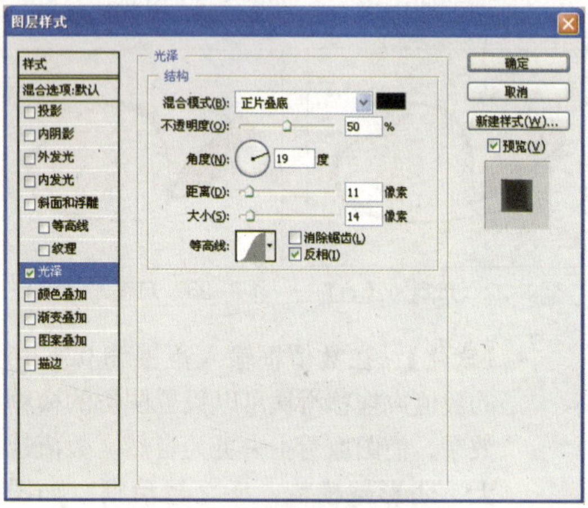

图9-26 【图层样式】对话框

其中：

- 【反相】：用于设置光泽的建立区域，不勾选该项表示从图层内容的内部边缘创建光泽，勾选该选项后则相反的区域建立光泽。如图 9-27 所示为原图，图 9-28 所示为勾选反相命令的效果。

图9-27 原图

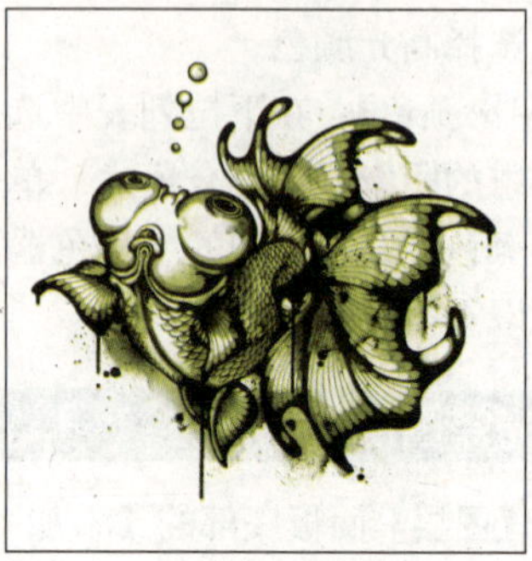

图9-28 反相

9.2.8 颜色叠加图层样式

单击【图层】面板底部的【添加图层样式】按钮，在弹出的菜单中单击【颜色叠加】命令，打开【图层样式】对话框，如图 9-29 所示。该命令可以为图像叠加某种颜色。

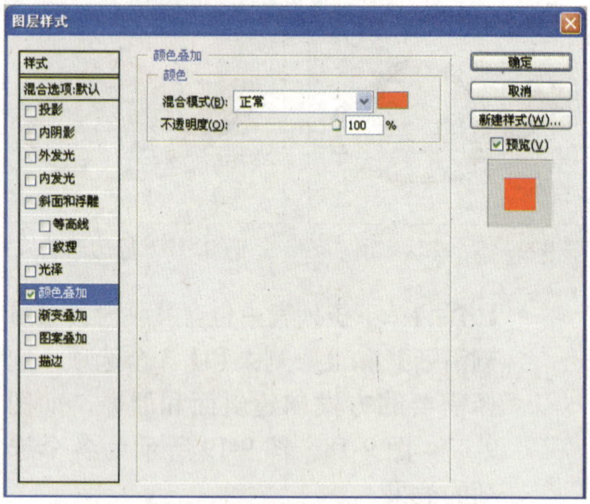

图9-29 【图层样式】对话框

9.2.9 渐变叠加图层样式

单击【图层】面板底部的【添加图层样式】按钮 fx，在弹出的菜单中单击【渐变叠加】命令，打开【图层样式】对话框，如图 9-30 所示。该命令可以为图像添加渐变效果。

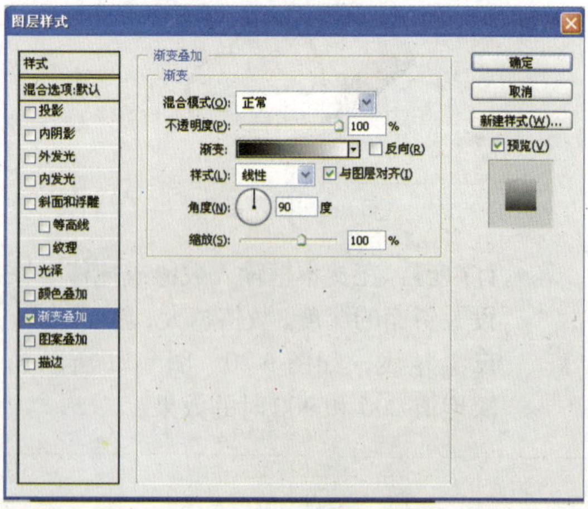

图9-30 【图层样式】对话框

其中：

- 【反向】：勾选该项则渐变颜色的起点色与终点色颠倒。

- 【样式】：下拉列表中包含线性、径向、角度、对称的和菱形 5 种渐变填充类型。如图 9-31、图 9-32、图 9-33、图 9-34、图 9-35 所示。

图9-31 线性渐变

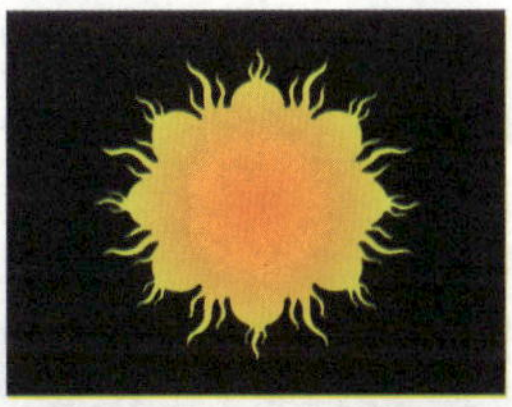
图9-32 径向渐变

图9-33 角度渐变

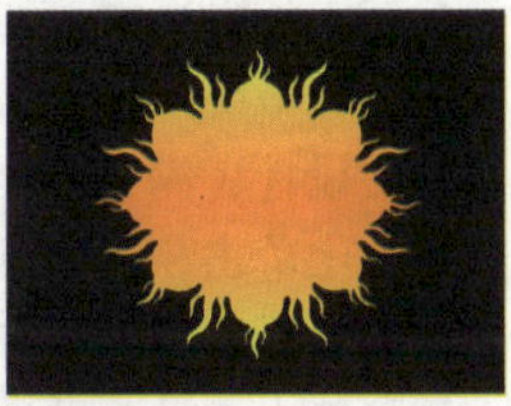
图19-34 对称渐变

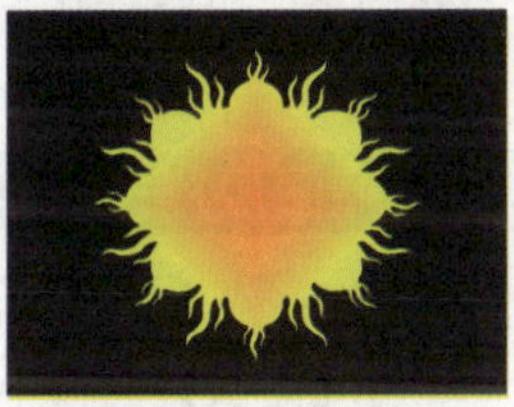
图9-35 菱形渐变

- 【与图层对齐】：勾选此项后，当从上到下绘制渐变时，渐变将由图层中最上面的像素应用至最下面的像素。
- 【缩放】：在数值框输入数值或拖移滑块设置填充渐变时的缩放状态，数值小于 100 将收缩渐变，大于 100 时放大渐变。如图 9-36 所示缩放值为 50，图 9-37 所示缩放值为 150。

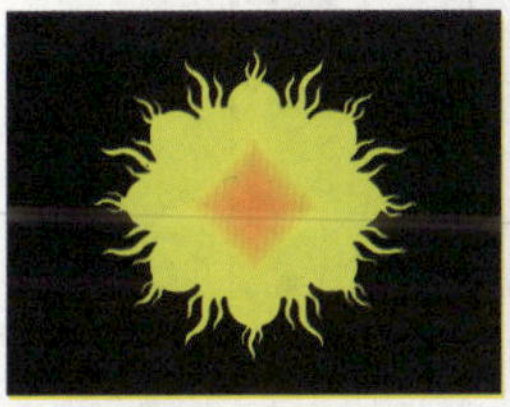
图9-36 缩放为50

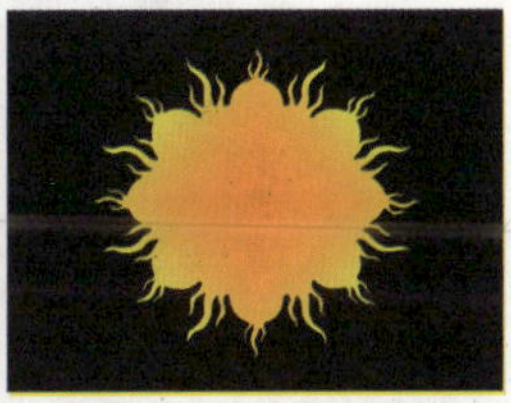
图9-37 缩放为150

9.2.10 图案叠加图层样式

单击【图层】面板底部的【添加图层样式】按钮 fx，在弹出的菜单中单击【图案叠加】命令，打开【图层样式】对话框，如图 9-38 所示。该命令可以为图像添加叠加图案的效果。

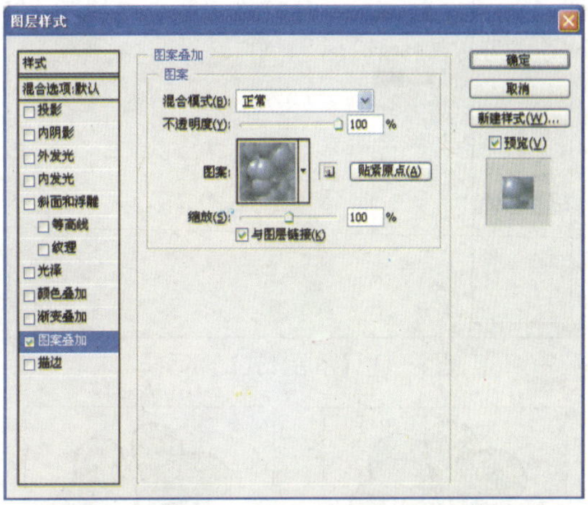

图9-38 【图层样式】对话框

其中：

- 【图案】：在下拉列表中选择一种图案来建立图案叠加效果。
- 新建样式(W)... 按钮：单击该按钮，可以根据当前的设置创建新的预设图案。
- 贴紧原点(A) 按钮：单击该按钮，若勾选了【与图案链接】选项，则将使图案的远点与文档的原点相同。若未勾选【与图层链接】选项，则将原点放在图层的左上角。
- 【与图层链接】：勾选该项后可以使图案在图层移动时随图层一起移动。

9.2.11 描边图层样式

单击【图层】面板底部的【添加图层样式】按钮 fx，在弹出的菜单中单击【描边】命令，打开【图层样式】对话框，如图 9-39 所示。该命令可以为图像添加描边轮廓。

其中：

- 【位置】：下拉列表中包含【外部】、【内部】和【居中】3 个选项，用于设置描边的位置。如图 9-40 所示描边位置为外部、图 9-41 所示描边位置为内部、图 9-42 所示描边位置为居中时的效果。

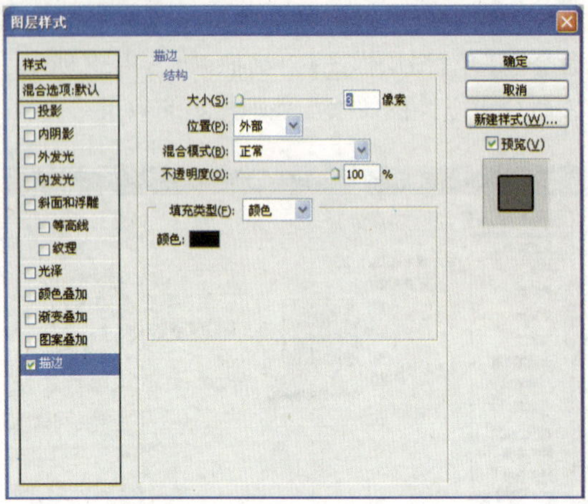

图9-39 【图层样式】对话框

图9-40 外部描边

图9-41 内部描边

图9-42 居中描边

- 【填充类型】：下拉列表中包含【颜色】、【渐变】和【图案】3个选项，用于设置描边类型。当选择【渐变】时候，下方选项如图9-43所示。当选择【图案】时，下方选项如图9-44所示，如图9-45所示为填充类型分别颜色、渐变和图案时的效果。

图9-43 颜色填充

图9-44 渐变填充

图9-45 图案填充

9.3 编辑图层样式

在实际操作中，初次创建的图层样式往往无法达到最终效果，常常需要对其进行编辑后才能使设计者满意。使用这些图层样式既可以在菜单上单击相关命令，也可以在【图层】面板的图层样式图标或名称上单击鼠标右键，在右键菜单中选择。考虑到操作的便捷性，下面将以在【图层】面板中进行操作为例讲解这些与图层样式相关的操作。

9.3.1 显示/隐藏图层样式

显示/隐藏图层样式有3种方法：

方法1 单击【图层】面板中图层样式名称左侧的眼睛图标，可以在显示和隐藏该图层样式之间进行切换。单击【图层】面板中所有图层样式上方【效果】左侧的眼睛图标，可以在显示和隐藏所有图层样式之间进行切换。如图9-46图所示，为单击图层样式名称左侧的眼睛图标，与单击【效果】左侧的眼睛图标隐藏图层样式的不同。

图9-46 【图层】面板

方法2 按【Alt】键单击某个图层样式名称，则在显示当前图层样式的同时，隐藏其他所有图层样式，再次单击即可重新显示其他图层样式。

方法 3 若当前图层样式效果是显示状态，在【图层】面板中的图层样式名称上单击鼠标右键，在弹出的右键菜单中单击【隐藏所有效果】命令，即可隐藏当前图层样式效果，如图 9-47 所示。再次单击鼠标右键，在弹出的右键菜单中显示【显示所有效果】命令即可显示图层样式效果。

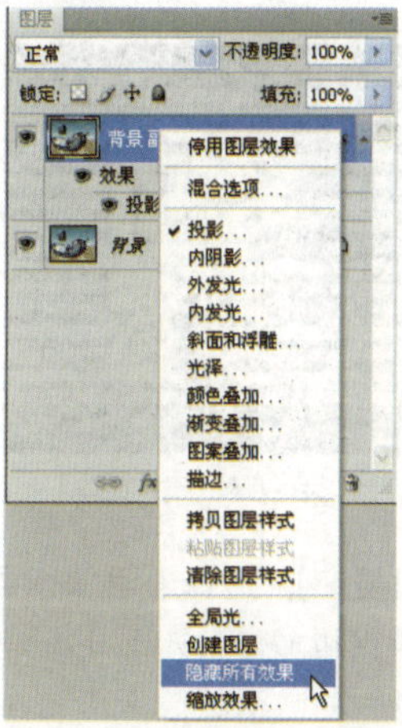

图9-47 隐藏所有效果

9.3.2 缩放图层样式

在【图层】面板中的图层样式名称上单击鼠标右键，在弹出的右键菜单中单击【缩放效果】命令，打开【缩放图层效果】对话框，如图 9-48 所示。在数值框输入数值后拖移滑块可以对该图层的所有图层样式进行缩放，但图层内容不会被缩放。

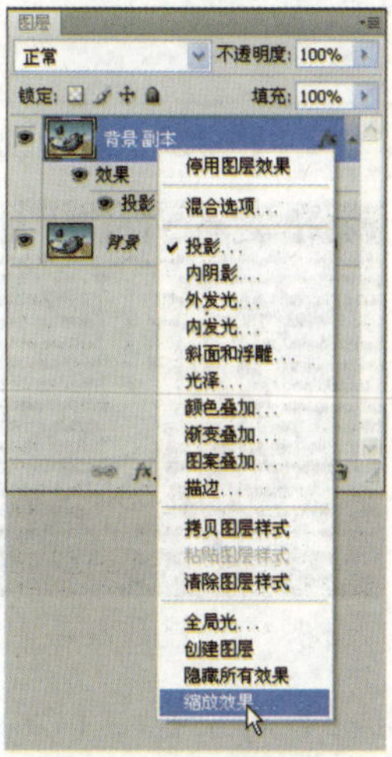

图9-48 缩放图层效果

9.3.3 全局光

在【图层】面板中的图层样式名称上单击鼠标右键，在弹出的右键菜单中单击【全局光】命令，打开【全局光】对话框，如图 9-49 所示，在数值框输入数值后可以对全剧光的角度和高度进行调节。

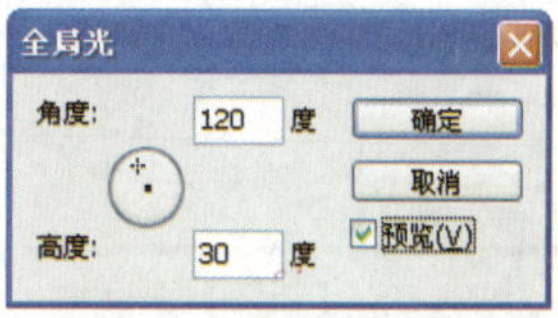

图9-49 缩放图层效果

9.4 上机实战

9.4.1 闪亮PSD

在本节制作的实例中，采用了多个图层样式来渲染整体效果。其中【斜面与浮雕】图层样式主要用于塑造图像的立体效果及基本质感，而【投影】、【外发光】、【内发光】以及【渐变叠加】等图层样式，则主要用于基本效果、修饰图像及文字效果，最终效果图如图 9-50 所示。

图9-50 最终效果

制作闪亮PSD

最终效果：光盘\效果第 9 章\闪亮 PSD

操作步骤

1 单击【文件】/【新建】命令，或者按【Ctrl+N】组合键，将文档大小设置为 800×800 像素，背景为白色，参数设置如图 9–51 所示，选择

【确定】完成操作。按【Alt+Delete】组合键，填充前景色黑色。【图层】面板如图 9–52 所示。

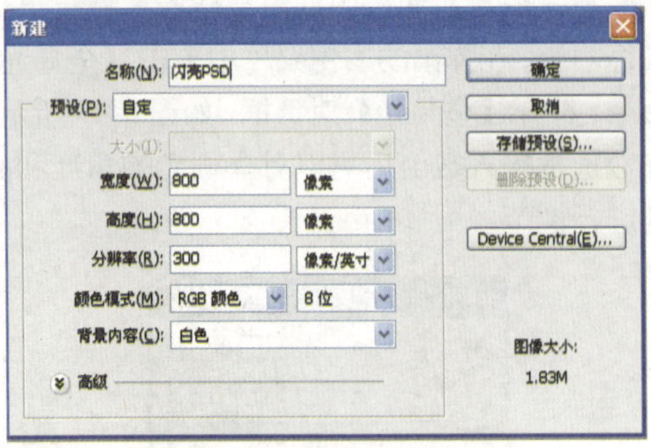

图9–51 【新建】对话框

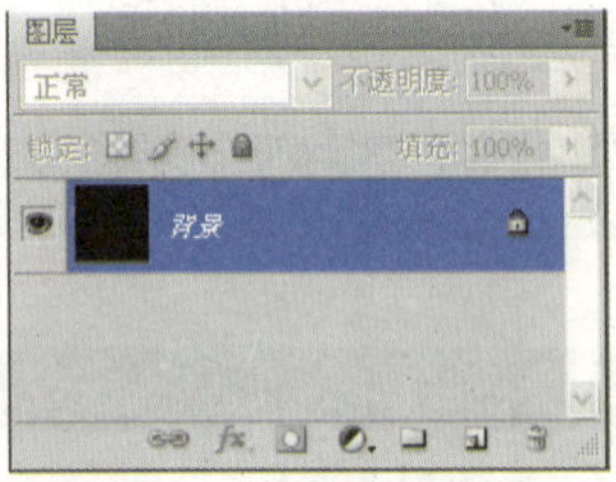

图9–52 【图层】面板

2 选择【图层】面板，单击【新建图层】按钮，得到【图层 1】。选择工具栏【矩形选框工具】，按【Shift】键连续绘制选区如图 9–53 所示。

3 将【前景色】设置为【#bb009a】，按【Alt+Delete】组合键，填充前景色。按组合键【Ctrl+D】取消选区，如图 9–54 所示。

图9–53 绘制选区

图9–54 填充前景色

4 选择【图层】面板上的【新建图层】按钮，得到【图层 2】。选择工具栏中钢笔工具，绘制路径如图 9–55 所示。按【Ctrl+Enter】组合键，将路径转换为选区；并将【前景色】设置为【#fff000】，按【Alt+Delete】组合键，填充前景色，效果如图 9–56 所示。按【Ctrl+D】组合键，取消选区。

5 选择【图层 2】，单击【编辑】/【变换】/【透视】命令，将图像调整合适大小。按【Enter】键完成操作，如图 9–57 所示。

图9–55 绘制路径

图9–56 填充前景色

图9–57 自由变换

6 选择【图层 2】，选择【添加图层样式】按钮 fx，选择描边命令，如图 9–58 所示，设置如图 9–59 所示。

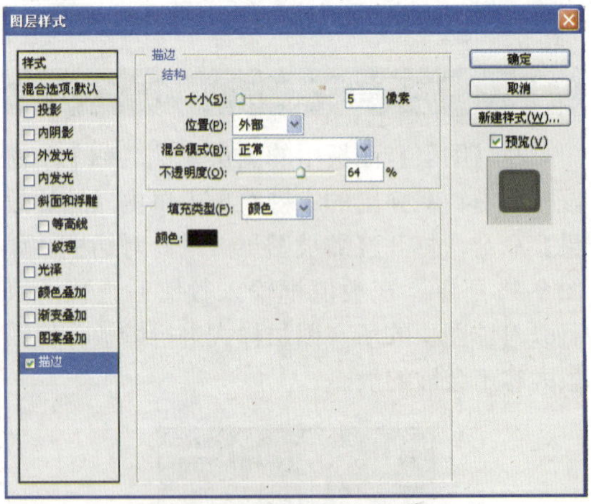

图9–58 【图层样式】对话框

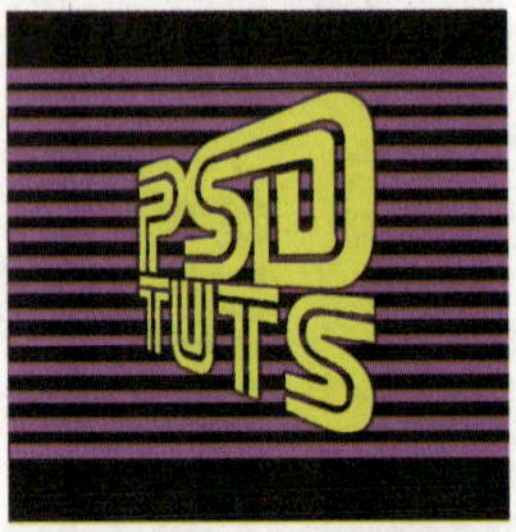

图9–59 图像效果

7 选择【图层 2】，单击组合键【Ctrl+J】，得到【图层 2 副本】。将【图层 2 副本】移至【图层 2】

下面，【图层】面板如图 9-60 所示。选择【图层 2 副本】，单击【添加图层样式】按钮，选择描边命令，参数设置如图 9-61 所示。

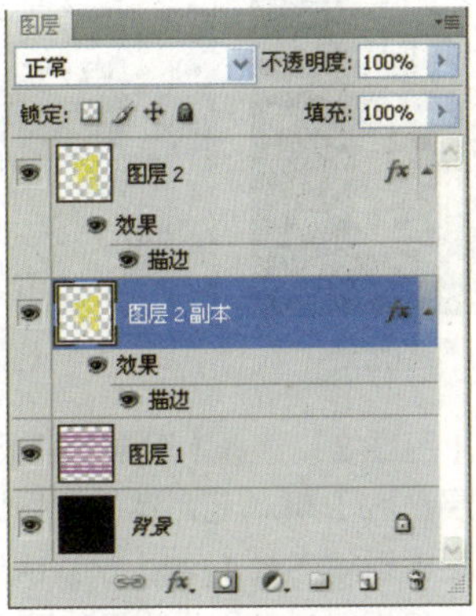

图9-60 【图层】面板

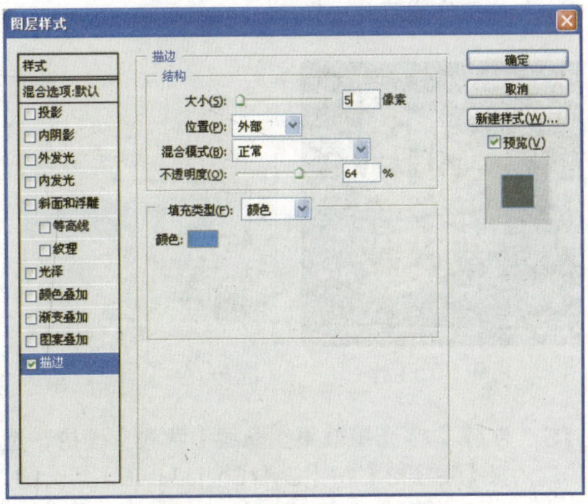

图9-61 【图层样式】对话框

8 选择【移动工具】，选择【图层 2 副本】，配合方向键【↓】和【→】向下移动 1 像素，向右移动 2 像素，效果如图 9-62 所示。

图9-62 移动图像

9 选择【图层 2】，按【Ctrl+J】组合键，复制图层，得到【图层 2 副本 2】。将【图层 2 副本 2】移至【图层 2 副本】下方，【图层】面板如图 9-63 所示。选择工具栏【移动工具】，选择【图层 2 副本 2】。配合方向键【↓】【→】格向下移动 2 像素，向右移动 7 像素，效果如图 9-64 所示。

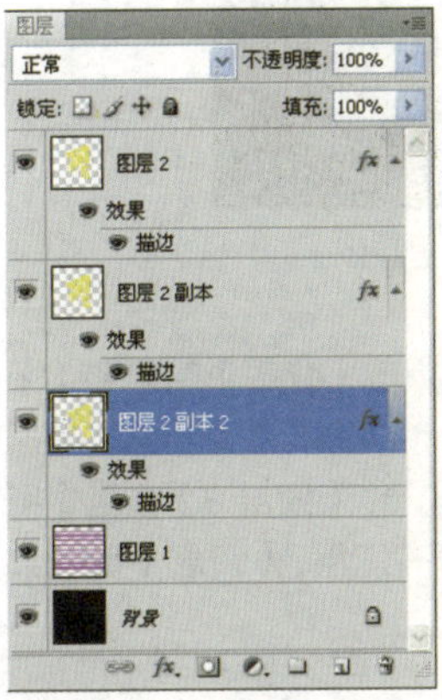

图9-63 【图层】面板

图9-64 移动图像

10 选择【图层 1】，单击【编辑】/【变换】/【透视】菜单命令，变换如图 9-65 所示，按【Enter】键完成变形操作。

图9-65 自由变换

11 选择【图层 1】，选择【添加图层样式】按钮，选择渐变叠加命令，参数设置如图 9-66 所示，效果如图 9-67 所示。

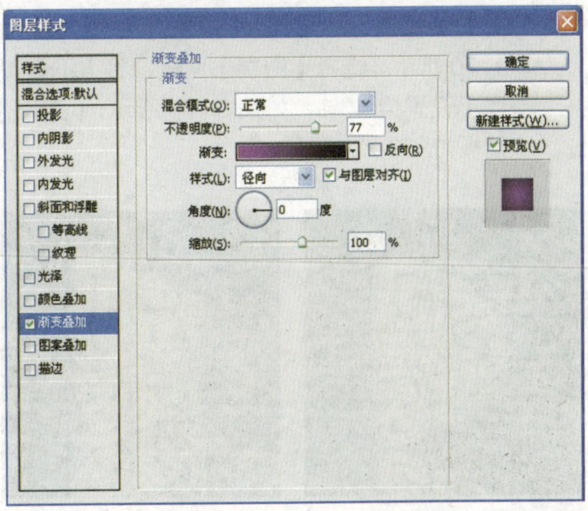

图9-66 【图层样式】对话框

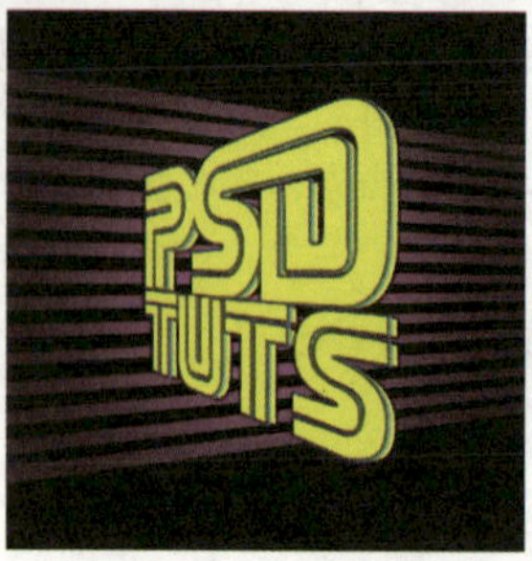

图9-67　图像效果

12 选择【图层】面板，隐藏【背景】图层和【图层 1】，按【Ctrl+Shift+Alt+E】组合键，盖印图层，得到【图层 3】。将【图层 3】移至【图层 1】上方，显示所有图层，【图层】面板如图 9-68 所示。

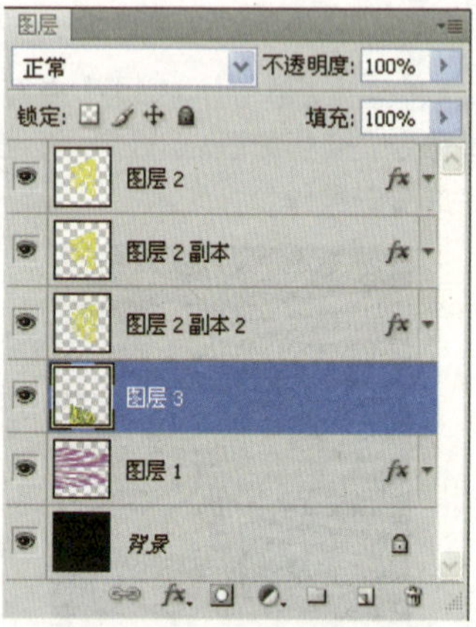

图9-68　【图层】面板

13 制作文字的投影效果。选择【图层 3】，单击【编辑】/【变换】/【垂直变换】命令，如图 9-69 所示。继续对图层 3 进行变形操作，单击【编辑】/【变换】/【透视】命令，如图 9-70 所示。选择【图层】面板，将【不透明度】设置为 40%，如图 9-71 所示，【图层】面板如图 9-72 所示。

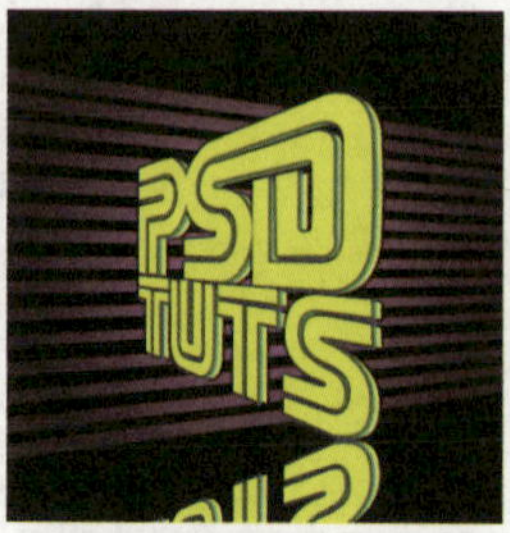

图9-69　垂直变换

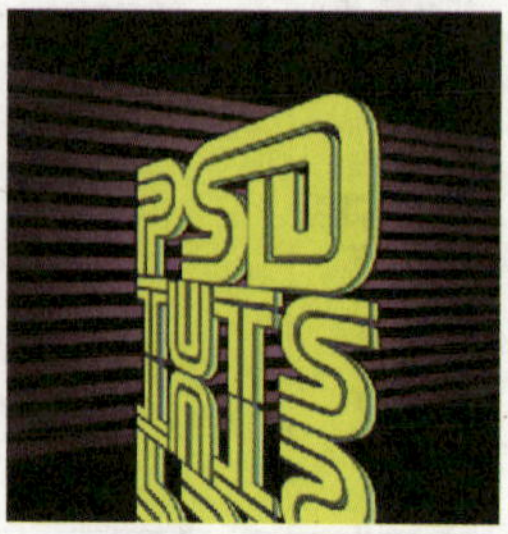

图9-70　透视

图9-71　不透明度40%

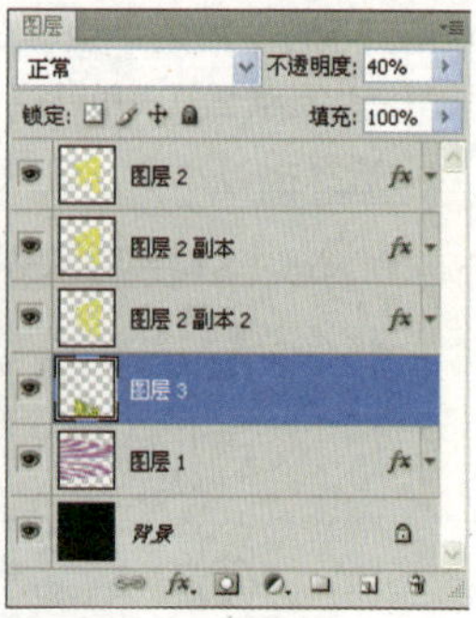

图9-72　【图层】面板

14 选择【图层 3】，选择【图层】面板，单击【添加图层蒙版】按钮。选择蒙版区域，选择工具栏【画笔工具】，设置前景色为黑色，在蒙版区域绘制，效果如图 9-73 所示，【图层】面板如图 9-74 所示，文字的投影效果制作完成。

图9-73　倒影

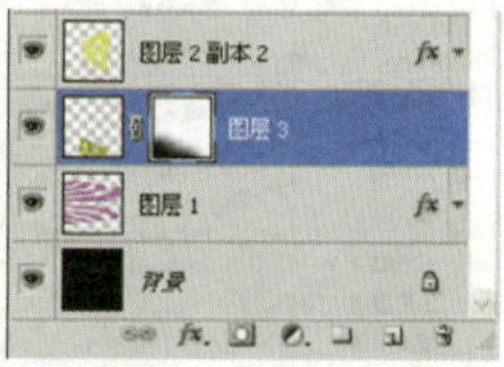

图9-74　【图层】面板

15 制作文字光晕效果。隐藏【背景】图层，选择【图层 2】，按【Ctrl+Shift+Alt+E】组合键，盖印图层，得到【图层 4】，再显示【背景】图层，如图 9-75 所示。单击【滤镜】/【渲染】/【镜头光晕】菜单命令，设置如图 9-76 所示，效果如图 9-77 所示。

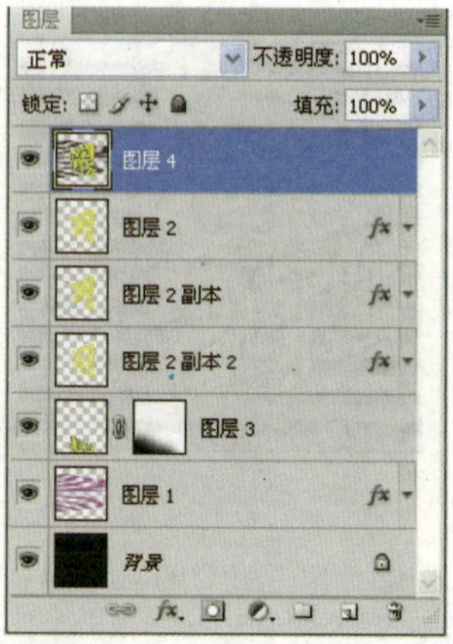

图9-75　【图层】面板

图9-76 【镜头光晕】对话框

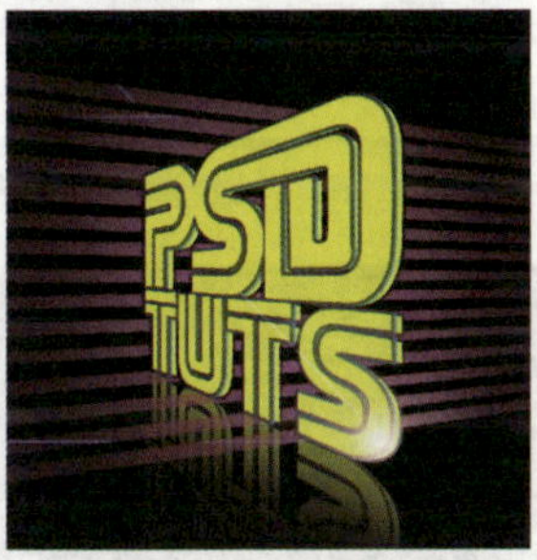

图9-77 图像效果

16 选择【图层 4】，按【Ctrl+J】组合键复制图层，得到【图层 4 副本】，如图 9-78 所示。选择【图层 4 副本】，单击【滤镜】/【渲染】/【镜头光晕】菜单命令，设置如图 9-79 所示，选择【确定】完成操作。效果如图 9-80 所示。

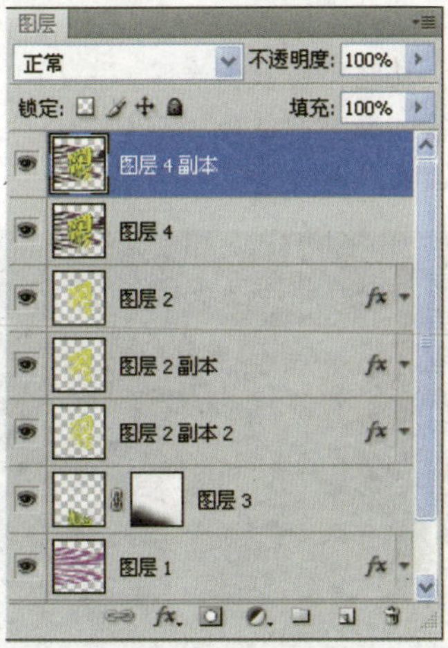

图9-78 【图层】面板

图9-79 【镜头光晕】对话框

图9-80 图像效果

17 选择【图层 4 副本】，选择【图层】面板，将【不透明度】设置 69%，如图 9-81 所示，最终效果如图 9-82 所示。

图9-81 【图层】面板

图9-82 最终效果

9.4.2 经典MP4

在本节的制作实例中，【斜面与浮雕】图层样式主要用于塑造图像的立体效果及基本质感，而【投影】、【外发光】、【内发光】以及【渐变叠加】等图层样式，则主要用于基本效果、修饰图像及文字效果，来完成立体的MP4播放器的制作，最终效果如图9-83所示。

图9-83 最终效果

制作经典MP4

最终效果：光盘\素材图\第9章\经典MP4

操作步骤

1 单击【文件】/【新建】命令，或者按【Ctrl+N】组合键，设置文档为1024×768像素，背景为白色，如图9-84所示。

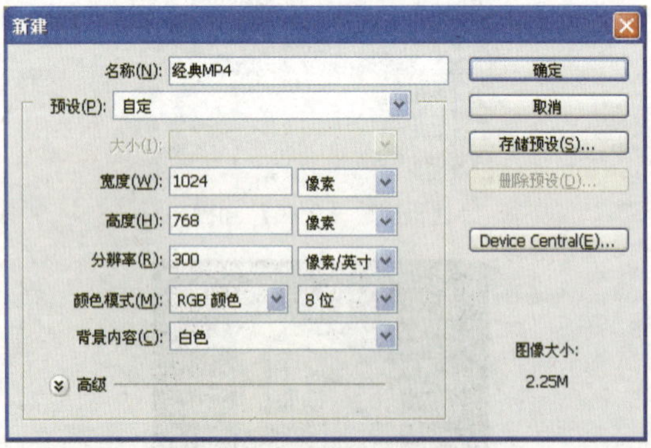

图9-84 【新建】对话框

2 选择【图层】面板，单击【新建图层】按钮，得到【图层1】，选择工具栏【渐变工具】，绘制由颜色【#040404】到颜色【#c0c0c0】的线性渐变，【渐变编辑器】设置如图9-85所示，效果如图9-86所示。

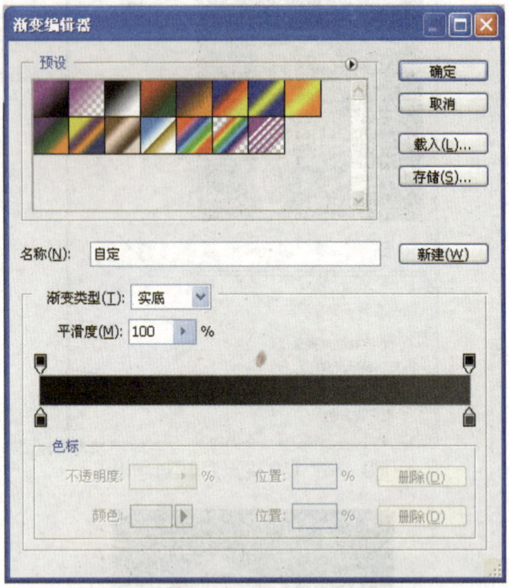

图9-85 【渐变编辑器】对话框

图9-86 图像效果

3 选择【图层】面板，单击【新建图层】按钮，得到【图层2】，选择工具栏【钢笔工具】，绘制路径如图9-87所示。按【Ctrl+Enter】组合键，将路径转换为选区。按【Alt+Delete】组合键，填充前景色。按【Ctrl+D】组合键，取消选区，效果如图9-88所示。

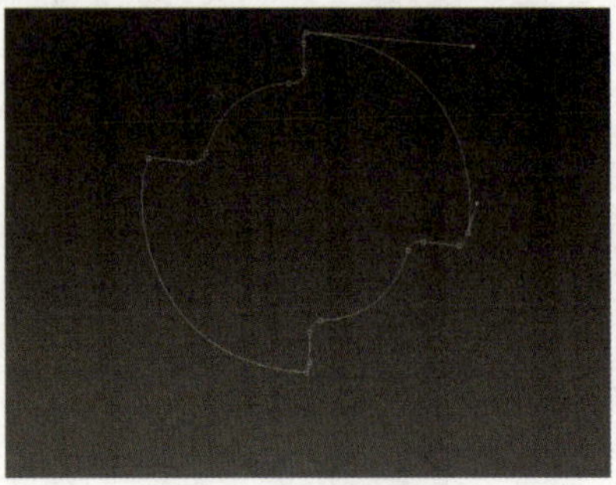

图9-87 绘制图像

图9–88　填充前景色

4 选择【图层 2】，选择【添加图层样式】按钮 fx，选择【渐变叠加】命令，参数设置如图 9–89、图 9–90 所示，为当前图形增加渐变叠加效果，如图 9–91 所示。

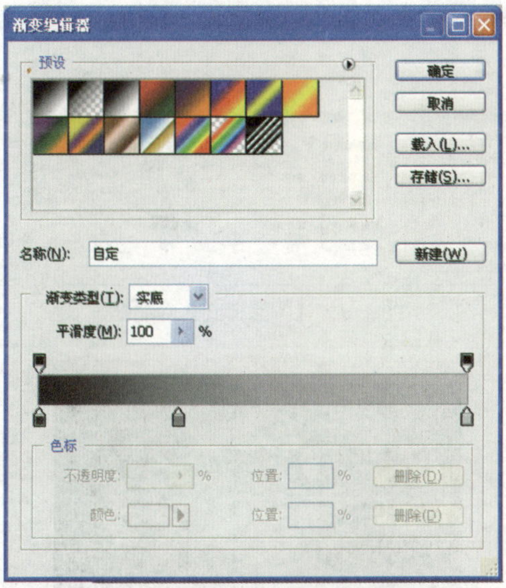

图9–89　【渐变编辑器】对话框

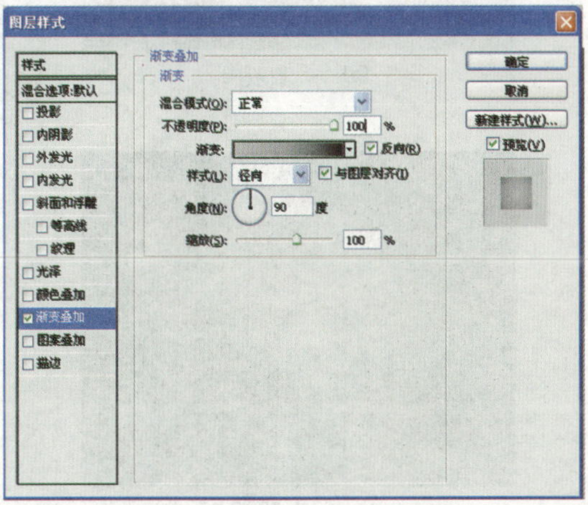

图9–90　【图层样式】对话框

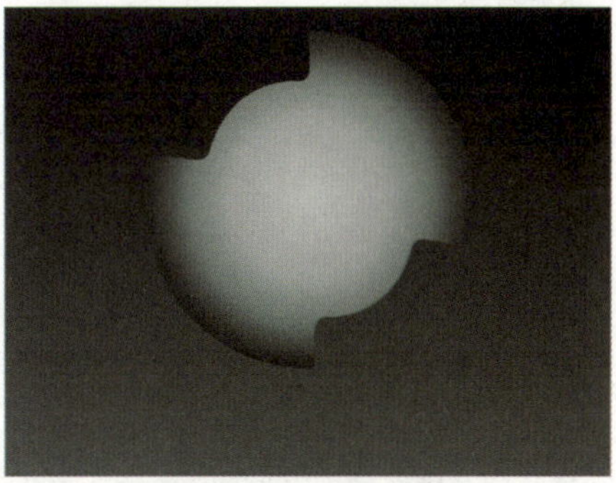

图9–91　图像效果

5 选择【图层 2】，选择【添加图层样式】按钮 fx，选择描边，参数设置如图 9–92 所示。为当前图形增加描边效果，如图 9–93 所示。

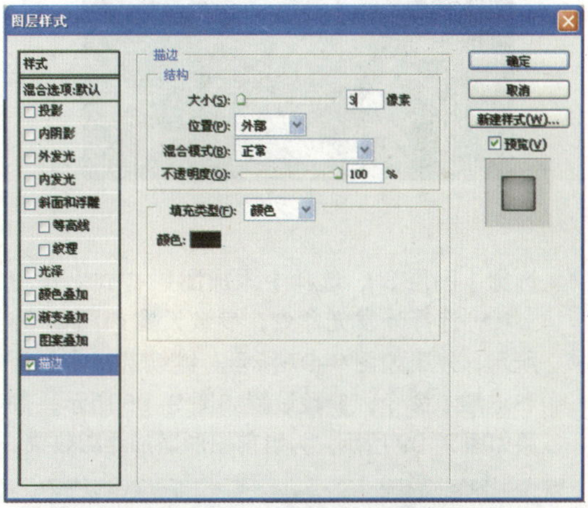

图9–92　【图层样式】对话框

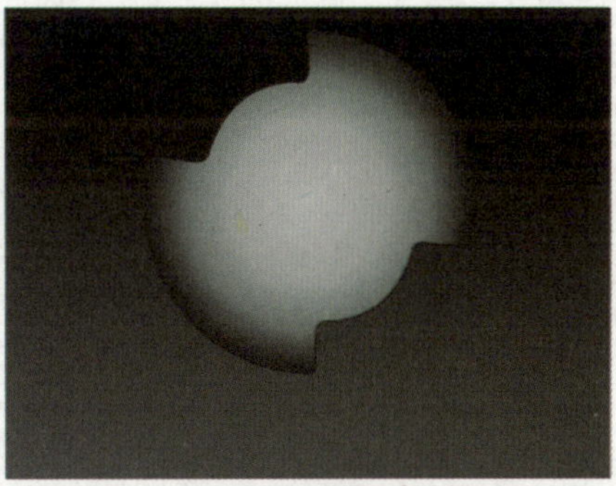

图9–93　图像效果

6 选择【图层】面板，单击【新建图层】按钮，得到【图层 3】，选择工具栏【钢笔工具】，绘制路径如图 9–94 所示。按【Ctrl+Enter】组合键，将路径转换为选区，选择工具栏【渐变工具】，绘制由黑到白的线性渐变，如图 9–95 所示，按组合键【Ctrl+D】取消选区。

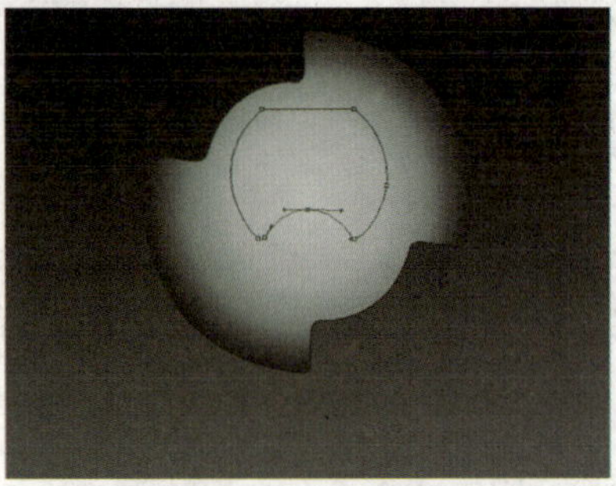

图9-94　绘制图形

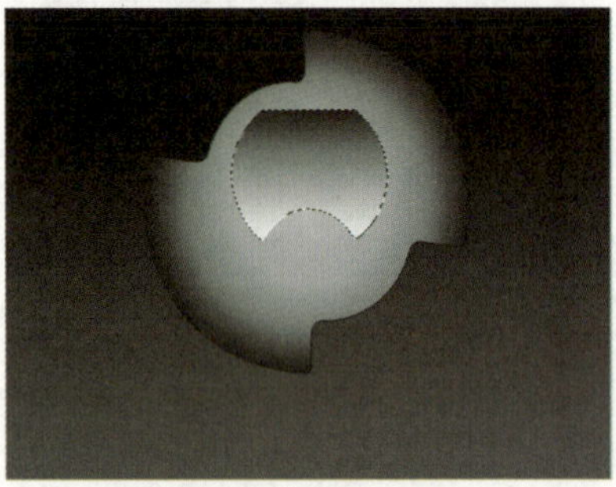

图9-95　线性渐变

7 选择【图层3】，选择【添加图层样式】按钮 ，选择外发光命令，参数设置如图9-96所示，效果如图9-97所示。继续选择【斜面和浮雕】命令，参数设置如图9-98所示，效果如图9-99所示，为当前图形增加浮雕效果。

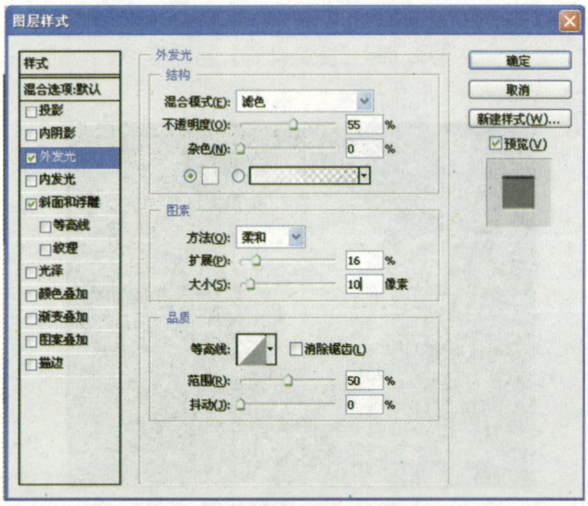

图9-96　【图层样式】对话框

8 选择【图层】面板，单击【新建图层】 按钮，得到【图层4】，按【Ctrl】键并单击【图层3】缩略图，在【图层4】中提取【图层3】选区，如图9-100所示。选择【图层4】，单击【选择】/【修改】/【收缩】菜单命令，如图9-101所示，效果如图9-102所示。

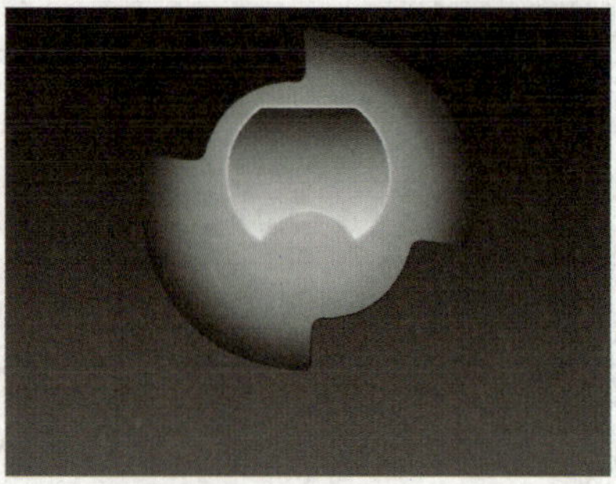

图9-97　图像效果

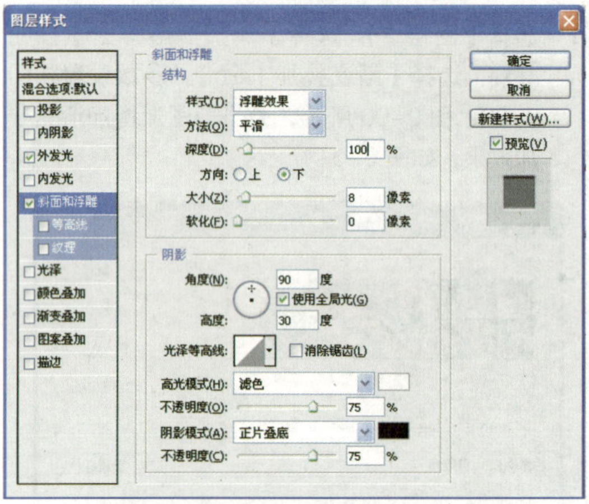

图9-98　【图层样式】对话框

图9-99　图像效果

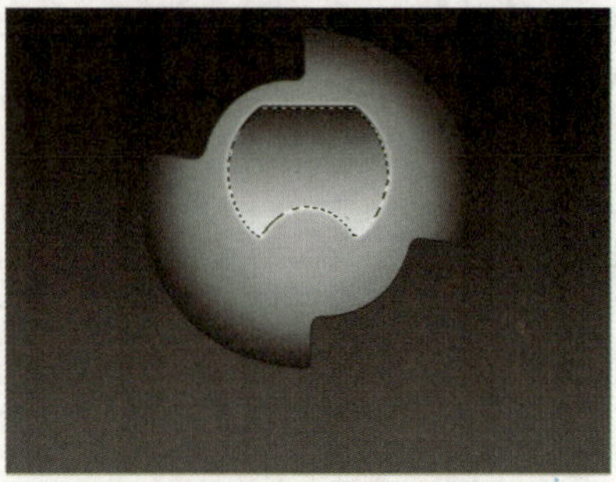

图9-100　提取【图层3】选区

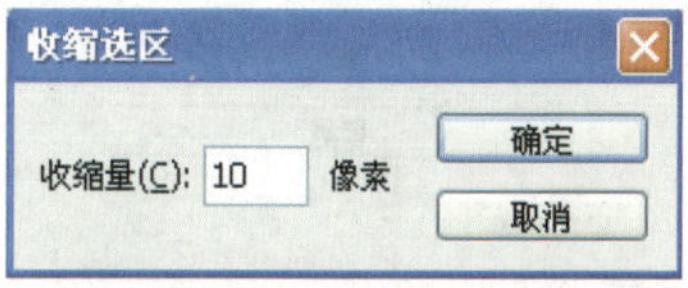

图9–101 【收缩选区】对话框

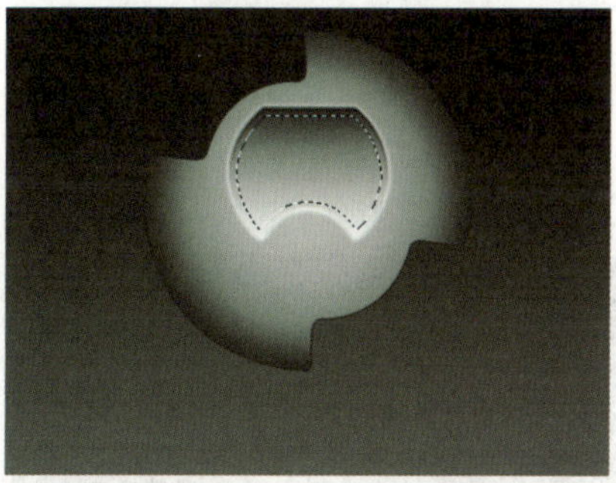

图9–102 图像效果

9 选择【图层 4】,将【前景色】设置为【#323333】,按【Alt+Delete】组合键，填充前景色。如图 9–103 所示，注意不要取消该选区。选择【添加图层样式】按钮 fx，选择渐变叠加命令，如图 9–104 所示，效果如图 9–105 所示。

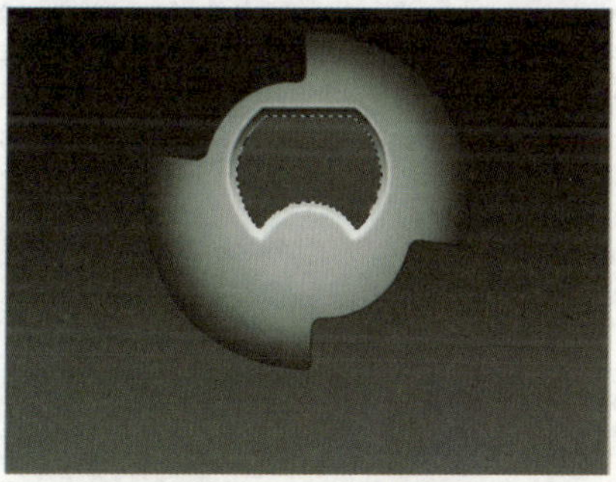

图9–103 填充前景色

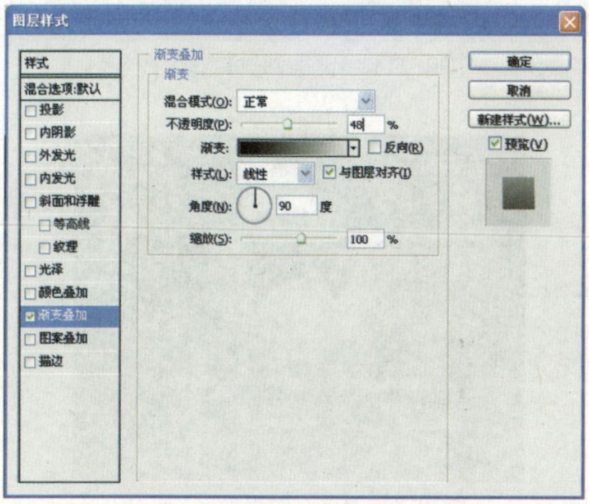

图9–104 【图层样式】对话框

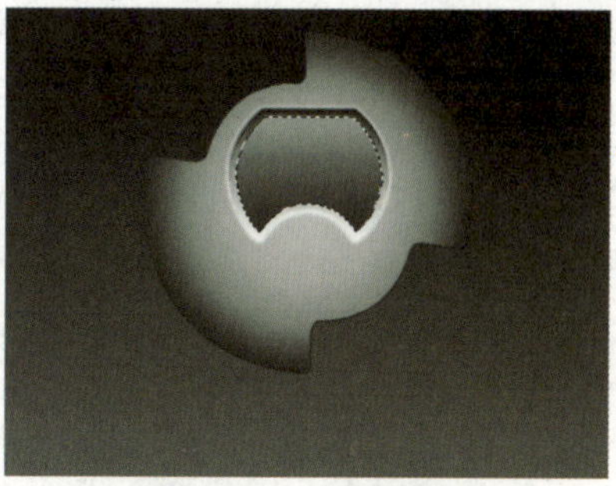

图9–105 图像效果

10 选择工具栏中【椭圆选择工具】，属性工具栏设置如图 9–106 所示。按【Alt】键由下向上减选该选区，如图 9–107 所示。设置【前景色】为【#939393】，选择【图层】面板，单击【新建图层】按钮，得到【图层 5】。按【Alt+Delete】组合键，填充前景色，如图 9–108 所示，按组合键【Ctrl+D】取消选区。

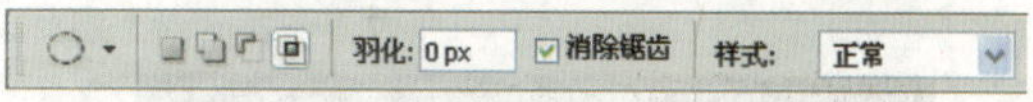

图9–106 【椭圆选择工具】属性面板

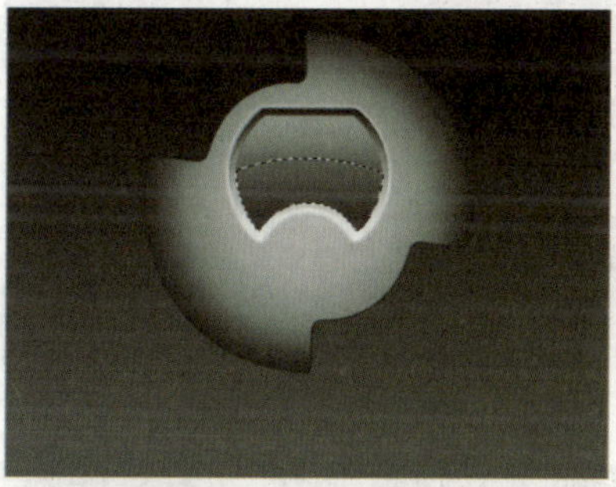

图9–107 图像效果

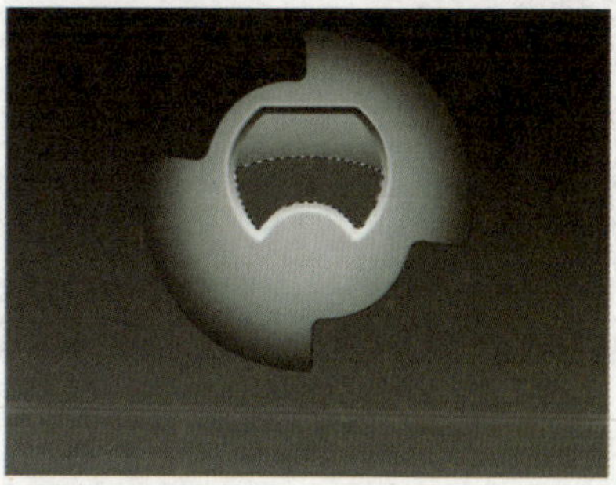

图9–108 填充前景色

11 选择【图层】面板，单击【新建图层】按钮，得到【图层 6】，将【图层 6】移至【图层 3】下层，【图层】面板如图 9–109 所示。选择工具栏【钢笔工具】，绘制路径如图

9-110 所示。按【Ctrl+Enter】组合键，将路径转换为选区；将【前景色】设置为【#999999】，按【Alt+Delete 】组合键，填充前景色。按【Ctrl+D】组合键，取消选区，如图 9-111 所示。

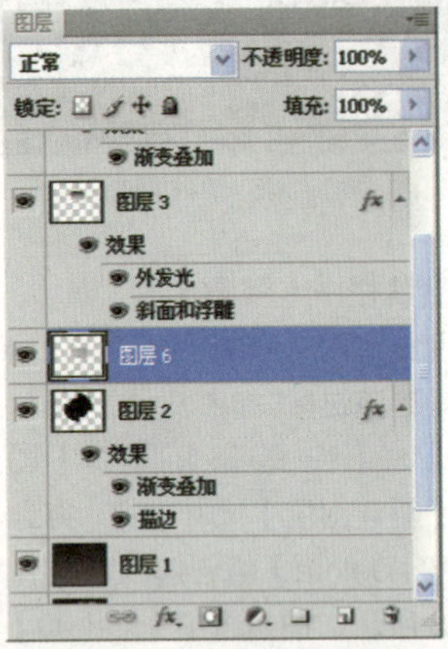

图9-109 【图层】面板

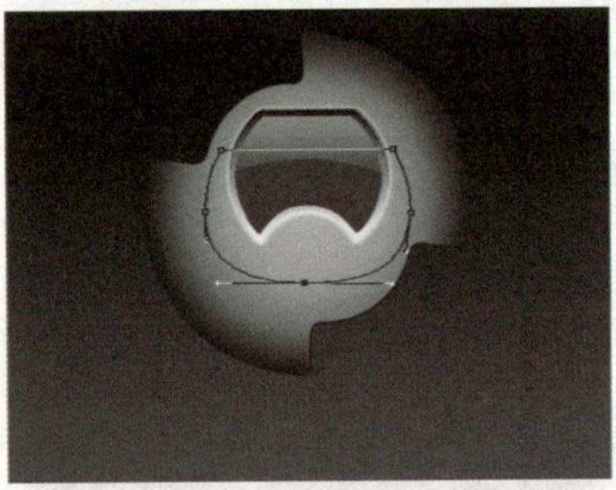

图9-110 绘制选区

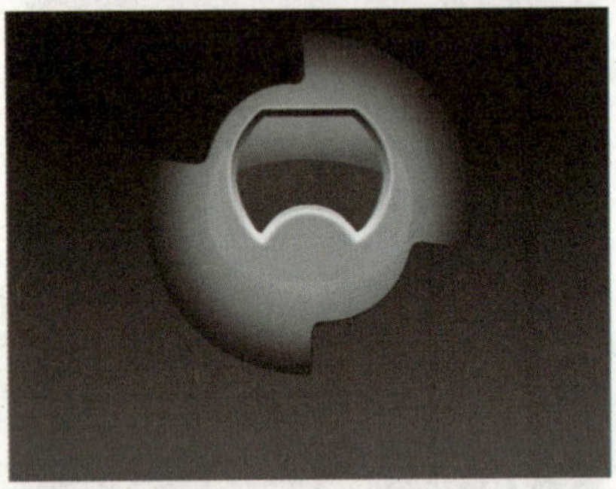

图9-111 填充前景色

12 选择【图层 6】，单击【滤镜】/【纹理】/【染色玻璃】菜单命令。参数设置如图 9-112 所示，效果如图 9-113 所示。选择【图层】面板，选择【添加图层样式】按钮 *fx*，选择【斜面和浮雕】命令，如图 9-114 所示，为其添加浮雕效果，如图 9-115 所示。

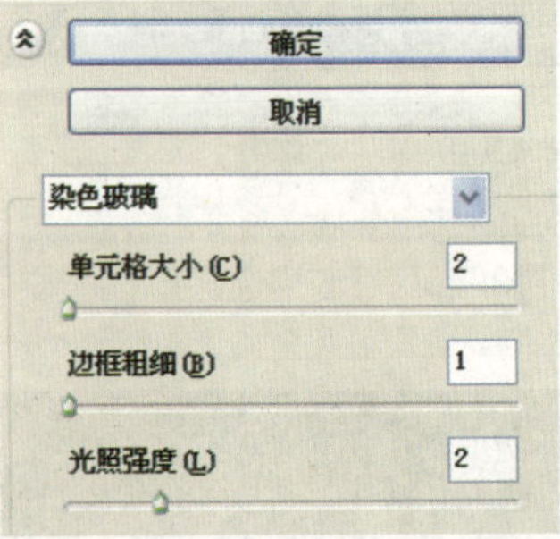

图9-112 【染色玻璃】对话框

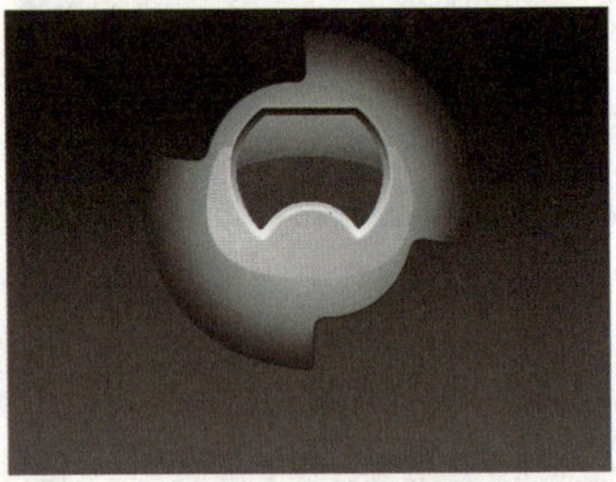

图9-113 图像效果

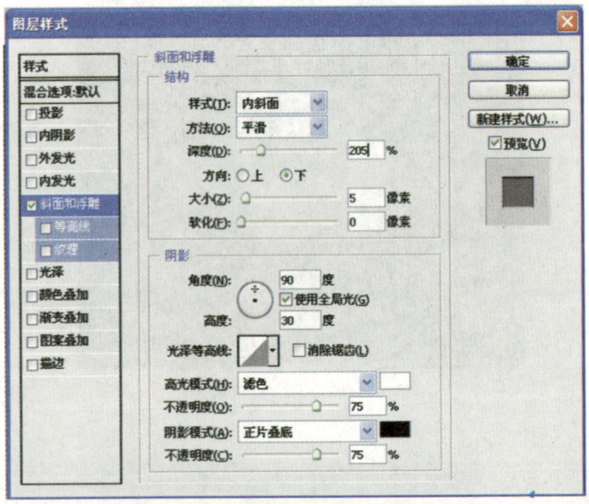

图9-114 【图层样式】对话框

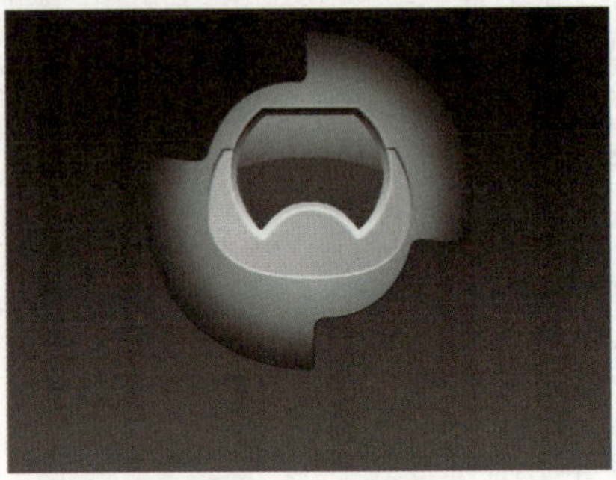

图9-115 图像效果

13 选择【图层】面板，单击【新建图层】按钮，得到【图层 7】。选择工具栏【钢笔工具】，绘制路径如图 9-116 所示。按【Ctrl+Enter】组合键，将路径转换为选区。将【前景色】设置为【#99ad4b】，按【Alt+Delete】组合键，填充前景色。按【Ctrl+D】组合键，取消选区，如图 9-117 所示。

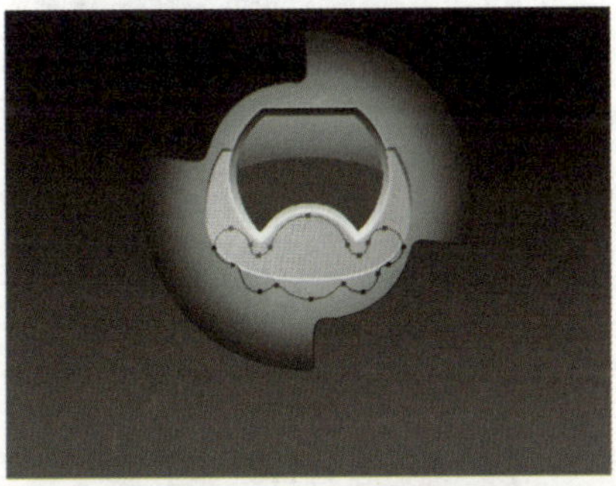

图9-116 绘制选区

图9-117 填充前景色

14 选择【图层 7】，选择【添加图层样式】按钮 *fx*，选择【斜面和浮雕】命令，参数设置如图 9-118 所示，效果如图 9-119 所示。

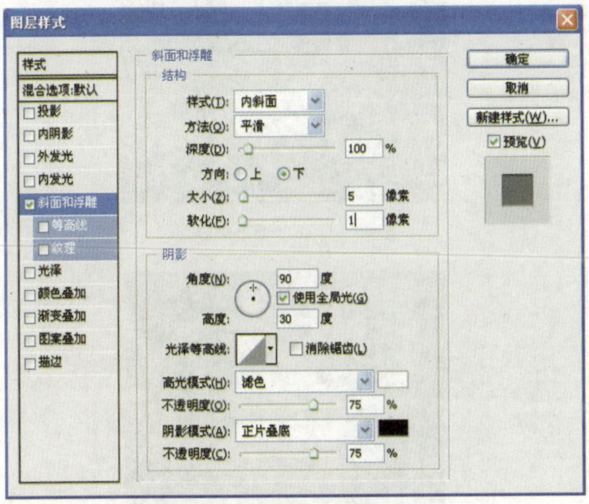

图9-118 【图层样式】对话框

图9-119 图像效果

15 绘制按钮部分。选择【图层】面板，选择【创建新组】，得到【组 1】，以后绘制按钮部分的图层都在【组 1】里，这样比较方便管理。单击【新建图层】按钮，得到【图层 8】，如图 9-120 所示。选择工具栏中【椭圆选择工具】，绘制选区如图 9-121 所示。

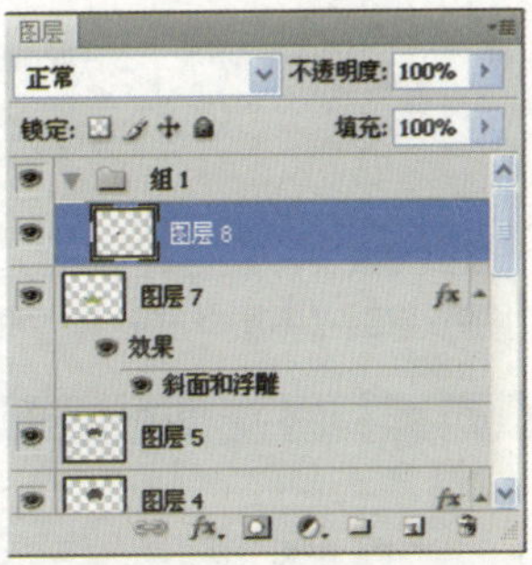

图9-120 【图层】面板

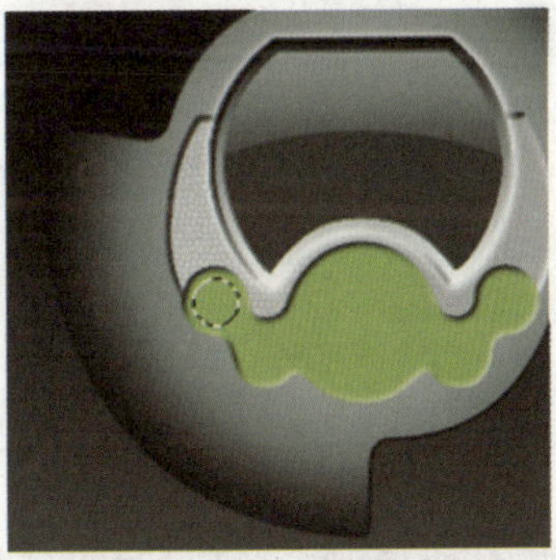

图9-121 绘制选区

16 选择【图层 8】，将【前景色】设置为【#0a0606】，按【Alt+Delete】组合键，填充前景色。按【Ctrl+D】组合键，取消选区，如图 9-122 所示。选择【图层】面板，选择【添加图层样式】按钮，选择外发光命令，如图 9-123 所示。选择【斜面和浮雕】命令，设置如图 9-124 所示，效果如图 9-125 所示。

图9-122　填充前景色

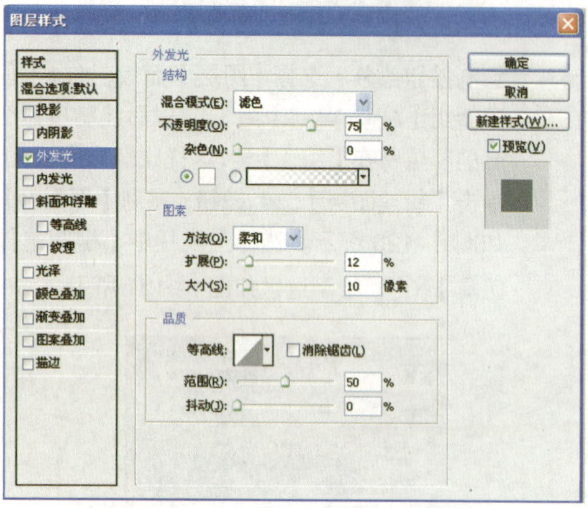

图9-123　【图层样式】对话框

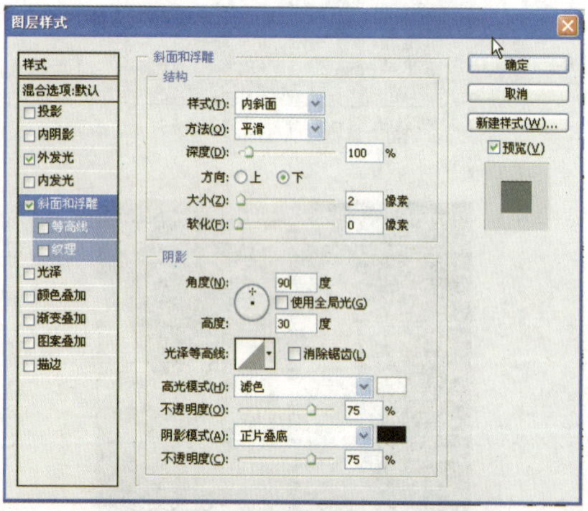

图9-124　【图层样式】对话框

图9-125　图像效果

17 选择【图层】面板，单击【新建图层】按钮，得到【图层9】。选择【图层9】，按【Ctrl】键单击【图层8】缩略图，在【图层9】中提取【图层8】选区。单击【选择】/【修改】/【收缩】菜单命令，如图9-126所示，效果如图9-127所示。

图9-126　【收缩选区】对话框

图9-127　图像效果

18 选择【图层9】，选择工具栏中【椭圆选择工具】，属性工具栏设置如图9-128所示。单击与选区交叉按钮，绘制交叉选区，如图9-129所示。将【前景色】设置为【# c4c4c4】，按【Alt+Delete】组合键，填充前景色。按【Ctrl+D】组合键，取消选区，效果如图9-130所示。

图9-128　【椭圆选择工具】属性面板

图9-129　绘制选区

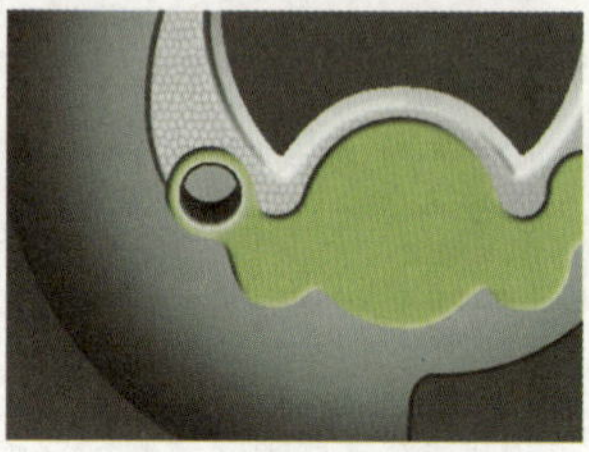

图9-130　填充前景色

19 选择【图层】面板，单击【新建图层】按钮，得到【图层 10】，选择工具栏【钢笔工具】，绘制路径如图 9–131 所示。按【Ctrl+Enter】组合键，将路径转换为选区，将【前景色】设置为【# e4e4e4】，按【Alt+Delete】组合键，填充前景色。按【Ctrl+D】组合键取消选区，效果如图 9–132 所示，【图层】面板如图 9–133 所示。

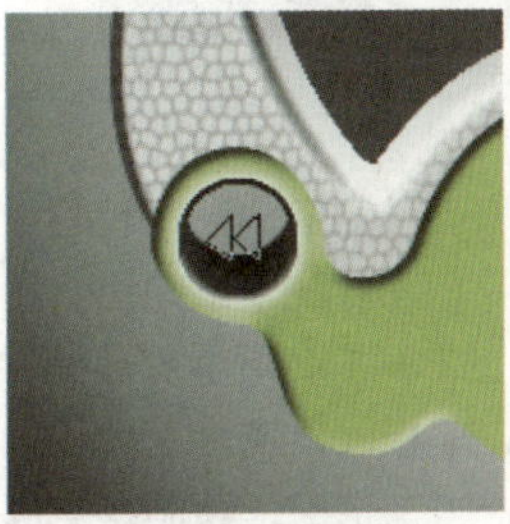
图9–131 绘制选区

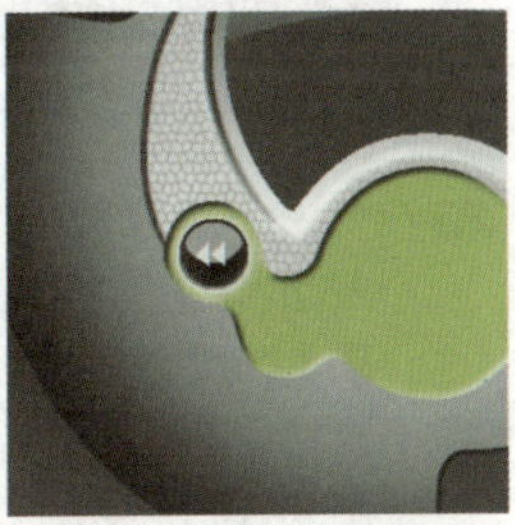
图9–132 填充前景色

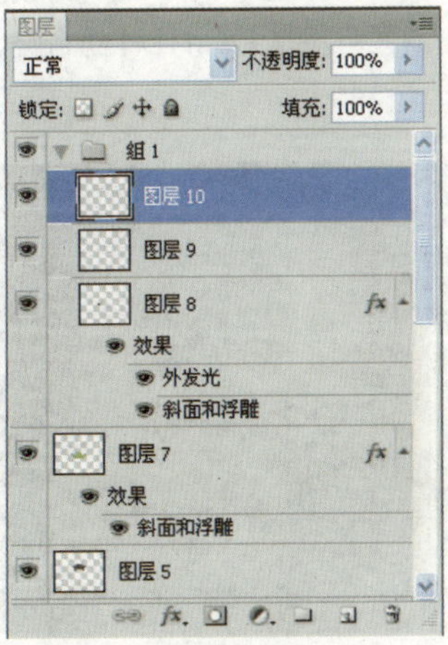

图9–133 【图层】面板

20 重复步骤 15 至步骤 19 的操作，绘制其他按钮，每个按钮都在单独的【组】中，效果如图 9–134 所示，【图层】面板如图 9–135 所示。

图9–134 图像效果

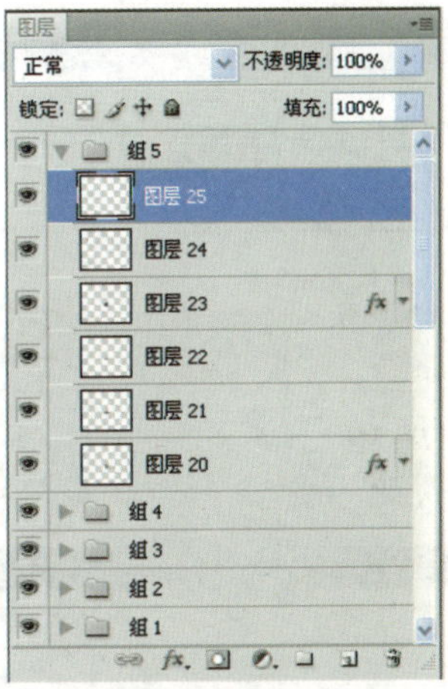

图9–135 【图层】面板

21 选择【图层】面板，单击【新建图层】按钮，得到【图层 26】，将【图层 26】移至【图层 1】上层，【图层】面板如图 9–136 所示。选择工具栏中【椭圆选择工具】，绘制选区如图 9–137 所示。选择工具栏【渐变工具】，绘制一个线性渐变。参数设置如图 9–138 所示，效果如图 9–139 所示。

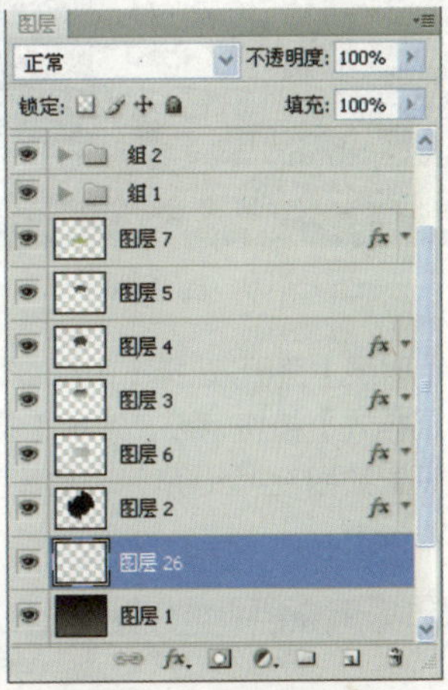

图9–136 【图层】面板

图9–137 绘制选区

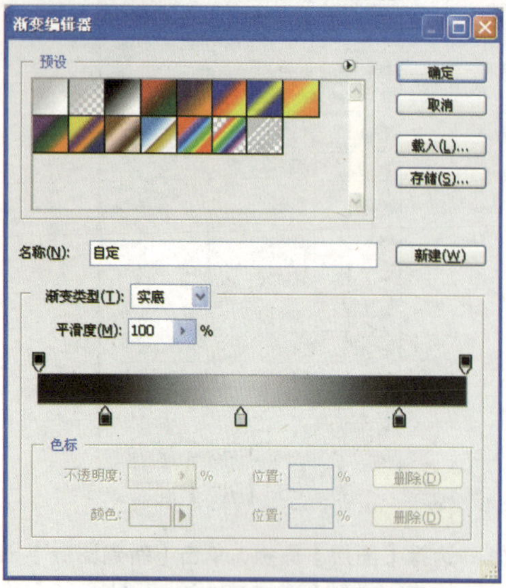

图9-138 【渐变编辑器】对话框

图9-139 图像效果

22 选择【图层】面板,选择【图层 26】,选择【添加图层样式】按钮 fx ,选择【描边】命令,参数设置如图 9-140 所示,效果如图 9-141 所示。

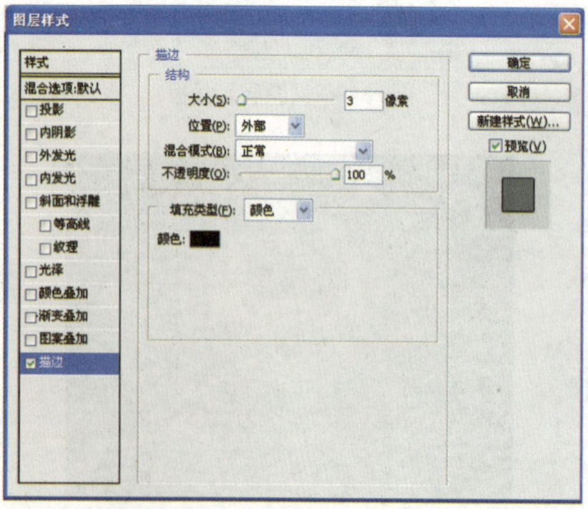

图9-140 【图层样式】对话框

图9-141 图像效果

23 单击【新建图层】按钮,得到【图层 27】,按【Ctrl】键+【图层 26】缩略图,提取【图层 26】选区,如 9-142 所示。选择工具栏中【椭圆选择工具】,属性工具栏如图 9-143 所示,减选当前选区,绘制镂空圆形选区,如图 9-144 所示。将【前景色】设置为【# 43560a】,按【Alt+Delete】组合键,填充前景色。按【Ctrl+D】组合键,取消选区,如图 9-145 所示。

图9-142 提取【图层26】选区

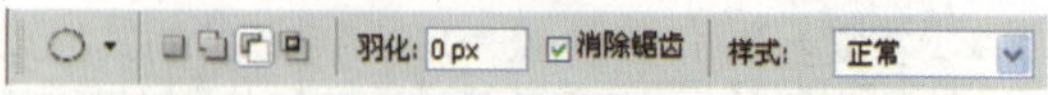

图9-143 【椭圆选择工具】属性面板

图9-144 绘制选区

图9-145 填充前景色

24 选择【图层 27】，单击【添加图层样式】按钮 fx，选择【渐变叠加】命令，设置如图 9-146 所示，效果如图 9-147 所示。

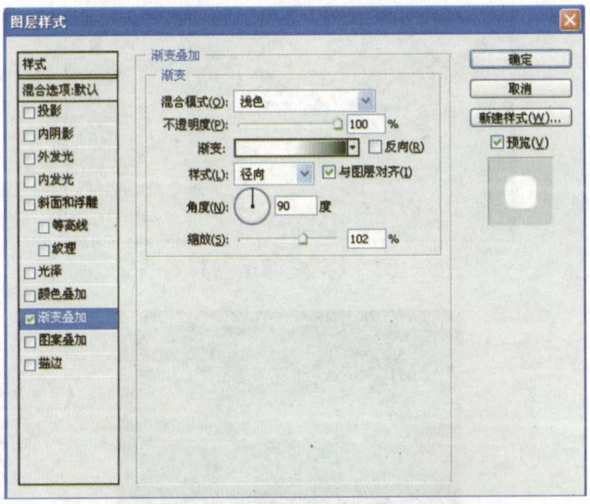

图9-146 【图层样式】对话框

图9-147 图像效果

25 选择【图层】面板，选择【创建新组】，得到【组 6】。选择【图层】面板，单击【新建图层】按钮，得到【图层 28】，【图层】面板如图 9-148 所示。

26 选择【图层 28】，选择工具栏中【椭圆选择工具】，绘制选区如图 9-149 所示。将【前景色】设置为【# 313131】，按【Alt+Delete】组合键，填充前景色。按【Ctrl+D】组合键，取消选区，效果如图 9-150 所示。选择【添加图层样式】按钮 fx，选择【斜面和浮雕】命令，设置如图 9-151 所示，效果如图 9-152 所示。

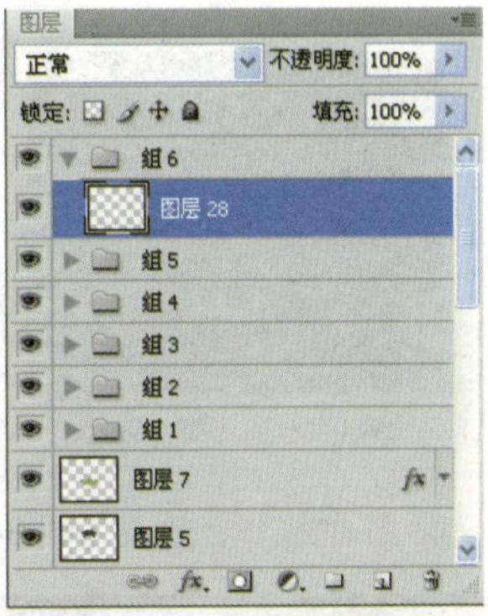

图9-148 【图层】面板

图9-149 绘制选区

图9-150 填充前景色

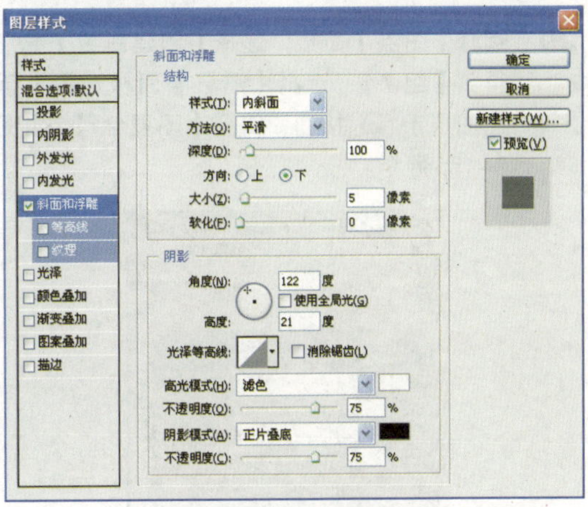

图9-151 【图层样式】对话框

图9-152 图像效果

27 选择【图层 28】，单击【Ctrl+J】组合键，复制图层，得到【图层 28 副本】。单击【编辑】/【自由变换】菜单命令，或者按【Ctrl+T】组合键，如图 9-153 所示，按【Enter】键完成操作。

图9-153 自由变换

28 重复步骤 27 的操作，效果如图 9-154 所示。

图9-154 图像效果

29 选择【图层】面板，选择【创建新组】，得到【组 7】。选择【图层】面板选择【新建图层】按钮，得到【图层 29】，如图 9-155 所示。

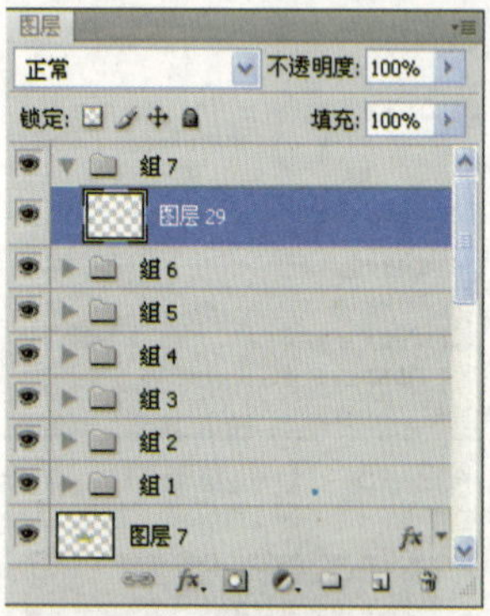

图9-155 【图层】面板

30 选择【图层 29】，选择工具栏【钢笔工具】，绘制路径如图 9-156 所示。按【Ctrl+Enter】组合键，将路径转换为选区。选择工具栏【渐变工具】，绘制线性渐变。参数设置如图 9-157 示，效果如图 9-158 所示。

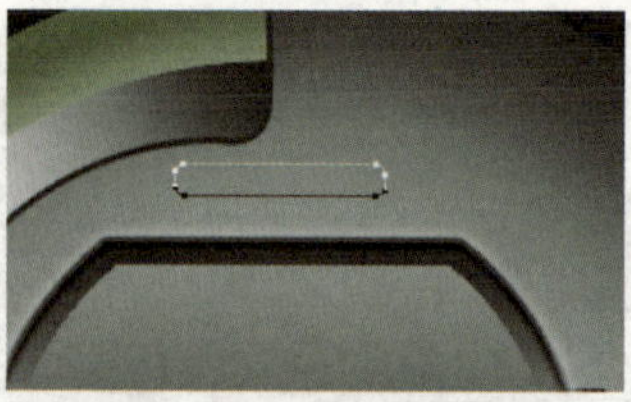

图9-156 绘制选区

图9-157 【渐变编辑器】对话框

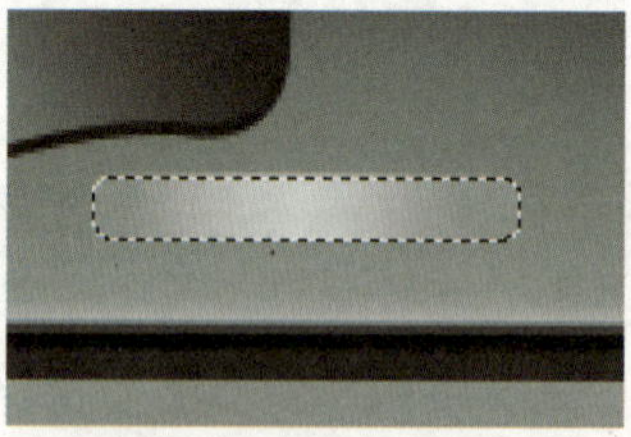

图9-158 图像效果

31 选择【图层 29】，选择【添加图层样式】按钮，选择【斜面和浮雕】命令，设置如图 9-159 所示，效果如图 9-160 所示。

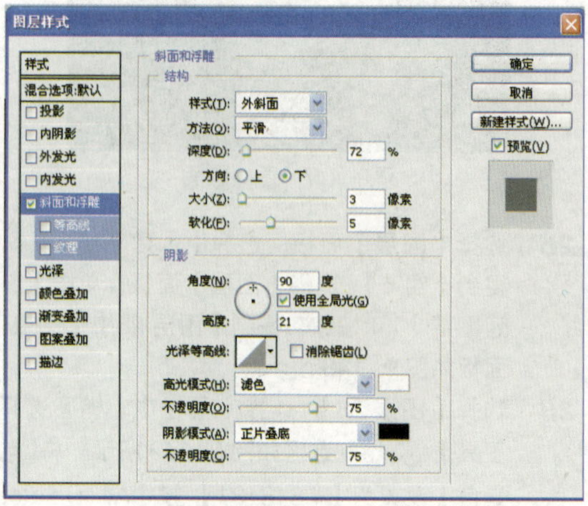

图9-159 【图层样式】对话框

图9-160 图像效果

32 选择【图层】面板，单击【新建图层】按钮，得到【图层 30】，选择工具栏【矩形选框工具】，绘制选区如图 9-161 所示。按【D】键恢复【前景色】为黑色，按【Alt+Delete】组合键，填充前景色。按【Ctrl+D】组合键，取消选区，效果如图 9-162 所示。

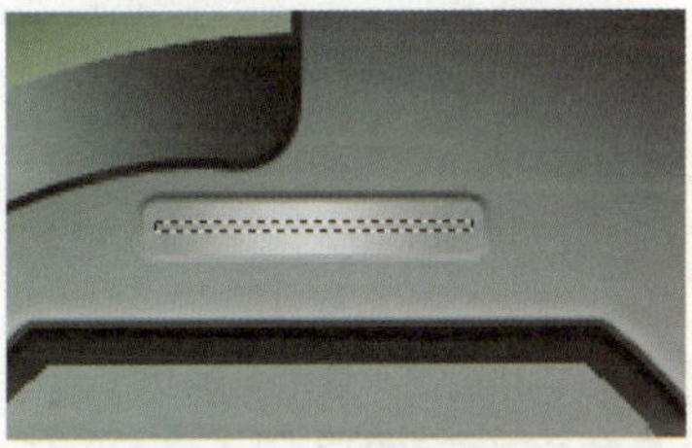

图9-161 绘制选区

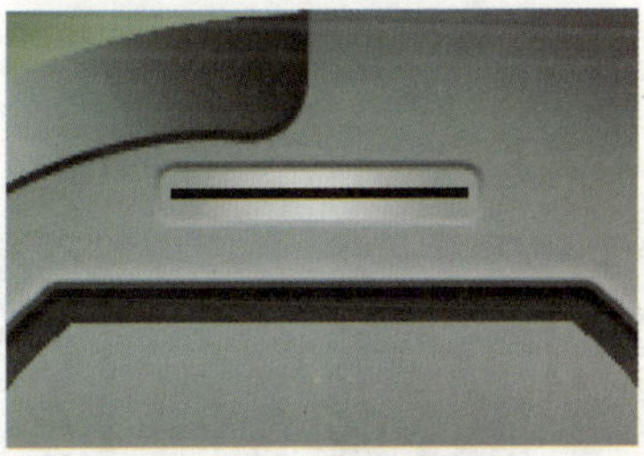

图9-162 图层前景色

33 选择【图层】面板，单击【新建图层】按钮，得到【图层 31】，选择工具栏【矩形选框工具】，绘制选区如图 9-163 所示。选择工具栏【渐变工具】，参数设置如图 9-164 所示，在选区内绘制渐变，效果如图 9-165 所示。

图9-163 绘制选区

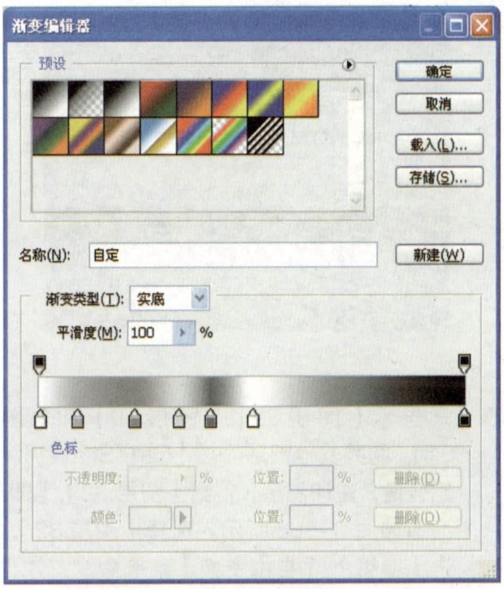

图9-164 【渐变编辑器】对话框

图9-165 图像效果

34 选择【图层】面板，选择【图层 31】，选择【添加图层样式】按钮，选择【斜面和浮雕】命令，设置如图 9-166 所示，效果如图 9-167 所示。

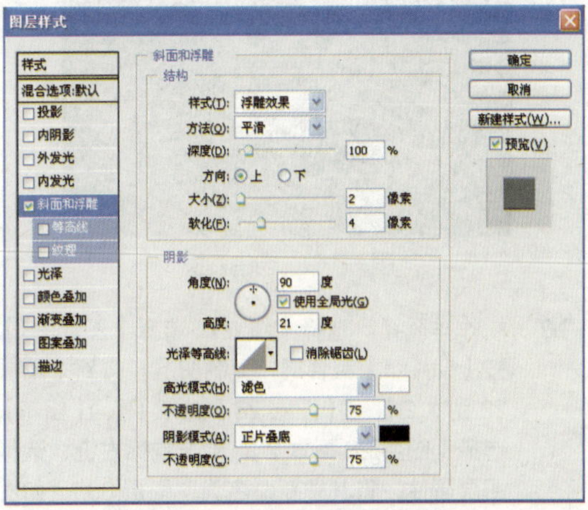

图9-166 【图层样式】对话框

图9-167　图像效果

35 只显示【图层 29】、【图层 30】和【图层 31】，隐藏其他图层。按【Ctrl+Shift+Alt+E】组合键，盖印图层，得到【图层 32】，【图层】面板如图 9-168 所示。选择【图层 32】，单击【编辑】/【自由变换】菜单命令，效果如图 9-169 所示。

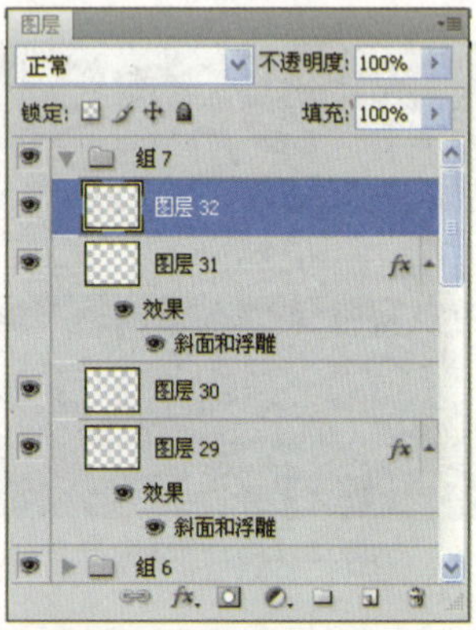

图9-168　【图层】面板

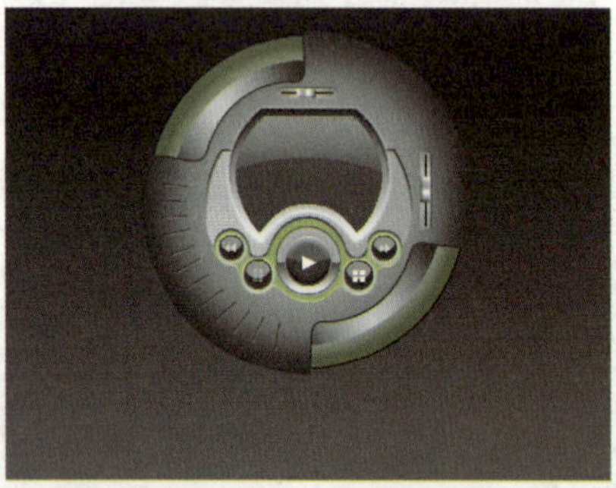

图9-169　自由变换

36 制作排风孔。选择【组 6】，选择【图层 28】，按【Ctrl+J】组合键，复制图层，得到【图层 28 副本 2】。将【图层 28 副本 2】移至【组 7】，选择【图层 28 副本 2】，单击鼠标右键，选择图层属性，将其重新命名为“图层 33”，如图 9-170 所示，【图层】面板如图 9-171 所示。

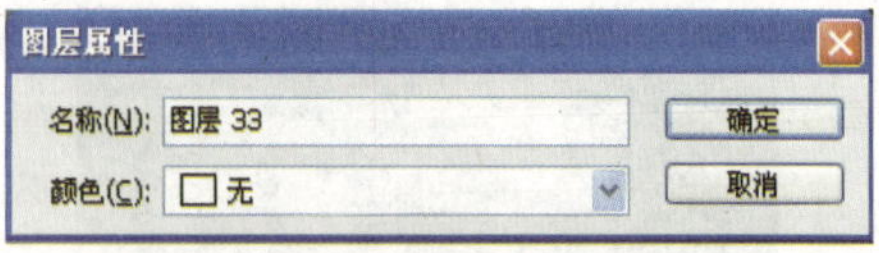

图9-170　【图层属性】对话框

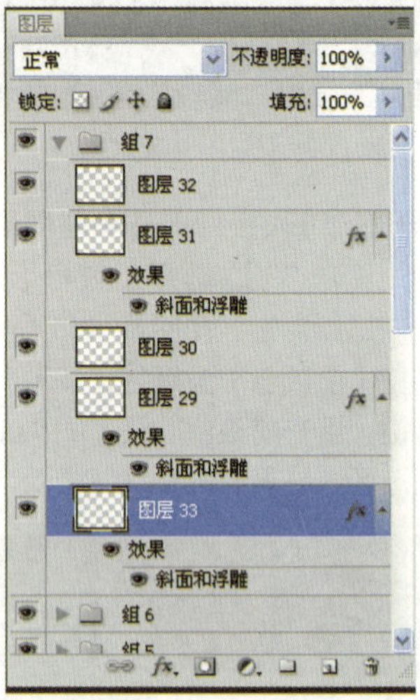

图9-171　【图层】面板

37 选择【图层 33】，单击【编辑】/【自由变换】菜单命令，或者按【Ctrl+T】自由变换，效果如图 9-172 所示。

38 选择【图层 33】，按【Ctrl+J】组合键，复制图层，得到【图层 33 副本】。选择工具栏【移动工具】，将图像向下移动，如图 9-173 所示。

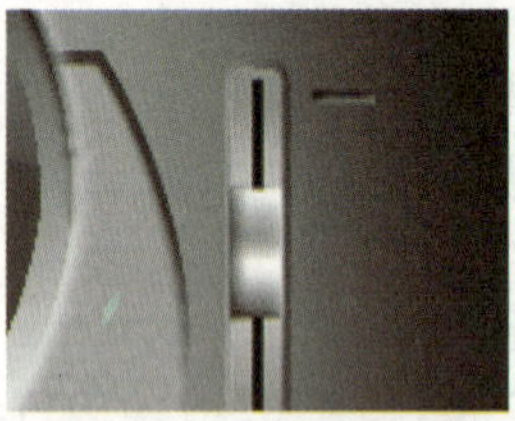

图9-172　自由变换

图9-173　向下移动图像

39 重复步骤 38 的操作，效果如图 9-174 所示。选择【图层 33】，单击【编辑】/【自由变换】命令，或者按【Ctrl+T】组合键，将其适当放大，效果如图 9-175 所示。

图9-174　图像效果

图9-175　自由变换

40 选择【图层】面板，隐藏所有图层，只显示【图层 33 副本】、【图层 33 副本 2】和【图层 33 副本 3】，【图层】面板如图 9–176 所示。按【Ctrl+Shift+Alt+E】组合键，盖印图层，得到【图层 34】，显示所有图层。

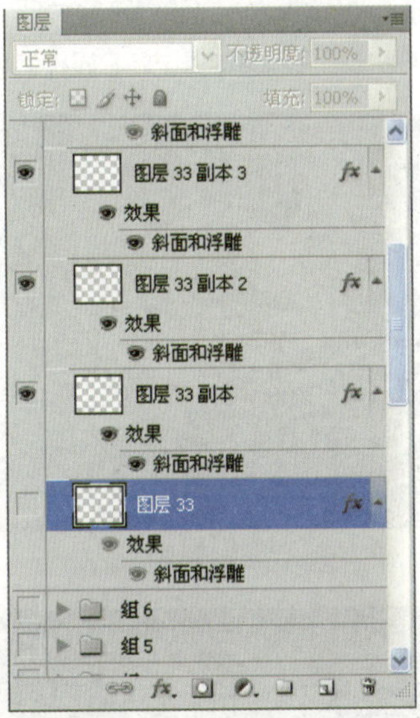

图9–176 【图层】面板

41 选择【图层 34】，选择工具栏【移动工具】，将图像向下移动，如图 9–177 所示。

42 选择【图层 33】，按【Ctrl+J】组合键复制图层，得到【图层 33 副本 4】。选择工具栏【移动工具】，将图像向下移动，重复步骤 41，如图 9–178 所示。

图9–177 向下移动图像

图9–178 图像效果

43 选择【图层 33】至【图层 33 副本 3】，【图层】面板如图 9–179 所示。单击【图层】/【合并图层】命令，或者按【Ctrl+E】组合键。得到【图层 33 副本 3】，【图层】面板如图 9–180 所示。单击【图像】/【调整】/【渐变映射】菜单命令，设置如图 9–181 所示，选择【确定】完成操作，效果如图 9–182 所示。

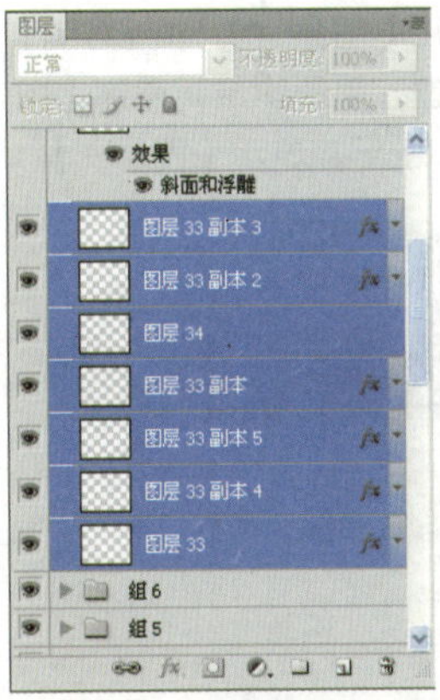

图9–179 【图层】面板

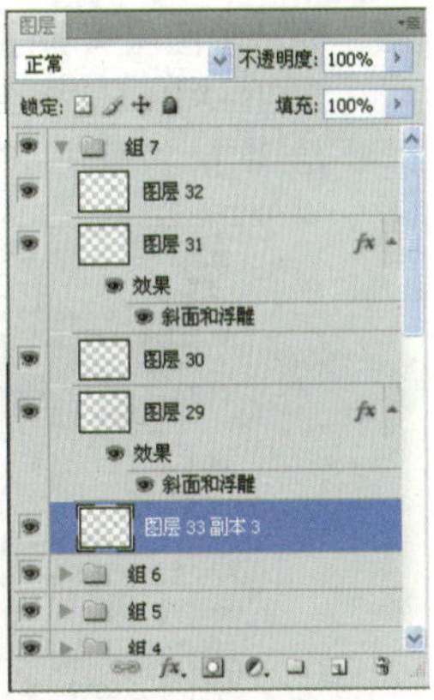

图9–180 【图层】面板

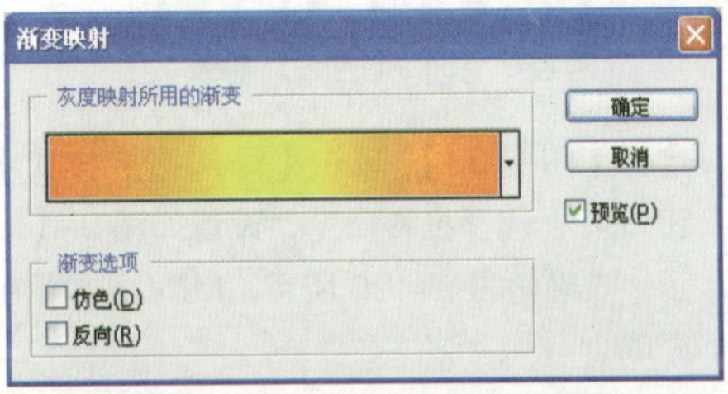

图9–181 【渐变映射】对话框

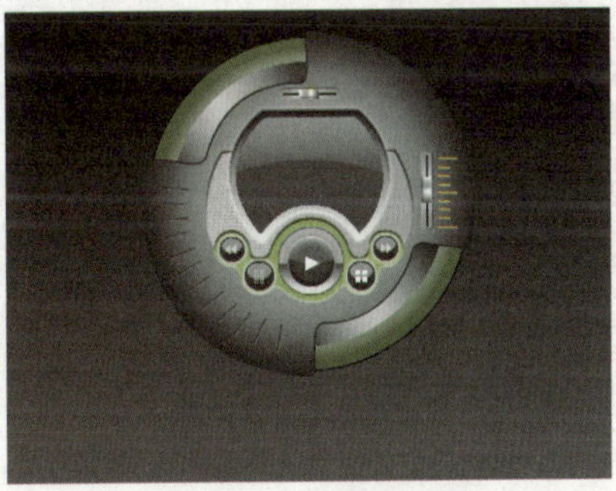

图9–182 图像效果

44 选择工具栏【文字工具】T，输入文字，如图 9–183 所示。

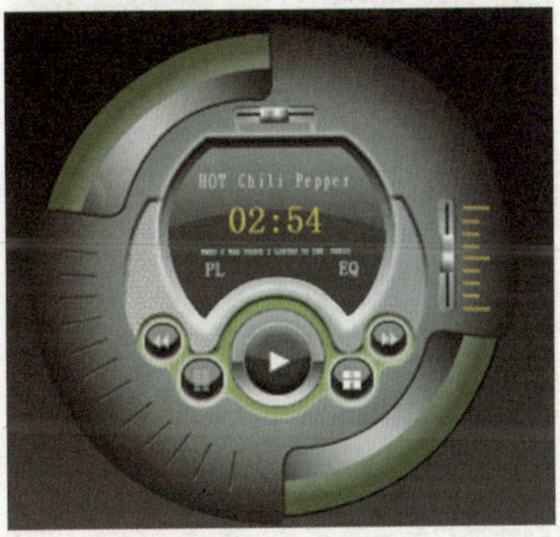

图9–183 图像效果

45 隐藏【图层背景】和【图层 1】，按【Ctrl+Shift+Alt+E】组合键，盖印图层。得到【图层 33】，如图 9-184 所示，显示【图层 1】。

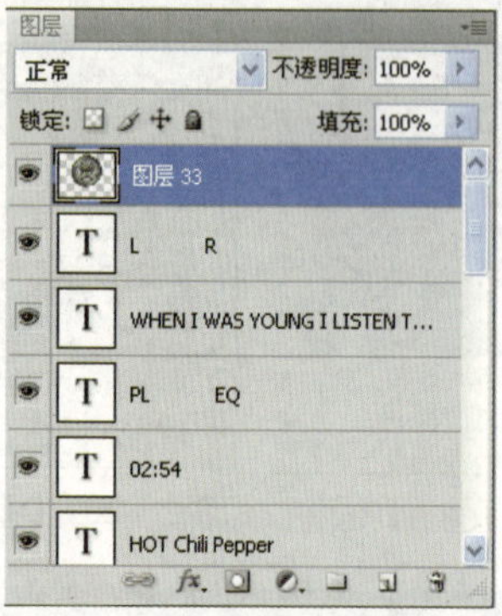

图9-184 【图层】面板

46 选择【图层 33】，单击【添加图层样式】按钮 fx，选择投影命令，设置如图 9-185 所示，效果如图 9-186 所示，MP4 播放器制作完成。

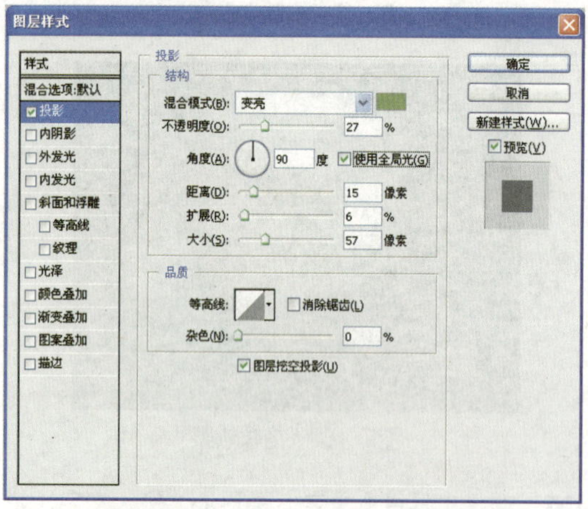

图9-185 【图层样式】对话框

图9-186 图像效果

47 制作播放器阴影效果。选择【图层】面板，单击【新建图层】按钮，得到【图层 34】。选择工具栏中的【椭圆选择工具】，属性工具栏设置如图 9-187 所示，绘制选区如图 9-188 所示。按【D】键，恢复前景色为黑色，按【Alt+Delete】组合键，填充前景色，效果如图 9-189 所示。

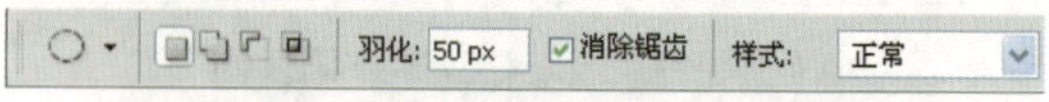

图9-187 【椭圆选择工具】属性面板

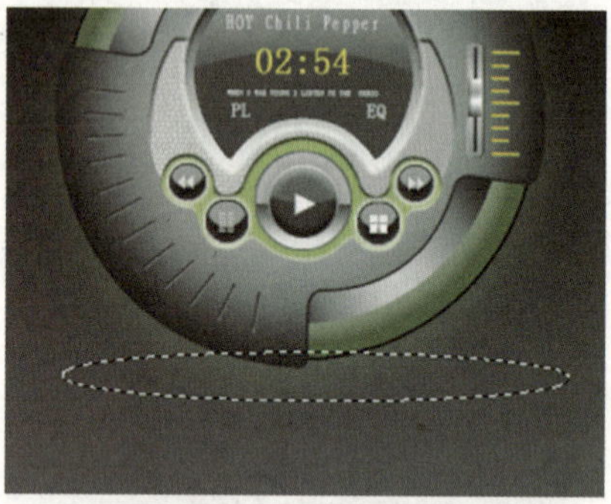

图9-188 绘制选区

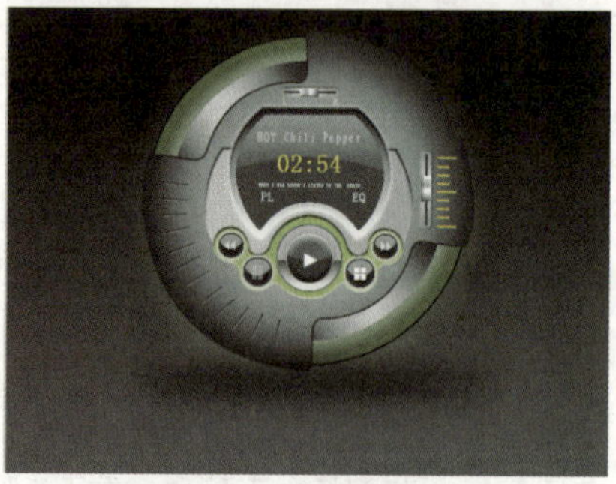

图9-189 填充前景色

48 选择【图层】面板，将【图层 33】移至最上层，如图 9-190 所示。

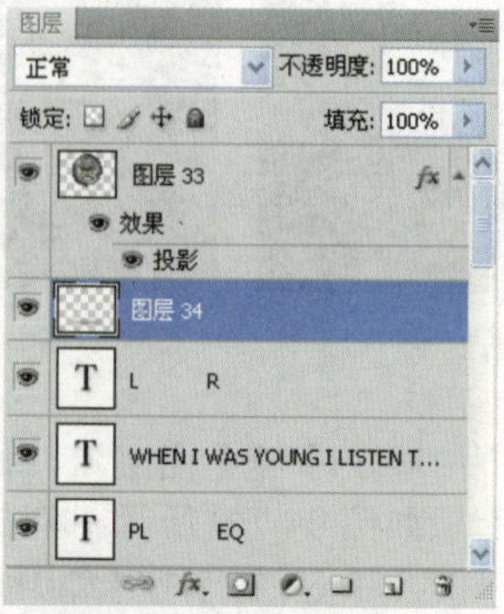

图9-190 【图层】面板

49 选择【图层 33】，单击【图像】/【调整】/【曲线】菜单命令，设置如图 9-191 所示，效果如图 9-192 所示。

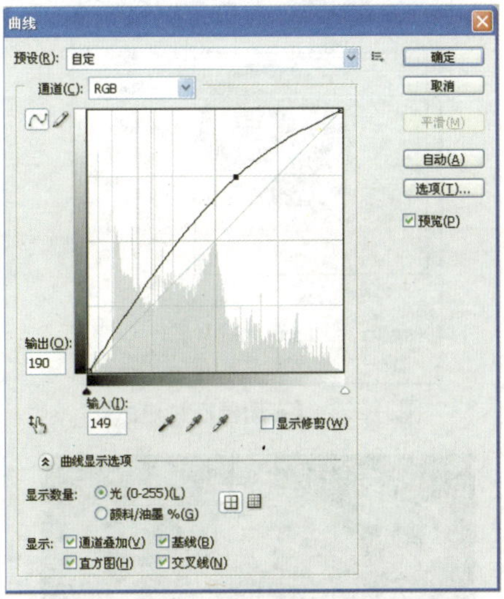

图9-191 【曲线】对话框

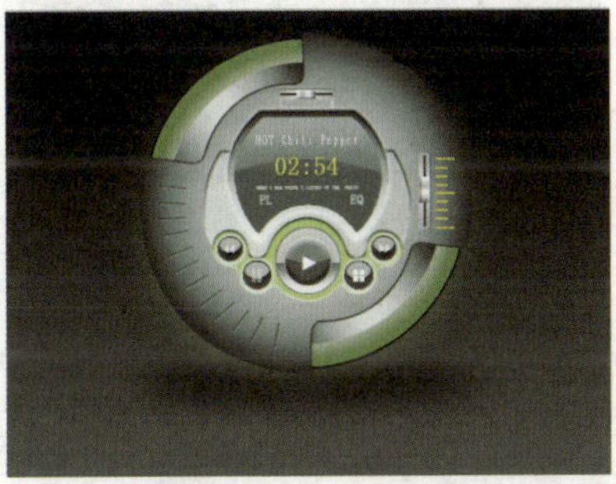

图9-192 图像效果

50 制作另一个播放器。隐藏【图层 1】，按【Ctrl+Shift+Alt+E】组合键，盖印图层。得到【图层 35】，如图 9-193 所示。

51 选择【图层 35】，按【Ctrl+J】组合键，复制图层，得到【图层 35 副本】。将【图层 33】和【图层 34】移至【图层 35 副本】上面，如图 9-194 所示。

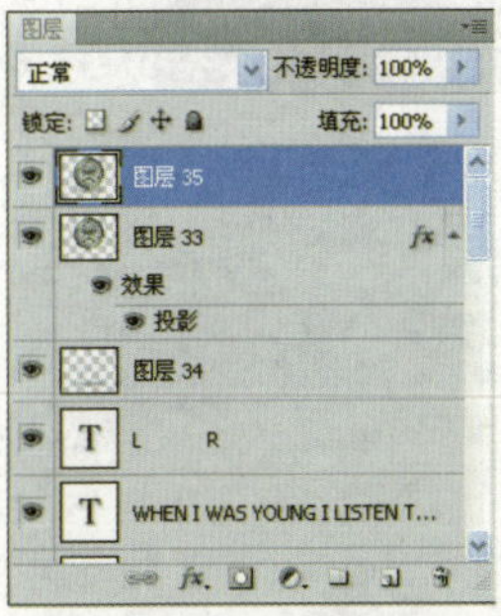

图9-193 【图层】面板

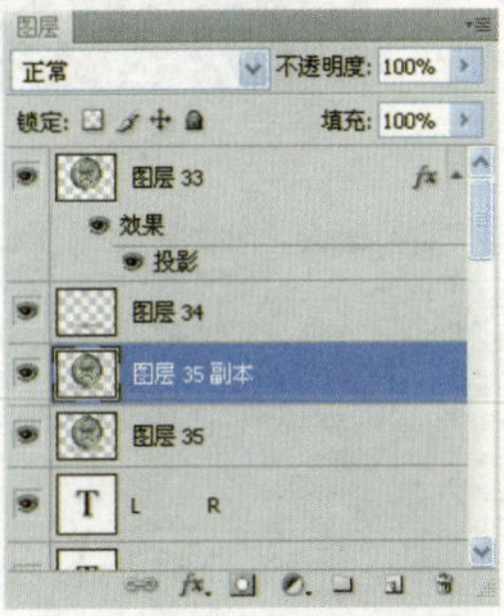

图9-194 【图层】面板

52 选择【图层 35 副本】，单击【编辑】/【自由变换】命令，适当缩小当前图形，如图 9-195 所示。单击【图像】/【调整】/【色相 / 饱和度】菜单命令，或者按【Ctrl+U】组合键，参数设置如图 9-196 所示，效果如图 9-197 示。单击【滤镜】/【模糊】/【高斯模糊】菜单命令，设置如图 9-198 所示，效果如图 9-199 所示。

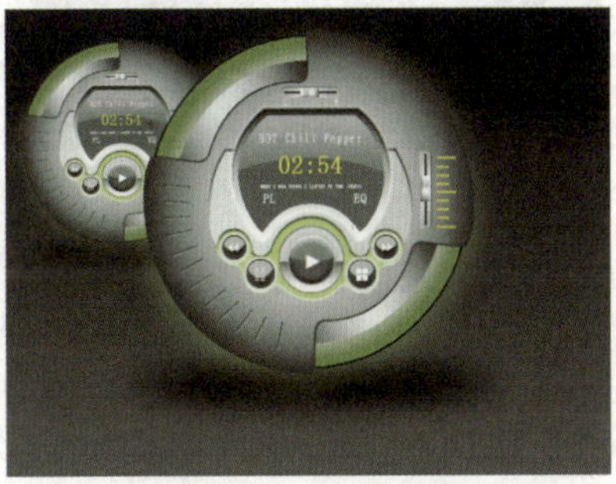

图9-195 自由变换

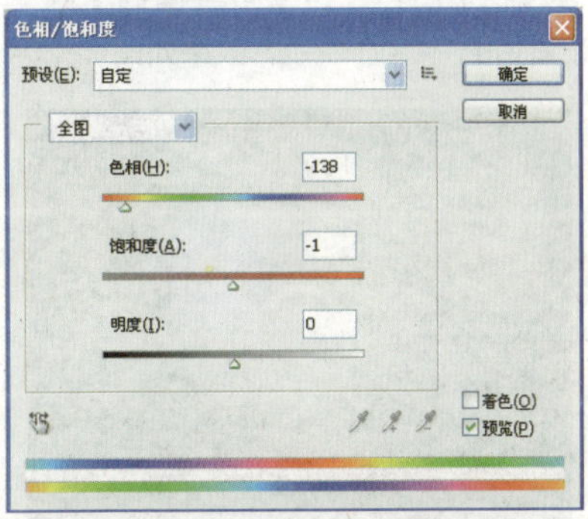

图9-196 【色相/饱和度】对话框

图9-197 图像效果

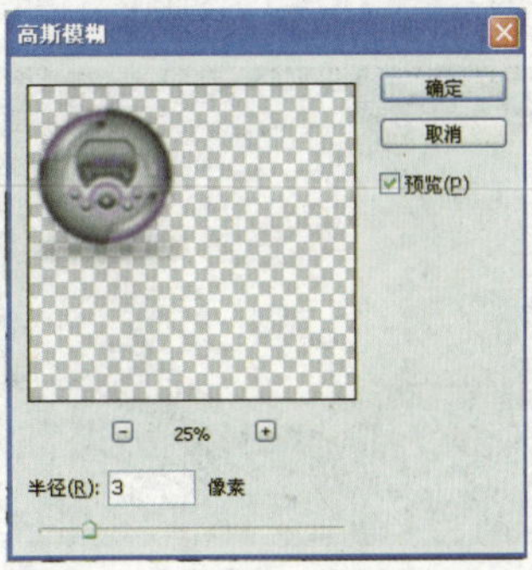

图9-198 【高斯模糊】对话框

图9-199　图像效果

53　制作另一个播放器。选择【图层 35】，单击【编辑】/【自由变换】菜单命令，适当缩放当前图形，如图 9-200 所示。单击【图像】/【调整】/【色相/饱和度】菜单命令，设置如图 9-201 所示，效果如图 9-202 所示。单击【滤镜】/【模糊】/【高斯模糊】菜单命令，设置如图 9-203 所示，效果如图 9-204 所示。

图9-200　自由变换

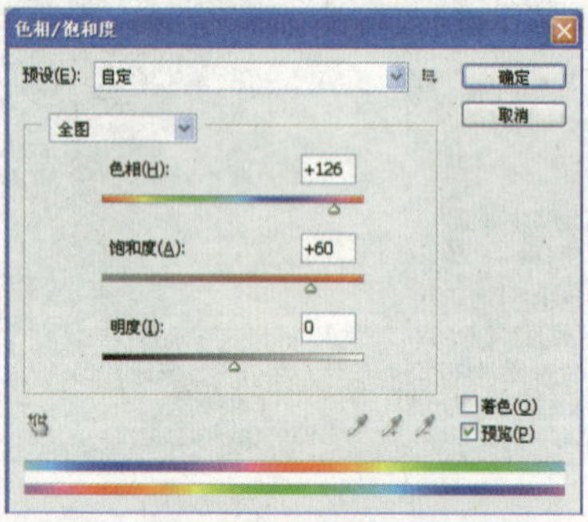

图9-201　【色相/饱和度】对话框

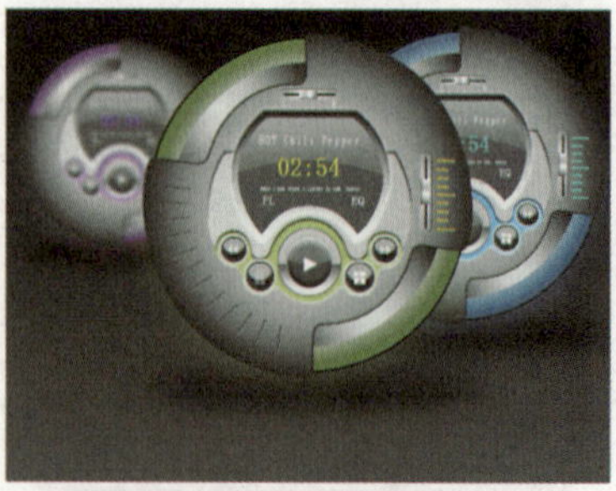

图9-202　图像效果

图9-203　【高斯模糊】对话框

图9-204　图像效果

54　制作文字效果。选择工具栏【文字工具】T，输入相关文字，如图 9-205 所示，【图层】面板如图 9-206 所示。选择【CIZMO】图层，单击鼠标右键，选择【栅格化文字】命令，将文字转换成可编辑图层，如图 9-207 所示。

图9-205　添加文字

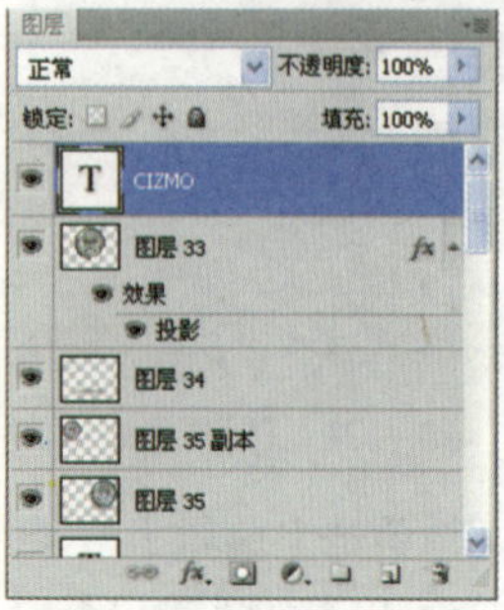

图9-206　【图层】面板

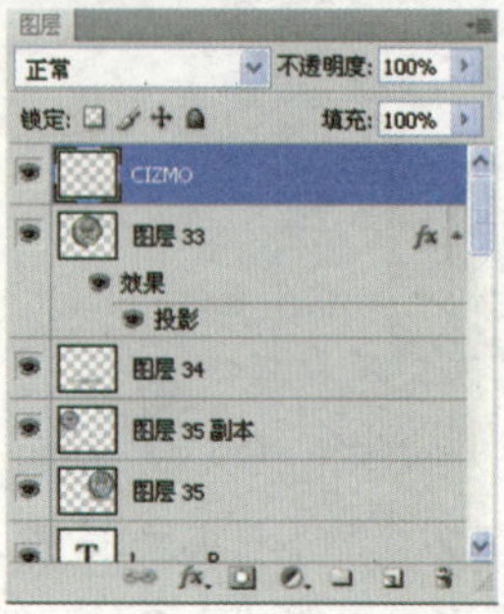

图9-207　【图层】面板

55 选择【CIZMO】图层，按【Ctrl】键并单击【CIZMO】图层，提取图层选区。选择工具栏【渐变工具】，设置如图 9-208 所示，效果如图 9-209 所示。

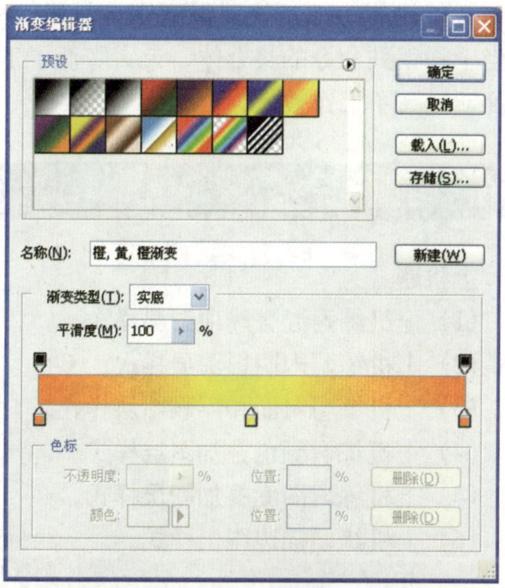

图9-208 【渐变编辑器】对话框

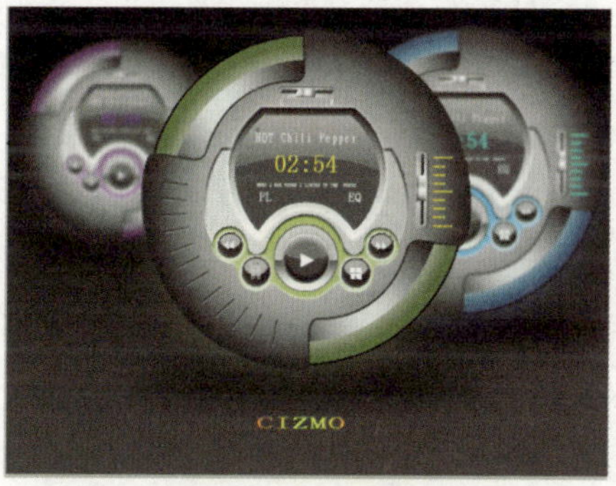

图9-209 图像效果

56 选择【CIZMO】图层，单击【滤镜】/【液化】菜单命令，单击膨胀工具，单击文字中间部分，如图 9-210 所示，效果如图 9-211 所示。

图9-210 【液化】对话框

图9-211 图像效果

57 制作文字阴影效果。选择【图层】面板，单击【新建图层】按钮，得到【图层 36】，选择工具栏中的【椭圆选择工具】，属性工具栏设置如图 9-212 所示，绘制选区如图 9-213 所示。按【D】键恢复【前景色】为黑色，按【Alt+Delete】组合键，填充前景色，效果如图 9-214 所示。

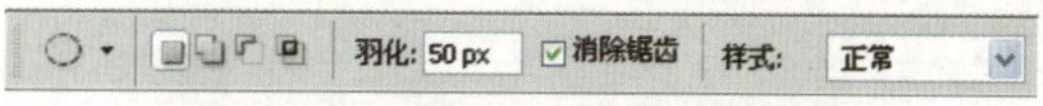

图9-212 【椭圆选择工具】属性面板

图9-213 绘制选区

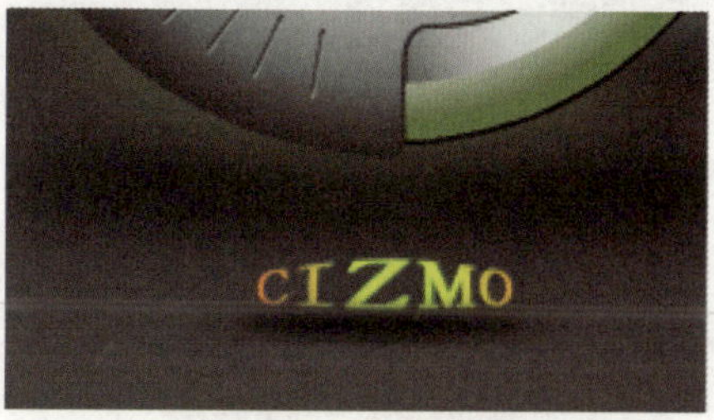

图9-214 填充前景色

58 选择【图层 36】，选择工具栏【橡皮工具】，擦除部分阴影，擦除文字间隔部分，最终效果如图 9-215 所示。

图9-215 最终效果

9.5 本章小结

Photoshop 中的图层样式是通过【图层】面板底部的【添加图层样式】按钮 fx，在弹出的菜单中选择需要的命令；或单击【图层】/【图层样式】菜单命令后，在下拉列表中选择命令来实现的。

本章详细讲解了 Photoshop CS5 中 11 种图层样式命令。使用图层样式，只需要了解一些参数的设置，即可快速得到许多常用效果。相当于一系列命令的集合体，大大降低了工作强度，提高了工作效果。

9.6 习题

上机题

(1) 上机练习混合选项图层样式。
(2) 上机练习内阴影图层样式。
(3) 上机练习斜面和浮雕图层样式。
(4) 上机练习颜色叠加图层样式。
(5) 上机练习图案叠加图层样式。
(6) 上机练习描边图层样式。

第10章 蒙版与通道彻底研究

本章提要

本章详细介绍了通道和蒙版的使用方法，通道与选区的关系及相关实例操作。

10.1 图像合成创作的工具——蒙版

蒙版最突出的作用就是屏蔽，无论是什么样的蒙版，都需要对图像的某些区域起到屏蔽的作用，这就是蒙版存在的最终意义。因此，如果要了解蒙版是如何发挥作用的，只需要了解蒙版是如何产生屏蔽效果即可。

10.1.1 图层蒙版

图层蒙版是使用最为频繁的一类蒙版，绝大多数图像合成作品都需要使用图层蒙版。图层蒙版依靠蒙版中像素的亮度使图层显示出被屏蔽的效果。亮度越高，图层蒙版的屏蔽作用越小；反之，图层蒙版中像素的亮度越低，则屏蔽效果越明显。

1. 添加图层蒙版

(1) 直接添加图层蒙版

在直接添加图层蒙版的情况下，可以为图层添加一个【显示全部】或【隐藏全部】的蒙版。

直接为图层添加蒙版

方法1 选择要添加图层蒙版的图层，单击【图层】面板底部的【添加图层蒙版】按钮，或在【蒙版】面板中单击【添加像素蒙版】按钮，可为图层添加一个默认填充为白色的图层蒙版，即显示全部图像。

方法2 如果在单击方法一的操作时按住【Alt】键，即可为图层添加一个默认填充为黑色的图层蒙版，即隐藏全部图像。

(2) 依据选区添加蒙版

如果当前图像中存在选区，可以利用该选区添加图层蒙版，并决定添加图层蒙版后是显示还是隐藏选区内部的图像。

利用选区添加图层蒙版

方法1 依据选区范围添加蒙版。选择要添加图层蒙版的图层，在【蒙版】面板中单击按钮，或在【图层】面板中单击【添加图层蒙版】按钮，即可依据当前选区的选择范围为图像添加蒙版。

方法2 已经与选区相反的范围添加蒙版。在按照方法一的方法添加蒙版时，如果在单击按钮前按住【Alt】键，即可依据当前选区相反的范围为图层添加蒙版，即先对选区单击菜单栏中的【图像】/【调整】/【反向】操作，然后再为图层添加蒙版。

(3) 通过【贴入】命令得到图层蒙版

在当前图层中存在选区的情况下，复制一幅图像，然后单击菜单栏中的【编辑】/【贴入】命令将图像粘贴至该选区中，此操作同时会产生一个图层蒙版。

2. 编辑图层蒙版

(1) 更改图层蒙版的浓度

【蒙版】面板中的【浓度】滑块可以调整选定的图层蒙版或矢量蒙版的不透明度。

更改图层蒙版浓度

操作步骤

1 在【图层】面板中选择包含要编辑的蒙版的图层。

2 单击【蒙版】面板中的【像素蒙版】按钮，或【矢量蒙版】按钮将其激活。

3 拖动【浓度】滑块，将其数值为100%时，蒙版将完全不透明并遮挡图层下面的所有区域。【浓度】数值越低，蒙版下的更多区域变得可见。

如图10-1、图10-2、图10-3所示为原图像及对应的【图层】面板和【蒙版】面板。如图10-4、图10-5、图10-6所示为在【蒙版】面板中，浓度数值降低为50%时，效果及对应的【图层】面板和【蒙版】面板，可以看出，蒙版中黑色变为灰色，因此被隐藏的图层中的图像也开始显现出来。

图10-1 原图

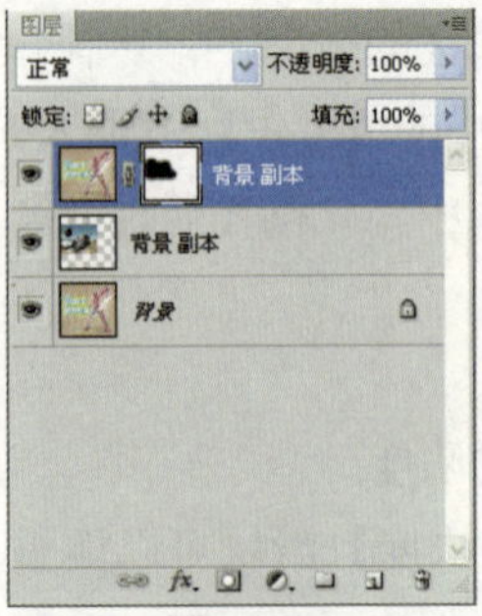

图10-2 【图层】面板

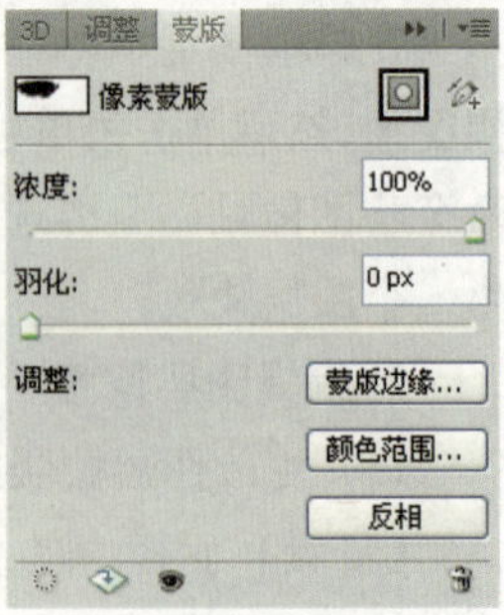

图10-3 【蒙版】面板

图10-4 原图

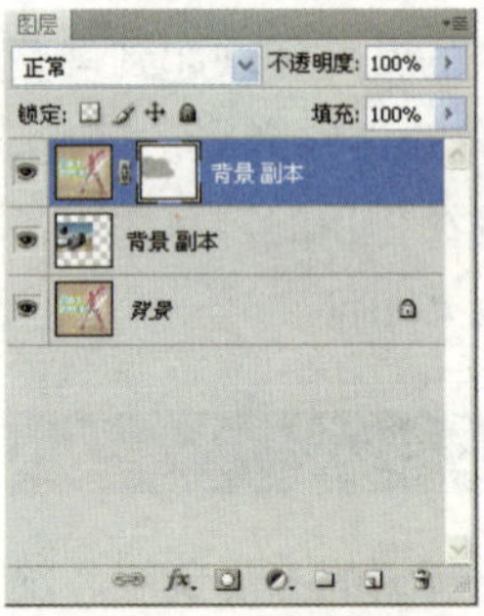

图10-5 【图层】面板

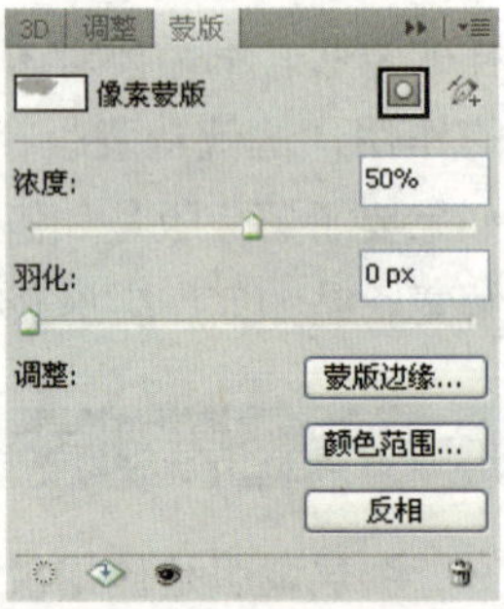

图10-6 【蒙版】面板

（2）羽化蒙版边缘

可是使用【蒙版】面板中的【羽化】滑块直接控制蒙版边缘的柔化程度，而无须像以前一样再使用【模糊】滤镜对其操作。

羽化蒙版边缘

操作步骤

1 在【图层】面板中选择包含要编辑的蒙版的图层。

2 单击【蒙版】面板中的【像素蒙版】按钮或【矢量蒙版】按钮将其激活。

3 在【蒙版】面板中拖动【羽化】滑块可以将羽化效果应用至蒙版边缘，是蒙版边缘以蒙住和未蒙住区域之间比较柔和的过渡。

如图10-7、图10-8、图10-9所示为在【蒙版】面板中将【羽化】数值提高为20%时，效果及对应的【图层】面板和【蒙版】面板，可以看出蒙版的边缘发生了变化。

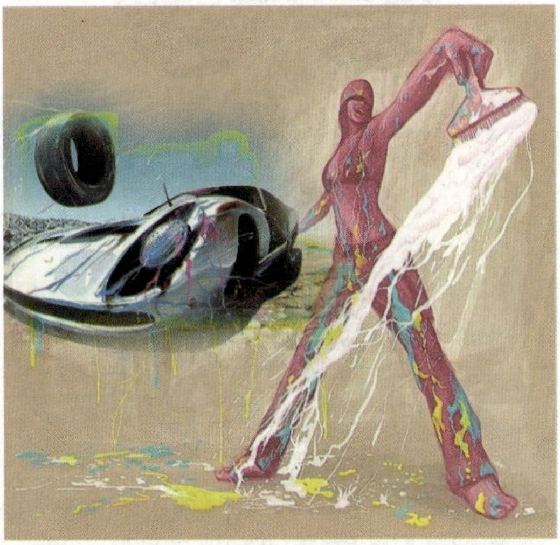

图10-7 原图

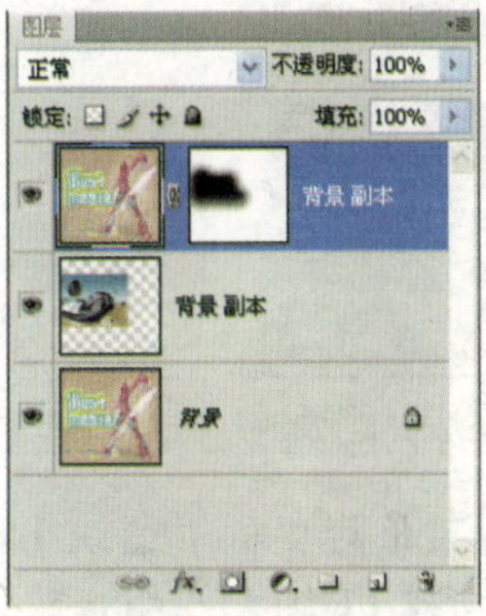

图10-8 【图层】面板

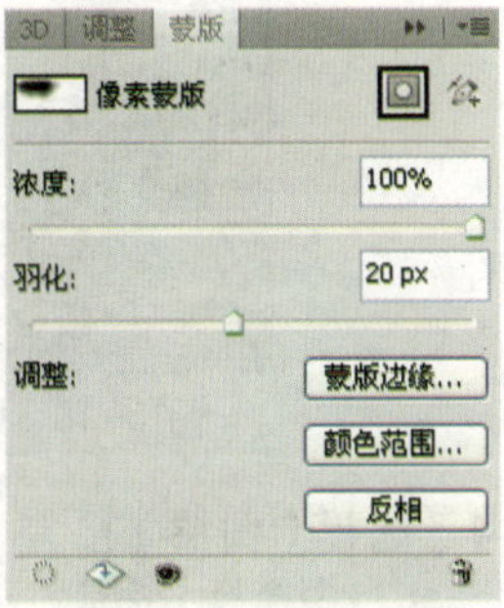

图10-9 【蒙版】面板

3. 调整蒙版边缘

单击【蒙板边缘】按钮，将弹出【调整蒙版】对话框，此对话框的功能及使用方法等同于【调整边缘】对话框，设置【调整蒙版】对话框中的参数后，可以对蒙版进行平滑、收缩、扩展等操作。

与使用菜单栏中的【选择】/【调整边缘】命令不同的是，使用【调整蒙版】对话框后的结果将直接应用于蒙版，并可以实时预览调整得到的效果。

以前面的图像为例，调出【调整蒙版】对话框并设置其参数如图 10-10 所示。如图 10-11，图 10-12 所示是创建得到的图像效果及对应的【图层】面板，可以看出，图像效果及蒙版状态同时发生了变化。

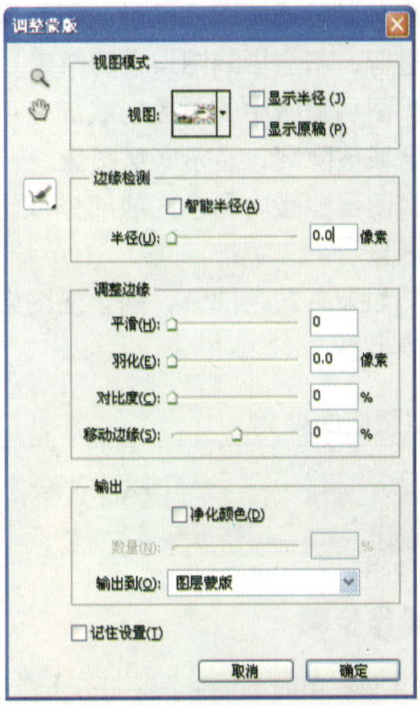

图10-10 【调整蒙版】对话框

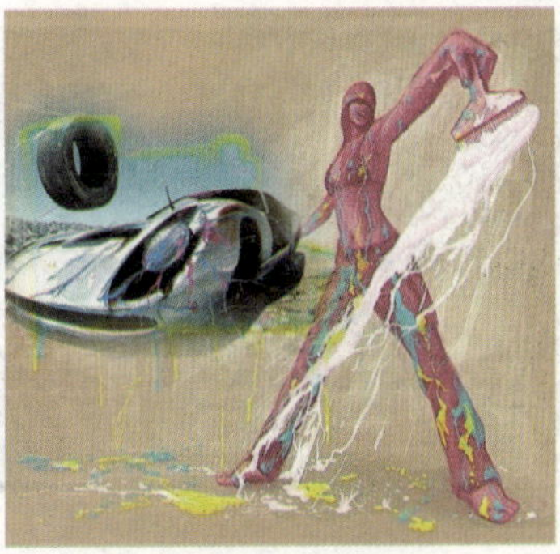

图10-11 原图

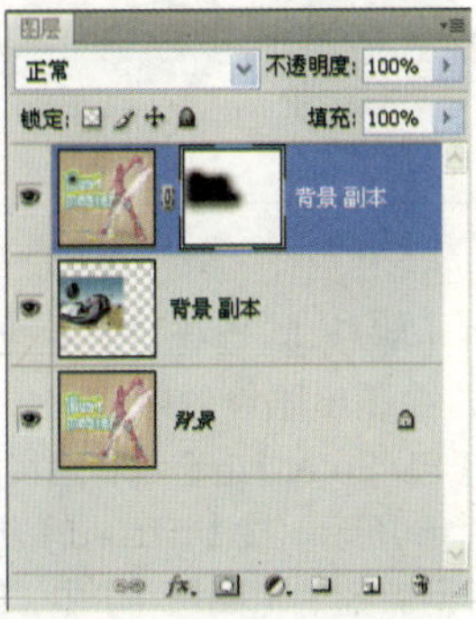

图10-12 【图层】面板

4. 图层蒙版的工作原理

与图层捆绑在一起，用于控制图层中图像的显示与隐藏的蒙版，且此蒙版中装载的全部为灰度图像，并以蒙版中的黑、白图像来控制图层缩览图中图像的隐藏或显示。图层蒙版的最大优点在显示或隐藏图像时，所有操作均在蒙版中进行，不会影响图层中的像素。

（1）图层蒙版中的黑色区域部分可以使图像对应区域被隐藏，显示底层图像。

（2）图层蒙版中白色区域部分可使图像对应的区域显示。

（3）如果有灰色部分，则会使图像对应的区域半隐半显。

图层蒙板的使用

所用素材：光盘\素材\第10章\背景、手、眼镜

最终效果：光盘\效果\第10章\背景

操作步骤

1 单击菜单栏中的【文件】/【打开】命令或者按【Ctrl+O】组合键，打开素材文件【背景】和【眼镜】如图10–13、图10–14所示。

图10–13　背景文件

图10–14　眼镜文件

2 选择文件【眼镜】。选择工具栏上的【钢笔工具】，绘制出眼镜的路径。如图10–15所示。按【Ctrl+Enter】组合键将路径转换为选区，如图10–16所示。按【Ctrl+J】组合键，复制选区内容到新建的【图层1】中，【图层】面板如图10–17所示。

图10–15　绘制选区

图10–16　路径转换选区

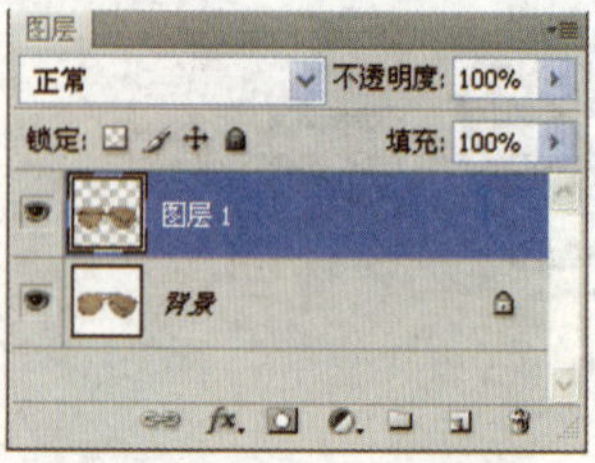

图10–17　【图层】面板

3 将【图层1】复制到文件【背景】中，得到【图层1】，【图层】面板如图10–18所示。

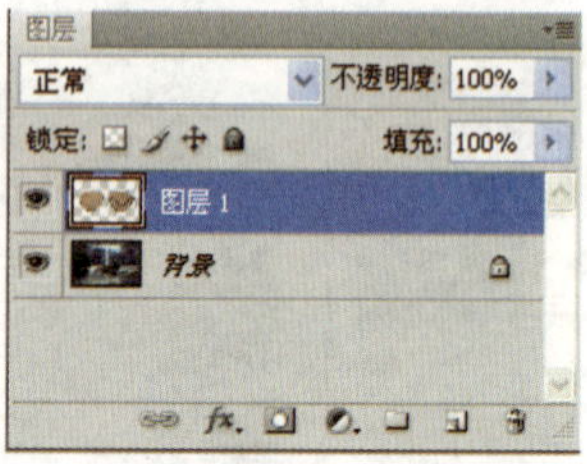

图10–18　【图层】面板

4 选择【图层1】，单击菜单栏中的【编辑】/【自由变换】命令，或者按【Ctrl+T】组合键，将图像调整合适大小。如图10–19所示。按【Enter】键完成操作。

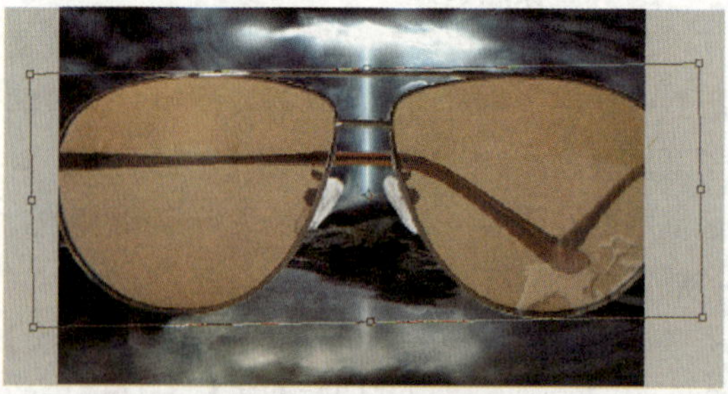

图10–19　自由变换

5 单击菜单栏中的【图像】/【调整】/【色阶】命令，或者按【Ctrl+L】组合键，弹出【色阶】对话框，设置如图10–20所示，选择【确定】完成操作。效果如图10–21所示。

6 选择【图层】面板，选择【图层1】，单击【添加图层蒙版】按钮，单击图层蒙版区域，选择工具栏上的【钢笔工具】，绘制眼镜片

路径，如图 10-22 所示。按【Ctrl+Enter】组合键将路径转换为选区，按【Alt+Delete】组合键填充前景色黑色。效果如图 10-23 所示。

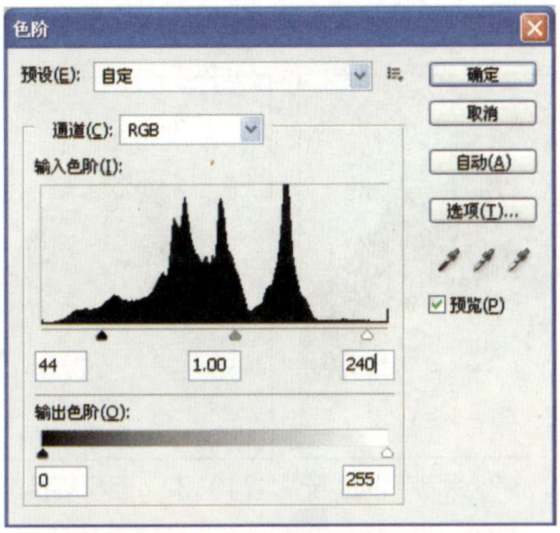

图10-20 【色阶】对话框

图10-21 图像效果

图10-22 绘制选区

图10-23 填充前景色

7 单击菜单栏中的【文件】/【打开】命令或者按【Ctrl+O】组合键，打开素材文件【海底世界】，如图 10-24 所示。将其复制到刚刚操作的文档中，得到【图层 2】，【图层】面板如图 10-25 所示。

图10-24 素材文件

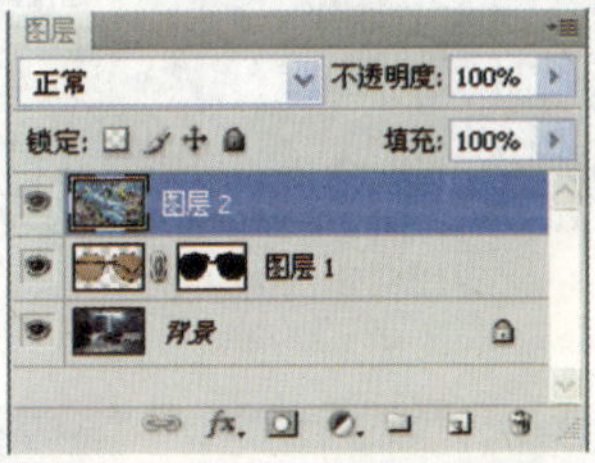

图10-25 【图层】面板

8 选择【图层 2】，单击菜单栏中的【编辑】/【变换】/【水平翻转】命令，按【Enter】键完成操作。如图 10-26 所示。

图10-26 水平翻转

9 选择【图层】面板，隐藏【图层 2】，选择工具栏上的【钢笔工具】，绘制眼镜片路径，显示【图层 2】，如图 10-27 所示。按【Ctrl+Enter】组合键将路径转换为选区，单击【添加图层蒙版】按钮，单击图层蒙版区域，单击菜单栏中的【选择】/【反向】命令，或者按【Ctrl+Shift+I】组合键，如图 10-28 所示。按【Alt+Delete】组合键填充前景色黑色。效果如图 10-29 所示。

图10-27　绘制镜片区域

图10-28　反向选区

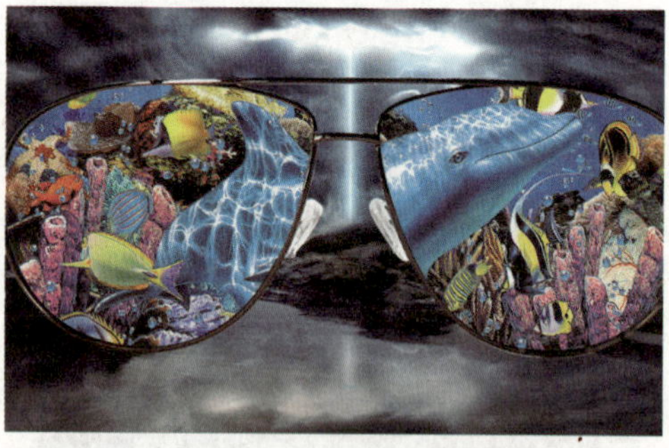

图10-29　填充前景色

10 单击菜单栏中的【文件】/【打开】命令或者按【Ctrl+O】组合键，打开素材文件【手】，如图 10-30 所示。

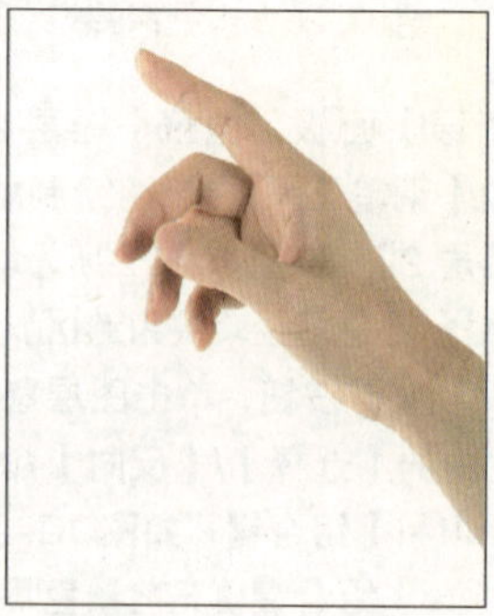

图10-30　手文件

11 选择工具栏上的【钢笔工具】，绘制出手的路径，如图 10-31 所示。按【Ctrl+Enter】组合键，将路径转换为选区，如图 10-32 所示。按【Ctrl+J】组合键，复制选区内容到新建的【图层 1】中，【图层】面板如图 10-33 所示。

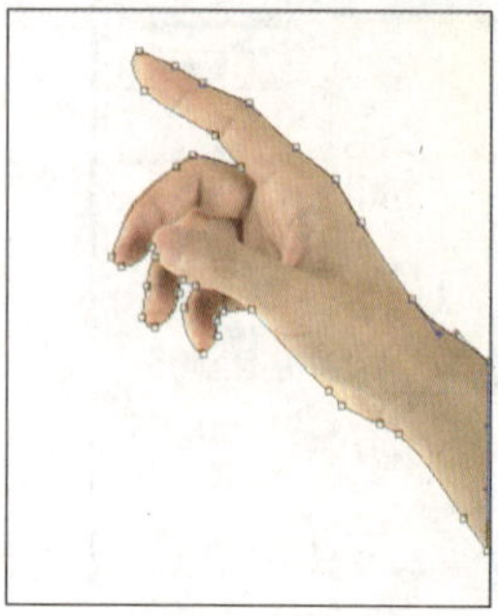

图10-31　绘制手的选区

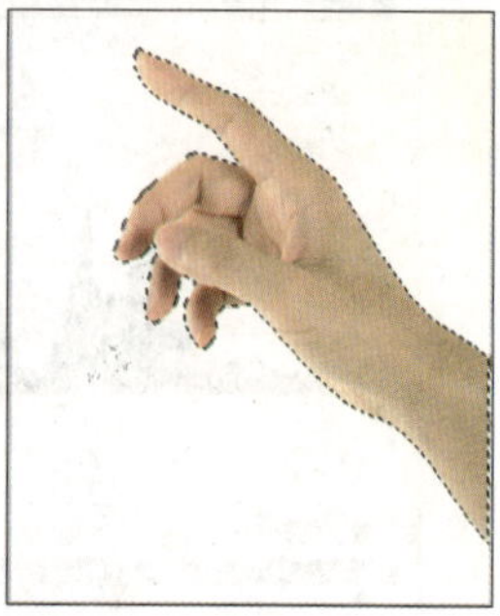

图10-32　路径转换选区

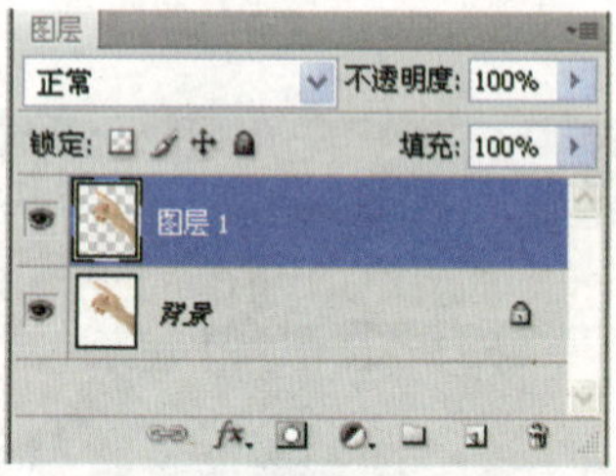

图10-33　【图层】面板

12 选择【图层 1】，将其复制到文件【背景】中，得到【图层 3】，【图层】面板如图 10-34 所示。效果如图 10-35 所示。

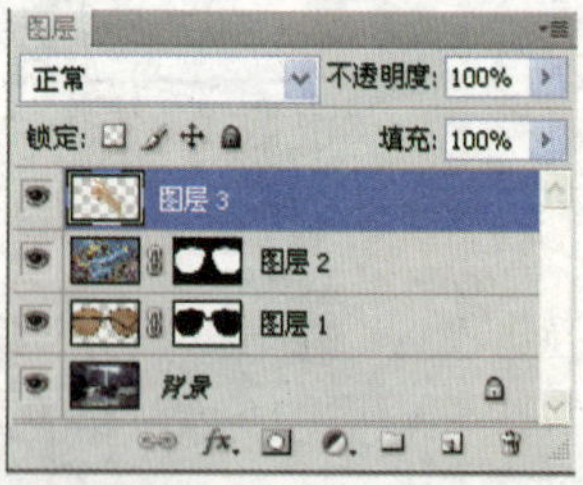

图10-34　【图层】面板

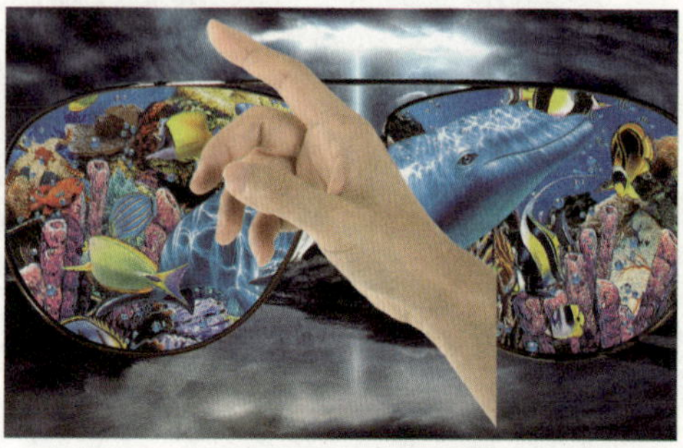

图10-35　粘贴图像

13 选择【图层 3】，单击菜单栏中的【编辑】/【自由变换】命令，或者按【Ctrl+T】组合键，将图像调整合适大小和位置。按【Enter】键完成操作。如图 10-36 所示。

图10-36 自由变换

14 选择【图层】面板，选择【图层 3】，单击【添加图层蒙版】 按钮，单击图层蒙版区域，选择工具栏上的【画笔工具】，将挡住眼镜的手指部分擦除，【图层】面板如图 10-37 所示。最终效果如图 10-38 所示。

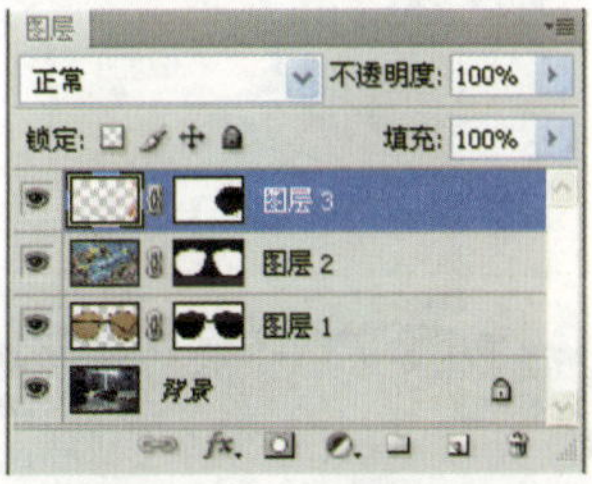

图10-37 【图层】面板

图10-38 最终效果

10.1.2 矢量蒙版

矢量蒙版也可说是图层蒙版的另一种类型，但两者可以共存，用于以矢量图形的形式屏蔽图像。矢量蒙版依靠蒙版中的矢量路径的形状与位置使图像产生被屏蔽的效果。

使用矢量蒙版制作汽车图

所用素材：光盘\素材\第 10 章\汽车纹身
最终效果：光盘\效果\第 10 章\汽车纹身

制作车窗部分

1 单击菜单栏中的【文件】/【打开】命令或者按【Ctrl+O】组合键，打开素材文件【汽车纹身】，如图 10-39 所示。

图10-39 汽车纹身文件

2 制作车窗。选择工具栏上的【钢笔工具】，绘制整个车窗路径，如图 10-40 所示。按【Ctrl+Enter】组合键将路径转换为选区。按【Ctrl+J】组合键，复制选区内容到新建的【图层 1】中，【图层】面板如图 10-41 所示。

图10-40 绘制车窗选区

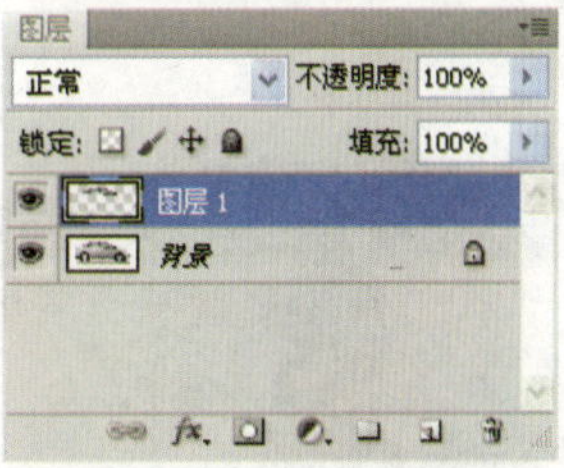

图10-41 【图层】面板

3 选择【图层】面板，单击【创建新组】 按钮，得到【组 1】。将【图层 1】移动至【组 1】中。【图层】面板如图 10-42 所示。

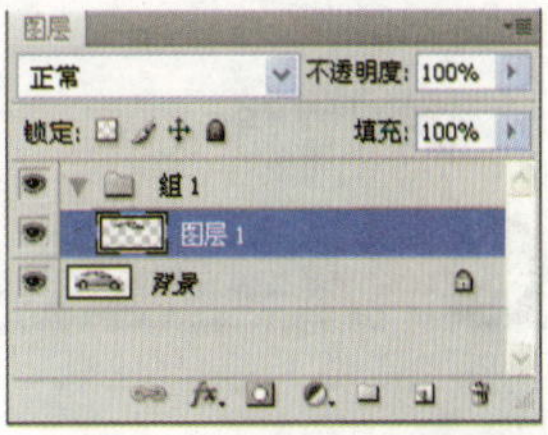

图10-42 【图层】面板

4 选择【图层】面板，单击【新建图层】按钮，得到【图层 2】。

5 选择【图层 2】，选择工具栏上的【钢笔工具】，绘制路径如图 10-43 所示。按【Ctrl+Enter】组合键将路径转换为选区，选择工具栏上的【吸管工具】，吸取黑色阴影颜色，如图 10-44 所示。按【Alt+Delete】组合键填充前景色。如图 10-45 所示。

图10-43 绘制选区

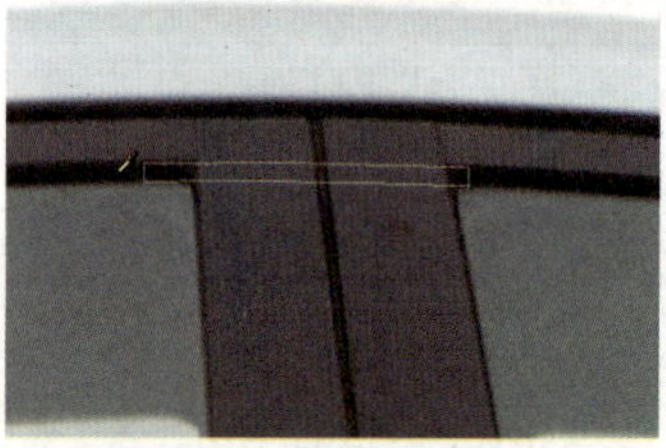

图10-44 吸取颜色

图10-45 填充前景色

6 重复步骤 5，将车窗绘制效果如图 10-46 所示。【图层】面板如图 10-47 所示。

图10-46 绘制车窗

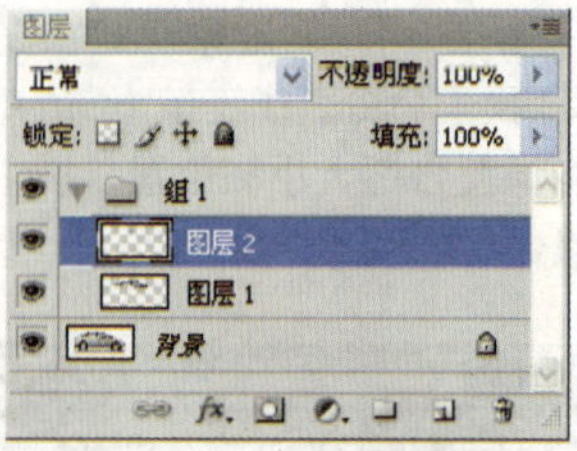

图10-47 【图层】面板

7 选择【图层】面板，单击【新建图层】按钮，得到【图层 3】。将【前景色】设置为【#398088】，按【Alt+Delete】组合键填充前景色，选择【蒙版】面板，设置如图 10-48 所示。选择工具栏上的【钢笔工具】，绘制路径如图 10-49 所示。【图层】面板如图 10-50 所示。

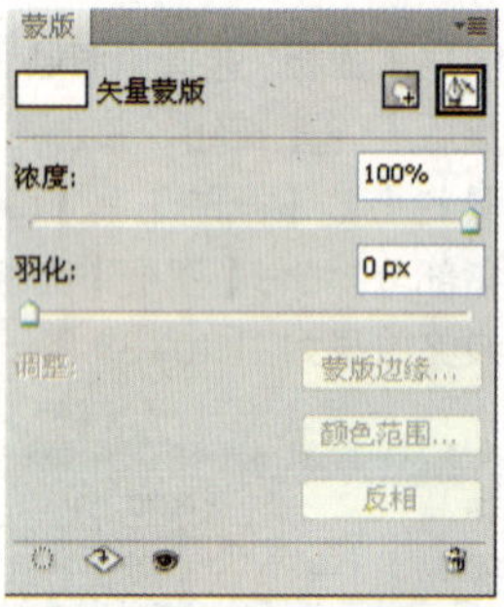

图10-48 【蒙版】面板

图10-49 图像效果

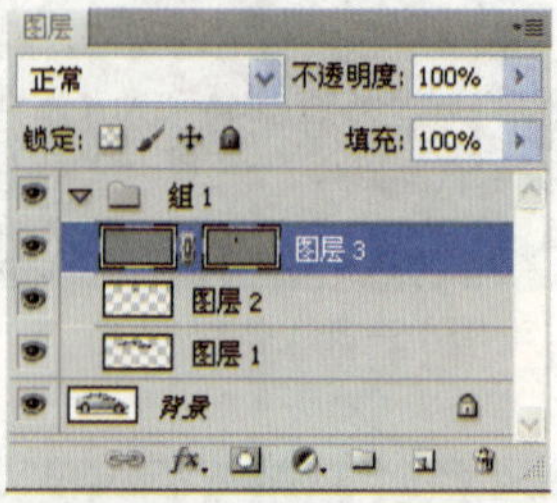

图10-50 【图层】面板

8 选择【图层 3】，单击【添加图层样式】按钮，弹出【图层样式】对话框，选择【斜面和浮雕】命令，设置如图 10-51 所示，选择【确定】完成操作，效果如图 10-52 所示。选择【图层】

面板，将【不透明度】设置为 35%。效果如图 10-53 所示。【图层】面板如图 10-54 所示。

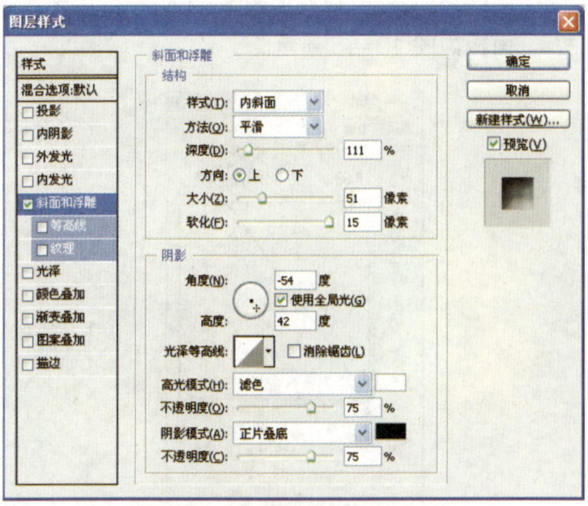

图10-51 【图层样式】对话框

图10-52 图像效果

图10-53 不透明度35%

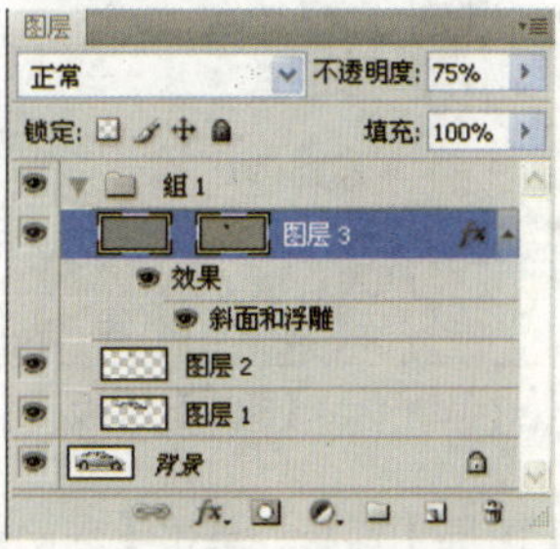

图10-54 【图层】面板

9 选择【图层】面板，单击【新建图层】按钮，得到【图层 4】。将【前景色】设置为【#24282c】，按【Alt+Delete】组合键填充前景色，选择【蒙版】面板，设置如图 10-55 所示。选择工具栏上的【钢笔工具】，绘制路径如图 10-56 所示。

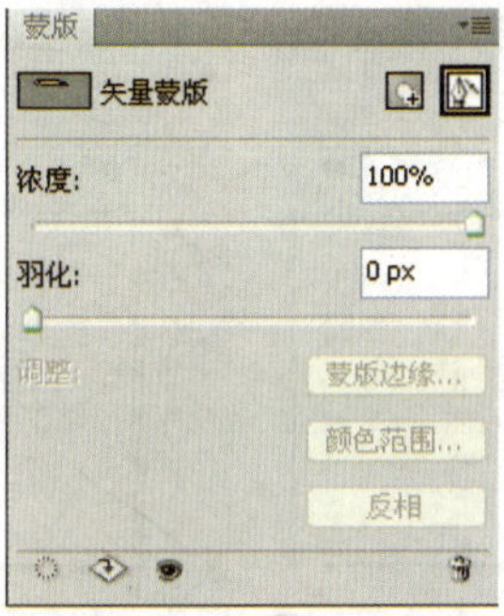

图10-55 【蒙版】面板

图10-56 图像效果

10 选择【图层】面板，选择【图层 4】，将【不透明度】设置为 90%，【图层】面板如图 10-57 所示。效果如图 10-58 所示。

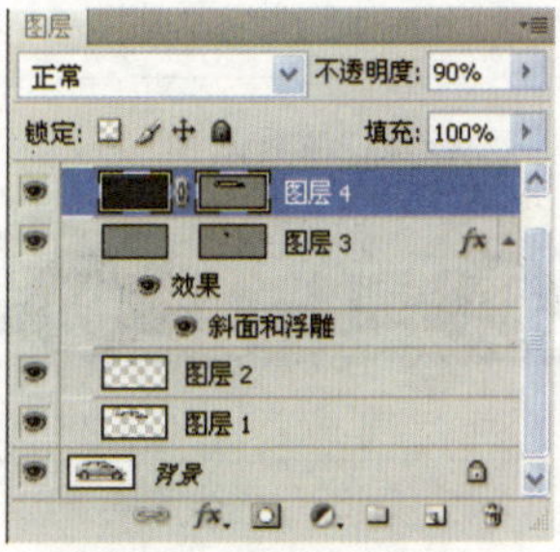

图10-57 【图层】面板

图10-58 不透明度90%

11 选择【图层】面板，单击【创建新的填充图层或调整图层】按钮，选择【曲线】命令。弹出【曲线】对话框，单击调整面板底部【影响下面图层】按钮，设置如图 10-59，图 10-60 所示。效果如图 10-61 所示。选择工具栏上的【画笔工具】，设置前景色为灰色，单击图层【曲线 1】蒙版区域，对车窗部分进行绘制，效果如图 10-62 所示。【图层】面板如图 10-63 所示。

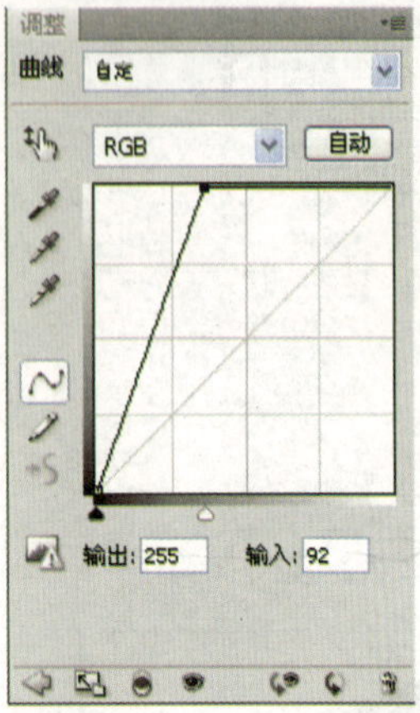

图10-59 【曲线】对话框

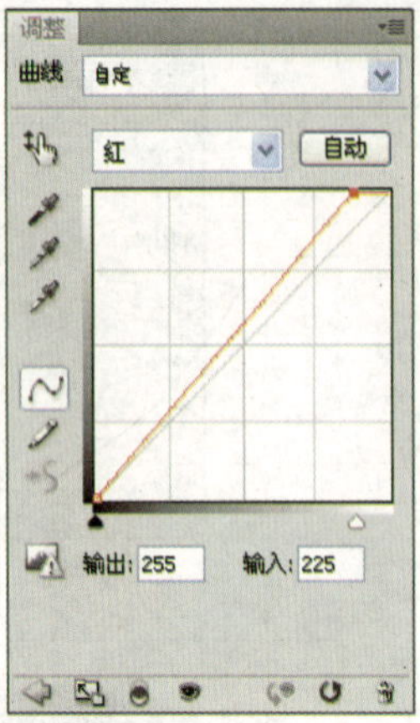

图10-60 【曲线】对话框

图10-61 图像效果

图10-62 图像效果

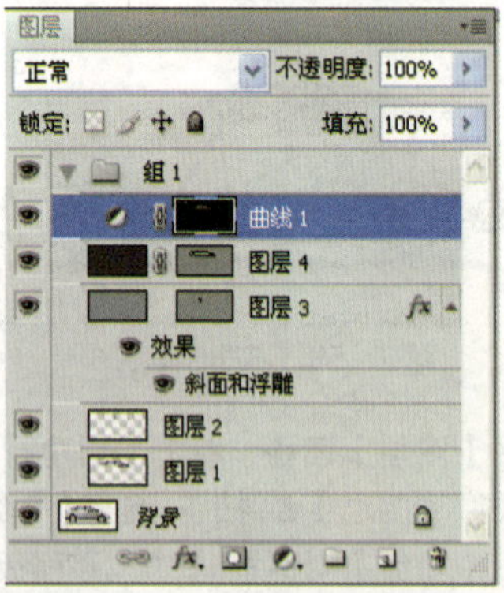

图10-63 【图层】面板

12 选择【图层】面板，单击【创建新的填充图层或调整图层】按钮，选择【曲线】命令，弹出【曲线】对话框，单击调整面板底部【影响下面图层】按钮，设置如图 10-64 所示。单击图层【曲线 2】蒙版区域，选择工具栏上的【渐变工具】，绘制一个由黑到白的径向渐变，效果如图 10-65 所示。【图层】面板如图 10-66 所示。

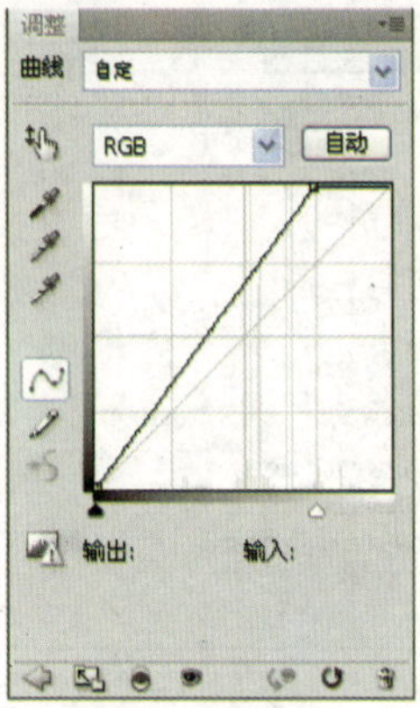

图10-64 【曲线】对话框

图10-65 图像效果

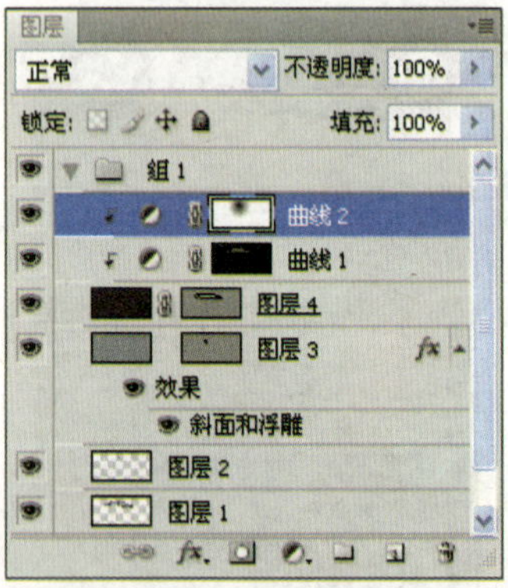

图10-66 【图层】面板

13 选择【图层】面板，单击【创建新的填充图层或调整图层】，选择【曲线】命令，弹出【曲线】对话框，单击调整面板底部【影响下面图层】按钮，设置如图 10-67 所示。单击【图层 曲线 3】蒙版，选择工具栏上的【画笔工具】，设置前景色为白色，对车窗进行绘制，保留玻璃反光部分，效果如图 10-68 所示。【图层】面板如图 10-69 所示。

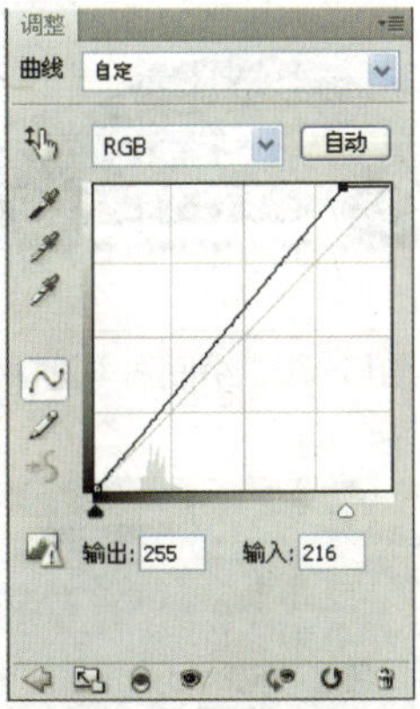

图10–67 【曲线】对话框

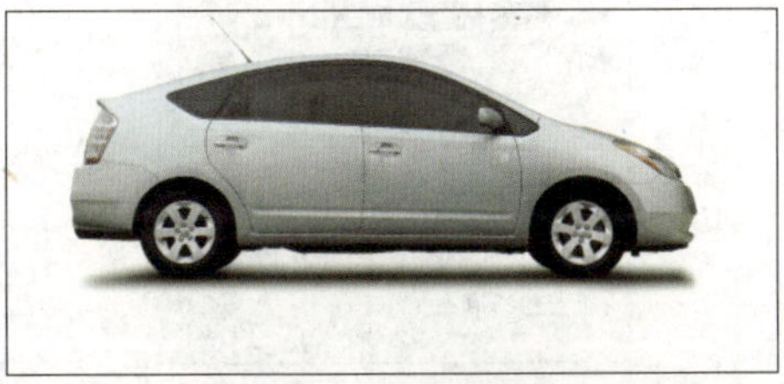

图10–68 图像效果

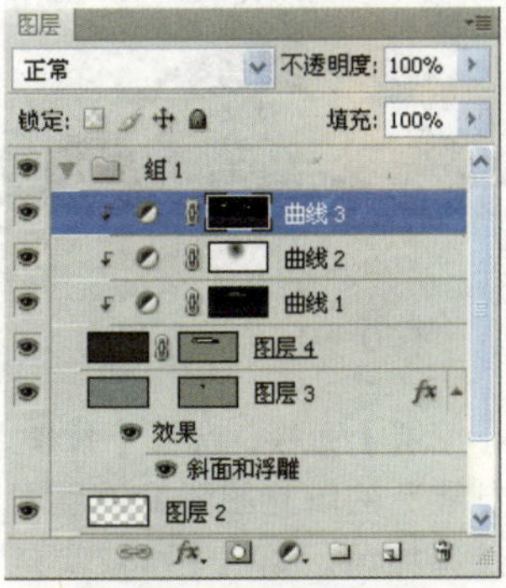

图10–69 【图层】面板

14 选择【图层】面板，单击【新建图层】按钮，得到【图层 5】。将【前景色】设置为【#323533】，按【Alt+Delete】组合键填充前景色。单击菜单栏中的【滤镜】/【杂色】/【添加杂色】命令，弹出【添加杂色】命令，设置如图 10–70 所示，选择【确定】完成操作，如图 10–71 所示。

15 选择【图层】面板，单击【添加【图层】面板】按钮，单击【图层 5】蒙版区域，选择工具栏上的【画笔工具】，设置前景色为白色，对车窗进行绘制，保留部分车窗，效果如图 10–72 所示。【图层】面板如图 10–73 所示。

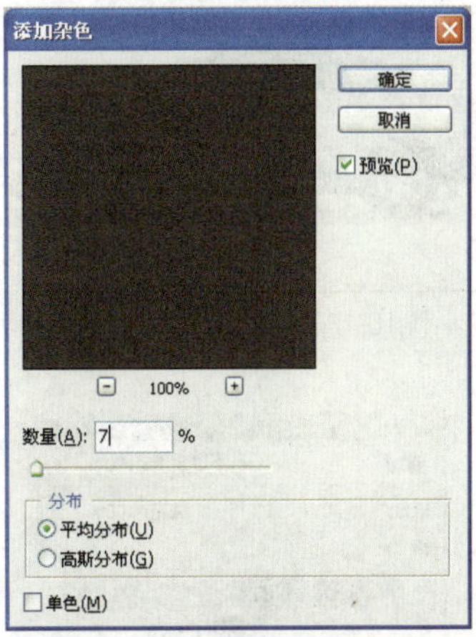

图10–70 【添加杂色】对话框

图10–71 图像效果

图10–72 图像效果

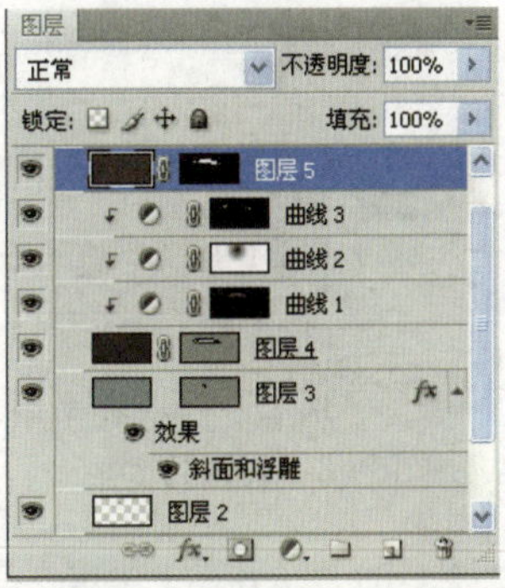

图10–73 【图层】面板

16 选择【图层】面板，选择【图层 5】，将图层【混合模式】设为【叠加】，效果如图 10–74 所示。【图层】面板如图 10–75 所示。将【不透明度】设为 3%，效果如图 10–76 所示。【图层】面板如图 10–77 所示。

图10-74 【叠加】混合模式

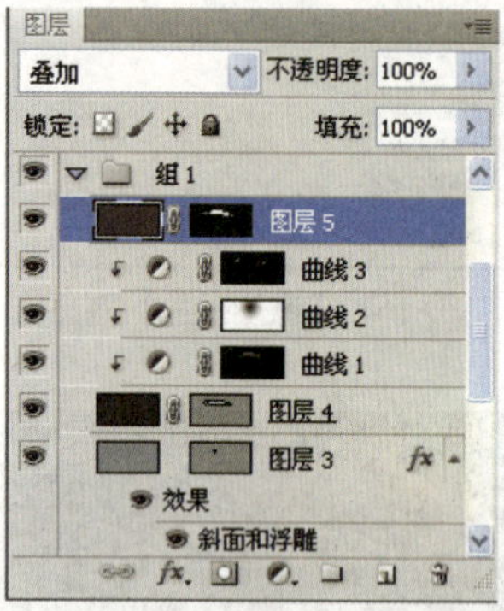

图10-75 【图层】面板

图10-76 不透明度3%

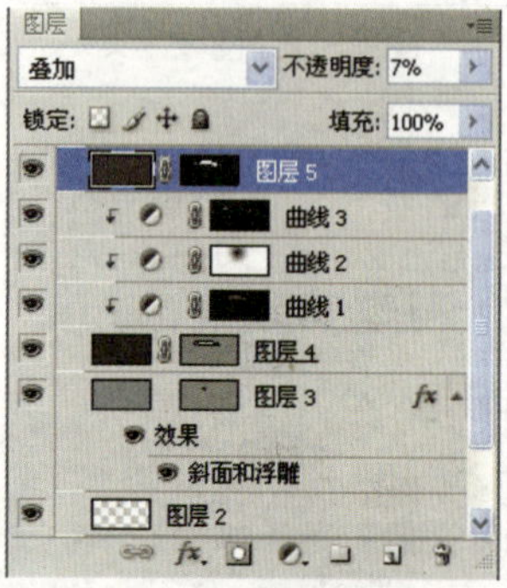

图10-77 【图层】面板

17 制作车体。选择【背景】图层，选择工具栏上的【钢笔工具】，绘制汽车路径，如图10-78所示。按【Ctrl+Enter】组合键将路径转换为选区，按【Ctrl+J】组合键，复制选区内容到新建的【图层 6】中，【图层】面板如图 10-79 所示。隐藏【背景】图层。效果如图 10-80 所示。

图10-78 绘制汽车选区

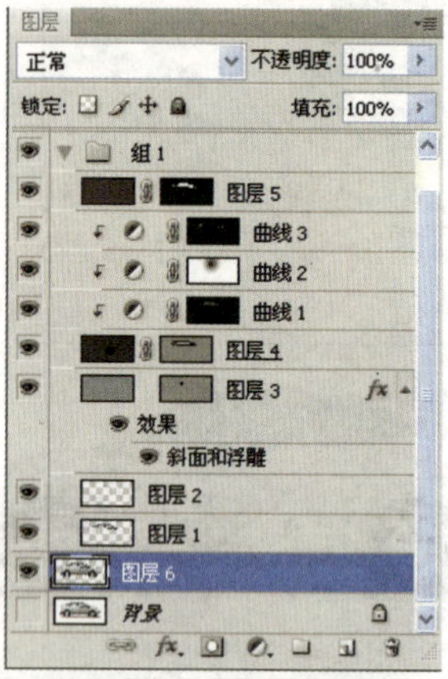

图10-79 【图层】面板

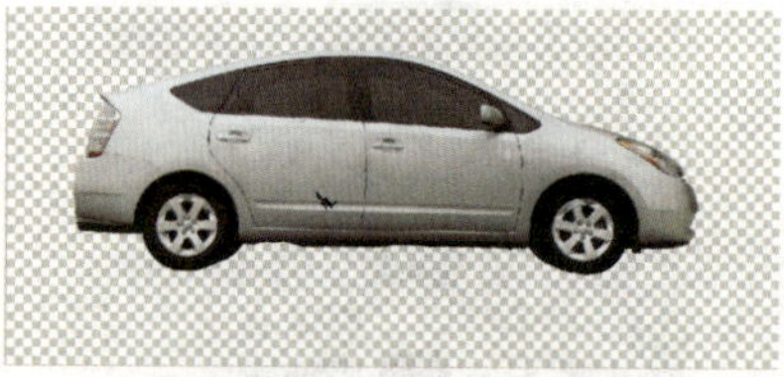

图10-80 隐藏背景图

18 选择【图层】面板，选择【背景】图层，单击【创建新的填充图层或调整图层】按钮，选择纯色，弹出【拾取实色】对话框，设置如图 10-81 所示，选择【确定】完成操作。效果如图 10-82 所示，【图层】面板如图 10-83 所示。

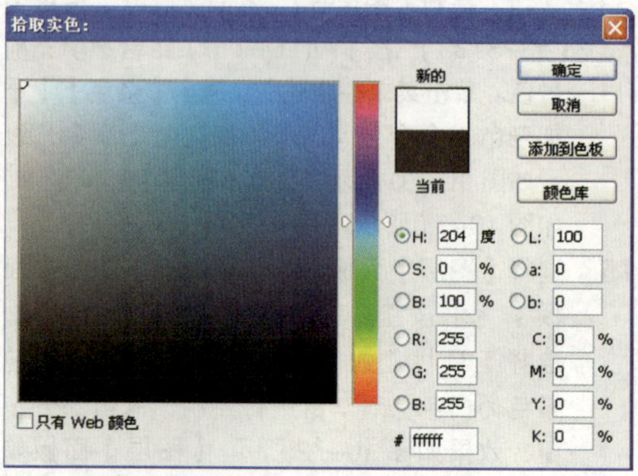

图10-81 【拾取实色】对话框

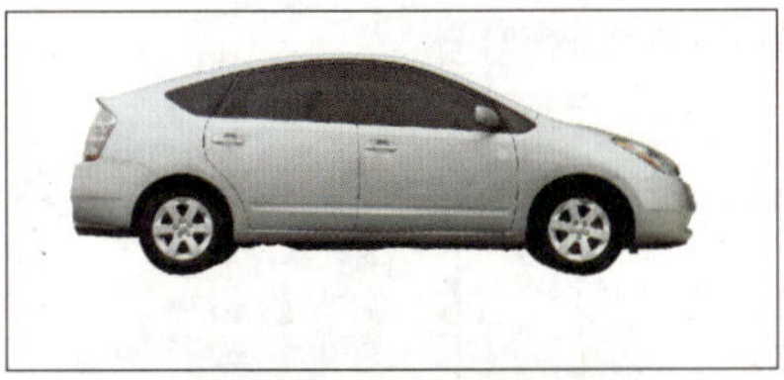

图10-82 图像效果

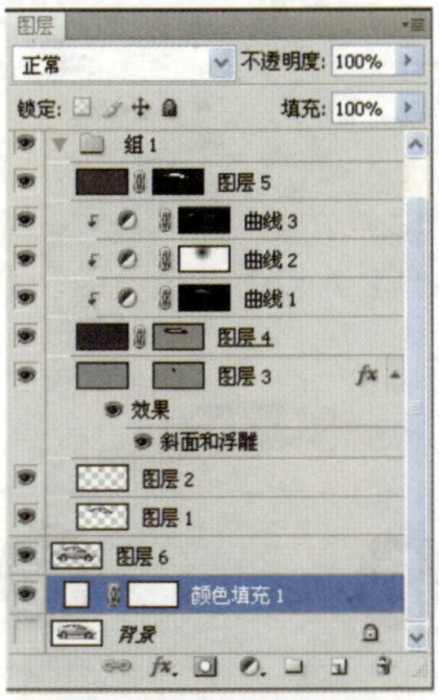

图10-83 【图层】面板

制作车体部分

19 选择【图层】面板，选择【图层6】，按【Ctrl+J】组合键，复制图层，得到【图层6副本】，【图层】面板如图10-84所示。选择【图层6副本】。单击菜单栏中的【编辑】/【自由变换】命令，或者按【Ctrl+T】组合键。将图像调整合适大小，如图10-85所示。

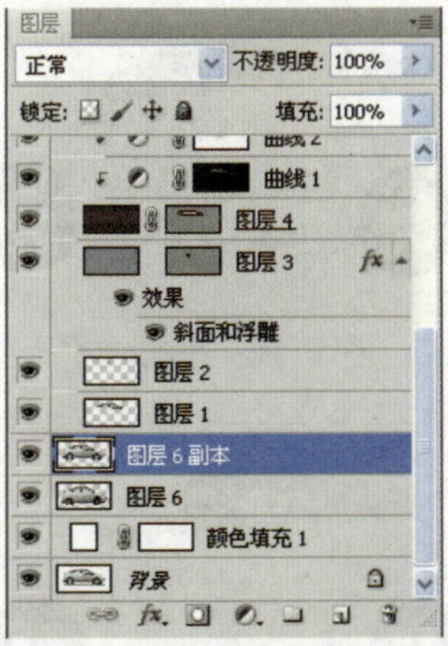

图10-84 【图层】面板

图10-85 自由变换

20 选择【图层】面板，选择【图层6副本】，单击【添加【图层】面板】按钮，选择工具栏上的【画笔工具】，单击蒙版区域，在汽车周围涂抹，将两辆车合并，效果如图10-86所示。

图10-86 图像效果

21 选择【图层】面板，单击【图层】面板底部【创建新组】按钮，得到【组2】，将【组1】移至【图层】面板最上层。选择【组2】，选择【新建图层】按钮，得到【图层3】，【图层】面板如图10-87所示。

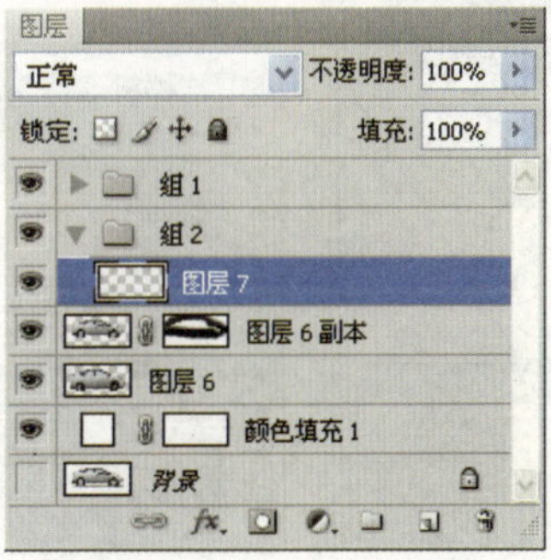

图10-87 【图层】面板

22 选择【图层3】，将【前景色】设置为【#cbced5】，按【Alt+Delete】组合键填充前景色。选择【图层】面板，单击【添加图层蒙版】按钮，将【前景色】设置为黑色，选择工具栏上的【画笔工具】，在车的背景上进行涂抹，效果如图10-88所示。【图层】面板如图10-89所示。

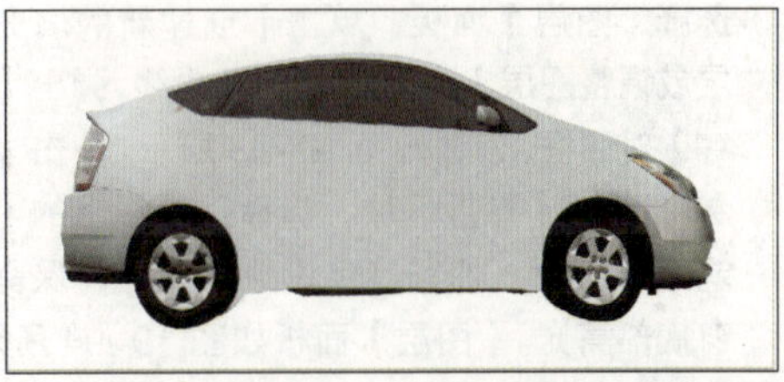

图10-88 图像效果

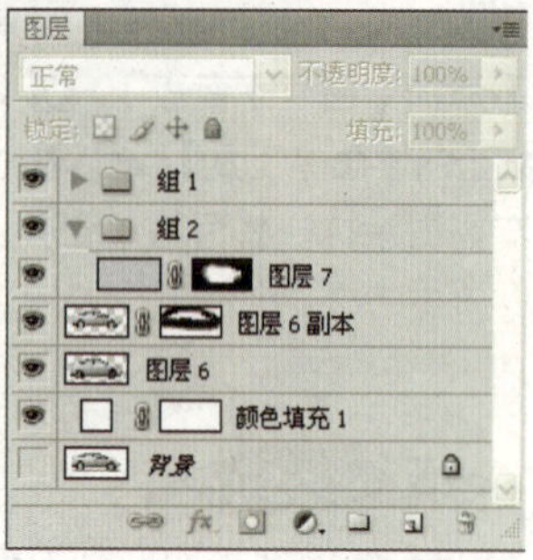

图10-89 【图层】面板

23 选择【图层】面板，选择【图层 3】，单击【创建新的填充图层或调整图层】按钮，选择曲线，弹出【曲线】对话框，设置如图 10-90 所示，单击【图层 曲线 4】蒙版区域，选择工具栏上的【画笔工具】，将前景色设置为黑色，只保留车底，【图层】面板如图 10-91 所示，效果如图 10-92 所示。

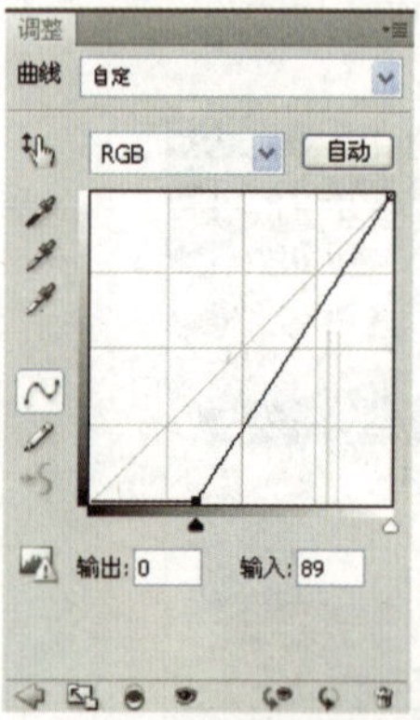

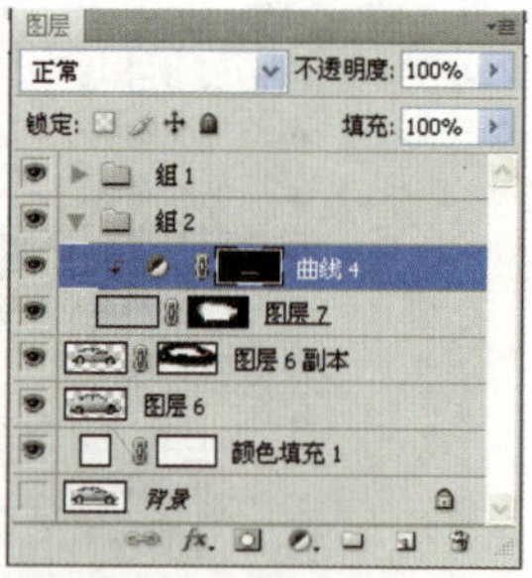

图10-90 【曲线】对话框　图10-91 【图层】面板

图10-92 图像效果

24 选择【图层】面板，单击【创建新的填充图层或调整图层】按钮，选择曲线，弹出【曲线】对话框，设置如图 10-93 所示，单击【图层 曲线 5】蒙版区域，选择工具栏上的【画笔工具】，将前景色设置为黑色，保留车窗底部高光。【图层】面板如图 10-94 所示，效果如图 10-95 所示。

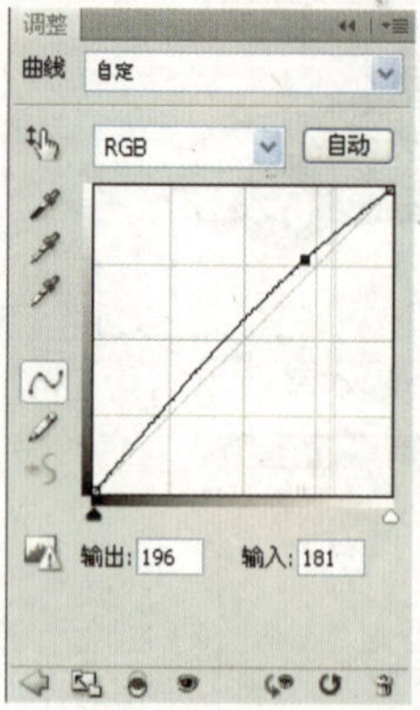

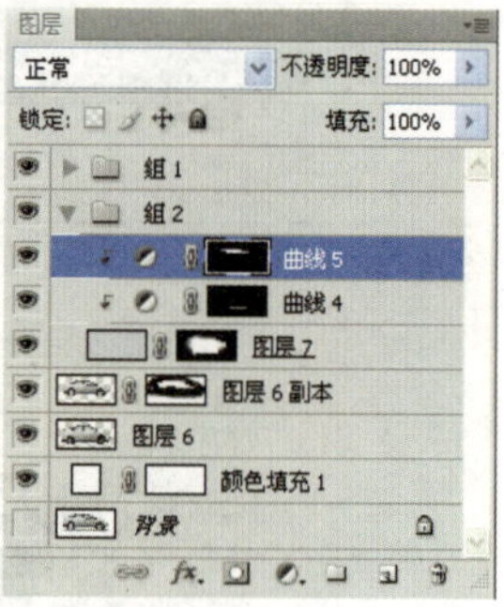

图10-93 【曲线】对话框　图10-94 【图层】面板

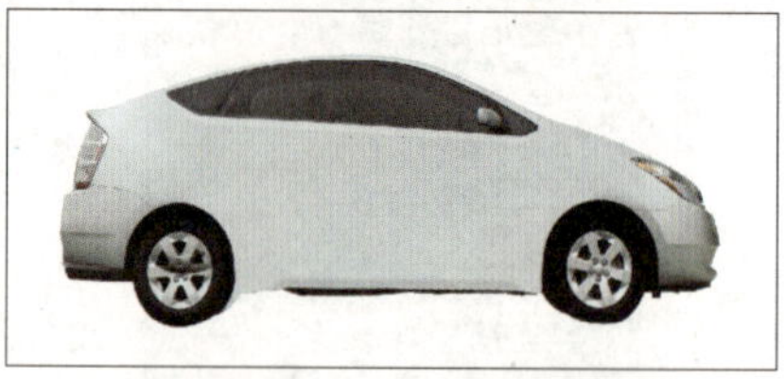

图10-95 图像效果

25 选择【图层】面板，单击【新建图层】按钮，得到【图层 8】，选择工具栏上的【钢笔工具】，绘制路径如图 10-96 所示。按【Ctrl+Enter】组合键将路径转换为选区，选择工具栏上的【渐变工具】，绘制有灰色【#bdbfc4】到颜色【#dfdfe0】的线性渐变，如图 10-97 所示。

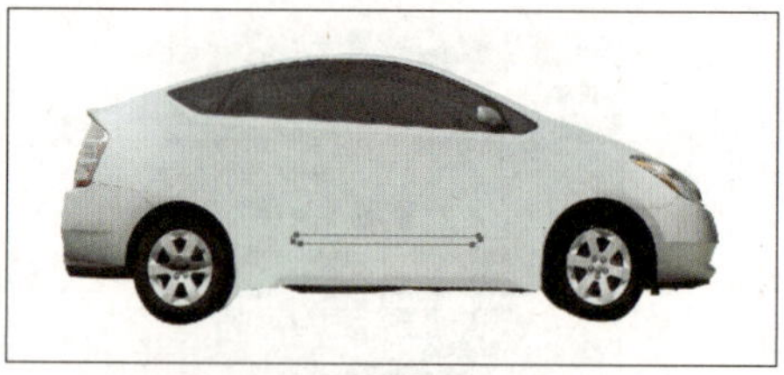

图10-96 绘制选区

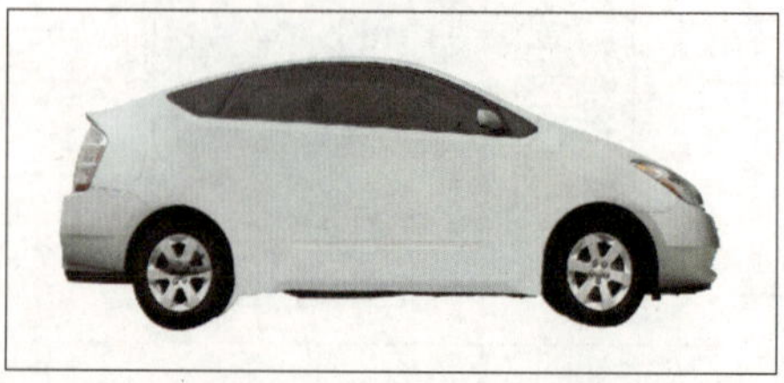

图10-97 线性渐变

26 选择【图层】面板，单击【新建图层】按钮，得到【图层 9】，将【前景色】设置为【#5d5d5f】，按【Alt+Delete】组合键添加前景色。单击菜单栏中的【滤镜】/【杂色】/

【添加杂色】命令，弹出【添加杂色】对话框，设置如图 10-98 所示，选择【确定】完成操作。

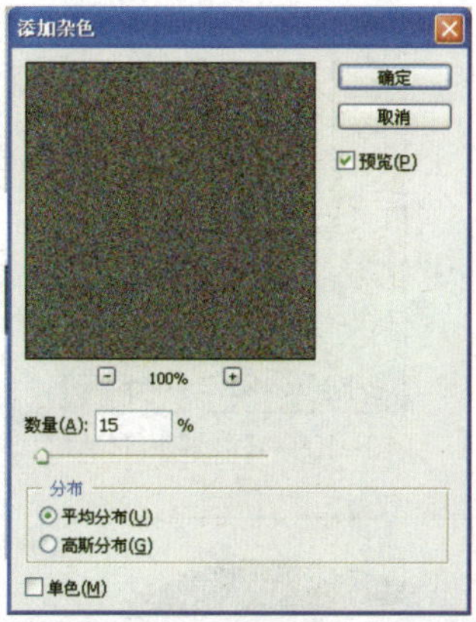

图10-98 【添加杂色】对话框

27 选择【图层】面板，将图层 9 的【混合模式】设置为【叠加】，如图 10-99 所示。将【不透明度】设置为 40%。效果如图 10-100 所示。

图10-99 【叠加】混合模式

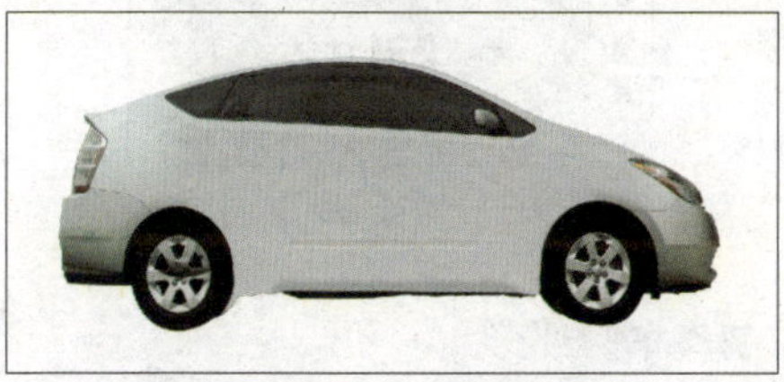

图10-100 不透明度40%

28 选择【图层】面板，单击【添加图层蒙版】按钮，选择工具栏上的【画笔工具】，将车头和车尾擦除，效果如图 10-101 所示。【图层】面板如图 10-102 所示。

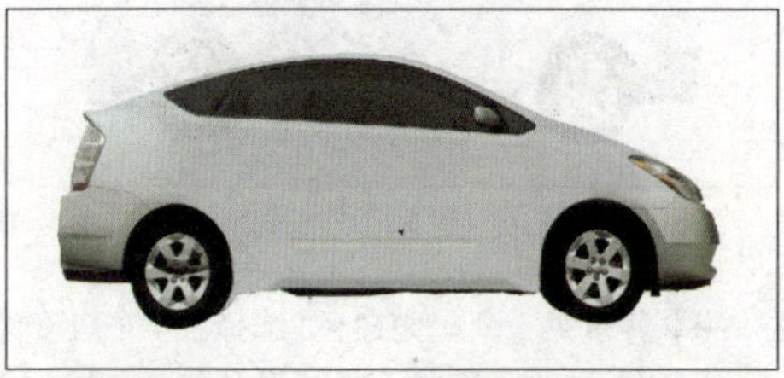

图10-101 图像效果

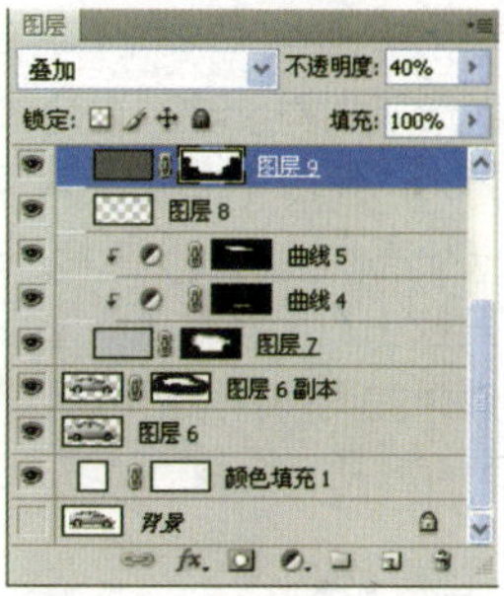

图10-102 【图层】面板

29 选择【图层】面板。单击【创建新的填充图层或调整图层】按钮，选择曲线，弹出【曲线】对话框，设置如图 10-103 所示。

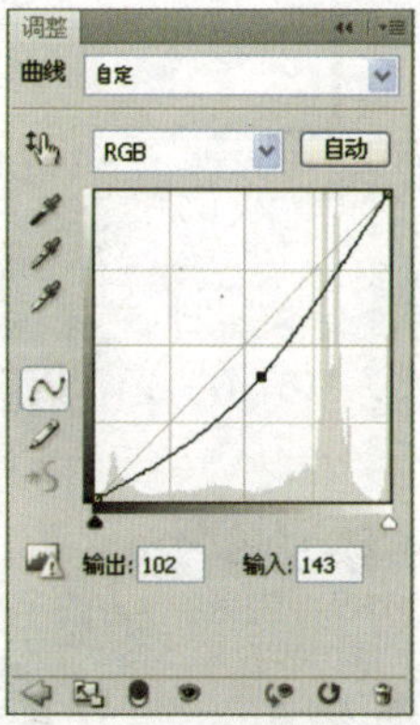

图10-103 【曲线】对话框

30 选择【图层 曲线 6】蒙版区域，选择工具栏上的【画笔工具】，按【D】键恢复默认【前景色】黑色，保留车底部分，效果如图 10-104 所示，【图层】面板如图 10-105 所示。

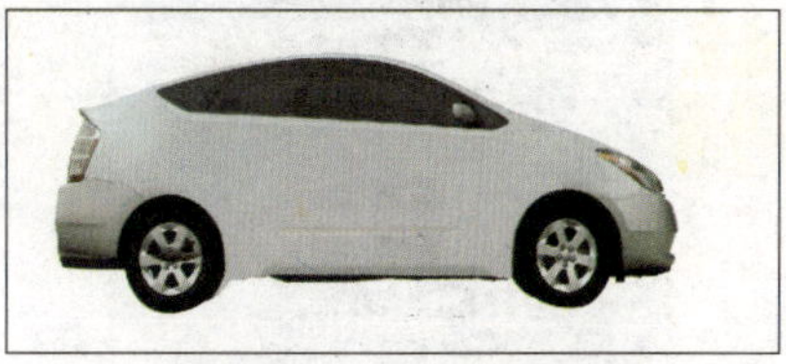

图10-104 图像效果

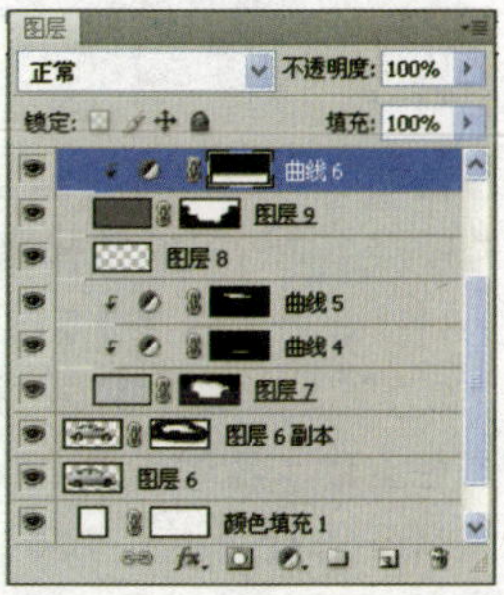

图10-105 【图层】面板

31 选择【图层】面板，单击【创建新的填充图层或调整图层】按钮，选择曲线，得到【图层 曲线3】，弹出【曲线】对话框，设置如图10-106所示。单击【图层 曲线3】蒙版，选择工具栏上的【画笔工具】，在车底部涂抹，效果如图10-107所示。【图层】面板如图10-108所示。

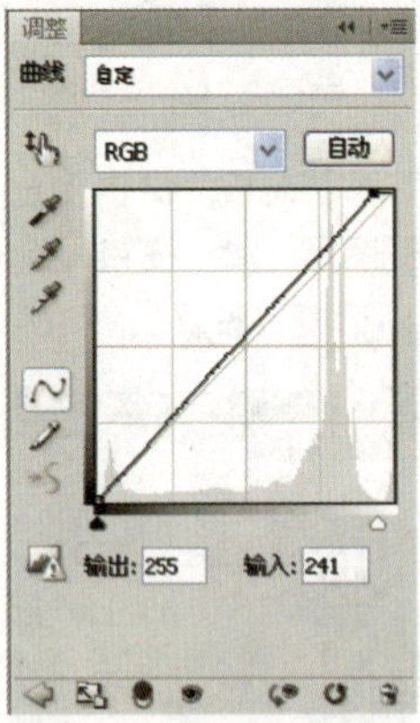

图10-106 【曲线】对话框

图10-107 图像效果

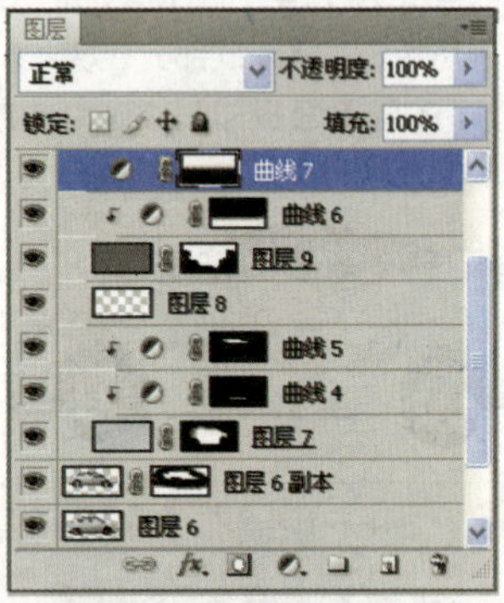

图10-108 【图层】面板

32 选择【图层】面板，单击【创建新的填充图层或调整图层】按钮，选择曲线，得到【图层 曲线8】，弹出【曲线】对话框，设置如图10-109所示。单击【图层 曲线8】蒙版，选择工具栏上的【画笔工具】，在蒙版中绘制，只保留车轮部分，效果如图10-110所示。【图层】面板如图10-111所示。

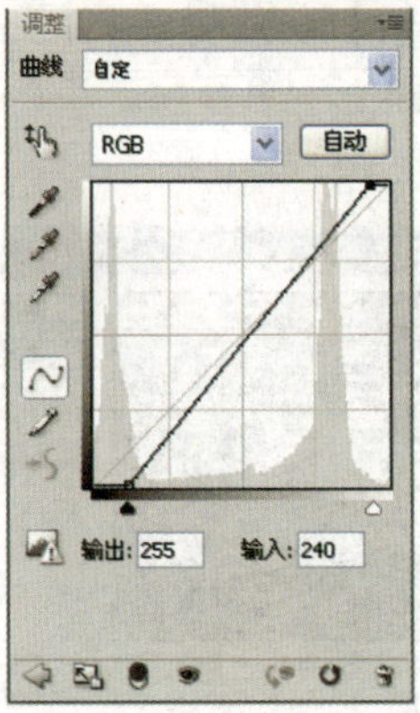

图10-109 【曲线】对话框

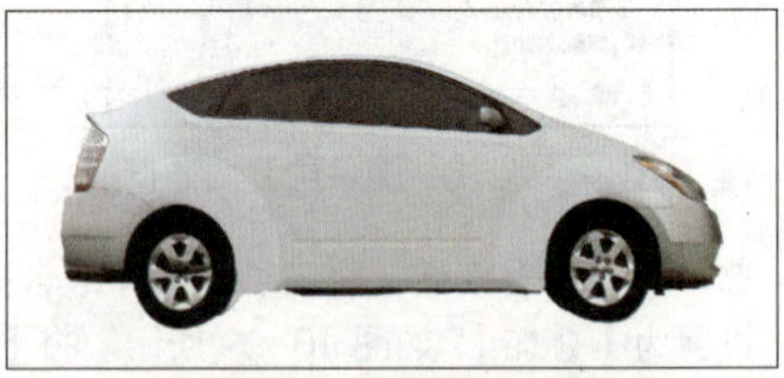
图10-110 图像效果

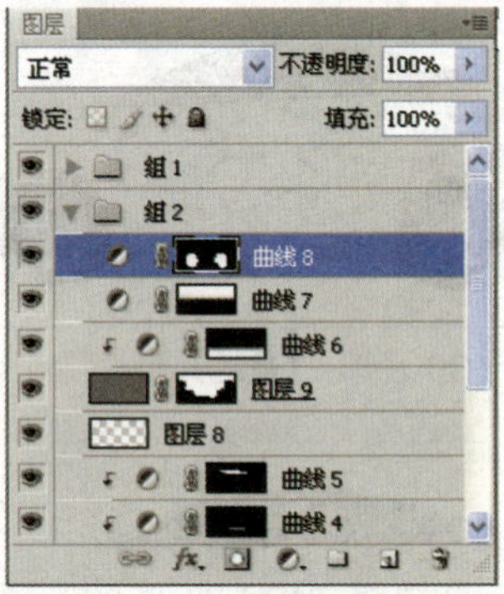

图10-111 【图层】面板

制作车门部分

33 选择【图层】面板，单击【新建图层】按钮，得到【图层10】。选择工具栏上的【钢笔工具】，绘制车门路径，如图10-112所示。

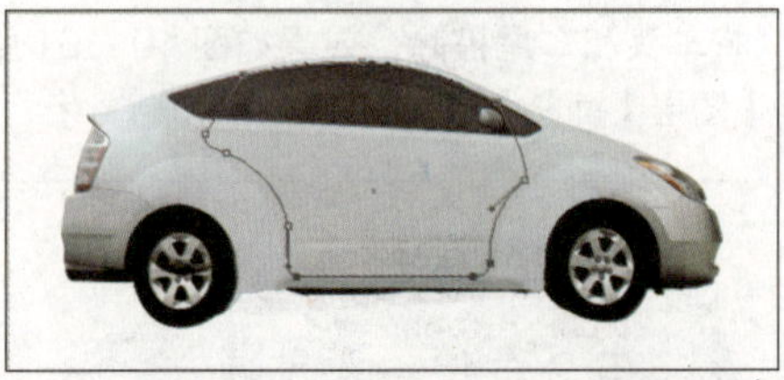
图10-112 绘制选区

34 将【前景色】设置为白色，选择工具栏上的【画笔工具】，属性工具栏设置如图10-113所示。选择工具栏上的【钢笔工具】，单击鼠标右键，选择【描边路径】菜单命令，弹出【描边路径】对话框，如图 10-114 所示，选择【确定】完成操作。按【Ctrl+H】组合键隐藏路径。效果如图 10-115 所示。

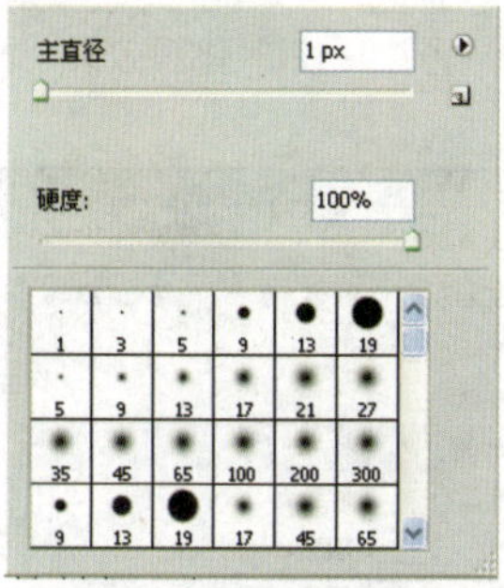

图10-113 【画笔工具】属性面板

图10-114 【描边路径】对话框

图10-115 隐藏路径

35 选择【图层】面板，单击【新建图层】按钮，得到【图层 11】。按【Ctrl+H】组合键显示路径。按【Ctrl+Enter】组合键将路径转换为选区，选择工具栏上的【矩形选框工具】，按方向键【↑】将选区移动一个像素，单击鼠标右键，选择描边菜单命令，弹出【描边】对话框，设置如图 10-116 所示，选择【确定】完成操作。效果如图 10-117 所示。

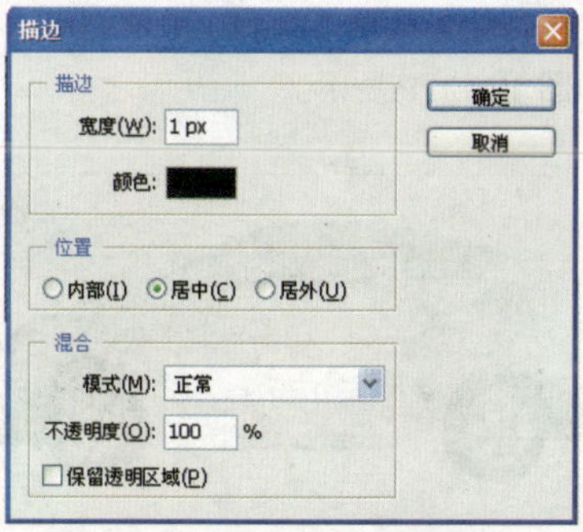

图10-116 【描边】对话框

图10-117 图像效果

36 选择【图层 11】，按【Ctrl+J】组合键，复制图层，得到【图层 11 副本】。如图 10-118 所示。【图层】面板如图 10-119 所示。

图10-118 图像效果

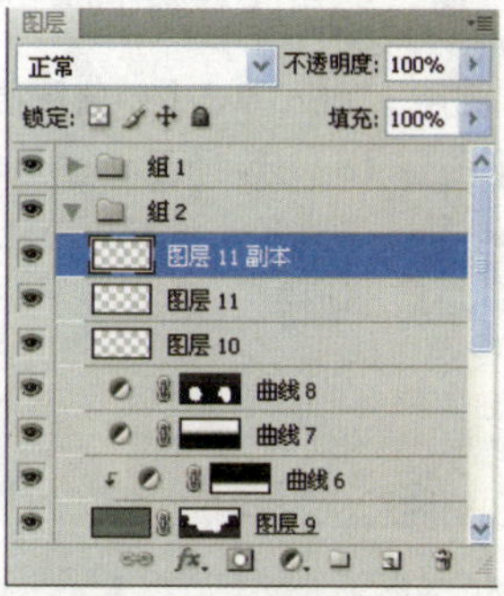

图10-119 【图层】面板

37 隐藏所有图层，只显示【背景】图层，选择工具栏上的【钢笔工具】，绘制车门路径，如图 10-120 所示。

图10-120 绘制选区

38 按【Ctrl+Enter】组合键将路径转换为选区，按【Ctrl+J】组合键，复制选区内容到新建的【图层 12】，将【图层 12】移至【图层 11 副本】上面，单击菜单栏中的【编辑】/【自由变换】命令，或者按【Ctrl+T】组合键。将图像调整合适大小。按【Enter】键完成操作。显示所有图层，如图 10-121 所示。【图层】面板如图 10-122 所示。

图10-121　自由变换

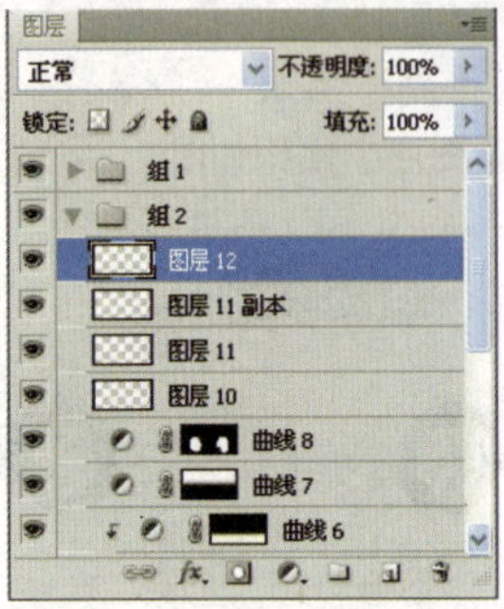

图10-122　【图层】面板

39 选择【图层】面板，单击【新建图层】按钮，得到【图层 13】。选择工具栏上的【画笔工具】，将【前景色】设置为白色，按【Shift】键在车门底部绘制一条直线。如图 10-123 所示。

图10-123　绘制直线

40 选择【图层】面板，单击【创建新的填充图层或调整图层】选择曲线，弹出【曲线】对话框，设置如图 10-124 所示，效果如图 10-125 所示。【图层】面板如图 10-126 所示。

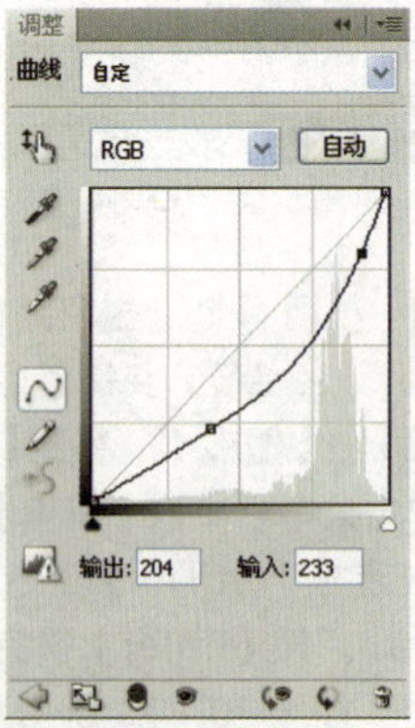

图10-124　【曲线】对话框

图10-125　图像效果

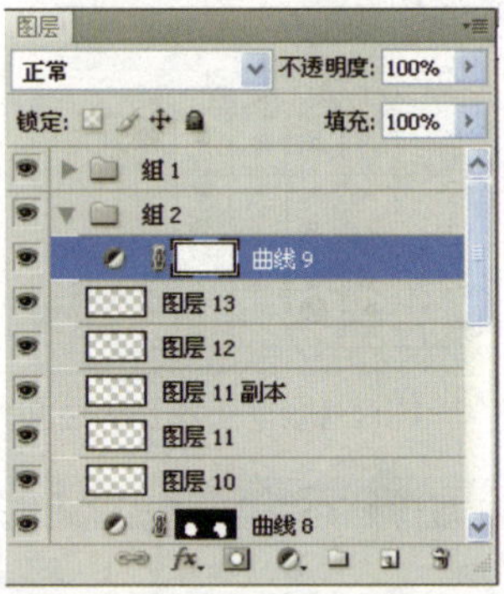

图10-126　【图层】面板

41 选择【图层 曲线 9】，选择工具栏上的【钢笔工具】，选择【图层 曲线 9】蒙版区域，绘制图案路径如图 10-127 所示。

图10-127　绘制图案

42 按【Ctrl+Enter】组合键将路径转换为选区，单击菜单栏中的【选择】/【反向】命令，或者按【Ctrl+Shift+I】组合键，将【前景色】设置为黑色，按【Alt+Delete】组合键填充前景色，效果如图 10-128 所示。【图层】面板如图 10-129 所示。

图10-128　填充前景色

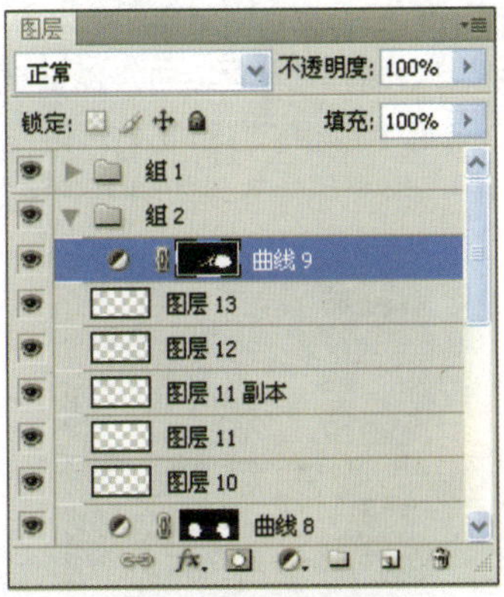

图10-129 【图层】面板

43 选择【图层】面板，单击【创建新的填充图层或调整图层】按钮，选择纯色，弹出【拾取实色】对话框，设置如图 10-130 所示，选择【确定】完成操作。【图层】面板如图 10-131 所示。选择【图层 颜色填充 2】，将图层【混合模式】设置为【颜色】。效果如图 10-132 所示，【图层】面板如图 10-133 所示。

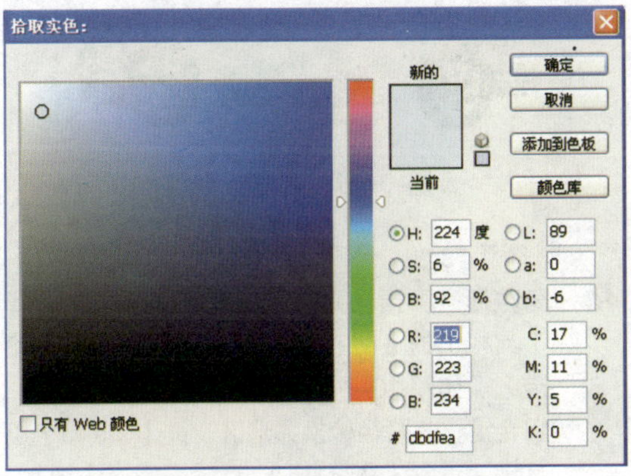

图10-130 【拾取实色】对话框

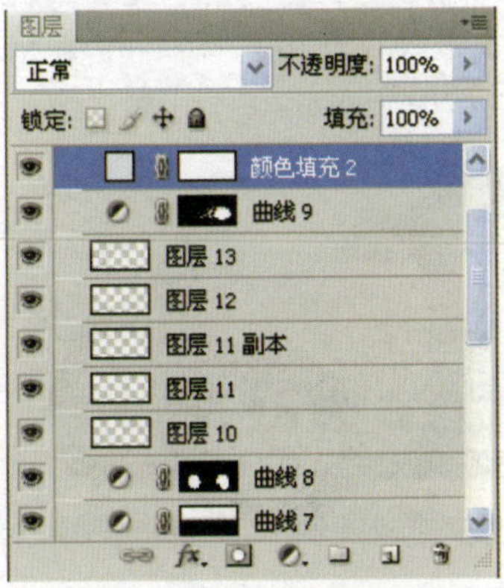

图10-131 【图层】面板

图10-132 【颜色】混合模式

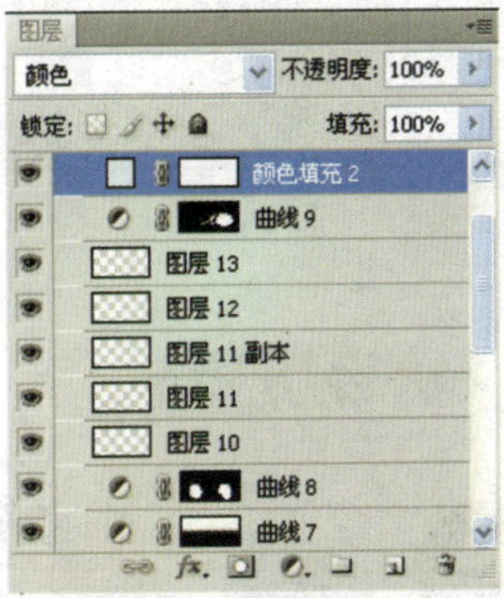

图10-133 【图层】面板

制作车灯

44 选择【图层】面板，单击【创建新组】按钮，得到【组 3】。【图层】面板如图 10-134 所示。

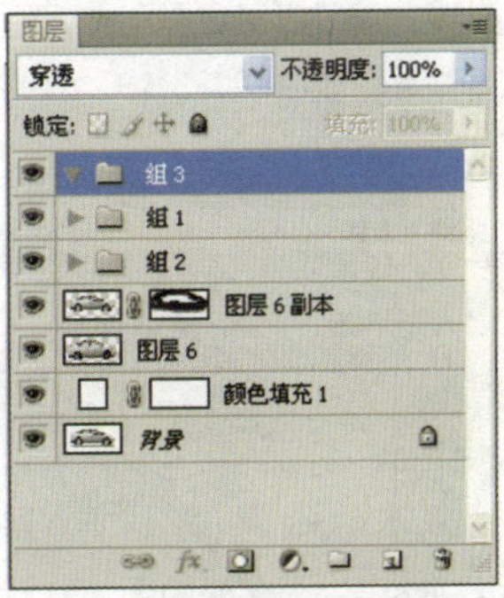

图10-134 【图层】面板

45 选择【图层 6】，选择工具栏上的【钢笔工具】，绘制车灯路径，如图 10-135 所示。按【Ctrl+Enter】组合键，将路径转换为选区，按【Ctrl+J】组合键，复制选区内容到新建的【图层 14】中，将【图层 14】移至【组 3】中。【图层】面板如图 10-136 所示。效果如图 10-137 所示。

图10-135 图像效果

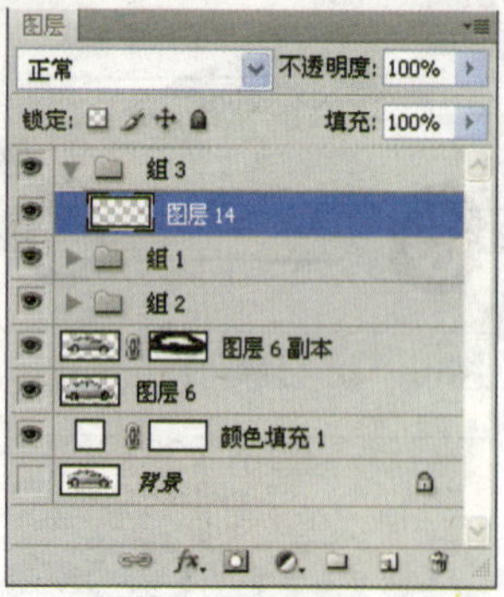

图10-136 【图层】面板

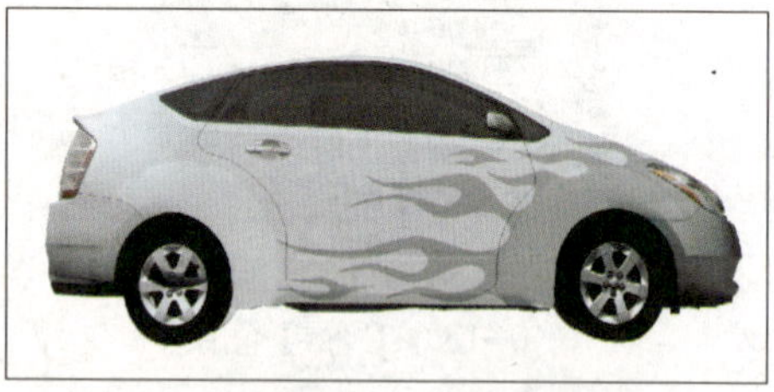

图10-137 图像效果

46 选择【图层】面板，选择【图层 14】，单击【创建新的填充图层或调整图层】 按钮，选择曲线，弹出【曲线】对话框，设置如图 10-138 所示，效果如图 10-139 所示。

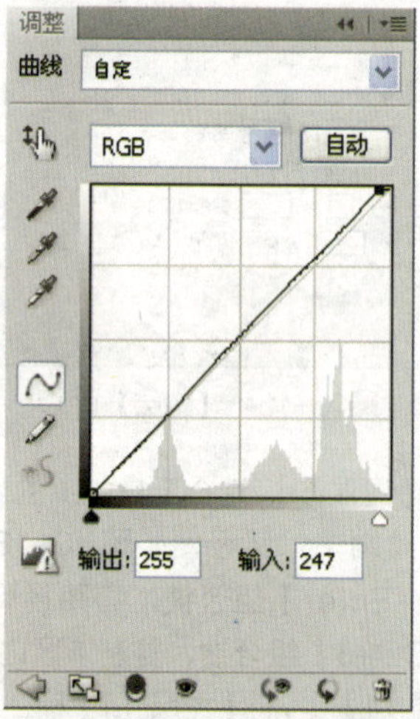

图10-138 【曲线】对话框

图10-139 图像效果

47 选择【图层】面板、单击【创建新的填充图层或调整图层】 按钮，选择色相 / 饱和度，弹出【色相 / 饱和度】对话框，设置如图 10-140 所示。效果如图 10-141 所示。

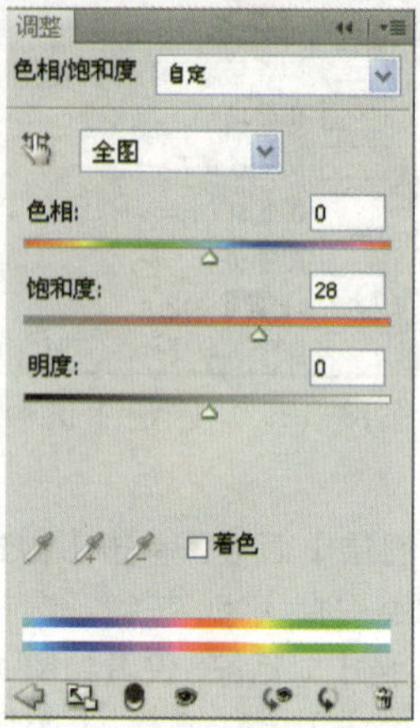

图10-140 【色相/饱和度】对话框

图10-141 图像效果

制作车轮

48 隐藏所有图层，只显示【背景】图层，选择工具栏上的【钢笔工具】，绘制出前车轮选区。如图 10-142 所示。按【Ctrl+Enter】组合键，将路径转换为选区，按【Ctrl+J】组合键，得到【图层 15】。选择【图层】面板，选择【创建新组】，得到【组 4】。将【图层 15】移至【组 4】中。显示所有图层。【图层】面板如图 10-143 所示。效果如图 10-144 所示。

图10-142 绘制车轮选区

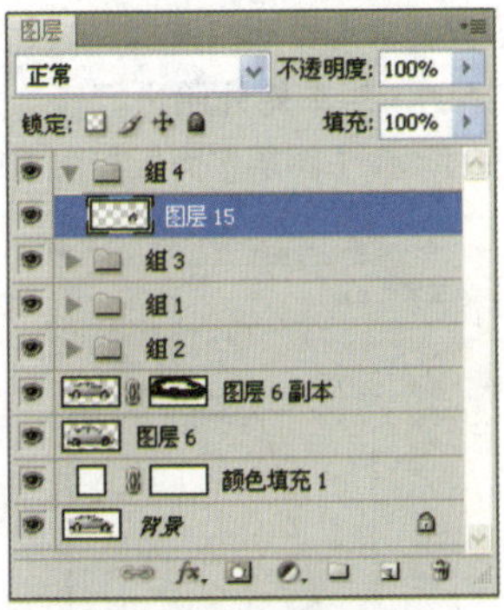

图10-143 【图层】面板

图10-144 图像效果

49 选择【图层 15】，单击菜单栏中的【编辑】/【自由变换】命令，或者按【Ctrl+T】组合键。将车轮调整合适大小。如图 10-145 所示。

图10-145 自由变换

50 重复步骤 42 至步骤 43，绘制后车轮。效果如图 10-146 所示。【图层】面板如图 10-147 所示。

图10-146 图像效果

51 选择【图层】面板，单击【新建图层】按钮，得到【图层 13】，选择工具栏上的【钢笔工具】，绘制路径如图 10-148 所示。按【Ctrl+Enter】组合键，将路径转换为选区，按【D】键恢复前景色为黑色，按【Alt+Delete】组合键填充前景色。效果如图 10-149 所示。

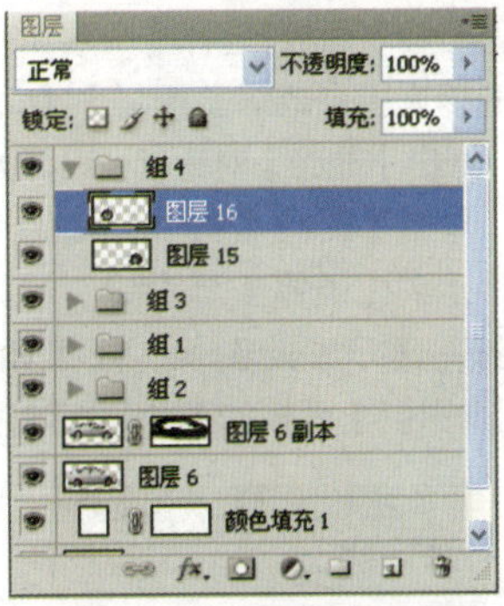

图10-147 【图层】面板

图10-148 绘制选区

图10-149 填充前景色

52 选择【图层 13】，选择工具栏上的【钢笔工具】，绘制路径如图 10-150 所示。按【Ctrl+Enter】组合键，将路径转换为选区，按【Ctrl+Delete】组合键，填充背景色景色。效果如图 10-151 所示。

图10-150 绘制选区

图10-151 填充前景色

53 选择【图层】面板，选择【图层 13】，单击【创建新的填充图层或调整图层】按钮，选择曲线，弹出【曲线】对话框，设置如图 10-152 所示。单击【图层 曲线 11】蒙版区域，选择工具栏上的【画笔工具】，在车轮外圈进行涂抹，显示车胎图像，效果如图 10-153 所示。【图层】面板如图 10-154 所示。

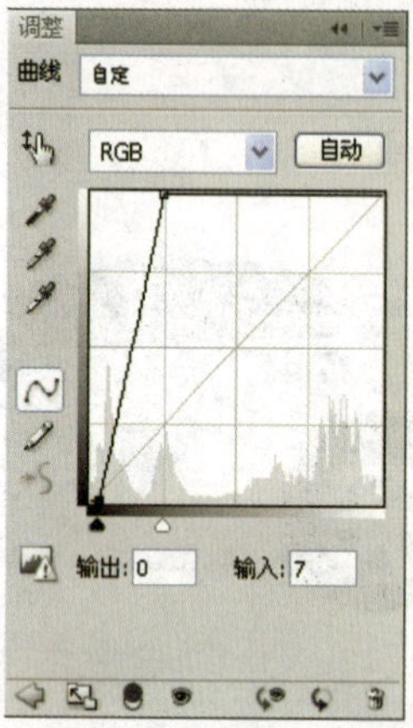

图10-152 【曲线】对话框

图10-153 图像效果

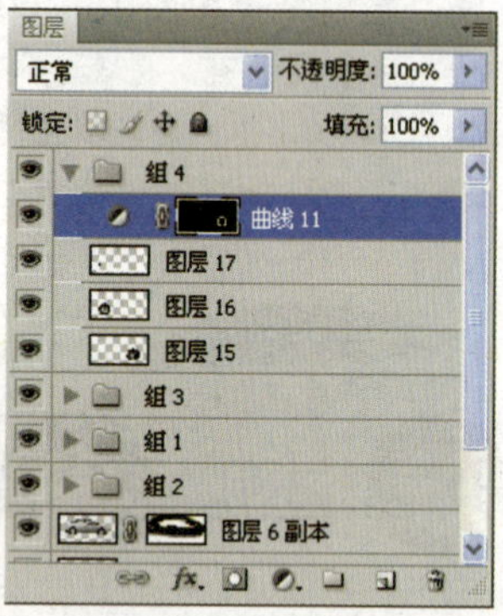

图10-154 【图层】面板

54 重复步骤 43，绘制后车轮。【曲线】设置如图 10-155 所示。效果如图 10-156 所示。【图层】面板如图 10-157 所示。

55 选择【图层】面板，单击【创建新的填充图层或调整图层】按钮，选择黑白，弹出【黑白】对话框，设置如图 10-158 所示。单击【图层 黑白 1】蒙版，选择工具栏上的【画笔工具】，对车轮外胎进行修饰，效果如图 10-159 所示，【图层】面板如图 10-160 所示。

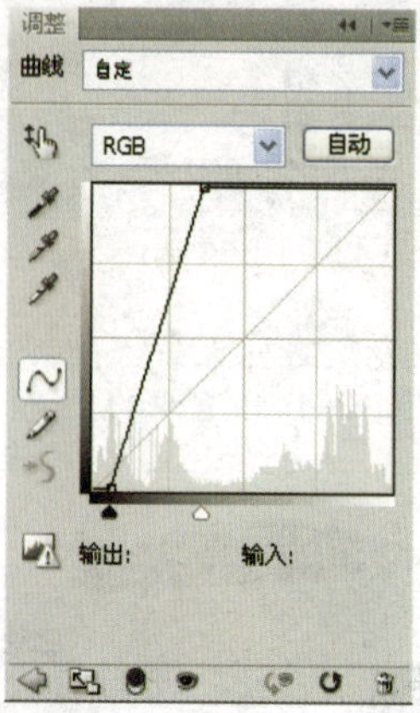

图10-155 【曲线】对话框

图10-156 图像效果

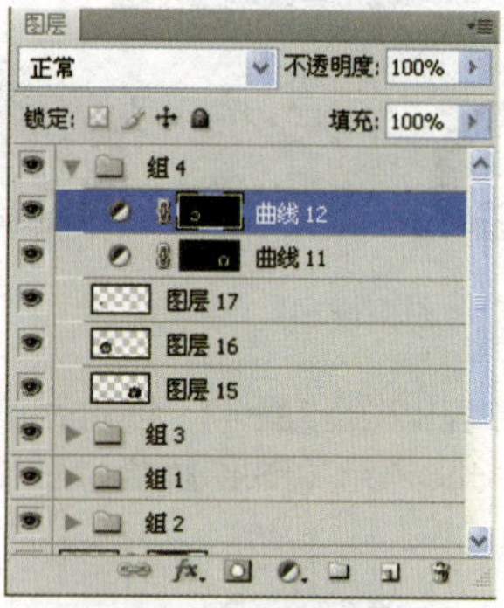

图10-157 【图层】面板

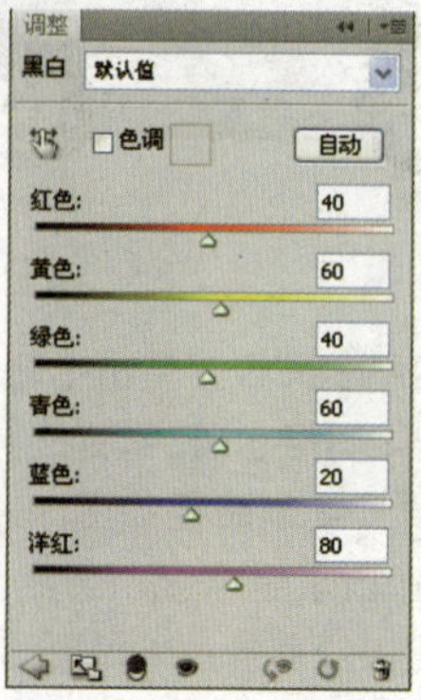

图10-158 【黑白】对话框

图10-159 图像效果

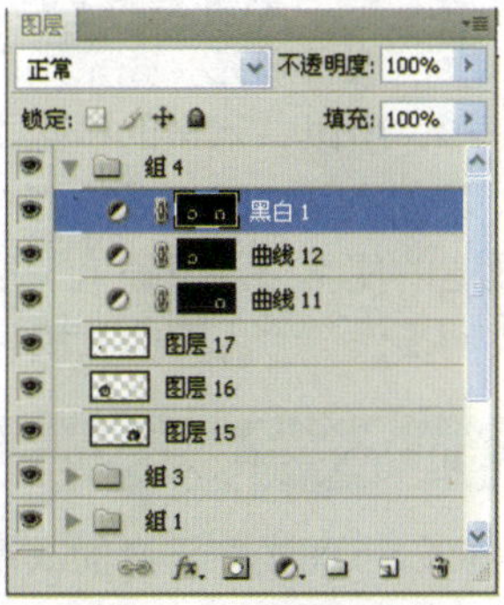

图10-160 【图层】面板

制作阴影

56 选择【图层】面板，单击【新建图层】按钮，得到【图层 18】，选择工具栏上的【椭圆选择工具】，属性工具栏如图 10-161 所示，绘制选区如图 10-162 所示。

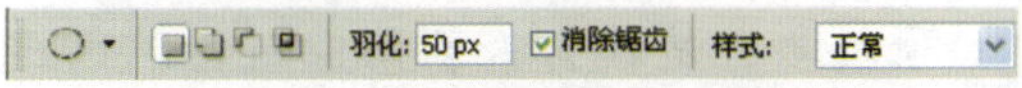

图10-161 【椭圆选择工具】属性面板

图10-162 绘制选区

57 将【前景色】设置为黑色，按【Alt+Delete】组合键填充前景色。效果如图 10-163 所示。选择【图层】面板，将【不透明度】设置为 30%，如图 10-164 所示，【图层】面板如图 10-165 所示。

图10-163 填充黑色

图10-164 不透明度30%

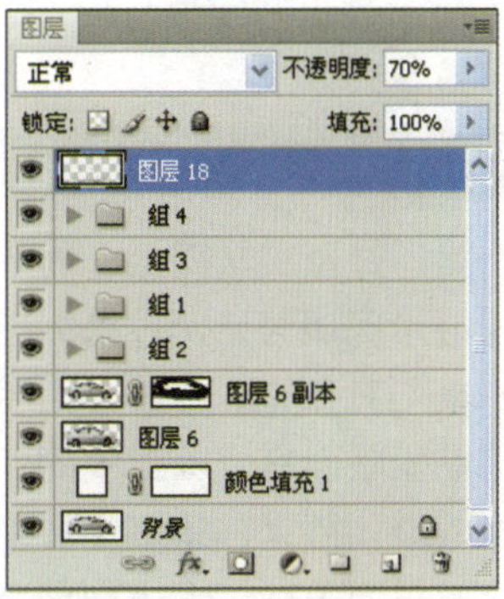

图10-165 【图层】面板

58 选择【图层】面板，单击【新建图层】按钮，得到【图层 19】，选择工具栏上的【椭圆选择工具】，绘制选区如图 10-166 所示。按【Alt+Delete】组合键，填充前景色。按【Ctrl+D】组合键，取消选区。【图层】面板如图 10-167 所示。最终效果如图 10-168 所示。

图10-166 绘制选区

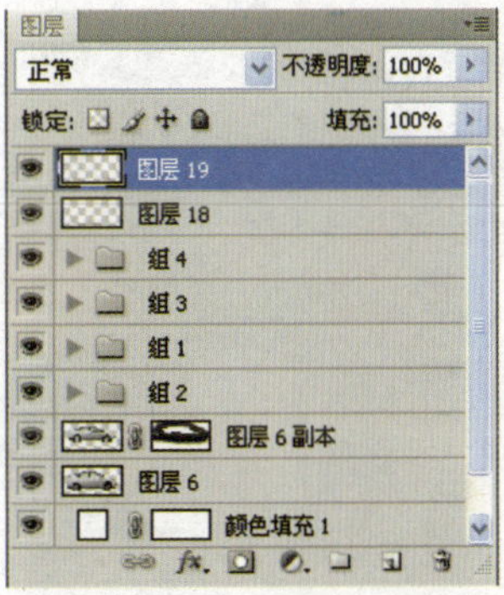

图10-167 【图层】面板

图10-168 最终效果

10.1.3 剪贴蒙版

这是一类通过图层与图层之间的关系控制图层中图像显示区域与显示效果的蒙版，能够实现一对一或一对多的屏蔽效果。

对于剪贴蒙版而言，基层中的像素分布将影响剪贴板的整体效果。基层图层中的像素不透明度越高、分布范围越大，则整个剪贴蒙版产生的效果也不明显；反之则越明显。

10.1.4 快速蒙版

快速蒙版出现的意义是制作选择区域，而制作方法则是通过屏蔽图像的某一部分，显示另一个部分来达到制作精确选区的目的。

快速蒙版通过不同的颜色对图像产生屏蔽作用，效果非常明显。

10.1.5 【蒙版】面板

【蒙版】面板能够提供用于图层蒙版及矢量蒙版的多种控制选项，使读者可以轻松更改其不透明度、边缘柔化程度，可以方便地增加或删除蒙版、反相蒙版或调整蒙版边缘。

单击【窗口】/【蒙版】菜单命令，打开如图 10-169 所示【蒙版】面板。

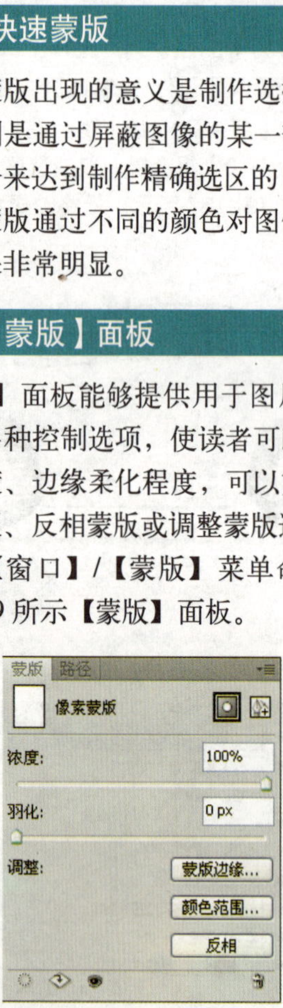

图10-169 【蒙版】面板

使用【蒙版】面板可以对蒙版进行如浓度、羽化、反相及显示或隐藏等操作。

10.2 通道的彻底研究

Photoshop CS5 其实就是“数字化”的暗房，通道就是遮板，黑色的部分就是遮住的部分，白色的部分可以执行曝光，完全跟以前的暗房合成一模一样，所以在通道的概念中，白色是要的部分，黑色是不要的不要的部分。本章将详细介绍通道的使用方法，通道与选区的关系及其相关实例操作等多方面的知识。

10.2.1 通道概念

通道是存储不同类型信息的灰度图像，是独立的原色平面，是合成图像的成分或分量。在 Photoshop 中通道用来存放图像的颜色信息及自定义的选区。使用通道可以得到特殊的选区来辅助图像的设计，还可以通过改变通道中存放的颜色信息来调整图像的色调。Photoshop CS5 中有 3 种通道类型，即颜色通道、专色通道和 Alpha 通道。

颜色通道是在打开新图像时自动创建的，专色通道用于专色油墨印刷的附加印版，Alpha 通道是将选区存储为灰度图像，改变各通道的特性能实现一些特殊效果。

10.2.2 通道面板

【通道】面板是通道的管理中枢。在【通道】面板中，可以创建、编辑各种类型的通道，还可以直接查看通道的编辑效果。

单击菜单栏中的【窗口】/【通道】命令，打开【通道】面板，如图 10-170 所示为素材文件，如图 10-171 所示为【通道】面板。其中列出素材的所有通道，左侧显示内容的缩览图，对通道进行编辑时，相应的通道会自动更新缩览图，单击缩览图前的眼睛图标可以显示或隐藏通道。

- 【将通道作为选区载入】：可以建立当前通道中所保存的选区，或将某一通道内容直接拖至该按钮上也可以建立选区。

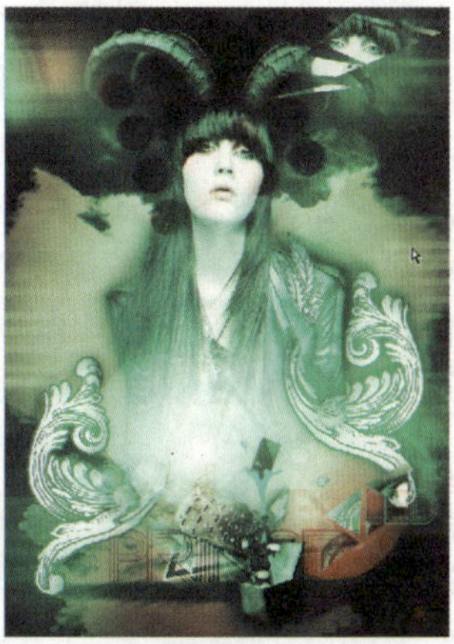

图10-170 素材文件

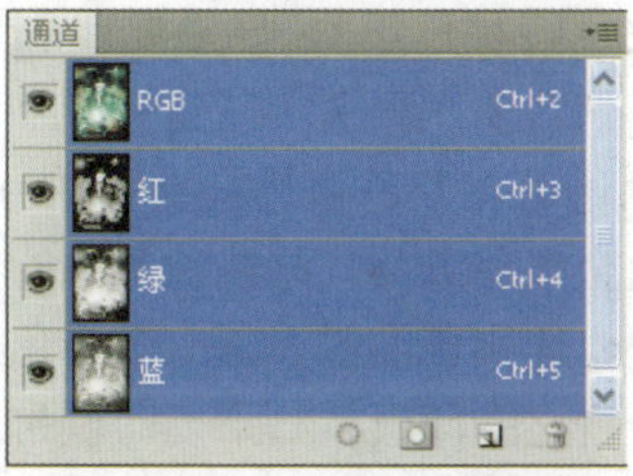

图10-171 【通道】面板

- 【将选区存储为通道】：可以将当前选区保存为一个新的 Alpha 通道，等同于菜单栏上单击【选择】/【存储选区】命令。
- 【创建新通道】：可以创建一个新的 Alpha 通道。
- 【删除当前通道】：可以删除当前选择的通道，或将某一通道直接拖到此按钮上也可以删除通道。

10.2.3 通道的类型

1. 颜色通道

颜色通道是 Photoshop CS5 用于存储颜色信息而自动建立的通道。每个颜色通道都是一幅灰度图像，只代表一种颜色的明暗变化。所有颜色通道混合在一起时，可以形成图像的彩色效果，也构成彩色的复合通道。在【通道】面板中，对于 RGB、CMYK 和 Lab 图像，复合通道位于最上层。下面是各种颜色的颜色通道，其数量是由图像颜色模式所决定的。

图 10-172 所示为 RGB 模式图像，图 10-173 为【通道】面板；图 10-174 所示为 CMYK 模式图像，图 10-175 为 CMYK【通道】面板；图 10-176 所示为 Lab 模式图像，图 10-177 所示为 Lab 模式原图。

图10-172 RGB模式原图

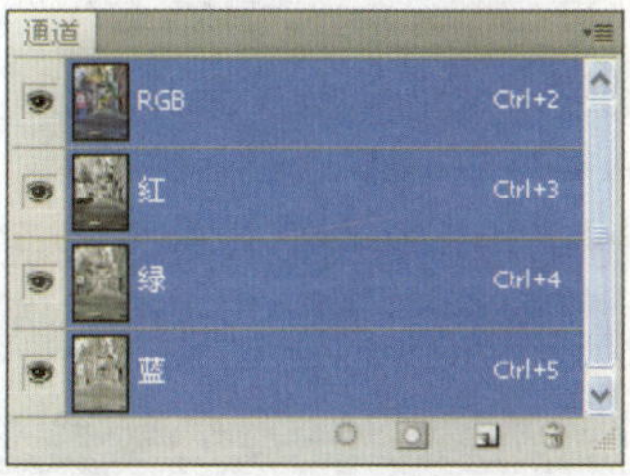

图10-173 RGB【通道】面板

图10-174 CMYK模式原图

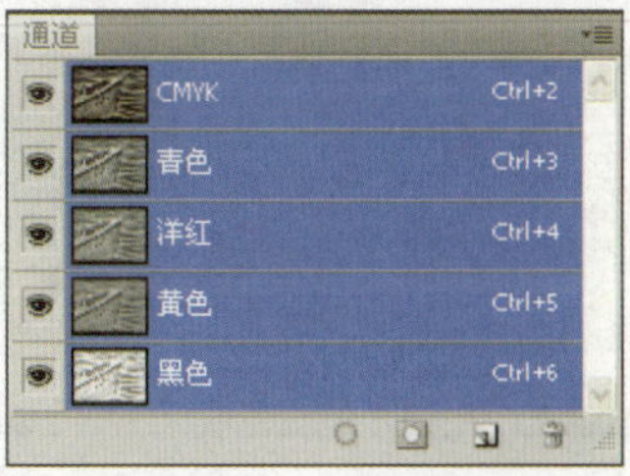

图10-175 CMYK【通道】面板

图10-176　Lab模式原图

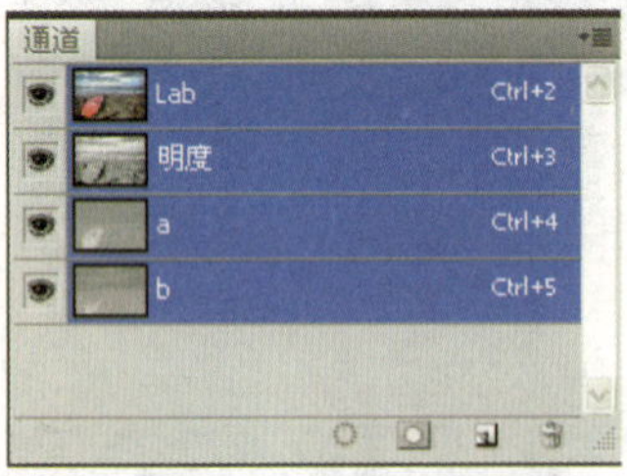

图10-177　Lab【通道】面板

在颜色通道中，白色代表当前通道所保存的颜色较多；反之，如果在某一个“颜色”中有大块的黑色，则表示对应的区域的颜色较少。在默认情况下，通道面板中颜色通道中的缩略图显示为灰色，如果要将其显示为颜色，可以在菜单栏中选择【编辑】/【首选项】/【界面】命令，如图10-178所示，在弹出的【首选项】对话框中选择【用彩色显示通道】复选框即可。

2. 专色通道

专色通道是用于记录专色信息，指定用于专色（如金色，银色及特种色等）油墨印刷的附加印版。

专色就是除了CMYK以外的颜色（如金色、银色及特种色等），如果要印刷带有专色的图像，则需要在图像中创建一个存储这种颜色的专色通道。专色通道是特殊的预混油墨，用来存放金银色以及一些特殊要求的专色，以替换或补充印刷色油墨。每一个专色通道都有一个属于自己的印版，如果要印刷带有专色的图像，则需要创建存储此颜色的专色通道。专色通道会作为一张单独的胶片输出。

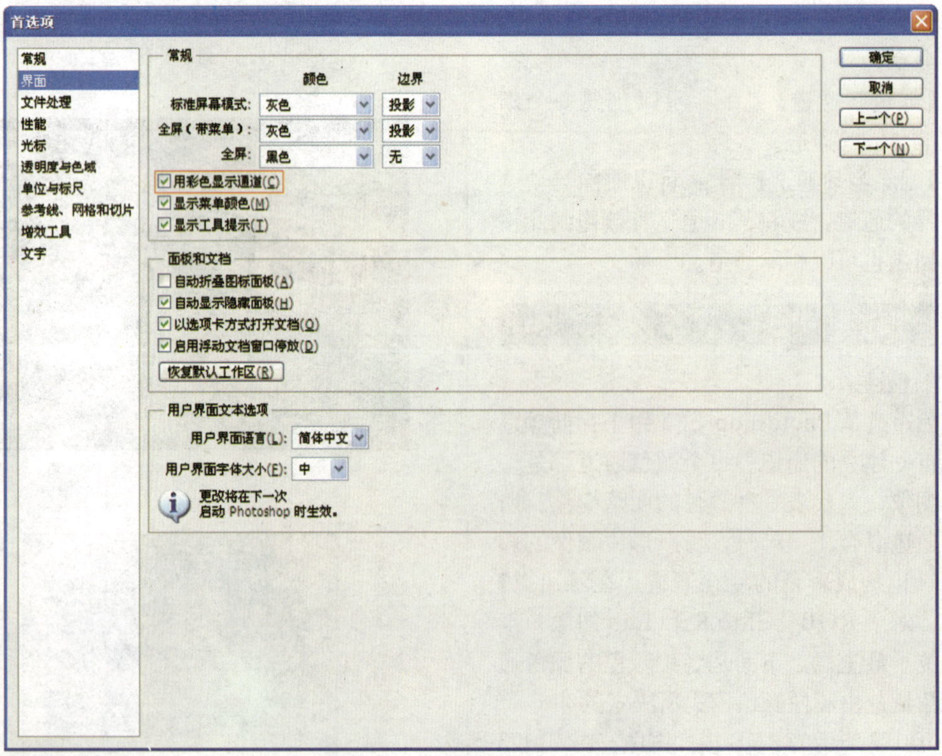

图10-178　【首选项】对话框

专色通道的使用

所用素材：光盘\素材\第 10 章\长凳 .jpg

操作步骤

1 单击菜单栏中的【文件】/【打开】命令，或者按【Ctrl+O】组合键，打开【素材】文件【长凳】如图 10-179 所示。

图10-179 长凳素材

2 选择工具栏上的【快速选择工具】，在素材图上需要使用专色通道的地方建立选区，如图 10-180 所示。

图10-180 绘制选区

3 单击【通道】面板 /【新建专色通道】命令或按【Ctrl】键并单击【通道】面板底部的【创建新通道】按钮，打开【新建专色通道】对话框，如图 10-181 所示。弹出【新建专色通道】对话框，如图 10-182 所示选择【确定】完成操作。

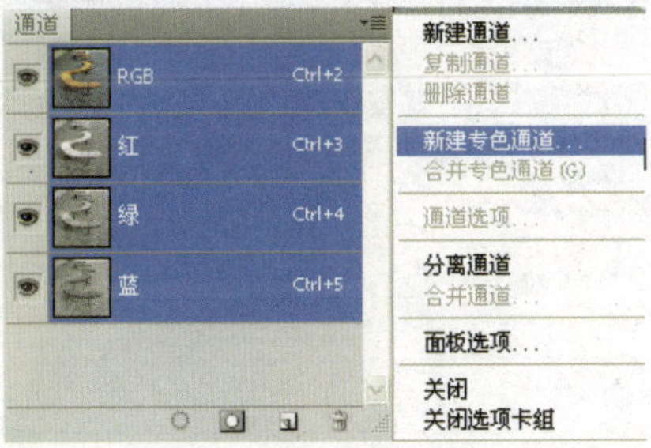

图10-181 建立选区

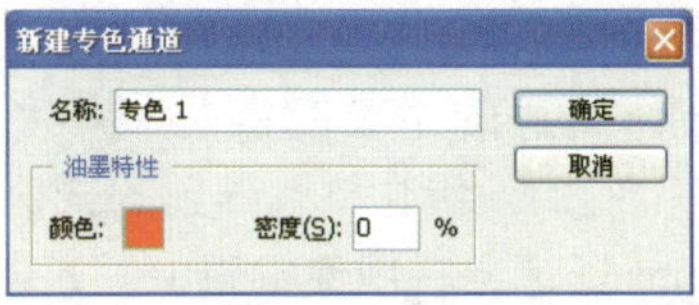

图10-182 【新建专色通道】对话框

其中：

- 【名称】：在文本框中设置新专色通道的名称。
- 【颜色】：单击颜色框可以打开【拾色器】对话框，选择油墨的颜色。单击【拾色器】对话框中的【自定】按钮，在打开的【自定颜色】对话框的色表栏中选择色表系统，一般选择常用的 PANTONE Coated 系统。
- 【密度】：在文本中更可以输入范围为 0 ~ 100 的数值来确定油墨的密度，数值越大颜色越不透明，是用来在屏幕上显示模拟打印专色的密度，并不影响打印输出的效果。设置为 100% 时，模拟完全覆盖下层油墨的油墨（如金属质感油墨）；设置为 0% 时，模拟完全显示下层油墨的透明油墨，也可以用该选项查看其他透明的专色的显示位置。

4 此时【通道】面板如图 10-183 所示，素材效果如图 10-184 所示。

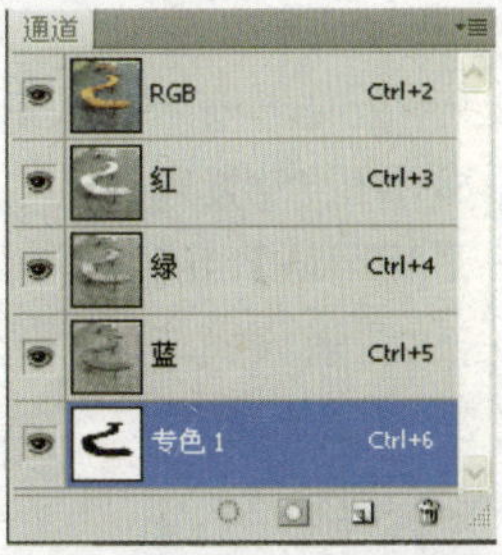

图10-183 【通道】面板

图10-184 图像效果

3. Alpha通道

Alpha 通道的主要功能是制作和保存选区，一些在图层中不容易得到的选区，可以使用 Alpha 通道。在图像编辑中，新创建的通道称为 Alpha 通道，它所存储的是选区，称为（保存起来的选区），而不是图像中的颜色，可以把 Alpha 通道认为是一个灰度图像。其中黑色部分为非选择区域，白色部分为选择区域，黑色部分不选择区域。使用绘图工具等对 Alpha 通道进行修改，就可以得到独特而复杂的选区。

4. Alpha通道的应用

当图像中不存在选区时，单击【通道】面板 /【创建新通道】，即按默认状态新建一个空白 Alpha 通道。按【Alt】键并单击【创建新通道】或在通道菜单栏单击【新通道】命令，会打开【新建专色通道】对话框如图 10-185 所示，可以对新建的 Alpha 通道进行参数设置。

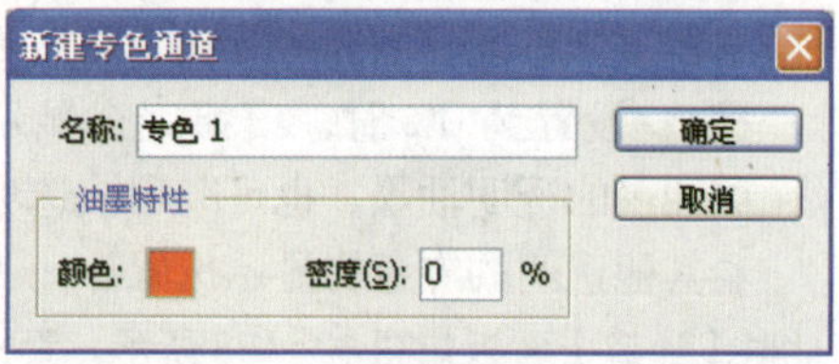

图10-185 【新建专色通道】对话框

其中：

- 【名称】：在文本框中输入新通道的名称
- 【色彩指示】：设置通道的色彩显示。选择【被蒙版区域】，新建通道显示为黑色，其中白色区域代表选区；选择【所选区域】，新建通道显示为白色，其中黑色区域代表选区。
- 【颜色】：单击颜色框打开【拾色器】对话框设置快速蒙版的颜色。
- 【不透明度】：在文本框中输入范围为 0 ~ 100 的数值来制定快速蒙版的不透明度。

要把特定的选区存为 Alpha 通道时，如图 10-186 所示。在选区存在的情况下，单击【通道】面板底部的【将选区保存为通道】按钮，可将选区保存为新 Alpha 通道，【通道】面板如图 10-187 所示，【通道状态】如图 10-188 所示。

图10-186 选区效果

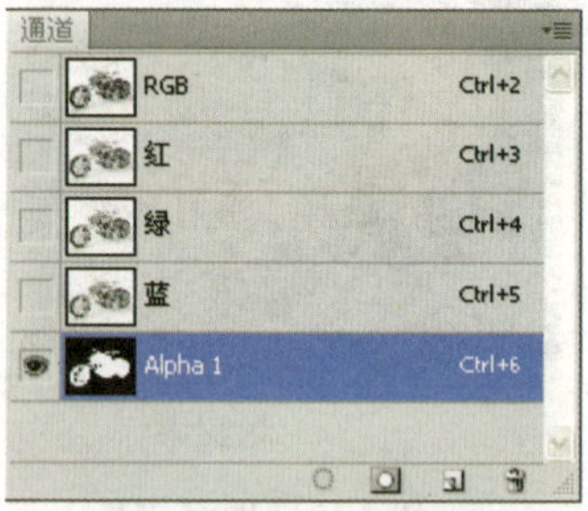

图10-187 【通道】面板

图10-188 通道状态

在选区存在的情况下，单击菜单栏中的【选择】/【存储选区】命令，也可将选区保存为 Alpha 通道。单击该命令会打开【存储选区】对话框，如图 10-189 所示。

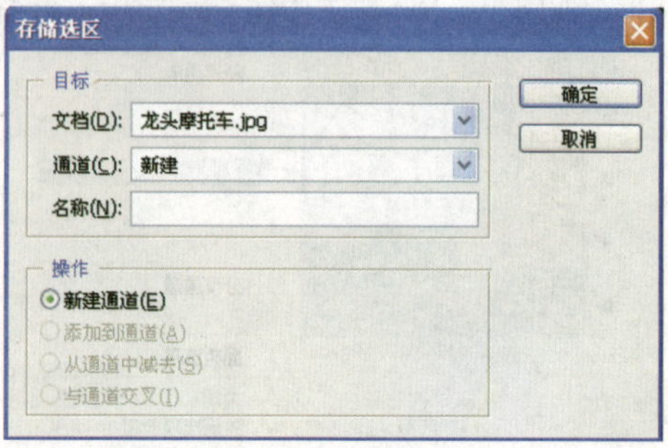

图10-189 【存储选区】对话框

其中：

- 【文档】：在下拉列表中包括已打开的尺寸大小与当前操作图像文件相同的图像文件名称和【新建】选项，在其中选择已存在的图像文件名可以将选区保存在所选的图像文件中，选择【新建】选项时，选区将保存在一个新建文件中。
- 【通道】：在下拉列表中包括当前文件已存在的 Alpha 通道名称和新建选项，在其中选择已保存的 Alpha 通道名称可以替换所选的 Alpha 通道索保存的选区，当选择【新建】选项时，选区将保持在一个新建的 Alpha 通道中。
- 【名称】：在文本框中输入新建通道的名称，若不输入名称，以 Alpha 1 名称自动存储。
- 【操作】：设置选区与 Alpha 通道之间的运算方式。

5. 复制Alpha通道的两个方法

方法 1　将需要复制的 Alpha 通道拖拽到【创建新通道】按钮上，即可使用系统默认的名称和设置来复制通道。单击通道菜单栏中【复制通道】命令。

方法 2　打开【复制通道】对话框，如图 10-190 所示。选择【确定】完成操作。

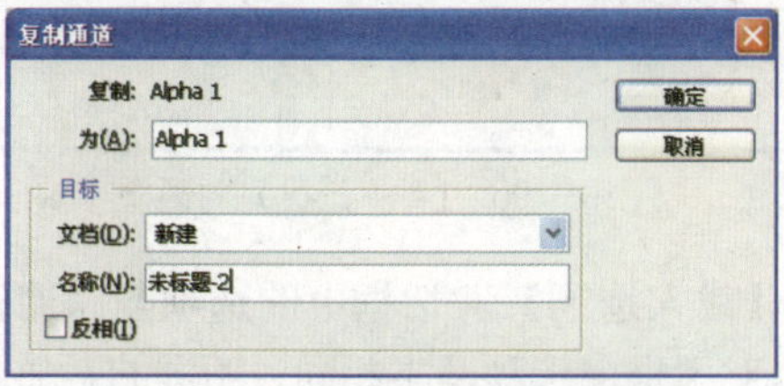

图10–190　【复制通道】对话框

其中：

- 【为】：在文本框中输入复制通道的名称，默认设置为被复制通道的副本。
- 【文档】：在下拉列表中包含了所有的打开的图像文件名和【新建】选项，从中选择复制通道的存放位置。选择【新建】选项，可创建一个新的图像文件，并将选中的通道复制到该文件中，生成一个【多选项】模式的新文件。
- 【反相】：勾选此项，将原通道中的内容反相后复制到新通道中。对 Alpha 通道进行反相操作等同于对选区进行反选操作。

6. 将Alpha通道作为选区载入

在【通道】面板中选择要作为选区载入的 Alpha 通道，单击【将通道作为选区载入】，即可将当前 Alpha 通道所保存的选区载入图像文件中。也可单击菜单栏中【选择】/【载入选区】命令。

10.2.4　创建Alpha通道

1. 创建空白的Alpha通道

单击通道面板底部的【创建新通道】按钮，可以按照默认状态新建一个空白的 Alpha 通道。

如果要对创建的新的 Alpha 通道的参数进行设置，可以按住 Alt 键单击通道面板中的【创建新通道】按钮或者选择通道面板弹出菜单中的【新建通道】命令。设置弹出的【新建通道】对话框如图 10-191 所示。

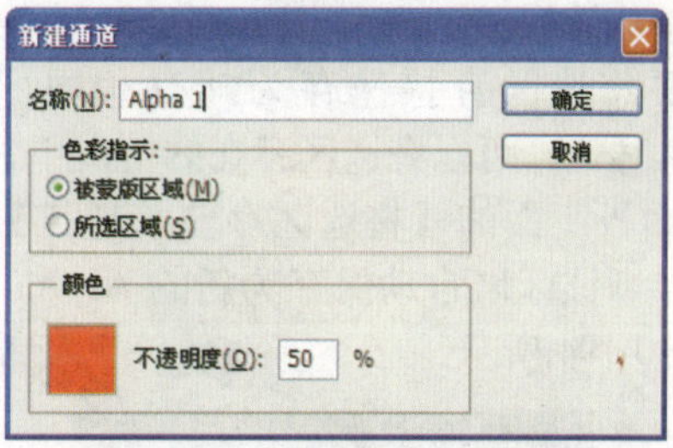

图10–191　【新建通道】对话框

其中：

- 【被蒙版区域】：选择此单选按钮，新建的 Alpha 通道显示为黑色，如图 10-192 所示，Alpha 通道中的白色区域代表选区。

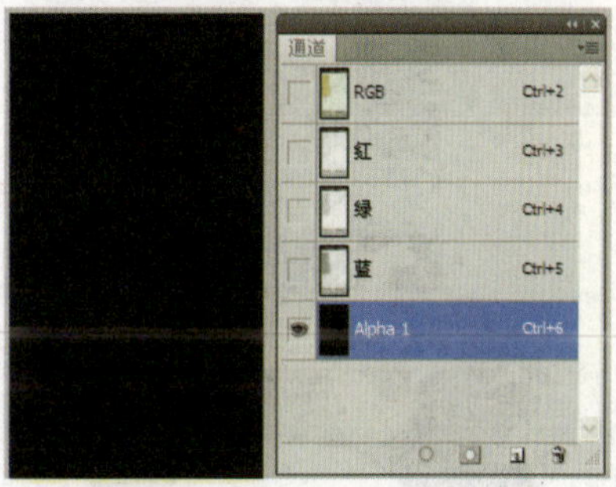

图10–192　单击被蒙版区域按钮

- 【所选区域】：选择此单选按钮后，新建通道中显示白色，如图 10-193 所示，Alpha 通道中的黑色代表对应的选区。

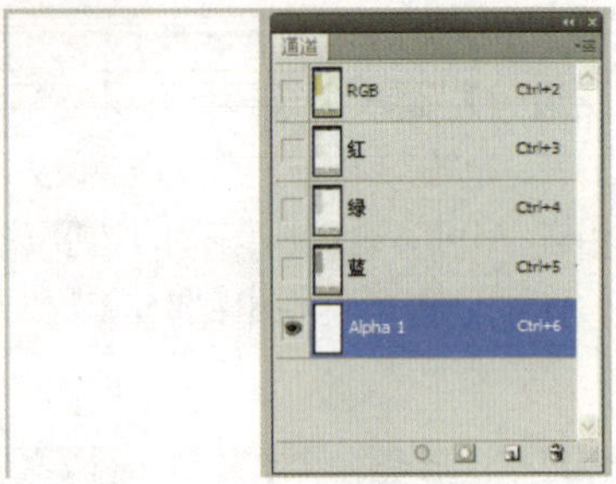

图10–193　单击所选区域按钮

- 【颜色】：单击颜色块，在弹出的【选择通道颜色】对话框中指定快速蒙版的颜色。
- 【不透明度】：在此指定快速蒙版的不透明度。

2. 从选区创建相同形状的Alpha通道

Photoshop CS5 可将选区储存为 Alpha 通道，以方便在以后的操作中调出 Alpha 通道所保存的选区，或者通过对 Alpha 通道的操作来得到新的选区。

要将选区直接保存为具有相同形状的 Alpha 通道，可以在选区存在的情况下，单击通道面板下面的【将选区存储为通道】按钮，则该区域自动保存为新的 Alpha 通道，如图 10-194 所示。

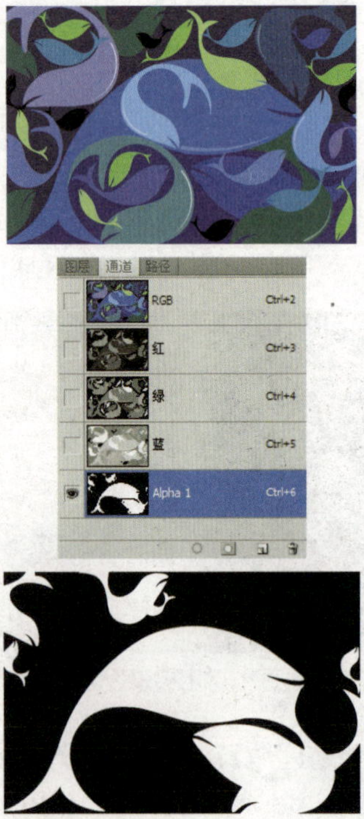

图10–194　从选区创建相同形状的Alpha通道

仔细观察 Alpha 通道可以看出，通道中白色部分对应的正是用户创建的选择区域的位置与大小，其形状完全相同而黑色对应于非选择区域。

如果在通道中除了黑色与白色外出现了灰色柔和边缘，则表明是具有【羽化】值的选择区域保存成了相对应的通道，在此状态下，Alpha 通道中灰色区域代表部分选择，即具有羽化值的选择区域。

10.2.5　载入Alpha通道的选区

在通道面板中选择任意一个 Alpha 通道，单击通道面板下面的【将通道作为选区载入】按钮，即可将此 Alpha 通道所保存的选区调出。也可以在菜单栏中选择【选择】/【载入选区】命令，设置弹出的【载入选区】对话框，如图 10-195 所示，调出通道所保存的选区。

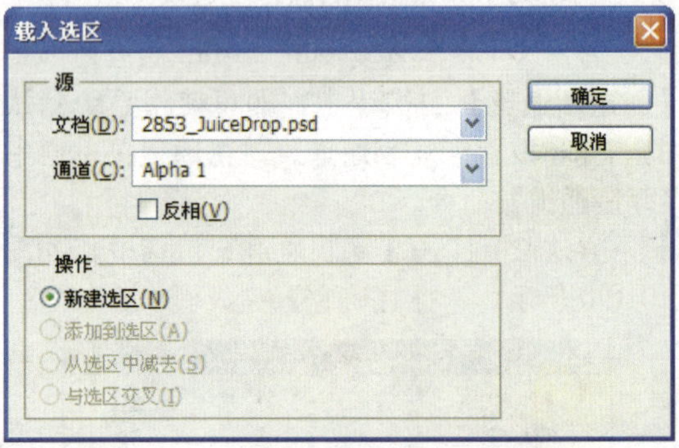

图10–195　【载入选区】对话框

【载入选区】对话框中的选项与【储存选区】对话框中选项基本相同。不同的是通过选区与 Alpha 通道间的运算，得到的是选区。除了使用上述两种操作方法调出通道所保存的选区外，还可以使用快捷键进行操作，具体方法如下：

（1）按住【Ctrl】键单击通道，可直接调出此通道所保存的选区。

（2）在选区已存在的情况下，如果按住【Ctrl+ Shift】键单击通道，可在当前选区中增加该通道所保存的选区。

（3）如果按住【Alt+Ctrl+Shift】键并单击通道，可得到当前选区与该通道所保存的选区重叠的选区。

> **提 示**
>
> 如果按住 Ctrl 键的同时单击颜色通道，则同样能够将此类的通道保存的选区，如图 10-196 所示。

图10–196 按住【Ctrl】键单击通道

10.2.6 通道的基础操作

1. 复制通道

复制通道的方法有两种：

方法 1 直接将要复制的通道托至通道面板的【创建新通道】按钮 上。

方法 2 在通道面板中选择单个颜色通道或者 Alpha 通道，然后选择【复制通道】命令，设置弹出的【复制通道】对话框如图 10-197 所示。

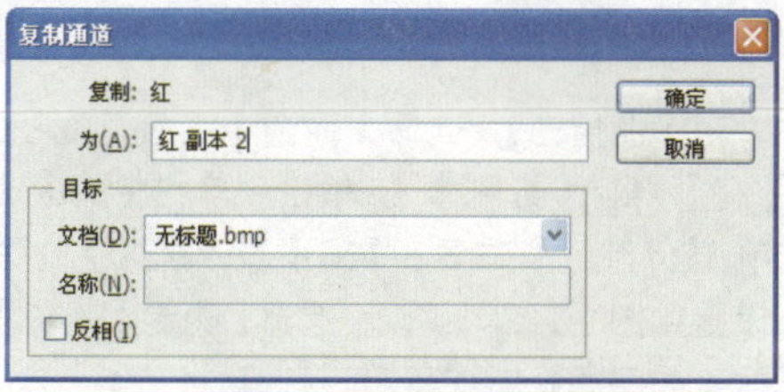

图10–197【复制通道】对话框

其中：

- 【复制】：其右侧显示所复制的通道名称。
- 【为】：在此文本框中输入复制得到的通道名称，默认为【当前通道名称 副本】。
- 【文档】：在此下拉列表中选择复制通道的存放位置。如果选择【新建】选项，会由复制的通道生成一个【多通道】模式新文件。

2. 重命名通道

要为 Alpha 通道重命名，可在通道面板中双击通道名称，待名称转变为文本框状态时，如图 10-198 所示，输入新通道的名称，按 Enter 键确认该操作即可。

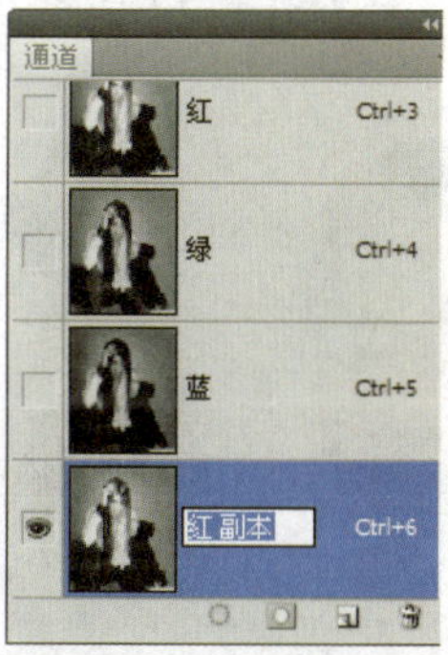

图10–198 重命名通道

3. 删除通道

单击【通道】面板右上方的三角按钮，在弹出的菜单中选择【删除】通道命令，可以将当前选择的通道删除。也可以直接将要删除的通道拖至【删除当前通道】按钮 上。

10.2.7 上机实战：碎裂的美女

Photoshop 的精华在于通道、选择区域与图层的相互应用，这些是命令菜单里看不到的东西。最终效果如图 10-199 所示。

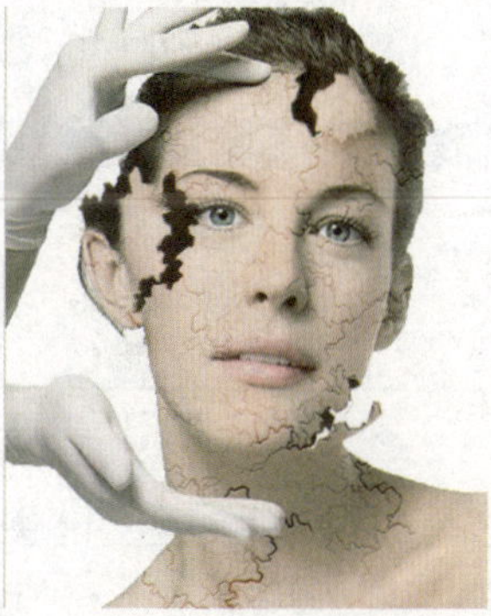

图10–199 最终效果

制作破碎的美女

所用素材：光盘\素材\第10章\碎裂美女\美女、大闪电、小闪电

最终效果：光盘\效果\第10章\碎裂美女

操作步骤

1 单击菜单栏中的【文件】/【打开】命令，打开素材【美女】，如图10-200所示。

2 选择工具栏上的【钢笔工具】，绘制出路径，如图10-201所示。按【Ctrl+Enter】组合键，将路径转换为选区。按【Ctrl+J】组合键，复制选区内图像到新建的【图层1】中，【图层】面板如图10-202所示。

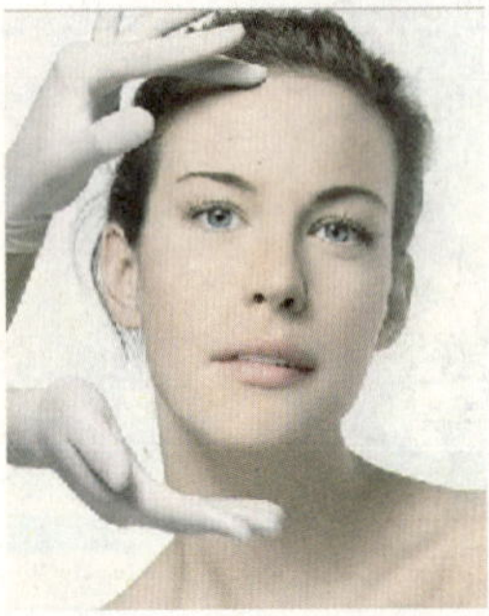

图10-200　美女文件

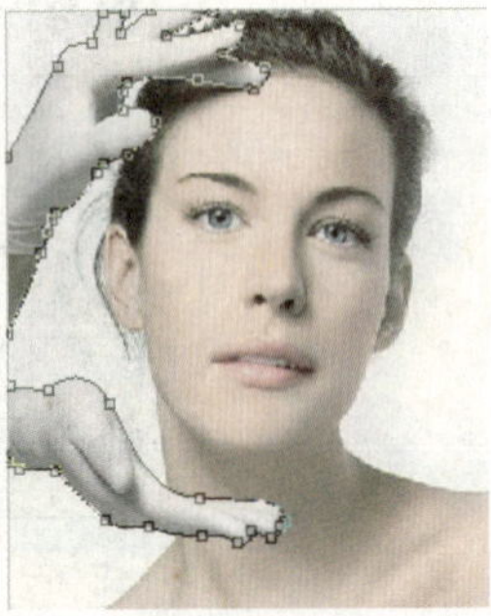

图10-201　绘制手掌选区

图10-202　【图层】面板

3 选择【图层】面板，双击【背景】图层，弹出【新建图层】对话框，将【背景】图层重新命名为"图层0"，如图10-203所示，选择【确定】完成操作。【图层】面板如图10-204所示。

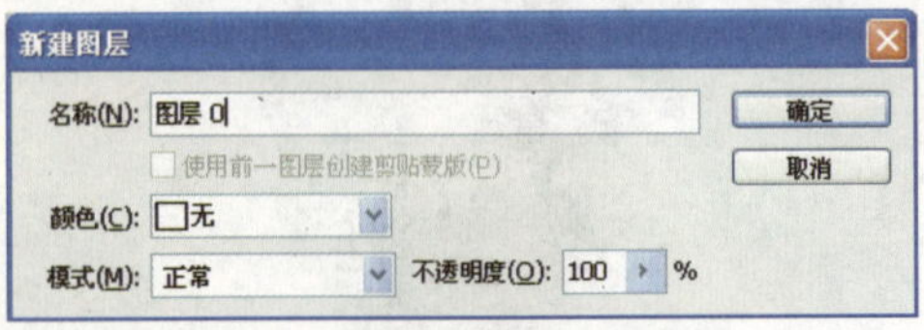

图10-203　【新建图层】对话框

4 选择【图层0】，选择工具栏上的【快速选择工具】，提取白色背景选区，将人和手保留，如图10-205所示，按【Delete】键删除选区内图像，效果如图10-206所示。按【Ctrl+D】组合键隐藏选区。

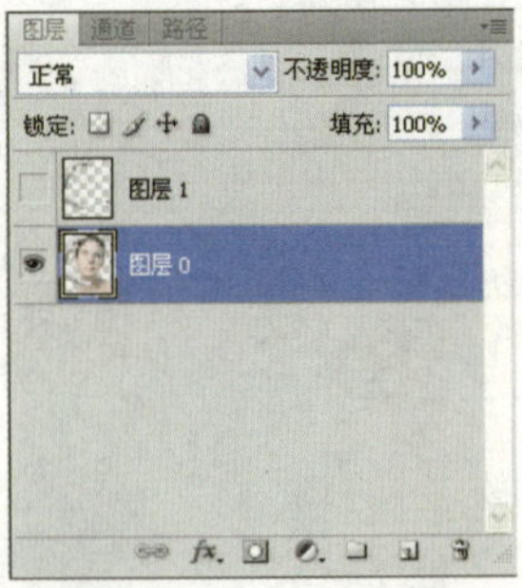

图10-204　【图层】面板

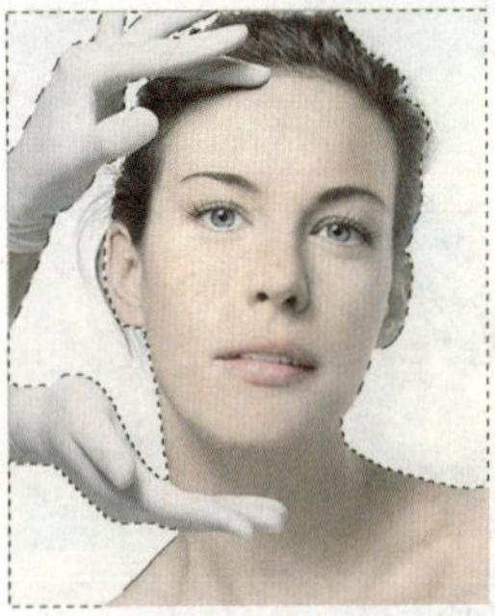

图10-205　绘制背景选区

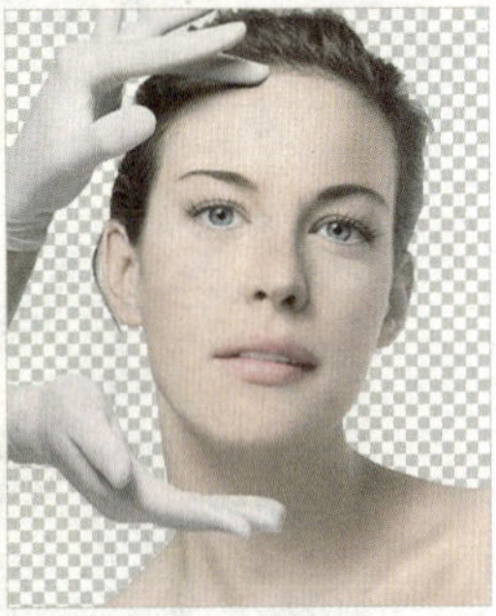

图10-206　删除白色背景

5 现在制作裂纹。单击菜单栏中的【文件】/【打开】命令，或者按【Ctrl+O】组合键打开文件【大闪电】，如图10-207所示。将其复制到刚刚操作的文档中，得到【图层2】，【图层】面板如图10-208所示。

图10-207　大闪电文件

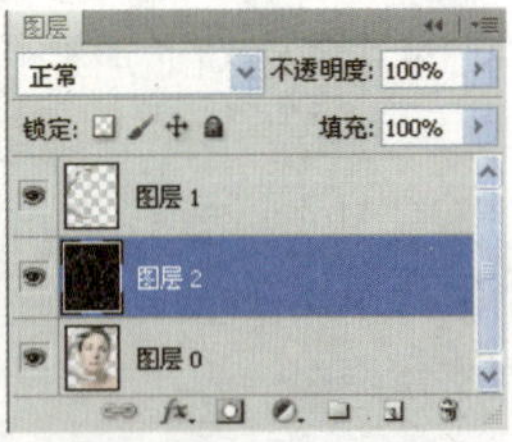

图10-208　【图层】面板

6 隐藏【图层1】，选择【通道】面板，复制通道【红】，得到【红副本】。单击菜单栏中的【选择】/【载入选区】命令，弹出【载入选区】对话框，设置如图10-209所示，选择【确定】完成操作。效果如图10-210所示。

7 返回【图层】面板，隐藏【图层2】，选择【图层0】，如图10-211所示，【图层】面板如图10-212所示。

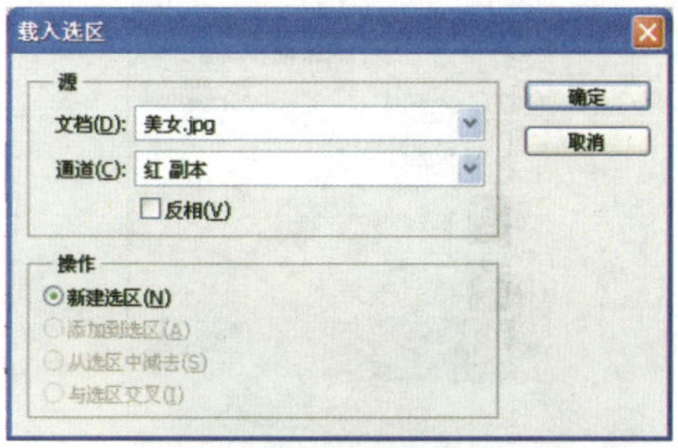

图10–209 【载入选区】对话框

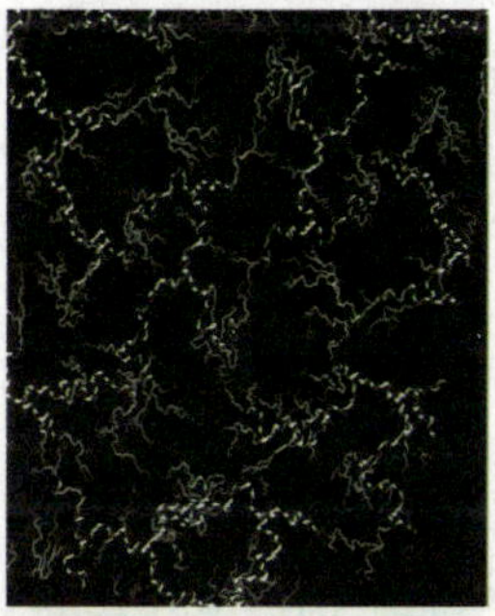
图10–210 载入选区

图10–211 图像效果

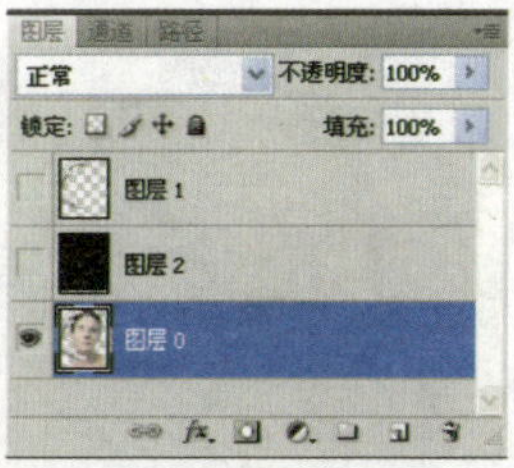

图10–212 【图层】面板

8 选择【图层 0】，单击菜单栏中的【图像】/【调整】/【曲线】命令，或者按【Ctrl+M】组合键，弹出【曲线】对话框，设置如图 10–213 所示，效果如图 10–214 所示。

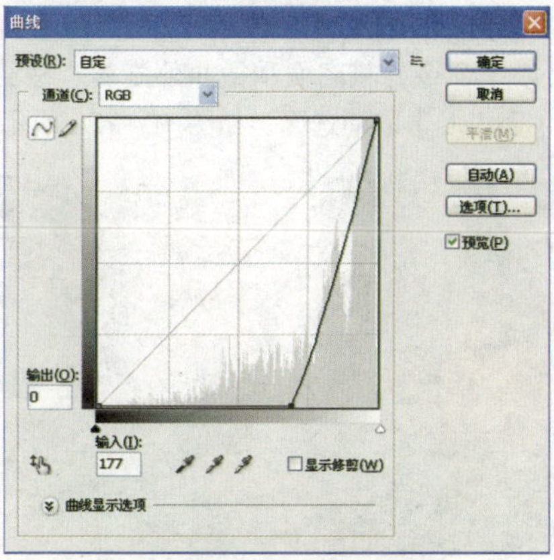

图10–213 【曲线】对话框

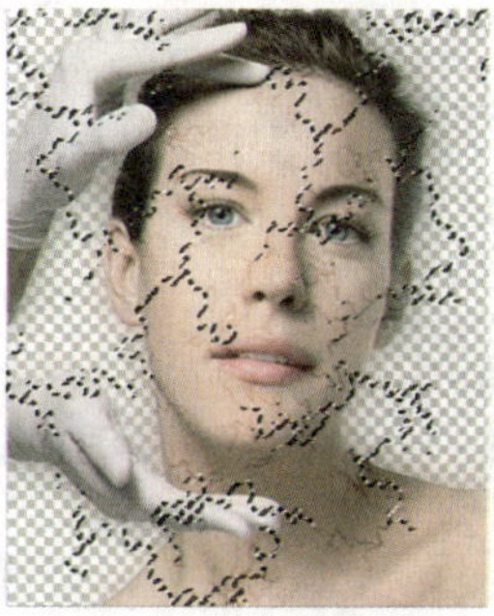
图10–214 图像效果

9 按方向键【↓】，将选区向下移动 1 像素。单击菜单栏中的【图像】/【调整】/【曲线】命令，或者按【Ctrl+M】组合键，弹出【曲线】对话框，设置如图 10–215 所示。按【Ctrl+D】组合键取消选区，效果如图 10–216 所示。

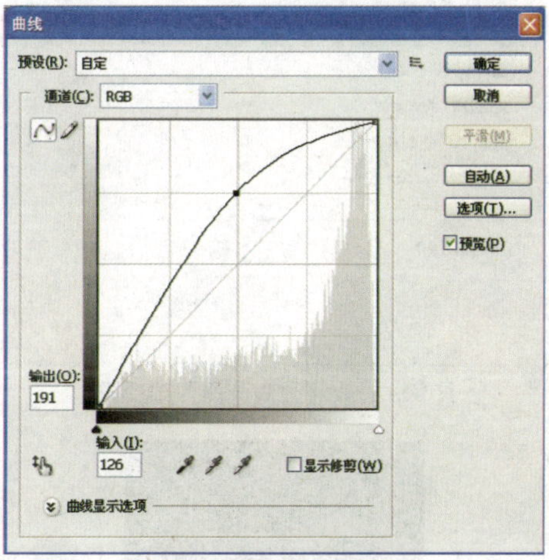

图10–215 【曲线】对话框

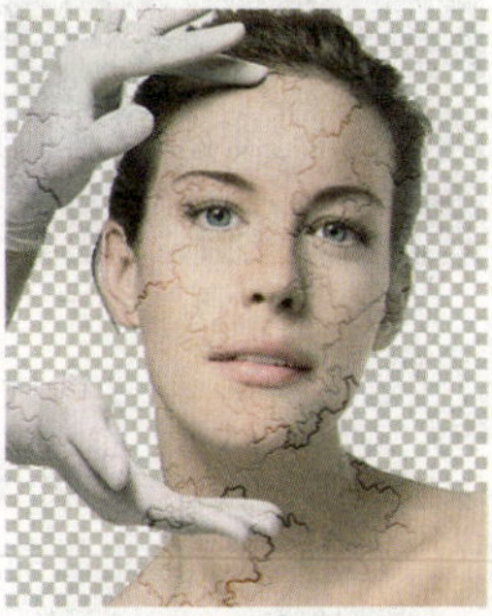
图10–216 图像效果

10 单击菜单栏中的【文件】/【打开】命令，或者按【Ctrl+O】组合键，打开文件【小闪电】，如图 10–217 所示。将其复制到刚刚操作的文档中，得到【图层 3】，【图层】面板如图 10–218 所示。

图10-217　小闪电文件

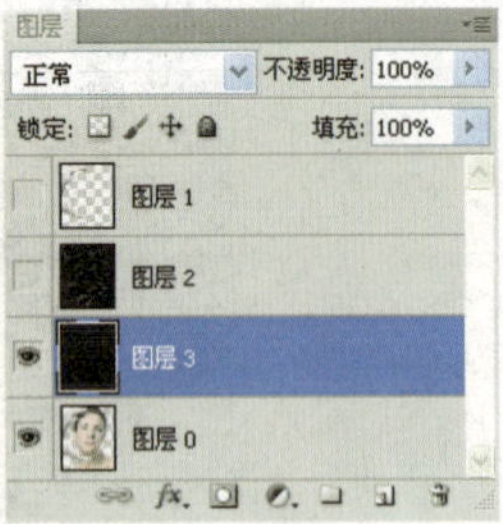

图10-218　【图层】面板

11　选择【通道】面板，复制通道【红】，得到【红副本 2】。单击菜单栏中的【选择】/【载入选区】命令。弹出【载入选区】对话框，设置如图 10-219 所示，选择【确定】完成操作。效果如图 10-220 所示。

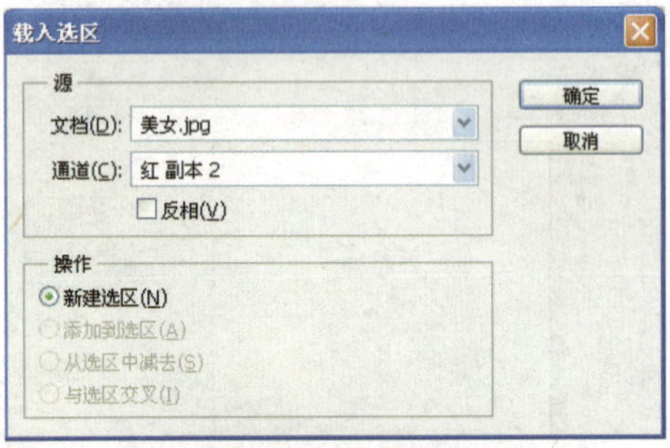

图10-219　【载入选区】对话框

图10-220　图像效果

12　返回【图层】面板，隐藏【图层 3】，选择【图层 0】，如图 10-221 所示。单击菜单栏中的【图像】/【调整】/【曲线】命令，弹出【曲线】对话框，或者按【Ctrl+M】组合键，设置如图 10-222 所示，效果如图 10-223 所示。

13　选择工具栏上的【钢笔工具】，绘制出美女脸部裂纹处路径，如图 10-224 所示。按【Ctrl+Enter】组合键将路径转换为选区，按【Ctrl+J】组合键，复制选区内容到到新建的【图层 4】中。

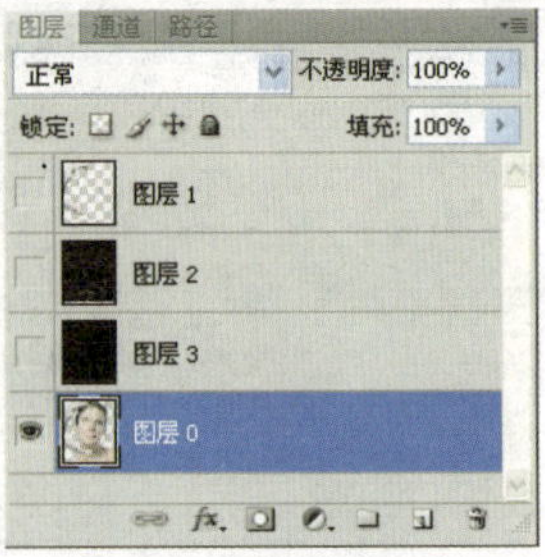

图10-221　【图层】面板

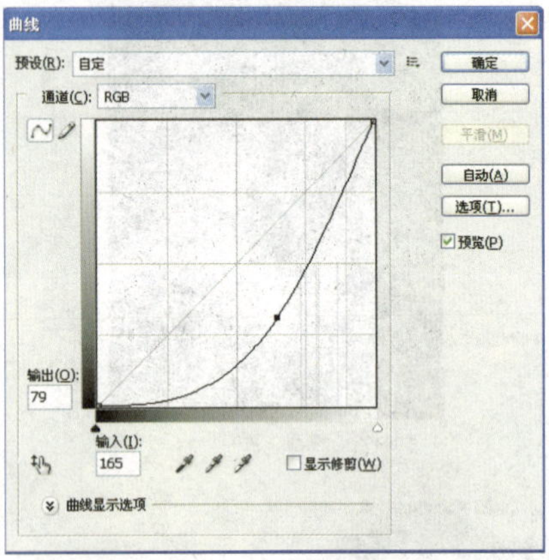

图10-222　【曲线】对话框

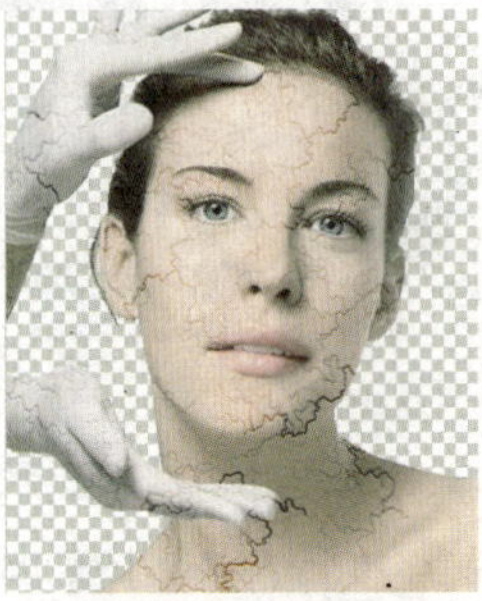

图10-223　图像效果

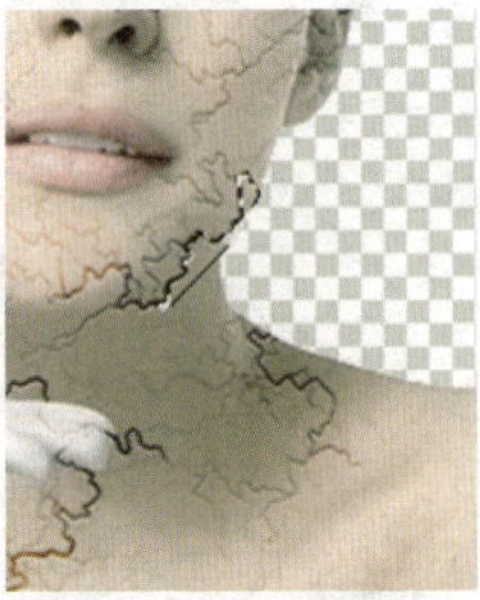

图10-224　绘制路径

14　选择【图层 0】，按【Ctrl】键并单击【图层 4】缩略图，提取【图层 4】选区，如图 10-225 所示。单击菜单栏中的【编辑】/【自由变换】命令，将图像稍微向外旋转。按组合键【Ctrl+D】取消选区，如图 10-226 所示。

图10-225　提取选区

图10-226　自由变换

15 选择【图层】面板，将【图层 4】移到【图层 0】下面，如图 10-227 所示。选择【图层 4】，单击菜单栏中的【编辑】/【变换】/【垂直翻转】命令，然后单击菜单栏中的【编辑】/【变换】/【水平翻转】命令，调整合适位置，如图 10-228 所示。

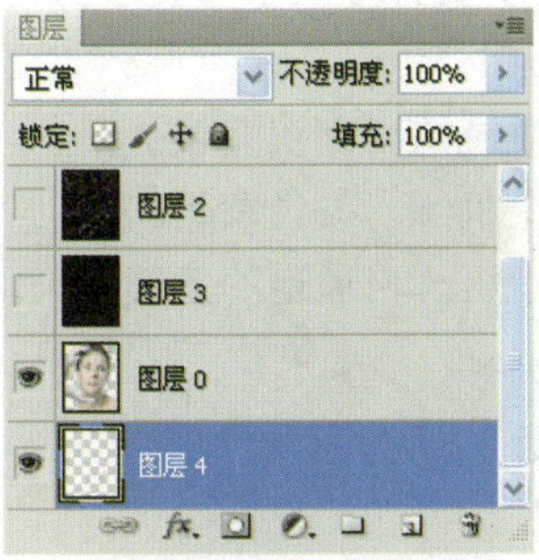

图10-227 【图层】面板

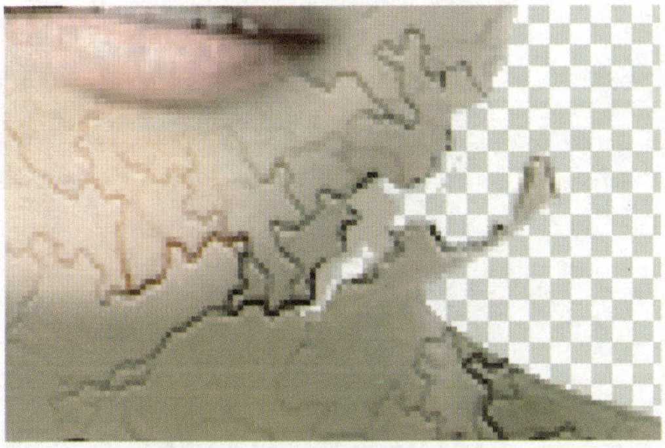

图10-228 水平翻转

16 选择【图层 4】，选择工具栏上的【加深工具】，效果如图 10-229 所示。

图10-229 图像效果

17 脸部断裂方法如上，重复步骤 12 至步骤 15，得到效果如图 10-230 所示，【图层】面板如图 10-231 所示。

18 选择【图层】面板，单击【新建图层】按钮，得到【图层 7】。将【前景色】设置为白色，按【Alt+Delete】组合键填充前景色白色。将【图层 7】移至【图层】面板最底层，【图层】面板如图 10-232 所示，图像效果如图 10-233 所示。

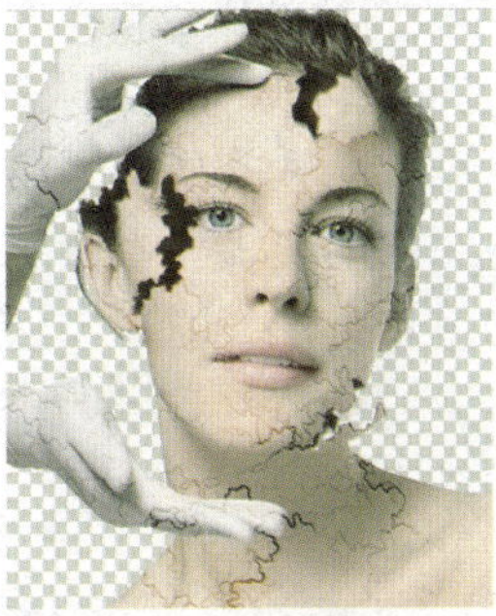

图10-230 图像效果

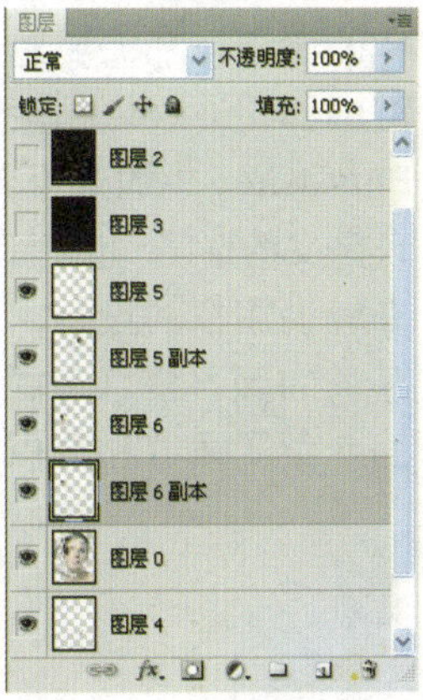

图10-231 【图层】面板

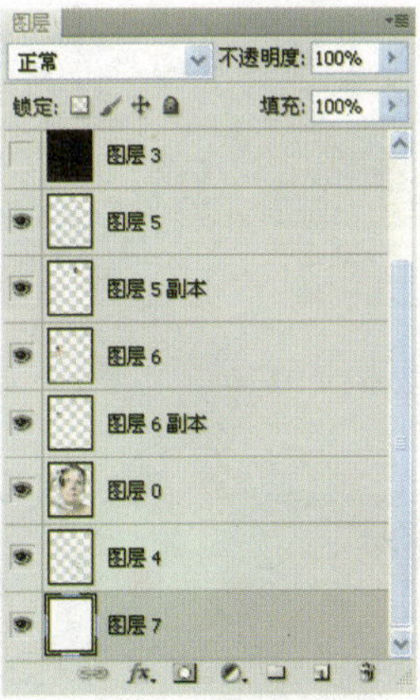

图10-232 【图层】面板

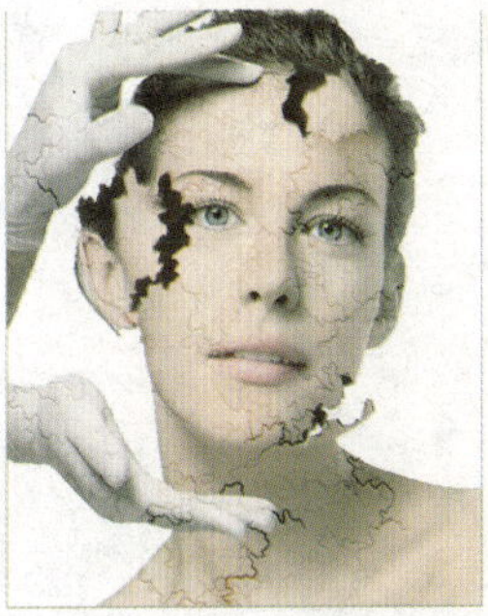

图10-233 图像效果

19 选择【图层】面板，显示【图层 1】，将【图层 1】放在【图层】面板最上层。【图层】面板如图 10-234 所示，最终效果如图 10-235 所示。

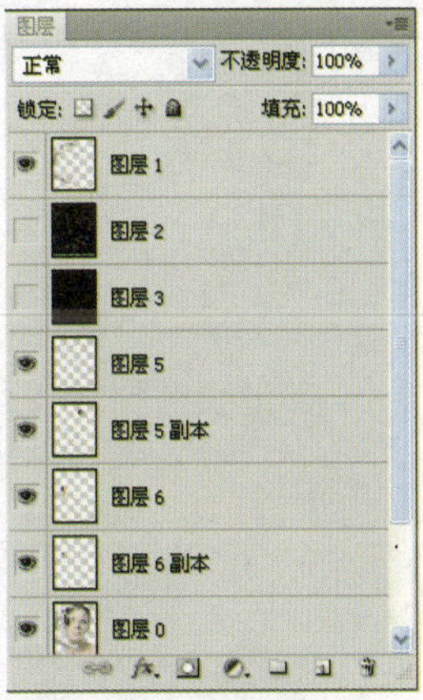

图10-234 【图层】面板

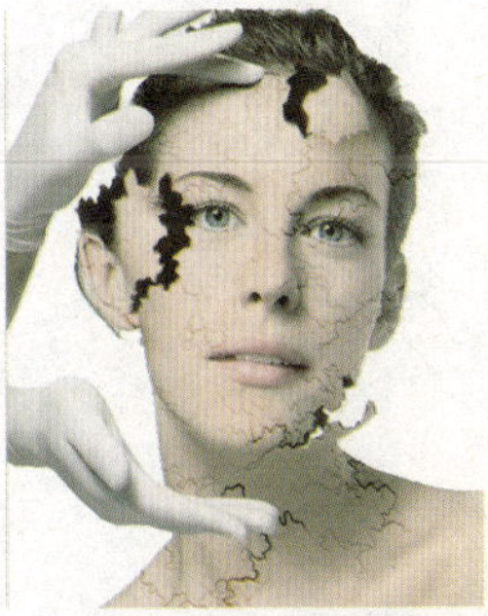

图10-235 最终效果

10.3 本章小结

蒙版最突出的作用就是屏蔽，无论是什么样的蒙版，都需要对图像的某些区域起到屏蔽的作用，这就是蒙版存在的最终意义。在Photoshop中通道用来存放图像的颜色信息及自定义的选区。使用通道可以得到特殊的选区来辅助图像的设计，还可以通过改变通道中存放的颜色信息来调整图像的色调。本章详细介绍了通道和蒙板的使用方法，通道与选区的关系及其相关实例操作等多方面的知识。掌握这些知识，对抠图、图像合成等都有极大的帮助。

10.4 习题

上机题

(1) 上机练习图层蒙版。

(2) 上机练习矢量蒙版。

(3) 上机练习通道的基础操作。

第 11 章 滤镜的彻底研究

本章提要　本章通过两个实例使读者从根本上理解滤镜的使用方法和应用技巧。

11.1 上机实战：魔法水晶球

滤镜的综合应用是 Photoshop 应用中的重要一门技法，利用滤镜可以制作出极具质感的视觉效果。本节就是利用云彩和球面化等多种滤镜的组合应用，制作魔幻球体。最终效果如图 11-1 所示。

图11-1　最终效果

制作魔法水晶球

最终效果：光盘\效果\第 11 章\魔法水晶球

操作步骤

水晶球制作

1 单击菜单栏中的【文件】/【新建】命令，或者按【Ctrl+N】组合键，弹出【新建】对话框，设置如图 11-2 所示。按【Alt+Delete】组合键填充前景色黑色。

2 选择【图层】面板，单击【新建图层】按钮，得到【图层 1】。选择工具栏上的【椭圆选择工具】，绘制选区如图 11-3 所示。将【前景色】设置为【#444444】，按【Alt+Delete】组合键填充前景色。按【Ctrl+D】组合键取消选区。

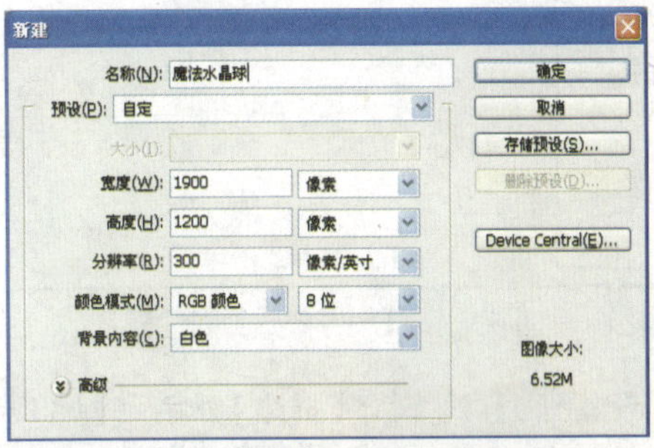

图11-2　【新建】对话框

图11-3　绘制选区

3 选择【图层】面板，双击【图层 1】，设置图层样式，设置【内发光】，如图 11-4 所示。

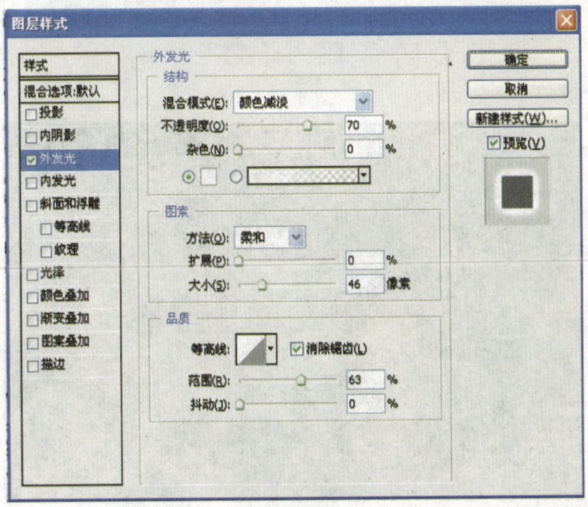

图11-4　【图层样式】对话框

4 设置图层样式，设置【渐变叠加】，渐变颜色由【#19939c】至【#313444】，如图 11-5 所示。

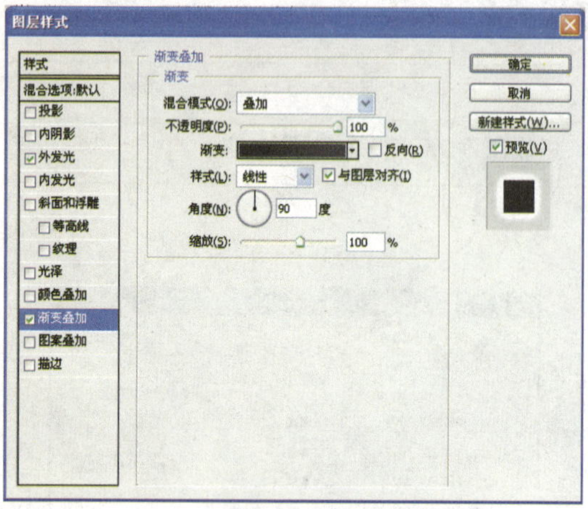

图11-5 【图层样式】对话框

5 设置图层样式，设置【描边】，颜色为【#a395cf】如图 11-6 所示，选择【确定】完成操作，效果如图 11-7 所示。

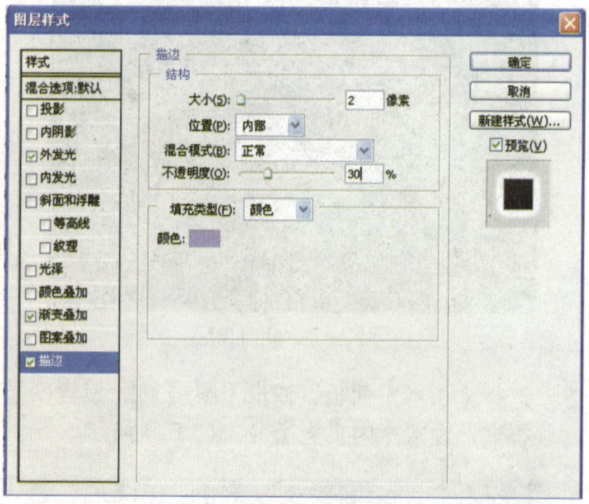

图11-6 【图层样式】对话框

图11-7 图像效果

6 绘制球部高光区域。选择【图层】面板，单击【新建图层】按钮，得到【图层 9】。选择工具栏上的【椭圆选择工具】，绘制选区如图 11-8 所示。

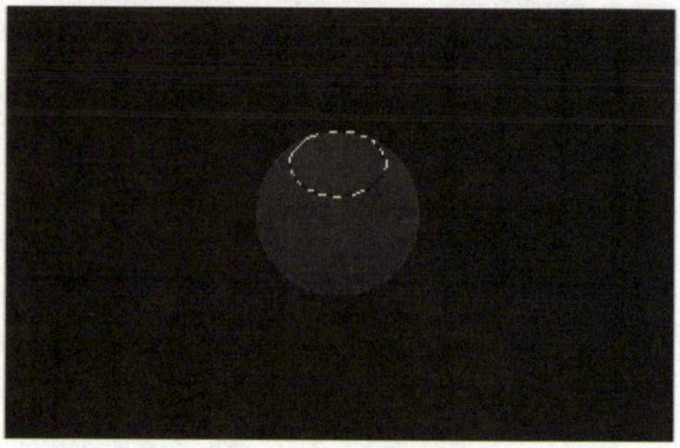

图11-8 绘制选区

7 选择【图层 9】，选择工具栏上的【渐变工具】，绘制由白色至透明的径向渐变。效果如图 11-9 所示。将【不透明度】设置为 40%，如图 11-10 所示，【图层】面板如图 11-11 所示。

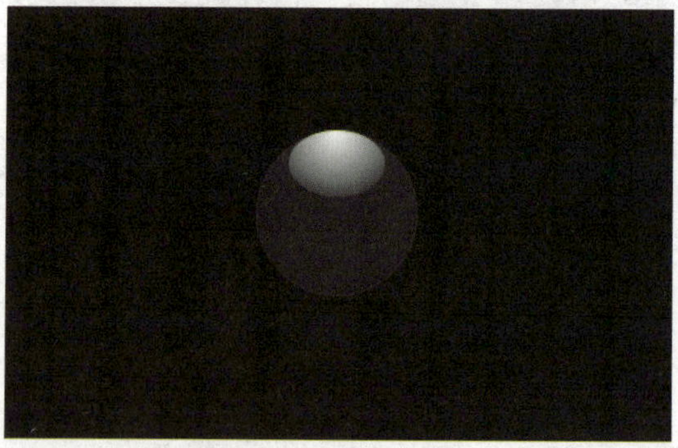

图11-9 径向渐变

图11-10 不透明度40%

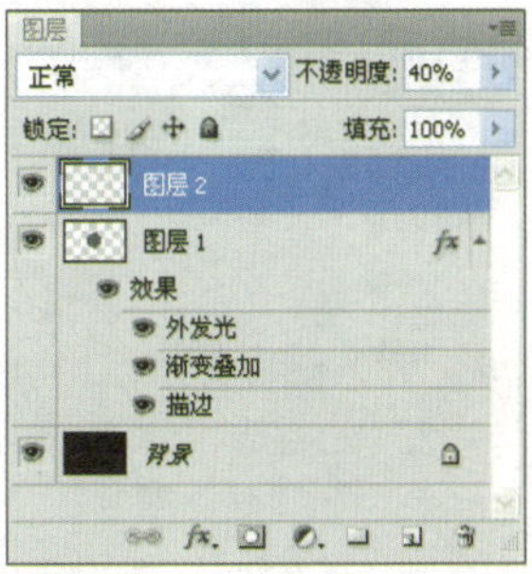

图11–11 【图层】面板

8 选择【图层】面板，单击【新建图层】按钮，得到【图层 3】。选择【图层 3】，按【Ctrl】键并单击【图层 1】缩略图，即在【图层 3】中提取【图层 1】选区，如图 11–12 所示。选择工具栏上的【渐变工具】，绘制由白色至透明的径向渐变，效果如图 11–13 所示。

图11–12 提取【图层1】选区

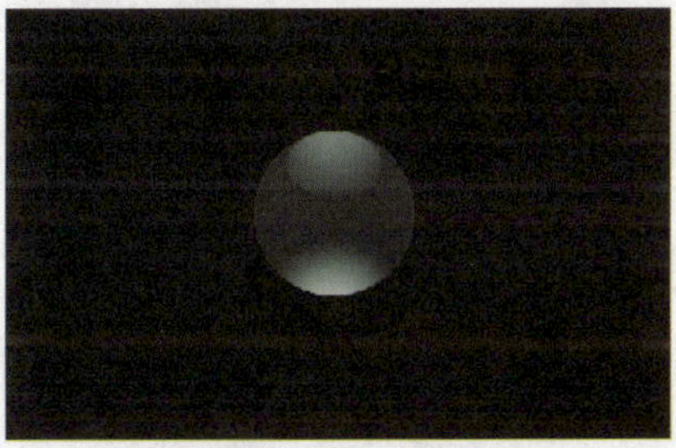
图11–13 径向渐变

9 选择【图层】面板，选择【图层 3】，将【不透明度】设置为 40%，如图 11–14 所示。【图层】面板如图 11–15 所示。

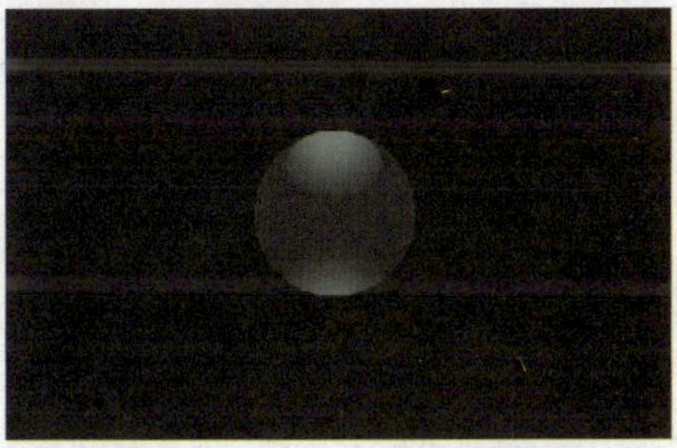
图11–14 不透明度40%

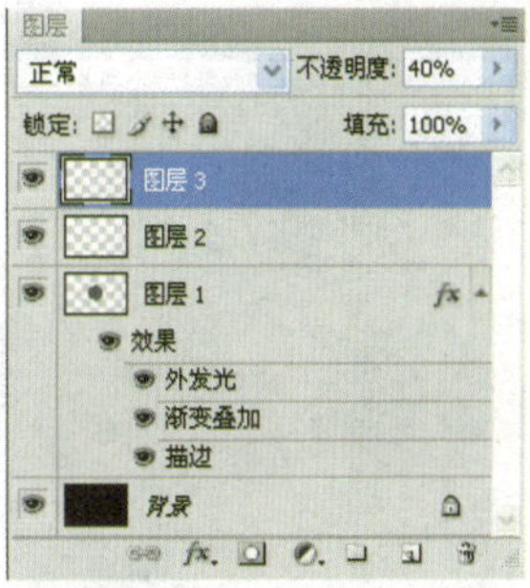

图11–15 【图层】面板

水晶球纹理制作

10 选择【图层】面板，单击【新建图层】按钮，得到【图层 4】。按【D】键恢复默认【前景色】黑色，【背景色】白色。单击菜单栏中的【滤镜】/【渲染】/【云彩】命令，如图 11–16 所示。

> **提 示**
>
> 使用【云彩】命令可以根据前景色和背景色在画面中生成类似于云彩的效果图像。此命令没有对话框，使用时只需要设置好前景色和背景色后，单击菜单栏中的【滤镜】/【渲染】/【云彩】命令，即可生成类似于云彩的效果。

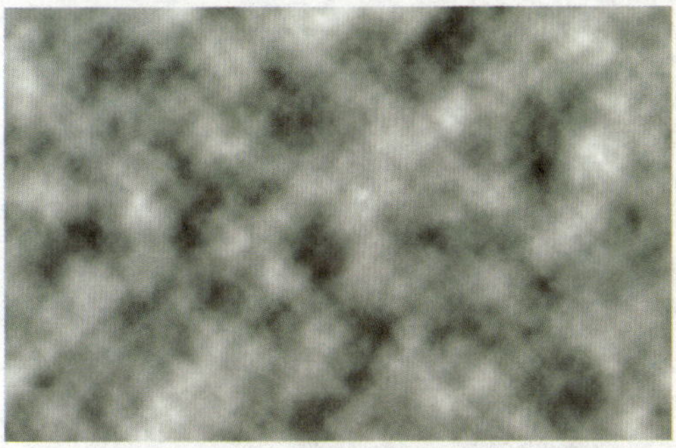
图11–16 云彩 滤镜

11 选择【图层 4】，单击菜单栏中的【滤镜】/【素描】/【铬黄】命令，弹出【铬黄】对话框，设置如图 11–17 所示，效果如图 11–18 所示。

> **提 示**
>
> 使用【铬黄渐变】命令，可以根据原图像的明暗分布情况产生磨光的金属效果。

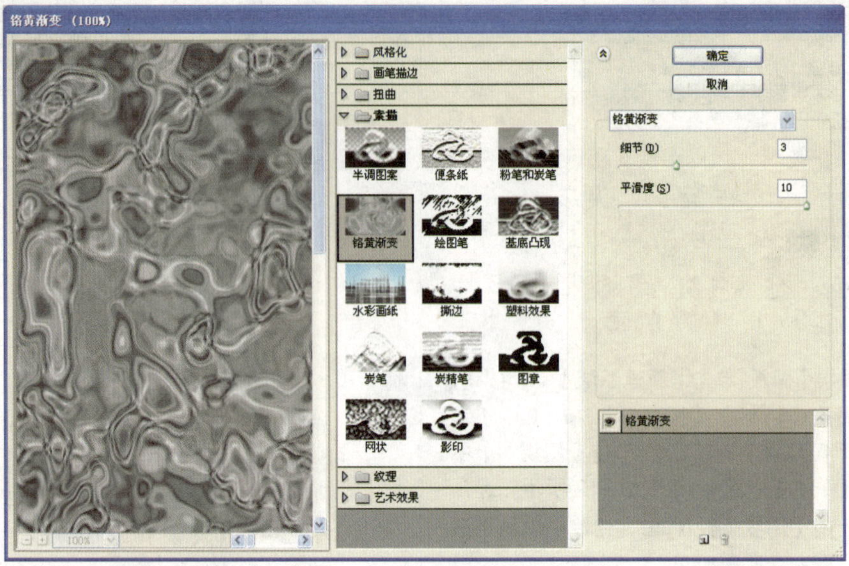

图11–17 【铬黄】对话框

图11–18 图像效果

12 选择【图层 4】,按【Ctrl】键并单击【图层 1】缩略图，即在【图层 4】中提取【图层 1】选区，如图 11–19 所示。

图11–19 提取【图层1】选区

13 选择【图层 4】,单击菜单栏中的【滤镜】/【扭曲】/【球面化】命令,弹出【球面化】对话框,设置如图 11–20 所示,效果如图 11–21 所示。

提 示

使用【球面化】滤镜可以将图像挤压产生球面立体效果。

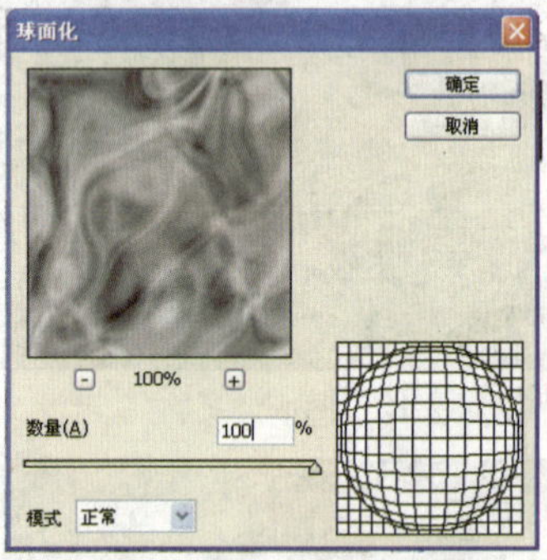

图11–20 球面化

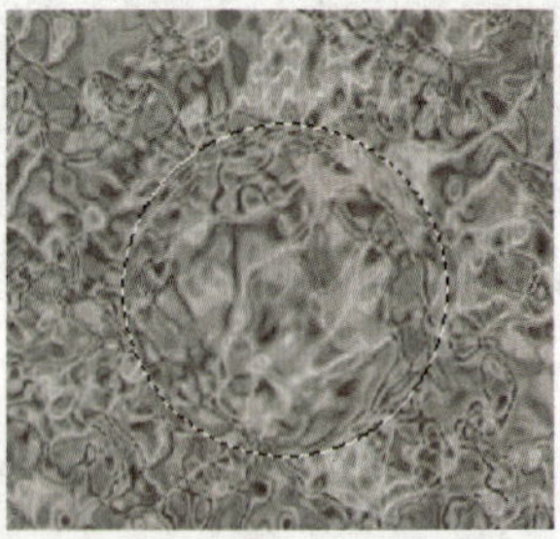

图11–21 图像效果

14 选择【图层 4】,单击菜单栏中的【滤镜】/【画笔描边】/【喷色描边】命令，弹出【喷色描边】对话框，设置如图 11–22 所示，效果如图 11–23 所示。

提 示

使用【喷色描边】命令是用图像的主导色按一定的角度在画面中喷射，以重新绘制图像。

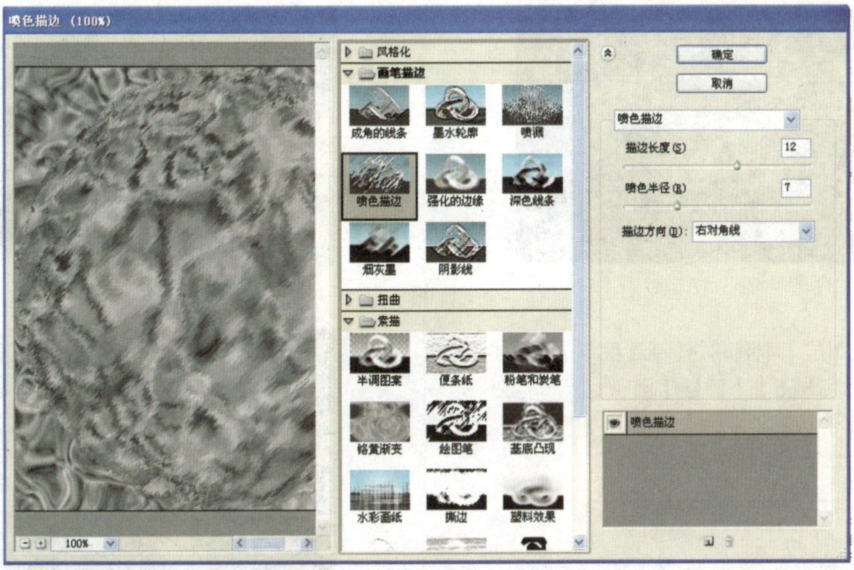

图11-22 【喷射描边】对话框

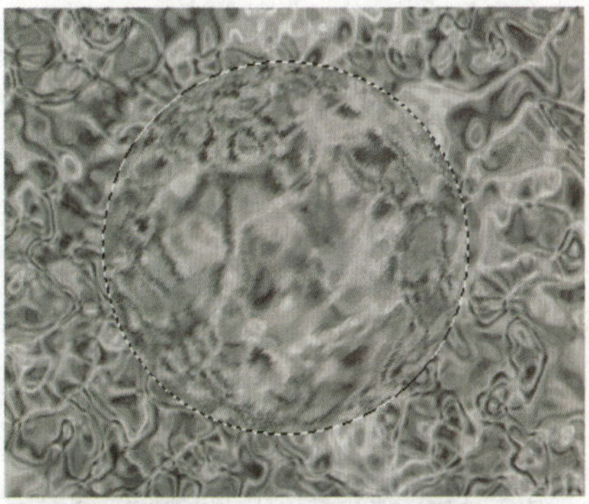

图11-23 图像效果

15 选择【图层】面板，双击【图层 1】，设置图层样式，如图 11-24 所示。

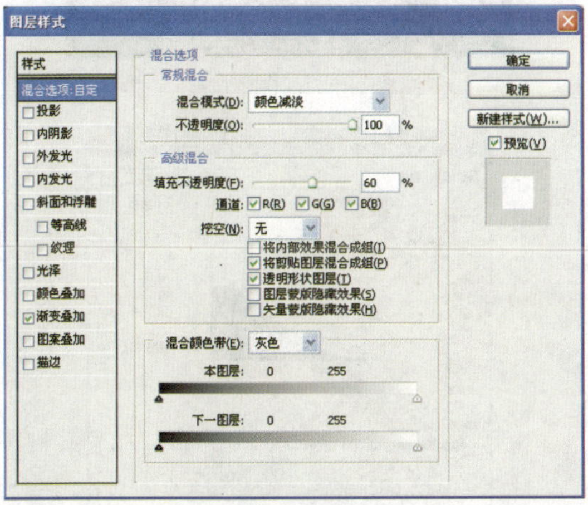

图11-24 【图层样式】对话框

16 设置【图层样式】，设置【渐变叠加】，渐变颜色由【#47014d】至【#003a93】至【#e54b00】，如图 11-25 所示，效果如图 11-26 所示。

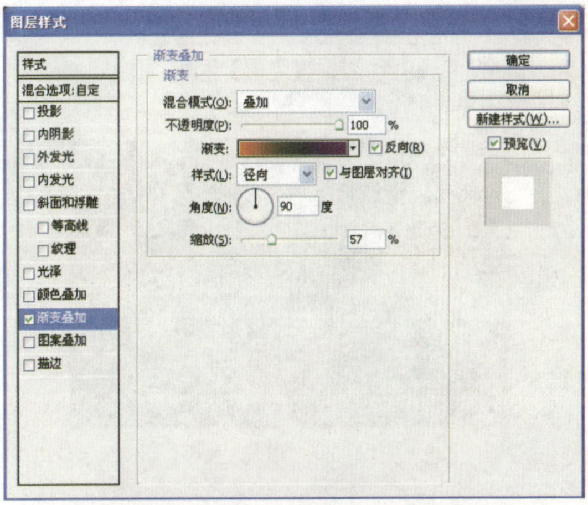

图11-25 【图层样式】对话框

图11-26 图像效果

17 选择【图层】面板，将【图层 4】移至【图层 1】上层，如图 11-27 所示。

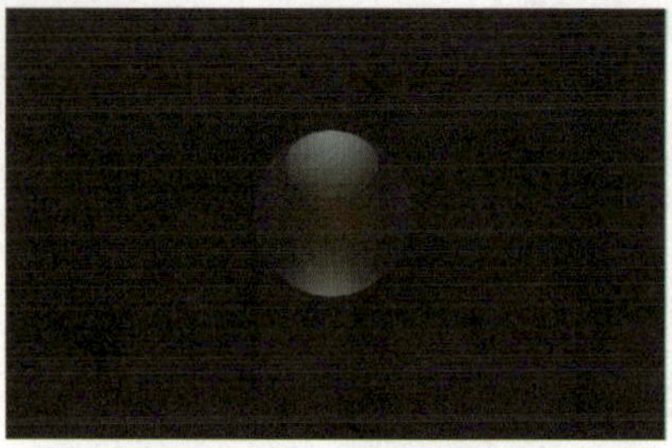

图11-27 图像效果

18 选择【图层】面板，单击【新建图层】按钮，得到【图层5】，【图层】面板如图11-28所示。单击菜单栏中的【滤镜】/【渲染】/【云彩】命令，如图11-29所示。

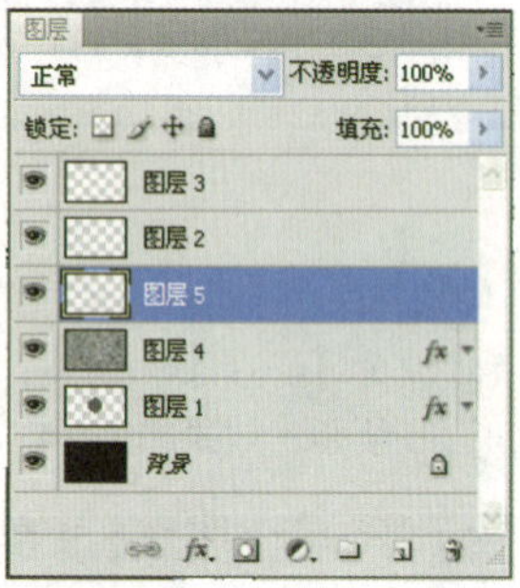

图11-28 【图层】面板

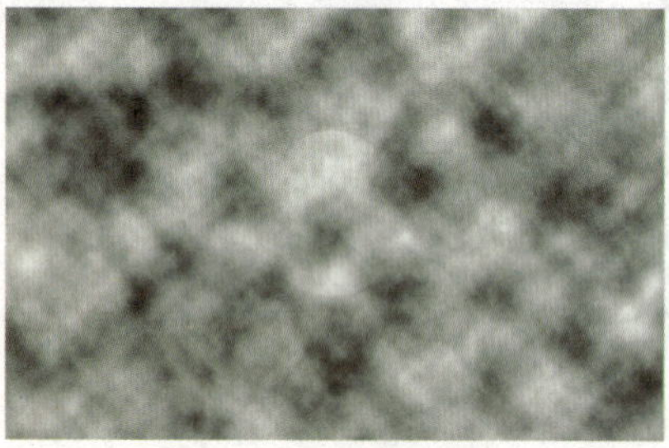

图11-29 滤镜 云彩

19 选择【图层5】，单击菜单栏中的【滤镜】/【渲染】/【分层云彩】命令，如图11-30所示。单击菜单栏中的【编辑】/【自由变换】命令，或者按【Ctrl+T】组合键，将图像缩小，按【Enter】键完成操作，如图11-31所示。

提 示

【分层云彩】滤镜使用随即生成的前景色和背景色之间的值来生成云彩图案，产生类似与负片的效果，此滤镜不能应用于Lab模式的图像。此滤镜没有对话框，可以直接应用。

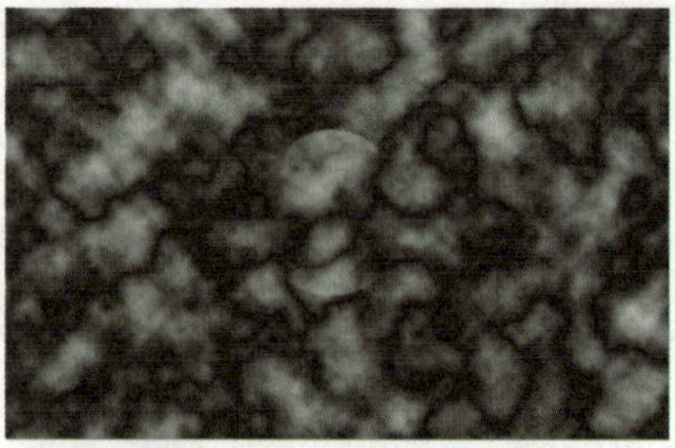

图11-30 滤镜 分层云彩

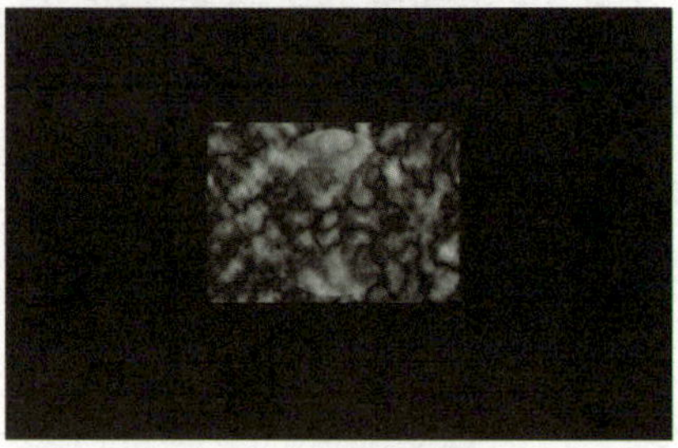

图11-31 自由变换

20 选择【图层5】，单击菜单栏中的【图像】/【调整】/【反相】命令，或者按【Ctrl+Shift+I】组合键，如图11-32所示。单击菜单栏中的【图像】/【调整】/【色阶】命令，或者按【Ctrl+L】组合键。弹出【色阶】对话框，设置如图11-33所示，效果如图11-34所示。将图层【混合模式】设置为【颜色减淡】，如图11-35所示，【图层】面板如图11-36所示。

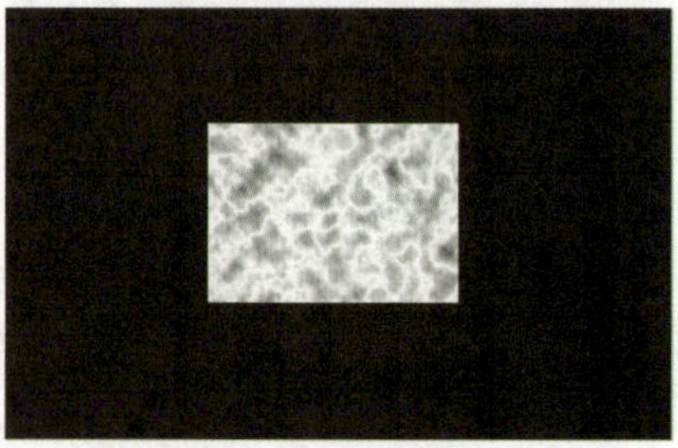

图11-32 图像反相

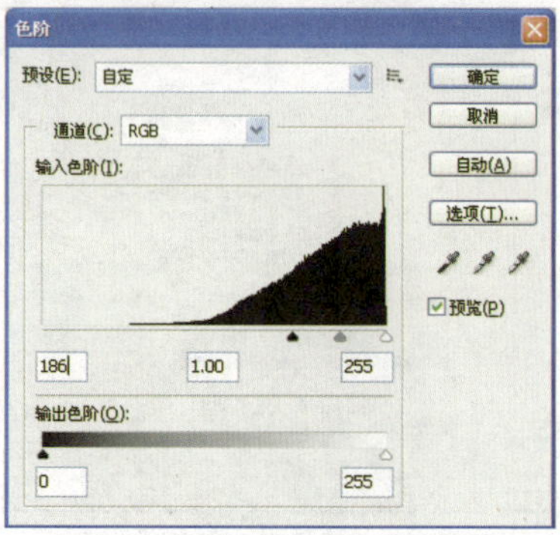

图11-33 【色阶】对话框

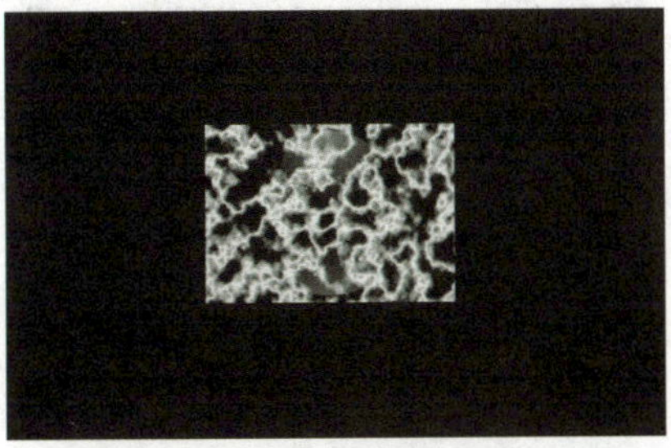

图11–34　图像效果

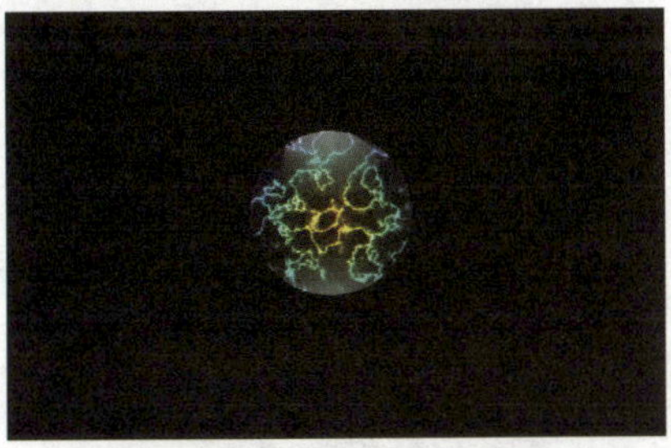

图11–35　【颜色减淡】混合模式

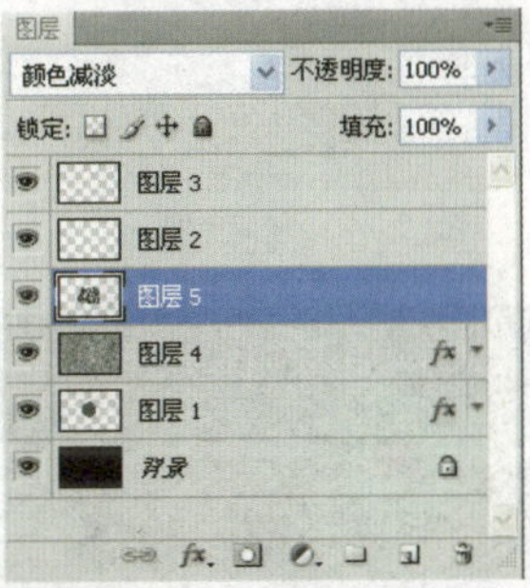

图11–36　【图层】面板

21 选择【图层 5】，单击菜单栏中的【编辑】/【自由变换】命令，或者按【Ctrl+T】组合键，将图像旋转，如图 11–37 所示。按【Enter】键完成操作。

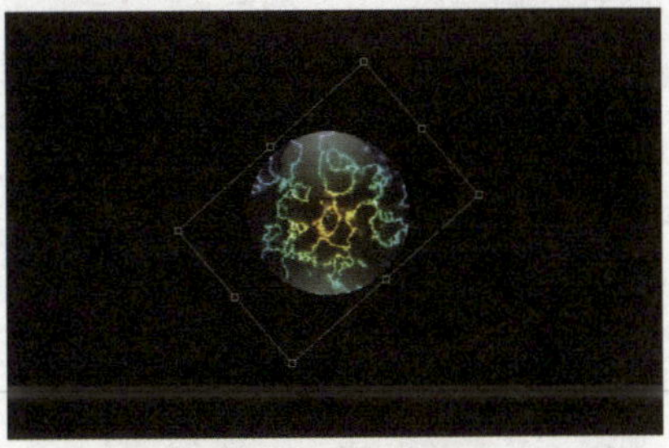

图11–37　自由变换

22 选择【图层 5】，按【Ctrl】键并单击【图层 1】缩略图。单击菜单栏中的【滤镜】/【扭曲】/【球面化】命令，弹出【球面化】对话框，设置如图 11–38 所示。按【Ctrl+D】组合键取消选区，效果如图 11–39 所示。

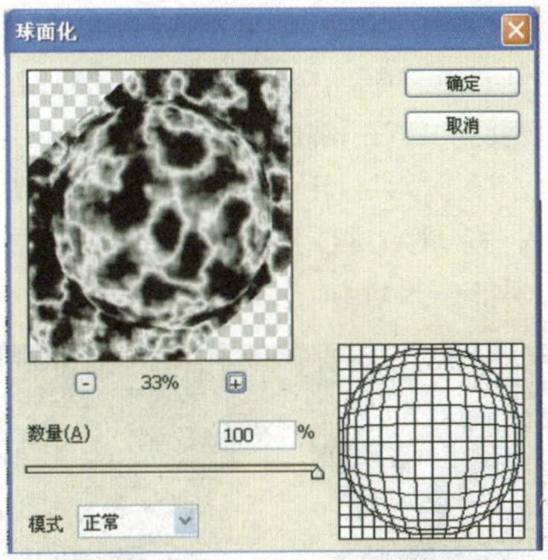

图11–38　【球面化】对话框

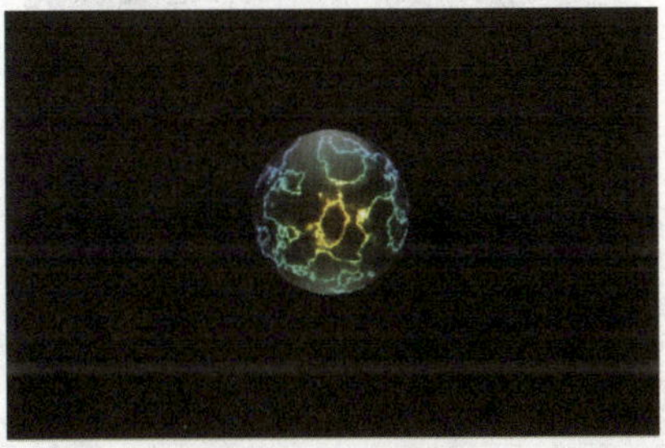

图11–39　图像效果

23 选择【图层 5】，按【Ctrl+J】组合键，得到【图层 5 副本】，单击菜单栏中的【编辑】/【自由变换】命令，或者按【Ctrl+T】组合键，将图像旋转，如图 11–40 所示，按【Enter】键完成操作。将【不透明度】设置为 40%，如图 11–41 所示。

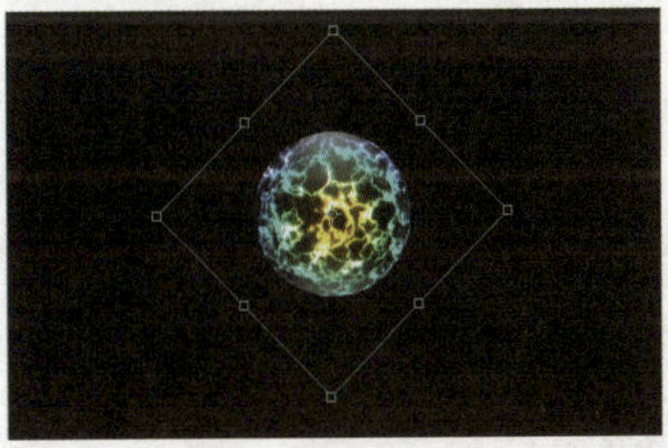

图11–40　自由变换

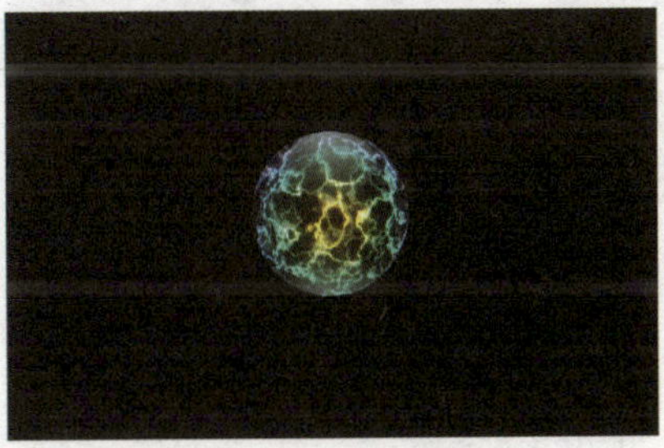

图11–41　不透明度40%

24 选择【图层】面板,单击【新建图层】按钮,得到【图层6】。按【Ctrl】键并单击【图层1】缩略图。即在【图层6】中提取【图层1】选区。按【Ctrl+Delete】组合键填充背景色白色。按【Ctrl+D】组合键取消选区，如图11-42所示。

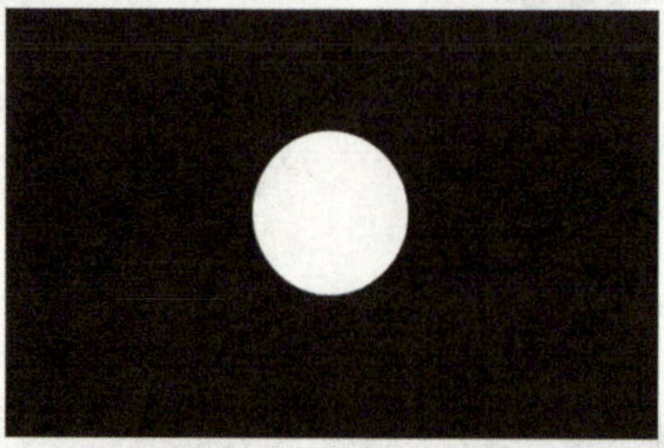

图11-42　填充白色

25 选择【图层】面板，双击【图层6】，设置图层样式，如图11-43所示。

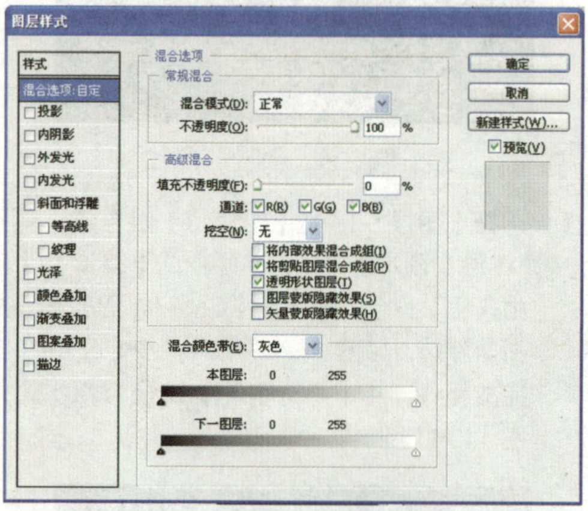

图11-43　【图层样式】对话框

26 设置【图层样式】，设置【渐变叠加】，渐变颜色由黑色至【#3b3b3b】,如图11-44所示，效果如图11-45所示。

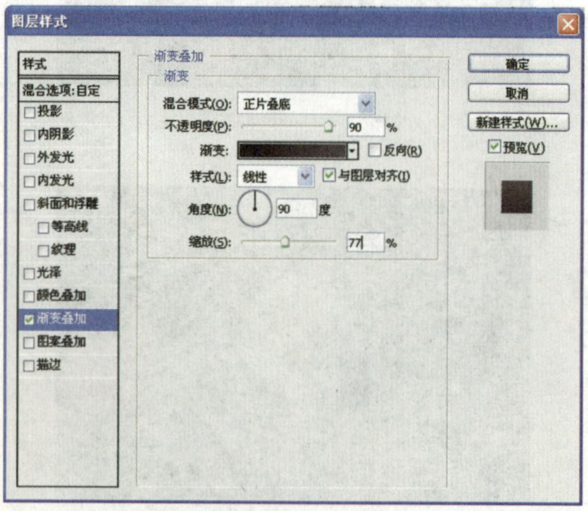

图11-44　【图层样式】对话框

图11-45　图像效果

27 选择【图层】面板，将【图层5副本】移至【图层5】下层。将【图层6】移至【图层5】下层,【图层】面板如图11-46所示，效果如图11-47所示。

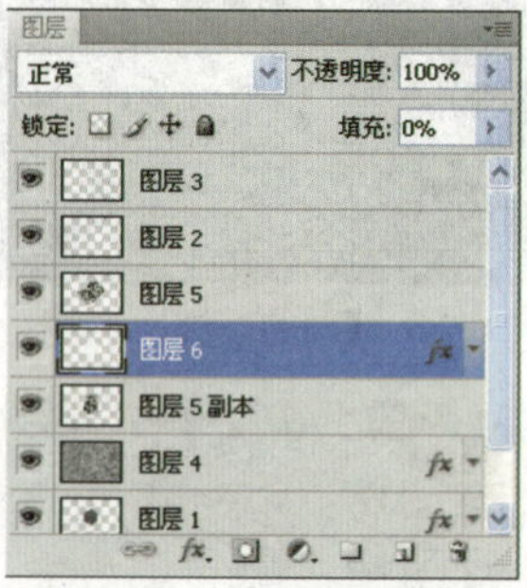

图11-46　【图层】面板

图11-47　图像效果

28 选择【图层】面板,单击【新建图层】按钮,得到【图层7】。将【图层7】移至【图层9】下层。单击菜单栏中的【滤镜】/【渲染】/【云彩】命令，如图11-48示。单击菜单栏中的【编辑】/【自由变换】命令,或者按【Ctrl+T】对话框,将云彩调整合适大小。如图11-49示,按【Enter】键完成操作。

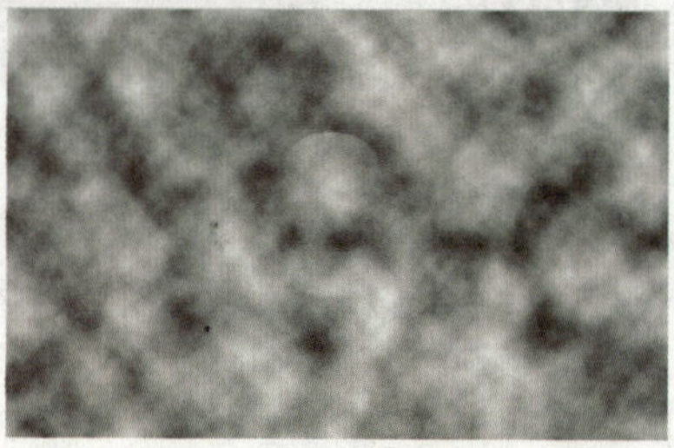

图11-48　滤镜 云彩

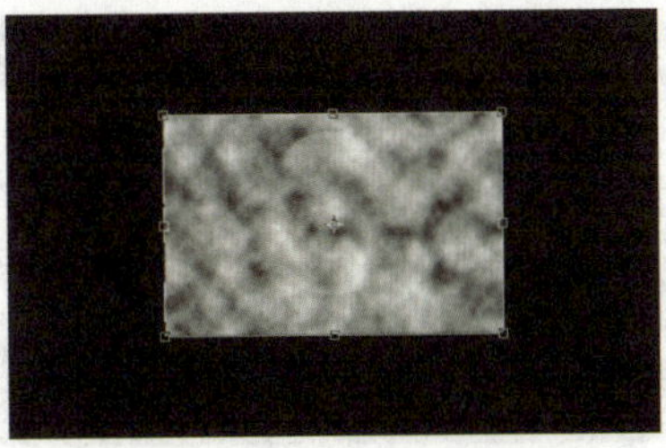

图11-49 自由变换

29 选择【图层 7】，单击菜单栏中的【滤镜】/【扭曲】/【波浪】命令，弹出【波浪】对话框，设置如图 11-50，效果如图 11-51 所示。

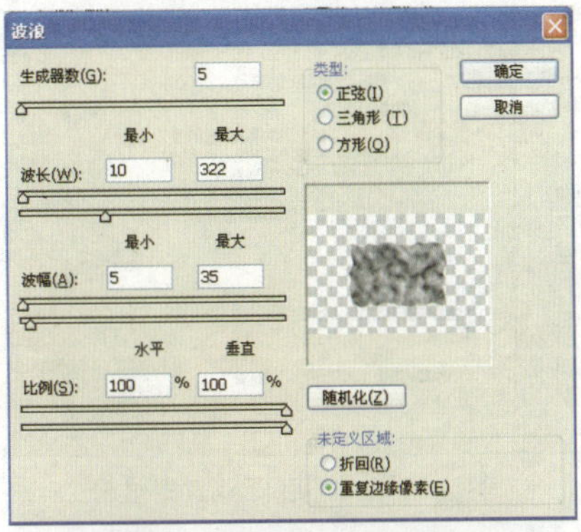

图11-50 【波浪】对话框

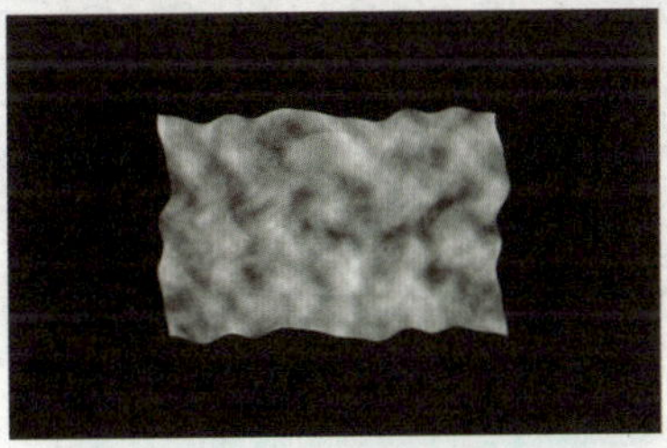

图11-51 图像效果

提 示

使用【波浪】滤镜同样可以生成强烈的水波纹效果。

【生成器数】：其数字用来控制生成波纹的数量。

【波长】：决定生成波纹之间的距离。

【波幅】：决定生成波纹之间的距离。

【比例】：决定所生成波纹在水平和垂直方向上的缩放比例。

【类型】：决定生成波纹的类型，包括【正弦】、【三角形】和【方形】三个选项。选择不同的按钮，将生成不同的波纹效果。

【随机化】：单击此按钮，会自动生成一种与前面不同的波纹。

【未定义区域】：决定像素移动后生成的空白区域以何种方式进行填充。包括【折回】和【重复边缘像素】两个选项。

30 选择【图层 7】，单击菜单栏中的【滤镜】/【画笔描边】/【喷溅】命令，弹出【喷溅】对话框，设置如图 11-52，效果如图 11-53 所示。

提 示

使用【喷溅】命令，可以在图像中产生颗粒飞溅的效果。

【喷色半径】：此选项数值大小直接影响画面效果，数值越大，画面效果越明显。

【平滑度】：决定图像的平滑程度，数值越小，颗粒效果越明显。

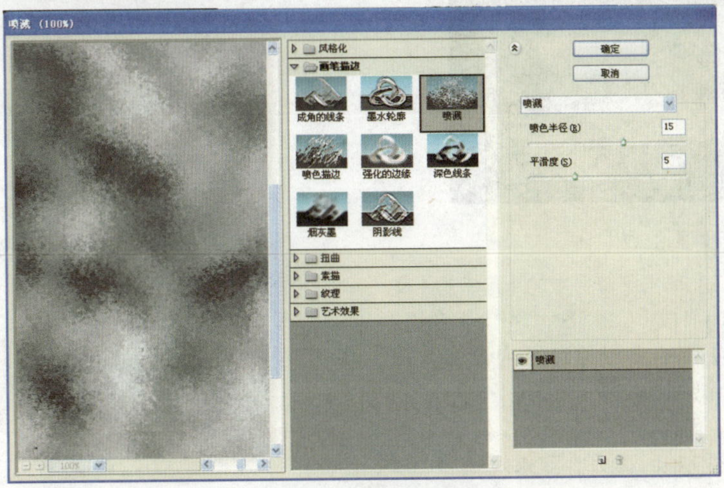

图11-52 【喷溅】对话框

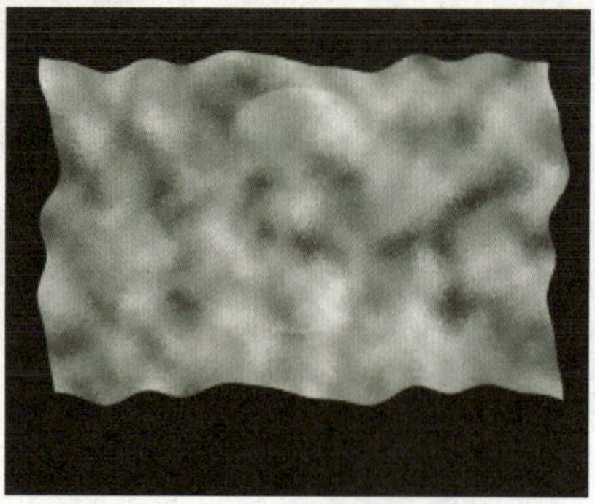

图11-53　图像效果

31 选择【图层7】。按【Ctrl】键并单击【图层1】缩略图，即在【图层7】中提取【图层1】选区。单击菜单栏中的【滤镜】/【扭曲】/【球面化】命令，弹出【球面化】对话框，设置如图11-54所示，效果如图11-55所示。

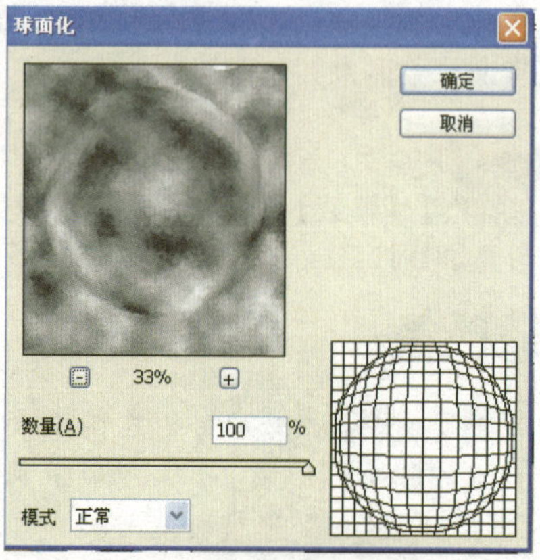

图11-54　【球面化】对话框

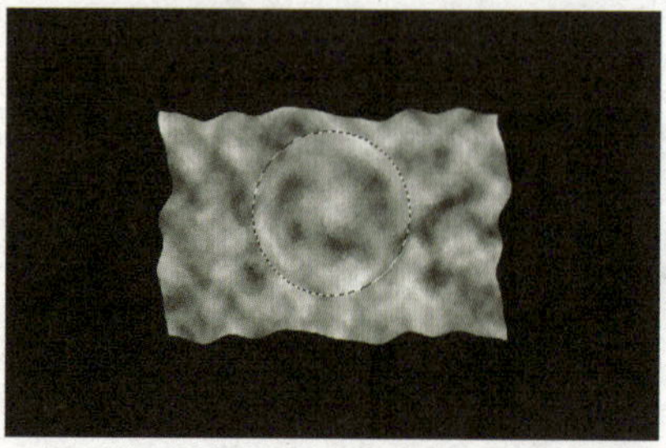

图11-55　图像效果

32 选择【图层7】，单击菜单栏中的【选择】/【反向】命令，或者按【Ctrl+Shift+I】组合键。按【Delete】组合键删除选区内图像。按【Ctrl+D】组合键取消选区，如图11-56所示。

33 选择【图层】面板，双击【图层7】，设置图层样式，如图11-57所示，效果如图11-58所示。

图11-56　反向删除

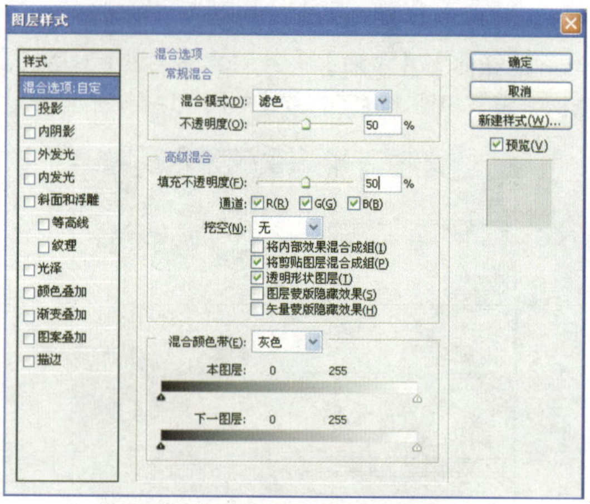

图11-57　【图层样式】对话框

图11-58　图像效果

34 选择【图层】面板，单击【新建图层】按钮，得到【图层9】，将【图层9】移至【图层1】上层，【图层】面板如图11-59所示。

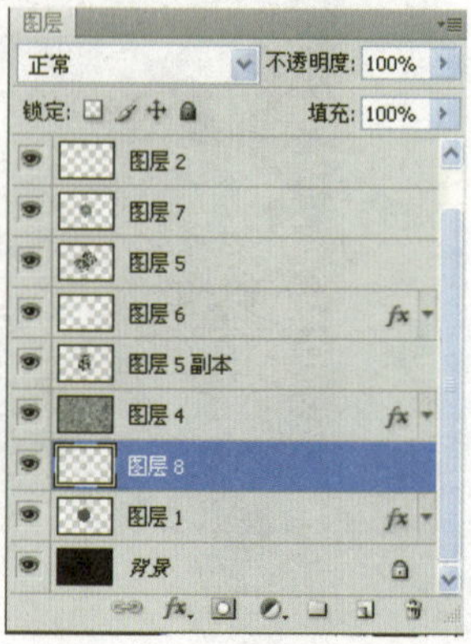

图11-59　【图层】面板

35 选择【图层】面板，选择【图层 4】。按【Ctrl】键并单击【图层 1】缩略图。即在【图层 4】中提取【图层 1】选区。单击【添加图层蒙版】按钮，【图层】面板如图 11-60 所示。

36 分别选择【图层 5】、【图层 5 副本】、【图层 6】，重复步骤 35，【图层】面板如图 11-61 所示。

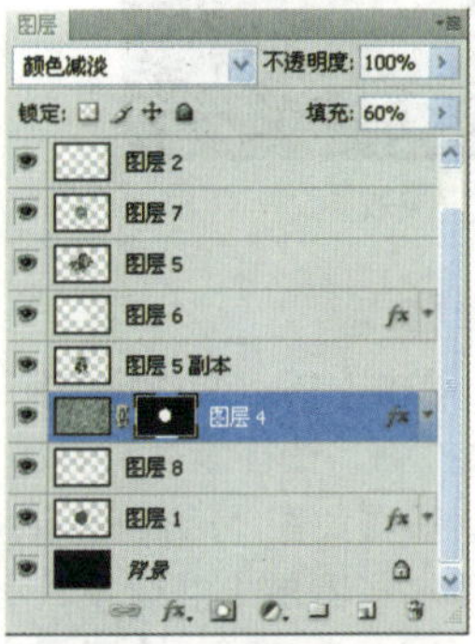

图11-60 【图层】面板

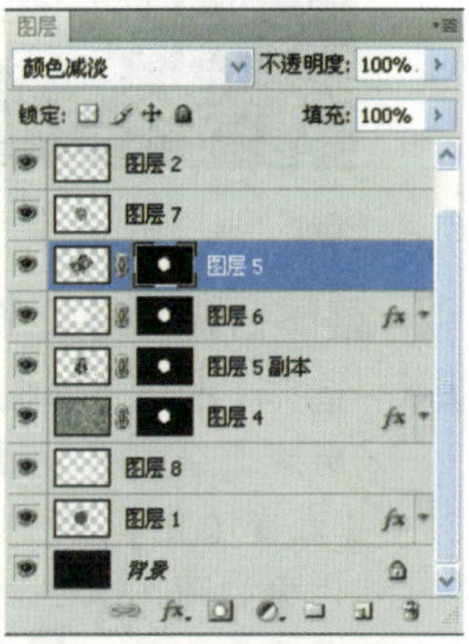

图11-61 【图层】面板

制作投影

37 选择【图层 9】，将【前景色】设置为白色。选择工具栏上的【椭圆选择工具】，绘制选区如图 11-62 所示。按【Alt+Delete】组合键填充前景色。按【Ctrl+D】组合键取消选区，如图 11-63 所示。

图11-62 绘制选区

图11-63 填充前景色

38 选择【图层 9】，单击菜单栏中的【滤镜】/【模糊】/【高斯模糊】命令，弹出【高斯模糊】对话框，设置如图 11-64 所示，效果如图 11-65 所示。

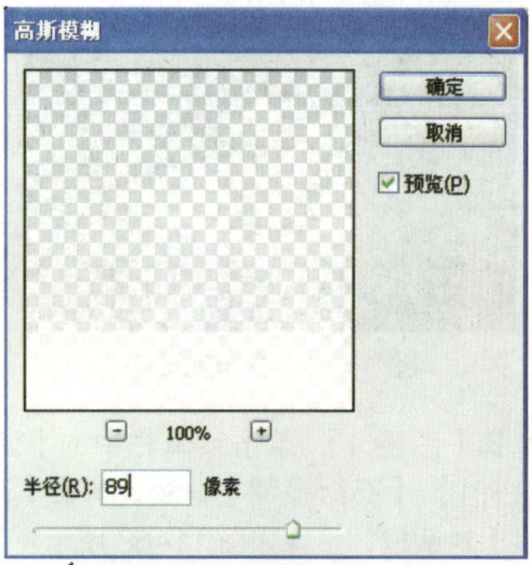

图11-64 【高斯模糊】对话框

图11-65 图像效果

> **提 示**
>
> 使用【高斯模糊】滤镜可以通过控制模糊半径来对图像进行模糊。
>
> 【半径】：设置图像的模糊程度，数值越大，模糊越强烈；数值越小，模糊越微弱。

39 选择【图层】面板，单击【新建图层】按钮，得到【图层 9】，将【图层 9】移至【图层 9】上层。

40 选择工具栏上的【椭圆选择工具】，绘制选区如图 11-66 所示，将【前景色】设置为黑色。按【Alt+Delete】组合键填充前景色，如图 11-67 所示。

图11-66 绘制选区

图11-67　填充前景色

41 选择【图层 9】，单击菜单栏中的【滤镜】/【模糊】/【高斯模糊】命令，弹出【高斯模糊】对话框，设置如图 11-68 所示，效果如图 11-69 所示。

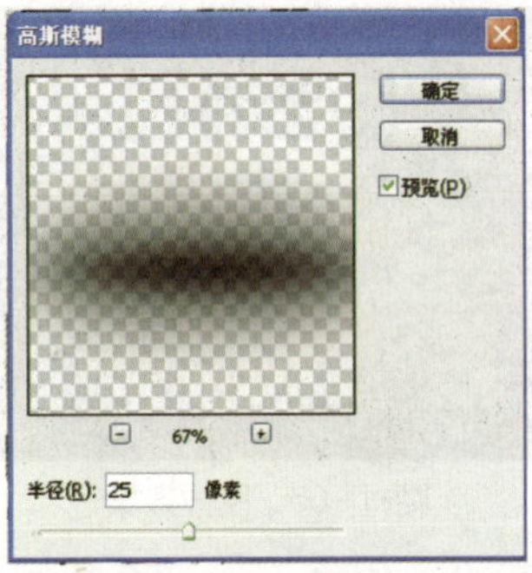

图11-68　【高斯模糊】对话框

图11-69　图像效果

42 绘制球顶光。选择【图层】面板，单击【新建图层】按钮，得到【图层 10】，将【图层 10】移至【图层】面板最顶层，如图 11-70 所示。

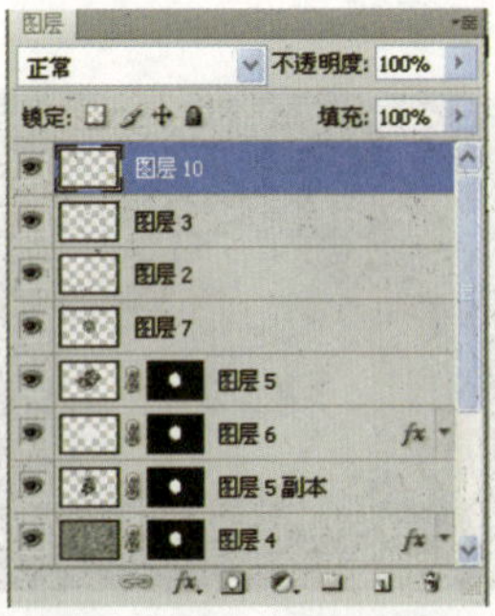

图11-70　【图层】面板

43 重复步骤 5 至步骤 6。将【高斯模糊】参数设置为 70%，效果如图 11-71 所示。

图11-71　图像效果

整体色调调整及光晕制作

44 选择【图层】面板，单击【创建新的填充图层或调整图层】按钮，选择渐变，弹出【渐变填充】对话框，设置如图 11-72 所示，效果如图 11-73 所示。将图层【混合模式】设置为【叠加】，如图 11-74 所示，【图层】面板如图 11-75 所示。

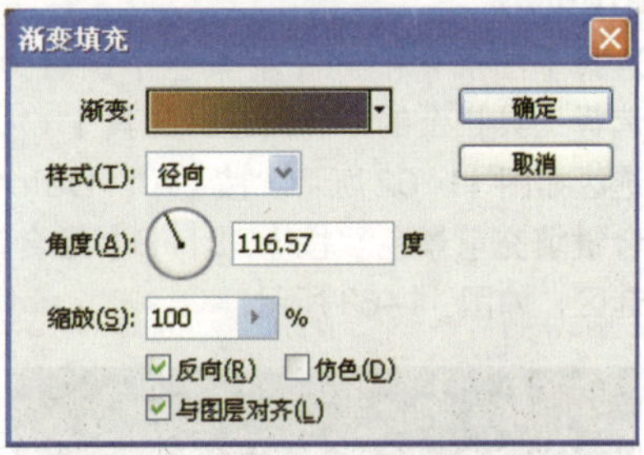

图11-72　【渐变填充】对话框

图11-73　图像效果

图11-74　【叠加】混合模式

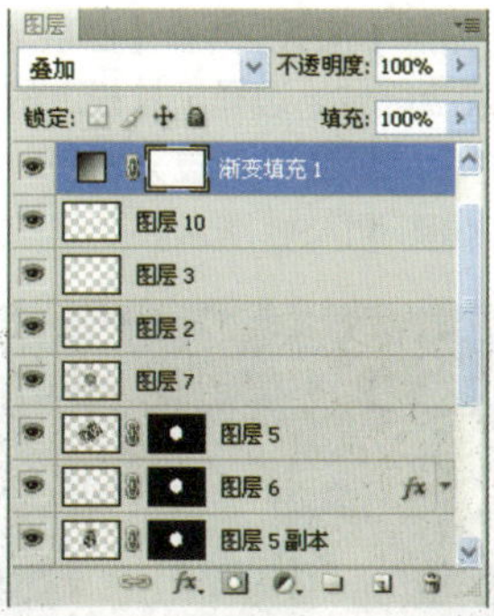

图11-75 【图层】面板

45 选择【图层】面板，单击【图层 渐变填充 1】蒙版，选择工具栏上的【渐变工具】，绘制由白色至黑色的线性渐变。效果如图 11-76 所示，【图层】面板如图 11-77 所示。

图11-76 线性渐变

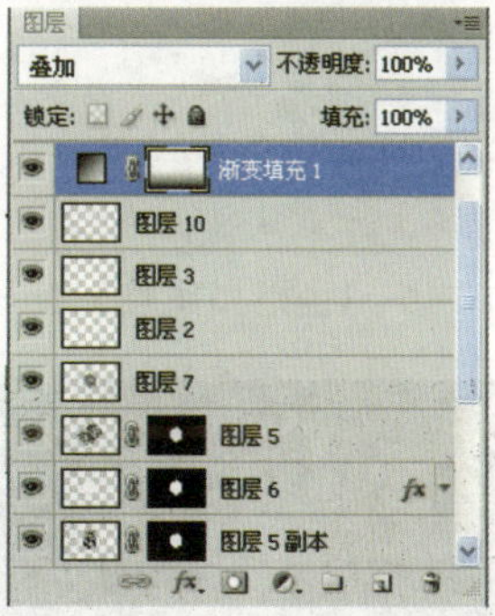

图11-77 【图层】面板

46 选择【图层】面板，单击【新建图层】按钮，得到【图层 11】。按【D】键恢复默认前景色黑色，按【Alt+Delete】组合键填充前景色，【图层】面板如图 11-78 所示。

47 选择【图层 11】，单击菜单栏中的【滤镜】/【渲染】/【镜头光晕】命令，弹出【镜头光晕】对话框，设置如图 11-79 所示，效果如图 11-80 所示。

48 选择【图层 11】，单击菜单栏中的【图像】/【调整】/【色阶】命令，或者按【Ctrl+L】对话框，弹出【色阶】对话框，设置如图 11-81 所示，效果如图 11-82 所示。

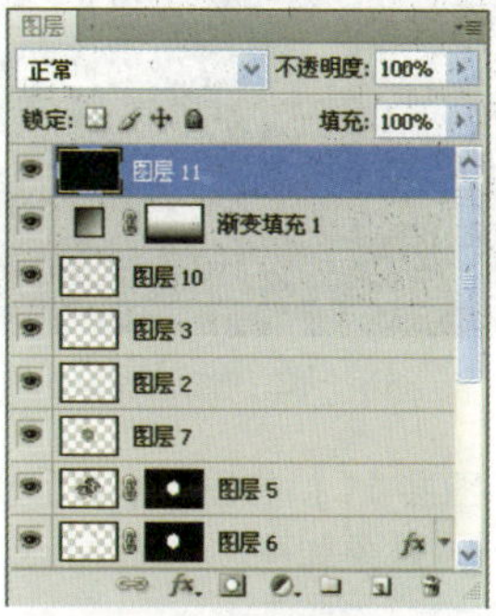

图11-78 【图层】面板

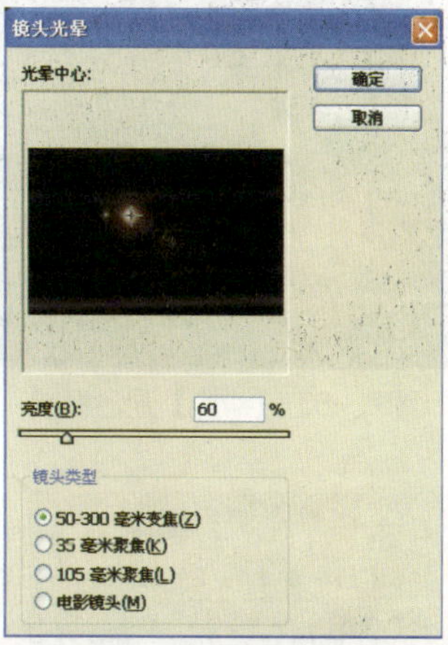

图11-79 【镜头光晕】对话框

图11-80 图像效果

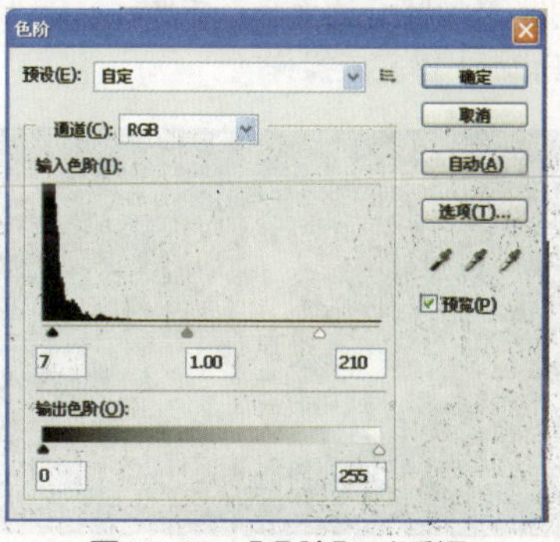

图11-81 【色阶】对话框

图11-82　图像效果

49　选择【图层 11】，将图层【混合模式】设置为【滤色】，效果如图 11-83 所示。【图层】面板如图 11-84 所示。

图11-83　【滤色】混合模式

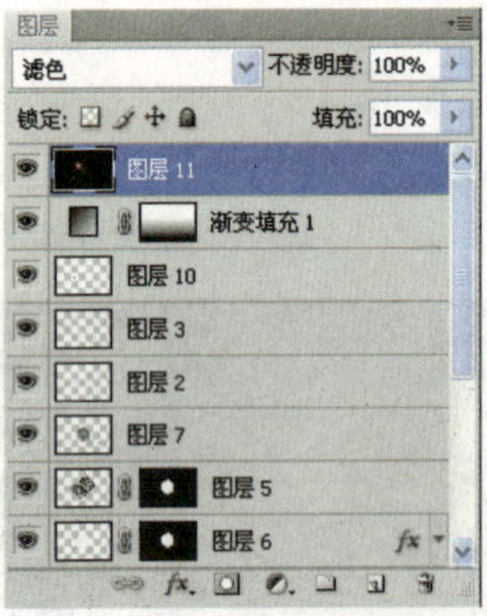

图11-84　【图层】面板

50　选择【图层 11】，单击菜单栏中的【编辑】/【自由变换】命令，或者按【Ctrl+T】组合键。将光晕调整合适大小，如图 11-85 所示。按【Enter】键完成操作。

图11-85　自由变换

51　选择【图层】面板，选择【图层 4】，单击【图层 4】蒙版区域。选择工具栏上的【画笔工具】，将【前景色】设置为白色，对图像进行修饰，如图 11-86 所示。

图11-86　图像效果

52　选择【图层】面板，单击【创建新的填充图层或调整图层】按钮，选择色相/饱和度，弹出【色相/饱和度】对话框，设置如图 11-87 所示。最终效果如图 11-88 所示。

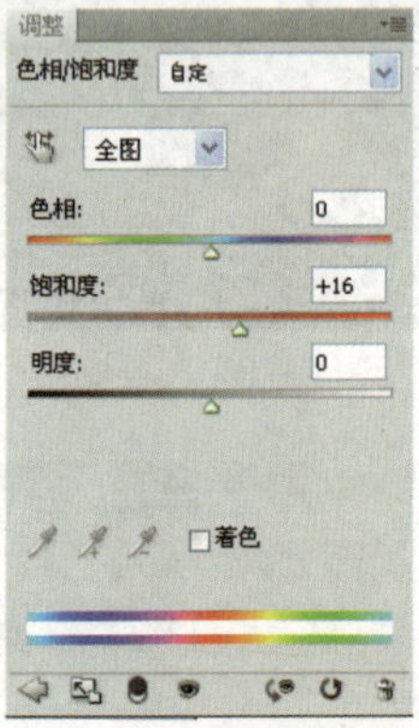

图11-87　【色相/饱和度】对话框

图11-88 最终效果

11.2　强大的精神气功波

本节使用 Photoshop CS5 合成一个潜力超强的气功师，巧妙地利用了模特的人物造型，再结合其他的素材和合成技巧，展示出强大的魔法力量，具有强烈的视觉冲击力。最终效果如图 11-89 所示。

图11–89 最终效果

制作强大的精神气功波特效

所用素材：光盘\素材\第 11 章\素材 1、素材 2、素材 3、素材 4

最终效果：光盘\效果\第 11 章\强大的精神气功波

操作步骤

人物及阴影制作

1 单击【文件】/【打开】命令，或者按【Ctrl+O】组合键，打开【素材 1】和【素材 2】文件如图 11–90 所示。

图11–90 【打开】对话框

2 选择【素材 1】文件，现在抠图，观察【素材 1】文件，单击【选择】/【色彩范围】命令，弹出【色彩范围】对话框，设置如图 11–91 所示，选择【确定】完成操作。选区已经出现。效果如图 11–92 所示。

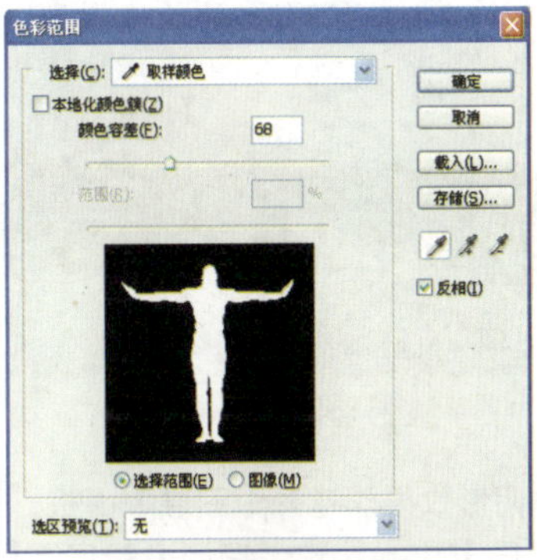

图11–91 【色彩范围】对话框

图11–92 图像效果

3 将其复制到文件【素材 2】中，得到【图层 1】，效果如图 11–93 所示。

图11–93 图像效果

4 选择【图层】面板，选择【图层 1】，如图 11–94，单击【编辑】/【自由变换】命令，或者按【Ctrl+T】组合键，按【Shift】键等比缩放，双击鼠标左键，确定缩放。如图 11–95 所示。

图11–94 【图层】面板

图11-95 图像效果

5 制作阴影效果。选择【图层】面板，单击【新建图层】按钮，得到【图层 2】，【图层】面板如图 11-96 所示。

图11-96 【图层】面板

6 选择【图层 2】，按【Ctrl】键单击【图层 1】缩略图，也就是在【图层 2】中提取【图层 1】的选区。如图 11-97 所示。

图11-97 提取选区

7 选择【图层 2】，将前景色设为黑色■，按【Alt+Delete】组合键填充前景色，将【图层 2】填充成黑色，单击【编辑】/【自由变换】命令，或者按【Ctrl+T】组合键，单击鼠标右键，选择扭曲命令，如图 11-98，将【图层 2】扭曲变形，如图 11-99 所示，双击鼠标左键确定扭曲变形，效果如图 11-100 所示。【图层】面板如图 11-101 所示。

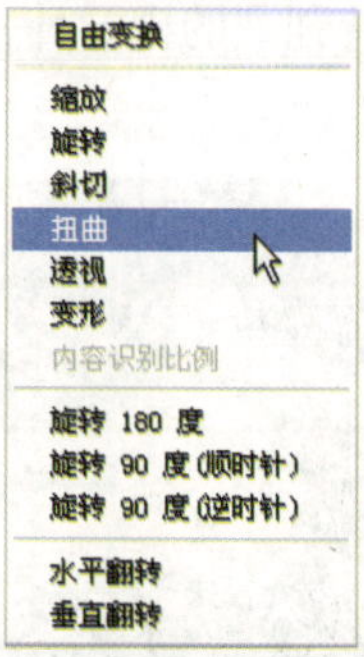

图11-98 【扭曲】菜单

图11-99 扭曲变形

图11-100 图像效果

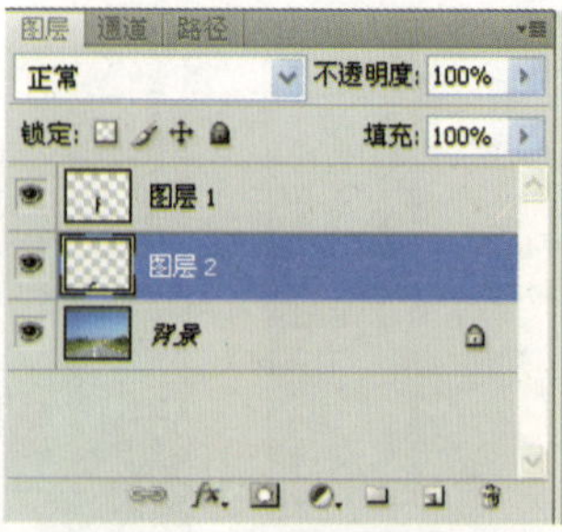

图11-101 【图层】面板

8 选择【图层 2】，单击【滤镜】/【模糊】/【高斯模糊】命令，弹出【高斯模糊】对话框，设置模糊数值，如图 11-102 所示，选择【确定】完成操作。阴影制作完成，效果如图 11-103 所示。

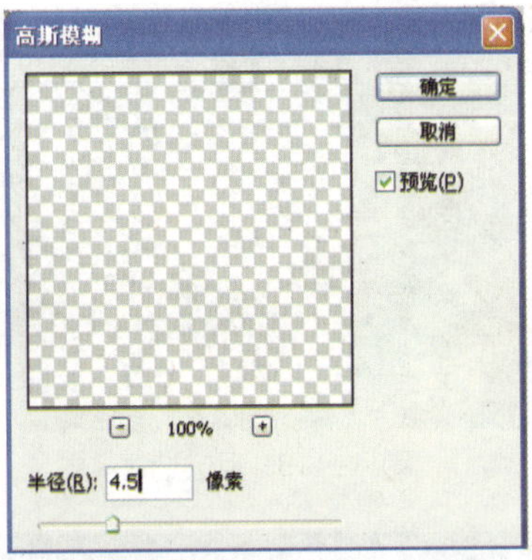

图11-102 【高斯模糊】对话框

图11-103 图像效果

气功波制作

9 选择工具栏上的【钢笔工具】，在属性栏中选择【椭圆工具】，属性工具栏设置如图 11-104 所示。

图11-104 【椭圆工具】属性面板

10 选择【图层】面板，单击【新建图层】按钮，得到【图层 3】，如图 11-105 所示，选择工具栏上的【椭圆工具】，在【图层 3】上绘制路径效果如图 11-106 所示，选择工具栏上的【直接选择工具】，对路径节点进行调整，如图 11-107 所示。

图11-105 【图层】面板

图11-106 绘制路径

图11-107 图像效果

11 选择【图层】面板，单击【新建图层】按钮，并命名为【云彩】，如图 11-108 所示。

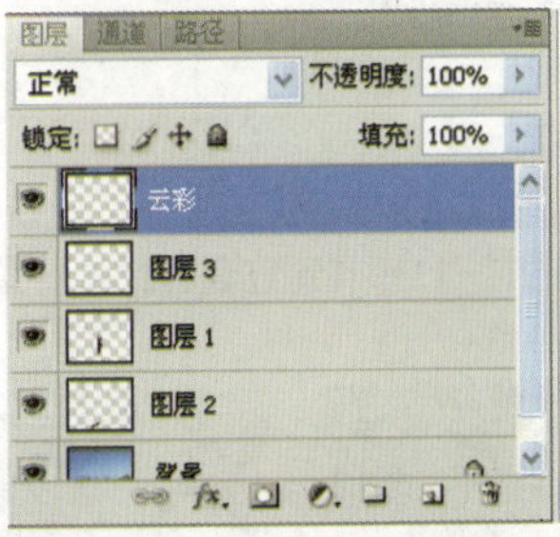

图11-108 【图层】面板

12 将【前景色】设为黑色，【背景色】设为白色，选择【图层 云彩】，单击【滤镜】/【渲染】/【云彩】命令。效果如图 11-109 所示。

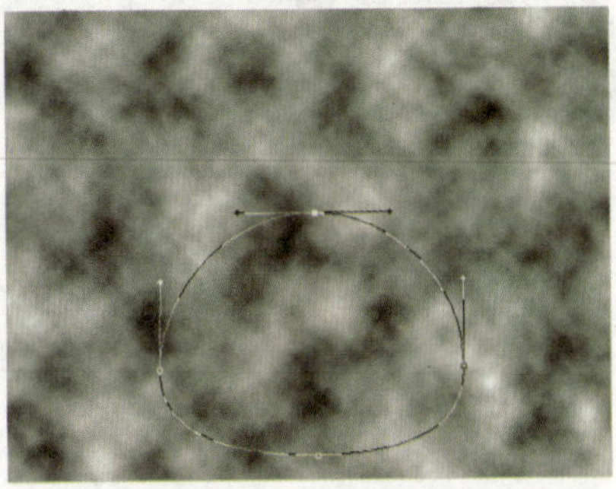

图11-109 图像效果

13 选择【图层 云彩】，选择工具栏上的【直接选择工具】，单击鼠标右键，选择建立选区命令，如图 11-110 所示，将羽化半径设置为0，如图 11-111 所示，选择【确定】完成操作。效果如图 11-112 所示。

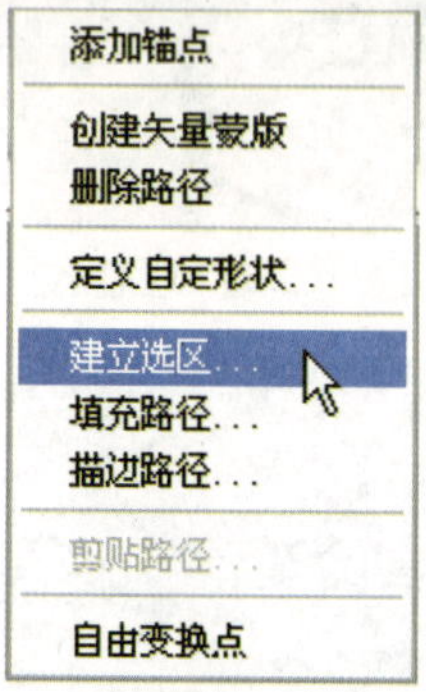

图11-110 【建立选区】菜单命令

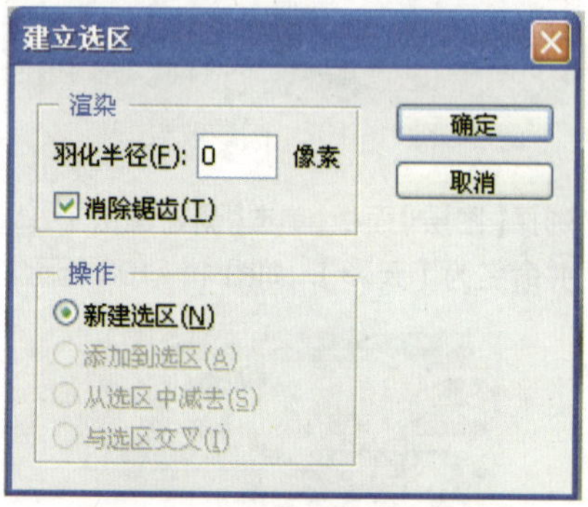

图11-111 【建立选区】对话框

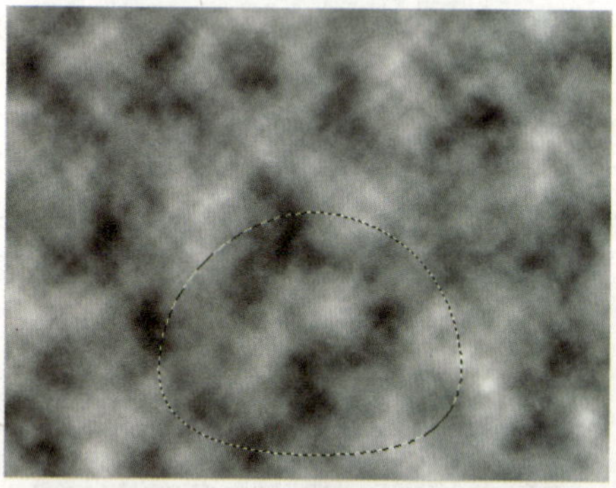

图11-112 图像效果

14 单击【选择】/【反向】命令，或者按【Ctrl+Shift+I】组合键，选择选区以外的内容，如图 11-113 所示，按【Delete】键，删除选区的内容。如图 11-114 所示。

15 单击【选择】/【取消选择】命令，将选区取消。如图 11-115 所示。

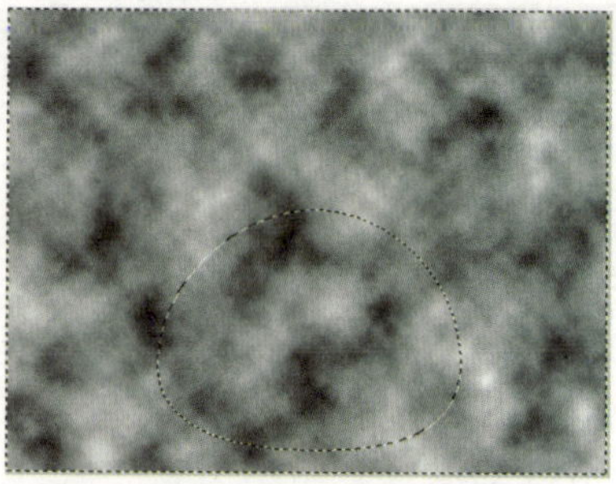

图11-113 反选选区

图11-114 删除选区内容

图11-115 图像效果

16 按【Ctrl】键，单击【图层 云彩】缩略图，将【图层 云彩】的选区提取出来，如图 11-116 所示，单击【滤镜】/【液化命令】命令，使用膨胀工具，将中间图像向外膨胀，如图 11-117 所示，选择【确定】完成操作。单击【选择】/【取消选择】命令，将选区取消。效果如图 11-118 所示。

图11-116 提取选区

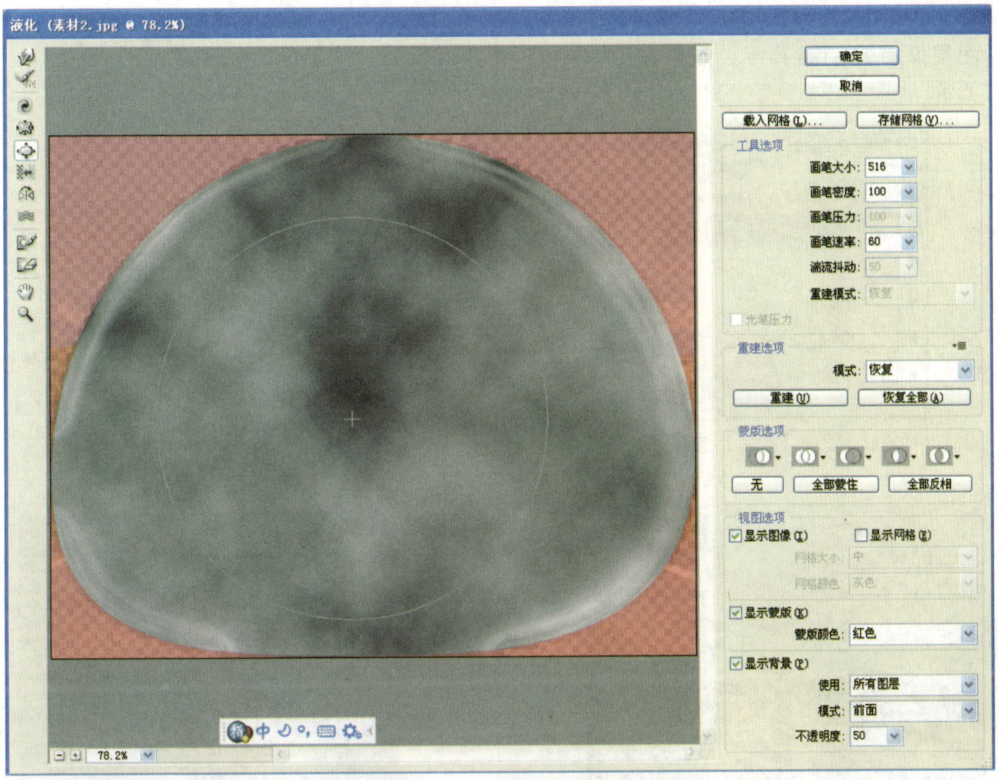

图11-117 【液化】对话框

图11-118 图像效果

17 因为云彩层被膨胀变形，所以边缘会出现锯齿，选择【路径】面板，单击【工作路径】，单击【将路径作为选区载入】，如图 11-119 所示。

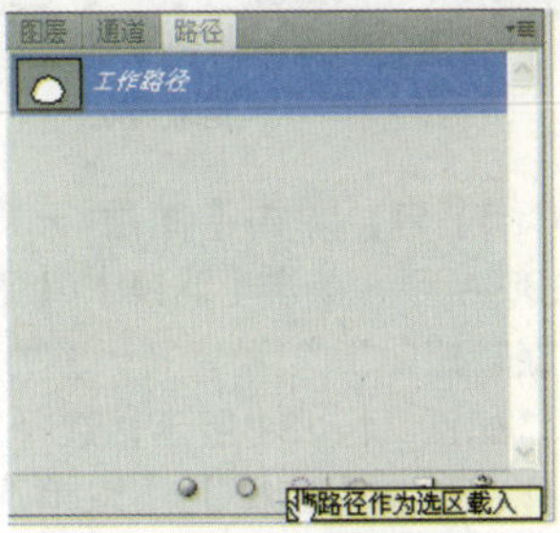

图11-119 【路径】面板

18 选择【图层】面板，选择【图层 云彩】，单击【选择】/【反向】命令，或者按【Ctrl+Shift+I】组合键，选择选区以外的内容，按【Delete】键，将选区内容删除，单击【选择】/【取消选择】，将选区取消。如图 11-120 所示。

图11-120 图像效果

19 选择【图层】面板，选择【图层 云彩】，将图层【混合模式】改为【柔光】。【图层】面板如图 11-121 所示，效果如图 11-122 所示。

20 这时会发现气场和道路的衔接处很生硬，选择【图层 云彩】，添加图层蒙板，如图 11-123 所示，选择工具栏上的【画笔工具】

，将前景色设为黑色■，在蒙版区域涂抹，图层如图 11-124 所示，效果如图 11-125 所示。

图11-121 【图层】面板

图11-122 【柔光】混合模式

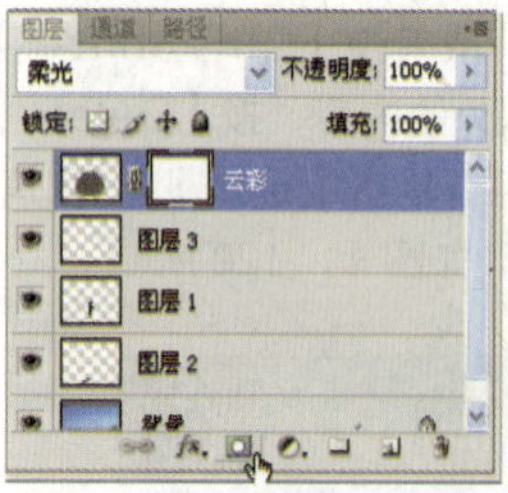

图11-123 【图层】面板

图11-124 【图层】面板

图11-125 图像效果

21 选择【图层】面板，单击【新建图层】按钮，并命名为【云彩 2】，如图 11-126 所示。

图11-126 【图层】面板

22 选择【图层 云彩 2】，将前景色设为黑色，背景色设为白色■，选择【图层 云彩 2】，单击【滤镜】/【渲染】/【云彩】命令，如图 11-127 所示。

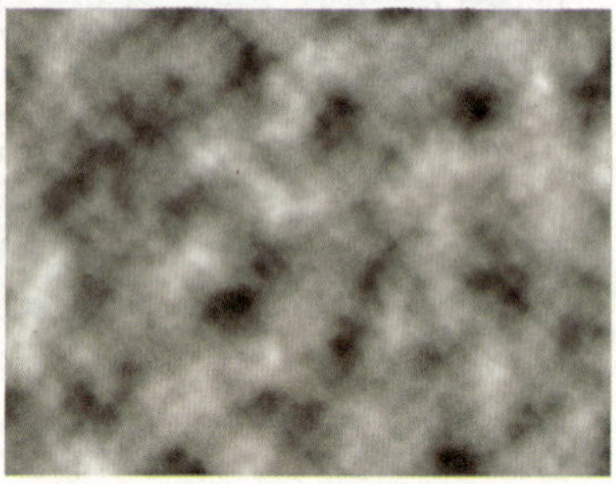
图11-127 云彩滤镜

23 选择【图层 云彩 2】，按【Ctrl】单击图层【云彩】缩略图，也就是在【云彩 2】层里提取【云彩】层的选区，如图 11-128 所示，单击【选择】/【反向】命令，或者按【Ctrl+Shift+I】组合键，选择选区以外的内容，按【Delete】键，将选区以外的图像删除，如图 11-129 所示。

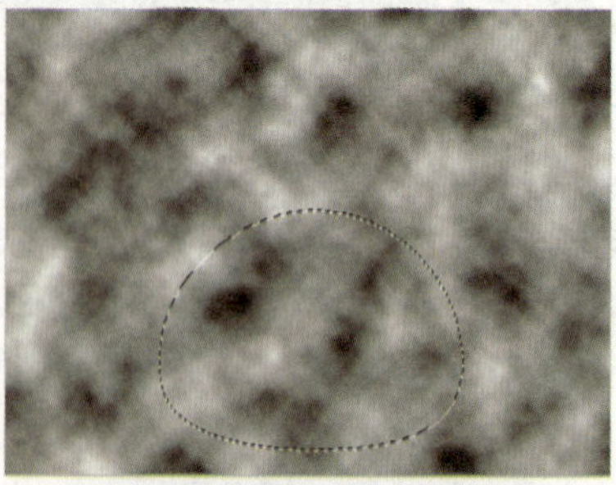
图11-128 提取选区

24 按【Ctrl】键，单击【图层 云彩 2】，如图 11-130 所示，单击【滤镜】/【液化】命令，使用旋转扭曲工具，将云彩的层次作的更丰富，如图 11-131 所示，选择【确定】完成操作。单击【选择】/【取消选择】命令，将选区取消。效果如图 11-132 所示。

图11-128 图像效果

图11-130 提取选区

图11-131 【液化】对话框

图11-132 图像效果

25 选择【图层 云彩 2】，将图层【混合模式】改为【正片叠底】，图层【不透明度】改为 60%，【图层】面板如图 11-133，效果如图 11-134 所示。

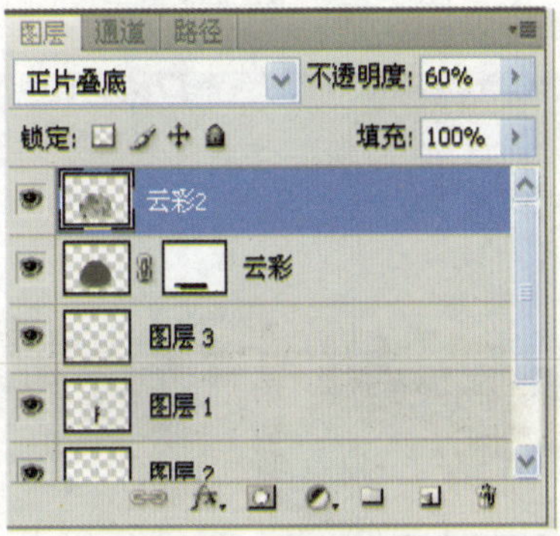

图11-133 【图层】面板

26 选择【图层 云彩 2】，添加图层蒙板 ，如图 11-135 所示。

图11-134 【正片叠底】混合模式

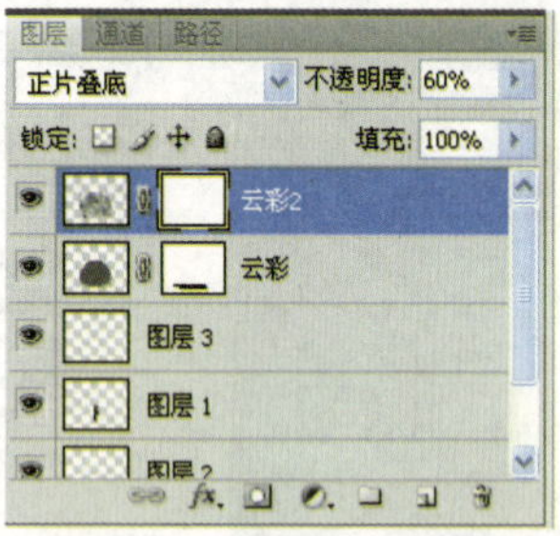

图11-135 【图层】面板

27 选择工具栏上的【画笔工具】，将前景色设为黑色，在蒙版区域涂抹，如图 11-136，效果如图 11-137 所示。

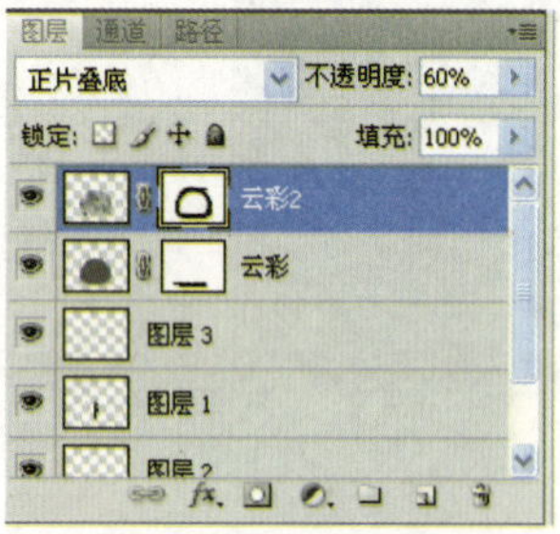

图11-136 【图层】面板

图11-137 图像效果

28 选择【图层】面板，单击【新建图层】按钮，并重命名为发光，如图 11-138 所示。

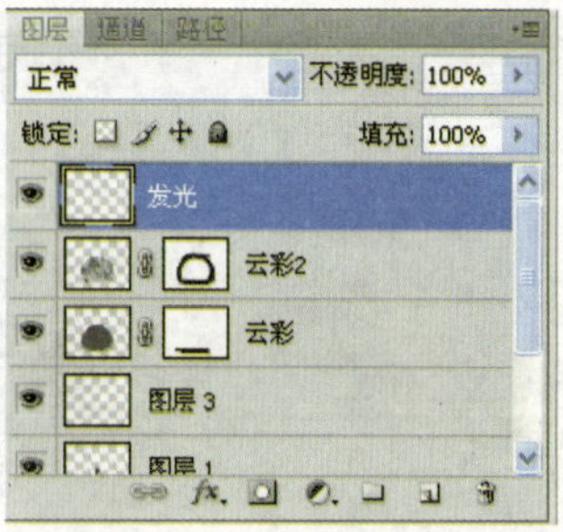

图11-138 【图层】面板

29 选择【图层 发光】，按【Ctrl】键单击【图层 云彩】，也就是在发光层中提取云彩层的选区，如图 11-139 所示。

图11-139 提取选区

30 选择【图层 发光】，将前景色设为淡黄色，按【Alt+Delete】组合键填充前景色，将【图层发光层】填充。如图 11-140 所示。

图11-140 填充前景色

31 单击【选择】/【取消选择】命令，将选区取消。单击【图层】/【图层样式】/【外发光】命令，弹出【图层样式】对话框，设置参数如图 11-141，选择【确定】完成操作。效果如图 11-142 所示。

32 选择【图层】面板，选择【图层 发光】，将【混合模式】更改为【柔光】，【图层】面板如图 11-143 所示，效果如 11-144 所示。

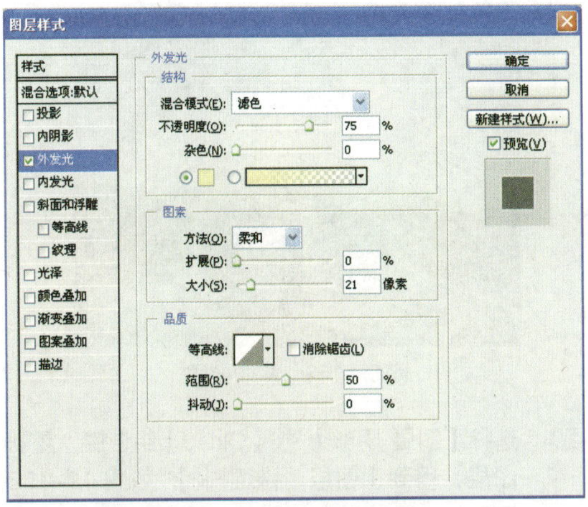

图11-141 【图层样式】对话框

图11-142 图像效果

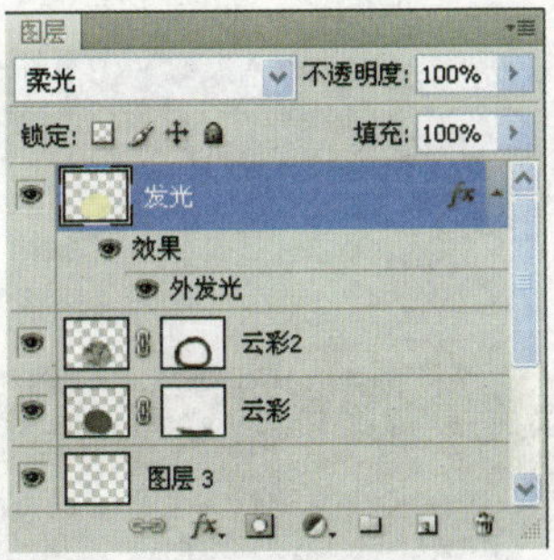

图11-143 【图层】面板

图11-144 【柔光】对话框

33 选择【图层 发光】，为其添加图层蒙板 ，【图层】面板如图 11-145 所示。

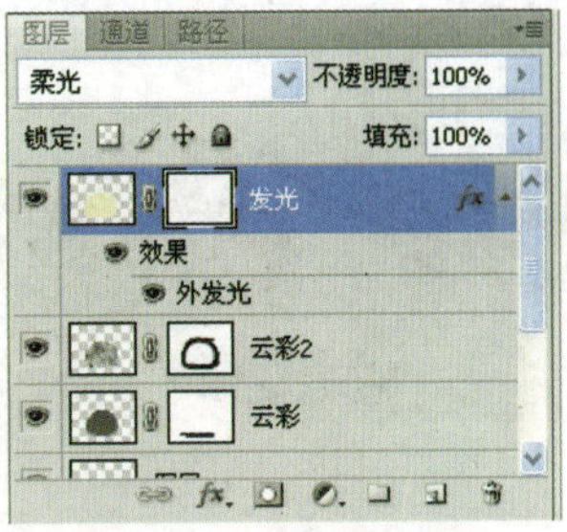

图11-145 【图层】面板

34 选择工具栏上的【画笔工具】,将【前景色】设为黑色，在蒙版区域涂抹，只留下外发光部分，如图 11-146 所示。

图11-146 图像效果

35 下面为气场添加阴影。选择【图层】面板，单击【新建图层】按钮，并命名为阴影。如图 11-147 所示。

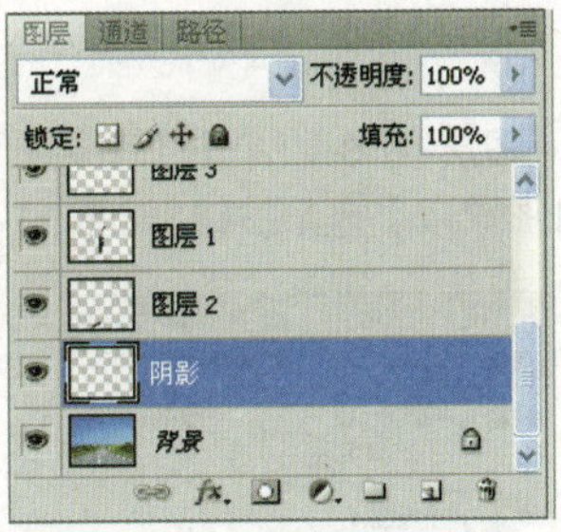

图11-147 【图层】面板

36 选择【图层 阴影】，选择工具栏上的【椭圆选框工具】，将【前景色】设为黑色，在阴影层绘制选区，如图 11-148 所示。

37 单击【选择】/【取消选择】命令，将选区取消。选择【图层 阴影】，将图层【不透明度】改为 40%，【图层】面板如图 11-149 所示，效果如图 11-150 所示。

图11-148　图像效果

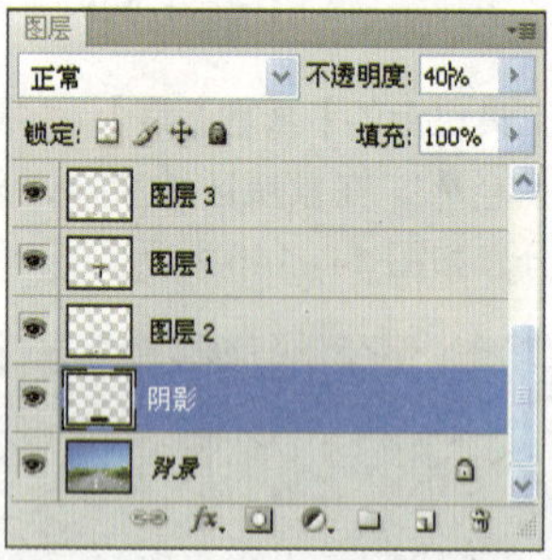

图11-149　【图层】面板

图11-150　不透明度40%

38 选择【图层 阴影】，单击【图层】面板，选择【添加图蒙版】按钮，如图11-151所示。

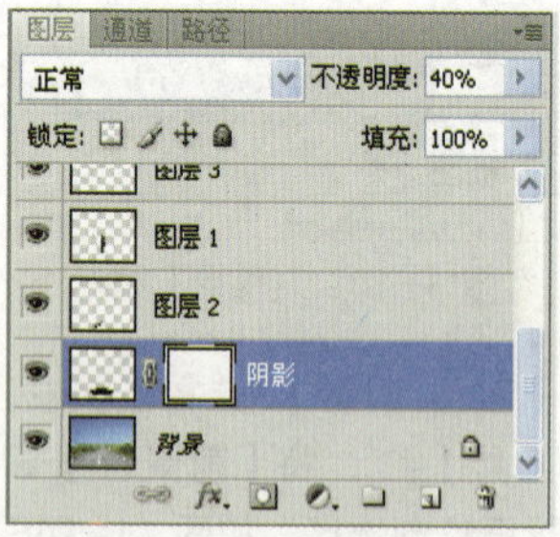

图11-151　【图层】面板

39 选择工具栏上的【画笔工具】，将前景色设为黑色，在蒙版区域涂抹，效果如图11-152所示，让阴影部分更柔和。

图11-152　图像效果

40 选择【图层 阴影】，按【Ctrl+J】组合键，复制图层，得到【图层 阴影副本】，如图11-153所示。

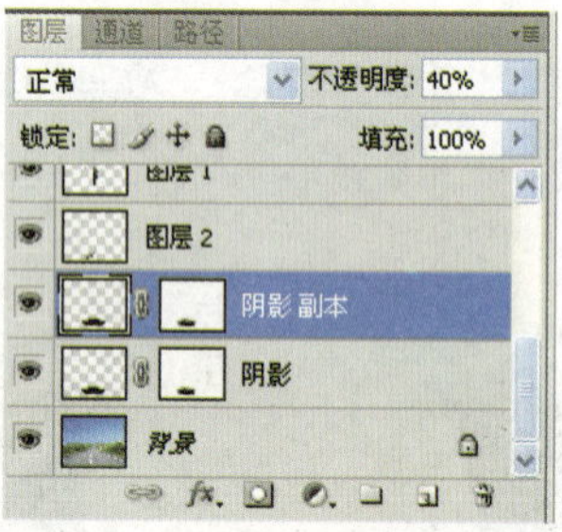

图11-153　【图层】面板

41 单击【编辑】/【自由变换】命令，或者按【Ctrl+T】组合键，如图11-154所示，双击鼠标左键确定操作，如图11-155所示。

图11-154　自由变换

图11-155　图像效果

涟漪制作

42 选择【图层】面板，单击【新建图层】按钮，并重命名为【涟漪】。如图 11–156 所示。

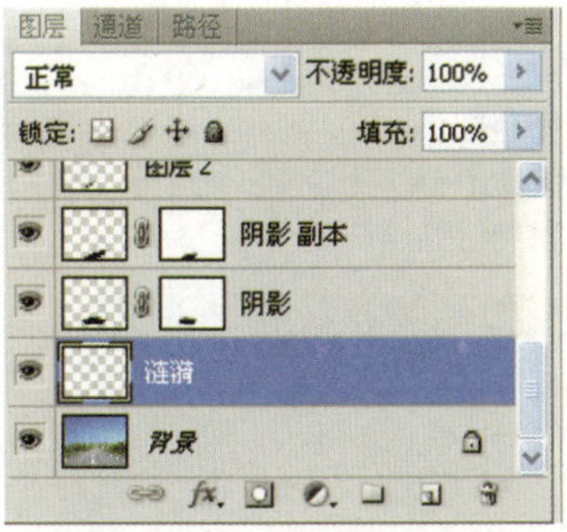

图11–156 【图层】面板

43 将工具栏中的前景色设为黑色，背景色设为白色，选择【图层 云彩】，单击【滤镜】/【渲染】/【云彩】命令，如图 11–157 所示。

图11–157 云彩滤镜

44 选择【图层 涟漪】，单击【滤镜】/【扭曲】/【水波】命令，弹出【水波】对话框，设置如图 11–158 所示，选择【确定】完成操作。效果如图 11–159 所示。

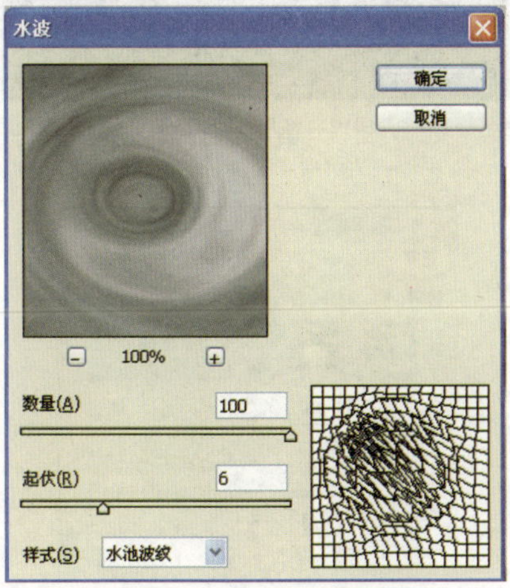

图11–158 【水波】对话框

图11–159 图像效果

45 选择【图层 涟漪】，单击【编辑】/【自由变换】命令，或者按【Ctrl+T】组合键，如图 11–160 所示。

图11–160 自由变换

46 双击鼠标左键确定变形。选择【图层 涟漪】，将图层【混合模式】改为【叠加】，【图层】面板如图 11–161 所示，效果如图 11–162 所示。

图11–161 【图层】面板

图11–162 【叠加】对话框

47 选择【图层】面板，选择【添加图蒙版】按钮，为涟漪层添加蒙版，如图 11-163 所示，选择工具栏上的【画笔工具】，将【前景色】设为黑色，在蒙版区域涂抹，效果如图 11-164 所示。

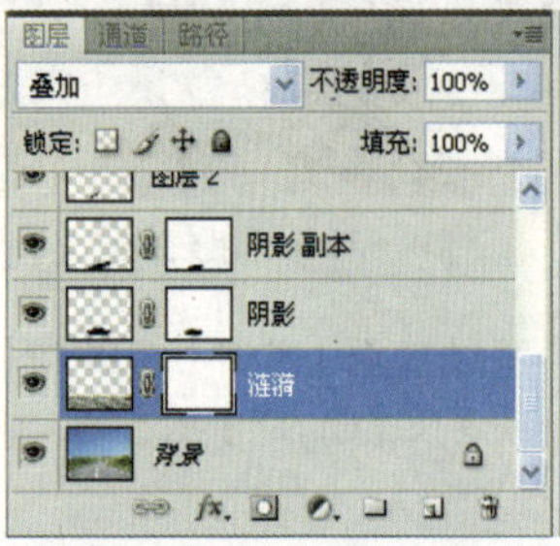

图11-163 【图层】面板

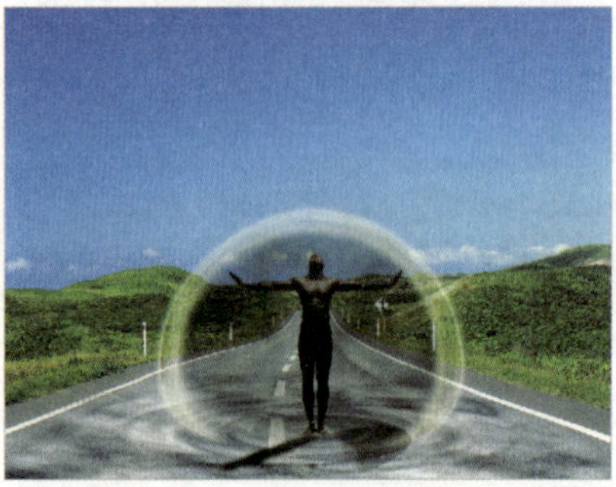
图11-164 图像效果

48 选择【图层】面板，单击【创建新的填充图层或调整图层】按钮，选择渐变，弹出【渐变填充】对话框，设置如图 11-165 所示，更改渐变颜色，如图 11-166 所示，效果如图 11-167 所示。

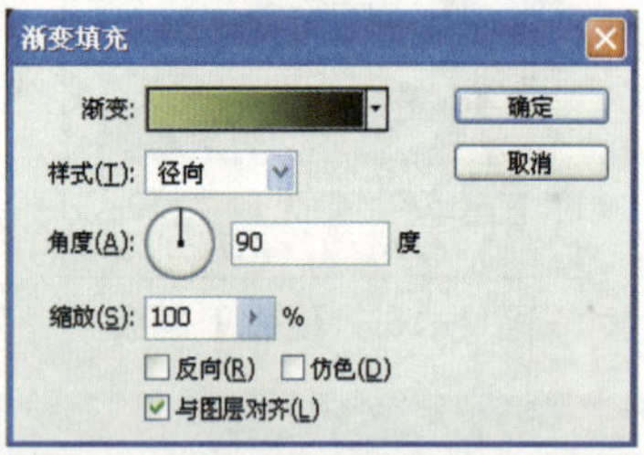

图11-165 【渐变填充】对话框

49 选择【图层 渐变填充】的蒙版区域，按【Ctrl】键，单击【图层 云彩】，就是在渐变填充图层里提取云彩层的选区，如图 11-168 所示。

50 单击【选择】/【反向】命令，或者按【Ctrl+Shift+I】组合键，选择选区以外的内容，按【Alt+Delete】组合键，将蒙版层填充黑色，如图 11-169 所示。

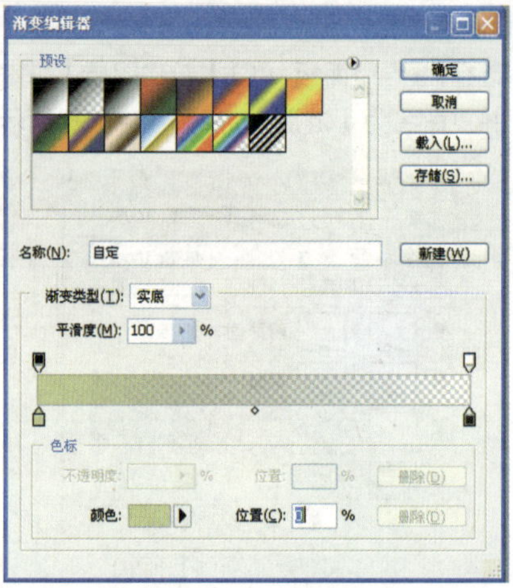

图11-166 【渐变编辑器】对话框

图11-167 图像效果

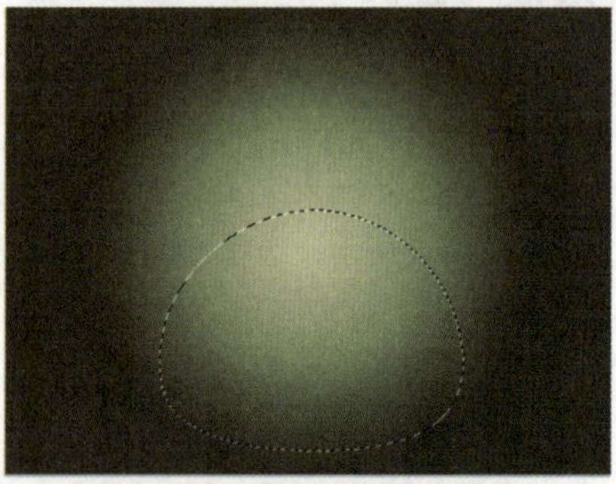
图11-168 提取选区

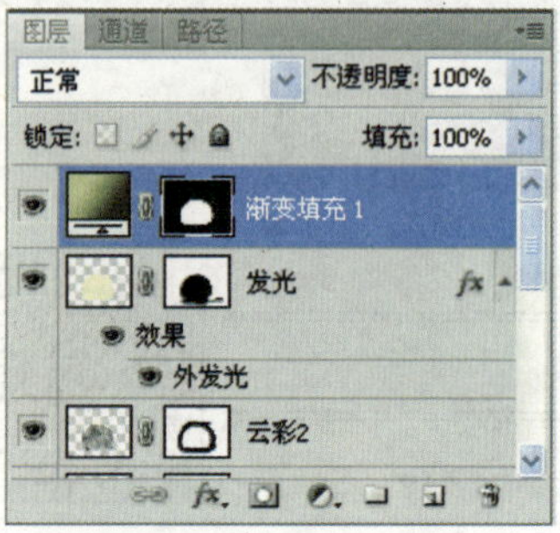

图11-169 【图层】面板

51 单击【选择】/【取消选择】命令，将选区取消。将【图层 渐变填充】的图层【混合模式】改为【叠加】，不透明度改为65%，如图11–170所示。

图11–170 图像效果

气功波纹理制作

52 单击【文件】/【打开】命令，或者按【Ctrl+O】组合键，打开【素材4】文件，如图11–171所示。

图11–171 【打开】对话框

53 选择工具栏上的【矩形选框工具】，在【素材4】上绘制选区如图11–172所示，将其复制到刚刚操作的文件【素材2】中，如图11–173所示。

图11–172 绘制选区

图11–173 图像效果

54 单击【编辑】/【自由变换】命令，或者按【Ctrl+T】组合键，将云彩图片放大如图11–174所示，双击鼠标左键确定缩放。选择【图层4】，按【Ctrl】键单击【图层 云彩】如图11–175所示，选区出现如图11–176所示。

图11–174 放大图片

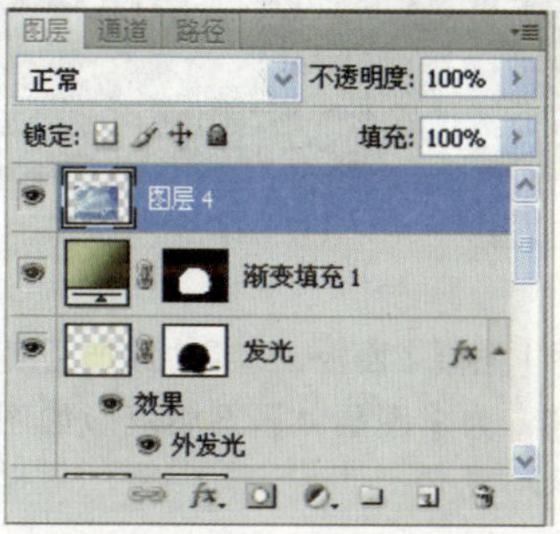

图11–175 【图层】面板

图11–176 提取选区

55 单击【选择】/【反向】命令，或者按【Ctrl+Shift+I】组合键，选择选区以外的内容，按【Delete】键删除,单击【选择】/【取消选择】命令，或者按【Ctrl+D】组合键，将选区取消。如图 11–177 所示，选择【图层 4】，将图层的【混合模式】改为【叠加】，并将【不透明度】改为 85%，如图 11–178 所示。

图11–177　图像效果

图11–178　【叠加】混合模式

56 选择【图层】面板，选择【添加图蒙版】按钮，为【图层 4】添加蒙版如图 11–179 所示。

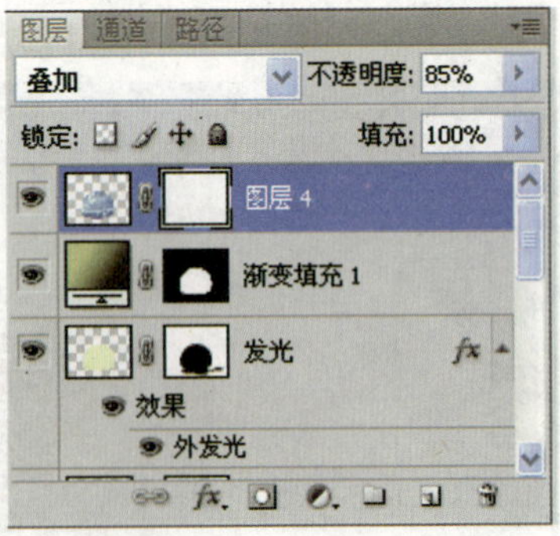

图11–179　【图层】面板

57 选择工具栏上的【画笔工具】，将前景色设为黑色，在蒙版区域涂抹如图 11–180 所示。

图11–180　图像效果

58 选择【图层 4】，单击【图像】/【调整】/【色相/饱和度】命令，弹出【色相/饱和度】对话框，设置如图 11–181 所示，选择【确定】完成操作。效果如图 11–182 所示。

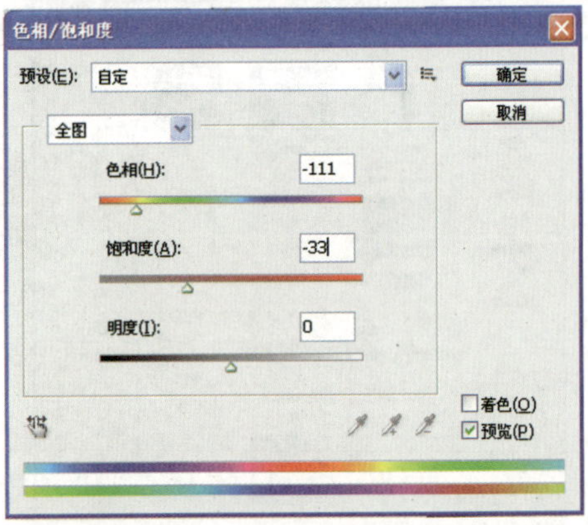

图11–181　【色相/饱和度】对话框

图11–182　图像效果

59 单击【文件】/【打开】命令，或者按【Ctrl+O】组合键，打开【素材 4】文件如图 11–183 所示。将其复制到刚刚操作的文件【素材 2】中，得到【图层 5】。效果如图 11–184 所示。【图层】面板如图 11–185 所示。

图11–183 【打开】对话框

图11–184 图像效果

图11–185 【图层】面板

60 选择【图层 5】，单击【编辑】/【自由变换】命令，或者按【Ctrl+T】组合键，将【图层 5】缩放，如图 11–186 所示。

图11–186 图像效果

61 选择【图层】面板，选择【图层 5】，单击【添加图蒙版】按钮，如图 11–187 所示，选择工具栏上的【画笔工具】，将前景色设为黑色，在蒙版区域涂抹，如图 11–188 所示。

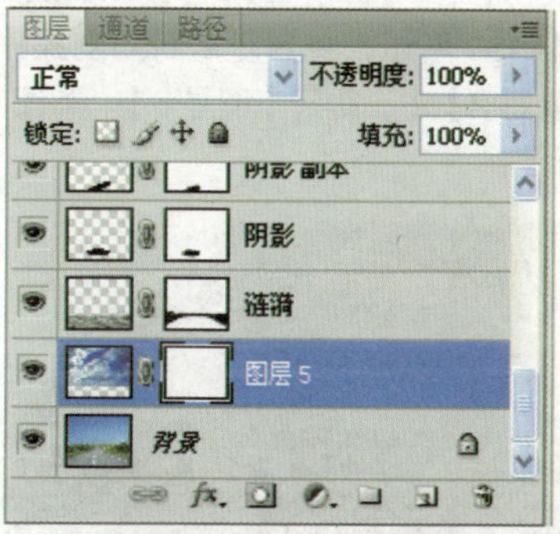

图11–187 【图层】面板

图11–188 图像效果

悬空汽车制作

62 单击【文件】/【打开】命令，或者按【Ctrl+O】组合键，打开【素材 3】文件，如图 11–189 所示。

图11-189 【打开】对话框

63 选择文件【素材3】，选择工具栏中上的【磁性套索工具】，在卡车上绘制选区，如图11-190所示，将其复制到刚刚操作的文件【素材2】中，得到【图层6】。如图11-191所示。

图11-190 绘制选区

图11-191 图像效果

64 单击【编辑】/【自由变换】命令，或者按【Ctrl+T】组合键，将卡车缩小，并旋转，如图11-192所示。

图11-192 自由变换

65 双击鼠标左键确定变形，选择【图层6】，如图11-193所示，单击【图像】/【调整】/【曲线】命令，或者按【Ctrl+M】组合键，弹出【曲线】对话框，设置如图11-194，将卡车颜色变暗，选择【确定】完成操作。效果如图11-195所示。

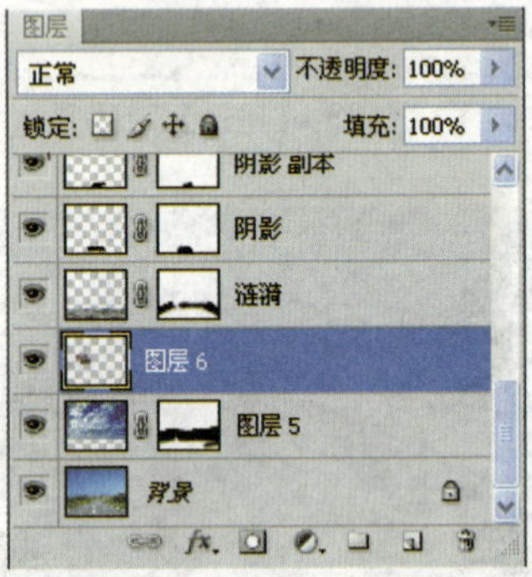

图11-193 【图层】面板

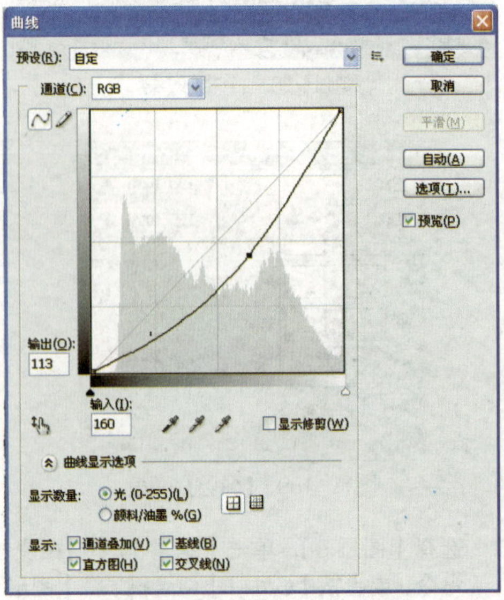

图11-194 【曲线】对话框

图11-195　图像效果

66 选择【图层6】，单击【滤镜】/【模糊】/【径向模糊】命令，弹出【径向模糊】对话框，设置如图11-196所示，效果如图11-197所示。单击【滤镜】/【模糊】/【动感模糊】命令，弹出【动感模糊】对话框，设置如图11-198所示。效果如图11-199所示。

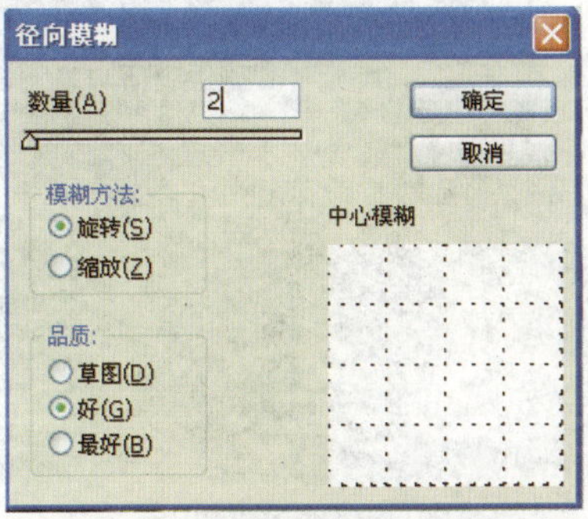

图11-196　【径向模糊】对话框

图11-197　图像效果

67 给卡车添加阴影，选择【图层】面板按住【Ctrl】单击【新建图层】按钮，并命名为【卡车阴影】，如图11-200所示，按【Ctrl】键单击【图层6】缩略图，提取卡车的选区，将前景色设为黑色，如图11-201所示，按【Alt+Delete】组合键填充颜色，单击【选择】/【取消选择】命令，将选区取消。如图11-202所示。

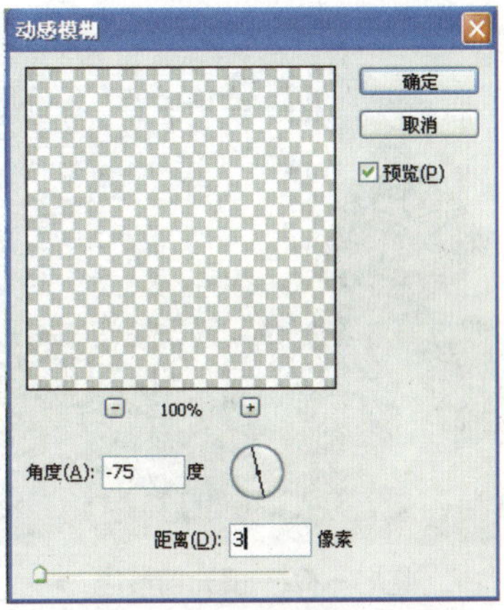

图11-198　【动感模糊】对话框

图11-199　图像效果

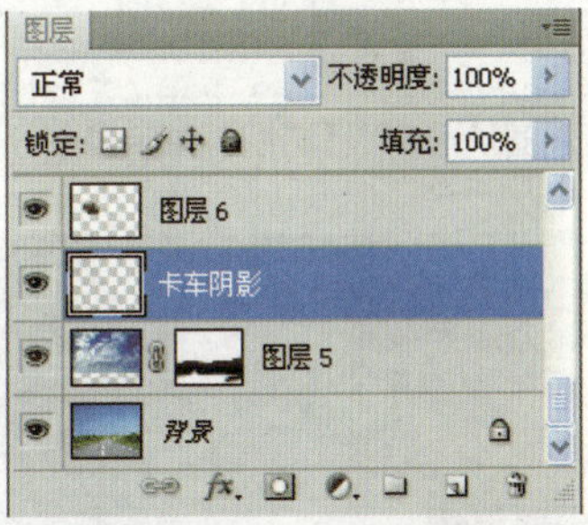

图11-200　【图层】面板

图11-201　提取选区

图11-202　填充前景色

68 单击【编辑】/【自由变换】命令，或者按【Ctrl+T】组合键，按右键选择【透视】命令，如图 11-203 所示，变形阴影如图 11-204 所示。

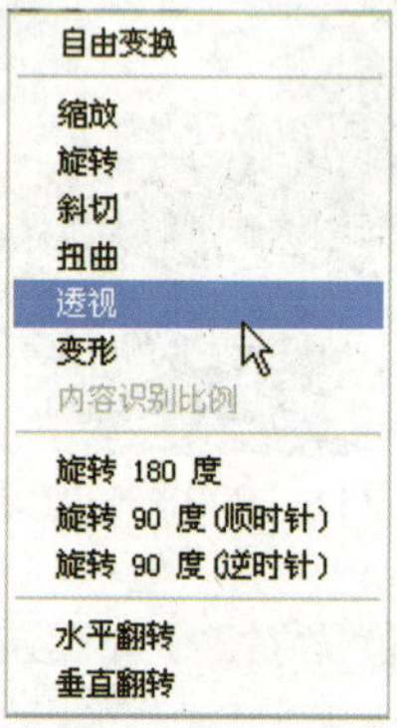

图11-203　【透视】菜单命令

图11-204　图像效果

69 选择【图层 卡车阴影层】,单击【滤镜】/【模糊】/【高斯模糊】命令，弹出【高斯模糊】对话框，设置如图 11-205。如感觉卡车位置不满意，可以适当移动，效果如图 11-206 所示。

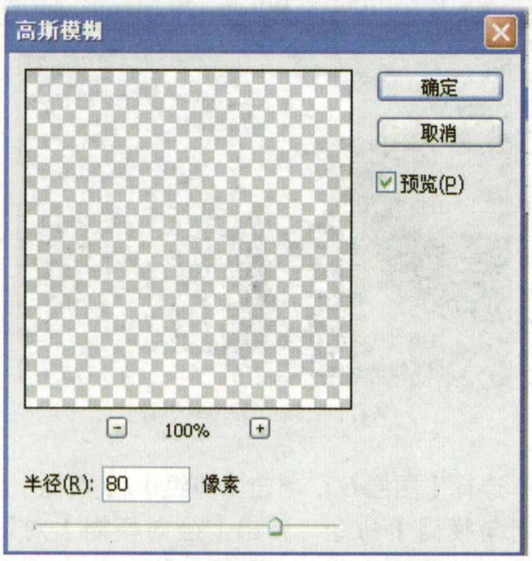

图11-205　【高斯模糊】对话框

图11-206　图像效果

整体色调调整

70 选择【图层】面板，单击【新建图层】按钮，得到【图层 7】，如图 11-207 所示，设置【前景色】为土黄色，按【Alt+Delete】组合键填充前景色，将【图层 7】填充，如图 11-208 所示。

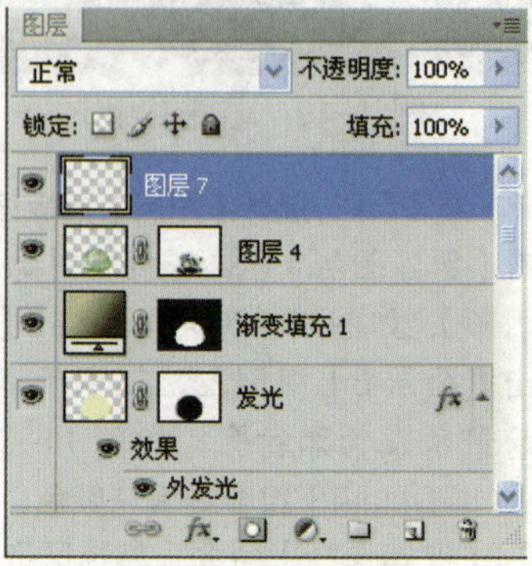

图11-207　【图层】面板

图11-208　填充前景色

71 选择【图层】面板，将【图层 7】的【混合模式】设置为【叠加】，效果如图 11-209 所示。将【不透明度】更改为 60%，【图层】面板如图 11-210 所示，最后效果如图 11-211 所示。

图11-209　【叠加】混合模式

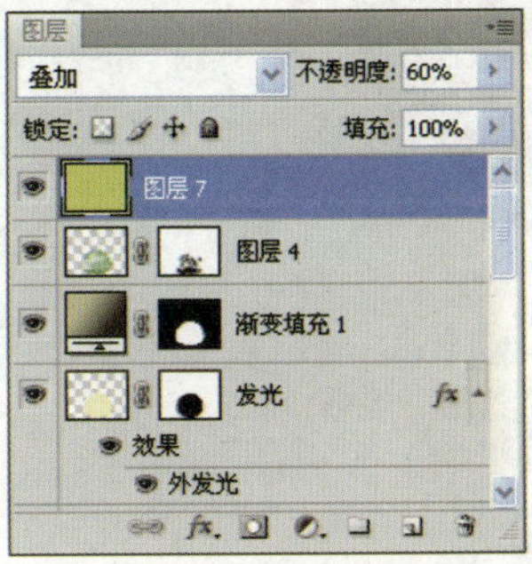

图11-210　【图层】面板

图11-211　最终效果

72 单击【文件】/【存储为】命令，将文件命名为【强大的精神气功波】。

11.3　本章小结

本章通过两个实际案例使读者从根本上理解滤镜的使用方法和应用技巧。对大多数设计师而言，常用的滤镜种类并不多，因此在学习滤镜时，无需掌握所有滤镜，只需要掌握重点滤镜的使用方法即可。滤镜的综合应用是 Photoshop 应用中重要的一门技法，可以制作出极具质感的视觉效果。

11.4　习题

上机题

(1) 上机练习高斯模糊滤镜。
(2) 上机练习极坐标滤镜。
(3) 上机练习查找边缘滤镜。

OTA LIVERS
Planet Festival 2009

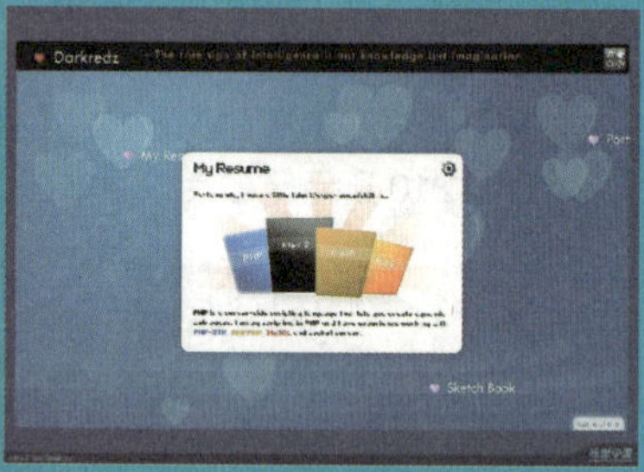

Darkredz
My Resume
Sketch Book

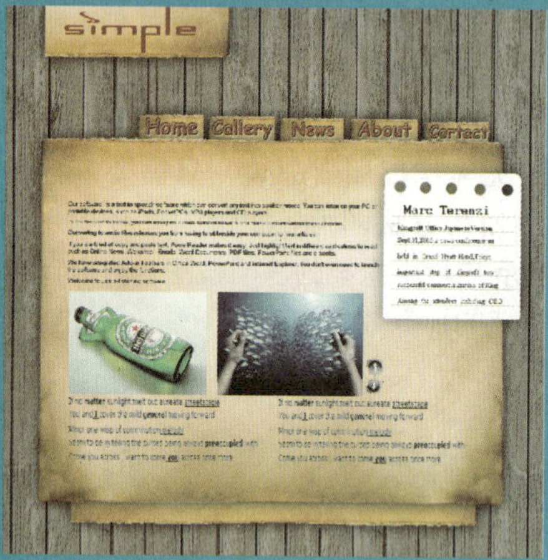

simple
Home
Gallery
News
About
Contact
Marc Terenzi

中國美食世界分享
中国菜 Chinese Food
甜品 Dessert
上汤娃娃菜 58元
京都排骨 78元
佛手金丝 36元
杭州醉虾 88元
佛跳墙 68元
板栗焖子鸡 38元
耗油生菜 28元
花旗参炖竹丝鸡 48元
草莓蛋奶布丁 18元
木瓜炖雪蛤 38元
木瓜银耳水 18元
摩卡奶昔 15元
酸奶冰淇淋 12元
冰糖炖雪梨 28元

第 3 部分

Photoshop CS5 完全实战

主要内容：

本篇共分为 3 章，分别为第 12 章二维空间的三维表现、第 13 章简说像素画制作和 Web 图像制作和第 14 章平面设计面面观。Photoshop CS5 功能非常强大，其命令和参数相对繁多，单独地通过命令讲解很难做到融会贯通，本篇将教程和商业实例有机地结合在一起，通过全面的讲解和数个针对性的商业案例帮助读者深入地掌握 Photoshop CS5 应用技术。本章集结了经典特效作品，涵盖像素画制作、创意合成、矢量图形、商业设计、网页设计和完美写实等诸多领域，诠释不同的设计风格，解析最优的设计技巧，启发无限的设计灵感。

第12章 从二维平面走向三维空间

本章提要

本章通过两个具体实例引导读者了解如何在二维平面中表现三维空间感。

12.1 二维平面的三维表现

从空间出发的二维到三维对平面来说仅仅还是比喻，也局限在这里。因为二维永远是二维，如果从空间表现出发就可以研究各种各样的形式和标志发展的趋势，如图12-1所示为三维标志效果图，图12-2所示为仿三维海报效果图。

图12-1 三维标志效果图

图12-2 仿三维海报效果图

外延更广比如标志有字母形式的，WEB形式的，折纸形式的，混搭形式，涂鸦形式的等等，后四种都是比较新颖的，如图12-3所示。

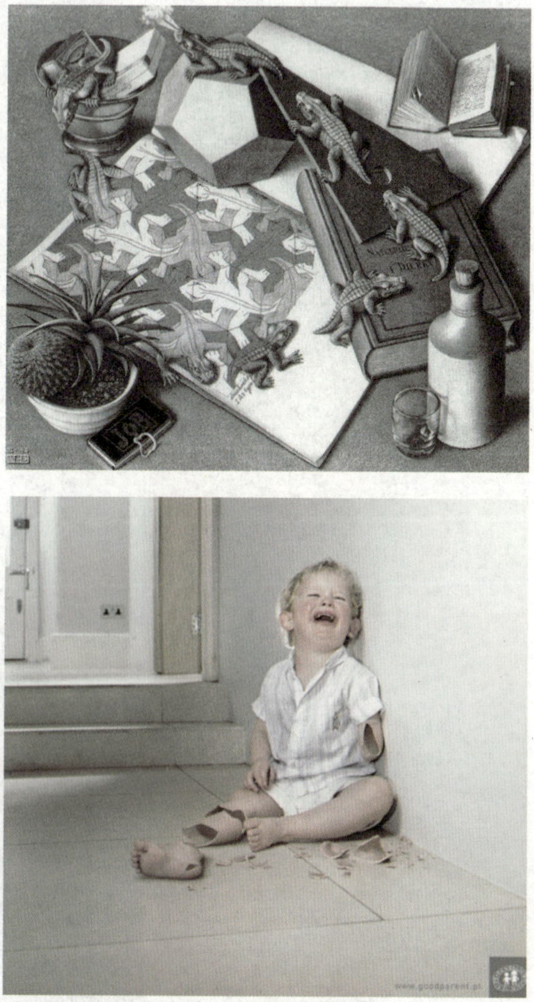

图12-3 三维技法表现

12.2 概念艺术

概念艺术又称观念艺术，它是指艺术家对艺术一词所蕴含的内容和意义做理论上的审查，并企图提出更新的关于艺术概念界定的一种现代艺术形态。

概念画与商业美术紧密结合，画面极尽写实，色彩绚丽。这些作品多为学术期刊的封面画及插画。概念设计则是由分析用户需求到生成概念产品的一系列有序的，可组织的、有目标的设计活动，它表现为一个由粗到精、由模糊到清晰、由具体到抽象的不断进化的过程，如图 12-4 所示为相关概念艺术的图像。

图12-4 图像欣赏

现代艺术的各种形态的差异，则是观念与观念之间的差异使然。概念艺术家费尽了可能全面地展示主体内在灵动的心灵，在创作实践中，经常是把创作的具体实践过程与实践行为结果留存一并展示于观众面前。使观众在检查创作的全部立体性的艺术创作行为中，对艺术及其作品获得更加全面的认识和读解。

12.3 上机实战：立体贺卡

本例是以卡片设计为主题设计的一幅图像合成处理作品，在制作过程中，主要以图像的合成作为处理的核心内容，主要用到图层蒙板、图层属性以及调整图层等技术来合成图像，最终效果如图 12-5 所示。

图12-5 最终效果

设计立体贺卡

所用素材：光盘\素材\第 12 章\地板、景色、水面、月球、云彩

最终效果：光盘\素材\第 12 章\立体贺卡

操作步骤

创建卡片

1 单击【文件】/【新建】命令，或按【Ctrl+N】组合键，参数设置如图 12-6 所示，选择【确定】完成操作。

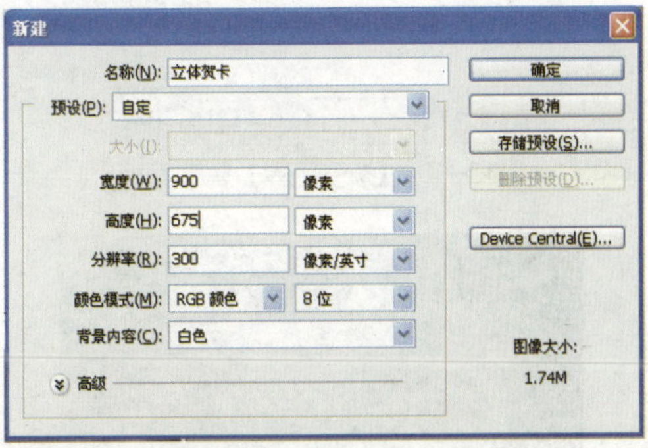

图12-6 【新建】对话框

2 选择【图层】面板，单击【新建图层】按钮，得到【图层 1】，选择工具栏上的【渐变工具】，设置如图 12-7 所示，渐变绘制效果如图 12-8 所示。

图12-7 【渐变工具】属性面板

图12-8 图像效果

3 选择【图层】面板，单击【新建图层】按钮，得到【图层 2】，选择工具栏上的【钢笔工具】，绘制出的路径如图 12-9 所示。按【Ctrl+Enter】组合键将路径转换为选区，选择工具栏上的【渐变工具】，【渐变类型】设置为“镜像”，设置如图 12-10 所示，绘制的渐变效果如图 12-11 所示。按【Ctrl+D】组合键取消选区。

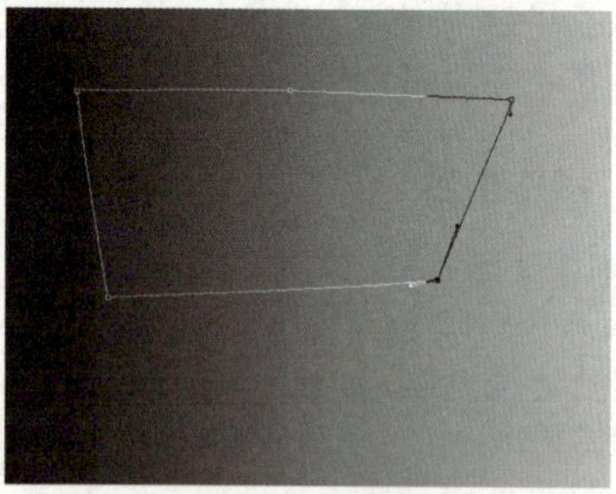

图12-9 绘制路径

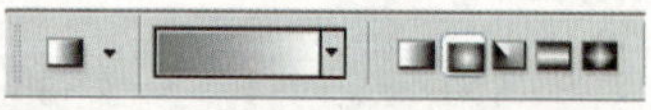

图12-10 【渐变工具】属性面板

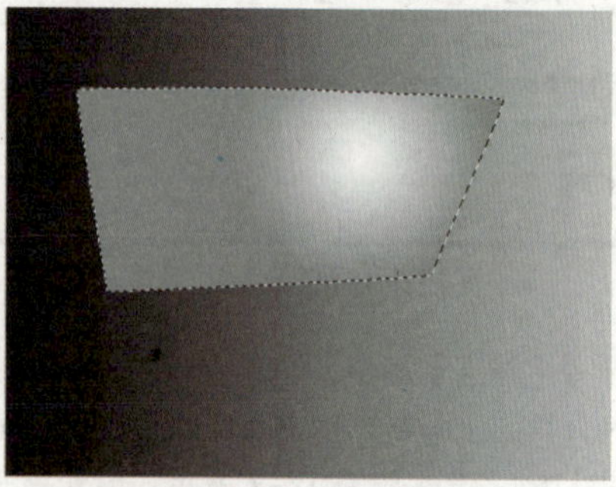

图12-11 图像效果

4 选择【图层】面板，单击【新建图层】按钮，得到【图层 3】，选择工具栏上的【钢笔工具】，绘制出的路径如图 12-12 所示。按【Ctrl+Enter】组合键将路径转换为选区，将【前景色】设置为【#f4f7e4】，按【Alt+Delete】组合键填充前景色，效果如图 12-13 所示。按【Ctrl+D】组合键取消选区。

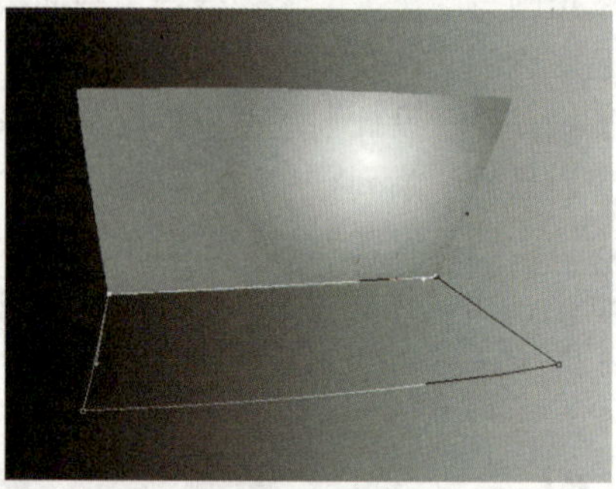

图12-12 绘制路径

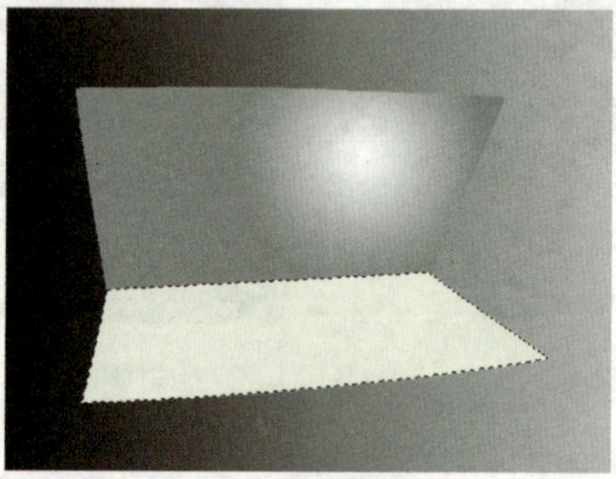

图12-13 填充前景色

5 选择【图层 3】，按【Ctrl+J】组合键复制图层，得到【图层 3 副本】，【图层】面板如图 12-14 所示。选择【图层 3】，单击【添加图层样式】按钮，弹出【图层样式】对话框，选择“颜色叠加”，参数设置如图 12-15 所示，选择【确定】完成操作。

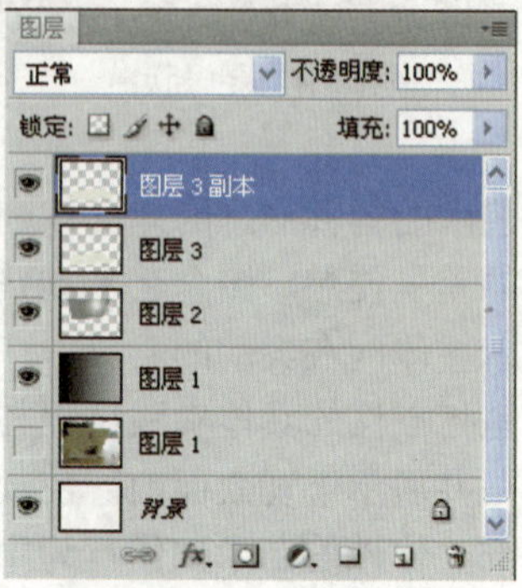

图12-14 【图层】面板

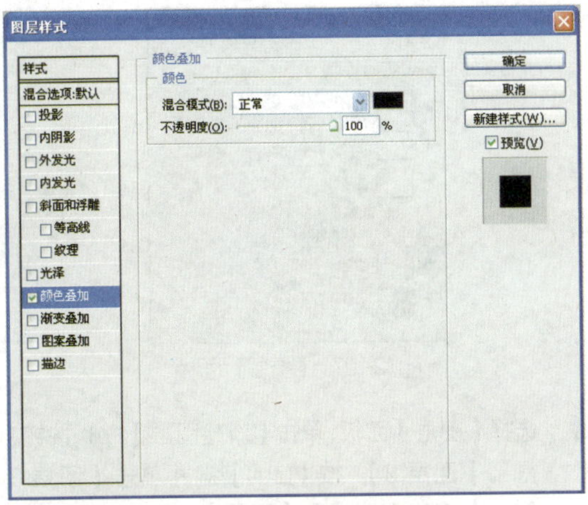

图12-15 【图层样式】对话框

6 选择【图层 3】,单击菜单栏中的【编辑】/【变换】/【变形】命令，如图 12-16 所示。按【Enter】键完成操作。如图 12-17 所示。单击菜单栏中的【滤镜】/【模糊】/【高斯模糊】命令，参数设置如图 12-18 所示，效果如图 12-19 所示。【图层】面板如图 12-20 所示。

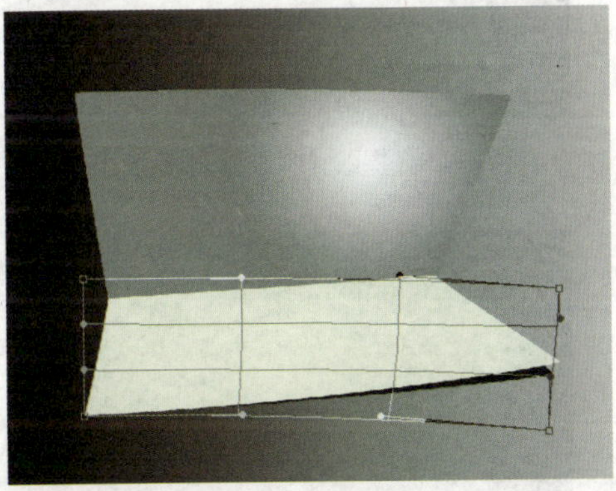

图12-16 变形命令

图12-17 图像效果

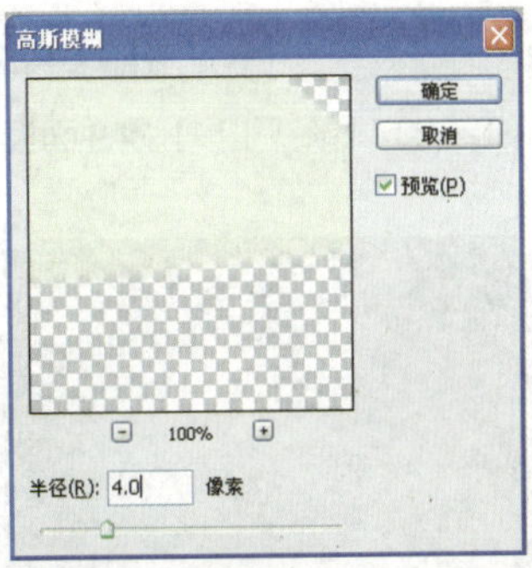

图12-18 【高斯模糊】对话框

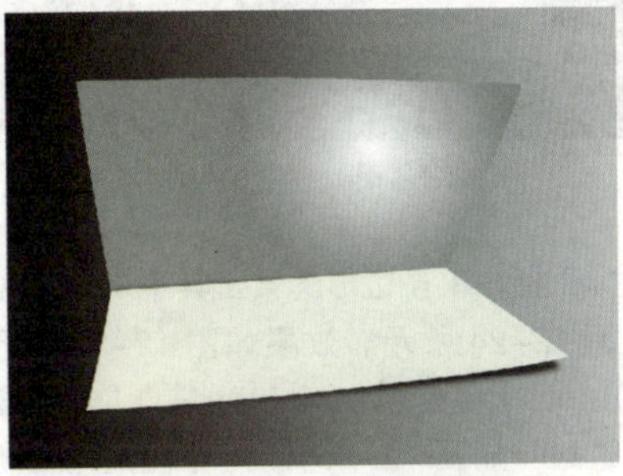

图12-19 图像效果

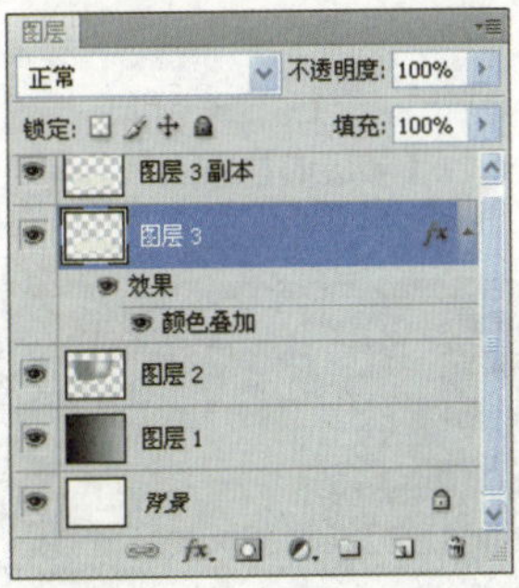

图12-20 【图层】面板

7 选择【图层】面板，单击【新建图层】按钮，得到【图层 4】，按【Ctrl】键并单击【图层 3 副本】缩略图，提取【图层 3 副本】的选区，如图 12-21 所示。选择工具栏【渐变工具】，参数设置如图 12-22 所示。效果如图 12-23 所示。

图12-21 提取【图层3副本】选区

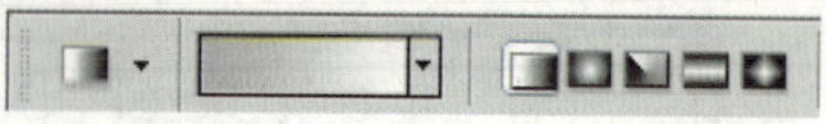

图12-22 【渐变工具】属性面板

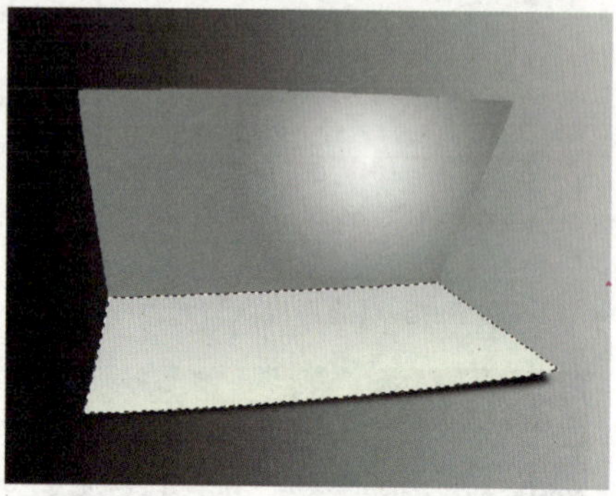

图12-23 图像效果

8 选择工具栏【多边形套索工具】，参数设置如图 12-24 所示。效果如图 12-25 所示。按【Delete】键删除。按【Ctrl+D】组合键，取消选区。如图 12-26 所示。【图层】面板如图 12-27 所示。

图12-24 【多边形套索工具】属性面板

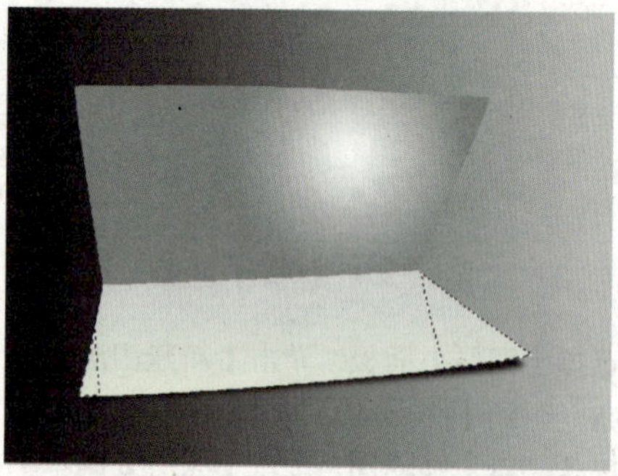

图12-25 图像效果

图12-26 删除选区图像

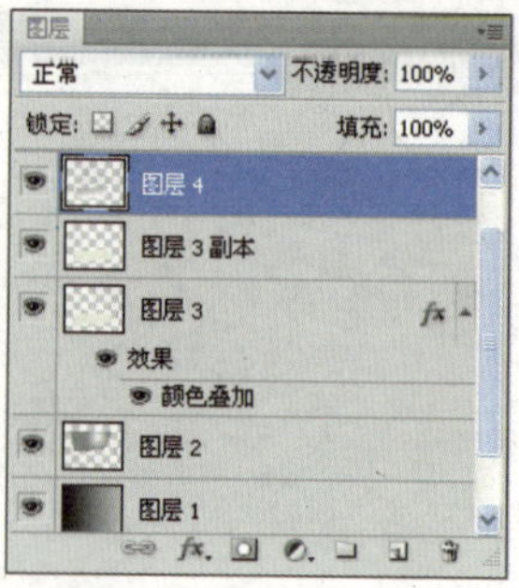

图12-27 【图层】面板

9 选择【图层】面板，单击【新建图层】按钮，得到【图层 5】，按【Ctrl】键并单击【图层 3 副本】缩略图，提取【图层 3 副本】选区，如图 12-28 所示。选择工具栏【渐变工具】，效果如图 12-29 所示。

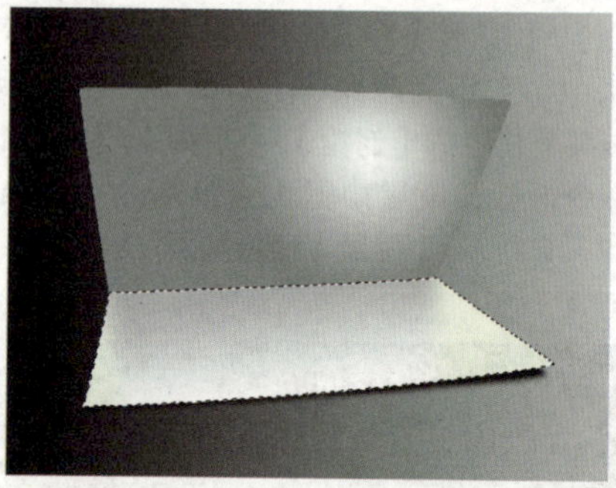

图12-28 提取【图层3副本】选区

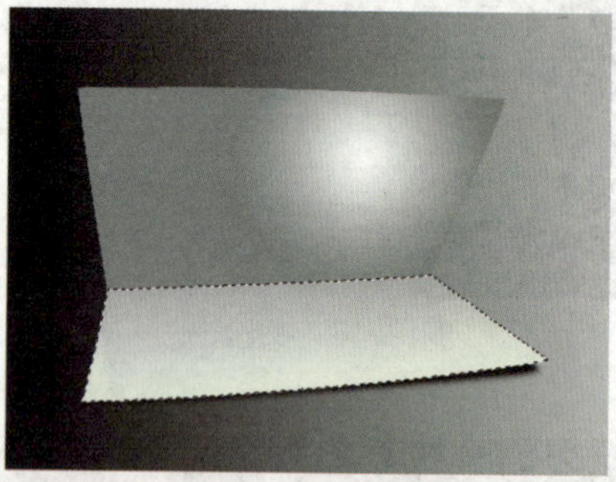

图12-29 图像效果

10 选择工具栏【多边形套索工具】，选择【从选区减去】，效果如图 12-30 所示。按【Delete】键删除。效果如图 12-31 所示。【图层】面板如图 12-32 所示。

11 选择【图层】面板，隐藏所有图层，只显示【图层 2】和【图层 3 副本】，按组合键【Ctrl+Shift+Alt+E】盖印图层。得到【图层 6】。将【图层 6】移至【图层 1】上层。【图层】面板如图 12-33 所示。

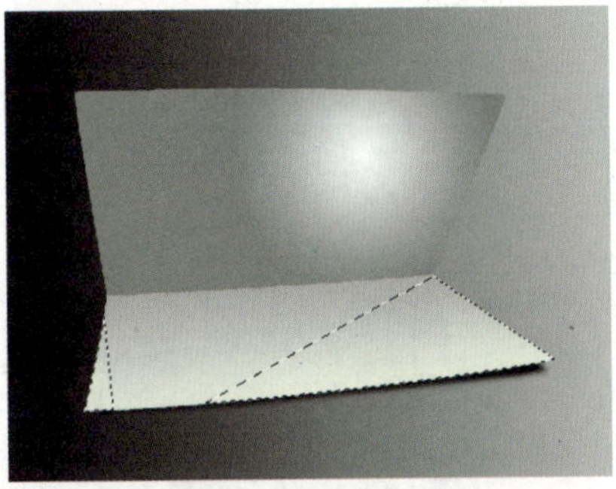

图12-30 绘制选区

图12-31 删除选区内图像

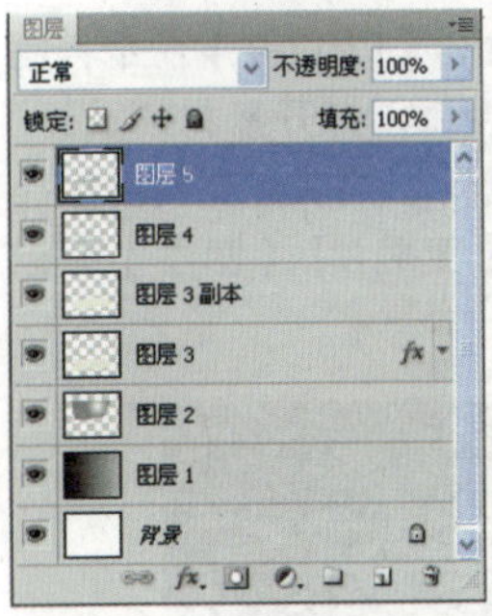

图12-32 【图层】面板

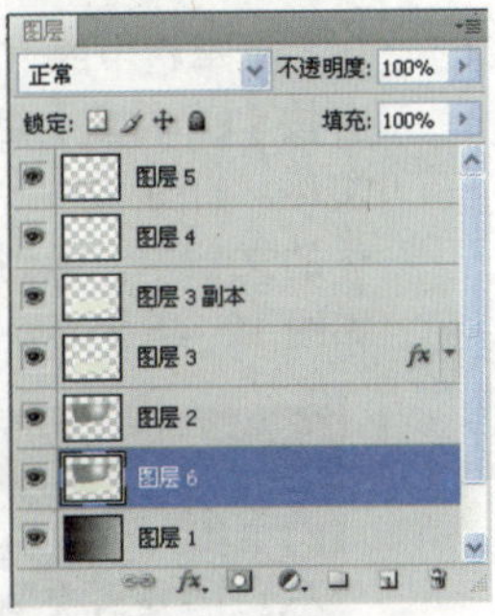

图12-33 【图层】面板

12 选择【图层】面板，单击【新建图层】按钮，得到【图层 7】，【图层】面板如图 12-34 所示。按【Ctrl】键并单击【图层 6】缩略图，提取【图层 6】，如图 12-35 所示。

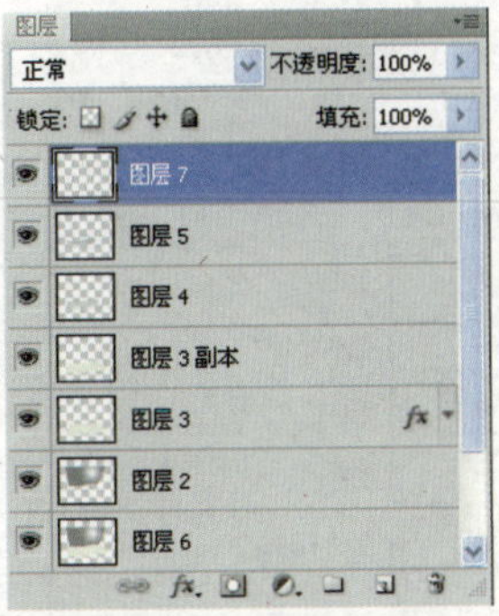

图12-34 【图层】面板

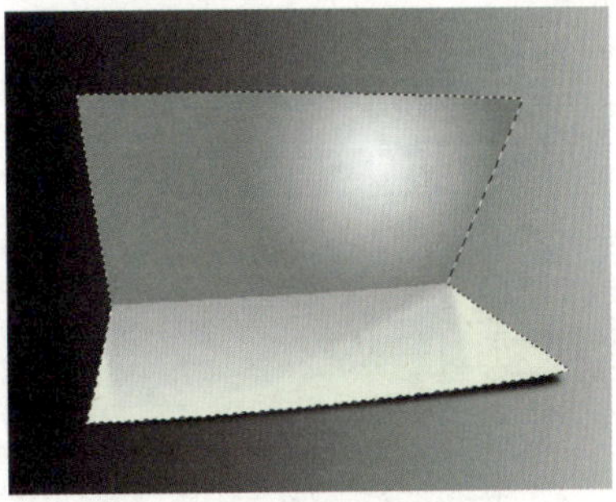

图12-35 提取【图层6】选区

13 将【前景色】设置为【#c3c3c2】，单击鼠标右键，选择描边，对话框设置如图 12-36 所示，选择【确定】完成操作，效果如图 12-37 所示。选择【图层】面板，将【不透明度】设置为 73%，效果如图 12-38 所示。【图层】面板如图 12-39 所示

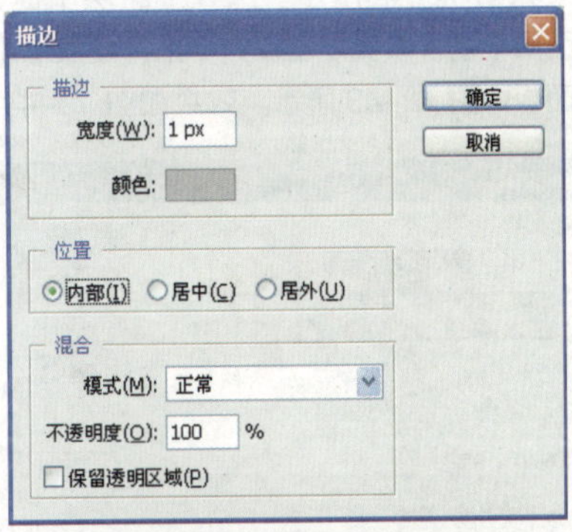

图12-36 【描边】对话框

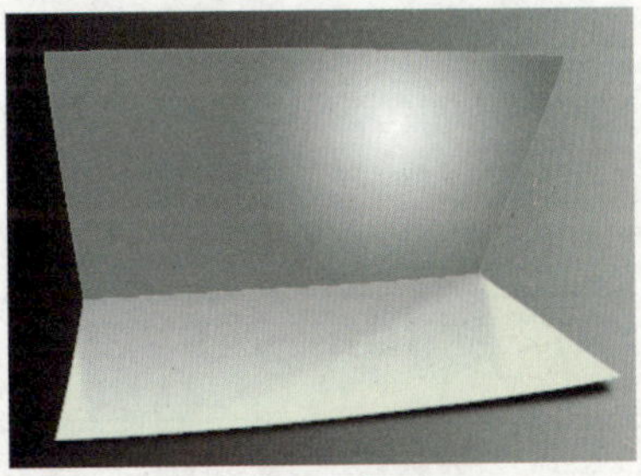

图12-37 图像效果

图12-38 不透明度73%

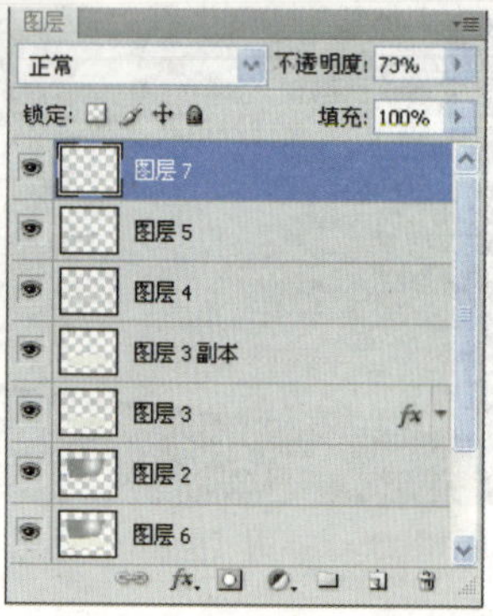

图12-39 【图层】面板

14 选择【图层】面板选择【新建图层】按钮，得到【图层 8】。选择工具栏【渐变工具】，参数设置如图 12-40 所示，选择【确定】完成操作。属性工具栏设置如图 12-41 所示。效果如图 12-42 所示。选择【图层】面板，将图层【混合模式】设置为【正片叠底】。【图层】面板如图 12-43 所示。效果如图 12-44 所示。

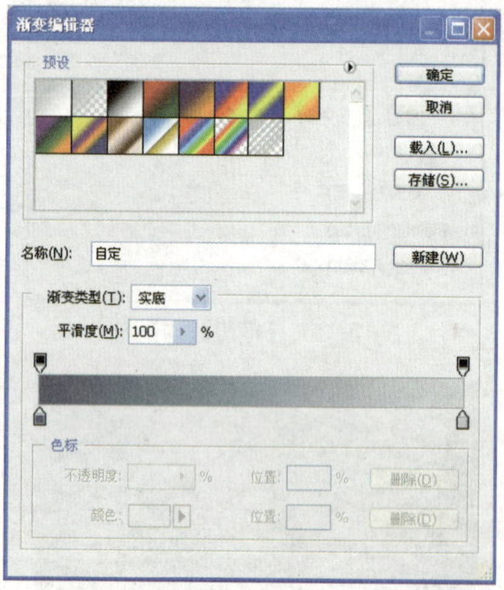

图12-40 【渐变编辑器】对话框

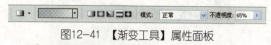

图12-41 【渐变工具】属性面板

图12-42 图像效果

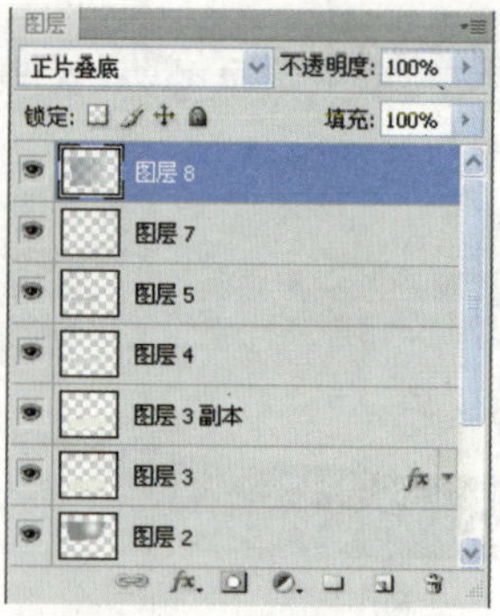

图12-43 【图层】面板

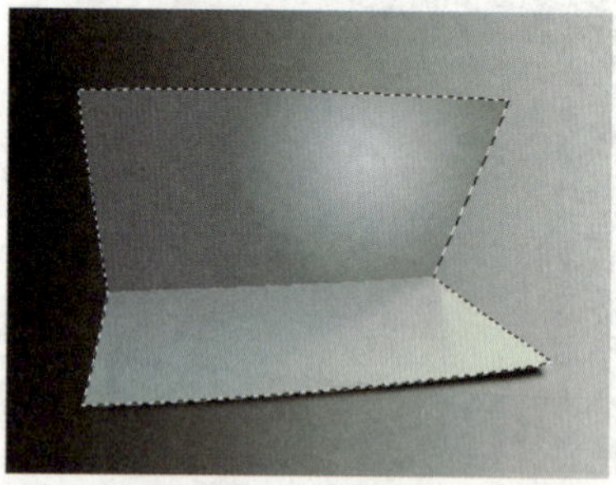

图12-44 图像效果

15 单击菜单栏中的【文件】/【打开】命令，或者按【Ctrl+O】组合键，打开素材“水面”文件，如图 12-45 所示。将其复制到刚刚操作的文档中，得到【图层 9】，【图层】面板如图 12-46 所示。

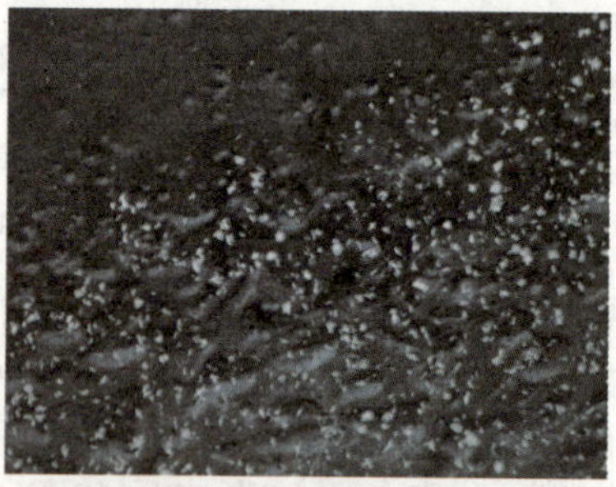

图12-45 素材文件

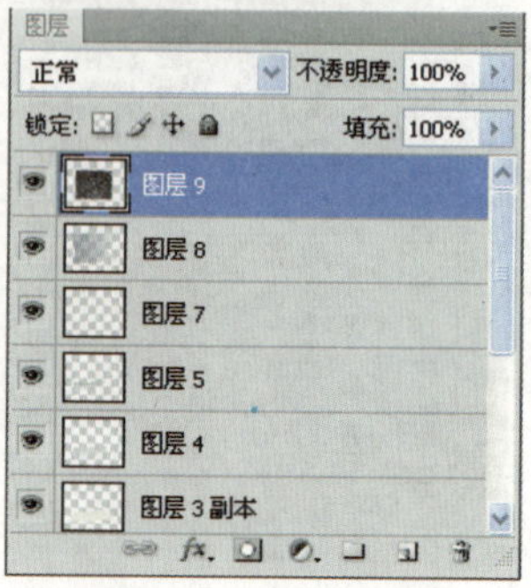

图12-46 【图层】面板

16 选择【图层 9】，单击菜单栏中的【编辑】/【变换】/【变形】命令，将其调整以下形状，如图 12-47 所示。在【图层】面板上将图层【混合模式】设置为“叠加”，效果如图 12-48 所示，【图层】面板如图 12-49 所示。

图12-47　变形命令

图12-48　【叠加】混合模式

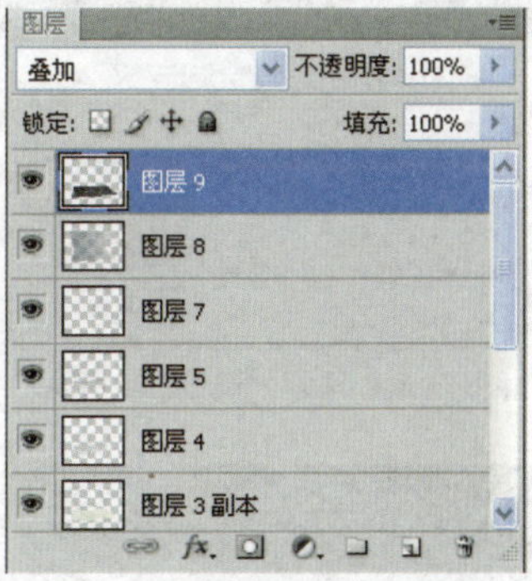

图12-49　【图层】面板

17 选择【图层 9】，选择【添加图层蒙版】按钮，按【D】键恢复前景色为黑色，选择蒙版区域，然后选择工具栏上的【渐变工具】，设置一个由白至黑的“线性渐变”，渐变绘制效果如图 12-50 所示，【图层】面板如图 12-51 所示。

图12-50　线性渐变

图12-51　【图层】面板

创建地板

18 单击菜单栏中的【文件】/【打开】命令，或者按【Ctrl+O】组合键打开素材“地板”文件，如图 12-52 所示。将其复制到刚刚操作的文档中得到【图层 10】，将【图层 10】移至【图层 1】上层，【图层】面板如图 12-53 所示。

图12-52　素材文件

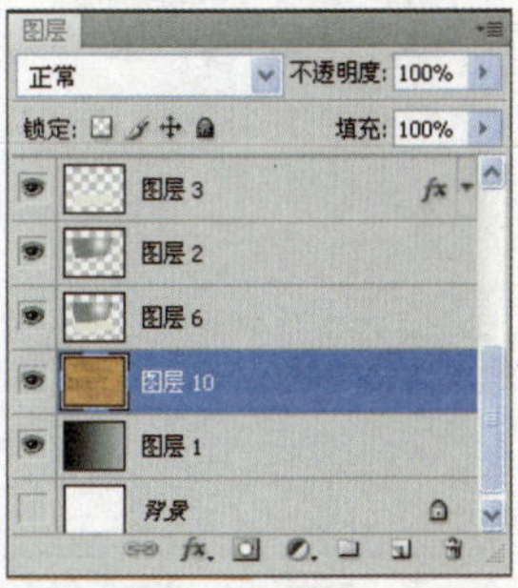

图12-53　【素材】文件

19 选择【图层】面板，选择【图层 10】，单击【添加图层蒙版】按钮，按【D】键恢复前景色为黑色，单击蒙版区域。选择工具栏上的【画笔工具】，在图像的上半部分进行涂抹。绘制效果如图 12-54 所示，【图层】面板如图 12-55 所示。

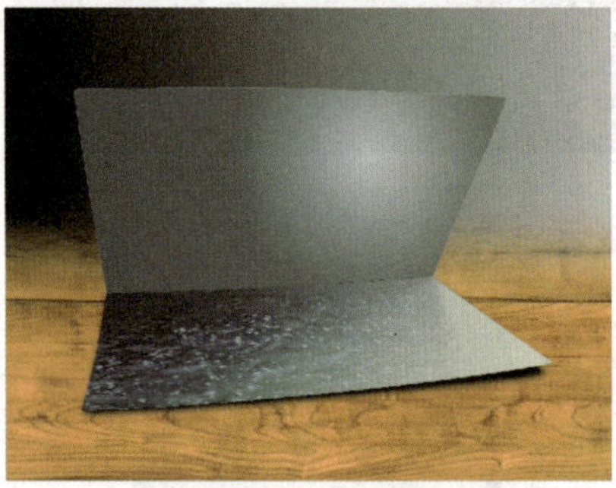

图12-54　图像效果

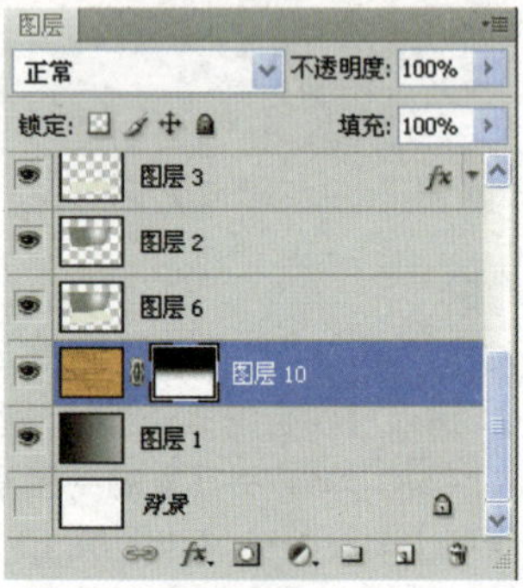

图12-55　【图层】面板

20 选择【图层蒙版】区域，单击【添加图层样式】按钮，弹出【图层样式】对话框，选择“渐变叠加”，参数设置如图 12-56 所示，选择【确定】完成操作。效果如图 12-57 所示。

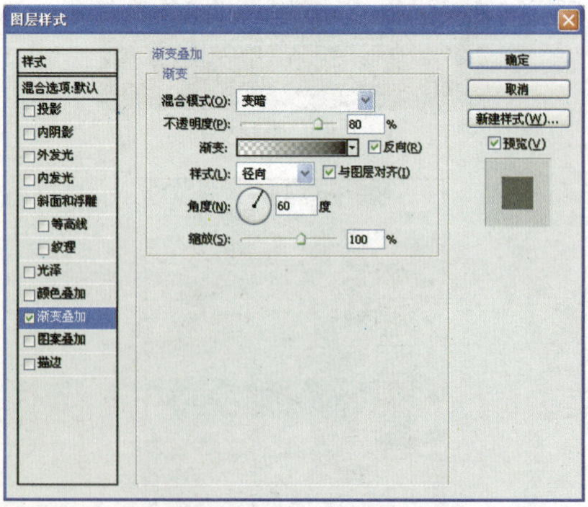

图12-56　【图层样式】对话框

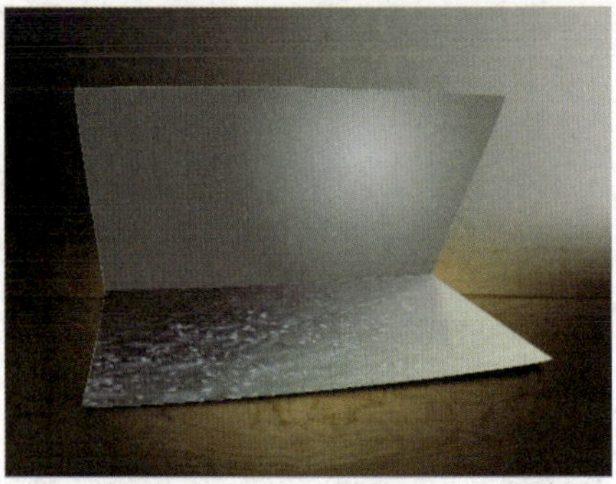

图12-57　图像效果

21 选择【图层】面板，单击【新建图层】按钮，得到【图层 11】，选择工具栏上的【矩形选框工具】，绘制的选区如图 12-58 所示。单击菜单栏中的【选择】/【修改】/【羽化】命令，弹出【羽化】对话框，设置如图 12-59 所示，选择【确定】完成操作。将前景色设置为白色，按【Alt+Delete】组合键填充前景色，如图 12-60 所示。

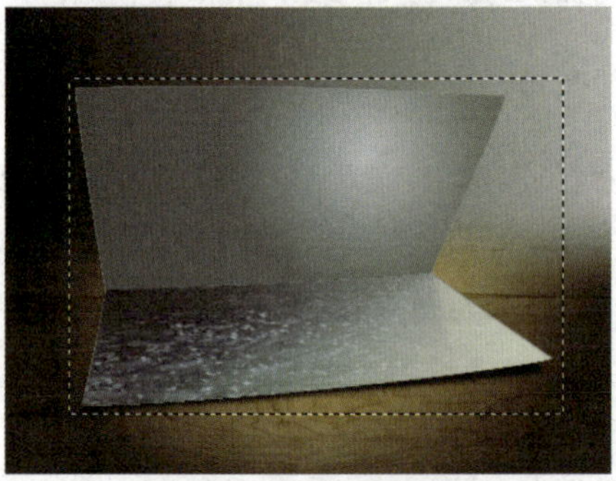

图12-58　绘制选区

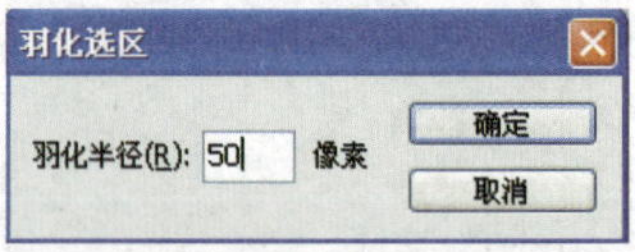

图12-59　【羽化选区】对话框

图12-60　填充前景色

22 选择【图层 11】，将图层的【混合模式】设置为“柔光”，效果如图 12-61 所示，【图层】面板如图 12-62 所示。

图12-61 【柔光】混合模式

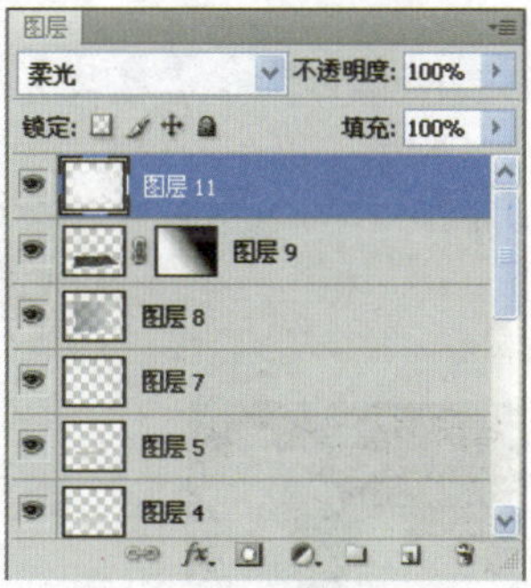

图12-62 【图层】面板

23 选择【图层】面板，选择【新建图层】按钮，得到【图层 12】并将其移至【图层 10】上层，【图层】面板如图 12-63 所示。

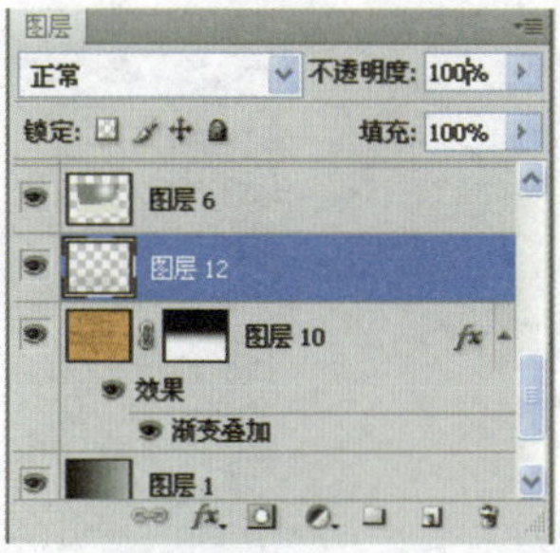

图12-63 【图层】面板

24 选择工具栏上的【多边形套索工具】，绘制的选区如图 12-64 所示，选择工具栏上的【渐变工具】，属性工具栏设置如图 12-65 所示，效果如图 12-66 所示。

25 选择【图层 12】，在【图层】面板上将【不透明度】设置为 60%，效果如图 12-67 所示，【图层】面板如图 12-68 所示。

图12-64 绘制选区

图12-65 【渐变工具】属性面板

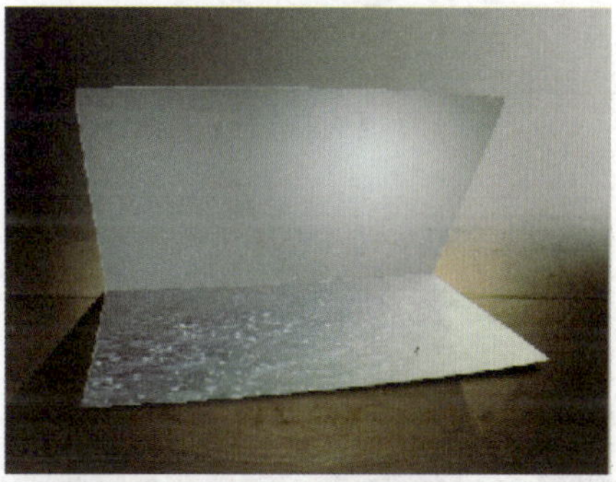

图12-66 图像效果

图12-67 不透明度60%

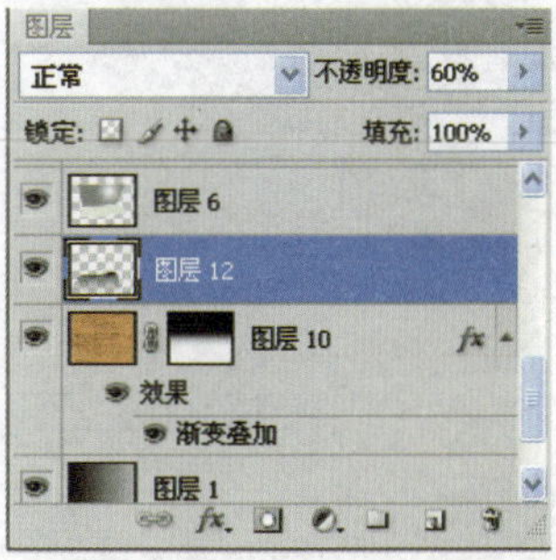

图12-68 【图层】面板

26 选择【图层 12】，单击菜单栏中的【滤镜】/【模糊】/【高斯模糊】命令，弹出【高斯模糊】对话框，参数设置如图 12-69 所示，选择【确定】完成操作。效果如图 12-70 所示。

图12-69 【高斯模糊】对话框

图12-70 图像效果

云彩绘制

27 单击菜单栏中的【文件】/【打开】命令，或者按【Ctrl+O】组合键，打开素材“云彩”文件，如图 12-71 所示。将其复制到刚刚操作的文档中得到【图层 13】，【图层】面板如图 12-72 所示。

图12-71 素材文件

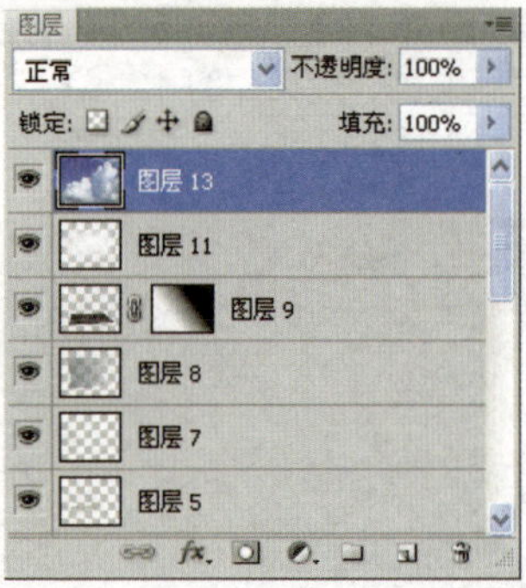

图12-72 【图层】面板

28 选择【图层 13】，单击菜单栏中的【选择】/【色彩范围】命令，弹出【色彩范围】对话框，参数设置如图 12-73 所示，选择【确定】完成操作。效果如图 12-74 所示。

图12-73 【色彩范围】对话框

图12-74 图像效果

29 选择【图层 13】，单击【添加图层蒙版】按钮，效果如图 12-75 所示，【图层】面板如图 12-76 所示。单击菜单栏中的【编辑】/【自由变换】命令，或者按【Ctrl+T】组合键将其调整大小并放置到合适位置，效果如图 12-77 所示。

图12-75 图像效果

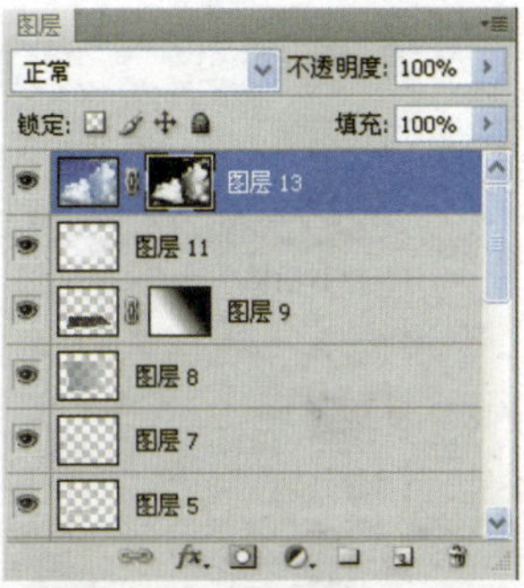

图12-76 【图层】面板

图12-77 自由变换

30 选择【图层 13】的蒙版区域，按【D】键恢复前景色为黑色，选择工具栏上的【画笔工具】，在云彩边缘涂抹，擦除不需要部分，让云彩显得更自然。效果如图 12-78 所示。

图12-78 图像效果

合成雪景

31 单击菜单栏中的【文件】/【打开】命令，或者按【Ctrl+O】组合键，打开素材“雪景”文件，如图 12-79 所示。将其复制到刚刚操作的文档中得到【图层 14】，按【Ctrl+J】组合键复制出【图层 14 副本】，隐藏【图层 14】，【图层】面板如图 12-80 所示。

图12-79 素材文件

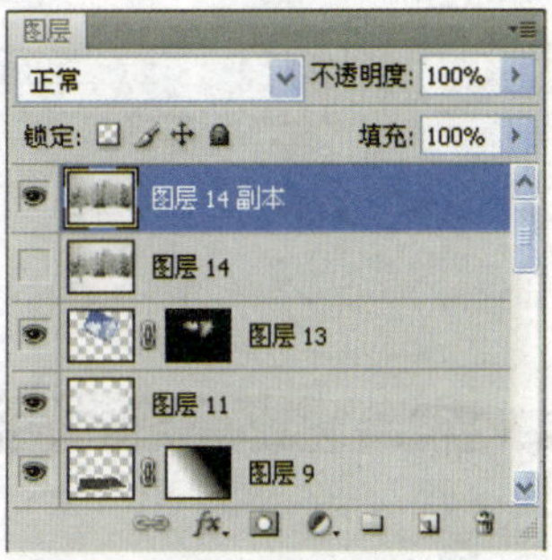

图12-80 【图层】面板

32 选择【图层 14 副本】，单击菜单栏中的【编辑】/【变换】/【扭曲】命令，将其扭曲一下角度，效果如图 12-81 所示。

图12-81 扭曲效果

33 选择【图层 14 副本】，按【Ctrl】键并单击【图层 6】缩略图，提取【图层 6】选区，如图 12-82 所示。单击菜单栏中的【选择】/【反向】命令，或按【Ctrl+Shift+I】组合键，选区选区以外的内容，如图 12-83 所示。按【Delete】键删除当前选择的部分。按【Ctrl+D】组合键取消选区，如图 12-84 所示。

图12-82　提取【图层6】选区

图12-83　反向选区

图12-84　删除选区内图像

34 选择【图层 14 副本】，按【Ctrl+J】组合键复制图层，得到【图层 14 副本 2】，隐藏【图层 14 副本】。选择【图层 14 副本 2】，单击【添加图层蒙版】按钮，然后选择工具栏上的【画笔工具】，在水面涂抹，直到呈现雪地形状。效果如图 12-85 所示，【图层】面板如图 12-86 所示。

图12-85　图像效果

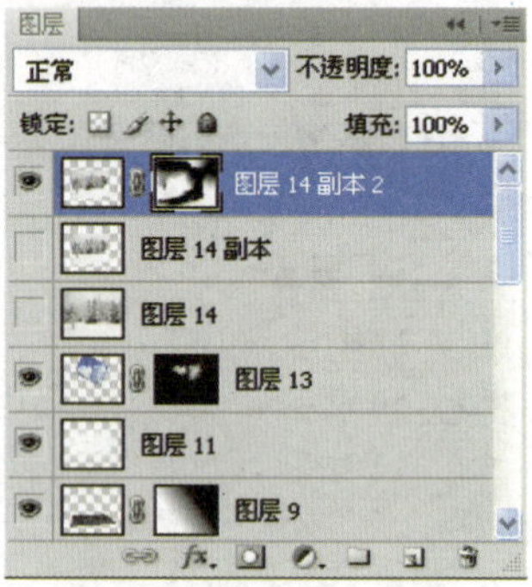

图12-86　【图层】面板

35 选择【图层】面板，选择【新建图层】按钮，得到【图层 15】，选择工具栏上的【画笔工具】，画笔的设置如图 12-87 所示，绘制效果如图 12-88 所示。

图12-87　【画笔工具】属性面板

图12-88　图像效果

36 选择【图层 14 副本 2】，选择工具栏上的【矩形选框工具】，属性工具栏设置如图 12-89 所示，绘制出的选区如图 12-90 所示，按【Ctrl+J】组合键将选区内的内容复制出新的图层中自动生成【图层 16】，【图层】面板如图 12-91 所示。

图12-89 【矩形选框工具】属性面板

图12-90 绘制选区

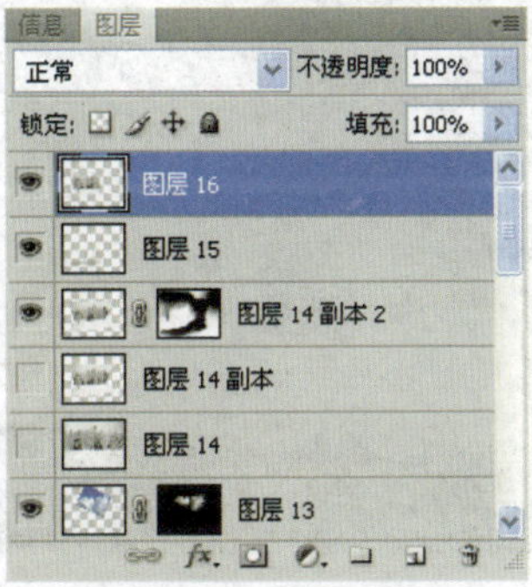

图12-91 【图层】面板

37 选择【图层 16】，单击菜单栏中的【图像】/【调整】/【色阶】命令，或者按【Ctrl+L】组合键，弹出【色阶】对话框，参数设置如图 12-92 所示，选择【确定】完成操作，效果如图 12-93 所示。在【图层】面板上将【混合模式】设置为“柔光”，效果如图 12-94 所示，【图层】面板如图 12-95 所示。

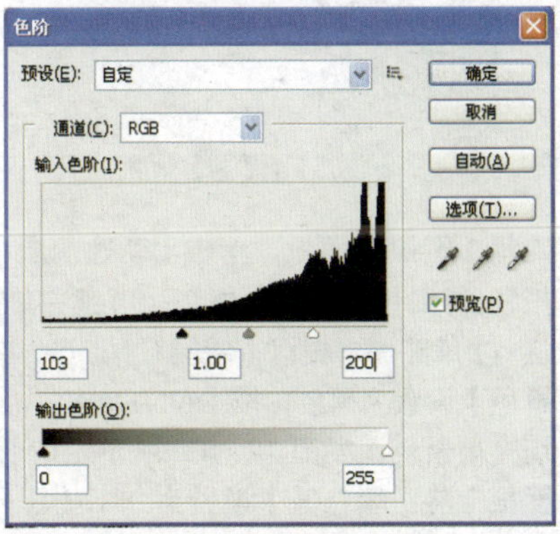

图12-92 【色阶】对话框

图12-93 图像效果

图12-94 【柔光】混合模式

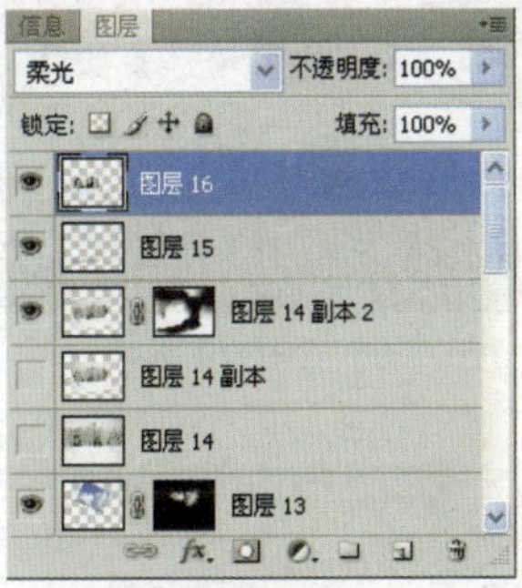

图12-95 【图层】面板

38 选择【图层 16】，按【Ctrl+J】组合键复制出【图层 16 副本】，单击菜单栏中的【滤镜】/【模糊】/【动感模糊】命令，弹出【动感模糊】对话框，参数设置如图 12-96 所示，效果如图 12-97 所示。

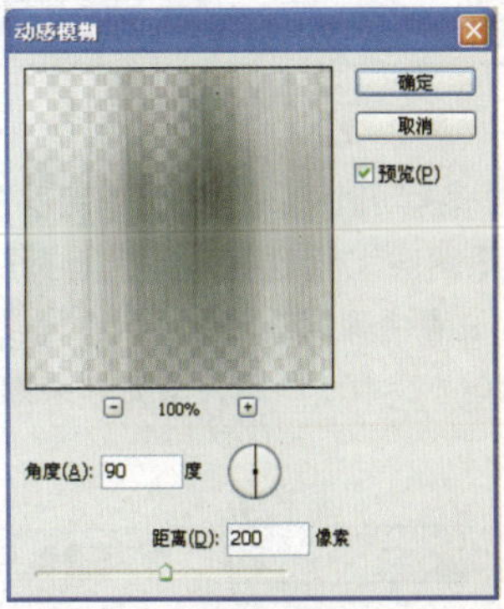

图12-96 【动感模糊】对话框

图12-97　图像效果

39 选择【图层 16 副本】，在【图层】面板上将图层的【混合模式】设置为“柔光”，效果如图 12-98 所示，【图层】面板如图 12-99 所示。

图12-98　【柔光】混合模式

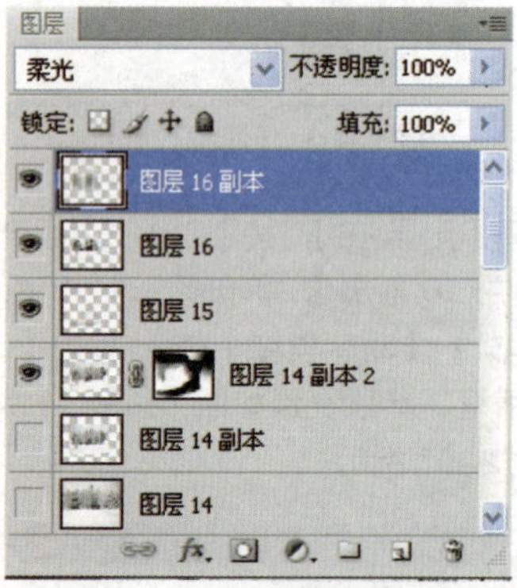

图12-99　【图层】面板

40 选择【图层】面板，单击【新建图层】按钮，得到【图层 17】，选择工具栏上的【渐变工具】，设置由黑到透明的“径向渐变”，渐变设置如图 12-100 所示，渐变效果如图 12-101 所示。

图12-100　【渐变工具】对话框

图12-101　图像效果

41 选择【图层 17】，将图层的【混合模式】设置为“正片叠底”，将【不透明度】设置为 20%，效果如图 12-102 所示，【图层】面板如图 12-103 所示。

图12-102　【正片叠底】混合模式

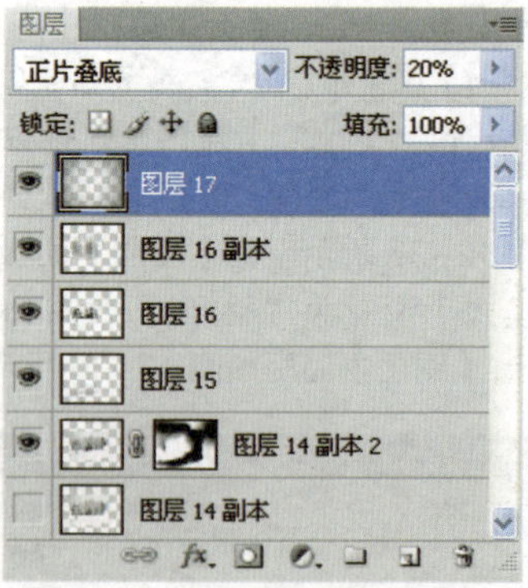

图12-103　【图层】面板

42 选择【图层】面板，单击【新建图层】按钮，得到【图层 18】，按【Ctrl】键并单击【图层 6】缩略图，提取【图层 6】选区，将【前景色】设置为黑色，按【Alt+Delete】组合键填充前景色，如图 12-104 所示。在【图层】面板上将【填充值】设置为 0%，【图层】面板如图 12-105 所示。

图12-104　填充前景色

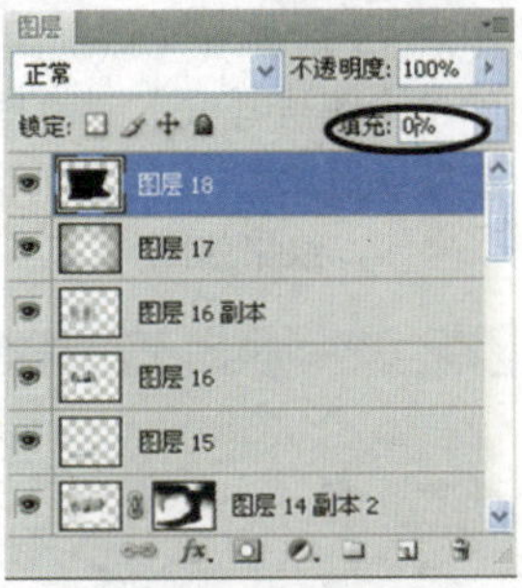

图12-105　【图层】面板

43 选择【图层 18】，单击【添加图层样式】按钮，弹出【图层样式】对话框，选择“渐变叠加”，参数设置如图 12-106 所示，选择【确定】完成操作，效果如图 12-107 所示。

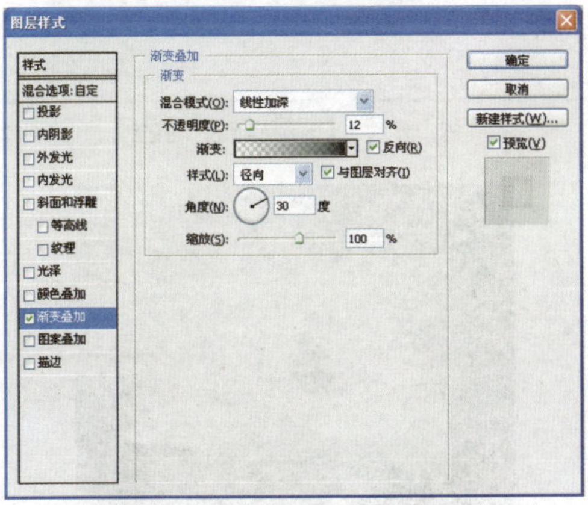

图12-106　【图层样式】对话框

图12-107　图像效果

44 单击菜单栏中的【文件】/【打开】命令，或者按【Ctrl+O】组合键，打开素材“月球”文件，如图 12-108 所示。选择工具栏上的【椭圆选择工具】，属性工具栏设置如图 12-109 所示，绘制出的选区效果如图 12-110 所示。按【Ctrl+J】组合键将选区内的内容复制到新的图层中，得到【图层 1】，【图层】面板如图 12-111 所示。

图12-108　素材文件

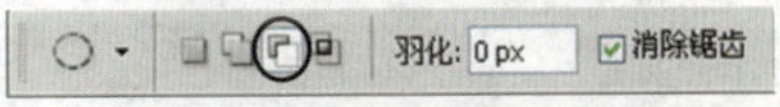

图12-109　【椭圆选择工具】对话框

图12-110　绘制选区

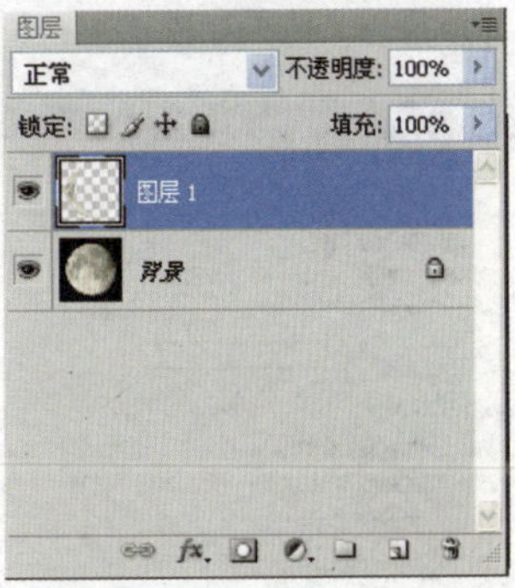

图12-111　【图层】面板

45 选择【图层 1】，单击【选择】/【全部】命令，或者按【Ctrl+A】组合键，单击【编辑】/【拷贝】命令，或者按【Ctrl+C】组合键。返回到刚刚操作文档中，单击【编辑】/【粘贴】命令，或者按【Ctrl+V】组合键将其粘贴到文档中，得【图层 19】,【图层】面板如图 12-112 所示。

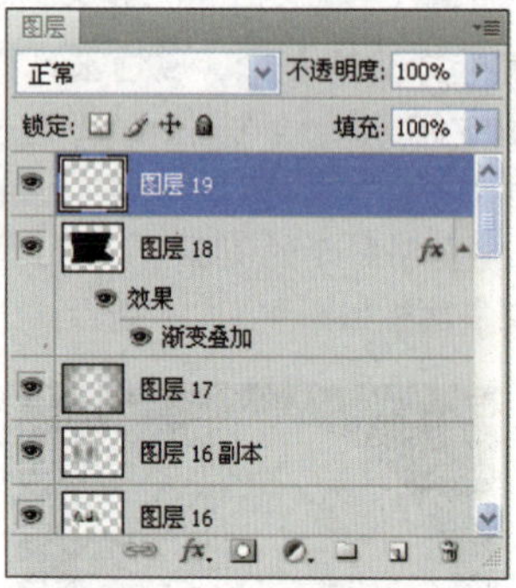

图12-112 【图层】面板

46 选择【图层 19】,单击菜单栏中的【编辑】/【自由变换】命令，或者按【Ctrl+T】组合键将图像缩放到合适大小后放置到合适位置，效果如图 12-113 所示。

图12-113 自由变换

47 选择【图层 19】，单击【添加图层样式】fx. 按钮，弹出【图层样式】对话框，选择“外发光”,参数设置如图 12-114 所示，选择【确定】完成操作，效果如图 12-115 所示。

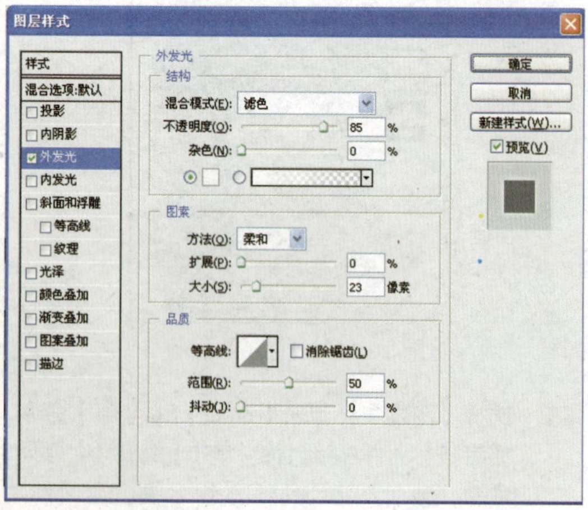

图12-114 【图层样式】对话框

图12-115 图像效果

48 选择【图层 19】，选择【添加图层样式】fx. 按钮，弹出【图层样式】对话框，选择“内发光”,参数设置如图 12-116 所示，选择【确定】完成操作，效果如图 12-117 所示。

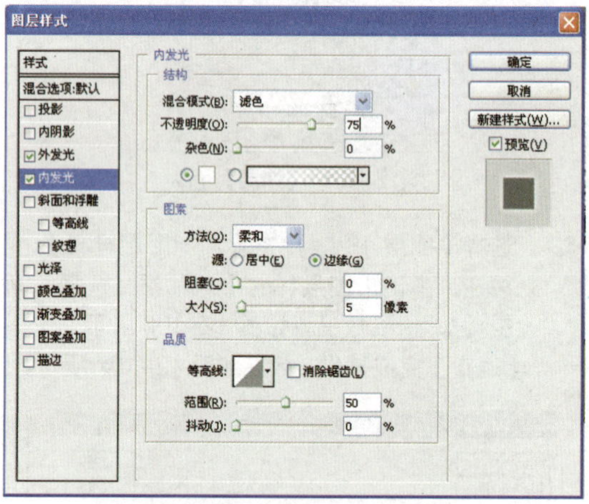

图12-116 【图层样式】对话框

图12-117 图像效果

合成铅笔对象

49 单击菜单栏中的【文件】/【打开】命令，或者按【Ctrl+O】组合键，打开素材“文件”,如图 12-118 所示。将其复制到刚刚操作的文档中，得到【图层 20】。单击菜单栏中的【编辑】/【自由变换】命令，或者按【Ctrl+T】组合键，调整铅笔的位置和方向，效果如图 12-119 所示。

图12-118　素材文件

图12-119　变换后效果

50 选择【图层 20】、单击【添加图层样式】 按钮，弹出【图层样式】对话框，选择“外发光”，参数设置如图 12-120 所示，效果如图 12-121 所示。

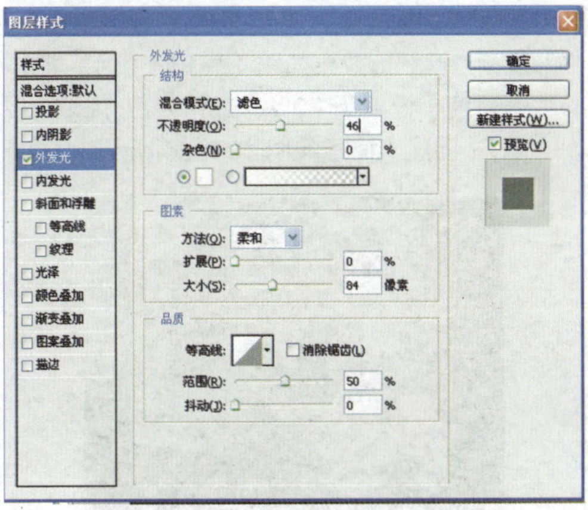

图12-120　【图层样式】对话框

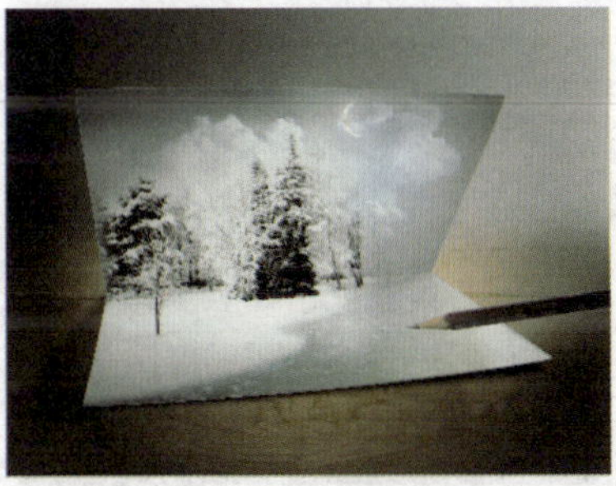

图12-121　图像效果

51 选择【图层 20】，单击【添加图层样式】 按钮，弹出【图层样式】对话框，选择“投影”，参数设置如图 12-122 所示，效果如图 12-123 所示。

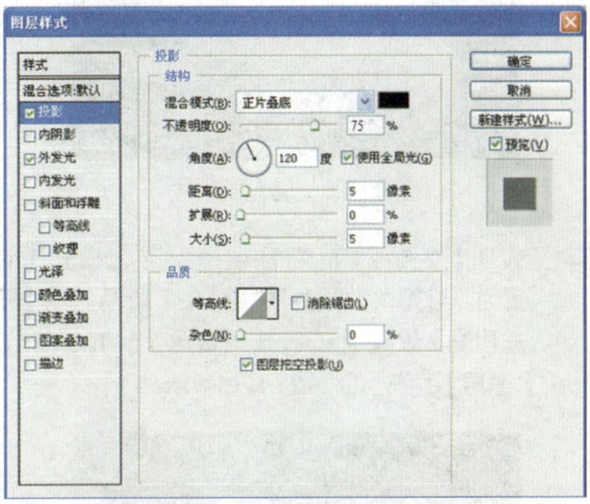

图12-122　【图层样式】对话框

图12-123　图像效果

52 选择【图层】面板，单击【新建图层】 按钮，得到【图层 21】，选择工具栏上的【矩形选框工具】，属性工具栏设置如图 12-124 所示，绘制出的选区如图 12-125 所示。将【前景色】设置为白色，按【Alt+Delete】组合键填充前景色，效果如图 12-126 所示。

图12-124　【矩形选区空间】对话框

图12-125　绘制选区

图12-126　填充前景色

53 选择【图层21】，将图层的【混合模式】设置为“溶解”，效果如图12-127所示。将【不透明度】设置为6%，效果如图12-128所示，【图层】面板如图12-129所示。

图12-127　【溶解】混合模式

图12-128　不透明度6%

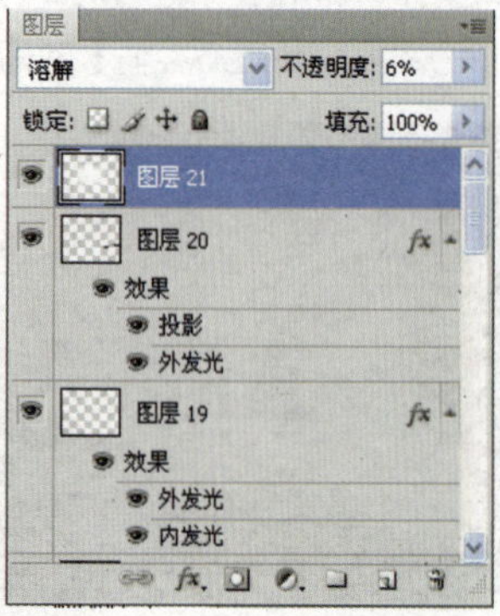

图12-129　【图层】面板

54 选择【图层】面板，单击【新建图层】按钮，得到【图层22】，选择工具栏上的【矩形选框工具】，绘制出的选区如图12-130所示。按【Alt+Delete】组合键填充前景色，效果如图12-131所示。

图12-130　绘制选区

图12-131　填充前景色

55 选择【图层22】，将图层的【混合模式】设置为“溶解”，效果如图12-132所示。将【不透明度】设置为30%，效果如图12-133所示，【图层】面板如图12-134所示。

图12-132　【溶解】混合模式

图12-133　不透明度30%

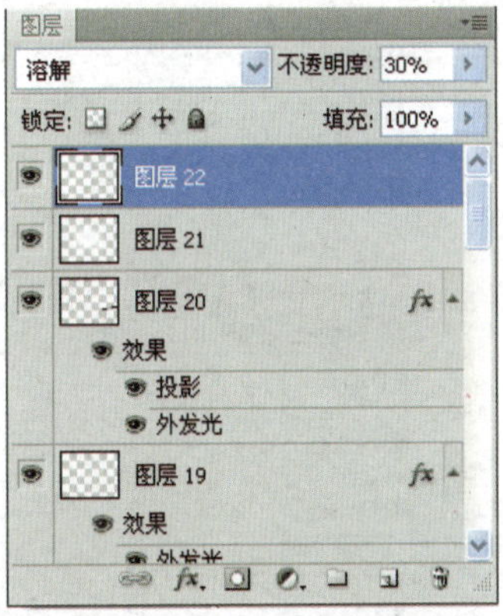

图12-134 【图层】面板

56 选择【图层 22】，选择工具栏上的【橡皮工具】，将铅笔上的“雪花”效果擦掉更为自然。如图 12-135 所示。

图12-135 图像效果

57 选择【图层】面板，单击【新建图层】按钮，得到【图层 23】，选择工具栏上的【画笔工具】，画笔设置如图 12-136 所示，绘制效果如图 12-137 所示。

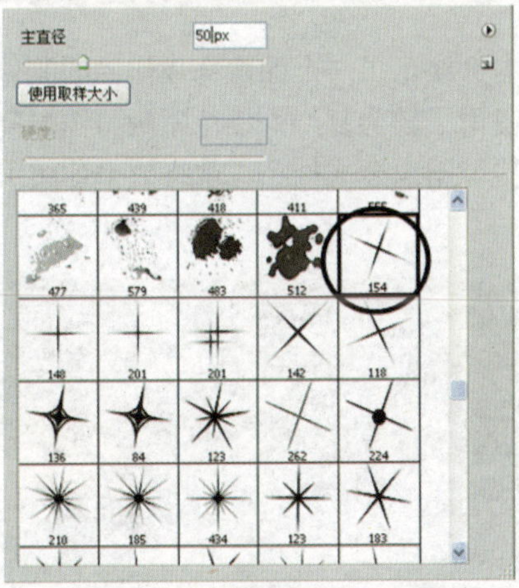

图12-136 【画笔工具】对话框

图12-137 图像效果

58 选择【图层 21】，单击【添加图层蒙版】按钮，选择蒙版区域。选择工具栏上的【渐变工具】，设置由透明到黑色的“径向渐变”，渐变设置如图 12-138 所示，渐变绘制出的效果如图 12-139 所示，【图层】面板如图 12-140 所示。

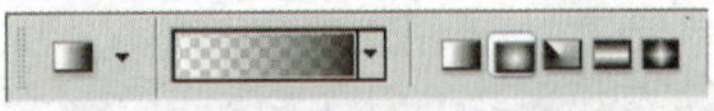

图12-138 渐变工具设置

图12-139 绘制渐变后的效果

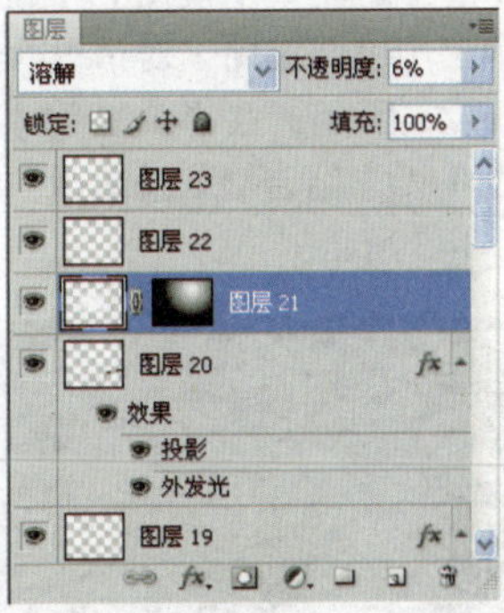

图12-140 【图层】面板

59 按【Ctrl+Alt+Shift+E】组合键盖印图层，得到【图层 24】，【图层】面板如图 12-141 所示。选择工具栏下方的【快速蒙版】按钮，然后选择工具栏上的【渐变工具】。设置由透明到黑色的“径向渐变”，设置如图 12-142 所示，绘制出的渐变效果如图 12-143 所示。

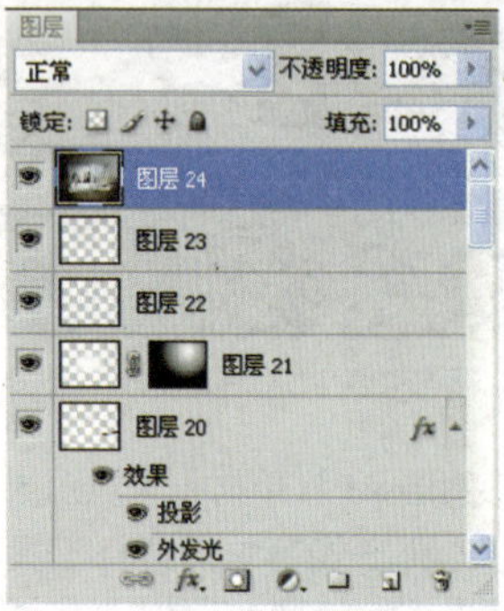

图12-141 【图层】面板

图12-142 渐变工具设置

图12-143 绘制渐变后效果

60 按【Q】键退出【快速蒙版】状态，效果如图 12-144 所示。选择【图层 24】，单击菜单栏中的【滤镜】/【模糊】/【镜头模糊】命令，弹出【镜头模糊】对话框，参数设置如图 12-145 所示，选择【确定】完成操作。按【Ctrl+D】组合键取消选区，最终效果如图 12-146 所示。

图12-144 退出【快速蒙版】后效果

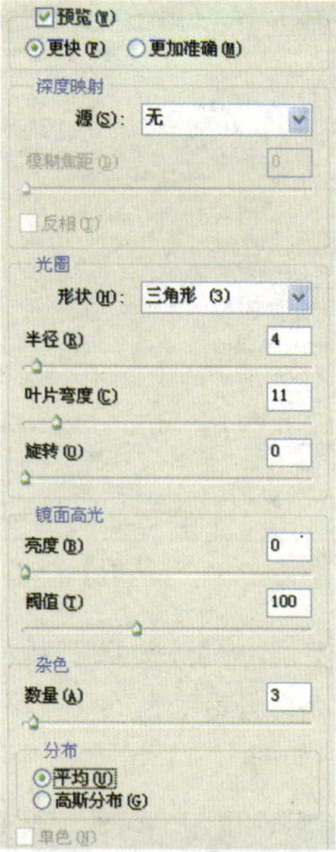

图12-145 【镜头模糊】对话框

图12-146 最终效果

12.4 上机实战：飞出书面

本例展示了一个图像合成作品的制作全过程，使用了较为复杂的图像蒙版、图层高级混合选项等图像合成技巧，最终效果如图 12-147 所示。

图12-147

制作飞出书面图像

所用素材：光盘\素材\第12章\材质、飞机、热气球、手、书、纹理

最终效果：光盘\效果\第12章\飞出书面

操作步骤

合成热气球对象

1 单击菜单栏中的【文件】/【打开】命令，或者按【Ctrl+O】组合键，打开素材文件“材质”文件，如图12-148所示。

图12-148 材质文件

2 选择【图层】面板，选择【创建新组】，得到【组1】。单击菜单栏中的【文件】/【打开】命令，或者按【Ctrl+O】组合键，打开素材“书”文件，如图12-149所示。将复制到刚刚操作的文档中，得到【图层1】，【图层】面板如图12-150所示，效果如图12-151所示。

图12-149 书文件

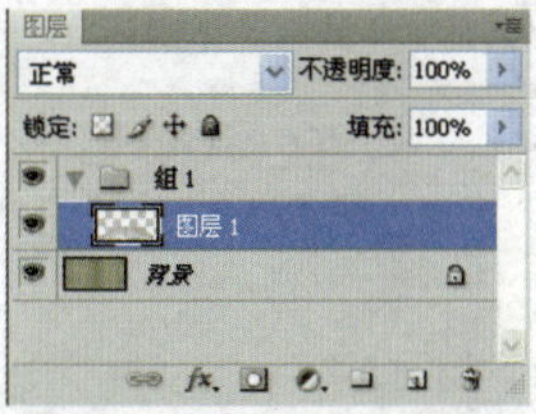

图12-150 【图层】面板

图12-151 粘贴后效果

3 单击菜单栏中的【文件】/【打开】命令，或者按【Ctrl+O】组合键，打开素材“热气球”文件，如图12-152所示。将其复制到刚刚操作的文档中，得到【图层2】，【图层】面板如图12-153所示，效果如图12-154所示。

图12-152 素材文件

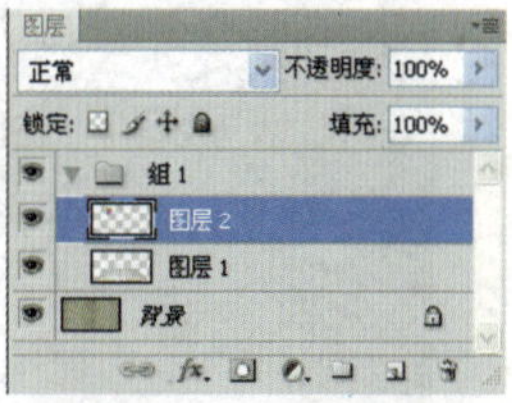

图12-153 【图层】面板

图12-154 粘贴图像

4 选择【图层2】，单击【创建新的填充图层或调整图层】按钮，选择【渐变映射】命令，在【调整】面板上弹出【渐变映射】对话框，设置如图12-155所示，效果如图12-156所示。

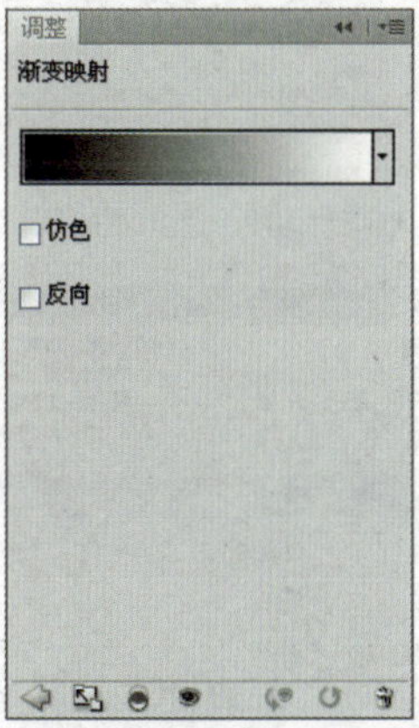

图12-155 【渐变映射】对话框

图12-156 图像效果

5 在【【图层】面板上】将【不透明度】设置为94%，如图12-157所示，【图层】面板如图12-158所示。选择蒙版区域后选择工具栏上的【画笔工具】，在热气球上机进行涂抹。效果如图12-159所示，【图层】面板如图12-160所示。

图12-157 不透明度为94%

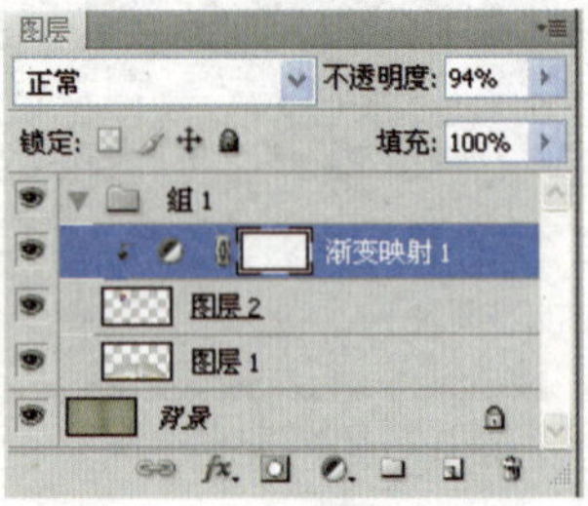

图12-158 【图层】面板

图12-159 修饰后效果

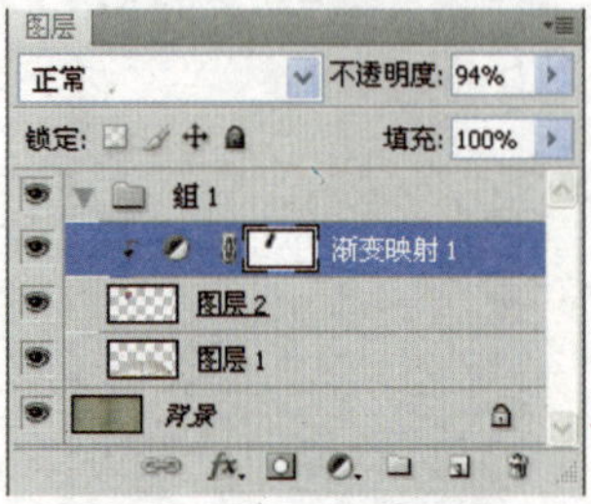

图12-160 【图层】面板

合成纸张纹理

6 单击菜单栏中的【文件】/【打开】命令，或者按【Ctrl+O】组合键，打开素材“纹理”文件，如图12-161所示。将其复制到刚刚操作的文档中，得到【图层3】并将其放置到移至【图层1】的上层，【图层】面板如图12-162所示，效果如图12-163所示。

图12-161 纹理文件

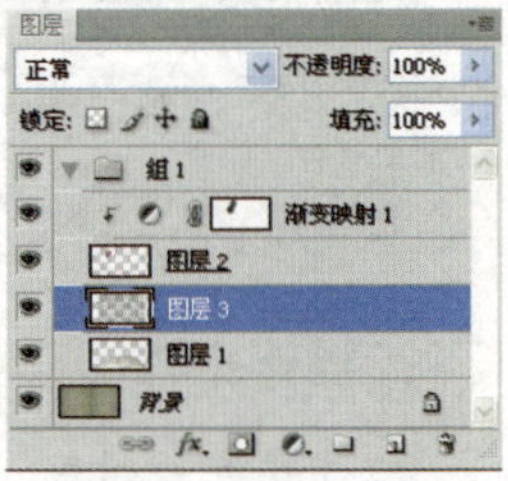

图12-162 【图层】面板

图12-163 图像效果

7 选择【图层3】,按【Ctrl+J】组合键复制出【图层3副本】，选择工具栏上的【移动工具】，将图像移动至右侧书页上，效果如图12-164所示，【图层】面板如图12-165所示。

图12-164 图像效果

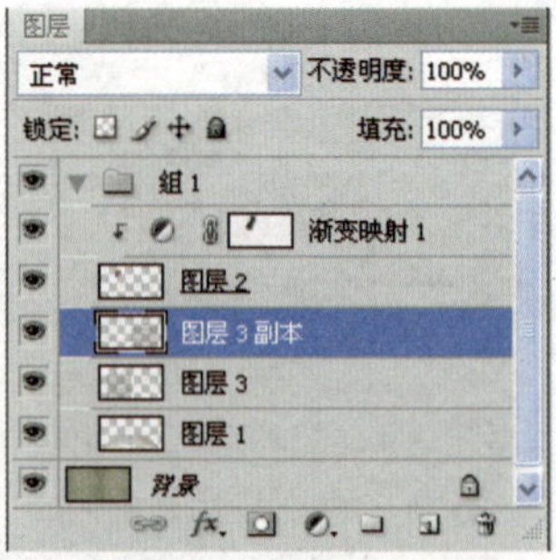

图12-165 【图层】面板

8 选择【图层3副本】，单击菜单栏中的【图层】/【向下合并】命令，或按【Ctrl+E】组合键向下合并图层，【图层】面板如图12-166所示。

9 选择【图层3】，选择工具栏上的【钢笔工具】，绘制出的路径如图12-167所示。

图12–166 【图层】面板

图12–167 绘制选区

10 按【Ctrl+Enter】组合键将路径转换为选区，单击菜单栏中的【选择】/【反向】命令，或按【Ctrl+Shift+I】组合键选择选区以外的内容，如图 12–168 所示。按【Delete】键删除选区内的内容，按【Ctrl+D】组合键取消选区，效果如图 12–169 所示。

图12–168 反向选区

图12–169 删除选区内图像

11 选择【图层】面板，将【不透明度】设置为 95%，效果如图 12–170 所示，【图层】面板如图 12–171 所示。

图12–170 不透明度95%

图12–171 【图层】面板

绘制气球阴影

12 选择【图层 2】，单击【Ctrl+J】组合键复制出【图层 2 副本】，【图层】面板如图 12–172 所示。将【图层 2】移至最上面，【图层】面板如图 12–173 所示。

图12–172 【图层】面板

图12–173 【图层】面板

13 选择【图层 2】，单击菜单栏中的【编辑】/【自由变换】命令，或按【Ctrl+T】组合键，调整一下热气球的形状，效果如图 12–174 所示。单击菜单栏中的【图像】/【调整】/【去色】命令，或按【Ctrl+Shift+U】组合键将图像的颜色去除，效果如图 12–175 所示。

14 选择【图层 2】，单击菜单栏中的【图像】/【调整】/【色阶】命令，或者按【Ctrl+L】组合键，弹出【色阶】对话框，参数设置如图 12–176 所示，选择【确定】完成操作。效果如图 12–177 所示。

图12-174　调整形状后的效果

图12-175　去色后效果

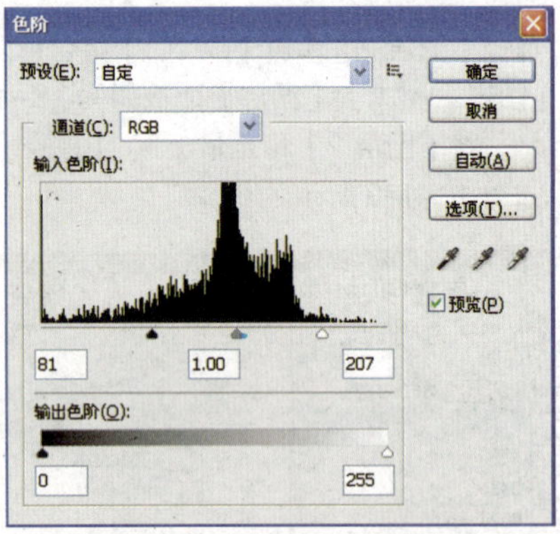

图12-176　【色阶】对话框

图12-177　图像效果

15　选择【图层 2】，单击菜单栏中的【选择】/【色彩范围】命令，弹出【色彩范围】对话框，参数设置如图 12-178 所示，选择【确定】完成操作，效果如图 12-179 所示。然后按【Delete】键删除选区内的内容，按【Ctrl+D】组合键取消选区。

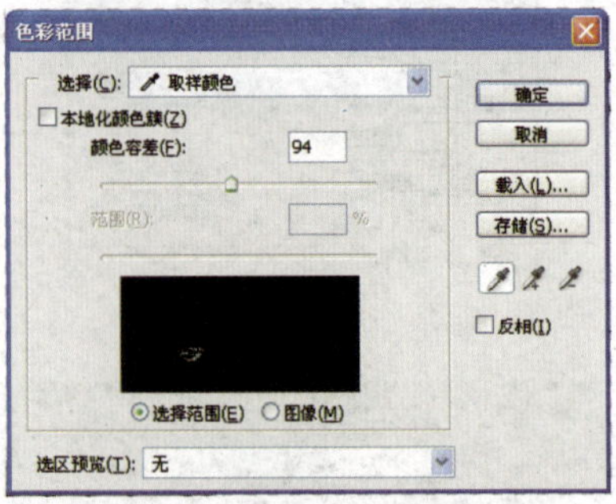

图12-178　【色彩范围】对话框

图12-179　图像效果

16　选择【图层 2】，单击菜单栏中的【滤镜】/【模糊】/【镜头模糊】命令，弹出【镜头模糊】对话框，参数设置如图 12-180 所示，效果如图 12-181 所示。

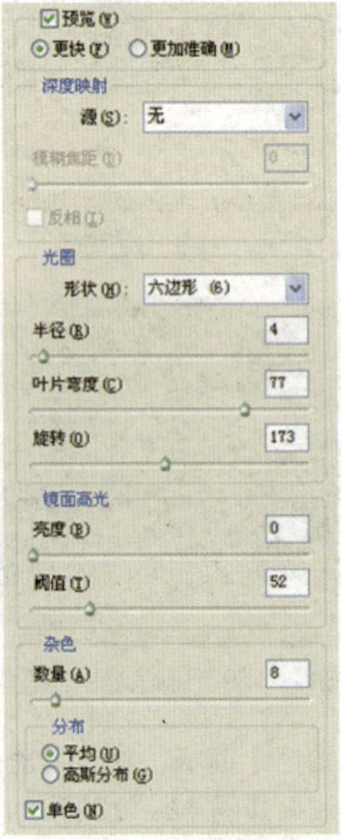

图12-180　【镜头模糊】对话框

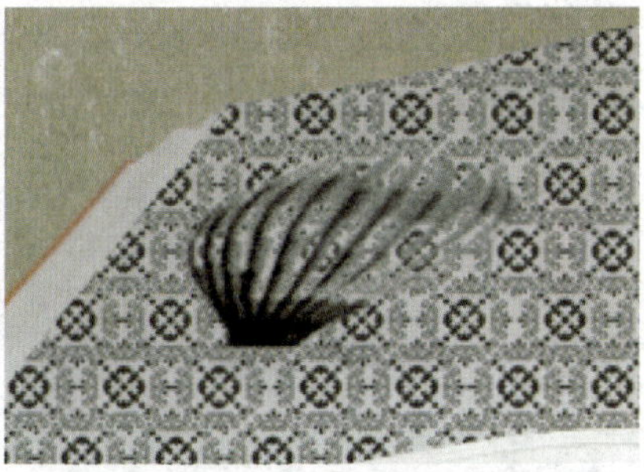

图12-181 图像效果

17 单击菜单栏中的【图像】/【调整】/【色相/饱和度】命令，或者按【Ctrl+U】组合键，弹出【色相/饱和度】对话框，参数设置如图 12-182 所示，效果如图 12-183 所示。

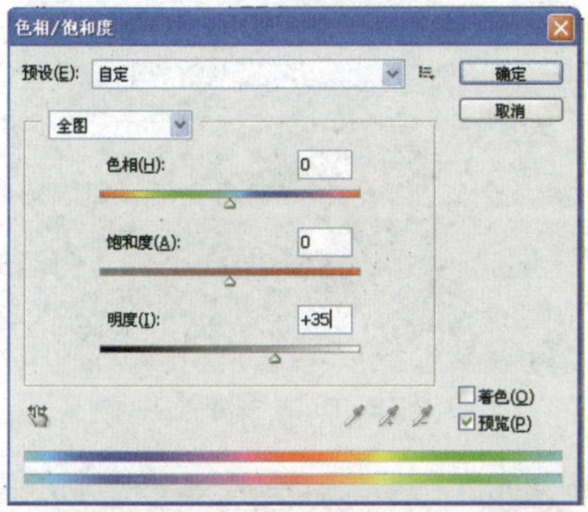

图12-182 【色相/饱和度】对话框

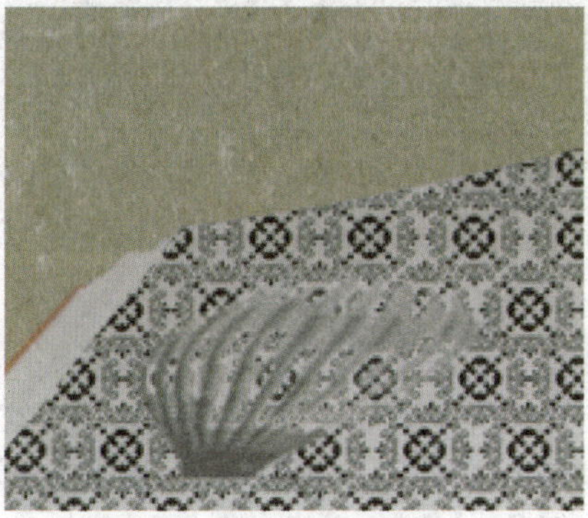

图12-183 图像效果

18 选择【图层】面板，选择【图层 2】，按【Ctrl+J】组合键复制出【图层 2 副本 2】，选择【新建图层】按钮，得到【图层 4】，【图层】面板如图 12-184 所示。

19 选择【图层 4】，选择工具栏上的【矩形选框工具】，属性工具栏设置如图 12-185 所示，绘制出的选区如图 12-186 所示。将前景色设置为【# d5d5d5】，按【Alt+Delete】组合键填充前景色，效果如图 12-187 所示。

图12-184 【图层】面板

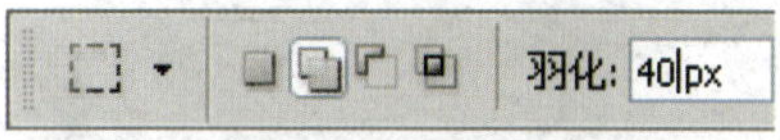

图12-185 【矩形选框工具】对话框

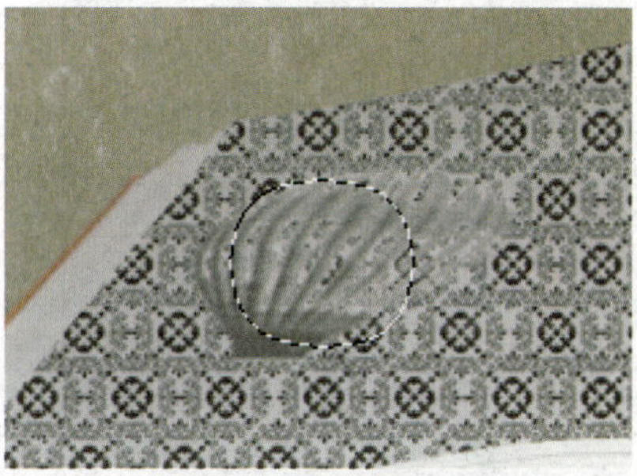

图12-186 绘制选区

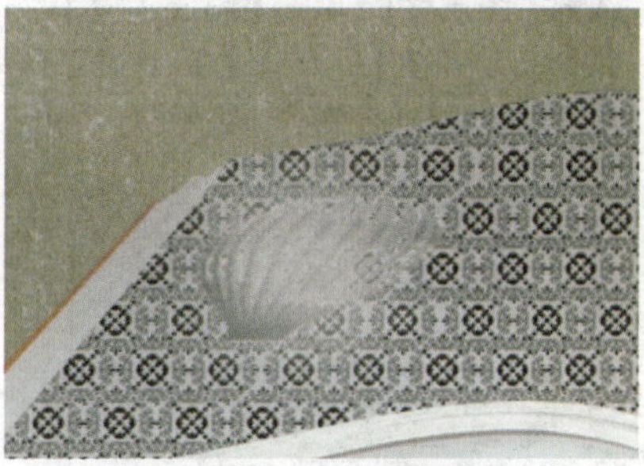

图12-187 填充前景色

20 选择【图层】面板，将图层【混合模式】设置为“溶解”，效果如图 12-188 所示。将【不透明度】设置为 50%，效果如图 12-189 所示，【图层】面板如图 12-190 所示。

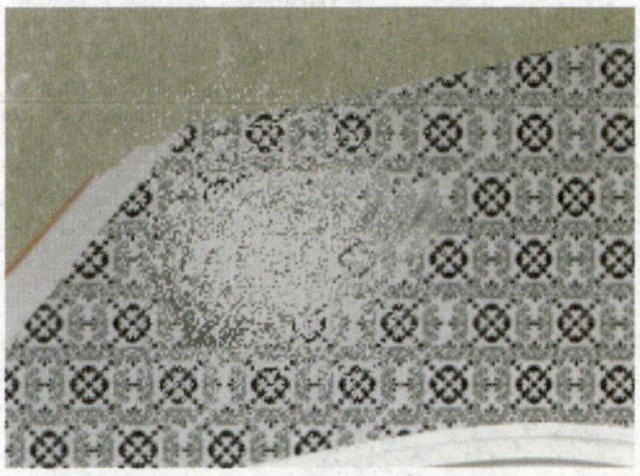

图12-188 【溶解】混合模式

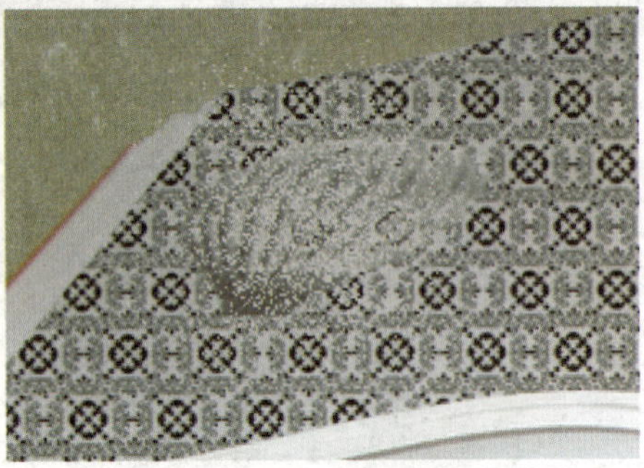
图12-189　不透明度50%

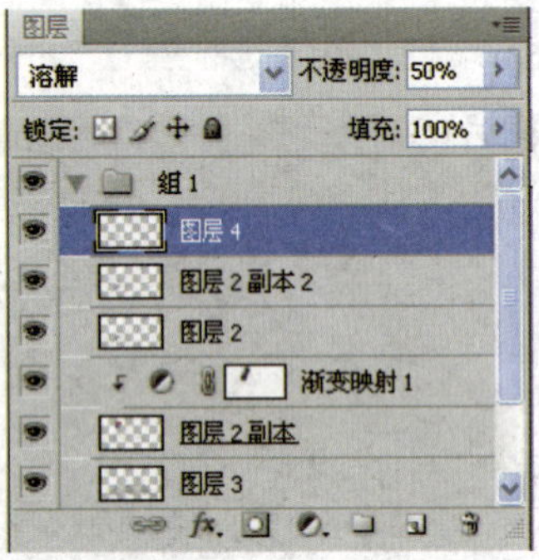

图12-190　【图层】面板

21 选择【图层 4】，单击【图层】/【向下合并】命令，或者按【Ctrl+E】组合键。得到【图层 2 副本 2】，【图层】面板如图 12-191 所示。

图12-191　【图层】面板

22 选择【图层 2】，单击菜单栏中的【图像】/【调整】/【色阶】命令，或者按【Ctrl+L】组合键，弹出【色阶】对话框，参数设置如图 12-192 所示，选择【确定】完成操作。隐藏【图层 2 副本 2】，效果如图 12-193 所示。

23 选择【图层 2 副本 2】，按【Ctrl】键并单击【图层 2】缩略图，提取【图层 2】的选区，然后单击菜单栏中的【选择】/【反向】命令，或者按【Ctrl+Shift+I】组合键选择选区以外的内容，如图 12-194 所示。

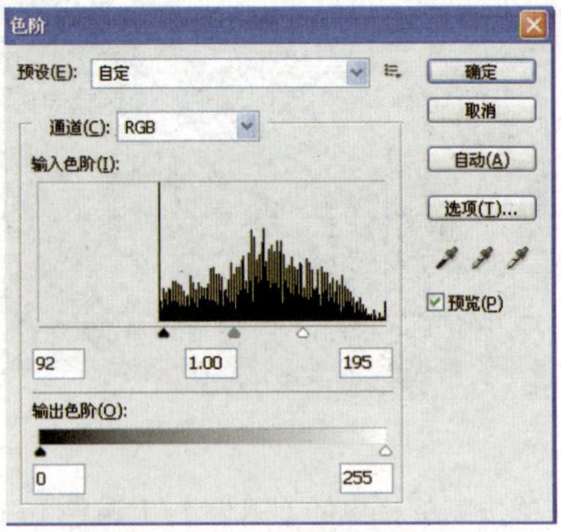

图12-192　【色阶】对话框

图12-193　图像效果

图12-194　反向选区

24 按【Delete】键删除选区内的内容，效果如图 12-195 所示。选择【图层 2】，单击【图层】面板底部【删除图层】按钮，删除【图层 2】，【图层】面板如图 12-196 所示。

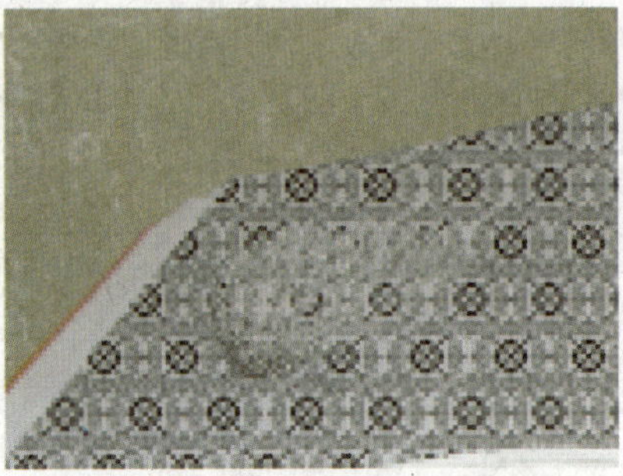
图12-195　删除选区内图像

图12–196 【图层】面板

25 选择【图层 3】，选择工具栏上的【橡皮擦工具】，在书的纹理上进行擦除，将热气球的阴影显现出来，效果如图 12–197 所示。

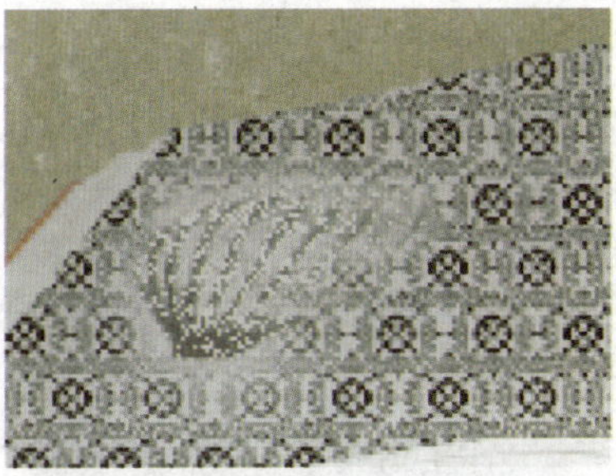

图12–197 擦除纹理

26 选择【图层 2 副本 2】，将图层【混合模式】设置为“颜色加深”，效果如图 12–198 所示。将【不透明度】设置为 80%，效果如图 12–199 所示，【图层】面板如图 12–200 所示。

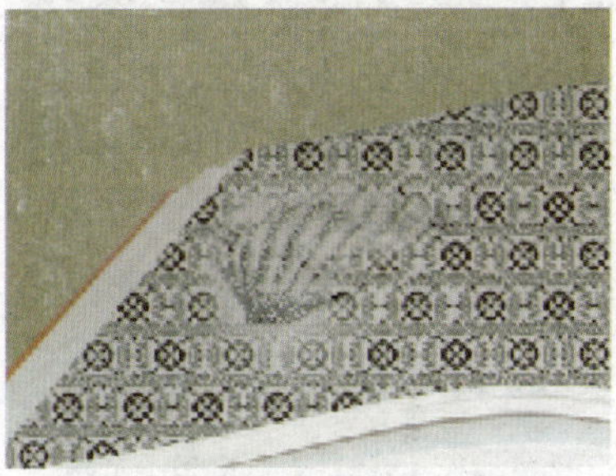

图12–198 【颜色加深】混合模式

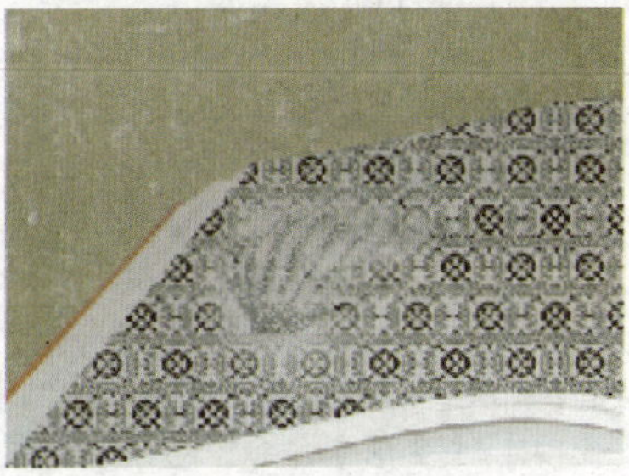

图12–199 不透明度80%

图12–200 【图层】面板

27 将【前景色】设置为【#373737】，然后选择工具栏上的【铅笔工具】，属性工具栏设置如图 12–201 所示。单击【新建图层】按钮，得到【图层 4】。

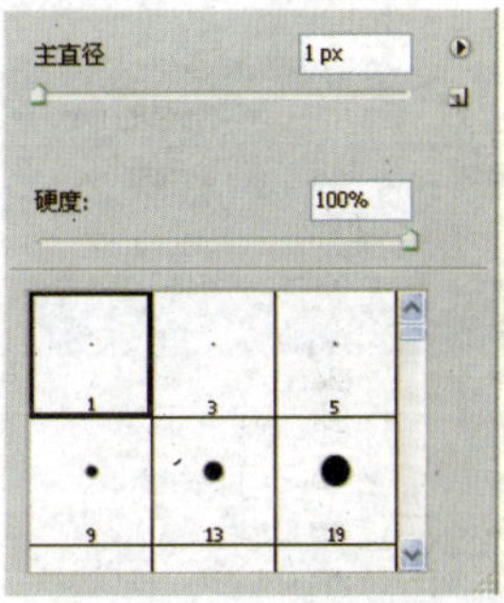

图12–201 绘制路径

28 选择工具栏上的【钢笔工具】，绘制出路径如图 12–202 所示，单击鼠标右键，选择【描边路径】命令，弹出【描边路径】对话框，如图 12–203 所示，为气球增加描边。按【Ctrl+H】组合键隐藏路径，效果如图 12–204 所示。

图12–202 【铅笔工具】对话框

图12–203 【描边路径】对话框

图12-204 图像效果

绘制彩虹

29 选择【图层】面板，选择【创建新组】，得到【组 2】，单击【新建图层】按钮，得到【图层 5】，【图层】面板如图 12-205 所示。

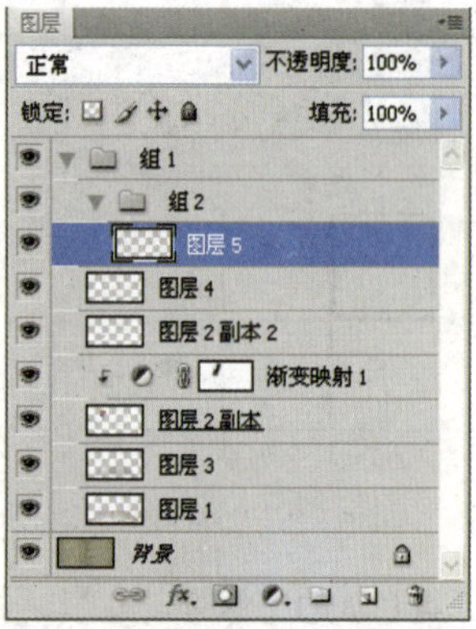

图12-205 【图层】面板

30 选择工具栏上的【矩形选框工具】，属性工具栏设置如图 12-206 所示，绘制出的选区如图 12-207 所示。选择工具栏上的【渐变工具】，渐变设置如图 12-208 所示，绘制出的渐变效果如图 12-209 所示。

图12-206 【矩形选框工具】属性面板

图12-207 绘制选区

图12-208 渐变设置

图12-209 图像效果

31 选择【图层 5】，单击菜单栏中的【编辑】/【变换】/【变形】命令，调整一下绘制出的渐变图形的形状，效果如图 12-210 所示。按【Ctrl+J】组合键复制出【图层 5 副本】，【图层】面板如图 12-211 所示。

图12-210 变形命令

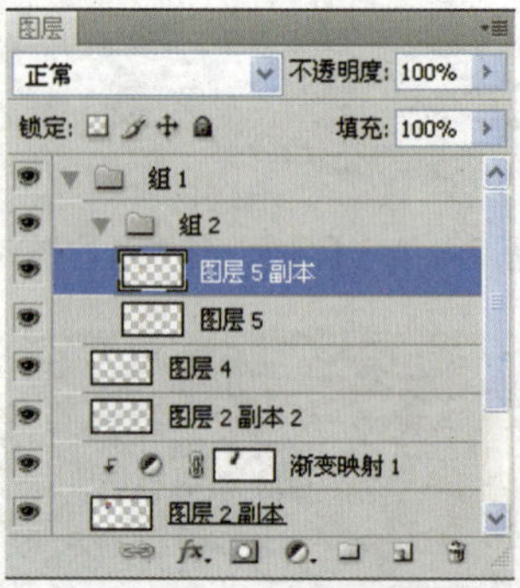

图12-211 【图层】面板

32 选择【图层 5 副本】，单击菜单栏中的【编辑】/【变换】/【变形】命令，继续调整彩虹图像的形状，效果如图 12-212 所示。

图12-212 变形命令

33 单击菜单栏中的【图像】/【调整】/【色相/饱和度】命令，弹出【色相/饱和度】对话框，或按【Ctrl+U】组合键，弹出【色相/饱和度】对话框，参数设置如图12-213所示，效果如图12-214所示。

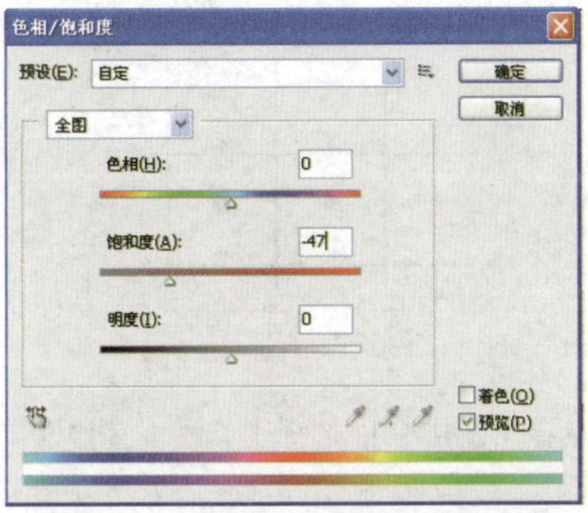

图12-213 【色相/饱和度】对话框

图12-214 图像效果

34 选择【图层5副本】，单击菜单栏中的【滤镜】/【画笔描边】/【强化的边缘】命令，弹出【强化的边缘】对话框，参数设置如图12-215所示，效果如图12-216所示。

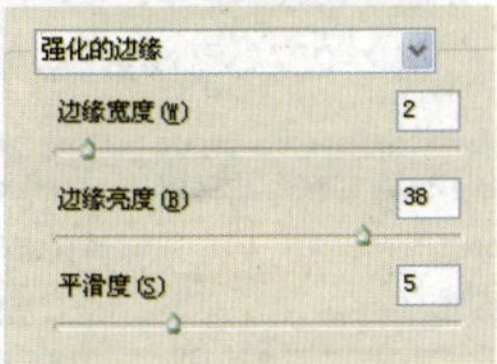

图12-215 【强化的边缘】对话框

图12-216 图像效果

35 选择【新建图层】按钮，得到【图层6】，选择工具栏上的【画笔工具】。将【前景色】设置为黑色，在彩虹上画几道黑色，效果如图12-217所示。将图层的【混合模式】设置为“叠加”，效果如图12-218所示，【图层】面板如图12-219所示。

图12-217 图像效果 图12-218 【叠加】混合模式

图12-219 【图层】面板

36 单击【新建图层】按钮，得到【图层7】，选择工具栏上的【画笔工具】。将【前景色】设置为白色，在彩虹上画几道白色，效果如图12-220所示。将图层的【混合模式】设置为“柔光”，效果如图12-221所示，【图层】面板如图12-222所示。

图12-220 图像效果 图12-221 【柔光】混合模式

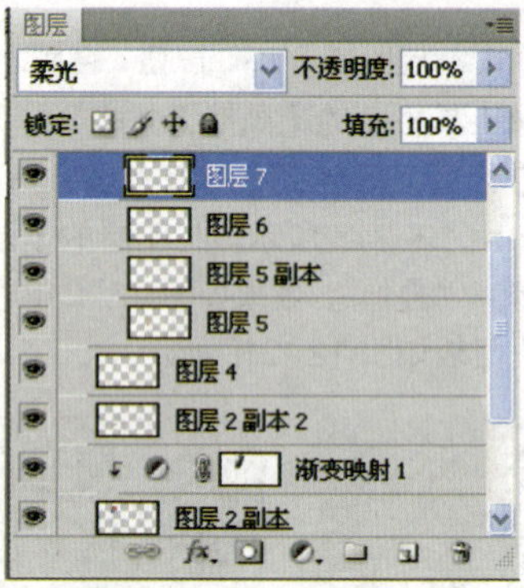

图12-222 【图层】面板

37 选择【新建图层】按钮，得到【图层 8】，选择工具栏上的【画笔工具】，将【前景色】设置为【#8d8d8d】，属性工具栏设置如图 12-223 所示，在书上的彩虹部分进行涂抹，绘制效果如图 12-224 所示。

图12-223 【画笔工具】属性栏

图12-224 图像效果

制作光线效果

38 选择【新建图层】按钮，得到【图层 9】，选择工具栏上的【钢笔工具】，绘制出的路径如图 12-225 所示。选择工具栏上的【画笔工具】，属性工具栏设置如图 12-226 所示。

图12-225 绘制路径

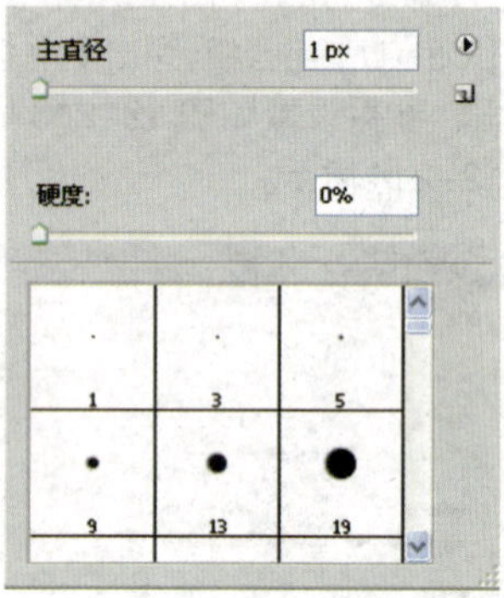

图12-226 【画笔工具】

39 选择【图层 9】，选择工具栏【直接选择工具】，选择路径如图 12-227 所示。选择工具栏【钢笔工具】，将【前景色】设置为【#f0ff00】，单击鼠标右键，选择【描边子路径】，弹出【描边子路径】对话框，设置如图 12-228 所示，选择【确定】完成操作。效果如图 12-229 所示。

图12-227 图像效果

图12-228 【描边子路径】对话框

图12-229 图像效果

40 方法同上，绘制出的效果如图 12-230 所示。按【Ctrl+H】组合键隐藏路径，然后选择工具栏上的【橡皮擦工具】，将书上的多余线条擦掉，效果如图 12-231 所示。

图12-230 描边路径

图12-231 擦除书上线条

41 选择【图层 9】，然后单击【添加图层样式】按钮，弹出【图层样式】对话框，选择“外发光”，参数设置如图 12-232 所示，效果如图 12-233 所示。

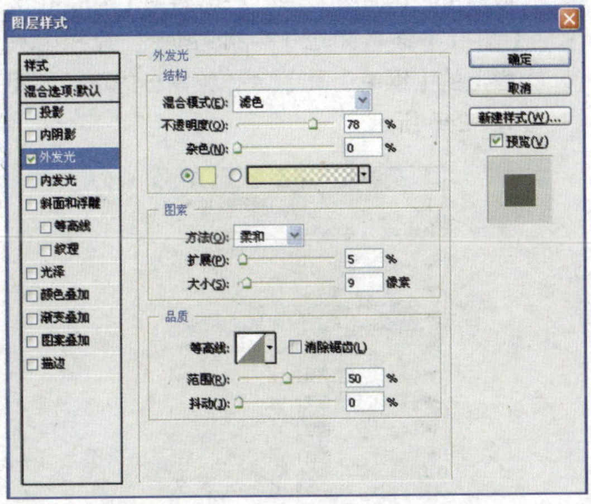

图12-232 【图层样式】对话框

图12-233 图像效果

42 单击【新建图层】按钮，得到【图层 10】。选择工具栏上的【画笔工具】，将【前景色】设置为白色，绘制效果如图 12-234 所示，然后单击【添加图层样式】按钮，弹出【图层样式】对话框，选择“渐变叠加”，参数设置如图 12-235 所示，效果如图 12-236 所示。

图12-234 绘制效果

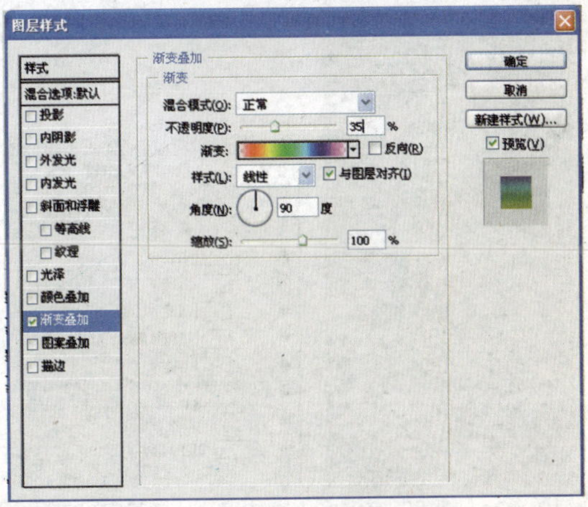

图12-235 【图层样式】对话框

图12-236　图像效果

43 选择【图层 5】，按【Ctrl+J】组合键复制出【图层 5 副本 2】，将【图层 5 副本 2】移至【图层 5】下层，【图层】面板如图 12-237 所示。选择工具栏上的【涂抹工具】，涂抹后效果如图 12-238 所示。

图12-237　【图层】面板

图12-238　图像效果

44 选择【图层 5】，将图层的【不透明度】设置为 60%，效果如图 12-239 所示，【图层】面板如图 12-240 所示。

图12-239　不透明度60%

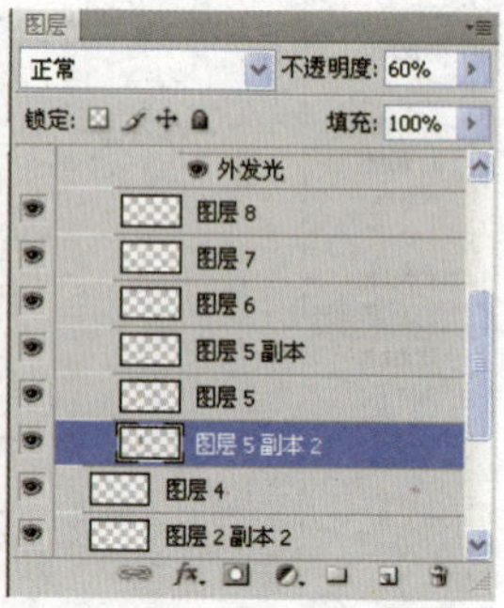

图12-240　【图层】面板

45 选择【新建图层】按钮，得到【图层 11】。选择工具栏上的【画笔工具】，将【前景色】设置为【#cfe859】，绘制效果如图 12-241 所示。将【前景色】设置为【#7127cf】，绘制效果如图 12-242 所示。选择【图层】面板，将图层的【混合模式】设置为“颜色减淡”。效果如图 12-243 所示，【图层】面板如图 12-244 所示。

图12-241　图像效果

图12-242　图像效果

图12-243　颜色减淡

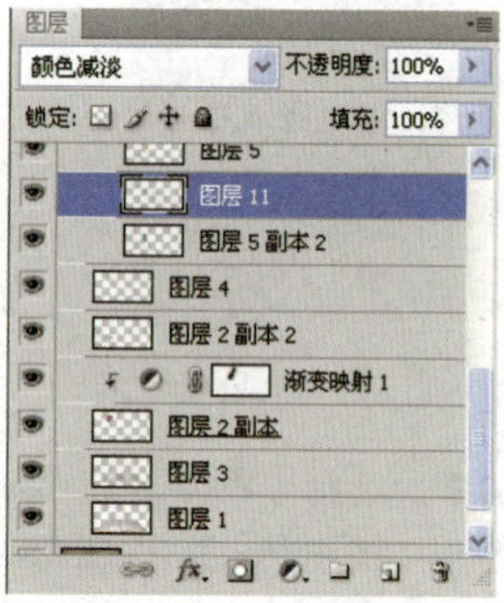

图12-244　【图层】面板

46 选择【新建图层】按钮，得到【图层 12】，【图层】面板如图 12-245 所示。选择工具栏上的【钢笔工具】，绘制出的路径如图 12-246 所示。

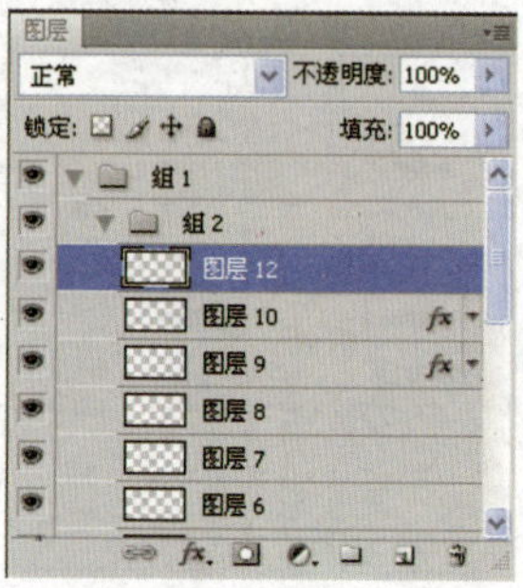

图12-245　【图层】面板

图12-246 绘制路径

47 选择工具栏上的【画笔工具】，将【前景色】设置为【#ffd500】，属性工具栏设置如图 12-247 所示。

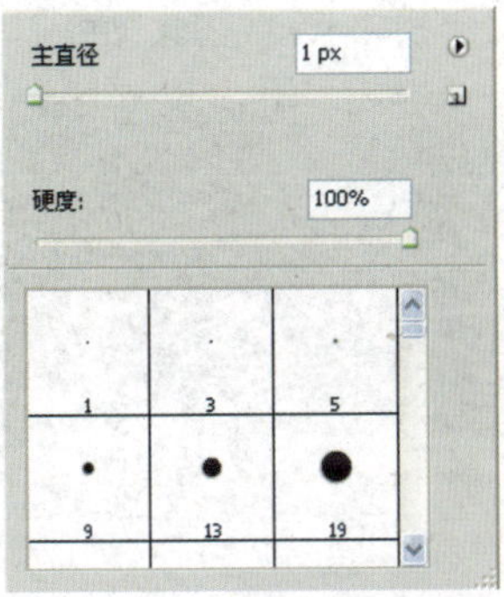

图12-247 【画笔】对话框

48 选择【图层 12】，选择工具栏上的【直接选择工具】，选择路径如图 12-248 所示，然后选择工具栏上的【钢笔工具】，将【前景色】设置为【#ffd500】，单击鼠标右键，选择【描边子路径】命令，弹出【描边子路径】对话框，设置如图 12-249 所示，选择【确定】完成操作。效果如图 12-250 所示。

图12-248 选择路径

图12-249 【描边子路径】对话框

图12-250 图像效果

49 方法同上，绘制出的效果如图 12-251 所示，按【Ctrl+H】组合键隐藏路径，效果如图 12-252 所示。

图12-251 图像效果

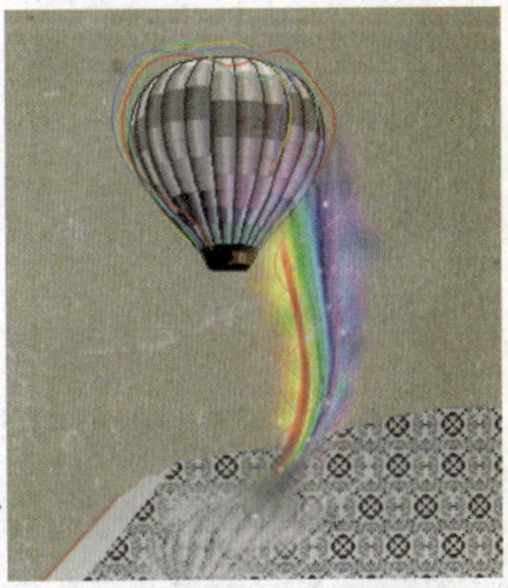

图12-252 隐藏路径

50 选择【图层】面板，选择【创建新组】，得到【组 3】，【图层】面板如图 12-253 所示。

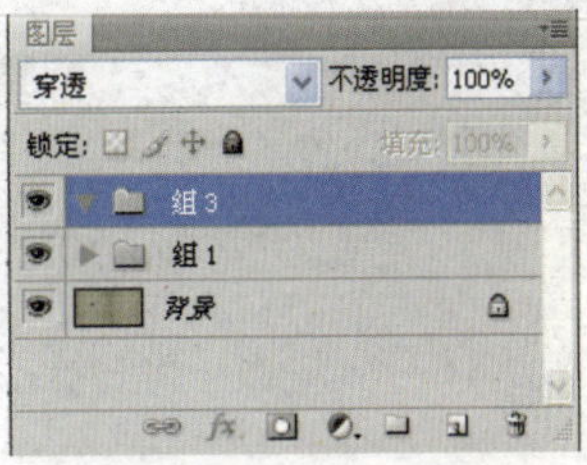

图12-253 【图层】面板

创建飞机物体

51 单击菜单栏中的【文件】/【打开】命令，或者按【Ctrl+O】组合键，打开素材“飞机”文件，如图 12-254 所示。将其复制到刚刚操作的文档中，得到【图层 13】，效果如图 12-255 所示，【图层】面板如图 12-256 所示。

图12-254　素材文件

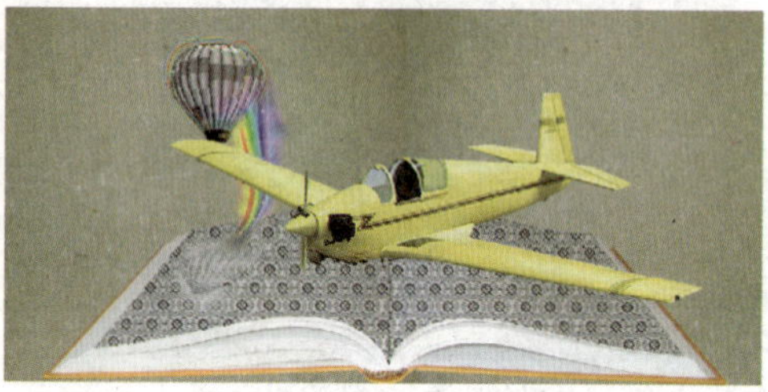
图12-255　粘贴图像

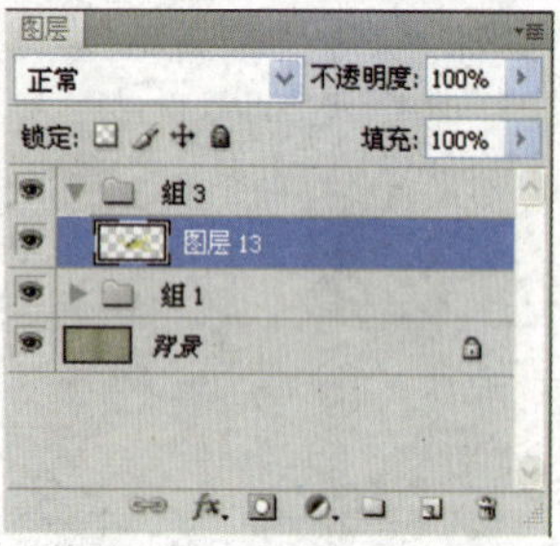

图12-256　【图层】面板

52 选择【图层 13】，单击菜单栏中的【编辑】/【自由变换】命令，或者按【Ctrl+T】组合键将飞机调整大小后放置合适位置，按【Enter】键完成操作，如图 12-257 所示。

图12-257　自由变换

53 选择【图层 13】，按【Ctrl+J】组合键复制出【图层 13 副本】，选择【图层 13 副本】，单击菜单栏中的【图像】/【调整】/【去色】命令，或者按【Ctrl+Shift+U】组合键，将飞机的图像去色，效果如图 12-258 所示。选择工具栏上的【橡皮擦工具】，擦除机翼，效果如图 12-259 所示。

图12-258　图像去色

图12-259　图像效果

54 选择【图层 13】，按【Ctrl+J】组合键复制出【图层 13 副本 2】，然后选择工具栏上的【移动工具】，将飞机移至书页上，效果如图 12-260 所示。单击菜单栏中的【图像】/【调整】/【去色】命令，或者按【Ctrl+Shift+U】组合键，将飞机的图像去色，效果如图 12-261 所示。

图12-260　图像效果

图12-261　图像去色

55 选择【图层 13 副本 2】，单击菜单栏中的【编辑】/【自由变换】命令，或按【Ctrl+T】组合键，调整飞机的大小，效果如图 12-262 所示。

图12-262　自由变换

56 选择【图层 3】，选择工具栏上的【橡皮擦工具】，擦除飞机周围的纹理，效果如图 12-263 所示。选择【图层 13 副本 2】，单击菜单栏中的【滤镜】/【艺术效果】/【彩色铅笔】命令，弹出【彩色铅笔】对话框，参数设置如图 12-264 所示，效果如图 12-265 所示。

图12-263　图像效果

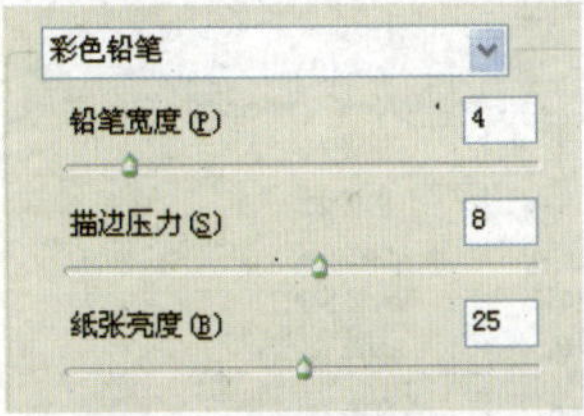

图12-264　【彩色铅笔】对话框

图12-265　图像效果

57 选择【图层 13 副本 2】，选择工具栏上的【橡皮擦工具】，在飞机阴影边缘擦除，使其更有真实效果，效果如图 12-266 所示。

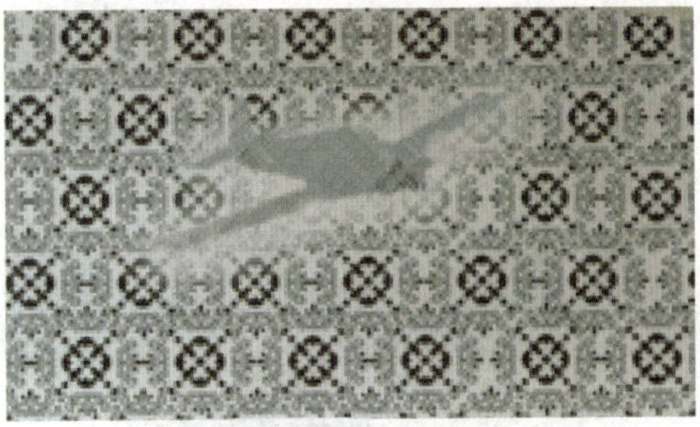

图12-266　图像效果

58 单击菜单栏中的【文件】/【打开】命令，或者按【Ctrl+O】组合键，打开素材“手”文件，如图 12-267 所示。将其复制到刚刚操作的文档中，得到【图层 14】，【图层】面板如图 12-268 所示，效果如图 12-269 所示。

图12-267　素材文件

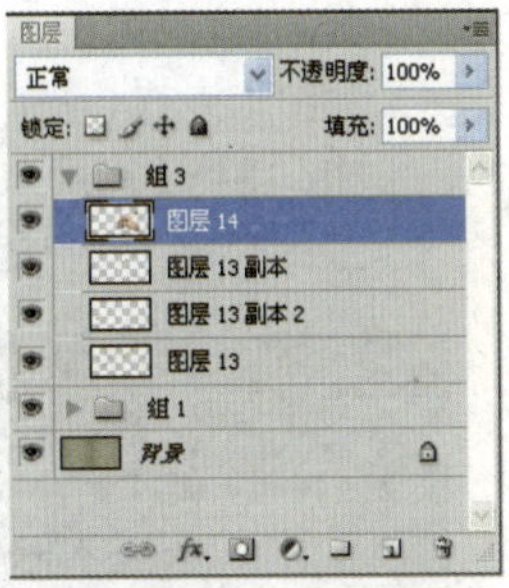

图12-268　【图层】面板

图12-269　粘贴图像

59 选择【图层 14】，单击菜单栏中的【编辑】/【自由变换】命令，或者按【Ctrl+T】组合键，调整大小并放置合适位置，效果如图 12-270 所示

图12-270　自由变换

60 选择【图层】面板，单击【新建图层】按钮，得到【图层 15】，选择工具栏上的【画笔工具】，将【前景色】设置为黑色绘制手部阴影，效果如图 12-271 所示。

图12-271 绘制手部阴影

61 将【图层 15】移至【图层 14】下层，如图 12-272 所示。将图层【混合模式】设置为“叠加”，效果如图 12-273 所示，【图层】面板如图 12-274 所示。选择【新建图层】按钮，得到【图层 16】，选择工具栏上的【画笔工具】，绘制铅笔头，如图 12-275 所示。

图12-272 图像效果

图12-273 【叠加】混合模式

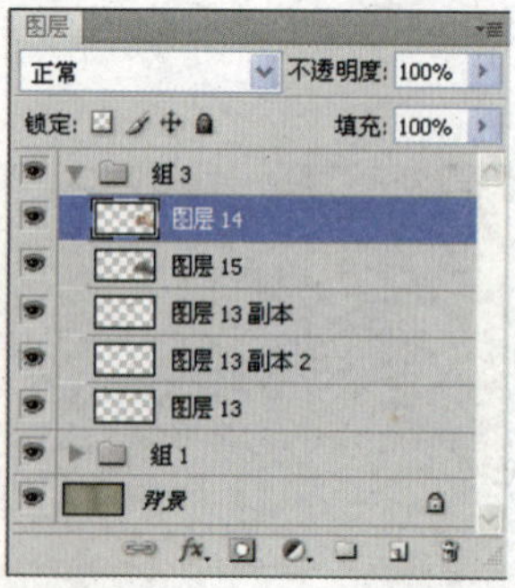

图12-274 【图层】面板

图12-275 图像效果

62 可以使用同样方法绘制飞机下面的彩虹效果，如图 12-276 所示，【图层】面板如图 12-277 所示。

图12-276 图像效果

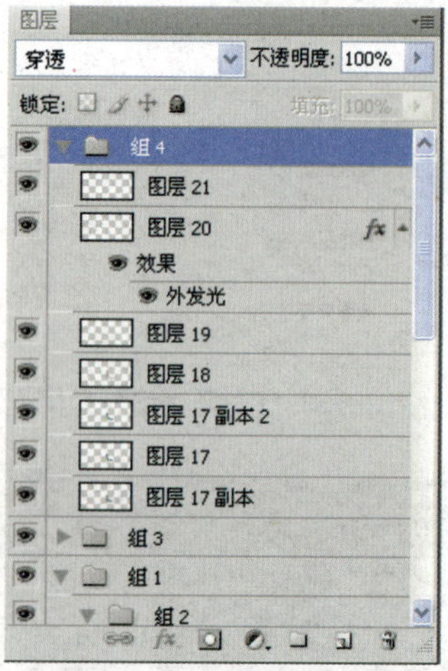

图12-277 【图层】面板

63 按【Ctrl+Alt+Shift+E】组合键盖印图层，得到【图层 22】，【图层】面板如图 12-278 所示。单击菜单栏中的【图像】/【调整】/【曲线】命令，弹出【曲线】对话框，设置如图 12-279 所示，最终效果如图 12-280 所示。

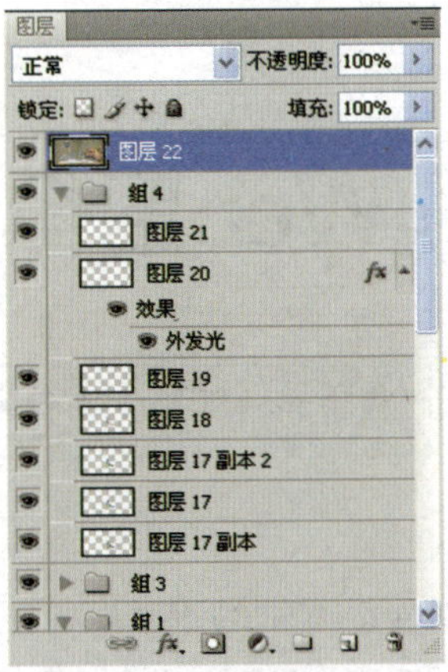

图12-278 【图层】面板

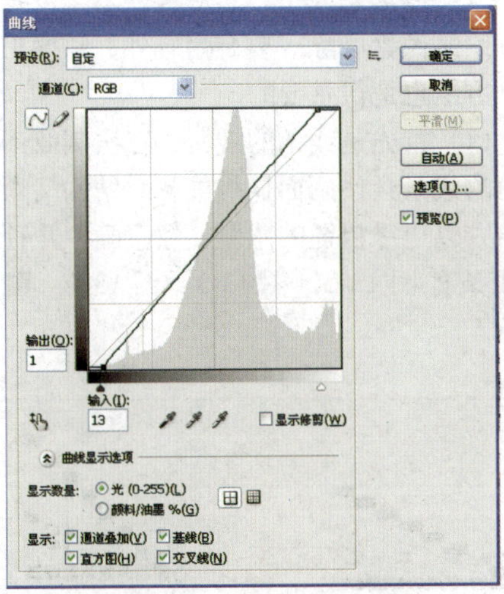

图12-279 【曲线】对话框

图12-280 最终效果

12.5 本章小结

二维平面的三维表现一直是平面设计师追求的技法之一。本章就是通过两个具体案例来引导读者了解如何在二维平面中表现三维空间感，希望能对读者有所启示。

12.6 习题

上机题

上机练习飞出画面的表现技法。

第 13 章 简说像素画制作和Web图像制作

本章提要

本章通过两个案例讲解了像素画制作的方法和网页设计的布局技巧。

13.1 像素画的概念

像素画是一门独特的电脑绘画艺术，它由不同颜色的点组合与排列而成，这些点称为像素，像素画也属于位图图像，但是一种图标风格的图像，由于造型比较卡通而深受很多朋友的喜爱。

像素画强调清晰的轮廓，明快的色彩，可以使用 Photoshop、Fireworks 或 Windows 自带的画图工具绘制，像素画作品如图 13-1 所示。

图13-1　像素画欣赏

要练习像素画可以将素材图片作为参考，通过提炼加工，把造型复制的东西简单化。首先，从整体形态入手，然后再一步一步绘制细节。绘制像素画除了要有耐心外，掌握正确的绘制方法也是很重要的。

（1）首先是线条的规范，在绘制像素画时规范的线条会使画面显得细腻，结构清晰，不会给人以边缘粗糙的感觉，像素画中几种常见的线条如图 13-2、图 13-3、图 13-4、图 13-5 所示。

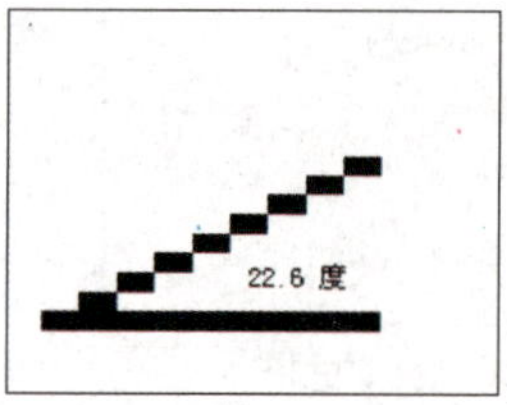

图13-2　为22.6度斜线

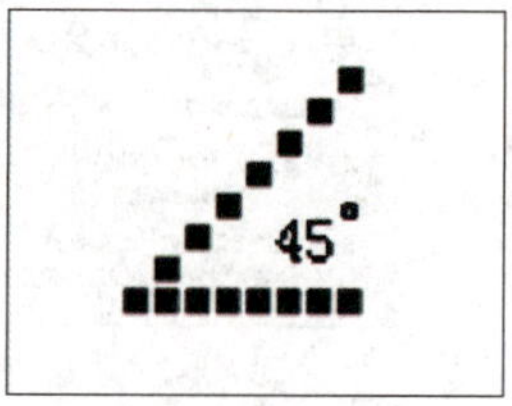

图13-3　为45度斜线

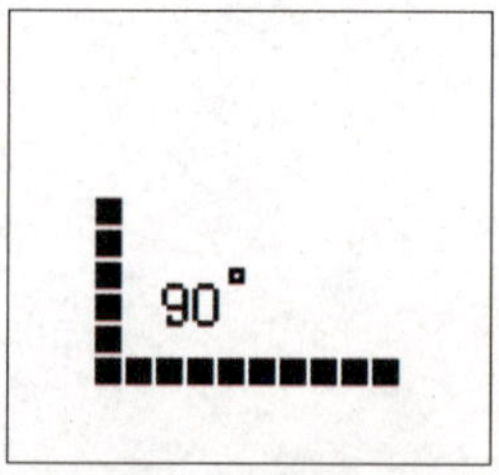

图13-4　为90度斜线

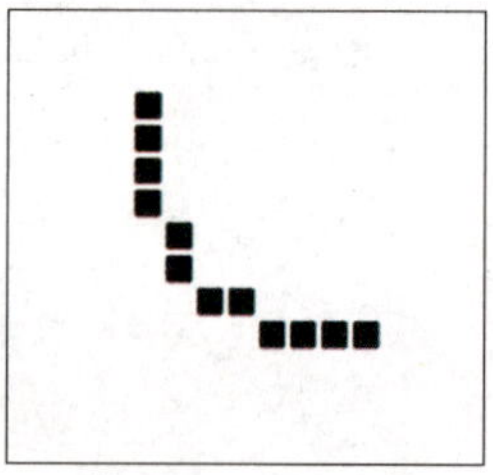

图13-5　为弧线

（2）其次是色彩的规范，像素画的色彩可分为平面的纯色填充，如图 13-6 所示；纯色填充是最简单的一种填色方式，颜色的过度则分为同一色系中颜色按深浅进行渐变排列，颜色以点状进行疏密排列，在一种颜色的基础上再叠加网格的方式等，绘制时把握好明暗关系，可以使画面的色彩更加生动。中间色的过度，如图 13-7 示；色彩明暗关系的建立。

图13-6 平面的纯色填充

图13-7 中间色的过度

下面通过实例来详细讲解像素画的制作方法，最终效果如图 13-8 所示。

图13-8 最终效果

制作可爱像素画

最终效果：光盘\效果\第 13 章\像素画\可爱像素画.psd

操作步骤

1 单击菜单栏中的【文件】/【新建】命令，或按【Ctrl+N】组合键，打开新建对话框，参数设置如图 13-9 所示，选择【确定】完成操作。

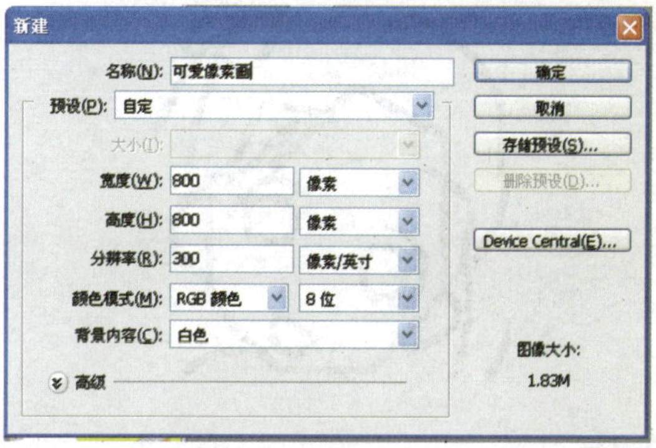

图13-9 【新建】对话框

2 选择【图层】面板，单击【新建图层】按钮，得到【图层 1】，然后选择工具栏上的【钢笔工具】，绘制效果如图 13-10 所示。

图13-10 绘制路径

3 选择工具栏上的【铅笔工具】，铅笔【主直径】和【硬度】设置如图 13-11 所示。选择工具栏上的【钢笔工具】，单击鼠标右键，选择【描边路径】命令，弹出【描边路径】对话框，设置如图 13-12 所示，效果如图 13-13 所示。按【Ctrl+H】组合键，隐藏路径。

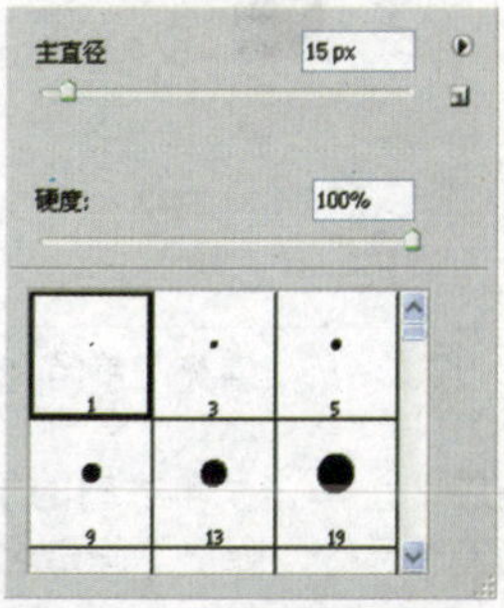

图13-11 【画笔】对话框

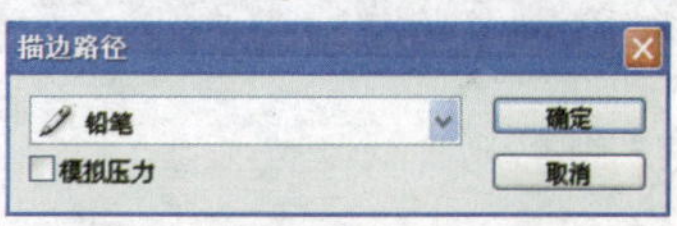

图13-12 【描边路径】对话框

图13-13 图像效果

4 选择【图层】面板，单击【新建图层】按钮，新建【图层 2】，将【图层 1】隐藏。选择工具栏上的【矩形选框工具】，按【Shift】键绘制正方形选区，如图 13-14 所示。按【Alt+Delete】组合键填充前景色，然后按【Ctrl+D】组合键取消选区，效果如图 13-15 所示。

图13-14 绘制选区

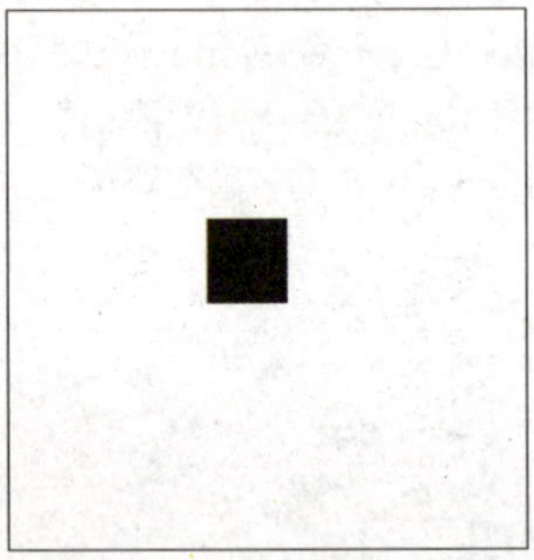

图13-15 填充前景色

5 选择【图层 2】，单击菜单栏中的【编辑】/【定义画笔预设】命令，弹出【画笔名称】对话框，设置如图 13-16 所示，选择【确定】完成操作。

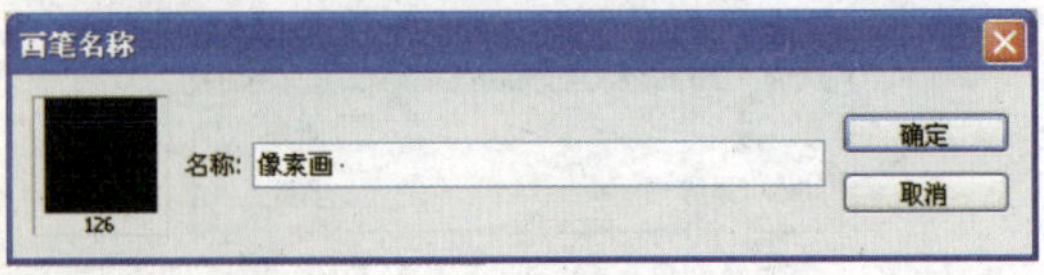

图13-16 【定义画笔预设】对话框

6 选择【图层 2】，单击【图层】面板底部【删除图层】按钮，删除【图层 2】。

7 在选中的状态下显示【图层 1】，然后选择工具栏上的【橡皮工具】，擦除圆形部分，如图 13-17 所示。选择工具栏上的【铅笔工具】，铅笔设置如图 13-18 所示，绘制人物嘴的部分，将圆形图形修改成倾斜的椭圆形，效果如图 13-19 所示。

图13-17 擦除圆形部分

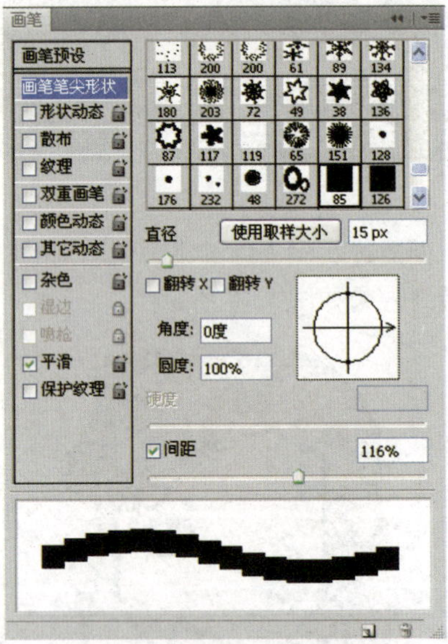

图13-18 【画笔】对话框

图13-19 图像效果

8 同样方法修改【图层 1】中的其他部分，效果如图 13-20 所示。

图13-20 图像效果

9 选择【图层】面板，单击【新建图层】按钮，得到【图层 2】。将【前景色】设置为【#ff9999】，然后选择工具栏上的【油漆桶工具】，填充嘴的部分。效果如图 13-21 所示。

图13-21 填充嘴部效果

10 适当调整前景色，选择工具栏上的【油漆桶工具】，填充脸部和头发，效果如图 13-22 所示。

图13-22 填充脸部和头发效果

11 选择【图层】面板，单击【新建图层】按钮，得到【图层 3】，将【前景色】设置为【#cb6565】，然后选择工具栏上的【铅笔工具】，绘制体积嘴的暗部，如图 13-23 所示。

图13-23 图像效果

12 将【前景色】设置为【#fddec2】，然后选择工具栏上的【铅笔工具】，绘制出人脸部的高光区域，如图 13-24 所示。选择工具栏上的【油漆桶工具】，填充高光区域颜色，效果如图 13-25 所示。

图13-24 绘制脸部高光

图13-25 填充高光区域

13 将【前景色】设置为【#ffd4af】，然后选择工具栏上的【铅笔工具】，绘制脸部的腮红效果，效果如图 13-26 所示。

图13-26 绘制腮红

14 方法同步骤 12 一样，将前景色逐渐调深，绘制脸部的体积感，效果如图 13-27 所示。

图13-27 图像效果

15 使用同样方法，绘制头部的其他颜色，最终效果如图 13-28 所示。

图13-28 最终效果

13.2 网页的页面构成要素

把网页平铺开，主要的构成要素有导航栏、网站 Logo、广告条、按钮、文字、图片等。下面就针对最主要的几个部分具体讲解。

13.2.1 导航栏

导航栏如果设计得恰到好处会给网页本身增色很多，但千万不要设计得太花哨。导航栏有一排、两排、多排、图片导航和框架快捷导航等各种情况的设计。有时是横排，有时是竖排。另外还有一些动态的导航栏，如很精彩的 Flash 导航。导航栏设计要点归纳如下。

（1）导航栏目不多的情况下，通常是一排，横竖都可以，其实栏目超过 6 个就可以考虑用两排。通常在内容不多的情况下，可能无所谓栏目，站点就包括了导航的具体内容。双排导航未必要挨在一起，可以发挥想象，自由排列。

（2）导航栏目很多的情况下，也可以多排，甚至不规则地多排（一排个数不同，或长度不同）。商业设计或门户网站通常都会有多个频道，设计时就需要考虑横向双排，使用竖排会占用太大空间。

（3）图片式导航，比较美观，但占用空间比较大。

（4）目前网站中使用较多的是 Flash 制作的网站导航，其体积小，视觉效果强烈。

（5）内容很丰富的站点，可以考虑使用快捷导航，即框架快捷导航，是因为不管你进入、哪个网页都可以快速跳转到另外的栏目，不会失去方向。如图 13-29 所示为网站中的导航栏效果。

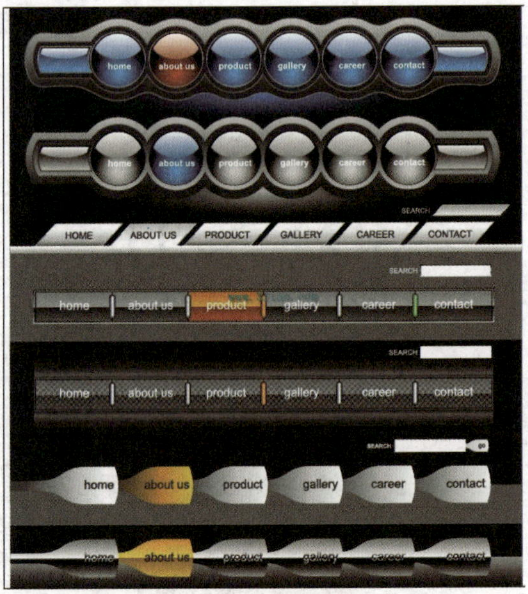

图13-29 导航栏效果

13.2.2 网站Logo

网站 Logo 的设计，如图 13-30、图 13-31 所示。在实际设计中应注意以下两点：

（1）网站 Logo 的位置主要在网页的左上角，根据网站页面的设计，它不是一成不变的，所谓个性的设计，无论商业或个人，都需要大胆去尝试。

（2）网站 Logo 虽然有动态的，但是绝对不适宜过分的动感，而且并不是所有的网站 Logo 都适合使用动态的 Logo 效果。

图13-30 网站Logo的设计

图13-31 网站Logo的设计

13.2.3 广告条

网站广告条有动态和静态两种，在浏览网页过程中，虽然闪烁的图案会产生瞬间的记忆刺激而引起人们的注意，但这种记忆往往为压迫性的，时间长了容易产生负面效应，从而模糊记忆；而稳定的画面不易引发特殊的关注，但是如果有良好的界面引导和内容，可以产生良性的记忆，持久而牢固，广告条效果如图13-32 所示

图13-32 图像欣赏

网站广告条的【重量】要轻，也就是其文件的容量要尽可能的小，最好不要超过 20KB 左右，如果小尺寸的网站广告条，最好不要超过 10KB。

网站广告条在设计中还需要注意以下几点：

(1) 广告条的文字不能太多，用一两句话来表达即可。

(2) 广告语要朗朗上口，容易记忆。

(3) 图形无须太复杂，文字尽量使用黑体等粗壮的字体，否则在视觉上很容易被网页其他内容淹没。

(4) 图形尽量选择颜色少，能够表达主题的事物。

(5) 如果选择颜色很复杂的物体，要考虑一下在低颜色数情况下，是否会出现明显的色斑。

(6) 尽量不要使用彩虹色、羽化边等复杂的特技图形效果。这样做会大大增加图像所需要的颜色数，增大体积。

13.2.4 按钮

网页中按钮的设计如图 13-33、图 13-34 所示，在设计过程中需要注意以下几点：

图13-33 按钮效果

图13-34 按钮效果

（1）设计按钮要同页面的整体协调，不能太抢眼。

（2）有的页面很单调，还要依靠花哨的按钮来点缀一下。

（3）插图与字体的搭配，要考虑字迹清楚，色彩简单，不要超过4种。

（4）很长的按钮可能就是框架的分界，尽量要纤细一些，否则页面会显得臃肿。

13.2.5 文字

网页中的文字也非常重要，如图13-35、图13-36所示。在文字的编排和设计时须注意以下几点：

图13-35 图像欣赏

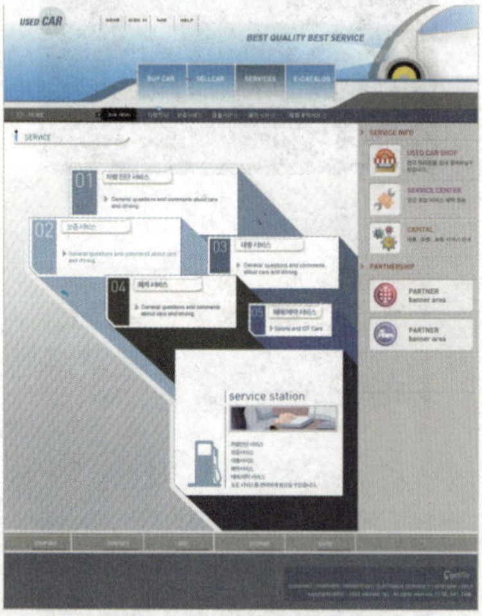

图13-36 图像欣赏

（1）每一行文字的长度最好在20～30个中文字（40～60个英文字母）之间。

（2）设计时注意段落间空行及首行缩排方式以辅助阅读。

（3）同一版面中的字体最好控制在3种以内。

（4）文字的颜色最好也控制在3种以内。

（5）文字的颜色使用上需要能够与背景区别。

（6）内文的排列向左对齐并与左边界保持适当距离。

13.2.6 图片

为了美化页面，图片是任何一个网站页面中都需要用到的素材，但要考虑到网速，合理地使用图片，如图13-37、图13-38所示。在网站页面中使用图片时需要注意以下几点：

（1）图形的主体清晰可见。

（2）图形的含义简单明了。

（3）图片内包含的文字应该清晰，容易辨识。

（4）背景与主题明度对比比例应该在3∶1～5∶1之间为宜。

（5）淡色系列的背景有利于整体和谐。

（6）淡色材质背景最佳，能够与主题分离的浅色标志或文字背景亦可。

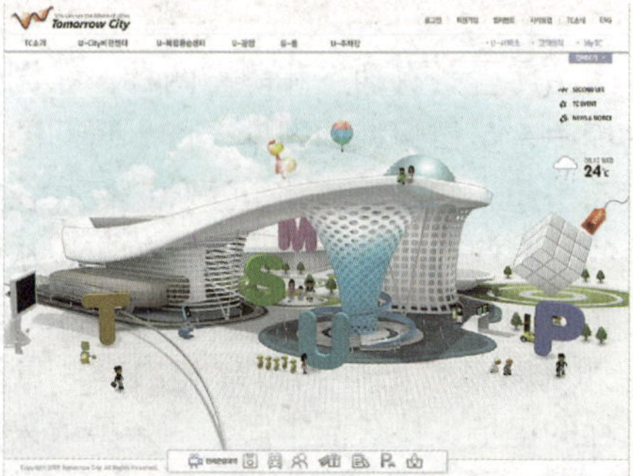

图13-37 应用的图片

图13-38 应用的图片

13.3 网页的界面形式

网页的页面设计主要讲究的是页面布局，也就是各种网页构成要素（文字、图像、图表、菜单等）如何在浏览器中有效地排列起来。在设计网页页面时，需要从整体上把握好各种要素的布局，利用好表格或网格进行辅助设计。只有从充分地利用、有效分割有限的页面空间来创造新的空间，并使其布局合理，才能制作出好的网页。

设计网页页面时常用的版式有单页和分栏两种，在设计时需要根据不同的网站性质和页面内容选择合适的布局形式，通过不同的页面布局形式可以将常见的网页分为以下几种类型。

1.【国】字形

这种结构是网页上使用最多的一种结构类型，是综合性网站常用的版式，即最上面是网站的标题以及横幅广告条，接下来就是网站的主要内容，左右分列小段内容，通常情况下左边是主菜单，右面放友情链接等次要的内容，中间是主要的内容，与左右一起罗列到底，最底端是网站的一些基本信息，联系方式，版权声明等。这种版面的优点是网页充满、内容丰富、信息量大；缺点是页面拥挤、不够灵活。如图 13-39 所示。

图13-39 【国】字类型页面

2. 拐角形

拐角形，又称T字型布局，这种结构和上一种只是形式上的区别，其实是很相近的，就是网页上边和左右两边相结合的布局，通常右边为主要内容，比例较大。在实际运用中还可以改变T布局的形式，如左右两栏式布局，一半是正文，另一半是形象的图像或导航栏。这种版面的优点是页面结构清晰，主次分明，易于使用；缺点是规矩呆板，如果细节色彩上不到位，很容易让人【看之无味】。如图 13-40 所示。

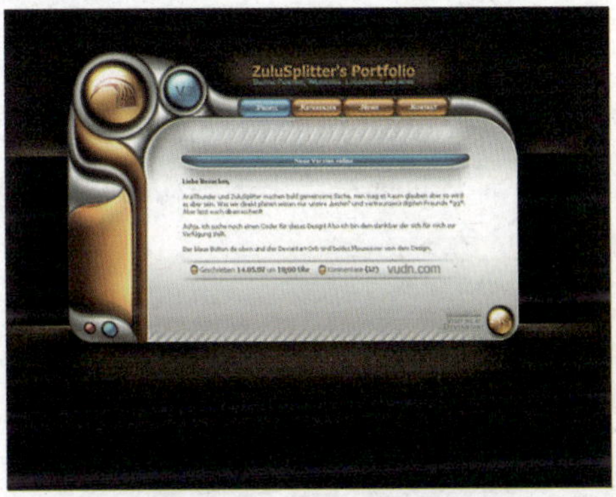

图13-40 拐角类型页面

3. 标题正文型

这种类型即上面是标题、下面是正文，一些文章页面或者注册页面多属于此类型，如图 13-41 所示。

图13-41 标题正文类型页面

4. 左右框架型

这是一种分为左右布局的网页，页面结果非常清晰，一目了然，如图 13-42 所示。

图13-42　左右框架类型页面

5. 上下框架型

与左右框架型类似，区别仅仅是在于上下框架是一种将页面分为上下结构布局的网页，如图 13-43 所示。

图13-43　上下框架类型页面

6. 综合框架型

综合框架型网页是一种将左右框架型与上下框架型相结合的网页结构布局方式，如图 13-44、图 13-45 所示。

图13-44　综合框架类型页面

图13-45　综合框架类型页面

7. 封面型

这种类型的页面设计一般很精美，通常出现在时尚类网站、企业网站或个人网站的首页，优点是显而易见、美观吸引人，缺点是速度慢，如图 13-46、图 13-47 所示。

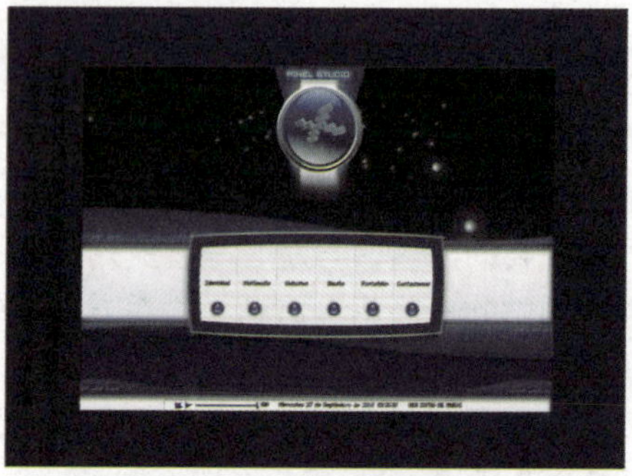

图13-46　封面类形页面

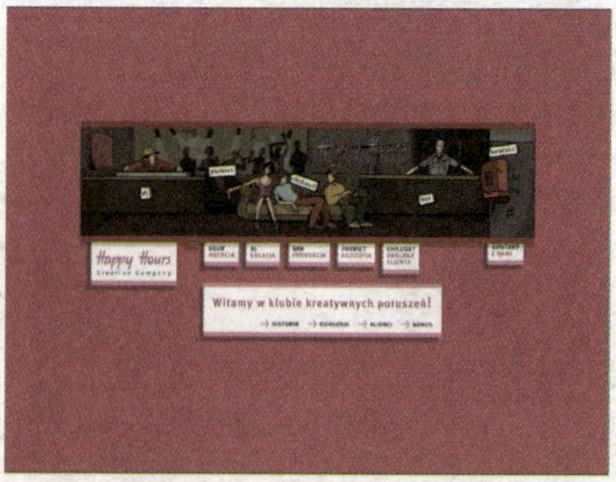

图13-47　封面类形页面

8. Flash型

Flash 型是目前非常流行的一种页面形式，由于 Flash 功能的强大，页面所表达的信息更加丰富，且视觉效果出众，如图 13-48、图 13-49 所示。

图13-48 Flash类型网站

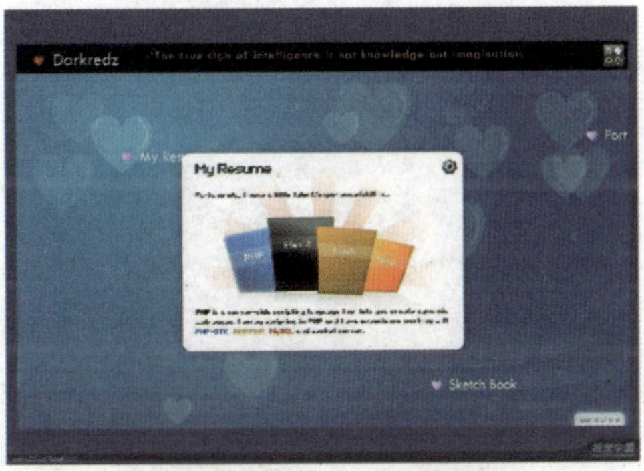

图13-49 Flash类型网站

提 示

在设计网页布局时，基本应该考虑醒目性、可读性、明快性、造型性、创造性等要素。醒目性是指使用户把注意力集中到某网站页面并诱导其浏览，使其看到内容信息；可读性是使内容更容易让人读懂；明快性是准确，快速地转达网站的构成内容；造型性是维持整体外型上的稳定感和均衡性。另外，为了使页面更加富有创造性和鲜明性的个性，在设主网站的界面时还应该在创造性方面下功夫。

13.4 上机实战：网页制作

本节将详细讲解制作一个基本页面的制作流程，最终效果如图 13-50 所示。

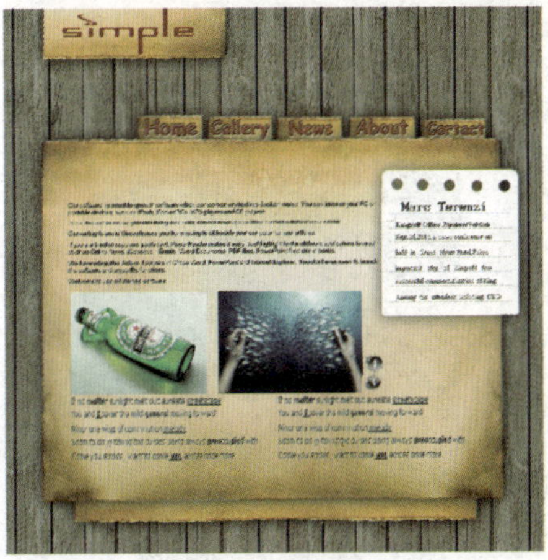

图13-50 最终效果

制作网页

所用素材：光盘\素材\第 13 章\网页\背景木头、素材、logo、按钮、纹理、喜力.鱼

最终效果：光盘\效果\第 13 章\网页\网页制作.psd

操作步骤

制作底纹

1 单击菜单栏中的【文件】/【新建】命令，或按【Ctrl+N】组合键，设置如图 13-51 所示，选择【确定】完成操作。

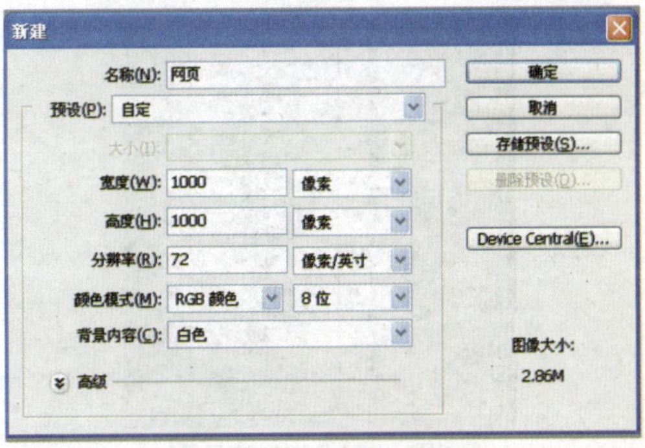

图13-51 【新建】对话框

2 单击菜单栏中的【文件】/【打开】命令，或按【Ctrl+O】组合键，打开素材“背景木头”文件，如图 13-52 所示。单击菜单栏中的【选择】/【全部】命令，或者按【Ctrl+A】组合键，单击菜单栏中的【编辑】/【拷贝】命令，或者按【Ctrl+C】组合键，将其复制。

3 返回刚刚操作的文档中，单击菜单栏中的【编辑】/【粘贴】命令，或者按【Ctrl+V】组合键，将其粘贴到文档中，得到【图层 1】，此时的【图层】面板如图 13-53 所示。

图13-52　素材文件

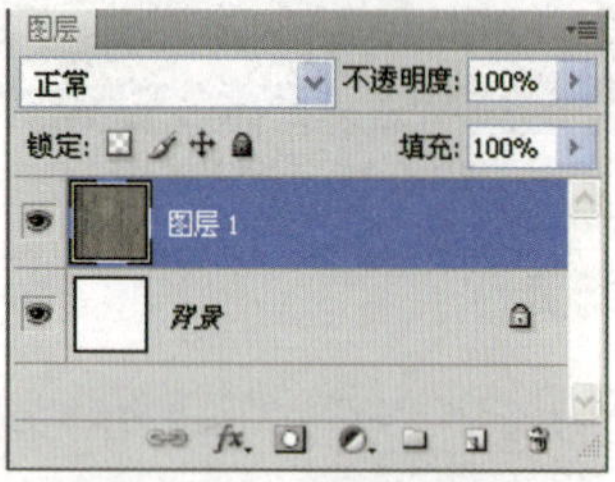

图13-53　【图层】面板

4 选择【图层】面板，单击【新建图层】按钮，得到【图层 2】，然后选择工具栏上的【矩形选框工具】，绘制出木纹的竖条选区，如图 13-54 所示。将【前景色】设置为【#9a0000】，按【Alt+Delete】组合键填充前景色，效果如图 13-55 所示。

图13-54　绘制选区

图13-55　填充前景色

5 方法同上，绘制出其他条状木纹的选区并填充颜色，此时的【图层】面板如图 13-56 所示，效果如图 13-57 所示。

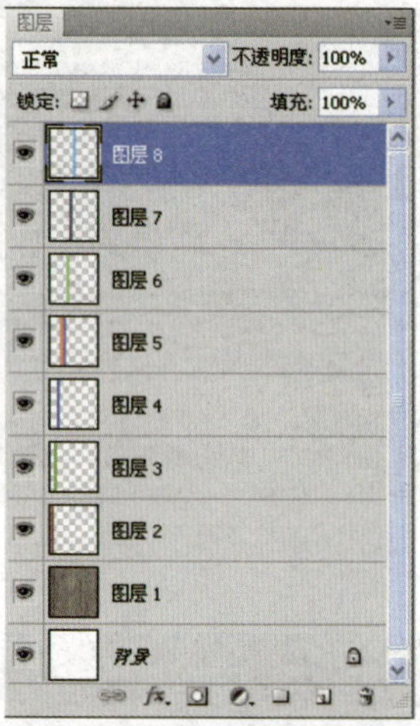

图13-56　【图层】面板

图13-57　图像效果

6 选择【图层】面板，单击创建新组】按钮，得到【组 1】，然后将【图层 2】至【图层 8】移至【组 1】，此时【图层】面板如图 13-58 所示。

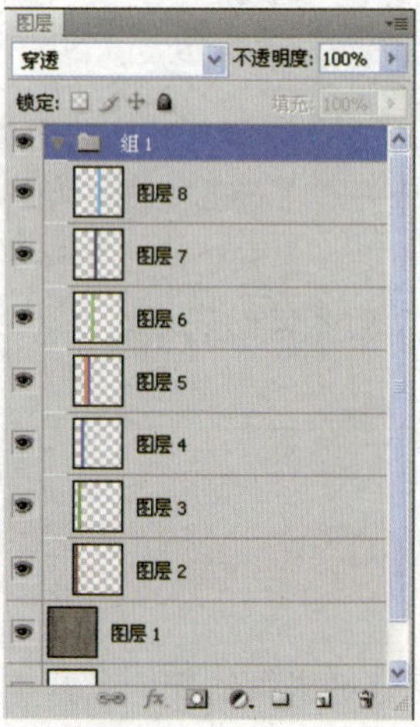

图13-58　【图层】面板

7 隐藏【图层1】和【背景】图层，按【Ctrl+Shift+Alt+E】组合键盖印图层，得到【图层9】。然后隐藏【图层2】至【图层8】，此时【图层】面板如图13-59所示，效果如图13-60所示。

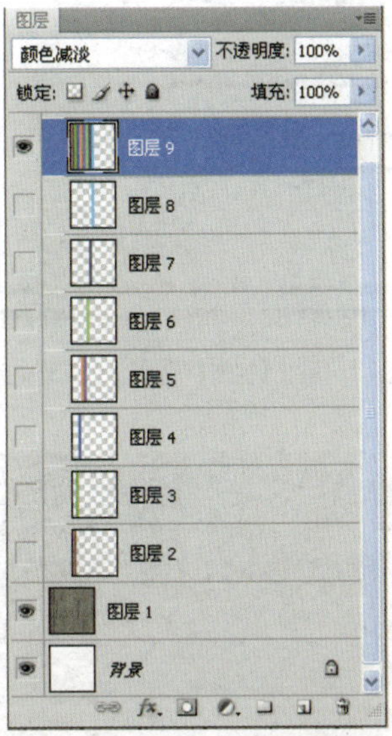

图13-59 【图层】面板

图13-60 图像效果

8 选择【图层9】，将【混合模式】设置为【颜色减淡】，同时将【不透明度】设置为50%，设置如图13-61所示，效果如图13-62所示。

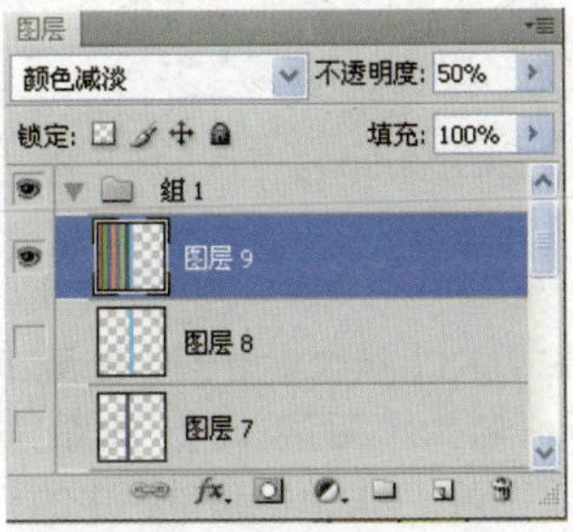

图13-61 【图层】面板

图13-62 效果图

制作页面纹理

9 单击菜单栏中的【文件】/【打开】命令，或者按【Ctrl+O】组合键，打开素材“纹理”文件，如图13-63所示。单击菜单栏中的【选择】/【全部】命令，或者按【Ctrl+A】组合键，然后单击菜单栏中的【编辑】/【拷贝】命令，或者按【Ctrl+C】组合键将其复制。

图13-63 素材文件

10 返回刚刚操作的文档中，单击菜单栏中的【编辑】/【粘贴】命令，或者按【Ctrl+V】组合键将其粘贴到文档中，得到【图层10】，如图13-64所示，效果如图13-65所示。

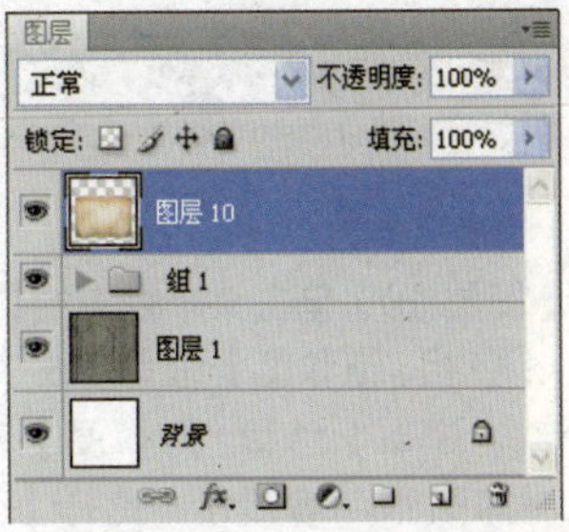

图13-64 【图层】面板

图13-65 粘贴图像

11 选择【图层 10】，单击【添加图层样式】 按钮，选择“投影”，参数设置如图 13-66 所示，选择【确定】完成操作。效果如图 13-67 所示。

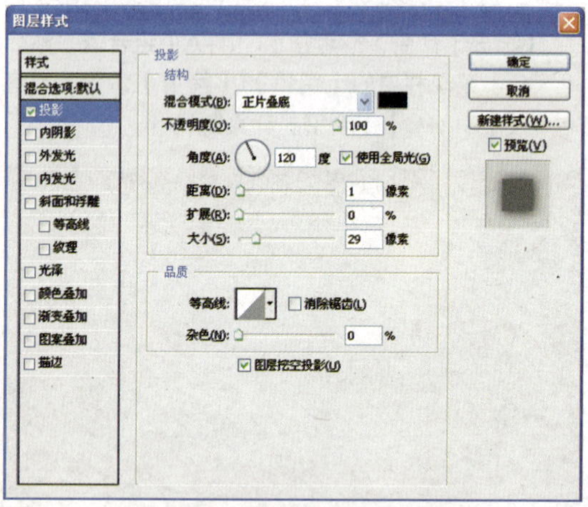

图13-66 【图层样式】对话框

图13-67 图像效果

12 选择【图层 10】，单击菜单栏中的【图像】/【调整】/【色相/饱和度】命令，或按【Ctrl+U】组合键，弹出【色相/饱和度】对话框，参数设置如图 13-68 所示，选择【确定】完成操作。效果如图 13-69 所示。

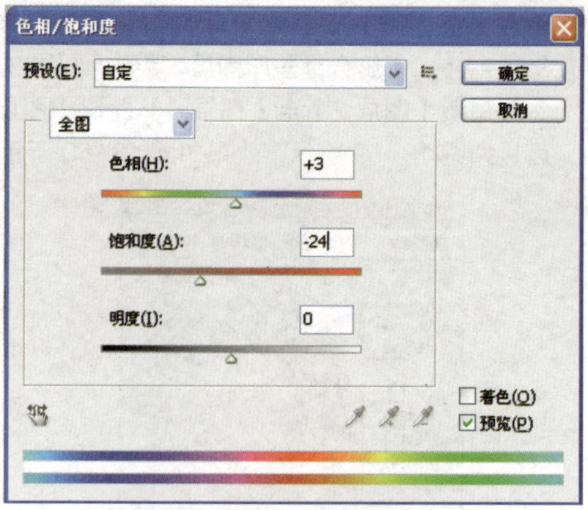

图13-68 【色相/饱和度】对话框

图13-69 图像效果

13 选择【图层 10】的状态下，选择工具栏上的【矩形选框工具】，绘制选区，如图 13-70 所示。

图13-70 绘制选区

14 按【Ctrl+J】组合键复制【图层 10 】并将其重新命名为【图层 11】，如图 13-71 所示。选择【图层 11】，单击菜单栏中的【编辑】/【变换】/【旋转 180 度】命令，并将图像调整合适位置，效果如图 13-72 所示。

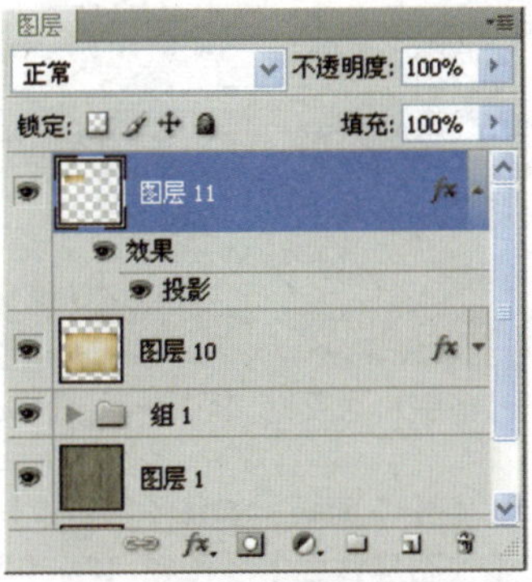

图13–71 【图层】面板

图13–72 旋转180度

15 单击菜单栏中的【文件】/【打开】命令，或者按【Ctrl+O】组合键，打开素材“logo”文件，如图 13–73 所示。单击菜单栏中的【选择】/【全部】命令，或者按【Ctrl+A】组合键，单击菜单栏中的【编辑】/【拷贝】命令，或者按【Ctrl+C】组合键将其复制。

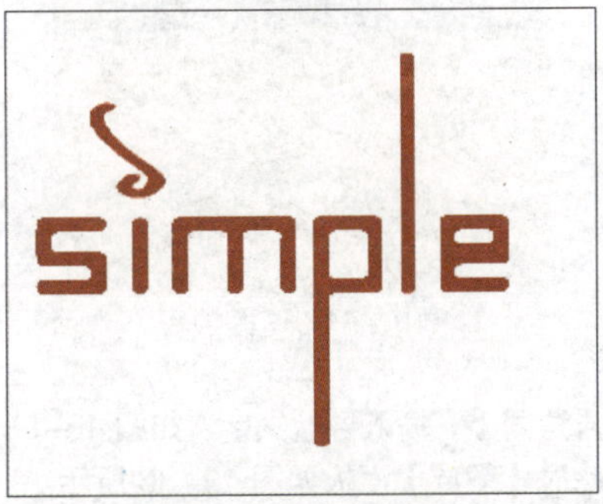

图13–73 logo文件

16 返回刚刚操作的文档中，单击菜单栏中的【编辑】/【粘贴】，或者按【Ctrl+V】组合键将其粘贴到文档中，得到【图层 12】。单击菜单栏中的【编辑】/【自由变换】命令，或者按【Ctrl+T】组合键将体调整大小后放置合适位置，效果如图 13–74 所示。

图13–74 自由变换

17 选择【图层 12】，将图层【混合模式】设置为“变暗”，设置如图 13–75 所示。效果如图 13–76 所示。

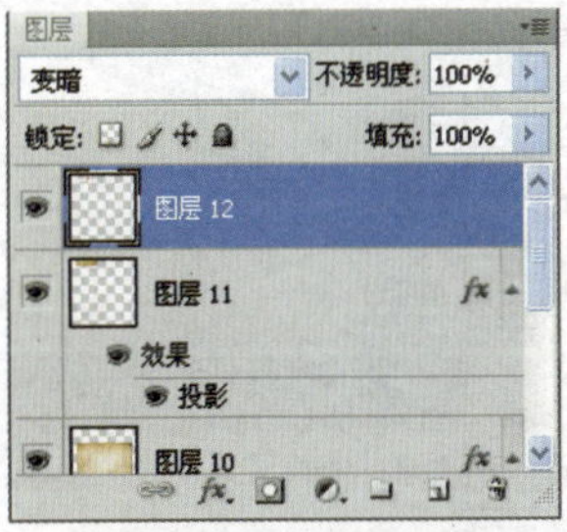

图13–75 【图层】面板

图13–76 【变暗】混合模式

18 方法同上，绘制按钮和页脚，效果如图 13–77、图 13–78 所示，【图层】面板如图 13–79 所示。

图13–77 绘制按钮

图13-78　绘制页脚

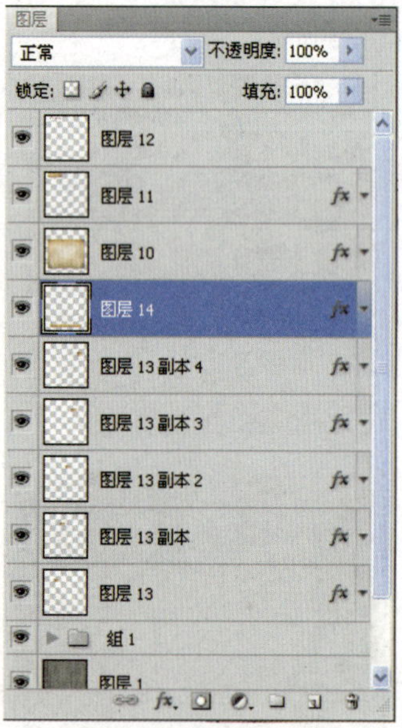

图13-79　【图层】面板

19 选择工具栏上的【文字工具】T，输入文字，如图 13-80 所示，【图层】面板如图 13-81 所示。选择【Home】图层，单击鼠标右键，选择【栅格化文字】命令，此时【图层】面板如图 13-82 所示。

图13-80　输入文字

图13-81　【图层】面板

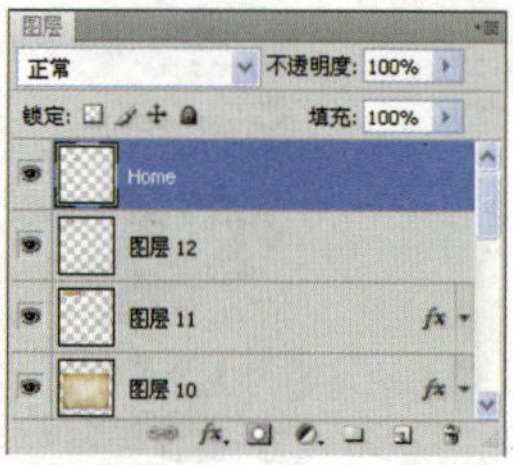

图13-82　【图层】面板

20 选择【图层】面板，选择【Home】图层，选择【添加图层样式】fx.按钮，弹出【图层样式】对话框，选择【斜面和浮雕】命令，参数设置如图 13-83 所示，效果如图 13-84 所示。

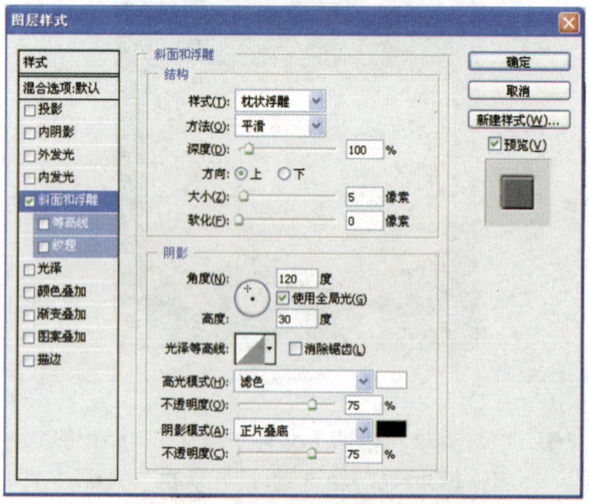

图13-83　【图层样式】对话框

图13-84　图像效果

21 方法同上，输入导航文字，如图 13-85 所示，此时【图层】面板如图 13-86 所示。

图13-85　输入导航文字

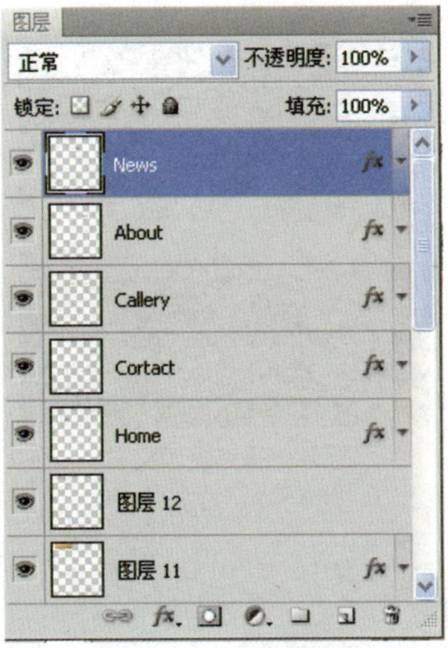

图13-86 【图层】面板

22 选择【图层】面板，单击【新建图层】按钮，得到【图层 15】，然后选择工具栏上的【矩形选框工具】，绘制矩形选区，如图 13-87 所示。将【前景色】设置为白色，按【Alt+Delete】组合键填充前景色，效果如图 13-88 所示。

图13-87 绘制选区

图13-88 填充前景色

23 选择【图层 15】，选择工具栏上的【橡皮工具】，对矩形进行修饰，效果如图 13-89 所示。

图13-89 图像效果

24 选择【图层】面板，单击【新建图层】按钮，得到【图层 16】，然后选择工具栏上的【单行选框工具】，绘制效果如图 13-90 所示。将【前景色】设置为【# d3d1d2】，按【Alt+Delete】组合键填充前景色，然后按【Ctrl+D】组合键取消选区，效果如图 13-91 所示。

图13-90 绘制选区

图13-91 填充前景色

25 选择【图层 15】的状态下选择工具栏上的【橡皮工具】，对矩形进行修饰，让图像看起来更加真实，如图 13-92 所示。

图13-92　图像效果

26 选择【图层 15】，选择【添加图层样式】fx.按钮，弹出【图层样式】对话框，选择“投影”，参数设置如图 13-93 所示，效果如图 13-94 所示。

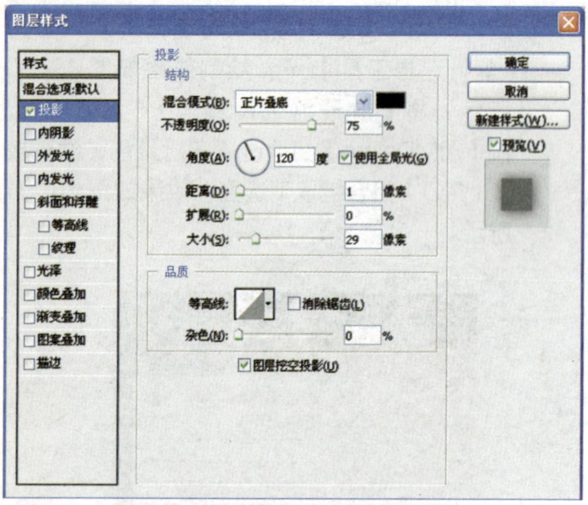

图13-93　【图层样式】对话框

图13-94　图像效果

添加文字效果

27 选择工具栏上的【文字工具】T，添加文字，效果如图 13-95 所示。

28 单击菜单栏中的【文件】/【打开】命令，或者按【Ctrl+O】组合键，打开素材“喜力”文件，如图 13-96 所示。

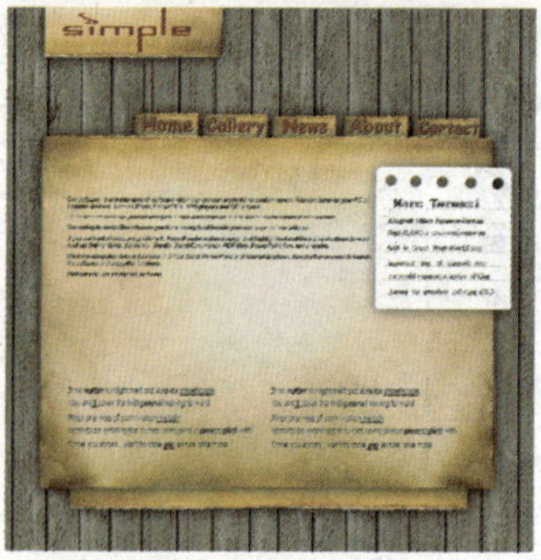

图13-95　添加文字

图13-96　素材文件

29 单击菜单栏中的【选择】/【全部】命令，或者按【Ctrl+A】组合键；单击菜单栏中的【编辑】/【拷贝】命令，或者按【Ctrl+C】组合键将其复制。

30 返回到刚刚操作的文档中，单击菜单栏中的【编辑】/【粘贴】命令，或者按【Ctrl+V】组合键将其粘贴到文档中，得到【图层 18】。单击菜单栏中的【编辑】/【自由变换】命令，或者按【Ctrl+T】组合键，将其缩放并放置在合适位置，效果如图 13-97 所示。

图13-97　放置喜力素材

31 同样方法将素材“鱼”文件复制并粘贴到文档中后调整大小，效果如图 13-98 所示。

图13-98 效果

32 单击菜单栏中的【文件】/【打开】命令，或者按【Ctrl+O】组合键，打开素材“按钮”文件，如图 13-99 所示。将其复制到刚刚操作的文档中，得到【图层 20】，单击菜单栏中的【编辑】/【自由变换】命令，或者按【Ctrl+T】组合键调整大小后放置合适位置，效果如图 13-100 所示。

图13-99 素材文件

图13-100 图像效果

33 选择【图层 20】，按【Ctrl+J】组合键复制出【图层 20 副本】，单击菜单栏中的【编辑】/【变换】/【垂直翻转】命令将其垂直翻转，最终效果如图 13-101 所示。

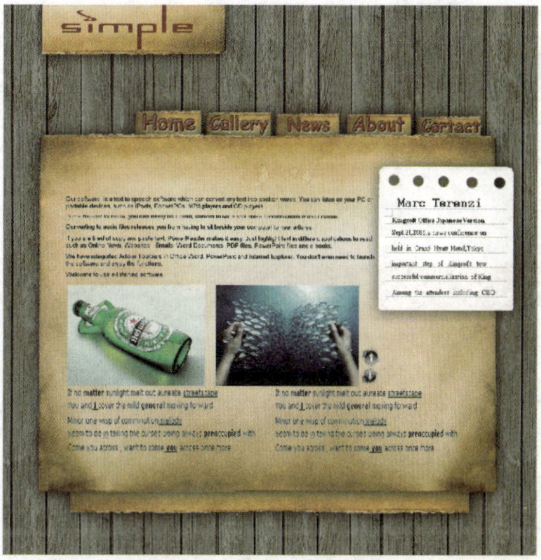

图13-101 最终效果

13.5 本章小结

像素画制作和 Web 图像制作一直是 Photoshop 重要的表现技法。本章通过两个案例了解了像素画制作的方法和网页设计的布局技巧以及导航栏、网站 Logo、广告条、按钮和文字在网页设计中的作用。

13.6 习题

上机题

(1) 上机练习像素画的制作。

(2) 上机练习网页设计的布局。

第14章 平面设计面面观

本章提要

本章通过全面讲解5个具有针对性的商业实例帮助读者快速掌握Photoshop CS5平面设计应用技术。

14.1 名片设计

名片的意义有三个方面。这三个方面意义的确定要依据名片持有人的具体情况而分析。这三个方面是：

(1) 宣传自我。一张小小的名片其实最主要的内容是名片持有者的姓名、职业、工作单位、联络方式（电话BP机、E-mail、MSN、QQ）等，通过这些内容把名片持有人的简明个人信息标注清楚，并以此为媒体向外传播。

(2) 宣传企业。名片除标注清楚个人信息资料外，还要标注明白企业资料，如：企业的名称、地址及企业的业务领域等。具有CI形象规划的企业名牌纳入办公用品策划中，这种类型的名片企业信息最重要，个人信息是次要的。在名片中同样要求企业的标志、标准色、标准字等，使其成为企业整体形象的一部分。

(3) 信息时代的联系卡。在数字化信息时代中，每个人的生活工作学习都离不开各种类型的信息，名片以其特有的形式传递企业、人及业务等信息，很大程度上方便了我们的生活。

本例最终效果如图14-1所示。

图14-1 最终效果

名片设计

操作步骤

1 单击菜单栏上的【文件】/【新建】命令，或者按【Ctrl+N】组合键，弹出【新建对话框】，设置如图14-2所示，选择【确定】完成操作。

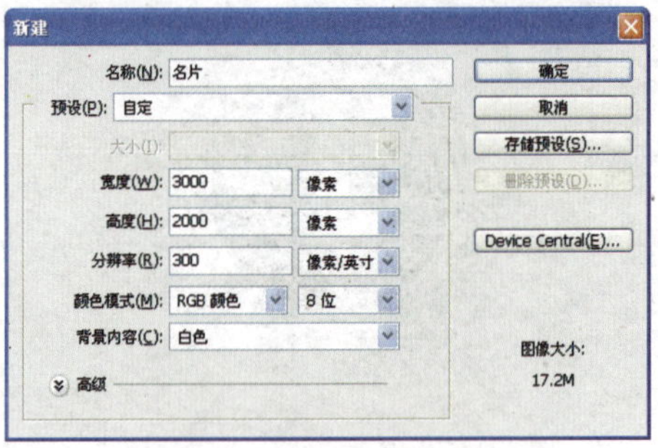

图14-2 【新建】对话框

2 单击菜单栏上的【视图】/【新建参考线】命令6次，弹出【新建参考线】对话框中分别设置如图14-3所示，选择【确定】完成操作。参考线如图14-4所示。

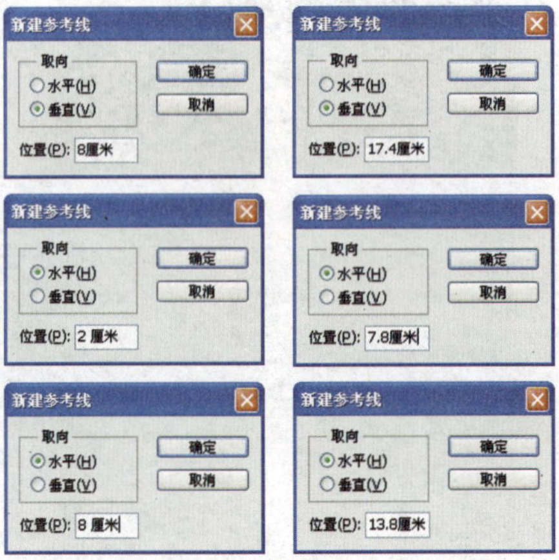

图14-3 【新建参考线】对话框

图14-4 参考线

3 按【Alt】键并双击【背景】图层的缩略图，解除对该图层的锁定，得到【图层0】，将前景色设置为【# dcdddd】,按【Alt+Delete】组合键，用前景色填充选区，如图14-5所示。

图14-5 填充前景色

4 单击【图层】面板，单击【创建新图层】按钮，得到【图层1】，并将其命名为【名片正面】。选择工具栏上的【矩形选框工具】，在绘图区绘制一个大小合适的矩形选区，将前景色设置为白色，并按【Alt+Delete】组合键，用前景色填充选区，按【Ctrl+D】组合键，取消选区，如图所14-6示。

图14-6 名片正面

5 单击【图层】面板，单击【创建新图层】按钮，得到【图层1】，并将其命名为【名片背面】。选择工具栏上的【矩形选框工具】，在绘图区绘制一个大小合适的矩形选区，将前景色设置为白色，并按【Alt+Delete】组合键，用前景色填充选区。按【Ctrl+D】组合键，取消选区，如图14-7所示。

图14-7 名片背面

6 选择【图层 名片正面】，选择工具栏上的【钢笔工具】，在绘图区绘制一条路径如图14-8所示。按【Ctrl+Enter】组合键，将路径转换为选区，如图14-9所示。

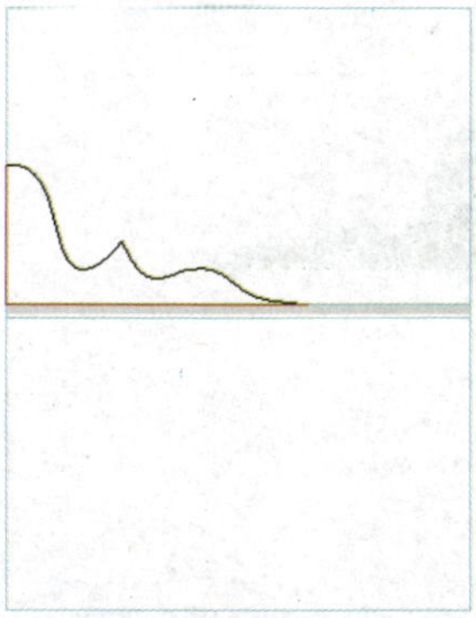

图14-8 绘制路径

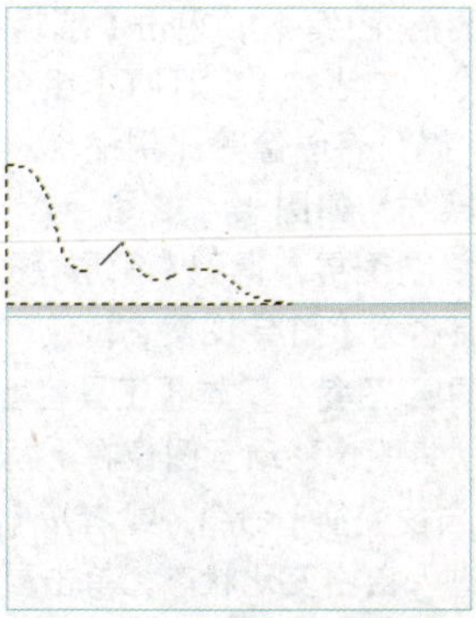

图14-9 路径转换为选区

7 选择【图层】面板选择【新建图层】按钮，得到【图层 1】，将其命名为【图案 1】。选择工具栏上的【渐变工具】，属性设置如图 14-10 所示，在选区内绘制由颜色【#1e421a】至【#48a930】的径向渐变，如图 14-11 所示。按【Ctrl+D】组合键，取消选区。

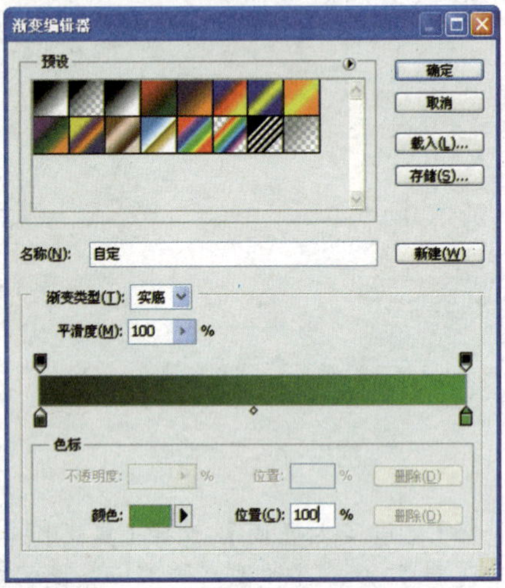

图14-10 【渐变编辑器】对话框

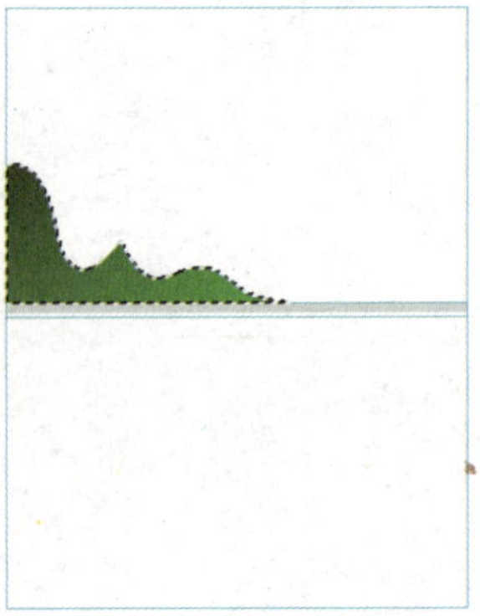
图14-11 图像效果

8 选择【图层 图案 1】，单击【编辑】/【自由变换】命令，或者按【Ctrl+T】组合键，同时按【Shift】键，将图像等比例缩小。按【Enter】键完成操作，如图 14-12 所示。按【Ctrl+J】组合键复制图层，得到【图层 图案 1 副本】。并将其更名为【图层 图案 2】。

9 选择【图层 图案 2】，选择工具栏上的【移动工具】，将图像移动至图像右上角。单击【编辑】/【自由变换】命令，或者按【Ctrl+T】组合键，进入自由变化状态，单击鼠标右键，选择【垂直翻转】命令，再次单击鼠标右键，选择【水平翻转】命令，按【Enter】键完成操作，如图 14-13 所示。

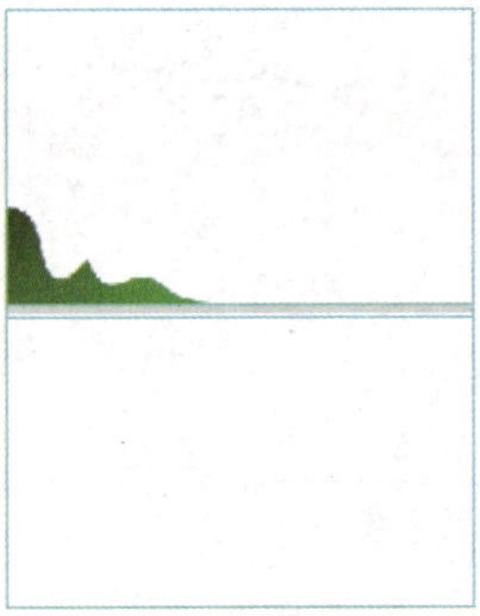
图14-12 等比例缩小

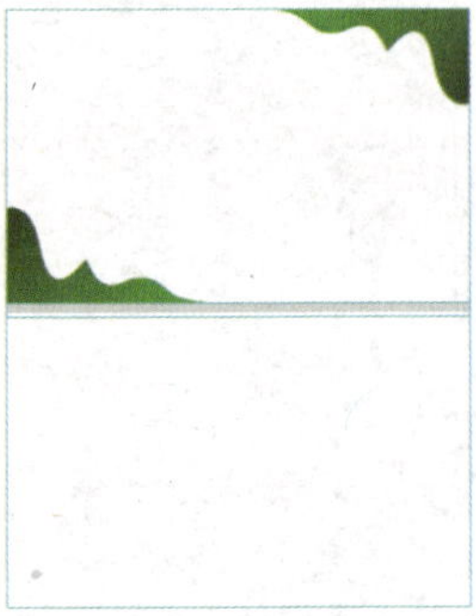
图14-13 自由变换

10 选择【图层 图案 2】，按【Ctrl】键并单击【图层 图案 2】的缩略图，载入该图层选区，选择工具栏上的【渐变工具】，属性工具栏设置如图 14-14 所示，绘制由颜色【#1e4046】至【#3aafbf】的径向渐变，如图 14-15 所示。按【Ctrl+D】组合键，取消选区。

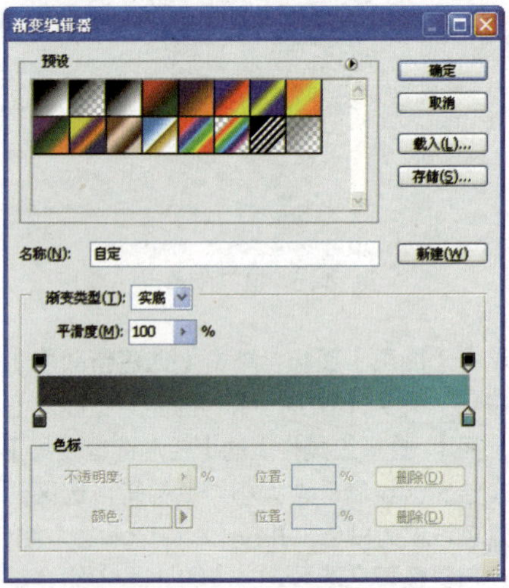

图14-14 【渐变编辑器】对话框

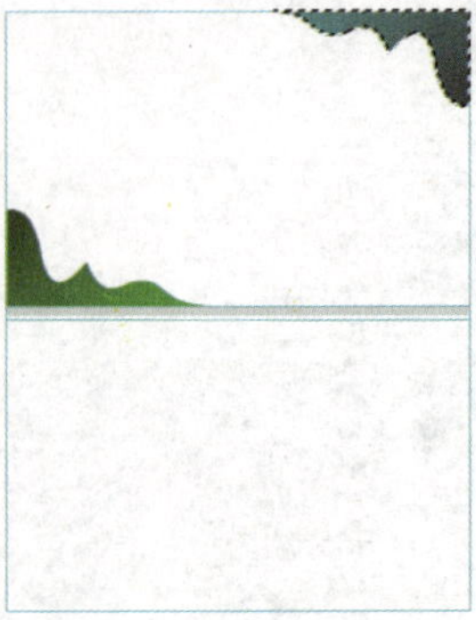
图14-15 填充渐变颜色

11 选择【图层 图案 2】，复杂图层，得到【图层 图案 2 副本】，并将其移至【图层 图案 2】下层，单击菜单栏上的【编辑】/【自由变换】命令，或者按【Ctrl+T】组合键，按【Shift】键将其等比例缩小到合适大小，选择【图层 2 副本】，按【Ctrl】键并单击【图层 图案 2 副本】的缩略图，载入该图层的选区，选择工具栏上的【渐变工具】，属性工具栏设置如图 14-16 所示，绘制由颜色【# 1e4046】至【# 3aafbf】的径向渐变，按【Ctrl+D】组合键，取消选区。

12 选择【图层 图案 1】，重复步骤 11，渐变颜色【#1e421a】至【#48a930】，效果如图 14-17 所示。

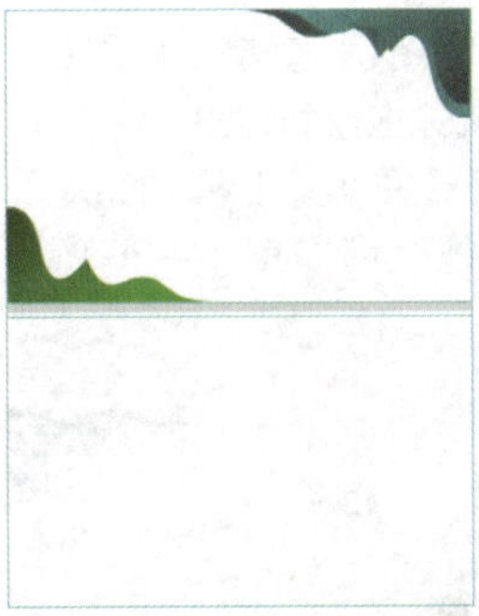

图14-16　图像效果

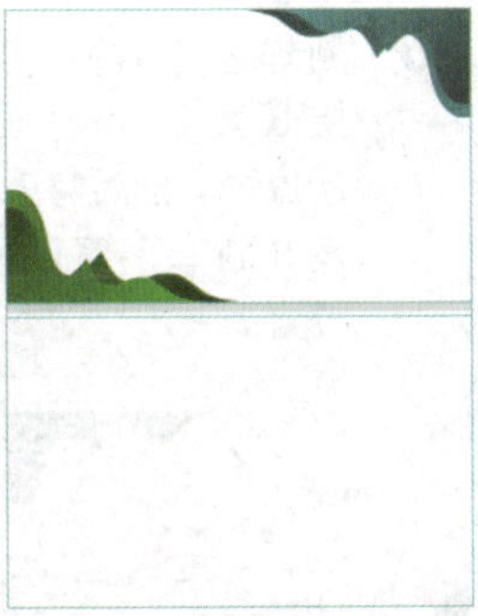

图14-17　图像效果

13 单击菜单栏上的【文件】/【打开】命令，或者按【Ctrl+O】组合键，打开文件【安利】如图 14-18 所示。将其复制刚刚操作的文件中，得到【图层 1】，将其命名为【LOGO】。如图 14-19 所示。

图14-18　安利LOGO

14 选择【图层 LOGO】，单击菜单栏上的【编辑】/【自由变换】命令，或者按【Ctrl+T】组合键，按【Shift】键将其等比例缩小到合适大小，按【Enter】键完成操作。如图 14-20 所示。

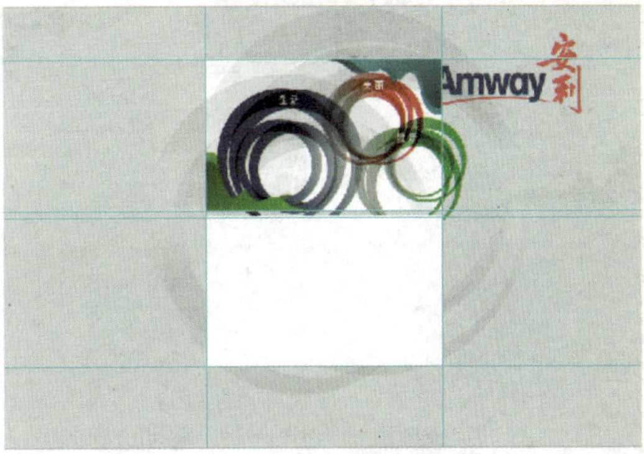

图14-19　图像效果

图14-20　缩小LOGO

15 选择工具栏上的【横排文字工具】，属性工具栏设置如图 14-21 所示。输入文字效果如图 14-22 所示。单击菜单栏上的【图层】/【栅格化】/【文字】命令。

图14-21　【横排文字工具】属性栏

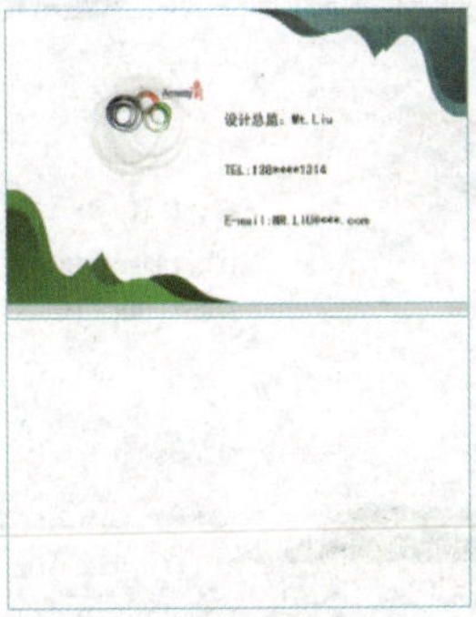

图14-22　输入文字

16 选择工具栏上的【矩形选框工具】，选择文字图层，绘制选区如图 14-23 所示。选择工具栏上的【移动工具】，将选区内容拖拽到合适位置，如图所 14 -24 示。

图14-23　绘制选区

图14-24　移动选区内容

17　重复步骤 16，将文字排列如图 14-25 所示。

图14-25　图像效果

18　选择工具栏上的【横排文字工具】T，属性工具栏设置如图 14-26 所示，在名片右下角输入名片信息，如图 14-27 所示。

图14-26　【横排文字工具】属性栏

图14-27　输入文字

19　选择【图层】面板，选择【新建图层】按钮，得到【图层 1】，将其命名为【竖线】。选择工具栏上的【矩形选框工具】，绘制出一个大小合适的选区，然后用绿色填充选区，按【Ctrl+J】组合键两次，在复制出两个图层副本，分别载入两个图层副本的选区，再用蓝色和红色填充选区，完成后的效果如图 14-28 所示。

图14-28　绘制竖线

20　制作名片背面。将【图层 图案 1】和【图层 图案 1 副本】复制并拖拽到如图 14-29 所示位置。然后将【图层 图案 2】和【图层 图案 2 副本】复制并拖拽到如图 14-30 所示位置。

图14-29　复制图案1

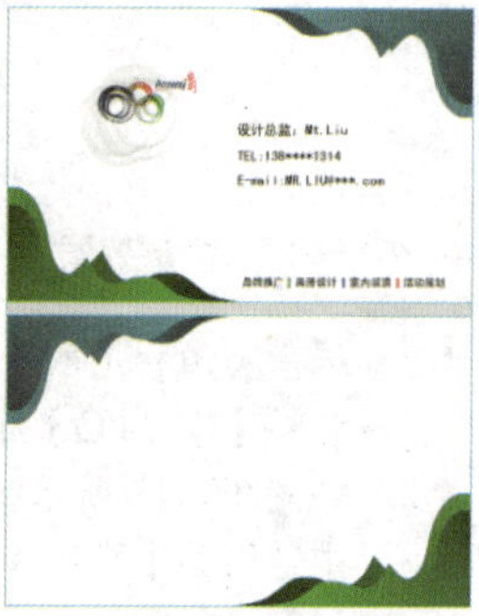

图14-30　复制图案2

21　选择【图层 LOGO】，按【Ctrl+J】组合键，将其复制并移动至如图 14-31 所示位置。

22　重复步骤 21，将文字和竖线复制到如图 14-32 所示位置。

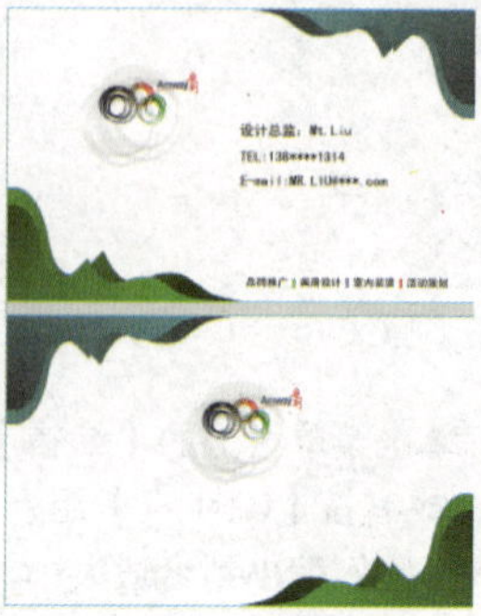

图14-31　图像效果

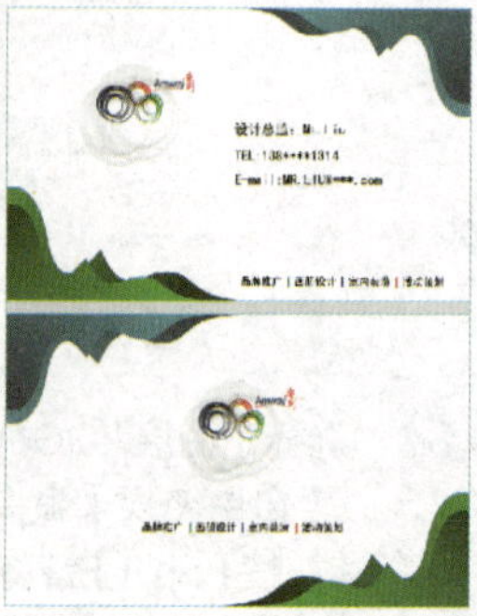

图14-32　图像效果

23 单击【文件】/【打开】命令，或者按【Ctrl+O】组合键，打开素材文件【手】，如图 14-33 所示。将其复制到刚刚操作的文件【名片】中，得到【图层 1】。并将【图层 1】移至【图层 名片正面】下层，单击菜单栏上的【编辑】/【自由变换】命令，或者按【Ctrl+T】组合键，将其缩小并移至合适位置。如图 14-34 所示。

图14-33　素材手文件

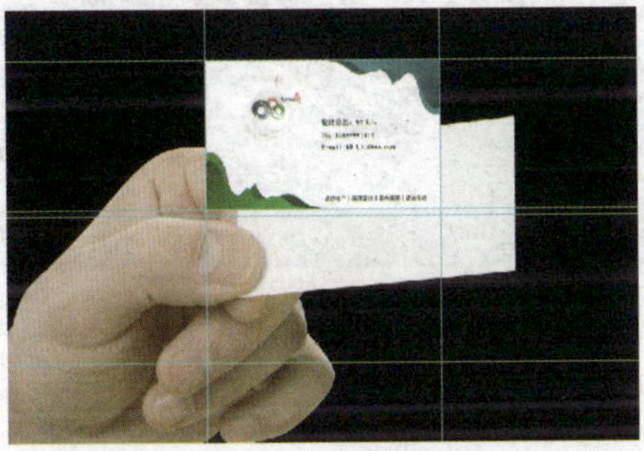

图14-34　图像效果

24 单击菜单栏上的【视图】/【清楚参考线】的命令。选择【图层】面板，选择所有正面名片的图层，并隐藏其他图层，按【Ctrl+Shift+Alt+E】组合键，盖印图层，得到【图层 2】，将其【不透明度】设置为 40%，显示【图层 1】，如图 14-35 所示。单击【编辑】/【自由变换】命令，或者按【Ctrl+T】组合键，将其等比例放大如图 14-36 所示。按【Enter】键完成操作。

图14-35　不透明度40%

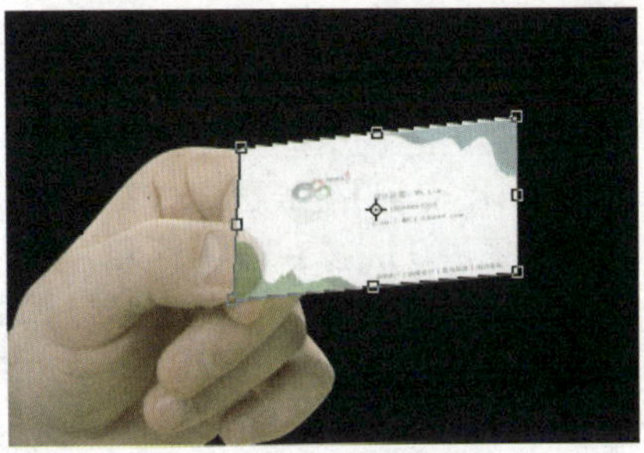

图14-36　自由变换

25 选择工具栏上的【钢笔工具】，绘制路径如图 14-37 所示。按【Ctrl+Enter】组合键，将路径转换为选区，选择图层 2，选择【添加【图层】面板】按钮，效果如图 14-38 所示，

图14-37　绘制路径

图14-38　添加蒙版

26 选择【图层】面板，选择【图层 2】，将图层【不透明度】设置为 100%，将图层【混合模式】设置为【正片叠底】，如图 14-39 所示。

图14-39　【正片叠底】混合模式

27 选择【图层 1】，选择工具栏上的【矩形选框工具】，绘制选区如图 14-40 所示。单击的菜单栏上的【选择】/【反向】命令，或者按【Ctrl+Shift+I】组合键，如图 14-41 所示。选择【图层 0】，按【Ctrl+J】组合键，将选区内图像复制到新建图层中，得到【图层 3】，并将【图层 3】移至【图层】面板最上层，效果如图 14-42 所示。将图层【不透明度】设置为 40%。最终效果如图 14-43 所示。

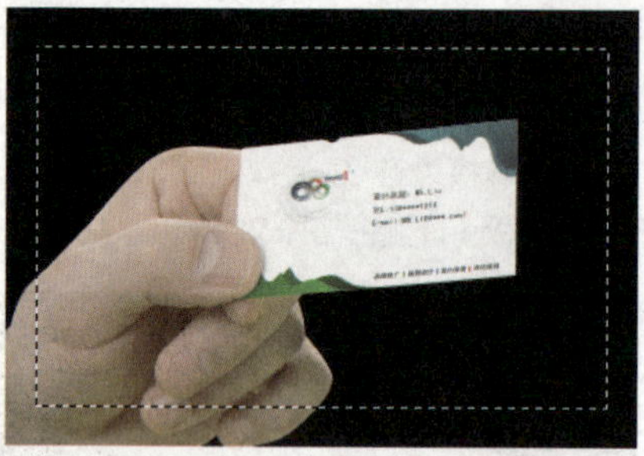

图14-40　绘制选区

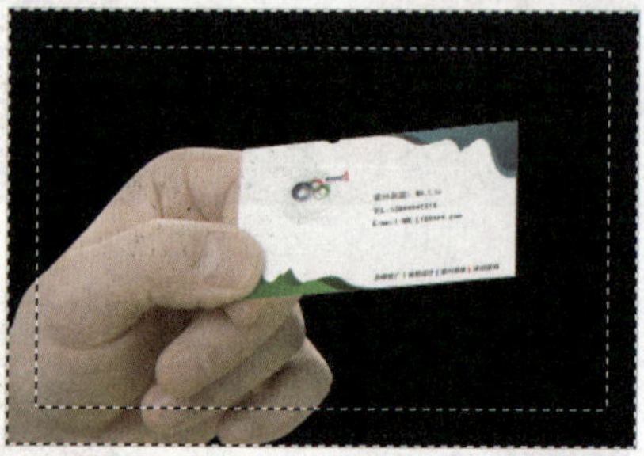

图14-41　反向选择选区

图14-42　图像效果

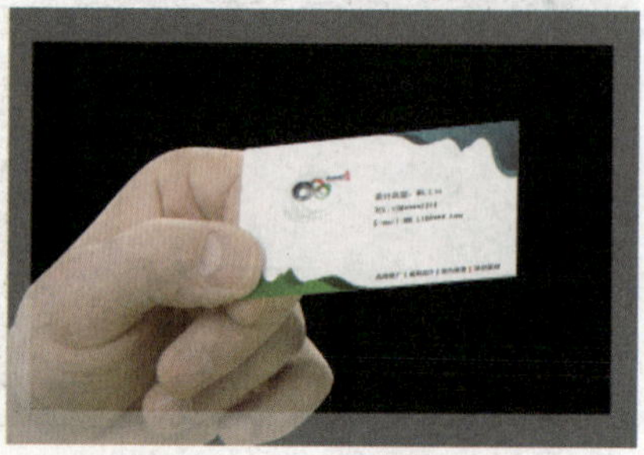

图14-43　最终效果

14.2　邀请函设计

邀请函是邀请亲朋好友或知名人士、专家等参加某项活动时所发的请约性书信。它是现实生活中常用的一种日常应用写作文种。在国际交往以及日常的各种社交活动中，这类书信使用广泛。在应用写作中邀请函是非常重要的，而商务活动邀请函是邀请函的一个重要分支，商务礼仪活动邀请函的主体内容符合邀请函的一般结构，由标题、称谓、正文、落款组成。最终效果如图 14-44 所示。

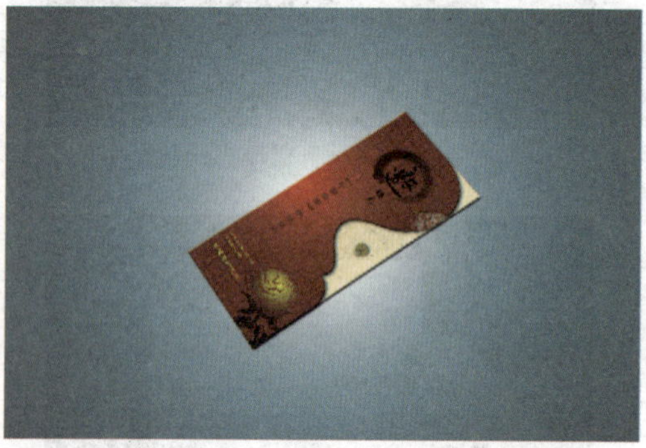

图14-44　最终效果

操作步骤

邀请函设计

1 单击菜单栏上的【文件】/【新建】命令，或者按【Ctrl+N】组合键，弹出【新建】对话框，设置如图 14-45 所示，选择【确定】完成操作。

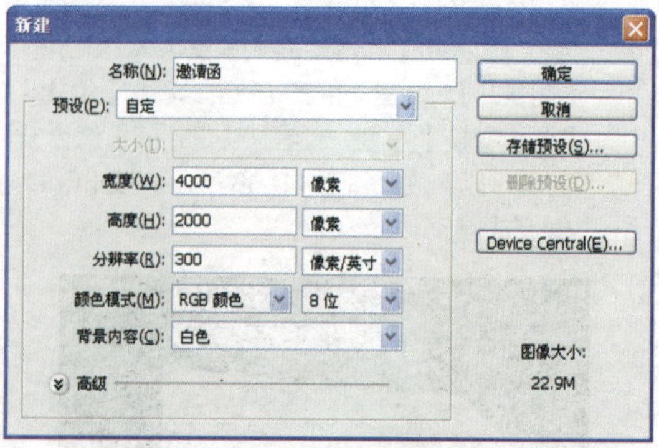

图14-45　【新建】对话框

2 单击菜单栏上的【视图】/【新建参考线】命令 8 次，弹出【新建参考线】对话框中分别设置如图 14-46 所示，选择【确定】完成操作。参考线如图 14-47 所示。

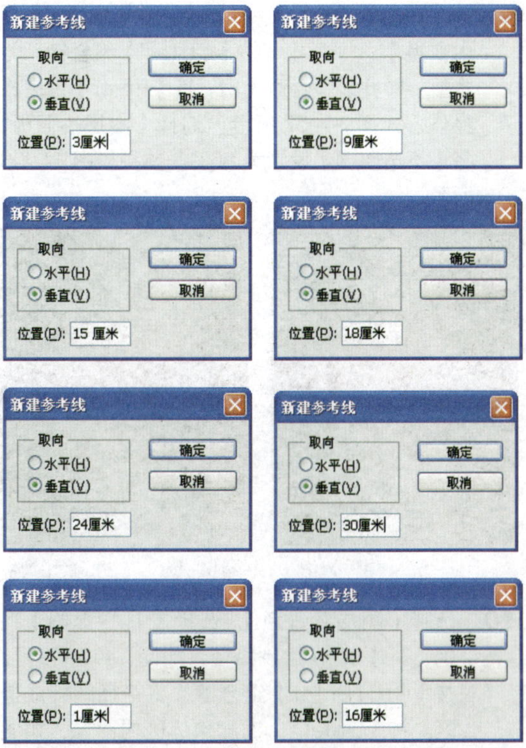

图14-46 【新建参考线】对话框

图14-47 参考线效果

3 选择【图层】面板，选择【新建图层】按钮，得到【图层 1】，并将其重命名为【背景色】。选择工具栏上的【矩形选框工具】，绘制选区如图 14-48 所示。

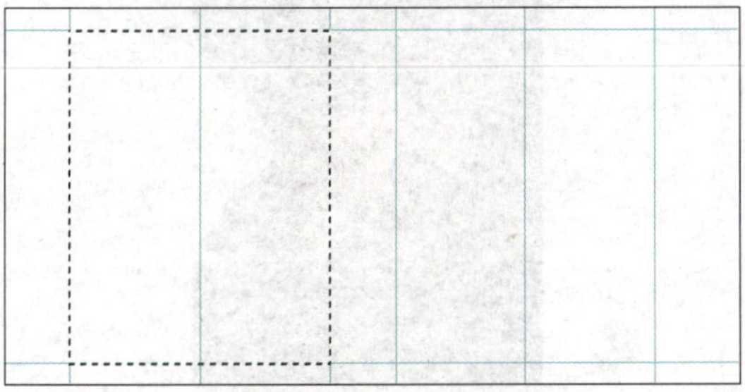
图14-48 绘制选区

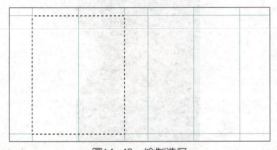

4 选择【图层 背景色】，选择工具栏上的【渐变工具】，绘制由颜色【# e60012】至【# 910000】的径向渐变，效果如图 14-49 所示。按【Ctrl+D】取消选区。

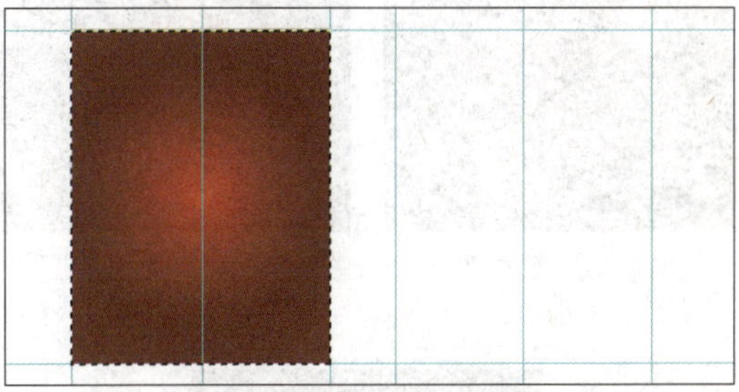
图14-49 填充渐变颜色

5 单击菜单栏上的【文件】/【打开】命令，或者按【Ctrl+O】组合键，打开素材文件【文字】如图 14-50 所示。将其复制到刚刚操作的文件中，得到【图层 1】，并将其命名为【文字】，如图 14-51 所示。

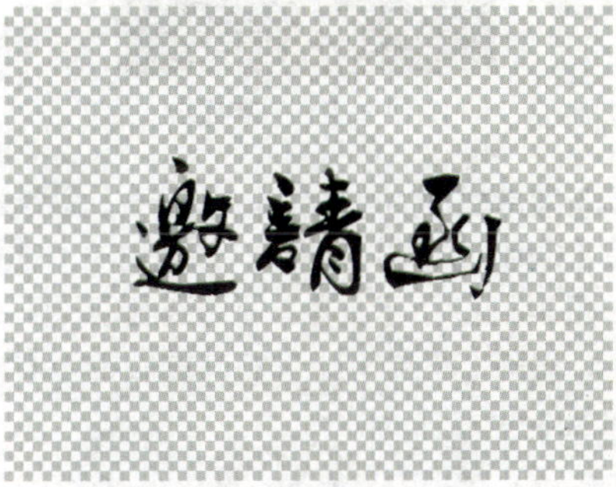

图14-50 文字素材

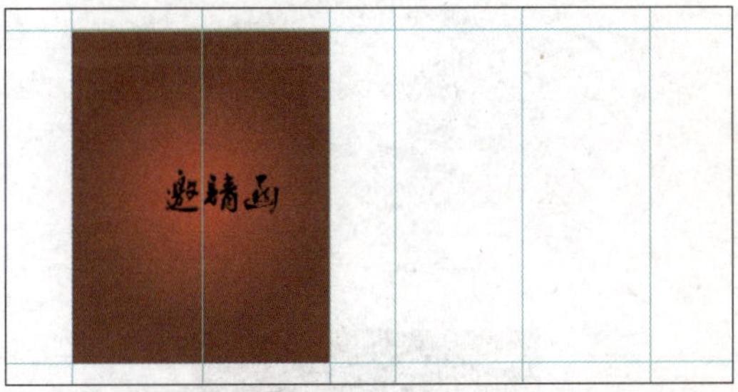

图14-51

6 选择【图层 文字】，选择工具栏上的【矩形选框工具】，绘制矩形选区，将【邀】字勾选出来，如图 14-52 所示。选择工具栏上的【移动工具】，将文字拖拽到合适的位置，再将大小进行适当的自由变换，如图 14-53 所示。

7 重复步骤 6，处理另外两个字，效果如图 14-54 所示。

图14-52　绘制选区

图14-53　调整文字位置和大小

图14-54　图像效果

8 单击菜单栏上的【文件】/【打开】命令，或者按【Ctrl+O】组合键，打开素材文件【水墨】如图 14-55 所示。将其复制到刚刚操作的文件中，得到【图层 1】，并将其重命名为【水墨】，如图 14-56 所示。

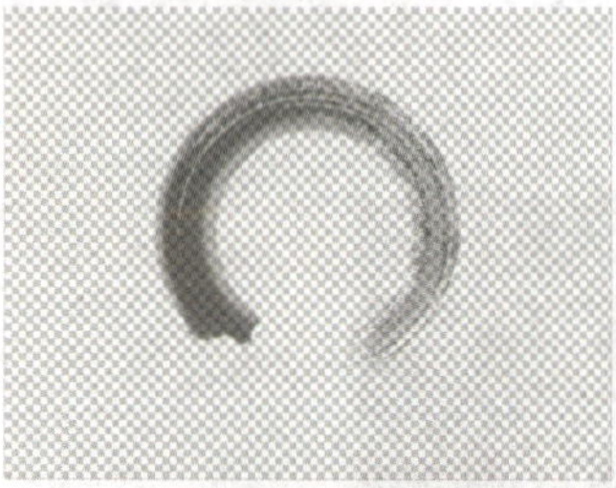
图14-55　文件水墨

图14-56　图像效果

9 选择【图层水墨】,单击菜单栏上的【编辑】/【自由变换】命令，或者按【Ctrl+T】组合键，将水墨旋转并调整合适大小。按【Enter】键完成操作，如图 14-57 所示。选择【图层】面板，将【不透明度】设置为 80%。效果如图 14-58 所示。

图14-57　图像效果

图14-58　不透明度80%

10 选择【图层背景色】，选择工具栏上的【钢笔工具】，绘制路径，如图 14-59 所示。按【Ctrl+Enter】组合键，将路径转换成选区。按【Delete】键删除选区内图像，如图 14-60 所示。按【Ctrl+D】组合键,取消选区。

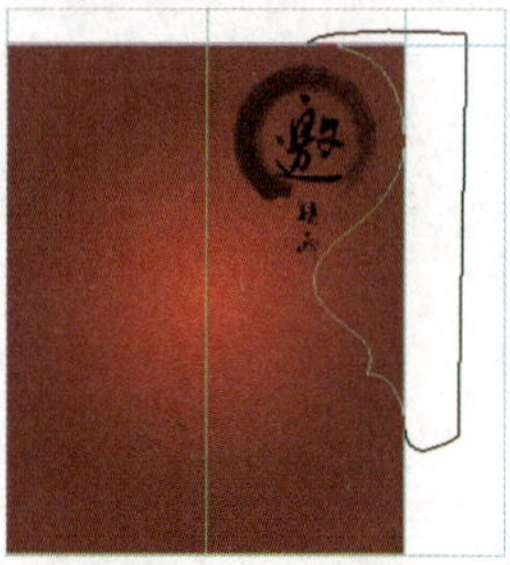
图14-59　绘制路径

图14-60　删除选区内容

11 选择【图层 文字】和【图层 水墨】,选择【图层水墨】，单击【编辑】/【自由变换】命令，或者按【Ctrl+T】组合键，将图像缩小，如图 14-61 所示，按【Enter】键完成操作。

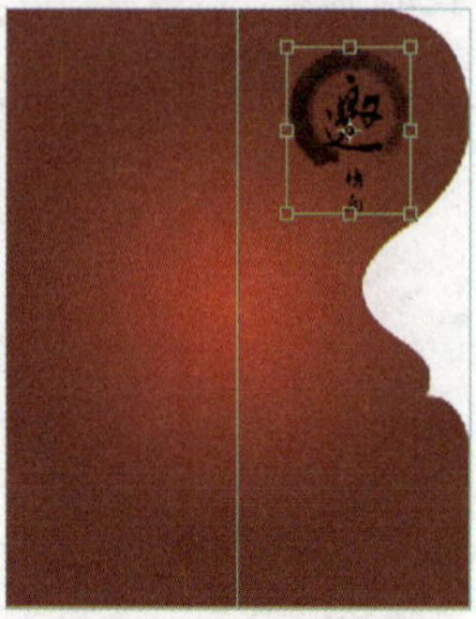
图14-61　自由变换

12 单击菜单栏上的【文件】/【打开】命令，或者按【Ctrl+O】组合键，打开素材文件【纹理】如图 14-62 所示。将其复制到刚刚操作的文件中，得到【图层 1】，将其重命名为【纹理】。

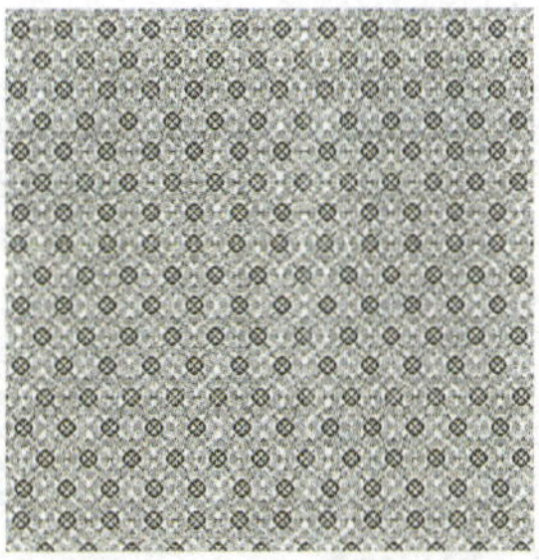

图14-62 纹理素材

13 选择【图层 纹理】，按【Ctrl】键并单击【图层 纹理】缩略图，提取【图层 纹理】选区，将前景色设置为【#e60012】，按【Alt+Delete】组合键，用前景色填充选区，按【Ctrl+D】组合键，取消选区，如图 14-63 所示。

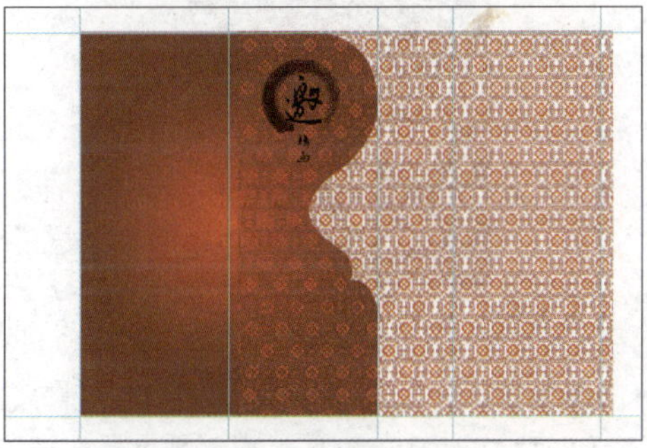

图14-63 填充前景色

14 选择【图层】面板，选择【图层 纹理】，将图层【混合模式】设置为【颜色加深】，如图 14-64 所示，单击菜单栏上的【编辑】/【自由变换】命令，或者按【Ctrl+T】组合键，调整纹理的大小及位置，如图 14-65 所示，按【Enter】键完成操作。

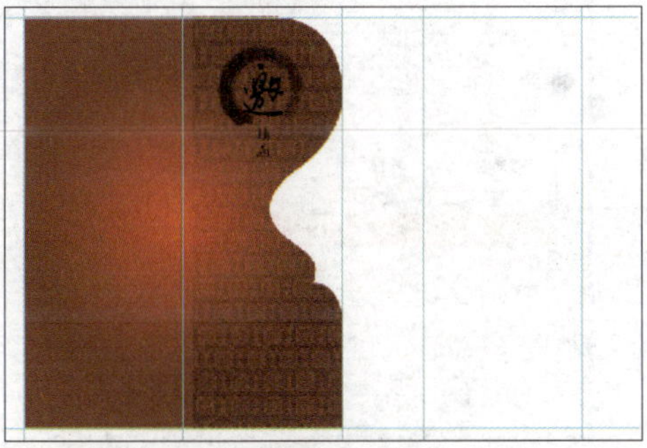

图14-64 【颜色加深】混合模式

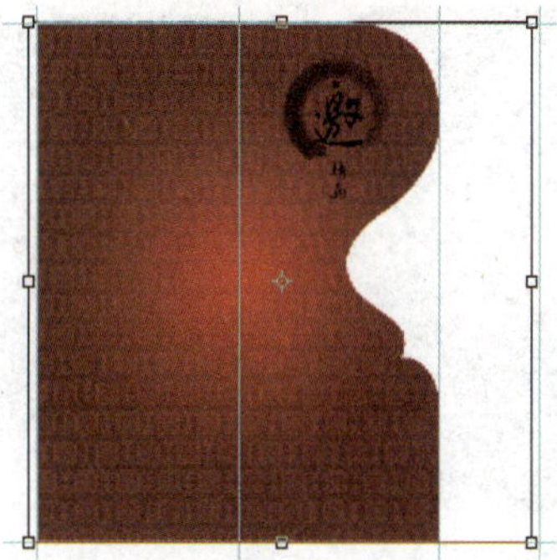

图14-65 自由变换

15 选择【图层 纹理】，按【Ctrl】键并单击图层背景色缩略图，单击菜单栏上的【选择】/【反向】命令，或者按【Ctrl+Shift+I】组合键，再按【Delete】键删除选区内图像，如图 14-66 所示。

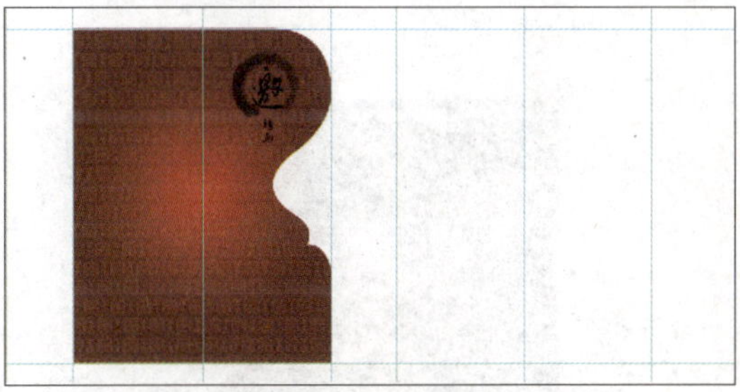

图14-66 删除背景色以外的纹理

16 单击菜单栏上的【文件】/【打开】命令，或者按【Ctrl+O】组合键，打开素材文件【花纹】，如图 14-67 所示。将其复制到刚刚操作的文件中，得到【图层 1】，将其重命名为【花纹】，如图 14-68 所示。

图14-67

17 选择【图层 花纹】，单击菜单栏上的【编辑】/【自由变换】命令，或者按【Ctrl+T】组合键，将花纹缩小并调整合适位置，按【Enter】键完成操作，如图 14-69 所示。

图14-68

图14-69

18 选择【图层 花纹】，按【Ctrl+J】组合键，复制图层，得到【图层 花纹副本】，隐藏【图层 花纹副本】，按【Ctrl】键并单击【图层 背景色】缩略图，单击菜单栏上的【选择】/【反向】命令，或者按【Ctrl+Shift+I】组合键，再按【Delete】键删除选区内图像，如图 14-70 所示。

图14-70 图像效果

19 显示【图层 花纹副本】，选择工具栏上的【移动工具】，将花纹放置在左下角，如图 14-71 所示。按【Ctrl】键并单击【图层 花纹副本】缩略图，按【Delete】键删除选区内图像，如图 14-72 所示。

图14-71 移动图像

图14-72 删除选区内图像

20 保持选区状态，单击菜单栏上的【编辑】/【描边】命令，弹出【描边】对话框，设置如图 14-73 所示，选择【确定】完成操作。按【Ctrl+D】组合键，取消选区，效果如图 14-74 所示。

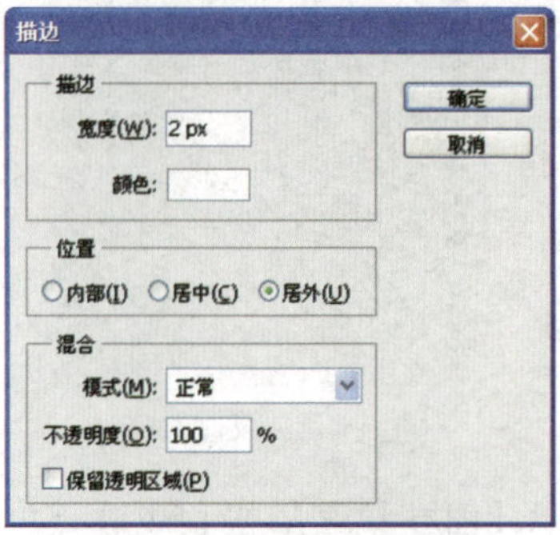

图14-73 【描边】对话框

图14-74 图像效果

21 选择【图层 花纹副本】，按【Ctrl】键并单击【图层 花纹】缩略图，提取选区，选择工具栏上的【渐变工具】，属性工具栏设置如图 14-75 所示，绘制径向渐变，如图 14-76 所示。

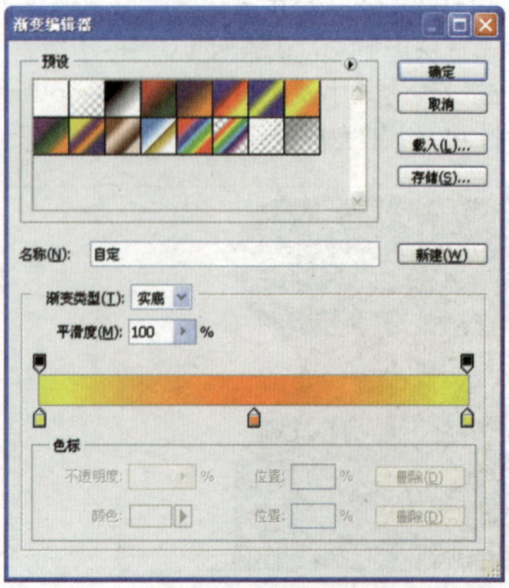

图14-75 【渐变编辑器】对话框

图14-76 图像效果

22 单击菜单栏上的【文件】/【打开】命令，或者按【Ctrl+O】组合键，打开素材文件【底纹】，如图 14-77 所示。将其复制到刚刚操作的文件中，得到【图层 1】，将其重命名为【底纹】。如图 14-78 所示。

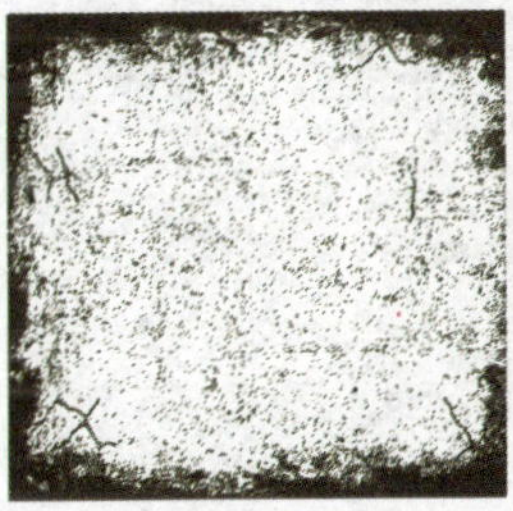

图14-77

图14-78

23 选择【图层 底纹】，单击菜单栏上的【编辑】/【自由变换】命令，或者按【Ctrl+T】组合键，将花纹缩小并调整合适位置，按【Enter】键完成操作。如图 14-79 所示。选择【图层】面板，将图层【混合模式】设置为【颜色加深】，如图 14-80 所示。

图14-79 自由变换

图14-80 【颜色加深】混合模式

24 选择【图层 底纹】，选择【添加【图层】面板】按钮，单击蒙版区域，选择工具栏上的【画笔工具】，适当降低画笔不透明度，将前景色设置为黑色，在左上角进行涂抹，效果如图 14-81 所示。

图14-81 图像修饰

25 选择【图层 花纹】，按【Ctrl+J】组合键，复制图层，得到【图层 花纹副本 2】。按【Ctrl】键并单击【图层 花纹副本 2】缩略图，提取选区，将【前景色】设置为白色，按【Alt+Delete】组合键，用前景色填充选区，选择工具栏上的【移动工具】，将花纹移至文字右边，如图 14-82 所示。

图14-82 移动花纹并填充白色

26 保持当前选区，选择【图层 背景色】，按【Delete】键删除选区内容，按【Ctrl+D】组合键，取消选区，如图 14-83 所示。

27 选择【图层 花纹副本 2】，按【Ctrl】键并单击【图层 背景色】，单击菜单栏上的【选择】/【反向】命令，或者按【Ctrl+Shift+I】组合键，再按【Delete】键删除选区内图像，如图 14-84 所示。

图14-83 删除选区内图像

图14-84 图像效果

28 输入文字。选择工具栏上的【竖排文字工具】，将前景色设置为【# 7d0000】，输入文字如图 14-85 所示。选择工具栏上的【横排文字工具】，将前景色设置为白色。输入文字如图 14-86 所示。单击菜单栏上的【图层】/【栅格化】/【文字】命令，将文字栅格化。

图14-85 输入文字

图14-86 输入文字

29 按【Ctrl】键并单击【时间文字】图层，提取选区，选择工具栏上的【渐变工具】，属性工具栏设置如图 14-87 所示，绘制由左至右的径向渐变，效果如图 14-88 所示。

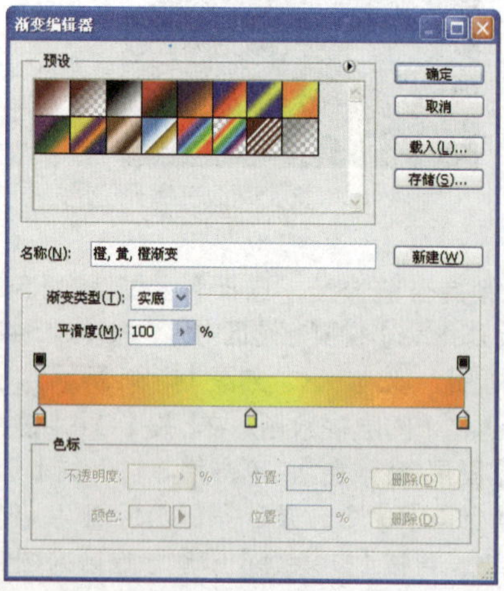

图14-87 【渐变编辑器】对话框

图14-88 图像效果

30 选择【图层】面板，选择【添加图层样式】按钮，选择【投影】，弹出【图层样式】对话框，设置如图 14-89 所示。效果如图 14-90 所示。

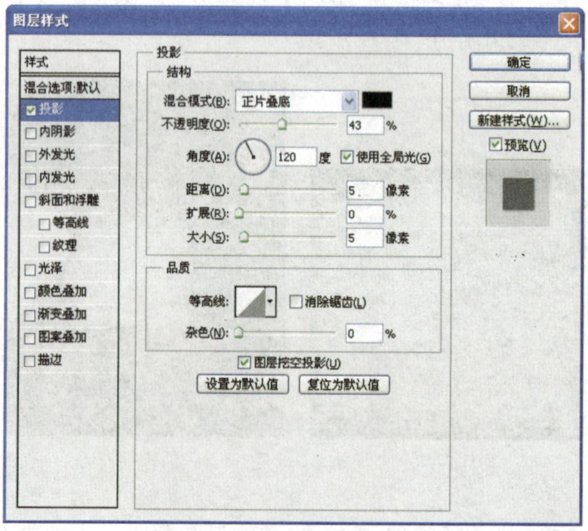

图14-89 【图层样式】对话框

31 重复步骤 28，在背面输入竖排文字，效果如图 14-91 所示。

图14-90 图像效果

图14-91 输入文字

32 制作内页。选择【图层】面板，选择【新建图层】按钮，得到【图层 1】，将其重新命名为【内页背景色】。将前景色设置为【# feecd2】，选择工具栏上的【矩形选框工具】，绘制选区如图14-92所示，按【Alt+Delete】组合键，用前景色填充选区，按【Ctrl+D】组合键，取消选区，如图14-93所示。

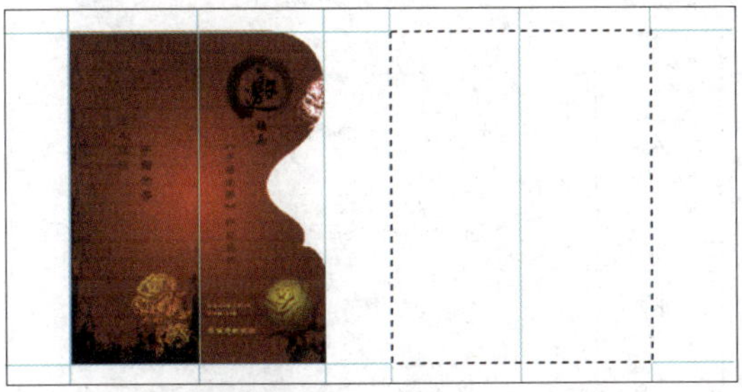

图14-92 绘制选区

图14-93 填充前景色

33 选择【路径】面板，单击工作路径，按【Ctrl+Enter】组合键，将路径转换为选区，选择工具栏上的【矩形选框工具】，按方向右键，将选区移动至内页背景色上，按【Ctrl+Shift+I】组合键，将选区反选，按【Delete】键删除选区图像。按【Ctrl+D】组合键，取消选区，如图14-94所示。

34 选择【图层 内页背景色】，单击菜单栏上的【编辑】/【变换】/【水平翻转】命令，如图14-95所示。

图14-94 图像效果

图14-95 水平翻转

35 选择【图层 花纹】，按【Ctrl+J】组合键，复制图层，得到【图层 花纹3】，将其移动至内页背景上如图14-96所示。单击菜单栏上的【编辑】/【自由变换】命令，或者按【Ctrl+T】组合键，将花纹调整合适大小，如图14-97所示。

图14-96 移动图像

图14-97 自由变换

36 选择【图层 花纹3】，按【Ctrl】键并单击【图层 花纹3】缩略图，提取选区，将前景色设置为白色，按【Alt+Delete】组合键，用前景色填充选区。按【Ctrl+D】组合键，取消选区，如图14-98所示。

37 选择【图层 花纹3】，按【Ctrl】家并单击【图层 内页背景色】，提取选区，按【Ctrl+Shift+I】组合键，将选区反选，按【Delete】键删除选区图像。按【Ctrl+D】组合键，取消选区，如图14-99所示。

图14-98 填充前景色

图14-99 图像效果

38 重复步骤12至步骤15，制作内页纹理。将图层【不透明度】设置为20%。效果如图14-100所示。

39 单击菜单栏上的【文件】/【打开】命令，或者按【Ctrl+O】组合键，打开素材文件【门环】，如图14-101所示。将其复制到刚刚操作的文件中，得到【图层1】，将其重命名为【门环】，如图14-102所示。

图14-100　制作内页纹理

图14-101　门环素材

图14-102　图像效果

40 单击菜单栏上的【编辑】/【自由变换】命令，或者按【Ctrl+T】组合键，将花纹调整合适大小，如图 14-103 所示。

图14-103　自由变换

41 选择【图层】面板，选择【添加图层样式】fx.按钮，选择【投影】，弹出【图层样式】对话框，设置如图 14-104 所示。效果如图 14-105 所示。

42 选择【图层 花纹副本】，按【Ctrl+J】组合键，复制图层，得到【图层 花纹副本 4】。将其移至内页上，单击菜单栏上的【编辑】/【自由变换】命令，或者按【Ctrl+T】组合键，将花纹调整合适大小，如图 14-106 所示。选择【图层】面板，将【不透明度】设置为 10%，如图 14-107 所示。

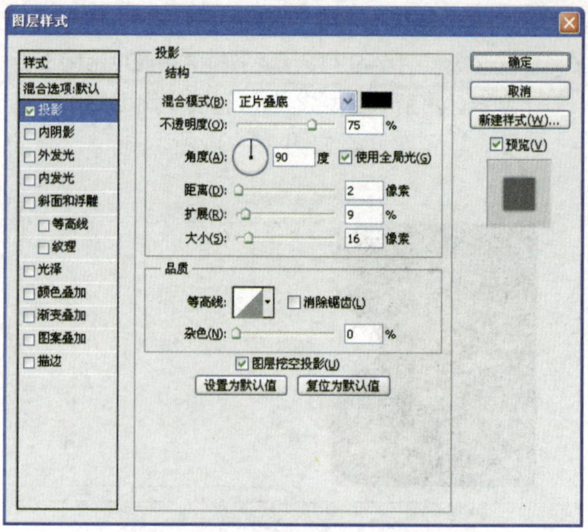

图14-104　【图层样式】对话框

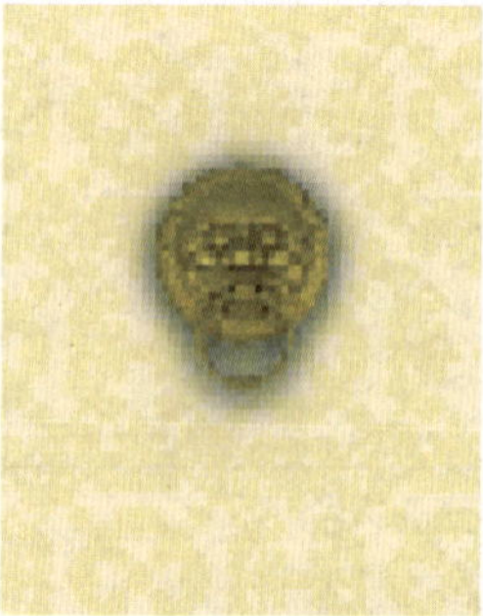
图14-105　图像效果

图14-106　自由变换

43 输入文字。选择工具栏上的【横排文字工具】T，输入文字信息，如图 14-108 所示。

图14-107　不透明度为10%

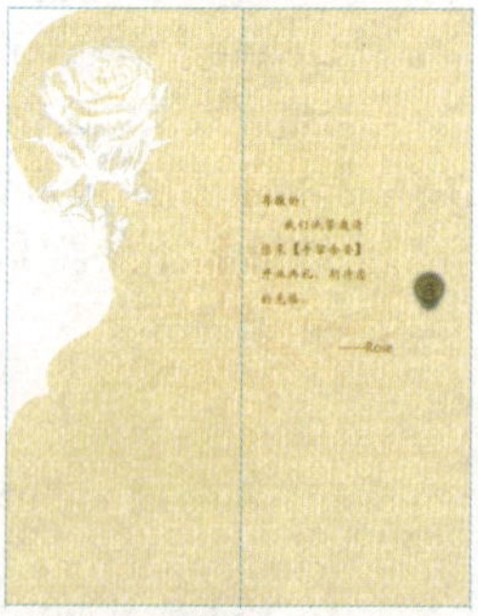
图14-108　输入文字

44 效果图制作。选择【图层】面板，只显示正面所有图层，按【Ctrl+Shift+Alt+E】盖印图层，如图 14-109 所示。只显示内页所有图层，按【Ctrl+Shift+Alt+E】盖印图层，如图 14-110 所示。

图14-109 正面

图14-110 内页

45 单击【文件】/【新建】命令，或者按【Ctrl+N】组合键，弹出【新建】对话框，设置如图14-111所示，选择【确定】完成操作。

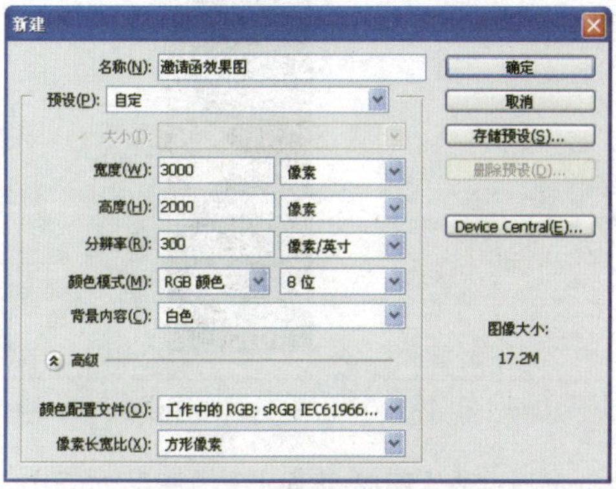

图14-111 【新建】对话框

46 选择文件【邀请函】，将邀请函的正面与内页分贝复制到新建的文件【邀请函的效果图】中。并将其分别命名为【正面】,【内页】。将图层 正面移至【图层】面板最上层，将图像正面与内页重合，如图14-112所示。

图14-112 【正面】和【内页】重合

47 选择【图层】面板，双击【图层 正面】，在弹出【图层样式】对话框中，选择【投影】和【斜面与浮雕】，设置如图14-113、图14-114所示。效果如图14-115所示。

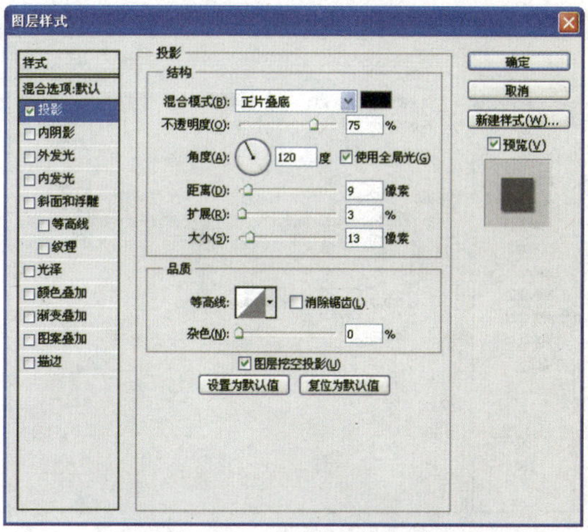

图14-113 【图层样式】对话框

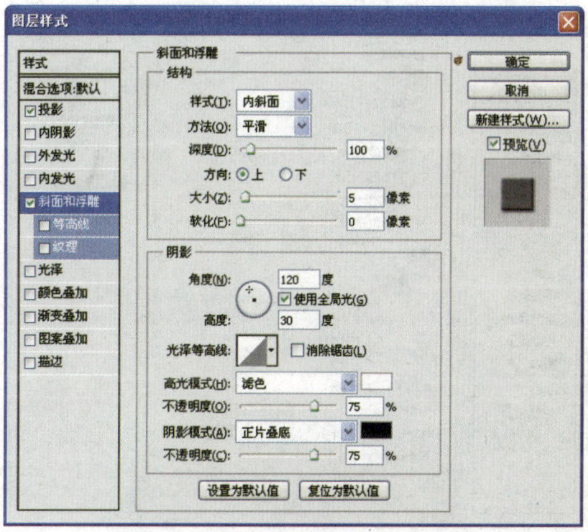

图14-114 【图层样式】对话框

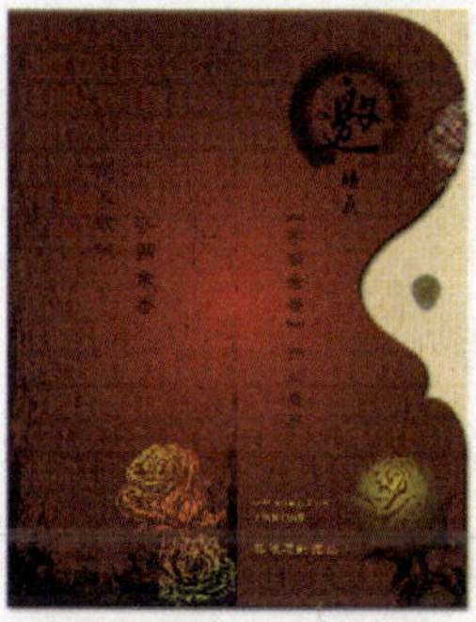
图14-115 图像效果

48 选择【图层】面板，双击【图层 内页】，在弹出【图层样式】对话框中，选择【投影】和【斜面与浮雕】，设置如图14-116、图14-117所示。效果如图14-118所示。

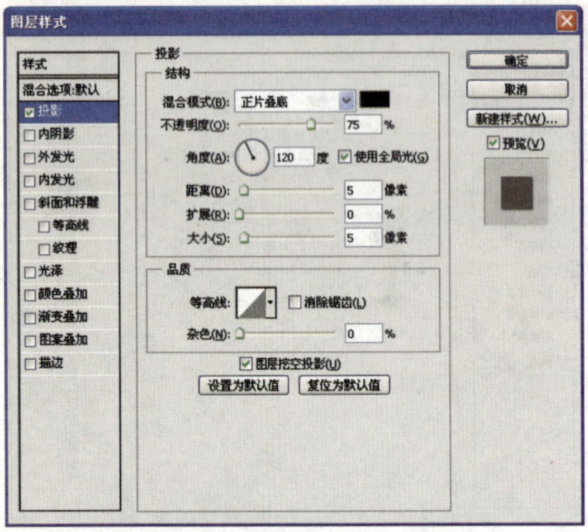

图14-116 【图层样式】对话框

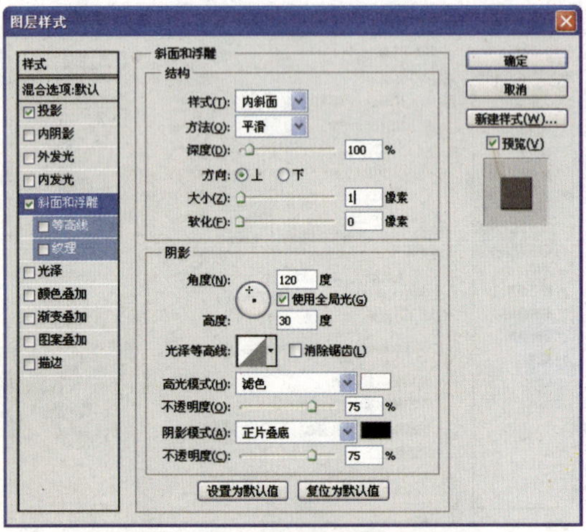

图14-117 【图层样式】对话框

图14-118 图像效果

49 选择【图层 正面】，选择工具栏上的【矩形选框工具】，绘制选区如图 14-119 所示。按【Delete】键删除选区内图像。

图14-119 绘制选区

50 保留选区，重复步骤 48，对【图层 内页】进行操作，效果如图 14-120 所示。

图14-120 删除选区内图像

51 同时选中【图层 正面】和【图层 内页】，单击菜单栏上【编辑】/【自由变换】命令，或者按【Ctrl+T】组合键，对图像进行自由变换，直至效果如图 14-121 所示。按【Enter】键完成操作。

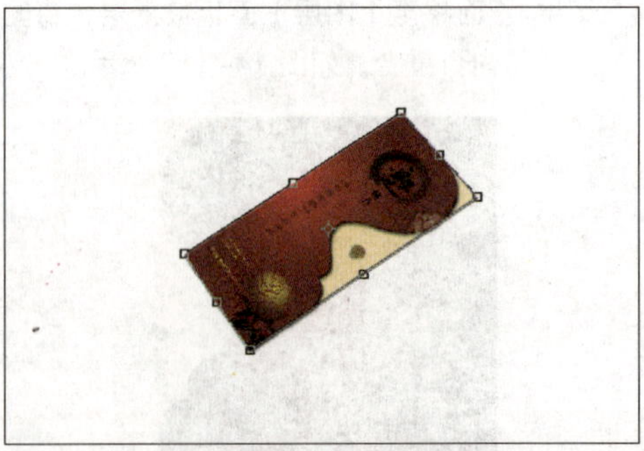

图14-121

52 选择【背景】图层，将前景色设置为【#393939】，按【Alt+Delete】组合键，填充前景色，如图 14-122 所示。单击菜单栏上的【滤镜】/【渲染】/【光照效果】命令，弹出【光照效果】对话框，设置如图 14-123 所示，效果如图 14-124 所示。

图14-122 填充前景色

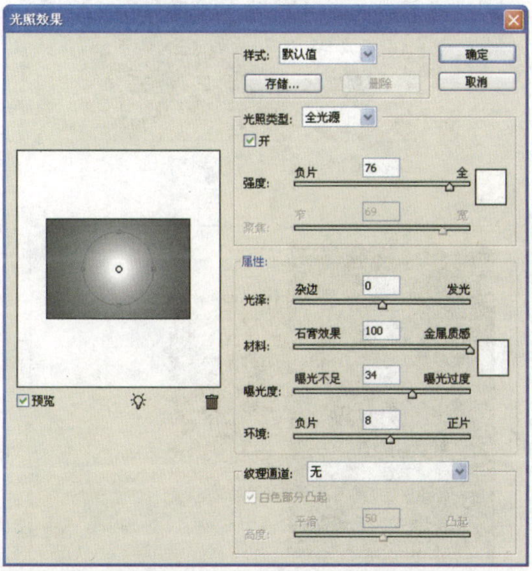

图14-123 【光照效果】的对话框

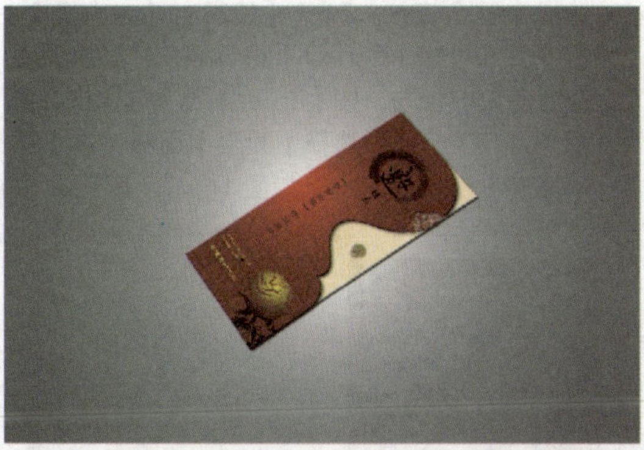

图14-124 图像效果

53 单击【图像】/【调整】/【色相/饱和度】命令，或者按【Ctrl+U】组合键，弹出【色相/饱和度】对话框，设置如图14-125所示，选择【确定】完成操作。最终效果如图14-126所示。

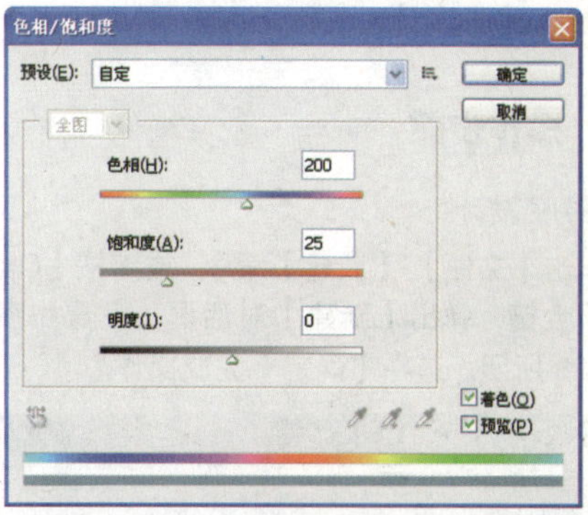

图14-125 【色相/饱和度】对话框

图14-126 最终效果

14.3 古典画册设计

平面设计师依据客户的企业文化、市场推广策略合理安排画册（印刷品）画面的三大构成关系和画面元素的视觉关系，达到企业品牌和产品广而告之的目的。画册，是企业对外宣传自身文化，产品特点的广告媒介之一，属于印刷品。

内容包括产品的外形、尺寸、材质、型号的概况等，或者是企业的发展，管理，决策，生产等一系列概况。最终效果如图14-127所示。

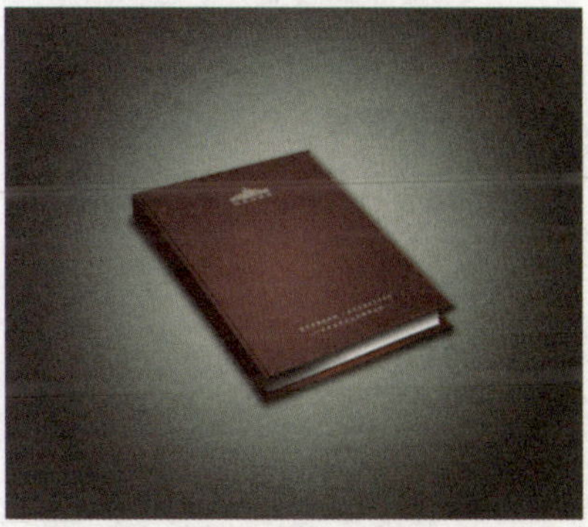

图14-127

古典画册设计

操作步骤

封底设计

1 单击【文件】/【新建】命令，或者按【Ctrl+N】组合键，弹出【新建】对话框，设置如图14-128所示，选择【确定】完成操作。

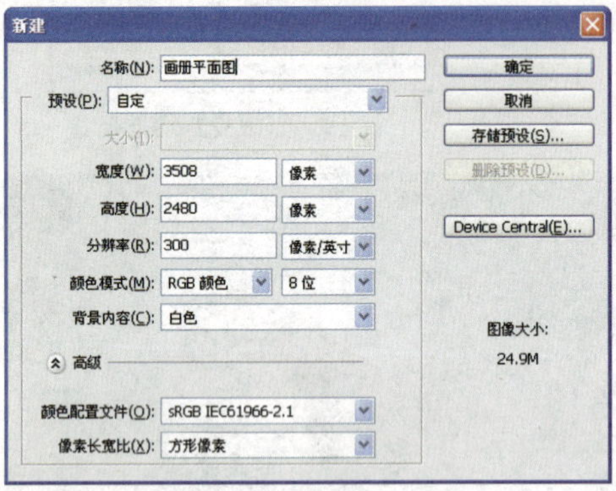

图14-128

2 选择【图层】面板，选择【新建图层】按钮，得到【图层1】，并将其命名为【封底】。选择工具栏上的【矩形选框工具】，绘制矩形选区如图14-129所示。将前景色设置为【#70232d】，按【Alt+Delete】组合键，用前景色填充选区，如图14-130所示。按【Ctrl+D】组合键，取消选区。

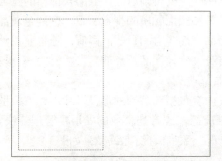

图14-129　绘制选区

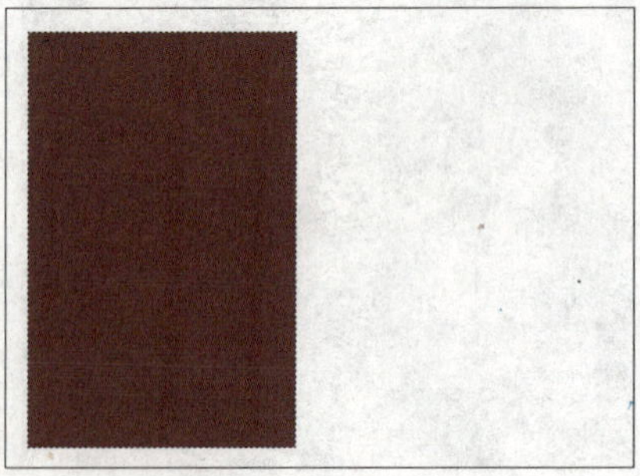

图14-130　填充前景色

3 单击【文件】/【打开】命令，或者按【Ctrl+O】组合键，打开素材文件【底纹】如图14-131所示。并将其复制到刚刚操作的文件【画册】中，得到【图层1】，并将其重命名为【底纹】，如图14-132所示。

图14-131　底纹素材

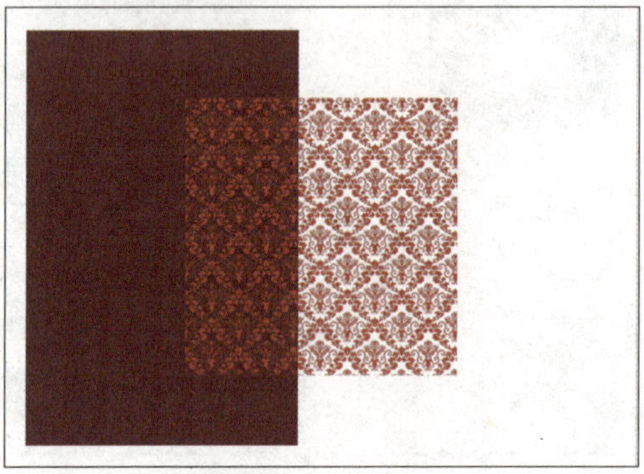

图14-132　图像效果

4 选择【图层 底纹】，单击【编辑】/【自由变换】命令，或者按【Ctrl+T】组合键，将底纹调整与封底大小相同，按【Enter】键完成操作。如图14-133所示。选择【图层】面板，将【不透明度】设置为18%，如图14-134所示。

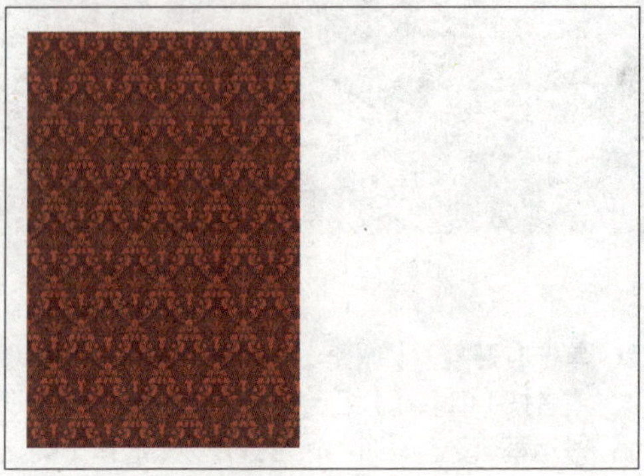

图14-133　自由变换

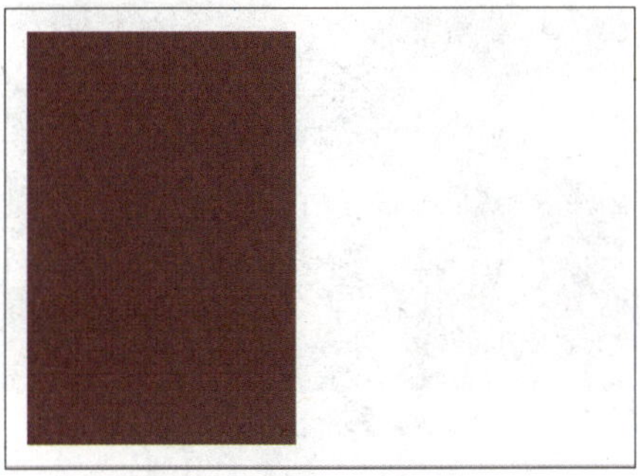
图14-134 不透明度为18%

设计封面

5 隐藏【背景】图层和【图层 底纹】。选择【图层】面板，选择【新建图层】按钮，得到【图层 1】，将其重命名为【封面】。按【Ctrl+Shift+Alt+E】组合键，将可见图层盖印到【图层 封面】中，选择工具栏上的【移动工具】，将图像移动至如图 14-135 所示位置。

图14-135 盖印并移动图像

6 选择【图层】面板，选择【新建图层】按钮，得到【图层 1】，将其重命名为【书脊】。选择工具栏上的【矩形选框工具】，在中间区域绘制矩形选区，将前景色设置为【# 440c16】，按【Alt+Delete】组合键，用前景色填充选区，按【Ctrl+D】组合键，取消选区，如图 14-136 所示。

图14-136 绘制并填充选区

7 单击【文件】/【打开】命令，或者按【Ctrl+O】组合键，打开素材文件【Logo】如图 14-137 所示。将其复制到刚刚操作的文件中，得到【图层 1】，将其命名为【Logo】。单击【编辑】/【自由变换】命令，或者按【Ctrl+T】组合键，将其调整合适大小，如图 14-138 所示。

图14-137 Logo素材文件

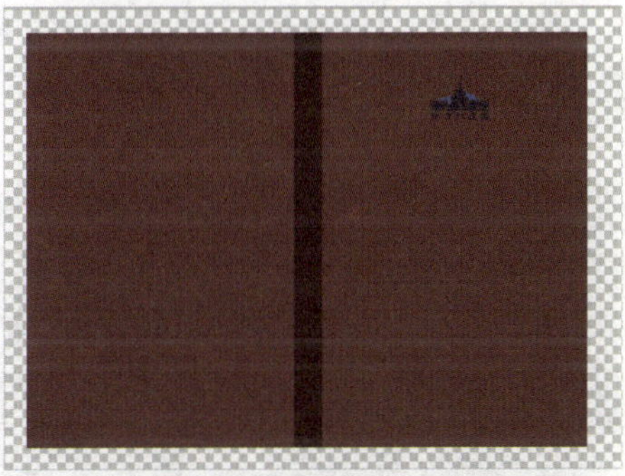
图14-138 自由变换

8 选择【图层 Logo】，单击菜单栏上的【图像】/【调整】/【反相】命令，或者按【Ctrl+I】组合键，效果如图 14-139 所示。

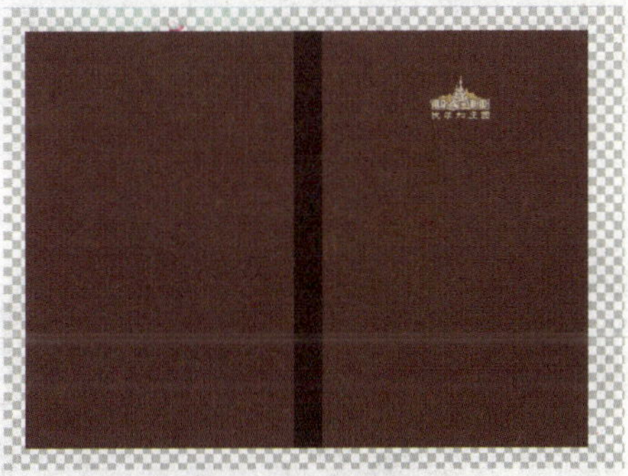
图14-139 图像反相

9 将【前景色】设置为【# efe5ca】，选择工具栏上的【横排文字工具】T，属性工具栏设置如图 14-140 所示，输入文字如图 14-141 所示。

图14-140 【文字工具】属性工具栏

图14-141 输入文字

10 选择【图层】面板，选择【新建图层】按钮，得到【图层 1】，将其命名为【圆点】，选择工具栏上的【椭圆选择工具】，在两句话之间绘制大小合适的圆形选区，按【Alt+Delete】组合键，用前景色填充选区，如图 14-142 所示。按【Ctrl+D】组合键，取消选区。

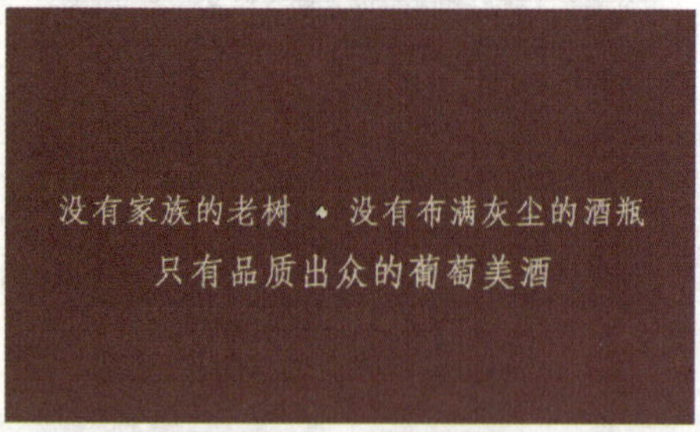

图14-142 绘制圆点

11 选择【图层】面板，选择【新建图层】按钮，得到【图层 1】，将其命名为【横线】。选择工具栏上的【钢笔工具】，绘制路径如图 14-143 所示。按【Ctrl+Enter】组合键，将路径转换为选区，按【Alt+Delete】组合键，用前景色填充选区，如图 14-144 所示。

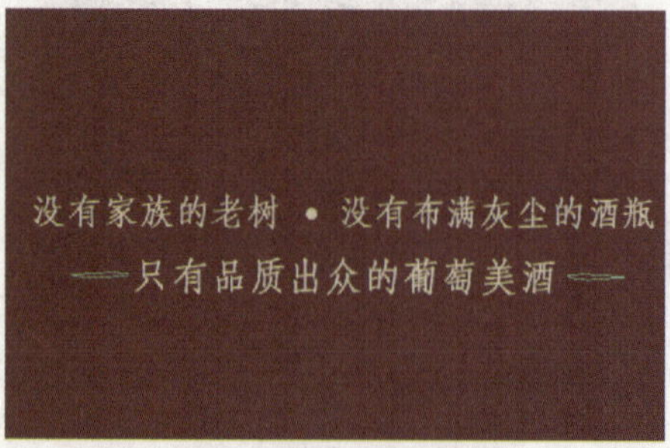

图14-143 绘制路径

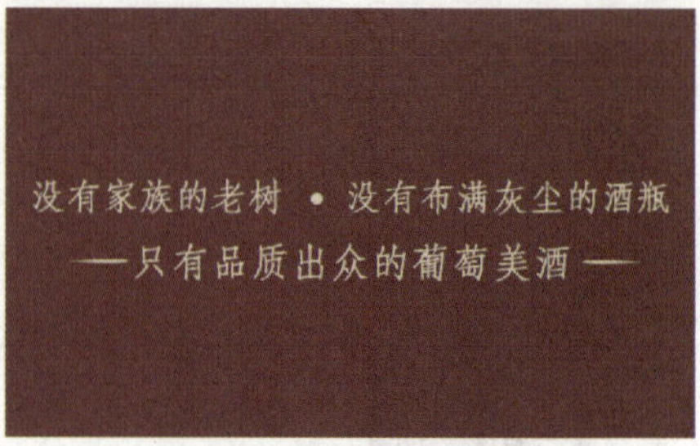

图14-144 填充前景色

12 重复步骤 5 至步骤 6，在封底上输入文字，如图 14-145 所示。

图14-145 输入文字

13 选择【图层】面板，选择【新建图层】按钮，得到【图层 1】，将其命名为【画册】。隐藏【图层 封底】和【图层 书脊】及封底的文字图层，按【Ctrl+Shift+Alt+E】组合键，盖印可见图层到【图层 画册】中，如图 14-146 所示。

图14-146 盖印可见图层

立体画册制作

14 单击菜单栏上的【文件】/【新建】命令，或者按【Ctrl+N】组合键，弹出【新建】对话框，设置如图 14-147 所示，选择【确定】完成操作。将文件【画册平面图】中的【图层 画册】复制到新建文件【画册效果图】中，得到【图层 1】，如图 14-148 所示。

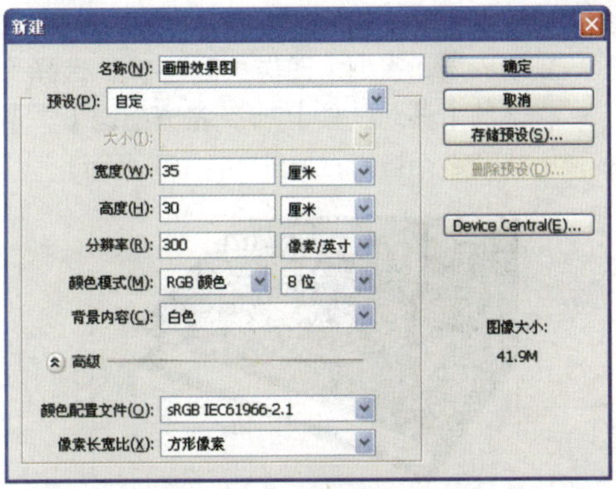

图14-147 【新建】对话框

图14-148 图像效果

15 选择【图层 1】。单击菜单栏上的【编辑】/【自由变换】命令，或者按【Ctrl+T】组合键，然后将其旋转至如图 14-149 所示效果。按【Enter】键完成操作。

图14-149 自由变换

16 将文件【画册平面图】中的【图层 书脊】复制到新建文件【画册效果图】中，得到【图层 2】，如图 14-150 所示。单击菜单栏上的【编辑】/【自由变换】命令，或者按【Ctrl+T】组合键，然后将其旋转至如图 14-151 所示效果。按【Enter】键完成操作。

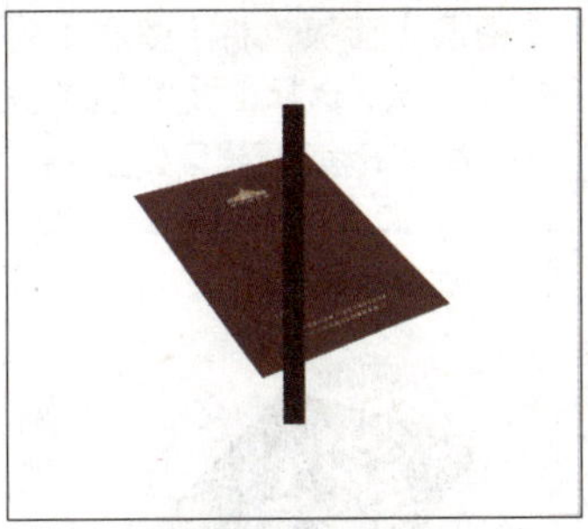

图14-150 粘贴图像

图14-151 自由变换

17 选择【图层 1】，按【Ctrl+J】组合键，复制图层，得到【图层 1 副本】。选择【图层 1 副本】，单击【图像】/【调整】/【色阶】命令，或者按【Ctrl+L】组合键，弹出【色阶】对话框，设置如图 14-152 所示，选择【确定】完成操作，效果如图 14-153 所示。

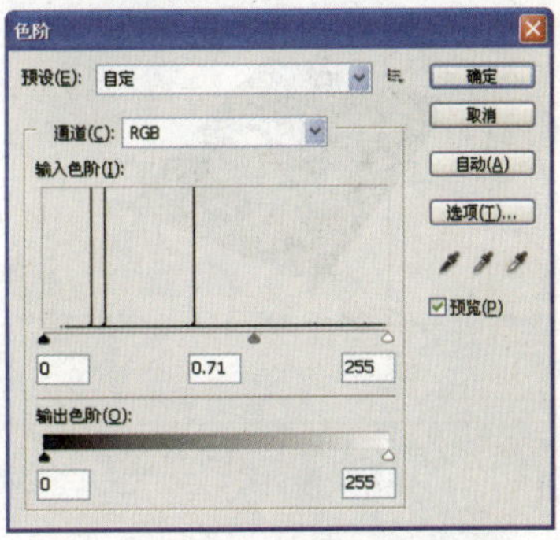

图14-152 【色阶】对话框

图14-153 完成效果

18 选择【图层】面板，将【图层 1 副本】移至【图层 1】下层，选择工具栏上的【移动工具】，将图像向下移动，效果如图 14-154 所示。

图14-154 完成效果

19 选择【图层 1 副本】，按【Ctrl+J】组合键，复制图层，得到【图层 1 副本 2】，按【Ctrl】键并单击【图层 1 副本 2】缩略图，提取选区，将前景色设置为白色，按【Alt+Delete】组合键，用前景色填充选区，如图 14-155 所示。按【Ctrl+D】组合键，取消选区。单击菜单栏上的【编辑】/【自由变换】命令，或者按【Ctrl+T】组合键，将图像缩小。按【Enter】键完成操作，如图 14-156 所示

图14-155 填充选区

图14-156 变换选区

20 选择【图层 1 副本 2】，按【Ctrl+J】组合键，复制图层，得到【图层 1 副本 3】，选择工具栏上的【移动工具】，按方向键【↑】向上移动 2 个像素，如图 14-157 所示。

图14-157 移动图像

21 重复步骤 7，如图 14-158 所示。

图14-158 重复操作

22 选择所有制作内页的图层，按【Ctrl+E】组合键，将其合并图层，并命名为【内页】。

23 选择【背景】图层，选择工具栏上的【渐变工具】，属性工具栏设置如图 14-159 所示，选择【确定】完成操作。绘制径向渐变，效果如图 14-160 所示。

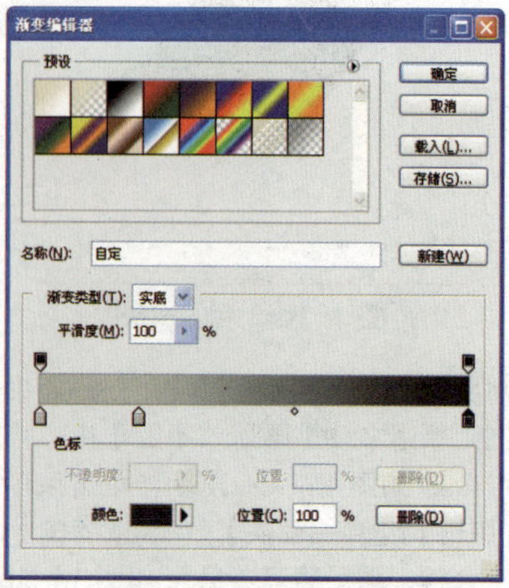

图14-159 渐变设置

图14-160 完成效果

24 选择【背景】图层，单击菜单栏上的【滤镜】/【杂色】/【添加杂色】命令，弹出【添加杂色】对话框，设置如图14-161所示，选择【确定】完成操作，效果如图14-162所示。

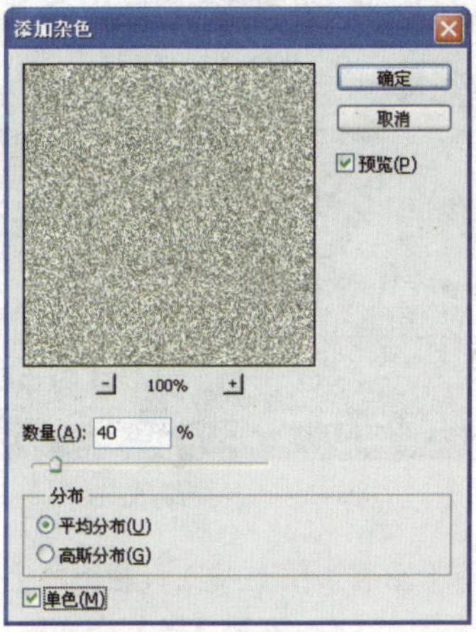

图14-161【添加杂色】对话框

图14-162 完成效果

25 选择【图层1】，单击菜单栏上的【滤镜】/【渲染】/【光照效果】命令，弹出【光照效果】对话框，设置如图14-163所示，选择【确定】完成操作。效果如图14-164所示。

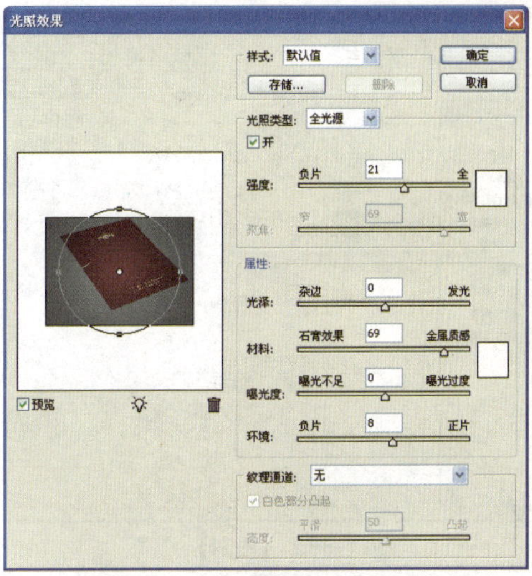

图14-163 【光照效果】对话框

图14-164 完成效果

26 双击【图层1】的缩略图，弹出【图层样式】对话框，分别设置【浮雕与斜面】,【投影】,如图14-165、图14-166所示，选择【确定】完成操作。效果如图14-167所示。

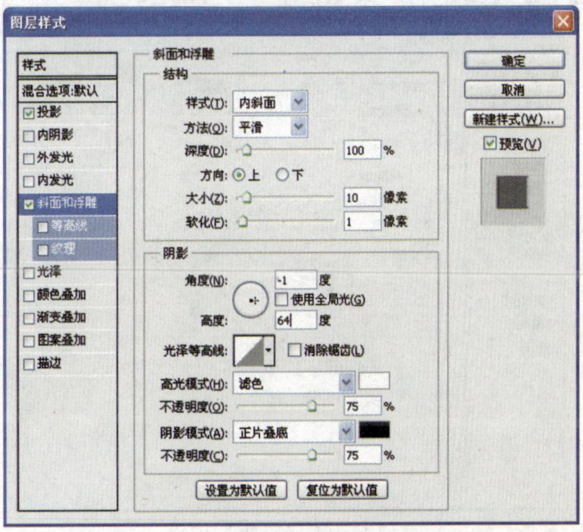

图14-165 【浮雕与斜面】设置

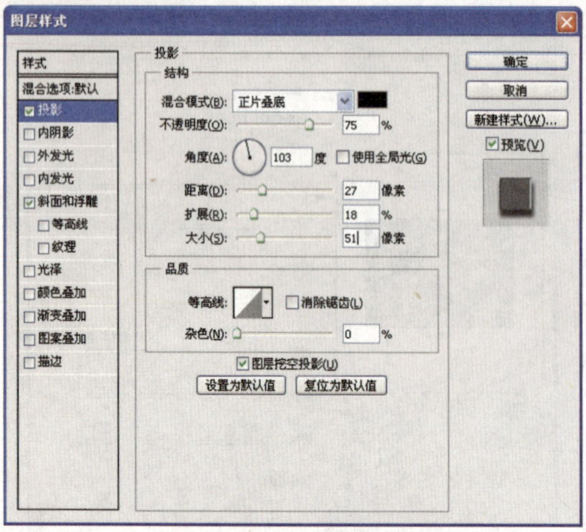

图14-166 【投影】设置

图14-167 完成效果

27 双击【图层1副本】的缩略图，弹出【图层样式】对话框，分别设置【浮雕与斜面】,【投影】,如图14-168、图14-169所示，选择【确定】完成操作。效果如图14-170所示。

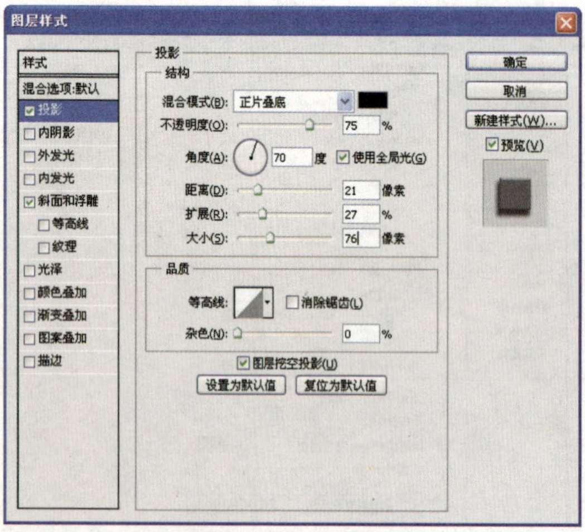

图14-168 【投影】设置

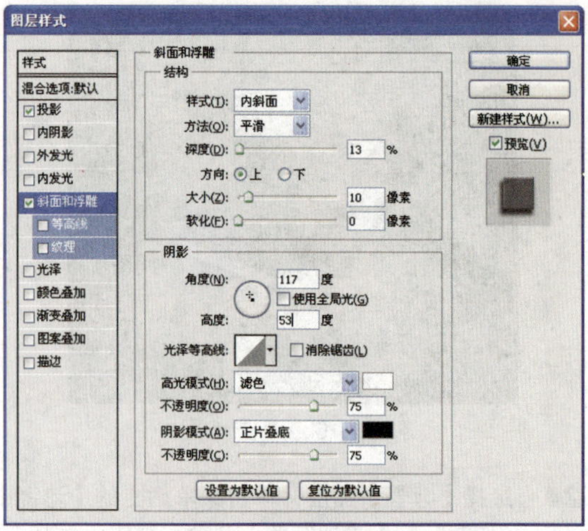

图14-169 【浮雕与斜面】设置

图14-170 完成效果

28 选择【图层1】，选择工具栏上的【多边形套索工具】，绘制选区如图14-171所示。单击【图像】/【调整】/【色阶】命令，或者按【Ctrl+L】组合键，弹出【色阶】对话框，设置如图14-172所示，选择【确定】完成操作。按【Ctrl+D】组合键，取消选区，效果如图14-173所示。

图14-171 绘制选区

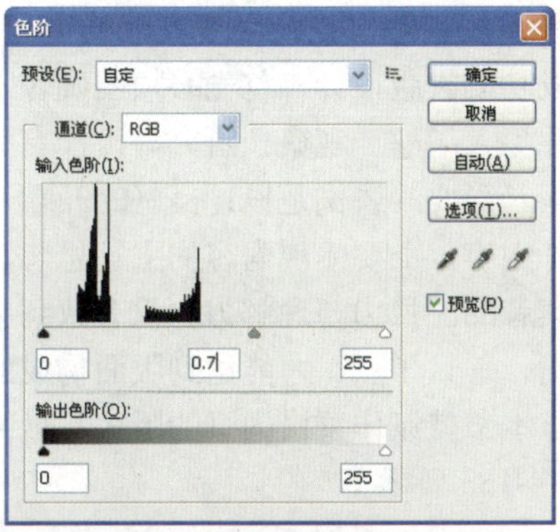

图14-172 【色阶】对话框

图14-173 完成效果

29 选择【图层 1】，选择工具栏上的【橡皮工具】，在阴影处擦出一个凹槽，如图 14-174 所示。

图14-174 擦出凹槽

30 选择【图层 内页】，选择工具栏上的【加深工具】，属性工具栏设置如图 14-175 所示，在内页左下部分细细涂抹，效果如图 14-176 所示。

图14-175 加深属性设置

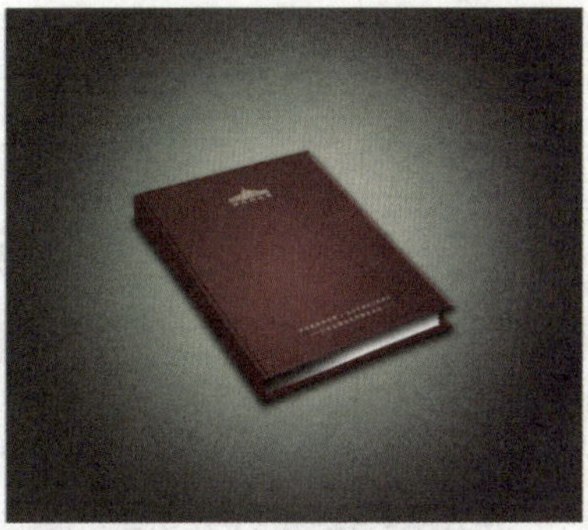

图14-176 完成效果

31 双击【图层 内页】的缩略图，弹出【图层样式】对话框，设置【投影】样式如图 14-177 所示，选择【确定】完成操作。效果如图 14-178 所示。

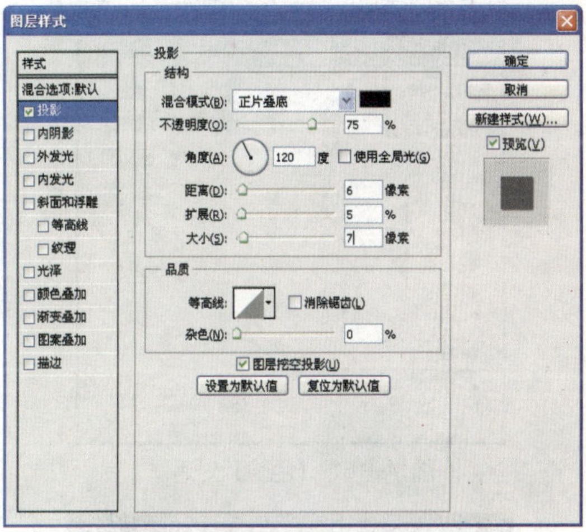

图14-177 【投影】设置

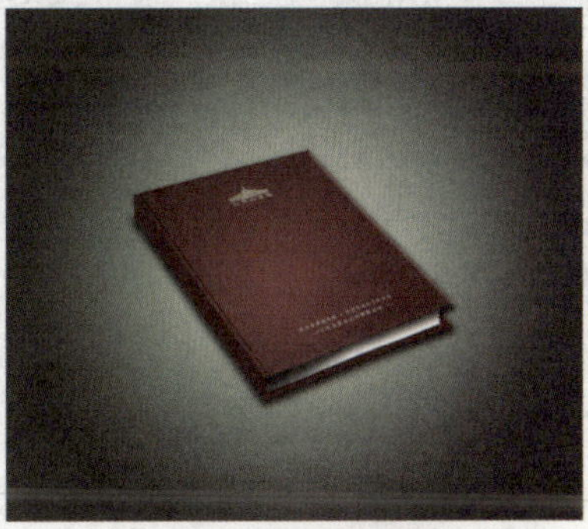

图14-178 完成效果

32 选择【图层 1 副本】，选择工具栏上的【减淡工具】，属性工具栏设置如图 14-179 所示，在中下部细细涂抹，如图 14-180 所示。

图14-179 减淡属性设置

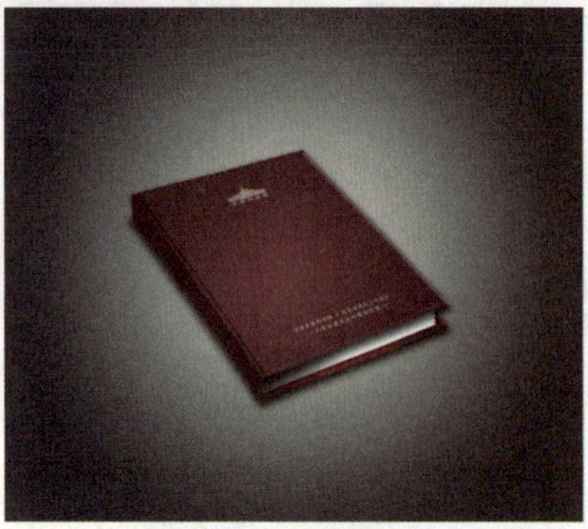

图14-180　完成效果

33 选择【图层2】，单击【图像】/【调整】/【色阶】命令，或者按【Ctrl+L】组合键，弹出【色阶】对话框，设置如图14-181所示，选择【确定】完成操作。最终效果如图14-182所示。

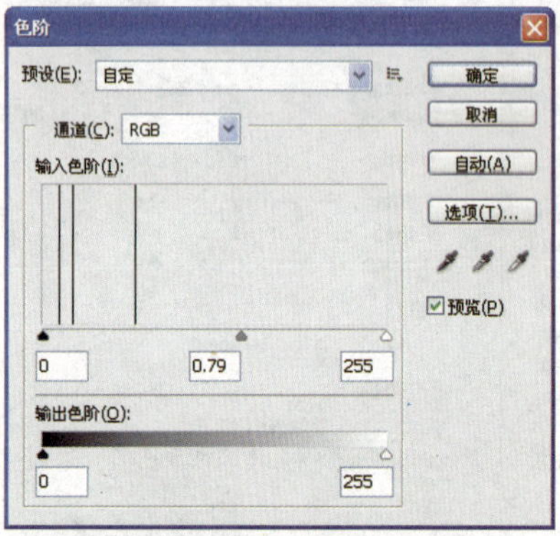

图14-181　【色阶】对话框

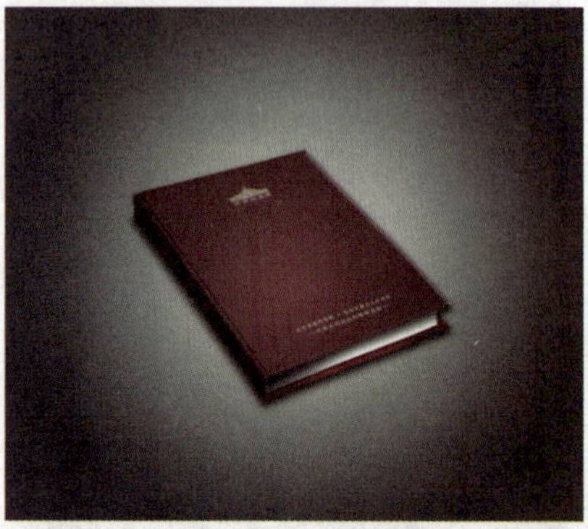

图14-182　完成效果

14.4　菜谱内页设计

排版设计本身并不是目的，设计是为了更好地传播客户信息的手段。设计师容易自我陶醉于个人风格以及与主题不相符的字体和图形中，这往往是造成设计平庸失败的主要原因。一个成功的排版设计，首先必须明确客户的目的，并深入了解、观察、研究与设计有关的方方面面，简要的咨询是设计良好的开端。版面离不开内容，更要体现内容的主题思想，用以增强读者的注目力与理解力。只有做到主题鲜明突出，一目了然，才能达到版面构成的最终目标。本节就制作菜谱内页的版式，最终效果如图14-183所示。

图14-183　最终效果

菜谱内页设计

操作步骤

菜谱内页设计

1 单击菜单栏上的【文件】/【新建】命令，或者按【Ctrl+N】组合键，弹出【新建】对话框，设置如图14-184所示，选择【确定】完成操作。

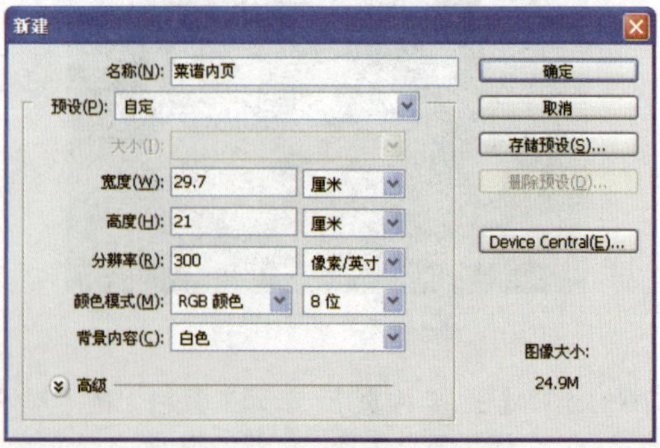

图14-184　【新建】对话框

2 单击菜单栏上的【视图】/【新建参考线】命令5次，弹出【新建参考线】对话框中分别设置如图14-185所示，选择【确定】完成操作。参考线如图14-186所示。

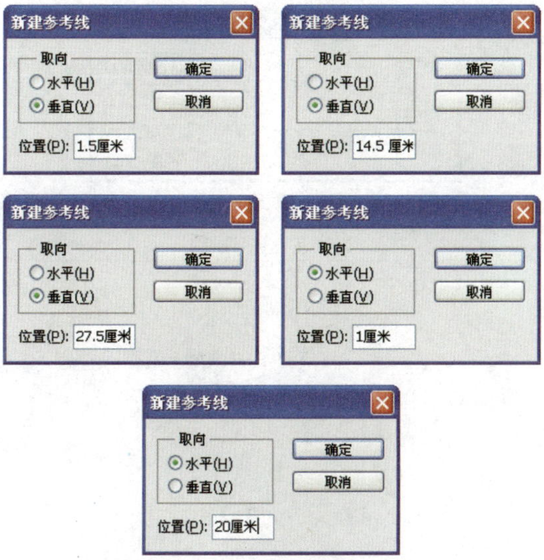

图14-185 【新建参考线】对话框

图14-186 图像效果

3 选择【图层】面板，选择【新建图层】按钮，得到【图层 1】，将其重命名为【底色】。选择工具栏上的【矩形选框工具】，绘制选区如图 14-187 所示，然后将【前景色】设置为【# fcf7ec】，按【Alt+Delete】组合键，用前景色填充选区，如图 14-188 所示。按【Ctrl+D】组合键，取消选区。

图14-187 绘制选区

图14-188 填充前景色

4 单击菜单栏上的【文件】/【打开】命令，或者按【Ctrl+O】组合键，打开文件【布丁】如图 14-189 所示。将其复制刚刚操作的文件中，得到【图层 1】，将其命名为【布丁】。单击菜单栏上的【编辑】/【自由变换】命令，或者按【Ctrl+T】组合键，将其调整合适大小及位置，按【Enter】键完成操作，如图 14-190 所示。

图14-189 【布丁】素材

图14-190 自由变换

5 选择【图层 布丁】，选择工具栏上的【橡皮工具】，将布丁边缘擦除，效果如图 14-191 所示。

图14-191　擦除边缘

6 选择【图层 布丁】，单击【图像】/【调整】/【色阶】命令，或者按【Ctrl+L】组合键，弹出【色阶】对话框，设置如图 14-192 所示，效果如图 14-193 所示。

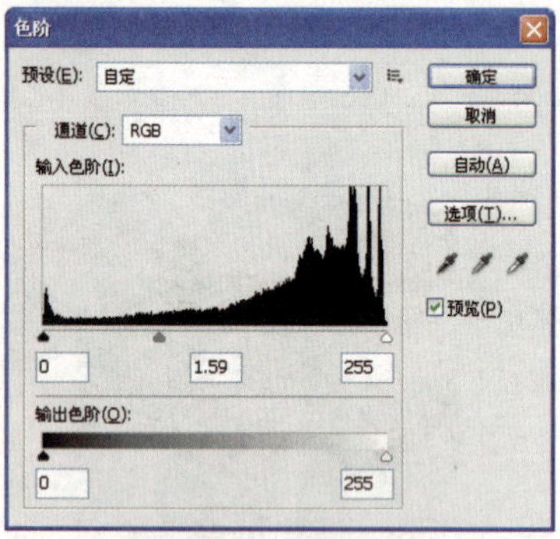

图14-192　【色阶】对话框

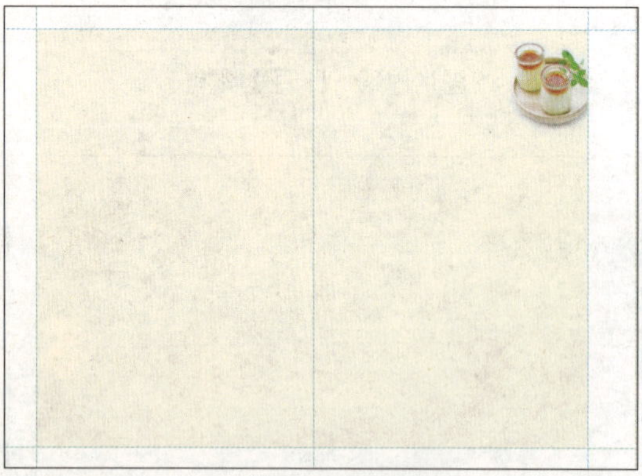

图14-193　图像效果

7 选择【图层 布丁】，单击【图像】/【调整】/【亮度/对比度】命令，弹出【亮度/对比度】对话框，设置如图 14-194 所示，效果如图 14-195 所示。

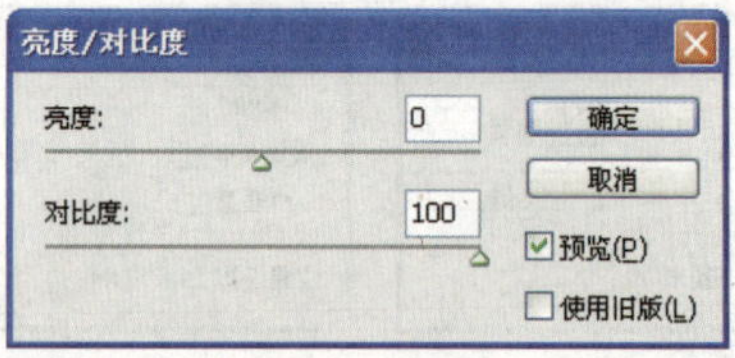

图14-194　【亮度/对比度】对话框

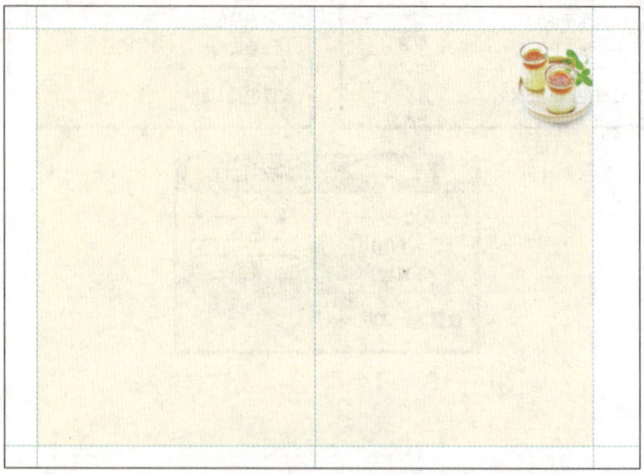

图14-195　图像效果

8 将【前景色】设置为【#643c1d】，选择工具栏上的【横排文字工具】，属性工具栏设置如图 14-196 所示，输入文字如图 14-197 所示。单击菜单栏上的【图层】/【栅格化】/【文字】命令。

图14-196　【横排文字工具】对话框

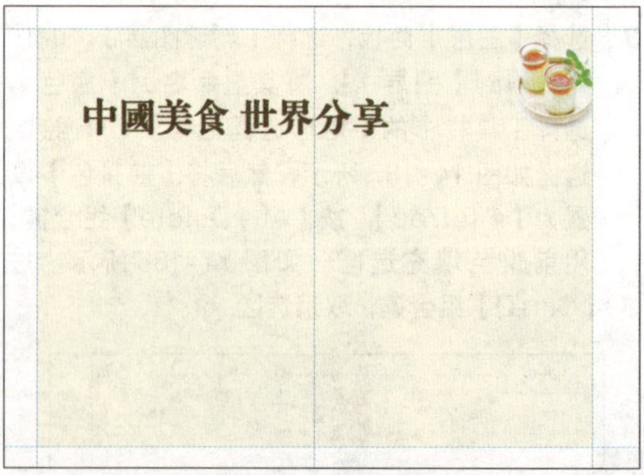

图14-197　输入文字

9 选择工具栏上的【矩形选框工具】，将【国】字勾选出来，如图 14-198 所示，然后选择工具栏上的【移动工具】，将其移至【中】字的右下方，单击【编辑】/【自由变换】命令，或者按【Ctrl+T】组合键，按【Shift】键将其等比例缩小如图 14-199 所示。

图14-198　绘制选区

图14-199　自由变换

10　重复步骤 8 的方法，将其他文字排列效果如图 14-200 所示。

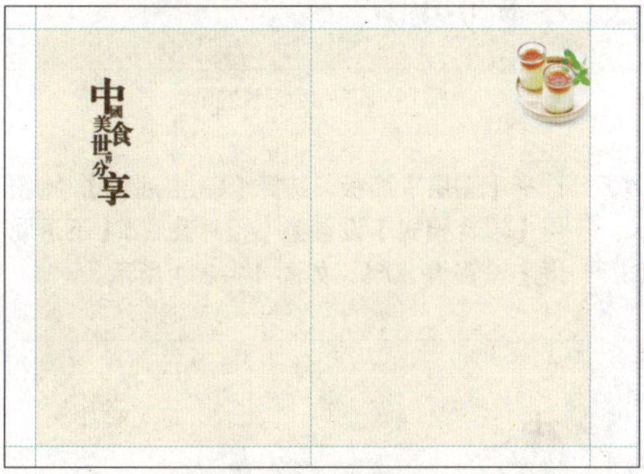

图14-200　排列文字

11　选择【图层】面板，选择【新建图层】按钮，得到【图层 1】，将其命名为【竖条】，选择工具栏上的【矩形选框工具】，绘制一个矩形选区如图 14-201 所示。将前景色设置为【# 643c1d】，按【Alt+Delete】组合键，用前景色填充选区，如图 14-202 所示。按【Ctrl+D】组合键，取消选区。

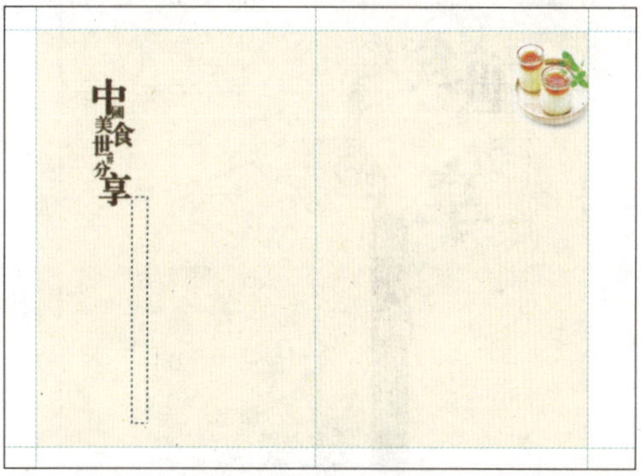

图14-201　绘制选区

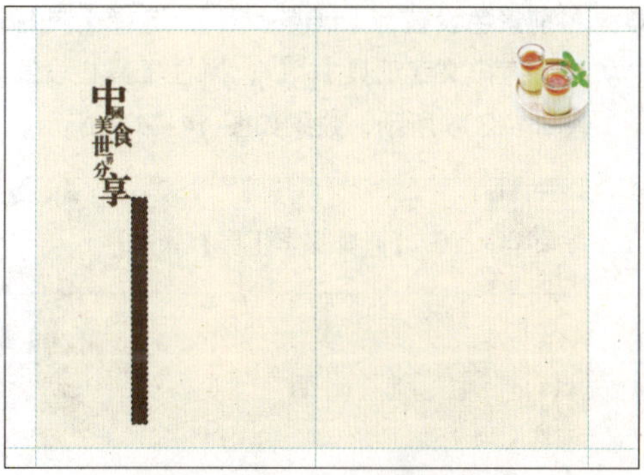

图14-202　填充前景色

12　选择【图层】面板，选择【新建图层】按钮，得到【图层 1】，将其命名为【花纹】。选择工具栏上的【钢笔工具】，绘制路径如图 14-203 所示。按【Ctrl+Enter】组合键，将路径转换为选区，将前景色设置为【# b34d1b】，按【Alt+Delete】组合键，用前景色填充选区，如图 14-204 所示。

图14-203　绘制路径

图14-204　填充前景色

13　选择【图层 花纹】，按【Ctrl+J】组合键，复制图层，得到【图层 花纹副本】。单击菜单栏上的【编辑】/【变换】/【水平翻转】命令，单击菜单栏上的【编辑】/【变换】/【垂直翻转】命令，将图像移至如图 14-205 所示效果。

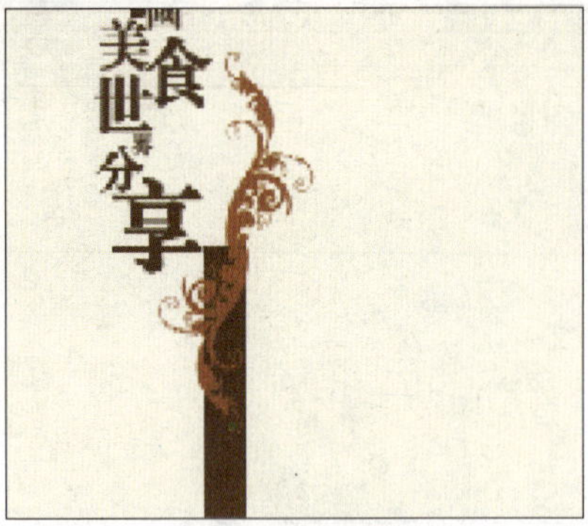

图14-205 自由变换

14 将前景色设置为【#643c1d】，选择工具栏上的【直排文字工具】T，属性工具栏设置如图 14-206 所示，效果如图 14-207 所示。

图14-206 【直排文字工具】属性栏

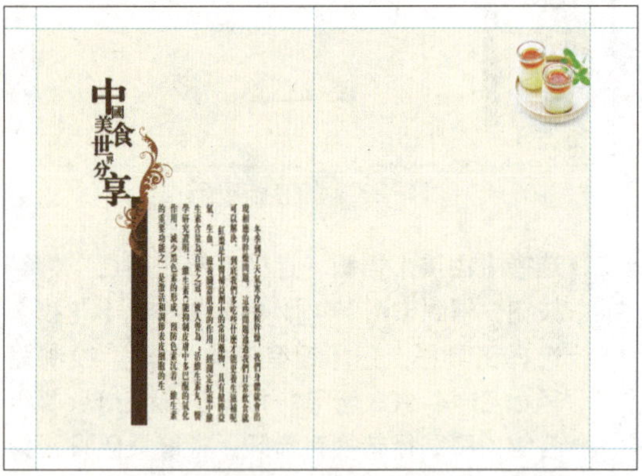

图14-207 输入文字

15 单击菜单栏上的【文件】/【打开】命令，或者按【Ctrl+O】组合键，打开文件【纹理】如图 14-208 所示。将其复制刚刚操作的文件中，得到【图层 1】，将其命名为【底纹】。如图 14-209 所示。

图14-208 【纹理】素材

图14-209 图像效果

16 选择【图层 底纹】，单击【编辑】/【自由变换】命令，或者按【Ctrl+T】组合键，同时按【Shift】键，将图像等比例缩小。按【Enter】键完成操作。如图 14 -210 所示。

图14-210 自由变换

17 选择【图层】面板，选择【图层 底纹】，将图层【混合模式】设置为【正片叠底】，【不透明度】设置为 30%，如图 14-211 所示。

图14-211 【正片叠底】混合模式

18 选择【图层 底纹】，选择工具栏上的【矩形选框工具】，绘制选区，如图 14-212 所示。单击的菜单栏上的【选择】/【反向】命令，或者按【Ctrl+Shift+I】组合键，如图 14-213 所示。按【Delete】键删除选区内图像，如图 14-214 所示。

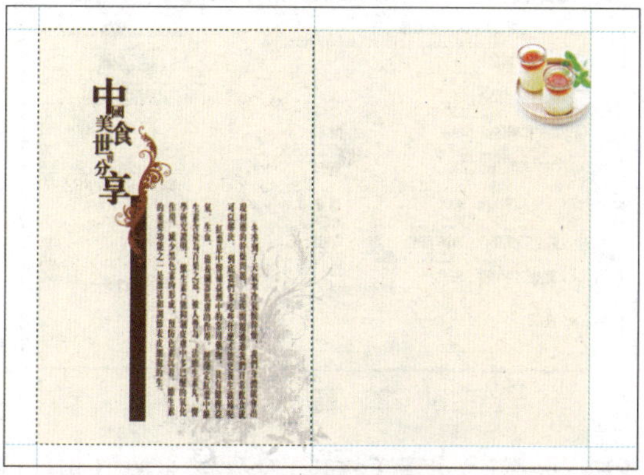

图14-212 绘制选区

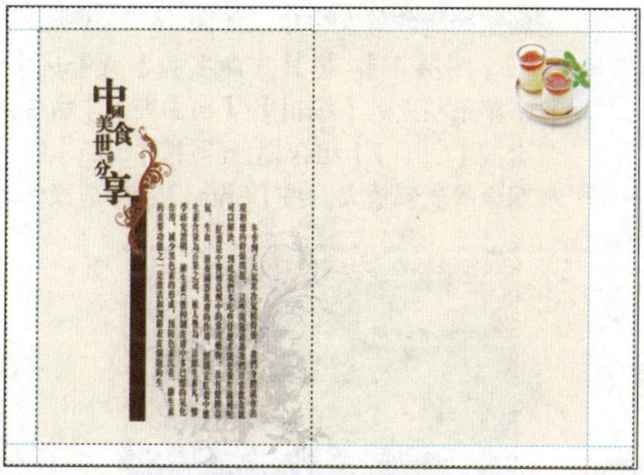

图14-213 反向选区

图14-214 删除选区内图像

19 选择工具栏上的【横排文字工具】，属性工具栏设置如图 14-215 所示，输入文字如图 14-216 所示。

图14-215 【横排文字工具】属性栏

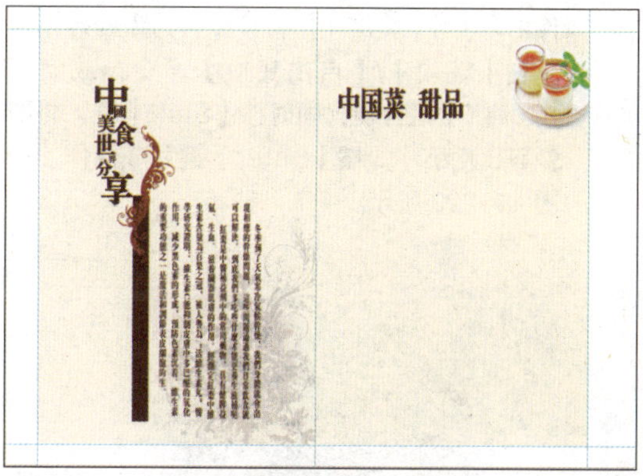

图14-216 输入文字

20 重复步骤 8 至步骤 9 的方法排列文字，效果如图 14-217 所示。

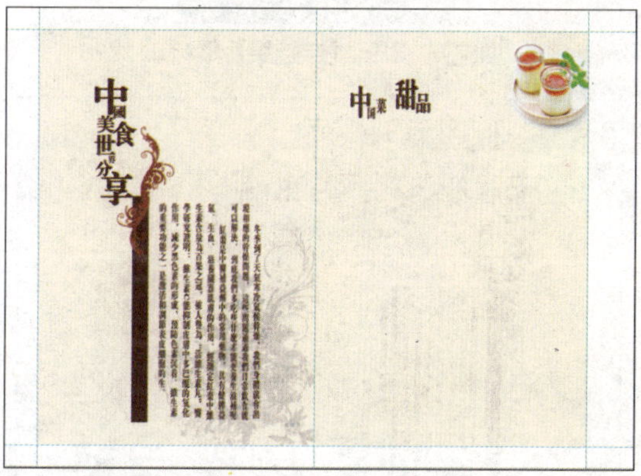

图14-217 排列文字

21 重复步骤 18，输入其他的文字信息，如图 14-218 所示。

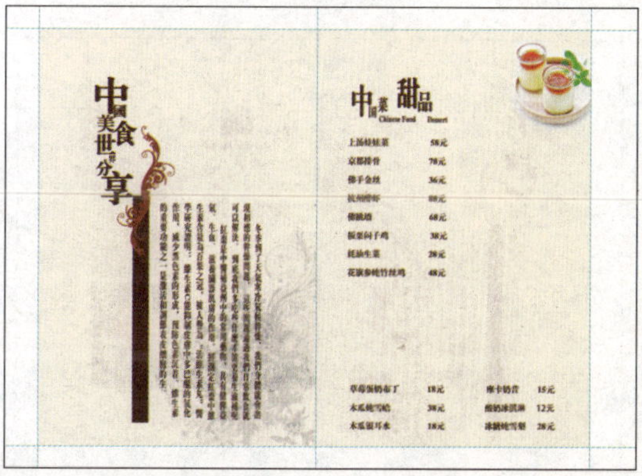

图14-218 输入文字

22 单击菜单栏上的【文件】/【打开】命令，或者按【Ctrl+O】组合键，打开文件【娃娃菜】，如图 14-219 所示。将其复制刚刚操作的文件中，得到【图层 1】，将其命名为【娃娃菜】。单击【编辑】/【自由变换】命令，或者按【Ctrl+T】组合键，同时按【Shift】键，将图像等比例缩小。按【Enter】键完成操作，如图 14-220 所示。

图14-219 【娃娃菜】素材

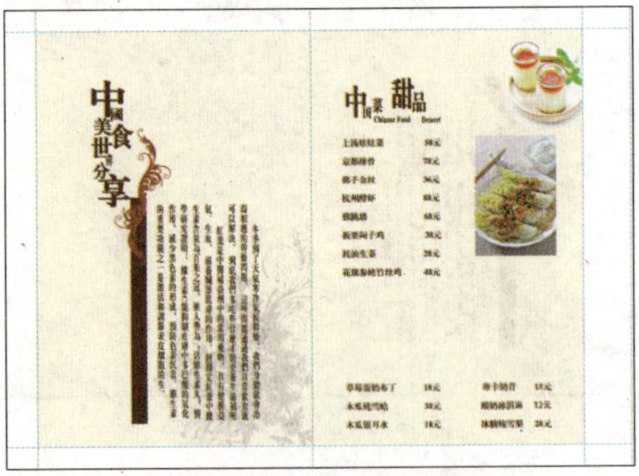

图14-220 自由变换

23 重复步骤 21，添加菜品图片，效果如图 14-221 所示。

图14-221 图像效果

菜谱展开效果设计

24 单击菜单栏上的【文件】/【新建】命令，或者按【Ctrl+N】组合键，弹出【新建】对话框，设置如图 14-222 所示，选择【确定】完成操作。

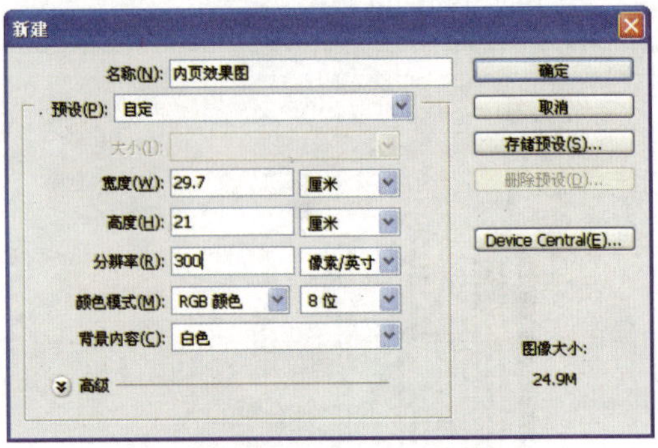

图14-222 【新建】对话框

25 单击【文件】/【打开】命令，或者按【Ctrl+O】组合键，打开素材文件【背景图】，将其复制到刚刚操作的文件中，如图 14-223 所示。得到【图层 1】，将其重命名为【背景层】。单击菜单栏上的【编辑】/【自由变换】命令，或者按【Ctrl+T】组合键，同时按【Shift】键，将图像等比例放大。按【Enter】键完成操作。

图14-223 【背景】素材

26 返回文件【菜谱内页】，隐藏【背景】图层，按【Ctrl+Shift+E】组合键盖印可见图层，得到【图层 1】。将其复制到文件【内页效果图】中，得到【图层 2】。如图 14-224 所示。单击菜单栏上的【编辑】/【自由变换】命令，或者按【Ctrl+T】组合键，同时按【Shift】键，将图像等比例放大。按【Enter】键完成操作，如图 14-225 所示。

27 选择【图层 2】，双击【图层 2】缩略图，弹出【图层样式】对话框，单击【投影】命令，设置如图 14-226 所示，效果如图 14-227 所示。

图14-224　图像效果

图14-225　自由变换

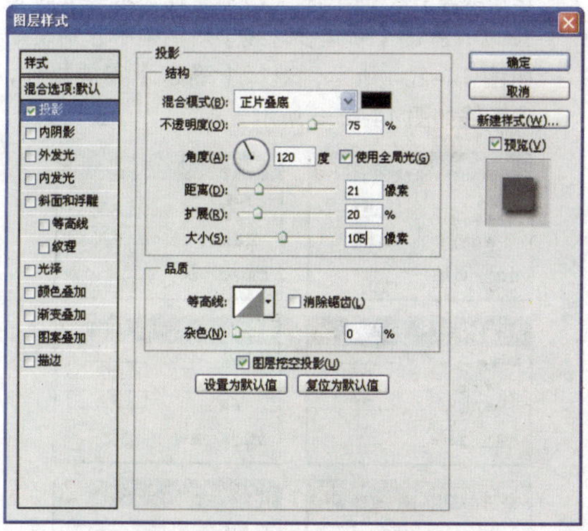

图14-226　【图层样式】对话框

图14-227　图像效果

制作阴影

28 选择【图层】面板，选择【新建图层】按钮，得到【图层3】。选择工具栏上的【矩形选框工具】，绘制矩形选区如图14-228所示。

图14-228　绘制选区

29 选择【图层3】，选择工具栏上的【渐变工具】，属性工具栏设置如图14-229所示，绘制线性渐变如图14-230所示。按【Ctrl+D】组合键，取消选区。

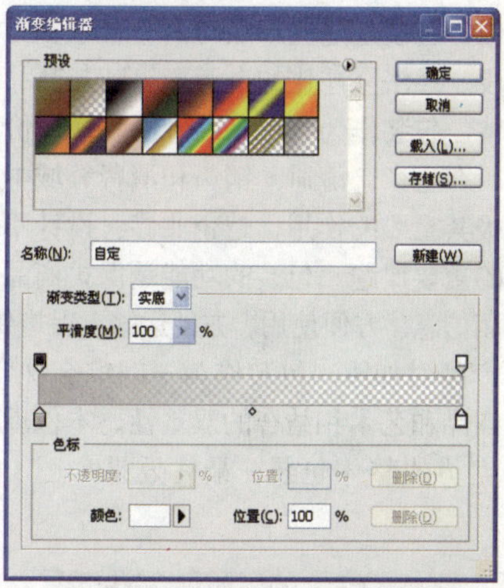

图14-229　【渐变编辑器】对话框

图14-230　绘制线性渐变

30 选择【图层】面板，将图层【混合模式】设置为【正片叠底】，最终效果如图 14-231 所示。

图14-231 最终效果

14.5 巧克力包装设计

包装是品牌理念、产品特性、消费心理的综合反映，它直接影响到消费者的购买欲。我们深信，包装是建立产品与消费者亲和力的有力手段。经济全球化的今天，包装与商品已融为一体。包装作为实现商品价值和使用价值的手段，在生产、流通、销售和消费领域中，发挥着极其重要的作用，是企业界、设计不得不关注的重要课题。包装的功能是保护商品、传达商品信息、方便使用、方便运输、促进销售、提高产品附加值。包装作为一门综合性学科，具有商品和艺术相结合的双重性。本例就将制作巧克力的整体包装，最终效果如图 14-232 所示。

图14-232 最终效果

巧克力包装设计

操作步骤

外包装盒平面图设计

1 外包装盒平面图设计。单击菜单栏上的【文件】/【新建】命令，或者按【Ctrl+N】组合键，弹出【新建】对话框，设置如图 14-233 所示，选择【确定】完成操作。

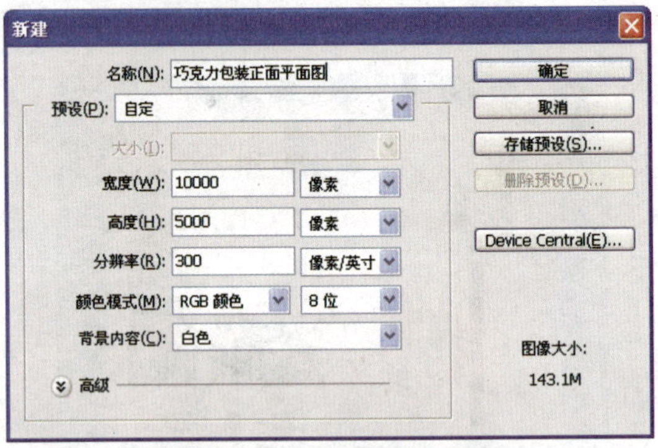

图14-233 【新建】对话框

2 单击菜单栏上的【视图】/【新建参考线】命令 10 次，弹出【新建参考线】对话框中分别设置如图 14-234 所示，选择【确定】完成操作，参考线如图 14-235 所示。

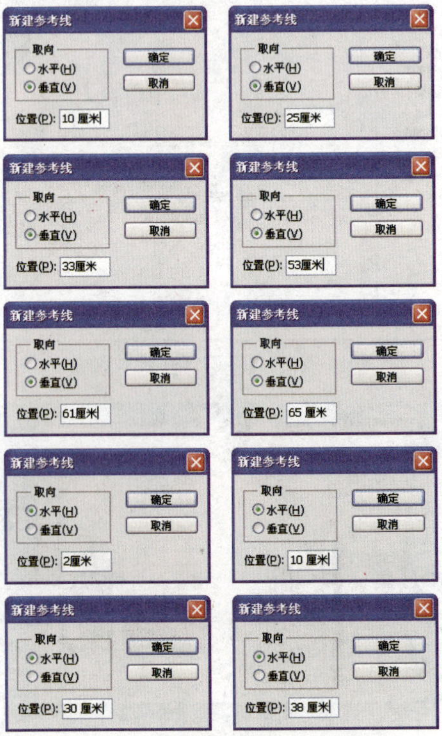

图14-234 【新建参考线】对话框

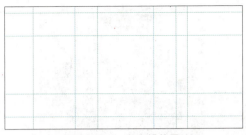

图14-235　参考线效果

3 选择【图层】面板，选择【新建图层】按钮，得到【图层 1】，并将其命名为【大体底色】。选择工具栏上的【多边形套索工具】，绘制选区如图 14-236 所示。将前景色设置为【# c9ad51】，按【Alt+Delete】组合键，填充前景色，效果如图 14-237 所示。按【Ctrl+D】组合键，取消选区。

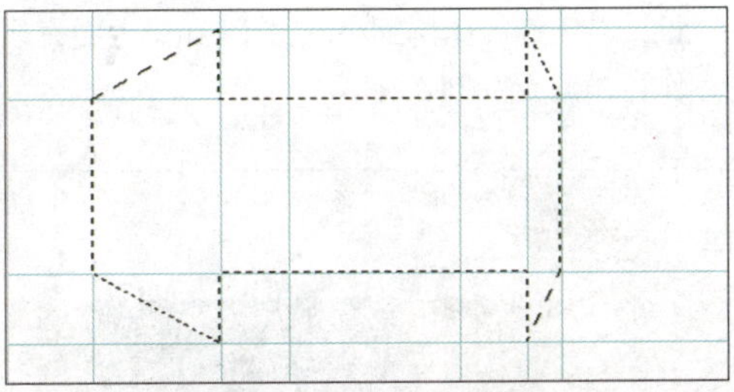

图14-236　绘制选区

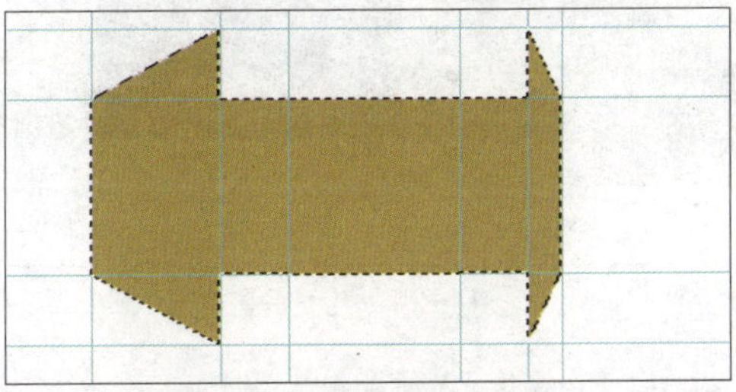

图14-237　填充前景色

4 选择工具栏上的【矩形选框工具】，绘制选区如图 14-238 所示。将前景色设置为【# 583028】，按【Alt+Delete】组合键，用前景色填充选区，如图 14-239 所示。

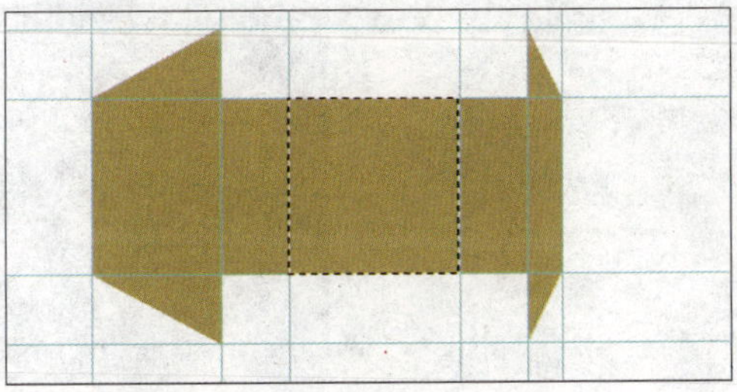

图14-238　绘制选区

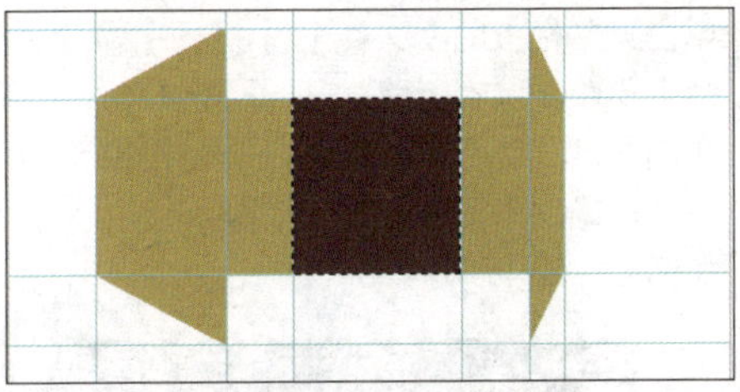

图14-239　填充前景色

5 选择【图层】面板，选择【新建图层】按钮，得到【图层 1】，将其重命名为【心形】，选择工具栏上的【钢笔工具】，绘制路径如图 14-240 所示，按【Ctrl+Enter】组合键，将路径转换为选区，按【Alt+Delete】组合键，用前景色填充选区，如图 14-241 所示。按【Ctrl+D】组合键，取消选区。

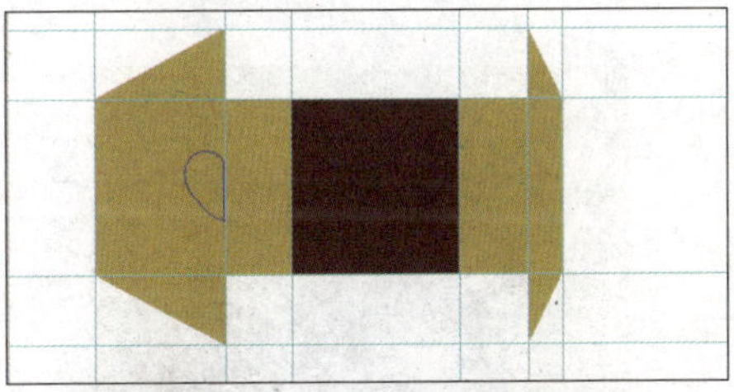

图14-240　绘制路径

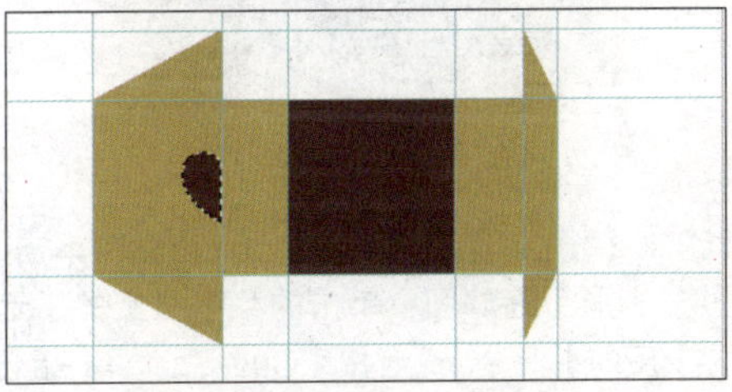

图14-241　填充颜色

6 选择【图层 心形】，按【Ctrl+J】组合键，复制图层，得到【图层 心形副本】，单击菜单栏上的【编辑】/【变换】/【水平翻转】命令，然后将图像向右移动至如图 14-242 所示位置，选择【图层 心形】和【图层 心形副本】，单击菜单栏上的【图层】/【合并图层】命令，或者按【Ctrl+E】组合键，将其明明为【心形】。

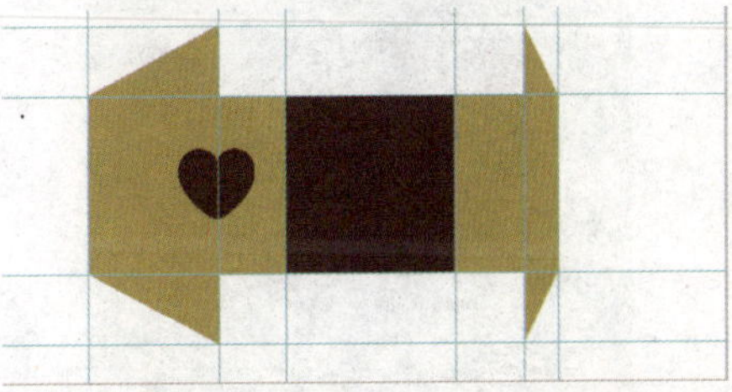

图14-242　水平翻转并向右移动图像

7 单击菜单栏上的【文件】/【打开】命令，或者按【Ctrl+O】组合键，打开素材文件【花纹】如图 14-243 所示。将其复制到刚刚操作的文件中，得到【图层 1】，将其重命名为【花纹】，如图 14-244 所示。

图14-243 花纹素材

图14-244 图像效果

8 选择【图层 花纹】，按【Ctrl】键并单击【图层 心形】缩略图，单击的菜单栏上的【选择】/【反向】命令，或者按【Ctrl+Shift+I】组合键，按【Delete】键删除选区内图像，按【Ctrl+D】组合键，取消选区。如图 14-245 所示。按【Ctrl】键并单击【图层 花纹】缩略图，将前景色设置为【# bf9f62】，按【Alt+Delete】组合键，用前景色填充选区，按【Ctrl+D】组合键，取消选区，如图 14-246 所示。

图14-245 反选并删除图像

图14-246 填充前景色

9 选择【图层 心形】，按【Ctrl+J】组合键，复制图层，得到【图层 心形副本】，选择【图层 图案 1】，单击菜单栏上的【编辑】/【自由变换】命令，或者按【Ctrl+T】组合键，同时按【Shift】键，将图像等比例缩小。按【Enter】键完成操作，如图 14-247 所示。

图14-247 自由变换

10 重复步骤 9，直至效果如图 14-248 所示。选择所有【图层 心形副本】，按【Ctrl+E】组合键，将其合并，并命名为【心形副本】。

图14-248 图像效果

11 选择【图层】面板，选择【新建图层】按钮，得到【图层 1】，将其重命名为【竖线】。选择工具栏上的【矩形选框工具】，在最左侧绘制选区如图 14-249 所示。将前景色设置为【#583028】。按【Alt+Delete】组合键，用前景色填充选区，按【Ctrl+D】组合键，取消选区，如图 14-250 所示。

图14-249 绘制选区

图14-250 填充前景色

12 选择【图层 竖线】，按【Ctrl+J】组合键，复制图层，得到【图层 竖线副本】，选择工具栏上的【移动工具】，将其移至最右侧如图 14-251 所示。

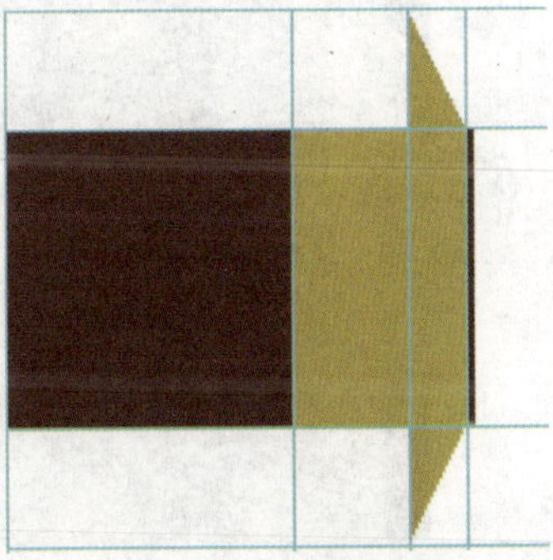

图14-251 图像效果

13 单击菜单栏上的【文件】/【打开】命令，或者按【Ctrl+O】组合键，打开文件【心素材】如图 14-252 所示。将其复制刚刚操作的文件中，得到【图层 1】，将其命名为【心素材】。单击菜单栏上的【编辑】/【自由变换】命令，或者按【Ctrl+T】组合键，同时按【Shift】键，将图像等比例缩小并移动至合适位置。按【Enter】键完成操作，如图 14-253 所示。按【Ctrl+J】组合键，复制图层，得到【图层 心素材副本】，选择工具栏上的【移动工具】，将图像移动至右边如图 14-254 所示的位置。

图14-252 心素材

图14-253 图像效果

图14-254 图像效果

14 选择【图层 心素材】，选择工具栏上的【矩形选框工具】，绘制选区如图14–255所示，按【Delete】键删除选区内图像。按【Ctrl+D】组合键，取消选区，如图14–256所示。

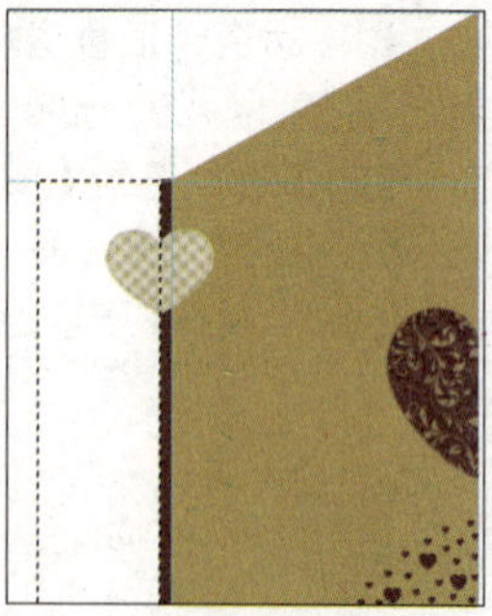

图14–255　绘制选区

图14–256　图像效果

15 重复步骤14处理右侧的心形，效果如图14–257所示。

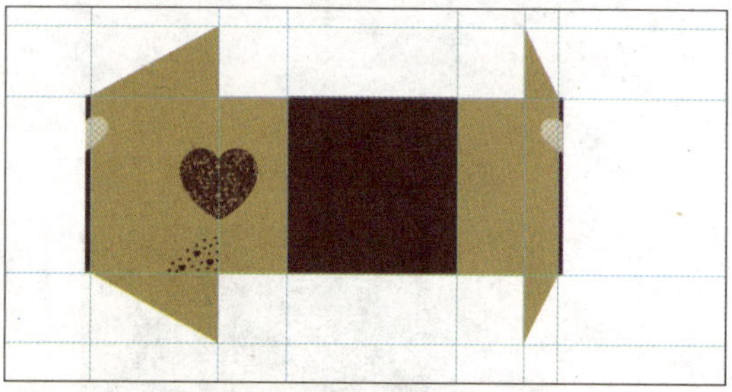

图14–257　图像效果

16 选择工具栏上的【横排文字工具】，输入文字，如图14–258所示，然后单击菜单栏上的【图层】/【栅格化】/【文字】命令。将该图层命名为【文字】。

17 选择【图层 文字】，按【Ctrl+J】组合键，复制图层，得到【图层 文字副本】。选择工具栏上的【移动工具】，将其移至如图14–259所示位置。

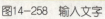

图14–258　输入文字

图14–259　图像效果

18 选择【图层 文字副本】，选择工具栏上的【矩形选框工具】，绘制选区如图14–260所示，按【Delete】键删除选区内图像。按【Ctrl+D】组合键，取消选区，如图14–261所示。

图14–260　绘制矩形选区

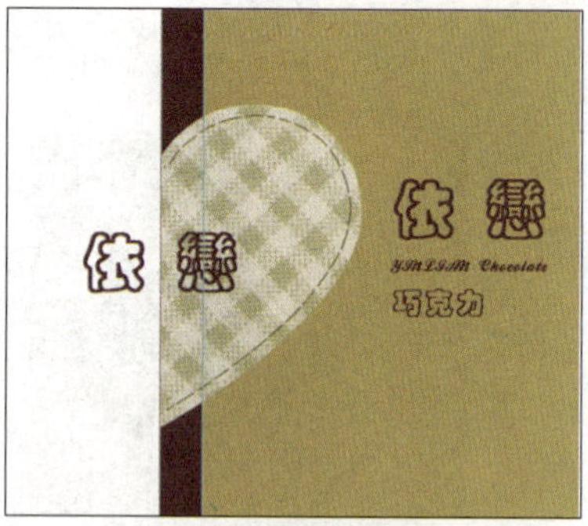

图14–261　删除选区内图像

19 选择【图层 文字副本】，选择工具栏上的【矩形选框工具】，框选【依】字，并将其移至如图14–262所示位置。按【Ctrl+D】组合键，取消选区，如图14–263所示。

图14–262　框选文字

图14-263 图像效果

20 选择【图层 文字】，将其重命名为【盒底文字】，按【Ctrl+J】组合键，复制图层，得到【图层 文字副本 2】。选择工具栏上的【移动工具】，将其移至如图 14-264 所示位置。选择工具栏上的【矩形选框工具】，框选【巧克力】，向右移动，按【Ctrl+D】组合键，取消选区。效果如图 14-265 所示。

图14-264 图像效果

图14-265 移动文字

21 选择【图层 花纹】，按【Ctrl+J】组合键，复制图层，得到【图层 花纹副本】。将其重命名为【盒底花纹】。选择工具栏上的【移动工具】，将其移至如图 14-266 所示位置。按【Ctrl】键并单击【图层 心形】缩略图，提取花纹选区，将前景色设置为【# 703d33】，按【Alt+Delete】组合键，用前景色填充选区，按【Ctrl+D】组合键，取消选区，如图 14-267 所示。

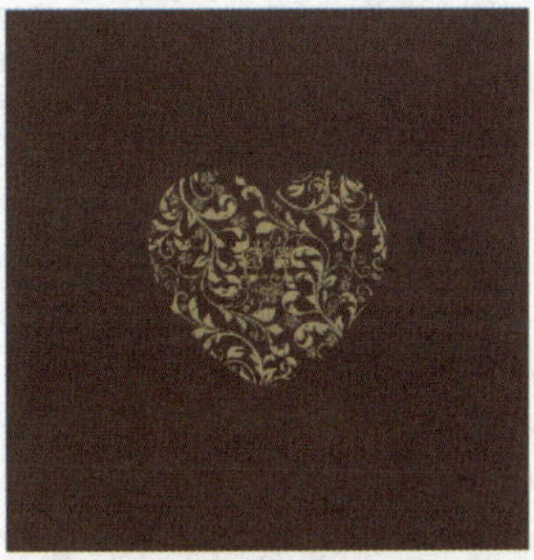

图14-266 移动图像

图14-267 填充前景色

22 选择【图层 盒底花纹】，按【Ctrl+J】组合键，复制图层，得到【图层 盒底花纹副本 2】。单击菜单栏上的【编辑】/【自由变换】命令，或者按【Ctrl+T】组合键，将其旋转并移到如图 14-268 所示位置。选择工具栏上的【矩形选框工具】，绘制选区如 14-269 所示，单击的菜单栏上的【选择】/【反向】命令，或者按【Ctrl+Shift+I】组合键，按【Delete】键删除选区内图像，如图 14-270 所示。

图14-268 自由变换

图14-269　绘制矩形选区

图14-270　反选并删除选区内图像

23 重复步骤21，将花纹复制到另外三个角上，效果如图14-271所示。并将四个角的盒底花纹图层合并，外包装盒平面图最终效果如图14-272所示。

图14-271　图像效果

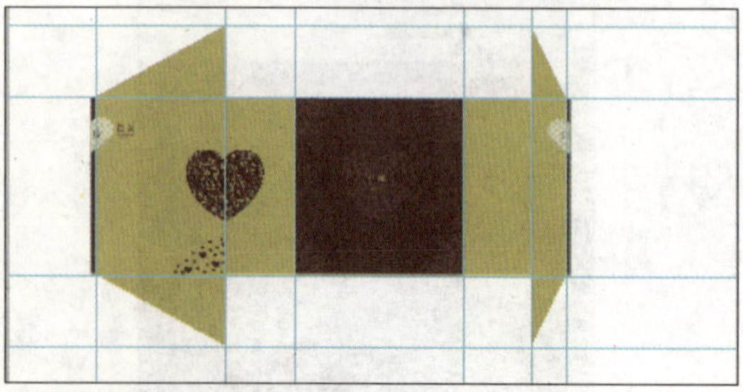

图14-272　外包装盒平面效果

内包装盒平面图设计

24 单击菜单栏上的【文件】/【新建】命令，或者按【Ctrl+N】组合键，弹出【新建】对话框，设置如图14-273所示，选择【确定】完成操作。

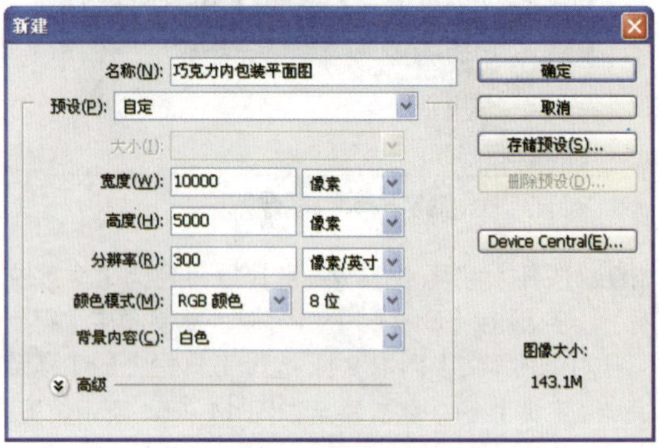

图14-273　【新建】对话框

25 单击菜单栏上的【视图】/【新建参考线】命令10次，弹出【新建参考线】对话框中分别设置如图14-274所示，选择【确定】完成操作。参考线如图14-275所示。

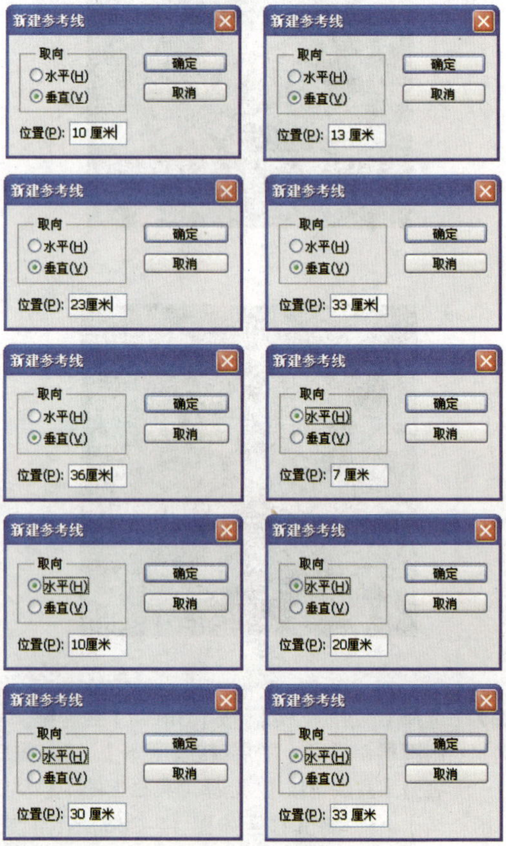

图14-274　【新建参考线】对话框

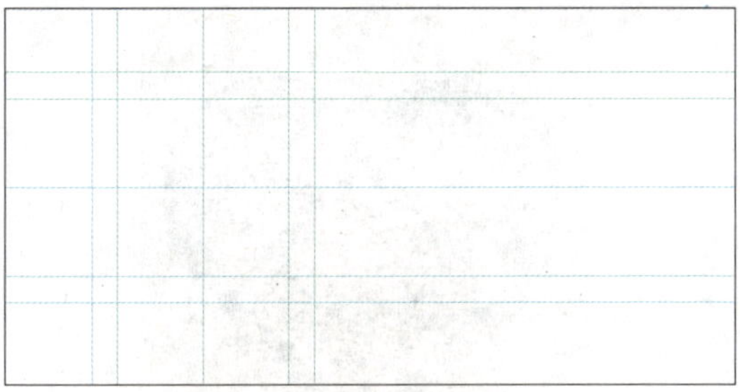
图14-275　参考线效果

26 选择【图层】面板选择【新建图层】按钮，得到【图层 1】，将其命名为【背景】。选择工具栏上的【多边形套索工具】，绘制选区如图 14-276 所示。将前景色设置为【# bf9f62】，按【Alt+Delete】组合键，填充前景色，效果如图 14-277 所示。按【Ctrl+D】组合键，取消选区。

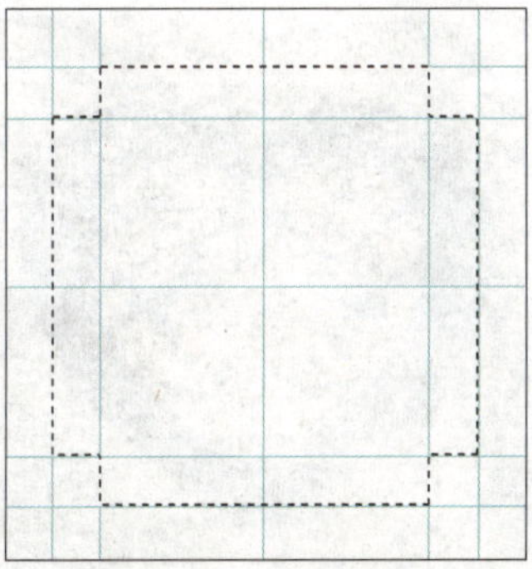
图14-276　绘制选区

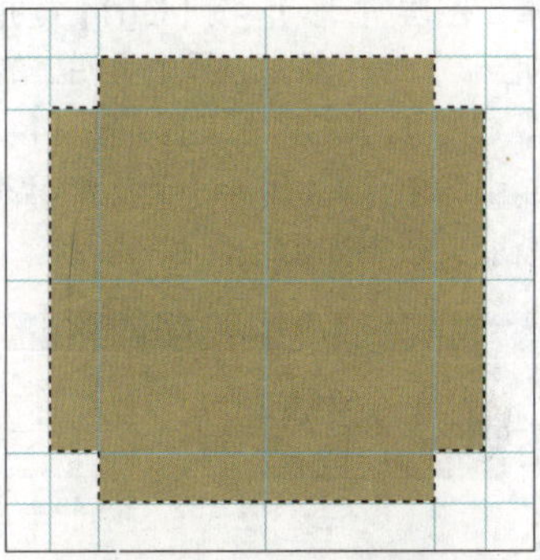
图14-277　填充前景色

27 单击菜单栏上的【文件】/【打开】命令，或者按【Ctrl+O】组合键，打开素材文件【外包装盒平面图】，将【图层 心形】复制到将其复制到刚刚操作的文件中，得到【图层 1】，将其重命名为【心形】。如图 14-278 所示。单击菜单栏上的【编辑】/【自由变换】命令，或者按【Ctrl+T】组合键，同时按【Shift】键，将图像等比例放大。按【Enter】键完成操作，如图所 14 -279 示。

图14-278　图像效果

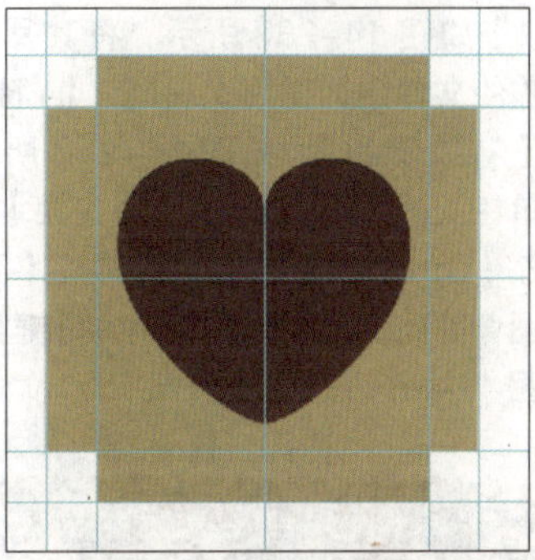
图14-279　自由变换

28 选择【图层 心形】，按【Ctrl+J】组合键，复制图层，得到【图层 心形副本】。按【Ctrl】键并单击【图层 心形】缩略图，提取花纹选区，将前景色设置为【# bf9f62】，按【Alt+Delete】组合键，用前景色填充选区，如图 14-280 所示。按【Ctrl+D】组合键，取消选区。单击菜单栏上的【编辑】/【自由变换】命令，或者按【Ctrl+T】组合键，同时按【Shift】键，将图像等比例缩小。按【Enter】键完成操作。如图 14-281 所示。

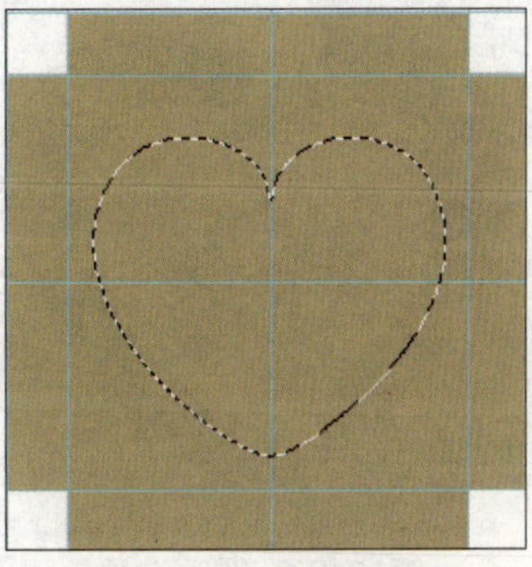
图14-280　填充前景色

图14-281　自由变换

29 单击菜单栏上的【文件】/【打开】命令，或者按【Ctrl+O】组合键，打开素材文件【花纹1】如图14-282所示。将其复制到刚刚操作的文件中，得到【图层1】，将其重命名为【花纹素材】。如图14-283所示。单击菜单栏上的【编辑】/【自由变换】命令，或者按【Ctrl+T】组合键，同时按【Shift】键，将图像等比例放大。按【Enter】键完成操作。如图14-284所示。

图14-282　花纹素材

图14-283　图像效果

图14-284　自由变换

30 选择【图层 花纹素材】，按【Ctrl】键并单击【图层 心形副本】缩略图，单击的菜单栏上的【选择】/【反向】命令，或者按【Ctrl+Shift+I】组合键，按【Delete】键删除选区内图像，按【Ctrl+D】组合键，取消选区。如图14-285所示。

图14-285　图像效果

31 选择【图层 心形】，按【Ctrl】键并单击【图层 心形】缩略图，选择工具栏上的【渐变工具】，属性工具栏设置如图14-286所示，绘制由颜色【# fffaae】到【# bf9f62】的径向渐变，效果如图14-287所示。

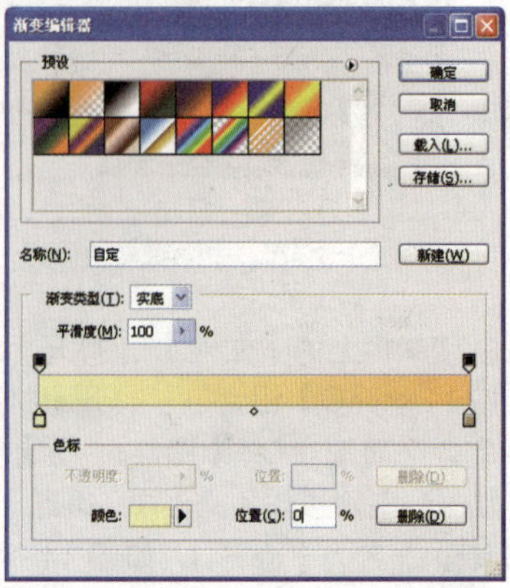

图14-286　【渐变编辑器】对话框

图14-287　填充渐变颜色

32 选择【图层】面板选择【新建图层】按钮，得到【图层 1】，将其命名为【竖纹】，将前景色设置为白色。选择工具栏上的【矩形选框工具】，绘制矩形选区，如图 14-288 所示，按【Alt+Delete】组合键，用前景色填充选区，按【Ctrl+D】组合键，取消选区，如图 14-289 所示。

图14-288　绘制选区

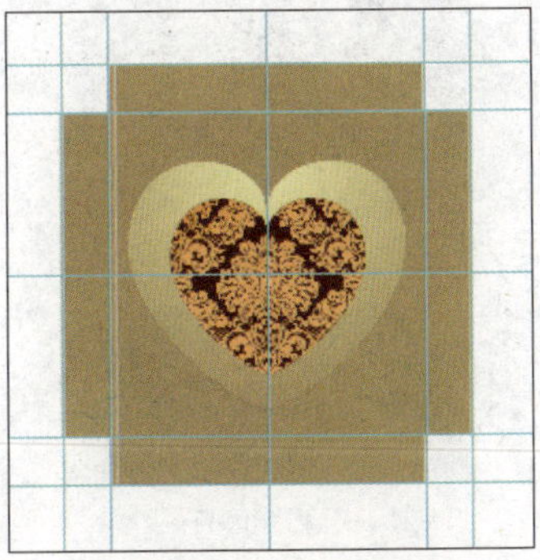

图14-289　填充前景色

33 选择【图层 竖纹】，按【Ctrl+Alt+T】组合键，进入自由变换并复制状态，并按方向键【→】移动 4 像素，如图 14-290 所示。按【Enter】完成操作。

图14-290　向右移动4个像素

34 选择【图层 竖纹】，按【Ctrl+Alt+T】组合键，进入自由变换并复制状态，并按【Ctrl+Shift+Alt+T】组合键，重复步骤 32 的方法复制规律的若干图形，直到如图 14-291 所示，然后按【Ctrl+E】组合键，将所有竖纹图层合并，单击菜单栏上的【编辑】/【自由变换】命令，或者按【Ctrl+T】组合键，将图像等旋转 45°。效果如图 14-292 所示。

图14-291　复制图像

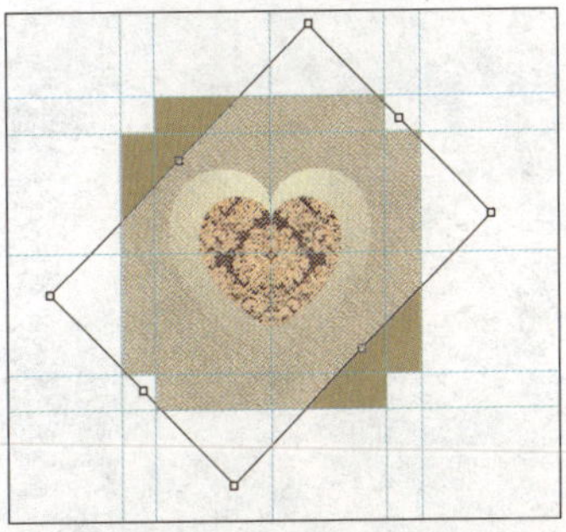

图14-292　旋转45°

35 选择【图层 竖纹】，将【图层 竖纹】移至【图层 心形副本】下层，按【Ctrl】键并单击【图层竖纹】缩略图，单击菜单栏上的【选择】/【反向】命令，或者按【Ctrl+Shift+I】组合键，按【Delete】键删除选区内图像，如图14-293所示。选择工具栏上的【渐变工具】，属性工具栏设置如图14-294所示，绘制由颜色【# fffaae】到【# bf9f62】的径向渐变，效果如图14-295所示。

图14-293　反选并删除图像

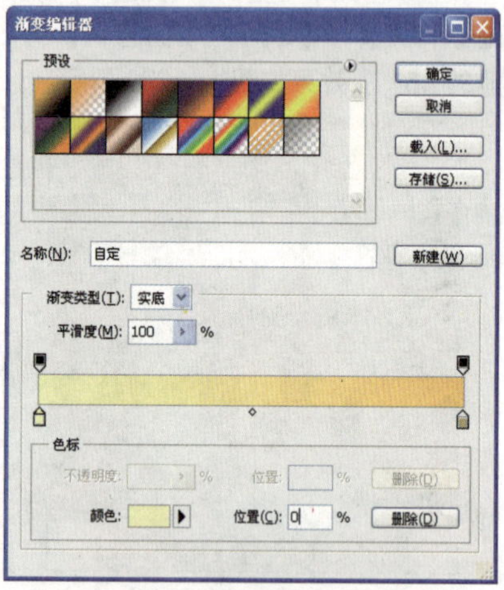

图14-294　【渐变编辑器】对话框

图14-295　填充渐变

36　单击菜单栏上的【文件】/【打开】命令，或者按【Ctrl+O】组合键，打开素材文件【花纹】如图14-296所示。将其复制到刚刚操作的文件中，得到【图层1】，将其重命名为【花纹元素】。将【图层 花纹元素】移至【图层 心形】下层，如图14-297所示。单击菜单栏上的【编辑】/【自由变换】命令，或者按【Ctrl+T】组合键，将图像放大。按【Enter】键完成操作，如图14-298所示。

图14-296　花纹素材

图14-297　图像效果

图14-298　自由变换

37　选择【图层 花纹素材】，按【Ctrl】键并单击【图层 花纹素材】缩略图，将前景色设置为【# 550a0e】，按【Alt+Delete】组合键，用前景色填充选区，按【Ctrl+D】组合键，取消选区，如图14-299所示。

图14-299　填充前景色

38 选择【图层】面板选择【新建图层】按钮，得到【图层 1】，将其命名为【盖印】。隐藏【背景】图层。按【Ctrl+Shift+Alt+E】组合键，将可见图层盖印到【盖印】图层中，然后隐藏所有图层，选择工具栏上的【矩形选框工具】，绘制选区如图 14-300 所示，按【Ctrl+J】组合键，将选区内图像复制到新建的【图层 1】中，将其命名为【内盒 1】。并选择工具栏上的【移动工具】，将其移动如图 14-301 所示的位置。

图14-300　绘制选区

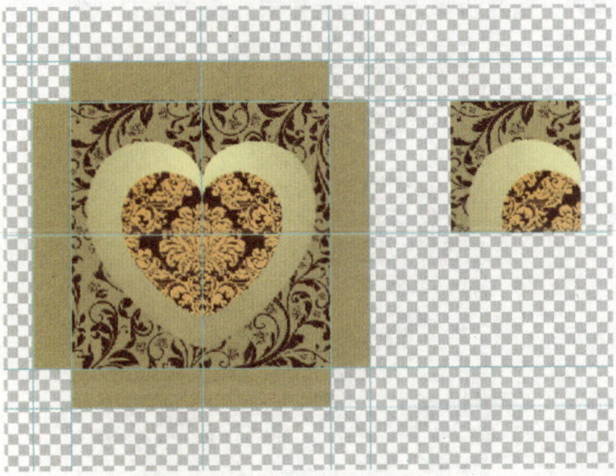

图14-301　移动图像

39 重复步骤 37，制作出【图层 内盒 2】至【图层 内盒 4】，效果如图 14-302 所示。

图14-302　图像效果

40 选择【图层 盖印】，选择工具栏上的【矩形选框工具】，绘制选区如图 14-303 所示，按【Ctrl+J】组合键，将选区内图像复制到新建的【图层 1】中，将其命名为【侧面 1】。并选择工具栏上的【移动工具】，将其移动【图层 内盒 1】的旁边，如图 14-304 所示。

图14-303　绘制选区

图14-304　图像效果

41 由于【图层 内盒 1】是正方形，所以四边大小是一样的，所以复制【图层 侧面 1】，复制出 3 个副本到其他三个位置，效果如图 14-305 所示。

图14-305　图像效果

42 选择【图层 侧面1】、【图层 侧面2】、【图层 侧面3】、【图层 侧面4】，单击菜单栏上的【图层】/【合并图层】命令，或者按【Ctrl+E】组合键，将其命名为【内盒1四周】。

43 选择图层【内盒1四周】，按【Ctrl+J】组合键，复制图层，得到【图层 内盒1四周副本】，将其命名为【图层 内盒2四周】。如图14-306所示。

图14-306　图像效果

44 重复步骤18，制作内盒3四周与内盒4四周，如图14-307所示。

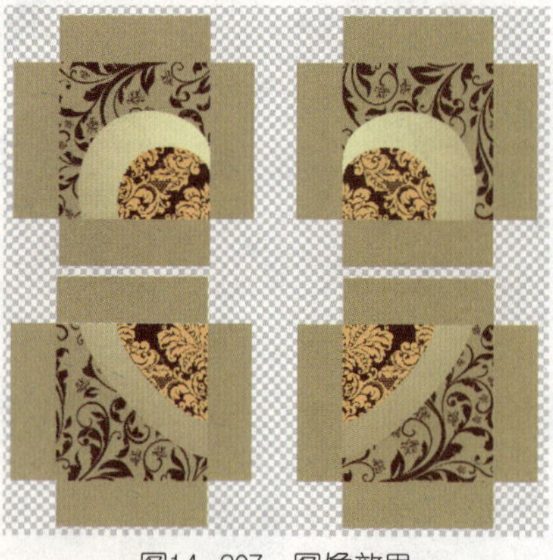

图14-307　图像效果

45 隐藏【图层 盖印】，单击菜单栏上的【文件】/【打开】命令，或者按【Ctrl+O】组合键，打开素材文件【外包装盒平面图】，将【图层 心形副本】复制到将其复制到刚刚操作的文件中，得到【图层1】，将其重命名为【心形副本】。

46 选择【图层 心形副本】，选择工具栏上的【移动工具】，移至如图14-308所示的位置。选择工具栏上的【矩形选框工具】，绘制选区如图14-309所示，按【Delete】键删除选区内图像，如图14-310所示。

图14-308　图像效果

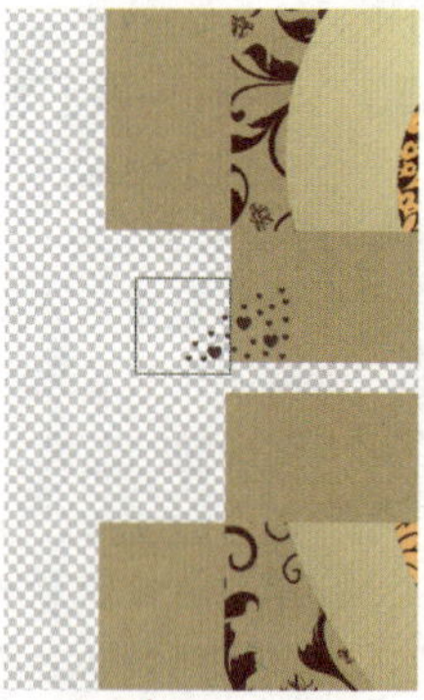

图14-309　绘制选区

图14-310　删除选区内图像

47 重复步骤45，直至效果如图14-311所示。

图14-311　图像效果

48 重复步骤 22 至步骤 24，将文件【巧克力包装平面图】的【图层 盒底文字】复制到文件【巧克力内包装平面图】，效果如图 14-312 所示。

图14-312　图像效果

内包装盒底面图设计

49 单击菜单栏上的【文件】/【新建】命令，或者按【Ctrl+N】组合键，弹出【新建】对话框，设置如图 14-313 所示，选择【确定】完成操作。

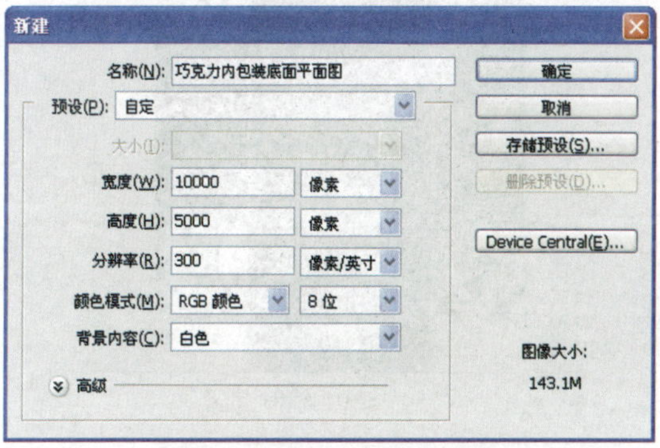

图14-313　【新建】对话框

50 单击菜单栏上的【视图】/【新建参考线】命令 15 次，弹出【新建参考线】对话框中分别设置如图 14-314 所示，选择【确定】完成操作。参考线如图 14-315 所示。

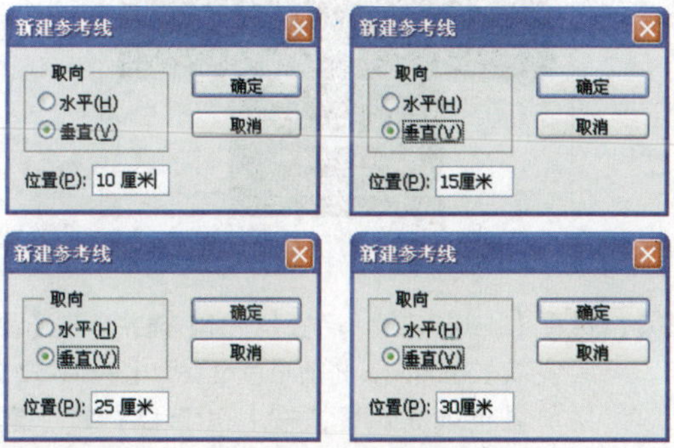

图14-314　【新建参考线】对话框

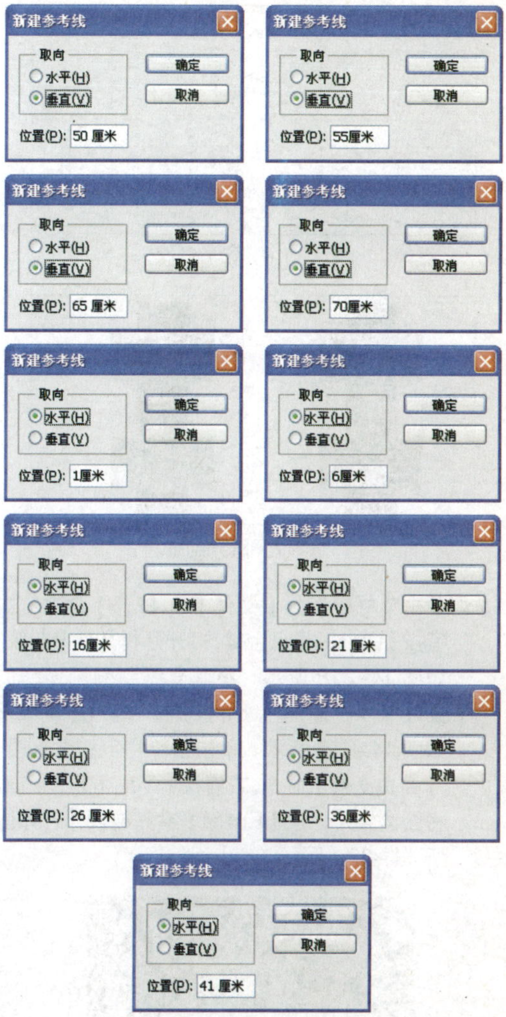

图14-314（续）

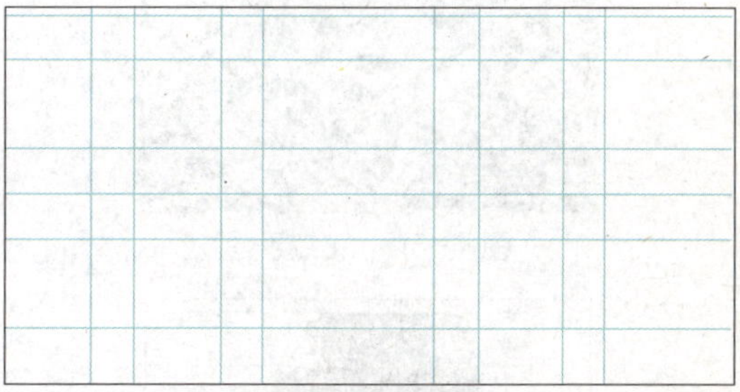

图14-315　参考线效果

51 选择【图层】面板，选择【新建图层】按钮，得到【图层 1】，并将其命名为【底色】。选择工具栏上的【多边形套索工具】，绘制选区如图 14-316 所示。将前景色设置为【#c9ad51】，按【Alt+Delete】组合键，填充前景色，效果如图 14-317 所示。按【Ctrl+D】组合键，取消选区。

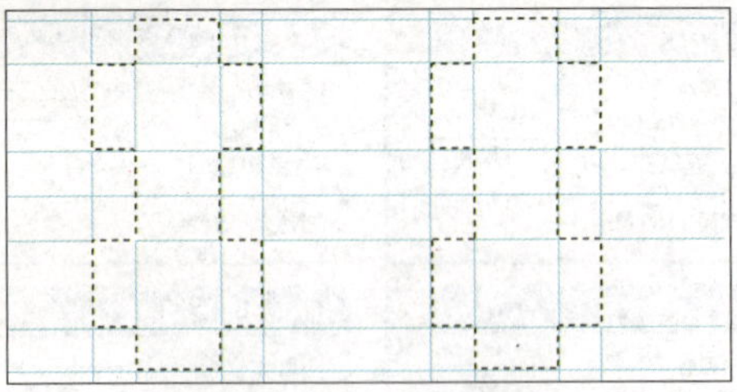

图14-316 绘制选区

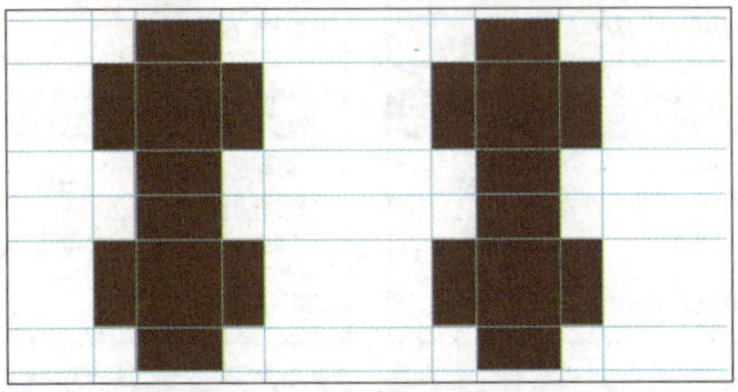

图14-317 填充前景色

52 单击菜单栏上的【文件】/【打开】命令，或者按【Ctrl+O】组合键，打开素材文件【花纹】如图 14-318 所示。将其复制到刚刚操作的文件中，得到【图层 1】，将其重命名为【花纹】，如图 14-319 所示。单击菜单栏上的【编辑】/【自由变换】命令，或者按【Ctrl+T】组合键，将图像放大，按【Enter】键完成操作，如图所 14 -320 示。

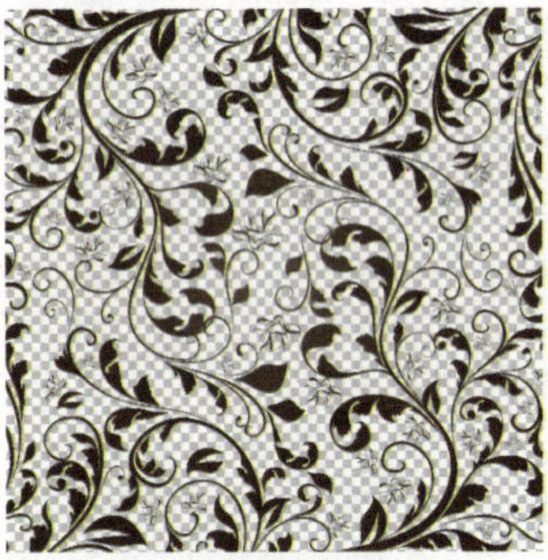

图14-318 花纹素材

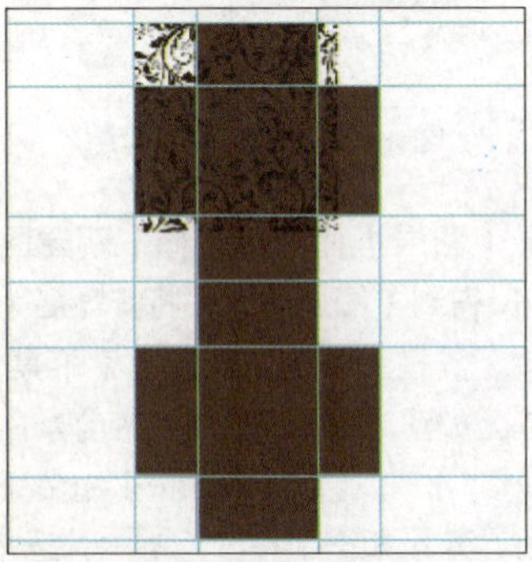

图14-319 图像效果

图14-320 自由变换

53 选择【图层 花纹】，选择工具栏上的【矩形选框工具】，绘制选区如图 14-321 所示，按【Delete】键删除选区内图像，按【Ctrl+D】组合键，取消选区，如图 14-322 所示。

图14-321 绘制选区

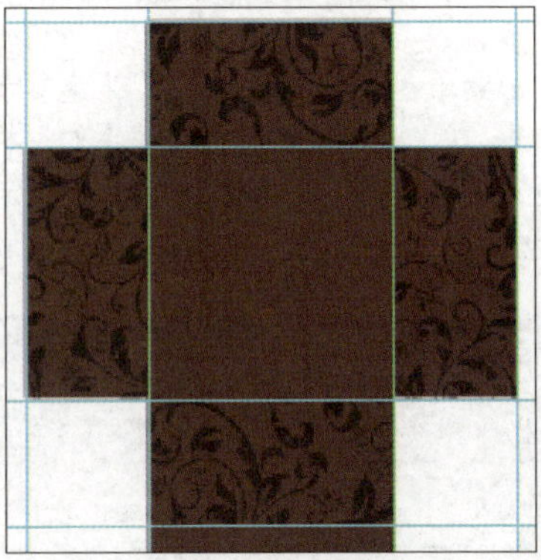

图14-322 删除选区内图像

54 选择【图层 花纹】，按【Ctrl】键并单击【图层 花纹】缩略图，将前景色设置为【# bf9f62】，用前景色填充选区，按【Ctrl+D】组合键，取消选区，如图 14-323 所示。

图14-323　填充前景色

55 选择【图层 花纹】，按【Ctrl+J】组合键，复制图层，得到【图层 花纹副本】，选择工具栏上的【移动工具】，将图像移至如图14-324所示位置。

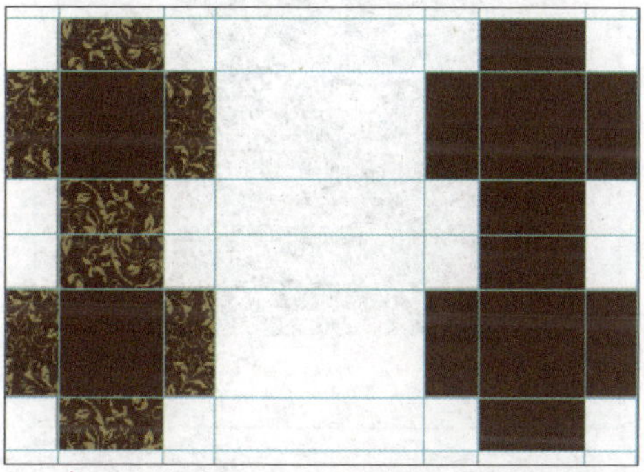

图14-324　图像效果

56 重复步骤6，直至效果如图14-325所示。将其分别命名为【花纹1】、【花纹2】、【花纹3】。

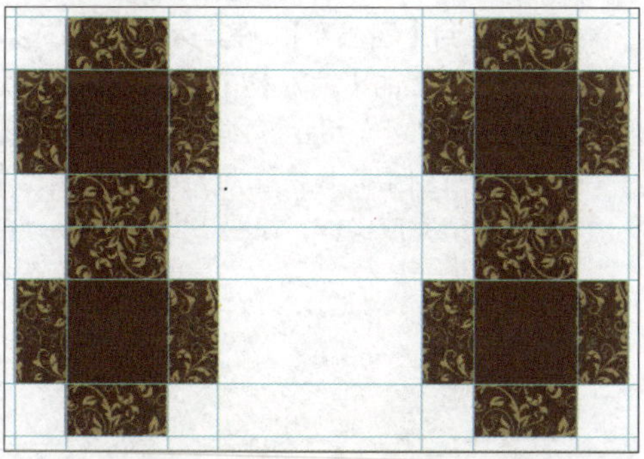

图14-325　图像效果

57 单击菜单栏上的【文件】/【打开】命令，或者按【Ctrl+O】组合键，打开素材文件【外包装盒平面图】，将【图层 盒底文字】和【图层 花纹副本】复制到将其复制到刚刚操作的文件中，得到【图层1】，将其重命名为【盒底文字图案】，如图14-326所示。

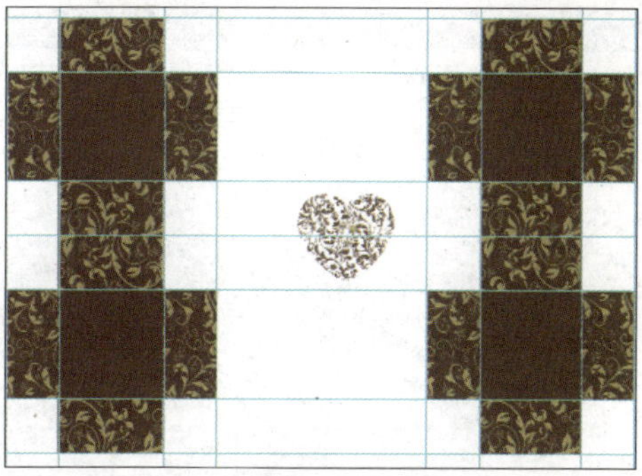

图14-326　图像效果

58 选择【图层 盒底文字图案】，单击菜单栏上的【编辑】/【自由变换】命令，或者按【Ctrl+T】组合键，按【Shift】键将图像等比例缩小并移至如图14-327所示位置。

图14-327　自由变换

59 重复步骤7，直至效果如图14-328所示。

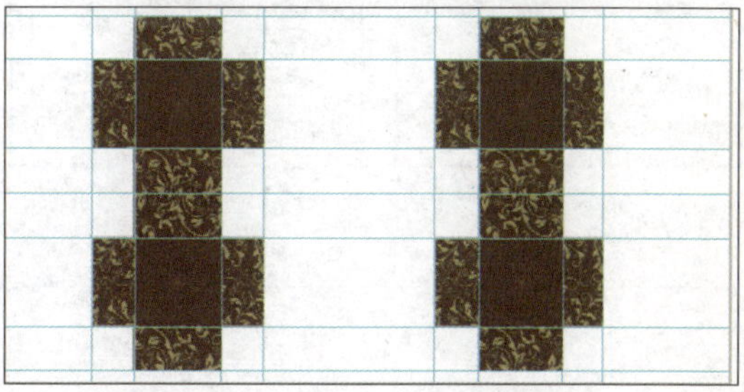

图14-328　图像效果

手提袋平面图设计

60 单击菜单栏上的【文件】/【新建】命令，或者按【Ctrl+N】组合键，弹出【新建】对话框，设置如图14-329所示，选择【确定】完成操作。

61 单击菜单栏上的【视图】/【新建参考线】命令8次，弹出【新建参考线】对话框中分别设置如图14-330所示，选择【确定】完成操作。参考线如图14-331所示。

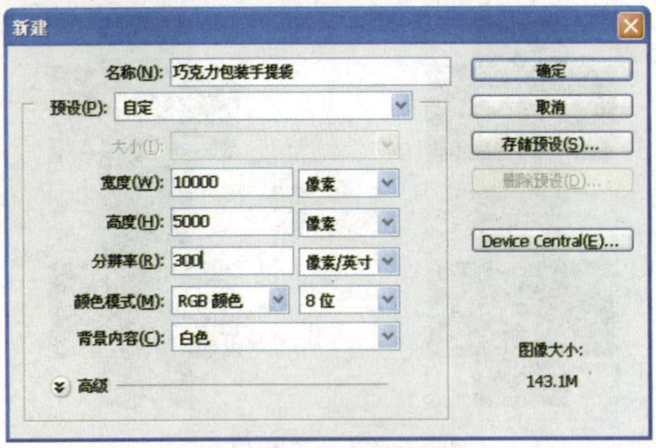

图14-329 【新建】对话框

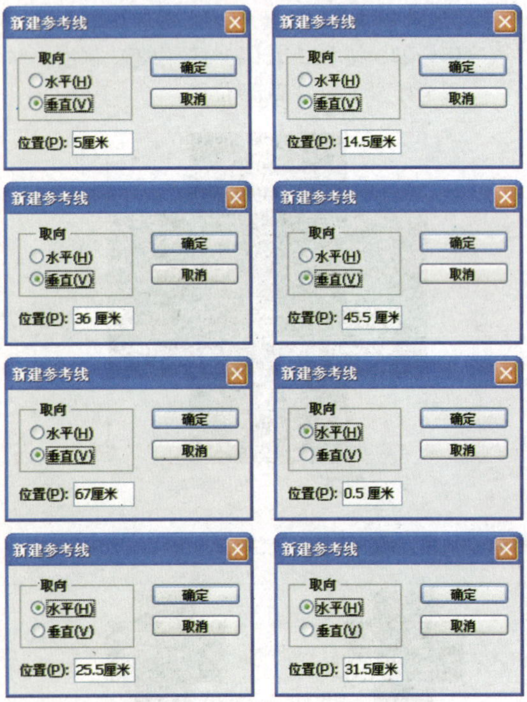

图14-330 【新建参考线】对话框

图14-331 参考线效果

62 选择【图层】面板，选择【新建图层】按钮，得到【图层 1】，并将其命名为【底色】。选择工具栏上的【多边形套索工具】，绘制选区如图 14-332 所示。将前景色设置为【#583028】，按【Alt+Delete】组合键，用前景色填充选区，效果如图 14-333 所示。按【Ctrl+D】组合键，取消选区。

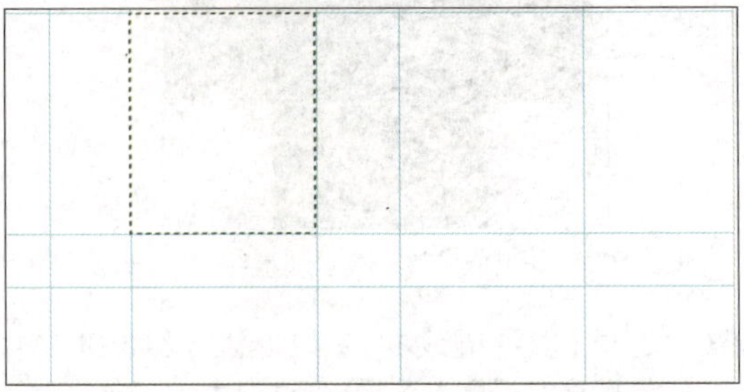

图14-332 绘制选区

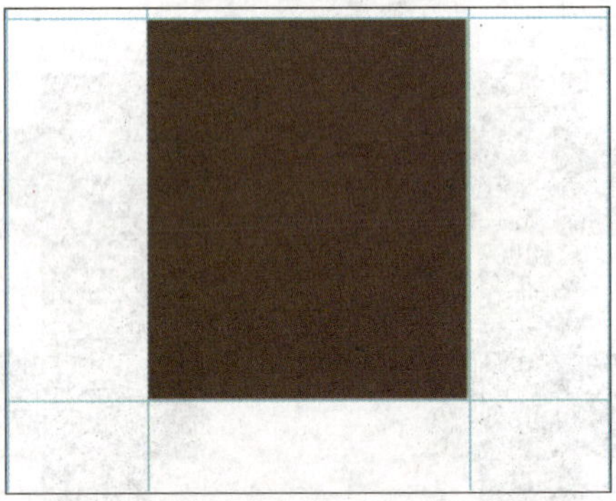

图14-333 填充前景色

63 单击菜单栏上的【文件】/【打开】命令，或者按【Ctrl+O】组合键，打开文件【心素材】如图 14-334 所示。将其复制刚刚操作的文件中，得到【图层 1】，将其命名为【心形】。单击菜单栏上的【编辑】/【自由变换】命令，或者按【Ctrl+T】组合键，同时按【Shift】键，将图像等比例缩小并移动至合适位置。按【Enter】键完成操作，如图 14-335 所示。

图14-334 心素材

图14-335　自由变换

64 单击菜单栏上的【文件】/【打开】命令，或者按【Ctrl+O】组合键，打开素材文件【外包装盒平面图】，将【图层 盒底文字】和【图层 花纹副本】复制到将其复制到刚刚操作的文件中，得到【图层 1】，将其重命名为【文字图案】。选择工具栏上的【移动工具】，将其移至如图 14-336 所示的位置。

图14-336　图像效果

65 选择【图层 文字】，按【Ctrl】键并单击【图层 文字】缩略图，将前景色设置为【#583028】，用前景色填充选区，按【Ctrl+D】组合键，取消选区，如图 14-337 所示。

图14-337　填充前景色

66 单击菜单栏上的【文件】/【打开】命令，或者按【Ctrl+O】组合键，打开素材文件【花纹】如图 14-338 所示。将其复制到刚刚操作的文件中，得到【图层 1】，将其重命名为【背景花纹】。将【图层 背景花纹】移至【图层心形】下层，单击菜单栏上的【编辑】/【自由变换】命令，或者按【Ctrl+T】组合键，将图像放大。按【Enter】键完成操作，如图 14-339 所示。

图14-338　花纹素材

图14-339　自由变换

67 选择【图层 背景花纹】，按【Ctrl】键并单击【图层 背景花纹】缩略图，将前景色设置为【#bf9f62】，按【Alt+Delete】组合键，用前景色填充选区，按【Ctrl+D】组合键，取消选区，如图 14-340 所示。

图14-340　填充前景色

68 选择【图层 背景花纹】，选择工具栏上的【矩形选框工具】，绘制选区如图 14-341 所示。按【Delete】键删除选区内图像，如图 14-342 所示。

图14-341 绘制选区

图14-342 删除选区内图像

69 选择【图层 背景花纹】，选择工具栏上的【矩形选框工具】，绘制选区如图 14-343 所示，按【Alt+Delete】组合键，用前景色填充选区，按【Ctrl+D】组合键，取消选区，如图 14-344 所示。

图14-343 绘制选区

图14-344 填充前景色

70 选择【图层】面板，选择【新建图层】按钮，得到【图层 1】，将其命名为【盖印】。隐藏【背景】图层。按【Ctrl+Shift+Alt+E】组合键，将可见图层盖印到【盖印】图层中，并选择工具栏上的【移动工具】，将其移动如图 14-345 所示的位置。

图14-345 复制并移动图像

71 选择【图层】面板，选择【新建图层】按钮，得到【图层 1】，将其命名为【侧面】。选择工具栏上的【矩形选框工具】，绘制选区如图 14-346 所示，按【Alt+Delete】组合键，用前景色填充选区，按【Ctrl+D】组合键，取消选区，如图 14-347 所示。

图14-346 绘制选区

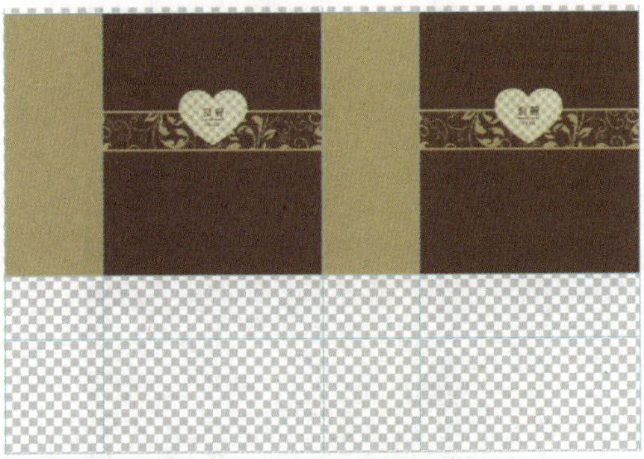

图14-347 填充前景色

72 选择【图层 文字】，按【Ctrl+J】组合键2次，复制图层，得到【图层 文字副本】及【图层 文字副本2】。并选择工具栏上的【移动工具】，将其分别移动如图14-348所示的位置。

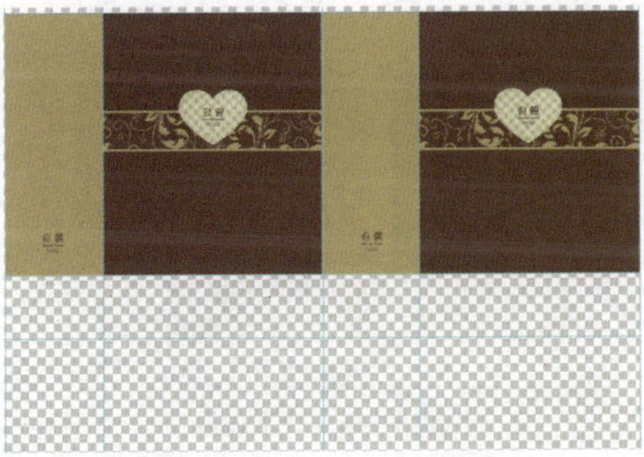

图14-348 复制并移动图像

73 选择【图层】面板，选择【新建图层】按钮，得到【图层1】，将其命名为【底部】。选择工具栏上的【矩形选框工具】，绘制选区如图14-349所示，将前景色设置为【#583028】按【Alt+Delete】组合键，用前景色填充选区，按【Ctrl+D】组合键，取消选区，如图14-350所示。

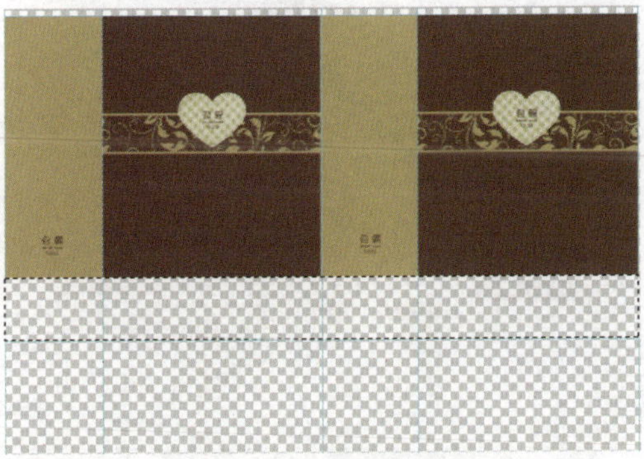

图14-349 绘制选区

图14-350 填充前景色

74 选择【图层 底部】。选选择工具栏上的【多边形套索工具】，绘制选区如图14-351所示，按【Delete】键，删除选区内图像，按【Ctrl+D】组合键，取消选区，如图14-352所示。

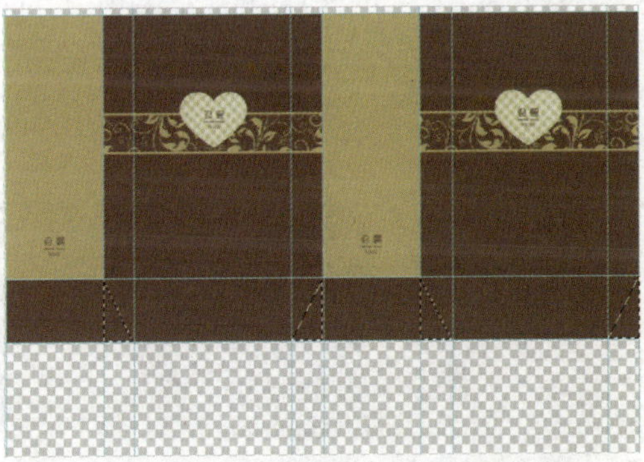

图14-351

图14-352

立体包装效果图设计

75 单击菜单栏上的【文件】/【新建】命令，或者按【Ctrl+N】组合键，弹出【新建】对话框，设置如图14-353所示，选择【确定】完成操作。

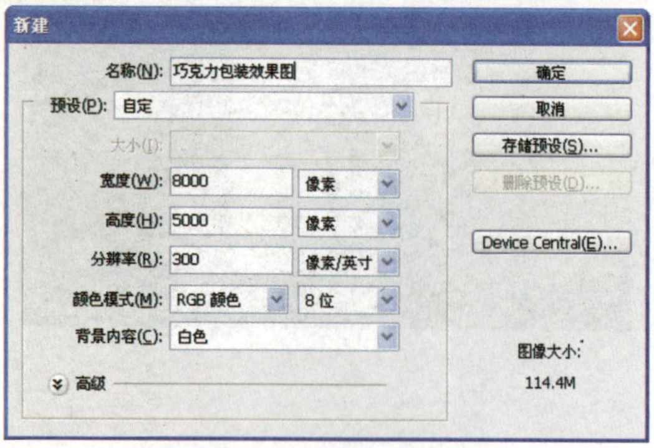

图14-353 【新建】对话框

76 打开文件【外包装盒平面图】，隐藏【背景】图层。按【Ctrl+Shift+Alt+E】组合键，将可见图层盖印到新建【图层 1】中，选择工具栏上的【矩形选框工具】，绘制选区如图 14-354 所示。将其复制到文件【巧克力包装效果图】中，得到【图层 1】，如图 14-355 所示。将其命名为【正面】。

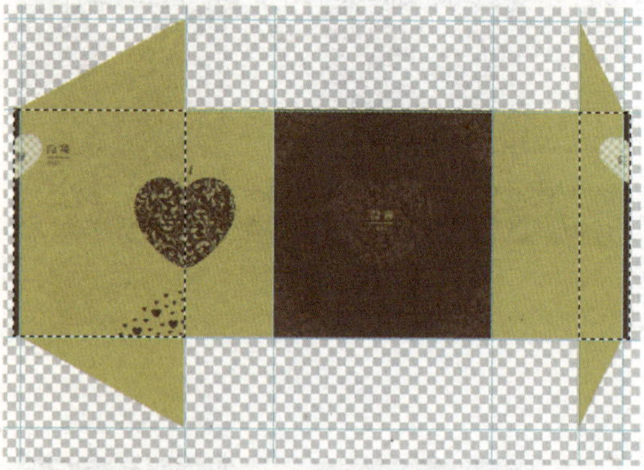

图14-354 绘制选区

图14-355 图像效果

77 选择【图层 正面】，结合选择工具栏上的【矩形选框工具】和选择工具栏上的【移动工具】，将图形进行调整如图 14-356 所示。

图14-356 图像效果

78 重复步骤 3，分别将其他元素也添加至当前文件中，生成的图层分别命名为【侧面 2】、【侧面 3】、【侧面 4】，如图 14-357 所示。

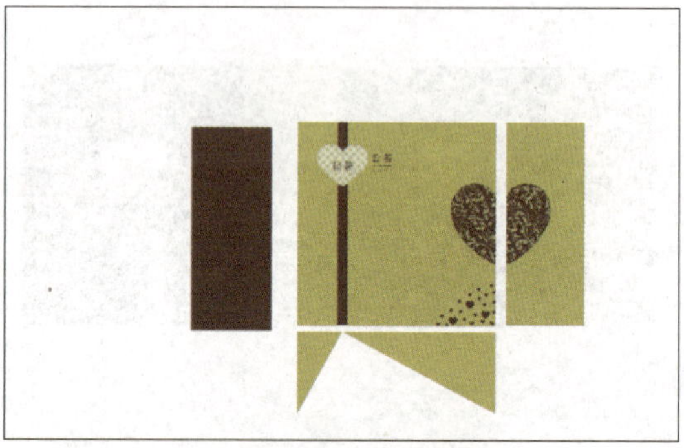

图14-357 图像效果

79 选择【图层 正面】，单击菜单栏上的【编辑】/【自由变换】命令，或者按【Ctrl+T】组合键，将图像旋转如图 14-358 所示效果。单击【编辑】/【变换】/【透视】命令，将其径变换至如图 14-359 所示效果。按【Enter】键完成操作。

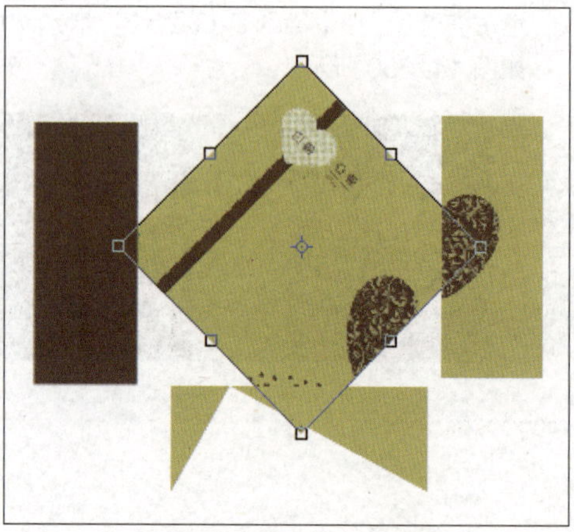

图14-358 自由变换

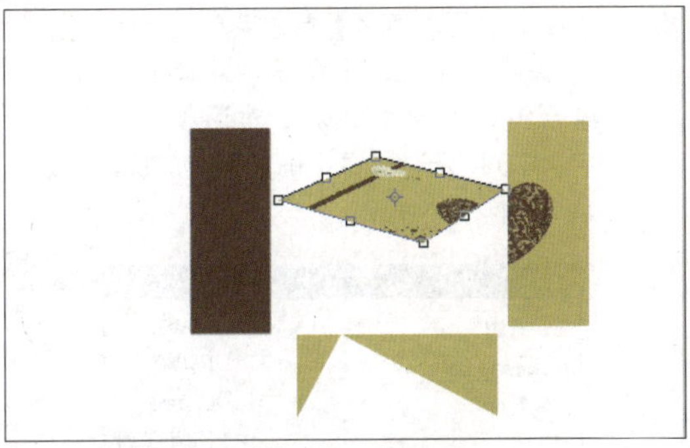

图14-359　透视

80 重复步骤 5，完成其他侧面图层的操作。效果如图 14-360 所示。

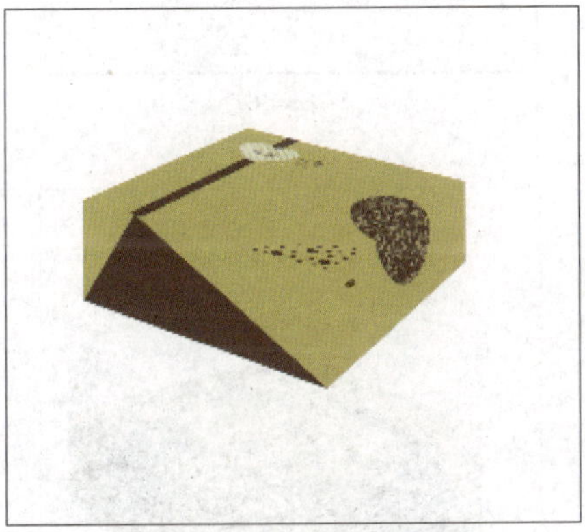

图14-360　图像效果

81 单击菜单栏上的【文件】/【打开】命令，或者按【Ctrl+O】组合键，打开素材文件【蝴蝶结】如图 14-361 所示。将其复制到刚刚操作的文件中，得到【图层 1】，将其重命名为【蝴蝶结】。单击菜单栏上的【编辑】/【自由变换】命令，或者按【Ctrl+T】组合键，将图像缩小。按【Enter】键完成操作，如图 14-362 所示。

图14-361　蝴蝶结素材

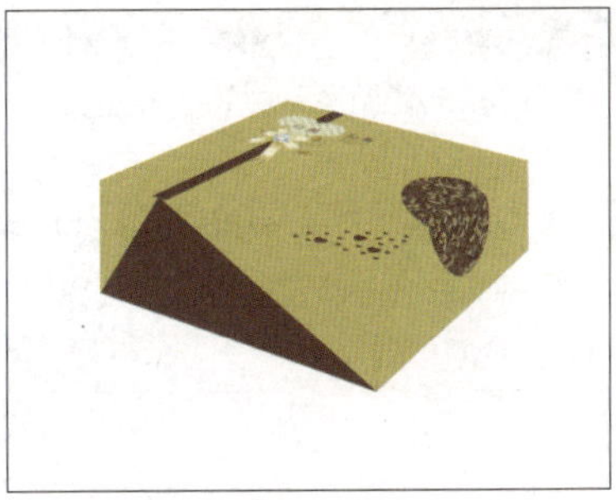

图14-362　自由变换

82 选择【图层 蝴蝶结】，双击【图层 蝴蝶结】的缩略图，弹出【图层样式】对话框，设置【投影】命令，如图 14-363 所示。效果如图 14-364 所示。

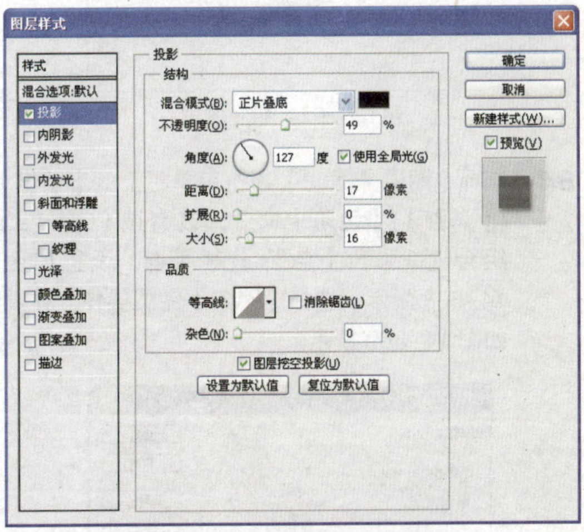

图14-363　【图层样式】对话框

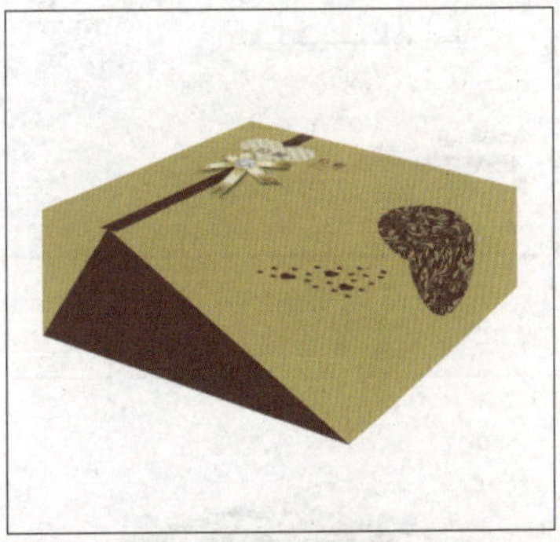

图14-364　图像效果

83 选择【图层 蝴蝶结】，选择工具栏上的【加深工具】，属性工具栏设置如图 14-365 所示，在蝴蝶右侧涂抹出暗部区域；选择工具栏上的【减淡工具】，属性工具栏设置如图 14-366 所示，在蝴蝶左上方绘制出亮部区域，效果如图 14-367 所示。

图14-365　【加深工具】属性工具栏

图14-366　【减淡工具】属性工具栏

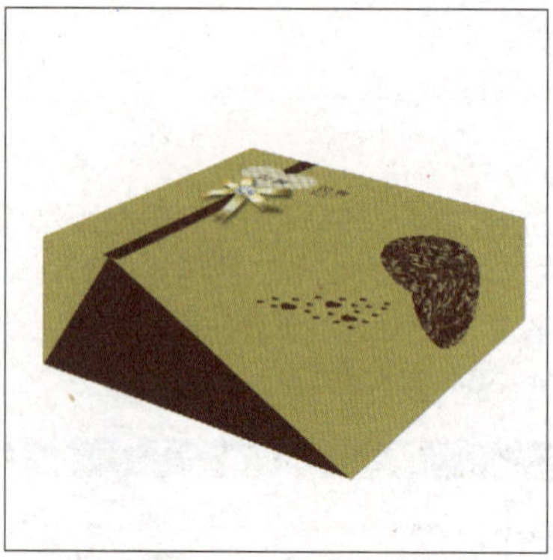

图14-367　图像效果

84 选择【图层 侧面 2】,单击菜单栏上的【图像】/【调整】/【色阶】命令，或者按【Ctrl+L】组合键，弹出【色阶】对话框，设置如图 14-368 所示，选择【确定】完成操作。效果如图 14-369 所示。

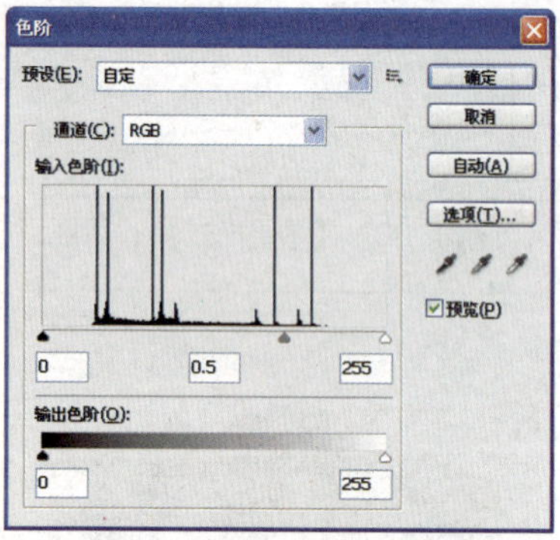

图14-368

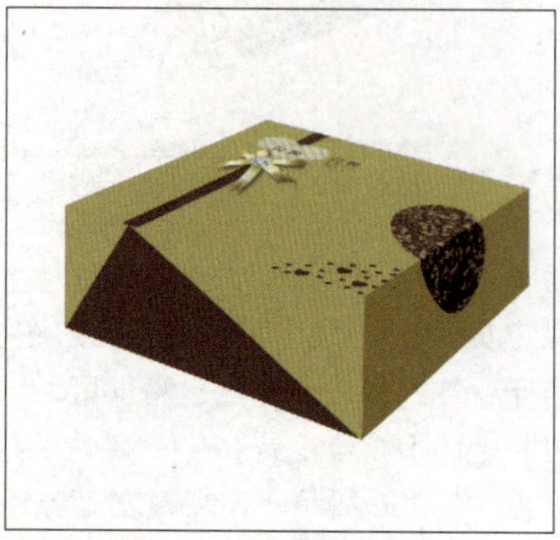

图14-369

85 选择【图层 侧面 4】,单击菜单栏上的【图像】/【调整】/【色阶】命令，或者按【Ctrl+L】组合键，弹出【色阶】对话框，设置如图 14-370 所示，选择【确定】完成操作。效果如图 14-371 所示。

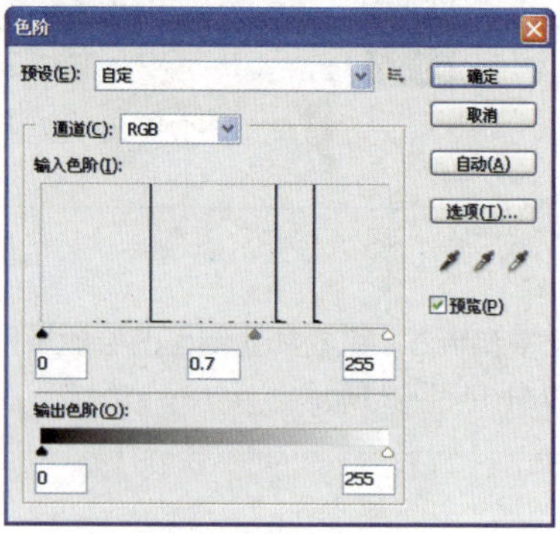

图14-370

图14-371

86 选择【图层 侧面 1】,单击菜单栏上的【图像】/【调整】/【色阶】命令，或者按【Ctrl+L】组合键，弹出【色阶】对话框，设置如图 14-372 所示，选择【确定】完成操作。效果如图 14-373 所示。

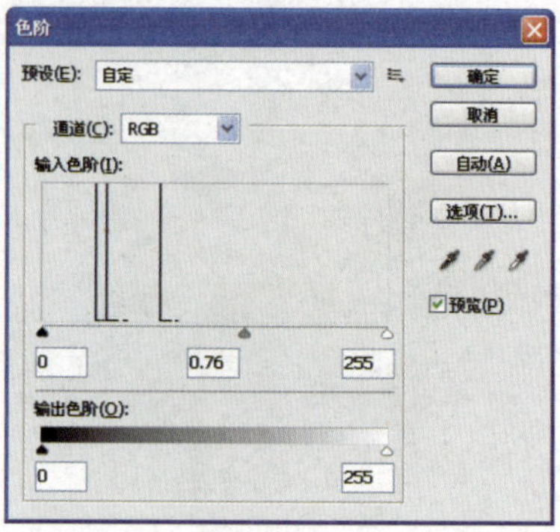

图14-372

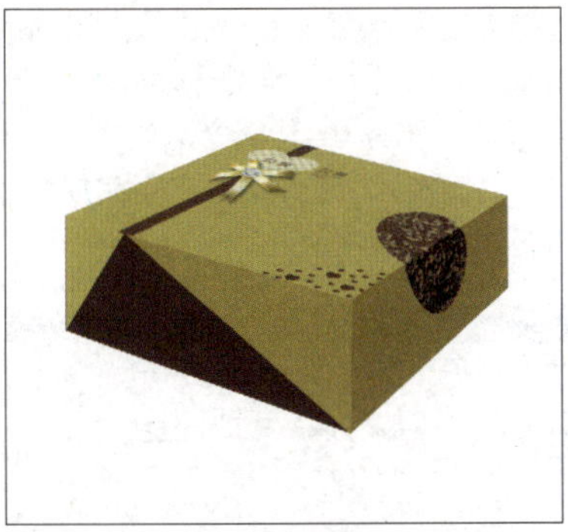

图14-373

87 选择【图层 侧面 4】，选择工具栏上的【多边形套索工具】，绘制选区如图 14-374 所示。单击菜单栏上的【选择】/【修改】/【羽化】命令，弹出【羽化选区】对话框，设置如图 14-375 所示，选择【确定】完成操作。效果如图 14-376 所示。

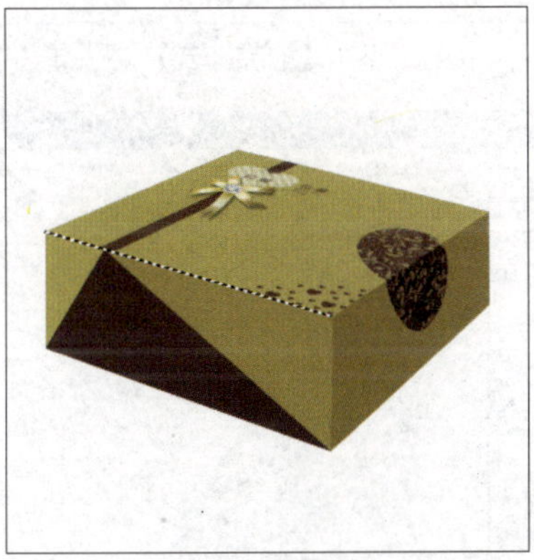

图14-374

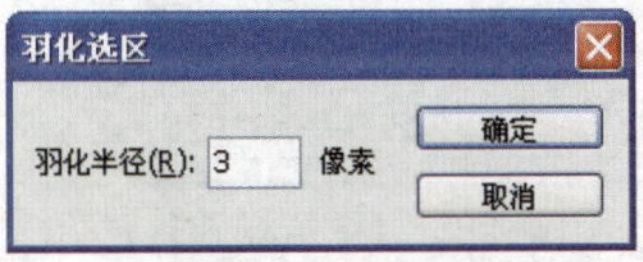

图14-375

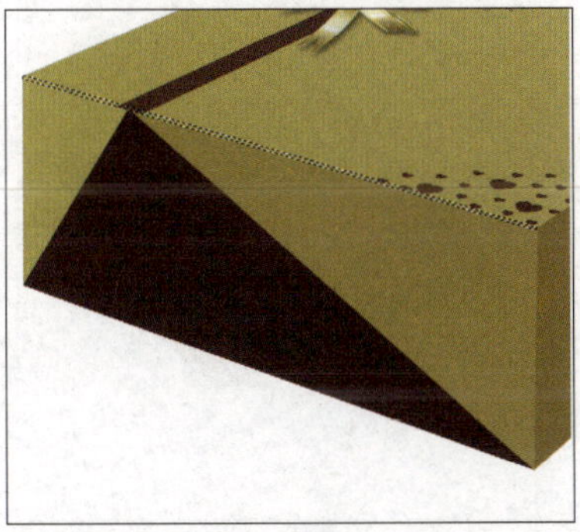

图14-376

88 保持选区状态，选择【图层】面板，选择【新建图层】按钮，得到【图层 1】，将其命名为【高光】，将前景色设置为【# bf9f62】，按【Alt+Delete】组合键，用前景色填充选区，单击菜单栏上的【图像】/【调整】/【色阶】命令，或者按【Ctrl+L】组合键，弹出【色阶】对话框，设置如图 14-377 所示选择【确定】完成操作。按【Ctrl+D】组合键，取消选区。效果如图 14-378 所示。选择工具栏上的【减淡工具】，属性工具栏设置如图 14-379 所示，在左边缘区域绘制出亮部区域，效果如图 14-380 所示。

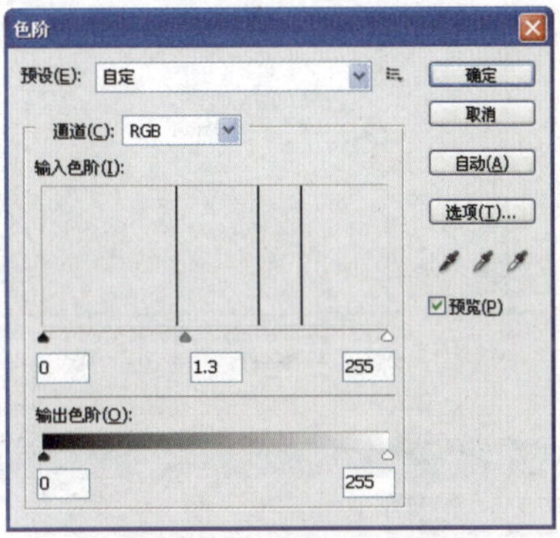

图14-377 【色阶】对话框

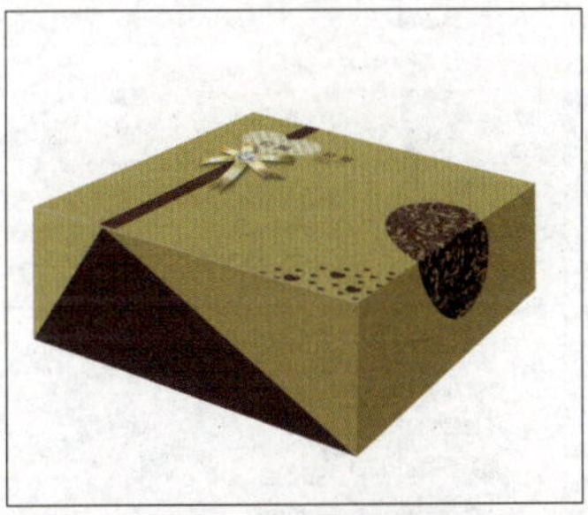

图14-378 图像效果

图14-379 【减淡工具】属性工具栏

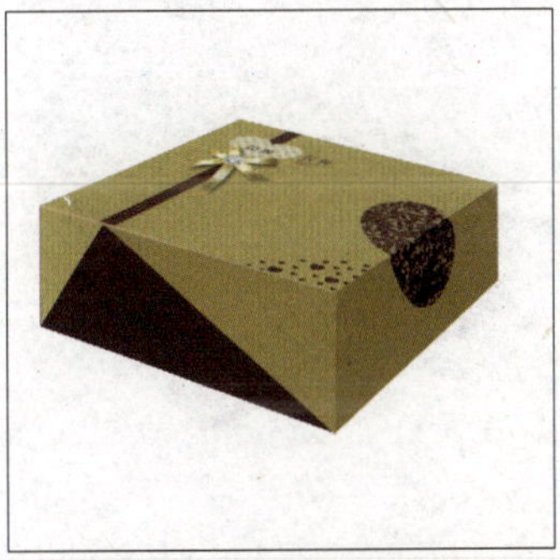

图14-380 图像效果

89 选择【图层 侧面 3】，双击【图层 侧面 3】的缩略图，弹出【图层样式】对话框，设置【投影】与【斜面和浮雕】命令，如图 14-381、图 14-382 所示，选择【确定】完成操作。效果如图 14-383 所示。

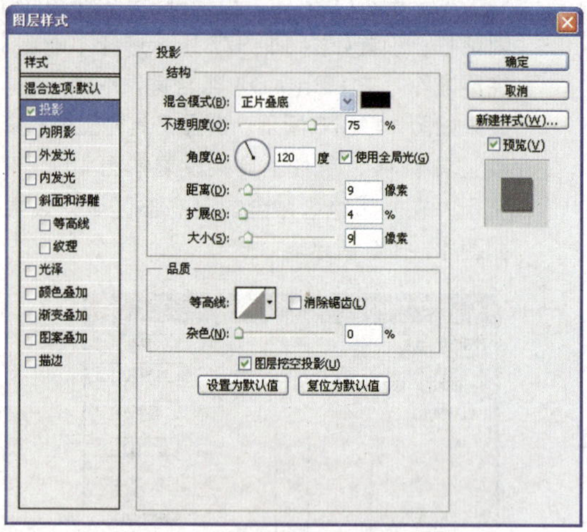

图14-381 【图层样式】对话框

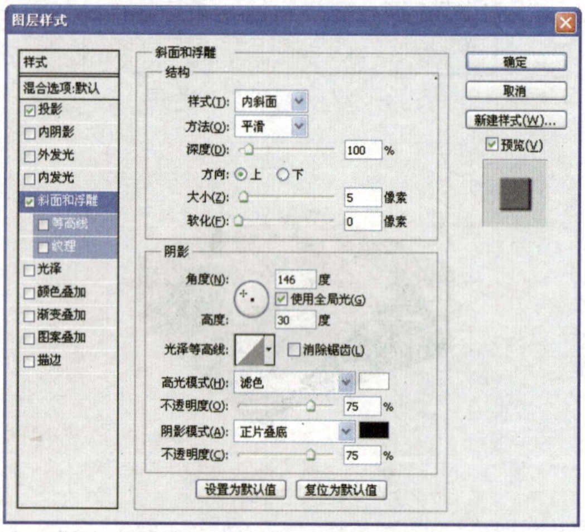

图14-382 【图层样式】对话框

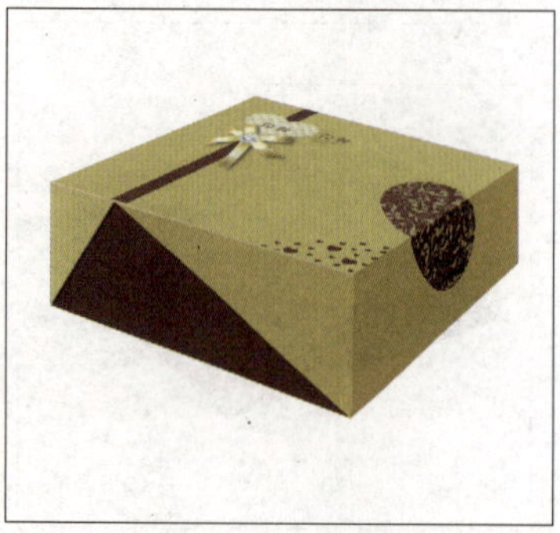

图14-383 图像效果

90 选择【图层 侧面 4】，双击【图层 侧面 4】的缩略图，弹出【图层样式】对话框，设置【投影】与【斜面和浮雕】命令，如图 14-384、图 14-385 所示，选择【确定】完成操作。效果如图 14-386 所示。

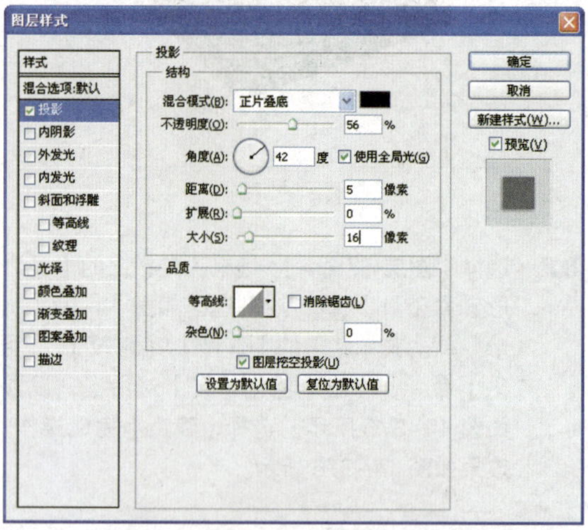

图14-384 【图层样式】对话框

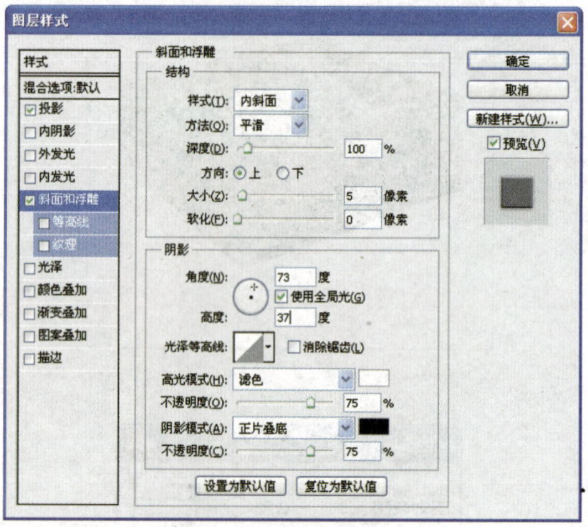

图14-385 【图层样式】对话框

图14-386 图像效果

91 重复步骤 13 至步骤 14，分别绘制左侧高光与中线高光，效果如图 14-387、图 14-388 所示。

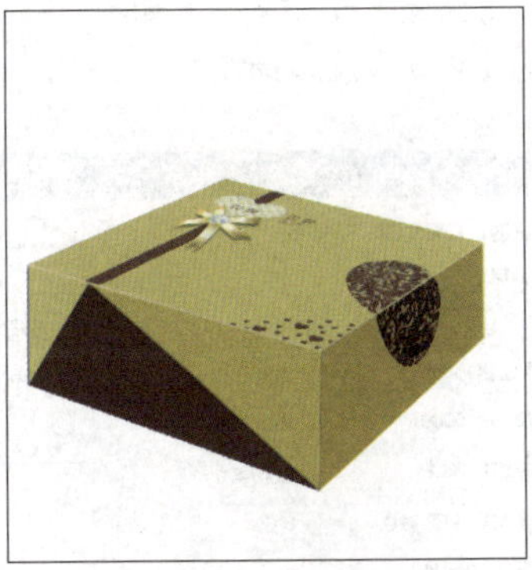
图14-387 图像效果

图14-388 图像效果

92 选择【图层 正面】，选择工具栏上的【减淡工具】，属性工具栏设置如图 14-389 所示，在受光强烈的位置，效果如图 14-390 所示。

图14-389 【减淡工具】属性工具栏

图14-390 图像效果

93 选择【图层】面板，选择【新建图层】按钮，得到【图层 1】，将其命名为【阴影】，选择工具栏上的【多边形套索工具】，绘制阴影选区如图 14-391 所示，将前景色设置为黑色，按【Alt+Delete】组合键，用前景色填充选区，如图 14-392 所示。按【Ctrl+D】组合键，取消选区。单击【滤镜】/【模糊】/【高斯模糊】命令，弹出【高斯模糊】对话框，设置如图 14-393 所示，选择【确定】完成操作。效果如图 14-394 所示。

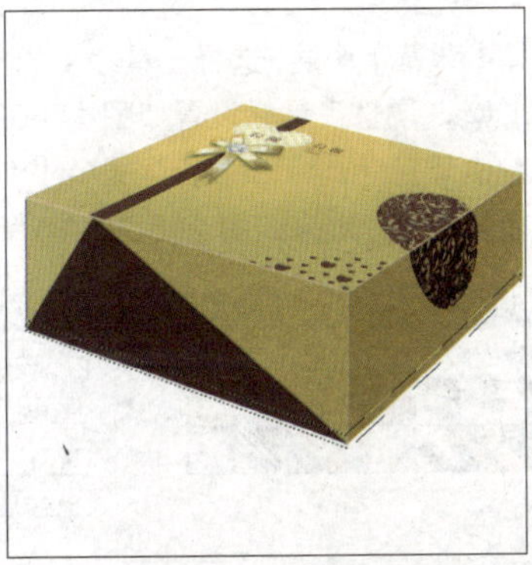
图14-391 绘制阴影

图14-392 填充前景色

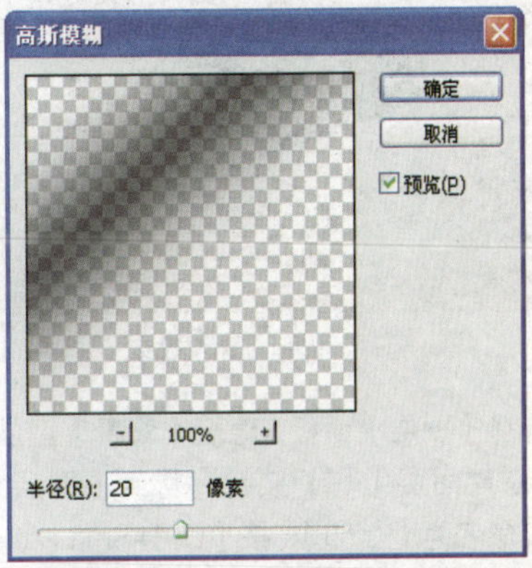

图14-393 【高斯模糊】对话框

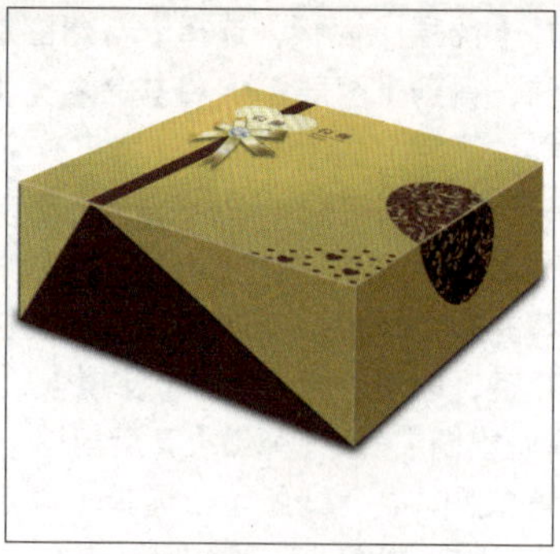

图14-394　图像效果

94 选择【背景】图层，选择工具栏上的【渐变工具】，属性工具栏设置如图 14-395 所示，绘制由颜色【# faf3a8】至颜色【# bf9f62】的径向渐变，效果如图 14-396 所示。

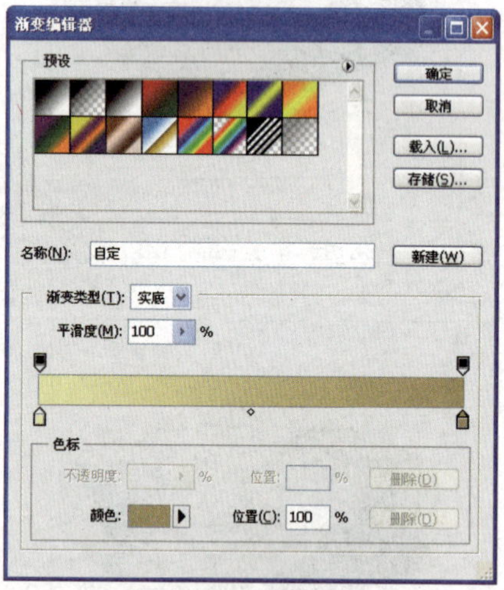

图14-395　【渐变编辑器】对话框

图14-396　图像效果

95 选择【图层】面板，隐藏【背景】图层，选择【新建图层】按钮，得到【图层 1】，将其命名为【盖印】。按【Ctrl+Shift+Alt+E】组合键，将可见图层盖印到【盖印】图层中。

整体包装效果设计

96 外包装盒平面图设计。单击菜单栏上的【文件】/【新建】命令，或者按【Ctrl+N】组合键，弹出【新建】对话框，设置如图 14-397 所示，选择【确定】完成操作。

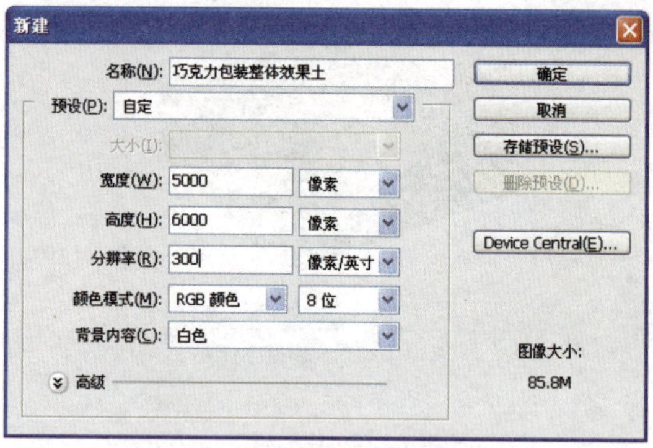

图14-397　【新建】对话框

97 单击菜单栏上的【文件】/【打开】命令，或者按【Ctrl+O】组合键，打开文件【巧克力包装整体效果】，将【图层 盖印】复制到新建文件【巧克力包装整体效果】中，得到【图层 1】，并单击菜单栏上的【编辑】/【自由变换】命令，或者按【Ctrl+T】组合键，同时按【Shift】键，将图像等比例缩小。按【Enter】键完成操作，如图 14-398 所示。

图14-398　复制到新建文件中

98 重复前面的步骤，制作手提袋及内包装盒，效果如图 14-399 所示。

99 选择【背景】图层，选择工具栏上的【渐变工具】，属性工具栏设置如图 14-400 所示，绘制由颜色【# faf3a8】至颜色【# bf9f62】的径向渐变，效果如图 14-401 所示。

图14-399　图像效果

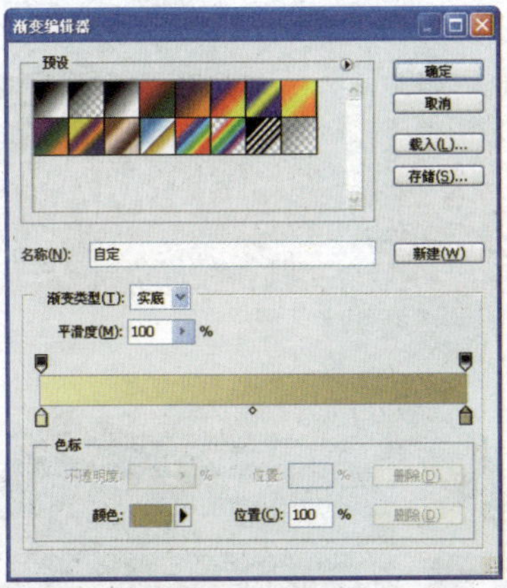

图14-400　【渐变编辑器】对话框

图14-401　图像效果

100 单击菜单栏上的【文件】/【打开】命令，或者按【Ctrl+O】组合键，打开文件【外包装盒平面图】，将【图层 盒底文字】复制到刚刚操作的文件中，得到【图层 4】，如图 14-402 所示。单击菜单栏上的【编辑】/【自由变换】命令，或者按【Ctrl+T】组合键，同时按【Shift】键，将图像等比例缩小，按【Enter】键完成操作。最终效果如图 14-403 所示。

图14-402　图像效果

图14-403　最终效果

14.6　本章小结

本章不仅可以使读者了解到商业设计作品的设计方法，更能学习到如何制作出具有真实美感的作品。通过对名片设计、邀请函设计、古典画册设计、菜谱内页设计和巧克力包装设计制作方法的详细讲解，来提升商业作品的制作水平，深入掌握 Photoshop 技术并应用到实际工作中。

14.7　习题

上机题

(1) 上机练习名片设计。

(2) 上机练习邀请函设计。

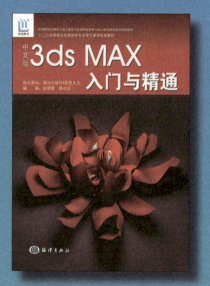

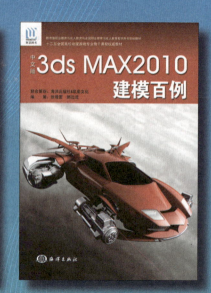